GEOGRAFIA HUMANA

GEOGRAFIA HUMANA

RAFAEL PUYOL • JOSE ESTEBANEZ • RICARDO MENDEZ

CATEDRA
GEOGRAFIA

Ediciones Cátedra, S. A., 1988
Josefa Valcárcel, 27. 28027 Madrid
Depósito legal: M. 7.409.—1988
ISBN: 84-376-0741-8
Printed in Spain
Artes Gráficas Benzal, S. A. Virtudes, 7. 28010 Madrid

INTRODUCCIÓN

Aunque el panorama de la geografía humana española ha experimentado un desarrollo espectacular en los últimos veinte años, no existen manuales de geografía humana general que recojan las recientes innovaciones de la investigación geográfica internacional y española de un modo sistemático y accesible al estudiante universitario. La bibliografía disponible en castellano es predominantemente monográfica, y en su mayoría debida a autores extranjeros y no siempre actualizada.

La geografía humana conoció profundos cambios desde los años cincuenta y presenta en el momento actual una gran pluralidad de enfoques. En este manual se pretende recoger, en la medida de lo posible, sacrificando la exhaustividad de contenidos, una selección de temas que coincide con las ramas más desarrolladas de la disciplina. El tratamiento que se dispensa a cada unidad temática se centra en los aspectos teóricos, metodológicos e instrumentales y especialmente en aquellos que no se encuentran presentes o están insuficientemente desarrollados en los manuales disponibles en España.

En general, los temas que aparecen en las unidades de este manual incluyen los resultados y las aportaciones esenciales de los diferentes enfoques geográficos.

Sin embargo, en algunos casos, hemos querido introducir nuevos planteamientos en donde tan sólo se esbozan algunas propuestas y sugerencias de investigación que creemos amplían notablemente el campo de la geografía humana, pero que el estado actual de la producción científica no se corroboran plenamente por apoyarse en un corto número de trabajos empíricos.

El libro se compone de cinco grandes unidades. Cada unidad se inicia con un capítulo introductorio, en el que se efectúa una breve presentación de la evolución reciente, las tendencias, los contenidos y las líneas preferentes de investigación existentes hoy en las diferentes ramas geográfico-humanas.

En todos los capítulos se presta una atención primordial a los aspectos teóricos, metodológicos e instrumentales y mucho menos a los contenidos descriptivos que, sin embargo, no están completamente ausentes. En algunas partes de la obra se incluyen páginas autosuficientes, convenientemente recuadradas, que tienen como finalidad ampliar un aspecto del texto, sin interrumpirlo, o mostrar distintos procedimientos o técnicas para medir un fenómeno. Siempre que resultó posible, los ejemplos utilizados están extraídos de la realidad española.

El libro contiene una gran cantidad de materiales de apoyo, fundamentalmente cuadros, mapas y gráficos que, en íntima conexión con el texto, permiten ilustrar aspectos particulares de la temática tratada.

En cada unidad aparece una bibliografía básica, compuesta de manera preferente por manuales o libros generales, en los que el lector puede encontrar los materiales esenciales que le permitirán ampliar los temas desarrollados en el texto, o conocer análisis o enfoques complementarios, o alternativos. Esta bibliografía va precedida de breves comentarios cuya finalidad es enmarcar cada obra en una determinada tendencia o corriente y ofrecer el juicio que el autor le merece su estructura o contenido.

Al final del libro, se incluye una bibliografía general, que recoge de manera alfabetizada todos los libros o artículos que aparecen citados convenientemente en el texto.

Los agradecimientos que cada uno de los autores tendría y querría dar en este prólogo lo harían tedioso e interminable. Por ello, renunciamos a hacerlo. Únicamente queremos dar las gracias al equipo editorial de Cátedra por las facilidades que en todo el largo proceso de elaboración nos han dado de manera tan generosa.

LOS AUTORES.

CAPÍTULO PRIMERO

EL ESPACIO DE LA GEOGRAFÍA HUMANA

Ricardo Méndez

1.1. HACIA UNA CARACTERIZACIÓN DEL ESPACIO GEOGRÁFICO

Cualquiera que se aproxime a la evolución histórica del pensamiento geográfico puede comprobar que se trata de un proceso no lineal, hecho de sucesivas rupturas y transformaciones, en un movimiento de aceleración constante que culmina en la diversidad de enfoques que coexisten en la actualidad[1].

Los distintos paradigmas, cada uno con sus propias preguntas, métodos analíticos para alcanzar las respuestas y teorías explicativas, representan una variedad de objetos para la Geografía Humana que puede generar cierta confusión a la hora de abordar su estudio. Desde la Geografía como estudio de las regiones, al análisis de las relaciones hombre-medio, de las distribuciones espaciales, etc., existe suficiente distancia como para dificultar el logro de una visión integradora que dé continuidad y coherencia al saber geográfico.

En concreto, y según autores como Hagget o Harvey, los geógrafos han tendido a organizar su pensamiento en torno a cinco grandes temas (P. Hagget, 1975, 16; D. Harvey, 1983, 132):

— El tema de la diferenciación espacial, para el que sigue siendo fundamental el concepto de región, que durante décadas polarizó lo esencial de la investigación geográfica.

[1] Sobre la evolución del pensamiento geográfico y las principales tendencias actuales, que no constituyen objetivo de esta obra, se han publicado recientemente en España numerosos textos, entre los que se encuentran los de A. Buttimer (1980); H. Capel (1981); H. Capel y L. Urteaga (1982); P. Claval (1974 y 1984); J. Estébanez (1982); A. García Ballesteros, coord. (1986); M. D. García Ramón (1978 y 1985); J. Gómez Mendoza, J. Muñoz y N. Ortega (1982); D. Harvey (1983); R. J. Johnston y P. Claval (1986); N. Ortega, (1976); M. Quaini (1981); Z. Rykiel (1984), y J. Vilá Valentí (1983).

— El tema del paisaje (natural o cultural), desarrollado inicialmente en Alemania y continuado después por Sauer y los geógrafos culturales de la escuela de Berkeley.
— El tema de la relación hombre-entorno, iniciado por el determinismo ambiental y continuado después por el posibilismo, hasta llegar a planteamientos más recientes que sustituyen las relaciones de causalidad lineal en uno u otro sentido por mecanismos de interacción y retroalimentación. La concepción de la geografía como ecología humana se relaciona inicialmente con este enfoque.
— El tema de la distribución espacial, describiendo y explicando la localización de los fenómenos en la superficie terrestre. De gran tradición en geografía, fue reactivado particularmente por el análisis locacional, que lo considera el fin básico y peculiar de la investigación geográfica.
— El tema geométrico, bastante vinculado al anterior, tanto en su tradición como en su revitalización ligada igualmente al análisis locacional y los enfoques teorético-cuantitativos.

Aunque cada una de estas definiciones de la geografía, vinculada a una tradición de estudios más o menos amplia, conlleva implícita o explícitamente una delimitación de objetivos, que resultan también así diferenciados, puede intentarse, no obstante, detectar la existencia de rasgos comunes y elementos de continuidad entre todas ellas, al igual que ocurre en otras ciencias. En tal sentido, parece existir un cierto acuerdo en vincular la problemática territorial y una especial preocupación por el componente espacial que conllevan buena parte de las cuestiones que afectan nuestra vida individual y social al ámbito propio de la geografía. De este modo, y siguiendo la terminología de Toulmin, puede afirmarse que el espacio se constituye en problema-clave que da continuidad al análisis geográfico desarrollado en el tiempo y permite integrar bajo un prisma común las diferentes corrientes actuales (H. Capel, 1981). Por ello, al menos parcialmente, la historia de la geografía puede considerarse como la historia del concepto de espacio y de la conciencia espacial por parte de las sociedades humanas.

Si bien es cierto que la geografía no tiene ya hoy el monopolio de unos conocimientos espaciales por los que se han interesado de forma creciente otras ciencias sociales, y que cada vez parece tener menos sentido la reivindicación de unos límites estrictos ante la progresiva conexión interdisciplinaria que marca el desarrollo científico reciente, aún puede afirmarse que «continuamos siendo los únicos estudiosos que damos preferencia al espacio y a la localización. La geografía conserva todavía la capacidad de ofrecer una visión amplia y sinóptica de las relaciones espaciales en los asuntos humanos, trascendiendo la subdivisión convencional de fenómenos en económicos, sociales y políticos » (D. M. Smith, 1980, 22).

Aceptando esta vinculación de la geografía con una temática y una perspectiva espaciales, y si se tiene presente la tradicional división de su estudio sistemático entre geografía física y geografía humana, podrá concluirse una definición primaria y elemental de esta última como estudio del espacio humanizado, o, si se quiere, de la apropiación y organización del territorio resultante de la actuación de los grupos humanos a lo largo del tiempo, transformando la Naturaleza. Si esta intervención que altera el orden natural para incorporar una nueva lógica capaz de transformar profundamente las estructuras territoriales preexistentes es una constante histórica, la creciente capacidad tecnológica y económica de una Humanidad en rápida expansión ha convertido ya en espacio «cultural» o humanizado la casi totalidad de la superficie terrestre, llegando incluso a poner en peligro el mantenimiento de algunos de los equilibrios fundamentales para la supervivencia del planeta.

Ahora bien, reafirmar el significado de la geografía humana como ciencia espacial no resulta excesivamente clarificador de sus contenidos si, además, no se lleva a cabo un intento de caracterizar ese espacio, de establecer las propiedades o atributos que le son propios frente al espacio que estudia el geómetra, el astrónomo, el ecólogo, el economista, etc. Sin duda, «el concepto de espacio ha conocido en geografía una evolución sensible y ha adquirido un significado multidimensional» (A. Bailly y H. Beguin, 1982), por lo que tal caracterización, además de resultar particularmente compleja y difícil, supone siempre un posicionamiento frente a la realidad geográfica circundante, que prima la atención que se dedica a algunos de sus componentes en detrimento de otros. El concepto de espacio, su racionalización, es, pues, un concepto histórico en tanto su evolución y sus diversas acepciones pueden interpretarse como la resultante de los cambios producidos en la realidad observada (material y social), del desarrollo de la reflexión teórica en geografía, y del diferente substrato ideológico de quienes las formularon, según intenta mostrar el gráfico 1.1. Es inútil, pues, la pretensión de alcanzar una definición que sintetice armónicamente las diversas ópticas posibles ante un mismo hecho, pero, como recuerda Santos, no por ello debe renunciarse al intento pues «de otro modo ni siquiera sabríamos por donde empezar el trabajo científico, estaríamos siempre a merced de una ambigüedad» (M. Santos, 1984, 700).

Utilizando a tal efecto el método de construcción por negación, puede comenzarse la caracterización del espacio geográfico señalando algunos de los ras-

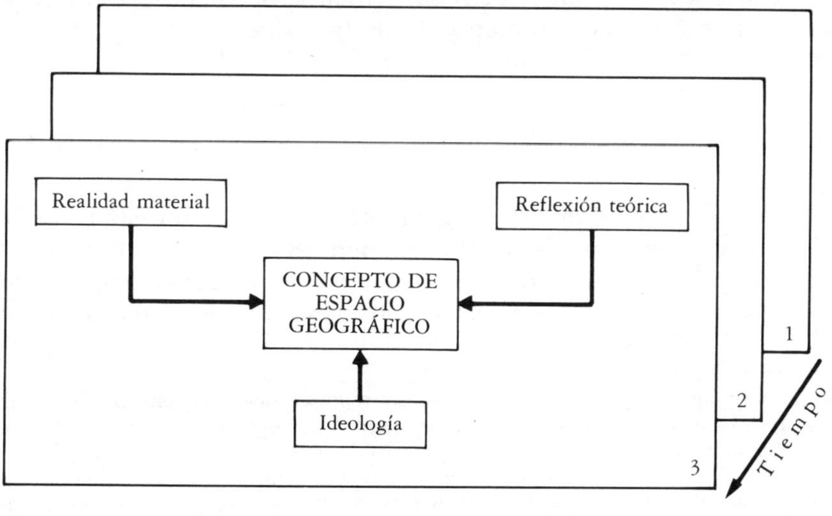

Gráfico 1.1. Origen y evolución del concepto de espacio geográfico.

gos que éste no presenta y que, en ocasiones, contribuyen a generar un cierto grado de confusión. De este modo, puede afirmarse que el espacio que estudia la geografía humana no es —empleando la terminología de Perroux y otros teoricos de la polarización[2]— banal, es decir, no se trata de un simple marco o escenario pasivo en el que se sitúan objetos y se desarrollan fenómenos que constituyen el contenido propio de las restantes ciencias. Esta concepción de lo que puede denominarse como espacio absoluto, euclidiano, definido por unas coordenadas precisas y con existencia propia e independiente de la materia, surgió en la Grecia clásica y se mantuvo vigente durante siglos como base de los enfoques corográficos, estrechamente vinculados a la cartografía. Pero uno de los logros principales de la disciplina en el siglo pasado fue sustituir este mero continente por un espacio que se define ante todo por sus propiedades o contenidos específicos, entre los que la localización cuenta, tan sólo, como un rasgo más. Así, por ejemplo, una ciudad no se definirá tan sólo como un punto localizado en un mapa, sino como un agregado complejo, que incluye un determinado volumen de población y actividades, una morfología y funcionalidad características, una estructura de clases, etc.

El espacio del que aquí se trata no es, por tanto, mera infraestructura física o soporte material de los hechos históricos, sociales, económicos, etc., por lo que analizar cualquier realidad concreta de esta índole añadiendo simplemente su localización difícilmente puede considerarse como un estudio geográfico. La investigación geográfica de los últimos años desborda, incluso, su anterior limitación al espacio material, dotado de una localización y extensión precisas y que puede cartografiarse, para incorporar otras referencias espaciales más abstractas, que no cuentan con una base material objetivable pero que inciden cada vez más sobre las realidades concretas. La atención prestada por el análisis locacional a un espacio concebido geométricamente a partir de nodos, ejes, superficies y jerarquías, la otorgada por otro lado al espacio percibido, que se vincula a la experiencia vital y la información de que disponen individuos y grupos, o la que más recientemente aún suscita el «espacio del poder», hecho de flujos y relaciones no visibles, pero cuyo significado real es evidente, pueden ser ejemplos de esta nueva dimensión que hoy alcanza la geografía humana.

1.2. La geografía humana como estudio de sistemas territoriales

Si se acepta como premisa que la geografía humana es «el estudio de la práctica y del conocimiento que los hombres tienen del espacio» (C. Raffestin, 1978, 56), queda implícito que éste no es neutro, sino que aparece siempre ordenado, organizado por unos agentes concretos en función de unos intereses y unos va-

---

[2] Así, por ejemplo, en el prólogo de su libro sobre los espacios económicos, Boudeville afirma: «Los procesos de circulación y de cambio de ninguna manera son independientes del espacio geográfico. Se sitúan en el espacio trivial, cuyas tres dimensiones nos resultan familiares y que proyectamos en dos dimensiones sobre los mapas, según técnicas diversas... El espacio geográfico consiste una de las dimensiones de un espacio más complejo: el espacio económico» (J. Boudeville, 1965, 7).

lores también objetivables, dentro de las limitaciones impuestas por los condicionamientos naturales y las fuerzas materiales disponibles.

Esta ordenación, que puede comprobarse tanto en las sociedades más primitivas como en las más evolucionadas y complejas, resultado de una práctica material desarrollada en el tiempo, es la que le dota de racionalidad y permite descubrir leyes generales explicativas o, al menos, generalizaciones empíricas con un alto grado de probabilidad, que constituyen la tarea esencial de la geografía humana y condición necesaria para llevar a cabo una intervención por parte de los poderes públicos tendente a su reorganización. En tal sentido, se ha convertido en reiterativa la afirmación de que el espacio geográfico es un producto social, por cuanto en su forma externa, en su estructura interna y en sus cambios, así como en su simbolismo y sus contrastes, materializa la capacidad tecnológica y productiva, los valores culturales e ideológicos dominantes, el sistema jurídico..., es decir, las características y la lógica interna peculiares de una determinada sociedad en una etapa de su desarrollo histórico. No hay, pues, sociedad que no cuente con un territorio, parte esencial de su patrimonio y reflejo de su evolución histórica, del que resulta inseparable. Como afirma Santos: «el espacio debe considerarse como un conjunto indisociable en el que participan, por un lado, cierta combinación de objetos geográficos, objetos naturales y objetos sociales, y, por el otro, la vida que los colma y anima, es decir, la sociedad en movimiento. El contenido (la sociedad) no es independiente de la forma (los objetos geográficos), y cada forma encierra una fracción del contenido. El espacio, por consiguiente, es un conjunto de formas, cada una de las cuales contiene fracciones de la sociedad en movimiento» (M. Santos, 1984, 700).

La dicotomía Hombre-Naturaleza como fundamento del estudio geográfico pierde así buena parte de su significado: las condiciones ecológicas o, si se prefiere, el espacio natural constituyen una especie de materia prima que ofrece una resistencia y unas posibilidades variables a la ocupación y la explotación humanas, pero que se modela a impulsos de una sociedad concreta que le imprime sus huellas propias de forma indeleble, configurando de este modo su espacio geográfico. En otras palabras, «a diferencia del ecosistema, que es resultado de interacciones biológicas, el espacio geográfico nace de la iniciativa humana y expresa el proyecto propio de cada sociedad. No se adapta al medio natural, lo utiliza como substrato, lo transforma, lo organiza para la mejor realización de las intenciones humanas hasta el punto de hacerlo a veces difícilmente reconocible... Así concebido, el espacio geográfico es, en el pleno sentido del término, un producto social porque resulta del trabajo que la sociedad organiza para alcanzar sus objetivos» (H. Isnard, 1978, 41 y 52). Desde los asentamientos más elementales de grupos humanos reducidos, con unos recursos tecnológicos y de capital mínimos, que apenas transforman algunos islotes aislados en el interior de los bosques o las sabanas tropicales, manteniendo una estrecha dependencia de los ritmos biológicos, hasta espacios tan artificiales como puedan ser las metrópolis, los grandes complejos industriales, etc., nos encontramos, por tanto, dentro del ámbito del estudio y de las preocupaciones propias de la geografía humana.

En tanto que producto social, el espacio geográfico es también objeto de consumo, que en el seno de un sistema económico como el capitalista se convierte en mercancía por cuyo uso se paga un precio y del que pueden obtenerse unos beneficios. De ese modo, su apropiación pública o privada, la distinta rentabilidad económica y social que puede obtenerse en función del uso a que se destine, etc., son aspectos fundamentales a tener en cuenta para una comprensión plena de las estructuras territoriales y su transformación en el tiempo. Así, por ejemplo, la evolución de los tipos de cultivos en los espacios agrarios que circundan las ciudades, la sustitución de estos usos por otros de carácter residencial o industrial, la paralela modificación de las estructuras demográficas y sociales en esas áreas, etc., son resultado directo de un proceso de crecimiento urbano y económico en sociedades como la española, que al incrementar la demanda de suelo para el desarrollo de funciones productivas y de reproducción social en ciertos puntos del territorio, condujo a una intensificación de su aprovechamiento que vino a transformar los modelos de organización espacial precedentes.

En directa vinculación con lo que acaba de apuntarse, otro de los rasgos sustanciales del espacio geográfico es su heterogeneidad, cualquiera que sea la dimensión y la escala que consideremos.

Si las condiciones naturales introducen ya un primer elemento de diversidad, la intervención humana ha contribuido a ampliar decisivamente los contrastes en el transcurso de la Historia, trasladando al territorio los existentes en el seno de la sociedad que lo habita, así como entre distintas sociedades. Más allá de las simples diferencias en lo referente a su apariencia formal, las desigualdades cuantitativas y cualitativas están basadas en la existencia de relaciones funcionales marcadas por los principios de competencia e intercambio desigual, por lo que el modelo centro-periferia resulta útil para expresar algunos de los rasgos más significativos de esas relaciones espaciales de dominación-dependencia a diversas escalas (desarrollo-subdesarrollo, ciudad-campo, etc.).

De este modo, en el proceso de integración se perfilan unos espacios en los que se concentra el mayor potencial demográfico y económico, así como la tecnología dominante, la capacidad de innovación y organización, en una palabra, el poder. En contrapartida, existirán otras áreas en donde la población se ocupa prioritariamente en funciones banales o de menor rango, con una capacidad productiva inferior y que, en cierto modo, son complementarias de las anteriores, manteniendo una acusada dependencia que desborda lo estrictamente económico. El espacio geográfico es, en consecuencia, un espacio funcional, en el que cada componente se especializa en unas determinadas misiones con relación a los demás que le otorgan un mayor o menor rango, y esto ocurre tanto entre las diversas áreas de una ciudad, como en el interior de una explotación agraria o entre regiones. Esa diversa funcionalidad territorial, basada en el principio de división del trabajo, tiene bastante que ver con las desiguales condiciones de vida y acceso al bienestar de sus habitantes, y está sometida a transformaciones históricas que modifican la jerarquización preexistente. Así, el declive que conocen ciertos sectores de los centros urbanos, antiguas áreas industriales, algunas cabeceras comarcales o centros de servicios en áreas rurales regresivas, etc., tiene que ver directamente con la pérdida de su anterior funcionalidad (económica, simbólica, etc.) y su consiguiente marginalización, patente en su evolución demográfica, su estructura socioeconómica e, incluso, en su paisaje.

La afirmación precedente implica la definición del espacio geográfico como esencialmente dinámico, aspecto que presenta dos vertientes diferenciadas con relación a su estudio por la geografía.

Insistiendo en lo anterior, en cuanto producto humano una de sus cualidades básicas es su historicidad, por cuanto surge en un determinado momento ligado a unas condiciones precisas y se configura acumulativamente en el tiempo. Desde esa perspectiva diacrónica, toda realidad presente puede concebirse como una instantánea dentro de una secuencia evolutiva en la que se observan desajustes entre los cambios acelerados que afectan a ciertos elementos o estructuras en periodos concretos, y la existencia de otros fenómenos de inercia que hacen posible la pervivencia de rasgos espaciales heredados, carentes hoy de la funcionalidad que tuvieron en su origen. Así, pues, la preocupación por el tratamiento genético del espacio y la complejidad que introduce en la explicación de la realidad actual ha sido objeto de especial atención por parte de la geografía histórica interesada en mostrar la relación «entre lo geográfico, como ciencia que estudia la acción actual del hombre sobre la Tierra, y lo histórico, como análisis científico de esa acción humana a lo largo del tiempo» (J. Bosque Maurel, 1983, 317).

Por otra parte, afirmar el carácter dinámico del espacio supone insistir en la importancia de las redes de flujos materiales e inmateriales que de forma cada vez más densa y en áreas más extensas tienden a relacionar sus diversos componentes, haciéndolos interdependientes. Frente a las tentaciones excepcionalistas que aún afloran en algunos estudios geográficos, esta visión supone que lo local, lo inmediato, une a sus rasgos específicos de raíz endógena otros que se derivan de la posición que ocupe y las funciones que cumpla en el contexto de esa red de vínculos que le ligan al exterior.

Si se realiza el esfuerzo de sintetizar las características que hasta el momento se han venido yuxtaponiendo, el espacio geográfico puede concebirse como un conjunto o agregado de elementos heterogéneos (naturales y artificiales, o físicos y humanos), ordenados, es decir, sometidos a una cierta lógica en su distribución y organización, e interrelacionados entre sí funcionalmente a diversas escalas, que formalizan unas determinadas estructuras (agrarias, urbanas, industriales, etc.), resultado directo de la acción conjunta ejercida por una serie de fuerzas, y sometidas a cambios no sincrónicos en el tiempo. Las preguntas esenciales que se hace el geógrafo al enfrentar el hecho espacial (dónde, por qué, quién, cómo, cuándo, para quién) se organizan así coherentemente en un esquema interpretativo. Junto a la distribución espacial de los fenómenos, sus causas explicativas y la determinación de los agentes que con sus prácticas organizan el territorio, la geografía humana se interesará por relacionar las formas visibles con su funcionalidad, definir los vínculos o flujos frecuentemente disimétricos que se establecen entre áreas o entre componentes de las mismas, y reconstruir el dinamismo de los procesos que han conducido a la situación presente.

Cabe hablar entonces del espacio como geosistema y, en consecuencia, de la geografía humana como el estudio de sistemas territoriales abiertos cuyo ámbito de investigación puede descomponerse en el análisis de subsistemas concretos, bien atendiendo a los diversos factores y elementos componentes (geografía económica, social, política, de la población, cultural, etc.), a las estructuras espaciales resultantes (geografía urbana, rural, etc.), o a su evolución (geografía histórica).

Si ya en 1963 Ackerman propuso redefinir el objeto esencial de la geografía como «la comprensión del enorme sistema de interacción que comprende toda la humanidad y su medio ambiente natural sobre la superficie de la Tierra», planteando que «las técnicas de análisis de los sistemas son de un valor particular para los geógrafos cuando aplican su concepto organizador (espacial) al análisis de subsistemas del sistema planetario hombre-medio geográfico» (E. Ackerman, 1976, 15 y 17), otros autores como Harvey han llegado a afirmaciones más categóricas al considerar que «cualquiera que sea nuestra postura filosófica, se ha demostrado que metodológicamente el concepto de sistema es absolutamente vital para el desarrollo de una explicación satisfactoria. Si abandonamos el concepto de sistema, abandonaremos uno de los métodos más fructíferos inventados hasta ahora para hallar respuestas satisfactorias a las preguntas que podamos hacer sobre el complejo mucho que nos rodea» (D. Harvey, 1983, 475).

El conjunto de relaciones que articulan el espacio se producen a muy diversas escalas geográficas, desde las que mantiene todo hombre con su entorno local, inmediato, hasta los vínculos que abarcan la totalidad del Planeta. Además de asistir a una progresiva densificación de esa malla, vivimos hoy un proceso de mundialización de las relaciones sociales, económicas, políticas y espaciales, de constitución de un verdadero sistema mundial, que representa una de las transformaciones fundamentales de nuestro tiempo y obliga a una revisión crítica de los contenidos y métodos de la propia geografía humana. Este proceso, «resultado de la interconexión entre las sociedades nacionales más alejadas y dispares desde todos los puntos de vista, merced a nuevas condiciones de realización de la vida social, es decir, de una división mundial capitalista del trabajo fundada en el desarrollo de las fuerzas productivas a escala mundial y dirigida a través de los Estados y las grandes corporaciones o empresas transnacionales» (M. Santos, 1984, 694), supone que aspectos tan esenciales como la producción, el capital, la tecnología, el trabajo, incluso los modelos culturales, de consumo, etc., son cada vez más universales. Esto supone, en definitiva, que al tiempo que se agudizan la competencia y las desigualdades interterritoriales, el microcosmos de lo local, del espacio próximo y vivido, se ve cada vez más influido por la actuación de fuerzas externas y que escapan a su control, por lo que una plena comprensión de sus características actuales y de sus perspectivas de futuro sólo puede alcanzarse en ese contexto global. Por tal motivo, sólo una evolución de las ciencias orientada a conceder una mayor importancia a enfoques holísticos, capaces de superar la estricta subdivisión disciplinaria de la realidad, puede contribuir a captar mejor la propia globalidad de los fenómenos en curso.

En resumen, el espacio geográfico manifiesta unos rasgos acordes con «los principios de totalidad, jerarquización, diferenciación, finalidad; es decir, principios fundamentales en la definición de los sistemas» (H. Isnard, 1978, 151). La geografía humana intenta, en sus distintas concepciones, racionalizar ese espacio mediante el análisis de los factores que actúan sobre el mismo, los procesos que desencadenan y las estructuras territoriales resultantes, así como su dinamismo. Factores, procesos, estructuras y dinamismo espacial son, pues, elementos fundamentales a desentrañar en cualquiera de los ámbitos de estudio que incorporan los restantes capítulos de esta obra.

1.3. Relaciones sociales y formas espaciales

La afirmación de que el espacio geográfico es producto material de una sociedad, hecha en el apartado anterior, constituye una cuestión central en la interpretación de la geografía humana, por lo que es necesario matizarla y profundizar en sus implicaciones antes de abordar el análisis de realidades concretas.

Ante todo, debe insistirse en que la aceptación del concepto de espacio social trae consigo un posicionamiento con relación a ciertas cuestiones que afectan los contenidos de la propia disciplina. Por un lado, supone la necesaria superación del concepto genérico de «hombre», como ente vinculado a un medio natural del que recibe determinadas influencias, o como sujeto activo con posibilidades de respuesta diversas, que contribuyen a su transformación y organización. Esa visión abstracta, que parece suponer de modo implícito que los individuos actúan aisladamente y son intercambiables en el interior de una sociedad, o entre diversas sociedades, tiene una evidente carga ideológica, pues «sobreentiende una especie de responsabilidad y culpabilidad anónimas y colectivas» (R. Rochefort, 1984, 14), sin reconocer que todos formamos parte de una sociedad determinada y que nuestra posición o status en ella condiciona un comportamiento y unas posibilidades de intervención espacial muy diversas (G. J. Fielding, 1974). Por otra parte, afirmar la vinculación entre sociedad y espacio supone también aceptar que éste nunca es neutro, sino que se muestra como un campo de fuerzas en el que se confrontan las estrategias, convergentes o divergentes, de personas y grupos, cuya lógica habrá que analizar considerando «las estructuras, las ideologías y la naturaleza dialéctica de los fenómenos sociales subyacentes a las prácticas espaciales observadas» (A. Bailly y H. Beguin, 1982, 26), y planteando al mismo tiempo que toda intervención sobre el territorio genera unos ciertos efectos sobre los hombres y mujeres que lo ocupan, aspectos ambos inseparables. Finalmente, aceptar esa relación presupone que en cada caso concreto existen ciertos componentes o variables espaciales con mayor impacto sobre el bienestar social, hacia los que parece razonable dirigir una atención selectiva y prioritaria que evite situar en el mimsmo plano a todos los elementos constitutivos del espacio. Es en este sentido como puede entenderse la pretensión expresada por algunos geógrafos de convertir la geografía social no en una rama o disciplina más dentro de la geografía humana, sino en una nueva visión de ésta, que jerarquice las cuestiones a estudiar de modo diferente a como se hizo tradicionalmente, primando las más relacionadas con la problemática social dominante en cada lugar y tiempo concretos (Collectif Français de Géographie Urbaine et Social, 1984).

Ahora bien, el propio concepto de «sociedad» como protagonista de la organizacion espacial no deja de ser igualmente genérico, de escasa operatividad y necesitado, por tanto, de una clarificación que contribuya a poner de manifiesto sus implicaciones geográficas. En esta perspectiva, una sociedad se define como un conjunto de componentes que mantienen un sistema de relaciones entre sí que define su realidad profunda y es el que se proyecta concretamente sobre el territorio. Bajo el apelativo de «relaciones sociales» pueden incluirse todos los vínculos (de parentesco, étnicos, culturales, de vecindad, de producción...) que unen o separan a los individuos, fijando asimismo su situación y funciones con relación al conjunto. Aun aceptando que estos vínculos son múltiples y representan otras tantas dimensiones de la vida humana y de su relación con el espacio, los que se basan en el papel que cada uno juega respecto al proceso productivo parecen haber adquirido una importancia creciente en el tiempo hasta ser hoy ampliamente dominantes en la práctica totalidad de sociedades. Como afirma Isnard: «la economía, en efecto, domina a los otros componentes de la vida social: les lleva a responder a sus exigencias para asegurar la coherencia del sistema. Su poder estructurante ha introducido la unidimensionalidad en la sociedad y su espacio» (H. Isnard, 1978, 57). En otras palabras, las relaciones de producción no sólo fijan la jerarquía de los individuos en la sociedad, sino también su distribución, su movilidad y su práctica espacial, generadoras de unas estructuras y un dinamismo espaciales característicos.

Si las relaciones sociales son, pues, un elemento clave en la justificación de las formas espaciales, es posible derivar ya una serie de consecuencias prácticas con implicaciones directas en la temática tratada actualmente por la geografía social. Entre las múltiples cuestiones posibles de interés, tres son las que van a plantearse a continuación por considerarlas de especial relevancia:

— La vinculación entre desigualdades sociales y contrastes espaciales a diferentes escalas.
— La existencia de agentes de organización espacial que materializan de forma concreta lo que de modo genérico hemos venido denominando como producción social del territorio.
— El interés de la perspectiva geográfica en el análisis de los conflictos y tensiones inherentes a toda sociedad.

Pese a su tardío interés por los problemas de la distribución en el espacio, la geografía humana ha incorporado ya plenamente las cuestiones referidas a las desiguales condiciones de acceso al bienestar por parte de los distintos grupos sociales.

La heterogeneidad existente entre los componentes de una sociedad, que no se limita a los recursos económicos de que disponen, sino que también incluye aspectos como su nivel de instrucción, edad, salud, sexo, etc., tiene una manifestación geográfica que resulta coherente con la anterior definición del espacio. Por una parte, las desigualdades socioeconómicas más o menos acusadas se materializan en un espacio en el que los contrastes adquieren un significado e importancia distintas. Desde las situaciones de desigualdad extrema, vinculadas a fenómenos como el colonialismo o el «apartheid», en los que el dualismo y la segregación entre grupos de población (colonizadores-colonizados, blancos-negros...) generan la formalización de un espacio dividido por barreras internas que condicionan la movilidad respectiva y se acompañan por una localización en áreas claramente diferenciadas, tanto en sus aspectos morfológicos como funcionales o sociales, hasta los procesos de reforma social llevados a cabo en diversos países y que han conducido a una paralela reducción en sus contradicciones ciudad-campo, la construcción de barrios urbanos homogéneos, tanto desde el punto de vista de las viviendas, como de los equipamientos, accesibilidad, etc. (E. Goldzamt, 1980), existen toda una serie de situaciones intermedias que resulta difícil tipificar. Como señala Frémont: «espacio de los grupos sociales y de su sociabilidad, el espacio social está, en consecuencia, atravesado por barreras económicas, sociales y mentales por las que las exclusiones y segregaciones se materializan en el espacio» (A. Frémont y otros, 1984, 112). En cualquier caso puede apuntarse que el análisis espacial constituye un buen indicador para medir el grado de equidad que caracteriza una estructura social y las tendencias que se observan en tal sentido. Parafraseando a Smith, «el grado de uniformidad en la distribución de la renta real entre la población de una ciudad, de una región o de una nación puede constituir muy bien el indicador individual más sensible del tipo de sociedad considerado» (D. M. Smith, 1980, 161).

Por otra parte, cada uno de los grupos sociales tiende a manifestar unos comportamientos espaciales diferenciados. El primero de ellos se presenta en cuanto a la distribución espacial, pudiendo afirmarse en tal sentido que la posición en la escala social, generalmente asociada a la capacidad económica, se corresponde con la ocupación de los lugares de mayor calidad ambiental, accesibilidad, equipamientos y, en definitiva, predominio de externalidades positivas, en tanto suele haber también una acusada correlación entre «la pobreza del lugar» y «la pobreza de la gente» que lo habita, lo que incrementa las distancias con respecto a la «renta real» percibida por la población y que no depende tan sólo de sus ingresos monetarios. El medio urbano es, sin duda, el que con más intensidad evidencia esta segregación, materializada en la yuxtaposición de áreas sociales diferenciadas y en una zonificación funcional del uso del suelo cuyas características se analizan en un capítulo posterior. El ejemplo de la aglomeración urbana de Londres (gráfico 1.2), en donde la localización de los grupos de población activa no cualificada, fuertemente concentrada en su margen oriental (East End), junto a las orillas del estuario y la zona portuario-industrial del Támesis, y secundariamente en dirección norte en contraste con su escasez en las áreas del noroeste y sureste, puede servir para marcar esa segregación que también se correlaciona positivamente con variables tan dispares como la distribución de viviendas públicas en alquiler o el voto al partido laborista.

Pero, además de la distribución, el hecho probado de que cada grupo social presenta unas necesidades, unos recursos disponibles, unas vinculaciones con el entorno, etc., que son específicas y consustanciales con su posición en el seno de la sociedad, hace que su ámbito de actuación espacial, su percepción del entorno y las posibles carencias de éste se manifiesten de forma muy diversa. Si tanto individual como colectivamente todos mantenemos relaciones espaciales al desarrollar las funciones básicas de la existencia como habitar, trabajar, abastecerse, educarse, reproducirse, mantener contactos con los demás, etc., esas relaciones tienden a presentar una geometría diferente según nuestro status social, lo que significa que en el interior de una sociedad se superponen una multiplicidad de prácticas espaciales diversas, que configuran una red de interacciones extremadamente compleja.

Las diferentes relaciones espacio-tiempo que caracterizan la vida diaria del hombre y la mujer en sociedades donde existe una tradicional división de fun-

CITY
TRABAJADORES MANUALES SOBRE POBLACIÓN ACTIVA TOTAL
%
24,0 o más
20,0 - 23,9
16,0 - 19,9
12,0 - 15,9
menos de 12,0
0 1 2 3 millas

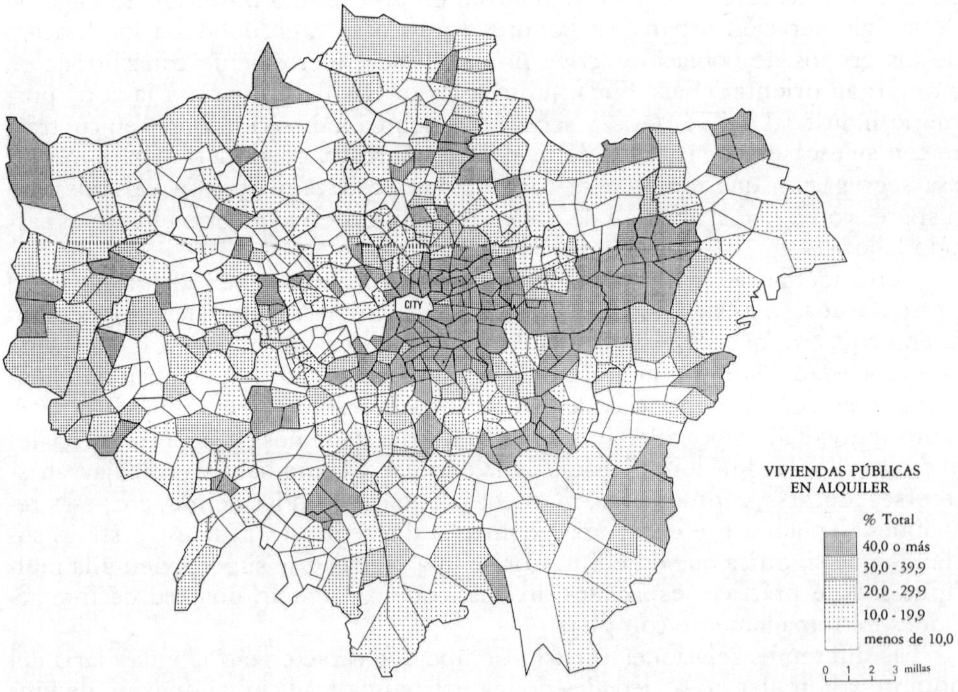
CITY
VIVIENDAS PÚBLICAS EN ALQUILER
% Total
40,0 o más
30,0 - 39,9
20,0 - 29,9
10,0 - 19,9
menos de 10,0
0 1 2 3 millas

(*Fuente:* «Social Atlas of London».)

Gráfico 1.2. Correlación entre grupos sociales, política de vivienda y comportamiento electoral en la aglomeración urbana de Londres.

ciones que tiende a limitar la movilidad de esta última, los distintos mapas mentales de la ciudad que perciben cada una de las clases sociales que la habitan, las variaciones observadas con relación a los movimientos pendulares entre residencia y trabajo según categorías socioprofesionales, la diversa problemática social que presentan áreas rurales o centros urbanos con población envejecida respecto a barrios periféricos con una elevada proporción de niños y jóvenes (servicios sociales, paro y delincuencia, espacios de ocio, etc.), son algunas de las vertientes posibles de esa compleja realidad que parece suscitar un interés creciente entre los geógrafos.

Además de implicar la existencia de desigualdades espaciales de diversa índole, la alusión a las relaciones y la estructura social como motor y clave de la organización del territorio lleva también implícita la aceptación de que en el interior de toda sociedad existirán individuos y grupos con diversa capacidad para materializar en el espacio sus intereses, deseos y valores.

Si bien es cierto que toda persona, por el hecho de residir en un lugar, desplazarse, consumir ciertos bienes en puntos determinados, etc., toma decisiones de carácter geográfico que inciden sobre la organización global del territorio, tampoco puede ignorarse que, salvo en casos muy específicos y singulares, su actuación se produce en ámbitos muy reducidos, circunscritos a su entorno inmediato, por lo que su protagonismo es limitado. Mayor influencia ejercen, sin duda, los propietarios del suelo y subsuelo, o de los medios de producción como sujetos activos que construyen de forma directa el territorio: la decisión tomada por un empresario industrial de instalar o cerrar su fábrica en un determinado lugar, la de un agricultor al elegir el tipo de cultivo a realizar, la del promotor inmobiliario al adquirir suelo en un determinado sector de la ciudad con vistas a su edificación, etc., pueden ser actuaciones significativas en tal sentido. Pero, en cualquier caso, no puede ignorarse que todo ese conjunto de decisiones a escala «micro» no son por lo común tan libres como en ocasiones se ha querido destacar, sino que se encuentran fuertemente mediatizadas por toda una serie de decisiones tomadas a escala «macro» por diversos grupos y entidades jurídicas o administrativas (grandes sociedades, sindicatos, Estado, corporaciones locales, etc.), que determinan el contexto legal, económico, sociolaboral, etc., en el que los demaś deben actuar forzosamente.

En consecuencia, dentro de toda sociedad existen una serie de personas y grupos que actúan conjuntamente, en distintos ámbitos y a diversas escalas, con capacidad para imponer sus intereses y valores mediante la puesta en práctica de unas determinadas estrategias espaciales, cambiantes en el tiempo. Pueden ser calificados genéricamente como agentes sociales de organización espacial o agentes espaciales. Cada uno de ellos «intenta una funcionalización del espacio a sus intereses, a fin de alcanzar su optimización como factor. Para ello se establecerán modelos de localización y asentamiento territorial; se articulará y jerarquizará el territorio de acuerdo con la estructura social que lo ocupe: o se adecuará la circulación de los restantes factores, tanto los materiales y productivos, como los de difusión ideológica, cultural y científica, o los de circulación de órdenes y respuestas» (J. E. Sánchez, 1984, 8). Las estructuras territoriales deben entonces interpretarse como el resultado material y acumulativo de las actuaciones desarrolladas por unos agentes espaciales determinados, generadoras de conflictos en función del distinto uso que cada uno de ellos está interesado en otorgar al espacio.

Desde esta perspectiva, el sistema socioeconómico se convierte en elemento fundamental de diferenciación a escala mundial desde una perspectiva geográfica, al incidir directamente sobre el número, importancia relativa y modos de actuación de los distintos agentes espaciales, junto al marco jurídico-institucional en que desarrollan sus estrategias. Definido como el «conjunto de relaciones estructurales básicas, técnicas e institucionales, que caracterizan la organización económica total de una sociedad y determinan el sentido general de sus decisiones fundamentales, así como los cauces predominantes de su actividad» (J. L. Sampedro y R. Martínez Cortiña, 1973, 271), constituye el elemento básico de diferenciación entre los dos bloques de poder que se reparten el mundo actual. Así, mientras la característica esencial del sistema capitalista es la multiplicidad de agentes espaciales tanto públicos como privados que pugnan entre sí por la ocupación y el uso del suelo, buscando prioritariamente la obtención de un beneficio o una utilidad (mercantilización del espacio), la que define los sistemas de economía centralizada es la sustitución de esa diversidad de centros decisorios por la hegemonía del Estado como agente fundamental de organización —ante la socialización de la mayor parte de los medios productivos— cuyas actuaciones pueden regirse por criterios de equidad social o de eficiencia económica. Al mismo tiempo, si el mecanismo básico de actuación en el capitalismo es la competencia en el mercado a través del sistema de precios, que establece quién posee ese espacio y a qué se destina, las economías centralizadas otorgan ese protagonismo a la planificación, organizada desde las instancias estatales y en diferentes escalones jerárquicos, que determina los criterios y las formas de actuación a desarrollar durante un periodo de tiempo determinado, tanto en el plano sectorial como territorial. La consecuencia más significativa desde el punto de vista geográfico es la existencia de una lógica espacial y unos modelos territoriales bastante diferenciados, si bien la diversidad de circunstancias históricas, políticas y económicas que existe entre países introduce una variedad de situaciones más amplia que la reflejada por esta simple dicotomía.

Desde otra perspectiva complementaria de las anteriores puede señalarse que, como resultado de las contradicciones que surgen en el desarrollo de los procesos de producción y reproducción social, la evolución de toda sociedad está jalonada por una serie de conflictos, tensiones y lacras que en muchos casos tienen tambien un componente espacial que no se limita a su simple localización sobre un mapa.

Aspectos como la pobreza, el paro, la discriminación por motivos étnicos, raciales o de sexo, los «ghettos» y el chabolismo urbanos, las deficiencias en el acceso a la educación o la salud, la delincuencia urbana, etc., tienen una distribución espacial peculiar que se vincula con el reparto de la población sobre el territorio, sus características, sus contradicciones internas, y constituyen elementos de primer orden para detectar algunos de los problemas fundamentales de una sociedad.

Las diferentes tasas de paro que se observan entre mercados de trabajo espacialmente separados y que inciden en un desigual acceso al empleo para la población no sólo en virtud de su cualificación, edad, sexo o clase social, sino también en razón de su localización, forzando en ocasiones la emigración temporal o definitiva, y frenándola cuando no existen perspectivas de obtenerlo en un entorno más o menos próximo o accesible, pueden ser un exponente revelador de esas implicaciones. El reparto espacial y temporal de los diversos tipos de delitos contra la propiedad o las personas que se cometen diariamente en una gran ciudad, pone también de manifiesto que la tan mencionada inseguridad ciudadana no es padecida del mismo modo por todos sus habitantes, siendo el lugar de residencia o el tipo de áreas que se frecuentan uno de los componentes que entran a formar parte de esa diferenciación.

La preocupación por las distintas formas que puede revestir la marginalidad que genera el desarrollo de una sociedad desigual, agravadas aún recientemente por efecto de la crisis económica, se han constituido, pues, en una de las vertientes que hoy reivindican algunos de los enfoques más recientes y controvertidos en nuestra disciplina, desde la geografía del bienestar, a la feminista, etc. (A. Sabaté, 1984; R. Lee, 1986). Respecto al interés por los conflictos sociales, cuestiones como el efecto de los movimientos sociales en la producción del espacio urbano, la influencia del grado de sindicación y conflictividad laboral en la gran ciudad y la gran fábrica sobre los procesos de descentralización industrial, así como otros muchos, han pasado también a formar parte del amplio bagaje temático con que hoy cuenta la geografía humana.

No puede finalizarse esta breve referencia a las vinculaciones que existen entre la sociedad y el espacio sin mencionar la capacidad mostrada por este último para incidir sobre las relaciones sociales y su evolución temporal. Aceptar que la sociedad modela el espacio no equivale a limitar la consideración de éste a la de simple variable dependiente, tal como suele plantearse habitualmente desde la perspectiva sociológica. Por el contrario, las formas espaciales construidas, como herramientas que responden a una lógica y una relación de fuerzas determinada, dotadas de una simbología, también actúan sobre la vida social contribuyendo a mantener y estabilizar el sistema de relaciones que las originó y a promover unos determinados comportamientos colectivos (competitividad, individualismo o sociabilidad, separación o integración de clases, etc.). De esta forma, «si la sociedad crea el espacio, el espacio asegura no solamente la existencia de la sociedad, sino también su continuidad en el tiempo. Permite al grupo sobrevivir a la desaparición de sus miembros: nacido de costosas inversiones de trabajo y capital, soporte material de comportamientos e intereses, juega el papel de una caja de ahorros y de informaciones, de una memoria social a disposición de las sucesivas generaciones. Participa así en la función de integración de los individuos que lleva a cabo el sistema sociopolítico para asegurar su mantenimiento» (H. Isnard, 1978, 150). Unas formas espaciales resistentes al cambio se constituyen, por tanto, en factor de inercia social, por lo que todo intento de transformar radicalmente las estructuras sociales implica necesariamente una actuación paralela de remodelación territorial.

La íntima relación que existe entre los términos del bionomio «sociedad-espacio» permite, pues, afirmar que «una sociedad dada y el espacio que organiza y aprehende (es decir, su espacio socializado), forman un sistema socio-espacial» (R. Chapuis, 1984, 43) integrado, en el que cualquier transformación en uno de ambos componentes acarrea, de forma más o menos directa según los casos, la del otro, si bien son frecuentes la falta de sincronía, los desfases e, incluso, la pervivencia de ciertos rasgos aislados que se mantienen por inercia, sirviendo como testigos del pasado.

1.4. ACTIVIDAD ECONÓMICA Y MODELOS DE ORGANIZACIÓN TERRITORIAL

Pese a que «entre las ciencias de la economía y la geografía ha existido durante mucho tiempo una sorprendente falta de contactos», no cabe duda de que la actividad económica es un elemento esencial de toda sociedad y, en tal sentido, constituye un factor básico en la organización del territorio, por lo que «los conceptos de la economía guardan una relación fundamental con todas las clases de estudios de los aspectos humanos de la geografía» (M. Chisholm, 1969, 11). El estudio de las complejas interrelaciones que se establecen entre la actividad económica y el espacio, así como de los modelos de organización derivados, constituye el objeto esencial de la geografía económica, una de las disciplinas que mayor desarrollo ha conocido desde los años sesenta de entre las que forman parte de la geografía humana.

De una parte, las condiciones del territorio, que no es «transparente» ni homogéneo, sino «rugoso» y desigual, ejercen una influencia directa sobre los procesos y la actividad económicos, generando comportamientos diferenciados que vienen a alterar y complicar buena parte de los principios establecidos por la teoría económica convencional, que tradicionalmente se definió por su carácter aespacial. Tres, son al menos, las vertientes que pueden presentar esas relaciones de causalidad (M. Rocherfort, 1975).

En primer lugar, el espacio puede concebirse como fuente de recursos, naturales y humanos, cuyo desigual reparto cuantitativo y cualitativo genera contrastes en el volumen y tipo de actividades existentes en cada área. De este modo, las aptitudes naturales que presenten el suelo y el subsuelo, concebidas como elementos del sistema productivo, influyen directamente sobre las posibilidades de desarrollo para todas las actividades primarias de carácter extractivo, desde las agrícolas y ganaderas a las mineras, forestales, etc., y de modo indirecto sobre aquellas otras de transformación que emplean estos recursos en grandes volúmenes. Si en sociedades con escasa capacidad tecnológica la dependencia de las condiciones naturales continúa siendo importante, y fue ya suficientemente destacada por los geógrafos en el pasado, su influencia no ha desaparecido en aquellas otras más avanzadas en donde afecta de modo directo la creciente especialización productiva de las regiones —principalmente en el plano agrario— dentro de una economía progresivamente mundializada. Por esta razón, el concepto de «recurso natural» lleva aparejado siempre un contexto tecnológico y económico definido que explica, por ejemplo, que determinados yacimientos que en el seno de una economía cerrada o fuertemente protegida fueron rentables, puedan dejar de serlo al eliminarse los obstáculos para la llegada de minerales más baratos procedentes de otras regiones, o descubrirse nuevos procedimientos técnicos que permiten la utilización de recursos antes improductivos. La forma de apropiación de esos recursos constituye también un elemento de diferenciación, cuyos desiguales efectos se constatan en la contraposición básica que opone a países de economía capitalista y de planificación centralizada, pero resultan visibles también a otras escalas. La tradicional contraposición entre latifundio y minifundio, capaz de generar vivos contrastes en el uso agrario del suelo dentro de una misma comarca en función de la distinta capacidad de inversión, asunción de riesgos, retribución de la fuerza de trabajo, etc., o las transformaciones derivadas de la socialización de la tierra y las reformas agrarias en los países socialistas, pueden ser algunos de los más conocidos.

Igualmente, el volumen de población existente en un área y sus características (estructura por edades y sexos, nivel de cualificación profesional, capacidad adquisitiva, exigencias salariales, etc.) incide también atrayendo o repeliendo la implantación de empresas en relación con los respectivos costes de producción y el mercado potencial de consumo existente, la flexibilidad de la oferta de trabajo, etc. Así, una región densamente ocupada por una población con elevada capacidad adquisitiva favorecerá la instalación, tanto de empresas industriales orientadas a cubrir la demanda de bienes manufacturados, como de comercios y servicios públicos y privados (sanitarios, culturales, de esparcimiento...), e incluso podrá favorecer una intensificación de las actividades agrarias ante los incentivos generados por un mercado consumidor amplio y seguro. De igual modo, la oferta de una mano de obra cualificada podrá atraer la localización de empresas tecnológicamente avanzadas, en tanto las áreas que cuenten con grandes contingentes de población escasamente cualificada y con niveles salariales reducidos se convertirán en idóneas para aquellas otras que realizan tareas de carácter repetitivo y producen bienes estandarizados, al poder abaratar sustancialmente sus costes de fabricación.

En segundo lugar, el espacio puede ser concebido también como un obstáculo a todo tipo de desplazamientos. Si el funcionamiento de cualquier economía implica la movilidad de mercancías, personas, capitales e información no cabe duda de que la progresiva desaparición de los sistemas autárquicos o de economía cerrada en aras de una creciente integración de mercados, ha supuesto un constante aumento en la densidad de estos flujos, la longitud de los desplazamientos y el número de áreas afectadas. El movimiento y la circulación han adquirido así carta de naturaleza como aspectos de notable interés para la geografía humana.

Desde esta óptica, el espacio impone una serie de resistencias que limitan la movilidad de los factores productivos al generar unos costes de «fricción» asociados al desplazamiento. Si bien el volumen de esos costes depende inicialmente de la distancia, aspecto destacado ya en 1885 por Ravenstein en su análisis de las migraciones, así como por todas las teorías clásicas de localización, desde Thünen a Weber, Christaller o Alonso, que justifica una cierta regularidad en las distribuciones, existen toda una serie de sesgos o deformaciones que pueden modificar los gradientes de coste en ciertas áreas o direcciones y que se relacionan con la importancia de los obstáculos impuestos por el medio natural (cadenas montañosas, bosques, áreas pantanosas...), la cantidad y calidad de las infraestructuras físicas (red de comunicaciones y medios de transporte disponibles), la existencia de barreras de carácter legal o político-administrativo (fronteras, aranceles, etc.), Las regularidades observadas en los desplazamientos de la población hacia los centros de mercado con el fin de acceder a determinados bienes y servicios inexistentes en sus lugares de residencia se justifican precisamente por el deseo de minimizar la distancia a recorrer, mediatizado por el trazado de la red de transportes y la atracción diferencial de los núcleos según su categoría funcional, es decir, según la cantidad y cantidad global de servicios ofertados. La figura del gráfico 1.3, referida a la movilidad de los consumidores para la adquisición de prendas de vestir en la provincia de Cuenca, ejemplifica esta relación, facilitando al mismo tiempo la delimitación de áreas de mercado diferenciadas.

Las desiguales condiciones de accesibilidad que se generan según territorios contribuyen a la aparición de modelos de organización también diversos. De este modo, mientras en regiones desarrolladas, con redes de transporte y comunicación densas, integradas y jerarquizadas, la disminución de los valores de distancia/tiempo/coste entre sus puntos facilita los intercambios, la especialización funcional de sus ciudades, áreas de cultivo, o los movimientos de población, es decir, una marcada división espacial del trabajo, en aquellas otras con redes deficientes y desconectadas la incorporación plena a la economía de mercado suele restringirse a ciertos sectores más accesibles (litoral, nudos de transporte, etc.), quedando el resto del territorio al margen de esos circuitos o incorporado sólo de manera parcial. De igual forma, la mejora tecnológica y la diversificación de los medios de transporte en los dos últimos siglos ha supuesto la «contracción» del espacio al eliminar buena parte de las restricciones impuestas con anterioridad por el factor distancia, posibilitando la ya citada mundialización de procesos a que hoy asistimos. Es fácil imaginar el profundo cam-

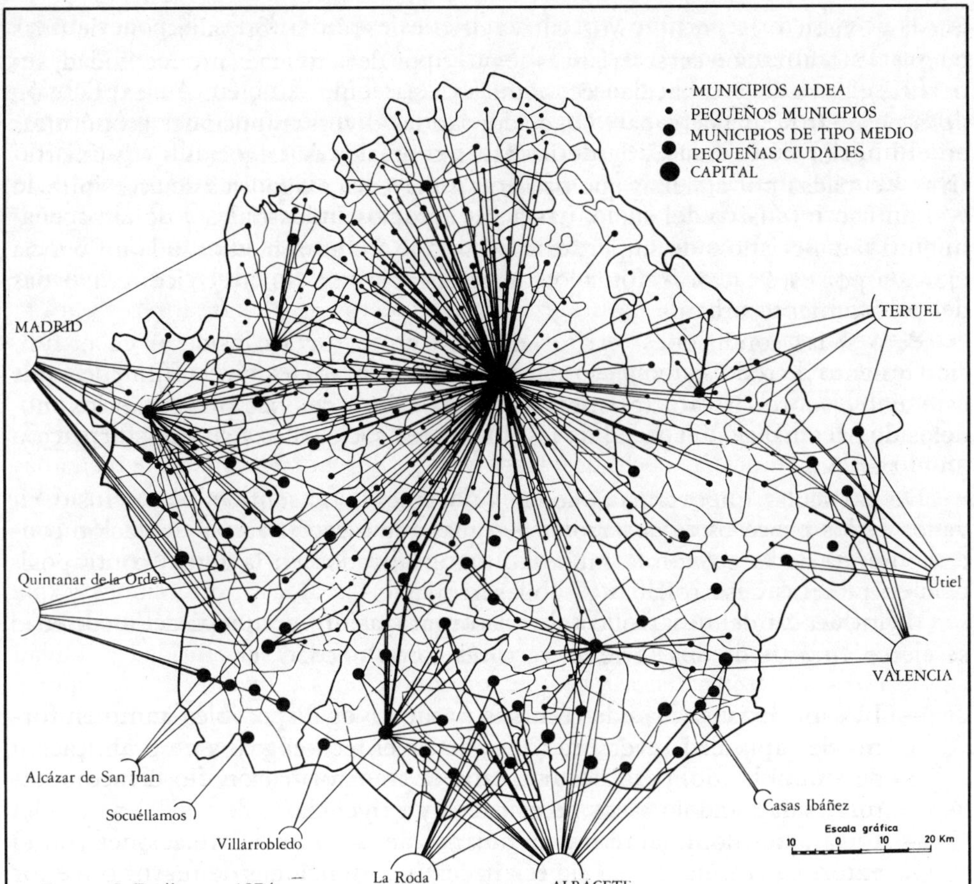

Fuente: J. Estébanez, 1974.

Gráfico 1.3. Desplazamientos para la adquisición de prendas de vestir en la provincia de Cuenca en 1969.

bio que introdujo en la sociedad y la economía españolas la instalación del ferrocarril que, por ejemplo, redujo la duración del viaje entre Madrid y Barcelona de una semana en 1850 a menos de veintidós horas en 1870; al mismo tiempo, el número de viajeros por convoy, reducido a un máximo de doce por diligencia, pudo incrementarse en unas veinte veces, y la capacidad media de carga alcanzada por un tren de mercancías llegó a representar unas trescientas veces la de una carreta de bueyes, sin contar con el aumento de la seguridad y regularidad en los trayectos. Por esta razón, puede afirmarse que en el transcurso de la Historia el aumento de la escala que caracteriza la práctica espacial de las sociedades ha sido una constante.

Aún es posible establecer un último tipo de vinculación en el mismo sentido que las anteriores. Puesto que todas o la mayor parte de las actividades económicas se desarrollan en un espacio concreto, ocupando una determinada fracción de suelo, de dimensiones y características variables según las exigencias propias de cada una de ellas, el precio que alcance ese suelo y la competencia interempresarial por su ocupación, así como las restricciones legales que puedan existir o la presión impositiva determinarán la formalización de unas pautas de localización características según tipos de actividad (productividad/superficie), tamaño y capacidad económica de las empresas, etc. La explicación de la peculiar forma de reparto que adoptan las diversas funciones económicas en el interior de la ciudad, desde las áreas centrales de negocios y administrativas, ocupadas por aquellas que presentan mayores exigencias de accesibilidad y/o un uso intensivo del suelo, hasta los espacios industriales y de almacenamiento característicos de su periferia, responde, en gran medida, a la influencia ejercida por este factor, reforzado con frecuencia por las directrices emanadas del planeamiento urbano.

Pero si las condiciones territoriales son un factor a considerar en el funcionamiento de todo sistema económico, igual o mayor es aún la influencia que éste ejerce sobre las características externas e internas que presentan los modelos de organización espacial de las diferentes sociedades y su transformación en el tiempo.

De particular importancia pueden valorarse en tal sentido los efectos derivados de los procesos de desarrollo desigual que caracterizan la evolución contemporánea de la economía mundial, materializados en la actual contraposición entre áreas desarrolladas y subdesarrolladas[3].

La influencia del desarrollo sobre la organización territorial de la sociedad se ejerce a través de una serie de vectores como pueden ser:

— La cantidad y calidad de recursos productivos disponibles, tanto en forma de capacidad inversora como de nivel tecnológico y de cualificación de su población, para llevar a cabo la transformación de su medio natural, adaptándolo a sus necesidades y exigencias.
— El carácter dominante o dependiente del área en sus relaciones con el exterior, vinculado a su especialización en funciones de mayor o menor rango dentro de la división internacional del trabajo, así como al grado de sujeción respecto a intereses y decisiones foráneos.
— El tipo de relaciones sociales existente en su seno, afectadas por una jerarquización, una movilidad y unas contradicciones más o menos acusadas.

Desechando la mera visión cuantitativista y lineal del proceso de desarrollo, que reduce las desigualdades existentes a la cantidad global de bienes consumidos medida en términos macroeconómicos (renta por habitante, consumo de energía, etc.) y las considera resultado de un proceso común seguido por todas las sociedades, en el que unas han avanzado con más rapidez que otras (W. W. Rostow, 1961), puede afirmarse que la contraposición desarrollo-subdesarrollo a escala mundial responde a un proceso histórico, dialécticamente interdependiente, acumulativo y marcado por unas relaciones funcionales de in-

[3] Entre los numerosos textos publicados ya en castellano sobre el tema pueden citarse los de S. Amin (1974), F. Arroyo (1984), P. Bairoch (1973), J. P. Dickenson y otros (1985), A. G. Frank (1971), C. Furtado (1974 y 1975), P. George (1983), Y. Lacoste (1978), F. Manero (1983), G. Myrdal (1965 y 1974), J. L. Piñón (1981), W. W. Rostow (1961), O. Sunkel (1980) y P. Talavera (1984).

tercambio desigual, que han dado lugar a la formalización de unas estructuras económicas, sociales y espaciales diferenciadas.

Sin negar la posible existencia de factores endógenos de impulso o freno al desarrollo vinculados a las difíciles condiciones del medio natural, la «explosión» demográfica, la estructura social, etc., esta visión insiste en la importancia prioritaria de la posición ocupada por cada región en el interior del sistema mundial y en cada momento histórico, bien como centro dominante, periferia dependiente, o semiperiferia afectada por la difusión de algunas actividades desde los centros, origen de peculiares modelos de desarrollo (I. Wallerstein, 1979). El tipo de relaciones, de carácter disimétrico, que se establecen entre estas tres áreas, tanto en los planos financiero y tecnológico, como demográfico, comercial o político-militar, intentan quedar reflejados en el gráfico 1.4. El actual pro-

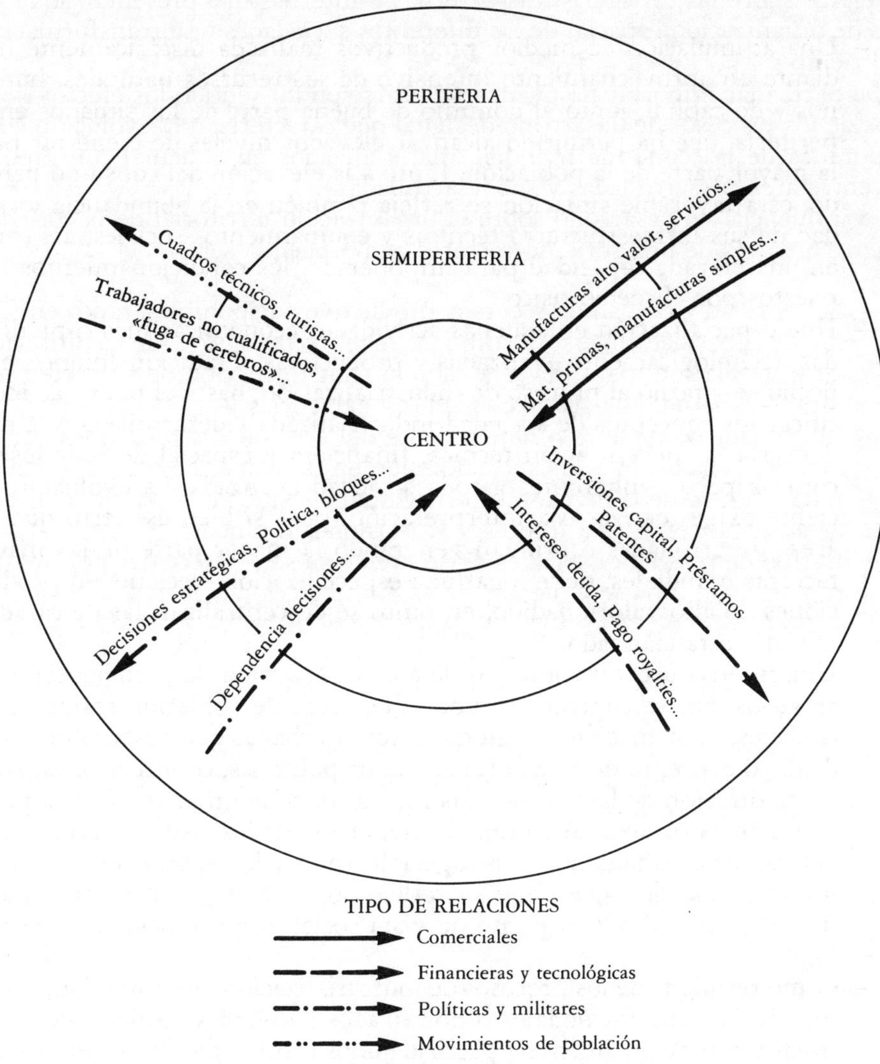

Gráfico 1.4. Modelo de relaciones centro-periferia a escala mundial.

ceso de transnacionalización, si bien tiende a sustituir parcialmente al anterior protagonismo de los Estados por el de las grandes corporaciones multinacionales, no elimina, sino que refuerza, la funcionalización del espacio mundial en el seno de una división del trabajo donde la especialización respectiva de centros y periferias tiende a reforzarse, aunque bajo formas en ocasiones nuevas.

Como resultado de esos procesos evolutivos divergentes, es posible detectar la existencia de unas estructuras territoriales o geográficas también diferenciadas, que justifican la alusión a una «geografía del desarrollo» y una «geografía del subdesarrollo» con significado propio. En un simple bosquejo introductorio a una realidad compleja que exige análisis más pormenorizados (R. Méndez y F. Molinero, 1984), pueden considerarse como rasgos geográficos más característicos de las áreas desarrolladas:

— Una acumulación de medios productivos realizada históricamente mediante un aprovechamiento intensivo de sus recursos naturales, humanos y de capital, junto al dominio de buena parte de los situados en la periferia, que ha permitido alcanzar elevados niveles de bienestar para la mayor parte de la población. Junto a la elevación del consumo privado, esta favorable situación se refleja también en la abundancia y calidad de sus infraestructuras técnicas y equipamientos sociales, así como en una elevada capacidad para imponerse a los condicionamientos impuestos por el medio físico.
— Una especialización en aquellas actividades económicas más capitalizadas, tecnológicamente avanzadas y productivas. Tradicionalmente, este hecho se vinculó al proceso de industrialización, hasta el punto de identificar los conceptos de sociedad industrializada y desarrollada y la tendencia a la concentración técnica, financiera y espacial de la industria como aspectos inherentes a toda sociedad avanzada. La evolución reciente exige matizar esa interpretación, pues si bien es cierto que las áreas desarrolladas continúan generando la mayor parte de las manufacturas mundiales, tiene lugar una especialización creciente en producciones de alto valor añadido, en tanto se descentralizan las de carácter trivial y estandarizado.
— Una intensa urbanización, paralela a la expansión de la industria y los servicios, que se concreta en unas altas tasas de población residente en ciudades, la formación de aglomeraciones urbanas que desbordan el tradicional concepto de ciudad (áreas metropolitanas, conurbaciones, etc.), y una difusión de la cultura y las formas de vida urbanas a buena parte de las áreas rurales. La creciente integración de los sistemas urbanos ha venido acompañada por una especialización y jerarquización de las diferentes ciudades, que tiene su reflejo en la segregación de su espacio interno, tanto desde el punto de vista social, como funcional o morfológico.
— Como resultado de los procesos de industrialización/urbanización, la formación de espacios nodales o polarizados a diversas escalas, que se estructuran funcionalmente a partir de unos centros dinámicos en los que se concentran la población, los capitales, las actividades y la innovación,

debido a las externalidades positivas que en ellos se generan, lo que conlleva la profundización de los desequilibrios regionales.

— Una creciente desagrarización, con fuerte descenso y envejecimiento de la población activa ocupada en tareas primarias, unida a una plena incorporación a la agricultura de mercado y una progresiva urbanización del mundo rural, particularmente visible en los entornos periurbanos o en aquellas áreas reconvertidas en espacios de ocio para una población que procede esencialmente de las ciudades.
— Una progresiva concentración espacial de la población, relacionada con los movimientos migratorios internos en dirección a las áreas más prósperas y activas, que actualmente parece remitir e, incluso, invertirse en los núcleos más saturados. Al cambio en la distribución le ha acompañado un paulatino descenso en el ritmo de incremento demográfico que alcanza en ocasiones el estancamiento, y la consiguiente alteración de las estructuras demográficas.

Por su parte, y dentro de una diversidad aún mayor derivada de las heterogéneas condiciones ecológicas, herencias históricas, rasgos culturales, estructuras sociales, etc., puede proponerse también la existencia de un modelo básico de organización territorial característico de las áreas subdesarrolladas y consistente en:

— Importantes desajustes en la relación población-recursos, derivados de la combinación de altas tasas de crecimiento demográfico, una baja productividad del sistema económico, y el escaso valor de los bienes obtenidos en los mercados mundiales, que se manifiestan en deficientes condiciones de vida (alimentación, sanidad, educación, etc.) para una mayoría de la población, agravadas por los fuertes contrastes sociales existentes y el «efecto demostración» que se deriva de la difusión de pautas culturales y de consumo procedentes de las áreas desarrolladas.
— Carácter de sociedades aún esencialmente campesinas, afectadas por una profunda crisis agraria que resulta de las contradicciones existentes, tanto entre una agricultura de subsistencia en retroceso frente a la de exportación, sometida a los vaivenes de precios en los mercados internacionales, como entre el latifundio y el minifundio, agravadas por el fuerte ritmo de expansión demográfica y el agotamiento de tierras derivado de una explotación abusiva y unas escasas inversiones.
— Una industrialización tardía, escasa y dependiente, que desde mediados de siglo alcanzó a algunos países de grandes dimensiones, con abundantes recursos naturales, así como mercados de consumo y trabajo en expansión, orientándose hacia la sustitución de importaciones y localizada en unas pocas ciudades o en áreas de yacimientos. Los nuevos procesos industrializadores de la última década se orientan, en cambio, hacia la exportación, afectan a países que resultan atractivos para las multinacionales por la baratura y escasa conflictividad de su fuerza de trabajo, y son aún más selectivos desde el punto de vista sectorial y espacial, concentrándose en enclaves portuarios, que facilitan los contactos con el exterior.

— Un crecimiento urbano rápido y desequilibrado, derivado de los tres procesos anteriores (explosión demográfica-éxodo rural-industrialización), que se concentra en unos pocos núcleos de gran tamaño afectados por una expansión sin precedentes. El fuerte aumento de su población se acompaña de elevados costes sociales en su interior, vinculados con la insuficiente dotación de equipamientos, las altas tasas de paro y subempleo, y el rápido desarrollo de la urbanización marginal ante la existencia de amplias capas de población insolvente.
— Un dualismo y una escasa integración territoriales, visible en la frecuente contraposición entre las áreas litorales, donde se concentran la mayoría de grandes ciudades y actividades capitalistas de exportación, y las del interior, aún dominadas por la agricultura de autosubsistencia. Una red de transportes desarticulada, pensada para enlazar las ciudades costeras o drenar recursos desde ciertas áreas interiores hacia un puerto de embarque, contribuye eficazmente a mantener esa desconexión. En cualquier caso, esas áreas marginales del interior cumplen un eficaz papel de apoyo al desarrollo de las actividades «modernas», tanto produciendo alimentos a bajo precio, como aportando un constante flujo de fuerza de trabajo excedente, o amortiguando los altibajos cíclicos que conoce la producción comercial.

Pero si el binomio desarrollo-subdesarrollo resulta indispensable en la interpretación del mundo actual desde una perspectiva geográfica, esto no significa que la incidencia de la economía sobre el territorio se limite a la contraposición entre centros y periferias.

Desde una interpretación diacrónica de la realidad espacial, es evidente que el desarrollo del sistema económico ha venido marcado por una serie de fases o etapas separadas por periodos de crisis o ruptura. En cada una de ellas se ha producido una modificación, tanto en el volumen de fuerzas productivas materiales disponibles (recursos tecnológicos, base energética, etc.), como en las relaciones sociales de producción, la división del trabajo social y espacial, y el marco político-institucional circundante, que dieron lugar a una sucesión de modelos territoriales capaces de modificar la fisonomía de las regiones, así como la intensidad y el tipo de relaciones entre unas y otras.

Aun a riesgo de resultar simplista, pueden diferenciarse, al menos, tres etapas sucesivas, aplicables a las sociedades capitalistas desarrolladas y, parcialmente, a las de economía planificada.

Hasta el siglo XVIII, el planeta fue asiento de lo que generalmente podemos denominar sociedades preindustriales, caracterizadas por una capacidad tecnológica limitada y la consiguiente sujeción al medio, un fuerte predominio de las actividades del sector primario, reducidos niveles de productividad y de excedentes, una fuerte jerarquización social y una acusada estabilidad demográfica. En estas sociedades agrarias dominadas por el policultivo de autosubsistencia y con una división del trabajo consecuentemente reducida, los modelos territoriales se caracterizaban por una relativa dispersión, tanto de la población como de la producción agrícola y artesana, una hegemonía casi absoluta del poblamiento rural sólo alterada por la existencia de enclaves urbanos de dimensiones generalmente modestas, asiento del mercado y los grupos sociales dominantes, y una práctica espacial realizada en ámbitos reducidos, que sólo en aspectos muy concretos llegaba a rebasar el marco regional. Si bien en algunas regiones del Viejo Continente las corrientes comerciales conocieron una evidente expansión desde la Baja Edad Media, incrementándose con ello la importancia de ferias y mercados e iniciándose un proceso de especialización productiva en algunos territorios bien comunicados, la verdadera ruptura con esa forma de organización económico-espacial sólo se produjo con la Revolución Industrial iniciada en Inglaterra a finales del siglo XVIII.

El conjunto de mutaciones socioeconómicas y tecnológicas que ésta trajo consigo inauguró una nueva era en la Historia de la humanidad, regida por una lógica espacial también diferente. Las posibilidades tecnológicas aplicadas a la mejora de la productividad agrario-industrial y los medios de transporte, junto a la búsqueda de beneficios por los agentes económicos actuando en unos mercados de consumo, trabajo y capitales cada vez más amplios y competitivos, supuso en las sociedades industrializadas un proceso de concentración espacial creciente de la población y los medios de producción que acentuó los desequilibrios interterritoriales en los niveles de bienestar social. En el medio rural, la evolución hacia la agricultura de mercado estuvo jalonada por modificaciones en los tipos de cultivos y aprovechamientos tendentes a incrementar la especialización, un aumento en el tamaño de las explotaciones, y un importante éxodo de los excedentes de brazos en dirección a las áreas urbano-industriales, convertidas ya en los centros productivos básicos de cada país. La fuerte expansión de éstas, que incrementó la disimetría en las relaciones ciudad-campo y los fenómenos de polarización, también se vio acompañada por una progresiva segregación de su espacio interno. Desarrollo de la capacidad productiva, concentración del capital y concentración/integración espacial fueron, pues, elementos indisolublemente relacionados de un mismo proceso global.

El paso de la sociedad industrial a la que algunos autores califican de postindustrial, ocurrido en los países más avanzados con posterioridad a la II Guerra Mundial, ha estado marcado por una aceleración en el proceso de innovación tecnológica, capaz de reducir de forma drástica los volúmenes de población necesarios en tareas directamente productivas, posibilitando, en cambio, un aumento de la ocupación en el sector de servicios hasta convertirlo en ampliamente dominante, y el paralelo traslado de ciertas actividades de escasa cualificación en dirección a las regiones periféricas. Si la concentración del capital y la integración del espacio económico se han reforzado hasta el nivel que hoy reflejan las grandes corporaciones transnacionales operando en el interior de una economía mundializada, y si también se ha avanzado en el proceso de urbanización, invadiendo el mundo rural y desdibujando los perfiles que anteriormente definían ambos tipos de poblamiento, no puede ignorarse tampoco el inicio de un proceso de descentralización espacial propiciado por la innovación tecnológica que, sin romper la jerarquización funcional, supone una difusión de efectivos humanos y actividades hacia las ciudades medias y los entornos metropolitanos. Conceptos como los de ciudad dispersa, industrialización difusa, franjas rururbanas, etc., resultan adecuados para definir algunos de los rasgos característicos de estos nuevos modelos territoriales, que conllevan también la crisis de áreas industriales o de centros urbanos tradicionales, carentes hoy de su anterior funcionalidad. El proceso de profunda reestructuración económica e innovación tecnológica que hoy vivimos está acelerando el ritmo a que se producen algunas de estas transformaciones.

La modificación del mapa de usos del suelo correspondiente a la región del Languedoc (gráfico 1.5.), en el sureste francés, desde la situación característica del periodo preindustrial, dominada por un policultivo que se diversificaba en función de las condiciones ecológicas propias de cada área, al proceso de espe-

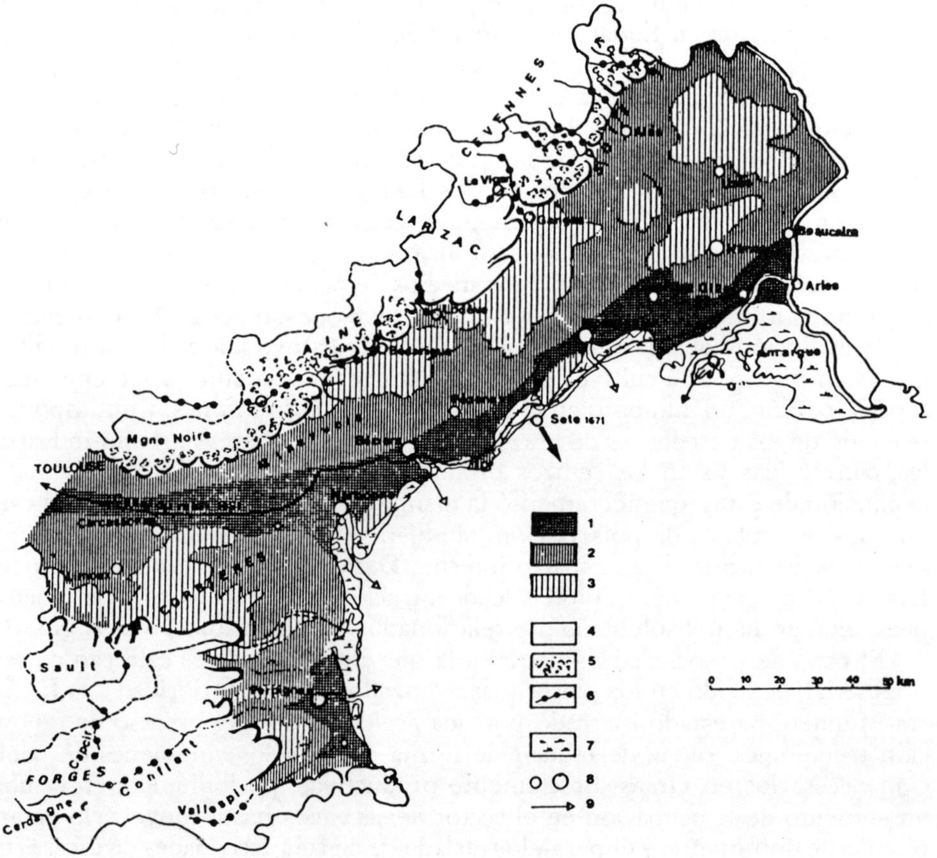

EL LANGUEDOC EN EL SIGLO XVIII

1, 2, 3: Regiones de sistema agrario mediterráneo (trigo, cebada, viña, olivo, cría de ganado ovino).
1. Excedente de cereales.
2. Excedente de vino y aceite.
3. Regiones marginales de monte bajo y cría de ganado ovino.

4, 5, 6: Regiones montañosas
4. Centeno, pastos de altura.
5. Castañar.
6. Valle industrial.

7: Zona litoral pantanosa.
8: Ciudades.
9: Canales abiertos y comercio marítimo.

(*Fuente:* P. Claval, 1980.)

Gráfico 1.5. Evolución histórica de la organización del territorio en la región del Languedoc

Gráfico 1.5. *Continuación.*

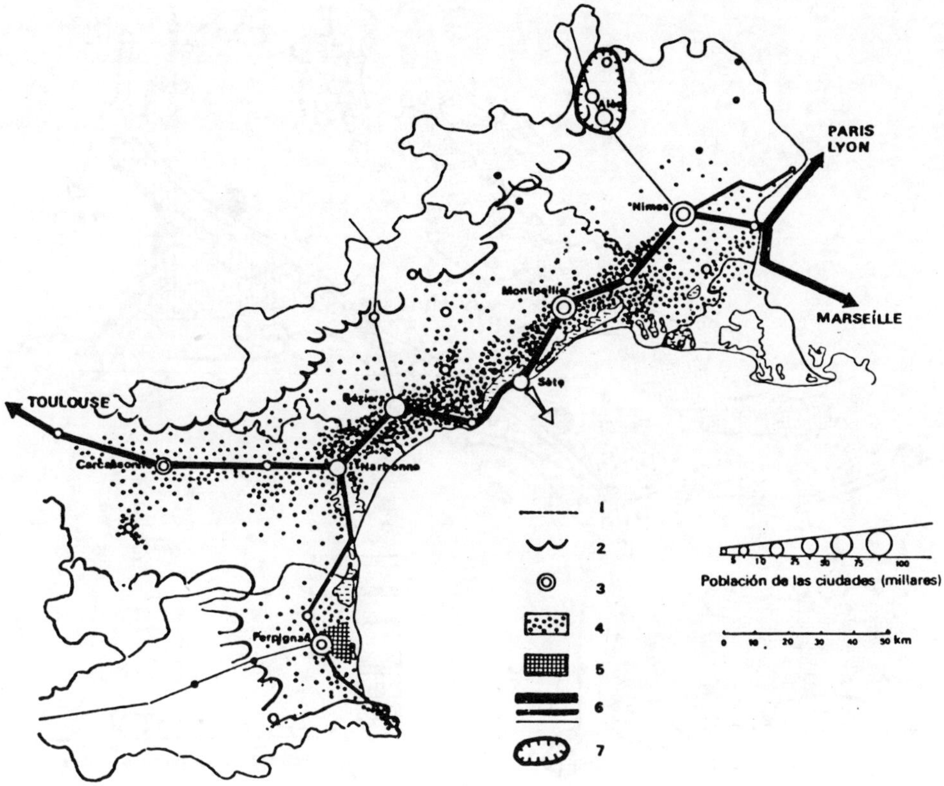

EL LANGUEDOC A FINALES DEL SIGLO XIX

1, límite de departamento; 2, límite del entorno montañoso; 3, prefectura; 4, cultivo comercial de viñedo; 5, cultivos comerciales de frutas y legumbres; 6, ferrocarriles; 7, regiones industriales vinculadas al carbón; en blanco, las zonas marginales en decadencia.

cialización agrícola, despoblamiento interior, urbanización e industrialización que caracterizó el siglo pasado, o el desarrollo turístico, hortícola y, en menor medida, industrial del litoral (complejo petroquímico de Fos) frente al declive de la comarca de Alés, vinculada a la metalurgia pesada, ocurrido en el presente, ejemplifica con bastante nitidez algunas de las repercusiones geográficas más visibles de este proceso (P. Claval, 1980, 292-304). La reciente aceleración de su proceso industrializador, que la sitúa como región más progresiva en la creación de empleos entre 1975 y 1982 (+ 9,2 por 100 frente a + 2,4 por 100 de promedio en Francia) y se vincula a su atractivo como región periférica con mano de obra abundante, relativamente barata y poco conflictiva, capaz de atraer sobre todo sectores intensivos en trabajo que acompañan el surgimiento de pequeñas empresas autóctonas, corresponde a la nueva fase que hoy se apunta en estrecha dependencia de la crisis y reestructuración industriales (G. Duché y S. Savey, 1986).

Gráfico 1.5. *Continuación.*

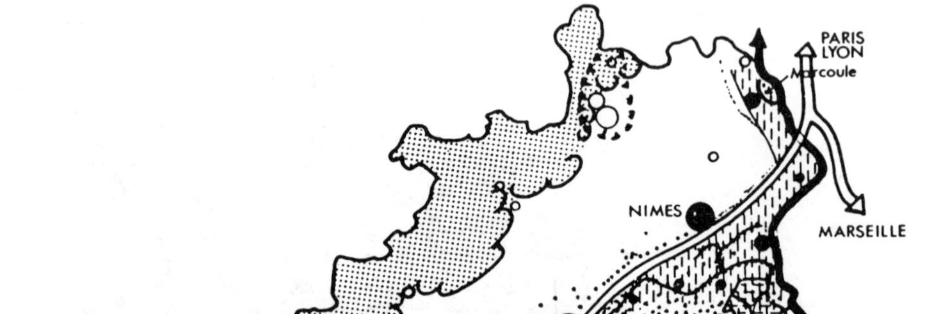

EL LANGUEDOC HACIA 1970

1, ciudad en expansión; 2, ciudad estancada o en decadencia; 3, eje de autopistas en servicio o en proyecto; 4, río de gran tamaño (Ródano); 5, canal de regadío; 6, viñedo comercial; 7, huertos y cultivos primerizos; 8, cultivo del arroz; 9, zona industrial en decadencia; 10, zona industrial en expansión; 11, zona turística de frecuentación nacional; 12, zona turística de frecuentación local o regional; 13, zonas marginales en vías de despoblación.

(*Fuente:* P. Claval, 1980.)

1.5. Estructuras políticas y formas espaciales: la relación poder-espacio

No puede finalizarse esta referencia a los diversos tipos de factores que condicionan la acción humana sobre el territorio sin hacer mención a los de índole política, sobre los que parece haberse centrado particularmente la atención en los últimos años, recuperando así un protagonismo que ya tuvieron en la geografía humana del primer tercio de siglo, aunque desde una perspectiva muy diferente (R. Méndez, 1986).

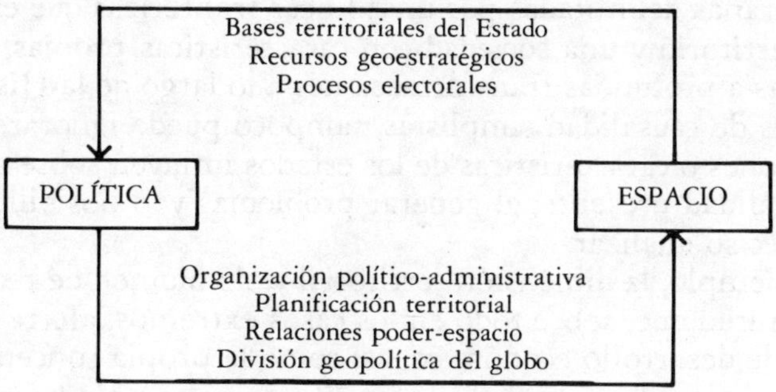

Gráfico 1.6. Interrelaciones política-espacio.

Al igual que hemos comprobado en los casos anteriores, entre política y espacio puede afirmarse la existencia de unas relaciones dialécticas que intentan quedar reflejadas en el gráfico 1.6 y constituyen el objeto propio de estudio para una geografía política que, pese a ser calificada por Patrick como «segmento mal definido del contínuo existente entre la geografía y la ciencia política» (R. A. Patrick, 1976, 229), se ha convertido probablemente en el ámbito de la geografía humana afectado hoy por una más alta tasa de incremento proporcional en su bibliografía.

Por una parte, el espacio actúa como factor con capacidad de incidir sobre las estructuras y procesos políticos que tienen lugar en su interior. Ya desde la obra pionera de Ratzel, publicada en 1897, y durante varias décadas, uno de los temas más relevantes estudiados por los geógrafos fue el de la influencia de las condiciones territoriales —particularmente las del medio físico— sobre la vida y organización de los Estados, concebidos como la forma de organización y de poder político fundamental.

Si ya Aristóteles, en el libro IV de su *Política*, había afirmado que «todo Estado es producto de la Naturaleza», por lo que población y suelo o territorio eran sus elementos constitutivos básicos, analizando después las condiciones apropiadas de tamaño, forma, situación, fronteras, recursos, etc., para la ciudad-estado perfecta, el primer tercio de nuestro siglo asistió a la consolidación definitiva de este tipo de estudios, fuertemente influidos en sus planteamientos por el determinismo ambiental imperante. Su posterior olvido y práctica desaparición del ámbito de la geografía académica, al menos en Europa, no afectó su pervivencia en los campos de la geografía militar y la geoestrategia (J. Bosque Maurel y otros, 1984), disciplinas ambas con objetivos aplicados muy concretos en donde este enfoque y los conocimientos de que provee parecen continuar siendo funcionales como «arma para la guerra» (Y. Lacoste, 1977). La recuperación que se aprecia en la última década se acompaña por una eliminación de las reminiscencias organicistas y deterministas, sustituidas por enfoques funcionalistas y estructuralistas, pero manteniendo algunos de los contenidos ya clásicos. Como ha reconocido Raffestin: «la obra ratzeliana, al sentar las bases de la geografía política, trazó un marco en el que aún se puede trabajar, aunque sea desde posiciones opuestas» (C. Raffestin, 1980, 8).

La superficie terrestre aparece hoy subdividida en un total de casi 190 estados (de los que 157 pertenecían a la O. N. U. al inicio de 1986), entidades políticas soberanas delimitadas por unas líneas fronterizas que encierran en su interior un territorio y una sociedad con características propias, y que han estado sometidas a profundas transformaciones a lo largo de la Historia. Sin caer en tentaciones de causalidad simplistas, tampoco puede ignorarse que algunas de las condiciones o características de los estados influyen sobre su devenir histórico y su realidad presente, al generar problemas y/o posibilidades específicas que es preciso analizar.

Así, por ejemplo, la dimensión territorial y el volumen de recursos son una primera magnitud que, sobre todo en los casos extremos, afecta las posibilidades y el tipo de desarrollo económico, así como la propia concepción del espacio asumida y aplicada por los habitantes de esos países. No hay que hacer profesión de fe en el determinismo para comprender que el gigantismo de los fenómenos geográficos en la Unión Soviética, con sus 22,4 millones de kilómetros cuadrados y sus 10.000 kilómetros entre las costas del Báltico y del Pacífico, acompañados por unas abundantes y variadas reservas naturales, han posibilitado un modelo de organización territorial y desarrollo esencialmente autárquico, basado en los recursos propios, y aplicado también parcialmente en el interior de sus fronteras ante los obstáculos impuestos al intercambio y el desplazamiento por las grandes distancias a recorrer, aspecto agravado por unos efectivos humanos relativamente modestos. En el extremo opuesto, la situación de ciertos archipiélagos del Índico y Pacífico independizados en las últimas dos décadas y constituidos en verdaderos microestados como las Seychelles (153 km^2 y 65.000 habs.), Tonga (697 km^2 y 104.000 habs.), Kiribati (861 km^2 y 61.000 habs.) o Tuvalu (26 km^2 y 7.000 habs.), imposibilita la salida de una situación de subdesarrollo agravada por el progresivo crecimiento demográfico y monetarización de la economía, condicionando al tiempo una fuerte dependencia exterior de la que tampoco escapan otros microestados situados en áreas más prósperas como Mónaco, Liechtenstein, Andorra, Bermudas, etc. El calificativo de «pequeñas, pobres y remotas», aplicado por Selwyn a esas islas del Pacífico meridional, además de resultar expresivo de una situación, incorpora un nuevo factor a considerar (P. Selwyn, 1978).

La posición es, en efecto, otra variable geográfica que actúa sobre los diferentes estados del globo, si bien su influencia ha sido cambiante en el tiempo. Sin entrar en consideraciones más amplias, baste señalar ahora la influencia ejercida por el aislamiento relativo con respecto a los centros de poder sobre la colonización de Australia y Nueva Zelanda en el siglo pasado, frente a la revalorización que hoy puede suponer el progresivo desplazamiento de los centros dinámicos del planeta en dirección al Pacífico (California, Japón, etc.), o el papel jugado por su posición central en el istmo centroamericano sobre la historia y la realidad actual de Panamá. También hay que referir aquí la peculiar significación que cobran los denominados por la geopolítica como «estados-tapón», situados en el límite entre las áreas de influencia de dos o más grandes potencias, y que a lo largo de la Historia se han venido definiendo como espacios de conflicto y tensión por excelencia. Sin remontarnos a un pasado lejano, basta recordar la localización de los numerosos focos de tensión política y episodios bélicos surgidos en los márgenes euroasiáticos con posterioridad a la II Guerra Mundial, desde Corea al Sudeste asiático, Afganistán, Irán, Oriente Próximo, etc., para comprender la estrecha dependencia que el pasado reciente de estos pueblos guarda con respecto a su situación entre las fronteras de la Unión Soviética o China y los sucesivos cinturones «defensivos» de Estados Unidos, orlados por la existencia de diversas alianzas y bases militares.

Finalmente, las fronteras constituyen otro elemento de raíz política con significado geográfico. Obviando la referencia a temas de debate ya caducos como el de las fronteras «naturales» de los estados relacionadas con su «espacio vital», que en gran medida sirvieron como justificación pseudocientífica para ciertas ambiciones expansionistas, las cuestiones que hoy parecen más relevantes se relacionan con los problemas que para determinadas áreas y grupos humanos se han derivado de la movilidad de las líneas fronterizas y con la frecuente marginalidad que suele caracterizar los espacios próximos a las mismas, junto a los problemas fronterizos derivados frecuentemente de los arbitrarios límites impuestos por la colonización, de modo particular en el continente africano.

Al sustituir la concepción de la frontera como una línea por la de una superficie o un territorio que se sitúa en sus márgenes, se ha puesto de manifiesto el tradicional abandono que vienen sufriendo muchos de estos espacios por parte de los poderes públicos, así como la desintegración que se deriva de la existencia de barreras a la movilidad de personas, mercancías y capitales entre territorios próximos, acentuada con frecuencia por unas deficientes infraestructuras de transporte y comunicación que suelen tener su origen en razones estratégicas mantenidas por inercia. La atención que comienza a prestarse hacia los efectos negativos ejercidos por la frontera hispano-portuguesa sobre el desarrollo de las comarcas próximas, la aparición de formas de economía específicas, la dedicación de un capítulo específico de ayudas a las regiones fronterizas dentro de la actual política territorial de la C. E. E., etc., son atisbos de este reciente interés, que aún no ha encontrado un eco suficiente en la geografía (P. Guichonnet y C. Raffestin, 1974).

Pero la incidencia de los fenómenos espaciales sobre los políticos desborda el estrecho marco de referencia estatal, y la superación de esa óptica restrictiva ha constituido uno de los elementos de renovación más importantes para la geografía política en los últimos tiempos. Una de estas vinculaciones es la que se establece entre el espacio y los procesos electorales, cualquiera que sea su rango. Más allá de la simple referencia a la distribución de votos o escaños, que vuelve a situar al territorio como mero continente inerte en el que se desarrolla la contienda política, la moderna geografía electoral ha puesto de manifiesto la influencia que sobre los resultados ejercen tanto la delimitación de circunscripciones electorales, como los procesos de difusión y «contagio» de los comportamientos de voto, junto a la existencia de correlaciones o asociaciones espaciales entre los resultados de las votaciones y una serie de características (económicas, sociales, culturales, de edad, etc.) de las poblaciones residentes en cada área (M. A. Busteed, 1975; R. J. Johnston, 1979).

La división del territorio en circunscripciones que define toda ley electoral supone un mecanismo de comarcalización o compatimentación espacial con criterios operativos capaz de influir significativamente sobre los resultados finales alcanzados por las diversas formaciones políticas al concentrar o dispersar los votos previsiblemente orientados en una determinada dirección. Por esa razón, los criterios que se utilicen en cada caso (fisiográficos, históricos, administrativos, demográficos, etc.), su evolución y posible manipulación partidista,

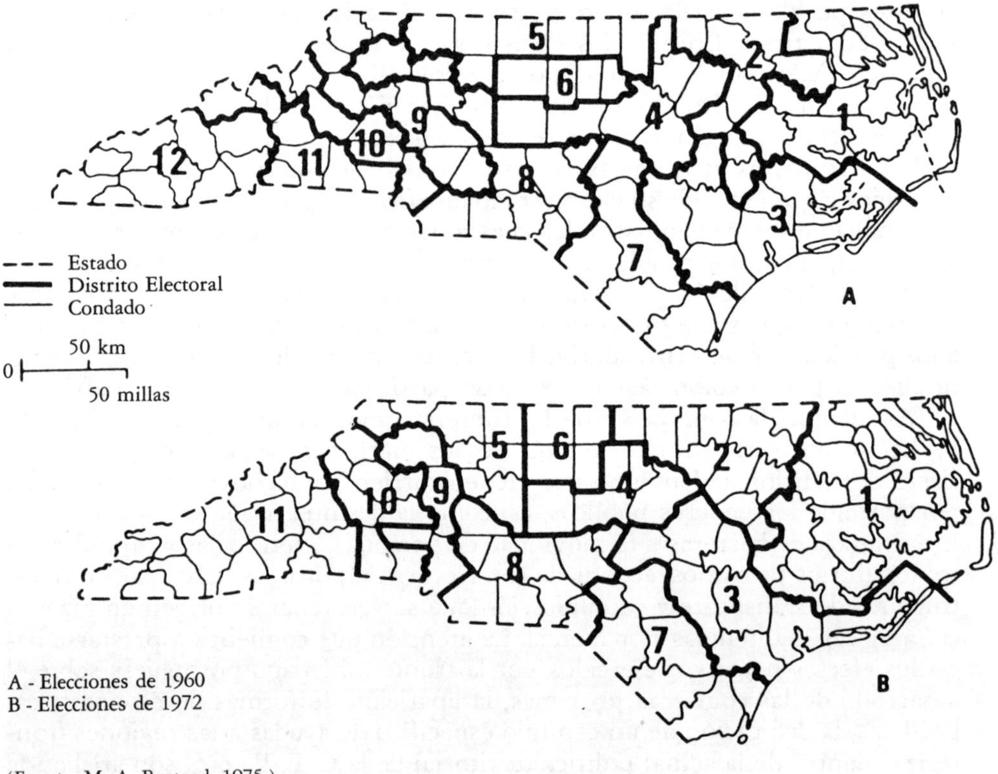

(*Fuente:* M. A. Busteed, 1975.)

Gráfico 1.7. Límite de los distritos electorales en el estado de Carolina del Norte para las elecciones al Congreso.

así como los efectos derivados o los resultados que podrían alcanzarse con otras subdivisiones alternativas, son cuestiones de evidente interés geográfico y relevancia práctica. Un buen exponente de la importancia que adquiere en ocasiones la fragmentación del territorio electoral es el analizado por Busteed para el estado norteamericano de Carolina del Norte (gráfico 1.7). En las elecciones al Congreso de 1960, el partido republicano, con un 40 por 100 de los votos estatales, sólo alcanzó uno de los doce escaños en liza, frente a los sectores conservadores del partido demócrata, tradicionales vencedores en estas regiones, que con el 60 por 100 de los sufragios obtuvieron los once restantes. Esa extrema desigualdad se basó en una acusada concentración del voto republicano en la mitad occidental del estado, que fue contrarrestada con una sinuosa delimitación de circunscripciones electorales dispuestas esencialmente en sentido oeste-este (particularmente los distritos 4, 5, 8, 9, 10 y 11), con el fin de dispersarlos entre distritos con un voto demócrata mayoritario. Esto supuso la necesidad de 515.488 votos para elegir un congresista republicano, frente a 71.453 para uno demócrata. La reorganización de circunscripciones decidida por el Tribunal Supremo en los años 60 supuso que en las elecciones de 1972, con distritos más compactos, los republicanos obtuviesen cuatro de los once escaños, con 102.685 votos por congresista elegido, frente a los 73.415 de los demócratas (M. A. Busteed, 1975, 12). Si en el debate de la actual ley electoral española no se ha discutido la permanencia de la provincia como circunscripción básica en las elecciones generales al Congreso y Senado, la desigualdad fundamental en nuestro caso continúa vinculada a la relación habitantes/escaño. En las elecciones de 1986, mientras en la provincia de Madrid existían 142.027 habitantes/diputado, ó 140.097 en Barcelona, esta cifra descendía por debajo de 50.000 en las provincias de Guadalajara, Segovia y Soria, lo que equivale a que en esta última el voto de un elector tuviera un valor 4,23 veces superior al de un residente en Madrid, favoreciendo proporcionalmente con ello a los partidos más votados en las áreas menos pobladas, y viceversa.

Existen también componentes espaciales que inciden sobre la decisión de voto, y que complementan los derivados de las características personales y sociales de los electores (K. R. Cox, 1969). En tal sentido, los relacionados con el «efecto de vecindad» o de mayoría social, que tienden a producir sesgos en favor de los partidos dominantes en un área respecto a los resultados previsibles derivados de las características de la población y que son una variante de los procesos de difusión de informaciones, la existencia de efectos de protección locales vinculados a sentimientos nacionalistas o de amenaza a determinados intereses colectivos, la influencia de personalidades políticas bien conocidas localmente, etc., resultan los más importantes y conocidos (R. Méndez y F. Molinero, 1984).

Ahora bien, desde la perspectiva con que aquí se analizan estas cuestiones, tanta o mayor importancia que la influencia ejercida por los hechos espaciales sobre los políticos tiene la actuación del poder político como agente organizador del espacio geográfico, ejercida de forma y con intensidad diversas según circunstancias de lugar y tiempo. Prescott ha reflejado gráficamente esta vinculación en sus diferentes vertientes y escalas mediante un cuadro como el que se adjunta (cuadro 1.1).

Además de actuar como árbitro de las contradicciones que se generan entre los restantes agentes de organización espacial a través sobre todo de una acción legislativa nunca neutra, por cuanto afecta de manera desigual a los diversos intereses en conflicto, el Estado interviene directa y activamente sobre el territorio compartimentándolo y estructurándolo jerárquicamente con fines administrativos y desarrollando una específica política territorial. Esta intervención alcanza un carácter hegemónico en los países con sistema de planificación centralizada ante el carácter dominante del Estado como agente de organización territorial, pero también ha operado —de forma creciente— en los restantes, particularmente desde el final de la II Guerra Mundial y la consolidación del llamado «Estado del bienestar», hoy en crisis. En ambos casos, las decisiones políticas se ven afectadas por toda una serie de factores que hacen su análisis extraordinariamente complejo, conociendo también un proceso de retroalimentación por el que los resultados alcanzados como consecuencia de actuaciones anteriores (propias o ajenas) influyen sobre las decisiones subsiguientes, tal como muestra el gráfico 1.8.

Todos los países presentan su territorio subdividido en demarcaciones político-administrativas, a través de las que se vertebra el funcionamiento interno del aparato del Estado con vistas a conseguir una mayor eficacia en la actuación pública y un control más directo sobre el espacio y la población. Esta

CUADRO 1.1

	DECISIONES PÚBLICAS							ACTUACIONES PÚBLICAS								
	AUTORIDAD SUPRA-NACIONAL		GOBIERNO NACIONAL			AUTORIDAD SUB-NACIONAL		AUTORIDAD SUPRA NACIONAL		GOBIERNO NACIONAL			AUTORIDAD SUB NACIONAL		PODERES NO GUBERNA-MENTALES	
	Admi-nistr.	De-fensa desar.	Admi-nistr.	Desar.	Def.	Admi-nistr.	Desarr.	Admi-nistr.	De-fensa desarr.	Admi-nistr.	Desar.	Def	Admi-nistr.	Desar.	Obje-tivo econ.	Obje-tivo polít.
POBLACIÓN: Distribución Migración Número Estructura	?	x	x	x	x	x	x	x	x	x	x	x	x	x	x	
ECONOMÍA: Producción Localización Estructura	—	x	x	x	x	x	x	—	x	x	x	x	x	x	x	x
COMERCIO: Dirección Escala, estructura	—	x	—	x	x	—	—	—	x	—	x	x	x	x	x	x
TRANSPORTE: Modelos, tipo	—	x	—	x	x	—	x	—	x	—	x	x	x	x	x	x
DIVISIONES ADMINISTRATIVAS	—	x	—	—	x	—	—	x	?	x	x	x	x	x	—	x
LÍMITES	—	—	—	—	—	—	—	?	—	x	x	x	x	x	—	x
POBLAMIENTO	—	?	?	x	x	x	x	x	x	x	x	x	x	x	x	x
PAISAJE FÍSICO	—	—	—	x	—	—	x	—	x	x	x	x	—	x	?	?

Fuente: J. R. V. Prescott, 1972.

x Influencia significativa
— Influencia no significativa
? Influencia desconocida

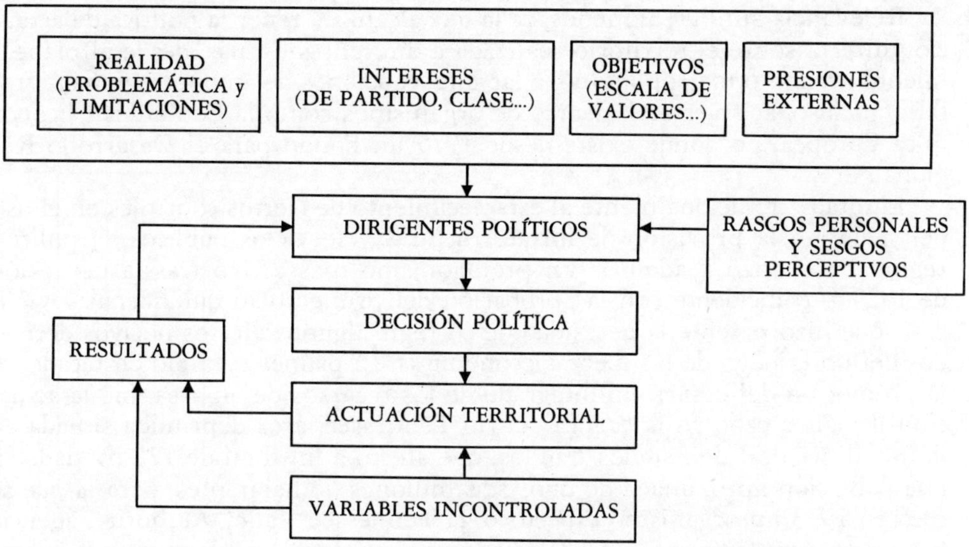

Gráfico 1.8. Procesos de decisión e intervención política sobre el territorio.

compartimentación resulta habitualmente jerárquica, existiendo toda una serie de niveles administrativos con entidad propia que incorporan unos ámbitos territoriales más o menos amplios y que en España, por ejemplo, se corresponden en la actualidad con las comunidades autónomas, las provincias y los municipios. El grado que alcanza esa jerarquización, relacionado directamente con la mayor o menor concentración que presentan toda una serie de organismos y servicios públicos, varía según los casos, diferenciándose a este respecto los estados unitarios, caracterizados habitualmente por una fuerte centralización administrativa que aboca al crecimiento de la capital estatal, de los estados federales, en donde existe una mayor dispersión espacial entre múltiples centros de poder a la que suele acompañar una capital estatal de dimensiones frecuentemente reducidas y con función reequilibradora (Bonn, Camberra, Washington, etc.). La fuerte inercia que caracteriza las divisiones político-administrativas, que tienden a estabilizarse durante largos periodos de tiempo, explica los frecuentes problemas de disfuncionalidad, conducentes a una gestión deficiente en perjuicio de los ciudadanos, que obliga a mantener una atención permanente hacia las reformas necesarias en el plano territorial. Las consecuencias que se derivan, por ejemplo, de la actual división municipal en España, con más de 8.000 ayuntamientos de los que el 85 por 100 no alcanzan los 5.000 habitantes, en claro contraste con la ampliación de escala que caracteriza el funcionamiento en todos los órdenes de las sociedades contemporáneas, generan una acusada inoperancia, tanto en lo que se refiere a la gestión de las aglomeraciones urbanas —que ha forzado la aparición de algunas corporaciones de ámbito metropolitano— como a la dotación de equipamientos sociales e infraestructuras que apenas alcanzan a aquellos núcleos más pequeños y despoblados, carentes de recursos suficientes, generando en ellos una menor calidad de vida que, ante la existencia de unos recursos limitados, sólo parece poder superarse acudiendo a una cierta concentración (J. Borja, 1985).

Relevancia similar, al menos, es la que alcanza a tener la política de actuación directa sobre el territorio realizada a diferentes escalas, desde el planeamiento urbano o metropolitano, a las intervenciones de ámbito regional, estatal e, incluso, supraestatal, dentro de organismos como la Comunidad Económica Europea, en donde existe desde 1975 un Fondo para el Desarrollo Regional.

Limitada tradicionalmente al establecimiento de ciertos controles en el uso del suelo y a la provisión de infraestructuras y servicios públicos, la política regional comenzó a adquirir un protagonismo más activo tras la depresión de 1929 —coincidente con la aprobación del primer plan quinquenal soviético— que hizo patente la necesidad de corregir algunos efectos nocivos derivados del libre juego de las fuerzas económicas. El primer ejemplo destacado en la promoción del desarrollo integrado de los recursos de un área, fue la actuación llevada a cabo en la cuenca del río Tennessee, área deprimida situada en la mitad oriental de Estados Unidos, que afectó a un total de 125 condados y una población aproximada de unos seis millones de habitantes, para la que se creó en 1933 un organismo específico, la Tennessee Valley Authority, agencia federal encargada de coordinar las distintas actuaciones, desde el control del régimen fluvial y la navegación, a la construcción de embalses y producción de energía eléctrica, la repoblación forestal, la mejora agrícola, la promoción industrial, la construcción de viviendas, etc. (J. Friedmann y C. Weaver, 1981).

La posterior difusión de estas actuaciones públicas planificadas con vistas a transformar las estructuras territoriales se ha producido, sobre todo, en los países de Europa occidental, que cuentan hoy con buena parte de las realizaciones más significativas en este terreno. Si bien la diversidad de situaciones, regímenes políticos, etc., dificulta una caracterización conjunta, los datos disponibles parecen indicar que los objetivos de esa planificación y los argumentos utilizados en su favor se han orientado en tres direcciones complementarias:

— El criterio de equidad social/territorial, que reconoce y valora negativamente la existencia de desigualdades regionales importantes, promoviendo mecanismos de corrección acordes con unos planteamientos de estricta justicia social.
— El criterio de eficiencia productiva, evitando la infrautilización del *stock* de capital fijo (infraestructuras, viviendas, equipamientos, etc.) y de recursos humanos en las áreas deprimidas que se abandonan, así como la congestión y la exigencia de cuantiosas inversiones públicas en aquellas otras que crecen de forma incontrolada.
— El criterio político, tendente a reducir las tensiones y conflictos sociales/regionales que se derivan de la propia desigualdad, legitimando al tiempo el sistema.

También las intervenciones sobre el territorio se han materializado de forma muy diversa, destacando en particular la realización de:

— Programas para la colonización y explotación de nuevas áreas, importantes en países que cuentan aún con amplias extensiones apenas ocupadas y con abundantes recursos naturales (Brasil, Australia, Unión Soviética, Venezuela, etc.), así como la construcción de grandes obras de infraestructura.

— Impulso a la industrialización de regiones deprimidas mediante la implantación de empresas estatales, la concesión de diversos tipos de ayudas fiscales y financieras tendentes a alentar las inversiones privadas, la mejora de los equipamientos, servicios públicos, etc., junto a diversas ayudas para la reindustrialización de áreas en declive, con importantes procesos de reestructuración empresarial y altas tasas de paro.
— Reorganización de las estructuras agrarias y redistribución de tierras a partir de procesos de reforma agraria, definida como «el conjunto de operaciones que tienden a transformar la estructura territorial de un Estado o de una región mediante la modificación de las relaciones sociales, con el fin de asegurar la mejora de las técnicas de cultivo y el aumento de la producción agrícola» (J. Le Coz, 1976, 11).
— Apoyo a los procesos de descongestión de las grandes aglomeraciones urbanas mediante el establecimiento de controles restrictivos en los centros urbanos, la construcción de ciudades nuevas, la edificación de viviendas de promoción oficial en ciudades pequeñas y medias, la generación de una abundante oferta de suelo urbanizado en los entornos metropolitanos, la mejora del transporte público, etc.

Al propio tiempo, estas actuaciones han afectado también de modo directo las condiciones de vida de la población, por cuanto «cualquier plan urbano o regional tiene la capacidad de alterar la distribución de bienes y males, de cambiar quién consigue qué y dónde, modificando el cómo» (D. M. Smith, 1980, 255).

Es evidente que la diversidad de medios, tanto económicos como legales, puestos a disposición de las acciones planificadoras según el volumen de recursos públicos y la orientación más o menos liberal o intervencionista de los respectivos gobiernos, así como la diversa voluntad o capacidad de imponerse a las posibles resistencias que puedan surgir, ha conducido también a una gran heterogeneidad en los resultados alcanzados. En cualquier caso, y con relación a los países del ámbito en que nos situamos, estas actuaciones han tenido un carácter subsidiario respecto de la ordenación territorial que llevan a cabo los diferentes agentes privados, sin atentar en ningún caso contra los mecanismos que están en la raíz de las desigualdades o las desutilidades sociales que se observan. Incluso, en ocasiones, se hace evidente la connivencia entre ambos tipos de intereses, tal como, por ejemplo, se ha puesto de relieve para el caso de Brasil, donde «la colonización de las tierras vírgenes de la Amazonia se lleva a cabo bajo la hegemonía de las corporaciones transnacionales, interesadas en la explotación de las riquezas naturales contenidas en cinco millones de kilómetros cuadrados, o sea, las dos quintas partes de Sudamérica. Si bien el organismo promotor es brasileño —SUDAM—, en el proyecto participan directamente el grupo Rockefeller, a cargo de la ganadería intensiva y la explotación de la madera, la Bettlehem Steel y la United States Steel Corporation, para extraer las reservas de hierro y manganeso, productos exportados a los centros de procesamiento instalados en los países capitalistas desarrollados» (R. Segre, 1975, 117).

La crisis actual de la planificación territorial, derivada de las transformaciones rápidas y profundas que hoy afectan tanto las estructuras sociales y económicas, como las relaciones interregionales, el limitado éxito de las políticas precedentes y las restricciones presupuestarias, ha reavivado el interés por estas cuestiones en aras de un debate que está muy lejos de haber concluido.

Pero la influencia de la variable política sobre el espacio geográfico no se articula exclusivamente a través del estado-nación, que ha focalizado desde Ratzel el interés casi exclusivo de los geógrafos. Si además de considerar el impacto territorial ejercido por las formas políticas investidas de poder se considera también el que se deriva de las relaciones de poder existentes en el seno de toda sociedad y que son consustanciales a ella, nuestra visión se amplía considerablemente llegando hasta la misma afirmación de que el Estado, en su forma concreta, no es, en suma, sino la materialización derivada de ese conjunto de relaciones, generalmente conflictivas (C. Raffestin, 1980).

En cada una de las escalas geográficas de análisis, comenzando por la estatal, los diferentes poderes o instancias de poder (político, económico, militar, etc.) que coexisten mantienen unas determinadas estrategias de intervención y manipulación espacial con el fin de satisfacer sus propios intereses, que desarrollan mediante la puesta en práctica de los medios a su alcance. El resultado de la superposición de esas diversas actuaciones es la reestructuración de un territorio concreto, que puede entonces ser concebido como «espacio social del poder» (J. E. Sánchez, 1981). Tanto los contrastes existentes entre las diversas sociedades, como los derivados de su transformación a lo largo del tiempo, representan diferentes modelos de dominación espacial, que se hacen visibles en los contrastes que presentan sus formas materiales. En otras palabras, los fenómenos que vivimos cotidianamente en su apariencia externa son, desde esta perspectiva, manifestaciones de las diversas actuaciones que desarrollan los diferentes poderes sociales en la adecuación del espacio a la lógica concreta de sus intereses y funcionamiento. Los diversos tipos de estructuras agrarias, urbanas, etc., existentes en el mundo responden al peculiar juego de fuerzas entre agentes públicos y privados que preside su producción en el momento actual y su evolución en el pasado. El esquema propuesto por Rofman para sintetizar las distintas instancias de poder, sus sistemas de decisión y mecanismos de actuación, así como los efectos espaciales derivados en cada caso, representa una buena síntesis de todo lo planteado (cuadro 1.2).

Igualmente, las relaciones de poder, que sólo son visibles en un análisis de la realidad capaz de superar su mera apariencia, es decir, el nivel de conocimiento empírico, para alcanzar el de conocimiento real en el que tienen lugar los procesos fundamentales (R. J. Johnston, 1986), están hechas de flujos jerarquizados que articulan las estructuras territoriales a diferentes escalas, dando cuenta de las desigualdades y de los fenómenos de dominación/dependencia existentes. La propuesta expresada por Taylor de reconstruir una nueva geografía política en torno a las ideas de Wallerstein sobre un sistema mundial organizado a partir de centros poseedores y garantes de un poder que se manifiesta en lo politico, lo cultural, lo económico, lo tecnológico, frente a periferias dependientes de esos flujos de poder, es coherente con esa necesidad de atención al espacio abstracto, de redes, para interpretar el espacio concreto, así como con el cambio de escala que hoy afecta los procesos esenciales que organizan nuestra sociedades (P. J. Taylor, 1985).

CUADRO 1.2

RELACIONES ENTRE PODER Y ESPACIO EN EL ÁMBITO ESTATAL

(Según A. B. Rofman, 1974)

AGENTES DE PODER	SISTEMAS DECISIONALES	EFECTOS ESPACIALES
a) *El Estado* — es siempre función de dominación — a través del cual las clases dominantes ejercen el control político del proceso — los sectores hegemónicos son los que detentan el poder político — salvaguarda la continuidad del sistema — asegura el modo de reparto del excedente	— fija el marco normativo, asegurando la estructura política, y controla las instancias de poder como la escuela, la justicia, etc. — actúa directamente sobre el proceso productivo, generando bienes y servicios, desarrollando áreas..., al servicio de los objetivos específicos del sector dominante.	— ordena el aparato jurídico administrativo, cooperando en la consecución de los objetivos de los inversores privados «primarios» — invierte en obras de infraestructura y equipamiento social, como un complemento de la acción privada. Es la base de la estructuración espacial, acondicionando el espacio o supliendo las inversiones no rentables a la iniciativa privada. Hace recaer los beneficios en un subespacio a costa de otro — redistribuye internamente los recursos de origen fiscal. Transferencia interregional, generalmente a favor de los grandes centros urbanos y/o los centros de vinculación con el exterior en caso de dependencia.
b) *Agentes privados de producción* — son los actores naturales del proceso de reproducción de las condiciones básicas de existencia del sistema mismo. — se vincula con la acción de Estado en un modelo integral de sociedad. — dentro de la formación social podemos distinguir los agentes «primarios» de unos «secundarios».		

«Primarios» b1.1. ocupan la posición dominante en el mercado. Su estructura productiva les permite fijar condiciones en el mercado de trabajo, obtener soporte estatal para la infraestructura,... — sector con capacidad de control y gestión sobre el sistema (sector hegemónico)	— tienen capacidad decisional — generalmente controlan las etapas finales del proceso productivo (gestión-financiación-comercialización) que asegura la apropiación de una tasa sustancial del excedente generado	— capacidad de modificar las relaciones de producción sobre el espacio — escogen la localización en el espacio — es capaz de obtener del Estado el eficiente funcionamiento de la red de conexión entre los centros del sistema regional adaptada a sus objetivos — no coincide generalmente la implantación en el espacio de la planta productiva y la sede administrativa-gerencial — esta última se ubica en la cabecera del sistema de toma de decisión — determina el proceso de especialización locacional — reinversión desligada del lugar de producción del excedente — proceso de concentración del poder económico que no coincide necesariamente con el proceso de concentración geográfica de la producción que puede ser de dispersión — las empresas-madre se ubican en los grandes núcleos metropolitanos del sistema internacional
b.1.1. *empresas multinacionales*	— controlan las respectivas áreas de producción y servicios (monopolio u oligopolio)	
b.1.2. *empresas nacionales* — gran burguesía nacional urbana y oligarquía terrateniente	— se comportan como el sector interno de la clase propietaria con vinculaciones directas o indirectas con las multinacionales (en los países dependientes)	

«Secundarios» b.1.3. *pequeñas y medianas empresas*		
— participan de forma muy limitada o nula de la clase dominante que detenta el poder político	— conjunto numéricamente más importante pero con escasa o nula capacidad de incidir sobre el sistema económico — se orientan en correspondencia-subordinación respecto a las empresas «primarias» — generalmente son las que producen los productos o servicios	— las que ofrecen productos o servicios a las «primarias», se ubican dentro de su área de influencia, con la sola excepción de las ligadas a recursos naturales — las que ofrecen bienes y servicios a la población se localizan aprovechando las economías de escala por aglomeración de la demanda

Por todo ello, la geografía humana, en cuanto capacidad para saber pensar el espacio detectando las motivaciones y mecanismos que guían la organización que desde el poder se hace del territorio, puede ser calificada con cierta razón como saber estratégico (Y. Lacoste, 1977). En cualquier caso, un enfoque de estas características, atento a detectar los procesos reales que subyacen a las formas espaciales sin soslayar las relaciones disimétricas de poder que incorporan, contribuirá a superar esa geografía dedicada al «estudio de la ciudad sin agentes, de los campos sin propietarios, de las industrias sin empresarios, del planeamiento sin inversores, de los estados sin gobernantes» que, según Brunet (C. Raffestin, 1980, V) ha limitado durante demasiado tiempo la relevancia y operatividad de nuestra disciplina.

BIBLIOGRAFÍA

Sobre la evolución histórica del pensamiento geográfico y las diversas posiciones teóricas vigentes en la actualidad, pueden consultarse:

CAPEL, H., *Filosofía y ciencia en la Geografía contemporánea*, Barcelona, Barcanova, 1981.

CLAVAL, P., *Géographie humaine et économique contemporaine*, París, P.U.F., 1984.

ESTÉBANEZ, J., *Tendencias y problemática actual de la Geografía*, Madrid, Cincel, 1982.

GÓMEZ MENDOZA, J.; MUÑOZ, J., y ORTEGA, N., *El pensamiento geográfico*, Madrid, Alianza, 1982.

JOHNSTON, R. J., *Philosophy in human geography: an introduction to contemporary approaches*, Londres, Arnold, 1983.

VILA VALENTI, J., *Introducción al estudio teórico de la Geografía*, Barcelona, Ariel, 1983.

Obras que defienden posiciones filosóficas o metodológicas concretas dentro de la Geografía Humana contemporánea son, entre otras, las de:

BUNGE, W., *«Theoretical geography»*, Lund Studies in Geography, núm. 1; Lund, 1966.

HARVEY, D., *Teorías, leyes y modelos en Geografía*, Madrid, Alianza, 1983.

PEET, R., *Radical geography. Alternative viewpoints on contemporary social issues*, Londres, Methuen and Co., 1977.
SANTOS, M., *Por uma geografía nova: da critica da geografia a uma geografia critica*, Sao Paulo, Hucitec, 1978.
TUAN, Y. F., *Space and place. The perspective of experience,* Londres, Arnold, 1977.

Para una caracterización del espacio geográfico, pueden citarse las obras de:

DOLLFUS, O., *El espacio geográfico*, Barcelona, Oikos-Tau, 1976.
ISNARD, H., *L'espace géographique*, París, P.U.F., 1978.

Entre los textos generales sobre Geografía Humana, que aportan diferentes enfoques y contenidos de la disciplina, pero con una pretensión sintética en sus planteamientos, están:

ABLER, R.; ADAMS, J., y GOULD, P., *Spatial organization. The geographer's view of the world*, Londres, Prentice Hall, 1972.
BAILLY, A., y BEGUIN, H., *Introduction à la géographie humaine*. París, Masson, 1982.
BIELZA, V. (ed.), *Geografía general, vol. II*, Madrid, Taurus, 1984.
COX, K. R., *Man, location and behaviour. An introduction to human geography*, Nueva York, John Wiley, 1972.
DERRUAU, M., *Tratado de Geografía Humana,* Barcelona, Vicens Vives, 1981.
HAGGET, P., *Análisis locacional en la Geografía Humana*, Barcelona, G. Gili, 1976.
SMITH, D. M., *Geografía Humana*, Barcelona, Oikos-Tau, 1980.

Sobre las interrelaciones que mantienen la sociedad, la economía, la política y la historia con el espacio, pueden considerarse como textos básicos:

CLAVAL, P., *Geografía económica,* Barcelona, Oikos-Tau, 1980.
FRÉMONT, A.; CHEVALIER, J.; HÉRIN, R., y RENARD, J., *Géographie sociale,* París, Masson, 1984.
GREGORY, D. y URRY, J. (eds.), *Social relations and spatial structures,* Londres, MacMillan Press, 1985.
JOHNSTON, R. J., *Geography and the State. An essay in political goegraphy,* Londres, MacMillan Press, 1982.
LLOYD, P. E. y DICKEN, P., *Location in space. A theoretical approach to economic geography,* 3.ª ed., Nueva York, Harper and Row, 1979.
NORTON, W., *Historical analysis in Geography,* Londres, Longman, 1984.
TAYLOR, D. J., *Political geography. World-economy, nation-state and locality,* Londres, Logman, 1985.

CAPÍTULO II

LA POBLACIÓN

Rafael Puyol

2.1. LA GEODEMOGRAFÍA. EVOLUCIÓN, ORIENTACIONES, CONTENIDO Y METODOLOGÍA

El estudio de la población es una tarea compartida por muchas disciplinas: Demografía, Sociología, Ecología Humana, Economía, etc. Entre ellas se da una gran transferencia de métodos y una relativa coincidencia temática. Sin embargo, las finalidades, los enfoques y los diferentes énfasis que ponen en el tratamiento de los temas, las individualiza y distingue.

La Geografía es otra de las ciencias interesadas por la población, especialmente a partir de 1950 cuando se constituye en el seno de la Geografía Humana una subdisciplina con esta orientación específica.

Con anterioridad la preocupación geográfica por los hechos de población, aunque no completamente ausente, había sido muy escasa. Ni en los grandes tratados sobre el contenido y la metodología de la geografía en general, ni en los manuales específicos de Geografía Humana, se le concedía una atención especial. Prácticamente los únicos temas que interesaban eran los relativos a la distribución espacial de los efectivos. Los demás aspectos de la población apenas eran tocados, ni en el marco de las tesis regionales, en boga durante la primera mitad del siglo XX, ni en trabajos específicos, pocos y de mediocre calidad. Los cursos ofrecidos por las Universidades eran también escasos y el número de tesis doctorales insignificante, todo lo cual confirma la falta de interés de la Geografía de ese período por la Población. Los argumentos esgrimidos para explicar ese abandono son diversos. Las cuestiones demográficas no suscitaban entonces el mismo interés que hoy tienen. La evolución demográfica posterior a la II Guerra Mundial ha planteado nuevos y acuciantes problemas, de diferente signo y gravedad en los países desarrollados y en el Terecer Mundo, que han convertido a la población en un tema de interés social, del que antes carecía. Otras ciencias, como la Demografía, a la que la Geografía de la Población debe importantes aportaciones metodológicas, experimentaron, en cierto modo, el mismo proceso. Por otro lado, la información estadística sobre todo a escalas espaciales reducidas, era insuficiente y desigual, lo que dificultaba la aproximación geográfica. Pero sobre todo hay que buscar en la propia evolución de la geografía, la razón fundamental de su limitada preocupación por la población. La tendencia, bien representada por Brunhes y otros geógrafos de la escuela francesa, de considerar a la geografía como la ciencia del «paisaje» hizo que se concediera mayor atención al análisis de las huellas dejadas por el hombre sobre la superficie de la tierra que al estudio de los seres humanos (la población).

La orientación dominante de los estudios geográficos sobre población durante este período puede calificarse de ecológica. Las relaciones entre el medio natural y la población constituyen el fundamento de la mayoría de los análisis. Inicialmente impregnados de un fuerte determinismo, derivaron más tarde hacia actitudes posibilistas.

Los años 50 señalan un cambio trascendental en el desarrollo de la geografía de la población. Aparecen las primeras obras dedicadas exclusivamente a la disciplina (George, 1951; Trewartha, 1953).

Los trabajos de investigación se multiplican. Las comunicaciones a los congresos aumentan. Las tesis doctorales crecen. Y comienzan a publicarse numerosos manuales generales de la materia, favorecida por la implantación de su enseñanza en la Universidad.

Los factores condicionantes de su postración anterior se oscurecen. La información estadística aumenta y mejora. Los problemas demográficos son objeto de mayor atención por parte del gran público y de los gobiernos que en número creciente adoptan medidas de influencia directa sobre el comportamiento demográfico. La propia geografía humana experimenta profundas transformaciones conceptuales y metodológicas que asumidas con rapidez por la geografía de la población, provocan su impulso.

Definida con nombres diversos (geodemografía, demogeografía) que entrañan concepciones no siempre coincidentes, la geografía de la población adquiere carta de naturaleza como subdisciplina geográfica. Desde entonces se difunde internacionalmente, adquiere distintos enfoques y se diversifica temáticamente.

Dos grandes orientaciones han predominado en la geodemografía a partir de los años 50 (Noin, 1979). Una primera, continuadora de la tradición anterior, que se interesa por el estudio de las relaciones entre la población y el medio que habita. Así la considera, por ejemplo, P. George, para quien la geografía de la población debe ser «el examen de las relaciones entre el comportamiento de las colectividades humanas y el medio geográfico». Y de forma parecida la entiende J. Clarke (1965) al definirla como el análisis de «las complejas relaciones entre el medio físico y humano por un lado y la población por otro».

Esta aproximación podría haber favorecido la introducción del análisis sistémico en los estudios geográficos de la población. El concepto de sistema que tanto éxito ha tenido en la ecología, no se ha difundido mucho en la geografía humana y particularmente en la geodemografía, pese a que responde bien a las exigencias de la traducción intelectual de las realidades complejas por las que se interesa dicha disciplina y facilita la integración de los fenómenos demográficos, sociales y espaciales. (Thumerelle, 1985).

La segunda orientación centra el interés en el estudio de las diferenciaciones espaciales, o expresado de otra forma en la espacialización de los datos estadísticos relativos a la población (Noin, 1979). Así conciben la disciplina Zelinsky (1965) o Wilson (1968). Y así la entendieron también la gran mayoría de los geodemógrafos que entre los años 1950-70 adoptaron en sus investigaciones esta orientación. Mediante ella, la geodemografía contribuyó al conocimiento de la diversidad y de los contrastes de población existentes entre diferentes lugares, próximos o distantes. Trabajando a escalas espaciales variadas, la geografía de la población acumuló gran cantidad de información sobre una multiplicidad de temas en trabajos que desgraciadamente no superaban muchas veces el estadio de la pura descripción.

Durante este periodo, la geodemografía, en fase de auténtico rodaje epistemológico, hubo de enfrentarse a diferentes problemas de carácter conceptual y metodológico sobre los que todavía hoy se mantiene abierta la discusión.

Una de las cuestiones que han suscitado mayor interés es el problema de la diferenciación con otras ciencias sociales interesadas, total o parcialmente, por los temas demográficos. Algunos profesionales consideran irrelevante este aspecto. El establecimiento de límites estrictos entre las disciplinas que se ocupan de un mismo objeto de estudio es arbitrario y carece de sentido e interés. Lo que merece la pena es la consideración de problemas «relevantes» de la materia (y hoy la población plantea muchos de gran importancia y trascendencia) y el tratamiento riguroso de los problemas. Otros especialistas, considerando precisamente la multiplicación de las relaciones entre las disciplinas, juzgan que es necesario más que nunca clarificar e indicar los marcos conceptuales en los que se realizan las investigaciones. En el caso de la Geodemografía el énfasis se pone sobre todo en mostrar las diferencias con la Demografía; diferencias que no derivan tanto de los métodos, por cuanto muchos de los que empleamos los geógrafos son de naturaleza demográfica, ni de los contenidos, coincidentes pese a que cada ciencia enfatice más el tratamiento de unos determinados temas. Las diferencias son fundamentalmente de orientación, de enfoque. La mayoría de los geodemógrafos coinciden en definir su materia como una ciencia social que da prioridad al aspecto espacial de los fenómenos. Conviene precisar que la preocupación por lo espacial no es ni mucho menos patrimonio exclusivo de nuestro enfoque. Otras ciencias como la propia Demografía están cada vez más interesadas por esta dimensión, aunque hay que admitir la veteranía y el dominio que la Geografía ha adquirido en esta orientación. Ahora bien, más que en el valor concedido al espacio en el estudio de las poblaciones, la utilidad de nuestro enfoque reside en la inclusión de nociones como la de fragmentación del espacio en territorios de diferente naturaleza y extensión; en la consideración de que existen grupos territoriales que es preciso identificar; en el análisis de la movilidad en el interior de esos territorios y grupos; en el estudio de la retroacción entre la dinámica socio-espacial y la dinámica demográfica, entre las configuraciones espaciales y las estructuras demográficas; en suma, en la influencia diferencial del medio según la escala y la dimensión temporal (Thumerelle, 1985). Esta orientación además de la espacial tiene en cuenta la dimensión social de los fenómenos de población, sin la cual es difícil percibir los motores de los cambios que afectan al reparto territorial de los habitantes, sus movimientos y sus estructuras.

Un segundo problema relacionado con el precedente es el de la posición de la geografía de la población en el interior de la ciencia geográfica. Trewartha, por ejemplo, partiendo de una concepción unitaria y antropocéntrica de la geografía y superando la tradicional división geografía física/geografía humana, propone una nueva organización del contenido geográfico en tres grandes bloques: 1. El estudio de los hombres (la población) modeladores del paisaje cultural y beneficiarios de sus propias creaciones. 2. El estudio del medio natural, considerado como marco de actuación y contenedor de recursos. 3. El estudio del paisaje cultural como producto de la acción humana. En este contexto el geógrafo americano concede un papel substantivo a la población, que es considerada como «el punto de referencia desde el que todos los demás elementos son observados y desde el que todos ellos, individual o colectivamente, adquieren significado y sentido» (Trewartha, 1953).

Sin embargo, la mayoría de los geodemógrafos otorgan un papel más modesto a su materia y la consideran como una simple subdisciplina de la geografía humana, a varias de cuyas otras ramas se encuentra íntimamente ligada. J. Pailhe (gráfico 2.1) ilustra, mediante el lenguaje de los conjuntos, el «territorio» de la geografía de la población.

Una tercera cuestión debatida se refiere a la delimitación del campo específico de la disciplina. La cuestión no tiene fácil respuesta. En primer lugar porque ese campo no ha permanecido inalterado desde la aparición de la geodemografía. Los temas de investigación se fueron multiplicando con el paso de los años, al mismo tiempo que variaba el interés y el tratamiento de que eran objeto en cada periodo. Y en segundo lugar, porque ese campo varía también en el espacio en función de cual sea la posición de la geodemografía en el marco general de la ciencia geográfica y cuales los problemas particulares de naturaleza demográfica a los que haya que dar respuesta.

Existen diferentes vías para intentar clasificar los contenidos fundamentales o sobre los que se da un mayor consenso: las concepciones de los especialistas más relevantes, los temas desarrollados en los manuales de base que abarcan el conjunto de la materia, o el examen de los trabajos de investigación en diferentes países y a lo largo de un periodo de tiempo suficientemente largo

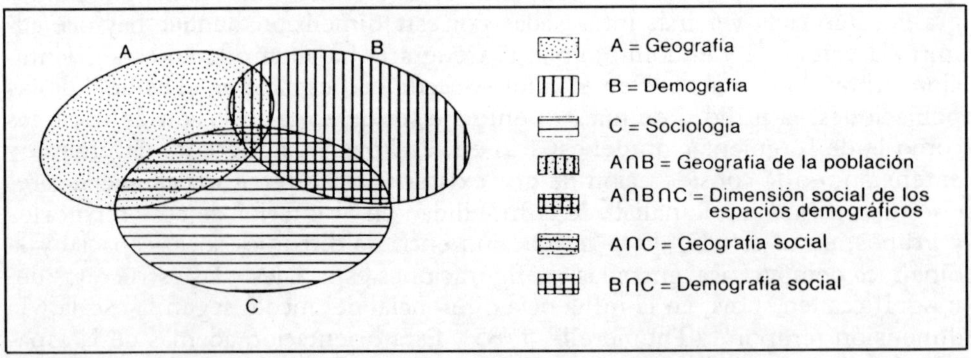

Gráfico 2.1. La Geografía de la población y su territorio (según J. Pailhe)

que permita efectuar esta labor de reconocimiento con suficiente perspectiva (Puyol, 1986).

La primera aproximación permite diferenciar tres grandes concepciones: una extensa (Trewartha, 1953), otra intermedia (Zelinsky, 1966, y Clarke, 1965) y una tercera reducida (Woods, 1979, y Jones, 1981).

La comparación entre el programa que en 1953 proponía Trewartha y el índice del manual de R. Woods, 1979, ilustra las diferencias entre las concepciones extensa y reducida (cuadro 2.1). La intermedia limita el análisis geodemográfico al conjunto de características que están recogidas en los censos y en las estadísticas de los movimientos de población de los países más avanzados.

Cuadro 2.1

EL CONTENIDO DE LA GEOGRAFÍA DE LA POBLACIÓN. PROGRAMA DE G. TREWARTHA, 1953 Y R. WOODS, 1979

A) PROGRAMA DE G. TREWARTHA

I. Geografía de la población en el pasado. Cómo fue poblada la tierra.
   1. Prehistoria.
   2. El mundo antiguo.
   3. El mundo medieval.
   4. El mundo moderno.
      a) Los periodos precensales.
         — Crecimiento comparativo de la población en las grandes regiones mundiales.
         — La emigración europea y la difusión de la tecnología occidental.
      b) El periodo de los grandes censos nacionales.
         — Diferencias cuantitativas y cualitativas de los datos de población.

II. Las cifras de población
   1. Las dimensiones de la población mundial.
   2. Dinámica de las cifras.
      a) Tasas diferenciales de crecimiento demográfico.
         — Modelos y diferencias espaciales de la natalidad y mortalidad.
         — Las pirámides de edad como indicadores del crecimiento futuro.
         — Modelos espaciales definidos a partir de tasas brutas de crecimiento natural y tasas de reproducción neta.
         — Cambios espaciales y variabilidad de la población.
         — Significado de las diferencias espaciales de las tasas de crecimiento demográfico.
   3. Aspectos espaciales de la superpoblación e infrapoblación.
   4. Distribución de la población
      a) Aspectos generales de la distribución.
         — El ecúmene y el anecúmene
            • Las fronteras del ecúmene.
               — La barrera polar
               — La barrera de la aridez.
               — La barrera de los trópicos lluviosos.
            • La expansión del ecúmene y el crecimiento demográfico.
               a) Características de la distribución de la población a escala continental y subcontinental.

b) Distribución de la población por tipos de poblamiento.
c) Modalidades en la distribución de las densidades demográficas.
— Densidad aritmética.
— Densidad fisiológica.
— Densidad agrícola.
— Densidad económica general (relación hombre y tierra).

5. Migraciones y movimientos de la población.
a) Migraciones internacionales
— Regiones de emigración y sus efectos.
— Regiones de inmigración y sus efectos.
b) Migraciones interiores y locales
— Migraciones campo-ciudad.
— Migraciones estacionales
— Movimientos diarios.

III. Características de la población y modalidades regionales de su distribución.
1. Las características biológicas de la población.
a) Tamaño, forma y color corporales.
b) Raza.
c) Balance entre los sexos.
d) Composición por edades.
e) Salud y enfermedad.
— Dieta y nutrición.
2. Las características socioeconómicas de la población.
a) Creencias religiosas.
b) Nivel cultural.
— Grado de instrucción.
— Analfabetismo.
c) Actividad.
d) Estado civil.
e) Residencia; rural o urbana, incluyendo el tamaño del núcleo.
f) Nivel de desarrollo económico.
— Utilización de poder inanimado o robots mecánicos.
g) Costumbres, hábitos, prejuicios, fidelidades, etc.

B) EL PROGRAMA DE R. WOODS

— Introducción. Los estudios de población, demografía y geografía de la población.
— Fuentes y calidad de los datos demográficos.
— El análisis de la mortalidad.
— Tendencias de la mortalidad.
— El análisis de la fecundidad.
— Tendencias en la nupcialidad y fecundidad.
— Migración.
— Modelos sobre la estructura y el cambio demográfico.
— Proyecciones demográficas.

La segunda vía permite nuevas precisiones complementarias, como se desprende del cuadro 2.2, que resume los contenidos de 18 manuales de geografía de la población aparecidos entre 1965 y 1982 (Noin, 1984).

Desde un punto de vista teórico no hay objeción resistente que pueda oponerse a una concepción extensa del contenido. No obstante, una aproximación de este tipo plantea algunos inconvenientes como el riesgo de enciclopedismo o la interferencia con otras disciplinas que poseen mayor tradición y mejores técnicas para un adecuado tratamiento de ciertas cuestiones. Parece, pues, oportuno, aunque sea sólo por razones de eficacia, reducir el ámbito de estudio, como así ha ocurrido en la práctica.

Cuadro 2.2.
EL CONTENIDO DE LA GEODEMOGRAFÍA SEGÚN LOS MANUALES DE BASE

Temas	Número de autores que lo desarrollan
1. Migraciones	17
2. Estructuras demográficas	17
3. Dinámica demográfica	17
4. Distribución espacial	15
5. Problemas demográficos	11
6. Población activa, empleo	11
7. Aspectos culturales	11
8. Rentas, nivel de vida	9
9. Estados de evolución demográfica	9
10. Antropología física	7
11. Pasado de la población	7
12. Movilidad habitual	7
13. Nivel de instrucción	5
14. Perspectivas demográficas	5
15. Políticas demográficas	4
16. Hábitat. Sistemas de poblamiento	3

Fuente: Resumen a partir del trabajo de D. Noin *Le champ d'études de la demogeographie* (1983).

El examen de los manuales o de la producción bibliográfica de los últimos treinta y cinco años (Puyol, 1986) prueba que existen unos temas que son objeto de una atención docente e investigadora superior a las demás. Que existe un «núcleo» y unos «bordes» en el conjunto de la disciplina (Jones, 1981). Sin que la coincidencia sea total, la mayoría de los especialistas tienden a considerar como núcleo los temas de la distribución territorial de los efectivos, la movilidad, tanto natural como espacial, el crecimiento y el estudio de ciertas características demográficas. Si a estas cuestiones se añaden los temas de la relación población-recursos y las políticas demográficas que por su trascendencia actual no pueden permanecer al «margen» de las preocupaciones fundamentales del geodemógrafo, tiene el lector un inventario del contenido básico de población que se desarrolla en este manual. Sin embargo en él no se agotan las preocupaciones temáticas de la disciplina. Son muchas más las cuestiones que integran los «bordes» de la geodemografía. Junto a esas áreas, que la mayoría de los geógrafos de la población considera materia sustancial de su quehacer, existen unos problemas específicos de cada ámbito territorial o cultural que son objeto en ellos de un tratamiento preferente. (Clarke, 1985). En Europa Occidental pueden ser los fenómenos ligados al envejecimiento; en los estados petroleros del Oriente Medio, la afluencia de trabajadores extranjeros; en Nepal, el vaciamiento de las áreas montañosas; en Méjico, la concentración de personas en la capital; en Bangladesh, las altas densidades y expansión de la zona deltaica; la lista completa de temas/problema sería larga. A los mencionados todavía habría que añadir aquellos otros que la evolución económica, social y política del mundo (frecuentemente despiadada e injusta), ha convertido en asuntos de interés y motivo de preocupación en muchas partes del planeta: el aumento de las oleadas de refugiados en países tercermundistas puede ser uno de los más significativos.

Todo ello va a dar lugar a una producción científica muy diversificada y heterogénea, lo cual no debe constituir un motivo de preocupación. El geógrafo de la población debe ser sensible a los problemas que ésta suscita y posee una cierta autoridad para abordarlos, derivada de su conocimiento de las relaciones entre habitantes y medio y de la organización espacial del comportamiento humano. Los límites a su actividad vendrán definidos por su propia preparación y capacidad para tratar con rigor los temas de población.

Paralelamente a su diversificación temática, la geografía de la población ha experimentado significativas transformaciones metodológicas que la han hecho precisamente más rigurosa y que han validado su papel como disciplina significativa en el estudio de los hechos de población.

Entre las innovaciones más destacables está el uso creciente de las técnicas cuantitativas para el análisis de las distribuciones espaciales, como por ejemplo, las matrices de datos cuya utilización facilita la diferenciación de áreas y el análisis de las asociaciones espaciales o covariación de fenómenos. La tradicional comparación visual de mapas ha sido completado por el uso de métodos de correlación o regresión. El empleo de procedimientos estadísticos cada vez más complejos y el manejo de grandes series de datos se han visto favorecidos por el uso del ordenador. Por otro lado, la incorporación de coordenadas a los ficheros de datos (geocodificación) ha abierto la puerta a la cartografía automática para la representación gráfica de los hechos de población.

La información estadística se recoge habitualmente para ciertas unidades espaciales a las que se designa con un código arbitrario, habitualmente numérico. Luego, los datos reunidos pueden analizarse sin hacer ninguna referencia a la localización exacta de tales unidades. Un ejemplo representativo es el censo español, donde la sección censal (unidad espacial básica) aparece referida tan sólo por un código numérico*. Sin embargo, incorporar la localización dentro de un conjunto cualquiera de información exige tan sólo añadirle las coordenadas geográficas que hagan referencia a un mapa base. Esta operación de introducir en un sistema de información que posea dimensión espacial unos códigos relativos a su localización geográfica es la geocodificación.

Existe ya una abundante oferta de programas de cartografía automática e igualmente existen programas para confeccionar algunos de los gráficos y diagramas más empleados en la geodemografía. Así, por ejemplo, el programa PIRAMID que permite la confección de pirámides simples, compuestas y superpuestas (F. Rojo, 1985).

La cartografía asistida por ordenador presenta indudables ventajas debidas al considerable ahorro de esfuerzo en el cálculo de las cifras previas a la realización del mapa, así como en su propio trazado. Sin embargo, tiene algunos

* El I. G. N. ha diseñado un sistema de información geográfica a nivel nacional (SIGNA). Es posible y deseable que en el futuro el I. N. E. incluya en los censos los geocódigos que permitan la conjunción de los ficheros geográfico y demográfico. Sobre este particular puede consultarse el trabajo de R. Herrero; J. Bosque y J. A. Cebrián «Nuevas tendencias en la investigación geográfica: el sistema de información del Instituto Geográfico Nacional (SIGNA)», *Est. Geog.*, núm. 161, 1980.

inconvenientes de tipo estético, de exactitud posicional, o de legibilidad, que reducen su valor para determinadas representaciones, (P. Noq, 1984).

La creciente cuantificación de la geodemografía ha estado asociada al uso de modelos predictivos y teorías explicativas por parte de la disciplina. Los primeros nos aclaran el «cómo» de un fenómeno; las segundas, además, el «por qué» de los hechos estudiados (Woods, 1982). Entre los modelos de carácter matemáticos formulados con el objetivo de predecir la evolución de las variables de población a lo largo del tiempo, se incluyen algunos modelos econométricos, los formulados por la demografía matemática, los modelos de la contabilidad demográfica, etc. (Bosque Sendra, 1985). Los trabajos de I. I. A. S. A. (Internacional Institute for Applied Systems Analysis) sobre las características demográficas de los diecisiete países miembros de este organismo; o el programa A. B. M., empleado para el estudio de población de Gran Bretaña, constituyen buenos ejemplos de la aplicación de estos modelos.

En cuanto a las teorías explicativas, aunque las aportaciones de la geodemografía no hayan sido espectaculares, tampoco son completamente despreciables, especialmente en el campo de las migraciones (teoría sobre la transición de la movilidad de Zelinsky, formulaciones en torno al modelo gravitatorio o las nuevas aproximaciones de carácter behaviorista) (Ver apartado 2.5.2.)

Otro hecho significativo en la evolución reciente de la geografía de la población es su mayor insistencia en el estudio de los procesos que en el de configuraciones espaciales. Los geodemógrafos no se limitan a describir sólo esas configuraciones; se interesan por su origen y su transformación. La preocupación por los procesos ha estimulado los trabajos sobre la difusión, que constituye una de las aportaciones básicas de la geografía.

Las migraciones y, en menor cuantía, la fecundidad y la mortalidad son las áreas que con desigual utilidad y poder explicativo más han empleado estos modelos.

Una nueva tendencia que afecta no sólo a la geografía de la población, sino también a otras ramas geográficas y a otras ciencias como la Demografía, es el cambio del enfoque macro hacia el micro. Hasta los años 70 muchas de las investigaciones geográficas sobre la población estuvieron orientadas al análisis de unidades espaciales de grandes dimensiones (países, regiones continentales o el conjunto del planeta). Desde entonces y ante la evidencia de la gran multiplicidad y complejidad de los procesos que influyen sobre la población, se empiezan a realizar bastantes más trabajos sobre áreas reducidas y se desarrollan los análisis individuales o de grupo, sobre fenómenos concretos.

La aproximación behaviorista en geografía de la población se desarrolla como respuesta a lo que algunos geógrafos consideraron excesos de los análisis a gran escala, la teorización deductiva, la cuantificación mecanicista y el fetichismo espacial en los que, en su opinión, había incurrido la geografía cuantitativa (Jones, 1981). Los trabajos se orientarán sobre todo al análisis de los determinantes socio-psicológicos de las migraciones (Wolpert, 1965).

La orientación radical, por su lado, se ocupa preferentemente del estudio de las relaciones entre los procesos demográficos y el nivel de desarrollo en el Tercer Mundo. Temas como la segregación étnica y social o los desequilibrios en la relación población-recursos son cuestiones de tratamiento habitual por parte de los géografos pertenecientes a esta corriente de pensamiento.

2.2. LAS FUENTES DEMOGRÁFICAS

Salvo para muy pocos países, la era estadística moderna a partir de la que empezamos a disponer de datos generales relativamente fiables, se inicia a comienzos del siglo XIX. La etapa anterior, precensal, abarca un largo periodo tanto más falto de datos cuanto más nos alejamos del presente. Sin embargo, la inauguración del tiempo censal y el establecimiento de los registros civiles no han resuelto todos los problemas en materia de información demográfica. La población del planeta no es, todavía hoy, bien conocida. Con demasiada frecuencia las fuentes son incompletas o están deformadas, pese a lo cual los datos contenidos en ellas son aceptados como verdades incuestionables. Nada más lejos de la realidad. Fruto de circunstancias o intereses muy diversos, la información demográfica presenta insuficiencias y errores que exigen, al utilizarla, una gran dosis de precaución y un acentuado espíritu crítico.

2.2.1 *Fuentes y métodos para el estudio de las poblaciones del pasado*

La demografía histórica, cultivada principalmente por los historiadores, es la disciplina que se ocupa preferentemente del estudio de las poblaciones del pasado. Sin embargo, otras materias, utilizando fuentes y metodología similares se han incursionado en este campo. La geografía es una de ellas. Su interés se ha centrado en el análisis del pasado cercano, de manera preferente en los temas migratorios y secundariamente en los de mortalidad o fecundidad. Una vez más en este campo su enfoque prima la dimensión espacial de los hechos abordados.

Suelen clasificarse las fuentes de la demografía histórica en dos grandes grupos:

a) Fuentes indirectas, que no son estrictamente demográficas, pero proporcionan información útil para el estudio poblacional. Se trata de noticias sobre la dimensión de los ejércitos en determinadas campañas, los efectos de una epidemia, el volumen de impuestos recaudados, etc. Cualquier intento de obtener cifras globales a partir de esta información está sujeto a un margen de error considerable. Puede resultar más útil para conocer de forma aproximada algunas características demográficas.

b) Fuentes directas, que son principalmente los recuentos generales, los padrones municipales o listas de vecinos y los registros parroquiales.

Los *recuentos de población* constituyen el precedente de los censos modernos pero por algunas diferencias en especial, su finalidad (frecuentemente fiscal o militar) y su manera de contar («vecinos» en lugar de personas; carácter anónimo cuando su objetivo era demográfico) no pueden ser denominados ni considerados como auténticos Censos. Ejemplos españoles (en realidad, castellanos) de esos recuentos son el Catastro de Ensenada (1749-53), o los llamados Censo de Aranda (1768-69) y de Floridablanca (1786-87).

Los *padrones municipales o listas de vecinos* eran elaborados en los diferentes ayuntamientos de manera habitual, o de forma extraordinaria con diferentes pretensiones, la más común de las cuales era también la de repartir las cargas militares o fiscales. Constituyen una fuente demográfica de primer orden, especialmente para los estudios locales, pero plantean el inconveniente de que en ellos se contabilizan «vecinos» y no habitantes. El concepto de «vecino» expresa una unidad fiscal que corrientemente coincide con una familia. Para transformar el número de vecinos en habitantes es necesario elegir un coeficiente multiplicador cuyo valor dependerá de la estructura familiar de cada momento y/o lugar, del grado de ocultación presumible de la fuente manejada, de cómo se haya contabilizado a determinadas personas, en especial las viudas y los huérfanos, etc. (Martín Galán, 1981). No pueden darse normas fijas. Los coeficientes empleados por los especialistas oscilan entre 3 y 7, aunque los más utilizados se sitúan entre 4 y 5.

Los *registros parroquiales* son el precedente de los actuales Registros Civiles y recogen información sobre los bautismos (nacimientos), matrimonios y defunciones. No es fácil establecer una fecha exacta para su aparición. Aunque los libros de bautismos y matrimonios se consideran obligatorios en el mundo católico desde el Concilio de Trento (1563), y los de defunciones a partir de 1614, ya existían con anterioridad a esas fechas.

La explotación propiamente demográfica de estos registros se ha desarrollado con gran eficacia, gracias a la utilización de un método, llamado de la «reconstrucción de familias», establecido por los franceses L. Henry y M. Fleury (1956). El empleo de este método requiere el vaciado de la información de los libros parroquiales en fichas individuales y normalizadas. El modelo informativo para cada libro (bautizados, casados, difuntos) se compone de cinco cuestiones principales: información cronológica, conceptual, nominal (que es la base del método), profesional y complementaria (cuadro 2.3).

Los datos de las fichas individuales son transcritos después a las fichas de familia, cuyo punto de arranque son las de matrimonio. En ellas se anotan todos los sucesos demográficos producidos en el seno de una familia, hasta el fin del matrimonio que la originó, generalmente por muerte de uno de los cónyuges. La eficacia del método exige contar con archivos parroquiales de buena calidad de información y utilizarlo en parroquias con más de 500 habitantes y a lo largo de un período de tiempo lo suficientemente largo para evitar resultados influidos por el azar. Los ordenadores electrónicos aligeran hoy la penosa tarea de explotación de los datos. Pese a las insuficiencias y a las dudas que suscitan los libros de registro, el método de reconstruir familias a partir de ellos ha permitido conocer una multitud de aspectos relacionados con los tres «sucesos» aludidos: edad al contraer matrimonio y duración media del mismo, fecundidad legítima y tasas de reemplazamiento, proporción de matrimonios sin hijos, dimensión de las familias, esperanza de vida al nacer, mortalidad infantil, efectos de las mortalidades excepcionales sobre los grupos familiares, etc.

2.2.2. *El Censo*

Constituye el conjunto de operaciones encaminadas a reunir, resumir, valorar, analizar y publicar los datos de tipo demográfico, cultural, económico y social de todos los habitantes de un país y de sus unidades político —administrativas—, referidos a un instante o periodo concreto.

Una serie de características diferencian a los censos modernos de los anti-

CUADRO 2.3.
MODELO INFORMATIVO DE LOS LIBROS PARROQUIALES DE LA ÉPOCA PREESTADÍSTICA

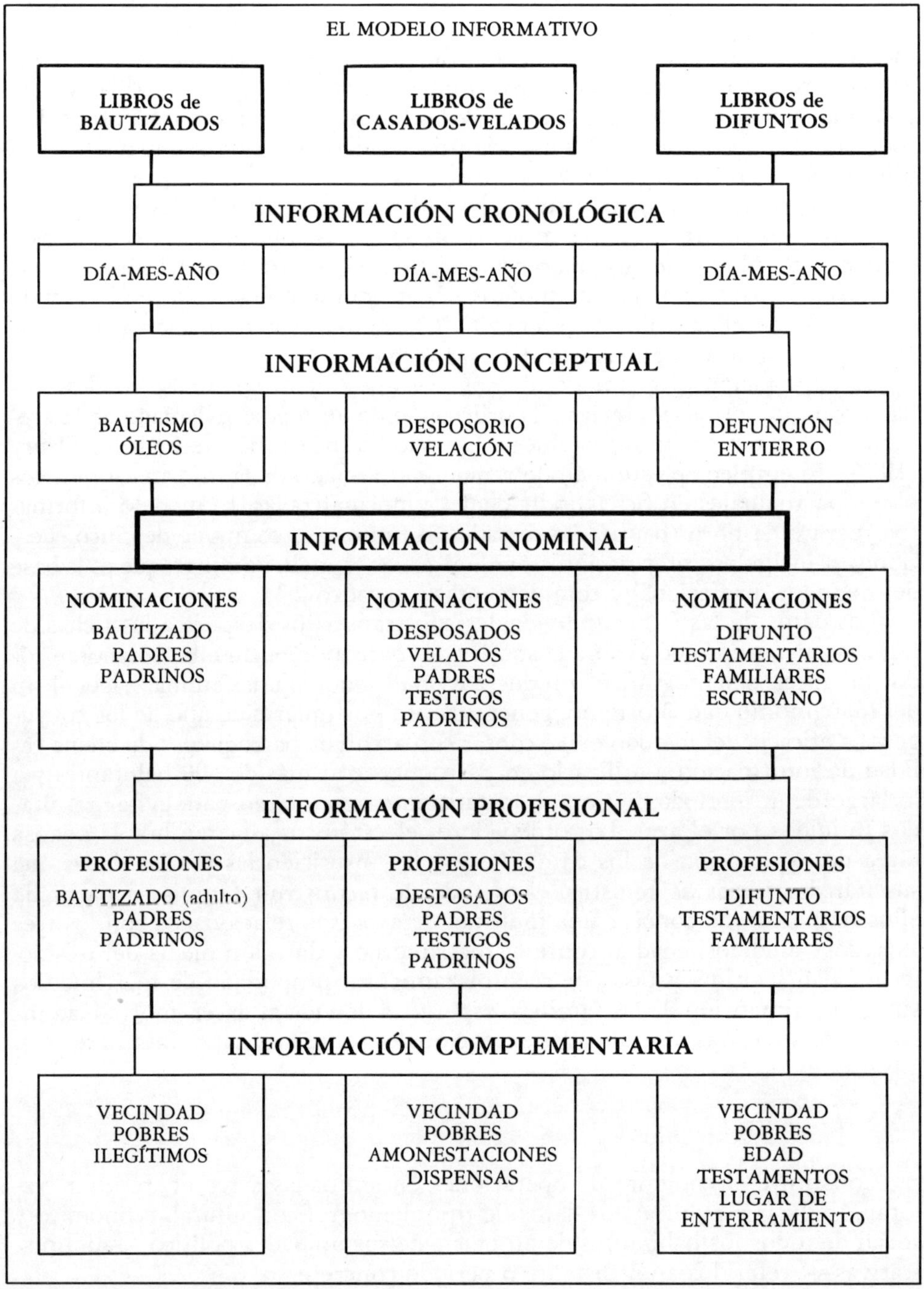

Fuente: A. Rodríguez Sánchez, 1977.

guos recuentos de población: su finalidad estrictamente demográfica (y no fiscal o militar), la enumeración individual, la universalidad, la simultaneidad y el mantenimiento de una periodicidad determinada. Que el Censo sea universal significa que debe incluir a todas las personas, procurando que no exista omisión, ni duplicación; y que sea simultáneo quiere decir que los datos deben referirse a un instante concreto llamado «momento censal» (las doce de la noche del 28 de febrero de 1981 en el caso del último Censo español).

Con estos rasgos los primeros censos se hicieron en la Europa nórdica desde mediados del siglo XVIII (Suecia, 1749, Noruega, 1760, Dinamarca, 1769) y en Estados Unidos en 1790. El resto de los países europeos van realizando su censo durante el XIX: Francia e Inglaterra en 1801, los Países Bajos en 1829, España en 1857, Rusia en 1867, Alemania en 1871, etc. Con excepciones como Argentina (1869) o Brasil (1872) en Latinoamérica, o el Japón (1874) y la India (1881) en Asia, el resto de los países que integran estos continentes y, por supuesto, los africanos, sólo iniciaron su primera operación censal en el siglo XX.

Según datos de las Naciones Unidas (*Anuario Demográfico* de 1962), en el decenio 1855-1864 habían realizado al menos un censo 51 países, que reunían aproximadamente un diecisiete por ciento de la población mundial estimada al final del periodo. Un siglo después (1955-1964) los países eran 202, y su población el sesenta y siete por ciento del total. Gracias a los sucesivos programas de cooperación técnica emprendidos por la O. N. U. en los últimos años, la mayoría de las naciones cuenta hoy con un censo o al menos una enumeración de habitantes mediante otros procedimientos. Los casos de países sin censo son excepcionales (Chad, Etiopía, Guinea, Omán, Laos) y las naciones para las que poseemos estimaciones elementales representan sólo el uno por ciento de los efectivos estimados del planeta. Ello no quiere decir que el resto de la información demográfica de los censos o recuentos generales sea siempre buena; muy al contrario, es bastante desigual por una serie de razones que enseguida se expondrán.

La realización de un censo es una operación compleja y gravosa (62 millones de libras costó el Censo inglés de 1981). Bastante antes de la fecha censal deben realizarse unas actividades preliminares que incluyen trabajos geográficos como la preparación de mapas y listas de los lugares; la determinación de los datos necesarios, la elección de las preguntas y las tabulaciones a efectuar; la forma de enumeración; el diseño del cuestionario; la elección de los procedimientos para procesar los datos; la formación de las personas que realizarán el censo, etc. Después viene la fase crucial de ejecución del Censo, mediante la recogida de datos a través de uno de los procedimientos corrientes de enumeración: la entrevista directa con un agente censal, o la autoenumeración. Este método habitual en la mayoría de los países industrializados, consiste en el cubrimiento por parte de los cabezas de familia de unos cuestionarios entregados y recogidos a domicilio por unos agentes cuyo auxilio puede ser solicitado en caso de duda. Se pretende que las preguntas contenidas sean claras y sencillas con el fin de que todas las personas puedan cumplimentarlas. Hay obligación de hacerlo, pero en contrapartida el censo es secreto, es decir, los datos no pueden ser divulgados a nivel personal. A continuación se realiza la codificación y la grabación de los datos para su proceso mediante ordenador, el cual detecta y corrige errores de consistencia. La fase final es la obtención de tablas y la evaluación de su calidad. El proceso acaba con la publicación de los resultados censales definitivos.

El Censo tiene ventajas que justifican y compensan los esfuerzos técnicos y financieros desplegados para llevarlo a cabo.

Es la fuente demográfica que suministra una información espacial más detallada; por ello es un instrumento de uso imprescindible en los análisis geográficos. El contenido, además, abarca un gran número de variables. Las siguientes cuestiones han sido prioritarias en la mayoría de las recomendaciones hechas por las Naciones Unidas: 1. Lugar de residencia habitual y/o lugar donde se encontraba cada persona en el «momento» censal (42). 2. Lugar de nacimiento (57). 3. Antigüedad de la residencia actual (16). 4. Lugar de residencia en una determinada fecha anterior (32). 5. Relación de una persona con el cabeza de familia u otro miembro de referencia (64). 6. Sexo (66). 7. Edad (66). 8. Estado civil (65). 9. Nacionalidad (14). 10. Número de hijos nacidos con vida (48). 11. Número de hijos que siguen viviendo (34). 12. Nivel de instrucción (60). 13. Instrucción elemental (30). 14. Estudios en curso (54). 15. Relación con la actividad (62). 16. Profesión (65). 17. Rama de actividad (64). 18. Situación profesional (58).*.

La mayoría de estas características están recogidas en el censo español de 1981 que, además, incluye otras cuestiones que son investigadas mediante una pregunta directa que figura en el cuestionario o se obtienen de forma derivada por agregación de datos. (Cuadro 2.4.).

Algunos países se interesan también por otros aspectos de tipo étnico, religioso, lingüístico o socioeconómico.

Nuevas ventajas del Censo son la amplitud de la muestra interrogada (teóricamente toda la población), la existencia de un número pequeño de no contestaciones y la posibilidad de conocer la evolución temporal de las variables demográficas más significativas, merced a su carácter periódico.

Pero junto a los aspectos positivos los censos presentan algunas limitaciones que reducen su valor. Ante todo, su utilidad varía considerablemente según los países debido a factores como el modo de censar, la periodicidad, la amplitud de los contenidos o el tiempo transcurrido desde la realización del censo y la publicación de los datos. La población no presenta en todas partes las mismas facilidades para ser censada. A los inconvenientes de tipo físico se añaden los derivados del modo de vida (movilidad), o del nivel cultural que determina grados de percepción distinta de la utilidad del censo y capacidades diferentes para cubrir los cuestionarios.

En algunos países la labor de los agentes censales es inmensa, pero ellos mismos tienen niveles de preparación desiguales y remuneraciones a veces modestas para incentivar su acción.

Las dificultades económicas y políticas provocan frecuentes interrupciones de la periodicidad adoptada, y la existencia de grandes lapsos de tiempo entre la realización de dos censos consecutivos. Hay países cuya última operación censal ha tenido lugar hace maś de veinte años, lo cual convierte la información

* Las cifras entre paréntesis indican el número de países que han incluído estas cuestiones en sus programas censales. Estas cifras han sido obtenidas de una muestra de 66 países que han efectuado su censo en torno a los años 80 (U. N. Statistical Office, 1982).

CUADRO 2.4.

RESUMEN DE LAS CARACTERÍSTICAS DEL CENSO DE POBLACIÓN

CARACTERÍSTICAS	DIRECTAS	DERIVADAS
Geográficas	— Situación de residencia. — Lugar de nacimiento. — Lugar de residencia el 31-XII-1970. — Lugar de trabajo o estudio.	— Población de hecho y de derecho — Población de las Entidades de Población — Población de las zonas urbana, intermedia y rural. — Flujo migratorio intercensal.
Relativas a la familia	— Persona principal de la familia. — Parentesco o relación con la persona principal de la familia.	— Formas de convivencia. — Composición de las familias: — Núcleo familiar. — Clases de familias.
Personales	— Sexo. — Estado civil. — Fecha de nacimiento. — Nacionalidad.	— Edad.
Culturales	— Instrucción elemental. — Estudios en curso. — Estudios realizados.	— Nivel de instrucción.
Económicas	— Relación con la actividad económica. — Rama de actividad económica. — Profesión u ocupación principal. — Situación profesional.	— Población económicamente activa y no activa. — Condición socioeconómica.
De fecundidad	— Número de hijos nacidos con vida. — Fecha de la boda.	

Fuente: I. N. E.

en un material obsoleto e inútil para realizar sobre él cualquier planificación económica o social. Y en el mismo sentido actúa el retraso que por razones de inestabilidad política, guerras, cambios administrativos o dificultades financieras, se produce en la publicación de los resultados.

Otro inconveniente de los censos es su falta de sincronismo en la ejecución pese a las recomendaciones de las Naciones Unidas, que vienen aconsejando operaciones en los años acabados en 0 ó en 1. Además, pese a que existen recomendaciones para que los países adopten las mismas definiciones para las variables demográficas y los mismos sistemas de clasificación de esas variables, el consenso está lejos de haberse logrado. Con ello la comparación de datos por países y la confección de estadísticas globales se ve dificultada.

Por último, el Censo no resuelve todos los problemas que se plantean al investigador, en nuestro caso al especialista en geografía de la población. Algunas cuestiones suelen ser insuficientes o mal tratadas. Éste es el caso, por ejemplo, de la movilidad habitual en el último censo español (A. Moreno, 1982; R. Puyol, 1983). Y además las unidades espaciales adoptadas, habitualmente las de carácter administrativo, no satisfacen muchas veces el deseo del geógrafo de trabajar con la desagregación espacial y con las formas de división territorial que permitan una aprehensión más profunda de la realidad.

Una vía en este sentido ha sido emprendida por el censo del Reino Unido que, en cuanto a unidades espaciales mínimas de información, ha establecido tres formas de división del territorio: los «enumeration districts» (que cubren de 125 a 220 viviendas de áreas urbanas y de 55 a 135 de áreas rurales); los «postcodes» (direcciones postales y las cuadrículas de 1 km de lado (I. S. Evans, 1981). Otros autores (Coombes y Col., 1979 y 1980) han propuesto la utilización de los «daily urban systems» (sistemas espaciales definidos por los desplazamientos cotidianos al trabajo) como unidades adecuadas para ofrecer datos censales. La idea es usar marcos que no tengan el carácter arbitrario que poseen, casi siempre, las divisiones administrativas, las cuadrículas o las secciones censales (unidad estadística de superficie variable con una población que oscila entre 500 y 2.500 habitantes).

El tema de la elección de las unidades espaciales a las que referir la información estadística (en nuestro caso demográfica) es de suma importancia ya que los resultados obtenidos pueden ser muy distintos o incluso contradictorios, según sea el método de división territorial adoptado.

2.2.3. *El Padrón Municipal de habitantes y los Registros de población*

El Padrón constituye otra fuente de información demográfica general que contiene la relación de personas de los términos municipales con expresión de algunas de sus características.

Las principales diferencias que tienen con los censos son:

— El Censo es un documento de carácter estadístico y estático. Refleja el estado de la población en un momento determinado. El Padrón, en cambio, es un documento dinámico que hay que actualizar constantemente. Los habitantes de los municipios deben comunicar los cambios de residencia (traslados de un municipio a otro) y las alteraciones que puedan producirse debido a los matrimonios, nacimientos, y defunciones.

— El Censo se hace cada diez años; el Padrón cada cinco, en los acabados en 0 y 5, excepto el último, que se realizó el 28 de febrero de 1981 simultaneamente con el Censo. Los Ayuntamientos efectúan rectificaciones anuales de su Padrón.

— La información recogida es diferente, aunque hay aspectos comunes. Los cuestionarios censales son iguales para todo el país y tienen mayor amplitud y precisión que los del Padrón. Éstos deben contener una información mínima común. El último cuestionario recogía datos sobre nombre y apellidos, situación de residencia, sexo, estado civil, parentesco o relación con el cabeza de familia, lugar y fecha de nacimiento, nacionalidad, nivel de instrucción y profesión, oficio u ocupación principal, o condición personal. Además de estas cuestiones, los Ayuntamientos pueden incorporar otras preguntas. Así en las provincias de Álava y Vizcaya se añadieron ciertas cuestiones relativas a la población (procedencia, enfermedades, idiomas) y a la vivienda.

— El Censo es secreto y los datos sólo pueden publicarse de forma numérica; el Padrón es público y los resultados se ofrecen de forma individual.

Los *Registros de población* son instrumentos de carácter público en los que se asienta de forma continua información sobre toda la población, de forma que los datos que afectan a cada individuo y sus variaciones se mantienen actualizados.

Con la aplicación de los ordenadores a los registros de población se pensó que podrían llegar a ser un sistema básico de información demográfica que haría innecesarios los censos y permitiría la obtención de datos sobre los movimientos naturales y migratorios. Además, como cada individuo tendría un número de identificación personal (N. I. P.), el uso de éste en las encuestas permitiría la integración de resultados procedentes de las mismas, e incluso de datos obtenidos de otras informaciones administrativas. Sin embargo, la creación y mantenimiento de un registro de este tipo plantea grandes inconvenientes de carácter burocrático, legal y económico. Por ello no hay muchos países en los que funcione el Registro, y en los que se encuentra implantado se ha reducido la información contenida. Además, por lo general, son naciones de escasa población (Bélgica, Israel, Bulgaria, Checoslovaquia, Dinamarca, Finlandia, Islandia, Holanda, Noruega, etc.); las excepciones más significativas son Alemania Federal, Italia, Japón y la U. R. S. S.

2.2.4. *Las estadísticas vitales*

Este nombre se emplea para aludir a los datos sobre matrimonios, nacimientos y defunciones y otros aspectos relacionados con ellos. En manos inicialmente de la Iglesia, el Registro Civil de estos sucesos se inició en Europa a partir del siglo XIX (Francia en 1806, Inglaterra y Gales en 1837, España en 1871, etc.), si bien el proceso de su completa implantación requirió en la mayoría de los países un periodo relativamente largo.

Con el paso del tiempo los datos registrados fueron ganando en precisión y detalle. La información que hoy se publica a partir de los registros incluye datos sobre nacidos vivos, muertes fetales tardías, fallecidos, divorcios, abortos, legitimaciones, anulaciones, adopciones, separaciones legales, etc.

Como en el caso de los Censos existe una gran diferencia en cuanto al contenido y calidad de las estadísticas vitales. Las diferencias significativas vuelven a ser las que se establecen entre países desarrollados y en desarrollo. En los primeros las cifras son más completas, se ofrecen con mayor nivel de desagregación espacial y tienen una cobertura temática superior (más variables y tabulaciones). En el Tercer Mundo se da, en cambio, una situación de subregistro notable. Una mezcla de causas ambientales, burocráticas, socioeconómicas y culturales lo explican.

En una publicación de la O. N. U. se citan como posibles factores del registro incompleto: 1. El analfabetismo de una parte importante de la población que no entiende ni acpeta esta forma de control. 2. La topografía accidentada y las largas distancias que a veces es preciso recorrer para acudir al Registro. 3. Unas condiciones climáticas adversas. 4. La ilegitimidad de una gran proporción de los nacidos. 5. El aislamiento en el que viven determinadas poblaciones. 6. La inadecuación de los propios registros. En algunos países o zonas el registro no es obligatorio para todos los sucesos, o para todas las personas, y cuando lo es las leyes que lo regulan no se cumplen siempre con la misma eficacia.

Por otro lado hay hechos que hacen difíciles las comparaciones internacionales. En primer término, la desigualdad en las definiciones de algunos hechos demográficos. Los conceptos de «nacido vivo», muerte fetal tardía «o» matrimonio no tienen en todos los países el mismo significado, pese a las recomendaciones de la O. N. U. de recoger los datos utilizando siempre los mismos criterios. Además los métodos de explotación de los datos varían de un país a otro y, en algunos casos, la inscripción en el registro se efectúa con considerable retraso, lo cual no sólo dificulta los balances internacionales, sino las propias previsiones internas que sobre ellos puedan realizarse.

2.2.5. *Las estadísticas de la movilidad espacial*

Las estadísticas de los movimientos migratorios son mucho más difíciles de obtener que las de los movimientos naturales. Ante todo, por la misma dificultad estadística para definir lo que es un emigrante; y, en segundo lugar, por la gran variedad de tipos de movilidad que hay, los cuales requieren numerosas fuentes de información.

Las primeras estadísticas disponibles fueron las de los movimientos internacionales. Sus datos nunca han sido del todo exactos, completos y comparables entre sí. A veces no hay ningún organismo que controle con fines estadísticos la salida de emigrantes al exterior; y aun cuando éste exista y la corriente laboral deba canalizarse a través de él, muchos trabajadores, que quieren ocultar su condición de emigrantes, intentan salir de su país por otros medios (por ejemplo, mediante un simple pasaporte de turista). Hoy día las facilidades existentes para cruzar fronteras dificultan la cuantificación de los trasvases internacionales. Sin embargo, el conocimiento de los trabajadores extranjeros por los países de acogida ha mejorado mucho, debido al fuerte control ejercido sobre ellos. Sólo que la información no resulta fácilmente comparable debido a las diferentes maneras de clasificar a estos trabajadores en función de criterios como el tiempo de permanencia y otros (emigrantes permanentes, temporales, definitivos, visitantes, etc.).

Las estadísticas de las migraciones interiores son más limitadas. A veces los Censos proporcionan alguna información útil, pero escasa. Las fuentes directas suelen extraerse de los cambios de residencia cuando existe obligación de declararlos. Esto no es general, en muchos países es reciente y, aun cuando tenga ese carácter de obligatoriedad, muchas personas no la cumplen. De ahí que tales informaciones subestimen el volumen de emigrantes, aunque proporcionen datos utilísimos sobre las direcciones y características de los mismos.

Cuando no existen fuentes directas, el análisis de la movilidad interna debe realizarse mediante procedimientos indirectos que tienen la desventaja de estudiar sólo una parte de los emigrantes, o de proporcionar muy poca información sobre aspectos fundamentales de los desplazamientos.

Uno de los métodos más utilizados es el de los saldos, que se explica en el capítulo 2.5.

Por último, las migraciones habituales de la población (desplazamientos diarios de trabajadores, movimientos de fin de semana, o de vacaciones, etc.) son todavía mucho peor conocidos. Hay pocas fuentes directas, lo que obliga a utilizar encuestas o procedimientos de estimación indirectos y complicados.

2.2.6. *Sondeos y encuestas*

El sondeo es un censo parcial a través del que se estudia sólo una parte de la población. Ello impide conocer el volumen total de habitantes que deberá ser estimado, pero permite averiguar algunas de sus características con bastante exactitud. El método se emplea sobre todo en países del Tercer Mundo, donde las dificultades materiales y financieras para hacer un censo completo son muy grandes. La condición principal para que un sondeo demográfico resulte correcto es la adecuada elección de la muestra. Ésta puede determinarse o bien eligiendo una subpoblación que sea un modelo reducido de la población total, en el sentido de que ambas tengan estructuras idénticas en cuanto a ciertas características demográficas (sexo, edad, etc.); o bien al azar, constituyendo en este caso un sondeo probabilístico.

Las encuestas se emplean en los estudios de población para obtener un tipo de información que no se recoge habitualmente en las estadísticas generales (censos, registros civiles). Sus finalidades y métodos son variados y constituyen una de las principales fuentes de información en materia de demografía cualitativa.

2.2.7. *Errores en los datos demográficos*

Los censos y las demás estadísticas de población contienen errores que son cometidos, voluntaria e involuntariamente, por las personas que deben cubrir o suministrar la información, o por los agentes encargados de recogerla. Los errores pueden producirse también en las fases de procesado y publicación de los datos.

Hay errores de cobertura debido a que algunas personas no son contabilizadas, mientras que otras son contadas dos veces. En el caso de los Censos se estima que el error de cobertura es inferior al uno con cinco o dos por ciento en los países desarrollados, pero puede llegar al cinco o seis por ciento (o más en algunos casos) en los subdesarrollados.

Hay también errores de contenido que afectan a las características de las personas contadas.

Existen diferentes procedimientos para verificar los datos demográficos de los censos, las estadísticas vitales y las demás fuentes de información. Uno de los métodos más simples consiste en aplicar la ecuación demográfica básica según la cual la diferencia de población entre dos censos consecutivos debe ser igual al balance entre nacimientos y defunciones y la migración neta (saldo entre emigrantes e inmigrantes):

$$P^{t+n} = P^{t} + N^{t,\,t+n} - D^{t,\,t+n} \pm M.N^{t,\,t+n} \qquad (2.2.1)$$

La simple comparación entre la población esperada y la realmente censada permite detectar la existencia de errores en uno o en los dos censos examinados. Ciertamente el argumento es circular puesto que está basado en el supuesto de que las estadísticas de nacimientos, defunciones y migraciones son correctas, cuando ellas mismas presentan también defectos.

Un segundo procedimiento se basa en la comparación de resultados con los obtenidos a partir de otras fuentes. Como ya se ha señalado, el subregistro de nacimientos y defunciones está especialmente acentuado en países o zonas atrasadas, donde resulta muy difícil medir la importancia de las omisiones. La confrontación con otros datos, como por ejemplo las inscripciones de los libros de los archivos parroquiales, puede servir, a veces, para evaluar el déficit.

Otros sistemas se fundamentan en la reenumeración de una muestra de la población censada o en el examen de la propia consistencia interna de la estadística manejada; ello implica analizar la estructura de una determinada fuente con el fin de descubrir resultados incongruentes con ciertas regularidades demográficas bien probadas.

2.2.8. *Las fuentes demográficas secundarias*

Hasta ahora hemos tratado de las fuentes primarias que son recogidas y publicadas por los organismos estadísticos oficiales de cada país (censos, estadísticas vitales, encuestas).

Las fuentes secundarias incluyen una amplia variedad de anuarios, revistas periódicas, informes, atlas, hojas de datos, etc.

Aquí vamos a citar solamente algunas de las principales fuentes demográficas internacionales. La O. N. U. es la principal impulsora y productora de tales estadísticas. El papel de distintos organismos de la O. N. U. (Organizaciones regionales, Departamento de Asuntos Sociales y Económicos, Fondo para las Actividades de la Población [U. N. F. P. A.], Comité para la Coordinación de la Investigación Nacional de la Demografía [C. I. C. R. E.], etc.) ha sido decisivo en la formación del personal, asesoramiento técnico, obtención y publicación de datos y el conocimiento de las tendencias y procesos demográficos de numerosas zonas del planeta. Entre sus publicaciones más destacadas está el *Anuario Demográfico* (1948), que incluye en cada edición las cifras generales de población y las relativas a las estadísticas vitales. Además cada *Anuario* está dedicado al análisis de un determinado aspecto demográfico que es presentado con mayor detalle (cuadro 2.5.).

Para dar anualmente la población de los diferentes países o zonas del planeta, el *Anuario* realiza estimaciones a partir de la última operación estadística de envergadura (censo, sondeo, etc.). La calidad de tales estimaciones es variable en función de la naturaleza de los datos de base, su antigüedad y el método de ajuste cronológico. Para indicar esa calidad, los *Anuarios* emplean un códi-

CUADRO 2.5.

TEMAS ESPECIALES TRATADOS EN CADA ANUARIO DEMOGRÁFICO DESDE 1948

AÑO	TEMA
1948	Demografía general
1949-50	Estadísticas de la natalidad.
1951	Estadísticas de la mortalidad.
1952	Distribución de la población.
1953	Demografía general
1954	Estadísticas de la natalidad.
1955	Censos de la población.
1956	Características étnicas y económicas de la población.
1957	Estadísticas de la mortalidad.
1958	Estadísticas de la nupcialidad y divorcio.
1959	Estadísticas de la natalidad.
1960	Evolución de la población.
1961	Estadísticas de la mortalidad.
1962	Estadísticas de los censos de población I
1963	Estadísticas de los censos de población II
1964	Estadísticas de los censos de población III
1965	Estadísticas de la natalidad.
1966	Estadísticas de la mortalidad I
1967	Estadísticas de la mortalidad II
1968	Estadísticas de la nupcialidad y divorcio.
1969	Estadísticas de la natalidad.
1970	Evolución de la población.
1971	Estadísticas de los censos de población I
1972	Estadísticas de los censos de población II
1973	Estadísticas de los censos de población III
1974	Estadísticas de la mortalidad.
1975	Estadísticas de la natalidad.
1976	Estadísticas de la nupcialidad y divorcio.
1977	Estadísticas de las migraciones internacionales.
1978	Tablas de carácter general.
1979 (edición especial)	Suplemento retrospectivo.
1979	Estadísticas de los censos de población
1980	Estadísticas de la mortalidad.
1981	Estadísticas de la natalidad.
1982	Estadísticas de la nupcialidad y del divorcio
1983	Estadísticas de los censos de población

go, que fue utilizado por primera vez en el de 1948-49 y modificado más tarde en 1958. (cuadro 2.6.). De acuerdo a ese código las estimaciones son clasificadas en «seguras» o «menos seguras». Las estimaciones seguras, de acuerdo a la naturaleza de los datos de base, son aquellas que están realizadas a partir de un censo completo (A) un sondeo efectuado sobre la mayoría de los habitantes (B) o un recuento administrativo anual a condición de que la población total sea inferior a 1.000 personas (C).

CUADRO 2.6.

CÓDIGO DE LAS ESTIMACIONES CORRIENTES DE LA POBLACIÓN TOTAL

PRIMER ELEMENTO: La naturaleza de los datos de base (letras mayúsculas).
A) Censo completo.
B) Encuesta por sondeo.
C) Censo o registro parcial
D) Estimaciones conjeturales.
Naturaleza desconocida de los datos de base

SEGUNDO ELEMENTO: Antigüedad de los datos de base (índice numérico que acompaña a las letras mayúsculas).

El índice expresa el número de años transcurridos desde la obtención de los datos de base.

TERCER ELEMENTO: Método de ajuste cronológico (letras minúsculas).
a) Ajuste mediante un registro permanente de población.
b) Ajuste según una ecuación de concordancia (balance entre los nacimientos y defunciones y la migración neta).
c) Ajuste según una tasa de crecimiento de la población estimada.
d) No hay ajuste: se adopta una base constante para dos años consecutivos por lo menos.
x) Ajustes según estimaciones de la población a nivel regional. Método de ajuste desconocido.

CUARTO ELEMENTO: Calidad del ajuste (índices que acompañan a las letras minúsculas *a*, *b*, o *c*).

A) Para las letras *a* y *b*:
1. Balance demográfico de buena calidad.
2. Balance demográfico que se supone de buena calidad.
3. Balance demográfico de mala calidad.

B) Para la letra *c*:
1. Para realizar el ajuste se ha dispuesto al menos de dos censos realizados con un intervalo de 10 años o menos.
2. Para realizar el ajuste se ha dispuesto también de dos censos, pero el intervalo entre los dos últimos ha sido superior a 10 años.
3. Para realizar el ajuste tan sólo se ha dispuesto de un censo, o de ninguno.

Fuente: O. N. U.

El segundo criterio de fiabilidad es el método de ajuste cronológico. Son «seguros» los ajustes *a* y *b* cuando se combinan con los índices 1 y 2. Son «menos seguros», los ajustes codificados con *c*, *d*, o aquellos cuyo método es desconocido (...) Los datos «seguros» y los «menos seguros» son impresos con distintos tipos de letras.

De igual forma los Anuarios demográficos clasifican las estadísticas vitales según su calidad en tres categorías:

C) Datos considerados prácticamente completos, es decir, que representan, al menos, el 90 por 100 de los que tienen lugar cada año.

U) Datos considerados incompletos, es decir, que representan menos del 90 por 100 de los que tienen lugar cada año.

... Datos cuya cobertura no es indicada por los servicios nacionales de estadística que son los encargados de dar la evaluación de sus propias cifras.

Una simple mirada a las tablas de los Anuarios demográficos donde se incluyen los Códigos a los que hemos hecho referencia, pone de manifiesto el mediocre conocimiento que aún tenemos de una parte substancial de la población del planeta. La mayoría de los países del Tercer Mundo, que reúnen aproximadamente el setenta y cinco por ciento de los habitantes de la Tierra, figuran en los Anuarios con códigos que consideran «pocos seguras» las estimaciones de su población e «incompletas» las estadísticas del registro civil.

Todo ello plantea numerosos interrogantes en cuanto al valor de las cifras actuales y a las perspectivas demográficas inmediatas de tales naciones. Si hay infravaloración o sobrevaloración de la población real es difícil saberlo. En la mayoría de los países, los Censos o recuentos, cualquiera que sea su modo de realización, suelen estar más afectados por las omisiones que por las duplicaciones. Ahora bien, el método de ajuste, sobre todo cuando es hipotético, caso general en el Tercer Mundo, puede determinar errores de sobreestimación muy importantes. Pese a los progresos recientes queda un largo camino por recorrer en materia de información demográfica, la cual obliga a recomendar una utilización cautelosa de las cifras actuales, puesto que en algunos casos están afectadas por considerables márgenes de error*.

Otras publicaciones periódicas de la O. N. U. con información demográfica son:

Anuario Estadístico (desde 1948).

Boletín Mensual de Estadística (desde 1947).

Documentos estadísticos. Serie A. Informes sobre población y estadísticas vitales (cuatrimestral, desde 1949).

Además, y con un contenido estrictamente demográfico, la O. N. U. publica una serie de «Estudios demográficos», otra de «Informes y Estudios» y un «Boletín de población». En estas publicaciones se incluyen trabajos de carácter metodológico, informes sobre la situación del conjunto de la población o de una determinada variable en un año o periodo concretos, informes sobre las Conferencias mundiales de población (Roma, 1965, Bucarest, 1974), etc.

Otras organizaciónes internacionales como el Population Council, Population Reference Bureau, o la Unión Internacional para el Estudio Científico de la Población (IUSSP), han realizado también una importante labor de investigación y difusión de las cifras.

Concretamente la Population Reference Bureau publica anualmente una hoja de datos de la población mundial (World Population Data Sheet) que con-

* Eberstadt (1981) ofrece una valoración de los errores contenidos en las estimaciones y llega a una cifra para el conjunto de la población de 260 millones de habitantes, es decir algo menos del 6 por 100. Los países industrializados tienen errores por debajo del 1 por 100, Europa Oriental 2 por 100, Latinoamérica 5 por 100, Asia meridional 6 por 100, China un 9 por 100 y Africa negra hasta un 12 por 100.

tiene información sobre las principales variables demográficas (estimaciones). Esta hoja, muy útil en los trabajos geográficos, puede solicitarse a la dirección de este organismo (Box 35012, Washington. D.C. 20.013. USA).

Gran número de datos demográficos están recogidos en publicaciones anuales como el *Calendario Atlante de Agostini*, que se edita desde 1904, las *Images economiques du monde* (1955), etc.

No obstante, las cifras de éstas y otras publicaciones similares suelen proceder de los Anuarios e Informes de la O. N. U.

2.3. La distribución espacial de la población

Antes de la consolidación de la geodemografia como subdisciplina científica alrededor de 1950, la distribución y sus factores fueron las únicas cuestiones de población que interesaron a los geógrafos. Los análisis eran bastante elementales y muy descriptivos.

Los temas del reparto espacial de la población y las formas del poblamiento tienen una gran importancia, no sólo desde un punto de vista estrictamente demográfico, sino como elemento fundamental de la ordenación del territorio y la planificación regional.

El contenido de este apartado se estructura en tres partes: una metodológica, en la que se referencian los métodos cartográficos y estadísticos para el análisis de la distribución, concentración y dispersión de la población y el poblamiento; una segunda, en la que se presentan los rasgos básicos de la distribución actual de la población sobre el planeta y los factores que la explican, y una tercera, breve, en la que se exponen las políticas y los programas emprendidos para modificar el reparto, cuando éste se considera desequilibrado.

Empezaremos con algunas definiciones básicas.

2.3.1. *Conceptos básicos*

Ante todo es necesario distinguir entre *distribución espacial de la población* y del *poblamiento*. Con la primera expresión se alude a la forma en que los habitantes se localizan sobre un territorio; en el segundo caso se analizan los asentamientos de población, teniendo en cuenta su número, tamaño y distribución en un determinado ámbito territorial.

Un segundo concepto que conviene aclarar es el de *densidad de población* o relación entre los habitantes de un territorio y la superficie. (d = P/S). Es una noción sencilla y práctica que hay que considerar como un simple elemento descriptivo y bastante impreciso de la ocupación del espacio por la poblacion (gráfico 2.2.). Y cuando se hacen comparaciones debe tenerse en cuenta que ni los espacios son homogéneos y están uniformemente ocupados, ni las necesidades o niveles de vida de las personas son semejantes. Tratar de obtener conclusiones sobre el grado de superpoblación de un área a partir de la densidad bruta es arriesgado y tiene poco valor.

Estos inconvenientes se han intentado obviar introduciendo cambios tanto en el numerador, como en el denominador de la relación, lo cual ha dado lugar a nuevos conceptos de *densidad corregida*. La población total se sustituye en el

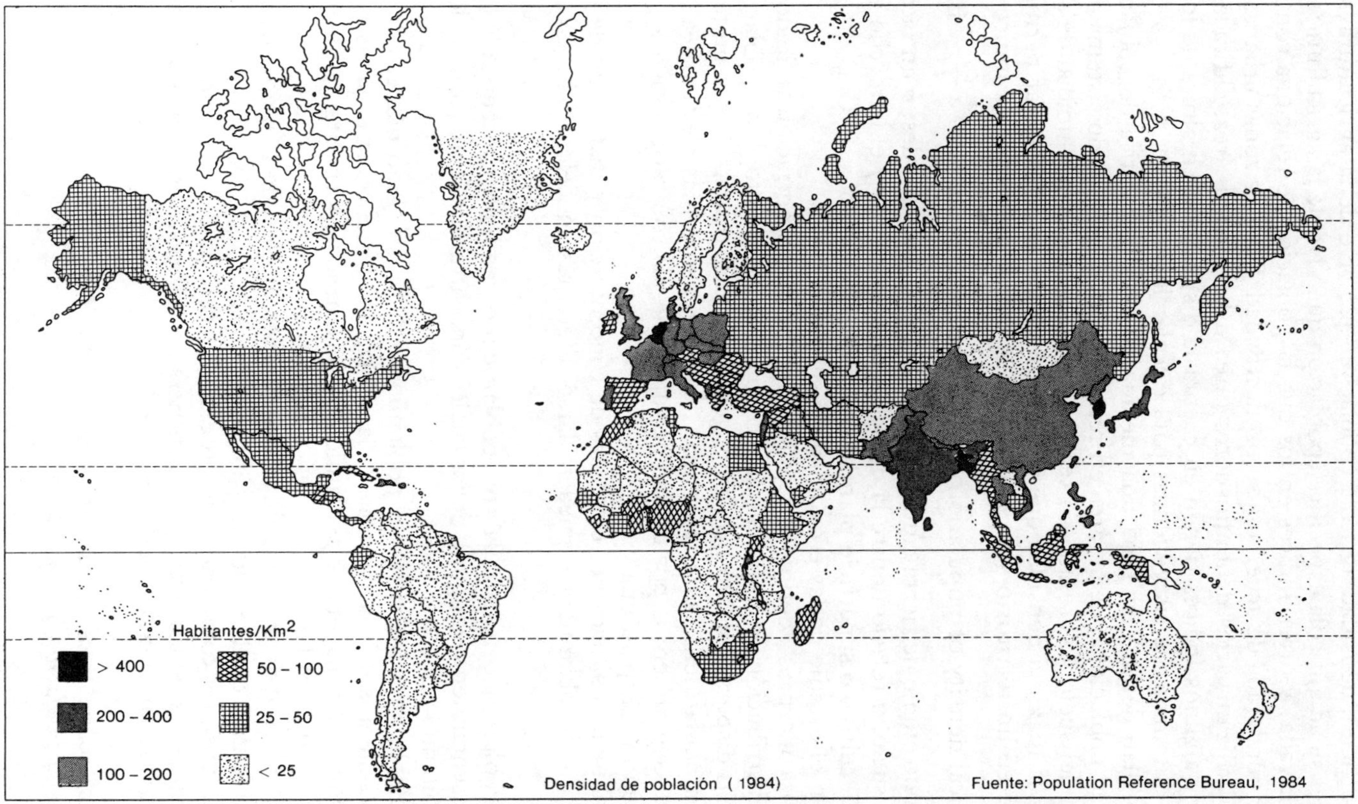

Gráfico 2.2. Densidad de población por países.

numerador por una categoría de ella y la superficie por sólo una parte. Para las áreas rurales se definen así los conceptos de densidad rural (población rural/superficie), densidad agrícola (población que vive de la agricultura/superficie), densidad agrícola específica (población que vive de la agricultura/superficie cultivada) y otros índices en los que la población se relaciona con la superficie ponderada de acuerdo a su productividad. Para las zonas urbanas también se utilizan varios denominadores (área urbana total, área edificada solamente) y algunos índices tienen en cuenta la disposición en altura de los edificios y el tamaño de las viviendas para calcular la superficie.

W. Allan definió en 1965 una medida de densidad crítica de población o capacidad poblacional de un área en relación a un determinado sistema de utilización del suelo, expresado en términos de habitantes por unidad de superficie; es la máxima densidad que un sistema es capaz de soportar permanentemente en un territorio sin peligro para el medio ambiente. El índice C. D. P. (critical density of population) responde a la fórmula $100\, b \cdot \frac{c}{a}$. En ella a es el porcentaje de tierra cultivada por métodos tradicionales; b un factor de uso del suelo, o relación entre la duración de los cultivos y el barbecho y c un factor de cultivo o superficie plantada cada año por persona. El C. D. P. es utilizado en el estudio de las economías de subsistencia.

Otros conceptos a definir son los de dispersión/concentración aplicados tanto a la distribución de la población, como del poblamiento. Una población es tanto más dispersa, cuanto más homogéneamente se distribuye por un territorio; y un poblamiento será tanto más disperso cuanto más elevado sea el número de asentamientos por unidad de superficie. Lo contrario serían los casos de concentración para una y otra.

Combinando situaciones extremas de concentración y dispersión de la población y del poblamiento, pueden darse diferentes modelos (Vinuesa y col. 1982).

- Población concentrada con poblamiento también concentrado (pocos asentamientos, alguno de los cuales concentraría a la mayoría de los habitantes).
- Población concentrada y poblamiento disperso (gran número de asentamientos con la mayoría de la población concentrada en unos pocos).
- Población dispersa y poblamiento concentrado (pocos asentamientos de tamaño similar).
- Población dispersa y poblamiento disperso (elevado número de asentamientos, también de tamaños semejantes).

Estas posibles combinaciones no deben hacer olvidar que entre las situaciones extremas de concentración y dispersión hay casos intermedios que permitirían ampliar la clasificación precedente.

2.3.2. *Los métodos cartográficos de la distribución espacial de la población y el poblamiento*

Son muy variados ya que el reparto de los habitantes y los asentamientos ha sido desde hace siglo y medio una de las preocupaciones básicas de la cartografía temática. Aquí vamos sólo a indicarlos. El lector encontrará expuestos en los apéndices del libro, los métodos empleados para construir los distintos tipos de mapas citados.

Los primeros mapas utilizados fueron los de coropletas que responden a una representación discreta, donde el peso de la variable es constante en el interior de cada contorno (gráfico 2.3.). Ya en 1833 el inglés G. Scrope realizó un mapa de este tipo para el conjunto del planeta y desde entonces constituyen un procedimiento habitual para la representación de la densidad.

El establecimiento de este tipo de mapas requiere observar una serie de precauciones generales y otras específicas cuando se usan en los trabajos de población.

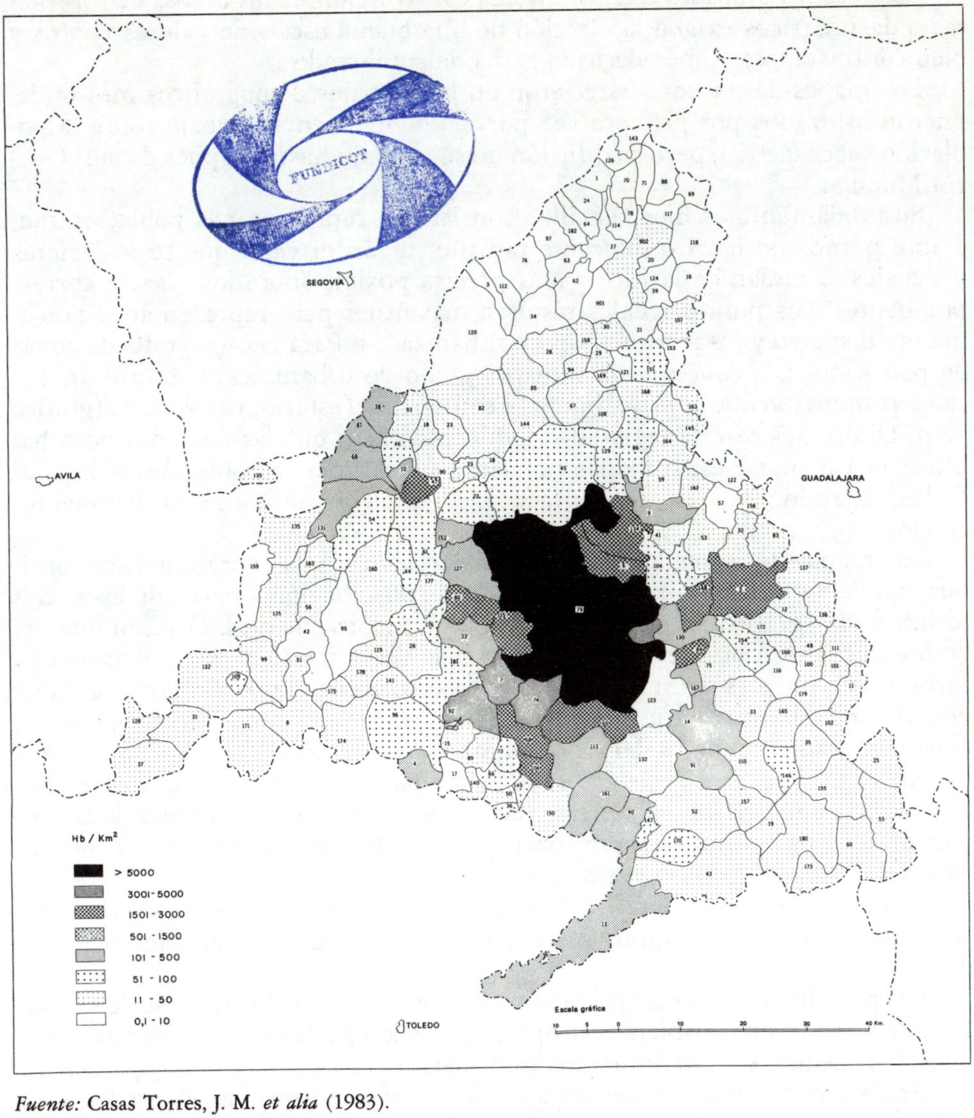

Fuente: Casas Torres, J. M. *et alia* (1983).

Gráfico 2.3. Mapa de coropletas. Densidad de población por municipios en la Comunidad de Madrid (1981).

Los mapas coropléticos de densidad sólo tienen algún sentido cuando se utilizan unidades espaciales pequeñas. Uno de los primeros problemas a resolver es precisamente elegir esas unidades. Los marcos administrativos, por ejemplo los términos municipales en España, son de fácil manejo cartográfico y estadístico, pero las variaciones de sus límites y la existencia en su interior de zonas deshabitadas, les restan significación. Este problema puede resolverse, en parte, mediante el empleo de una malla o retícula que se superpone al territorio (mapas dasimétricos). En cada caso habrá que definir el tamaño y la forma de dicha retícula que deberá adaptarse a las características del espacio investigado. .

Elegidas las unidades territoriales, la construcción de los mapas de coropletas o dasimétricos exigen la elección de una buena escala de valores (pocos y bien contrastados) y una adecuada gama de sombreado.

Los mapas de puntos aparecieron en los trabajos demográficos más tarde. Fueron utilizados por primera vez por S. de Greer en su trabajo sobre la población sueca (1917), pero su difusión no se produjo hasta después de la II Guerra Mundial.

Su fundamento es muy sencillo. Consiste en representar la población mediante puntos de igual o diferente tamaño, según el valor que se les asigne, los cuales se sitúan de la forma más precisa posible sobre los lugares correspondientes. Los puntos iguales resultan más útiles para representar el poblamiento disperso y los territorios poco urbanizados. Para la cartografía de zonas de población más concentrada y mayor grado de urbanización se utilizan círculos proporcionados u otras figuras geométricas (esferas, cubos, etc) (gráfico 2.4.). Diferentes test de legibilidad han demostrado que las personas poco habituadas a manejar estos mapas tienden a subestimar la población de las ciudades, cuando ésta es presentada mediante los últimos procedimientos citados.

Los mapas de isopletas (isolíneas) responden a una representación continua, donde los valores se asocian a puntos de observación a partir de los cuales se interpola (gráfico 2.5.). Tienen ventajas e inconvenientes. Ofrecen una vía de mitigar las variaciones bruscas (y muchas veces irreales) de la densidad en torno a una línea (sea ésta administrativa o convencional). Sin embargo, una de sus características básicas, la de suponer que entre dos isolíneas sucesivas existe un gradiente, no es del todo aplicable a los mapas de población desde el momento en que, en ciertas áreas, se puede pasar de sectores con fuerte concentración demográfica a otros casi vacíos. Las variaciones espaciales de la ocupación humana no son siempre contínuas. Con frecuencia existen discontinuidades que este método no permite reproducir.

La reproducción cartográfica de la población utiliza también las anamorfosis, cartogramas, cartodiagramas, etc., si bien todos ellos están menos extendidos.

Los principales sistemas de representación mencionados (mapas de símbolos ponderados, de coropletas e isopletas) pueden realizarse por métodos manuales, o mediante procedimientos informáticos.

Existen ya bastantes programas de cartografía automática adaptados a los diferentes tipos de máquinas de salida (impresora de líneas, plotter o trazador, pantalla de rayos catódicos).

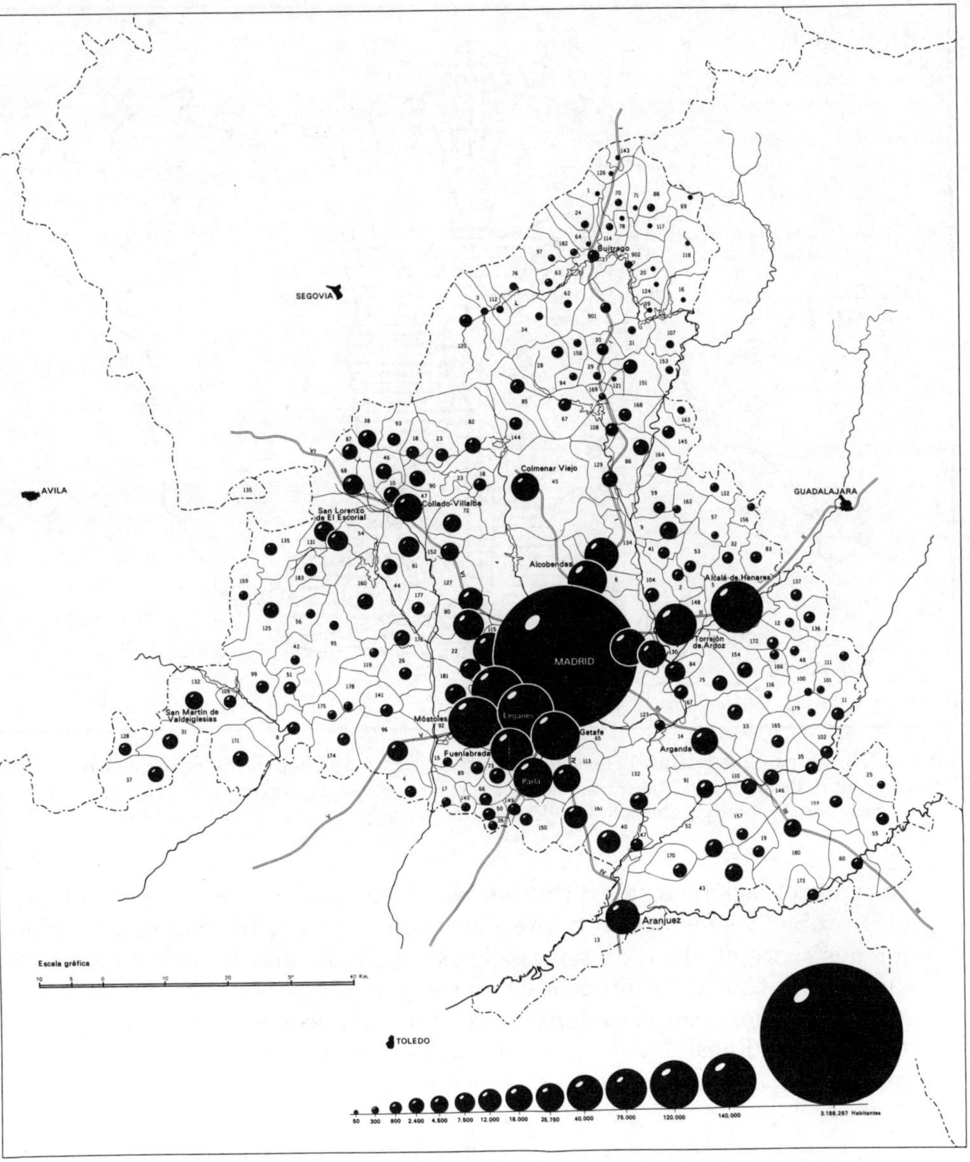

Fuente: Casas Torres, J. M. *et alia* (1983).

Gráfico 2.4. Mapa de esferas. Distribución de la población de Madrid (1981).

Entre los programas que elaboran mapas mediante símbolos ponderados está el GYPSY (plotter) desarrollado por Monmonier.

El programa SYMAP, desarrollado por el Laboratory for Computer Graphics and Spatial Analysis de la Universidad de Harvard, permite realizar mapas de coropletas e isopletas (gráficos 2.6. y 2.7.) por impresora de líneas. También existen programas para realizar estos mapas mediante plotter o trazador de curvas (gráficos 2.8. y 2.9.) en dos o tres dimensiones. La ventaja de este sistema sobre la impresora de líneas es su mayor precisión y calidad.

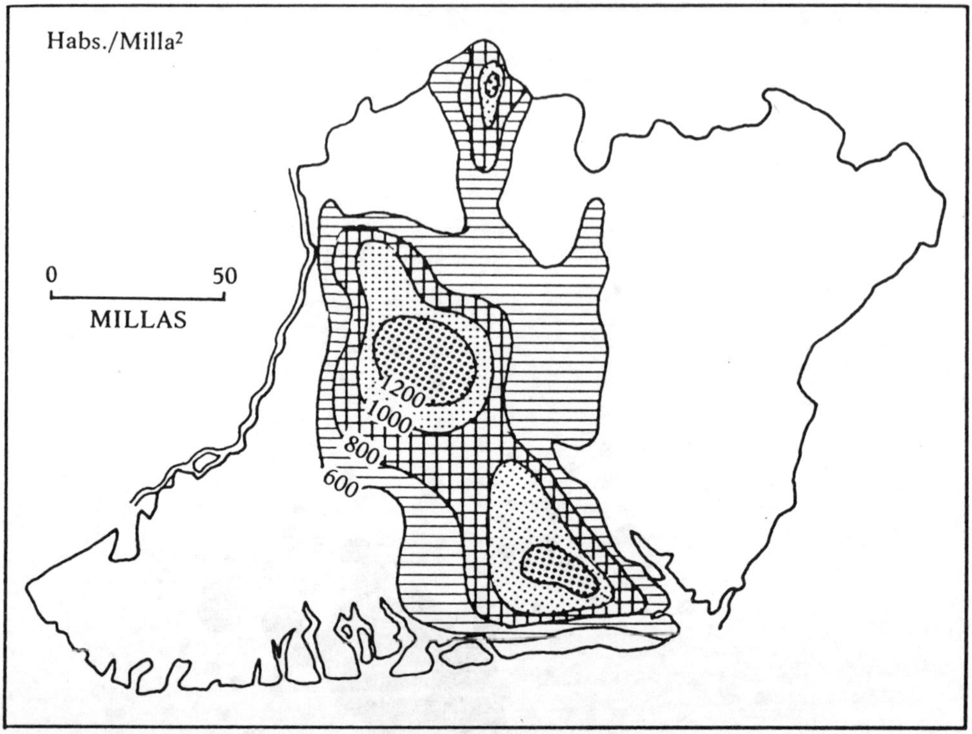

Gráfico 2.5. Mapa de isopletas. Densidad en la región este de Nigeria. El espacio entre las isopletas se cubre después con una trama dando lugar a un mapa de isocoropletas. (Mapa elaborado por Barry Floyd y publicado en «Eastern Nigeria A Geographical Review. 1963)

La representación en tres dimensiones resulta muy expresiva, pero plantea algunos problemas de lectura e interpretación. La identificación exacta de los fenómenos sobre el plano de referencia es difícil; además las porciones en resalte ocultan la configuración de las zonas deprimidas y por otro lado la lectura exacta de los valores en la dimensión vertical no puede efectuarse si no se incluye una escala lineal. Los expertos están desarrollando procedimientos complementarios para resolver estos inconvenientes.

2.3.3. *Métodos estadísticos para el análisis de la concentración y dispersión de la población y el poblamiento*

Los métodos cartográficos son útiles para representar la distribución espacial de la población en la medida en que constituyen una visualización más o menos precisa de la misma. Los métodos estadísticos completan esta visión. La mayoría de estos procedimientos no son específicos de la geografía de la población, pero los geodemógrafos los emplean habitualmente en sus trabajos.

Empezamos por citar las principales medidas de tendencia central: centro de población, punto mediano y centro de desplazamiento mínimo.

El *centro de población* distribuida por un territorio equivale al centro de gravedad de la población de ese territorio. Se asimila en una distribución es-

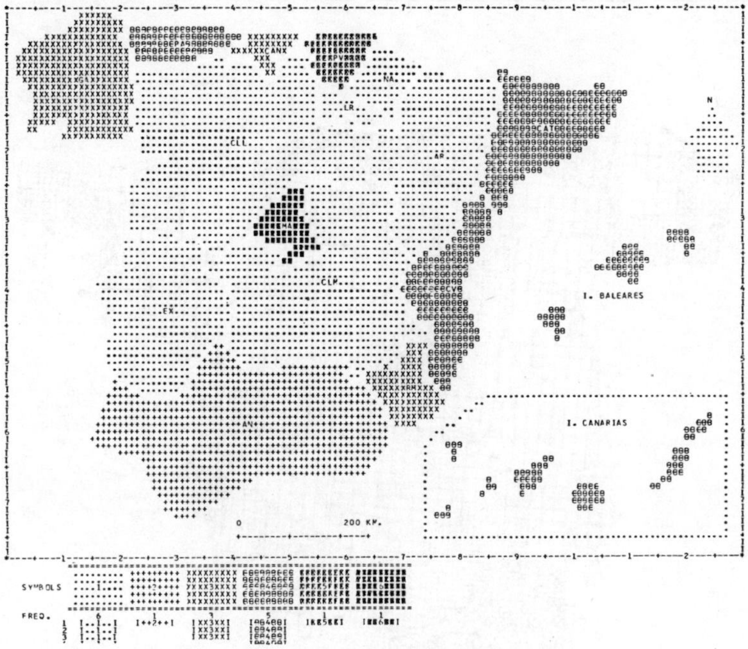

Fuente: F. Rojo (1986).

Gráfico 2.6. Mapa de Coropletas por impresora de líneas. Densidad de población en las Comunidades Autónomas en 1981

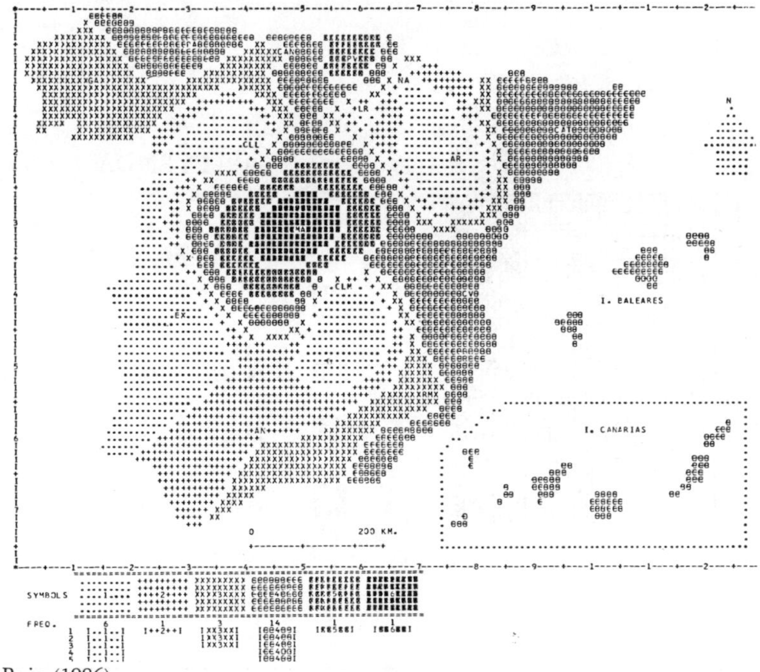

Fuente: F. Rojo (1986).

Gráfico 2.7. Mapa de Isolíneas por impresora de líneas. Densidad de población en las Comunidades autónomas en 1981

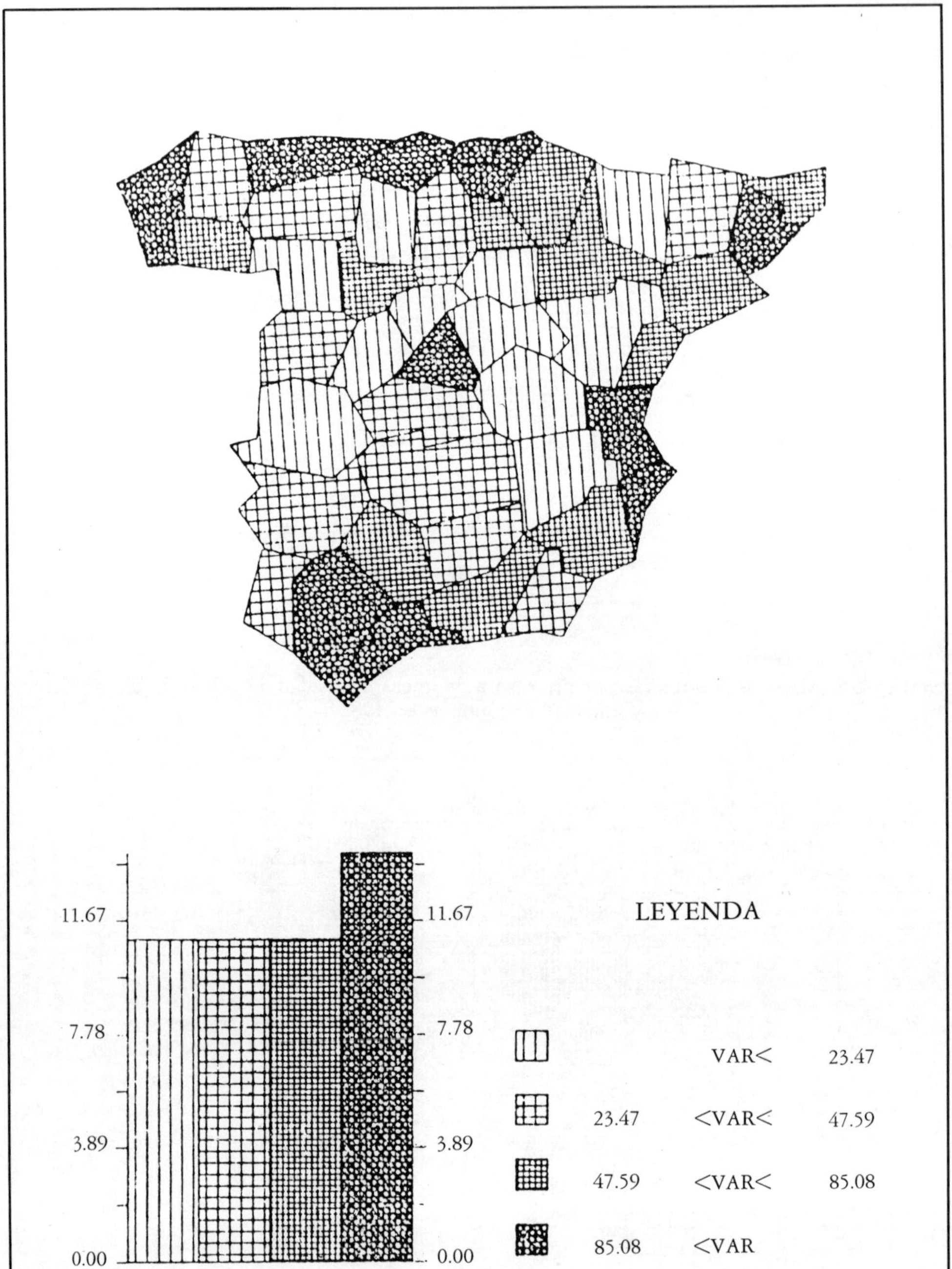

Fuente: F. Rojo (1986).

Gráfico 2.8. Mapa de Coropletas por trazador o plotter. Densidad de población en 1981

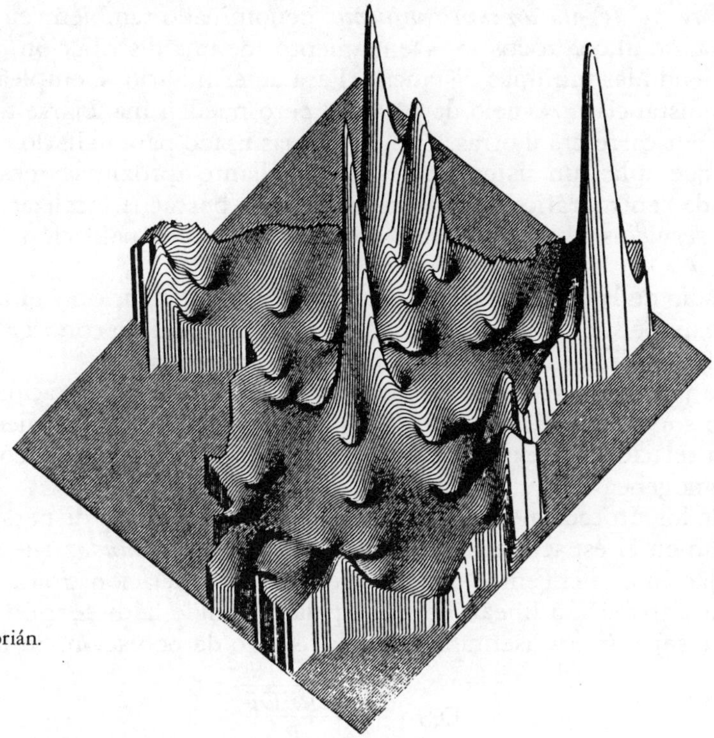

Fuente: J. Cebrián.

Gráfico 2.9.

pacial a lo que es la media aritmética en una distribución lineal, y recibe otros nombres como los de centroide o punto de equilibrio.

Para calcularlo, la longitud y latitud geográficas de los distintos asentamientos de un territorio son ponderadas con su población. Las coordenadas geográficas del centro de población se hallan mediante las siguientes ecuaciones:

$$LO = \frac{\sum_{i=1}^{n} Pi\ Loi}{\sum_{i=1}^{n} \mathrm{Pi}} \qquad (2.3.1.) \qquad\qquad LA = \frac{\sum_{i=1}^{n} Pi\ Lai}{\sum_{i=1}^{n} Pi} \qquad (2.3.2.)$$

Donde *Pi* es la población de un determinado asentamiento *i*; *Loi* y *Lai* la longitud y latitud de ese lugar; y *n* el número de asentamientos.

La localización del centro de población y sus variaciones indican la dirección geográfica del poblamiento en un territorio. Debe combinarse con otros índices como los de potencial de poblamiento, o la distancia estándar.

El *punto mediano* equivale a la mediana de una distribución lineal. Se sitúa en la intersección de dos líneas medianas ortogonales que dividen el territorio en dos partes con igual número de asentamientos. Las líneas medianas utilizadas son convencionales la N-S y E-W; pero el punto mediano depende de la orientación de los ejes. Por lo tanto, existen muchos puntos medianos en una misma distribución coincidiendo con otras tantas posiciones de las líneas.

El *centro de desplazamiento mínimo*, denominado también centro mediano, es el punto al que todos los asentamientos de una distribución pueden llegar recorriendo las mínimas distancias. Para determinarlo se emplean normalmente las distancias a «vuelo de pájaro», pero pueden manejarse también las distancias por carretera u otras. El método más usado para hallarlo es el ideado por Hart que aplica un sistema de tanteo mediante aproximaciones sucesivas. Esta medida centrográfica ha sido utilizada para buscar la localización óptima de ciertos servicios de los que tenga que abastecerse una población (hospitales, escuelas, etc.).

El estudio de la concentración y dispersión de la población y el poblamiento exige disponer de unos valores numéricos que permitan conocer su grado o intensidad y en definitiva poder realizar comparaciones.

Para la población se emplean índices generales de concentración o dispersión como son los de disimilaridad o el de Gini, que tratan de medir la diferencia y la relación que existen entre una distribución real y una teórica distribución homogénea.

Uno de los procedimientos más utilizados para medir la dispersión de una distribución en el espacio es la denominada *distancia estándar* que sostiene la misma relación con el centro de población que la desviación típica con la media en una distribución lineal. En otras palabras mide la dispersión de las distancias que separan los asentamientos del centro de población. Su fórmula es:

$$\text{D.S.} = \sqrt{\frac{\Sigma\, Pi\, Di^2}{P}} \qquad (2.3.3.)$$

donde Pi es la población de un asentamiento i; Di la distancia de i al centro de población y P la población total del área.

Cuando se trabaja sólo con asentamientos grandes (ciudades), la distancia considerada es la que existe desde cada uno de ellos al centro de población; en áreas con varios o muchos núcleos pequeños se asume que toda la población de cada una de las unidades espaciales que consideramos (municipios, por ejemplo) se agrupa en el centro y la distancia que se considera es la existente desde ese punto al centro de gravedad. Esa distancia puede medirse de diferentes maneras; por ejemplo, usando la longitud y latitud. La fórmula sería entonces:

$$Di = \sqrt{K^2\,(LO - LOi)^2 - Q^2\,(LA - LAi)^2} \qquad (2.3.4.)$$

Donde LO y LA son los valores de longitud y latitud del centro de población; LOi y LAi la longitud y latitud de un determinado asentamiento i; y K y Q constantes para convertir los grados de latitud y longitud en unidades lineales.

Otro índice para medir la concentración/dispersión del poblamiento consiste en calcular el número de asentamientos por unidad de superficie (por ejemplo 100 km^2). Si las diferencias de población entre ellos son muy acusadas será conveniente agruparlos por tamaños y hallar entonces valores específicos para cada uno de los grupos.

También se emplean otros índices desarrollados a partir de los años 50 por autores como Barner, Robinson, Pinden y Whiterick, etc., que inspirados en el método de los écologos Clark-Evans, consisten en comparar los promedios de distancias observadas entre los asentamientos con los promedios de distancias entre los núcleos considerando que éstos se distribuyen por el territorio de manera aleatoria.

Uno de los más empleados es el análisis del elemento más próximo (nearest neighbour) que consiste en:

1º medir la distancia de cada asentamiento de una distribución, al que tiene más próximo. Deberán obtenerse tantas mediciones como número de núcleos que existan.

2º Averiguar el promedio de todas esas distancias observadas ($\overline{do}$), mediante su adición y posterior división por el número de asentamientos.

$$\overline{do} = \frac{\Sigma d}{n} \qquad (2.3.5.)$$

3º Calcular cuál sería el promedio de las distancias de los asentamientos con respecto a los más próximos si estuvieran distribuidos al azar (aleatoriamente). La fórmula sería:

$$\bar{d}o = \frac{1}{2\sqrt{\frac{n}{s}}} \qquad (2.3.6.)$$

donde n es el número de asentamientos y s la superficie del territorio estudiado.

4º Relacionar los dos promedios de distancias anteriores para hallar el índice

$$R\left(R = \frac{\bar{d}o}{\bar{d}a}\right) \qquad (2.3.7.)$$

que nos indica el valor de la diferencia y el grado de concentración o dispersión de los asentamientos respecto a la distribución aleatoria. Sus valores están comprendios entre 0 a 2,149 (gráfico 2.10).

Por último vamos a considerar la noción de potencial de población. Fue desarrollada por Stewart, quien partiendo de la relación básica para los cuerpos celestes definida por Newton, formuló una relación análoga entre población y distancia. Para él la «influencia» ejercida por un asentamiento sobre cualquier otro situado en el territorio circundante es directamente proporcional a su población (masa) e inversamente proporcional a la distancia que los separa. Por lo tanto, el potencial de población (P) en un núcleo cualquiera i vendría dado por la siguiente fórmula:

$$Pi = \sum_{j=1}^{n} \frac{\mathrm{Pj}}{\mathrm{Dij}} \qquad (2.3.8.)$$

Existen n asentamientos que influyen en la «localización» de i. Estos asentamientos tienen cada uno una población (masa) definida por Pj; y están sepa-

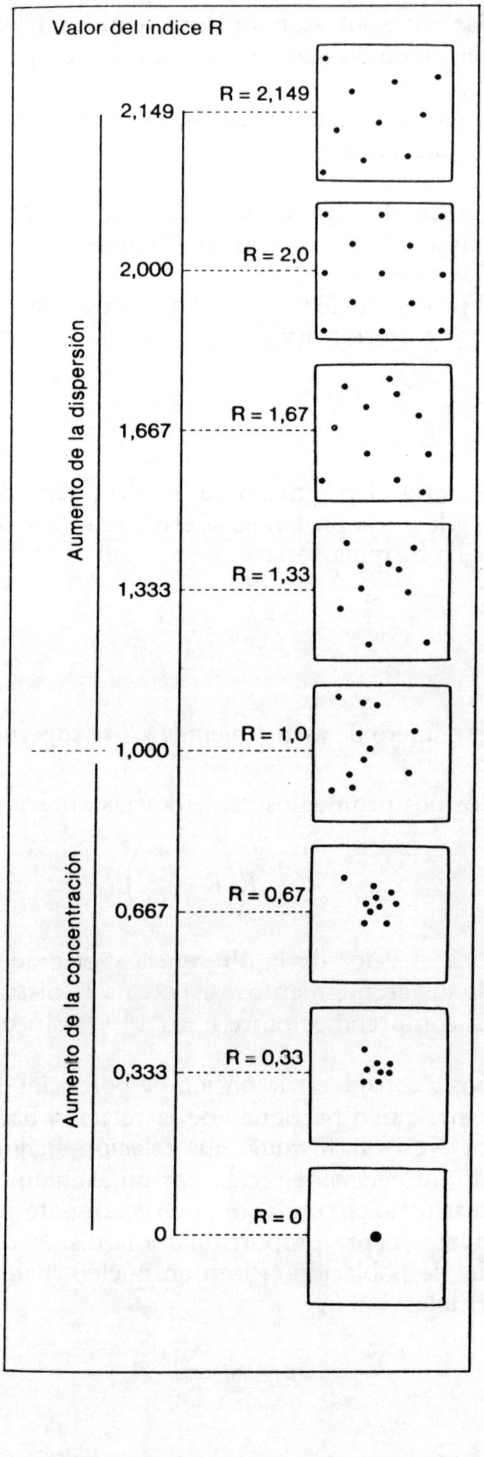

Gráfico 2.10. Valor del Indice *R*.

rados del núcleo *i* por una determinada distancia *Dij*. Así, pues, si se toma la población de cada asentamiento (incluído el propio *i*) y se divide entre la distancia que lo separa de *i* y se suman después todos los cocientes, obtenemos el valor del potencial en *i*.

Si suponemos, por ejemplo, que en un territorio hay 6 núcleos, el potencial de uno cualquiera de ellos, al que vamos a llamar *a*, se obtendría así:

$$Pa = \frac{Pa}{Da-a} + \frac{Pb}{Da-b} + \frac{Pc}{Da-c} + \frac{Pd}{Da-d} + \frac{Pe}{Da-e} + \frac{Pf}{Da-f} \qquad (2.3.9.)$$

Para el cálculo de la distancia interna de cada asentamiento (en el caso del ejemplo *Da-a*) se suele tomar la mitad de la distancia existente entre el asentamiento considerado y el que tiene más cerca.

De esta manera se obtienen los potenciales de los distintos núcleos del territorio analizado y con los valores resultantes podrá realizarse un mapa (gráfico 2.11).

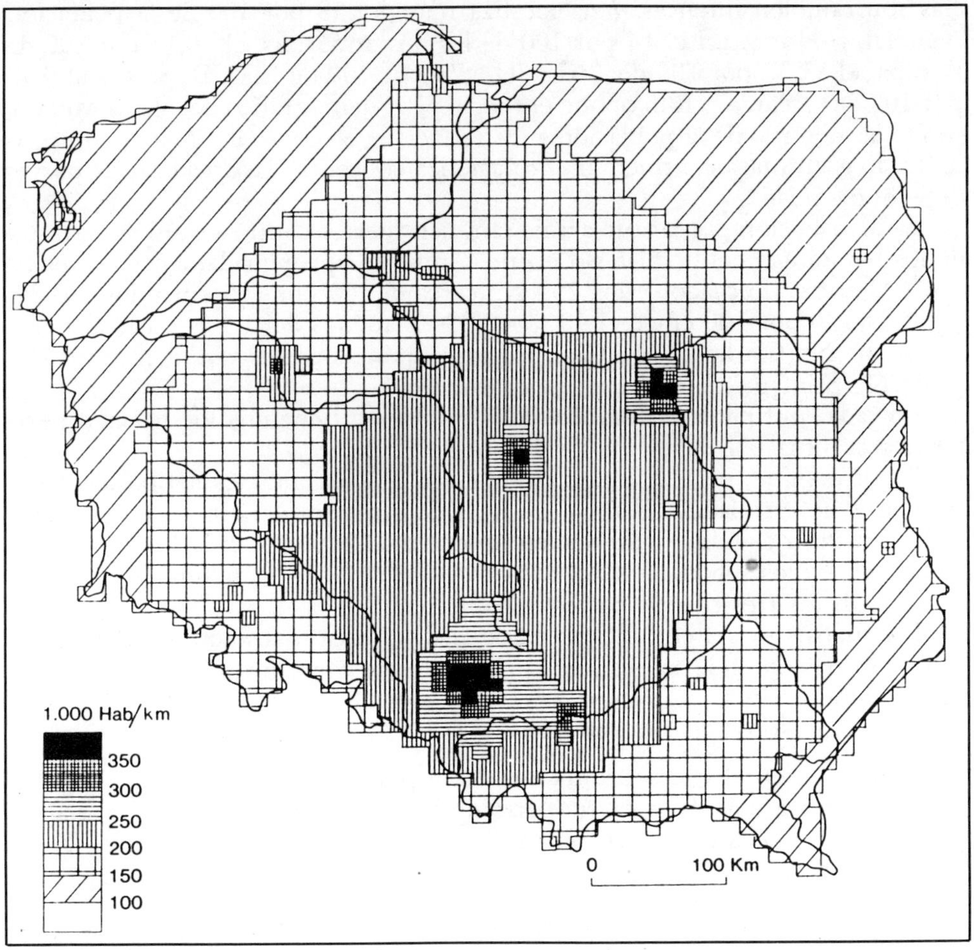

Gráfico 2.11. Mapa de potencial de población de Polonia.

El concepto de potencial resulta de gran interés, no sólo para el conocimiento de la distribución espacial de la población en un territorio, sino también para el de su propia organización interna. Un núcleo de potencial elevado es un lugar favorecido que puede distribuir o recibir mercancías a bajo costo o suministrar servicios en buenas condiciones. Las grandes empresas industriales o de servicios obtendrán grandes ventajas, localizándose en él. Lo contrario ocurrirá con los núcleos de bajo potencial.

2.3.4. *Las grandes desigualdades del reparto*

El examen de los mapas de distribución de los habitantes sobre el planeta pone de manifiesto el fuerte desequilibrio existente a cualquiera de las grandes unidades geográficas de clasificación (hemisferios, continentes, zonas, bandas altimétricas, países).

El contraste entre ambos hemisferios es uno de los más llamativos, debido a la diferente disponibilidad de tierras emergidas de cada uno; casi el 90 por 100 de la población vive en el hemisferio norte. Por continentes, las diferencias son también intensas. Asia localiza más del 58 por 100 de la población mundial, frente a casi el 14 por 100 de las dos Américas, el 10,15 por 100 de Europa, el 11,37 por 100 de África, el 5,73 por 100 de la U. R. S. S. y el 0,50 por 100 de Oceanía*. Ello opone el fuerte peso demográfico del Viejo Mundo, con el 86 por 100 de la población a los reducidos efectivos del Nuevo. En conjunto, la gran masa continental euro-asiática concentra las tres cuartas partes de la humanidad.

La distribución por latitud arroja también fuertes contrastes. El 90 por 100 de los habitantes del hemisferio norte se reparte aproximadamente así: el 10 por 100 entre el ecuador y los 20° N.; cerca del 50 por 100 entre los 20° N. y 40° N.; 30 por 100 entre el 40° y 60° N. y menos del 1,5 por 100 al norte de los 60° N. (Clarke, 1976). Casi los cuatro quintas partes viven entre los 20° y 60° N., principalmente en el Viejo Mundo.

En cada continente la mayoría de la población tiene una localización periférica y se sitúa por debajo de los 500 m de altura.

De otro signo, pero de una trascendencia fundamental, es la oposición entre países desarrollados (Europa, U. R. S. S., América del Norte, Japón, Australia, Nueva Zelanda...) que reúnen menos del 25 por 100 de los habitantes de la Tierra y los subdesarrollados (o en desarrollo, como prefiere la O. N. U.) con más de las tres cuartas partes de la humanidad.

Un análisis más atento del mapa de la distribución absoluta permite comprobar la existencia de cuatro focos principales de concentración y tres grandes vacíos demográficos.

Los cuatro focos de concentración (gráfico 2.12) son:

1. Asia Oriental que sobre menos del 3 por 100 de las tierras emergidas concentra más de la cuarta parte de la población del mundo. Los países más poblados de esta zona son: China Popular (1.042 millones) y Japón (120,8).

---

* Salvo cuando se indica lo contrario, las cifras que manejamos corresponden a la Hoja de Datos de la Población Mundial del año 1985, publicada por el Population Reference Bureau.

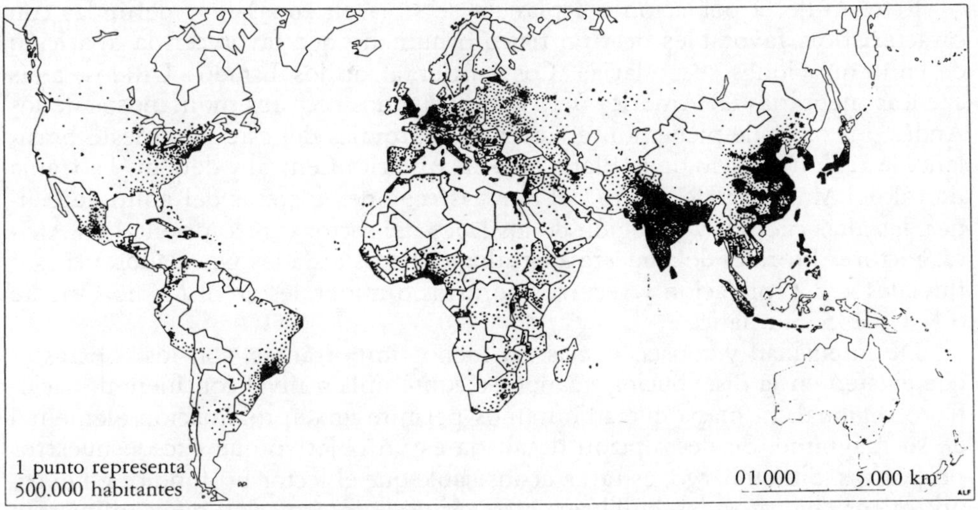

Gráfico 2.12. Distribución de la Población Mundial.

2. Asia meridional, con el 1,7 por 100 de la superficie y algo más del 21 por 100 de los efectivos. Aquí se localizan entre otros, la India (762,2), Indonesia (168,4), Bangladesh (101,5) y Paquistán (99,2).
3. Europa, incluyendo la parte europea de la U. R. S. S., que, sobre el 4,1 por ciento de las tierras, reúne alrededor del 12 por 100 de la población mundial. Ningún país alcanza el tamaño de los grandes gigantes asiáticos; ninguno llega a los 100 millones de habitantes, y sólo cuatro rebasan los 50 millones (Alemania Federal (61), Italia (57,4), el Reino Unido (56,4) y Francia (55).
4. El sector nororiental de América del Norte, con el 1 por 100 de la superficie y algo más del 5 por 100 de la población. Corresponde a la fachada atlántica estadounidense y a la zona de los Grandes Lagos, y localiza la gran «Megalópolis» americana; ese rosario continuo de ciudades que se extiende desde Boston a Washington.

En conjunto, sobre alrededor del 10 por 100 de las tierras emergidas, habitan, en estos cuatro grandes focos, casi dos terceras partes de los habitantes de la Tierra (4.800 millones largos).

Los tres grandes vacíos corresponden:

1. A las zonas frías de ambos hemisferios (20 por 100 de las tierras emergidas; 0,02 por 100 de la población).
2. A los desiertos (un octavo de la superficie; una setenta ava parte de los habitantes).
3. A las zonas cálidas y húmedas situadas en torno al ecuador (cuenca del Amazonas, cubeta del Congo, islas de Borneo, o Nueva Guinea, etc.).

En total los vacíos representan más de la cuarta parte de las tierras emergidas, pero sólo permiten vivir a un 2 por 100 de la humanidad.

El resto de la población del planeta se sitúa en zonas muy definidas con características favorables de tipo físico o humano que favorecen la aparición de concentraciones secundarias. Costa oriental de los Estados Unidos, altas cuencas mejicanas en América del Norte. Algunos sectores montañosos de los Andes, los oasis de piedemonte, las franjas litorales del este y nordeste brasileño, la región del Río de la Plata, etc., en América Central y del Sur. La franja litoral del Mogreb y de África del Sur, las regiones costeras del golfo de Guinea, las altas cuencas y la región de los lagos del sector centro-oriental en África. Sectores litorales del sudeste australiano. Focos aislados vinculados a cursos fluviales a la explotación y recursos agrarios o minerales en el Medio Oriente o la U. R. S. S. asiática.

De intensidad y consecuencias no menos importantes, son los contrastes que existen en la distribución cuando se contempla a nivel continental, nacional o regional. El mapa que adjuntamos permite una aproximación elemental de su magnitud. Su descripción detallada es un objetivo que excede nuestros propósitos. Sin embargo, es tarea aconsejable que el lector profundice en el conocimiento de estos desequilibrios a través de la información que suministran los manuales de Geografía Descriptiva, los Anuarios demográficos o los Atlas. Aquí vamos a limitarnos a plantear los factores explicativos de las desigualdades de la distribución. Decir que tanto los de naturaleza física, como los humanos, son muchos y variados, que actúan combinadamente y que resulta difícil medir la importancia particular de cada uno, no sorprende seguramente a nadie. Pero es precisamente esa dificultad la que explica que la mayoría de los trabajos consagrados al tema, tengan un carácter descriptivo y cualitativo. Sin embargo, hay ya bastantes investigaciones que cuantifican la influencia ejercida por una multiplicidad de factores en la explicación de ciertas distribuciones espaciales. Un trabajo clásico de esta naturaleza es el efectuado por tres geógrafos americanos (A. Robinson, J. Lindberg y L. Brinkman, 1961) sobre el territorio de las Grandes Llanuras de Estados Unidos. A partir de estudios empíricos previos, se plantearon tres hipótesis de partida: que la intensidad variaba con la pluviosidad, con el potencial agrícola y de manera inversa con el alejamiento de los núcleos urbanos. Para realizar los cálculos consideraron distintos índices: la densidad de la población rural (1950); la media de las precipitaciones anuales del periodo 1940-49; la distancia de los asentamientos (sólo los mayores de 10.000 personas) al centro urbano más próximo; y el porcentaje de tierras cultivadas para medir el potencial agrícola.

Los coeficientes de correlación permiten conocer el grado de asociación entre la densidad de la población rural (variable dependiente) y los otros tres elementos (variables independientes). La correlación es directa y fuerte con las precipitaciones (+ 0,78) inversa y débil, con la distancia a los centros urbanos (– 0,43) y directa y media con el potencial agrícola (+ 0,58). El coeficiente de correlación múltiple, por su parte, es fuerte (+ 0,90).

A continuación calcularon los coeficientes de regresión simple con el fin de medir las relaciones lineales entre las variables dependientes y las tres variables independientes, y después una regresión múltiple para conocer la relación entre aquélla y el conjunto de estas últimas. Con la ecuación resultante realizaron un mapa de la densidad que se obtendría si ésta respondiese de manera precisa a la relación calculada. Este mapa resultó no ser muy distinto del confeccionado con la densidad verdadera. Los tres elementos considerados «explican» un elevado porcentaje de las variaciones espaciales observadas (81 por 100), pero hay que tener en cuenta (Noin, 1979) que el análisis se efectúa sobre un territorio que no presenta accidentes físicos importantes, poblado en la misma época y donde las variaciones en la intensidad de la ocupación están estrechamente vinculadas a los factores naturales.

En general no hay que ser un «determinista» para comprender que los hechos físicos ejercen gran influencia sobre la distribución, sobre todo cuando tratamos de explicar los vacíos demográficos. El clima y particularmente tres de sus manifestaciones más visibles —las bajas temperaturas asociadas a la existencia de prolongados periodos de oscuridad y a la debilidad de los rayos solares; la fuerte aridez y el calor húmedo y constante— explican los tres grandes desiertos humanos del planeta: el de las altas latitudes en cada hemisferio, el de los desiertos cálidos y el de la zona ecuatorial.

Los efectos de la altitud son mucho más complejos. El papel de la montaña como condicionante de la ocupación es variable según las zonas, pero en cualquier caso hay varios hechos relacionados con la altitud a constatar: que existe un límite altimétrico por encima del cual la presencia humana no es posible debido a la escasez de oxígeno, que el límite del hábitat permanente en las zonas templadas y frías se sitúa mucho más abajo que en las intertropicales donde existen poblaciones permanentes habituadas a alturas en torno a los 4.000 metros o más. (el límite crítico se sitúa entre los 6.000 y 6.500 metros); que la población absoluta y las densidades van disminuyendo a medida que nos alejamos de la costa y aumenta la altitud media. En los trabajos ya clásicos, el geógrafo polaco Staszewski (1957, 1959) ofreció unos cálculos para el conjunto de la población del planeta sobre ambas relaciones. Con cifras de 1945 estimó que el 80,2 por 100 de la población vivía a menos de 500 m de altitud y alrededor del 56 por 100 a menos de 200 m. El caso más notable es Holanda, donde el 99 por 100 vive en esta franja altimétrica, e incluso el 41 por 100 por debajo del nivel del mar, cuyas invasiones han sido detenidas mediante un sofisticado sistema de diques y esclusas. Por encima de los 1.000 metros sólo se situaba el 8 por 100 de los habitantes y después de los 1.500, únicamente el 1,5 por 100.

La otra relación establecida con datos de 1950 da estas cifras: el 27,6 por 100 de la población vivía a menos de 50 km del mar (frente al 24,6 por 100 un siglo antes) 50,3 por 100 a menos de 200 km y 73,8 por 100 a menos de 500 km. Únicamente algo más del 8,5 por 100 vivía a más de 1.000 km de la costa (gráficos 2.13. y 2.14.). Los cálculos que se estableciesen para reflejar la situación actual intensificarían, sin duda, las relaciones apuntadas.

No sólo la altitud, sino las formas topográficas o la orientación de las vertientes debido a su influencia sobre los cultivos, constituyen otros factores explicativos de las desigualdades de la distribución. La montaña, por otra parte, crea condiciones especiales en torno a ella que frecuentemente favorecen la ocupación. La mayoría de los piedemontes asientan concentraciones de cierta magnitud ligados al aprovechamiento de ciertos «recursos» (reservas de agua, acumulación de tierras fértiles). En todas las áreas montañosas los valles favorecen el desarrollo de las actividades agrarias, industriales y comerciales, y, en consecuencia, los asentamientos humanos.

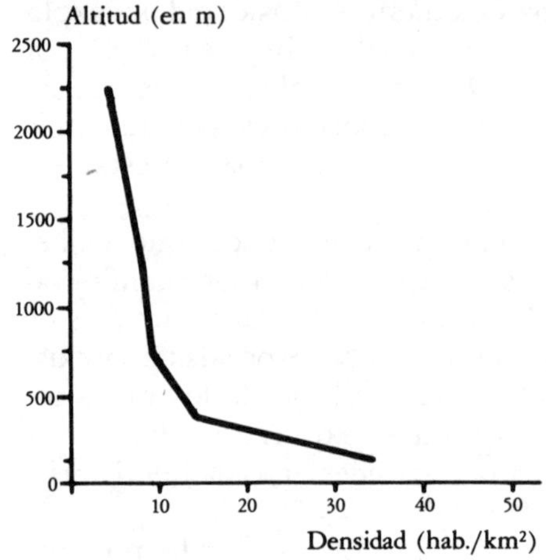

Fuente: J. Staszewski (1957).

Gráfico 2.13. Relación entre la Densidad y la Altitud

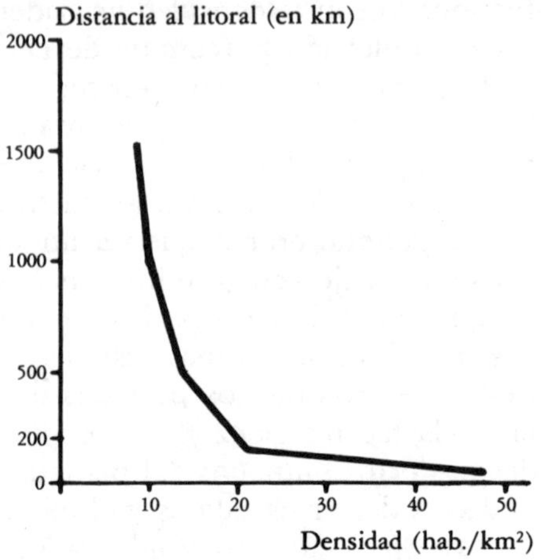

Fuente: J. Staszewski (1959).

Gráfico 2.14. Relación entre la Densidad y la Distancia al litoral

A escalas espaciales más reducidas, en el ámbito de un mismo medio climático o topográfico, otros factores naturales dejan sentir su influencia sobre la ocupación humana. Entre ellos destacan las diferencias en la «naturaleza» del suelo que por su mayor o menor aptitud para los cultivos condicionan la intensidad del poblamiento.

Si los factores naturales explican de forma satisfactoria los vacíos demográficos, son los hechos humanos (económicos, sociales, políticos, ...), en su acción combinada a lo largo del tiempo, los que explican los grandes focos de concentración y las diferencias en la densidad de las áreas habitadas.

El proceso de ocupación del espacio por los seres humanos a lo largo de la historia responde al juego de tres factores básicos: la mayor o menor antigüedad de la ocupación inicial de cada territorio; el nivel de crecimiento interno de su población, poderosamente influenciado por el complejo haz de circunstancias que rigen en cada etapa histórica el balance entre la vida y la muerte; el papel desempeñado por los movimientos migratorios que pueden haber afectado a esa población incrementando o reduciendo sus efectivos de manera más o menos intensa.

Cuanto más antigua es la ocupación de un territorio, mayores posibilidades de encontrar en él unos efectivos numerosos. Los tres focos de concentración más importantes del planeta (los dos asiáticos y el europeo) tuvieron un poblamiento temprano. En realidad casi todas las tierras emergidas estuvieron habitadas desde muy pronto (Mesolítico), excepto la mayoría de las islas y aquellas regiones que por sus difíciles condiciones topográficas o climáticas resultaban menos aptas para la ocupación. Sin embargo, antes del Neolítico el poblamiento fue muy débil.

De acuerdo a cálculos que hay que manejar siempre con precaución, la densidad a finales del paleolítico se estimó en 1 habitante por cada 10 km².

Las grandes oleadas migratorias ejercieron un papel más importante sobre el poblamiento que la mayor o menor antigüedad de éste. J. Beaujeau-Garnier (1965) evoca las grandes líneas de las migraciones históricas y el papel desempeñado por cada continente en su desarrollo. Asia, como polo difusor de corrientes hacia Europa, hacia el este (primeros ocupantes de las Américas) y hacia el SO. en dirección a la cuenca mediterránea y el continente africano; Europa, primero como punto de destino de oleadas de conquistadores procedentes del E., N., y SE... y después, al descubrirse América y abrirse el Atlántico, como foco de origen de millones de pobladores de las nuevas tierras; las dos Américas como destino básico de las corrientes europeas, pero también de otras no menos importantes de Asia y África; y este último continente como el mundo de la pasividad, muchas veces invadido y saqueado de habitantes y después colonizado antes de poder regir sus propios destinos.

Las migraciones históricas, que han tenido una repercusión más decisiva sobre el poblamiento, fueron las corrientes intercontinentales que se produjeron a partir del siglo XVI y especialmente desde el XIX. Tres territorios le deben una parte muy sustancial de su población: América del Sur, en donde la inmigración ha contribuido en una proporción de casi dos terceras partes a la formación de la población actual. Y América del Norte, y Oceanía, donde una parte aún superior de sus pobladores procede de las oleadas ultramarinas de emigrantes de los siglos XIX y XX.

Por último, la intensidad del crecimiento natural constituye el tercer factor de poblamiento de las distintas zonas terrestres. En la historia de la humanidad han existido etapas claves, definidas por importantes revoluciones técnicas y económicas que han tenido consecuencias decisivas sobre la multiplicación de los efectivos. Algunos autores hablan de una primera revolución durante el Paleolítico superior (35 milenios a. de C.) ligada a los avances de la talla de la piedra, que habrían suministrado a los hombres-cazadores armas más eficaces y mayores recursos. El incremento poblacional derivado de este progreso tuvo lugar preferentemente en Europa, China y el Próximo Oriente. La segunda revolución, menos hipotética y de mayores consecuencias demográficas corresponde al Neolítico. La aparición de la agricultura sedentaria y la domesticación de animales supone aumentar la disponibilidad de alimentos y con ellos los efectivos demográficos. Los primeros progresos tienen lugar en el Próximo Oriente y desde allí se difunden hacia el norte de África, sur de Europa y Asia meridional y oriental. En América central y en la región andina aparecen más tarde otros núcleos agrícolas de cierta consideración. Empieza a perfilarse el mapa actual de la distribución. La tercera revolución sería la industrial (que fue también técnica, demográfica, urbana), iniciada en Inglaterra a finales del siglo XVIII y difundida a los países de Europa septentrional y occidental durante el XIX. Esta nueva revolución determina cambios más decisivos en el crecimiento y el reparto. En el crecimiento porque favorece la lucha contra la mortalidad, cuyo retroceso marca el inicio de una nueva etapa demográfica para la humanidad. Y en el reparto por dos circunstancias decisivas. Porque desencadena en Europa una situación de crecimiento demográfico fuerte, cuya válvula de escape serían las migraciones trasoceánicas en dirección a las dos Américas y Oceanía. Y porque acentúa decisivamente los progresos paralelos de vaciamiento del campo y crecimiento fuerte de las ciudades (urbanización). De esta manera los cuatro grandes focos demográficos del mundo actual se habrían desarrollado durante las dos revoluciones: agrícola (neolítico) e industrial-urbana (siglos XVIII-XIX).

En Asia, la vieja civilización rural permitió durante siglos la acumulación de efectivos humanos en las áreas donde hoy aparecen concentrados. Salvo Japón y algunos otros territorios, la revolución industrial no contribuyó demasiado al crecimiento. Sólo después de la II Guerra Mundial la población volvió a crecer, y mucho, debido a la difusión de las técnicas que permitieron luchar eficazmente contra las enfermedades y la muerte. Y al mantenimiento de niveles de fecundidad muy altos que sólo recientemente, y no en todas partes, empiezan a disminuir. Esa población continúa siendo en su mayoría rural. La tasa de urbanización para el conjunto del continente alcanza un valor de sólo el 27 por 100.

En Europa, la primitiva civilización agraria favoreció también la aparición de un foco de poblamiento relativamente denso, aunque de menor intensidad que el asiático. La revolución industrial provocó los procesos aludidos de fuerte crecimiento, éxodo externo y acentuada urbanización. Después, la posterior reducción de la natalidad ha ralentizado el aumento de una población eminentemente urbana (73 por 100).

El foco norteamericano está ligado a la expansión europea, que contribuyó también de manera sustancial al crecimiento de América latina; y en ambos explica algunos de los rasgos de la distribución: oposición centro-periferia y mayor poblamiento de la fachada oriental, que es la más cercana a Europa. América del Norte reproduce mejor los rasgos definidores del modelo europeo del crecimiento y distribución interna. La tendencia a un crecimiento natural más débil debido a la progresiva disminución de la natalidad, desde finales del XIX, y un fuerte nivel de urbanización (74 por 100 para Estados Unidos y Canadá). En América latina el crecimiento vegetativo se ha mantenido más firme y la tasa de urbanización es más pequeña (66 por 100).

Y algo similar a Norteamérica se produjo en el proceso y en la forma del crecimiento de Australia y Nueva Zelanda. La población es también de origen europeo, su crecimiento natural es moderado, su localización eminentemente periférica y su tasa de urbanización muy alta (74-75 por 100).

Por último, África pese a que ha sido, según todos los indicios, la cuna de la humanidad, no ha constituido históricamente un gran foco demográfico. La civilización agrícola no alcanzó el mismo nivel que en Europa o Asia; la revolución industrial, salvo zonas muy concretas, apenas la rozó. Y las migraciones del siglo XIX contribuyeron poco a poblarla y apenas mitigaron las pérdidas debidas a la trata de esclavos. Sólo la revolución demográfica reciente ha permitido los fuertes crecimientos de conjunto que hoy la caracterizan. Las únicas concentraciones demográficas de cierta consideración corresponden a los sectores de agricultura más rica, las zonas mineras o las ciudades. La tasa general de urbanización, alcanzó, como en Asia, valores muy bajos (31 por 100).

2.3.5. *Políticas y programas de redistribución de la población*

La combinación de los factores físicos, sociales, económicos, políticos, en su acción a lo largo del tiempo, ha conducido a la irregular distribución que hoy presenta la población mundial. Los desequilibrios se manifiestan a todas las escalas geográficas. Hay una clara y grave desigualdad planetaria que se traduce en ese contraste fundamental que opone los tres grandes focos de concentración a otros tantos vacíos demográficos. Hay fuertes disparidades continentales que reproducen situaciones no menos contrastadas. Y hay discontinuidades a niveles espaciales más reducidos, nacionales, regionales o locales, que originan profundas disarmonías en la relación entre la población y los recursos y constituyen un freno poderoso para una adecuada ordenación del espacio.

Conscientes de esta realidad muchos gobiernos, sobre todo en países del Tercer Mundo, intentan corregir los desequilibrios debido a la distribución de los habitantes sobre el territorio, mediante diferentes programas y políticas. Un reciente informe de la O. N. U. habla de que sólo 19 de 158 países investigados consideran adecuado su actual reparto poblacional; 73 lo juzgan inaceptable y proponen medidas rápidas y radicales para corregirlo; y 66 encuentran que no resulta completamente aceptable y que convendría efectuar algunas correcciones de carácter más limitado.

Los programas de redistribución de la población pretenden diferentes objetivos generales: reducir la presión demográfica sobre territorios de gran fragilidad ecológica; asentar a la población nómada o de ciertas comunidades rurales para facilitar la prestación de servicios sanitarios, educativos y otros; repoblar áreas fronterizas por motivos de seguridad; favorecer la integración nacional mediante la redistribución de grupos étnicos; reducir los desequilibrios económicos entre las regiones y el acceso de los individuos al trabajo y a los servicios en general; evitar la inestabilidad —política, social, etc.— que podría derivarse de la fuerte concentración y rápido crecimiento de los núcleos urbanos.

Las medidas específicas y explícitas para llevar a la práctica tales objetivos pueden clasificarse en seis grupos principales:

1. Programas para reducir el crecimiento metropolitano, mediante el freno o la reducción de la inmigración, a través de disposiciones que regulan la concesión de permisos de residencia, o la creación de nuevas empresas.
2. Programas para trasladar a parte de la población urbana a las zonas rurales mediante medidas coercitivas como la asignación obligatoria de lugar de trabajo y residencia o la entrega de cupones de racionamiento que sólo son válidos si son canjeados en los lugares de residencia autorizados.
3. Programas para corregir los efectos de un crecimiento urbano fuerte mediante acciones de mejora del hábitat, y las condiciones de vida de los habitantes de ciertas zonas deterioradas. Tales acciones incluyen, entre otras, medidas descentralizadoras del crecimiento que se canaliza hacia las áreas metropolitanas donde se crean ciudades dormitorio o satélites de otro tipo.
4. Programas de dispersión regional del crecimiento urbano mediante la promoción de ciudades de tipo medio o de las capitales regionales a través de la creación de las infraestructuras necesarias, o la concesión de incentivos a los empresarios.
5. Programas de retención de la población rural por medio de la promoción integral de las zonas agrarias.

6. Programas de traslado de la población rural hacia ciertas áreas infrapobladas y con grandes disponibilidades de tierras que permanencen desaprovechadas.

Simplificando, podría decirse que todos estos programas pretenden tres finalidades básicas:

1. Modificar las tendencias de la emigración campo-ciudad.
2. Cambiar la distribución de la población a escala rural o regional.
3. Controlar el crecimiento urbano de las grandes ciudades mediante la promoción de las ciudades medias y pequeñas.

Las políticas encaminadas a cubrir el primer objetivo son las más numerosas; 124 de las 158 naciones que considera el informe de la O. N. U. pretenden modificar sus tasas migratorias. De ellas, 121 mediante la reducción del éxodo rural y 21 mediante la reinversión de la corriente.

El segundo objetivo fue mencionado por 93 países, en su mayoría del Tercer Mundo. Y el tercero por 78 naciones, sobre todo desarrolladas.

Sin descender a un análisis pormenorizado y juzgada sólo desde una perspectiva demográfica, la eficacia de estas políticas ha sido, en general, limitada. Sin embargo, cada experiencia ha tenido efectos distintos según el país donde se ha llevado a cabo. Los objetivos, en la mayoría de los casos, sólo se han cumplido parcialmente. Y en ocasiones, a los efectos favorables que las medidas adoptadas (muchas veces costosas e impopulares) han producido, hay que restarles los resultados indeseables que tales disposiciones han provocado.

Todo ello plantea el problema no de suprimir estos programas, sino de mejorarlos. Para ello expertos como Demko y Fuchs (1981) hacen una serie de recomendaciones generales entre las que se incluyen: una mayor integración entre las políticas de planificación espacial de la población y de la economía; una valoración más meditada de los efectos espaciales de las políticas macroeconómicas y sectoriales; y un mejor conocimiento de las actitudes y del comportamiento de los emigrantes para poder valorar de manera adecuada sus deseos y aspiraciones.

2.4. Los movimientos naturales de la población

La población de un territorio aumenta (o disminuye) a lo largo del tiempo debido a la acción combinada de dos tipos de movimientos: el balance entre nacimientos y defunciones (crecimiento natural o vegetativo) y el saldo entre emigrantes e inmigrantes (migración neta). Son los dos componentes de la ecuación demográfica fundamental.

Pudiera parecer más lógico que un estudio de la movilidad natural comenzase por el análisis de la natalidad. Sin embargo, preferimos iniciarlo con la mortalidad ya que ha sido su retroceso lo que ha permitido los fuertes crecimientos que a partir del siglo XIX en los países desarrollados y avanzado el XX en el Tercer Mundo, han marcado el inicio de una nueva etapa demográfica para la humanidad.

El análisis geográfico de la natalidad y mortalidad se interesa especialmente por conocer los contrastes espaciales de sus niveles e interpretarlos a la luz de las influencias de una multiplicidad de factores físicos, económicos y sociales, ellos mismos variables en el tiempo y en el espacio.

Para un adecudado cumplimiento de esta tarea que exige necesariamente el análisis de los procesos que han conducido a la situación actual, el geógrafo de la población no debe ignorar las limitaciones que plantean las fuentes de información (ver apartado 2.2); debe conocer y saber utilizar los procedimientos de medida para cuantificar con rigor los fenómenos que analiza; y debe servirse de los modelos y teorías que le ayuden a explicar y predecir la evolución de los hechos observados.

2.4.1. *La medida de la mortalidad*

Uno de los índices más simples es la *tasa bruta de mortalidad* o *tasa de mortalidad general* que relaciona el número de fallecidos que se producen en un determinado lugar a lo largo de un periodo de tiempo, normalmente un año entre la población de ese lugar, en la mitad de ese año (estimación). El cociente se expresa normalmente en tantos por mil. Así, por ejemplo, en España, en 1978 murieron 296.781 personas. La población estimada al 1 de julio de ese año fue de 36.777.537 individuos. La tasa bruta de mortalidad para el conjunto del país fue del 8,07 por 1.000.

El mayor inconveniente de esta tasa es que está profundamente afectada por la estructura por edades. Un territorio con una elevada proporción de viejos puede tener una tasa de mortalidad bruta más alta que otro, pese a que el nivel sanitario de aquél sea considerablemente mejor. Tiene alguna significación cuando se combina con la tasa bruta de natalidad para obtener el crecimiento natural, pero no tiene mucho sentido cuando se utiliza para realizar comparaciones en el tiempo o en el espacio.

Para paliar el incoveniente planteado por la estructura por edades se emplean otros índices: las tasas específicas por edad o grupo de edades, las tasas de mortalidad estandarizadas, la tasa de mortalidad infantil y la esperanza de vida al nacer.

La *tasa de mortalidad por edad* se obtiene relacionando el número de fallecidos de una cierta edad (por lo general, en un año) entre la población con esa edad en el mismo año. Y de manera similar se halla la tasa por grupos de edad. Así, por ejemplo, la tasa específica de mortalidad para el grupo de personas entre 10 y 14 años ($M_{10,\ 14}$; $M_{10,\ 10+5}$; ${}_5M_{10}$) se hallaría relacionando el número de muertos que tienen entre 10 y 14 años cumplidos, entre la población con edades comprendidas entre 10 y 14 años, también cumplidos:

$$ {}_5M_{10} = \frac{{}_5D_{10}}{{}_5P_{10}} \cdot 1.000 \qquad (2.4.1) $$

La fórmula a utilizar en cada grupo sería:

$$ \text{nMx} = \frac{nDx}{nPx} \cdot 1.000 \qquad (2.4.2) $$

donde:

n = la amplitud de un grupo de edad en años completos; en el ejemplo precedente, 5;

x = la edad más baja en el grupo de edades considerado; los 10 años en el caso anterior.

A través de este procedimiento obtenemos un número x de tasas específicas que nos permiten conocer las variaciones que en la intensidad del fenómeno mortalidad produce una determinada estructura por edades. Las comparaciones entre diferentes territorios que han de realizarse sobre un elevado número de tasas resultan engorrosas.

La tasa de mortalidad infantil puede hallarse relacionando el número de fallecimientos de niños menores de 1 año que se producen en un año determinado (Do) con el número de niños de esa edad, estimado a mediados de ese mismo año.

$$M_0 = \frac{D_0}{P_0} \cdot 1.000 \qquad (2.4.3)$$

Otro método alternativo consiste en relacionar los fallecidos de menos de 1 año en un año concreto (D_0) con los nacidos vivos en el mismo año (N):

$$q_0 = \frac{D_0}{N} \qquad (2.4.4.)$$

Por ejemplo, en España, en 1978 hubo 9.715 fallecimientos de niños menores de 1 año y 636.892 nacidos vivos. La tasa de mortalidad infantil fue del 15,25 por 1.000. Sin embargo, debe tenerse en cuenta que algunos de los niños nacidos en 1978 pudieron morir en 1979 siempre sin haber cumplido su primer año de vida y que algunos de los niños fallecidos en 1978 pudieron haber nacido el año anterior.

Este problema puede resolverse de diferentes formas. La más simple consiste en utilizar los datos de un periodo de tres años consecutivos. Por ejemplo, tomando como año central 1978, la tasa para el trienio 1977-1979 se calcula así:

$$q_0^{\,1977\text{-}1979} = \frac{D_0^{\,1977} + D_0^{\,1978} + D_0^{\,1979}}{N^{1977} + N^{1978} + N^{1979}} \qquad (2.4.5.)$$

Una forma de representar numéricamente la mortalidad de una población en sus diferentes edades es la llamada tabla de mortalidad que se elabora normalmente para cada sexo por separado. Dado que en el estudio de la mortalidad los análisis longitudinales tienen menos interés que los análisis transversales, las tablas habitualmente manejadas son de este último tipo. Un análisis transversal, llamado también del momento, se refiere a una categoría de fenómenos demográficos vividos por un conjunto de cohortes durante un año. Por ejemplo, el estudio de las defunciones en 1983, que afectan a más de un centenar de generaciones diferentes. Por el contrario, un análisis longitudinal es el que se refiere a los hechos vividos por una misma cohorte real; por ejemplo, el estudio de la mortalidad de las personas nacidas en 1880.

Para construir una tabla de mortalidad del momento hay que partir de una generación ficticia a la cual se hace pasar por todos los años de la vida, suponiendo para cada edad las condiciones de mortalidad, correspondientes a las generaciones reales durante el periodo considerado (un año por lo común, aunque a veces se amplía a dos o más años con el fin de eliminar las influencias ocasionales o accidentales). Sobre la base de un número inicial arbitrario de nacidos, normalmente una potencia de 10, que constituyen el efectivo a la edad 0, la tabla de mortalidad permite obtener para los sucesivos aniversarios la siguiente información:

Supervivientes (lx). Son los que alcanzan la edad exacta *x* (años enteros).
Fallecidos (dx). Son las personas muertas con edad *x*.
Probabilidad de muerte (qx). Es el cociente entre el número de fallecidos con edad x y el de supervivientes con esa edad.
Probabilidad de vida o supervivencia (px). Es la probabilidad del suceso contrario, es decir la diferencia entre *l* y *qx*.
Años completos vividos por los supervivientes (Nx). Es la suma de los años completos vividos por todos los supervivientes de edad *x*. Es igual a la suma de supervivientes de edades mayores que *x*.
Esperanza completa de vida o vida media ($e^{\circ} x$) que definimos con detalle más adelante.
Vida probable (πx). Es el número de años que han de transcurrir para que los supervivientes (*lx*) queden reducidos a la mitad.

Con estas informaciones la tabla se presenta de la siguiente manera (ejemplo de algunos años de la tabla de mortalidad española de 1970) (cuadro 2.7.).

La tabla de mortalidad puede ser completa, cuando recoge las funciones biométricas aludidas año por año, o abreviada en el caso de que sólo incluya los datos de algunas edades concretas (0, 1, 5, 10, 15, ..., etc.).

La *esperanza de vida* es el cálculo de los años que puede esperar vivir una persona, bien en el momento de su nacimiento o cuando alcanza una determinada edad. La esperanza de vida al nacer ($e^{\circ} x$) equivale a la duración media que tendría la vida de cada uno de los miembros de una generación si se repartiesen entre todos los años vividos por el conjunto.

En principio, ese total (S_0) se obtiene sumando los individuos que cumplen su primer aniversario (S_1), más los que cumplen el segundo (S_2), el tercero (S_3) y así sucesivamente hasta la edad Ω que corresponde al último aniversario alcanzado por las personas de la generación considerada: $S_1 + S_2 + S_3 ... + S\,\Omega$. Pero también deben tenerse en cuenta las fracciones de año vividas después de cumplir un determinado aniversario. Una persona que se muere a los 5 años y 4 meses se contabiliza entre los efectivos de S_1, S_2, S_3, S_4y S_5, pero además hay que considerar sus cuatro meses de vida restantes. Para ello se admite que cada uno de los individuos que fallecen entre las edades x y $x + 1$, han vivido medio año cada una: 0,5 d (x, $x + 1$). En consecuencia, la esperanza media de vida se obtiene de la siguiente manera:

$$e^{\circ} x = \frac{1}{2} + \frac{S_1 + S_2 + S_3 \ldots + S\Omega}{S_0} \qquad (2.4.6)$$

CUADRO 2.7. TABLA DE MORTALIDAD DE LA POBLACIÓN ESPAÑOLA. AÑO 1970

	VARONES							MUJERES							
Edad	*lx*	*dx*	*qx*.1.000	*px*.1.000	Nx	ex	TT x	lx	dx	qx.1.000	*px*.1.000	Nx	ex	TT x	Edad
0	100.000	2.292	22,92	997,08	6.906.684	69,57	73,72	100.000	1.773	17,73	982,27	7.455.998	75,06	78,90	0
1	97.708	160	1,63	998,37	6.808.076	70,19	73,08	98.227	138	1,40	998,60	7.357.771	75,41	78,13	1
2	97.548	104	1,07	998,93	6.711.428	69,30	72,10	98.089	88	0,90	999,10	7.259.682	74,51	77,15	2
3	97.444	81	0,83	999,17	6.613.984	68,37	71,12	98.001	68	0,70	999,30	7.161.681	73,58	76,16	3
4	97.363	70	0,72	999,28	6.516.621	67,43	70,13	97.933	53	0,54	999,45	7.063.748	72,63	75,17	4
5	97.293	63	0,65	999,35	6.419.328	66,48	69,14	97.880	47	0,48	999,52	6.965.868	71,76	74,18	5
...	.....	.....	.....	.....	....	.....	.....	.....	.....	.....	.....	....	.....	.....	...
50	89.416	599	6,70	993,30	2.152.671	24,57	25,34	93.446	355	3,80	996,20	2.622.870	28,57	29,76	50
...	.....	.....	.....	.....	....	.....	.....	.....	.....	.....	.....	....	.....	.....	...
75	45.845	3.316	72,33	927,67	332.549	7,75	6,94	63.328	3.138	49,55	950,45	545.381	9,11	8,56	75
...	.....	.....	.....	.....	....	.....	.....	.....	.....	.....	.....	....	.....	.....	...
100	59	36	603,84	396,16	33	1,06	0,82	135	82	610,62	389,38	77	1,07	0,82	100
...	.....	.....	.....	.....	....	.....	.....	.....	.....	.....	.....	....	.....	.....	...

Fuente: I. N. E. Tablas de mortalidad de la población española. Años 1960-70.

La esperanza de vida a una edad concreta (*ex*) requiere sumar todos los supervivientes desde la edad $x + 1$ hasta la edad Ω y dividirlos por los supervivientes a la edad x, teniendo en cuenta también las fracciones de año vividas después de cumplir un aniversario concreto. La fórmula en este caso es:

$$ex = \frac{1}{2} + \frac{Sx + 1 + Sx + 2 + Sx + 3 \ldots + Sx\,\Omega}{Sx} \qquad (2.4.7.)$$

Un ejemplo extraído de la tabla de mortalidad española de 1970 ayudará a aclarar este último concepto. Se trata de calcular la esperanza media de vida de las mujeres y hombres españoles que cumplen 90 años (cuadro 2.8)

Para los varones esa esperanza sería:

$$e_{90} = \frac{1}{2} + \frac{13.080}{4.885} = 3{,}18 \text{ años}$$

Y para las mujeres:

$$e_{90} = \frac{1}{2} + \frac{29.383}{10.398} = 3{,}38 \text{ años}$$

2.4.2. *Las variaciones internacionales de la mortalidad*

Vamos a presentarlas mediante dos de los índices definidos más atrás: la tasa de mortalidad infantil y la esperanza de vida al nacer. La tasa de mortalidad infantil es un buen indicador de la mortalidad y del nivel socioeconómico

CUADRO 2.8.
CÁLCULO DE LA ESPERANZA MEDIA DE VIDA

	SUPERVIVIENTES A LAS DISTINTAS EDADES (*lx*)	
Edad	**Varones**	**Mujeres**
90	4.885	10.398
91	3.740	8.274
92	2.861	6.511
93	2.154	5.000
94	1.574	3.700
95	1.101	2.606
96	728	1.725
97	448	1.059
98	253	595
99	129	301
100	59	135
101	23	53
102	8	18
103	2	5
104		1

Fuente: I. N. E.

de un país. Además resulta adecuado para establecer comparaciones ya que presenta valores bastante contrastados a escala planetaria. Sobre una tasa media del 81 por 100, alrededor de 1980, los países desarrollados tenían un índice del 18 por 100 y los subdesarrollados, del 90 por 100. Estas cifras son de por sí bastante significativas, pero enmascaran diferencias acusadas.

En el bloque de países desarrollados las tasas son bajas y la variación entre países, moderada. América del Norte, Japón, Australia, Nueva Zelanda y las naciones de Europa septentrional y occidental tienen tasas en torno al 10 por 100 o inferiores. En algunos países de Europa meridional y oriental, y especialmente en la U. R. S. S. (32 por 100), los índices son más altos.

En el Tercer Mundo las tasas son mucho más fuertes y contrastadas. África tiene las cifras más altas: 119 por 100 en África Central, 118 por 100 en la Occidental, 109 por 100 en la Oriental, 97 por 100 en la Septentrional y 94 por 100 en la meridional. Algunos países como Gambia o Sierra Leona tienen todavía tasas cercanas al 200 por 100, y del total de 53 naciones africanas de las que suministra información la *Hoja de datos de la población mundial* del «Population Reference Bureau» (año 1985, con datos referidos a los últimos años de la década de los 70 y comienzos de los 80), 33 naciones tenían tasas entre el 100 y 150 por 100 y 14 más entre el 50 y 100 por 100. Asia presenta, en conjunto, una situación mejor con valores medios del 120 por 100 en los países del centro-sur asiático (India, Paquistán, Irán, etc.), 94 por 100 en el sudoeste 79 por 100 en el sudeste y tan sólo el 35 por 100 en el este debido a la inclusión en este grupo de Hong-Kong o Taiwan, que tienen índices inferiores al 10 por 100. Y mejor aún es la situación en América latina, que presenta las cifras más altas en la zona tropical sudamericana (70 por 100), valores intermedios en Centroamérica continental e insular (55 por 100) y las más bajas en los países templados (32 por 100).

Si se utiliza como indicador la esperanza de vida al nacer se pueden hacer observaciones parecidas a las anteriores (gráfico 2.5): los países desarrollados tienen todos ellos valores de 70 años y más y presentan diferencias entre sí de 6 a 7 años.

Uno de los fenómenos más llamativos e inéditos de la mortalidad en los países industrializados es el incremento de las tasas que se aprecia a partir de 1965 en el conjunto de las repúblicas socialistas del este de Europa (U. R. S. S., Polonia, Checoslovaquia, Hungría, Bulgaria, R. D. A. y Rumania). La situación no es sólo achacable al envejecimiento demográfico, que también afecta a los países europeo-occidentales, sino a otros factores puesto que está creciendo la mortalidad específica, especialmente la de los varones. Como consecuencia de ello la *eo*, tanto masculina como femenina, se ha estancado o incluso ha descendido ligeramente, mientras que en los países de Europa occidental, septentrional o mediterránea, aunque con ritmos diferentes, no ha cesado de aumentar. Hechos como el elevado consumo de alcohol, las crisis de subsistencias recurrentes, el inadecuado funcionamiento de un sistema sanitario (bueno en infraestructura y servicios, pero poco eficaz), o el colapso del proceso general de desarrollo, son algunas de las causas que pueden explicar esta singular situación (J. Bernabé, 1985).

En cambio, las naciones tercermundistas tienen valores más bajos y ofrecen entre ellas contrastes mucho más acusados. Ningún país continental africano

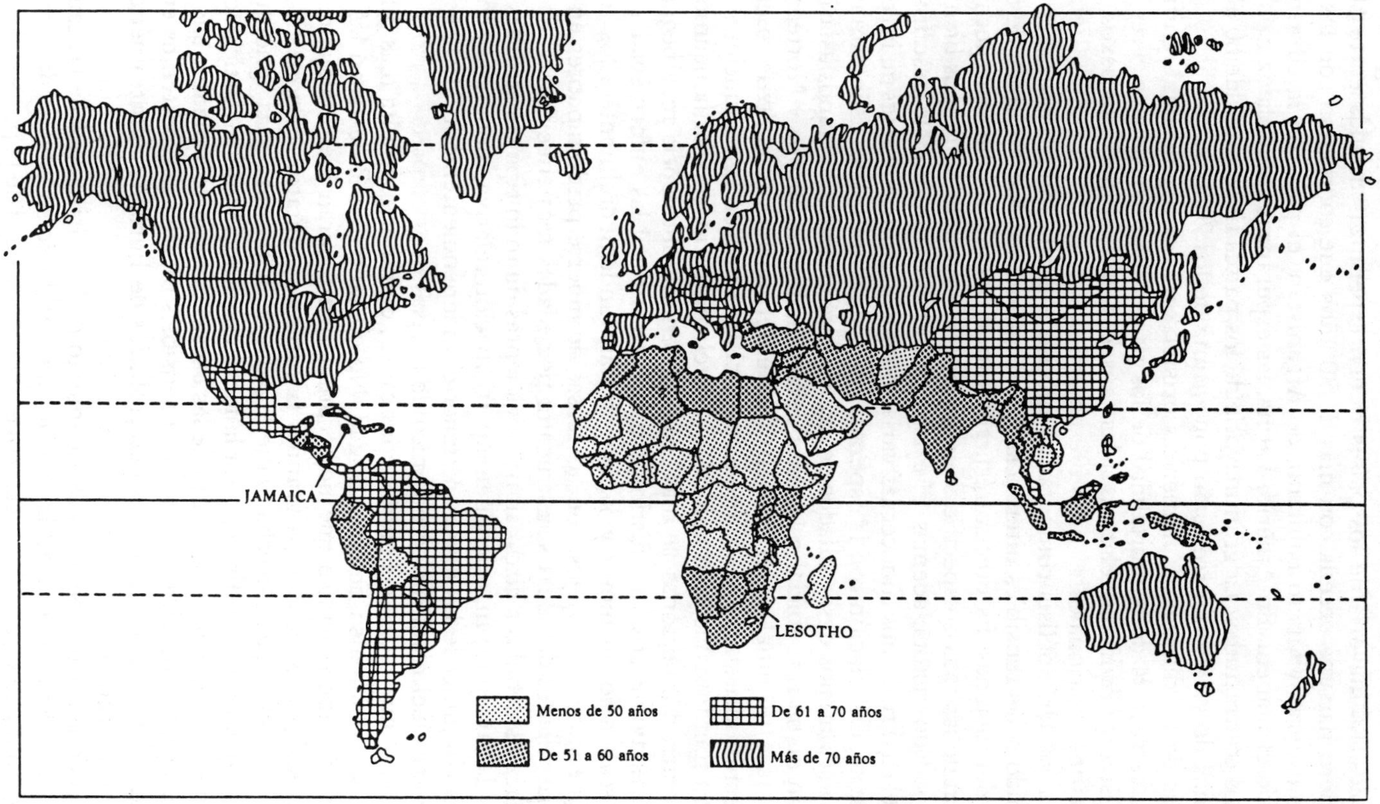

Fuente: ONU

Gráfico 2.15. Esperanza de vida al nacimiento. Datos de comienzos de los 80.

llega a los 60 años y sólo once tienen entre 50 y 60. El resto tienen menos de 50 años. En Asia, sobre cifras en general más altas, se producen desigualdades más notables. La mayoría de los países tienen esperanzas de vida entre 60 y 70 años, pero hay una decena con más de 70 años que contrastan con los 37 que puede esperar vivir un habitante de Afganistán, el país con la cifra más baja de todo el planeta. En América Latina, las esperanzas son todavía más altas y menos contrastadas. La gran mayoría de los países tienen más de 60 años de esperanza de vida y catorce están por encima de los 70 años.

Además de las diferencias numéricas existen otras desigualdades significativas en la estructura de la mortalidad de los países subdesarrollados. Tres vamos a considerar aquí: las relativas a las causas, a la diferencia por sexos, y a las variaciones estacionales.

Las causas. Un análisis comparativo preciso a escala internacional resulta difícil debido a las sensibles diferencias de amplitud, calidad y formas de clasificar las defunciones. Es preciso recurrir a una tipología sencilla que permita la inclusión de las causas específicas en un reducido número de grupos bien diferenciados. Ello facilita, además, el establecimiento de un modelo descriptivo a través del cual podemos conocer las variaciones espacio-temporales de las causas de muerte, en relación con la esperanza de vida (Jones, 1981). En este modelo los países menos desarrollados del continente africano y algunos asiáticos se situarían en su fase inicial y los más desarrollados en Europa y Norteamérica en su fase terminal. (gráfico 2.16). Las enfermedades infecciosas, parasitarias y respiratorias (grupo 1) producen casi la mitad de las defunciones en países con esperanzas de vida reducidas; por el contrario, y salvo la neumonía y la gripe entre las personas de más edad, tienen una incidencia muy pequeña en los países avanzados. Los distintos tipos de cáncer y las enfermedades del aparato circulatorio (grupos 2 y 3), que afectan fundamentalmente a los adultos de más edad y a los viejos, son las causas de muerte predominantes en los países desarrollados debido a su estructura por edades más envejecida.

Las muertes debidas a circunstancias violentas de todo tipo (entre ellas los accidentes de carretera) mantienen una participación relativa, moderada y constante en el conjunto de las causas de muerte, independientemente de la esperanza de vida y del nivel socioeconómico de un país.

El grupo 3, que incluye el resto de las causas de muerte, resulta más difícil de comentar, debido a su heterogeneidad. No obstante, en él destacan las enfermedades de tipo diarreico que no se previenen o curan bien mediante los medios ofrecidos a través de los grandes programas sanitarios nacionales. Estas enfermedades están estrechamente ligadas a la pobreza y la ignorancia (Preston y Nelson, 1974). Eso explica la lenta disminución de la participación relativa de este grupo en el conjunto de las causas de muerte a medida que aumenta la esperanza de vida y las todavía sensibles diferencias existentes en la mortalidad infantil entre los países desarrollados de Europa y Norteamérica y los del Tercer Mundo.

Otra sencilla aproximación al conocimiento de las variaciones de las causas generales de muerte es la ofrecida por Omran (1971) en su modelo de la transición epidemiológica que diferencia tres etapas: 1. La edad de la peste y el hambre, caracterizada por una mortalidad alta y fluctuante que sólo permite un crecimiento demográfico muy pequeño. 2. La etapa de recesión de la mortalidad

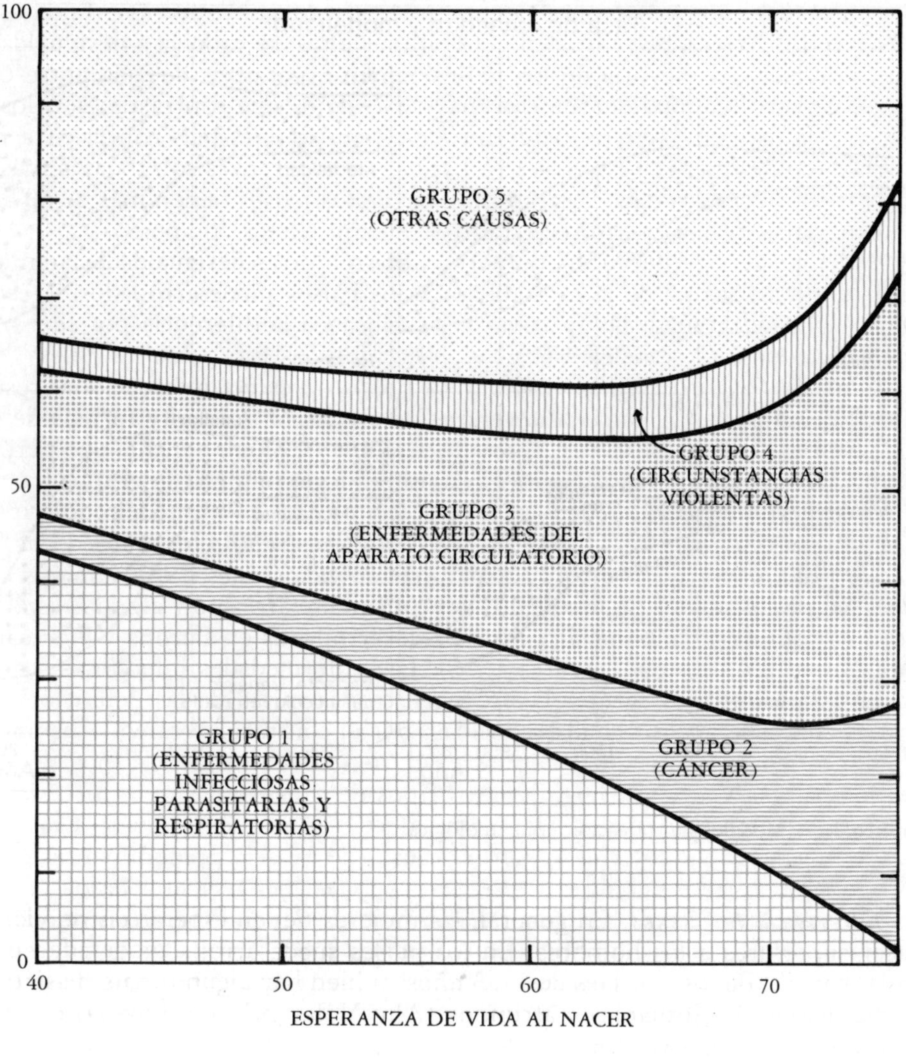

Gráfico 2.16. Distribución de las causas de muerte en una población estándar en relación con la esperanza de vida.

pandémica durante la cual los episodios de la mortalidad epidémica se van haciendo cada vez menos frecuentes e intensos, y las tasas disminuyen. 3. El periodo de predominio de las enfermedades degenerativas, en el cual la mortalidad se estabiliza en un nivel relativamente bajo.

Esta secuencia puede alcanzarse de cuatro maneras diferentes. Omran habla del modelo clásico u occidental, de una variante acelerada de este modelo, del modelo retrasado, y de una variante transicional de esta último (gráfico 2.17.). Inglaterra o Suecia ejemplificarían el primer modelo, Japón o la U. R. S. S. el segundo, la mayoría de los países del tercer Mundo el tercero y Sri Lanka, Singapur, Hong Kong o Taiwan el cuarto.

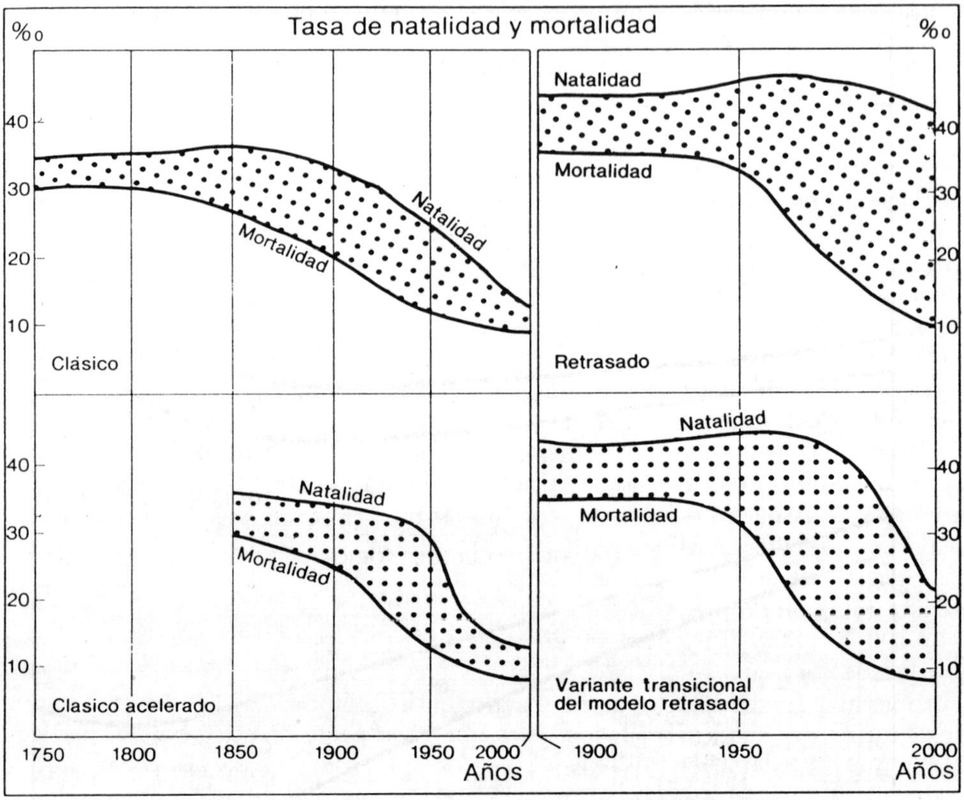

Gráfico 2.17. Modelos de transición epidemiológica.

Diferencia por sexos. En general, las mujeres tienen esperanzas de vida al nacer superiores a los hombres. En los países subdesarrollados la diferencia, en la mayoría de los casos, es de 1 a 3 años, si bien hay algunos países asiáticos (India, Paquistán, Jordania) y africanos (Alto Volta, Nigeria, Liberia) con una reducida ventaja masculina.

En las naciones desarrolladas la esperanza de vida femenina es de 6 a 8 años mayor que la masculina. En estos países suele haber dos periodos en los que la mortalidad de los varones supera ampliamente a la de las mujeres. En torno a los 20-30 años la sobremortalidad masculina es debida a hechos violentos, sobre todo accidentes y particularmente accidentes de carretera. A partir de los 50 años, el factor crítico es la mayor vulnerabilidad de los varones al cáncer (sobre todo de pulmón) y a las enfermedades del aparato circulatorio. Los hasta ahora superiores índices de consumo de tabaco y alcohol de la población masculina explican su mayor propensión a contraer aquellas enfermedades. Sin embargo, el rápido incremento del consumo femenino de tales productos reducirá en el futuro las diferencias en la esperanza de vida.

Variaciones estacionales. En muchos de los países del Tercer Mundo existe un máximo de mortalidad en el verano. Eso ocurre sobre todo en las zonas tropicales y subtropicales debido a la intensa actividad bacteriana, producida durante la estación cálida y húmeda, que es origen de numerosas enfermedades infecciosas. En cambio, en los países desarrollados, especialmente en los de latitudes más altas con inviernos severos, el máximo de mortalidad suele corresponder a mediados del invierno.

A escala planetaria, la situación actual de la mortalidad hay que interpretarla a la luz de su evolución histórica. Las diferencias espaciales reflejan las variaciones en la incorporación de los distintos países al proceso general de disminución que se viene produciendo desde el siglo XVIII. Entre las poblaciones preindustriales las tasas eran altas y se disparaban en los periodos de crisis producidos por las epidemias, el hambre o las guerras. De acuerdo a los trabajos recientes de demografía histórica, se sabe que la esperanza de vida en las sociedades preindustriales de tipo europeo se establecía en torno a los 30-35 años, cifra más baja de la que cualquier país tiene en la actualidad. Desde mediados del siglo XVIII se inicia la tendencia a la disminución, primero en los países del norte de Europa y probablemente entre las clases sociales más acomodadas. A lo largo del XIX el retroceso se va extendiendo por las demás naciones europeas y de América del Norte y se va acentuando con el paso de los años. La esperanza de vida en diferentes países (Inglaterra, Francia, Holanda, Dinamarca, Suecia), pasa de 35 años, en 1800, a 50 en 1900. La mortalidad infantil se reduce también en proporciones significativas (en Suecia, por ejemplo, del 200 por 100 en 1800, al 96 por 100 en 1900).

Desde comienzos del siglo XX el descenso se inicia en Japón, en la Rusia europea y, a medida que avanza el siglo, en los distintos estados que integran los continentes subdesarrollados. Para una gran parte de estos países, particularmente para los africanos, los retrocesos más notables sólo se producirán a partir de la II Guerra Mundial, o incluso en fechas más recientes. Este retraso queda compensado en amplias zonas del Tercer Mundo con la celeridad con la que ha tenido lugar la disminución. El paso de una esperanza de vida de 35 a 70 años exigió en países de Europa septentrional y occidental más de siglo y medio; en algunas naciones del Tercer Mundo sólo ha precisado cincuenta años.

Son múltiples los factores que han propiciado este descenso y además no han tenido todos la misma importancia en cada etapa histórica y en cada espacio geográfico.

En un principio, parece haber ejercido una influencia decisiva la mejora de la alimentación que tiene lugar desde el siglo XVIII y a lo largo de todo el XIX en Europa, y las medidas de higiene pública (depuración de aguas, redes de alcantarillado, recogida de basuras), que se desarrollan también en Europa desde el siglo XIX. La progresiva elevación del nivel de instrucción, desde la perspectiva de su poderosa influencia en el retroceso de la mortalidad infantil, constituye otro factor favorable.

Los avances de la medicina, salvo en la reducción de la viruela cuya «vacuna» fue utilizada por Jenner desde finales del siglo XVIII, no jugaron hasta muy tarde un papel relevante*. McKeown (1976) y su grupo de historiadores de la medicina mantienen que hasta el desarrollo de la quimioterapia a partir de los años 30, no fue posible curar realmente muchas de las enfermedades anterior-

* La viruela fue declarada oficialmente erradicada por los expertos de la O. M. S. en 1979, tras dos años sin que se produjera ningún caso de esta enfermedad.

mente mortales. Los descubrimientos realizados en ese periodo en los países industrializados, permitieron, sin embargo, las fuertes reducciones posteriores que tendrán lugar en el Tercer Mundo. Hasta esos años la asociación entre mortalidad y nivel de desarrollo económico era estrecha. Desde entonces, se debilitará. El trabajo de Arriaga y Davis sobre Latinoamérica (1969) muestra una relación inversa entre la renta *per cápita* y la esperanza de vida al nacer para el periodo anterior a 1920, y cómo la e_0 comienza a ser independiente del nivel de ingresos a partir de los años 30. El uso masivo de insecticidas, las grandes campañas de vacunación, el empleo de las especialidades farmaceúticas exportadas desde los países industrializados (antibióticos, sulfamidas), han podido salvar millones de ciudadanos de los países pobres. Los programas sanitarios públicos, o las actividades de los organismos internacionales, como la O. M. S., han desempeñado en esa acción un papel decisivo, que ha permitido vivir a más gente durante más tiempo, aunque, a veces, en condiciones francamente miserables. Salvar vidas es necesario pero no resulta suficiente. Hay que crear también las condiciones para que esa vida merezca la pena vivirse. Incluso hoy día, tras comprobar la lentitud con la que a partir de un cierto nivel desciende la mortalidad, se considera necesario que las medidas de salud pública estén acompañadas de un progreso económico general para que la reducción sea realmente efectiva.

A escala del planeta, el retroceso continúa generándose. La esperanza de vida ha crecido en la década de los 70 de 2 a 5 años en los países subdesarrollados y alrededor de 1 en las naciones industrializadas, donde se observa ya un crecimiento de la tasa de mortalidad bruta debido al envejecimiento general de la población.

2.4.3. *Las desigualdades regionales y locales. Los factores explicativos de la mortalidad*

Un análisis geográfico de la mortalidad a escalas inferiores a la nacional revela la existencia de disparidades internas, a veces fuertes, nuevos contrastes entre países desarrollados y subdesarrollados y una mejor forma de ver la influencia que los factores sociales y económicos ejercen sobre las variaciones espaciales.

Los estudios regionales llevados a cabo en los países industrializados muestran en la gran mayoría de los casos, una tendencia de clara uniformidad de los valores a partir de la II Guerra Mundial. Todavía existen pequeñas diferencias entre unos territorios y otros, pero cada vez esas desigualdades se van haciendo más pequeñas. A niveles de higiene similares las tasas de mortalidad urbana son ligeramente inferiores a las rurales, si bien las diferencias entre unas ciudades y otras, e incluso las que se dan en el interior de una misma aglomeración, son más significativas. Los mapas realizados sobre diversas ciudades europeas y norteamericanas, mediante los índices adecuados (mortalidad infantil, esperanza de vida, tasas estandarizadas) que eliminan la influencia de la estructura por edades, permiten cuantificar estas diferencias y explicarlas en función de las características socioeconómicas de los distintos barrios.

En los países del Tercer Mundo, por el contrario, los contrastes entre las áreas rurales desfavorecidas y las grandes ciudades mucho mejor dotadas de equipos sanitarios, pueden llegar a ser fuentes (hasta diez años en la esperanza media de vida).

Las causas de las variaciones locales o regionales son numerosas y complejas. Tradicionalmente los factores explicativos de las diferencias de mortalidad que se producen a las distintas escalas espaciales, se suelen clasificar en dos grandes categorías: biológicos y sociales.

Existen dos aspectos biológicos en la mortalidad. El primero hace referencia a la duración de la vida y el segundo a la longevidad. La duración de la vida es el tiempo máximo que un individuo puede vivir. Esa duración puede establecerse en torno a los 115 años, si bien en el futuro es posible que la supervivencia humana pueda alcanzar edades más avanzadas. Debe recordarse que las personas viejas tienden con frecuencia a exagerar su edad y que las cifras de 120 o incluso 130 años que se han barajado en ocasiones, no están probadas documentalmente (J. Weeks, 1981). La longevidad es la capacidad de una persona para resistir a la muerte, la cual está influenciada por las características genéticas con las que se nace. Las «debilidades» biológicas más intensas se producen poco después del nacimiento; por ello la tasa de mortalidad del primer año, es superior a las del resto del periodo de infancia y juventud, durante el cual el riesgo de fallecimiento es pequeño. Después la mortalidad experimenta un crecimiento progresivo con la edad, y ello en situaciones tanto de altas como de bajas tasas.

Así, pues, desde un punto de vista estrictamente biológico, puede decirse que el índice de fallecimientos está influenciado por dos grandes factores básicos: la edad y el sexo ya que, como se ha visto más atrás, las mujeres tienen, en general, esperanzas de vida al nacer superiores a los varones. Luego los niveles de mortalidad por sexo y edad correspondientes a cada territorio y sociedad constituyen el resultado de un conjunto de factores socioeconómicos. Entre ellos cabe destacar la alimentación cuyo exceso, desequilibrio o insuficiencia repercuten negativamente sobre la tasa de mortalidad. Afortunadamente, las hambres agudas y prolongadas son ya excepcionales (países situados al sur del Sahara en los años 70, Etiopía en la actualidad). Mucho más importantes son hoy los problemas de la subnutrición (déficit calórico) y del desequilibrio acusado y sostenido de la dieta alimenticia. Son cuestiones sobre las que volveremos en el apartado que dedicamos a la población-recursos. Por el momento, basta recordar que estas situaciones de infraalimentación, en la medida en que suponen una menor resistencia del organismo a las enfermedades, constituyen un factor de primera magnitud para explicar las diferencias de mortalidad entre países y regiones desarrolladas y subdesarrolladas.

Otros tres factores sociales de la mortalidad, que mantienen entre sí estrechas relaciones, son los ingresos, el nivel cultural y la ocupación. En principio puede afirmarse que existe una relación directa entre los ingresos y el nivel de instrucción y la mortalidad y que tener a la vez un alto nivel educativo y económico resulta más conveniente para una situación de baja mortalidad, que tener sólo uno de ellos. El nivel de ingresos permite adquirir protección contra las enfermedades; el grado de instrucción ayuda a evitar contraerlas. La incidencia del nivel cultural, en la medida de su relación con la higiene y la adecuada utilización de las terapéuticas precisas, se aprecia claramente en las diferencias de mortalidad infantil por cuanto reflejan la instrucción de los padres en la mortalidad de sus hijos. Las desigualdades espaciales y sociales observadas en este índice han hecho decir a Sauvy que la mortalidad está en razón inversa al saber y que la ignorancia es más mortífera que la pobreza. Al menos en los países desarrollados, los ingresos juegan, en efecto, un papel que ha ido perdiendo relevancia con el paso del tiempo, a medida que se extendía la sanidad pública. En cambio en el Tercer Mundo donde los equipados sanitarios, tanto públicos como privados, son menores, las diferencias en la mortalidad según la clase social están mucho más acusadas.

Las diferencias debidas a la profesión no son fáciles de medir precisamente por su estrecha relación con los ingresos y el nivel cultural. Los profesionales con un alto nivel de cualificación tienen esperanzas de vida más altas que los trabajadores manuales especializados y éstos más elevadas que los obreros manuales, sin cualificar. No obstante, debe tenerse en cuenta que ciertas ocupaciones tienen un riesgo de accidentes laborales mayor que otras y que algunas suponen un desgaste físico considerable. Por ello, a igualdad de ingresos y nivel de instrucción, ciertas profesiones deparan un mayor número de longevos que otras.

En la mayor parte de las sociedades en las que existen varios grupos raciales o étnicos se establece una relación jerárquica entre ellos, basada en razones socioeconómicas, que generalmente se concreta también en diferencias en la esperanza de vida. En Estados Unidos, por ejemplo, un varón blanco tenía en 1960 una esperanza de vida seis años más alta que un varón negro, pero siete años más baja que un japonés-americano. Y las diferencias entre las mujeres eran semejantes (Kitagawa y Hauser, 1960). Estas desigualdades en la mortalidad hay que ponerlas en relación con los niveles de ingresos, pero no sólo, ya que por niveles de estratificación social las tasas de mortalidad de los negros resultaban ser más altas que las de los blancos.

Por último, se observa una diferencia en la mortalidad según el estado civil: las personas casadas, especialmente los varones, tienen niveles de mortalidad más bajos que las solteras. Ello parece deberse a que su grado de ajuste psicológico y social es mayor (W. Gove, 1973).

2.4.4. *Fertilidad, fecundidad natural, esterilidad*

La *fertilidad* es la capacidad física para reproducirse, lo cual comienza para las mujeres entre los 12 y 14 años (menarquia) y para los hombres entre los 12 y 15 años. Las mujeres permanecen fértiles hasta la menopausia, que tiene lugar habitualmente entre los 49-51 años (países desarrollados). No obstante, la fertilidad femenina disminuye con la edad, sobre todo a partir de los 30 años. El periodo potencialmente fecundo abarca de 30 a 40 años. A edades avanzadas muchos varones permanecen fértiles, aunque su capacidad reproductora se vea sensiblemente disminuida. Los extremos de edades, documentalmente probadas, a las que se han producido concepciones se sitúan en los 8 y 57 años para una mujer peruana y otra americana respectivamente. El número récord de nacidos parece haber tenido lugar en la U. R. S. S. donde una mujer tuvo en el siglo pasado 69 hijos en 27 alumbramientos. Por lo que respecta a un grupo, la famosa secta anabaptista americana de los hutteritas, cuyos miembros se casan casi todos y pronto, gozan de buena salud y no practican ningún tipo de control de la natalidad, es reconocida como especialmente fecunda. El número medio de nacimientos por mujer al final de su periodo reproductivo se situaba en 1950 en torno a 11. El demógrafo francés L. Henry ha definido el concepto de *fecundidad natural o biológica* como la máxima accesible a nuestra especie, en condiciones de plena nupcialidad, mortalidad nula durante los años fecundos y no utilización de métodos anticonceptivos. El total de hijos sería entonces de 12 (cuadro 2.9) y la población se multiplicaría por 5 ó 6 en menos de treinta años.

CUADRO 2.9.

FECUNDIDAD FISIOLÓGICA DE LA MUJER

Edad al contraer matrimonio	Número de hijos
15	12,0
20	9,9
25	7,7
30	5,7
35	3,7
40	2,1
45	0,8

Fuente: A. Sauvy, *Teoría general de la población.*

Cuando la edad al casarse se eleva, la fecundidad total de una mujer disminuye debido al propio decrecimiento en la duración del matrimonio, y al aumento de la proporción de mujeres estériles con la edad. La *esterilidad* es el antónimo de la fertilidad, y representa la inaptitud definitiva para procrear, cualquiera que sea su origen. Algunas personas son estériles durante toda su vida; otras sólo a partir de una edad. El porcentaje de los matrimonios completamente infecundos da una imagen aproximada de la esterilidad fisiológica, proveniente del padre, de la madre o de la indadaptación de los cónyuges. P. Vincent (1950, 1961) da los siguientes resultados, en función de la edad de la madre en el momento de contraer matrimonio (cuadro 2.10).

CUADRO 2.10.

LA ESTERILIDAD DE LOS MATRIMONIOS

Edad de la mujer en el momento de contraer matrimonio	Porcentajes de matrimonios completamente infecundos
Menos de 20 años	3,5
De 20 a 24	6,0
De 25 a 29	10,0
De 30 a 34	16,0
De 35 a 39	33,0
De 40 a 44	69,0
De 45 a 49	90,0

Fuente: A. Sauvy, *Teoría general de la población.*

En resumen, fertilidad, fecundidad natural y esterilidad son conceptos biológicos útiles y relacionados que a veces no resultan fáciles de cuantificar. No obstante, de la información disponible se desprenden varias conclusiones generales: 1ª) Que el número de años durante los cuales las mujeres pueden quedar embarazadas ha crecido algo con el tiempo, debido a que la pubertad se ha adelantado; en cambio las edades de la menopausia no parecen haberse modificado sensiblemente durante los últimos cien años. 2ª) Que el porcentaje de mujeres estériles se ha mantenido en todo momento bastante constante. 3ª) Que la fecundidad biológica de una población depende esencialmente de factores fisiológicos. 4ª) Que en muchas sociedades la infecundidad no es prueba de esterilidad. 5ª) Que la fecundidad efectiva está poderosamente influida por los factores sociales como la edad al contraer matrimonio, las prácticas anticonceptivas, etc.

2.4.5. *Los índices de natalidad y fecundidad*

Como el de la mortalidad, el estudio de la natalidad y fecundidad puede realizarse mediante índices transversales o del momento, o índices longitudinales o por cohorte. Comenzaremos por los primeros. El más sencillo es la *tasa bruta de natalidad* que se obtiene para un periodo determinado (normalmente un año del calendario) relacionando el número de nacidos vivos entre la población estimada en la mitad de ese mismo periodo; el cociente se multiplica por mil. Así, por ejemplo, en España, en 1978 nacieron 636.892 niños y la población estimada al 1 de julio fue de 36.777.537 haabitantes. La T. B. N. fue del 17,32 por 100.

La tasa bruta tiene la ventaja de la simplicidad de su cálculo, pero el inconveniente grave de estar afectada (como la de mortalidad) por la estructura por edades. Las tasas efectivas de fecundidad mitigan este problema.

La tasa de fecundidad general (T. F. G.) relaciona el número de nacidos vivos con el número medio de mujeres de 15 a 49 años. Y de manera análoga se calculan las *tasas de fecundidad por edad* (se hallan así 35 tasas: 15, 16, 17 ... 49) y las tasas por grupos de edades (habitualmente quinquenales, por lo cual se obtienen 7 tasas: 15-19, 20-24, 25-29 ... 45-49).

Las fórmulas para obtener los índices aludidos son:

$$\text{T.B.N.} = \frac{N}{P} \cdot 1.000 \qquad (2.4.8.)$$

$$\text{T.F.G.} = \frac{N}{{}_{35}M_{15}} \cdot 1.000 \qquad (2.4.9.)$$

$$\text{T.F.E. } (nFx) = \frac{nNx}{nMx} \cdot 1.000 \qquad (2.4.10.)$$

donde:

N = Total de nacidos vivos.
nNx = Nacidos vivos de mujeres de edad x a $x + n$.

P = Población total estimada en la mitad del periodo considerado.
nMx = Mujeres con edades comprendidas entre *x* y *x* + *n* (en el caso de la tasa de fecundidad general, ${}_{35}M_{15}$ = mujeres de 15 a 49 años, es decir, los 35 años que se consideran estadísticamente fértiles).

La ratio niños/mujeres relaciona los niños de 0 a 4 años (a veces de 0 a 9) con las mujeres de 15 a 49 años; el resultado se expresa en tantos por mil. La medida se utiliza en países del Tercer Mundo con estadísticas vitales incompletas o de mala calidad, pero que tienen censo del cual se extrae la información. También ha sido empleada en los estudios urbanos a escalas espaciales reducidas para las que no se dispone de información directa sobre los nacimientos. Otros tres índices sintéticos y de gran interés son la tasa de fecundidad total (T. F. T.) o número medio de hijos por mujer, y las tasas de reproducción bruta (T. R. B.) y neta (T. R. N.). La *tasa de fecundidad total* es el número medio de hijos que tendría una mujer, si a cada edad tuviese el comportamiento de fecundidad observado en un momento concreto (análisis transversal) entre las mujeres en edad de procrear. Se obtiene sumando las tasas específicas de fecundiad por edad (*nFx*); cuando se emplean grupos quinquenales el total debe mulptiplicarse por 5. Simbólicamente la tasa se expresa así:

$$\text{T.F.T.} = \text{n} \cdot \left(\sum_{z=1}^{7} \frac{\text{Nz}}{\text{Mz}} \right) \qquad (2.4.11.)$$

donde:

n = Número de años de cada grupo de edad (en este caso 5).
z = Serie de los grupos de dad (aquí *z* incluye los 7 grupos quinquenales: de 15-19; 20-24, 25-29, 30-34, 35-39, 40-44, 45-49).
Nz = Nacimientos de madres de cada grupo de edad.
Mz = Mujeres de cada grupo de edad.

La *tasa de reproducción bruta* es un indicador del número medio de hijas que, sin tener en cuenta la mortalidad, podría reemplazar a sus madres, suponiendo que las tasas específicas de fecundidad del momento se van a mantener indefinidamente. Se trata, por consiguiente, de una medida del número medio de hijas que una mujer tiene a lo largo de su periodo reproductivo.

Para calcularla basta sumar las tasas específicas de fecundidad por edad (15 a 49) o por grupos de edades de los nacimientos femeninos. En este último caso la ecuación sería:

$$\text{T.R.B.} = n \cdot \left(\sum_{z=1}^{7} \frac{NMz}{Mz} \right) \qquad (2.4.12.)$$

donde:

n, *z* y *Mz* significan lo mismo que en la fórmula anterior (2.4.11.) y
NMz = número de nacimientos femeninos de madres de cada grupo de edad.

Una manera aproximada y simple de obtener la T. R. B. es dividiendo el número medio de hijos por mujer entre 2,05, habida cuenta de la desigualdad entre nacimientos masculinos y femeninos (nace, por término medio, 1,05 varón por cada mujer).

Si la tasa bruta de reproducción es igual a 1, la población femenina es capaz de reemplazarse mediante un número equivalente de hijas. Sin embargo, en una situación de elevadas tasas de mortalidad infantil y juvenil, puede suceder que una proporción sensible de hijas no alcancen la edad que tenían sus madres cuando ellas nacieron. Es necesaria una tasa bruta de reproducción superior a 1.

La *tasa de reproducción neta* (T. R. N.) se obtiene multiplicando la tasa de fecundidad de los nacimientos femeninos a cada edad por la probabilidad que tiene una mujer de sobrevivir desde el nacimiento hasta esa misma edad. Después se suman los resultados para todas las edades.

Si se utilizan grupos quinquenales, es preciso estimar los «factores de supervivencia» desde el nacimiento hasta la mitad de cada uno de los grupos de edad, a partir de una tabla de mortalidad. Un ejemplo para el primero (15-19) de los siete grupos de edad del periodo reproductor de la mujer aclara el método de cálculo (ecuación 2.4.13.).

$$17{,}5\ S^0 = \frac{{}_5L_{15}}{5 \cdot 1_0} \qquad (2.4.13.)$$

donde:

$17{,}5\ S^0$ es la probabilidad de supervivencia desde 0 a la mitad del primer grupo quinquenal de edad (15-19).

${}_5L_{15}$ es el número de mujeres vivas que tienen entre 15 y 19 años cumplidos.

1_0 = Base de la tabla (1.000, 10.000, 100.000 mujeres, que en cada caso habrá que multiplicar por 5 ya que estamos empleando grupos quinquenales).

Si se usa S para la superviviencia, e y z para indicar la mitad (y) del grupo de edad z, la probabilidad que tiene una persona para sobrevivir desde 0 a la mitad de ese grupo z, estará representada por la fórmula:

$$SYz = \frac{nLx}{nl_0} \qquad (2.4.14.)$$

Cada grupo de edad z contiene n años y x es la más baja de las edades de cada grupo. (En el caso de grupos quinquenales $n = 5$, y, por lo tanto, se calculan siete valores de SYz: de 0 a 17,5, 22,5, 27,5, 32,5, 37,5, 42,5 y 47,5). La fórmula de la T.R.N. es:

$$\text{T.R.N.} = n \cdot \left(\sum_{z=1}^{7} \frac{NFz \cdot SYz}{Mz} \right) \qquad (2.4.15.)$$

donde:

n, z, Mz, NFz, se explican en las ecuaciones 2.4.11. y 2.4.12.; y SYz es igual que en la ecuación 2.4.14., teniendo en cuenta que la fórmula se aplica sólo a las supervivientes femeninas.

Si la T. R. N. es inferior a 1, la población decrecerá; si es igual a 1, se mantendrá estacionaria, y si es superior a 1, aumentará.

La T. R. B. se considera simplemente como un indicador transversal de la fecundidad; la T. R. N. expresa la capacidad de una población para reemplazarse a sí misma.

El cuadro 2.11. ilustra la manera de calcular los índices de fecundidad total y las tasas de reproducción bruta y neta para España en 1975. La información requerida se recoge en las columnas (2 a 6) y los cálculos efectuados en las columnas (8 a 10). Los datos de las columnas (2), (3) y (4) están extraídos del movimiento natural de la población española (año 1975); la nLx para las mujeres (col. 5) procede de la tabla de mortalidad de la población española (año 1970). La columna (6) ofrece los siete valores de SYz que representan la probabilidad de una hija de sobrevivir desde el nacimiento a la mitad de los siete grupos de edad quinquenal, lo cual resulta de la aplicación de la ecuación 2.4.14. a la columna (5).

Las tasas de reproducción bruta y neta son mucho más precisas que las de natalidad bruta o fecundidad general. El problema es que para calcularlas hay que tener datos de los nacimientos por sexo y edad de la madre y disponer de una tabla de mortalidad, o las cifras para establecerla (tasas específicas de mortalidad por edad y sexo). Si no se dispone de información suficiente, se puede utilizar una serie de tasas específicas de fecundidad estándar.

Los *análisis longitudinales o por cohorte* se basan en el principio de reconstruir el comportamiento reproductor de un grupo de mujeres definido por el año de nacimiento, o del matrimonio, a lo largo del tiempo. Un indicador de este tipo es el concepto de *fecundidad acumulativa* cuya finalidad es conocer el espaciamiento y el número total de hijos habidos por esas mujeres a lo largo de su periodo reproductivo y a través de él establecer el tamaño familiar.

Lógicamente, el tamaño familiar de cada grupo de matrimonios depende de la edad que tengan los distintos miembros de una cohorte en el momento de casarse. Cuanto más jóvenes sean mayores posibilidades, en principio, para que se realice el reemplazamiento.

También se utiliza un índice que mide la probabilidad de una madre con n hijos para tener $n + 1$.

Los análisis transversales de la fecundidad no han alcanzado un gran desarrollo, especialmente entre los geógrafos, debido a las dificultades de la información. Sólo existen datos para los países desarrollados, desde épocas muy recientes (siglo XX) y a escala nacional. Sin embargo, este tipo de aproximación resulta de suma utilidad, no sólo para reconstruir el pasado sino para prever la evolución de la variable en el futuro.

En estrecha relación con los temas de la fecundidad están los relativos a la familia y a la composición de los hogares. El número de hijos que una mujer puede tener varía en función de su edad y de la duración de su matrimonio. En este sentido se ha definido el concepto de *tamaño familiar* como el número de nacidos vivos que una mujer tiene al final de su periodo de procreación. El término familia tiene, sin embargo, un significado sociológico, considerándose en este caso como un grupo de personas relacionadas que comparten una vivienda común. Desde esta perspectiva, existen dos formas principales de familia: la nuclear, formada por los padres e hijos y la extensa que incluye además tíos, primos, etc. El tamaño de la familia extensa depende mucho menos de la fecundidad que el de la familia restringida.

El concepto de *hogar* incluye además de los parientes en distinto grado, otras personas como sirvientes o huéspedes. Es un término más amplio y su

CUADRO 2.11

CÁLCULO DE LAS TASAS DE FECUNDIDAD TOTAL (T. F. T.), DE REPRODUCCIÓN BRUTA (T. R. B.) Y DE REPRODUCCIÓN NETA (T. R. N.) EN ESPAÑA, 1975

DATOS REQUERIDOS

Grupos de edad (1)		Población femenina (2)	Núm. total de nacimientos (3)	Nacimientos femeninos (4)	*nLx* para las mujeres (5)	Factores de supervivencia (6)
De 15 a 19 años	1	1.457.169	31.634	15.215	487.354	0,9747
De 20 a 24	2	1.323.121	171.486	82.406	486.255	0,9725
De 25 a 29	3	1.223.055	231.902	111.669	484.812	0,9696
De 30 a 34	4	1.096.090	136.685	66.141	482.997	0,9659
De 35 a 39	5	1.026.670	67.138	32.721	480.497	0,9609
De 40 a 44	6	1.190.425	27.730	13.475	476.833	0,9536
De 45 a 49	7	1.139.076	2.376	1.179	471.532	0,9430
		8.455.606	668.971	322.806		

Base de la tabla = 100.000 mujeres

CALCULOS

Grupos de edad (7)		Tasas específicas de fec. por edad Col. (3)/Col. (2) (8)	Tasas específicas de fec. por edad (Nacs. femeninos) Col. (4) / Col. (2) (9)	Niñas supervivientes por mujer Col. (9) × Col. (6) (10)
De 15 a 19 años	1	0,0217	0,0104	0,0101
De 20 a 24	2	0,1296	0,0623	0,0606
De 25 a 29	3	0,1896	0,0913	0,0885
De 30 a 34	4	0,1247	0,0603	0,0582
De 35 a 39	5	0,0654	0,0319	0,0307
De 40 a 44	6	0,0233	0,0113	0,0108
De 45 a 49	7	0,0021	0,0010	0,0009
TOTAL		0,5564 × 5 = 2,78	0,2685 × 5 = 1,34	0,2598 × 5 = 1,29

Fuente: Elaboración del autor sobre los datos del I. N. E.

T. F. T. = 2,78
T. R. B. = 1,34
T. R. N. = 1,29

tamaño debe considerarse separadamente del correspondiente al concepto de tamaño familiar.

2.4.6. *Las variaciones espaciales de la fecundidad y sus causas.*

El análisis de las variaciones espaciales y el empleo de correlaciones ecológicas de la fecundidad con otras de carácter explicativo ya sean de orden económico, social o político, han sido objetivos básicos y prioritarios de la aproximación geográfica al estudio de esta variable. Nosotros vamos a limitarnos aquí a presentar los grandes contrastes que existen hoy a escala internacional para exponer después, los factores explicativos de las variaciones, los procesos que han conducido a la situación descrita y las teorías formuladas para explicarlos, cuestiones estas últimas que ofrecen desde nuestro punto de vista mucho mayor interés. Es preciso reconocer que las aportaciones geográficas al análisis de la fecundidad como al de los movimientos naturales en su conjunto han sido hasta ahora escasas y que la mayoría de las teorías y modelos formulados (Puyol, 1986) en torno a esta variable tienen paternidad sociológica, o económica. Ello no justifica su ignorancia por parte de los geógrafos, cuya propia visión, además de verse incrementada, puede contribuir a matizar o enriquecer tales contribuciones.

El estudio a escala planetaria de la fecundidad tiene que realizarse necesariamente a través de índices simples debido a la inexistencia de datos de base para calcular las tasas más precisas. El uso de la tasa bruta de natalidad (2.4.8.) y del número medio de hijos por mujer (2..4.11.) permiten una aproximación sencilla, pero suficiente, para ofrecer las grandes desigualdades a nivel mundial.

En torno a una media del 27 por mil, las tasas brutas de natalidad van del 54 por mil de Kenya al 10 por mil de Dinamarca y Alemania Occidental. La media mundial de hijos por mujer es de 3,7 y los valores extremos corresponden también a Kenya (8) a Dinamarca y Alemania Federal. Si para que una población sea reemplazada es necesario que cada mujer, soltera o casada, tenga un número medio de hijos entre 2,1 y 2,5, según las condiciones de mortalidad del momento, resulta que a los citados países europeos y a otros más les faltan 0,7 hijos por mujer para renovar sus generaciones y a Kenya y otros estados africanos, y latinoamericanos, les sobran 4 ó 5 niños.

Entre estas tasas extremas, existe una gran variedad de situaciones que recoge el gráfico 2.18.

Los países desarrollados presentan tasas bajas y relativamente uniformes. Ninguno tiene tasas superiores al 20 por 1000, aunque sean normales valores más bajos y, salvo Irlanda, todos tienen un número medio de hijos por mujer inferior a 2,5. Es más, diecinueve de los veintisiete países europeos, Estados Unidos, Canadá, Japón, Australia, y Nueva Zelanda, tienen promedios de hijos por mujer inferiores a 2,1, que, de acuerdo a las condiciones de mortalidad, suponen un nivel mínimo de reemplazamiento.

Entre los países del Tercer Mundo cabe diferenciar, al menos, dos grupos: a) Países en transición desde altos o moderados valores de fecundidad. Leon Tabah (1982) identifica veinticuatro naciones en las que la tasa de reproducción bruta (2.4.12.), disminuyó un 20 por 100 o más entre los quinquenios 1960-65 y 1975-80. Son dos naciones africanas, once latinoamericanas y el resto asiáti-

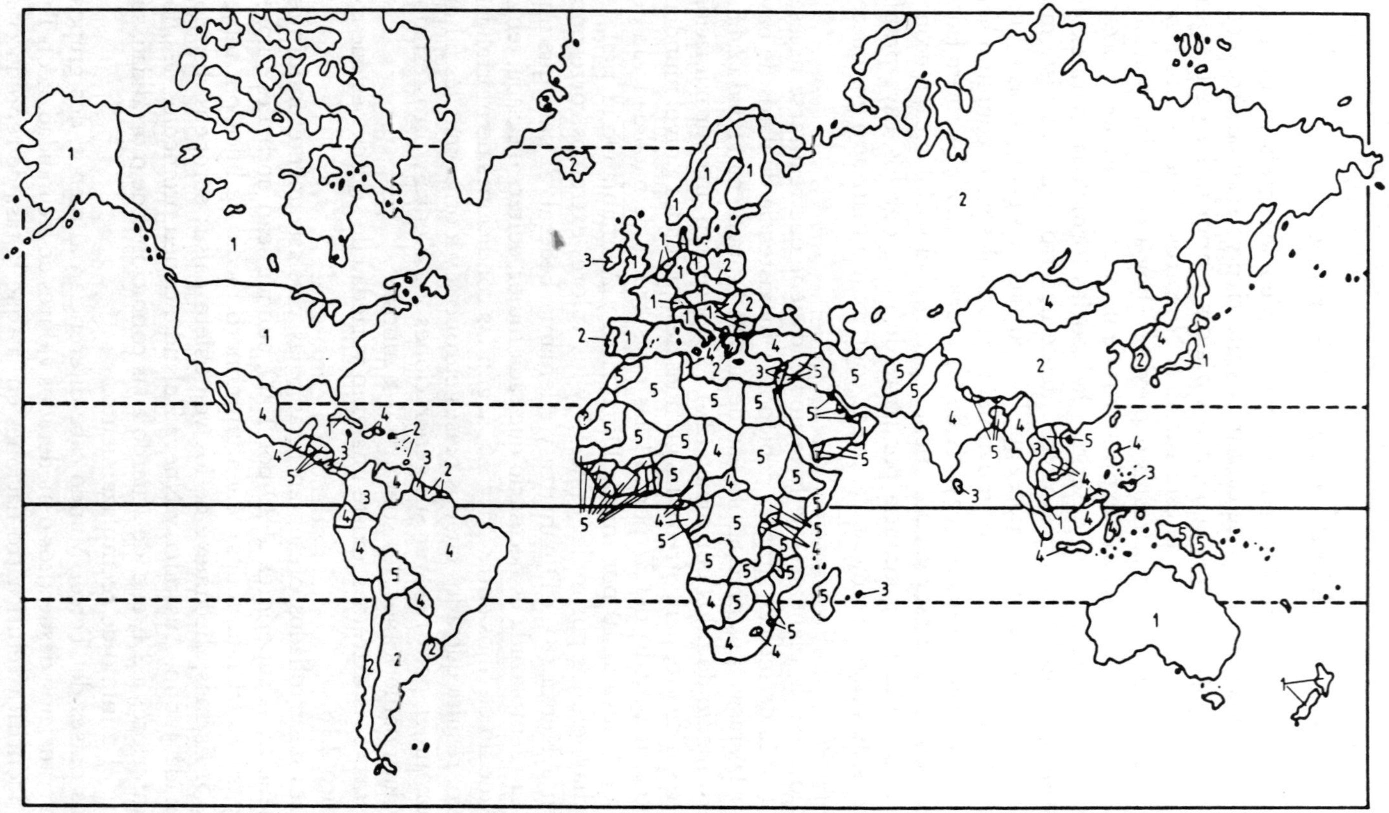

Gráfico 2.18. Número medio de hijos por mujer (1985)

Número medio de hijos por mujer. *1*: Menos de 2,1; *2*: De 2,1 a 3; *3*: De 3,1 a 4; *4*: De 4,1 a 6; *5*: Más de 6. *(Fuente: World Population Data Sheet,* 1985) cas*. De acuerdo a los datos recientes estos países, salvo Cuba, Hong Kong y Singapur, tienen tasas entre el 21 y 35 por 1000 y un promedio de hijos por mujer entre 3 y 6. Comprendidos en estos valores están algunos otros estados asiáticos (Israel, Turquía, los Emiratos Árabes, etc.), algunas islas del Caribe y, en América Latina, Argentina y Chile.

En términos demográficos varios de estos países son pequeños y, por tanto, juegan un papel poco importante en la modificación de la tendencia planetaria hacia una fecundidad más reducida, pero otros como China Popular, Méjico, Brasil e Indonesia, reúnen efectivos mucho más importantes y su comportamiento repercute de forma mucho más decisiva en la situación general del Tercer Mundo.

Países que todavía mantienen niveles muy altos de fecundidad-natalidad, pese a que en algunos se haya iniciado ya un proceso a la baja. Las tasas más fuertes corresponden al continente africano, donde casi todas las naciones tienen índices de natalidad superior al 40 por 1000 y un número medio de hijos por mujer entre 6 y 7. En Asia los países que no se integran en el grupo anterior, poseen también valores fuertes, pero no tan espectaculares como los africanos. No obstante, en los estados más poblados como Bangladesh, India o Paquistán, el número medio de hijos por mujer oscila entre 5 y 6. En América Latina las cifras más altas corresponden a los pequeños estados de la zona central continental (Guatemala, Honduras, Nicaragua) y algunos andinos (Bolivia y Ecuador).

Ésta es, a grandes rasgos, la situación internacional de la fecundidad: un reducido grupo de países desarrollados con sólo una cuarta parte de la población total y con dificultades la mayoría para reemplazar generaciones; un grupo de naciones con una fecundidad en transición, algunas con tasas todavía altas y otras con índices más moderados, pero todas moviéndose en el mismo sentido, que renuevan perfectamente y de manera sobrada sus generaciones y reúnen, merced a la inclusión de China en el grupo, un 38 por 100 de la población mundial; el resto de los países de la Tierra con tasas de fecundidad todavía muy altas, que reúnen el 50 por 100 de los habitantes.

Lógicamente, las tasas por países constituyen valores medios cuya generalización para el conjunto del territorio es abusiva. En cualquier país existen contrastes regionales, oposiciones campo-ciudad, diferencias entre ciudades, variaciones en el seno de las mismas poblaciones urbanas y desigualdades por clases sociales que las cifras de conjunto tienden a enmascarar.

Los factores explicativos de las variaciones territoriales son numerosos y están estrechamente relacionados. Las causas puramente biológicas no permiten explicar las diferencias, puesto que resulta imposible saber si las distintas poblaciones del mundo son más o menos fecundas, dado que en ningún lugar existe una fecundidad verdaderamente «natural»; en todas partes está influenciada por una gran variedad de factores socio-culturales. El cuadro 2.12 recoge algunos de los más significativos. La relación no pretende ser exhaustiva. Ade-

---

* Mauricio, Túnez, Cuba, República Dominicana, Jamaica, Trinidad y Tobago, Costa Rica, México, Panamá, Brasil, Chile, Colombia, Venezuela, China, Hong Kong, República de Corea, Indonesia, Malasia, Filipinas, Singapur, Tailandia, Sri Lanka, Líbano y Fiji.

CUADRO 2.12.
FACTORES DE LA FECUNDIDAD DIFERENCIAL

SOCIALES	ECONÓMICOS	CULTURALES	BIOLÓGICOS	RELIGIOSOS	POLÍTICOS
Clase social	Nivel de ingresos	Nivel de instrucción	Mortalidad infantil	Tipo de credo	Actitud del Estado frente al aborto.
Edad media de contraer matrimonio.	Tipo de actividad	Duración de los estudios.	Equilibrio/desequilibrio por sexos.	Grado de religiosidad.	Actitud del estado frente a los métodos anticonceptivos.
Forma de la unión.	Categoría socio-profesional		Estructura por edades.		Existencia/inexistencia y carácter de la ayuda familiar.
Importancia del Celibato.	Tasa de actividad de la mujer.				Guerras y revoluciones.
Nivel de movilidad social.	Los hijos como «seguro» para la vejez.				
Grado de emancipación de la mujer.	Crisis económicas.				
Tipo de familia predominante.					
Etnia.					
Deseo de tener hijos varones.					
Creencias tradicionales (mitos, tabúes, prejuicios).					
Duración de la lactancia materna.					

más hay causas, como la mortalidad infantil, que siendo un hecho estrictamente biológico obedece a influencias culturales, económicas y sociales a la vez.

2.4.7. *El declive de la fecundidad en los países desarrollados*

Los grandes contrastes que existen hoy en la fecundidad a escala planetaria se han ido conformando en el transcurso de los últimos dos siglos.

De acuerdo con los datos disponibles, la natalidad se mantuvo elevada en todas partes hasta el siglo XIX. Las tasas brutas fueron casi siempre superiores al 30 por 1000 y las crisis de supermortalidad accidental reducían periódicamente los excedentes.

Por razones no bien dilucidadas todavía, el descenso se inció en Francia, en el primer tercio del siglo pasado, primero entre la aristocracia y después entre la burguesía y las clases populares. El caso francés destaca no sólo por su precocidad, sino también por su lentitud ya que el proceso a la baja se extendió por lo menos, durante siglo y medio.

En el transcurso de la segunda mitad del siglo XIX fue ganando a los países de Europa occidental y central, a los norteamericanos y al continente australiano y desde comienzos del XX, a los de Europa meridional y oriental, a la U. R. S. S. y al Japón. Dentro de cada unidad nacional se produjeron en el inicio del descenso fuertes disparidades a escala regional, entre las zonas rurales y urbanas y entre las clases sociales.

La tendencia a la disminución se interrumpió para algunas naciones desarrolladas en la década de 1930. Se produjo entonces un periodo de recuperación que resultó sorprendente por su amplitud y duración y tuvo efecto en países con características muy distintas. Afectó tanto a naciones totalitarias (Alemania, Italia), como a las de regímenes democráticos, y, entre estas últimas, a países tan diferentes y alejados como Francia, Estados Unidos o Australia. Es la situación que, en la terminología anglosajona, se conoce como «baby boom». A partir de 1964-65 volvió a reiniciarse el descenso, que fue intensificándose con los años, hasta alcanzar los niveles tan bajos que hoy tienen los países industrializados.

El declive de la fecundidad en Europa y en otros países desarrollados puede analizarse en términos de un modelo evolutivo espacial. Para explicar los procesos que laten detrás de esa evolución se han establecido diferentes aproximaciones (Woods, 1979). En primer término, el descenso se ha considerado como resultado de un proceso de difusión y adopción de un conjunto de innovaciones técnicas para controlar la natalidad, aunque también se ha estudiado la propia disminución de la fecundidad como un ejemplo de difusión. Se trata, pues, de la aplicación del modelo de difusión espacio-temporal de innovaciones al análisis del declive de la fecundidad a través del tiempo y el espacio. En esta línea se sitúan trabajos como los de Demko y Casseti (1970), Casseti y King (1975), Woods (1979), etc. Como Fuller recuerda (1984), la mayoría de los geógrafos han empleado básicamente los modelos de Hagerstrand (1967) e insistido en principios como los de «distance decay» y «neighbourhood effect». La idea básica es que las innovaciones se difunden espacialmente dentro de un campo de adoptadores potenciales de acuerdo a la distancia que los separa de los innovadores previos. Estudios críticos sobre la utilidad de tales modelos pueden encontrarse en Fuller (1984), Puyol (1986) y con anterioridad en el excelente estudio de Carlsson (1966) para quien la disminución de la fecundidad es debida, más que a un proceso innovador, a un proceso de «ajuste» ocasionado por un conjunto de fuerzas, particularmente la disminución previa de la mortalidad, en especial la infantil, que definen un nuevo nivel de equilibrio de fecundidad controlada.

No cabe la menor duda (Woods, 1979) que la disponibilidad de métodos cada vez más eficaces para prevenir los nacimientos y su difusión, permitió reducir la fecundidad de manera efectiva en algunos sectores y en algunos territorios a partir del último tercio del siglo XIX y a lo largo del XX. Sin embargo, es necesario explicar también cuáles fueron los motivos —sociales, económicos, políticos— que movieron a las personas a utilizar estos métodos de control.

Una segunda aproximación considera la reducción de la fecundidad como respuesta a una multiplicidad de estímulos como los procesos de industrialización, modernización y secularización, la disminución de la mortalidad infantil, el incremento de los niveles educativos, etc., todos los cuales actuaron en un contexto de gran diversidad demográfica. Este enfoque insiste en las diferencias culturales existentes entre distintos territorios, que son las que explican las desigualdades en la incorporación, secuencia y rapidez del proceso de disminución de la fecundidad.

Un tercer grupo de explicaciones se apoya en la noción de «estrategias familiares» según la cual la presión económica ejercida sobre las clases medias en un determinado momento, les incita a adoptar una estrategia de limitación de nacimientos con el fin de mantener su posición y permitir que sus hijos puedan conservar un nivel socioeconómico similar.

El concepto de «estrategias familiares» fue ideado por Matras (1965 a y b) con el fin de examinar los aspectos demográficos de control de la fecundidad en el siglo XIX. Para ello construyó un sencillo modelo descriptivo en el que relaciona edad al contraer matrimonio y control de la fecundidad (cuadro 2.13.).

Diferentes trabajos empíricos han confirmado que la secuencia C-D-B fue habitual en muchos países de Europa Occidental, primero entre las clases medias y más tarde entre otras clases sociales.

CUADRO 2.13.

MODELO DE LAS ESTRATEGIAS FAMILIARES DE MATRAS

EDAD AL CONTRAER MATRIMONIO	CONTROL DE LA FECUNDIDAD	
	Fecundidad no controlada	Fecundidad controlada
Matrimonio temprano	Estrategia A	Estrategia B
Matrimonio tardío	Estrategia C	Estrategia D

Fuente: Matras (1965).

Más recientemente se han formulado otras teorías explicativas de las variaciones de la fecundidad basadas en consideraciones sociales y económicas.

Las teorías sociológicas. Un marco general para el análisis sociológico de la fecundiad lo proporciona el modelo desarrollado por K. Davis y J. Blake (1956). El gráfico 2.19. simplificado a partir del diagrama de Freedman (1975) que a su vez se basa en el modelo citado, ilustra los aspectos básicos de tal análisis.

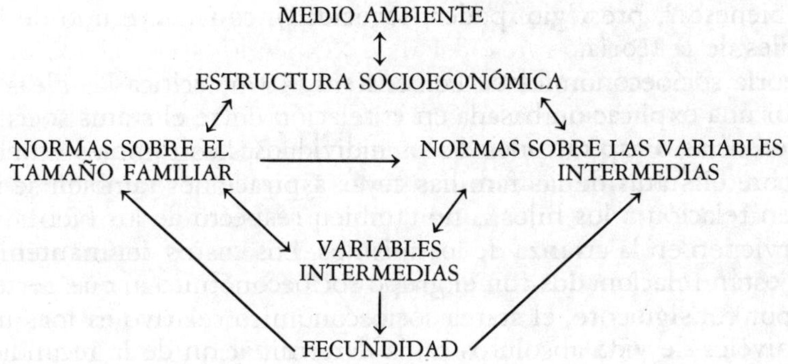

Gráfico 2.19. Modelo para el estudio sociológico de la fecundidad

Los factores medioambientales y la estructura socioeconómica actúan sobre la fecundidad a través de un conjunto de variables intermedias, por ejemplo, edad al contraer matrimonio, uso de métodos anticonceptivos, etc., las cuales a su vez están influenciadas por un grupo de normas por las que habitualmente se conduce cada grupo social (v.q. opiniones acerca de cuáles son las edades más convenientes para contraer matrimonio).

Las teorías económicas. Entre ellas se pueden diferenciar dos grandes aproximaciones: la basada en la «teoría de la demanda» identificada con los economistas de la escuela de Chicago y la «teoría socio-económica» desarrollada sobre todo por Leibenstein y Easterlin.

Gary Becker, economista de la Universidad de Chicago formuló en 1960 los presupuestos básicos de la teoría de la demanda. En ella los hijos aparecen tratados como bienes de consumo cuya adquisición, como la de cualquier otra clase de bienes, exige de los padres tiempo y dinero. Becker supone además que cada pareja actúa con una racionalidad económica óptima y práctica un control de la natalidad prácticamente seguro. Sobre estos presupuestos sostiene que para cada caso puede hallarse una función de utilidad que refleje la relación entre el deseo de las parejas de tener hijos y los demás bienes y actividades que compiten con el tiempo y el dinero de los padres. La consideración de los hijos como bienes de consumo plantea una aparente paradoja ya que los grupos de rentas más altas tienen menos hijos que los de renta más bajas y, por otro lado, el tamaño familiar disminuye con el desarrollo económico. Ello puede conducir a la conclusión de que los hijos son «bienes inferiores». Becker resuelve esta paradoja diciendo que las clases de rentas inferiores tienen peor acceso a los métodos anticonceptivos y por consiguiente engendran más hijos que los deseados. Y por otra parte que al aumentar el nivel de renta, los padres aspiran a tener hijos de «mayor calidad» que al exigir mayores inversiones de tiempo y dinero les incita a reducir su número. Como recuerdan Weeks y otros, la teoría parte de supuestos difícilmente sostenibles ya que no todas las personas se comportan con el mismo tipo de racionalidad; no todas las parejas hacen un uso adecuado de los métodos anticonceptivos; ni todas tienen las mismas creencias ni idénticas actitudes frente a los hijos, cuya consideración como simples bienes de consumo, olvidando otros beneficios no económicos que proporcionan (bienestar, prestigio, poder, seguridad), constituye uno de los puntos más débiles de la teoría.

La teoría socioeconómica de Leibenstein (1975) critica las ideas de Becker y opta por una explicación basada en la relación entre el status social y los gustos, preferencias o aspiraciones de los individuos. Los cambios económicos influyen sobre el status de las familias cuyas aspiraciones también se modifican, no solo en relación a los hijos, sino también respecto de los bienes y servicios que intervienen en la crianza de los mismos. Los costos del mantenimiento de los hijos están relacionados con el grupo socioeconómico al que pertenecen sus padres; por consiguiente, el status socioeconómico relativo es más importante que los niveles de vida absolutos en la determinación de la fecundidad de los matrimonios. Leibenstein, también creía que el desarrollo económico produce un declive sostenido de la fecundidad.

La idea de que la natalidad responde, no tanto a los niveles absolutos de bienestar económico, cuanto a los niveles relativos a los que una persona está habituada, se encuentra también en Easterlin (1968, 1978). Este autor parte de la idea de que el nivel de vida que una persona tiene en los años finales de su adolescencia, constituye la plataforma desde la que analiza sus posibilidades como adulto. Si al llegar a dicha edad puede mejorar sus ingresos en relación al nivel que tenía su familia cuando él abandonaba la adolescencia, esa persona tiene más posibilidades de casarse pronto y tener hijos. En caso contrario, si ese individuo intuye que le va a resultar difícil alcanzar el nivel de vida que tuvo en el seno de su familia, probablemente aplazará su matrimonio o al menos no tendrá, o limitará mucho, el número de hijos. La explicación de por qué una persona que llega a la edad adulta puede encontrarse en una situación ventajosa o desventajosa, la encuentra Easterlin en la relación que se da entre los cambios económicos y las respuestas demográficas a tales cambios. Una mejora sostenida de la economía puede facilitar el incremento de los índices de nupcialidad y fecundidad, si las condiciones de la estructura demográfica lo permiten. Si en una sociedad la población joven es reducida y la situación económica propicia, los jóvenes que dispondrán de buenos salarios, podrán casarse sin dificultad. Si, por el contrario, la población juvenil es relativamente abundante, habrá una fuerte competencia por los puestos de trabajo; a muchos de esos jóvenes les será difícil mantener el nivel de vida al que están acostumbrados y, por lo tanto, algunos no se casarán o no tendrán hijos, aún cuando la situación económica general no sea mala.

Así pues, Easterlin presenta un modelo de sociedad en la que los cambios demográficos y económicos estan íntimamente relacionados: los cambios económicos provocan respuestas demográficas que a su vez actúan sobre los primeros y así sucesivamente.

Las interpretaciones económicas de la fecundidad utilizan toda una serie de variables (industrialización, urbanización, rentas, niveles de vida...) para explicar su tendencia general a la baja y las diferencias. Las interpretaciones sociológicas, por otro lado, insisten sobre todo en el papel desempeñado por los valores culturales y sociales.

Una teoría de síntesis que comprende implícitamente tanto el enfoque económico como el sociológico de la baja fecundidad es la definida por A. Coale (1973) que a diferencia de las teorías anteriores, todas ellas de carácter deductivo, tiene una formulación más inductiva. En su opinión para que se produzca un descenso substancial de la fecundiad son necesarias tres precondiciones que enuncia así: 1ª) La aceptación de que la elección calculada constituye un elemento válido para la determinación de la fecundidad matrimonial. 2ª) La percepción de que una fecundidad reducida representa una ventaja social y un beneficio económico. 3ª) El conocimiento y la utilización de técnicas efectivas para controlar la natalidad. Los dos primeros pre-requisitos se relacionan con la forma en que una persona percibe su entorno social, lo cual constituye un hecho eminentemente sociológico. El segundo, relativo a las ventajas de un tamaño familiar más pequeño, sintetiza los presupuestos de los enfoques económicos y sociológicos. El tercero mantiene estrecha relación con las variables intermedias del modelo sociológico definido más atrás.

La Geografía puede enriquecer estas distintas aproximaciones por cuanto tanto los factores económicos, como los valores sociales mencionados, tienen distintas distribuciones espaciales con las que los niveles de fecundidad pueden ser relacionados.

El conjunto de modelos y teorías explicativas analizados para interpretar el descenso general de la fecundidad entre los países desarrollados, merece algunas reflexiones finales. La consideración del descenso como una consecuencia de la difusión y posterior adopción de las innovaciones técnicas de control de la natalidad, es una explicación demasiado elemental. El uso generalizado de tales métodos no se produjo hasta bien entrado el siglo XX y desde bastante tiempo antes, las poblaciones europeas limitaban su fecundidad mediante el matrimonio tardío o el recurso a métodos más tradicionales de control. La interpretación del declive como resultado de la acción de una multitud de factores socioeconómicos constituye una explicación más realista que tiene la dificultad metodológica de desmembrar un hecho ciertamente complejo en sus distintos componentes. El uso de las teorías económicas ofrece también puntos de interés, pero graves defectos derivados de la poco satisfactoria condición de bienes de consumo que se otorga a los hijos. Cualquiera de las teorías aporta pues, elementos útiles, pero ninguna por sí sola ofrece una explicación completa y satisfactoria.

El descenso de la fecundidad en el mundo industrializado se presenta hoy como un proceso complejo que respondió a transformaciones económicas, sociales y culturales y que fue reforzado por la difusión de innovaciones técnicas. La tendencia al declive se inició en épocas distintas y tuvo diferentes ritmos e intensidades según las zonas; hubo unos territorios pioneros y otros retrasados, determinando que hasta una época relativamente reciente se mantuviesen diferencias significativas en la distribución espacial de la fecundidad. Los últimos años, sin embargo, han conocido un proceso de uniformidad generalizada de los índices en torno a valores reducidos.

2.4.8. *La situación de la fecundidad en el Tercer Mundo*

Como se ha visto al presentar las variaciones internacionales, la fecundidad en el Tercer Mundo es todavía generalmente alta, pero no espacialmente uniforme. En las regiones más urbanizadas y de mayor nivel económico se ha producido un declive en las últimas décadas que está conduciendo a determinados países a niveles de fecundidad moderada que contrastan con las fuertes tasas que presentan todavía las áreas rurales de economía tradicional. En Asia la tendencia a la baja se inicia a mediados de la década de los 50 en territorios influídos por las formas de vida occidental como Hong-Kong o Singapur; desde allí se extendió a otras partes como Corea, Taiwan o Malasia; al mismo tiempo las autoridades chinas, tras una política inicial balbuceante, optaron por un control decisivo de los nacimientos que provocó un fuerte descenso de la tasa de natalidad (40 por 1.000 en 1955 y 19 por 1.000 en 1985). En muchos de los territorios de Asia del sur y sudeste se ha iniciado ya el descenso, si bien los índices se mantienen todavía altos, pese a los esfuerzos de los gobiernos por reducirlos. Y lo mismo puede decirse de Asia Occidental donde salvó en estados como Israel o Chipre el descenso de la fecundiad sólo afecta en otros (Turquía, Líbano, Quatar, Emiratos Árabes, Kuwait) a los núcleos urbanos.

En América Latina se reproducen contrastes parecidos. Hay países donde el descenso, iniciado o relanzado a partir de la Segunda Guerra Mundial, es ya firme y las tasas actuales moderadas, o bajas. Eso ocurre especialmente en algunas naciones del Caribe (Cuba, Puerto Rico, Barbados), de América central continental (Panamá o Costa Rica), o de América del sur templada (Argentina, Chile, Uruguay). En el resto del continente el declive ha sido más tardío o apenas si empieza a insinuarse, y los índices, por lo tanto, se mantienen mucho más fuertes. Naciones como Guatemala, Honduras, Nicaragua o Bolivia tienen todavía hoy tasas de natalidad superiores al 40 por 1.000.

En África el panorama es más sencillo. Si exceptuamos las islas o archipiélagos que rodean al continente con niveles de fecundidad francamente moderados (Mauricio, Reunión, Seychelles), el declive sólo ha afectado a ciertas naciones del norte (Túnez, Egipto), o del Sur (República Sudafricana), especialmente a sus áreas urbanas. El resto mantiene las fuertes tasas que quedaron señaladas en el apartado 2.4.6.

Para explicar el declive de la fecundidad en los países o territorios del Tercer Mundo, se han utilizado aproximaciones similares a las empleadas para las naciones industrializadas. Especialmente las que ven el descenso como el resultado de un proceso de difusión y adopción de innovaciones técnicas y las que lo consideran fundamentalmente como la respuesta a un conjunto de estímulos socioeconómicos. Otras explicaciones como las teorías económicas de la fecundidad, enunciadas a partir de contextos y fundamentadas en presupuestos característicos de las sociedades industrializadas, resultan mucho menos útiles cuando se transplantan al mundo subdesarrollado.

Para estudiar la compleja y hetereogénea situación del Tercer Mundo resultan útiles las aproximaciones de síntesis que incluyen en su formulación elementos sociales, económicos, culturales o políticos.

El modelo de Coale, que algunos otros autores (Knodel, 1977) han utilizado en trabajos sobre el Tercer Mundo, puede constituir un buen punto de partida. Como quedó expuesto más atrás, este autor parte de tres precondiciones para que pueda darse un descenso significativo de fecundidad: que se considere como una cuestión sobre la que pueden adoptarse decisiones; que los métodos de control se conozcan, estén disponibles y sean usados; y que su reducción sea juzgada como ventajosa en el marco de cada situación socio-económica concreta.

A la primera precondición se oponen en muchos países tercermundistas actitudes que alimentadas por diversas creencias juzgan la fecundidad como un hecho incontrolable o que no debe controlarse. Esto produce con frecuencia una disarmonía entre el número de hijos deseado y el realmente habido, lo cual por otro lado, ocurre también en determinados grupos o sectores de población de los países desarrollados. A veces se debe a la falta de conocimiento de los métodos de control, otras a la posesión de unas creencias firmes que ordenan no usarlos.

Como ocurrió en los países desarrollados anteriormente, la difusión de métodos de control de la natalidad ha provocado en algunos países o territorios subdesarrollados una reducción evidente de sus niveles de fecundidad. Ahora bien, conviene aclarar que el uso generalizado de los modernos métodos de control no provoca necesariamente la reducción de la fecundidad. En ciertos países existen costumbres o prácticas (poligamia, lactancia prolongada, etc.) que tienden a reducir el tamaño familiar de una manera mucho más eficaz que el empleo por parte de una población de bajo nivel cultural, de los procedimientos occidentales de control. La sustitución de aquellos hábitos por estos métodos, pueden conducir en algunos casos a una elevación de la fecundidad. La difusión espacial de la información acerca de los métodos anticonceptivos plantea graves inconvenientes en poblaciones que, como la de los estados indios estudiados por Blaikie (1975), son culturalmente diversos y tienen bajos niveles económicos y de instrucción. El interesante estudio de este autor revela la influencia que las desigualdades en la religión y el nivel educativo tienen entre los potenciales adaptadores del control, lo cual provoca la aparición de distintas superficies de «resistencia» a su empleo.

Además, la difusión espacial de la información sobre métodos de control de los nacimientos y la propia distribución de los métodos, no constituyen condiciones suficientes para que la población los utilice. Un estado puede realizar grandes esfuerzos para difundir información y técnicas de planificación familiar en su territorio y obtener resultados muy mediocres. El caso del Programa de control de la natalidad llevado a cabo entre 1954 y 1960 en el estado indio de Punjab bajo la dirección de la Universidad de Harvard y con un costo superior a un millón de dólares, constituye un buen ejemplo. El programa fracasó sencillamente porque el control de la natalidad entraba en contradicción con los intereses de la mayoría de la población rural, que no percibía que limitar el tamaño medio de su familia resultaba una opción claramente ventajosa (Weeks, 1984). Es difícil evaluar el impacto de los programas de planificación familiar en el Tercer Mundo, pero existen evidencias ciertas de que el declive de la fecundidad no es en bastantes casos una consecuencia directa del conocimiento y la disponibilidad de métodos anticonceptivos. La acción del Estado bajo la forma de una política de planificación familiar no debe ser sobrevalorada (Woods, 1979).

La tercera precondición de Coale ve el descenso de la fecundidad como la respuesta a una serie de cambios socio-económicos que modifican las actitudes de las personas que pasan a juzgar más conveniente un tamaño familiar reducido que otro alto. Trabajos emprendidos en países tercermundistas mediante técnicas como los modelos de regresión en los que la fecundidad se considera como variable dependiente y distintos índices socio-económicos como variables independientes, prueban la influencia que factores como el aumento de los niveles educativos (sobre todo de la mujer), el descenso de la mortalidad infantil o determinadas reformas sociales han desempeñado en la caída de la natalidad.

El descenso, por tanto, obedece a factores múltiples y diversos que conforman presupuestos más comprensivos como los definidos por Coale o Knodel. Las variaciones espaciales de la fecundidad pueden interpretarse a la luz de estos condicionantes generales. Los descensos más significativos se dan en territorios donde todos se cumplen. Por el contrario los países con niveles altos de fecundidad son aquellos donde existen condiciones que impiden o dificultan el cumplimiento de una o varias de tales precondiciones, especialmente la de considerar la fecundidad reducida como algo conveniente, o la de juzgarla como materia sobre la que es posible establecer elecciones calculadas.

2.4.9. *La transición demográfica*

Al exponer la evolución de la mortalidad y fecundidad, veíamos que la tendencia a la reducción de sus valores se produjo para las distintas partes del mundo en diferentes momentos. Las desigualdades geográficas actuales en la movilidad natural pueden considerarse, pues, como diferencias en la evolución demográfica. Para interpretarlas disponemos de una teoría, sencilla en su formulación, pero compleja en su aplicación, que es conocida con el nombre de «teoría de la transición demográfica».

Se define como el proceso mediante el cual una población pasa de una situación de elevados índices de mortalidad y natalidad a otros caracterizada por tasas bajas. Sobre esta elemental base se han realizado numerosas versiones de la teoría que distinguen varias fases y subfases. En sus primeras formulaciones se consideraron tres grandes etapas: la preindustrial o antigua, la transición propiamente dicha y la evolucionada, o moderna.

1ª) La preindustrial o antigua, anterior a la revolución demográfica, se caracteriza por altos niveles de natalidad y mortalidad también alta y fluctuante. El crecimiento natural derivado era muy pequeño y resultaba a veces negativo, cuando la población se veía afectada por una crisis de supermortalidad (hambre, epidemia, guerra).

2ª) La transición es la etapa en la que se producen las transformaciones más importantes. En ella se diferencian tres subetapas:

a) La inicial, con tasas de mortalidad que empiezan a descender y tasas de natalidad que se mantienen firmes.
b) La intermedia en la que la mortalidad continúa descendiendo y la natalidad empieza también a disminuir. La diferencia entre los dos índices es más acusada que en ningún otro momento. El crecimiento vegetativo alcanza por ello valores muy fuertes.

c) la final, con una mortalidad ya baja que sigue disminuyendo aunque muy despacio y una natalidad que retrocede con gran intensidad; el crecimiento natural se desacelera enormemente.

3ª) La evolucionada o moderna, señala el final de la transición y se caracateriza por un crecimiento moderado o estancado producto de tasas de natalidad y mortalidad muy reducidas. (gráfico 2.20.).

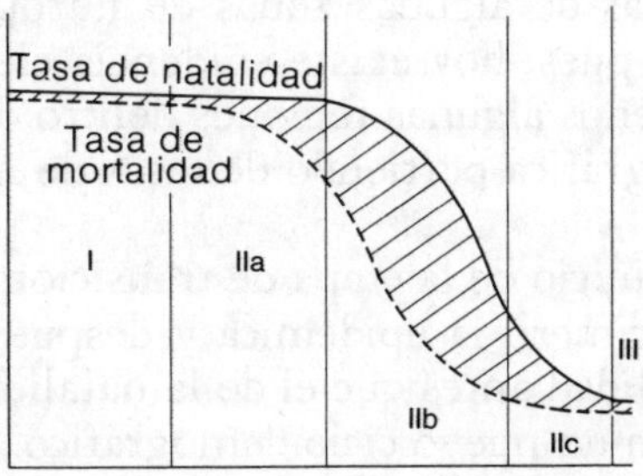

Gráfico 2.20. Esquema de la transición demográfica

Las primeras versiones del modelo se efectuaron en los años 30 y 40 del siglo actual, en un momento en el que existían grandes incertidumbres acerca de cual había sido la marcha de los acontecimientos demográficos, incluso en los países más adelantados. A partir de 1950 se va a desarrollar con notable éxito la Demografía Histórica cuyos trabajos fueron evidenciando hechos que se acomodaban mal con algunos de los presupuestos en que se apoyaban las formulaciones iniciales.

a) La teoría considera que la natalidad y mortalidad de la etapa preindustrial eran altas. Nuevos datos ponen de manifiesto que, al menos en el ámbito europeo-occidental, los valores de la natalidad no lo eran tanto debido a varias circunstancias:

— En primer lugar a un «modelo de matrimonio» tardío, junto con un alto grado de celibato.

Hajnal (1965) suministra información acerca de la edad media de contraer matrimonio en países como Francia, Gran Bretaña, Suecia y otros. Para las mujeres las medias durante los siglos XVIII y XIX se situaban entre los 25-30 años, mientras que en las naciones del sur y este europeo, las edades habituales estaban más próximas a los 20 años.

En cuanto al celibato femenino Hajnal estima que el porcentaje de mujeres que permanecían solteras al final de su periodo reproductivo se situaba entre un 12-17 por 100 en Europa Occidental hacia 1900. Para Europa Oriental los valores se reducían a un 4 por 100 o menos que son los que hoy poseen muchos países africanos o asiáticos.

Bourgeois-Pichat (1967) sugiere que el matrimonio tardío puede suprimir entre 5 y 14 años la capacidad potencial reproductora de una mujer. La tasa bruta de natalidad derivada de tal situación puede establecerse en torno al 35 por 1.000, característica de Suecia hasta mediados del XIX y considerada representativa de las poblaciones europeas con un comportamiento malthusiano, es decir de aquéllas que utilizan el matrimonio diferido y un alto índice de solteros, como medios de reducir la fecundidad.

— En segundo término, a un cierto control involuntario de la «fecundidad natural», causada por problemas de la alimentación, el estado general de salud, el nivel de esterilidad, etc.

— A un comportamiento «neomalthusiano», es decir a un control voluntario de los nacimientos dentro del matrimonio que probablemente empezaron a practicar las clases altas de algunas zonas de Europa occidental, durante la etapa preindustrial. Así pues, hoy existe evidencia cierta que los países europeo-occidentales, o al menos algunas regiones dentro de ellos, iniciaron su modelo de transición demográfica partiendo de tasas de natalidad más bajas de lo que antes se pensaba.

b) La teoría sitúa el inicio de la etapa de transición, cuando comienza a disminuir la mortalidad, primero la epidémica y después la ordinaria e infantil. El retroceso de la mortalidad antes que el de la natalidad, fue la causa que hizo entrar a la humanidad en un nuevo ciclo demográfico. Sin embargo, hoy se admite que el crecimiento demográfico durante la fase de transición se debió también en algunos casos (Inglaterra, Países Bajos) a una elevación de los índices de natalidad, causada por una mejora de la situación sanitaria de las madres. Ello no niega el papel trascendental que la reducción de la mortalidad ha desempeñado en lo que T. McKeown (1976) ha llamado el «crecimiento moderno de la población» que se produce en los últimos 250 ó 300 años.

c) En las formulaciones iniciales de la teoría se concedía una importancia primordial a los factores económicos como motor de todo el proceso. El paso de altos a bajos índices de mortalidad y natalidad se producía a medida que se intesificaba el nivel de desarrollo de las poblaciones. La información disponible permite conocer que, al menos para la natalidad, no siempre fueron los países y las regiones más avanzadas económicamente las que experimentaron antes una reducción de las tasas. Francia vio retroceder antes que Inglaterra los índices de natalidad pese a que inició más tarde la Revolución Industrial, y lo mismo puede decirse de Irlanda. Ello hace pensar que en el proceso de disminución de la fecundidad han intervenido otros hechos extraeconómicos que individualizan cada experiencia particular.

Éstas y otras anomalías empíricas no niegan la existencia de un proceso de transición demográfica para el conjunto de los países desarrollados. No cabe duda de que la transición ha tenido efecto en un elevado número de naciones. Como recuerda P. Demeny (1968) «en las sociedades tradicionales fecundidad y mortalidad son elevadas. En las sociedades modernas una y otra son bajas. En medio está la transición demográfica». Lo que sucede es que la secuencia es más compleja y variada que la propuesta en el simple y rígido esquema inicial y que para explicarla es preciso recurrir a más agentes que los estrictamente económicos a los que antes se atribuía un verdadero monopolio causal (J. Arango, 1980). De particular importancia son los factores culturales que constituyen un ingrediente básico de las diferencias regionales que aparecen en éste, como en otros procesos demográficos.

Con todo, la cuestión más importante hoy en relación a la transición demográfica es saber si la teoría es aplicable o no a los países del Tercer Mundo.

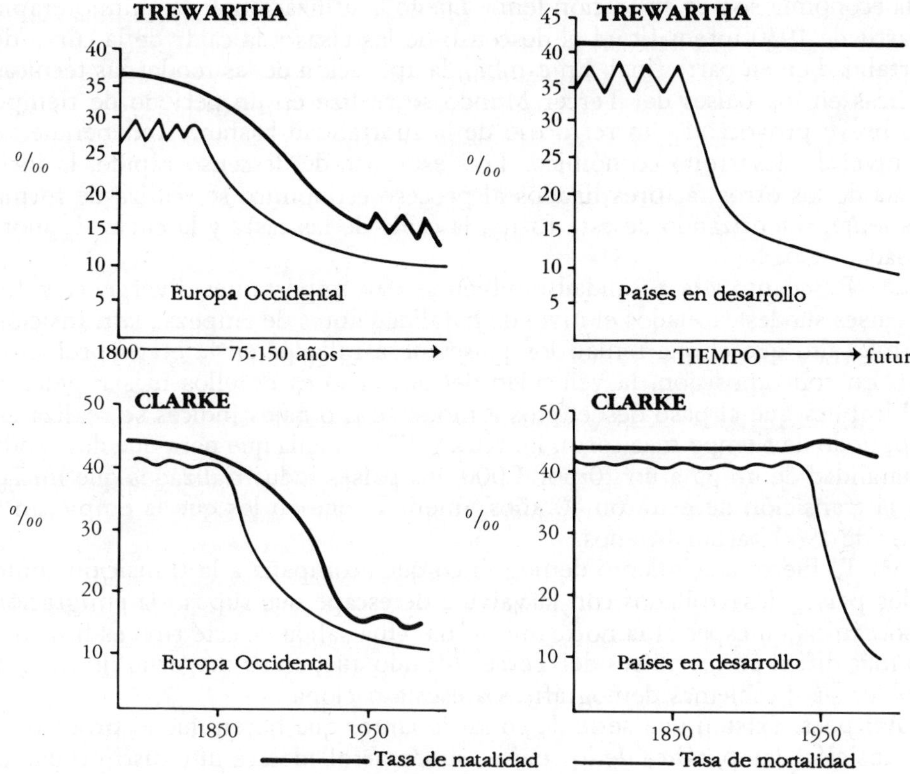

Gráfico 2.21. La transición demográfica en Europa Occidental y en los Países en desarrollo según Trewartha y Clarke

Existen algunas diferencias significativas en la evolución demográfica experimentada por los países desarrollados y los subdesarrollados (gráfico 2.21.).

1ª) En lo que respecta a la mortalidad hay disparidades en los niveles iniciales, en la velocidad del retroceso, en la forma de la curva descendente y en las causas que provocaron el declive. Puede decirse que cuanto más recientemente comienza la disminución, con mayor rapidez se produce y menos tiempo dura, a pesar de partir de índices más altos. Además se constata que los países subdesarrollados tienen al final del proceso tasas más bajas que los desarrollados debido a su estructura por edades más joven fruto del mantenimiento de niveles de fecundidad elevados en los primeros momentos de la transición. Por otro lado, el retroceso de la mortalidad en el Tercer Mundo es más rápido al principio y más lento al final, mientras que en los desarrollados sucede lo contrario. (Bernabé, 1985).

Las causas de estas diferencias hay que buscarlas en los factores que han condicionado el descenso. En los países desarrollados al inicio del declive se debió no tanto a los avances de la medicina, cuanto a la acción de factores como la mejora de la alimentación o las medidas de higiene que se produjeron desde el siglo XVIII y a lo largo del XIX. Estos progresos ligados al desarrollo general de la economía son de aplicación lenta. Luego la utilización de la quimioterapia a partir de 1930 intensificará el descenso de las tasas y la caída de la curva de mortalidad en su parte final. En cambio, la aplicación de las modernas técnicas médicas en los países del Tercer Mundo se realiza en un periodo de tiempo más breve provocando un retroceso de la mortalidad bastante independiente del nivel de desarrollo económico. Tras esta fase de descenso rápido, la incidencia de los otros factores ligados al proceso económico se realiza de forma más lenta, ralentizando de esta forma la caída de las tasas y la curva de mortalidad.

2ª) En cuanto a la natalidad también se dan importantes divergencias. En los países subdesarrollados el nivel de natalidad antes de empezar la transición era más alto que el que tenían los países desarrollados en la etapa preindustrial. En contraposición, la velocidad del descenso es en ellos más rápida, lo cual implica que el paso desde altos a moderados o bajos índices se realiza en un periodo de tiempo más corto. D. Kirk (1971) señala que para que descienda la natalidad de un 35 a un 20 por 1.000, los países industrializados que iniciaron la transición necesitaron 50 años, mientras que en los que la empiezan a partir de 1950 bastan 14 años.

3ª) El fuerte crecimiento demográfico que acompaña a la transición contó en los países desarrollados con la válvula de escape que supuso la emigración trasoceánica, en especial la norteamericana. Una salida de este tipo es hoy mucho más difícil en los países del Tercer Mundo que, en su mayoría, tienen que resolver sus problemas demográficos a escala nacional.

Así pues, existen una serie de condicionantes que hacen que el proceso de la transición demográfica de los países subdesarrollados resulte distinto que el del mundo industrializado. Hay dos modelos diferentes de modernización del comportamiento demográfico, y luego en el marco general definido por cada uno de ellos diversas secuencias y «timings». Todo parece indicar que la mayor rapidez en la disminución de la mortalidad en los países subdesarrollados, se puede compensar con una mayor celeridad en el retroceso de la natalidad. Si ello es así, el crecimiento poblacional que caracteriza la fase de la transición propiamente dicha habrá resultado muy intenso, pero durará también menos tiempo.

2.5. La movilidad espacial

La población se desplaza en el espacio por motivos muy diferentes. La mayoría de los activos se mueven a diario para ir de su casa al trabajo. En los países industrializados cada vez más personas realizan desplazamientos los fines de semana y durante las vacaciones. Por motivos laborales, muchos trabajadores tienen que emigrar a otras regiones o países diferentes al suyo y permanecer allí un tiempo variable. Para algunos el nuevo destino se convierte en definitivo; otros regresan al cabo de un tiempo. Todas estas clases de desplazamientos forman parte del estudio geográfico sobre la movilidad espacial de la población, pero no todas las formas de movilidad espacial son consideradas por todos los autores como auténticas migraciones. De las cuatro categorías recogidas en el cuadro 2.14., sólo la cuarta es admitida de forma casi uná-

CUADRO 2.14.

TIPOLOGÍA DE LOS MOVIMIENTOS ESPACIALES DE LA POBLACIÓN

	Recurrentes	No recurrentes
Locales	A	C
Extra-locales	B	D

Fuente: Duncan, (1959).

nime. La categoría A representa espacialmente los movimientos diarios por razones de trabajo, estudio, compra, etc., que no suponen ningún cambio de residencia. La categoría B (circulación) incluye los movimientos estacionales o temporales de corta duración y carácter cíclico que obedecen a motivos laborales, de estudio u ocio y que no suponen tampoco un cambio de domicilio. Y la categoría C abarca sobre todo los movimientos intraurbanos motivados por los cambios residenciales.

La consideración de las categorías B, C y D como migraciones varía de unos autores a otros. Algunos (Lee, 1966) ven la migración como un simple cambio de residencia permanente o semipermanente. Otros (Bogue, 1959) distinguen entre personas que se mueven dentro de un espacio reducido (local movers) y emigrantes. La distinción queda establecida entonces por un determinado límite, normalmente administrativo. Otros, (Noin, 1979) diferencian las migraciones propiamente dichas (desplazamientos de media/larga duración o definitivos que determinan normalmente un cambio de actividad y se explican por un desequilibrio entre las condiciones de vida de los lugares de origen y destino de los movimientos habituales (desplazamientos de corta duración, repetitivos que no suponen ningún cambio de actividad y no traducen un desequilibrio esencial entre áreas emisoras y receptoras).

Estas discrepancias ponen de manifiesto que de los tres grandes componentes del cambio demográfico, la migración es, sin duda, el más difícil de conceptualizar y por lo tanto de medir. Con frecuencia el cruce de un límite administrativo suele ser el único medio para diferenciar el emigrante del «local mover»; pero como hay fronteras que delimitan unidades territoriales de muy distinto tamaño y naturaleza resulta necesario que cualquier trabajo sobre migraciones precise, sobre la base de tales criterios espaciales (y a ser posible temporales), las formas de movilidad que son consideradas como verdaderas migraciones de las que no lo son (Jones, 1981). La distinción no resulta gratuita ni superflua ya que sin ellas las comparaciones se hacen realmente difíciles.

En este capítulo se estudiarán las diferentes formas de movilidad con una atención preferente a los «movimientos extralocales y no recurrentes», es decir a los desplazamientos para los que la denominación de migraciones concita un consenso generalizado.

Para facilitar el análisis distinguiremos las migraciones internas de las internacionales. En relación con las primeras se expondrán antes los presupuestos teóricos de la movilidad, es decir aquellos intentos de explicarla a través de leyes, teorías o modelos, tanto macro como microanalíticos; y después las formas y la problemática que hoy tales migraciones suscitan en los países desarrollados y en el Tercer Mundo. A continuación se pasará revista a los grandes movimientos internacionales y a sus interpretaciones teóricas. Empezaremos, sin embargo por exponer algunas medidas sencillas del fenómeno migratorio.

2.5.1.. *Algunas medidas sencillas de las migraciones*

Existen dos tipos de medidas según que se considere sólo la dimensión temporal o también los aspectos espaciales de la migración. Desde una perspectiva temporal tenemos varios índices.

Uno de los más comunes es el saldo migratorio anual:

$$S.M. = \frac{(I - E) \cdot 1.000}{P} \qquad (2.5.1.)$$

Dicho saldo puede obtenerse bien para la totalidad de un país o para conjuntos espaciales más reducidos; puede ser positivo o negativo.

Otro muy simple es la tasa bruta de emigración neta que mide la repercusión de las migraciones en el crecimiento demográfico de un territorio entre dos momentos.

$$T_m = \frac{2\ (I - E)}{n\ (P_i + P_n)} \qquad (2.5.2.)$$

Se trata de dividir el saldo migratorio ($I - E$) por la población media del periodo (P_i, población inicial y P_n población final) y por el número de años que separan ambas fechas (n). También cabe emplear la población inicial o la final de forma aislada.

Si se dispone de información específica se pueden obtener también algunas tasas más precisas según el sexo, edad, categoría socio-profesional, etc.

En ausencia de datos directos hay que estimar la migración neta durante un periodo intercensal mediante el balance entre los crecimientos real y vegetativo:

$$M_n = (P_t + n - P_t) - (N_n - D_n) \qquad (2.5.3.)$$

Donde M es la migración neta durante el periodo intercensal n; P_t y $P_t + n$ son las poblaciones en dos censos consecutivos; y N_n y D_n son los nacimientos y las defunciones durante el periodo intercensal.

Un método alternativo de estimar la migración neta durante un periodo intercensal es el método de la tasa de supervivencia. Para calcularla es necesario disponer de la estructura por edades y sexo de una población en sucesivos censos y de las tasas de supervivencia que se obtienen de las tablas de mortalidad:

$$M_{An} = (A_t + n) - (A_t \cdot S_A) \qquad (2.5.4.)$$

Donde M_{An} es la migración neta estimada de la cohorte A durante el periodo intercensal n; A refleja la estructura por edad y sexo de una cohorte al inicio

(A_t) y al final del periodo ($A_t + n$), S_A son los índices de supervivencia estimados para la cohorte A, es decir la proporción de personas de tal cohorte que puede esperarse que sobrevivan en el siguiente censo.

Cuando se considera también la dimensión espacial de la migración, resulta de interés conocer diferentes aspectos de la interacción geográfica producida por los movimientos. La tasa de migración entre dos lugares o zonas i y j (M_{ij}) se obtiene relacionando los emigrantes que van desde i a j, con la población media del periodo en el lugar o zona de origen. Este procedimiento es parcial ya que sólo se considera la población de la zona de partida. Para evaluar la intensidad de la corriente entre las dos áreas (origen y destino) se emplean otros métodos. Considerando la probabilidad de que una persona extraída al azar de una subpoblación (i) al comienzo de un periodo P_i (t_1) fuese la misma que la extraída también al azar en otra subpoblación (j) al final del periodo P_j ($t + n$) se obtienen dos tasas (Vinuesa y col., 1982). El *índice de intensidad migratoria* entre las dos zonas dividiendo el volumen de emigrantes entre ellas (M_{ij}) por el producto P_i (t_1) · P_j (tn). Y el *índice de intensidad migratoria entre subpoblaciones migrantes* dividiendo también M_{ij} por el producto de los emigrantes totales de i por los inmigrantes totales de j.

Una cuestión de suma importancia es que el valor de estos índices está poderosamente influenciado por el tamaño y la forma de las unidades espaciales utilizadas en el análisis, debido a lo cual sólo deben emplearse para realizar comparaciones en el tiempo entre tales unidades.

2.5.2. *Los presupuestos teóricos de la movilidad*

Vamos a exponer primero los modelos macroanalíticos derivados de la física social que consideran el fenómeno migratorio como resultado de leyes macroscópicas impersonales. Y después los modelos microanalíticos que interpretan el comportamiento individual de un emigrante como la expresión de una decisión que puede no ser completamente racional desde un punto de vista económico o espacial (Jones, 1981).

A) Los modelos macroanalíticos

Son modelos básicamente estructurales que se basan en la búsqueda de regularidades, susceptibles de expresión matemática que proporcionan una explicación agregada de las corrientes migratorias.

Uno de los primeros autores en considerar que el fenómeno migratorio está caracterizado por un conjunto de regularidades que afectan a las áreas de origen destino y a los propios emigrantes, fue el inglés Ravenstein (1885). Sus generalizaciones priman el papel que el tamaño de los núcleos de población y la distancia juegan en la modelación del fenómeno migratorio. En versión de Grigg (1977), así se formulan estas generalizaciones:

1. La mayoría de los emigrantes se desplaza a lugares cercanos
2. La migración se produce de forma escalonada
3. Los emigrantes que se desplazan a lugares alejados se dirigen preferentemente a los grandes centros comerciales e industriales.
4. Cada corriente migratoria origina una contracorriente compensatoria.

5. Los habitantes de las ciudades emigran menos que los rurales.
6. Las mujeres emigran más que los hombres a lugares próximos, pero aquellos se desplazan más frecuentemente a zonas más alejadas.
7. La mayor parte de los emigrantes son adultos; las familias rara vez emigran fuera del área próxima a su lugar de nacimiento.
8. Las grandes ciudades crecen más por inmigración que por su propio crecimiento vegetativo.
9. La intensidad de los desplazamientos aumentan con el desarrollo de las actividades comerciales e industriales y con el de los medios de transporte.
10. La dirección principal de las migraciones se establce entre las áreas rurales y los grandes núcleos industriales y comerciales.
11. Las causas principales del fenómeno migratorio son económicas.

¿Qué podemos decir hoy casi un siglo después de formuladas estas generalizaciones?

Ciertamente algunas continúan siendo, básicamente correctas. Existe una relación inversa entre migración y distancia, aunque el papel de esta última se ha reducido con la mejora de los medios de transporte; las causas económicas persisten como una variable fundamental (aunque no única) del fenómeno migratorio; cada corriente suele tener una contracorriente de retorno; el desarrollo y la modernización favorecen las migraciones. Sin embargo, el carácter escalonado de la migración no es general y por lo que respecta a las personas y las áreas afectadas por las migraciones se aprecian cambios importantes y diferencias significativas si comparamos países desarrollados y subdesarrollados. Entre los primeros hay bastantes naciones en las que ya no son los habitantes rurales los que tienen una movilidad mayor, sino los urbanos. Las migraciones interurbanas o las provocadas por la suburbanización son más importantes que las dirigidas del campo a la ciudad que, sin embargo, siguen predominando en muchos países poco urbanizados. Y una oposición similar cabe establecer en cuanto a la composición por sexos. El ligero predominio de mujeres en las migraciones internas sigue definiendo todavía a muchas naciones desarrolladas; en cambio en el Tercer Mundo los varones son un poco más numerosos. Por último conviene recordar que Ravenstein no formuló ninguna generalización sobre aspectos tan significativos para la caracterización del fenómeno migratorio como la edad, etnia, nivel de instrucción o las categorías socioeconómicas.

En los años 30 y 40 las variables tamaño poblacional y distancia fueron incorporadas a los llamados *modelos de gravedad*, basados en la ley de la Gravitación Universal de Newton. Los movimientos *m* de bienes, información o personas entre dos núcleos serían de esta manera, directamente proporcionales al producto de sus poblaciones *P* e inversamente proporcionales a la distancia más corta que los separa *D*.

$$M_{ij} = K \frac{P_i \, P_j}{D_{ij}} \quad (K = \text{constante}) \qquad (2.5.5.)$$

En el caso concreto de las migraciones, la fórmula incorpora algunas intuiciones razonables. Dado que una población más numerosa puede suponer, en principio, una mayor oferta de condiciones atractivas, cuanto más acentuado sea el desequilibrio numérico entre los dos núcleos, mayores serán también las posibilidades de que el de superior tamaño atraiga emigrantes del otro.

Por otro lado, la distancia influye también en la migración porque condiciona el costo y las facilidades del desplazamiento, el mantenimiento de contacto con las áreas de partida y la información sobre los posibles lugares de destino. Pero como su impacto no es uniforme, se han adoptado distintos exponentes para medir su influencia que van del 0,4 a 3,0 (Hagerstrand, 1957). Los exponentes más altos indican un papel más decisivo de la distancia como mediadora de las migraciones.

Con el paso del tiempo los primeros modelos de gravedad fueron enriquecidos mediante la introducción de distintas variables socioeconómicas (renta per cápita, oferta de empleos, tasa de paro, disponibilidad de viviendas, etc.), tendentes a ponderar la situación de las áreas emisoras y receptoras, o interpretando la distancia en términos socioeconómicos más que geométricos.

En 1940, Stouffer, un psicólogo social americano, definió su modelo de las *intervening opportunities*. Su hipótesis básica es que el número de personas que se desplaza a una distancia dada es directamente proporcional al número de oportunidades existentes en esa distancia e inversamente proporcional al número de oportunidades interpuestas.

La fórmula del modelo, versión de Strodbeck (1949) es:

$$y = K \frac{\Delta x}{x} \qquad (2.5.6.)$$

Donde *y* es el número esperado de emigrantes de un lugar a una zona concéntrica o banda circular en torno a ese lugar; $\Delta\ x$, es el número de oportunidades en el interior de esa banda; *x*, el número de oportunidades interpuestas entre el origen y la mitad de la banda en cuestión; y *K* es una constante que se obtiene de la fórmula:

$$K = \frac{\Sigma o}{\Sigma \frac{\Delta x}{x}} \qquad (2.5.7.)$$

En la cual 0 es el número de emigrantes observados (reales) desde el lugar analizado al conjunto de las bandas concéntricas consideradas.

En 1960 Stouffer refinó su modelo. Consideró que la utilización de las oportunidades de un determinado lugar por los habitantes de otro, a través de las migraciones es inversamente proporcional, no sólo al número de oportunidades interpuestas entre ambos, sino también al número de emigrantes competidores de otras partes. La fórmula modificada es:

$$y = K \frac{X_0 \cdot X_1}{X_b \cdot X_c} \qquad (2.5.8.)$$

Donde *y* es el número de emigrantes del lugar 1 al lugar 2

X_0 = emigrantes procedentes del lugar 1

X_1 = oportunidades en el lugar 2 medidas a través del número total de inmigrantes.

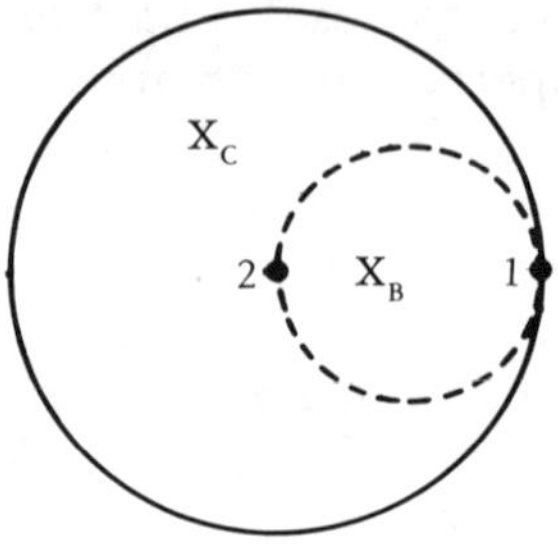

Gráfico 2.22. Representación esquemática del modelo migratorio de Stouffer (versión modificada).

X_b = oportunidades interpuestas entre los lugares 1 y 2, evaluadas mediante el número de inmigrantes a un círculo que tiene como diámetro la distancia entre 1 y 2. (gráfico 2.22.)

X_c = emigrantes potencialmente competidores para las oportunidades que ofrece el lugar 2, medidas por los emigrantes de todos los lugares situados en el interior de un círculo que tiene como centro el lugar 2 y radio la distancia entre 1 y 2.

Otro modelo modificado es el definido por Hagerstrand (1957) que considera que el volumen migratorio está relacionado con las oportunidades ofrecidas por el lugar de destino y con el nivel de información que de ellas se posee

$$M_{ij} = \frac{V_j \cdot I_j}{P_j} \cdot K \qquad (2.5.9.)$$

donde:

M_{ij} = número de emigrantes de *i* a *j*.
V_j = oportunidades ofrecidas por el lugar de destino *j*
I_j = información que existe en *i* sobre las oportunidades de *j*
K = constante

La información se efectúa a través de los contactos que los emigrantes de *i* que ya residen en *j* mantienen con los potenciales emigrantes de *i*. Para medir estos contactos se usa a veces el volumen de personas de un determinado origen que ya están asentados en el lugar de destino.

Los modelos de gravedad modificados son construcciones más elaboradas que el modelo de gravedad simple, pero como él han recibido fuertes críticas por aquéllos que han intentado probar su validez a través de investigaciones empíricas. El hecho de que las oportunidades sean utilizadas para analizar la migración y que el número de emigrantes se emplee para medir las oportunidades es una argumentación claramente circular.

Durante los años 60 y 70 se incorporaron al análisis de las migraciones los modelos de regresión múltiple. En tales modelos la variable dependiente es alguna medida de la migración de un determinado territorio, mientras que como variables independientes (predictores) se emplean múltiples indicadores demográficos, sociales, o económicos.

Entre las variables más usadas están la edad, la condición socioeconómica, factores medioambientales que condicionan el grado de atracción de un núcleo o territorio, medidas económicas como la renta per cápita, o el nivel de empleo, medidas de los contactos personales entre los lugares de un campo migratorio, ...

La mayoría de los trabajos sobre migraciones que utilizan los modelos de regresión múltiple consideran los desplazamientos interregionales como una respuesta a la situación socioeconómica general, ignorando el papel que la propia emigración juega en la modificación de esa situación. Una aproximación más precisa se basa en el uso de un sistema de ecuaciones en las que cambios socioeconómicos y migraciones son considerados como interdependientes (Gober-Meyers, 1978).

El grupo de modelos precedentes resultan inadecuados para establecer predicciones debido a las dificultades para pronosticar los valores que adoptarán las variables interdependientes explicativas de la migración. También se han diseñado modelos probabilísticos para predecir las corrientes migratorias bajo determinadas condiciones. Tales modelos aplican generalmente los métodos de la cadena de *Markov* a una matriz representativa de un sistema migratorio en el cual las corrientes entre distintos territorios son definidas mediante probabilidades. Asumiendo que tales probabilidades se mantienen constantes a lo largo del tiempo, se pronostican las tendencias de los futuros movimientos migratorios.

B) Los modelos comportamentales

Como reacción contra el caracter impersonal y mecanicista de la mayoría de los modelos macro, se desarrolló desde mediados de los 50 una perspectiva microanalítica que ve la emigración como la expresión de las aspiraciones, necesidades y percepción de personas reales. Su centro de interés es el comportamiento de los individuos que actúan con diferentes grados de racionalidad más que las características de los lugares y de las poblaciones en abstracto. Como dice Jones (1981) «los modelos sobre el comportamiento migratorio se interesan más por las personas que por los lugares y por los procesos más que por los patrones».

Lee, por ejemplo, considera que todo proceso migratorio está influenciado por un conjunto de factores percibidos relativos a las áreas de partida, los lugares de destino y los obstáculos intermedios que afectan al desplazamiento (gráfico 2.23.). Se replantea las generalizaciones de Ravenstein y formula una serie de hipótesis sobre el volumen de la migración, las corrientes y contracorrientes migratorias y las características de los emigrantes. Y aprecia que los factores y obstáculos varían de unos individuos a otros en función de sus características económicas, sociales y personales.

J. Wolpert entiende las migraciones como el resultado de numerosas decisiones adoptadas por las personas tras la consideración de diferentes alternativas percibidas. El concepto de «place utility», definido por él, se refiere al con-

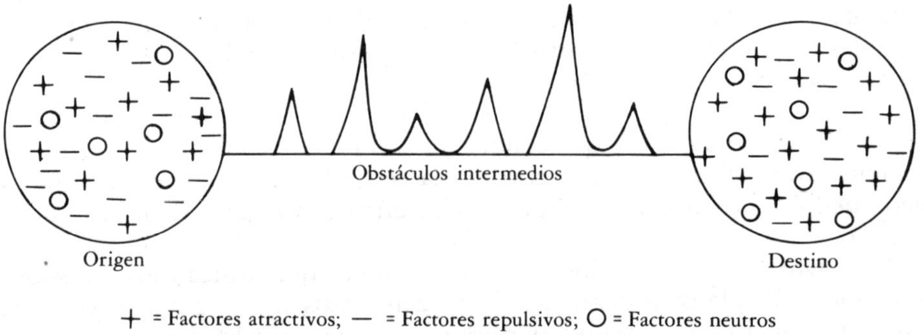

Gráfico 2.23. Representación esquemática del modelo migratorio de Lee.

junto de características, positivas o negativas, que expresan la satisfacción o insatisfacción de un individuo con respecto a un lugar. La decisión de emigrar sólo es tomada tras la valoración de lo que el emigrante potencial tiene en el lugar de su residencia habitual y lo que puede encontrar en los lugares de destino. Wolpert insite en que hay que diferenciar los estímulos objetivos de la migración de los percibidos por los posibles emigrantes; y que son estos últimos que pueden estar más o menos en consonancia con los primeros, los que repercuten de forma más notoria en la decisión de emigrar.

Brown y Moore distinguen entre la «decisión de emigrar» y la decisión de «a donde emigrar», en su modelo para explicar los cambios residenciales. Una persona no se plantea la migración cuando en un lugar se dan ciertas condiciones internas (necesidades y expectativas de la familia) o externas (características de la vivienda y del entorno) que ella considera convenientes. En caso contrario se produce un «stress» o insatisfacción que puede resolverse por una modificación de las aspiraciones, una remodelación del marco habitado, o la emigración. Adoptada la decisión de emigrar se realiza la evaluación de las «place utilities» de los posibles lugares de destino. Si el nuevo lugar elegido proporciona un grado mayor de utilidad se realiza el cambio; en caso contrario no hay desplazamiento.

Roseman, por su parte, sugiere que la decisión para un nuevo cambio de residencia se realiza en dos fases. En la primera se elige el área general (la misma u otra nueva). Y en la segunda el lugar concreto en el interior de esa área general.

Sobre la base de éstas y otras aportaciones Jones (1981) establece un modelo sencillo para explicar el comportamiento migratorio a lo largo del tiempo (gráfico 2.24.). Esta aproximación longitudinal contempla la posibilidad de emigrar o permanecer en cada una de las grandes fases del proceso migratorio. La decisión inicial de emigrar no depende sólo de ciertas características objetivas (de vivienda, entorno, empleo, etc.), sino del «potencial» migratorio de cada persona, influenciado a su vez por circunstancias como la edad, condición socioeconómica, etc. Si una persona decide emigrar el siguiente paso es la búsqueda y la evaluación de las condiciones que ofrecen los posibles lugares de des-

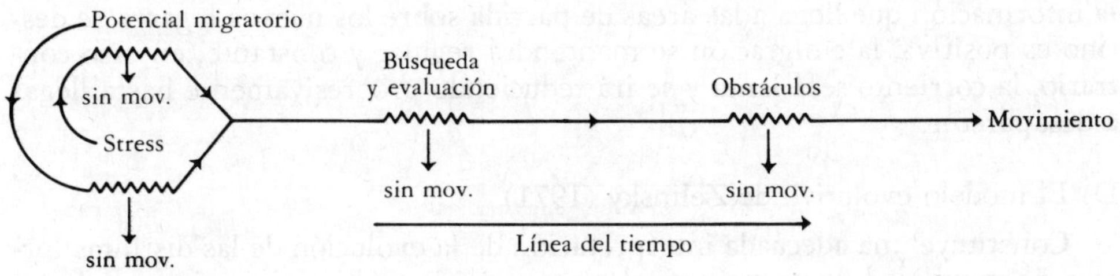

Gráfico 2.24. Representación longitudinal del proceso migratorio (según H. Jones).

tino. Ello incluye la concreción de las aspiraciones y necesidades que quieren resolverse mediante la emigración y la recogida de información acerca de los lugares donde tales deseos pueden satisfacerse. Esta información se obtiene directamente del medio a través de los desplazamientos diarios o menos frecuentes, que realiza el emigrante en potencia, o indirectamente por medio del conocimiento adquirido de conversaciones con parientes o amigos, o de los grandes medios de comunicación. La valoración positiva de nuevos lugares a donde emigrar no determina todavía el movimiento. Deben superarse ciertos obstáculos físicos, sociales, familiares, institucionales, etc., para que la emigración sea efectiva. Las rigideces impuestas por el mercado de la vivienda en el caso de las migraciones interiores y las actuales legislaciones restrictivas y selectivas para las corrientes internacionales son algunas de las barreras que es preciso rebasar.

C) Los modelos sistémicos

Los distintos componentes del proceso migratorio están interrelacionados, de tal forma que un cambio en la naturaleza de un componente puede tener efectos sobre los demás. Tales interrelaciones se comprenden mejor si la migración es analizada en el marco teórico que proporciona la teoría general de sistemas. Un intento de este tipo es el realizado por Mabogunje (1970) que aunque referido al espacio africano, tiene un elevado grado de conceptualización. El medio de tal sistema migratorio es el de aquellas comunidades rurales que han roto su aislamiento y autosuficiencia debido al desarrollo económico que integra progresivamente la economía rural en la economía nacional. Este proceso desencadena la emigración campo-ciudad que es vista por Mabogunje como un sistema circular, interdependiente, crecientemente complejo y automodificable. El sistema migratorio consta de tres elementos básicos: 1°) El emigrante potencial. 2°) Los subsistemas de control (urbano y rural) que determinan el nivel de la corriente dentro del sistema. 3°) Los mecanismos de ajuste (económicos, sociales, políticos, ...) que provocan cambios, tanto en el campo como en la ciudad. Como cualquier otro, el sistema migratorio está dotado de una *energía* asimilable a los estímulos que actúan sobre el campesino y le incitan a moverse. Cuando los campesinos han emigrado a la ciudad, no se acaba su función en el sistema ya que a través de un proceso de realimentación (feed back) de la información pueden alterar el funcionamiento del sistema. Si la información que llega a las áreas de partida sobre los nuevos lugares de destino es positiva, la emigración se mantendrá regular y constante; en caso contrario, la corriente será lenta y se irá reduciendo progresivamente hasta llegar a desaparecer.

D) El modelo evolutivo de Zelinsky (1971)

Constituye una adecuada interpretación de la evolución de las distintas formas de movilidad de un país en el transcurso de su historia reciente y de las desigualdades que a este respecto se aprecian hoy entre diferentes países.

Según el geógrafo americano, esta evolución ha tenido las siguientes fases y características que relaciona con las etapas de la transición demográfica:

1ª) Fase tradicional o premoderna. Se caracteriza por una débil movilidad en cualquiera de sus formas. Es propia de aquellas sociedades definidas por una economía de susbsistencia, malas comunicaciones, reducido conocimiento del espacio, bajas rentas y fuertes lazos de apego al medio local. (Europa antes de la revolución industrial y muchos de los países subdesarrollados antes de la penetración de las instituciones y formas de vida europeas en el siglo XX).
2ª) Fase transicional temprana: fuerte éxodo rural, movimientos de colonización interior, si hay tierras disponibles; emigración exterior hacia territorios que ofrezcan posibilidades de instalación; crecimiento significativo de la movilidad habitual.
3ª) Fase transicional tardía, desaceleración del éxodo rural y de la emigración exterior; cese de la colonización interior e incremento de la movilidad habitual.
4ª) Fase post-transicional: (sociedades evolucionadas que han terminado su transición): fuerte aumento de la movilidad habitual (migraciones diarias ligadas al trabajo; movimientos de fin de semana o vacaciones); desaparición o debilidad del éxodo rural y de la colonización interna; importancia creciente de los movimientos intra e interurbanos; acogida de trabajadores extranjeros de escasa cualificación; movimientos internacionales de trabajadores de alto nivel de cualificación.

Zelinsky señala incluso las perspectivas de la movilidad en una sociedad super avanzada que vería desaparecer definitivamente la migración campo-ciudad y acentuarse los movimientos intra e interurbanos.

2.5.3. *Los tipos y características de los desplazamientos interiores*

Sobre la base de los criterios establecidos por Duncan (pág. 125) se pueden distinguir los siguientes tipos de movilidad interna:

— Movimientos entre diferentes zonas rurales, determinados por la puesta en explotación de un espacio (franjas pioneras), una actividad ganadera sedentaria, determinados trabajos de colonización u otra ocupación similar. Algunos de estos desplazamientos son estacionales (recurrentes); otros definitivos, o al menos de larga duración (no recurrentes).

— Movimientos del campo a la ciudad que han definido dos procesos paralelos y fundamentales del mundo contemporáneo: el éxodo rural y la urbanización. Estos desplazamientos son generalmente no recurrentes (definitivos) aunque también los hay recurrentes (temporales).
— Movimientos entre zonas urbanas; entre las pequeñas y medianas ciudades y las grandes metrópolis y más recientemente, en los países industrializados, entre estas últimas y aquéllas (movimientos extralocales no recurrentes).
— Movimientos interregionales (normalmente campo-ciudad o ciudad-ciudad), provocados por las desigualdades del desarrollo económico. Cada gran corriente suele tener una contracorriente de carácter compensatorio (movimientos extralocales no recurrentes).
— Movimientos desde las ciudades a las zonas rurales inmediatas. Se trata de un proceso de descentralización urbana que define la suburbanización, es decir el poblamiento progresivo por parte de los ciudadanos de los espacios rurales próximos (movimientos locales no recurrentes, aunque en algunas ciudades grandes se esté produciendo una nueva reocupación de las áreas centrales).
— Movimientos ligados a la jubilación que concentra un número creciente de retirados en determinadas zonas, especialmente favorecidas por sus condiciones climáticas o paisajísticas. (Movimientos extralocales no recurrentes).
— Movimientos diarios de trabajadores (locales y recurrentes) entre lugar de residencia y trabajo.
— Movimientos ligados al ocio (recurrentes y locales o extralocales): desplazamientos de fin de semana y turísticos.
— Movimientos intraurbanos debidos a los cambios de residencia (locales y no recurrentes).

La clasificación no pretende ser exhaustiva, pero si incorpora las principales formas de movilidad. Por otro lado, no todas tienen la misma intensidad y caraterísticas en las distintas zonas del Planeta. Por ello vamos a diferenciar para su examen dos ámbitos geográficos fundamentales: las naciones desarrolladas y las del Tercer Mundo, y a exponer algunos hechos significativos de los principales tipos de movilidad.

2.5.4. *Movimientos interiores en los países desarrollados*

Los desplazamientos estacionales o temporales, característicos de las sociedades agrarias, han desaparecido prácticamente en el mundo industrializado. Sin embargo, tuvieron una relativa importancia a lo largo del siglo XIX, sobre todo en el continente europeo, al igual que el éxodo rural. Este proceso de abandono masivo del campo está estrechamente relacionado con la Revolución Industrial y se inicia, por lo tanto, en Europa. Primero en Inglaterra, en el XVIII y después en los restantes países europeos y norteamericanos (siglo XIX y comienzos del XX). En la actualidad el éxodo rural sólo se mantiene en países con una población agraria relativamente abundante y un nivel de urbanización moderado (URSS, algunos países mediterráneos europeos, etc.). En los que poseen una tasa de urbanización elevada, el campo dispone ya de muy pocos excedentes para enviar a las ciudades.

En contraposición los otros tipos de movimientos no recurrentes (desplazamientos interurbanos y los relacionados con el proceso de suburbanización) adquieren una notable intensidad. En la aceleración de estos últimos han desempeñado un papel importante ciertos factores no económicos ligados al deterioro de la calidad de vida en las áreas centrales de las grandes metrópolis (delincuencia, congestión, ruido, contaminación, etc.). Sin embargo, tras una primera etapa de centralización con fuertes crecimientos de los espacios interiores y un posterior proceso de suburbanización mediante el cual la población se asienta en la periferia, asistimos hoy, en algunas metrópolis, a una situación de decrecimiento que suele estar acompañada por una nueva valoración de las zonas centrales, que puede dar lugar, en situaciones excepcionales, a una reurbanización. En cualquier caso el fuerte crecimiento metropolitano ha dado lugar a una considerable intensificación de los movimientos habituales ligados al trabajo y al ocio.

Los movimientos habituales ligados al trabajo (locales y recurrentes) pueden tener un carácter centrípeto, más frecuente, o centrífugo. Sus causas son de tipo laboral (mayor concentración de empleos en el interior que en la periferia (urbana), económicos (en particular las mayores facilidades para encontrar viviendas adecuadas en las áreas suburbanas), o ecológicas, vinculadas al deseo de vivir en zonas no afectadas por los inconvenientes de los sectores centrales de la ciudad, que constituyen el fundamento mismo del proceso de suburbanización.

La medición de estos movimientos no resulta fácil, pero la información disponible (censos, encuestas origen-destino, etc.) permite comprobar que han ido creciendo a partir de la II Guerra Mundial, a medida que aumentaron los porcentajes de población urbana y el tamaño de los núcleos. Para una ciudad como París se calcula que antes de la guerra había unos quinientos mil «pendulares» y que en 1975 llegaban ya a los dos millones y medio. Al mismo tiempo que aumenta el volumen, crece también la distancia que los trabajadores están dispuestos a recorrer diariamente. Estas distancias son variables y se incrementan con el tamaño del núcleo urbano. Para la ciudad de Madrid, por ejemplo, el radio de atracción puede llegar a ser superior a cien km en algunos casos. El incremento de las distancias y el volumen repercute en los tiempos utilizados en los desplazamientos. A los trastornos fisiológicos y psicológicos que esto origina (fatiga física y mental) se añaden los inconvenientes derivados del aumento del costo de los transportes que repercuten tanto en el trabajador, como en las empresas o el Estado. Sin embargo, estos inconvenientes no han frenado la intensificación de tales corrientes.

Bajo la influencia de la teoría neoclásica del «laissez-faire», las migraciones interiores, especialmente los movimientos interregionales, fueron considerados como un mecanismo, fruto, pero al mismo tiempo corrector de las desigualdades económicas espaciales. Hoy sabemos que debido a su carácter selectivo, la emigración, nutrida habitualmente por las personas más jóvenes y ambiciosas de una sociedad, no sólo no corrije, sino que contribuye al mantenimiento o intensificación de los desequilibrios interregionales. Y que la concentración masiva de personas en determinadas zonas de un país y el despoblamiento generalizado de otras, resulta perjudicial para ambas, especialmente para estas últimas que se ven privadas de sus elementos más emprendedores, se empobrecen y deprimen y sufren un deterioro progresivo de los servicios asistenciales. Myrdal (1959) supo ilustrar bien este proceso a través de su modelo de causación circular con efectos acumulativos.

Lo cierto es que todo país que se moderniza experimenta un proceso paralelo de reacomodación interna de sus habitantes, que a veces ha conducido a situaciones de acentuado desequilibrio en el reparto. Para corregirlo determinados países han adoptado medidas que intentan contrarrestar la tendencia tradicional del movimiento de trabajadores hacia los puestos de trabajo, localizados preferentemente en las regiones más dinámicas y particularmente en las áreas metropolitanas, mediante un movimiento en sentido opuesto consistente en fomentar el empleo en las regiones emisoras más desfavorecidas (trabajo para los trabajadores). Algunos de los programas y medidas concretas de estas políticas de redistribución han sido comentadas en el apartado 2.3.5.

2.5.5. *Movimientos interiores en los países del Tercer Mundo*

Los movimientos estacionales y temporales (circulación) tienen mucha más importancia que en el mundo industrializado. Unas veces están determinados por una actividad ganadera no sedentaria (trashumancia y nomadismo); ciertas labores agrícolas que demandan en determinadas épocas del año (recolección) una gran cantidad de mano de obra suplementaria, o determinados trabajos urbanos (construcción, comercio, servicios) que proporcionan empleo durante unas pocas semanas o incluso varios años. En este último caso, el emigrante acaba adquiriendo una identidad dual. Sus frecuentes estancias en la ciudad le familiarizan con las formas de vida, los habitantes y los comportamientos urbanos. Ofrece hospitalidad a los visitantes de su medio de procedencia y ayuda a los recién llegados, a encontrar trabajo y alojamiento. Pero se siente muy identificado con su medio rural donde mantiene sus derechos sobre una eventual propiedad, busca esposa y pasa sus últimos días.

El éxodo rural definitivo no sólo reviste mayor intensidad que en el mundo desarrollado, sino que es con mucho el movimiento más importante. Su mayor amplitud es consecuencia del retraso de su iniciación. En América Latina y la zona septentrional africana, el movimiento se inició en el periodo de entre guerras y en otras zonas africanas y asiáticas a partir de la Segunda. Entre 1950 y 1975 las ciudades tercermundistas absorbieron el 35 por 100 del crecimiento demográfico total y las previsiones de las Naciones Unidas sugieren que entre 1975 y el año 2000 absorberán la mitad. El predominio de la inmigración como componente básico del crecimiento urbano es característico de las primeras fases del proceso de urbanización. Después el crecimiento vegetativo interno de los núcleos urbanos, favorecido por la estructura por edades joven de los inmigrantes, se convierte en el factor preponderante del aumento.

El carácter dual de la economía de muchos países del Tercer Mundo, con un sector tradicional, precapitalista apoyado en una actividad agraria de subsistencia de baja productividad y gran retraso tecnológico frente a un sector moderno sociológicamente más avanzado y productivo que ofrece mejores condiciones materiales de vida, constituye la causa desencadenante de la emigración y de la subsiguiente redistribución espacial y sectorial de los recursos humanos. Las áreas de agricultura de plantación y las zonas mineras promovidas por la colonización fueron los primeros focos inmigratorios. Pero pronto las ciudades, especialmente las de mayores dimensiones, a medida que se industrializaron y concentraron maś servicios, pasaron a convertirse en el destino fundamental de los emigrantes de las áreas más retrasadas. El desarrollo de la economía monetaria actúa en el mismo sentido. La necesidad de disponer de dinero líquido para satisfacer determinadas necesidades y aspiraciones constituyó un poderoso factor de ruptura de un sistema autosuficiente y cerrado (Mabogunje, 1970) y un motor decisivo del éxodo campesino.

La consideración de que el desarrollo y la modernización son generados y difundidos a partir del sector moderno de la economía de base urbana y origen europeo-colonial es criticada por los autores marxistas (Amín, 1974) que juzgan que la penetración capitalista occidental ha generado sobre todo situaciones de dependencia y subdesarrollo, uno de cuyos resultados es precisamente la emigración.

En cualquier caso, no hay duda de que la progresiva integración de los diferentes territorios de un país en un sistema de economía urbana dominante, tiene como consecuencia el desencadenamiento de un proceso de creciente movilidad interior. Debido a ello muchas ciudades tercermundistas han crecido en proporciones verdaderamente espectaculares. Su capacidad de empleo se ve superada por la llegada masiva de nuevos emigrantes que se acumulan en la periferia formando barrios depauperados. Las tasas de paro y el subempleo adquieren proporciones masivas. Para muchas de estas personas, el éxodo hacia la ciudad no mejora en nada su crítica situación económica anterior. Conscientes de ello, algunos países han establecido políticas a veces coercitivas, cuya finalidad es frenar la inmigración. Su gran debilidad es que en la mayoría de los casos intentan sólo evitar las consecuencias sin corregir las causas que promueven el abandono masivo del campo.

Cuando una amplia proporción de la población de un país vive en zonas urbanas, los movimientos interurbanos tienden a reemplazar al éxodo rural como forma principal de la movilidad interna. Para algunos países latinoamericanos el umbral crítico parece situarse en un 50 por 100. A comienzos de los 60, capitales como Santiago o Lima recibieron más inmigrantes de ciudades de pequeño o medio tamaño que de las zonas o localidades rurales propiamente dichas (Elizaga, 1972). En determinados países del N. de África o asiáticos parecen observarse las mismas evidencias. Sin embargo, los trabajos consagrados al estudio de esta movilidad son todavía escasos y su conocimiento, por lo tanto, impreciso.

Las otras formas de movilidad mencionadas más atrás, no tienen en el Tercer Mundo gran intensidad. Ni los movimientos centro-periferia, ni los desplazamientos diarios de trabajadores en torno a las ciudades que empiezan ahora a desarrollarse bajo una forma todavía muy rudimentaria en cuanto a los medios de transporte utilizados y en distancias recorridas (muy cortas). Por otro lado, los movimientos debidos al ocio quedan reservados a una fracción adinerada y minoritaria de la población, por lo que no tiene el carácter generalizado y masivo que alcanzan en los países desarrollados.

2.5.6. *Las migraciones internacionales*

A) Los movimientos transoceánicos e intercontinentales

El volumen, las direcciones, los orígenes, las causas y las características de estas migraciones han variado en el transcurso de los últimos siglos (gráfico 2.25.). El establecimiento de una cronología sencilla facilita el análisis. Tres grandes periodos se van a distinguir:

a) La etapa de apogeo que corresponde al siglo XIX y primer tercio del siglo XX. Se estima que de 1820 a 1930 salieron de Europa de cincuenta y cinco a sesenta millones de emigrantes que se dirigieron fundamentalmente hacia el continente americano, África del Sur, Australia y Nueva Zelanda. En el origen y posterior desarrollo de la corriente intervinieron motivaciones de tipo demográfico, económico y técnico que actuaron como factores de atracción/rechazo (push and pull factors) de los emigrantes. Ya hemos aludido anteriormente a la fuerte presión demográfica que se produjo durante el XIX en algunos países europeos como consecuencia de la disminución de la mortalidad. Junto a este proceso hay que mencionar las profundas transformaciones económicas que tienen efecto entonces y que suponen la ruina del artesanado (revolución industrial), y el excedente de mano de obra en la agricultura (revolución agraria). Ambas revoluciones están en la base del éxodo interno y de las migraciones exteriores ya que inicialmente, el crecimiento industrial fue insuficiente para absorber la población campesina sobrante.

La abundancia de tierras vírgenes en el Nuevo Mundo actuó como factor de atracción que fue cada vez más intenso a medida que las oportunidades existentes eran conocidas y que los obstáculos físicos y financieros inherentes a un desplazamiento a tan larga distancia, fueron superándose. La revolución de los transportes facilitó el traslado de los emigrantes hacia los puertos de embarque

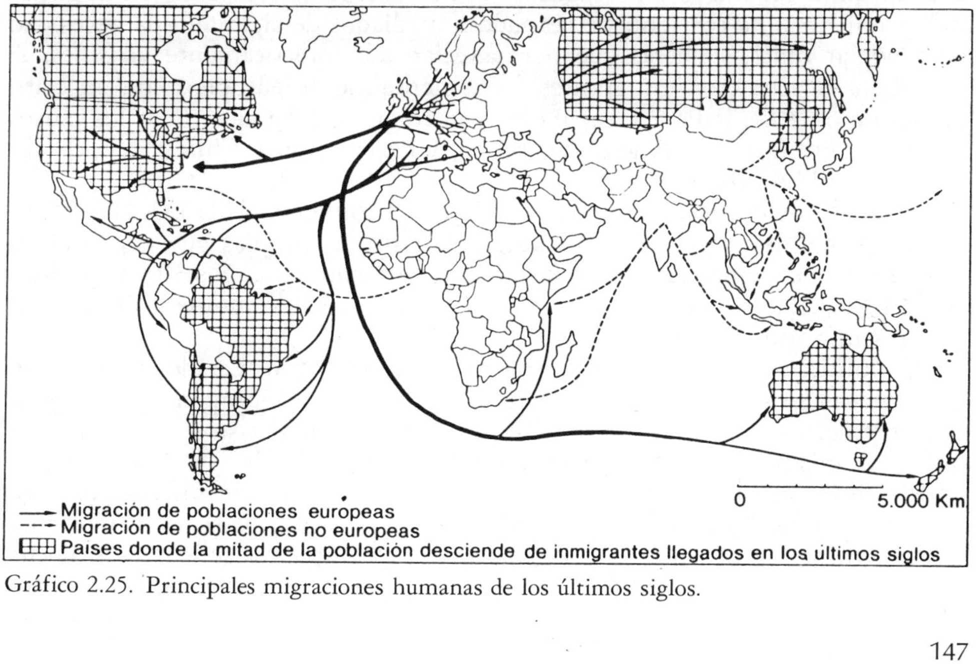

Gráfico 2.25. Principales migraciones humanas de los últimos siglos.

(la red de ferrocarriles europeos se organiza a medidados de siglo), la travesía marítima (en 1840 se constituyen las primeras compañías inglesas de navegación a vapor) y más tarde la colonización interior en los países de destino (la construcción de los primeros ferrocarriles americanos data de 1869).

Los Estados Unidos fueron el destino principal de la expansión europea ultramarina (treinta y cinco millones de personas entre 1820-1930). Hasta la primera de estas fechas los inmigrantes fueron fundamentalmente británicos. El primer censo federal (1790) dio estos resultados: un 61 por 100 de la población de origen inglés y un 18 por 100 de origen escocés e irlandés. Los restantes grupos europeos de alguna significación fueron los alemanes en Pensilvania, holandeses en New York y Suecos en Delaware. Entre 1820 y 1880 el 95 por 100 de los inmigrantes procedió de los países de Europa septentrional y occidental («old migration»). A partir de 1880 la vieja inmigración dio paso a una nueva constituída sobre todo por personas originarias de Europa meridional y oriental (Italia, Grecia, Austria, Hungría, Rusia, Polonia, etc.) que a diferencia de los viejos inmigrantes-colonizadores, se asientan fundamentalmente en las ciudades. Con el fin de amortiguar el impacto que suponía la incorporación a una sociedad desconocida; estas personas se agrupan en barrios definidos por una gran coherencia interna. Esta forma de autosegregación espacial se diferencia de la actualmente existente en numerosas ciudades estadounidenses donde los barrios de negros o puertorriqueños son el resultado más bien de factores o presiones externas.

Salvo ciertas restricciones impuestas a presidiarios y enfermos mentales, a los chinos (1882) y a los japoneses (1907), la emigración a los Estados Unidos durante todo el siglo XIX y primer tercio del XX se efectuó libremente.

Durante este largo periodo hubo también una importante corriente hacia latinoamérica. La emigración tradicional hacia esta parte del Mundo se había cortado a comienzos del XIX, debido al proceso de emancipación de las antiguas colonias españolas y portuguesas que se fueron convirtiendo en naciones independientes. La corriente se reanudó a mediados de siglo ante la necesidad de repoblar muchas tierras que permanecían aún prácticamente vírgenes. A esta llamada acudieron emigrantes fundamentalmente europeos con un claro predominio de los italianos, españoles y portugueses. Aunque todos los países acogieron inmigrantes, Argentina, Brasil, Uruguay, Cuba, Chile y Méjico absorbieron a la mayoría.

b) Etapa de decadencia. Se produjo entre el comienzo de la I Guerra Mundial y el final de la II. Las dificultades debidas a las propias guerras, la crisis económica que se manifiesta con intensidad en torno a los años 30 y la política restrictiva y selectiva impuesta por numerosos países de inmigración son los factores más importantes de la decadencia.

La política restrictiva más clara fue la impuesta por los Estados Unidos con sus famosas leyes de Quotas de 1921, 1924 y 1927. Los europeos nuevos procedentes del sur y este de Europa empezaron a ser mal vistos ya que no hablaban la misma lengua, no practicaban la misma religión (la protestante) y no tenían las mismas costumbres y formas de vida de los primitivos pobladores anglosajones. Si a esto se añade el temor de que la llegada masiva de nuevos emigrantes podía provocar desajustes en el empleo y la acusación hecha contra los trabajadores mediterráneos y eslavos de aceptar salarios bajos y contribuir con ello a deteriorar el mercado de trabajo y ralentizar el proceso social, obtendremos una panorámica bastante completa de las situaciones bajo las que se adoptaron las medidas selectivas. La ley de 1921 reducía la inmigración anual al 3 por 100 de los extranjeros de cada nacionalidad residentes en los Estados Unidos según el Censo de 1920. La de 1924 redujo a un 2 por 100 la «quota» y adoptó como base para establecerla, el censo de 1890, cuando la proporción de emigrantes del sur y este de Europa era aún más reducida. Por fin la ley de 1927 estableció una quota fija de ciento cincuenta mil inmigrantes al año de los cuales el 43 por 100 debían ser ingleses, el 14 por 100 alemanes y el 11 por 100 irlandeses, dejando una proporción pequeña para el resto de los países.

Una política restrictiva y selectiva similar era mantenida por otros antiguos dominios británicos (Australia) y fue adoptada por la mayoría de los países de latinoamérica. En 1932 publicaron disposiciones restringiendo la entrada en su territorio Uruguay, Perú, Venezuela y Bolivia; en 1933 El Salvador y Colombia; en 1934 Honduras y Brasil, etc. (Puyol, 1979). Estos países ya no necesitaban aquella inmigración masiva y sin cualificar de la segunda mitad del siglo XIX y comienzos del XX; y más en un periodo de crisis económica que estaba afectando a todos los sectores de actividad. La II Guerra Mundial agravó todavía más esta situación.

c) La etapa contemporánea. A partir de los años cincuenta, la emigración transoceánica volverá a crecer, pero nunca ya con la intensidad y características que tuvo en su etapa de apogeo. Entre 1950 y 1974, los cuatro principales focos inmigratorios recibieron algo más de 12 millones de personas: Estados Unidos, 8,3 millones, Canadá 2,2 millones, Australia 1,9 millones y Nueva Zelanda 0,2 millones. Desde 1975 la crisis económica provocará una nueva reducción de la corriente.

Entre 1950 y 1960 Europa siguió proporcionando el mayor número de emigrantes transoceánicos. Desde comienzos de los sesenta los europeos fueron perdiendo importancia en beneficio de los latinoamericanos, asiáticos y africanos. Los países inmigratorios modificaron su política selectiva. Los factores de tipo étnico, inspiradores de las leyes de quotas o de otros sistemas similares, fueron sustituídos por consideraciones estrictamente laborales o de reunificación familiar. Una de las principales consecuencias de este cambio, fue la denominada fuga de cerebros («brain drain»). Los problemas de definición y medida hacen difícil su evaluación; pero durante el periodo de mayor florecimiento de la corriente (1960 y 1975, con una punta en torno a 1970) el contingente total debió oscilar entre 300.000 y 400.000 personas. Los países que recibieron la mayor cantidad fueron Estados Unidos (120.000), Canadá (82.000) y en Europa, el Reino Unido (84.000). A estos países acudieron técnicos, médicos, ingenieros, etc., procedentes del Tercer Mundo, especialmente asiático que de esta forma se ve privado de una parte de sus recursos humanos más especializados. El movimiento acabó por afectar a los países menos ricos del mundo industrializado en beneficio de los más desarrollados (especialmente Estados Unidos o Canadá) que reciben gran cantidad de cerebros procedentes de Europa. La importancia numérica de estas migraciones de calidad es mucho más reducida que la de los trabajadores sin cualificación, pero su trascendencia económica es realmente importante, debido al fuerte ahorro por gastos de formación que representan.

En sentido inverso, existe una emigración de trabajadores de media o alta cualificación, numéricamente también reducida, que se dirigen desde los países industrilizados al Tercer Mundo. Se trata de un movimiento que se inicia en los años sesenta y se verifica tanto desde los países capitalistas como socialistas que, en el marco de una cooperación técnica y cultural, suscriben acuerdos con las naciones receptoras. Países como Francia, Inglaterra, Holanda, Bélgica y grandes potencias del mundo socialista como la U.R.S.S. o China Popular constituyen algunas de las principales naciones emisoras.Entre las receptoras, el continente africano se ha convertido probablemente en el principal foco de atracción.

B) Las migraciones forzadas

Son de diferentes clases:

a) Los movimientos de los *desplazados* que son expulsados de su lugar de origen como consecuencia de ciertos acuerdos o sucesos de carácter político. Entre ellos están las *trasferencias de población* que se realizan mediante convenios entre dos o más países y que consisten en intercambios de población o en repatriación de minorías. El intercambio de poblaciones ha sido adoptado cuando dos países poseen cada uno de ellos minorías de otros. El acuerdo de intercambio se toma por los gobiernos respectivos sin consultar a la población afectada que no tiene más remedio que aceptar la emigración. Un acuerdo de este tipo fue adoptado en 1923 por los gobiernos de Grecia y Turquía y supuso la expulsión de casi 400.000 turcos de Grecia y unos 200.000 griegos de Turquía. La repatriación de minorías consiste en forzar el regreso a su país de origen de grupos de personas que, por diferentes causas, tienen fijada su residencia fuera de él. Uno de los casos más significativos de esta política de recuperación de minorías fue la llevada a cabo por Alemania que durante la II Guerra Mundial, repatrió a cerca de un millón de personas; y otro el que se produjo con la descolonización que forzó la expulsión hacia la metrópoli de numerosas poblaciones de origen europeo: franceses del norte de África, ingleses de Kenya, holandeses de Indonesia, españoles de Guinea, ...

b) El *movimiento de refugiados* que buscan asilo en un territorio distinto al de su nacionalidad o residencia. La Declaración Universal de Derechos Humanos de la O. N. U. en su artículo 14 manifiesta que cualquier persona que sea perseguida tiene el derecho de solicitar y disfrutar de asilo en otras naciones; sin embargo, los derechos individuales de los refugiados quedan supeditados en la práctica a lo que las leyes internacionales conceden a los estados para controlar la entrada en su territorio. Las causas habituales de persecución son la pertenencia a una determinada raza, religión, nacionalidad, grupo político o asociación. Las personas que se ven obligadas a desplazarse a otros países por motivos económicos no son consideradas como refugiados, sino como emigrantes económicos.

Los movimientos de refugiados tuvieron una época de especial intensidad durante la II Guerra Mundial y la postguerra y dos escenarios principales: Europa y el continente asiático.

El conocimiento estadístico de los refugiados resulta difícil debido a las diferentes definiciones del término (a veces se incluyen los desplazados interiores por algunos de los motivos citados y otras veces no), los distintos criterios para considerar que un refugiado ha dejado de serlo y la misma fluidez del fenómeno. Los datos actuales difieren bastante según procedan de los países de salida, de entrada o de un organismo internacional. Según el «World Refugee Surveys» del Comité para los refugiados de Estados Unidos (U.S.C.R.), en 1981 hubo alrededor de 12,6 millones de refugiados en el mundo. De ellos dos tercios debieron abandonar sus respectivos países y el resto fueron desplazados interiores. África figura a la cabeza por el número de refugiados con más de 6,3 millones de personas desplazadas en el interior de sus países (Etiopía, Zimbawe, Uganda) o hacia fuera de ellos (Etiopía, Chad, Ruanda, Zaire). Asia tuvo en 1981, 577 millones de refugiados y dos territorios especialmente afectados: Oriente Medio y la zona sudoriental. Aquí Tailandia acogió personas de Kampuchea y Laos; China de Vietnam y este país, a su vez, de Kampuchea. En el Oriente Medio, aparte del éxodo de palestinos, se produjeron movimientos internos en el Líbano, Irán, Iraq, Chipre, etc. En América Latina a la huída de cubanos a Estados Unidos o de argentinos y chilenos hacia Europa, se han venido a sumar los desplazamientos provocados por la fuerte inestabilidad de la zona central continental.

En el mundo desarrollado destaca el papel de asilo de Europa Occidental y los Estados Unidos. Europa recibió en 1981 355.000 refugiados que se distribuyeron principalmente por Francia, Alemania Federal, el Reino Unido, España, etc.; Estados Unidos acogió 677.000 entre 1975-80. El volumen, en ambos casos, es modesto. La inmensa mayoría de los movimientos de refugiados tienen lugar dentro o entre países en desarrollo, y lo que es más grave, son los territorios más pobres los que han de soportar la carga más pesada. El cuadro 2.15., clasifica los doce países con una proporción de refugiados más alta en relación a la población autóctona y ofrece el producto nacional per cápita en

CUADRO 2.15.

PAÍSES COMO UNA PROPORCIÓN MÁS ALTA DE REFUGIADOS EN RELACIÓN A LA POBLACIÓN AUTÓCTONA

Países	Núm. de refugiados (el 1-1-1981)	Relación refugiados Pobl. autóctona	Producto bruto per cápita (dólares USA)
Somalía	1.500.000	1/3	130
Jordania	716.400	1/5	1.050
Djibouti	42.000	11/10	450
Líbano	229.400	1/14	1.030
Burundi	234.600	1/19	140
Camerún	266.000	1/32	460
Sudán	490.000	1/38	320
Siria	209.400	1/41	930
Swazilandia	10.000	1/60	590
Paquistán	1.400.000	1/62	230
Zaire	400.000	1/73	210
Angola	73.000	1/92	300

Fuente: USCR 1981

dólares (cifras referidas a 1981). África tiene 8 de los 12 estados con una tasa mayor y 7 de los que están por debajo de los 500 dólares. Basta comparar esta situación con la de Estados Unidos por ejemplo (1 refugiado por cada 329 habitantes y 12.530 dólares de renta) para percibir el contraste con los países desarrollados.

C) Las migraciones de trabajadores

Dentro de este apartado vamos a estudiar los movimientos de trabajadores de escasa cualificación que se realizan a corta o media distancia y que están provocados por las desigualdades del desarrollo económico. Aunque estas migraciones tienen varios escenarios, se desarrollan con notable intensidad en Europa occidental desde finales de los 50 a 1973. A ellas dedicaremos primero nuestra atención. En los años posteriores a la II Guerra Mundial, la situación laboral en Europa era bastante crítica y los niveles de paro y subempleo elevados. A partir de los años 50 el panorama comienza a mejorar. Se inicia un proceso de fuerte expansión económica que multiplica los empleos. Sin embargo, las posibilidades de cubrirlos en cada país con trabajadores nacionales eran escasas debido a dos circunstancias: el débil crecimiento que la población europea había experimentado durante las décadas de los 30 y los 40 y las pérdidas de vidas humanas que la II Guerra había ocasionado. El desequilibrio entre oferta y demanda de empleo hizo necesario recurrir a una mano de obra extranjera para desempeñar los puestos de trabajo que por su mayor dureza, peligrosidad o peor remuneración, no eran cubiertos por los trabajadores nacionales.

Los emigrantes acudieron de países en los que el desarrollo económico era menor y el crecimiento de la población más fuerte; donde las actividades agrarias seguían teniendo un gran peso y el paro permanente o estacional era más intenso, es decir de las áreas mediterraneas, tanto europeas (península ibérica, sur de Italia, Yugoslavia, Grecia) como norteafricanas (Marruecos, Túnez, Argelia) o asiáticas (Turquía), con las que los países receptores establecieron acuerdos bilaterales para el reclutamiento de trabajadores. En 1973 el número de estos trabajadores eran de unos seis millones en el conjunto de Europa noroccidental (excluida Gran Bretaña) y su participación en el total de la población activa oscilaba entre un 28-30 por 100 en Suiza y Luxemburgo, alrededor de un 10 por 100 en Alemania Federal, Francia y Austria, 6 por 100 en Suecia y Bélgica y 2 por 100 en Holanda. (Estos porcentajes se mantenían hacia 1980).

Los países de acogida concibieron la emigración como una solución temporal a sus problemas de mano de obra. Las palabras alemanas «Gasterbeiter» (trabajador huésped) y «Konjunkturpuffer» hacen referencia a esta consideración. La primera con la que eufemísticamente son denominados los emigrantes, describe su condición de mano de obra que ha tenido el privilegio de ser «invitada» a trabajar durante un corto periodo de tiempo. La segunda alude al hecho de que la contratación y despido de los trabajadores extranjeros puede utilizarse como un medio de amortiguar los efectos producidos por las fluctuaciones económicas.

Los propios trabajadores, al menos al principio, emprendieron la emigración con un decidido espíritu de retornar pronto; pero con el paso de los años, muchos de ellos prolongaron su estancia y llamaron a su familia, de tal forma que a comienzos del 70, trabajadores y dependientes se igualaron en el conjunto de los países de acogida. Ello motivó la adopción de medidas que trataban de desanimar la afluencia: concesión de la residencia a la posesión de un empleo; limitación de los derechos políticos y de los beneficios de la seguridad social, dificultades para alcanzar la ciudadanía, demostración por el emigrante de una cierta capacitación profesional; disponibilidad de un alojamiento adecuado para llamar a la familia, ...

Desde 1973 las restricciones a la entrada de trabajadores extranjeros permanentes (no así a los de temporada) se hicieron más severas. La causa inmediata fue la crisis producida por el aumento de los precios del petróleo, pero en la adopción de las medidas restrictivas influyen también la fuerte hostilidad que en algunos países se suscitó frente a la mano de obra extranjera y la incorporación a la edad laboral de las generaciones más numerosas que habían nacido durante la etapa de recuperación de la natalidad en los años de la postguerra («baby boom»).

El cuadro 2.16. refleja las variaciones que las corrientes migratorias tuvieron durante la década de los 70 en el conjunto de la Comunidad Económica Europea (la Europa, entonces, de los nueve) y en algunos de sus estados miembros.

Tres periodos pueden diferenciarse. La inmigración se situó por encima de las quinientas mil personas al año hasta 1973; después se produjo una recesión que se mantuvo hasta 1976/77 con un saldo negativo en 1975. Los años finales de la década reflejan una nueva recuperación de la corriente constituída ahora, en una buena proporción, por movimientos de reagrupación familiar (mujeres e hijos de los trabajadores).

De acuerdo a una estimación reciente más de siete millones y medio de extranjeros vivían en los territorios pertenecientes a la actual C. E. E. ampliada

CUADRO 2.16

EVOLUCIÓN DE LAS MIGRACIONES EN ALGUNOS PAÍSES DE LA C.E.E. DURANTE LOS AÑOS 70.

AÑOS	Conjunto de la Europa de los 9	Alemania Federal	Francia	Bélgica	Italia	(Grecia)
1970	663	560	180	4	- 47	-46
1971	554	454	143	24	- 49	-15
1972	574	336	102	14	91	- 1
1973	696	387	106	19	191	-43
1974	124	-9	30	25	111	-19
1975	- 40	-199	25	25	82	59
1976	5	- 73	0	8	58	56
1977	96	34	0	5	67	22
1978	215	115	0	- 3	48	36
1979	325	246	0	2	29	12
1980	329	312	0	- 2	49	89

Fuente: EUROSTAT. *Demographic Statistics.* 1980.

(la Europa de los doce). Los turcos con dos millones constituyen el colectivo más numeroso seguido por los argelinos (850.000), yugoslavos (750.000) y marroquíes (700.0000).

A la cifra de 7 millones y medio hay que añadir otros 5 millones de ciudadanos comunitarios que viven en un país distinto al de su origen. Italianos (1.350.000 emigrantes), portugueses (casi 1 millón), españoles (600.000) e irlandeses (500.000) son los grupos de mayor volumen. En total son más de doce millones y medio de extranjeros de algún tipo los que actualmente residen en los países comunitarios.

El sistema de las migraciones de trabajadores en Europa ha tenido importantes consecuencias para las sociedades de origen y destino, así como para los propios emigrantes. Como dicho sistema ha sido controlado y organizado por los países desarrollados (el «centro»), es a ellos y no a sus periferias, más atrasadas a los que han correspondido mayores beneficios, al disponer de una mano de obra joven, con un buen nivel de salud y barata, sin haber tenido que soportar los gastos inherentes a su mantenimiento y educación. No obstante, la salida de trabajadores alivió el paro en los países emisores que se beneficiaron de las remesas enviadas por los emigrantes. Los ingresos por este concepto en Turquía en 1973, fueron comparables al 90 por 100 del valor de las exportaciones del país; en otras naciones las proporciones equivalentes fueron: Portugal 62 por 100, Grecia 58 por 100, Yugoslavia 49 por 100, Marruecos 27 por 100, Túnez 24 por 100, Argelia 20 por 100, España 18 por 100 e Italia 17 por 100 (Seers y col., 1979).

Sin embargo, no hay que olvidar que los efectos positivos que las migraciones hayan podido tener sobre la economía de las áreas de partida, se han obtenido merced al sacrificio personal que la dolorosa aventura de la emigración supuso a sus protagonistas, separados de sus familias y frecuentemente discriminados por las sociedades que los acogieron. Y no debe olvidarse tampoco que la capacidad productiva de las áreas afectadas por una emigración intensa quedó seriamente comprometida al verse privadas de su población más joven y más emprendedora (como en el caso de las migraciones internas). A estos inconvenientes hay que añadir los provocados por el retorno de emigrantes, en especial cuando, como en los años de la crisis, éste alcanzó fuertes proporciones, originando un incremento de los índices de paro, ya de por si fuertes, en algunas áreas emisoras. El papel de los retornados como agentes de difusión de innovaciones o de promoción del desarrollo, resulta también modesta. La mayoría no adquiere ninguna especialización durante su estancia en el exterior y a su vuelta encauza su dinero hacia inversiones poco rentables, o bienes superfluos. Aquellos emigrantes potencialmente más valiosos para estimular el desarrollo en sus zonas de origen, son los que debido al éxito alcanzado en el extranjero tienen menos deseos de regresar.

Fuera de Europa, las migraciones de trabajadores han tenido otros importantes escenarios.

En Norteamérica, los Estados Unidos atraen emigrantes de su periferia menos desarrollada, especialmente del Caribe y de Méjico. Los puertorriqueños pueden acceder libremente, pero los ciudadanos de otros países tienen que competir por las plazas ofrecidas cada año para entrar a los Estados Unidos. Ello ha favorecido el desarrollo de la inmigración ilegal, especialmente de mejicanos (los famosos «wet backs», espaldas mojadas, que entran clandestinamente a través del Río Grande).

El continente africano tiene también varios ámbitos donde se realizan los movimientos de trabajadores: en el norte (tunecinos y egipcios hacia Libia), la zona occidental (desplazamientos del interior hacia la costa o entre los países ribereños) y sobre todo África del Sur (gentes de Mozambique, Lesotho, Malawi, Bostwana, Swazilandia hacia la República Sudafricana).

Desde la crisis de 1973, el área de atracción de trabajadores extranjeros más importante fueron los países árabes exportadores de petróleo del Oriente Medio. Hacia 1980 había en el conjunto de estos estados más de dos millones de trabajadores inmigrados que representan un porcentaje global del 52 por 100 (más del 80 por 100 en los Estados Unidos y Quatar, entre el 60 y 70 por 100 en Kuwait y Omán; y entre el 40 y 50 por 100 en Bahrein, Libia y Arabia Saudita). Como había sucedido en Europa con anterioridad, estos países experimentaron un acusado desequilibrio entre las posibilidades de creación de empleo (que el aumento de los precios del petróleo permitía y que el deseo de mejorar su infraestructura, multiplicar los servicios y diversificar la industria, demandaba) y la escasa oferta de mano de obra nacional para cubrirlos. En un principio la mayoría de los emigrantes procedía de los países vecinos, con fuertes tasas de crecimiento demográfico, exceso de mano de obra y grandes afinidades culturales, étnicas y lingüísticas, con los estados receptores. Más tarde se produjo un incremento de los trabajadores reclutados fuera de la zona, en especial en Asia del Sur u Oriental. A finales de los 70, Egipto, Yemen del Norte, Jordania, Paquistán y la India eran los cinco países que habían suministrado el mayor número de emigrantes (el 70 por 100 del total). La mayoría de estas personas desempeñan ocupaciones de escasa cualificación (construcción). Una proporción significativa de egipcios, jordanos o palestinos se emplean como profesores o técnicos de grado medio. La mano de obra más especializada procede de Europa occidental o de norteamérica.

Desde el punto de vista teórico, las migraciones internacionales de trabajadores son interpretadas desde perspectivas muy distintas. Las teorías clásicas consideran la emigración como un intento de reequilibrar las desigualdades territoriales. La decisión de emigrar es tomada libre y voluntariamente por unas personas que aspiran a mejorar su situación socioeconómica. Su entrada en las sociedades que les acogen se realiza normalmente por los niveles más bajos y su deseo de inserción y de promoción social choca, en ocasiones, con las hostilidades de la población autóctona. Pero las oportunidades existentes permiten a la postre, a veces en la segunda o tercera generación, conseguir una progresiva igualación del grupo inmigrante con el de la población en la que se inserta. Incluso cuando el pluralismo cultural y la hostilidad se mantienen el balance entre los inconvenientes y las ventajas ocasionadas por la emigración se inclina abiertamente a favor de estas últimas.

La interpretación neo-marxista, al contrario, considera los trasvases internacionales de trabajadores como el resultado de una situación de dependencia que agudiza los desequilibrios territoriales: el centro intensifica su desarrollo y la periferia se degrada y deprime cada vez más. Las migraciones no son otra cosa que una manifestación especialmente grave de la explotación de los trabajadores característica del sistema capitalista.

Estas dos visiones extremas nos parecen ambas rechazables. La primera resulta demasiado optimista; la segunda excesivamente rígida. Las migraciones internacionales de trabajadores tienen efectos positivos y negativos que una interpretación demasiado simplista o estereotipada, tiende a ensombrecer. En la aventura emigratoria, en principio indeseable y casi siempre traumática para sus protagonistas, todos ganan y pierden algo: los países emisores, los receptores y los propios emigrantes. El balance entre beneficios y desventajas tiene necesariamente que establecerse para cada caso concreto.

2.6. LAS ESTRUCTURAS DE LA POBLACIÓN

Los temas precedentes desarrollan cuestiones relacionadas con la ecuación demográfica fundamental. El volúmen y la distribución de los efectivos sobre un territorio dependen como ya hemos dicho del balance que en él se dé entre los nacimientos y las defunciones y del saldo resultante de los movimientos migratorios. En el tema de las estructuras se analizan las características de la población que influencian y a la vez son influidas por aquellas variables demográficas básicas. Son muchos los rasgos que hacen a las poblaciones del mundo diversas y que han sido objeto de tratamiento por parte de los geodemógrafos. Aquí nos limitaremos a desarrollar tan sólo tres grupos: las *estructuras demográficas*, o análisis de la composición por sexos y edades; *las económicas*, o estudio de la población activa y *las culturales*, cuyo examen se limitará a la consideración general del nivel de instrucción.

2.6.1. *La estructura por sexos*

A) Medición y factores generales

El estudio de la composición por sexos constituye un tema de interés para la Geografía porque a distintas escalas espaciales —nacionales, regionales o locales— su reparto es, con frecuencia, desigual y esa desigualdad tiene importantes consecuencias biológicas, sociales, económicas y culturales. La relativa dependencia que los índices de nupcialidad y fecundidad tienen respecto de una mayor o menor igualdad numérica entre hombres y mujeres, y los bajos índices de población activa que se dan en territorios donde existe un predominio del sexo femenino y la mujer no se ha incorporado plenamente al mercado del trabajo, son algunos efectos de tales repercusiones.

La composición por sexo puede abordarse, en principio, como un análisis de un solo carácter. Sin embargo, dadas sus estrechas vinculaciones con otras variables demográficas y sociales (edad, estado civil, actividad, etc.), conviene abordar su examen desde la perspectiva de las relaciones e influencias que mantiene con ellas.

Para medir el reparto de los sexos pueden utilizarse dos aproximaciones sencillas: *a*) La *tasa de masculinidad* (o de feminidad) que expresa la participación relativa de los varones (o mujeres) en el conjunto de la población (número de varones × 100)/total de la población; número de mujeres × 100/total de la población). *b*) La *relación de masculinidad* que se obtiene dividiendo el número de varones × 100, entre el número de mujeres (invirtiendo los términos se calcula fácilmente la relación de feminidad).

La proporción entre los sexos se modifica con la edad a tenor de un conjunto de factores ellos mismos variables espacialmente. El número de nacimientos masculinos por cada 100 nacimientos femeninos es, por lo general, de 105 y los valores extremos oscilan entre 103 y 107. Este cálculo debe efectuarse con suma precaución ya que la masculinidad es notoriamente más alta para los nacidos muertos que para los nacidos vivos que son los que han de tenerse en cuenta en el cálculo. La inicial superioridad numérica de los varones se intensifica en determinados momentos y para cierto tipo de nacimientos (por ejemplo, es superior después de una guerra en los países contendientes; es más alta en el caso de los nacimientos ilegítimos y en Estados Unidos es más elevada entre los blancos que entre los negros) sin que haya sido posible encontrar una explicación satisfactoria y definitiva de estos hechos.

En los años siguientes al nacimiento la relación cambia debido a la *mortalidad diferencial* entre los sexos y a la desigual participación de varones y mujeres en el proceso migratorio. Hay dos factores que históricamente han determinado la reducción del número de mujeres. El primero fue el infanticidio (hoy afortunadamente casi erradicado) que como medio de eliminar a los huérfanos, hijos ilegítimos, seres con alguna deformación, espaciar los nacimientos, o adaptar el tamaño de una comunidad a los recursos disponibles etc., fue, en las sociedades donde se practicó, eminentemente femenino. El segundo ha tenido como escenario principal los países del Tercer Mundo, como edades características las comprendidas entre los 15 y los 49 años y como factor esencial los riesgos de una generalizada y frecuente maternidad. Sin hacerla completamente desaparecer, la mejora de las condiciones sanitarias ha reducido en la actualidad, la incidencia de esta causa de sobremortalidad femenina.

En contraposición, existen otros factores que han actuado negativamente sobre los efectivos masculinos. La mortalidad infantil afecta más a los varones que a las mujeres (el auténtico sexo fuerte) y con la excepción señalada, la mortalidad de los adultos sigue teniendo el mismo carácter. La regla, por lo tanto, es la *sobremortalidad* masculina. Factores como el ejercicio de ciertos empleos más duros o de mayor riesgo que por aptitud o simple tradición han venido desempeñando los hombres; la mayor incidencia que en ellos han tenido hasta ahora ciertas taras sociales o enfermedades profesionales; las pérdidas más cuantiosas de varones causadas por las guerras y revoluciones, constituyen alguna de las razones que explican la desigualdad.

El hecho de que prácticamente en todas las sociedades humanas nazcan más varones que mujeres quizá constituya en opinión de Weeks (1981) un mecanismo de adaptación biológica, para compensar, al menos en parte, la mayor mortalidad masculina. El argumento no es muy sólido y además, con la misma razón, podrían perfectamente invertirse los términos. Quizás también, en un futuro, las parejas puedan elegir el sexo de sus hijos. Ello provocaría, al principio, un aumento de la relación de masculinidad al nacer ya que la preferencia por un varón en el caso del primer hijo (y a veces único en países de fecundidad reducida) y por más varones que mujeres en el total de descendientes, es muy frecuente en la mayor parte del mundo. Ello podría originar un mayor equilibrio de los sexos en aquellos países donde hoy los varones son claramente minoritarios. Y al mismo tiempo acarreará consecuencias (sociales, económicas, políticas) no deseables en los territorios donde la mujer, independientemente de su mayor o menor presencia, está sometida a una injusta situación de dominio o postergación. A la larga, la proporción acabaría por situarse de nuevo al nivel natural (105 varones/100 mujeres) ya que las desventajas originadas por la presencia de muchos, o pocos miembros, de un determinado sexo, podrían corregirse propiciando el nacimiento de personas del sexo deficitario. Todo esto, por el momento, no va más allá de la simple elucubración mental. Las posibilidades apuntadas, están, al menos a nivel general, todavía muy lejanas.

La estructura por sexo puede verse alterada también por las migraciones que actúan equilibrándola o desequilibrándola en función de cual sea su carácter dominante (emigración o inmigración) y la participación de hombres y mujeres en cada movimiento.

De igual manera, la estructura por edades constituye otro importante factor que guarda estrecha relación con la composición por sexos. Las poblaciones jóvenes presentan una preponderancia de varones debido al nacimiento de una mayor cantidad de niños, superioridad que se mantiene hasta la edad adulta; en cambio las poblaciones envejecidas acusan el fenómeno opuesto como resultado de la sobremortalidad masculina.

B) Los desequilibrios en la distribución

Durante mucho tiempo se creyó que la distribución por sexos de la población mundial estaba equilibrada. La certeza de que nacen más niños que niñas la obtuvo por primera vez el inglés J. Graunt en el siglo XVII a partir del examen de las actas de bautismo de varias regiones inglesas (Noin, 1979). Pero hubo que esperar hasta el siglo XIX, o incluso al XX, para llegar a un cierto conocimiento del reparto por sexos de los habitantes del planeta. Hoy día, incluso, ese conocimiento es bastante imperfecto debido a las incertidumbres que plantean las estadísticas de los países del Tercer Mundo, en muchos de los cuales se ha observado una subdeclaración de mujeres. El fenómeno está especialmente acentuado en las naciones islámicas, pero no sólo en ellas, puesto que se ha visto también en otras zonas como el sudeste asiático. Esta circunstancia hace muy poco fiable el mapa que intentase reflejar a escala mundial la distribución de hombres y mujeres.

A pesar de ello, tenemos la evidencia de que existen ciertas disparidades básicas a tres niveles espaciales: a escala internacional, entre países desarrollados y en desarrollo; en cualquiera de ellos entre las zonas rurales y urbanas; y en el interior de estas últimas, entre unos sectores y otros.

Estas diferencias son atribuibles a una multiplicidad de factores, aunque para cada una quepa discernir causas fundamentales.

En general, los países del Tercer Mundo tienen una ligera supremacía de varones, mientras que en los desarrollados las mujeres son más numerosas. Según se desprende de los últimos *Anuarios* de la O. N. U. los varones predominan (grandes conjuntos regionales) en África septentrional, Asia Oriental (incluida China), Asia meridional central, Asia del suroeste, América central continental y América del Sur tropical (datos de 1980). Por países, las relaciones de masculinidad más altas corresponden, en general, a los estados islámicos, aunque sea difícil determinar en qué medida esta abundancia de varones se debe al subregistro de mujeres. En las naciones desarrolladas la situación se invierte. Las cifras se sitúan por debajo de 100 en América del Norte (96), en todas las regiones europeas (94-96), en Japón (96) y sobre todo en la U. R. S. S. (88). Solo Australia,debido a su tradicional inmigración eminentemente masculina, presenta hoy un índice superior a 100 (110,39). Casos excepcionales por su bajo número de varones son aquellos países que sufrieron con más intensidad los efectos de las guerras mundiales, en especial la II. Aparte del ya citado ejemplo de la U. R. S. S. se encuentran en este caso naciones como Alemania Federal (91,5) y la República Democrática Alemana (88,6). Debe tenerse en cuenta, además, que en el caso de Alemania Federal, el déficit de varones queda mitigado en parte por los emigrantes masculinos que ha recibido sobre todo en el periodo 1960-73.

Las grandes diferencias por países se deben en buena parte a sus distintas estructuras por edades. Las naciones del Tercer Mundo son más jóvenes y, por lo tanto, tienen un mayor número de nacimientos masculinos. Y además, en ellos los riesgos de la maternidad, mantienen todavía una significativa sobremortalidad femenina a determinadas edades.

Estas cifras de conjunto enmascaran sensibles diferencias regionales y locales observables en el marco de cada unidad nacional. De especial relevancia son las que existen entre las ciudades y el mundo rural. En la mayoría de las ciudades del Tercer Mundo existe una superioridad numérica de varones, mientras que en las del mundo desarrollado predominan generalmente las mujeres que merced al progresivo envejecimiento demográfico se van haciendo cada vez más abundantes.

La causa fundamental de estas desigualdades son en este caso, las migraciones. El éxodo rural en los países subdesarrollados se nutre principalmente de varones, debido a los frenos institucionales que dificultan la emigración femenina. Los países árabes vuelven a ser un ejemplo paradigmático de esta situación. No sucede lo mismo en los países desarrollados donde los movimientos de la mujer hacia las ciudades han sido más numerosos, debido a las mayores oportunidades de empleo (industrial, doméstico) que para ellas ofrecen las urbes.

En el interior de las ciudades de los países desarrollados se aprecian, por último, nuevas diferencias que constituyen el reflejo, no solo de la distribución por edades, sino de la propia estructura social. Los distritos centrales, suelen estar más envejecidos y por consiguiente presentan más población femenina; las zonas periféricas son, en general, más jóvenes, y tienen mayor abundancia de varones. Noin (1979) señala una disposición concéntrica de la repartición por sexos con una relación de masculinidad creciente hacia el exterior de la aglomeración. En el caso de la ciudad de Madrid se aprecian contrastes de este tipo (datos de 1984). Frente a los reducidos valores de los distritos centrales (Salamanca, 77,48; Centro, 79,27), destacan los índices más altos (aunque ninguno de ellos por encima de 100) de la mayoría de los distritos periféricos (Fuencarral, 94,99; Carabanchel, 92,83; Villaverde, 95,69; Hortaleza, 96,37).

La configuración social del espacio urbano introduce nuevos matices en este esquema. Los barrios más acomodados acusan una mayor presencia del sexo femenino debido a otras circunstancias, como son el deseo de muchas mujeres que viven solas de residir en ellos debido a que se sienten más seguras y la mayor frecuencia de servidoras domésticas entre las clases altas. En cambio, los barrios menos acomodados son forzosamente elegidos por los trabajadores inmigrantes, muchas veces solteros, que necesitan alojamiento más barato. Sean centrales o periféricos, esto determina un aumento del número de residentes varones.

2.6.2. *La estructura por edades*

La información disponible sobre la estructura por edades es abundante, pero la calidad de los datos muy variable. Las causas de errores en las cifras sobre la edad son diversas. Las más frecuentes son: la ignorancia de la edad exacta, la declaración de edades correspondientes a un calendario diferente de los años solares transcurridos desde el nacimiento, la negligencia en las declaraciones y en la forma de consignarlas, la tendencia a dar edades acabadas en ciertos dígitos (0, 2, 5, 8), la costumbre por parte de las personas más viejas a exagerar su edad, un temor subconsciente por determinados números, y las declaraciones falsas hechas deliberadamente por motivos socioeconómicos, políticos o personales.

Estas causas de error dificultan sensiblemente las comparaciones. Un ejemplo concreto, lo ofrecen los distintos métodos existentes para el cálculo de la edad. Al método occidental (inglés) se opone el sistema oriental (chino) según el cual un niño cuando nace tiene ya un año y va cumpliendo otros cada vez que transcurre un nuevo año chino. Este procedimiento determina que las cifras de los menores de un año resulten, por ello, netamente inferiores a la realidad.

Como consecuencia de todas las dificultades mencionadas más atrás, el reparto por edades (y sexos) de la población de un país, comporta una serie de importantes insuficiencias: 1) Errores por defecto en los grupos correspondientes a las primeras edades, en especial los niños menores de un año. 2) Especial polarización de las declaraciones en los años acabados en 0 y 5. 3) Preferencia por las edades pares en detrimento de las impares. 4) Desajustes considerables y sorprendentes entre los efectivos masculinos y femeninos a determinadas edades. 5) Diferencias acusadas y difíciles de explicar entre las cifras relativas a edades próximas (O. N. U. *Anuarios Demográficos*).

Cuando los datos aparecen desagregados edad por edad, existen distintos procedimientos para medir la atracción/rechazo de los distintos dígitos de las terminaciones.

Los *Anuarios Demográficos* de la O. N. U. emplean, desde hace tiempo, el índice de Whipple o de concentración. Se trata de un índice sencillo que se obtiene sumando las declaraciones de edades comprendidas entre 23 y 62 años y calculando el porcentaje de las edades declaradas que acaban en 0 ó 5 en relación al quinto del número total de declaraciones. Los resultados varían entre un mínimo de 100, si no existe concentración, y un máximo de 500, si ninguna edad declarada acaba en un dígito diferente al 0 ó 5.

Otro índice simple es el de Myers (1940), cuyo método de cálculo aplicado a las cifras de varones que da el censo español de 1981, se reproduce en el cuadro 2.17. La columna 2 contiene el número de varones entre 10 y 90 años cuya edad acaba en 0, 1, 2, 3, etc., y la columna 5 ofrece la misma información para el intervalo de 20 a 100 años; las columnas 3 y 6 incorporan los valores de los coeficientes suministrados por Myers para los cálculos. La idea de Myers es sumar las derivaciones (positivas y negativas) de una distribución uniforme en la cual a cada dígito terminal le corresponde un 10 por 100 de la población.

El índice puede variar entre 0 y 180 por 100 (en la hipótesis de que todas las personas declarasen la misma terminación de sus edades). En el caso del ejemplo el índice resultante es de 2,39 que comparado con el 12,14 de 1900 muestra una sensible mejora en la declaración de la edad de los varones españoles, si bien la cifra dista todavía de ser completamente satisfactoria.

A) Los métodos de análisis y representación gráfica

Uno de los objetivos básicos del análisis geográfico de la estructura por edades es facilitar las comparaciones. Para ello se pueden emplear diversos procedimientos estadísticos o gráficos. Empezaremos con los primeros.

Los índices utilizados son analíticos o sintéticos; también se pueden emplear análisis multivariados.

Los diferentes *índices analíticos* se obtienen a partir de un reparto de las edades de una población en tres grupos: jóvenes, adultos y viejos. Es de advertir que los umbrales numéricos utilizados para repartir la población en los tres grupos mencionados, pueden variar de un país a otro, lo cual tiende a complicar las comparaciones internacionales. Así, por ejemplo, se considera población joven a veces la de 0 a 15 y otras la de 0 a 19; y población vieja la de más de 60 y en otros casos la de más de 65. Lógicamente, el volúmen de adultos depende de los criterios adoptados para los otros dos estratos.

Entre los índices analíticos más utilizados están el índice de juventud (2.6.1.), el de vejez (2.6.2.) y la tasa de dependencia (2.6.3.):

$$\frac{\text{Población joven} \times 100}{\text{Población vieja}} \qquad (2.6.1.)$$

$$\frac{\text{Población vieja} \times 100}{\text{Población joven}} \qquad (2.6.2.)$$

$$\frac{\text{Población vieja} + \text{Población joven} \times 100}{\text{Población adulta}} \qquad (2.6.3.)$$

De acuerdo a los datos del Censo de 1981, España tenía un índice de juventud del 305,64, un índice de vejez del 32,72 y una tasa de dependencia del 83,84; es decir, había casi 306 jóvenes por cada 100 viejos, casi 33 viejos por cada 100 jóvenes y 84 personas dependientes teóricos por cada 100 personas en edades productivas.

Entre *los índices sintéticos*, más empleados están la *edad media* y la *edad mediana*. La primera se halla multiplicando los efectivos de cada grupo de edad

CUADRO 2.17.

CONSTRUCCIÓN DEL ÍNDICE DE MYERS (VARONES). ESPAÑA 1981

Dígitos (1)	Población 10-90 (2)	Coefi-ciente (3)	Producto (2 × 3) (4)	Población 20-100 (5)	Coefi-ciente (6)	Producto Cols. 5 × 6 (7)	Suma de Productos Cols. 4 + 7 (8)	Porcentajes (9)	Índices (9)-10,0 (10)
0	1.695.681	1	1.695.681	1.359.512	9	12.235.608	13.931.289	10,10	+ 0,10
1	1.638.043	2	3.276.086	1.239.679	8	9.917.432	13.193.518	9,57	– 0,43
2	1.568.566	3	4.705.698	1.240.434	7	8.683.038	13.388.736	9,71	– 0,29
3	1.560.888	4	6.243.552	1.227.553	6	7.365.318	13.608.070	9,87	– 0,13
4	1.539.811	5	7.699.055	1.185.817	5	5.929.085	13.628.140	9,88	– 0,12
5	1.520.644	6	9.123.864	1.181.372	4	4.725.488	13.849.352	10,04	+ 0,04
6	1.484.266	7	10.389.862	1.484.958	3	4.454.874	14.844.736	10,76	+ 0,76
7	1.475.489	8	11.803.912	1.138.364	2	2.276.728	14.080.640	10,21	+ 0,21
8	1.423.612	9	12.812.508	1.099.219	1	1.099.219	13.911.727	10,09	+ 0,09
9	1.348.741	10	13.487.410	1.032.574	0	0	13.487.410	9,78	– 0,22
							137.923.618		2,39

Fuente: Elaboración propia a partir de los datos del Censo de 1981.

por la edad media de cada grupo (2 para el grupo 0-4, 7 para el grupo 5 a 9, etc.); luego se suman los resultados y se divide la cifra obtenida por el número total de personas. Se obtiene de esta manera el promedio de edad de todos los miembros de una población que en el caso de España, en 1981, era de 33,45 años.

La *edad mediana* divide a una población en dos partes iguales. Para hallarla se divide por dos el número total de habitantes: después se acumulan los efectivos hasta la cifra obtenida (29/30 años en el caso de España en 1981). Si se trabaja con grupos quinquenales, la edad exacta se obtiene por interpolación dentro del grupo correspondiente.

Además de estos métodos sencillos, es posible emplear *análisis multivariados* para explotar las series estadísticas relativas a las edades, (P. Foggin y F. Bissonnette, 1976).

Entre los procedimientos de representación gráfica más empleados están los perfiles comparativos, los diagramas triangulares y sobre todo las *pirámides de edades*. A estas últimas vamos a dedicar nuestra atención.

Las pirámides son una representación de la estructura por edades y sexos de una población en un momento determinado y al mismo tiempo una imagen de la historia demográfica reciente de esa población. Se trata de gráficos construidos sobre dos ejes de coordenadas (en ordenadas se sitúan las edades y en abscisas los efectivos de cada edad o grupo de edades; los varones a la izquierda y las mujeres a la derecha).

La importancia de los efectivos de cada edad o grupo de edades depende de tres factores: el número de nacidos de una determinada generación, la reducción experimentada por la mortalidad y el aumento o disminución originados por las migraciones.

Las proporciones de las pirámides son variables, si bien es aconsejable que sean algo más anchas que altas. Pressat (1973) recomienda, como norma general, la regla de los 2/3, es decir que la altura sea 2/3 del ancho total. En cuanto a las edades, las pirámides pueden hacerse año a año o mediante grupos, normalmente quinquenales y con menos frecuencia decenales ya que en este último caso pierden gran parte de su representatividad. En el primer caso debe tenerse en cuenta la llamada «atracción de los números redondos» derivada de la especial polarización de las declaraciones en los dígitos acabados en 0 y en 5.

Los efectivos pueden representarse mediante cifras absolutas o transformadas previamente en porcentajes. Cuando se desean comparar las estructuras de distintas poblaciones, a través de sus pirámides, deben reducirse a un *efectivo total común*. Para ello cada uno de los grupos de edades se multiplica por el cociente de dividir el efectivo total común (por ejemplo, 10.000 personas) por la población respectiva:

$$\text{España (1981)} \quad \frac{10.000}{37.683.363} = 0{,}000265$$

$$\text{Soria (1981)} \quad \frac{10.000}{100.719} = 0{,}0993$$

Grupo de 0 a 4 años
España = 3075352 × 0,000265 = 814,9683
Soria = 5714 × 0,0993 = 567,4002

De esta manera se construyen las dos pirámides con escalas horizontales y verticales idénticas, y aunque representan efectivos distintos, ocupan unas mismas superficies totales, lo cual permite apreciar las diferencias en la distribución de tales superficies según la edad.

Para construir una pirámide es necesario observar un conjunto de precauciones. La primera se plantea cuando tenemos que representar grupos de edad desiguales. Por ejemplo, los primeros de año en año hasta los 9 y después mediante grupos quinquenales (10 a 14, 15 a 19, etc.). Debe recordarse que cada edad o grupo de edades ha de representarse por un rectángulo cuya superficie sea proporcional a los efectivos que tenga: la altura al número de años que abarque (1, 5, etc.) y la longitud al efectivo total dividido por el número de años.

Esto quiere decir que el rectángulo del grupo 10 a 14 (5 años) ha de tener una altura igual a la dada para los años 0 a 4 y 5 a 9 y una longitud igual al cociente de dividir la población de ese grupo entre 5. El ejemplo imaginario que se incluye precisa más esta cuestión (gráfico 2.26.).

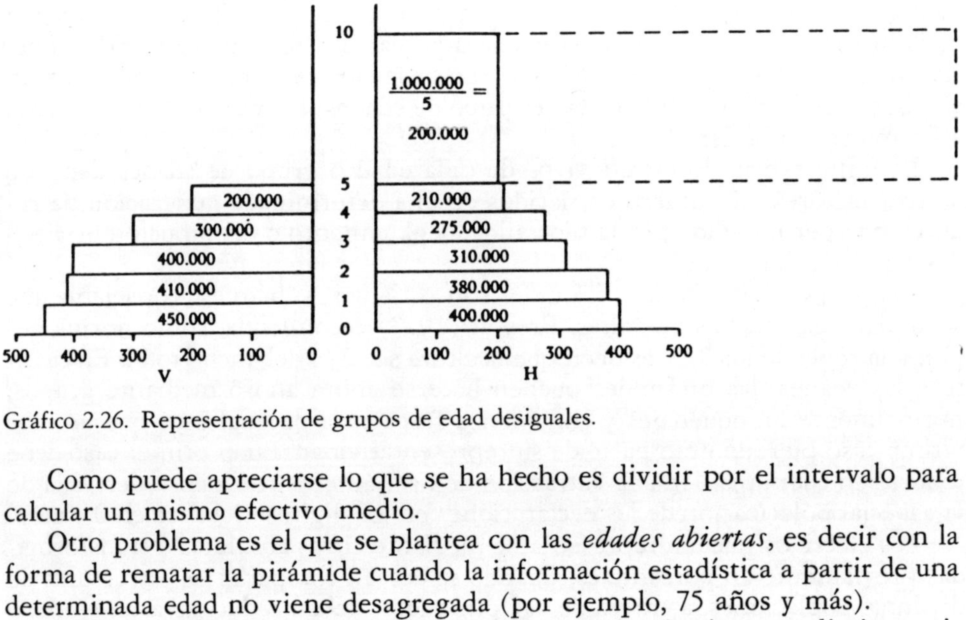

Gráfico 2.26. Representación de grupos de edad desiguales.

Como puede apreciarse lo que se ha hecho es dividir por el intervalo para calcular un mismo efectivo medio.

Otro problema es el que se plantea con las *edades abiertas*, es decir con la forma de rematar la pirámide cuando la información estadística a partir de una determinada edad no viene desagregada (por ejemplo, 75 años y más).

Como recuerda Pressat (1973) no se dispone de ningún procedimiento riguroso para restablecer a partir de esa información global, el efectivo de cada año de edad. Se podría determinar como se reparten por año de edad las personas de 75, 80, 85, ó 90 años y más en una población estacionaria que tuviese una tabla de mortalidad semejante a la de la población que se quiere representar; o podría emplearse un modelo adecuado de población estable. Pero ambos métodos son refinamientos que a lo sumo permitirían llegar a una representación verosímil.

Cuando la información se detiene a los 90 años cabe suponer que la mayoría de las personas restantes están incluidas en el grupo de 90 a 94 años. En ese caso se puede rematar la pirámide con un rectángulo que se dividiría por 5 si la información precedente se había presentado año a año.

Por razones estéticas este último rectángulo puede trazarse de forma escalonada, procurando cubrir la misma superficie. La pequeñez de los efectivos de estas edades justifica el procedimiento.

Si las cifras pormenorizadas acaban antes (por ejemplo, a los 60 ó 65 años), más delicada resulta la solución. Hemos de empezar por fijar un límite (siempre arbitrario) para «cortar» la pirámide. Si lo hacemos a los 95 años y la edad abierta se inicia a los 65 años, distribuiremos a los varones y mujeres de más de 65 años en seis grupos quinquenales que tendrán un efectivo medio común. Si la edad abierta empieza a los 75, entonces distinguiremos sólo cuatro grupos quinquenales que igualmente poseerán un efectivo medio común. Estos últimos escalones pueden trazarse de forma discontinua para indicar gráficamente la imprecisión del método. Por la misma razón a veces se suele dejar el último escalón sin cerrar.

El análisis de una pirámide de edades

Las pirámides de edades constituyen instrumentos de trabajo útiles para conocer la evolución pasada, la estructura actual y las perspectivas de una población. Refleja, ante todo, la historia demográfica reciente de un país y permite imaginar como puede ser su futuro, pero expresa, al mismo tiempo, los cambios económicos y sociales y las transformaciones políticas del país estudiado. Cualquier pirámide debe ser analizada a la luz de las influencias recíprocas que los hechos demográficos y los socioeconómicos y políticos mantienen entre sí. En toda pirámide deben considerarse numerosos aspectos a los que debe darse una respuesta adecuada. Resulta aconsejable iniciar el comentario por la cima puesto que determinados hechos, relacionados con los sucesos demográficos fundamentales (natalidad, mortalidad y migraciones) que tienen lugar en un momento concreto repercuten, a veces decisivamente, sobre las generaciones posteriores. En la mayoría de las pirámides los brazos superiores son desiguales: más estrechos en el lado de los varones que en el de las mujeres debido al fenómeno de la sobremortalidad masculina. Para una edad concreta o grupo de edades, se pueden obtener valores aproximados que midan la relación entre los efectivos de varones y mujeres. Ello se consigue trazando una línea desde el brazo en cuestión a la base de la pirámide donde figuran los valores numéricos (en cifras absolutas o relativas) correspondientes a cada sexo.

Si la pirámide esta hecha año a año y las cifras no están corregidas presenta con más o menos intensidad el fenómeno de la atracción de los números redondos, que debe tenerse en cuenta para no caer en observaciones que no responden a situaciones reales, sino a la especial polarización de las declaraciones en determinados dígitos.

Para cada pirámide es preciso tratar de dar respuesta a los diferentes entrantes y salientes que pueda contener. Las entalladuras reflejan distintos tipos de hechos: la existencia de una situación de supermortalidad (guerras, epidemias, crisis de subsistencias), un déficit de nacimientos o una fuerte emigración. Las crisis de supermortalidad debidas a las guerras o revoluciones afectan más a los escalones masculinos; las ocasionadas por hambres o epidemias actúan de forma semejante sobre ambos sexos. Cualquiera de estos sucesos, la implantación de una política de planificación familiar u otro suceso de naturaleza socioeconómica (crisis económica, cambio en la legislación, etc.), que de provocar una disminución de los nacimientos. De igual manera el cese de un conflicto bélico, el fin de una catástrofe natural o la implantación de una política natalista, puede acusarse en un aumento de los matrimonios y de la fecundidad. Y toda aportación importante de población foránea (inmigración) aparece reflejada en la pirámide.

Como consecuencia de la desigualdad en el número de nacimientos masculinos y femeninos, cualquier pirámide tiene los escalones inferiores maś largos en el lado de los varones que en el de las mujeres. Debido a la superior mortalidad masculina, la desigualdad se invierte a partir de una determinada edad. La emigración, cuando es eminentemente de varones, puede acelerar la igualación entre los sexos; la inmigración, si tiene el mismo carácter, retrasarla.

La pirámide permite comprobar también el nivel de envejecimiento, madurez, juventud o rejuvenecimiento en que se halla una población y que consecuencias en el plano escolar, laboral, etc., puede ocasionar una determinada composición por edades. Ciertos índices sencillos como el porcentaje de población potencialmente activa (población adulta), los de juventud (2.6.1.), vejez (2.6.2.) o la tasa de dependencia (2.6.3.), pueden calcularse, de manera aproximada a partir de la pirámide.

Por último, conviene definir la forma o el tipo al que pertenece la pirámide analizada. Existen para ello muchas clasificaciones. Una de las más sencillas, y expresivas es la que distingue tres grandes tipos de perfiles: 1) Pirámide que responde a una *población expansiva* o progresiva (altas tasas de natalidad y mortalidad; base ancha y rápido decrecimiento de la pirámide hacia la cima; porcentaje de jóvenes superior al de adultos; reducido porcentaje de viejos). 2) Pirámide que responde a una *población regresiva* (tasas muy bajas de natalidad, aunque mortalidad también baja; retranqueamiento de la base; predominio de adultos sobre el de jóvenes; porcentaje de viejos relativamente importante). 3) Pirámide que responde a una *población estacionria* (mayor igualdad entre la población joven y adulta; porcentaje de viejos más reducido que en el tipo precedente) (gráfico 2.27.).

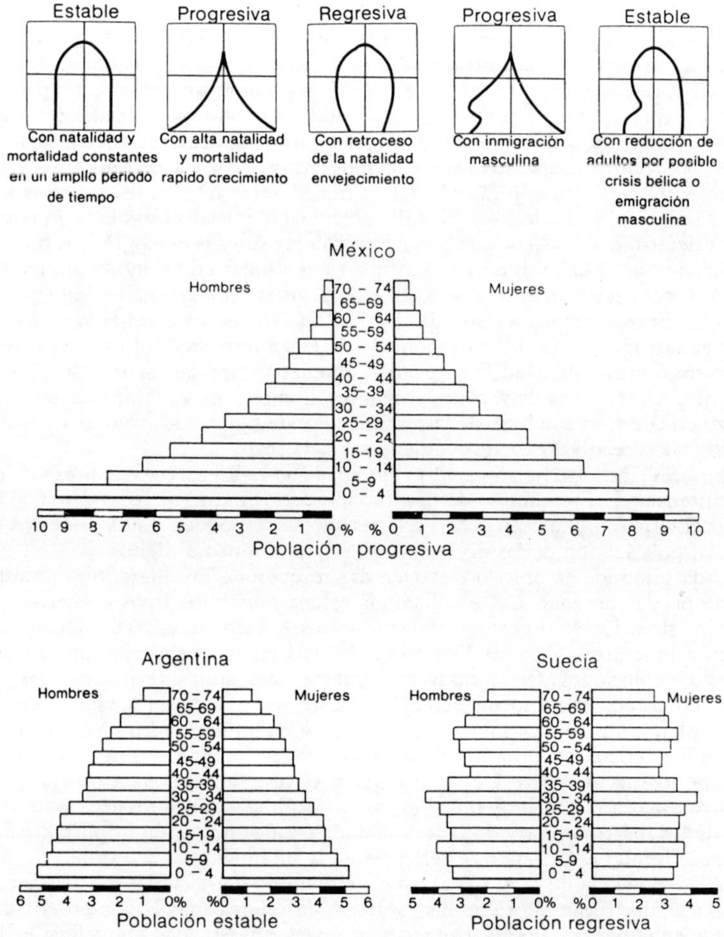

Gráfico 2.2.7. Ejemplos de pirámides de población progresiva, regresiva y estacionaria.

B) Las variaciones espaciales en la estructura por edades

Las diferencias son acusadas entre países desarrollados y del Tercer Mundo. Dentro de un mismo país existen contrastes también notables entre las áreas urbanas y las rurales y en el interior de las propias ciudades, entre unas zonas y otras.

El cuadro 2.18. recoge los porcentajes de población joven y vieja por grandes conjuntos regionales.

CUADRO 2.18

ESTRUCTURA POR EDADES. GRANDES CONJUNTOS REGIONALES

Continentes y regiones	Jóvenes (15)	Adultos (15 a 64)	Viejos (65 y más)
ÁFRICA	45	52	3
África septentrional	43	53	4
África occidental	47	50	3
África oriental	47	50	3
África central	44	53	3
África meridional	39	57	4
ASIA	37	59	4
Asia del Suroeste	42	54	4
Asia centromeridional	41	56	3
Asia del Suroeste	40	57	3
Asia oriental	32	63	5
AMÉRICA DEL NORTE	22	66	12
AMÉRICA LATINA	38	57	5
América media	43	53	4
Área del Caribe	35	59	6
América del Sur tropical	38	58	4
América del Sur templada	30	62	8
EUROPA	22	65	13
Europa del Norte	21	64	15
Europa occidental	20	66	14
Europa del Este	24	65	11
Europa del Sur	24	64	12
U.R.S.S.	25	65	10
Oceanía	29	63	8
PAÍSES DESARROLLADOS	23	65	12
PAÍSES EN DESARROLLO (sin China)	41	55	4
PAÍSES EN DESARROLLO (con China)	39	57	4
MUNDO	35	59	6

Fuente: Population Reference Bureau: World Population Data Sheet 1985 (los datos se refieren a 1983).

A escala planetaria la distinción entre países jóvenes y viejos es relativamente fácil. Las naciones del Tercer Mundo tienen valores de población joven superiores al 40 ó 45 por 100, mientras que los países desarrollados están por debajo del 25 por 100 o incluso del 20 por 100 y el mismo contraste se observa en cuanto a la población vieja. Los países en desarrollo poseen cifras inferiores al 5 por 100 y los desarrollados, superiores al 10 por 100. Puede decirse que las naciones tercermundistas son uniformemente jóvenes, o muy jóvenes. Sin embargo, los países desarrollados no son uniformemente viejos. Aquí los contrastes son más acusados.

El factor más influyente de estas variaciones es la fecundidad. Los índices de fecundidad más altos de los países en desarrollo son los responsables directos de la acumulación de efectivos en la población joven, y son las bajas tasas de los países desarrollados las que deparan esa situación de envejecimiento «por la base» de la pirámide de edades de esos países. Tal vez, en el futuro, la reducción de la incidencia de enfermedades hoy día insuperables (cáncer, dolencias cardiovasculares) podría alargar la vida humana de forma efectiva, lo que se traduciría en una nueva acentuación del envejecimiento, en ese caso «por la cima» de la pirámide de edades.

De estructuras por edad tan distintas entre países desarrollados y en desarrollo se derivan consecuencias de distinto signo, pero de gran importancia en uno y otro caso.

El envejecimiento es una consecuencia, pero, a su vez, una causa, del retroceso de la fecundidad: por otro lado, aumenta la tasa de dependencia al crecer el número de inactivos que debe soportar la población en edad de trabajar (adultos); y finalmente agrava los peligros de la gerontocracia. El término alude al predominio de las personas de edad avanzada en las esferas dirigentes (económicas, políticas, sociales, etc.) de un país. Tiene un matiz peyorativo derivado de los inconvenientes de la concentración de las funciones de dirección en los grupos de edad avanzada, la fosilización de las estructuras sociales y los peligros de que los jóvenes no puedan aportar a la sociedad las iniciativas para el cambio que tanto necesita.

Los problemas de los países en desarrollo son diametralmente distintos. La gran proporción de jóvenes hace problemática la reducción de la natalidad en el futuro, a no ser que se adopten drásticas medidas de control.

Desde un punto de vista socioeconómico, se plantea un problema más grave que en las sociedades avanzadas, ya que la juventud no sólo debe ser convenientemente alimentada (que ya no es fácil), sino educada y empleada. Estos jóvenes no se conformarán lógicamente con el incierto porvenir que les espera. El grado de conflictividad social y de tensión puede llegar a límites de consecuencias incalculables.

El declive de la fecundidad es también el factor explicativo dominante de las diferencias internas de la estructura por edades de un país, si bien las migraciones juegan en algunos casos un papel de cierta consideración.

En los países industrializados las regiones de menor nivel de desarrollo presentan por lo común tasas de fecundidad más altas y estructuras demográficas más jóvenes. No obstante, el fuerte vaciamiento al que en un momento concreto pueden verse abocadas, envejece su estructura por mor del carácter selectivo de la emigración que afecta a las personas más jóvenes.

Así, pues, el envejecimiento demográfico puede deberse unas veces al descenso de la fecundidad y otras a la emigración; pero existe un tercer tipo, más intenso, de consecuencias más graves y más difícil de recuperar, que resulta de la acción de ambas causas: la emigración de las personas de 20 a 40 años que al hacer disminuir la natalidad, reduce los efectivos del grupo de 0 a 20 años (Veyret-Verner, 1971). La llegada de emigrantes procedentes del medio rural a los núcleos urbanos en los que al menos inicialmente mantienen niveles de fecundidad relativamente altos, tiende a rejuvenecer la estructura por edades de las ciudades. Hoy en los países desarrollados la disminución del éxodo rural y la homogenización de los comportamientos fecundos entre áreas rurales y urbanas tiende a reducir las diferencias en la estructura por edades de unas y otras zonas. Las desigualdades más acusadas se dan a veces entre unas ciudades y otras. Las de tipo industrial y minero suelen presentar estructuras más jóvenes; en cambio las de tipo terciario aparecen más envejecidas. En el extremo de esta situación encontramos las ciudades que por sus especiales condiciones climáticas, concentran una elevada proporción de jubilados.

En el Tercer Mundo las diferencias actuales entre regiones o entre campo y ciudad, tampoco son muy fuertes al existir una alta fecundidad general. Es cierto que en las ciudades tercermundistas la natalidad suele ser más baja que en las áreas rurales, pero la llegada masiva de emigrantes jóvenes y el hecho de que estas personas tarden un tiempo en acomodarse a los niveles de fecundidad más moderada de los nativos urbanos, reduce la oposición con el mundo rural. Por otro lado, la fuerte emigración de este último tiende a mitigar los efectos rejuvenecedores de una fecundidad tan intensa. Pero, como en el mundo desarrollado, también se dan contrastes según el grado de desarrollo económico de las regiones y el tamaño y el carácter de los núcleos urbanos.

Por último, en el interior de las ciudades se aprecian nuevos contrastes y diferencias entre unos sectores y otros. En las ciudades de Europa occidental, los barrios centrales suelen estar más envejecidos que los periféricos y lo mismo ocurre con las urbes norteamericanas. Las explicaciones son distintas. Las zonas centrales de muchas ciudades europeas son caras, lo cual impide a las familias numerosas y de reducido poder adquisitivo, encontrar los alojamientos adecuados a sus necesidades. En el mundo americano los distritos centrales, con abundancia de edificios viejos y poco confortables son repudiados por las familias con hijos, las cuales prefieren asentarse en las zonas de viviendas unifamiliares de la periferia urbana. El Centro es habitado sobre todo por personas solas, viejos y parejas sin hijos.

En las ciudades del Tercer Mundo los contrastes intraurbanos son menores. Los sectores más jóvenes suelen corresponder a los barrios de precaristas y algunos tugurios del centro que asientan una proporción sustancial de los emigrantes del medio rural.

2.6.3. *La estructura por actividades*

Dos cuestiones básicas contiene este apartado: empieza con una necesaria definición de conceptos y relación de índices para medir la actividad y sigue con un análisis de los sistemas de clasificación y una exposición breve de la evolución experimentada por los grandes sectores de la población activa.

A) Definiciones y medida

Tratar de establecer definiciones generales para conceptos clave del trabajo humano como los de población activa, población no activa, paro, subempleo, etc., constituye, como recuerda P. George (1978) una tarea casi imposible. Las definiciones varían de un país a otro, lo cual entraña, una vez más, la gran dificultad para establecer comparaciones precisas a escala internacional. Las propias estadísticas sobre la actividad son frecuentemente incompletas y de mala calidad, sobre todo en lo que respecta al empleo femenino, el paro, o las distintas modalidades de subempleo que muchas veces ni siquiera son consideradas.

En general, se considera *población activa* al conjunto de personas que constituyen la mano de obra disponible para la producción de bienes y servicios. La población activa la forman todas las personas que tienen un empleo y las que no teniéndolo lo buscan, o están a la expectativa de alguno. Las primeras son los *ocupados* y las segundas los *desocupados, parados, o sin trabajo*. Estos últimos se subclasifican según hayan tenido antes alguna actividad económica, o estén buscando trabajo por primera vez.

La *población no activa*, abarca las personas que se integran en estas categorías: menores no escolarizados, estudiantes y escolares, personas dedicadas a las labores del hogar, incapacitados permanentes para el trabajo, rentistas, y retirados, jubilados o pensionistas.

Dentro de la *población activa ocupada*, se considera una situación especial que es la del *subempleo*. Según la O. I. T., «existe subempleo cuando personas provistas de empleo no trabajan por tiempo normal y podrían y desearían hacerlo, o cuando sus ingresos o su rendimiento se verían aumentados si trabajasen en mejores condiciones de producción, o cambiaran de producción.» Esta definición incluye varias modalidades del subempleo: *el visible* que se da cuando los trabajadores son ocupados por debajo del horario normal; el *potencial*, que se produce cuando el rendimiento del trabajador es bajo en relación con el que podría tener si se usasen de forma más adecuada su capacidad y aptitud; *el encubierto* que se origina cuando los ingresos por un trabajo en jornada completa, son inferiores a los normales como consecuencia del ejercicio de una actividad inadecuada a una determinada capacidad profesional.

Por último, dentro del *paro*, fenómeno también extremadamente complejo, se diferencian según sus causas o duración, distintos tipos. De esta forma los especialistas hablan de paro coyuntural, estructural, estacional, cíclico, etc.

Como recuerda Noin (1979) entre la situación del pleno empleo que supone una utilización generalizada de la mano de obra y el paro prolongado de una parte de los activos, se puede dar una extensa gama de situaciones intermedias definidas a partir de los distintas modalidades de paro y subempleo.

Los índices empleados para medir el grado de participación de una población en la vida activa, son bastante simples.

La *tasa de actividad* relaciona el número de activos con la población total; el valor se expresa habitualmente en porcentajes. Esta tasa puede calcularse también por sexos y edades.

La *tasa de paro* es la relación entre el número de parados y el número de activos, expresada también en porcentajes.

La tasa de actividad varía bastante de unos países a otros. En torno a una media mundial, poco significativa, del 40 por 100, los países desarrollados tienen valores más altos (entre 40 y 50 por 100 o más) y los del Tercer Mundo porcentajes más reducidos (entre el 25 y el 40 por 100).

Estas diferencias obedecen a factores variados. En primer lugar a la *estruc-*

tura por edades. El elevado porcentaje de población joven, explica en la mayoría de los países tercermundistas su reducida tasa de actividad general, en relación a la de los países desarrollados. A esta causa se añaden las *disparidades socioeconómicas y culturales.* En el mundo subdesarrollado el periodo teórico de actividad es muy extenso, puesto que se alarga desde los 15 años o menos hasta los 70. Sin embargo, las estadísticas sólo suelen considerar como activos a las personas que reciben una remuneración por su trabajo. En cambio, en los desarrollados la duración de la vida activa tiende a recortarse desde el siglo pasado debido al alargamiento de la escolarización y al adelantamiento de la edad de jubilación.

Otro factor decisivo es el grado de *participación de la mujer en el trabajo.* Su conocimiento estadístico no resulta sencillo especialmente en los medios rurales ya que no todos los países consideran activa a la mujer que realiza labores ocasionales en el campo, ni siempre ella misma se inscribe como tal. Por otro lado, el propio trabajo de la mujer esta condicionado por múltiples circunstancias que lo favorecen o dificultan. En general, el grado de participación es mayor en los países desarrollados que en el Tercer Mundo, debido a los niveles más reducidos de fecundidad y a que los obstáculos sociales son menos limitativos; y es mayor entre los países socialistas que entre los capitalistas, en razón de las necesidades más perentorias de mano de obra y de la disponibilidad de superiores equipados para la infancia.

En los países desarrollados sobre todo, la actividad femenina depende también de la *clase social.* Entre las clases superiores está menos extendida debido a que no constituye una necesidad económica; y se va haciendo más frecuente a medida que se desciende en la escala social. Por otra parte, la intensidad de la ocupación se relaciona asimismo con el *estado civil.* Las diferencias de participación del hombre en el trabajo en función del estado civil son menores que las de la mujer. Dentro de las edades activas, casados, solteros, viudos o divorciados presentan tasas de actividad similares; en cambio, el porcentaje de mujeres casadas que trabaja es considerablemente menor que el de solteras, viudas o divorciadas. La vida activa de algunas mujeres experimenta sucesivos cambios relacionados con el estado civil. A un periodo activo prematrimonial, puede suceder un periodo de inactividad al casarse o tener hijos que sobre todo en zonas urbanas puede ir seguido de una reanudación de la actividad, una vez que los hijos alcanzan una cierta edad.

Las dificultades estadísticas para cuantificar correctamente la tasa de actividad femenina y sus acusadas variaciones, hacen que la tasa de actividad general, al estar afectada por aquélla, no resulte adecuada para analizar la actividad de un país y las diferencias espaciales. Por ello se emplea con cierta frecuencia la tasa de actividad masculina que resulta lo bastante contrastada para un conocimiento suficiente de las grandes desigualdades de la distribución. En las naciones industrializadas alcanza cifras superiores al 50 por 100 y en algunos casos el 60 por 100. En el Tercer Mundo valores comprendidos generalmente entre el 40 y el 50 por 100.

El examen de la población activa no puede cerrarse sin una referencia al paro que constituye una de las lacras esenciales de nuestro tiempo, tanto para los países desarrollados como para los del Tercer Mundo. Para este conjunto de naciones, recientes cálculos de la O. I. T. dan una cifra total de 500 millones de personas desempleadas o subempleadas en medios urbanos o rurales, las cuales suponen cerca de la mitad de su población económicamente activa. En el bloque de las naciones desarrolladas de economía de mercado, el paro alcanza los valores más altos desde la II Guerra Mundial. A finales de 1982 la O. C. D. E. tenía alrededor de 30 millones de parados (8,5 por 100 de los activos) de los cuales más de la mitad correspondían a los países europeos de la organización, en donde la tasa alcanzaba, el 10,5 por 100. Datos más recientes para España evalúan la tasa de paro en casi un 22 por 100 (cuarto trimestre de 1984), lo cual supone una cifra absoluta de parados realmente fuerte (casi 3 millones).

Los países socialistas teóricamente no tienen parados pero si diversas formas de subempleo en todos los sectores de actividad que reflejan las desigualdades entre la estructura del empleo y las aspiraciones y necesidades de los habitantes.

Todos los gobiernos se esfuerzan por reducir los índices de paro, lo cual no es sólo una necesidad económica y una condición para la estabilidad política, sino también un elemental deber de justicia social.

Sólo muy recientemente, tras la crisis que se inicia en 1973, el horizonte laboral en las naciones industrializadas empieza a aclararse. Las perspectivas para el Tercer Mundo son más sombrías. La O. I. T. calcula que hacia 1987 habrá en el mundo 250 millones de trabajadores más que a comienzos de 1980, y que el 85 por 100 de ellos habitará en los países en desarrollo. Corregir el desempleo actual y absorber este crecimiento exigirá crear empleo a un ritmo de casi el 4 por 100 anual. La actual situación económica hace muy difícil conseguir este objetivo.

B) La clasificación y evolución de la población activa

El sistema más simple es el que está basado en la rama o sector de actividad económica. Existen muchas clasificaciones de este tipo. La más elemental es la que diferencia tres grandes sectores: el primario que abarca la agricultura, ganadería, actividades forestales caza y pesca; el secundario que incluye la explotación de minas y canteras y la industria en general; y el terciario que considera fundamentalmente el comercio, los transportes y los servicios. Las actividades que plantean problemas de adscripción son las minas y canteras que durante algún tiempo se incluyeron en el sector primario, si bien hoy se adscriben normalmente al secundario ya que son actividades estrechamente ligadas a la industria; y la construcción que a veces se considera sector industrial, y otras actividades de servicios.

Esta clasificación es cómoda, pero resulta muy poco precisa ya que dentro de un mismo sector se agrupan ocupaciones muy dispares con niveles de formación, rango, responsabilidad y transcendencia en la vida económica de un país muy distintos. Además la inclusión de una determinada persona en un sector u otro resulta a veces bastante arbitraria.

Con el fin de precisar y clarificar más la actividad se emplean otras divisiones que incluyen un número superior de ramas. La Comisión de estadística de la O. N. U. viene recomendando el uso de una clasificación en 9 grupos que pueda sintetizar la información normalmente más detallada que utilizan los censos nacionales. Estos grupos son: 1) agricultura, ganadería, silvicultura y pesca; 2) minas y canteras; 3) industrias manufactureras; 4) edificación y obras públicas; 5) agua, gas y electricidad; 6) comercio, banca y seguros; 7) transporte y comunicaciones; 8) servicios; 9) otras actividades. Sin embargo, el consenso para el uso generalizado de esta clasificación está lejos de haberse logrado.

Además de la división por ramas de actividad, las estadísticas de los países más avanzados suministran información sobre la *profesión u ocupación de los individuos* y su *situación profesional.*

Desde los años 40 ó 50 y siempre en los países más desarrolados las estadísticas ofrecen también clasificaciones según la *condición socioeconómica*, en la que se combinan las características económicas del individuo con otras variables de naturaleza social y cultural. La diversidad de estos procedimientos y la inexistencia de estas divisiones más precisas en la mayoría de las naciones del Tercer Mundo, obligan a usar, para conocer las grandes desigualdades de la actividad a escala internacional, la clasificación por grandes sectores económicos.

El *sector primario*, cuya base fundamental, es la agricultura presenta niveles relativamente bajos en los países desarrollados y ocupa, por el contrario, a la mitad o más de la población en la mayor parte de las naciones tercermundistas. Las cifras más bajas (inferiores al 15 o incluso al 10 por 100) corresponden a los países de Europa occidental y algunos de la Europa oriental, Norteamérica, Japón, Australia y Nueva Zelanda. En este grupo en el que los valores más pequeños los ostentan Estados Unidos, 2,4 por 100 y Gran Bretaña 2,2 por 100 (datos de comienzos de los 80), se incluyen también algunos países de América latina templada (Uruguay y Argentina). Entre un 15 y un 30 por 100 se sitúan algunas naciones de Europa meridional (España) y oriental (U. R. S. S., Hungría) y otras más de América latina (Venezuela, Chile, Colombia). Algunos países más del Tercer Mundo y muy pocos desarrollados tienen porcentajes entre el 30 al 40 por 100. A partir de este valor se incluyen solo naciones subdesarrolladas. Las proporciones más fuertes se localizan en las naciones de Africa tropical y Asia meridional, algunas de las cuales sobrepasan cifras del 70 ó del 80 por 100.

La población rural del conjunto del Planeta es de unos 2.500 millones de personas, las cuales incluso con una tasa moderada del 1 por 100 se multiplicarán de forma notable hasta después del primer decenio del siglo XXI. Muchas regiones de países menos desarrollados tienen ya densidades rurales sumamente elevadas y niveles de vida francamente bajos. En consecuencia, los aumentos que se prevén, ocasionarán graves inconvenientes al desarrollo de muchas zonas agrarias, puesto que no cabe esperar que el incremento de la presión demográfica pueda mejorar de manera sostenida el desarrollo agrícola.

El *sector secundario* tiene una situación inversa a la del sector primario. Los países subdesarrollados detentan cifras modestas, generalmente comprendidas entre el 10 y el 20 por 100 de su población activa, mientras que los desarrollados superan por lo general el 30 por 100. Los porcentajes más elevados de población industrial no identifican necesariamente mayores niveles de desarrollo económico. El sector secundario crece hasta un determinado nivel en el que se estabiliza para después comenzar a decrecer y este proceso está acompañado de una transformación de su estructura interna. Al inicio predominan las actividades extractivas y las industrias que requieren mucha mano de obra (alimenticias, textiles, etc.). Después aparecen las industrias de base y más tarde aquellas actividades con mayores inversiones de capital y menores necesidades de mano de obra (químicas, electrónicas, etc.). La especialización internacional de la industria convierte hoy día a muchas naciones subdesarrolladas en asiento de una industria que basada en una gran cantidad de trabajadores y bajos salarios, produce artículos para los mercados de los países industrializados. Las empresas multinacionales organizan una parte substancial de esta actividad. Las naciones desarrolladas continúan ejerciendo las tareas de gestión e investigación y localizan las industrias de punta.

El *sector terciario* es un sector heterogéneo por el elevado número de actividades que engloban, su carácter (las más tradicionales y las más modernas) y el desigual grado de capacitación profesional que su cumplimiento exige. El denominador común de todas ellas es que están orientadas al suministro de servicios y no al de bienes materiales.

En los países desarrollados su relación es claramente inversa a la del sector primario: a medida que éste desciende aquel progresa sin cesar. Este aumento se relaciona con las necesidades de las sociedades avanzadas que reclaman constantemente equipados e infraestructuras cada vez más numerosas y complejas en el campo del comercio, los transportes, la educación, la sanidad, el ocio, la información, etc. Con todo su importancia es desigual, según se trate de países socialistas, en donde la consideración durante mucho tiempo de sector improductivo le depara hoy porcentajes más bajos que en los países capitalistas. Entre los primeros no suele rebasar el 40 por 100 de la población activa total, mientras que entre los segundos supera el 40, el 50 y el 60 por 100 en algunos casos.

La variedad es mayor en las naciones del Tercer Mundo, dentro de cifras generalmente bajas que van desde el 10 por 100 (África tropical) hasta casi el 40 por 100 en algunos casos. Los valores más altos se relacionan con el crecimiento de las actividades comerciales y de exportación; el desarrollo de la administración pública y de las fuerzas militares; la amplitud de los servicios personales (domésticos); y la importancia creciente de un sector de empleo urbano, ineficiente y poco productivo compuesto sobre todo por vendedores callejeros, niños limpiabotas, comercios de reparación en las aceras y otras ocupaciones marginales. Se trata de un sector laboral poco estructurado e hipertrofiado, que acusa fuertes indices de paro y subempleo.

La amplitud y heterogeneidad del sector terciario ha propiciado intentos para subdividirlo. El más sugestivo es el que trata de diferenciar el *terciario corriente* de un *terciario superior o cuaternario* que abarca las actividades relacionadas con la dirección, organización y decisión. En la práctica existen muchas dificultades estadísticas para cuantificar estas ocupaciones.

Las grandes líneas de la evolución por grandes sectores económicos han quedado esbozadas más atrás. Su examen ha conducido al establecimiento de un modelo, ejemplificado por el proceso sufrido por los países más avanzados, particularmente por los Estados Unidos (gráficos 2.28. y 2.29.). En éste, como en otras naciones desarrolladas, se ha pasado de una sociedad eminentemente primaria a otra fundamentalmente terciaria, tras una etapa intermedia de predominio del sector industrial. Desde el comienzo de la industrialización se distinguen, por lo tanto, tres grandes etapas a cada una de las cuales se pueden

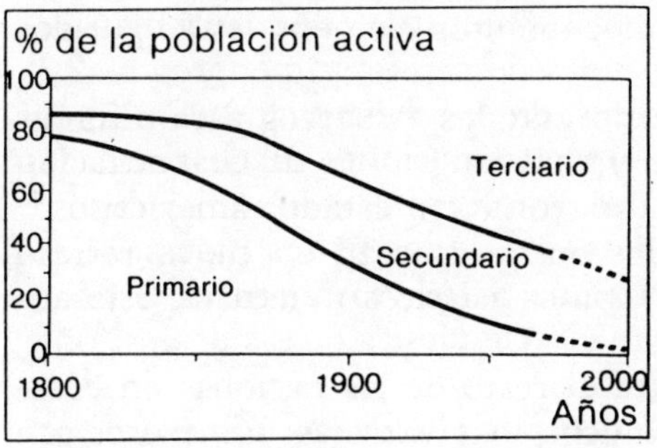

Gráfico 2.28. Evolución de la población activa en U. S. A.

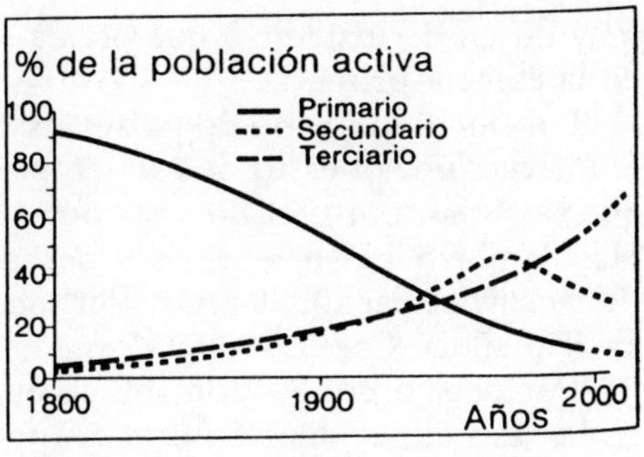

Gráfico 2.29. Evolución de la población activa en los países desarrollados.

adscribir los diferentes países del mundo. Las desigualdades en la estructura que se aprecian hoy entre las naciones, pueden interpretarse como desfases en la evolución histórica. Naturalmente dentro de cada país, independientemente de la etapa general en que se encuentra, existen acusadas disparidades territoriales que el análisis geográfico, debe procurar siempre desentrañar.

2.6.4. *El nivel de instrucción*

El subdesarrollo, entre otras cosas, no es sólo carencia de saber, sino también de la posibilidad de saber. No debe medirse únicamente por los que no saben leer y escribir, sino por los que no pueden aprender a leer y escribir, porque no haya maestros que les enseñen, o escuelas que les alberguen. El problema de la educación está ampliamente imbricado en el desarrollo. La crítica situación económica de los países en desarrollo influye en sus bajos niveles educativos, siendo éstos, a su vez, un obstáculo importante que limita el despegue. Es una manifestación más del círculo vicioso de la pobreza..., pero de consecuencias gravísimas.

Cuántas veces habremos escuchado el viejo proverbio chino de que si le das un pez a una persona le quitas el hambre de un día, pero si la «enseñas» a pescar le resuelves el problema para siempre. O este otro que ahora cito liberal: «Si haces planes para un año planta arroz. Si haces planes para diez años, planta árboles. Si haces planes para cien años "instruye" al pueblo». Y es que la geografía del subdesarrollo coincide con la de la ignorancia. El analfabeto es también el más menesteroso, el peor alimentado, el de salud más frágil, el más marginado y al que se explota con facilidad. Reducir la ignorancia supone un paso decisivo para limitar la pobreza. La tarea por realizar es, desgraciadamente, ingente. La UNESCO calcula que en 1980 había en el mundo 814 millones de adultos analfabetos. Desde comienzos de los años sesenta, hasta 1980, los avances científicos y tecnológicos han sido prodigiosos y, en algunos casos, espectaculares. Sin embargo, como triste reverso de la situación, el número de personas que no saben leer ni escribir, aumentó en más de 100 millones.

En casi todo el mundo desarrollado la tasa de alfabetización de adultos (1980) es superior al 98 por 100. En ciertos estados, la población está alfabetizada desde hace varios años, a excepción de un pequeña fracción que resulta muy difícil de instruir o que olvida sus conocimientos elementales adquiridos en la escuela primaria.

Un segundo grupo de países ha realizado grandes esfuerzos para difundir la instrucción. El éxito de esta empresa se traduce en índices de alfabetización que se sitúan entre el 80 y 95 por 100. La mayoría son estados americanos*. Hay también países europeos desarrollados que presentan un cierto retraso (Yugoslavia, España, Grecia, Portugal), y algunos asiáticos (Vietnam, Sri Lanka, Tailandia, Corea, Hong Kong, etc.).

Por debajo del 80 por 100 se encuentra el resto de las naciones en desarrollo. Las situaciones en este grupo son mucho más variadas: hay países con tasas de alfabetización superior al 70 por 100 (Tanzania, Filipinas, Brasil) y muchos más con proporciones de adultos analfabetos que sobrepasan el 70 ó incluso el 80 y 90 por 100.

Para dar una cifra sintética, aunque sólo aproximada, la UNESCO calcula que el 48 por 100 de los adultos que viven actualmente en los países en desarrollo son analfabetos.

Características generales del analfabetismo son su mayor difusión en las zonas rurales que en las urbanas y en la mujer que en el hombre. La OMS estima que más de dos terceras partes de los analfabetos son mujeres. Por otro lado, hay más de 200 millones de niños en las naciones en desarrollo que carecen de centros escolares y de medios para asistir a ellos. Las cifras de la UNESCO y UNICEF para el conjunto de países en desarrollo producen desasosiego: menos de la mitad de los niños que nacen al año podrán aprender a leer y escribir; menos del 40 por 100 de los que asisten a la escuela acaban los estudios primarios; los índices de abandono son altísimos y el fracaso escolar, medido a través de los porcentajes de alumnos que repiten curso (entre un 15 y un 20 por 100), es importante. Y si de la enseñanza primaria pasamos a los niveles superiores las diferencias se agudizan más. En el «Informe sobre el desarrollo mundial (1980)» del World Bank se alude a una desproporción de 1 a 4 en el volumen de estudiantes de secundaria entre los países desarrollados y los del Tercer Mundo; en cuanto a los porcentajes de matriculados en la Universidad los valores son, respectivamente, del 4 y del 36 por 100 en la población de veinte a veinticuatro años. Pero no sólo la situación actual es mala, lo peor es que resulta muy difícil resolverla a corto plazo. Los gastos per cápita dedicados a la educación son trece veces inferiores en los países en desarrollo que en los desarrollados. El resultado es la penosa carencia de profesores y de instrumentos para la enseñanza que antes se mencionaba.

2.7. El crecimiento de la población. Pasado, presente y futuro

2.7.1. *Evolución de conjunto*

Antes del Neolítico el poblamiento del Planeta era muy débil (ver 2.3.). La primera etapa de gran expansión demográfica corresponde a aquel periodo de

* Son Costa Rica, Cuba, Ecuador, Jamaica, México, Nicaragua, Panamá, Perú, Trinidad y Tobago, Uruguay y Venezuela.

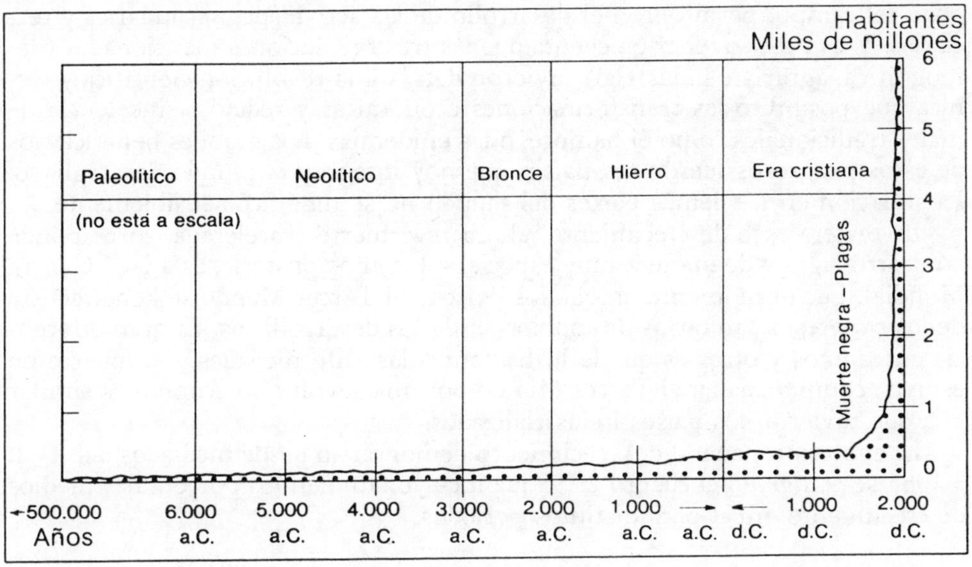

Gráfico 2.30. Crecimiento de la población mundial

revolución económica y social, cuyas manifestaciones más significativas fueron la agricultura sedentaria y la domesticación de animales que permitieron un incremento de los recursos alimenticios. (gráfico 2.30.). Algunos historiadores calculan el número total de habitantes de la Tierra pudo ser 100.000 en el Paleolítico Superior (hace 1 millón de años), 1 millón en el Paleolítico Medio (hace 300.000 años) y unos 4 millones a finales del Paleolítico (35 milenios a. de C.); y para el quinto milenio antes de nuestra era, las estimaciones se establecen entre los seis y siete millones de habitantes. Naturalmente, estas cifras son simples estimaciones que hay que manejar con precaución y que están sujetas a constantes revisiones.

A comienzos de la era cristiana y de acuerdo con los datos disponibles para las diversas regiones del mundo, las Naciones Unidas calculan que la población del mundo oscilaba entre 250 y 300 millones. En los siglos V y VI de nuestra era se produjo un retroceso hasta los 200 millones, pero, durante la Edad Media, hubo un nuevo incremento que elevó la población a 450 millones a comienzos del siglo XIV. Tras una etapa de reducción a mediados de este siglo, causada por la epidemia de peste negra que eliminó a un 25 por 100 de los habitantes de Europa entre 1348-1350, las cifras volvieron a aumentar lenta, pero regularmente, durante la época moderna. A mediados del siglo XVII poblaban la Tierra unos 545 millones de seres.

Un segundo gran periodo de crecimiento se inicia en el siglo XVIII. La revolución demográfica que da comienzo entonces es coetánea y está imbricada con las otras dos revoluciones que tan profundamente modificaron la historia de la humanidad: la agrícola e industrial. Y no debe olvidarse lo que la revolución industrial debió a las transformaciones agrícolas que no sólo proporcionaron a la población más y mejores alimentos, sino que, al liberar mano de obra del campo, permitieron el desarrollo de las actividades secundarias y terciarias. Y es preciso tener en cuenta que las tres revoluciones mencionadas (demográfica, agraria e industrial) tuvieron detrás una revolución científica y técnica que posibilitó las transformaciones económicas y redujo la incidencia de males tradicionales como el hambre, o las epidemias. Los grandes beneficiarios de estos progresos fueron los países que hoy integran el mundo desarrollado. La situación en las demás partes del mundo no se modificó sensiblemente.

La tercera fase de crecimiento, ahora más fuerte y acelerada, corresponde a nuestro siglo y de manera muy especial a los años posteriores a la II Guerra Mundial. Fue el momento en que los países del Tercer Mundo se beneficiaron de los progresos sanitarios difundidos desde los desarrollados. La gran diferencia entre unos y otros es que la lucha contra las enfermedades y la muerte no estuvo acompañada en el Tercer Mundo por una revolución económica similar a la que tuvieron los países industrializados.

La evolución general del crecimiento demográfico desde mediados del XVIII a 1985 se recoge en el cuadro 2.19. que incluye también los porcentajes medios de crecimiento anual para distintos periodos.

CUADRO 2.19

EVOLUCIÓN DE LA POBLACIÓN MUNDIAL

Años	Cifras absolutas (en millones de habs.)	Periodos	Porcentaje de crecimiento anual
1750	728	1750-1850	0,6
1850	1.171	1850-1900	0,7
1900	1.608	1900-1950	1,1
1950	2.515	1950-1970	2,2
1970	3.709	1970-1980	2,1
1975	4.030	1980-1985	1,9
1985	4.845	1985	1,7

Fuente: Carr-Saunders, O. N. U. y Population Reference Bureau.

La población mundial tardó unos 17 siglos en doblar sus efectivos por primera vez; dos más en doblarlos por segunda, menos de 100 años en doblarlos por tercera y, probablemente menos de 50 años en hacerlo por cuarta vez. El crecimiento en los últimos 200 años ha sido realmente fuerte ya que los efectivos demográficos se han multiplicado por 6. Hoy la tasa sigue siendo elevada; no obstante, las últimas cifras disponibles permiten comprobar que se ha producido una desaceleración después del máximo alcanzado en el periodo 1950-70. Todavía en 1974, año de la celebración de la Conferencia Mundial de Población de Bucarest, la tasa estimada era del 2,03 por 100. Diez años después (II Conferencia Mundial de Población en Méjico) la tasa era ya del 1,7 por 100.

2.7.2. *El crecimiento de la población por continentes*

El cuadro 2.20 lo recoge.

CUADRO 2.20.
EL CRECIMIENTO DE LA POBLACIÓN POR CONTINENTES

Años	Total Mundial	África	América del N. (USA y Canadá)	Resto de América	Asia (sin la URSS)	Europa con la URSS	Oceanía
1650	545	100	1	12	327	103	2
1750	728	95	1	11	475	144	2
1850	1.171	95	26	33	741	274	2
1900	1.608	120	81	63	915	423	6
1950	2.515	225	166	162	1.381	572	13
1970	3.709	354	229	291	2.104	711	20
1975	4.030	395	243	327	2.308	735	22
1985	4.845	551	264	406	2.829	770	24

Fuente: Carr-Saunders, O. N. U. y Population Reference Bureau.

Inicialmente, el mayor crecimiento correspondió al continente europeo que desde 1650 a comienzos del siglo XX multiplicó por más de 4 sus efectivos. Incapaz de absorber todo su aumento, Europa envió emigrantes al resto del Mundo en especial a América del Norte y en menor cuantía a Latinoamérica y Oceanía. Sólo desde 1850 a 1900 América del Norte triplicó su población y lo mismo ocurrió con Australia, si bien este continente partió de cifras anteriores muy bajas.

El fuerte incremento de la población europea y la de los continentes poblados por europeos que se origina a lo largo del siglo XIX ha conducido a calificar este periodo como el de la «gran explosión blanca». A finales del mismo, la población occidental estaba pasando, sin duda, por una etapa de máximo crecimiento demográfico. Los aumentos relativos de los demás continentes resultaban modestos. De 1650 a 1900 Asia, pese al intenso progreso absoluto de su población, no llegó a triplicar sus efectivos. Las migraciones ultramarinas hacia América Central y del Sur, sólo doblaron los efectivos hasta comienzos del XX. Y la situación africana era todavía más débil. Desde mediados del XVII a mediados del XIX la población de África experimentó, según todos los indicios, un cierto retroceso. De él fueron responsables las continuas guerras entre tribus, los factores tradicionales de sobremortalidad como el hambre, o las epidemias, las enfermedades infecciosas introducidas por los colonizadores y la exportación de esclavos hacia América (más de 15 millones desde el siglo XVI a 1865). Desaparecida legalmente y reducida la trata efectiva de esclavos, la población africana crecerá, aunque no mucho, en la segunda mitad del siglo XIX.

La situación va a cambiar en el siglo XX, especialmente a partir de 1930 y con mucha más claridad desde los años 50. Europa va a entrar en un periodo de declive demográfico que irá afectando de manera progresiva a los otros continentes blancos. Frente a ellos, las poblaciones de Asia, Latinoamérica y África exprimentaron aumentos realmente espectaculares.

El conocimiento de esta realidad, al que contribuyeron de manera decisiva los trabajos de la O. N. U., es contemporáneo de otro «descubrimiento» trascendental: la crítica situación económica y sus manifestaciones más visibles, el hambre y la subalimentación, que tenían los países con mayores índices de crecimiento. Para identificarlos, surgieron diferentes apelativos entre los cuales fue imponiéndose el nombre de naciones subdesarrolladas que la O. N. U. suavizó en el más tranquilizador de «países en desarrollo». Desde entonces la oposición entre países desarrollados y subdesarrollados pasó a convertirse en la fundamental de nuestro tiempo, superponiéndose incluso a la existente entre los bloques capitalista y socialista que había prevalecido hasta ese momento.

Desde una perspectiva demográfica, dicha oposición se concreta en índices de crecimiento muy distintos.

La tasa de crecimiento anual para el conjunto de naciones desarrolladas se mantuvo a lo largo del siglo XX moderadamente creciente hasta los años 60. Desde entonces no ha cesado de disminuir, alcanzando una media del 0,6 por 100 en los últimos años. Ningún país desarrollado, salvo Islandia (1,2 por 100), tiene tasas de crecimiento superior al 1 por 100; son bastantes, los que tienen índices cercanos al 0 (Noruega, Suecia, Reino Unido, Austria, Bélgica, Luxemburgo, Suiza, Alemania Oriental) y los hay con crecimiento negativo (en 1985, Dinamarca, Alemania Federal y Hungría).

El panorama es completamente diferente en el Tercer Mundo. La tasa aumentó desde los años 50, alcanzando un máximo en el quinquenio 70-75 del 2,31 por 100. Después se desaceleró, situándose el índice general a mediados de los 80 en un 2 por 100. Sin embargo, en este grupo existe una mayor diversidad. Las tasas de crecimiento anual oscilan entre valores del 1,3 al 1,5 por 100 que corresponden a los países en trasición desde altos o moderados valores de fecundidad (Ver 2.4.6.), e índices superiores al 2,5 por 100 o incluso al 3 por 100 que caracterizan todavía a un elevado número de países latinoamericanos (13 en total), africanos (40) y asiáticos (21). Dentro de este numeroso grupo las tasas más fuertes (superiores siempre al 3 por 100) las tienen ciertas naciones de África septentrional (Argelia, Libia) oriental, (Kenya, Tanzania, Uganda, Zambia) y occidental (Ghana, Liberia, Nigeria y Senegal); algunos países asiáticos suroccidentales (Irán, Iraq, Jordania, Siria) y determinadas naciones de Centroamérica (Guatemala, Honduras y Nicaragua). Salvo Nigeria (91,2 millones), Irán (45,1 millones), Argelia (22,2 millones) y Kenya (20,2 millones), el resto de estos países tienen poblaciones inferiores a los 20 millones de personas.

En la mayoría de los casos, las fuertes tasas de aumento obedecen al juego exclusivo de los movimientos naturales. La inmigración, salvo excepciones muy contadas, (países petrolíferos del Golfo Pérsico) apenas ejerce influencia como factor del crecimiento.

ÍNDICES SENCILLOS PARA MEDIR EL CRECIMIENTO DEMOGRÁFICO

1) La tasa de crecimiento anual medio

$$Tm = \frac{(P_2 - P_1) / t}{(P_2 + P_1) / 2} \cdot 100 \qquad (2.7.1.)$$

Donde P_1 = Población en el año de partida.
P_2 = Población final.
t = Tiempo; número de años transcurridos.

2) Tasa de crecimiento anual constante

$$Tc = \left(\sqrt[t]{\frac{P_2}{P_1}} - 1\right) \cdot 100 \text{ o de otra forma } Tc = \left(\frac{P_2}{P_1}\right)^{\frac{1}{t}} - 1 \cdot 100 \qquad (2.7.2)$$

los términos significan lo mismo que en la anterior fórmula.

Así por ejemplo, la población española según el censo de 1970 fue de 33.823.928 habitantes y según el censo de 1981 de 37.583.498 habs. (t = 10 años ya que no consideramos los dos meses de diferencia que hubo entre el momento censal en 1970 (31-XII) y en 1981 (28-II).

La diferencia entre las dos poblaciones (3.759.570 personas) da tasas de Tm y Tc exactamente iguales en este caso: 1,05 por 100.

2.7.3. *El futuro de la población mundial*

A) Los métodos de estimación demográfica

Para calcular cual será en un plazo determinado (10, 25, 50 años) la población de un territorio cualquiera (una región, un país, u otra unidad mayor) es preciso realizar una proyección demográfica. La empresa es interesante pero está erizada de dificultades que impiden con frecuencia llegar a resultados plenamente satisfactorios.

El cuadro 2.21. recoge una clasificación de los procedimientos utilizados para realizar las estimaciones de población (J. Bosque y J. A. Cebrian, 1980 y J. Vinuesa y col., 1982).

En él se combinan dos criterios: uno relativo a la dimensión espacial y otro a la desagaregación interna de la población.

De acuerdo al primer criterio las estimaciones se subclasifican en 4 tipos: a) Sistema no espacial. b) Sistema espacial cerrado (no se tienen en cuenta los movimientos migratorios). c) Sistema espacial abierto (los movimientos migratorios entre distintos territorios se incorporan como balance neto, sin diferenciar su procedencia espacial). d) Sistema multirregional, que tiene presente el origen espacial de las migraciones.

CUADRO 2.21.

CLASIFICACIÓN DE LOS MÉTODOS DE ESTIMACIÓN DEMOGRÁFICA

DESAGREGACION DE LOS DATOS / DIMENSION ESPACIAL	*Datos globales*	*Datos desagregados por sexo y edad*
Sistema no espacial	$P(t+T) = P(t) + \Delta P(t,t+T)$	
Sistema cerrado	$P(t+T) = P(t) + N(t,t+T) - D(t,t+T)$	$P^k_{i+1}(t+T) = P^k_i(t) - D^k_i(t,t+T)$
Sistema abierto	$P(t+T) = P(t) + N(t,t+T) - D(t,t+T) + I(t,t+T) - E(t,t+T)$	$P^k_{i+1}(t+T) = P^k_i(t) - D^k_i(t,t+T) + I^k_i(t,t+T) - E^k_i(t,t+T)$
Sistema multirregional	$P^j(t+T) = P^j(t) + N^j(t,t+T) - D^j(t,t+T) + \sum_{j=1}^{m} I^j(t,t+T) - \sum_{j=1}^{m} E^j(t,t+T)$	$P^{jk}_{i+1}(t+T) = P^{jk}_i(t) - D^{jk}_i(t,t+T) + \sum_{j=1}^{m} I^{jk}_i(t,t+T) - \sum_{j=1}^{m} E^{jk}_i(t,t+T)$

siendo N = nacimientos, D = defunciones, E = emigrantes, I = inmigrantes,
t= fecha t,
$(t,t+T)$= período entre t y $t+T$,
$t+T$= fecha $t+T$,
i= edad,
k= sexo,
m, j= regiones,
Δ= incremento,
$\sum_{j=1}^{m}$ = suma de las m regiones.

Fuente: J. Bosque, y J. A. Cebrián, 1980. Recogido y desarrollado en J. Vinuesa y col., 1982).

Según el segundo criterio, las proyecciones son de dos clases: a) las que emplean datos globales. b) Las que utilizan cifras desagregadas por edades y sexos.

Las proyecciones más sencillas son las que combinan un sistema no espacial y datos globales. Una de las más conocidas es la basada en el principio malthusiano de que la población crece según una progresión geométrica (crecimiento exponencial). La fórmula es:

$$P_r = P_0 e^{RT} \qquad (2.7.3.)$$

Donde PT = Población final
P_o = Población inicial
R = Tasa de crecimiento
T = tiempo (número de años normalmente) entre P_0 y P_r
e = Base de los logaritmos naturales (2,71828)

La ecuación anterior es la forma continua del proceso de crecimiento exponencial. Cuando se utilizan periodos de tiempo discretos (incrementos anuales, por ejemplo) se usa la siguiente fórmula:

$$PT = P_0 \ (1 + R)^T \qquad (2.7.4.)$$

Así por ejemplo, la población española aumentó entre 1970 y 1980 (en realidad Febrero de 1981) según una tasa anual del 1,05 por 100; si este ritmo, se hubiese sostenido entre 1980 y 1985, la población esperada para este último año sería:

$$P_0 = 37.583.498\ (1 + 0{,}0105^{*})^5 = 39.597.973$$

Otro método alternativo se basa en la función logística que se expresa matemáticamente así:

$$PT = \frac{P_x}{1 + P_0 e^{-RT}} \qquad (2.7.5.)$$

donde P_r, P_0, e, R y T significan lo mismo que en las ecuaciones anteriores y P_x es la población máxima supuestamente alcanzable.

El gráfico 2.31. muestra las curvas de crecimiento exponencial y logístico en escalas aritmética y logarítmica, que son resultado de aplicar las ecuaciones anteriormente señaladas. Como puede observarse el crecimiento logístico en escala aritmética da una curva en forma de S tendida que expresa la idea de que la población, tras un periodo de crecimiento intenso, llega a una fase de aumentos más moderados, hasta aproximarse a una cifra límite máxima.

Un segundo tipo de proyecciones, también elementales, son las que combinan un sistema espacial con datos globales. Ello supone no tener en cuenta cuestiones tan básicas en demografía como son las variaciones por sexos y edades que se producen en la mortalidad, fecundidad y migraciones. Únicamente la falta de información detallada justifica el uso de estos procedimientos que tán sólo suministran una aproximación muy general.

Las proyecciones más útiles son las que se apoyan en un sistema espacial con datos desagregados. Los procedimientos que calculan el volumen poblacional a partir de efectivos desagregados reciben el nombre de «métodos de los componentes». Estas proyecciones pueden ser cerradas (en ausencia de migraciones) o abiertas (con migraciones).

La proyección cerrada de este tipo requiere disponer de tres elementos para su realización. El primero de ellos es la población de partida que constituye la base de la proyección. El segundo son las probabilidades perspectivas de supervivencia por sexos derivadas de una tabla de mortalidad en la que se condensan las condiciones de mortalidad supuestas para el periodo de la proyección. El tercero son las tasas perspectivas de fecundidad por edad de las mujeres en edad de procrear que posibiliten la estimación de los nacimientos.

La proyección abierta requiere además disponer de información sobre las migraciones y predecir los flujos futuros. Por último, la proyección abierta multirregional añade la posibilidad de distinguir el origen y destino de los emigrantes, lo que resulta de gran interés desde una perspectiva geográfica.

Todo ello exige un conocimiento bastante detallado de los distintos elementos descritos, lo cual no siempre resulta posible. Además el volumen de ope-

(* tasa anual constante de crecimiento expresada en tantos por uno).

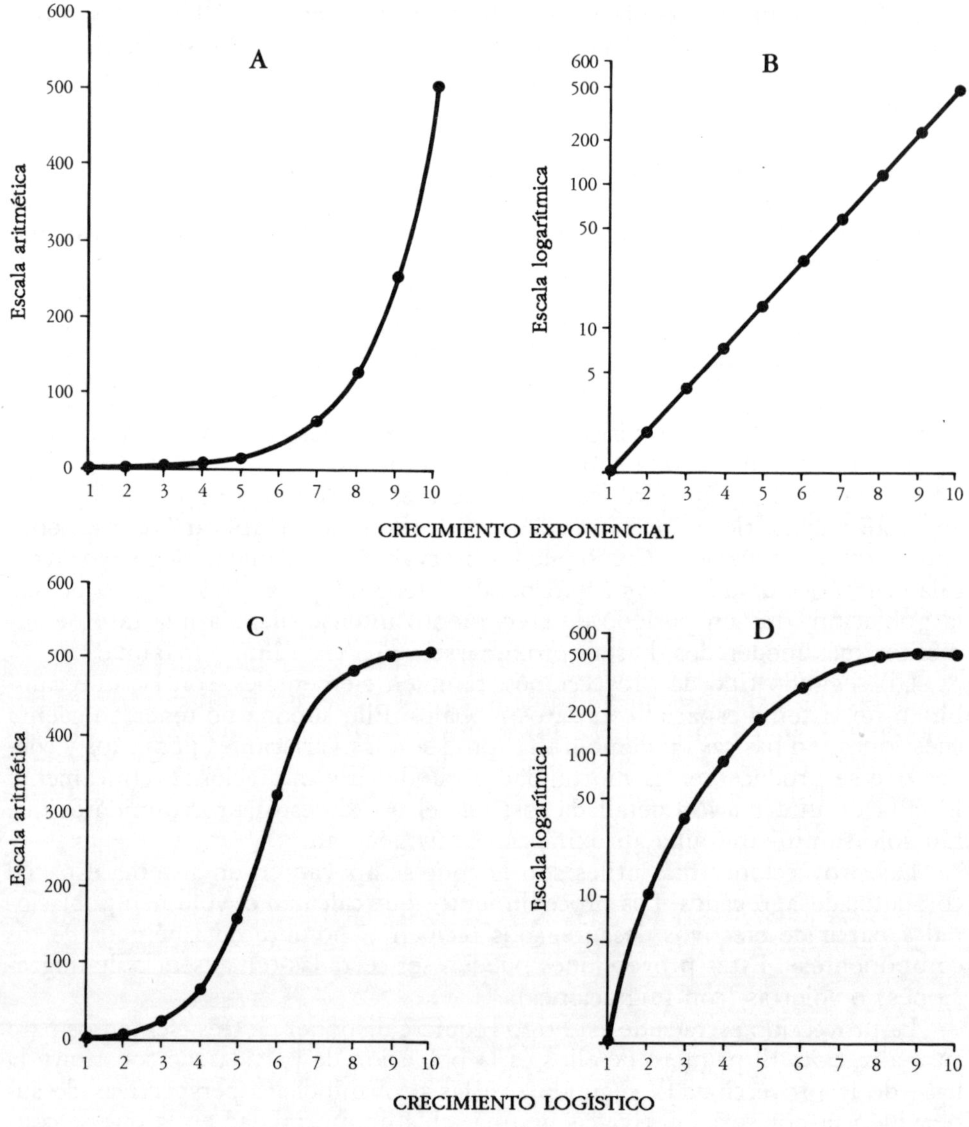

Gráfico 2.31. Curvas de crecimiento exponencial y logístico en escalas aritmética y logarítmica

raciones a realizar aumenta de forma considerable, por lo cual es necesario recurrir a los modernos procedimientos electrónicos.

B) Las previsiones sobre el crecimiento

La inmensa mayoría de las previsiones demográficas realizadas por los organismos internacionales coinciden en señalar que el crecimiento de la población va a mantener la desaceleración iniciada a mediados de los 70. El hecho de que una gran proporción de la humanidad se encuentre en la segunda y tercera fase del modelo de la transición demográfica y la velocidad, jamás observada anteriormente, con la que se produce el cambio poblacional en el Tercer Mundo, autorizan a suponer esta evolución (Noin, 1983).

Sin embargo, la evolución inmediata y, más aún, la que tendrá efecto a largo plazo, plantean una serie de interrogantes concretos sobre el ritmo y calendario con los que se modificarán las variables demográficas fundamentales.

Para presentar el cuadro de la previsible evolución futura de la población del Planeta, utilizaremos una de las últimas estimaciones de la División de Población de la O. N. U. (1981). Este organismo elabora siempre tres hipótesis —alta, media y baja— que intentan abarcar el conjunto de posibles modalidades del crecimiento. La variante intermedia, puede considerarse, en principio, como la más razonable; será, por lo tanto, la que aquí se utilizará.

Como ya se ha dicho, cualquier proyección parte de unos supuestos sobre los movimientos demográficos. La mortalidad es incluída en las proyecciones de la O. N. U. a través del indicador esperanza de vida al nacer. Sus perspectivas son relativamente fáciles de establecer. Salvo que se produzcan grandes catástrofes que son excluídas de las hipótesis, su evolución reflejará una tendencia favorable, más acentuada en los países donde todavía tiene valores altos y más pequeña donde ya es débil. Se prevé que del quinquenio 1980-85 al 2020-2025 la esperanza de vida del conjunto del Planeta pasará de 59 a 70 años. Este incremento será mayor en los países en desarrollo (donde subirá de 59 a 70 años) que en los desarrollados (de 72 a 75 años). Ello no es óbice para que la tasa bruta de mortalidad aumente en los países desarrollados (de 9,6 por 1.000 entre 1980-85 al 11,6 por 1.000 entre el 2020-25) y que baje en los países en desarrollo (de 11,7 por 1.000 a 7,7 por 1.000. Cuadro 2.22.). Las diferencias en la estructura por edades explican el signo de cada tendencia. La hi-

CUADRO 2.22.

ESTIMACIÓN DE LAS TASAS DE NATALIDAD, MORTALIDAD Y CRECIMIENTO POR GRANDES REGIONES

Regiones	Periodo 2000-2005			Periodo 2020-2025		
	T.B.N. %	T.B.M. %	C. %	T.B.N. %	T.B.M. %	C. %
América del Norte	14,3	9,4	0,62	13,7	10,7	0,42
Europa	12,8	11,3	0,15	12,8	12,5	0,03
Oceanía	18,2	8,4	0,92	15,8	9,2	0,61
U.R.S.S.	16,1	10,1	0,60	15,3	10,3	0,50
América latina	25,9	6,6	1,92	21,6	6,7	1,48
Asia meridional	24,1	8,8	1,53	17,3	7,9	0,95
Asia oriental	16,1	7,2	0,89	13,3	9,5	0,38
África	37,2	9,6	2,77	25,5	6,5	1,90
Países desarrollados	14,1	10,4	0,40	13,7	11,6	0,24
Países en desarrollo	24,6	8,2	1,64	18,7	7,7	1,10
Mundo	22,5	8,6	1,39	17,9	8,4	0,95

Fuente: O. N. U. División de Población

pótesis asume que la incidencia de ciertas enfermedades endógenas, responsables hoy de una gran parte de las muertes, seguirá siendo alta.

Las mayores incertidumbres las plantea la evolución de la fecundidad. La hipótesis general de la proyección supone una progresiva convergencia de los valores entre 1980 y el 2025. En los países desarrollados, especialmente en los europeos, se supone que las tasas de fecundidad alcanzarán su punto más bajo entre 1990-95, para después crecer hasta el nivel de reemplazamiento que es posible logren en el quinquenio 2020-2025. En las naciones del Tercer Mundo, el retroceso será al principio lento, después más rápido y por último de nuevo lento. En el quinquenio 2020-2025 el número medio de hijos por mujer alcanzará valores muy semejantes en las distintas zonas del planeta. La media mundial será de 2,4. Ligeramente por debajo estarán los países desarrollados (valores en torno al 2,1-2,2) y Asia oriental y meridional. En cambio, América Latina (2,8) y África (3,1) tendrán promedios más altos.

Establecidas las hipótesis de base, los cálculos de los volúmenes demográficos son sencillos (cuadro 2.23.).

CUADRO 2.23.

ESTIMACIONES DE LA POBLACIÓN PARA LOS AÑOS 2000 Y 2025
(cifras absolutas y relativas)

Regiones	Año 2000		año 2025	
	Población total	%	Población total	%
América del Norte	299	4,9	343	4,2
Europa	512	8,4	523	6,4
Oceanía	30	0,5	36	0,4
URSS	310	5,1	356	4,3
América Latina	566	9,2	865	10,5
Asia	3.552	49,4	4.535	55,3
África	853	13,9	1.544	18,8
Países desarrollados	1.272	20,8	1.376	16,8
Países en desarrollo	4.849	79,2	6.822	83,2
Mundo	6.121	100,0	8.199	100,0

Fuente: O.N.U. División de Población

En la distribución de los efectivos, las migraciones participarán de forma muy modesta. La mayoría de los expertos están de acuerdo en sostener que los trasvases internacionales de población en las próximas décadas no contribuirán de forma significativa a la solución de los problemas del crecimiento demográfico de algunos territorios y la consiguiente acentuación de la desigualdad con los recursos que se producirá en ellas.

Establecer una hipótesis en la que se conceda a las migraciones exteriores una función relevante como aliviadora de la presión sobre los recursos escasos de tales áreas, no pasa de ser un mero artificio académico. La migración internacional no es libre. Hoy está sometida a fuertes restricciones y no parece que esta situación vaya a modificarse sensiblemente en el futuro. La evolución tecnológica y el proceso de automatización creciente de las sociedades industriales, tienden a reducir las exigencias de mano de obra escasamente especializada que es la más abundante en el Tercer Mundo.

Según la variante intermedia de la proyección, el mundo tendrá algo más de 6.000 millones en el año 2000 y 8.200 en el 2025, es decir un 85 por 100 más que la población de 1980.

La tasa de crecimiento anual que es ahora del 1,7 por 100, descenderá al 1,4 por 100 en el primer quinquenio del siglo XXI, y al 0,95 por 100 en los años 2000 a 2025. Los mayores incrementos absolutos de la población corresponderán a los últimos años del siglo que tendrán un crecimiento anual de casi 90 millones de personas. Esa cifra se reducirá entre el 2020-2025 a 76,4 millones.

Los países del Tercer Mundo que ya hoy reúnen las 3/4 partes de la humanidad, albergarán un 79 por 100 en el año 2000 y un 83 por 100 en el 2025. Algunas de las naciones en desarrollo es posible que no lo sean en la fecha de la proyección, pero aun cuando quepa cambiarlas de bloque, las cifras de conjunto no se modificarán demasiado.

El mundo industrializado alcanzó sus mayores tasas de crecimiento en el quinquenio 1955-60. El volumen alcanzado entonces fue de unos doce millones de nuevos seres al año. Los países del Tercer Mundo lograrán esta situación inmediatamente después de iniciado el siglo XXI, sólo que su crecimiento será de 83 millones de personas al año.

El análisis por continentes permite comprobar que África va a ser la región con mayor crecimiento durante el periodo de la proyección. Sus 470 millones de 1980 pasarán a ser 1.544 en el año 2025 y ello en la suposición de un rápido declive de la fecundidad. América Latina será la segunda región en crecimiento. La fecundidad descenderá de forma más gradual, pero en todo momento mantendrá valores más reducidos que los africanos. Su participación en la población del mundo aumentará, pero en una proporción modesta (8,2 por 100 en 1980 y 10,5 en el 2025).

La tercera gran región para la que se prevé una mayor tasa de crecimiento es Asia meridional. Sus efectivos se doblarán, en la hipótesis de un declive rápido de la fecundidad. Este supuesto está influenciado por el acusado descenso de la natalidad observada en Asia Oriental, de tal forma que, aunque las tasas actuales sean superiores a las de Latinoamérica, se prevé un descenso más intenso que en esta última región. El menor ritmo de crecimiento, más bajo aún que el de varias regiones desarrolladas, va a ser el de Asia Oriental, de la que China Popular reúne el 85 por 100 de los efectivos. América del Norte, Europa, URSS y Oceanía van a ganar en conjunto algunos millones, pero detentarán una parte cada vez más pequeña de la población del Planeta.

Hasta aquí se ha hecho una presentación general de cuántos habitantes tendrá el mundo en el año 2000 y en el 2025 y cómo se distribuirán por grandes regiones. Un tema complementario es el de la redistribución de esas personas entre las zonas rurales y urbanas. La tendencia observada tiene los siguientes perfiles: la población urbana que a comienzos de los años 80 alcanzaba en el conjunto del Planeta un valor del 39 por 100, representará el año 2000 algo más de la mitad. En términos relativos, los urbanos supondrán el 80 por 100 de los habitantes en los países desarrollados y el 44 por 100 en las naciones en desarrollo. Pero en términos absolutos ya desde 1975 y por primera vez también en la historia, la población urbana de los países en desarrollo supera la de los desarrollados.

El proceso de urbanización en el Tercer Mundo se realiza en beneficio de las grandes aglomeraciones. En 1970 sólo tenía 12 ciudades de más de 4 millones; hoy tiene 23 y se espera que a finales de siglo reúna más de 60. En bastantes países la diferencia poblacional que existe entre la mayor y la segunda ciudad que le sigue en tamaño, es de seis o siete veces. Este gigantismo urbano es frecuente en Latinoamérica y África, aunque más reducido en Asia.

El acelerado crecimiento de algunas urbes que deben acoger cada año a miles de emigrantes y a los nuevos seres que engendran sus propios ciudadanos, plantea condiciones cada vez más difíciles. Faltan viviendas, escuelas, hospitales, empleos. Los valores culturales se erosionan; la calidad de vida se reduce; los poderes públicos no disponen de los recursos necesarios para corregir la situación que rápidamente se deteriora.

Una cuestión debatida en lo que respecta al futuro de la población mundial es la relativa al periodo en el que se producirá la estabilización demográfica. La estabilización permanente, definida a partir de una tasa neta de reproducción igual a 1, es una pura entelequia. El mundo no ha conocido una situación semejante en toda su historia. Se trata de un valor teórico, ideal, abstracto en torno al cual girarán las cifras reales sometidas a constantes fluctuaciones en el tiempo y en el espacio. El acercamiento a este punto se realizará en fechas distintas en las diferentes regiones del mundo. Los periodos concretos en que cada continente lo alcanzaría varía de unos autores a otros.

La División de Población de la O. N. U. juzga que la referida tasa neta de reproducción se logrará en Europa en el año 2025, en América del Norte en el 2010, en la U.R.S.S. en el 2015 y en Oceanía en el 2020. Los países desarrollados, por tanto, durante el primer cuarto del siglo XXI. En el mundo en desarrollo las fechas son más tardías, salvo en Asia Oriental (2020). América Latina alcanzará su estabilización en el año 2035, Asia meridional en el 2060 y África en el 2070. El mundo tendría entonces, según la variante intermedia de la proyección unos 12.000 millones de personas, (16.000 en el supuesto de una reducción más lenta de la fecundidad y algo menos de 10.000 en la hipótesis de una disminución más intensa), la mayoría de las cuales (85 por 100), vivirá en los países que hoy consideramos en desarrollo.

2.8. Población-recursos

En opinión de J. Cole (1981) los temas que más han preocupado a los científicos desde finales de la II Guerra Mundial son: el concepto de estadios del crecimiento económico, el análisis de la desigualdad en los niveles y la calidad de vida y el problema de la adecuación entre la población-recursos y la duración de estos últimos.

Este creciente, aunque no nuevo, interés por los recursos hay que ponerlo en relación con los dos grandes descubrimientos de las ciencias sociales y económicas en nuestros días: el fuerte crecimiento demográfico que se origina en el Tercer Mundo y el hecho de que una parte sustancial de sus habitantes atraviese por una situación de hambre o subalimentación.

El estudio de la relación entre la población-recursos constituye, por lo tanto, una de las cuestiones esenciales de nuestra época. A su conocimiento vienen contribuyendo desde hace tiempo la mayoría de las ciencias naturales y humanas lo cual convierte el análisis en una tarea necesariamente interdisciplinar. Buena prueba de ello son los grandes informes generales, o sectoriales, de organismos públicos o privados, que desde mediados de la década de los 60, han venido documentando el problema y alimentando el debate sobre él (cuadro 2.24).

CUADRO 2.24

LOS GRANDES INFORMES SOBRE LA SITUACIÓN ACTUAL Y FUTURA DE LA HUMANIDAD

Autor	*País*	*Año*	*Título de la obra*
Kahn y Wiener	Estados Unidos	1967	The Year 2000 — A Framework for Speculation on the Next Thirty Three Years.
Spengler	Estados Unidos	1966	The Economist and the Population Question.
Ehrlich	Estados Unidos	1970	Population, Resources. Environment. Issues in Human Ecology.
Forrester	Estados Unidos	1971	World Dynamics.
Meadows y col.	Estados Unidos	1972	The limits to Growth — A report for the Club of Rome's Project on the Predicament of Mankind.
Heilbroner	Estados Unidos	1974	An Inquiry into the Human Prospect Business Civilisation in Declive.
Dumont	Francia	1974	Utopia or Else.
Schumacher	Reino Unido	1973	Small is Beautiful — A Study of Economics as if People Mattered.
Mesarovic y Pestel	Estados Unidos Rep. Fed. Alem.	1974	Mankind at the Turning Point. The Second Report to the Club of Rome.
Leontief y col.	Estados Unidos	1976	The future of the World Economy.
Kaya y col.	Japón	1974	Global Constraints and A New vision for Development.
Herrera y Col. (Bariloche Foundation)	Argentina	1976	Catastrophe or New Society?
Tinbergen	Holanda	1976	Reshaping the International Order (RIO) — A Report to the Club of Rome.
Modrzhinskaya y Stephanya	Unión Soviética	1973	The Future of Society — A Critique of Modern Bourgeois Philosophical and Socio-Political Conceptions.

CUADRO 2.24 (Continuación)

Autor	*País*	*Año*	*Título de la obra*
Kosolapov	Unión Soviética	1976	Mankind and the Year 2000.
Kahn, Brown y Martel	Estados Unidos	1976	The Next 200 Years.
Galtung	Noruega	1977	Self-Reliance: Concepts, Theory and Rationale.
Freeman, Jahoda y col.	Reino Unido	1978	World Futures. The Great Debate.
Lesourne y col.	O. C. D. E.	1978	Interfuturos.
The Brandt Comission	Int.	1980	North-South. A Programme for Survival.
Barney y col.	Estados Unidos.	1981	The Global 2000.
Simon	Estados Unidos	1981	The Ultimate Resource.
Faaland y col. (The Norwegian Nobel Institute)	Noruega	1982	Population and the World Economy in the 21st Century.
The Brandt Comission	Int.	1983	Common Crisis.

La geografía en general y la geodemografía en particular no han permanecido ajenas a estas preocupaciones, sobre todo desde comienzos de los años 70, cuando la consideración de cuestiones sobre el bienestar social, la calidad de vida, etc., se convierten en objetivos básicos del quehacer de un grupo numeroso de geógrafos que centran sus análisis en los mismos problemas que preocupan a la sociedad. Evidentemente, la eficiencia en el uso de los recursos, su duración, los desequilibrios con la población, entran de lleno en el paquete de estos intereses.

Los esfuerzos más útiles condujeron a la definición de tipologías integradoras para el análisis de la situación mundial de la relación, como la de Zelinsky (1971) (gráfico 2.32), o al establecimiento de nuevas divisiones territoriales para una más correcta comprensión de las desigualdades socioeconómicas planetarias. Resulta sugestiva, en este sentido, la idea de J. Cole (1981) de dividir la superficie terrestre en unidades de igual tamaño demográfico, pero de diferente categoría y superficie (células) en cuyo interior estudia después la distribución de los recursos (gráfico 2.33).

Con la palabra *recurso* se alude, en sentido amplio, a cualquier cosa que pueda utilizarse para satisfacer una necesidad humana. Cabe distinguir, por lo tanto, entre *recursos humanos* (trabajo, creaciones intelectuales o materiales) y *recursos naturales*, los cuales a su vez pueden ser *renovables* o no. Conviene recordar que para que una sustancia o propiedad constituya un recurso, es necesario que quien lo vaya a utilizar, lo juzgue como tal. La consideración o no de un producto de la naturaleza como recurso, dependerá del nivel cultural y tecnológico de una determinada sociedad. Se trata, de una noción dinámica.

No es posible hacer una relación completa de recursos y de necesidades humanas que permita obtener una adecuación precisa entre unas y otras. Existen numerosas causas que lo impiden: el carácter subjetivo de las necesidades; la desigual información de unos países a otros; la posibilidad de obtener recursos

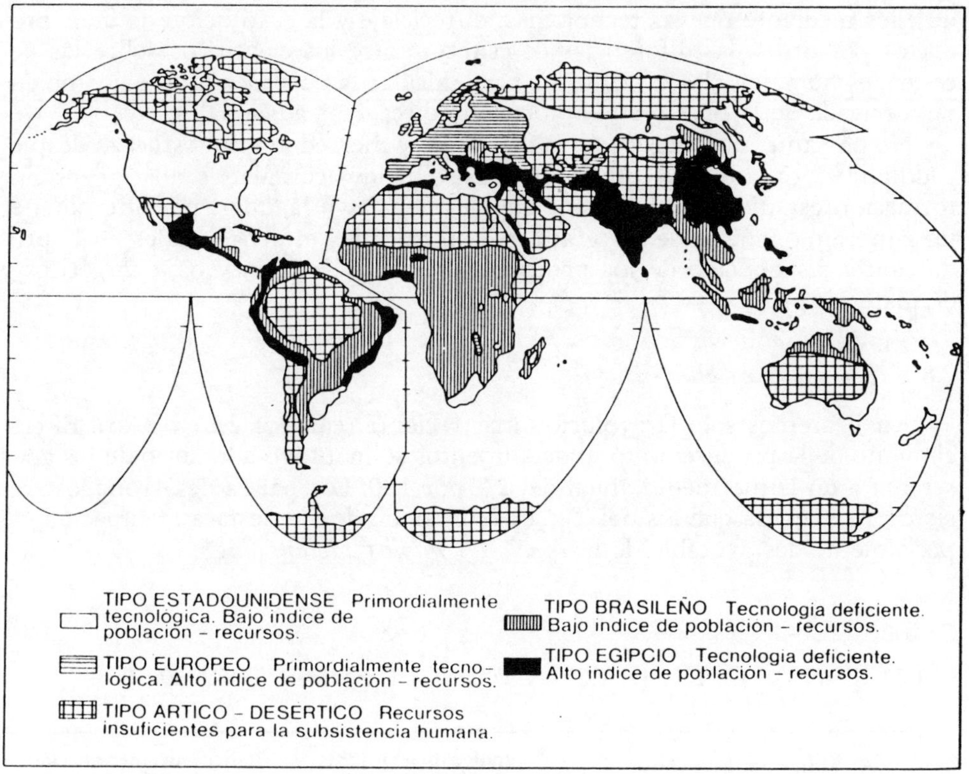

Gráfico 2.32. Tipología de población-recursos de Zelinsky.

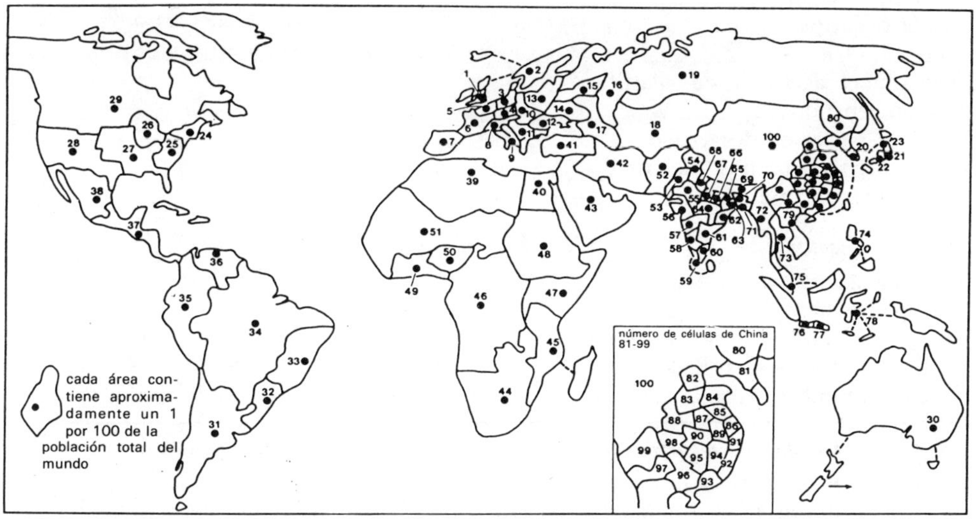

Fuente: J. Cole, 1981.

Gráfico 2.33. Sistema de 100 células de igual población de J. Cole.

difíciles mediante nuevas tecnologías; el reciclaje y la sustitución de unos productos por otros; las diferencias de criterio entre los científicos sobre las necesidades humanas; las dificultades para calcular la degradación medioambiental, derivada de la puesta en explotación de recursos adicionales, etc.

No obstante, durante los últimos lustros y merced al gran esfuerzo desplegado por los organismos internacionales se ha ido acumulando una ingente información estadística que, pese a sus deficiencias y lagunas, permite obtener un panorama general de las grandes desigualdades internacionales en la producción y distribución de los principales recursos: alimenticios, energéticos y de materias primas.

2.8.1. *Los recursos alimenticios*

Analizaremos sólo la evolución más reciente (cuadros 2.25 y 2.26). El crecimiento de la producción total de alimentos se mantuvo a lo largo de los años setenta a un ritmo medio anual del 2,5 por 100. Los países desarrollados crecieron más aprisa que los del Tercer Mundo, en donde destaca la situación especialmente desfavorable de las *naciones menos adelantadas**.

CUADRO 2.25

EVOLUCIÓN DE LA PRODUCCIÓN TOTAL DE ALIMENTOS (1971-80)

Alimentos por habitante	Índice total en 1981 (1969-1971 = 100)	Índice anual de variación (1971-1980 [64%])
Economía de mercado en desarrollo	139	3,3
África	123	1,8
Extremo Oriente	142	3,6
América latina	146	3,8
Cercano Oriente	141	3,5
Economías asiáticas de planificación centralizada	141	3,2
Total países en desarrollo	140	3,3
Total países menos adelantados	122	2,2
Economías de mercado desarrolladas	124	2,1
América del Norte	135	2,4
Oceanía	131	3,0
Europa occidental	120	1,9
Europa oriental y Unión Soviética	115	1,6
Total Países desarrollados	121	1,9
Total mundial	129	2,5

Fuente: F. A. O.: *El estado mundial de la agricultura y la alimentación*, 1981 (Roma, 1982).

* Son: Afganistán, Alto Volta, Bangladesh, Benin, Bhutan, Bostwana, Burundi, Cabo Verde, Comores, Chad, Etiopía, Gambia, Guinea, Guinea Bissau, Haití, Laos, Lesotho, Malawi, Maldivas, Malí, Nepal, Níger, República Árabe del Yemen, República Centroafricana, República Unida de Tanzania, Ruanda, Somalía, Sudán, Uganda y Yemen Democrático.

CUADRO 2.26.

EVOLUCIÓN DE LA PRODUCCIÓN DE ALIMENTOS PER CÁPITA (1971-1980)

Alimentos por habitante	Índice en 1981 (1969-1971 = 100)	Índice anual de variación (1971-1980)
Economías de mercado en desarrollo	107	0,6
África	90	- 1,2
Extremo Oriente	112	0,9
América latina	111	1,2
Cercano Oriente	104	0,6
Economías asiáticas de planificación centralizada	117	1,6
Total países en desarrollo	110	1,0
Total países menos adelantados	92	- 0,4
Total países desarrollados	110	1,1
Total mundial	106	0,6

Fuente: F. A. O.: *El estado mundial de la agricultura y la alimentación*. 1981 (Roma, 1982).

La producción alimenticia por persona aumentó a un 0,6 por 100 al año. Como en etapas precedentes, el ritmo fue también superior en los países desarrollados que en los subdesarrollados, donde el conjunto de naciones menos adelantadas y el continente africano presentan una situación crítica, con índices inferiores a 100 y porcentajes de variación negativos. África tiene hoy una disponibilidad de alimentos *per cápita* inferior a la de 1960.

Los valores medios por grandes conjuntos regionales ocultan la gran diversidad de las situaciones nacionales cuyo detalle sería excesivamente largo. Limitando el análisis a los países del Tercer Mundo más poblados (por encima de los 25 millones) y utilizando la producción de alimentos *per cápita*, se observa: un primer grupo de naciones con promedios muy superiores a la media mundial como Tailandia, Corea del Sur y Argentina; un segundo bloque con un crecimiento más reducido, pero todavía importante, como China, Filipinas, Brasil o Colombia; un tercer grupo con un crecimiento similar al promedio mundial y, por tanto, superior a la media de los países del Tercer Mundo como Irán, Turquía, Indonesia o Vietnam; una cuarta categoría con una producción baja y estabilizada a lo largo de los años setenta (India, Méjico, Paquistán, etc.); y un último bloque donde dicha producción ha disminuido; con más de veinticinco millones se integran en este grupo Birmania, Egipto, Bangladesh, Nigeria, Zaire y Etiopía. En total son cincuenta y dos países los que entre 1971-80 vieron descender su producción de alimentos por persona.

La causa principal del incremento de la producción alimenticia ha sido la obtención de mayores rendimientos en ciertos cultivos aunque en los países en desarrollo un tercio del crecimiento hay que atribuirlo a la ampliación de la superficie cultivada. Los años posteriores a la II Guerra Mundial supusieron una verdadera revolución tecnológica para la agricultura. La mejora genética de las plantas, el uso de variedades de alto rendimiento, la lucha contra las plagas y enfermedades, la utilización creciente de fertilizantes y maquinaria, favorecieron el progreso agrícola en los países ricos. En las naciones en desarrollo las nuevas tecnologías se introdujeron de forma más lenta e irregular. Los elevados costes de los materiales y las dificultades de acceder al crédito hicieron que sólo las exportaciones se beneficiaran de los nuevos procedimientos. Pero, poco a poco, y no sin grandes dificultades, los pequeños agricultores comenzaron a participar en la llamada «Revolución verde», es decir, el proceso de la intensificación de la producción en tierras ya cultivadas. Algunos países en desarrollo (Paquistán, India y Filipinas son los más conocidos) lograron multiplicar los rendimientos de algunos cultivos, especialmente trigo y arroz, en una proporción del 200 al 300 por 100 respecto de las variedades tradicionales de plantas. Los primeros resultados no pudieron sostenerse, lo que generalizó la idea de que la revolución verde había sido un fracaso. Pero no hay que olvidar que en los años sesenta y setenta la transformación no había hecho más que empezar y que aún así los resultados obtenidos no fueron, en modo alguno, despreciables.

Lo cierto es que las diferencias en cuanto a los factores de producción entre países desarrollados y en desarrollo continuaron siendo apreciables. La creciente presión demográfica en muchas naciones en desarrollo hizo que, salvo en América Latina, la superficie cultivable por trabajador agrícola descendiese hasta alcanzar valores medios en torno a 1,3 hectáreas. La población agrícola pasó de 964 millones en 1960 a 1.322 en 1980, lo cual provocó la disminución del tamaño medio de las explotaciones y multiplicó el número de campesinos sin tierra. Como resultado se agravó la distribución de los ingresos agrícolas en casi todos los países en desarrollo. El consumo de fertilizantes constituye otra manifestación de la desigualdad. En 1982 los países desarrollados con un consumo medio de 111 kg/ha absorbieron casi 2/3 del consumo total. Los países en desarrollo, con 50 kg.ha, sólo el 35 por 100 restante.

Igualmente, el nivel de mecanización es una clara prueba de la debilidad tecnológica de la agricultura tercermundista. Prueba de ello son las 224 ha por tractor (frente a las 36 ha del mundo desarrollado, año 1982) y la disponibilidad de tan sólo el 16 por 100 del parque mundial de tractores.

La modernización de la agricultura en el Tercer Mundo exige una gran demanda de capital al que sólo tienen acceso, por el momento, los agricultores más ricos o las empresas multinacionales que trabajan en estos países. Mientras tanto, la insuficiencia alimentaria sigue siendo la tónica dominante en una parte sustancial del mundo en desarrollo que debe recurrir a la importancia creciente de productos agrícolas. Así, por ejemplo, de 25 millones de toneladas de cereales importados entre 1961-65, se pasó a 80 millones de toneladas en 1978-79. Ahora bien, como recuerda la F. A. O. (1981), las existencias de alimentos en relación con la demanda del mercado no han faltado, incluso en momentos críticos, como los que se produjeron en torno a 1974. El desabastecimiento fue, y sigue siendo, un problema de precio más que de existencias.

La ayuda a la agricultura de los países en desarrollo es cada vez más necesaria; sin embargo, la suma realmente disponible para dicha ayuda representa sólo la mitad de la juzgada como imprescindible (8.300 millones de dólares U. S. A. al valor de 1975).

Por otro lado, un análisis riguroso de la producción alimentaria no debe nunca olvidar las modificaciones que la necesidad de su crecimiento provoca en la estabilidad, ordenación y equilibrio de los sistemas ecológicos del planeta. Cada año que pasa prosigue la erosión de los suelos, el avance de la desertificación, la deforestación de los bosques y otros fenómenos similares. Tales hechos adquieren rasgos especialmente críticos en los países en desarrollo que pierden aquellos recursos que más falta haría conservar, sin percibir adecuadamente esa pérdida o sin posibilidad siquiera de planteársela. Con ello se agravan las dificultades para el necesario incremento del suministro de alimentos.

El examen de la evolución general de la producción debe completarse con el del consumo, o por lo menos con el de las disponibilidades alimentarias. Un intento de clasificación de la población mundial según el nivel de alimentación plantea serias cuestiones de fondo, puesto que a la insuficiencia de las fuentes se añaden los problemas de definición de las necesidades alimentarias de las personas en calorías, proteínas y demás elementos nutritivos. La cuestión es extremadamente difícil por cuanto tales necesidades varían de un individuo a otro según su edad, sexo, peso corporal, medio donde habita, grado de actividad, etc. Además, las cifras disponibles son medias nacionales que ocultan las sensibles diferencias que en el interior de un mismo país se producen entre regiones, áreas rurales y urbanas, o clases sociales. Cualquier tipología que se fundamente en las medias nacionales tiene sólo una significación limitada pero, por el momento, es la única posible para el conjunto del planeta.

A partir de la noción de «alimentación satisfactoria» (2.700-2.800 calorías por persona y día y 40 gramos de proteínas animales, todo ello en términos de disponibilidades alimenticias y no de consumo efectivos), el agrónomo francés J. Klatzmann (1983) ha establecido la siguiente clasificación de países:

a) Países con alimentación excesiva. Serían los que consumen más de 2.800 calorías por habitante y día, y/o más de 40 gramos de proteínas animales. Aunque existen diferencias entre unos y otros, formarían parte de este grupo América del Norte, Australia, la mayoría de los países europeos y la Unión Soviética. En casi todos ellos, el consumo de calorías excede las 3.000 por persona y día; la diversidad es más grande en lo que concierne a las proteínas animales, que van desde más de 70 gramos en Estados Unidos, hasta 35-40 gramos en Yugoslavia. En estos países una parte más o menos importante de la población ve afectada su salud por una alimentación con un valor energético elevado y una gran proporción de lípidos de origen animal en la dieta.

b) Países con alimentación satisfactoria. Son aquellos cuyos consumos se sitúan en torno a las medias establecidas. El ejemplo más significativo es el Japón, cuya dieta sería considerada como excesivamente frugal por muchos americanos o europeos, acostumbrados a una alimentación más abundante.

c) Países en situación intermedia. Son los que consumen un número de calorías suficiente, pero un volumen de proteínas demasiado bajo (10, 20 gramos). Naciones del Tercer Mundo como Corea del Norte, Corea del Sur, Egipto, México, o Brasil, formarían parte de este grupo.

d) China, con un consumo de calorías cercano a las 2.400 y una docena de gramos de proteínas forma, por su importante peso demográfico, una categoría aparte.

e) Los países subalimentados. El consumo de calorías está ligeramente por encima o por debajo de las 2.000 por personas y día, y el consumo de proteínas es extremadamente bajo, con valores en torno a los 5 gramos.

Si de una clasificación de países pasamos a una de poblaciones, las cosas se complican debido a las desigualdades existentes en el interior de cada Estado, a nivel espacial, social, o incluso familiar.

Estimar el número de personas realmente desnutridas, saber cuántas pasan hambre auténtica y, por extensión, conocer las que tienen una dieta satisfactoria o excesiva, es tarea verdaderamente ardua.

Mediante cálculos propios, el profesor Klatzmann distribuye la población del planeta en las siguientes situaciones: un 20 por 100 con una alimentación excesiva; un 5 por 100 con alimentación satisfactoria; un 15 por 100 con un número de calorías suficientes (al menos 2.500), pero menos proteínas de las necesarias; un 20 por 100 con un régimen similar al definidio para China; un 30 por 100 con deficiencias alimenticias serias (en torno a las 2.000 calorías y muy pocas proteínas animales); un 10 por 100 en situación de hambre (alrededor de las 1.500 calorías y niveles insignificantes de proteínas). Esta última cifra coincide con la estimación de individuos seriamente desnutridos realizada por la F. A. O. Junto con la O. M. S., este organismo considera que el consumo de calorías por persona y día debe ser suficiente para producir una tasa de metabolismo basal de 1,2; es decir, alrededor de 1.500 calorías. De acuerdo a este umbral crítico que la propia F. A. O. considera conservador, el número de personas que sufren hambre permanentemente sería de unos 435 millones. La mayoría se localiza en los países de Asia del Sur y del Sureste (India, Bangladesh, Paquistán, Indonesia, Filipinas); en ciertos estados africanos como Etiopía, Zaire y los países del Sahel (Mauritania, Malí, Chad o Níger) y en América Latina (Brasil, Bolivia, etc.).

Así, pues, a menos de quince años del cambio de milenio, unos 500 millones de personas sufren hambre verdadera y por lo menos otras 1.500, serias deficiencias alimentarias.

Las perspectivas para el futuro inmediato no son demasiado optimistas. Ninguno de los grandes estudios sobre prospectiva alimentaria prevé la erradicación del hambre.

Tal vez el Informe más documentado sea el de la F. A. O., «Agricultura: horizonte 2000», que presenta tres alternativas posibles: un *modelo tendencial* según el cual la tasa de crecimiento de la producción agrícola para el periodo 1980-2000 sería del 2,8 por 100 al año; un modelo A «optimista» que supone un crecimiento del 3,7 por 100 al año; y un modelo B «moderado» con un índice del 3,1 por 100. Si persistiesen las tendencias actuales, y de acuerdo al previsible crecimiento demográfico, el número de personas seriamente desnutridas se elevaría a 510 millones en 1990 y 590 millones en el año 2000. Para esta fecha el escenario A supone una reducción a 260 millones y el B a 390 millones. Con esta última perspectiva coincide la alternativa más esperanzadora del global 2000 (Barney y col., 1981), mientras que la más favorable del M. O. I. R. A. (Model of International Relations in Agriculture) considera que la cifra se va a mantener. Algunos trabajos pronostican que el volumen de personas con problemas de desnutrición va a crecer de forma notable (1.300 millones para el año 2000 según el Banco Mundial).

Los pronósticos a más largo plazo son arriesgados, pero todo hace suponer que el volumen de alimentos necesarios para nutrir a una población, que según los cálculos de la O. N. U. superará los 9.000 millones a mediados del siglo XXI y se acercará a los 10.000 millones a finales de esa centuria, va a ser muy difícil de lograr. Además, la mayor parte de las necesidades adicionales surgirán en los países en desarrollo, donde la producción tendría que aumentar cinco veces en los próximos setenta y cinco años, lo cual *no parece probable*. Sin embargo, técnicamente al menos, *sería posible*. D. Gabor y U. Colombo (1976), en uno de los informes al Club de Roma plantean cuatro grandes posibilidades para resolver el problema de la alimentación: reducir el crecimiento de la demanda, frenando la expansión demográfica, o racionalizando el consumo; corregir el desequilibrio de la producción mediante una distribución más adecuada y justa; rebajar las pérdidas que tienen lugar en todas las fases del sistema alimentario; aumentar la producción.

Los productos agrarios seguirán suministrando, como ya lo hacen hoy, la parte sustancial del consumo. Las diferentes producciones alimenticias de origen no agrario serán un complmento modesto, si bien a más largo plazo, cuando ciertos problemas técnicos puedan superarse, podrán adquirir una mayor relevancia.

El necesario crecimiento de los recursos alimenticios no demanda un aumento equivalente de la producción agraria. Existen pérdidas en todas las etapas del sistema alimentario (producción, distribución y consumo), cuya mengua aumentaría sensiblemente la disponibilidad real de alimentos (gráfico 2.34). Con todo, el incremento de la producción se convierte en el requisito primordial.

Las posibilidades de los alimentos no agrarios

La primera y principal fuente de alimentos no agrícolas es el mar. La pesca de especies tradicionales se eleva a 72 millones de toneladas (1980), las cuales suministraban aproximadamente el 15 por 100 de las proteínas animales y el 1 por 100 de las calorías. Las previsiones son que para el año 2000 podrán alcanzarse los 100 millones de toneladas que, de acuerdo al crecimiento demográfico, supondrían una producción *per cápita* semejante a la actual. Además, lograrla exige una mayor racionalización de la actividad, reduciendo la sobreexplotación de algunas especies y zonas, mejorando el rendimiento, unificando las pérdidas posteriores a la recolección y aumentando la fertilidad de las aguas mediante el paso de la pura depreciación al de la cría y cultivo en el mar. De los océanos no parece que vaya a venir la solución principal al déficit alimentario de la humanidad. Otra cosa es que lo sea para un determinado número de países.

Y lo mismo puede decirse del resto de los alimentos obtenidos a partir de cultivos sin tierra, organismos unicelulares, fabricación de aminoácidos de síntesis, o manipulaciones genéticas. Todos estos procedimientos tendrán repercusiones en la industria alimentaria, pero sólo jugarán una función de apoyo bastante secundaria.

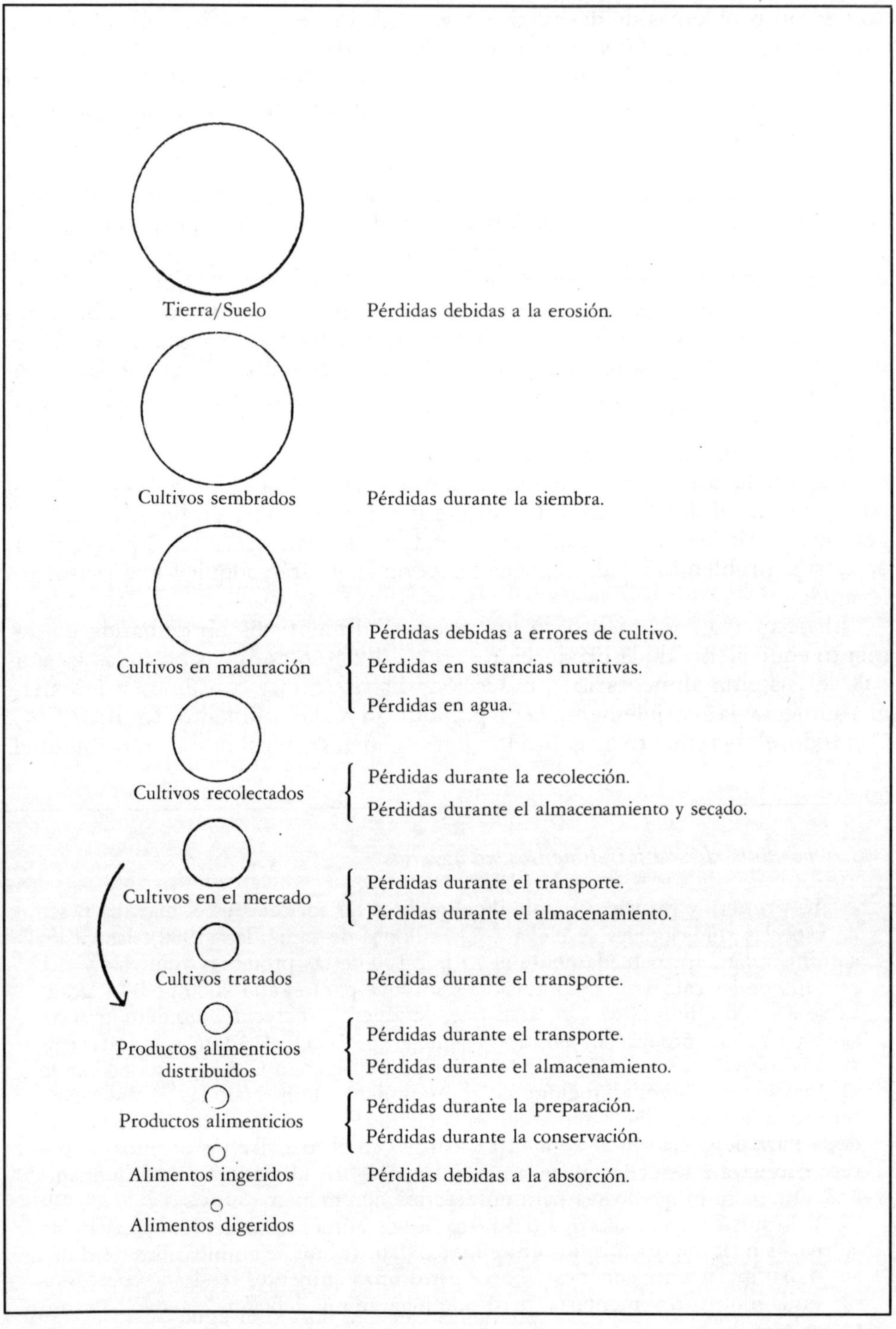

Fuente: D. Gabor y V. Colombo (1976).

Gráfico 2.34. Pérdidas del sistema alimentario industrial (para un cultivo vegetal).

Para alcanzarlo hay dos vías: aumentar la superficie de las tierras dedicadas al cultivo e intensificar la producitivdad de las ya existentes. Según estimaciones de la F. A. O. las tierras labradas ocupan unos catorce millones de kilómetros cuadrados. Sobre las posibilidades de aumentarlas existen varias y muy diferentes hipótesis. Probablemente la más realista sea la que establece una superficie potencialmente cultivable en torno al doble de la actual, a la que habría que descontar las pérdidas causadas por los usos no agrícolas del suelo. Algunos autores consideran que al final el saldo entre ganancias y pérdidas quedaría equilibrado. Aunque no fuera así y el balance fuera positivo, no es probable que resulte suficiente para aumentar la producción alimentaria hasta los límites exigidos.

Resulta inevitable, por lo tanto, incrementar la producción de las tierras ya cultivadas, mediante la intensificación de los rendimientos, sobre todo en el Tercer Mundo. El logro de este objetivo exige cambios sustanciales en los distintos factores de producción. Las bases tecnológicas del cambio son bien conocidas: empleo de semillas de alto rendimiento, incremento y adecuada utilización del abono, mejor trabajo del suelo, aumento y uso más racional de los recursos de agua, multiplicación de la maquinaria, ...

El empleo de variedades de alto rendimiento (V. A. R.) es susceptible de ampliación y mejora. Hasta ahora su utilización se ha reducido a unos pocos cultivos de cereales (trigo, arroz, maíz) y a unos cuantos países, sobre todo asiáticos. Parece posible extender las V. A. R. a otros cultivos y zonas latinoamericanas o africanas donde todavía tienen poca significación.

Aunque las experiencias de la agricultura biológica muestran que podría limitarse el empleo de abonos minerales y pesticidas en los países de agricultura avanzada, el crecimiento de la producción agrícola en el Tercer Mundo va a exigir un uso creciente de tales productos. La agricultura biológica es un lujo que las naciones en desarrollo no pueden permitirse. El suministro de abonos (nitrogenados, potásicos, fosfóricos) parece largamente asegurado. Su utilización plantea otros inconvenientes: la contaminación que podría provocar el aumento masivo de los fosfatos y pesticidas y las fuertes cantidades de energía y, por tanto, los elevados precios, que exige la producción de los abonos nitrogenados. Son realidades que hay que afrontar y riesgos que correr y tratar de disminuir ya que en este terreno, como en tantos otros, no existen las soluciones-milagro.

Según datos recientes de la F. A. O. (1982) las tierras regadas suponen el 14,5 por 100 de la superficie total cultivada en el mundo, pero su contribución a la producción agrícola se sitúa entre un 25 y un 40 por 100. Estas cifras expresan de manera elocuente las ventajas que provocaría un aumento de las superficies regadas (y, por supuesto, un mejor uso de las actualmente explotadas). Conviene no olvidar que los riegos suponen el 70 por 100 del agua utilizada por el hombre y que las necesidades de los usos no agrícolas se multiplican sin cesar. Resulta imprescindible, aprovechar recursos hasta ahora inexplotados y hacer economías en todos los consumos. La multiplicación de los recursos acuíferos puede lograrse de diferentes maneras. Hay zonas, como la banda situada al norte de las sabanas africanas, donde el agua de los grandes ríos (Níger) ha sido poco explotada. Existen inmensos recursos de agua subterránea que son todavía mal conocidos, o están poco aprovechados. El reciclaje es una operación costosa, pero necesaria y la gran solución, ciertamente, cara, está en la desalinización del agua del mar.

Otra vía de progreso está ligada a la mecanización y la motorización. Su uso no es imprescindible, ni aconsejable en naciones que disponen de abundantes recursos humanos, pero resulta adecuada en otros países tercermundistas con menos presión demográfica. La condena del empleo de la mecanización por las agriculturas tercermundistas no debe ser absoluta.

Cualquiera de las mejores técnicas apuntadas demanda, para que su puesta en práctica sea efectiva, dinero, educación y transformaciones sociales. El aludido informe de la F. A. O. («Agricultura: Horizonte 2000») evalúa las inversiones necesarias para alcanzar los objetivos de producción estimados para cada uno de los tres escenarios. En el caso del modelo más optimista, que sin embargo no erradica completamente el hambre, el desembolso previsto es de un billón seiscientos noventa mil millones de dólares (de 1975), durante el periodo 1980-2000. Se podrá argumentar que, aunque gigantesca, la cifra sólo representa una parte de lo que el mundo se va a gastar en armamento hasta finales de siglo. Pero ¿de qué vale decir que el mundo emplea cantidades astronómicas en gastos militares que podrían resolver el problema del hambre (y el de la educación y el empleo), si los gobiernos de las grandes potencias no están dispuestos al desarme?

Y junto a las inversiones, la educación para eliminar, o, al menos, reducir el analfabetismo y hacer a las sociedades rurales de los países en desarrollo más adictas al cambio y capaces de utilizar las innovaciones técnicas. Esta educación, que exigirá fuertes (pero muy rentables) inversiones, deberá ser, como define la U. N. E. S. C. O. integral, funcional, coordinada, global y permanente. Solo así será eficaz para promover y mejorar el desarrollo económico.

Y, por fin, transformaciones sociales para corregir las inadecuadas e injustas estructuras agrarias existentes en muchos países del Tercer Mundo. La reforma agraria se convierte en una necesidad imprescindible. Es el medio para modificar las estructuras territoriales y las relaciones sociales; para lograr una distribución equitativa de los derechos a la tierra y al agua y para facilitar la modernización técnica.

2.8.2. *Los recursos energéticos*

Actualmente, el mundo produce y consume una cantidad de energía más de tres veces superior a la de 1950. El crecimiento demográfico, la expansión económica general, el desarrollo de la industria, el crecimiento del consumo individual debido a la mejora de los niveles de vida, las necesidades crecientes de la agricultura en agua potable, fertilizantes, etc., determinaron el aumento de la tasa de utilización.

La producción y el consumo energéticos crecieron a un fuerte ritmo desde los años cincuenta hasta mediados de los setenta. Después han tenido altibajos (cuadro 2.27), debidos fundamentalmente a las oscilaciones experimentadas por el petróleo que ha venido condicionando la evolución del sistema energético mundial de los últimos lustros.

De los casi seis mil millones de toneladas de equivalente petróleo que el mundo consumió en 1983, los combustibles líquidos supusieron el 41,49 por

CUADRO 2.27.

EVOLUCIÓN DE LA PRODUCCIÓN Y EL CONSUMO MUNDIAL DE ENERGÍA
(Miles de toneladas métricas de equivalente petróleo)

Años	Total	Sólidos	Líquidos	Gas	Electricidad
			A) PRODUCCIÓN		
1970	4.842.691	1.480.269	2.354.181	902.068	106.173
1973	5.570.309	1.506.135	2.873.467	1.062.665	128.042
1975	5.554.061	1.579.763	2.735.756	1.084.913	153.630
1980	6.371.809	1.805.876	3.092.946	1.265.759	207.227
1981	6.232.157	1.810.285	2.921.120	1.280.349	220.403
1982	6.180.376	1.862.021	2.805.865	1.282.823	229.667
1983	6.168.409	1.863.623	2.780.413	1.277.789	246.584
			B) CONSUMO		
1970	4.433.463	1.488.347	1.949.553	889.329	106.234
1973	5.115.597	1.526.751	2.387.472	1.073.220	128.154
1975	5.121.738	1.549.795	2.348.696	1.069.773	153.474
1980	5.876.431	1.810.097	2.598.208	1.261.163	206.963
1981	5.815.459	1.822.508	2.507.128	1.265.529	220.294
1982	5.797.315	1.846.490	2.452.960	1.268.514	229.351
1983	5.862.324	1.893.691	2.432.520	1.290.112	246.002

Fuente: O. N. U. *Anuario de las estadísticas de la energía.*

100, lo que les convierte en la fuente de energía principal. Los combustibles sólidos participaron con un 32,30 por 100 y el gas natural con el 22 por 100. En total estas tres fuentes básicas representan el 96 por 100 del consumo, lo cual significa que nuestro actual sistema energético descansa, de forma casi exclusiva, en el uso de las energías fósiles. El cambio más significativo desde 1973 al momento actual (1983) es la pérdida de participación relativa de los combustibles líquidos (– 5,18 por 100), en beneficio del resto de las fuentes energéticas. La crisis originada por las fuertes subidas de precio del petróleo no sólo promovió el aprovechamiento de otros combustibles fósiles tradicionales (carbón), o de uso más reciente (gas), sino que además favoreció la investigación en torno a las energías renovables y su uso. La aportación actual de estas fuentes es muy pequeña aunque cabe esperar de ellas una mayor contribución que no será ni pronta, ni espectacular. Las nuevas energías sólo alcanzarán un uso razonable cuando se reduzcan los costes de producción, supongan un verdadero ahorro energético, o puedan ser tratadas a un mismo nivel de concentración que las convencionales. La crisis de 1973 favoreció también la aceleración de muchos programas nucleares nacionales, alentados por los poderes públicos que se manifestaban temerosos de que las dificultades de abastecimiento se agravasen y estaban preocupados por el déficit creciente que la subida de los precios del petróleo causaba en sus balanzas comerciales. La opción nuclear divide hoy a los ciudadanos. Los partidarios insisten en cuatro argumentos básicos: que es imprescindible para mantener los niveles de consumo logrados; que es la única fuente capaz, a corto plazo, de sustituir al petróleo; que es una energía segura; que se trata de una energía barata. Los detractores opinan que la seguridad de las centrales es limitada, puesto que siempre caben fallos humanos (Chernobil, 1986), que además las condiciones de construcción pueden ser técnicamente perfectas, pero que ciertos intereses económicos determinan que, a veces, no se cumplan los requisitos con el consiguiente aumento del índice de riesgos; que la eliminación de los residuos nucleares no está resuelta, lo cual puede convertir a nuestra planeta en un auténtico basurero radiactivo (no existe, en efecto, ningún método de almacenamiento admitido unánimemente como seguro); y, por último, que la multiplicación de centrales puede favorecer la aparición de un terrorismo «radiactivo» de peligrosísimas acciones y resultados, ya que, como es sabido, el plutonio se utiliza como materia prima en la construcción de bombas atómicas.

La distribución espacial de la producción y el consumo de energía en el mundo está, como la de los recursos alimenticios, profundamente desequilibrada. Una clasificación de países, sobre la base de un indicador simple como el consumo de energía por habitante, resulta sencilla de establecer. Pese a que se trata de un dato muy general, que oculta las grandes disparidades que se dan en el interior de un mismo país, entre territorios y clases sociales, constituye un buen indicador de la situación económica general e ilustra de manera significativa la oposición entre países desarrollados y en desarrollo. El gráfico 2.35, confeccionado con las cifras de 1983 (*Anuario de las estadísticas de la energía*, de 1985), patentiza meridianamente esta primera oposición fundamental, que se simplifica igualmente en el cuadro 2.28.

CUADRO 2.28

CONSUMO DE ENERGÍA POR PERSONA EN 1983

Regiones	**KEP**
África	287
América del Norte	4.581
América del Sur	659
Asia	427
Europa	2.870
Oceanía	3.076
Unión Soviética	4.057
Mundo	1.251

Fuente: O. N. U., *Anuario de las estadísticas de la energía* (1985).

La clasificación se complica, pero se completa, cuando además tenemos en cuenta para cada país la relación entre producción y consumo medida a través de la *tasa de independencia energética*. Entonces aparecen diferencias importantes, tanto en el bloque de naciones desarrolladas, como en las del Tercer

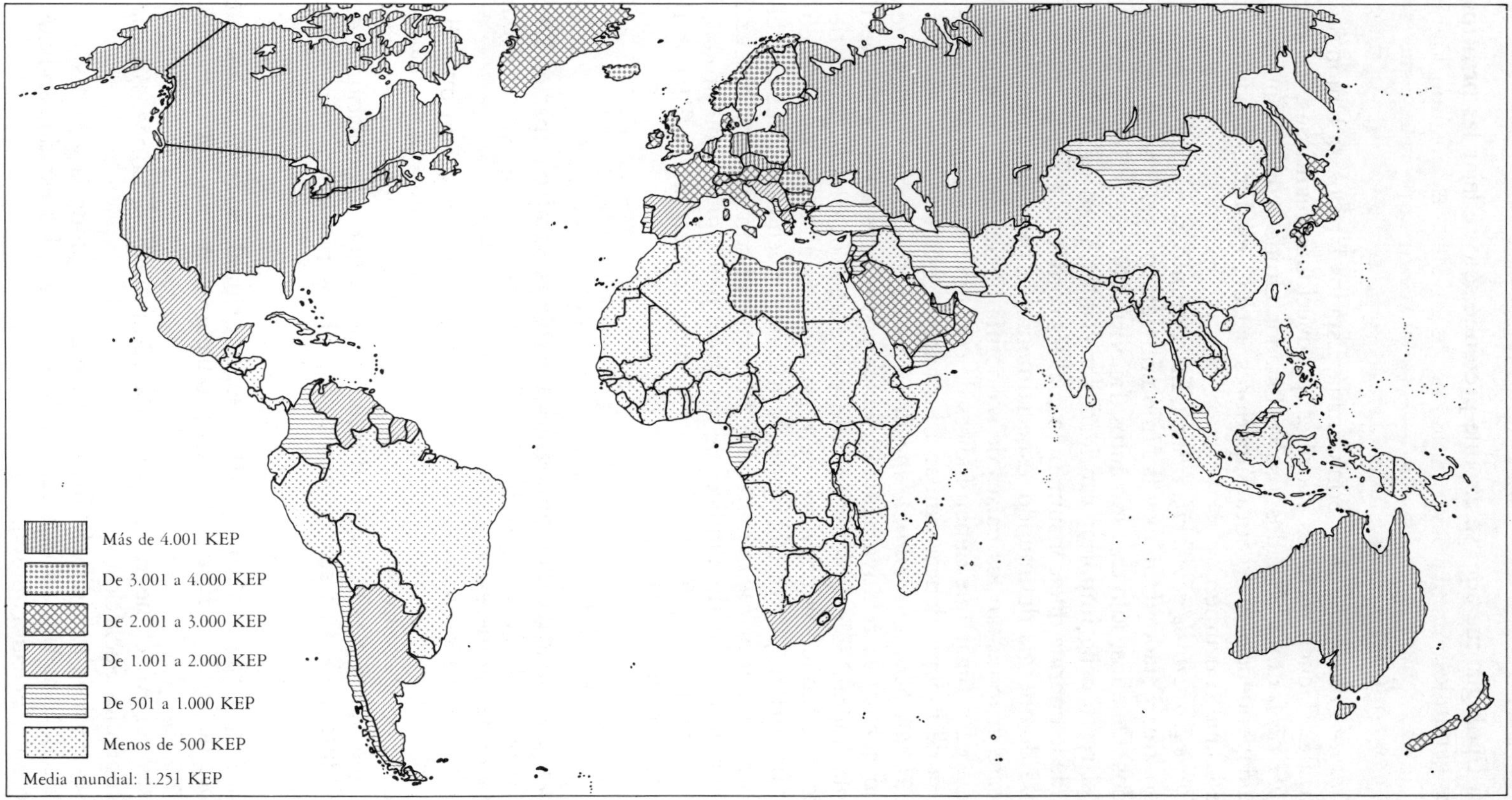

Fuente: O. N. U. *Anuario de las estadísticas de la energía* (1985).

Gráfico 2.35. Consumo de energía por habitante. KEP (1983)

Mundo. La tipología que aquí se expone pretende sólo reflejar las principales situaciones generales.

A) *Países desarrollados*

1. *Países de gran dimensión.* Son Canadá, Estados Unidos, la Unión Soviética y Australia. Tienen recursos enormes, producciones cuantiosas, índices de consumo *per cápita* muy elevados y salvo Estados Unidos con ochenta y ocho, tasas de independencia energética superiores a cien, es decir, producen más energía de la que consumen.

2. *Países europeos de economía liberal.* En conjunto, son el tercer gran foco de consumo, tras Estados Unidos y la Unión Soviética, y tienen índices *per cápita* elevados. De ellos, sólo tres son autosuficientes (Noruega, Holanda y Gran Bretaña); el resto debe importar cantidades variables, pero siempre muy importantes, de la energía que consumen, lo cual les convierte en la primera zona importadora de energía del mundo, especialmente de petróleo. Como subcategorías de este grupo están los países de economía liberal del sur europeo, España, Grecia y Portugal, que tienen índices de consumo mucho más bajos, aunque una tasa de independencia similar a los anteriores.

3. *Países europeos de economía socialista.* Salvo Yugoslavia, tienen índices de consumo *per cápita* relativamente elevados y similares a los de sus vecinos de economía liberal. Sólo Polonia es autosuficiente. Los demás países tienen una tasa de independencia negativa, pero mucho más alta que los europeo-occidentales. Importan, por consiguiente, cantidades mucho menores que ellos.

4. *Los demás países industrializados.* En realidad son Japón y Nueva Zelanda. Tienen en común altos índices de consumo *per cápita*, débil producción energética y tasa de independencia negativa, muy baja en Japón (71 por 100) y bastante alta en Nueva Zelanda (71,57 por 100).

B) *Países del Tercer Mundo*

1. *China*, por su magnitud demográfica, exige ser tratada aparte. Tienen un consumo por habitante bajo (424 KEP), pero en contraposición produce más energía de la que necesita.

2. *Países que producen más energía de la que consumen.* Son muy diversos, pero tienen una serie de características comunes, como son sus bajos niveles de consumo y la posibilidad de satisfacer su propia demanda energética actual y la que pueda producirse en el futuro al aumentar la población o desarrollar la industria. Varios subconjuntos geográficos pueden diferenciarse en este grupo:

a) Países del Oriente Medio y África septentrional. Se trata de los países árabes de la O. P. E. P., más los productores africanos Túnez, Libia y Egipto.
b) Países del África negra (Nigeria, Camerún, Gabón, Congo, Angola) y la República Sudafricana.
c) Países de Asia meridional: Brunei, Birmania, Indonesia y Malasia.
d) Países de América Latina: Méjico, Venezuela y los estados andinos de Colombia, Ecuador, Bolivia y Perú.

3. *Países que producen menos energía de la que consumen.* Son igualmente muy variados, pero comparten unas características de base que los individualizan como grupo: sus bajos consumos por habitante, el menor crecimiento de este índice en relación con el del grupo anterior y su fuerte dependencia energética exterior. Se pueden agrupar en las siguientes unidades geográficas:

a) Países asiáticos de economía socialista: Corea del Norte, Vietnam, Mongolia.
b) Países no socialistas del Sureste asiático: Filipinas, Tailandia.
c) Países del subcontinente indio: India, Paquistán, Bangladesh, Nepal, Sri Lanka.
d) Países del Oriente Medio no productores de petróleo: Israel, Jordania, Líbano, Turquía.
e) Países de América central y meridional: se incluyen prácticamente todos, a excepción de los mencionados en el grupo 2.
f) Países africanos: representan el conjunto más extenso a escala planetaria, que incluye las naciones sin fachada marítima y la mayoría de las situadas en África occidental y oriental.

En la estimación de las disponibilidades futuras de las distintas fuentes de energía, hay que diferenciar lo que son «reservas», es decir, materias conocidas y evaluadas de forma precisa en yacimientos ya investigados y «recursos» que son reservas posibles, estimadas bajo el supuesto de que en espacios poco o nada investigados se irán descubriendo tantos yacimientos como en las zonas de características geológicas similares que ya se conocen. Este tipo de extrapolaciones comporta un elevado margen de incertidumbre, pero para un análisis prospectivo a medio o largo plazo conviene utilizar las cifras de recursos aunque planteen serias dudas, tanto en lo que se refiere a su volumen preciso, como a los posibles costos de extracción.

Vamos a considerar cada una de las grandes fuentes de energía, comenzando por las energías fósiles.

El carbón, que ya le está ganando terreno al petróleo, es relativamente abundante. La Conferencia Mundial de la Energía ha estimado los recursos en 6.750 MMTEP* y las reservas en 430 MMTEP. La producción, que en 1983 fue de 1,8 MMTEP, podría elevarse hasta 5,8 MMTEP por año según la Conferencia, y hasta 8 por año según el I. I. A. S. A. (International Institute for Applied System Analysis).

Las perspectivas de carbón a largo plazo son favorables, siempre que se consigan, a costes aceptables, dos grandes modificaciones de su cadena energética: la licuefacción directa y la gasificación del carbón *in situ*.

Las reservas probadas de petróleo se elevaban a comienzos de los ochenta a 90.000 millones de toneladas, que al ritmo actual de producción se agotarían en treinta años. Sin embargo, los recursos son mucho más altos. La mayoría de las estimaciones de los expertos se sitúan entre 173 y 7500 MMTEP y más de las dos terceras partes entre 225 y 300 MMTEP.

---

* MMTEP = 1.000 millones de toneladas de equivalente petróleo.

Este último volumen de recursos petrolíferos incorpora la estimación de los submarinos (tal vez un 40 por 100 de los totales) y el mejor aprovechamiento de los existentes mediante la recuperación asistida. A los recursos de hidrocarburos tradicionales o convencionales habría que añadir los procedentes de las arenas asfálticas (300 MMTEP) y las pizarras bituminosas (400 MMTEP).

Las reservas probadas de gas natural se elevan a 77.000 billones de metros cúbicos (1980) que, de acuerdo al ritmo actual de la producción, podrían durar cincuenta años. Los recursos son más difíciles de estimar que los del petróleo, debido a que el gas ha sido menos investigado que él. El volumen probable oscila entre las 200 y 500 MMTEP, lo que a escala planetaria representa un potencial energético similar al del petróleo.

El desarrollo de la energía nuclear de fisión plantea el problema de la disponibilidad del uranio. Es una cuestión muy difícil de conocer, ya que los países socialistas no suministran datos de producción. Los *Anuarios* de las estadísticas mundiales de la energía (O. N. U.) dan unos recursos de uranio «razonablemente asegurados» de 1,8 millones de toneladas y estiman en 1,4 millones los «recursos adicionales», pero en ninguna de estas estimaciones se incluyen las cifras de los países socialistas. La O. C. D. E., por su parte, eleva los recursos totales a 5 millones de toneladas siempre que se fijase como coste máximo aceptable el de 130 dólares por kilogramo y sin incluir, asimismo, las existencias de los países socialistas.

Si la capacidad instalada alcanzase los 400.000 o 500.000 MW, cifra posible de acuerdo a los programas en marcha, serían necesarias alrededor de unas 100.000 toneladas de uranio al año. Esto va a obligar a una intensificación de la producción, ya que en 1981 sólo fue de 44.033 toneladas (siempre excluida la Unión Soviética y otros países del Este).

Con este consumo, los recursos de uranio de los países no socialistas durarían unos treinta años según las estimaciones de la O. N. U.. y el doble de acuerdo a las de la O. C. D. E. Sin duda, tendrían mayor duración si les añadimos los recursos de las naciones socialistas y sobre todo si se multiplican los reactores regeneradores.

Las posibilidades de la energía atómica se ampliarían también de forma extraordinaria mediante la fusión nuclear controlada. La vía más adecuada parece ser la de lograr la fusión entre los núcleos de dos isótopos de hidrógeno: el deuterio y el litio. Este procedimiento probablemente no estará en condiciones de ser utilizado hasta bien entrado el siglo XXI pero, una vez que logren superarse los problemas técnicos que hoy lo mediatizan, se convertirá en una fuente básica debido a la facilidad de obtención del deuterio (extraíble del hidrógeno del agua marina) y la abundancia de los recursos de litio.

Un reciente informe del I. I. A. S. A. establece las producciones que podrían obtenerse de cada una de las fuentes renovables (excluida la energía solar) en el año 2030 (Cuadro 2.29).

Por su parte, la energía solar representa una fuente de energía inagotable. Es la más abundante y la más accesible al hombre. A medio y largo plazo ofrece perspectivas interesantes, pero su explotación a gran escala plantea y planteará, a corto plazo, problemas técnicos y económicos fundamentales cuya superación es difícil de pronosticar.

CUADRO 2.29.

PRODUCCIÓN POTENCIAL ANUAL DE FUENTES DE ENERGÍA RENOVABLES (EXCLUIDA LA SOLAR)

(En MMTEP)

Fuentes	Potencial técnico	Potencial realizable
Combustible de los bosques y explotaciones agrarias	5,7	1,9
Desechos orgánicos	0,1	0,1
Hidroelectricidad	2,3	1,1
Glaciares	0,1	—
Viento	2,3	0,7
Geotermia	0,3	0,2
Energía térmica de los mares	0,7	0 — 0,7
Mareas	0,3	—
TOTAL		4,0 — 4,7

Fuente: I. I. A. S. A., 1978.

Pese a las incertidumbres e inexactitudes que contienen las estimaciones manejadas, varios hechos esenciales son deducibles de ellas:

- — Para los años inmediatos hay recursos suficientes de hidrocarburos líquidos, de carbón y de uranio natural para la energía nuclear de fisión.
- — A más largo plazo los sistemas energéticos podrían centrarse en el uso de la energía de fisión a base de reactores regeneradores, en el de la fusión nuclear o en la energía solar.
- — En todo momento, las demás energías renovables constituirán un necesario, pero reducido, complemento de las fuentes anteriores.

Como en el caso de los recursos alimenticios, el balance sobre las disponibilidades futuras de energía es, al menos, a nivel teórico y largo plazo, moderadamente optimista. El crecimiento de la producción mundial de energía no va a estar limitado por el volumen de recursos existentes.

No obstante, esta constatación no debe hacer olvidar los serios problemas con los que debemos enfrentarnos. Que haya suficientes recursos para satisfacer la demanda potencial, no supone desgraciadamente que en determinados momentos y en ciertas zonas no se vayan a producir situaciones de escasez.

El sistema energético mundial se caracteriza por un notorio desequilibrio espacial en la producción y consumo de energía. Saber si este desajuste se va a mantener, reducir o intensificar exige dar respuesta a tres importantes cuestiones iniciales: ¿Cómo van a evolucionar los consumos futuros? ¿Dónde se localizan los recursos disponibles? ¿Cuáles son los problemas que limitan las evoluciones posibles de los sistemas de producción y distribución de la energía?

La mayoría de los análisis estima que en los países desarrollados el consumo aumentará en el futuro de forma más lenta que en pasadas décadas, no sólo debido a razones económicas, sino a causa del impacto sobre el medio ambiente. La situación de comienzos de los 80 revela una disminución de los consumos totales y *per cápita* en regiones como Estados Unidos, Canadá, Europa occidental, Japón o Australia (no así en los países socialistas).

Por el contrario, la demanda de energía en los países en desarrollo sufrirá un fuerte aumento debido al crecimiento demográfico, la progresiva urbanización y el proceso de industrialización. En su caso, la disponibilidad y el coste de la energía van a tener una repercusión más decisiva sobre el crecimiento. El índice multiplicador se situará entre cinco y siete, lo cual no impedirá que la tasa de consumo *per cápita* de los países desarrollados sea seis o siete veces más alta que la de los países en desarrollo.

Estos planteamientos conducen a una evolución del consumo total que según las diferentes hipótesis estará comprendido entre los 12 y los 15,5 MMTEP en el año 2000. Todos los estudios son bastantes coincidentes, además, al estimar la parte que en este consumo tendrán los países desarrollados (entre el 69 y el 72 por 100).

Después del año 2000, las evaluaciones se hacen muchos más inciertas. El I. I. A. S. A., por ejemplo, ofrece para el año 2030 y una población en torno a los 8.000 millones, dos escenarios con consumos de 20 y 32 MMTEP, pero son estimaciones que están sometidas a un margen de error muy alto.

La distribución geográfica de reservas y recursos energéticos es muy desigual. Siete países desarrollados —Australia, Canadá, Gran Bretaña, la República Federal de Alemania, Polonia, la Unión Soviética y Estados Unidos —y tres del Tercer Mundo— China, la India y África del Sur, localizan más del 95 por 100 de los recursos de carbón de todas clases que existen en el mundo.

En cuanto al petróleo, las naciones de la O. P. E. P. poseen alrededor del 70 por 100 de las reservas conocidas y algo menos de los recursos totales. Los miembros de la O. C. D. E. sólo tienen el 10 por 100 de las reservas y el 17 por 100 de los recursos, la mayoría de los cuales se localizan en América del Norte. Estados Unidos y Canadá poseen además las dos terceras partes de las pizarras bituminosas y una proporción elevada de las arenas asfálticas; los países socialistas europeos tienen, por su lado, entre un 16 y un 19 por 100 de las reservas de petróleo, pero están concentradas fundamentalmente en la Unión Soviética, que dispone también de abundantes arenas asfálticas y de las mayores reservas de gas natural del planeta (40 por 100 de las probadas). De este último producto destacan las existencias de algunos países de la O. P. E. P., fundamentalmente de Irán, Argelia y Arabia Saudita, y entre las naciones industrializadas, las de Estados Unidos, Canadá, el Reino Unido y Holanda.

En cuanto al uranio, las mayores reservas y recursos adicionales las poseen Estados Unidos, Canadá y Australia (66 por 100). Luego están algunas naciones en desarrollo como África del sur, Níger, Namibia y Brasil que juntas reúnen el 24 por 100 del total. Los países en desarrollo están mejor provistos de recursos de torio. Sumando reservas aseguradas y recursos adicionales, Brasil ocupa el primer lugar seguido de Estados Unidos. Luego figuran la India y Egipto, Canadá y Noruega*.

---

* Se desconocen las reservas y recursos de uranio de los países socialistas.

En resumen, desde el punto de vista de los recursos fósiles América del Norte, la Unión Soviética y las repúblicas socialistas europeas se encuentran en una posición bastante favorable, Japón en una situación muy mala, y Europa occidental en un nivel intermedio.

En cambio, los países en desarrollo, sobre todo aquéllos que tienen una tasa de crecimiento demográfico más fuerte y se urbanizan e industrializan más aprisa, presentan un panorama de conjunto más desfavorable. Éste es el caso de la mayoría de las naciones tercermundistas de Asia, África y América latina. En este contexto, sin embargo, hay que hacer excepción de los países productores de petróleo y de gas del Oriente Medio, África del Norte y Tropical y Latinoamérica que a medio plazo, al menos, tienen asegurado su abastecimiento energético (O. C. D. E., 1980).

Los problemas de la producción y distribución de la energía son principalmente los siguientes:

— La lentitud con la que se producen los cambios en la estructura del aprovisionamiento. Actualmente los hidrocarburos constituyen la principal fuente de consumo (petróleo, 41 por 100 y gas natural, 22 por 100 en 1983) y todo hace pensar que van a seguir siéndolo hasta comienzos del siglo XXI. En estas condiciones, el aprovisionamiento de energía a corto plazo exige una decidida política de ahorro energético, a la espera de que el desarrollo de la energía nuclear, el incremento de la producción del carbón y el empleo de las energías renovables diversifiquen y amplíen las fuentes de suministro.
— A medio término, el uso de los combustibles fósiles puede tener una influencia desfavorable sobre el clima debido a la emisión de gas carbónico y a la dispersión de residuos térmicos en la atmósfera. Esto obligaría a crear la necesaria infraestructura de transformación, o a multiplicar la biomasa vegetal que evite, al menos en parte, el impacto negativo de tales poluciones.
— Las técnicas modernas de extracción del carbón y otros combustibles suponen la movilización de importantes volúmenes de materiales que producirán degradaciones medioambientales a nivel local y regional. Evitarlas exigirá unos costes ecológicos adicionales que encarecerán todavía más el producto.
— El uso masivo de la energía nuclear de fisión, aparte de otros problemas técnicos y económicos, planteará graves inconvenientes que afectan a la seguridad: riesgo de accidentes en las centrales con emisión de elementos radiactivos, destrucción de los desechos y multiplicación de las disponibilidades de plutonio.
— La utilización futura de la mayor parte de las fuentes de energía implicará la inversión de fuertes capitales, tanto por las características de extracción de los recursos, como por la necesidad de limitar el impacto sobre el medio ambiente. Esto planteará gravísimos problemas a los países del Tercer Mundo que, además, tendrán que resolver los problemas específicos de satisfacer la demanda de energía de las grandes ciudades, los sectores que se industrializan y el abastecimiento de las zonas rurales.

A largo plazo, y con un sistema basado en el uso predominante de la energía de fusión y en la solar, parece posible que la producción energética sea capaz de satisfacer un consumo muy superior al actual. Los problemas de abastecimiento se plantearán sobre todo a corto y medio plazo.

Esta última etapa del siglo XX y al menos durante el primer cuarto del siglo XXI, el mundo seguirá recurriendo a las energías fósiles: hidrocarburos, carbón y energía nuclear de fisión, apoyadas en proporción reducida por la hidroelectricidad, la madera en el Tercer Mundo y la geotérmica. Las fuentes menores no tradicionales —mareas, olas, viento, corrientes oceánicas, gradientes términos— no ofrecen tampoco perspectivas interesantes en un plazo medio.

Es durante este periodo de transición cuando se van a plantear los problemas más graves en el abastecimiento de energía que va a afectar sobre todo a los países del Tercer Mundo y ello por tres motivos principales:

— Porque poseen menos recursos que los países desarrollados. La excepción es el petróleo de la O. P. E. P., que seguirá vendiéndolo al mejor pagador.
— Porque van a necesitar mucha más energía que la que hoy consumen.
— Porque no disponen de los capitales necesarios (y de la tecnología precisa) para aprovechar recursos propios difíciles o comprarlos, a elevado precio, a los productores.

En materia de energía el periodo crucial para la humanidad se va a situar probablemente entre 1985 y 2025. La única forma de evitar que la crisis se agrave pasa por el ahorro energético de los países desarrollados y por la ayuda internacional a los países en desarrollo, suministrándoles la energía que precisan sin arrastrarles a unos gastos que su economía sería incapaz de soportar.

Al mismo tiempo estas naciones deben adoptar modelos de desarrollo energético de baja intensidad basados en la optimización de las fuentes de energía propias.

2.8.3. *Las materias primas minerales*

Para analizar la producción minera mundial es preciso recurrir a los precios de cada producto (al primer nivel en el que pueden ser comercializados) ya que el elevado número de sustancias, que se miden a través de unidades tan diferentes, dificulta cualquier otro procedimiento. De la consideración de los datos recientes (*Annales des Mines,* 1985) se desprenden tres hechos generales. El primero es el reducido pero económico que los minerales metálicos (6,9 por 100) y los no metálicos (2,3 por 100) suponen en el conjunto de la producción minera de la que las sustancias energéticas representaban en 1983 más del 90 por 100. Un segundo hecho importante es la acaparación por un número restringido de sustancias de la parte fundamental del valor total de los productos no energéticos. Tan sólo tres de ellos, oro, hierro y cobre, suponen más de la mitad; y los diez primeros (los anteriores más la plata, fosfatos, potasa, sal, cinc, azufre y diamantes) llegan al 72 por 100. Un tercer aspecto es el crecimiento exponencial que la producción y el consumo de sustancias ha tenido desde los comienzos de la Revolución Industrial, ya que estos productos, con las fuentes de energía, están en la base de cualquier proceso industrializador. Según las estimaciones de Sutulov (1972), desde 1770 a 1970 la producción *per cápita* se había multiplicado por 24. Esta tasa media encubre grandes diferencias entre unos productos y otros. En el siglo XX se constata un fuerte aumento de los metales nuevos como el aluminio. Figuran a continuación ciertas sustancias no metálicas que han abastecido a la industria química, especialmente la fabricación de abonos (fosfatos, potasa, etc.). En posición inferior están el hierro y el níquel y con un crecimiento más moderado los viejos metales, plomo, cinc o estaño. Después de la II Guerra Mundial las mayores tasas de crecimiento corresponden a los metales que se emplean en los sectores industriales más avanzados: vanadio, circonio, platino, molibdeno, aluminio, etc.

La publicación francesa *Annales des Mines* suministra datos sobre la producción y el consumo de cincuenta y una sustancias minerales. Los países son agrupados en tres grandes bloques y en doce zonas macrogeográficas:

— Países industrializados de economía de mercado: América del Norte, Japón, Australia, Nueva Zelanda, África del Sur, los países europeos de los grupos 9 y 10 (cuadro 2.30).
— Países de economía planificada: Unión Soviética, Europa del Este, naciones asiáticas de economía planificada (China, Corea del Norte, Vietnam, Laos, Kampuchea).
— Países en vías de desarrollo: resto de Asia, resto de África y resto de América.

Estas doce zonas se agrupan en dos mundos:

Norte: países industrializados de economía de mercado + Unión Soviética + Europa del Este.

Sur: naciones asiáticas de economía planificada + países en vías de desarrollo.

Un hecho fundamental se desprende del cuadro 2.30, que contradice una opinión muy extendida y, de acuerdo a sus cifras, errónea: la de que el Tercer Mundo es el gran productor y, por ende, abastecedor de materias primas a los países industrializados. Esto, al menos para los productos no energéticos, es inexacto, ya que sólo producen el 25 por 100 del valor de tales sustancias. La inclusión de las naciones de Asia socialista sólo hace aumentar el porcentaje en un 6 por 100 más. El conjunto del «Sur» supone, por lo tanto, el 31,2 por 100 del valor total de la producción mundial.

Si de los grandes conjuntos geográficos descendemos a un análisis más detallado por países, la principal conclusión a reseñar es la fuerte concentración de la producción minera en un reducido número de naciones (cuadro 2.31). Las dos primeras potencias producen más de un tercio; las cinco primeras más de la mitad, las diez más de dos tercios y las veinte casi el 84 por 100 del total. De estos veinte países, nueve pertenecen al «Norte», los cuales reúnen, por sí solos el 61,85 por 100 del valor total de la producción. Estos datos vuelven a confirmar la debilidad de los países en desarrollo como suministradores de sustancias minerales no energéticas. Y la situación queda convenientemente ma-

CUADRO 2.30. EVOLUCIÓN Y DISTRIBUCIÓN DEL VALOR DE LAS MATERIAS PRIMAS

ZONAS	1983		1978		1950		ÍNDICE EN RELACIÓN A		TASA ANUAL EN RELACIÓN A	
	Valor	%	Valor	%	Valor	%	1978	1950	1978	1950
1. África del Sur	11.955,0	14,0	10408,2	11,0	1.981,1	8,1	114,9	603,5	+ 2,8	+ 5,6
2. Resto de África	6.070,6	7,1	7.870,2	8,3	2.142,2	8,8	77,1	283,4	- 5,1	+ 3,2
3. Estados Unidos - Canadá	15.659,7	18,3	20.170,3	21,4	8.214,7	33,7	77,6	190,6	- 4,9	+ 2,0
4. Resto de América	10.978,7	12,8	9.701,6	10,3	2.656,1	10,9	113,2	413,3	+ 1,1	+ 4,4
5. Japón	618,7	0,7	780,0	0,8	238,2	1,0	79,3	259,7	- 4,5	+ 2,9
6. Asia socialista	5.403,3	6,3	4.379,9	4,7	136,1	0,6	123,4	3.970,1	+ 4,3	+ 11,8
7. Resto de Asia	4.272,3	5,0	6.198,2	6,6	1.397,7	5,7	68,9	305,7	- 7,2	+ 3,4
8. Europa oriental	2.773,9	3,2	3.036,0	3,2	161,6	0,7	91,4	1.716,5	- 1,8	+ 9,0
9. C. E. E. (Europa de los 10)	2.861,1	3,3	3.616,2	3,8	1.627,0	6,7	79,1	175,9	- 4,6	+ 1,7
10. Resto de Europa	2.360,8	2,8	2.895,9	3,1	1.084,6	4,4	81,5	217,7	- 4,0	+ 2,4
11. Unión Soviética	17.750,7	20,8	19.634,2	20,8	3.226,1	13,2	90,4	550,2	- 2,0	+ 5,3
12. Oceanía	4.863,2	5,7	5.678,4	6,0	708,9	2,9	85,6	686,0	- 3,1	+ 6,0
Sin diferenciar	9,5		12,6		819,3	3,3				
TOTAL	85.577,5	100,0	94.381,7	100,0	24.393,6	100,0	90,7	350,8	- 1,9	+ 3,9
Países de economía de mercado (P.E.M.) (1 +3 +5 +9 +10 +12)	38.318,5	44,8	43.549,0	46,1	13.854,5	58,8	88,0	276,6	- 2,5	+ 3,1
Países de economía planificada (P. E. P.) (6 + 8 + 11)	25.927,9	30,3	27.050,1	28,7	3.523,8	14,9	95,8	735,8	- 0,8	+ 6,2
Países en vías de desarrollo (P. V. D.) (2 + 4 + 7)	21.321,6	24,9	23.770,0	25,2	6.196,0	26,3	89,7	334,1	- 2,2	+ 3,8
Norte: (1 + 3 + 5 + 8 + 9 + 10 + 11 + 12)	58.843,1	68,8	66.219,2	70,1	17.242,2	73,1	88,9	341,3	- 2,3	+ 3,8
Sur: (2 + 4 + 6 + 7)	26.724,9	31,2	28.149,9	29,9	6.332,1	26,9	94,9	422,0	- 1,0	+ 4,5

Fuente: Annales des Mines (julio-agosto-septiembre de 1985).

CUADRO 2.31.

LOS VEINTE PRIMEROS PAÍSES PRODUCTORES DE MATERIAS PRIMAS MINERALES NO ENERGÉTICAS

PAISES	Valor (millones de dólares)	Porcentaje del total mundial	Porcentaje acumulado
1. Unión Soviética	17.750,7	20,74	
2. África del Sur	11.955,0	13,97	34,71
3. Estados Unidos	9.544,2	11,15	
4. Canadá	6.115,5	7,15	
5. China	4.692,2	5,48	58,49
6. Australia	4.115,8	4,81	
7. Brasil	3.215,1	3,75	
8. Chile	2.340,8	2,74	
9. Méjico	1.774,4	2,07	
10. Perú	1.599,5	1,87	73,73
11. Polonia	1.342,6	1,57	
12. Zaire	1.035,8	1,52	
13. Francia	865,4	1,01	
14. Filipinas	794,2	0,93	
15. India	778,1	0,91	
16. Alemania Federal	775,9	0,91	
17. Zambia	774,2	0,90	
18. Marruecos	687,6	0,80	
19. España	626,6	0,73	
20. Japón	617,8	0,72	83,73

Fuente: Annales des Mines (julio-agosto-septiembre de 1985).

tizada si además se tiene en cuenta el número de sustancias obtenidas en cada país o bloque de naciones. Los países industrializados del «Norte» producen un mayor número de sustancias y tienen su producción mucho mejor repartida entre los diferentes minerales que extraen, con un relativo predominio de los no metálicos. En cambio, las naciones del «Sur» tienen una producción menos diversificada y concentrada, la mayoría de las veces en uno o dos minerales metálicos, o en los fosfatos.

El análisis del *consumo* de sustancias minerales no resulta fácil de realizar debido a diferentes hechos. entre ellos a que el consumo mundial de metales refinados es superior a la cantidad de metales suministrados por la producción minera a causa de la incorporación de los metales recuperados; y a que las estadísticas de consumo de metales refinados no reflejan exactamente el valor del consumo final de estas sustancias ya que los metales utilizados en un país por la industria mecánica pueden exportarse a otro bajo la modalidad de bienes de equipo y ser en este último donde deba figurar el consumo final de los mismos.

El examen de los datos del cuadro 2.32, que debe efectuarse a la luz de las consideraciones precedentes, permite obtener estos resultados:

— Los países industrializados de economía de mercado tienen porcentajes de participación en el consumo de metales refinados y de abonos, su-

CUADRO 2.32. PRODUCCIÓN Y CONSUMO DE LAS PRINCIPALES SUSTANCIAS MINERALES

	África del Sur	Resto de África	Estados Unidos y Canadá	Resto de América	Japón	Asia Socialista	Resto de Asia	Europa oriental	C. E. E. (Europa de los 10)	Resto de Europa	Unión Soviética	Oceanía	P. E. M.	P. E. P.	P. V. D.	Norte	Sur
	1	2	3	4	5	6	7	8	9	10	11	12	1+3 +5+9 +10+12	6+8+11	2+4+7	1+3 +5+8 +9+10 +11+12	2+4 +6+7
Bauxita-Aluminio	—	17,8	0,9	21,9	—	2,4	4,0	4,2	5,2	4,4	8,0	31,2	41,7	14,6	43,7	53,9	46,1
	0,4	0,9	29,2	3,5	11,6	4,2	6,3	5,5	18,9	5,7	1,9	1,9	67,7	21,6	10,7	85,2	14,8
Cobre	2,6	14,1	20,5	22,4	0,6	3,5	6,2	6,6	—	3,8	14,3	5,4	32,9	24,4	42,7	53,8	46,2
	0,8	0,3	21,6	3,4	13,3	4,7	5,2	6,0	23,2	5,3	14,9	1,3	65,5	25,6	8,9	86,4	13,6
Estaño	1,4	3,8	0,1	21,4	0,3	9,1	46,5	1,2	2,1	0,4	8,8	4,9	9,2	19,1	71,7	19,2	80,8
	0,9	0,7	18,4	4,5	14,7	6,8	5,8	7,7	21,0	4,0	14,0	1,5	60,5	28,5	11,0	82,2	17,8
Hierro - Acero	2,4	4,2	10,3	17,3	—	13,6	6,0	0,4	1,4	4,0	30,1	10,3	28,4	44,1	27,5	58,9	41,1
	0,8	1,4	16,1	3,4	9,9	9,3	9,4	8,2	13,2	3,7	23,8	0,8	44,5	41,3	14,2	76,5	23,5
Níquel	3,1	4,4	18,8	13,5	—	2,3	8,8	1,7	2,1	1,0	25,8	18,5	43,5	29,8	26,7	71,0	29,0
	0,9	0,1	21,3	1,7	16,6	2,7	3,3	4,9	21,2	6,3	20,3	0,7	67,0	27,9	5,1	92,2	7,8
Plomo	2,6	4,6	20,4	13,9	1,4	6,8	2,7	5,1	3,3	8,3	16,9	14,0	50,0	28,8	21,2	72,0	28,0
	0,7	1,3	23,3	4,0	6,8	4,7	5,2	7,7	22,6	7,2	15,2	1,3	61,9	27,6	10,5	84,8	15,2
Cinc	2,1	2,6	20,7	16,9	3,9	4,5	2,7	4,8	6,2	9,0	15,8	10,8	52,7	25,1	22,2	73,3	26,7
	1,3	1,0	16,9	4,5	12,1	5,2	8,6	6,7	20,5	5,1	16,5	1,6	57,5	28,4	14,1	80,7	19,3
Metales	2,3	7,7	13,9	18,9	0,5	8,1	8,7	3,1	1,7	4,1	20,8	10,2	32,7	32,0	35,3	56,6	43,4
	0,8	0,9	19,3	3,4	11,7	6,6	7,1	7,1	18,5	4,8	18,7	1,1	56,2	32,4	11,4	82,0	18,0
Fosfatos	2,4	22,7	30,2	2,9	—	9,4	7,9	—	—	9,4	21,7	2,4	35,4	31,1	33,5	57,1	42,9
	1,4	2,1	15,1	6,3	2,3	10,8	12,3	9,4	13,4	3,8	19,6	3,5	39,5	39,8	20,7	68,5	31,5
Potasa	—	—	29,0	—	—	0,1	4,2	12,8	16,5	2,5	34,9	—	48,0	47,8	4,2	95,7	4,3
	0,6	1,0	21,5	5,6	2,5	2,4	6,8	12,7	18,1	4,5	23,2	1,1	48,3	38,3	13,4	84,3	15,7
Población	0,7	10,5	5,5	8,2	2,5	24,1	31,8	2,4	5,8	2,2	5,8	0,5	17,2	32,3	50,5	25,4	74,6

Fuente: Annales des Mines (julio-agosto-septiembre de 1985). P.E.M.: Países de economía de mercado; P.E.P.: Países de economía planificada; P.V.D.: Países en vías de desarrollo.

periores a los que tienen en la producción, y consumos *per cápita* más altos que los del Tercer Mundo.

— Las naciones de economía planificada se comportan como un grupo singular con niveles de participación en la producción y el consumo bastante semejantes. Los consumos *per cápita* de los países industrializados de economía planificada (Unión Soviética y Europa oriental) son similares a los de Europa occidental, aunque inferiores a los de América del Norte o Japón. Las naciones asiáticas de economía planificada tienen índices muy bajos y similares a los de muchas otras zonas del Tercer Mundo.

— Los países en vías de desarrollo producen muchos más metales y fosfatos de los que consumen y tienen índices de consumo *per cápita* muy pequeños.

El hecho más significativo, referente al consumo de los siete metales considerados y de los abonos, es la desigualdad notoria entre países desarrollados y en desarrollo. En el seno de ambos bloques se aprecian también diferencias notables. En el conjunto del «Norte», Estados Unidos y Canadá tienen los consumos *per cápita* más altos, seguidos de cerca por el Japón. Más atrás, están, con valores similares entre sí, Europa occidental y oriental, la Unión Soviética y Australia. Las desigualdades son más acusadas en el «Sur» donde, por ejemplo, el consumo *per cápita* de la América en desarrollo es casi seis veces más elevado que el de África.

El cuadro 2.32 permite obtener la *tasa de cobertura* de las principales sustancias minerales, es decir, la relación para las distintas zonas o países entre su participación en la producción minera y en el consumo de metales refinados o de abonos. He aquí algunas conclusiones sobre este tema:

— En conjunto, los países industrializados de economía de mercado cubren algo más de la mitad de sus necesidades en metales refinados y la casi totalidad de los abonos requeridos. Sin embargo, aparecen diferencias significativas entre los principales subconjuntos regionales. Japón es el país con una tasa de dependencia más fuerte, puesto que debe importar más del 95 por 100 de los metales que consume su industria de transformación y todos los abonos exigidos por su agricultura. Los diez países de la C. E. E. (situación de 1983) se presentan también como un conjunto claramente dependiente. En cambio, la posición norteamericana es mucho mejor: su producción minera cubre las tres cuartas partes de las necesidades de metales y rebasa ampliamente las cantidades requeridas de abonos.

Existen ciertas sustancias de las que los países industrializados capitalistas son netamente dependientes (bauxita, cobalto, colombio, cromo, manganeso, molibdeno, tantalio, vanadio, etc.). Desde un punto de vista estrictamente económico estos productos suponen una parte reducida del P. I. B. mundial, pero su importancia estratégica es considerable ya que resultan imprescindibles para el funcionamiento de las industrias de vanguardia y la defensa nacional. Un desabastecimiento prolongado de estos minerales plantearía graves problemas a la economía y la seguridad de tales estados.

— Las naciones industriales de economía planificada cubren en bloque el 95 por 100 de sus necesidades de metales, tres cuartas partes de sus abonos fosfatados y son excedentarios de los potásicos. Esta situación de conjunto enmascara una clara dependencia de las repúblicas socialistas europeas respecto de la Unión Soviética, que produce más metales y abonos de los requeridos. Por otro lado, la Unión Soviética no necesita importar cantidades importantes de ninguna sustancia mineral, salvo de cobalto.

— Los países del Tercer Mundo tienen una producción minera que excede, con mucho, las necesidades actuales de su industria de transformación. En los tres continentes tercermundistas el grado de autosuficiencia es elevado. Las cifras mayores son las de África, que sobre todo en su mitad meridional localiza los recursos y realiza las exportaciones más importantes de algunas de las sustancias que más necesitan los países industrializados. Esta circunstancia otorga un interés estratégico enorme a esta zona del mundo, comparable, en cierto modo, a lo que es el golfo Pérsico para el petróleo.

En la base de cualquier reflexión sobre el futuro de las materias primas están los datos de «reservas» y «recursos». El cuadro 2.33 recoge las estimaciones de unas y otros según el Departamento de Minas de Estados Unidos, que ha señalado que en la evolución y definición de «recursos» y «reservas» deben tenerse en cuenta dos factores principales: el grado de certeza geológica de su existencia y volumen y las posibilidades de recuperación en las condiciones económicas y técnicas existentes en la actualidad. Ambos factores están influidos por los progresos tecnológicos y los cambios, económicos en función de los cuales los «recursos» se transforman en «reservas».

CUADRO 2.33.

RECURSOS Y RESERVAS DE MATERIAS PRIMAS
(Metal contenido en millones de toneladas)

	Hierro	Cobre	Plomo	Estaño	Cinc	Aluminio	Titanio
Recursos	195.000	726	1.360	37,0	1.800	7.600	2.015
Reservas	93.400	456	124	10,2	150	5.000	394
	Cromo	**Cobalto**	**Colombio**	**Manganeso**	**Molibdeno**	**Níquel**	**Tantalio**
Recursos	5.300	4,5	14,6	3.265	31,7	127,7	0,26
Reservas	820	1,5	10,7	1.814	9,0	54,4	0,06
	Tungsteno	**Vanadio**	**Bismuto**	**Mercurio**	**Plata**	**Platino**	**Amianto**
Recursos	3,4	56,2	0,13	0,80	0,51	0,026	135,0
Reservas	2,0	9,7	0,08	0,24	0,19	0,009	87,0

Fuente: Departamento de Minas de Estados Unidos.

Algunos de los datos del cuadro no incluyen los minerales de los depósitos marinos. El agua del mar posee prácticamente todos los elementos conocidos, pero la mayoría en concentraciones muy bajas. La zona mejor estudiada, y también la más explotada, es la plataforma continental. En ella se sitúan depósitos superficiales —yacimientos de placer— de los que se obtienen minerales metálicos variados (titanio, magnetita, casiterita, etc.) y continen reservas importantes de otros productos (azufre). No obstante, son los depósitos de las zonas profundas los que ofrecen un mayor interés (nódulos polimetálicos). Estas concreciones metalíferas representan una reserva considerable de diferentes minerales, sobre todo de manganeso y hierro, pero también de aluminio, cobalto, níquel, cobre, magnesio y otros. Su explotación no va a ser fácil, ya que están alejados de la costa y situados a una gran profundidad. Además son minerales distintos a los obtenidos en los yacimientos terrestres, que exigen otros métodos de tratamiento de los que se emplean en la actualidad. Que pasen de ser simples «recursos» a la condición de «reservas» explotables será una cuestión de rentabilidad. Y lo mismo cabe decir de los depósitos de lodos abisales que contienen aluminio, cobre, cobalto y otras sustancias.

Si se tienen en cuenta estos yacimientos los recursos minerales como el níquel, molibdeno, vanadio y manganeso, aumentan más del 150 por 100 y mucho más aún los de cobalto. También crecen de manera considerable los recursos de titanio, aluminio, plomo, bismuto y cobre, y en proporción más reducida el cinc, hierro, cromo y tungsteno.

Comparadas las cifras de reservas del cuadro precedente con otras estimaciones, resultan incluso bastante conservadoras para muchos de los productos incluidos. Y en cualquier caso, si se consideran los nódulos marinos, la mayoría de las sustancias presenta una relación de recursos/reservas superior al 300 por 100. Por otro lado, las sucesivas evaluaciones realizadas desde los años 50 han incrementado progresivamente las disponibilidades de reservas precisamente en una etapa en la que el consumo ha llegado a cotas más altas. En este crecimiento, junto al hallazgo de nuevos depósitos (satélites Landsat), han jugado un papel relevante el incremento de los precios y la utilización de nuevas tecnologías.

Las sustancias ya empleadas pueden considerarse como otra fuente de materias primas. Un uso más amplio y eficaz de las disponibilidades de reciclaje haría disminuir la tasa de utilización de nuevos recursos, contribuiría a preservar el medio ambiente y supondría un ahorro de energía.

La estimación de las disponibilidades de materias primas debe relacionarse con la del consumo. Para hacerlo hay dos formas: referir el volumen de reservas al nivel actual de consumo para obtener una duración de vida estática, es decir, el número de años que tardaría en agotarse un producto si el consumo se mantuviese constante, o dividir las reservas entre el consumo acumulado previsto para un cierto periodo de tiempo para lograr una estimación dinámica mucho más ajustada a la realidad. Una estimación de este tipo se recoge en el cuadro 2.34.

Hay sustancias que no parecen presentar ningún problema de disponibilidad física a escala planetaria (hierro, aluminio, titanio, cromo, manganeso, vanadio y platino).

Otras que tienen reservas menos abundantes pero suficientes, por lo me-

CUADRO 2.34.

EVOLUCIÓN DINÁMICA DE LAS RESERVAS

	Hierro	Cobre	Plomo	Estaño	Aluminio	Titanio	
Relación entre las reservas y la demanda actual (en años)	194	54	29	42	27	>200	>300
Relación entre reservas y demanda acumulada 1976-2000	5,1	1,4	1,2	1,5	0,9	6,2	4,4

	Cromo	Cobalto	Colombo	Manganeso	Molibdeno	Níquel	Tantalio
Relación entre las reservas y la demanda actual (en años)	>300	44	>800	185	108	83	60
Relación entre reservas y demanda acumulada 1976-2000	10,3	1,3	17	4,6	2,2	2,2	1,8

	Tungsteno	Vanadio	Bismuto	mercurio	Plata	Platino	Amianto
Relación entre las reservas y la demanda actual (en años)	57	>300	30	30	20	110	22
Relación entre reservas y demanda acumulada 1976-2000	1,4	8,2	0,8	0,9	0,6	3,1	0,5

Fuente: Departamento de Minas de Estados Unidos e Interfuturos.

nos a medio plazo (cobre, plomo, estaño, cinc, molibdeno, tantalio y tungsteno).

Una tercera categoría que presenta una situación más preocupante (plata, mercurio, bismuto y amianto y otras sustancias no contenidas en el cuadro como el bario, la fluorina, el grafito, etc.).

Así, pues, desde un punto de vista estrictamente físico no son previsibles escaseces generalizadas y graves de las principales sustancias minerales. Otra cosa es que puedan surgir dificultades para ciertos minerales y algunas de sus aplicaciones concretas.

Como recuerdan Bourrelier, Callot y Hugon (1975), el problema de la penuria de las materias primas minerales debe analizarse desde tres puntos de vista: a) *El geológico* desde el cual, y salvo para sustancias muy concretas, no parece existir un riesgo de grave escasez, máxime con las posibilidades añadidas del reciclaje y la sustitución b) *El político*, que hace que la actividad minera se vea obstaculizada por un conjunto de barreras cuya persistencia podría conducir a graves dificultades de aprovisionamiento. La solución (política) consistiría en eliminar los obstáculos que se oponen a una explotación más racional y más justa de los recursos minerales. c) *El económico*, que determinará el encarecimiento de las materias primas, si bien, debido a su baja participación en el P. N. B. mundial, el incremento de los precios, siempre que sea progresivo, no tendrá una repercusión fundamental en la tasa previsible de crecimiento de la economía del planeta.

Estos autores, que se pueden calificar de «razonablemente optimistas», juzgan que si algún día surgen limitaciones físicas que frenen el crecimiento de la producción material y el de la población, las derivadas del volumen de materias primas minerales no serán, sin duda, las más importantes.

Como dice P. N. Giraud (1983), desde la perspectiva de su función en la economía y en la política, los recursos minerales tienen como característica fundamental no tanto el no ser renovables, como el estar tan desigualmente repartidos.

Para los veintiún productos contenidos en los cuadros anteriores la situación es la siguiente:

— Los países desarrollados de la O. C. D. E. y África del Sur poseen el 44 por 100 de las reservas, de las cuales la gran mayoría se localiza en Estados Unidos, Canadá, Australia y la citada nación africana.
— Los países de economía planificada reúnen el 23 por 100, que en un 80 por 100 corresponden a la Unión Soviética. China debe tener sin duda grandes reservas, pero su territorio no ha sido suficientemente prospectado.
— El Tercer Mundo contiene un tercio de las reservas, pero igualmente concentradas en un reducido número de países.

De esta distribución se deduce que amplias regiones del «Norte» y del «Sur» tienen reservas escasas y una elevada tasa de dependencia. Éste es el caso de Japón, de la mayoría de los países de Europa occidental y oriental y de gran parte de los del Tercer Mundo.

La fuerte concentración regional de las reservas supone un riesgo político de desabastecimiento para ciertos productos y algunos países, maś grave que el que se deriva a corto plazo de las propias limitaciones físicas.

Cuando se ojean las estadísticas de distribución de las reservas por sustancias se comprueba la situación de auténtico privilegio que tienen algunas naciones de uno y otro mundo. Obsérvense sino los porcentajes del cuadro 2.34.

Los mismos países se repiten una y otra vez: Estados Unidos, Canadá, Unión Soviética y Australia entre las naciones industrializadas; Brasil, Zaire, Chile, Nigeria entre los países del Tercer Mundo y África del Sur a medio camino entre ambos bloques.

El riesgo de desabastecimiento puede provenir también de la propia estructura del mercado. Hoy, salvo en los países socialistas y algunos del Tercer Mundo, la actividad minera está dominada por las grandes compañías multinacionales. Los casos de la bauxita, níquel, platino, molibdeno, titanio, colombio, tantalio y vanadio son los más significativos. Las grandes empresas internacionales venden estos productos a quien mejor los paga. En el futuro es probable que aumente la influencia de los gobiernos sobre ciertos mercados de materias

CUADRO 2.34.

DISTRIBUCIÓN DE LAS RESERVAS DE ALGUNAS SUSTANCIAS BÁSICAS POR PAÍSES

Sustancias	Porcentaje de reservas de los tres primeros países
Hierro	Unión Soviética (30,2), Brasil (17,5), Canadá (11,7)
Cobre	Estados Unidos (18,5), Chile (18,5), Unión Soviética (7,9)
Plomo	Estados Unidos (20,8), Australia (13,8), Unión Soviética (13,2)
Cinc	Canadá (18,5), Estados Unidos (14,5), Australia (12,6)
Aluminio	Guinea (33,9), Australia (18,6), Brasil (10,3)
Cromo	África del Sur (74,1), Zimbawue (22,2)
Cobalto	Zaire (30,3), Nueva Caledonia (18,8), Unión Soviética (13,9)
Colombio	Brasil (76), Unión Soviética (6,4), Canadá (5,5)
Manganeso	África del Sur (45), Unión Soviética (37,5), Australia (8)
Tantalio	Zaire (55), Nigeria (11), Unión Soviética (2,9)
Vanadio	Unión Soviética (74,8), África del Sur (18,7)
Platino	África del Sur (82,3), Unión Soviética (15,6), Canadá (1,6)

Fuente: Departamento de Minas de Estados Unidos, 1977.

primas, debido a nacionalizaciones o a una mayor participación del Estado en las operaciones de explotación, sobre todo en el Tercer Mundo. Razones políticas pueden superponerse al juego de los intereses económicos y provocar el desabastecimiento de ciertos mercados. Los países más expuestos a este riesgo son, evidentemente, los europeos, Japón y los del Tercer Mundo no productores.

La disponibilidad de materias primas estará afectada en el futuro por otras dificultades. El impacto negativo sobre el medio ambiente es una de las más importantes.

La evolución de la industria minera se caracteriza por un recurso cada vez mayor a sustancias de bajo contenido y por una ampliación de la dimensión media de los yacimientos. Se calcula que en los últimos cincuenta años el contenido medio ha disminuido de dos a cinco veces para el cobre, el plomo y el cinc y alrededor de cien veces para el estaño.

La explotación de estos minerales incrementa el consumo de energía y provoca la acumulación de residuos, principalmente sólidos, en cantidades crecientes. En ciertas zonas con ecosistemas frágiles se pueden producir daños cuya restauración será lenta y muy costosa. El tratamiento subterráneo *in situ* podría ofrecer, desde esta perspectiva, posibilidades interesantes.

La extracción y elaboración de algunas materias primas plantea, por otro lado, un problema serio de contaminación atmosférica (aluminio, por ejemplo) y marítima. La explotación de recursos mineros de la plataforma continental y los fondos marinos, pueden suponer un peligro de contaminación irreparable si cualquiera de las fases de producción del mineral no se ajusta a los requisitos de conservación medioambiental. El problema es más grave en los yacimientos situados en aguas extraterritoriales, puesto que es más difícil de controlar que la explotación se efectúe de acuerdo con los objetivos de protección del medio marino que exige la defensa de un patrimonio universal.

Con el margen de incertidumbre que plantea el manejo de unas estimaciones inciertas, puede concluirse que una penuria física generalizada de materias primas minerales por agotamiento de los recursos no constituye una eventualidad probable. Las limitaciones son de otro tipo. El acceso a un capital tan imprescindible estará condicionado por un reparto muy desigual de las reservas, una estructura de oligopolio del mercado y una serie de condicionantes medioambientales, es decir, por factores políticos, económicos y sociales.

Con éstos, como con otros recursos, la humanidad debe afrontar con urgencia una serie de medidas encaminadas a la preservación y ampliacion del capital: intensificar la prospección para descubrir nuevos yacimientos, transformar la tecnología con vistas a extraer y recuperar las materias primas a precios razonables, reciclar los productos utilizados, sustituir las sustancias escasas por otras más abundantes, reducir el despilfarro en todas las fases del ciclo productivo, incrementar la eficacia de uso tanto social como tecnológicamente, conservación, ...

2.9. DOCTRINAS Y POLÍTICAS DEMOGRÁFICAS

2.9.1. *La evolución de las ideas*

Desde sus inicios, el estudio de la población ha generado varias escuelas de pensamiento relacionadas con las ventajas e inconvenientes que plantea su crecimiento. Fundamentadas en razones muy variadas de carácter estrictamente demográfico, económico, social, religioso, político, militar o de otro signo, las actitudes generales, se pueden agrupar en dos grandes categorías: las optimistas en las que subyace la idea de que el crecimiento es bueno y deseable porque estimula la economía o es beneficioso para la sociedad por alguna de las motivaciones apuntadas; y las pesimistas que se apoyan en la creencia de que un crecimiento sin límites conduce al agotamiento de los recursos, o compromete el bienestar económico y la calidad de vida.

En este debate la figura del ingles T. R. Malthus adquiere una significación especial hasta el punto que después de él las actitudes pesimistas sobre el crecimiento han sido calificadas, tal vez de manera excesivamente simplista y estereotipada, de malthusianas y antimalthusianas.

Malthus, como anteriormente el veneciano Ortes (1712/15-1790), representa la reacción contra las teorías mercantilistas imperantes desde el siglo XVI, que desde un punto de vista demográfico consideraban que una población grande y creciente era beneficiosa porque aumentaba el poder político, económico y militar del estado nacional. El *mercantilismo* decayó hacia mediados del siglo XVIII; pero sus ideas siguieron alimentando el pensamiento demográfico hasta nuestros días.

Malthus representa también la reacción contra el *utopismo revolucionario*, particularmente contra las ideas de Condorcet y Godwin, acerca de la felicidad del hombre y la sociedad, a las que califica de puras lucubraciones.

La obra cumbre de Malthus (1766-1834) fue el *Ensayo sobre el principio de la población*, publicado por primera vez en 1798, y reeditado después, en vida del propio autor en numerosas ocasiones. La primera edición se realizó con una documentación escasa y un tono polémico y panfletario. A partir de la segunda (1803) la obra se convierte en un trabajo más riguroso y documentado. Los postulados generales de los que parte Malthus son que el alimento es necesario para la existencia del hombre y que los seres humanos poseen un impulso natural de reproducción. El problema es que los hombres tienen tendencia a multiplicarse más aprisa que las subsistencias, lo cual constituye la causa de su miseria. Cuando la población no se ve frenada por ningún obstáculo, se dobla cada 25 años y crece, de periodo en periodo, según una *progresión geométrica*. En cambio, en las circunstancias más favorables, los medios de subsistencia sólo pueden aumentar según una *progresión aritmética*. Malthus relaciona ambas leyes de crecimiento y las ilustra con un ejemplo. Partiendo de una población de 1.000 millones, la humanidad crecerá según la progresión 1, 2, 4, 8, 16, 32, 64, 128, 256...; mientras que los medios de subsistencia lo harán según la progresión 1, 2, 3, 4, 5, 6, 7, 8, 9... Al cabo de dos siglos, población y recursos estarán en relación de 256 a 9; al cabo de tres siglos, de 4.096 a 13; y después de 2.000 años la diferencia sería incalculable.

Así, pues, el aumento de la población supera en tan gran medida al de las subsistencias que para que los seres humanos encuentren alimentos en las cantidades requeridas es necesario que en cada momento actúen unos obstáculos que frenen el crecimiento. El impedimento principal es la falta de alimentos, pero este freno no actúa de forma inmediata, salvo en el caso de hambres agudas. Los obstáculos inmediatos son de dos tipos: unos intervienen previniendo el crecimiento demográfico; otros destruyendo la población a medida que progresa. Ambas clases de impedimentos se reducen a tres elementos: la continencia moral, el vicio y los infortunios. Entre los obstáculos preventivos la abstinencia del matrimonio, unida a la castidad fuera de él al menos durante un largo tiempo (uniones tardías), forman lo que Malthus denomina la *continencia moral*. «El libertinaje, las pasiones contra natura, el adulterio y todos los procedimientos para evitar los resultados de relaciones criminales e irregulares» son los obstáculos que él incluye en la clase de los *vicios*. Por último, entre los obstáculos destructivos designa con la palabra *infortunios* los que son una consecuencia inevitable de las leyes de la naturaleza. Por el contrario, aquéllos que son provocados por los propios seres humanos (guerras y otras varias clases de males evitables) son de naturaleza mixta: el vicio los sucita, pero conducen al infortunio.

Malthus rechaza los obstáculos represivos como forma de regular el crecimiento y considera que entre los preventivos sólo la continencia moral constituye un procedimiento válido. Opiniones más fundamentadas sobre él, le atribuyen una manifiesta hostilidad al matrimonio y una cierta permisividad en cuanto a la licitud de cualquier método para limitar la natalidad. Ninguna de estas afirmaciones es exacta. Es ciertamente contrario a los matrimonios precoces, especialmente de aquellas personas con menos medios. Como él mismo afirma: «Es deber de todo individuo... no pensar en casarse hasta tanto no posea lo bastante para cubrir las necesidades de su progenie. Pero el matrimonio en estas condiciones es conveniente, pues no se trata de alterar o debilitar el principio de la población, sino únicamente regular su acción.» Por otro lado, Malthus rechaza esas distintas formas de contracepción, lo cual diferencia su pensamiento del de los autores neomalthusianos que sí las admiten como lícitas y necesarias.

Algunas otras de las ideas de Malthus han sido blanco de la crítica posterior. El rechazo de la comparación de las tasas de crecimiento de la población y las subsistencias ha conducido a poner en tela de juicio toda la teoría. Sin embargo, debe tenerse en cuenta, como recuerda Schumpeter, que las razones geométricas y aritméticas de los aumentos son simples expresiones erróneas de la tesis que pueden pasarse por alto, ya que no tiene, obviamente, sentido formular leyes independientes del comportamiento de dos cantidades que son interdependientes.

Los críticos actuales han señalado también que el crecimiento simultáneo de la población y la prosperidad económica que tuvieron lugar en Europa durante el siglo XIX constituye la mejor prueba de la inutilidad de su teoría. Pero, ciertamente, no debe juzgarse el Ensayo sólo por lo que sucedió durante el siglo siguiente a su aparición, sino por lo que aconteció más tarde, ya en el siglo XX, con la progresiva acentuación de los desequilibrios entre población y recursos.

La crítica marxista por su lado ha acusado a Malthus de defender los intereses de la nobleza terrateniente y la burguesía más reaccionaria, en detrimento de las clases trabajadoras, a quienes hacía protagonistas fundamentales de la necesidad de reducir el crecimiento demográfico general. Esto le llevó a recomendar la abolición gradual de las famosas *leyes de pobres* inglesas ya que, en su opinión, tales preceptos no rechazaban, sino que acentuaban aún más la pobreza al incrementar la población sin añadir nada a los medios de subsistencia. Algunas de las opiniones de Malthus al respecto no resisten la crítica más benevolente. Por ejemplo cuando afirma «... la cantidad de alimentos consumidos en los asilos y distribuidos *a una parte de la sociedad que puede considerarse como la menos interesante* (el texto en cursiva es nuestro) disminuye la parte de los miembros más laboriosos y los más dignos de recompensa». O en otro lado del Ensayo cuando dice «Por muy duro que pueda aparecer... *es preciso que la asistencia esté acompañada siempre de un poco de vergüenza.*» Pero Malthus pensaba seriamente (y no por ello tal pensamiento deja de ser parcial e interesado) que las clases trabajadoras podrían aliviar su pobreza, derivada del principio de la población, mediante su propia acción; es decir, fijando límites a su descendencia.

Todo el pensamiento demográfico del siglo XIX estuvo dominado por las ideas de Malthus, que para algunos constituían verdades irrefutables, mientras que otros las combatieron con gran apasionamiento.

En general, los pensadore liberales (J. B. Say, Ricardo, Stuart Mill) continuaron la tradición malthusiana. Frente a ellos surgieron numerosos autores optimistas que constituyen el reflejo de los progresos económicos que tuvieron lugar en esta etapa histórica en la que se descubrieron nuevas fuentes de energía, se incrementaron las tierras cultivables, se pusieron en circulación ciertos progresos técnicos, y se mejoraron y abarataron los medios de transporte, todo lo cual produjo un aumento de la producción y la riqueza mundiales.

A lo largo del siglo, especialmente en su segunda mitad, se fueron consolidando una multiplicidad de posturas contrarias a las doctrinas de los economistas clásicos y al liberalismo político y económico.

El *movimiento romántico* se opuso al utilitarismo de los economistas liberales por su excesivo apego a los bienes materiales y acentuado egoísmo. En opinión del principal teórico económico de los románticos alemanes (Adam Muller, 1779-1829), la economía cumpliría mejor sus objetivos si prestase mayor atención a los valores morales y espirituales.

El *socialismo* rechazó también el liberalismo y, particularmente, las ideas de Malthus sobre las soluciones para aliviar la miseria de las clases trabajadoras. Tanto los socialistas utópicos (Fourier, Proudhon), como los socialistas marxistas, consideraron la continencia moral como una actitud de clase absolutamente inadmisible y propusieron medidas de orden político y social para combatir la pobreza que, en su opinión, no se debía a ninguna ley natural o eterna, sino a una mala organización de la sociedad capitalista. Sólo una sociedad organizada bajo los principios del socialismo respondería a las necesidades de todos los hombres sin excepción y evitaría el desequilibrio entre la población y los recursos, al propiciar un reparto más justo de las riquezas. Notas características y distintivas del pensamiento marxista tuvieron su confianza ilimitada en la abundancia de la naturaleza y su creencia final de que los progresos científicos y tecnológicos podrían aumentar las disponibilidades de alimentos y otros recursos. A pesar de ello Engels, en una famosa carta a Kautsky, parece admitir que incluso en una sociedad socialista pudiera darse el caso de que la población creciese más aprisa que los recursos obligando a adoptar un cierto control del crecimiento demográfico. En la práctica son muchos los países socialistas que, por unas razones u otras, han adoptado en algún momento una política de planificación familiar.

Las *reacciones nacionalistas*, expresión de una voluntad de poder semejante a la mantenida bajo el mercantilismo, son las más violentas. El nacionalismo es hostil al liberalismo y a su perspectiva internacionalista. Todos los autores nacionalistas (demográficos) eran partidarios del crecimiento de la población de sus respectivos países y verían con preocupación la expansión demográfica de los vecinos. Francia y Alemania fueron las naciones donde proliferaron más este tipo de opiniones y autores. En Alemania las preocupaciones se manifestaron desde mediados del siglo XIX, pero se reafirmaron sobre todo durante el mandato de Guillermo II (1888-1818), bajo el que se desarrolla el culto a la «raza» alemana y la reivindicación del espacio vital. En Francia, durante el Segundo Imperio se levantaron también voces populacionistas como las de Prevost-Paradol, pero la fuerza impulsora fundamental fue la derrota de 1870, que alentó la obra de escritores como A. Dumont, Bertillon o Leroy-Beaulieu.

Los decenios posteriores a 1880 presenciaron además una acentuación del *imperialismo*. Los autores imperialistas, que eran frecuentemente nacionalistas acérrimos, pensaban que una salida adecuada para el crecimiento demográfico consistía en la adquisición de colonias a donde pudiera emigrar la población excedente. De este modo las metrópolis no perderían definitivamente a estos súbditos emigrados.

También durante este tiempo hubo *reacciones de inspiración religiosa,* provenientes especialmente de la Iglesia Católica que, entonces, como posteriormente, afirmó un claro populacionismo. El hilo conductor de esta actitud arranca del «Syllabus Errorum» de Pío IX (1864), continúa en posteriores encíclicas y documentos sobre el matrimonio y la procreación como la «Casti Connubii» de Pío XI (1930) y llega, aunque matizada, hasta nuestros días (encíclica «Humanae Vitae» de Pablo VI, publicada en 1968).

Otras iglesias cristianas tenían a fines del siglo XIX y comienzos del XX una actitud semejante, como lo manifiesta la denuncia de la caída de la natalidad, efectuada por la Iglesia anglicana en la Conferencia de Lambeth de 1908.

Desde mediados del siglo XIX las ideas de Malthus fueron adoptando un carácter diferente. Al malthusianismo sucedió el *neomalthusianismo,* que se diferencia de las enseñanzas de Malthus en un punto esencial: la admisión (y la promoción) de cualquier método para el control de los nacimientos. El neomalthusianismo se desarrolló en los países anglosajones (Inglaterra y Estados Unidos) y estuvo poderosamente influenciado por el utilitarismo y el calvinismo. Al primero le acerca su defensa del derecho de cualquier persona de buscar su propia felicidad (y el control de los nacimientos puede contribuir a ella) y al segundo una visión bastante pesimista acerca del hombre y del porvenir de la humanidad. Desde finales del siglo XIX y bajo la influencia de Annie Besant y sus discípulos, el neomalthusianismo se alineará cada vez más con los movimientos feministas. Como ellos, defenderá la igualdad entre los sexos y la emancipación de la mujer.

Desde finales de la I Guerra Mundial, hasta los años 30, dominaron las ideas de que el mundo se había sobrepoblado. Volvieron a prevalecer las actitudes demográficas pesimistas, fundamentadas en argumentos esencialmente económicos, como los expuestos por Keynes en *The economic consequences of the peace*, en donde sostenía que Europa, densamente poblada, se había vuelto dependiente del abastecimiento externo de mercancías, lo cual hipotecaba peligrosamente su bienestar. La crisis económica de fines de los años 20, y su manifestación más dolorosa, el paro, contribuyeron a difundir la idea de que se había llegado a un estado de exceso de población.

Sin embargo, el crecimiento demográfico estaba disminuyendo. En parte porque la natalidad había comenzado a declinar en muchos países europeos desde 1880; en parte por la sobremortalidad masculina de los años de la guerra y en parte también porque la crisis económica había acentuado la tendencia declinante.

A partir de 1930 esta disminución fue la base de nuevas actitudes demográficas que consideraron que la caída de la natalidad constituía una manifestación de la decadencia nacional y se pintaban con tintes oscuros las consecuencias de este proceso entre las que se mencionaban el declive del poder y el prestigio nacionales, la decadencia económica, la subordinación de la raza blanca ante las de color y el peligro de extinción de la propia civilización occidental. De nuevo surgieron ideologías nacionalistas impregnadas de un fuerte poblacionismo que cuajaron sobre todo en los estados totalitarios, aunque también en otros democráticos.

La etapa posterior a la II Guerra Mundial se caracterizó por el fuerte aumento de la población mundial, merced al experimentado por los países del Tercer Mundo ya que los desarrollados, tras el periodo de recuperación postbélica de la natalidad, entraron en una fase de retroceso, que llevó a algunos a una situación de estancamiento o incluso crecimiento demográfico negativo.

El problema del aumento de la población y su relación con el crecimiento económico y la utilización de los recursos adquirirá una perspectiva mundialista, sobre todo en la década de los 60, en la que empiezan a multiplicarse los estudios de prospectiva. Estos trabajos constituirán la expresión de actitudes muy variadas que van desde el crecimiento sin límites hasta el crecimiento (demográfico y económico) cero.

En un extremo del espectro se sitúan los optimistas del crecimiento poblacional al que consideran bueno y deseable puesto que estimula la renovación técnica y el cambio social. En su opinión, hay suficientes recursos para mantener adecuadamente una población sensiblemente más numerosa que la actual que hacen llegar en algunos casos límite hasta los 20.000 millones de personas. Entre los autores más representativos de esta actitud están el británico C. Clark, el alemán Karl-Heinz Domdey o el americano J. Simon. Para ellos el aumento de la población es la fuente de todo progreso de la humanidad. En el extremo opuesto están los pesimistas del crecimiento que sostienen que la fuerte expansión demográfica actual constituye el principal problema con el que debe enfrentarse la humanidad y que, en consecuencia, hay que detenerlo ya que, si no, se producirá muy pronto un agotamiento de los recursos, incluidos los humanos. La única vía para evitar que el hambre asole al mundo es la adopción de políticas rigurosas de control de la natalidad a escala planetaria. R. Dubos, G. Borgstrom, P. Erlich, B. Commones o Garvet de Bell, constituyen autores representativos de esta postura.

En el medio de estas dos posiciones extremas se dan actitudes en las que el optimismo o el pesimismo adquieren tonos de mayor moderación. Se trata de autores que plantean las respuestas al desequilibrio actual entre la población y los recursos, no sólo en términos estrictamente económicos (aumentar la riqueza y repartir de forma más justa los recursos) o demográficos (controlar el crecimiento); sino que participan de ambas soluciones clasificándolas en función de su propia visión del mundo.

2.9.2. *Las políticas demográficas*

En términos estrictos, una política de población constituye el conjunto de medidas adoptadas por un gobierno con el fin de obtener unos determinados resultados demográficos, si bien en última instancia puedan derivarse de ella otras consecuencias de tipo político, económico o social.

La acción del estado puede ejercerse sobre cualquiera de las variables demográficas (distribución, migraciones, mortalidad), pero es en el terreno de la natalidad donde ha adquirido una mayor frecuencia e importancia.

Esta intervención, que en la mayoría de los casos tiene como objetivo final favorecer o limitar el crecimiento de la población, es un hecho nuevo del siglo XX, y señala la asunción de competencias por parte de los gobiernos en una cuestión que anteriormente se consideraba patrimonio exclusivo de las parejas.

De esta manera, y por razones diversas, los estados se convierten en herederos de las grandes corrientes de pensamiento (malthusiano y populacionista) que surgieron y se desarrollaron desde el siglo XIX.

Las repercusiones de la acción estatal sobre la fecundidad tienden a ser cada vez más decisivas, sobre todo en los países del Tercer Mundo. Por ello, ninguna de las disciplinas que se ocupan del estudio de la población puede dejar de considerarlas.

Para facilitar el análisis, hemos agrupado las políticas en pronatalistas y antinatalistas. Las primeras han sido adoptadas sobre todo por países desarrollados. Las segundas son seguidas, especialmente, por las naciones del Tercer Mundo.

A) *Políticas pronatalistas*

Las más significativas han sido emprendidas por algunos países europeos como respuesta al declive de la fecundidad que tuvo lugar en la década de los treinta y a mediados de los sesenta.

Una política natalista incluye normalmente dos grandes tipos de medidas: unas consistentes en prohibir o limitar el uso por parte de las parejas de los métodos para controlar la fecundidad; otras basadas en promover la natalidad mediante incentivos económicos, o una propaganda encaminada a crear un ambien favorable a las familias numerosas. Sin duda, las políticas naturalistas más explícitas fueron las llevadas a cabo por los estados totalitarios en los años treinta.

La política demográfica del *nazismo* estuvo fundamentada en preocupaciones de tipo natalista y racial. No sólo se trataba de hacer crecer la población, sino de contribuir a la afirmación de la raza aria cuya superioridad constituía la esencia misma de la doctrina nazi, expuesta en el «Mein Kampf» de Hitler. Para ello se adoptó un programa que incluía entre sus medidas la supresión del aborto y de la información sobre métodos anticonceptivos; préstamos a los matrimonios jóvenes, tasas especiales para los adultos solteros y preferencias en la concesión de viviendas a las familias numerosas; prohibición del matrimonio de arios con determinados grupos de no arios; esterilización de personas con ciertas enfermedades hereditarias o psíquicas, etc. Con el fin de promover la raza llegó a crearse el «Instituto del Matrimonio Racial», en donde hombres y mujeres seleccionados por sus cualidades deberían engendrar niños superdotados que después serían educados por el Estado.

La tasa de natalidad pasó del 14,7 por 100 en 1933, cuando Hitler subió al poder, al 19,7 por 100 en vísperas de la II Guerra Mundial. Parece ser que una buena parte del aumento de los nacimientos se debió a los primeros nacimientos, lo cual indica que las parejas se decidieron a tener sus hijos más pronto, pero no necesariamente a incrementar el número de descendientes.

En la Italia fascista las medidas populacionistas se adoptaron a partir de 1926. La emigración fue severamente limitada y la natalidad promovida a través de disposiciones semejantes a las alemanas. Sucesivas leyes acabaron con el control de la natalidad y el aborto y desalentaron el celibato y las familias pequeñas a través de medidas fiscales. En cambio, las familias grandes se vieron favorecidas con exenciones y reducciones de impuestos y con premios y subsidios familiares. Además, en los puestos públicos se concedía preferencia a los hombres casados con hijos.

Las preocupaciones raciales aparecieron más tarde y de forma más tímida que en Alemania. Su principal manifestación fue una ley de 1938 en la que se prohibía el matrimonio de los italianos, supuestamente arios, con los no arios. Pero al igual que en Alemania, el régimen facista prestó una intensa (e interesada) atención a la educación de la juventud, promovió una activa propaganda natalista y legitimaba la expansión territorial. Así lo expresaba Mussolini: «Italia debe encontrar una salida para su población en constante crecimiento. Ninguna potencia tiene derecho a interponerse en su esfuerzo legítimo por encontrar territorios adecuados para su pueblo.»

Un reflejo más atenuado de estas ideologías lo encontramos en la actitud mantenida por el régimen franquista en España. Desde el primer momento se desata una obsesión por hacer crecer la natalidad, y en definitiva la población, como requisito imprescindible para aumentar el poderío político. Se piensa en una España de cuarenta millones a la que con frecuencia hacen alusión textos de autores falangistas (Ramiro Ledesma Ramos) y los discursos del propio Franco: «Día llegará en que nuestra patria alcance la cifra de 40 millones de habitantes a los que puede mantener con completa dignidad, merced a sus grandes recursos.» Tras unas primeras medidas adoptadas en los años de la guerra suprimiendo el divorcio, la ley de 24 de enero de 1941 prohíbe el aborto y la difusión, venta e información sobre métodos anticonceptivos. Luego el Código penal (1944) ratificaría estas disposiciones que sólo muy recientemente han sido modificadas (despenalización de los anticonceptivos en octubre de 1978 y autorización del aborto en determinadas condiciones y por motivos eugenésicos, terapéuticos y criminológicos, en 1985).

Junto a las disposiciones punitivas, el régimen adoptó una política de protección familiar apoyada en subsidios, pluses, premios y otras prestaciones económicas.

Si la natalidad se mantuvo alta en España hasta fechas muy cercanas, sin duda se debió más a las medidas punitivas que a la política de ayuda familiar que por la reducida cuantía de las cantidades devengadas no ha jugado nunca un papel relevante.Si lo han ejercido otros factores de tipo doctrinal, social y cultural que con el paso del tiempo han ido perdiendo influencia hasta el punto que hoy en España la tasa de natalidad alcanza valores francamente bajos (12,5 por 1.000 en 1984).

Otros estados europeos no totalitarios, que adoptaron medidas pronatalistas como respuesta al descenso de la fecundidad operado en los años treinta, fueron Bélgica, Suecia, el Reino Unido y sobre todo Francia. En este país una ley de 1920 prohibió el aborto y la venta de anticonceptivos y la propaganda sobre el control de la natalidad. A ella siguieron otras disposiciones que establecieron incentivos financieros para los matrimonios y más tarde el «Código de la familia», publicado en 1939, sancionó esta política. Otros ejemplos más recientes de políticas pronatalistas los ofrecen los países socialistas europeos, a mediados de los sesenta. La mayoría de ellos habían alcanzado por esos años tasas de natalidad bajas (15-16 por 1000, lo que hizo que algunos gobiernos, temiendo futuros desajustes entre oferta y demanda de trabajo, modificasen su política demográfica anterior. En este sentido actuaron Hungría, Checoslovaquia, Bulgaria y sobre todo Rumania que constituye el caso más significativo. La natalidad rumana había pasado de una tasa de 26,2 por 1000 en 1950 a 14,3 por 1000 en 1965. Las primeras medidas adoptadas tuvieron como objetivo restringir la ley sobre el aborto de 1957 que era extremadamente liberal. Desde 1966 la práctica del aborto se reservó para aquellas situaciones en los que el embarazo pusiese en peligro la vida de la madre, existieran riesgos de malformaciones para el feto, fuese el resultado de una violación, o afectase a mujeres de más de 45 años. La tasa de natalidad aumentó a 27,4 por 1000 en 1967, si bien luego volvería a descender debido al uso generalizado por los ciudadanos de los métodos anticonceptivos. En Bulgaria (1968 y 1973), en Checoslovaquia (1973) y en Hungría (1974) se adoptaron medidas similares en lo que respecta a la limitación del aborto, pero simultáneamente, como en Rumania el estado, fomentó la educación sexual y el uso de los anticonceptivos, lo cual moderó el crecimiento de la fecundidad.

En todos estos países, el deseo de hacer crecer la población, respetando la libertad de los individuos en cuanto al uso de los métodos de control, hizo que se reforzasen las políticas de ayuda familiar. Las medidas adoptadas fueron muy similares. Consistieron básicamente en ampliar los permisos por maternidad, favorecer el trabajo a tiempo parcial de las madres con hijos pequeños, multiplicar el número de guarderías y escuelas infantiles; otorgar primas por nacimiento y desgravaciones fiscales y otras ayudas financieras a las familias, facilitar el acceso a la vivienda a las parejas jóvenes, jubilaciones anticipadas (y remuneradas) para las madres con un determinado número de hijos, ...

Fines demográficos y objetivos sociales fundamentan estas disposiciones que han contribuido a que en la Europa del Este, la natalidad haya mantenido niveles de conjunto más altos que en otras partes del mundo occidental.

En la mayoría de los países occidentales, los gobiernos practican también la que ha sido llamada política de las dos libertades (Verriere, 1978). Con este término se alude a la actitud de aquellos estados que conceden a los ciudadanos amplias facilidades para controlar la natalidad, pero sostienen al mismo tiempo una política de ayuda familiar más o menos incitadora. Con esta actitud se pretende armonizar los derechos individuales, la equidad social y la obligación del Estado de preservar el equilibrio demográfico en su territorio. No obstante, los esfuerzos financieros desplegados en concepto de ayuda a las familias, varían enormemente de unos estados a otros; mientras que en alguno países son fuertes (Francia, Alemania), en otros son mínimos y de una eficacia nula (Portugal, Grecia y sobre todo España).

El examen de los casos considerados más atrás, no agotan los ejemplos de países con políticas natalistas. Son sólo algunos de los más significativos. Además el hecho de que sólo hayamos mencionado naciones desarrolladas no quiere decir que no hayan existido actitudes y políticas pronatalistas en países del Tercer Mundo. Tras la descolonización, muchos de los gobiernos de los nuevos estados independientes, consideraron el crecimiento demográfico como positivo o al menos como no perjudicial para sus territorios. Practicamente ninguno osó proponer una política de control de los nacimientos. La actitud de las autoridades consistía en ignorar el problema o incluso negar, con mayor o menor convencimiento, su existencia.

El ejemplo más acabado de una actitud inicial de rechazo de la planificación familiar y de un decidido populacionismo fue China Popular. El presidente Mao desde que subió al poder no dejó de afirmar que el número constituía la fuerza del pueblo chino y de condenar el control de la natalidad como una maniobra encaminada a exterminarlo, «sin verter una sola gota de sangre». Sin embargo, desde 1954 y sobre todo a partir de 1956, esta posición, comenzará a modificarse, como veremos más adelante.

B) *Las políticas antinatalistas*

Hoy día los ejemplos más significativos de políticas antinatalistas corresponde a países del Tercer Mundo. Sin embargo, alguna naciones desarrolladas compelidas por la coyuntura demográfica, adoptan también, en algún momento de su historia reciente, políticas de este tipo. El caso más llamativo es, sin duda, el del *Japón*. Este país, tras una oleada neomalthusiana en los años veinte, experimentó a partir de 1930 una evolución política de tendencia nacionalista e imperialista fuertemente populacionista. Entre 1931 y 1936 la venta de productos anticonceptivos fue severamente controlada; en 1940 se limitaron las posibilidades para recurrir al aborto; y en 1941 se dictaron otras medidas claramente natalistas. El cambio hacia una política de signo completamente distinto se produjo después de acabada la II Guerra Mundial. La derrota, la depresión económica y la vuelta al país de más de seis millones de repatriados (militares o civiles), fueron sus factores inmediatos. Inicialmente el instrumento más utilizado para controlar la natalidad fue el aborto. La ley sobre la protección eugenésica promulgada por la Dieta de Tokyo en 1948, autorizaba su empleo casi sin condiciones.

A las razones terapéuticas, eugenésicas y criminológicas (embarazos producto de una violación) se añadían las indicaciones económicas y sociales como causas justificativas para practicar el aborto que era prácticamente gratuito.

Se estima que a comienzos de los cincuenta los abortos eran responsables del 70 por 100 de los nacimientos evitados, frente al 30 por 100 de los métodos anticonceptivos. Esto hizo que el gobierno lanzase en 1952 un programa nacional de planificación familiar, más apoyado en la promoción y difusión de tales métodos. Hacia 1967 la participación de los abortos y de los métodos anticonceptivos en los nacimientos evitados se habrían invertido respecto a 1952.

En cualquier caso, la natalidad japonesa cayó estrepitosamente durante este período, pasando de un 34,3 por 1000 en 1947 a un 17,1 por 1000 en 1961. Al descenso contribuyó también la inexistencia de cualquier tipo de ayuda familiar.

La situación descrita se mantuvo hasta los años sesenta. Sólo entonces se inició una política más moderada. Desde 1960 la parte del presupuesto dedicado a la planificación familiar fue reduciéndose paulatinamente; y desde 1972 se establecieron ayudas familiares, aunque sólo a partir del tercer hijo y para las parejas con escasos medios económicos. Hoy la natalidad japonesa se mantiene al mismo nivel que la de los países desarrollados occidentales (13 por 1000 en 1985).

Entre los países del Tercer Mundo, el primero en establecer un programa de planificación familiar con el objetivo de reducir la fecundidad nacional, fue la India en 1952. Los años cincuenta y los inicios de los sesenta señalan la aparición de nuevas experiencias (Egipto, Paquistán, Túnez, Corea del Sur, China) que se multiplicarían de manera notable a partir de 1965. Hubo varios factores que explican este hecho (Jones, 1981). Aparte de circunstancias coyunturales, como la disminución de las lluvias monzónicas durante los años 1965 y 1966 que provocó en numerosas zonas del subcontinente indio, situaciones de hambre aguda, se dieron simultáneamente dos hechos de indudable influencia. En primer lugar, la publicación de los resultados del Programa censal llevado a cabo por las Naciones Unidas en los años sesenta, que revelaron que muchos países tercermundistas estaban experimentando crecimientos demográficos superiores a los esperados, los cuales podían comprometer seriamente el despegue de sus economías nacionales. Y en segundo término, el hecho de que por ese tiempo se empezó a disponer de anticonceptivos orales y dispositivos intrauterinos cuya utilización generalizada se pensó que podía provocar una rápida y eficaz caída de la fecundidad, como antes la difusión de la quimioterapia a las naciones subdesarrolladas, había hecho descender la mortalidad. Esta creencia animó a varios países desarrollados y algunas agencias u organismos internacionales a prestar ayuda económica a los programas de planificación familiar del Tercer Mundo. Sólo más tarde se comprobó que la disponibilidad de métodos anticonceptivos constituía una condición necesaria, pero no suficiente para una reducción efectiva de la fecundidad.

El fracaso de muchas políticas de planificación familiar se debió al olvido de que determinadas parejas, por muchos medios que tengan a su alcance, no limitaran el número de sus hijos, si no encuentran razones convenientes para hacerlo, y las razones para tener una descendencia numerosa son múltiples: seguridad para la vejez, ayuda material para el trabajo, prueba de virilidad, satisfacción del orgullo personal, cumplimiento de preceptos religiosos, ...

En los países del Tercer Mundo resulta necesario distinguir entre las macro y las microconsecuencias de una elevada fecundidad. Para el conjunto de la sociedad la existencia de tasas de natalidad altas entraña fuertes costos ante la necesidad de dedicar grandes inversiones a la alimentación y la educación de los nuevos seres. Pero a nivel individual los costos son más reducidos e incluso los niños pueden suponer beneficios a corto o medio plazo para sus padres.

Por otro lado, muchos países del Tercer Mundo pronto consideraron que la ayuda de las naciones desarrolladas para llevar a cabo los programas de planificación familiar, no era la única ni la más eficaz que tales países podían prestarles. El tema se planteó a nivel internacional en la Conferencia de Bucarest de 1974 y más recientemente en la de Méjico de 1984.

En Bucarest los países del Tercer Mundo acusaron a los desarrollados de insistir más en las soluciones demográficas que en las económicas para resolver el problema del desajuste entre la población y los recursos. Y afirmaron que si las políticas de población podían resultar convenientes e incluso necesarias para muchas naciones tercermundistas, no debían emprenderse de forma aislada sino integradas en programas más amplios de desarrollo económico y social. El argumento esencial, machaconamente repetido, fue que la elevada fecundidad no constituía la causa del subdesarrollo de las naciones del Tercer Mundo, sino su consecuencia fundamental. Y que para eliminar la situación de pobreza de estas naciones resultaba absolutamente imprescindible la creación de un nuevo orden internacional más justo y equilibrado.

El Plan de Acción Mundial que surgió de la Conferencia fue bastante diferente de su redacción provisional inspirada en las propuestas de los países occidentales (Estados Unidos sobre todo). Se explicitaban objetivos demográficos concretos a corto plazo, se admitía la soberanía de cada estado para determinar su propia política de población y se recomendaba a los gobiernos que facilitasen a las parejas la información y los medios necesarios para lograr el tamaño familiar que libre y responsablemente deseasen. Y al mismo tiempo se insistía en la necesidad de tratar los problemas demográficos en un contexto más comprensivo del desarrollo económico y social.

La Conferencia de Méjico reafirmó diez años después de Bucarest los objetivos y principios básicos del Plan de Acción Mundial y señaló un conjunto de recomendaciones (88 en total), para que fueran tenidas en cuenta por los países que emprendiesen una política de población.

Utilizando datos del Population Reference Bureau, Schnell y Monmonier (1983) ofrecen un análisis bastante completo y actualizado de la actitud de los gobiernos ante la planificación familiar en las diferentes regiones y subregiones del mundo (cuadro 2.35). Como puede observarse más del 62 por 100 de la población del planeta (unos 2.735 millones de personas), vive en países donde la política oficial se ha marcado como objetivo reducir la tasa de crecimiento, bien por razones demográficas (57 por 100) u otros motivos (5 por 100).

La totalidad de estas naciones corresponde al Tercer Mundo y, especialmente al continente asiático (90 por 100 de los habitantes), donde China Popular y la India reúnen, por sí solas, más de 1.600 millones de personas.

La mayoría de los actuales programas de planificación familiar presenta una serie de cambios significativos, respecto de las primeras experiencias. Tres resultan, especialmente llamativos: 1º) La mayor insitencia en la necesidad de reformar las estructuras sociales y económicas como medio indirecto, pero fundamental para reducir la fecundidad. Las reformas se orientan en varios sentidos: unas veces a mejorar la condición de la mujer facilitándole el acceso a la educación y el empleo o modificando las leyes que rigen el matrimonio, el divorcio o la herencia; otras a establecer un sistema de seguridad para la vejez con el objeto de evitar que los hijos dejen de ser el único recurso económico para sus padres ancianos; 2º) Los esfuerzos desplegados por promover el interés público por las políticas de planificación ya que muchos gobiernos están convencidos de que el éxito de tales políticas pasa por convencer a la población de que el comportamiento individual tiene un impacto general decisivo. La propaganda se orienta a destacar la función social de la fecundidad y a proclamar las ventajas que para los individuos y para la sociedad representan las familias reducidas sobre las grandes. 3º) El diseño de estrategias para lograr la aceptación de las políticas por los habitantes de los medios rurales. Los primeros programas se aplicaron casi con exclusividad en zonas urbanas y se orientaron hacia las personas con mayor nivel de instrucción y renta, buscando en su rápida aceptación resultados que justificasen la continuidad de las acciones. Hoy día el gran reto de la planificación familiar es lograr que los métodos de control sean aceptados y usados por las masas rurales del Tercer Mundo, que reúnen fuertes volúmenes de población y manifiestan una incomprensión por la eficacia, o una hostilidad abierta al empleo de tales métodos.

Para ilustrar los objetivos, medios, alcance y resultados de políticas demográficas antinatalistas concretas, hemos elegido dos países asiáticos: China Popular y la India. Varias razones justifican esta elección. Son las dos naciones más pobladas de la Tierra y ejemplos claros de sociedades donde el fuerte crecimiento demográfico provocaba (y aún provoca) graves problemas alimentarios. En ambos casos las políticas demográficas emprendidas han sido de tipo coercitivo y fueron iniciadas bastante pronto. Y se trata de países que pueden constituir ejemplos significativos de la acción estatal en materia de población bajo regímenes políticos de signo completamente distinto.

China es el único caso de un país de grandes dimensiones superficiales (9,6 millones de km^2) y demográficas (más de 1.000 millones en 1982), donde una política de población ha logrado resultados espectaculares: la tasa bruta de natalidad que era de un 40 por 1000 en 1955, pasó al 19 por 1000 según estimación de 1985.

El proceso hacia una política de planificación familiar estuvo llena de altibajos. Al principio, como hemos visto, el gobierno chino mantuvo una actitud favorable al crecimiento demográfico; en 1956 se lleva a cabo la primera campaña de planificación, pero los años del «gran salto hacia adelante», suponen una vuelta al optimismo populacionista de la doctrina marxista. El fracaso de este plan provoca una segunda campaña de control en 1962 que vuelve a prohibirse durante la «revolución cultural» (1966). En 1969 se establece ya una política malthusiana clara y decidida: el control de la natalidad es considerado como una manifestación más del sistema socialista que es capaz de planificar la naturaleza, la producción económica... y la de seres humanos.

Aunque los objetivos son primariamente demográficos, laten otros deseos paralelos de mejorar la condición humana: protección de las madres y de sus hijos, reducción de la mortalidad infantil, conseguir la igualdad entre hombres y mujeres, etc.

A través de una propaganda muy activa de la «educación para el control» y de la integración del «planning» familiar en los servicios sanitarios locales y, sobre todo, en los dispensarios de las comunas rurales, la campaña progresó rápidamente. La fecundidad diaria total pasó de 71.000 niños en 1970 a 47.000 en 1979 (más de 17 millones de nuevos seres al año).

Para conseguir estos fines todas las técnicas son válidas y se aplican: dispositivos intrauterinos, píldoras anticonceptivas, fabricadas en China desde 1970, esterilización, abortos, matrimonio tardío, etc. El aborto es libre y gratuito (los chinos son inventores y usuarios del procedimiento de la aspiración) y da derecho a un permiso laboral de dos semanas.

La esterilización masculina y femenina es libre, frecuentemente y «aconsejada» a los matrimonios que tienen ya dos hijos. Los pacientes disfrutan también de un permiso remunerado.

La campaña en favor del matrimonio tardío pretende que la continencia en el celibato sea un medio de limitación de los nacimientos. La edad varía de unos lugares a otros, pero oscila entre los veintitrés y veinticinco años para las mujeres y los veinticinco o veintiocho para los hombres. El propio presidente Mao se casó por primera vez a los veintisiete años.

Recientemente, el tamaño aconsejado de dos hijos por familia se ha reducido a uno. Más de seis millones de parejas se han plegado a esta recomendación, pero de acuerdo a una estimación del año 1979, alrededor de la cuarta parte de las mujeres en edad de concebir, alumbraron su tercer, cuarto o posterior hijo. Jonathan Sharp recogía en 1982 las opiniones de la viceprimer ministra Chen Muhua, de que el crecimiento demográfico excedió en 1981 los objetivos previstos debido al incumplimiento de alguna de las medidas de planificación familiar; y preveía para la década de los años 80 un cierto «baby boom»

CUADRO 2.35.

ACTITUD DE LOS GOBIERNOS ANTE LA PLANIFICACIÓN FAMILIAR. DATOS POR REGIONES Y SUBREGIONES A FINALES DE LOS AÑOS SETENTA (POBLACIÓN EN CADA CATEGORÍA COMO PORCENTAJE DE LA POBLACIÓN TOTAL DEL ÁREA)

		Política oficial para reducir la tasa de crecimiento		Sin intervención o política oficial		Actitudes o políticas pronatalistas		
Regiones y subregiones	Población (en miles)	Por razones demográficas	Por razones extrademográficas (derechos humanos, salud)	Servicios de planificación familiar de libre utilización	Servicios de planificación familiar limitados o de uso restringido	Servicios de planificación familiar privados	Planificación familiar inexistente o muy restringida	Situación desconocida
ÁFRICA	471.639	29,7	14,2	42,4	8,2	2,3	2,7	0,6
África oriental	134.652	22,7	13,8	51,6	11,3	—	—	0,7
África central	53.780	—	—	57,4	14,2	19,9	8,4	0,2
África septentrional								
África meridional	109.881	57,4	40,1	—	—	—	2,4	—
África occidental	32.084	96,9	—	—	—	—	—	3,1
	141.242	10,8	3,1	70,6	11,2	—	3,8	0,5
ASIA	2.562.654	88,5	5,2	1,1	2,8	0,7	0,8	0,9
Asia oriental	1.172.609	87,9	10,0	0,4	—	—	—	1,7
Asia centromeridional	937.959	94,1	1,7	—	4,1	—	—	0,2
Asia de Sureste	354.182	87,3	—	—	9,7	—	2,7	0,3
Asia del Suroeste	97.904	46,5	—	24,0	—	17,4	11,4	0,7

EUROPA	483.989	—	—	57,3	0,8	27,4	14,5	0,1
Europa del Este	109.501	—	—	—	—	47,2	52,8	—
Europa del Norte	81.721	—	—	89,7	4,0	5,8	—	0,4
Europa del Sur	139.873	—	—	75,0	0,3	16,0	8,7	—
Europa occidental	152.894	—	—	64,7	—	35,3	—	—
AMÉRICA LATINA								
Área del Caribe	359.818	30,3	5,9	53,5	—	2,3	7,5	0,6
América media	29.789	61,7	33,4	—	—	—	—	4,9
América del Sur templada	90.644	99,8	—	—	—	—	—	0,2
América del Sur tropical	41.293	—	27,3	—	—	7,1	65,6	—
	198.092	—	—	97,1	—	2,7	—	0,2
NORTEAMÉRICA	246.644	—	—	100,0	—	—	—	—
OCEANÍA	22.375	17,0	—	79,3	—	—	—	3,7
URSS	265.712	—	—	—	—	100,0	—	—
MUNDO	4.412.831	57,1	5,0	21,8	2,6	9,8	3,0	0,7

Fuente: Schnell y Monmonier (1983).

debido a la entrada al matrimonio y procreación de las generaciones más numerosas de los tiempos del «gran salto hacia adelante».

El caso de la India resulta también interesante por su peso demográfico, su precocidad, y por constituir el intento de política controlista más radical de cuantos se han emprendido en un país con libertades públicas. Las acciones se inician durante el primer plan quinquenal (1951-1955) y continúan durante los siguientes con medios económicos cada vez más cuantiosos. Los años más duros del control comienzan en 1975, cuando la primera ministra Indira Ghandi suspende los derechos civiles ante los graves problemas económicos por los que atravesaba el país. En abril de 1976 fue anunciada una política de población que contenía 16 medidas concretas, algunas realmente expeditivas.

Años atrás ya se habían cometido excesos escalofriantes como la vasectomía en serie (una cada diez minutos) practicada en los campos de esterilización a los miles de «voluntarios» a cambio de una pequeña suma de dinero. El desastre de los campos de Gorakhpur y de Uttar Pradesh, en donde la falta de asepsia produjo numerosas defunciones por infección y tétanos, redujo la práctica, que de nuevo se reinició en los años de la «emergencia» económica. La edad legal para contraer matrimonio se elevó y aumentaron los pagos a los que aceptaban someterse a la esterilización. Los funcionarios federales con tres hijos fueron amenazados con la pérdida de ciertas ventajas (vivienda, préstamos) si no se esterilizaban; y un chantaje parecido se ejerció sobre las familias pobres a las que se retiraba la asistencia alimenticia o médica si el cabeza de familia rehusaba la vasectomía.

Durante 1976 fueron esterilizados seis millones de personas. La propia Indira Ghandi reconoció que, durante el periodo de Emergencia, se habían vuelto a cometer excesos, los cuales contribuyeron a que su partido perdiera las elecciones de 1977. El nuevo gobierno llevó a cabo una política de planificación familiar más tímida. La vuelta de la señora Ghandi al poder la intensificó de nuevo, pero el tono fue de mayor moderación. Como consecuencia de ello la India, donde cualquier política de control se enfrenta a serios problemas estructurales (analfabetismo, mortalidad infantil fuerte, voluntad de alumbrar hijos que aseguren la vejez paterna, etc.) mantiene todavía una tasa de natalidad elevada (34 por 1000).

BIBLIOGRAFÍA

En esta relación bibliográfica sólo se citan aquellas obras de conjunto, en su mayoría manuales, que abarcan el contenido general de la Geografía de la Población. Las obras o artículos sobre temas o aspectos específicos se insertan en la Bibliografía General. También se incluyen algunas manuales de Demografía y algunos libros sobre evolución histórica de la población.

Obras publicadas entre 1950 y 1975. Se trata de los primeros manuales de la disciplina que han tenido una particular influencia en el desarrollo de los estudios geodemográficos.

BEAUJEU-GARNIER, J., *Trois milliards d'hommes. Traité de démogéographie,* París, Hachette, 1965. Traducción castellana, Barcelona, Labor, 1972.

BROEK, J. y WEBB, J., *A geography of mankind,* Nueva York, Mc. Graw Hill, 1968.

CLARKE, J., *Population Geography,* Oxford, Pergamon Press, 1965.
GEORGE, P., *Introduction à l'étude geographique de la population dans le monde,* París, P. U. F., 1951.
GEORGE, P., *Geographie de la population,* París, P. U. F., 1965. Traducción castellana, Barcelona, Oikos Tau, 1971.
GEORGE, P., *Population et peuplement,* París, P. U. F., 1969. Traducción castellana, Barcelona, Península, 1979.
ORTOLANI, M., *Geografía della popolazione,* Milán, Vallardi, 1975.
PITIE, J., *Geographie de la population mondiale,* París, Sirey, 1973.
TREWARTHA, G., *Geography of population: world patterns,* 1969. Traducción castellana, Buenos Aires, Marymar, 1973.
WILSON, M., *Population Geography,* Melbourne, Nelson, 1968.
ZELINSKY, W., *A prologue to population geographie,* Englewood Cliffs, Nueva Jersey, Prentice Hall, Inc., 1966. traducción castellana, Barcelona, Vicens Vives, 1971.

Obras publicadas a partir de 1975 que incorporan las transformaciones epistemológicas y metodológicas más importantes de la disciplina.

JONES, H., *A population geography,* Londres, Harper, 1981.
NOIN, D., *Geographie de la population*, París, Masson, 1979.
PETERS, G. L. y LARSIN, R. P., *Population geography: Problems, Concepts and Prospects,* Dubuque, Iowa, Kendall/Hunt, 1979.
SCHNELL, G. A. y MONMONIER, M. S., *The Study of population. Elements, patterns, processes,* Columbus, Ohio, Charles E. Morrill, 1983.
WOODS, R., *Population Analysis in Geography*, Londres, Longman, 1979.
WOODS, R., *Theoretical population geography*, Londres, Longman, 1982.

Además resultan de gran interés los «readers» de:

CLARKE, J. (ed.), *Geography and Population. Approaches and applications,* Oxford, Pergamon Press, 1984.
DEMKO, G. J., ROSE, H. M. y SCHNELL, G. A., *Population geography: A reader,* Mc Graw-Hill, 1970.

Obras de carácter descriptivo sobre la población de países o grandes conjuntos regionales:

BEAUJEU-GARNIER, J., *Geographie de la population,* 2 vols., París, P. U. F., 1956-58.
CLARKE, J., *Geography and the developing countries,* Oxford, Pergamon, Press, 1971.
TREWARTHA, G., *The less developed realm: A Geography of its population*, Nueva York, Pergamon, 1978.
TREWARTHA, G., *The More developed realm: A geography of its population*, Nueva York, Pergamon, 1978.

De entre las escasas obras de conjunto de autores españoles sobre geografía de la población cabe destacar:

CASAS TORRES, J. M., *Población, desarrollo y calidad de vida,* Madrid, Rialp, 1982.
GARCÍA BALLESTEROS, A., *Crecimeinto y problemas de la población mundial,* Barcelona, Salvat, 1982.

GONZÁLEZ, R., *Composición de la población mundial*, Madrid, Cincel, 1982.
PUYOL, R., *Población y espacio. Problemas demográficos mundiales*, Madrid, Cincel, 1982.
VINUESA, J. y col., *El estudio de la población*, Madrid, I. E. A. L., 1982.

Manuales de demografía que resultan útiles para el aprendizaje de técnicas y métodos de análisis demográfico:

HENRY, L., *Demographie, Analyse et modèles,* París, Larousse, 1972. Traducción castellana, Demografía, Barcelona, Labor, 1976.
LEGUINA, J., *Fundamentos de demografía,* Madrid, Siglo XXI, 1981.
MOUCHEZ, Ph., *Démographie,* París, P. U. F., 1964. Traducción castellana, Barcelona, Ariel, 1966.
PRESSAT, R., *L'analyse demographique,* París, P. U. F., 1961. Traducción castellana, Méjico, F. C. E., 1967.
SAUVY, A., *Theorie génerale de la population,* 2 vols., París, P. U. F. Traducción castellana, Madrid, Aguilar, 1963-1966.
SHRYOCK, H., SIEGEL, J. S. y Asociados, *The methods and materials of Demography* (edición condensada por E. G. Stockwell), Nueva York, Academic Press, 1976.

Libros para el conocimiento de la evolución histórica de la población.

CARR-SAUNDER, A. M., *Población mundial*, Méjico, F. C. E., 1939.
CIPOLLA, C. M., *Historia económica de la población mundial*, Buenos Aires, Editorial Universitaria, 1964.
GUILLAUME, P. y POUSSOU, J. P., *Demographie historique*, París, A. Colin, 1970.
HABBAKUK, H. J., *Population growth and economic development since 1750,* Leicester University Press, 1971.
NOIN, D., *La transition demographique dans le monde,* París, P. U. F., 1983.
REINHARD, M., ARMENGAUD, A. y DUPAQUIER, J., *Histoire genérale de la population mondiale*, París, Montechrétien, 1968.

CAPÍTULO III

LOS ESPACIOS RURALES

José Estébanez

3.1. DEFINICIÓN Y CONTENIDO

3.1.1. *Consideraciones generales*

La preocupación por el estudio del espacio rural pasó de ser un tema hegemónico en la geografía humana y en determinados momentos casi exclusivo, a un papel secundario en la década de los 60 y comienzos del 70, hasta llegar al momento actual que goza de un nuevo renacimiento.

Se comprende el eclipse en el interés por los problemas suscitados por el espacio rural ante el auge de las ciudades; sin embargo, no puede olvidarse que la gran mayoría del ecúmene está ocupado por territorios rurales y que las dos terceras partes de las familias en el mundo se dedican a las actividades agrarias, y es de la agricultura de donde proceden los alimentos necesarios para la humanidad. Son los productos alimenticios y las materias primas que proceden del espacio rural las condiciones mismas de la existencia de las ciudades. Por otra parte, el espacio rural no es sólo un contenedor real o potencial de actividades urbanas, en el mundo actual y especialmente en las sociedades desarrolladas, el espacio rural se imbrica en el espacio urbano y no puede juzgarse como algo pasivo, ya que se incluye en el sistema social y es preciso hacer compatible la compleja demanda de espacio rural sin que los conflictos de uso lleven al aniquilamiento del medio rural. Para ello es preciso armonizar las diferentes demandas de espacio rural como recurso, la demanda de espacio rural para residencia e incluso la demanda rural con fines de ocio. Todas estas presiones que ejerce la ciudad en el medio rural deben armonizarse con la vida en la comunidad rural si no se quiere infringir daños irreversibles desde el punto de vista ecológico y social.

Sin embargo, uno de los problemas con que se enfrenta la investigación del espacio rural está en precisar la definición del espacio rural y los objetivos de la investigación que para György Enyedi, presidente del grupo de trabajo para la Planificación y la Ordenación Rural adscrito a la U.G.I., es el estudio del espacio rural en tanto como *organización espacial multifuncional* (1975, pág. 3), enfoque poco generalizado en la investigación rural.

3.1.2. *Definición*

Uno de los grandes problemas con que se encuentra la geografía rural es la dificultad de definir el espacio rural. El problema es tan grave que una de las cuatro cuestiones básicas que contiene el cuestionario sobre los problemas de investigación en geografía rural, remitidas a 48 geógrafos especialistas por el citado grupo de trabajo es: ¿cuál es la noción del *espacio rural* y de las *funciones rurales?* En el citado cuestionario se advierte que las respuestas no deben referirse al hábitat, por ser éste un componente del espacio rural.

Al analizar las respuestas, varios geógrafos ponen en duda la posibilidad de una definición de validez universal y la mayoría de las definiciones se encuadran en dos tipos:

— Definiciones por *negación,* es decir, el espacio rural es el que no pertenece a la aglomeración urbana, es pues un espacio interurbano. Este tipo de definición figura en el Plan General Municipal de Ordenación que clasifica el suelo en urbano, urbanizable programado, urbanizable no programado y suelo no urbanizable. Esta definición negativa transfiere la responsabilidad de la definición del espacio rural a los investigadores urbanos y supone que el espacio rural carece de cualidades intrínsecas.

— Las restantes definiciones intentan definir el espacio rural por sus funciones interiores, especialmente identificando las funciones rurales con modos de utilización del suelo y en algunos casos por la composición de la población.

Enyedi señala que la definición mayoritaria puede sintetizarse en:

«El espacio rural está caracterizado por la utilización del suelo extensiva —agrícola, forestal, ocio, tasa de espacio edificado baja— y por la densidad de la población más baja que la de las ciudades (1975, pág. 6).

Otros geógrafos añaden a estas características el modo de vida y las infraestructuras. Sin embargo, no se precisan adecuadamente. Para Enyedi, el espacio rural está caracterizado por la presencia exclusiva o preponderante de funciones rurales. Estas funciones se traducen en la utilización del suelo, en la estructura socioprofesional de la población rural, en las relaciones lugar de trabajo-lugar de residencia y en el carácter y área de influencia de los establecimientos de producción y terciarios del espacio rural. En realidad, esta definición se emparenta con las negativas, ya que el predominio de funciones rurales implica ausencia de funciones urbanas.

En este cuestionario tampoco se llega a un acuerdo sobre la delimitación del espacio rural, aunque se coincide en la existencia de zonas de transición más que en límites lineales bruscos.

En lo que se refiere a las funciones rurales, la respuesta mayoritaria concibe el carácter del espacio rural de un modo *multifuncional* y este carácter es tanto más acusado cuanto más desarrollado sea el país, ya que muchas funciones urbanas se transfieren al espacio rural. No obstante, muchos geógrafos diferencian funciones rurales *especiales,* las que se encuentran solamente en el espacio rural (agricultura, explotación forestal, espacios de ocio, etc.) y otras funciones que se encuentran también en los espacios urbanos, aunque en proporciones diferentes. Algunos geógrafos consideran que sólo las funciones específicas deben ser objeto de investigación en geografía rural.

En suma, un colectivo tan cualificado como el del grupo de trabajo citado manifiesta dudas y ambigüedades a la hora de definir y caracterizar los espacios rurales.

Existen definiciones positivas, aunque tampoco exentas de ambigüedad, como la de H. Clout (1977):

> La geografía rural puede definirse como el estudio de los cambios sociales, económicos, de uso del suelo y espaciales recientes que se han producido en las áreas menos densamente pobladas que se reconocen generalmente en virtud de sus componentes usuales como rurales.

Otra definición que subraya el carácter extensivo de lo rural es la de G. Wibberley, que señala que la palabra rural «describe las partes del país que muestran signos inequívocos de estar dominados por usos del suelo extensivos, bien en el momento actual o en el pasado reciente».

Existe un intento de definir lo rural desde un punto de vista perceptual, es decir, lo rural sería aquel espacio que resulta como tal a la mayoría de las personas.

Sin embargo, a pesar de lo simple y atractiva de la definición no resulta sencillo de evaluar. Así, por ejemplo, en el trabajo de Palmer y colaboradores (1977) sobre la imagen del medio rural, se concluye que esta imagen se estructura en dimensiones compuestas difíciles de precisar.

Por lo tanto, no resulta sencillo una definición de lo rural que satisfaga a la vez las necesidades de delimitar el espacio para su mejor planificación, que haga frente a las actitudes cambiantes de la población hacia el medio rural y a las variaciones y significación que tiene el espacio rural en cada país. Estos obstáculos imposibles de vencer en una definición universal, incitaron a algunos investigadores a subdividir el medio rural en sus elementos funcionales con la esperanza de buscar definiciones parciales que pudieran posteriormente sintetizarse y lograr así una definición global. Así, por ejemplo, Clout (1977) reconoce como elementos básicos en el estudio rural los cambios sociales, económicos, de usos del suelo y espaciales, en tanto que Cherry (1976) centra su estudio en la economía, hábitat y sociedad. Estos elementos así definidos pretenden cuantificarse y así, por ejemplo, la definición de uso del suelo rural permite evaluar el volumen de espacio rural de un país por la apariencia externa. También se pretendió buscar un umbral de población para el hábitat rural sin demasiado éxito, o definir las características sociales de la comunidad rural en oposición a las características de la comunidad urbana, como veremos en el capítulo siguiente de este manual. De este modo se intentó integrar todos estos componentes en una definición genérica del espacio rural. Y así Gilg propone como espacio rural el territorio que cumple los criterios siguientes:

— estar dominado (actual o recientemente) por usos del suelo extensivos, tales como agrícolas, forestales o grandes espacios sin edificar;
— contener núcleos rurales de escaso nivel jerárquico y presentar fuertes relaciones entre los edificios y el paisaje y poseer conciencia de rural por la mayoría de sus habitantes;
— originar un modo de vida caracterizado por una identidad cohesionada basada en el respeto y cualidades comportamentales de vida como parte de un paisaje extensivo.

Esta definición reconoce en el espacio rural la presencia de un mosaico complejo de elementos paisajísticos y que los espacios rurales funcionan a través de procesos de interacción, cambio y conflictos entre estos elementos. El medio rural es, pues, un palimsesto formado por elementos procedentes de diferentes épocas; es, por tanto, un sistema dinámico y no solamente un simple contenedor, o un área de evasión para el urbanita. Es también un sistema de actividades, de trabajo, es un fenómeno dinámico, cuya definición debe replantearse continuamente, sobre todo ante una sociedad tan cambiante como es la postindustrial.

3.1.3. *El índice de ruralidad de Cloke*

El geógrafo británico P. J. Cloke (1977), teniendo presente el carácter complejo y cambiante del espacio rural, intentó elaborar un índice de ruralidad para Inglaterra y Gales y para ello *utiliza* dieciséis variables que condensa mediante el método de análisis de componentes principales.

Las dieciséis variables utilizadas se incluyen en el cuadro 3.1.

Así elabora el mapa de la ruralidad de Inglaterra y Gales en los años 1961 y 1971, representado en un continuo que va desde los espacios más aislados de los centros urbanos que presentan un estancamiento de población, un descenso de población activa masculina, un envejecimiento de la población con tasas de crecimiento natural muy bajas, bajas tasas de ocupación femenina y altos costes de provisión de servicios, hasta los espacios rurales en donde se localizan los núcleos-dormitorio, con rápido crecimiento de población, fuerte tasa de movimientos migratorios pendulares, estructura de población joven, etc. Del trabajo de Cloke se demuestra claramente que el espacio rural es un concepto cambiante (gráficos 3.1 y 3.2), ya que se ven sometidos a procesos que alteran bruscamente las formas y las funciones del espacio rural.

Por esta razón examinaremos a continuación los cambios que mayor impacto causaron en el paisaje rural, como son la llamada *tercera revolución agraria* y el proceso de urbanización de la sociedad postindustrial materializado en la *ciudad regional* o *dispersa*. Estos dos procesos son de capital importancia y explican la mayor parte de las transformaciones formales y funcionales que aparecen en el medio rural desde finales de la Segunda Guerra Mundial y que continúan en el momento actual con una mayor intensidad.

Cuadro 3.1.

VARIABLES EMPLEADAS PARA LA ELABORACIÓN DEL ÍNDICE DE RURALIDAD

Nombre de la variable	Información censal
1. Densidad de población	Poblacion/acre
2. Cambio de población	% cambio 1951-1961, 1961-1971.
3. Población con más de 65 años	% con respecto a la población total
4. Población masculina entre 15-45 años	% con respecto a la población total
5. Población femenina entre 15-45 años	% población total
6. Tasa de ocupación	Familias por vivienda
7. Tasa de ocupación	% población por cada 1,5 habitación
8. Servicio de la vivienda	% familias que usan:
	a) agua caliente
	b) baño
	c) servicio interior
9. Estructura ocupacional	% de grupos socioeconómicos:
	— agricultores autónomos con asalariados
	— agricultores autónomos
	— trabajadores agrarios cuenta ajena
10. Movimientos migratorios	% residentes trabajando fuera del distrito rural
11. Inmigración	% población residente con menos de 5 años
12. Emigración	% de personas salidas en el último año
13.	% inmigrantes/emigrantes
14. Distancia al núcleo más cercano de 5.000 habitantes	
15. Distancia al núcleo de 100.000 habitantes	
16. Distancia al núcleo de 200.000	

Fuente: Cloke (1927).

3.2. Las transformaciones recientes del espacio en el espacio rural de los países desarrollados

3.2.1. *La «tercera revolución agraria»*

El objetivo esencial de esta sección es el estudio de algunos procesos referidos preferentemente al ámbito rural en los países industrializados. Desde la Segunda Guerra Mundial el desarrollo económico de la agricultura fue espectacular tanto en el aspecto tecnológico como en las formas de producción económica. La agricultura sigue siendo el uso del suelo más importante en los países altamente desarrollados, por ello el impacto de los cambios experimentados por la agricultura tiene una fuerte repercusión en la transformación del paisaje.

El esquema propuesto por M. J. Troughton (1986), gráfico 3.3, traduce muy bien los procesos esenciales de lo que este autor denomina la «tercera fase de la revolución en la agricultura».

Su esquema está concebido como un sistema «input-output», en donde los

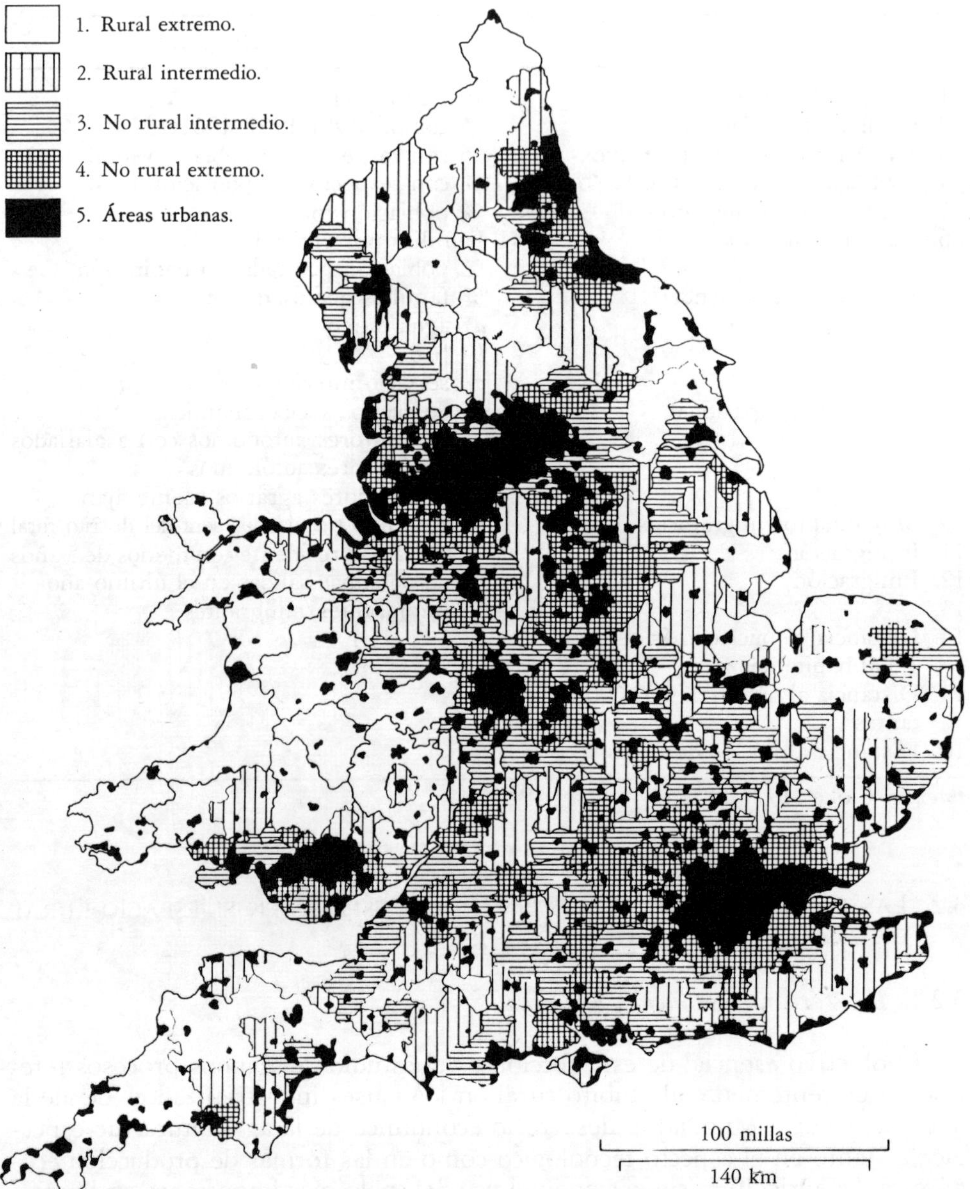

Gráfico 3.1. El índice de ruralidad de Inglaterra y Gales en 1961, según Cloke (1977).

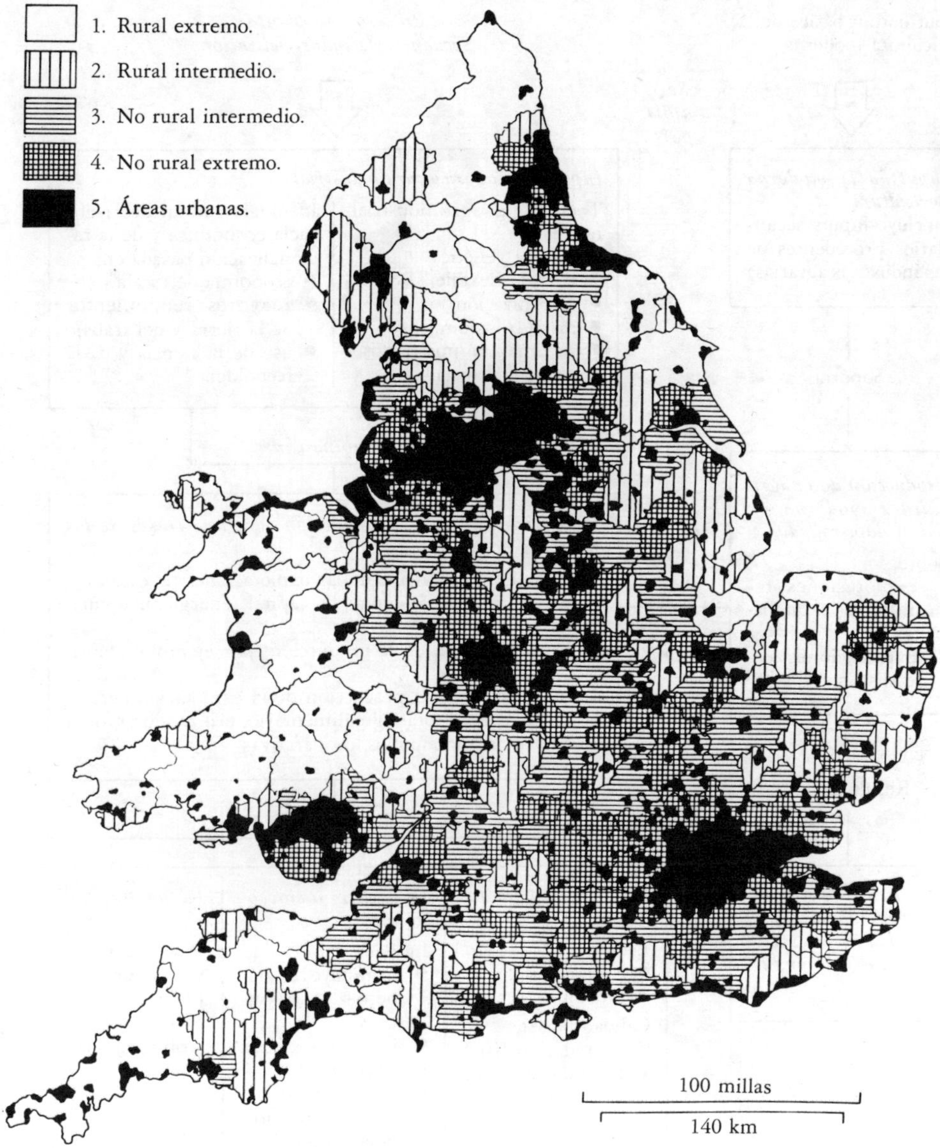

Gráfico 3.2. El índice de ruralidad de Inglaterra y Gales en 1971, según Cloke (1977)

GRÁFICO 3.3

MODELO DE INDUSTRIALIZACIÓN DE LA AGRICULTURA EN LOS PAÍSES DESARROLLADOS

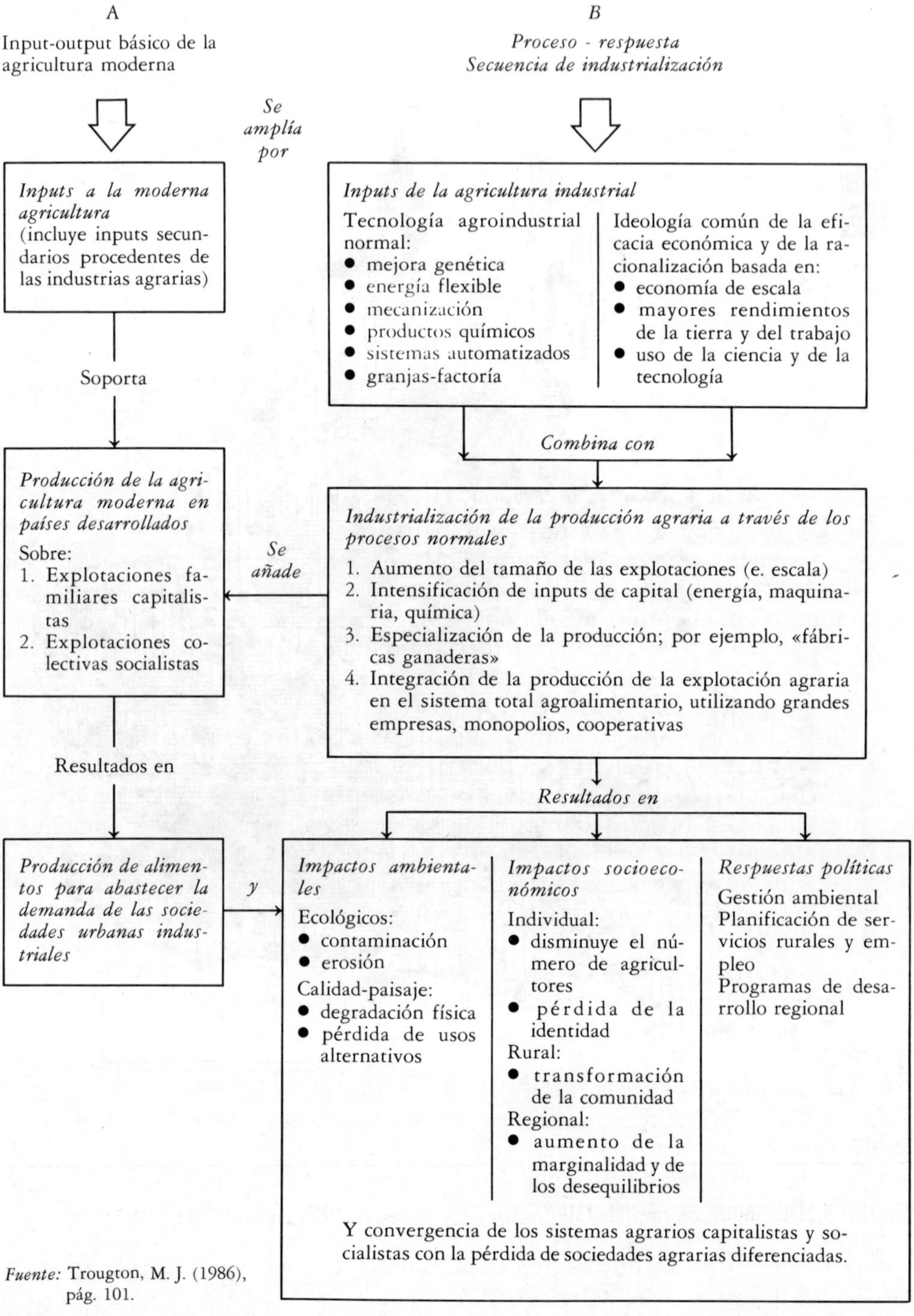

Fuente: Trougton, M. J. (1986), pág. 101.

insumos de la agricultura, tales como máquinas, abonos y capital, se aplican en una explotación agraria para producir alimentos que, una vez procesados y distribuidos, abastecen la demanda de una sociedad esencialmente urbana. Este mecanismo se amplía por medio de la tecnología agroindustrial y la ideología de la racionalización de la eficacia económica que tiene características similares en los países capitalistas desarrollados y en los países socialistas industriales. En los últimos veinticinco años existe un esfuerzo generalizado de aplicar tecnología a la producción agraria: toda suerte de maquinaria, abonos químicos, avances biogenéticos, etc. Aunque los excedentes agrarios son enormes, sin embargo, el desarrollo tecnológico es continuo, fomentado por la ideología de la eficacia y de la racionalización. Ambos hechos producen una transformación de la agricultura que se traduce en un aumento del tamaño de las explotaciones agrarias con objeto de lograr economías de escala, lo que origina una reducción del número de explotaciones. Asimismo se incrementa el grado de especialización en la producción de las explotaciones y la intensificación de inversión de capital. Por último, las explotaciones agrarias constituyen cada vez más, junto con otros elementos, una parte del sistema agroalimentario. Estos procesos combinados producen una eficaz secuencia «input-output» que logra un descenso de los costos de producción y el mantenimiento de una oferta adecuada de alimentos a la población urbana.

No obstante, como señala Troughton, existen impactos ligados al proceso de la industrialización en la agricultura:

— *Impactos ambientales.* Centrados esencialmente en la desaparición de ecosistemas incompatibles con la mecanización: monte, cercas de setos vivos, el monocultivo, el empleo de abonos y plaguicidas contribuye a la contaminación de las aguas freáticas, a la eutrofización de lagos y ríos. Este mismo daño es ocasionado también por los desperdicios orgánicos producidos en granjas avícolas y en explotaciones ganaderas intensivas.

Un problema ecológico importante se produce con la sustitución del sistema agrario basado en energía renovable por un sistema agrario apoyado en energía no renovable (gasolina, fuel-oil). Asimismo la especialización origina una fragilidad en los ecosistemas y los hace más vulnerables a las epidemias. A todo ello es preciso añadir la pérdida creciente de la calidad de los productos alimenticios al ser producidos mediante productos químicos, en periodos muy cortos de tiempo (cultivos forzados en invernaderos) o de animales que desarrollan su ciclo en tiempos cada vez más cortos y sometidos a la tensión de las granjas-factoría.

Por otra parte, es preciso añadir la pérdida de belleza paisajística al sustituir el patrimonio rural edificado en simbiosis con el marco natural, o derribar los setos vivos, por un paisaje uniforme y carente de interés (viviendas semejantes a las urbanas, naves con techos de uralita, etc.). Los efectos de la industrialización agraria: concentración parcelaria, monocultivo, funcionalidad en las edificaciones, malos olores, producen un deterioro estético del paisaje, lo que preocupa a muchos geógrafos que señalan la necesidad de alterar la eficacia económica del modelo vonthuniano por el de la preservación estética del paisaje (Falque, 1973) y la posibilidad de lograr usos alternativos en el medio rural, aminorando así los conflictos de uso del suelo.

— *Impactos socioeconómicos.* No podemos olvidar que la agricultura es ante todo un sistema humano y la industrialización agraria tuvo efectos muy llamativos en los modos de vida agrarios. Uno de los efectos mayores fue la reducción de la fuerza de trabajo, lo que originó una fuerte emigración antes de hacerse compatible el trabajo agrario con otras actividades económicas (agricultura a tiempo parcial). Al reducirse el número de agricultores ante las exigencias de la industrialización, el agricultor pierde un peso social cada vez mayor, incluso en la misma sociedad rural, ya que cada vez controla menos la gestión agraria, al convertirse en un eslabón, el más indefenso, del sistema agroalimentario. Muchas veces se convierte en un asalariado que se contrata con las empresas agroalimentarias (granjas avícolas, remolacha, girasol), perdiendo así la identidad empresarial. Este problema es aún más acusado en la agricultura socialista, en donde la responsabilidad individual se ve diluida tanto en las explotaciones de carácter cooperativo del tipo koljós como en las estatales (sovjós).

Estos cambios se traducen en las funciones de los núcleos rurales, en donde el tamaño de las explotaciones y la integración en el sistema agroalimentario produce una reducción en el tamaño de las comunidades rurales y en los servicios de los núcleos, aspecto éste más acusado en los países capitalistas que en los socialistas (Enyedi, 1976), si bien en estos últimos el deterioro es también manifiesto.

Por otra parte, la industrialización agraria acentúa las diferencias regionales al procurar obtener las máximas ventajas de los factores del medio natural y de la localización. De tal modo que todo espacio no susceptible de mecanización masiva se convierte en un espacio agrario marginal, pues, como dice Berry (1977, pág. 33), refiriéndose a la situación agraria estadounidense: «todo el territorio se ha dividido en dos partes; la que permite el empleo de la maquinaria pesada y la que no». Esta tendencia origina en los países desarrollados el que la agricultura compatible con las exigencias de la industrialización y por consiguiente económicamente rentable, se concentre en espacios cada vez más reducidos en tanto que el espacio con agricultura marginal se amplíe al mismo tiempo que los problemas ecológicos y socioeconómicos.

Los impactos negativos producidos por la industrialización de la agricultura originaron la aparición de un enfoque radical en el estudio del paisaje agrario (Ilbery, 1985, págs. 13-14).

Este enfoque condena la agricultura moderna y sus efectos en las distribuciones espaciales de los cultivos y de la ganadería por el deterioro ocasionado en la calidad de los alimentos, la aparición de monopolios agroalimentarios, la destrucción del medio rural y las consecuencias negativas del éxodo rural.

El enfoque radical considera que la riqueza de los países occidentales se obtiene a expensas de la agricultura. Merrill (1976) propone investigar en los efectos nocivos de tres supuestos erróneos en los que se apoya la agricultura industrial. Estos son:

— que el único fin de la agricultura sea la producción de altos rendimientos;
— que los combustibles no renovables suministren las necesidades energéticas, y
— que la agricultura sólo funcione satisfactoriamente dentro de un sistema industrial.

3.2.2. *La urbanización en la sociedad postindustrial. La ciudad regional*

3.2.2.1. El proceso de urbanización

Desde la década de los años 50 el grado de urbanización de un país no puede seguir midiéndose por el porcentaje de habitantes que residen en lugares clasificados, como veremos en el capítulo siguiente, como urbanos según criterios variados, ya que son cada día más las personas que tienen una clara orientación urbana y viven en medios rurales. Por ello, una forma de medir más apropiado el grado de urbanización de un país desarrollado puede ser a través del porcentaje de población que vive en *regiones urbanas, campos urbanos, zonas de movimientos migratorios pendulares, ciudades regionales* o cualquier otra denominación que quiera emplearse para describir el fenómeno de diseminación de las ciudades en los espacios rurales que las rodean. Es decir, los espacios rurales situados en torno a nuestras ciudades conocen el aporte de una población de origen urbano, lo que proporciona a estos ámbitos rurales saldos migratorios positivos, un porcentaje decreciente de población activa agraria, una fuerte transformación del mercado del suelo y un gran auge de la construcción, pero permanece un espacio sin edificar y ocupado por usos del suelo agrario que sigue siendo dominante. Se origina una ocupación del territorio discontinua en donde el espacio rural y el urbano se imbrican o interpenetran originando un proceso de «rurbanisation» o de «ville epapillée», según Bauer y Roux (1976), que convierte la ciudad cada vez más en «el barrio central de una aglomeración discontinua» (Gravier, 1972), dispersa en un espacio rural cada vez más amplio. Este fenómeno intenta captarse desde un punto de vista de la estadística y de la planificación a través de los conceptos Standard Metropolitan Statistical Census, en los Estados Unidos, o los Census Metropolitan Areas, en el Canadá, o las Zones de Peuplement Industriel ou Urbain, en Francia, que ocupan en la década de los años 70 más de las dos terceras partes de la población de estos países.

Por consiguiente, en el momento presente el término *urbanización* se suele emplear para describir el proceso de infiltración del medio rural por elementos no agrarios (usos del suelo y personas). En este sentido, C. R. Bryant, L. M. Russwurm y A. G. McLellan (1982) ofrecen un esquema interpretativo de la urbanización tal y como se indica en el gráfico 3.4. La urbanización se presenta como una serie de procesos que ejercen presiones sobre el medio rural. En el momento presente la urbanización representa la manifestación geográfica del desarrollo económico asociado a un momento del nivel de vida material de ocio y mayor nivel de ingresos. Estos hechos determinan demandas de ciertos bienes que ofrece el medio rural.

Este proceso, lejos de disminuir, tiende a aumentar, como lo demuestran las tendencias demográficas recientes en los Estados Unidos y en los países más desarrollados de Europa Occidental y es la pauta que siguen las regiones que entran definitivamente en la fase postindustrial: 70 por 100 de la población activa trabajando en los servicios terciarios y cuaternarios y 5 y 25 por 100 en la agricultura y en la industria, respectivamente, lo que produce un crecimiento demográfico notable de las áreas rurales, como ocurrió en California entre 1970 y 1979, en donde las tasas de crecimiento de los núcleos rurales doblan el crecimiento medio del estado.

En el espacio, la forma de asentimiento típica de la ciudad postindustrial es la llamada por muchos autores *ciudad regional,* que está constituida por dos partes de superficie y población muy desigual:

— una parte concentrada, de gran densidad de edificación, que ocupa el cinco por ciento de la superficie y alberga entre el 75 y 90 por 100 de la población;
— una parte abierta y dispersa, llamada por algunos *campo urbano,* que ocupa al 95 por 100 de la superficie y alberga entre el 25-10 por 100 de la población.

El ámbito espacial de cada ciudad regional oscila entre 80-100 km para las ciudades millonarias, como Londres, Montreal o París, lo que supone una superficie entre 25.000-34.000 km^2. Este ámbito puede rebasarse en algún aspecto como, por ejemplo, en el caso de la segunda residencia. Para las ciudades menores, en torno a 100.000 habitantes, el radio oscila entre 40-80 km (Bryant, Russwurm y McLellan, 1982, página 9).

Las características del espacio rural en donde se desarrolla el campo urbano de la ciudad regional son las típicas de las apuntadas en los estudios dedicados a la franja rururbana o periurbana, es decir:

- mezcla de nodos de usos del suelo intensivo y actividades humanas, dispersas entre usos del suelo agrario. Pueden aparecer pequeñas ciudades, pueblos-dormitorio, pueblos con funciones múltiples, urbanizaciones de segunda residencia, etc.
- la mayoría de los flujos se dirigen hacia la ciudad central (personas, bienes, información). Al mismo tiempo aparecen flujos transversales en torno a los nodos de actividad dispersos en el campo urbano. También aparecen espacios solapantes referentes a las diversas funciones vitales. El espacio laboral puede ir en una dirección, el de compra en otro, las relaciones sociales en otro y el de ocio en sentido diferente.
- esta compleja trama de flujos es posible por la existencia de una red de transporte y comunicaciones muy desarrollada.

3.2.2.2. Estructura interna de la ciudad regional

Ya hemos dicho que no existe acuerdo terminológico para describir los diferentes medios que se desarrollan dentro de la *ciudad regional.* En efecto, términos como franja rural-urbana, sombra urbana, zona ex urbana, franja rururbana, banlierie se emplean indistintamente para describir diferentes ámbitos de la *ciudad-regional.* Consideramos que el esquema propuesto por Russwurm y Bryant es elocuente para explicar el continuo que existe entre la ciudad central y el umland rural. En el gráfico 3.4 cabe diferenciar tres partes: franja rural-urbana, sombra urbana y umland rural. En la franja rural-urbana se diferencian:

Franja interna. Caracterizada por un suelo en fase de reconversión avanzada de rural a urbano. Abundan muchos solares en construcción o sin construcción, suelo calificado de urbano en los planes. En resumen, se trata de un suelo donde no existen muchas dudas sobre su inminente cambio de uso.

Franja externa. Aunque en esta franja dominan los usos del suelo rural, sin

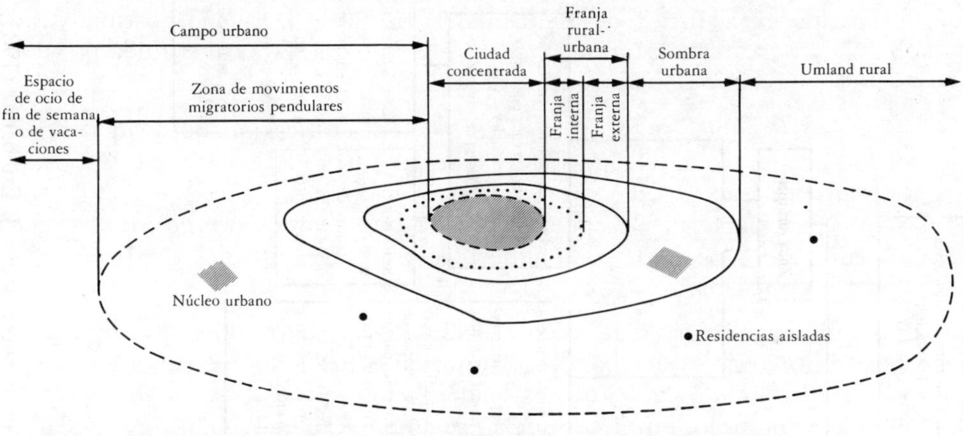

Gráfico 3.4. La forma de la ciudad regional, según Russwurm y Bryant (1983).

embargo, la infiltración de elementos urbanos es clara: desarrollo de viviendas discontinuas en torno a las carreteras de entrada en la ciudad central.

En la franja rural-urbana aparecen ocupaciones que exigen grandes espacios: cementerios, cementerios de automóviles, fábricas de muebles, almacenaje, etc. Además de los usos del suelo visible, la franja rural-urbana está caracterizada por otros cambios difíciles de percibir en el paisaje: muchas propiedades en manos de personas ajenas a la agricultura, uso del suelo espectante que se cultiva de forma extensiva y descuidada o a sangre sin reponer la fertilidad movilizada por los cultivos. Esto explica que a veces se invierte el modelo vonthuniano en torno a estas ciudades, como señaló Sinclair (1967).

a) *Sombra urbana.* Es el área en donde la evidencia visible en el paisaje de influencias urbanas es mínima, pero donde la influencia urbana se manifiesta en la estructura de la propiedad, en un sarpullido de viviendas no rurales y la presencia de movimientos migratorios pendulares.

b) *Umland rural.* La influencia urbana es menor, pero está presente en la propiedad (adquisición de tierras por personas no agrarias) y en la presencia de segundas residencias.

La estructura examinada en el gráfico 3.4 es idealizada, lo que quiere decir que no siempre aparece esta secuencia en torno a las *ciudades-regionales.* Muchas veces pueden no estar presentes algunas áreas descritas reflejando condiciones específicas del marco natural o de la planificación, sin embargo, no es exagerado decir que vivimos en una sociedad muy urbanizada en donde existen pocos espacios rurales sin recibir el impacto de la ciudad.

En el gráfico 3.5 se presenta la interpretación del modelo de *ciudad dispersa* o *regional* de Madrid.

El modelo de *ciudad-dispersa* se apoyó en la consolidación de Madrid como centro administrativo y financiero dominante, así como segunda área industrial española y estuvo asociada al desarrollo de las empresas inmobiliarias privadas ligadas a intereses financieros e industriales. Esta conjunción de procesos impulsó la formación de una *ciudad-regional* que permitió el crecimiento «a saltos», produciendo «ensanches metropolitanos» en los municipios rurales próximos y la ampliación indefinida del espacio urbano. Los efectos en las di-

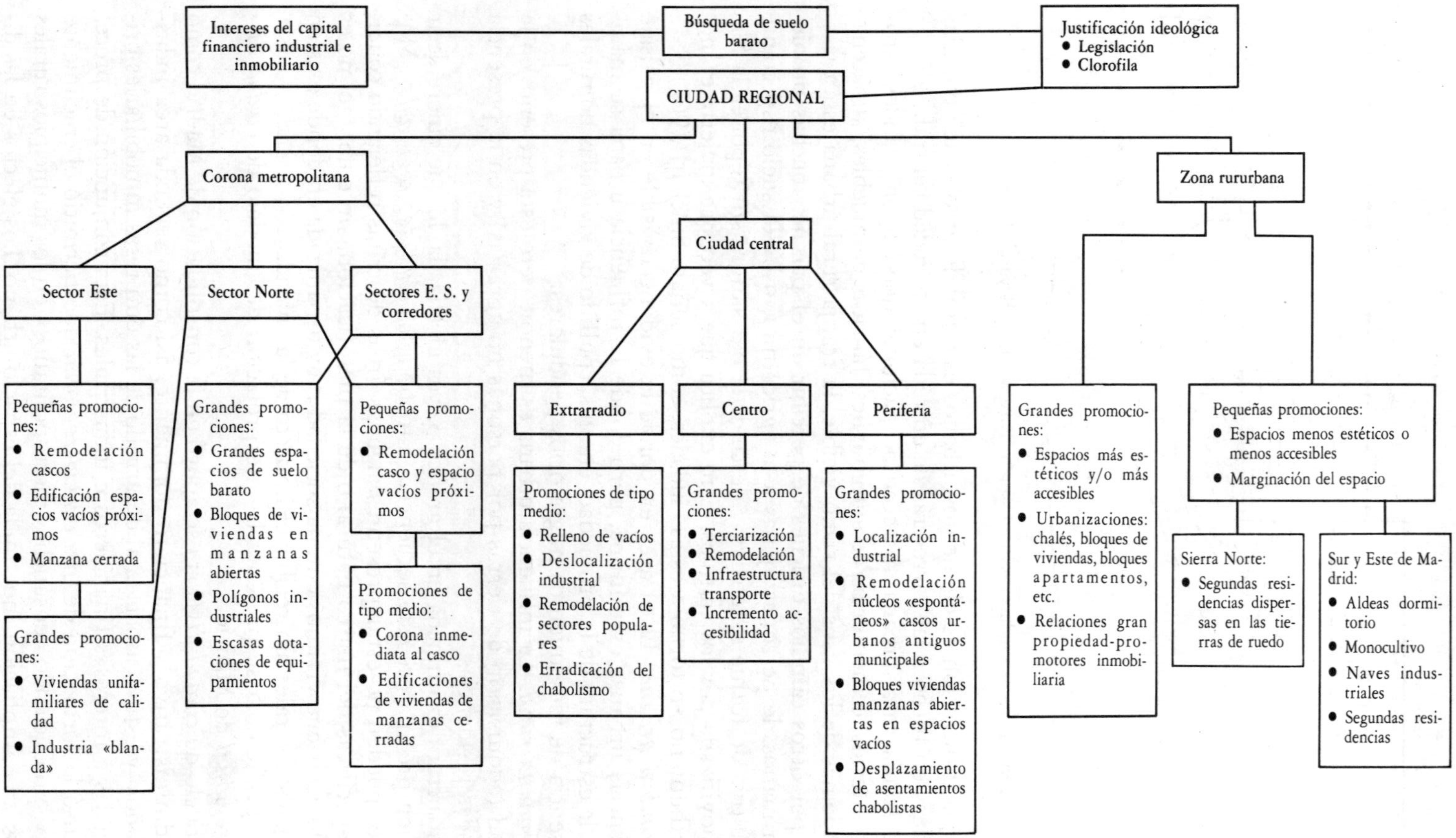

FIGURA 10
Factores y efectos del proceso de urbanización en Madrid y la consolidación del modelo de ciudad-dispersa, según J. Estébanez (1983).

ferentes áreas de la *ciudad regional* se presenta en el gráfico 3.5. El área afectada por la ciudad regional abarca la totalidad de la provisión de servicios y muchos de sus efectos se extienden a las provincias limítrofes (segunda residencia e industria). Puede decirse que en la Comunidad de Madrid aparecen todos los ámbitos que se incluyen en el modelo de Bryant y Russwurm; incluso en los municipios en los que la mano de obra es mayoritariamente agraria, se notan fenómenos urbanos como el de la segunda residencia (gráficos 3.6 y 3.7).

MUNICIPIOS CON POBLACION ACTIVA MAYORITARIAMENTE AGRARIA

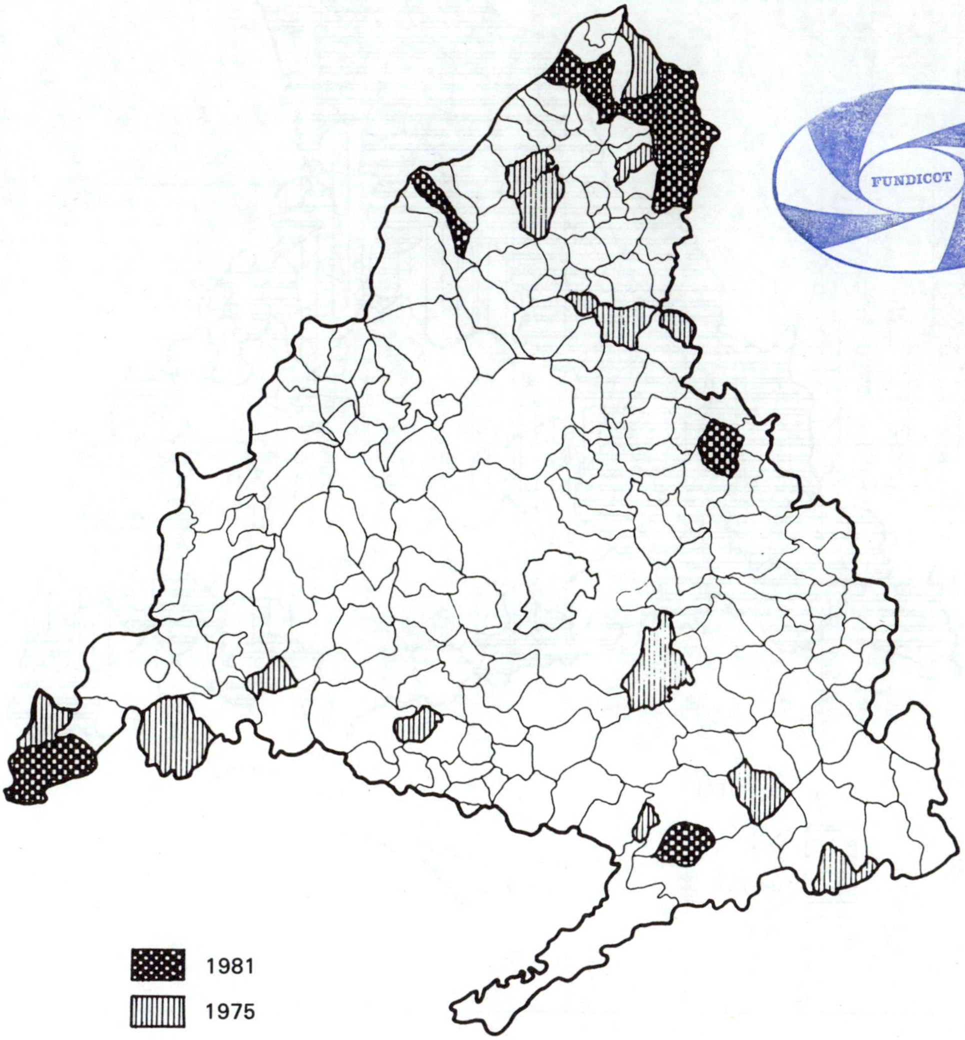

Fuente: Méndez y cols. (1987).

Gráfico 3.6. Municipios de la provincia con población activa mayoritariamente agraria en 1975 y 1981.

RESIDENCIAS SECUNDARIAS

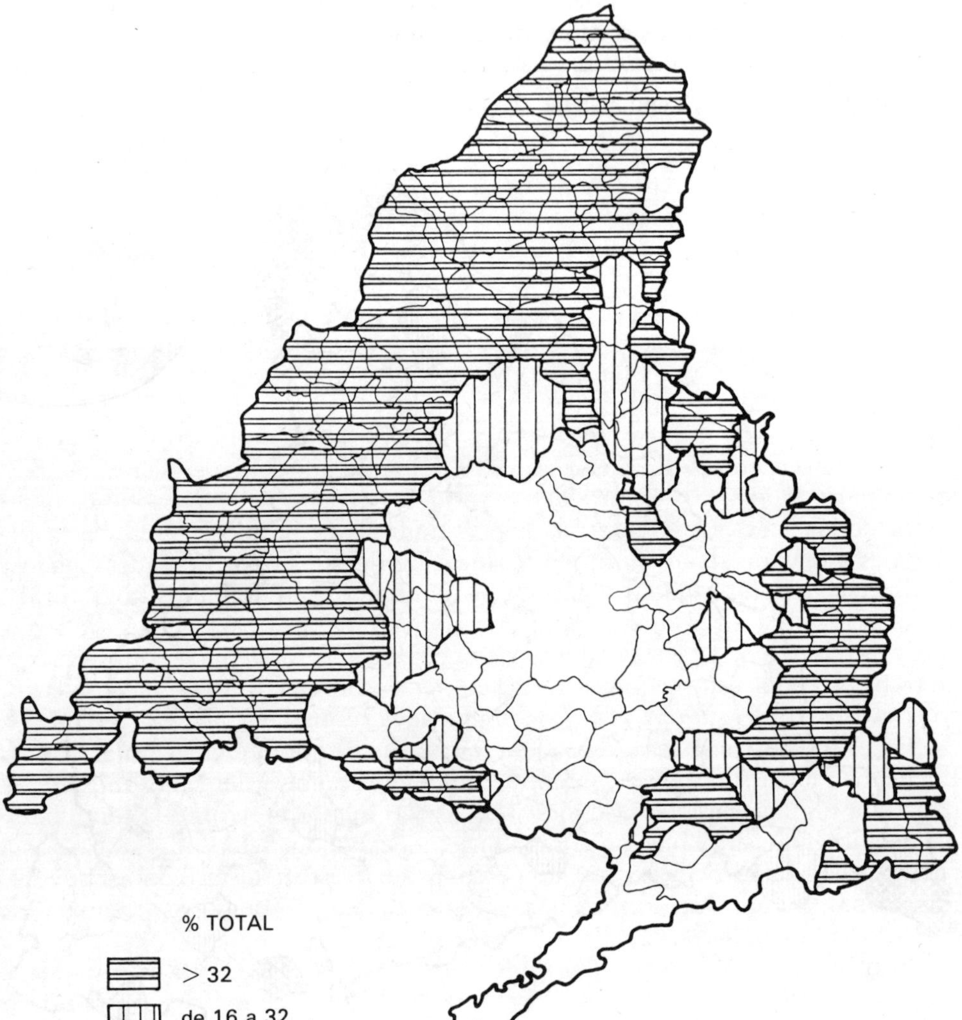

Fuente: Méndez y cols. (1987).

Gráfico 3.7. Importancia de las residencias secundarias sobre el total de las existentes en 1981.

3.3. MODELO INTERPRETATIVO DEL CAMBIO RURAL

3.3.1. *Las transformaciones sociales en las comunidades rurales*

Los geógrafos Lewis y Maund (1976), inspirándose en los trabajos realizados por geógrafos y sociólogos en la franja rururbana, conciben el cambio social como un proceso de difusión de nuevas ideas y actitudes que afecta a toda la sociedad sin tener en cuenta la naturaleza del lugar en el que se encuentra (rural o urbano). El proceso de difusión, como veremos más adelante, es social y espacialmente selectivo, produce códigos de comportamiento que se basan en las diferencias de clase y ciclo de vida en la que se adscribe una persona o grupo. Las comunidades experimentan cambios en su estructura y en el sistema de valores, lo que produce un cambio también, en las formas de comportamiento de la población, en sus relaciones dentro de la propia comunidad rural y con miembros de otras comunidades rurales.

Los cambios sociales que mayor efecto tuvieron sobre el medio rural son aquellos derivados del proceso de *industrialización* como el conjunto de mecanismos mediante los que una economía de subsistencia cede el paso a una economía de mercado y produce el avance sistemático y científico de la tecnología y de los medios de intercambio basados en el sistema monetario. Una de las grandes consecuencias de tales cambios es el aumento del crecimiento del sector terciario y de la reducción del primario. La expansión y diversificación del sector de los servicios aumenta las oportunidades de empleo y crea más aspiraciones a más personas. Como la localización de estas oportunidades tiende a localizarse en determinados lugares, se producen los movimientos migratorios, lo que se acelera en el medio rural por el efecto de atracción del sector servicios y el rechazo de la actividad agraria que reduce significativamente su fuerza de trabajo. Todos estos cambios tecnológicos y económicos repercuten en la estructura social y económica de las comunidades rurales.

En el medio rural se desencadena una serie de movimientos migratorios. En primer lugar, un *despoblamiento* como consecuencia del saldo migratorio negativo. En una segunda fase, *poblamiento,* al menos en teoría; la comunidad puede aumentar su población como consecuencia de un saldo migratorio positivo y la llegada al núcleo rural de personas en la primera fase del ciclo vital. Por último, la *repoblación* se refiere a la llegada de personas en la última fase del ciclo vital (jubilados).

El mecanismo de *poblamiento-despoblamiento* y *repoblación* es socialmente selectivo. El *poblamiento* no sólo altera el volumen de población, sino también la estructura social, demográfica y económica de la comunidad rural que se ve afectada, puesto que los inmigrantes que llegan a estos núcleos rurales tienen una clara orientación urbana (trabajo, clase social, etc.), lo que puede alterar el poder local entre la población establecida y el grupo foráneo. Asimismo, la *repoblación,* al afectar a personas de la tercera edad, produce un envejecimiento de la población y una diversificación social de la comunidad rural vinculada a la actividad agraria.

Estos cambios estructurales están acompañados con cambios en el *sistema de valores,* es decir, se produce una sustitución de valores tradicionales, de alcance local, por valores más uniformes y de alcance nacional, especialmente por la creencia de que el prestigio lo confiere el éxito material y por consiguiente las características socioeconómicas son las que determinan el nivel de reconocimiento en la comunidad (nivel de instrucción, cualificación profesional). La tasa de cambio en el sistema de valores está ligada al papel que desempeña en la comunidad los movimientos de *poblamiento, repoblación* y *despoblamiento.*

Los cambios estructurales en el sistema de valores tienen una influencia en el comportamiento de la población dentro y fuera de la comunidad rural (gráfico 3.8).

En una comunidad rural la segregación de los habitantes se basaba en los valores locales; la introducción de nuevos valores crea dos formas de sociedad, la clase media y la clase trabajadora (industrial o agraria) con un sistema de valores diferenciados. Estos grupos están muy diferenciados, incluso en comunidades pequeñas. Por otra parte, este sistema de valores influye en el comportamiento espacial. Los *localistas* tienen el ámbito comportamental mucho más restringido que el de los *cosmopolitas.* En general, el poblamiento y repoblación crea unas comunidades más segregadas, en tanto que el despoblamiento lleva al derrumbamiento de la sociedad local. Como geógrafos, nos interesa de un modo claro las repercusiones espaciales del cambio social que se produce en el medio rural.

3.3.2. *Las transformaciones espaciales*

Como resultado de la difusión de la urbanización y de la modernización hemos visto que la sociedad rural ha experimentado grandes cambios desde la revolución industrial, pero de un modo especial tras la Segunda Guerra Mundial, con la espectacular convergencia espacio temporal o acortamiento de las distancias en tiempo. Estos cambios sociales producen formas características en la ecología de las comunidades rurales.

Los agentes principales del cambio rural, movimientos diferenciales y selectivos de personas e innovaciones se inician en las ciudades que funcionan como focos de difusión del cambio. La irradiación de las influencias urbanas en el medio rural implica dos principios generales de cambio espacial:

- El *principio de gradiente,* que subraya el efecto de decrecimiento con la distancia («distace-decay») de la influencia de las ciudades en su entorno rural que puede enunciarse del modo siguiente: *el grado de influencia urbana en el entorno rural varía inversamente con la distancia a la ciudad más próxima y directamente con el tamaño de la ciudad.*

La pendiente de la curva que define el gradiente se hace menos acusada al aumentar el desarrollo tecnológico.

- El segundo principio es el de *diferenciación* que señala que la urbanización transforma áreas rurales que anteriormente eran relativamente homogéneas, al introducir una especialización funcional y una creciente interdependencia en sus partes diferenciadas. Por lo tanto, *el grado de especialización y diferenciación de subáreas en un territorio rural varía inversamente con la distancia a la ciudad más cercana y directamente con el tamaño de la ciudad.*

La aparición de estas variaciones espaciales pueden interpretarse dentro del contexto de interacción y de las teorías de localización residencial. El cambio

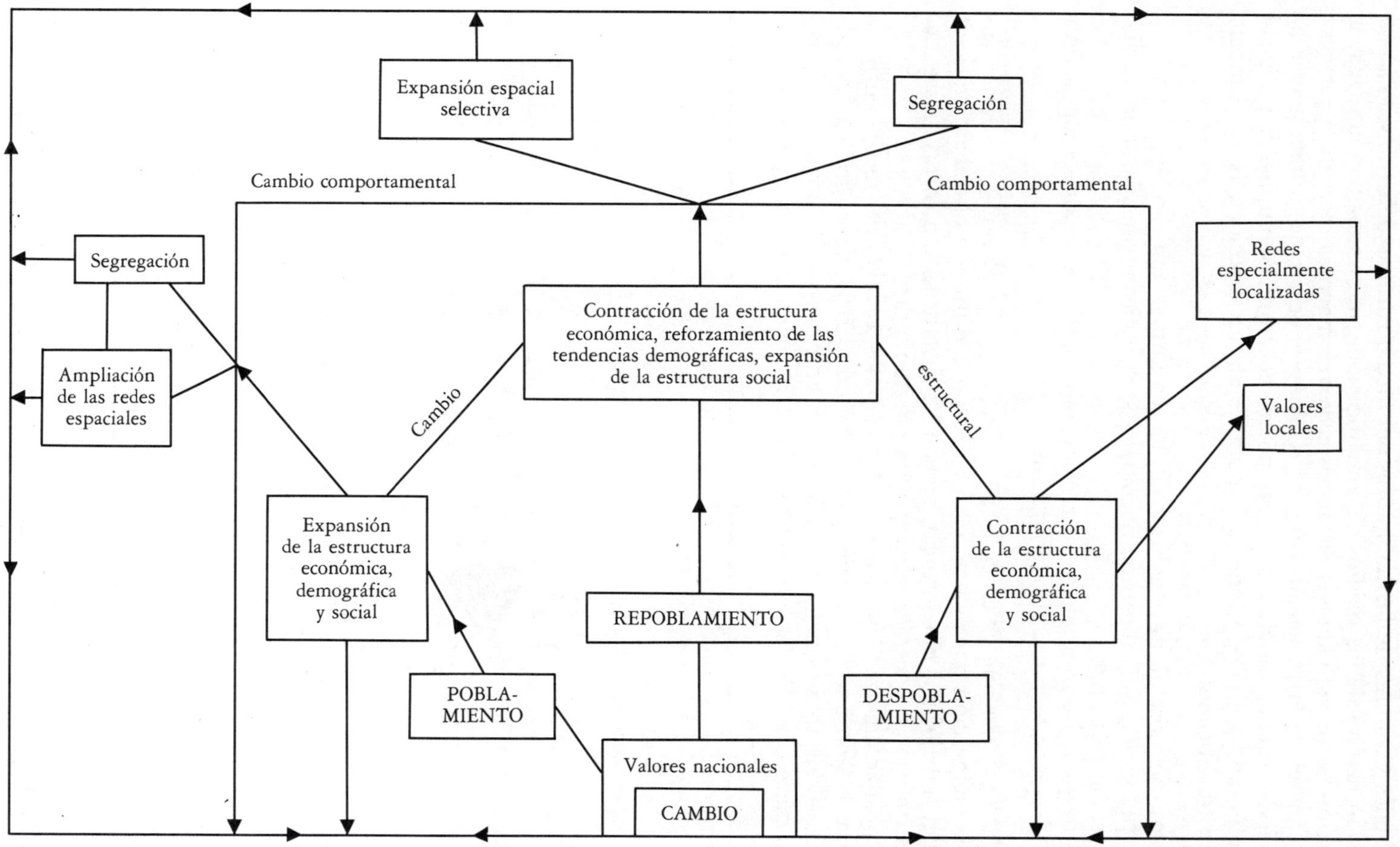

Fuente: Lewis, G. J., y Maund, D. J. (1976).

Gráfico 3.8. Cambios estructurales y comportamentales en el medio rural.

de actitudes y valores de los habitantes del medio rural se debe no sólo a una expansión masiva de los medios de comunicación, sino también de una mayor interacción entre individuos a distancias cada vez mayores.

El cambio de la población rural es también el resultado de una mayor libertad individual de movilidad. Al extenderse el campo de empleo de la ciudad se amplía también las opciones a la hora de ubicar la residencia en el medio rural de tres formas:

— moviéndose al lugar del trabajo, lo que implica emigración;
— permanecer en el mismo pueblo, lo que implica un desplazamiento diario al trabajo, o
— desplazarse más allá del lugar del trabajo, lo que supone emigración y desplazamiento diario al lugar del trabajo.

A las personas que viven en el medio rural los desplazamientos largos incitó a la emigración por el alto costo y tiempo que implica el trabajo diario al lugar del trabajo; por el contrario, cuando las distancias son cortas existe menor justificación económica y psicologíca para emigrar.

Es posible analizar las decisiones locacionales a través del modelo espacio temporal ideado por G. I. Lewis y D. J. Maund (1976). En el gráfico 3.9 aparece un paisaje tradicional, superficie A, con un centro urbano rodeado de pequeños núcleos rurales en una fase preindustrial. Durante esta fase existe una

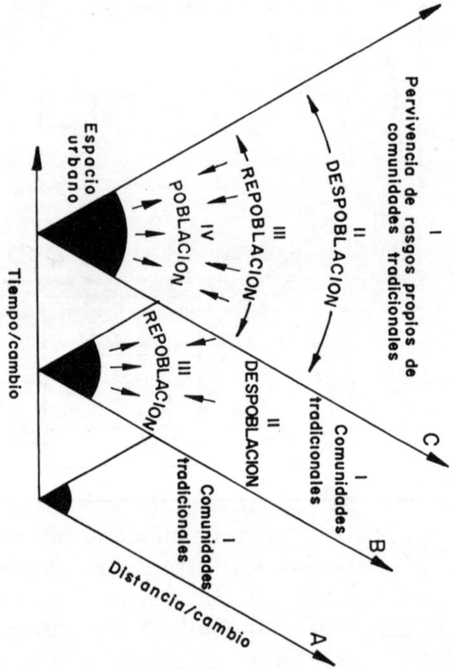

Gráfico 3.9. Efectos del proceso de urbanización sobre la población de los espacios periurbanos, según Lewis y Maund (1976)

diferenciación funcional marcada entre la ciudad y su entorno rural, ya que la interacción campo-ciudad es escasa y por consiguiente los núcleos rurales desarrollan sus actividades dentro de un relativo aislamiento.

En la superficie B surgen en número de características diferenciadoras. En esta fase se inicia el proceso de industrialización en la ciudad, lo que produce una atracción de mano de obra desde los municipios más próximos. Al mismo tiempo comienza la crisis de la agricultura tradicional al disminuir la demanda de fuerza de trabajo como resultado de introducir innovaciones tecnológicas en la agricultura, especialmente la mecanización.

En esta fase se produce una emigración permanente y existe pocos movimientos pendulares de trabajadores, ya que los transportes son caros, lentos e inadecuados. Por lo tanto, las comunidades más accesibles a la ciudad comienzan a despoblarse (II). Por otra parte, los empresarios y la burguesía comercial inicia la huida de la ciudad y elige el campo como lugar de residencia. La residencia rural se considera en esta fase como una forma de aumentar el estatus social, aunque inicialmente sólo se utiliza como lugar de recreo y ocio.

En esta fase el despoblamiento del campo es muy superior en volumen ya que la repoblación y la composición social de estos flujos está muy diferenciada. A pesar de estos cambios subsisten comunidades tradicionales, aunque aparecen en localizaciones progresivamente más alejadas de la ciudad. La fase tercera, superficie C, aparece con el avance creciente y rápido de la tecnología en la que se apoya la revolución industrial. El desplazamiento es característico del medio rural, si bien el proceso de repoblamiento se incrementa ante la mejoría del transporte y especialmente la difusión del automóvil. De este modo la repoblación supera el umbral de los movimientos diarios de trabajadores bajo la forma de antiguos habitantes del medio rural que vuelven al lugar de nacimiento en el periodo de jubilación y otras personas no nacidas en los pueblos, pero que eligen estos núcleos para vivir la jubilación. En muchos países la segunda residencia debe considerarse como un proceso preparatorio a la repoblación, puesto que muchos pueblos de segunda residencia se convierten en pueblos de residencia principal, o simplemente acogen en la jubilación a los dueños de las segundas residencias de un modo permanente.

La zona IV, la más accesible a la ciudad, está caracterizada por el desarrollo de polígonos de vivienda y la presencia de pueblos-dormitorio en continua expansión que atraen jóvenes matrimonios que difieren en clase social según las características naturales del lugar y la calidad de la construcción.

El paisaje analizado en el modelo no es homogéneo, sino que se diferencia según la clase social, el ciclo de vida y la distancia a la ciudad, así como las características paisajísticas del entorno.

Las cuatro zonas que se indican en el gráfico se conciben como tendencias y no como categorías que deben aparecer rígidamente en el espacio rural de los países fuertemente urbanizados. Por otra parte, aunque todos los procesos descritos aparecen en las comunidades rurales, sin embargo, varía la proporción relativa de los mismos según la distancia a la ciudad y la naturaleza del entorno en donde se desarrollan estos procesos.

Nosotros hemos comprobado el modelo de Lewis y Maund en la Comunidad Autónoma de Madrid en los ejes de las carreteras de Burgos-Colmenar y de las carreteras de Aragón y Valencia. El primer caso (gráfico 3.10 y 3.11)

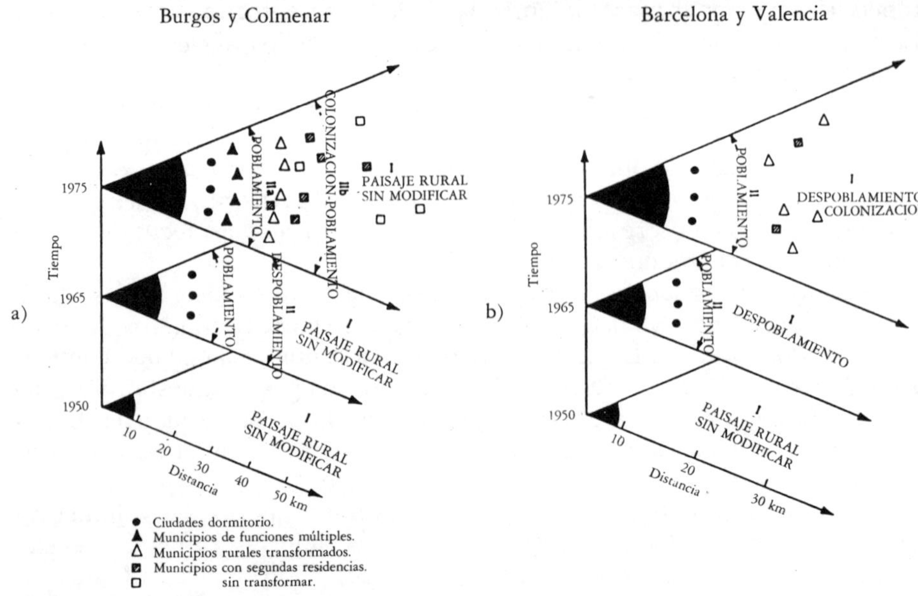

Fuente: J. Estébanez, 1981.

Gráfico 3. 10. La urbanización en Madrid.
a) Eje de la carretera de Burgos.
b) Eje de carreteras de Aragón-Valencia.

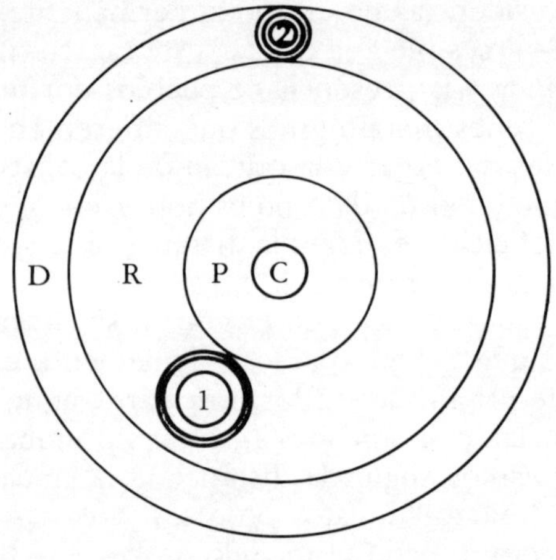

Gráfico 3.11 Urbanización a nivel regional: *C,* conurbación; *P,* zona de poblamiento; *R,* zona de repoblación; *D,* zona de despoblamiento. *Fuente:* G. J. Lewis y D. J. Maund, 1976, pág. 17.

diferencia claramente las tres fases. En la primera, la diferenciación campo-ciudad es clara. El paisaje rural permanece sin modificar y está organizado por una serie de aldeas camineras y de núcleos rurales que basan su economía en una agricultura de secano o en la agricultura y la ganadería.

La segunda fase (1957-1965) se caracteriza por el crecimiento de la ciudad de Madrid y el despoblamiento de los núcleos más próximos. En los municipios más alejados al despoblamiento no fue muy acusado y en ellos pervive el paisaje rural sin apenas modificar. En esta fase se produce la formación de ciudades-dormitorio-industrial (Alcobendas-San Sebastián de los Reyes). El fenómeno de repoblación se limitó a una clase social elevada que ocupa una vivienda de lujo (La Moraleja) y jóvenes matrimonios que no encuentran vivienda en la capital y deben instalarse en los núcleos satélites e incluso en pueblos-dormitorio.

En la tercera fase se consolidan las ciudades satélites que registran crecimientos superiores a los de Madrid. Estas ciudades crecen por el aflujo de inmigrantes de las provincias de Castilla-León y de jóvenes matrimonios de la capital. Asimismo continúa el proceso de repoblación constituido por clase alta y elevada que se dirige a La Moraleja y a las urbanizaciones que se ubican en paisajes atractivos en los términos municipales de Alcobendas, San Sebastián de los Reyes y Algete.

Al mismo tiempo se transforman los núcleos rurales próximos en pueblos-dormitorio ocupados por obreros manuales. Finalmente, más allá de los 30 kilómetros aparece la segunda residencia, que transforma los núcleos morfológica y socialmente en algunos casos (Soto, Miraflores de la Sierra) y, por último, a más de 60 km, el paisaje rural se mantiene con escasas modificaciones morfológicas aunque no así en la estructura de la población que reside en estos núcleos (Estébanez, 1981, pág. 160). Por consiguiente, los procesos de *despoblamiento, poblamiento* y *repoblación* ayudan a comprender los profundos cambios morfológicos y funcionales del medio rural madrileño.

El proceso que hemos examinado comprende una ciudad y un entorno rural. Sin embargo, es más común encontrarnos con un espacio organizado por una red urbana. En el gráfico 3.12 se supone la existencia de tres centros urbanos de dimensiones diferentes. Mientras que la ciudad localizada en el centro tiene una gran área de influencia, las otras dos, al tener menor nivel jerárquico, su área tributaria será también menor. En el gráfico 3.12, la ciudad 1 se encuentra dentro de la zona de repoblación de la ciudad central, pero esta ciudad posee a su vez sus propias zonas de poblamiento, repoblación y despoblamiento. En este caso, las personas jubiladas conviven con las personas jóvenes que se desplazan a trabajar. El centro 2, situado en la zona de despoblamiento de la ciudad central, tiene su propia zona de poblamiento en su entorno de descenso demográfico general.

En el primer modelo también se supone una isotropía del espacio y por ello el proceso sigue un modelo de coronas concéntricas (gráfico 3.13). Sin embargo, este proceso de difusión es diferencial y el movimiento circula más rápidamente en los grandes ejes de comunicación. Por último, el proceso tiene en cuenta la organización del territorio para lucrarse de la infraestructura y de los servicios existentes. Todo este mecanismo explica el grado de diversidad del medio rural en los países altamente industrializados.

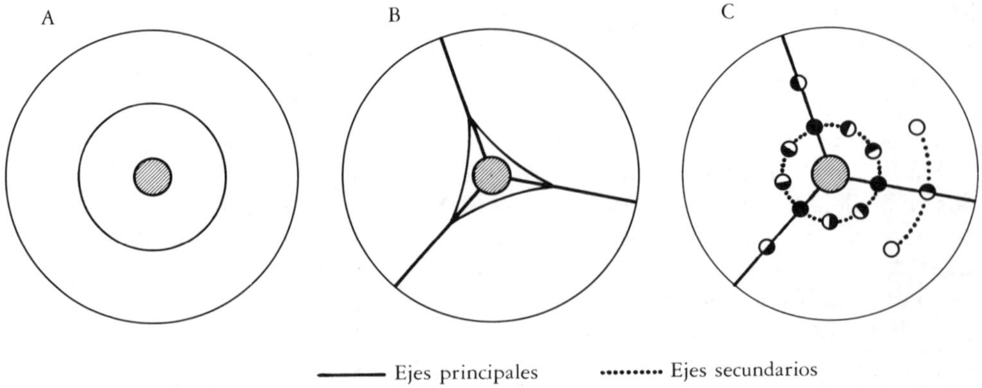

Fuente: G. J. Lewis y D. J. Maund, 1976, pág. 18.

Gráfico 3.12. Formas espaciales de la urbanización: *A,* llanura isotrópica; *B,* distorsión por los ejes de carretera; *C,* el sistema de asentamiento real y el principio de accesibilidad/distancia.

3.4. EVOLUCIÓN DE LOS ESTUDIOS EN GEOGRAFÍA AGRARIA Y RURAL

3.4.1. *Introducción*

El objetivo esencial de esta sección es analizar brevemente la evolución de los estudios de geografía agraria a lo largo del siglo XX.

En la evolución de esta rama geográfica cabe diferenciar dos claras etapas. En la primera (1900-1950) se puede afirmar que los métodos y contenidos dependen sustancialmente del papel que desempeñaron en las comunidades nacionales de geógrafos una serie de hombres-clave que supieron interpretar la demanda social del momento (nacionalismo, colonialismo) y elegir la cosmovisión, el marco teórico y los métodos y técnicas de análisis más acordes con este objetivo.

Los nombres de Vidal de la Blache, Hettner y Sauer son auténticos intérpretes de la demanda social y su estatus científico les permitió conseguir recursos y aumentar la presencia geográfica en el sistema educativo. En este periodo se desarrollan escuelas nacionales poco relacionadas entre sí.

El segundo periodo (1950-1987) se originó con el crecimiento de las comunidades geográficas, en las que el papel de los hombres clave es sustituido por el de los «innovadores», que eclipsan momentáneamente los proyectos de la investigación tradicional. La presencia de estos innovadores originó en geografía agraria un gran número de propuestas (enfoque sistémico, comportamental, humanista, marxista, etc.), que convierten a la geografía agraria o rural en una disciplina polifacética y vital pero con escasa coherencia y unidad, carente de un marco teórico y conceptual adecuado. Puede decirse que la geografía agraria y rural de hoy es en buena medida lo que hacen sus cultivadores.

3.4.2. *El desarrollo teórico en la primera mitad del siglo XX*

3.4.2.1. La escuela vidaliana

El método propuesto por Vidal de la Blache en la investigación geográfica fue la elaboración de estudios minuciosos que permitiesen posteriormente generalizaciones significativas. Para ello propone el estudio de comunidades rurales en simbiosis armónica con el marco natural, esos *milieux* eran áreas concretas de la superficie terrestre que proporcionaban el sustento a diferentes pueblos. El *milieu* no es un simple escenario, es un complejo de vida formado por la combinación de elementos vivientes. La tarea del geógrafo consistía en comprender la dinámica del *milieu* y señalar sus manifestaciones en las diferentes partes de la superficie terrestre. Para Vidal, todo trabajo de geografía humana debe abordarse desde una triple perspectiva: 1) distribución, densidad y movimientos naturales de población; 2) los métodos utilizados por el hombre para desarrollar su medio ambiente y sus diferentes civilizaciones, y 3) el transporte y las comunicaciones. Sin embargo, Vidal solamente desarrolló el segundo aspecto y no los restantes (Buttimer, 1980).

Una de las nociones más fructíferas de Vidal fue la de *genre de vie,* concepto que abarca la identidad territorial y social de las agrupaciones humanas cuya identidad socioeconómica, espiritual y psicológica se plasma en el paisaje. En su primera formulación los *genres de vie* son claramente naturalistas y «se reflejan en la fisionomía del país dejando profunda huella en la mente de los que lo practican» (P. Vidal, 1913, pág. 291). Dentro de la diversidad de componentes del género de vida, los que tienen mayor importancia geográfica son: la producción material en su relación con los recursos locales, las formas de sustento, las combinaciones agrarias con las no agrarias y el dinamismo de la circulación.

Su obra, *Tableau Géographique de France* (1905), fue considerada como modelo de descripción y razonamiento regional. La *región*, considerada globalmente, agrupa todas las características de relieve, clima, suelos, vegetación, agricultura, comunicaciones y hábitat, características unidas y ensambladas en un paisaje visible que forman un todo orgánico compuesto de partes interdependientes. Cada región está influida, desarrollada y modificada por la acción del hombre y, por consiguiente, el paisaje es el resultado de la accción sucesiva sobre un territorio de generaciones de pueblos. Vidal no separa el medio del hombre; ambos constituyen un todo, una amalgama, que cristaliza y forma a lo largo del tiempo una región con unos caracteres distintivos que la hacen única.

En las sugerencias de Vidal de la Blache para estudiar las regiones se concede gran importancia al medio natural, las relaciones hombre-medio y la síntesis final que ponga de manifiesto el carácter único de la región objeto de estudio.

En la primera generación de discípulos de Vidal de la Blache se decantan dos corrientes, los que subrayan las dimensiones espirituales y psicológicas de la acción del hombre sobre el medio, o *ideacionistas,* y aquellos que reducen el concepto de civilización y la manifestación espacial de la misma *(genre de vie)* a los elementos concretos, materiales y tangibles: alimentación, hábitat, morfología agraria. Son los *artificialistas* (Buttimer, 1980).

En esta concepción dual ya hemos expuesto ampliamente en otro lugar (Estébanez, 1986) cómo la corriente triunfadora en geografía agraria fue la *artificialista,* debido a la influencia de Demangeon, Brunhes y Febvre, que se decantan claramente hacia el enfoque *artificialista* excluyendo enfoques más amplios e imaginativos, como los propuestos por Sion o Hardy, que intentan ampliar el estrecho campo de las «artificialistas» que prevaleció en el estudio de la geografía agraria, y que fue la casi totalidad de la producción, ya que, como dice Sion, «para generaciones de geógrafos franceses las ciudades fueron una especie de anatemas, intrusiones inoportunas, en el primorosamente ordenado paisaje agrario» (Sion, 1937, página 453).

También en las generaciones sucesivas de discípulos de Vidal aparecen serias divergencias, si bien el enfoque dominante es hasta 1950 el *artificialista* (Buttimer, 1980).

Durante el periodo de *compartimentación investigadora* (1950-1960) destaca el papel de P. George, ya que sus síntesis geográficas resumen el legado de generaciones de geógrafos franceses y sus manuales de geografía agraria y rural tuvieron una gran influencia en Francia y España. Pierre George introduce el modelo de *homo oeconomicus,* subraya la importancia del hombre productor y consumidor, así como la influencia del sistema político, y concede solamente un papel accesorio al hombre habitante, considerando superada la noción de *género de vida.* En suma, propone una visión economicista y marxista de los paisajes y de las actividades agrarias y se aleja del enfoque localista y aislacionista predominantes en la escuela vidaliana.

Podemos concluir que el desarrollo conceptual de la geografía agraria francesa en los primeros cincuenta años de nuestro siglo estuvo marcado por los conceptos propuestos y desarrollados de modo desigual y muchas veces no exentos de ambigüedad por Vidal de la Blache. Esta ausencia de precisión en sus formulaciones teóricas y metodológicas, hizo que todos sus conceptos básicos fuesen interpretados de un modo diferente y a veces opuesto, como ocurrió con las nociones de *genre de vie, milieu.* En general, predominó la concepción (artificialista), más adecuada a un mundo estático que al mundo cambiante que había detectado Vidal al estudiar en 1917 la Alsacia.

3.4.2.2. El legado germano y la escuela de Berkeley

La aportación alemana a la geografía agraria en la primera mitad de nuestro siglo fue de singular importancia y aunque tiene grandes coincidencias en concepción y métodos con la geografía vidaliana, refleja, sin embargo, un sello característico de escuela nacional.

A pesar de la gran influencia de Ratzel, desde comienzos de siglo, en Alemania predomina la concepción formulada por O. Schlüter y R. Gradmann de estudiar la historia del paisaje humanizado (C. Troll, 1967, pág. 7). Sin embargo, en el estudio del paisaje (Landschaft) pesa mucho la influencia de J. G. Herder, que asocia estrechamente la geografía a la historia y a la etnografía. Para Herder, la naturaleza y el hombre son los polos opuestos de la creación, y el hombre el eslabón en la continuidad de la vida histórica. Pero para Herder, a pesar de la separación clara entre el hombre y la naturaleza, la filosofía de la historia desemboca en la filosofía de la naturaleza. Espacio y tiempo, naturaleza y ser humano, geografía e historia revisten una importancia igual en su concepción genética y en el conjunto de su filosofía cultural.

En la geografía alemana prevalece el enfoque corológico de Hettner, y el de Landschaft, sinónimo del término inglés «landscape». En el estudio del paisaje cabe diferenciar cinco puntos de vista: morfología del paisaje, ecología paisajística, cronología del paisaje, regionalización y clasificación, pero la morfología del paisaje es el más difundido. Es una historia natural, supone que el *paisaje* lleva la impronta del espíritu del pueblo que lo modela, es decir, en el paisaje se manifiesta la identidad de un pueblo. La concepción morfológica del paisaje es menos historicista que la noción de región vidaliana y se da un énfasis especial a la evolución de la cubierta vegetal. En este enfoque, P. Claval ve en ciernes la justificación del espacio vital, puesto que se destaca la existencia de pueblos que viven en armonía con el paisaje y la de otros que son incapaces; por consiguiente, no todos los pueblos tienen el mismo derecho al enraizamiento con el territorio, quedando así justificado el expansionismo de los pueblos «capaces» sobre los «incapaces» (Claval, página 184).

Al lado de este enfoque tiene un gran predicamento la *Geographie* de Hettner (1927). Este autor propugna el historicismo y hace suya la distinción que Windeband y Rickert hacen de las ciencias entre nomotética e idiográfica.

El enfoque geográfico de Hettner fue muy difundido por Hartshorne y tuvo una enorme influencia en los Estados Unidos.

Por último, no puede olvidarse la aportación de la geografía social alemana al campo de los estudios rurales, pues, como señala C. Troll, el hábitat, sus sistemas económicos y sus migraciones son todos aspectos del comportamiento social y, puesto que la geografía estudia los fenómenos culturales no sólo fisionómicamente y en sus procesos históricos, sino también en su relación funcional y en su forma espacial, nos damos cuenta que para comprender el *Kulturlandschaft* hemos de apelar a la sociedad. En este sentido se sitúan las aportaciones de S. R. Steinmetz en su *Sociografía* (1913) o las de L. Van Vuren, definiendo a la geografía social como ciencia que investiga los fenómenos que resultan de sus relaciones entre los grupos humanos y su entorno y que encuentran su expresión manifiesta en el *Kulturschaft* y de un modo especial en los trabajos de H. Bobek, H. Hahn y W. Hartke.

Ya hemos dicho que en los Estados Unidos se dieron dos corrientes divergentes, la del Midwest, pragmática y en sintonía con los problemas regionales y sociales del momento, y la escuela cultural o de Berkeley, capitaneada por C. Sauer, que fue impermeable a las nuevas corrientes sociales y de la ciencia geográfica durante más de medio siglo.

El pensamiento de Sauer se sintetiza en el famoso e influyente artículo «The morphology of landscape» (1925). Para Sauer, el objeto de la geografía no está en la diferenciación espacial, sino que está en el «landscape», pues «nos viene dado ingenuamente y no a través de una tesis compleja» (pág. 316).

Para Sauer, el paisaje tiene un sentido organicista, ya que no puede entenderse la naturaleza de un área, hasta que se «ha aprendido a verla como una unidad orgánica». El paisaje está constituido por formas físicas y culturales y su identidad se basa en la constitución reconocible, límites y relación genérica con otros paisajes.

El método que propone para seleccionar el contenido del paisaje es la inducción, y el criterio, tomar todos aquellos componentes que tengan «valor de hábitat», y así declara:

> Dejamos las características significativas para la historia de la Tierra al geólogo, cuando no tienen importancia en la relación hombre-territorio. Es decir, las cualidades físicas del paisaje son las que tienen valor de hábitat, presente o potencial (1967, pág. 325).

Su objetivo es la descripción y presentación de los hechos visibles y significativos sin ningún intento de «explicación y especulación».

Sauer estudia el paisaje en sus relaciones temporales y especiales y propone analizar los componentes del paisaje antes de la introducción del hombre («paisaje natural»), y las formas introducidas por el hombre (paisaje cultural») y aunque reconoce lo poco comunes de los paisajes naturales, admite, sin embargo, que su «reconstrucción y comprensión son la primera tarea de la morfología» (1967, pág. 333), de tal modo que el «datum», la línea de referencia en torno a la que debe medirse la transformación y evolución del paisaje cultural, es el paisaje natural.

C. Sauer propone un esquema sistemático para analizar el paisaje natural que el autor resume en el gráfico 3.13.

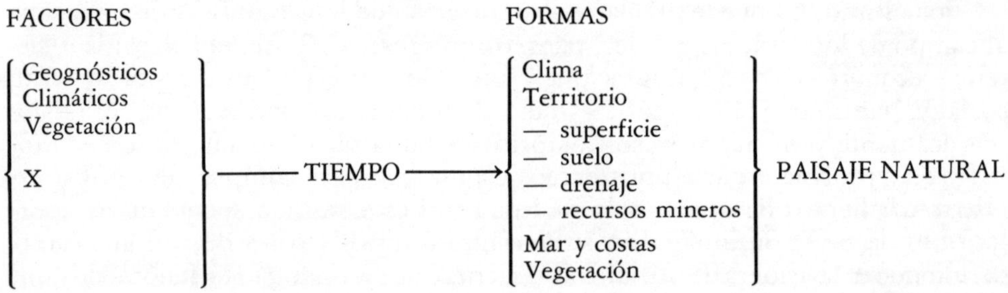

Fuente: C. Sauer, 1925, pág. 337.

Gráfico 3.13. El paisaje natural.

Los factores geognósticos hacen referencia a las propiedades espaciales de los hechos geológicos que tienen valor geográfico, por ejemplo, las propiedades de resistencia a la erosión física o química, al comportamiento del drenaje, etc. El factor X del esquema es la partícula «y», «el siempre incontrolable residuo».

Por consiguiente, Sauer concibe la geografía física no como una geomorfología, sino como morfología física que «toma libremente de la geología y de la fisiografía ciertos resultados para elaborar un paisaje como hábitat completo».

El paisaje cultural es para Sauer el «último y más importante factor morfológico: el hombre, mediante su cultura, utiliza las formas materiales, en muchos casos las altera y en algunos casos las destruye». El paisaje cultural es el área geográfica en el sentido final, sus formas son todos los trabajos del hombre que lo caracterizan. Su enfoque es muy similar al de Brunhes y al de los geógrafos franceses «artificialistas». Y, así, señala C. Sauer: «... no tratamos en geografía de la energía, costumbres o creencias del hombre, sino del registro del hombre en el paisaje».

En resumen, el paisaje cultural está modelado a partir del paisaje natural por un grupo cultural. La cultura es el agente, el paisaje natural el medio y el paisaje cultural el resultado. Bajo la influencia de una cultura cambiante en el tiempo, el paisaje sufre una evolución pasando a través de fases, pudiendo llegar al final de su ciclo o clímax (gráfico 3.14).

FACTOR	MEDIO	FORMAS	
CULTURA-TIEMPO-	Paisaje natural	Población — densidad — movilidad Vivienda — plano — estructura Producción comunicación XX	PAISAJE CULTURAL

Fuente: C. Sauer, 1925, pág. 343.

Gráfico 3.14. Paisaje cultural

En conclusión, Sauer reduce el campo de la geografía a una disciplina morfológica y no entra en la polémica determinista ni en ninguna adhesión a una «fe particular»; piensa que el método morfológico, tal y como se ha expuesto, permite la reorganización de los diferentes campos geográficos en una ciencia positiva, compatible además con la descripción de otras cualidades del paisaje, ya que la «geografía nunca ha descuidado las cualidades estéticas del paisaje», como ha hecho Humboldt, utilizando la noción de «fisiognomía», el «alma» de Banse, el «ritmo» de Volta, la «armonía del paisaje» de Grandman, para describir todo lo que se encuentra «más allá de la ciencia».

3.4.3. *Impacto de la geografía cuantitativa en la geografía agraria*

Sabido es que la nueva geografía no se difundió por igual ni en todos los países, ni en todos los campos de la disciplina. Es más, son muchos los que piensan que, incluso en el país donde mejor representado está este enfoque, ni se produjo una auténtica revolución en el sentido del manifiesto de Kuhn (1962), ni ésta concluyó, como señaló Burton, recogiendo la concepción kuhniana, en 1964. En el momento presente, los historiadores del pensamiento geográfico prefieren hablar más de reformas que de revoluciones, puesto que los antecedentes del enfoque están presentes en numerosos artículos de los 40 y 50. Sin embargo, el ambiente de la época hostigó a centrarse en la polémica entre geógrafos tradicionales y cuantitativos, sin reparar que la nueva geografía no se difundió con tanta intensidad como se pensó.

La geografía cuantitativa influyó en un doble frente en los estudios de geografía agraria. En primer lugar, la introducción de técnicas estadísticas mejoró las descripciones de viejos temas geográficos (tipologías, agrupamiento o dispersión del hábitat, clasificación de combinaciones de cultivo, etc.). Por otra, el énfasis del nuevo enfoque en la teoría de la localización y el intento de llegar a una geografía humana centrada en el análisis de nodos, jerarquías, redes, flujos y al final de la década, la introducción de la difusión clarificó algunos aspectos de la organización espacial. Sin embargo, la nueva geografía se dedicó más al ámbito urbano e industrial que al del medio rural. Es cierto que, en un último intento de hacer más flexibles los modelos normativos se produce un acercamiento a la psicología y se incluyen aspectos de incertidumbre que condicionan la toma de decisiones espaciales.

A pesar de que estos impactos mejoraron en algunos aspectos el conocimiento del medio rural, no podemos, sin embargo, olvidar que al lado de estos resultados ligados a la corriente «espacialista», están presentes otros desarrollos importantes que afectan a la geografía agraria, como lo atestigua la serie de libros relacionados con el tema y publicados por la editorial Prentice-Hall bajo el título genérico de «Foundations of Cultural Geography». Tampoco es posible olvidar el estudio de las catástrofes naturales y el de la percepción del medio ambiente.

Francia vive al margen de la nueva geografía hasta mayo del 68 y continúa con el enfoque regional clásico aplicado a los territorios coloniales y los estudios sobre el origen de los paisajes agrarios. Los geógrafos franceses apenas tienen en cuenta las teorías espaciales formuladas por sus colegas economistas (Perroux, Ponsard, Boudeville). La razón de este olvido se debe, según Claval, a que la geografía económica estaba monopolizada por los geógrafos marxistas que intentaron trasplantar conceptos tales como «fuerzas productivas» y «modos de producción» al campo de la geografía.

Por otra parte, el rechazo visceral al capitalismo hace que P. George condene la incipiente y prometedora geografía aplicada (Philipponeau, Labasse), así como toda aportación científica procedente de los Estados Unidos, lo que explica la ignorancia de la geografía cuantitativa en el seno de la comunidad francesa (Claval, 1984).

En el caso de Alemania Federal, se prosigue hasta finales de los años 50 con los estudios genéticos del hábitat y de los campos cultivados, siguiendo la metodología geomorfológica, sin grandes preocupaciones metodológicas. Los geógrafos alemanes dedican también una parte considerable de la investigación a los países de economía agraria dominante, en los que la aplicación de sus métodos tradicionales se muestran eficaces.

Al examinar el legado cuantitativo al campo de la geografía agraria, podemos concluir diciendo que el avance teórico ha sido modesto, ya que los modelos y técnicas empleadas proceden en su mayor parte de otros campos, por lo que no resulta exagerado hablar de «plagiarismo» metodológico y técnico. Puede afirmarse que la revolución cuantitativa con su reduccionismo espacialista contribuyó muy poco al conocimiento de la organización del mundo rural.

En realidad, la geografía agraria tradicional y la cuantitativa difieren más por su lenguaje que por los planteamientos teóricos o por los temas tratados. En la geografía agraria tradicional se emplea el lenguaje natural para la descripción de los paisajes agrarios. La geografía agraria cuantitativa utiliza el lenguaje de la estadística para describir la organización del espacio. Pero tanto el espacio como el paisaje, aunque exigen dos lenguajes diferentes, se refieren a una misma geoestructura. El lenguaje del paisaje es el natural, útil para describir las permanencias, lo inmutable; el lenguaje estadístico conviene al espacio, es más adecuado para describir un orden posible, una realidad cambiante. Sin embargo, la temática de la geografía agraria tradicional y cuantitativa es muy similar y lo que difiere es el lenguaje empleado (Raffestin, 1982). Esta divergencia de lenguajes explica la incomunicación de las comunidades geográficas, francesas y anglosajonas.

3.4.4. *La sistematización de la geografía agraria. Análisis de los principales manuales*

3.4.4.1. Introducción

En este apartado pretendemos examinar los libros de texto más influyentes y difundidos en geografía agraria para comprobar qué pensamiento se cristaliza en ellos, así como las innovaciones incorporadas, puesto que los manuales y algunas otras obras importantes de una escuela, ejercen el papel de «ejemplares» en la acepción de Kuhn (1971).

Lo primero que llama la atención es que, pese al papel hegemónico de los temas agrarios en la producción geográfica en los primeros sesenta años de nuestro siglo, las bases no se establecieron hasta finales de la década de los cuarenta con el desarrollo de la geografía agraria como una rama de la geografía económica, tratando en un principio de los procesos de producción y tomando la explotación agraria como la unidad en la que se toman las decisiones. Más tarde se incluyen gran variedad de hechos referentes al consumo, al medio natural y al papel de los gobiernos. Anterior a esta época, la geografía agraria se encontraba formando parte de las monografías regionales o se limitaba a los inventarios de productos agrícolas como el famoso *Handbook of Commercial* de G. C. Chisholm (1889), o *The Geography of the World Agriculture* de V. Finch y O. E. Baker (1971). Se inscriben dentro de lo que J. Kostrowicki llama la «business geography», destinada a conocer la localización de los diferentes tipos de materias primas. Esta enseñanza se cursaba en las escuelas de comercio y su objetivo era conseguir productos agrarios en las mejores condiciones posibles, o bien en el caso del segundo manual, suministrar a los agricultores el conocimiento indispensable sobre su explotación agraria. Es cierto que en el campo de la economía agraria abundaron los trabajos sobre la localización de esta actividad y fue precisamente el economista agrario francés, J. du Plessis de Grenedan, el primero que escribe un texto con el título de *Geografía de la agricultura* en 1903. En esta línea utilitaria se inscriben los manuales de geografía agraria de K. W. Klagles (1944) y los de J. Papadakis (1954, 1960) dedicados a los factores del medio natural sobre la agricultura. También algunos geógrafos hicieron intentos sistemáticos de describir cartográficamente las principales regiones agrícolas del mundo, en una serie de artículos de la recién inaugurada revista norteamericana *Economic Geography,* durante la década de los años 20 y 30, siendo de destacar los artículos de O. E. Baker (1926) y los de

O. Jonasson (1925, 1926), con un énfasis especialmente marcado en el medio físico. Este tipo de análisis está aún presente en los manuales de geografía económica. Sin embargo, actualmente, dada la importancia del problema de la población y de los recursos, la mayoría de estos inventarios estadísticos y cartográficos los llevan a cabo organismos internacionales, como la F. A. O. y la O. C. D. E.

En esta época cabe diferenciar en el campo de la geografía agraria dos tendencias, aquella que considera esta disciplina como parte integrante de la geografía económica, o bien la que como D. Faucher (1949, 1967) la considera como una aplicación de la geografía al estudio de la agricultura.

A continuación examinaremos los «ejemplares» franceses más influyentes.

3.4.4.2. La aportación francesa

Sin duda alguna, el primer manual de geografía agraria propiamente geográfico fue el ya señalado de D. Faucher, en el que trata de prescindir del método de análisis paisajístico y se enfrenta con la problemática agraria con criterios históricos, económicos y comerciales, introduciendo la noción de «types de culture». La ordenación de los «types» se hace en torno a dos nociones: por una parte, la idea de que los tipos de cultivo «no están en un género de vida agrícola aislados e independientes», sino que están «agrupados en todos los casos en los que los campesinos no hayan llegado al estado del monocultivo» (Faucher, 1949, pág. 9). La segunda noción es la característica de los cultivos según una civilización rural. Para Faucher, la geografía agraria describe las formas de los medios y de la actividad agrícola: «es una geografía cualitativa» (Faucher, 1949, pág. 12).

Desde esta perspectiva aborda desde las formas primitivas de vida agrícola hasta los cultivos intensivos y los industriales, aunque tiene en cuenta también las leyes del comercio, añora la figura del pequeño cultivador autárquico y constata que «el encanto se ha roto» porque existe «una tendencia cada vez mayor a considerar la explotación agraria como un medio de ganar dinero más que como un modo de vida» (1949, pág. 224).

En el *Cours de Géographie Humaine,* dedicado al hábitat rural (1949), J. Tricart sigue muy de cerca el enfoque «artificialista» de Brunhes, puesto que considera que «las sociedades ponen su huella en el paisaje a través del hábitat» y que sus características reflejan el género de vida. El tratamiento que hace Tricart es muy similar al seguido por A. Demangeon en sus estudios de la casa rural y de la tipología del hábitat (agrupamiento y dispersión), formas, teorías explicativas y aunque es consciente de la influencia de la ciudad, ya que constata que puede darse «yuxtaposición de habitantes con género de vida urbano en un núcleo rural» (Tricart, 1949, pág. 133), sin embargo, el esquema que propone es apto solamente para núcleos rurales marginales y escasamente influidos por la ciudad.

Ya hemos apuntado el gran papel de síntesis, divulgación e influencia que tuvo P. George en la geografía francesa; baste recordar que tanto en su *Campagne* (1956), como en su *Précis de Géographie Rurale* (1963) y en el pequeño libro de *Géographie Agricole du Monde* (1968), este autor abandona completamente la perspectiva paisajística e introduce la problemática social y las condiciones políticas en las que se desarrollan los sistemas agrarios, puesto que las estructuras agrarias son específicas de un medio natural histórico y cultural y por esta misma complejidad se resisten y no se dejan atrapar en «las rejillas de la generalización». Los objetivos fundamentales son describir la producción agrícola en los diversos medios naturales, si bien estos ejercen una influencia relativa según el grado de evolución económica; las coyunturas del mercado internacional son esenciales en el caso de la agricultura especulativa (países nuevos), y la gestión y las técnicas en las agriculturas del noroeste europeo. Pierre George considera que la historia contemporánea de la agricultura, responsable en parte de la distribución actual de los tipos de agricultura a través del mundo, comporta dos secuencias de hechos. Por una parte, la revolución agrícola de Europa occidental y la proyección de las necesidades económicas capitalistas sobre el resto del mundo, y por la otra, la introducción de la economía socialista en la Unión Soviética y la construcción del socialismo en los países de democracia popular.

En la década de los años 60 aparecen varios manuales de geografía agraria (los de A. Perpillou, 1964, Lebeau, 1969, 3.ª ed., 1979, J. Bonnamour, 1970 y G. Gilbank, 1974) en los que se presenta sistemáticamente la producción agraria y en donde se hacen importantes esfuerzos de síntesis. Sin embargo, no se introduce ninguna innovación conceptual o metodológica, ni tampoco se siente la necesidad de disponer de un marco teórico coherente que permita describir y explicar los profundos cambios que están ocurriendo en el mundo en las décadas de los 50 y 60.

En el manual de A. Perpillou *(Géographie Rural,* 1964) se estudian las relaciones que existen entre la tierra y los hombres que la explotan, relaciones que se traducen en «hechos geográficos visibles, organización del hábitat y ordenación del medio rural en sentido amplio» (pág. 197).

En la primera parte estudia el origen de la propiedad y su evolución y en la segunda está más cerca «de la realidad geográfica, más en relación con los hechos materiales visibles» (pág. 200).

En el manual de R. Lebeau *(Grandes types de structures agraires,* 1969, 3.ª ed., 1979), se sigue un enfoque similar al anterior. En efecto, su objetivo es «conocer las estructuras agrarias, saber la forma en que los hombres han construido el campo cultivado». Para Lebeau, las estructuras agrarias se diferencian en función de la complejidad creciente del medio técnico y económico. No considera en su clasificación el sistema político que es capital en los países industrializados y piensa que «la bonne *methode*» para analizar las estructuras agrarias es el análisis de las «realidades concretas» (pág. 8). A pesar de advertir que el espacio rural sólo es parcialmente agrícola y que ésta es la «gran realidad de nuestras sociedades contemporáneas (y se esboza en los países en vías de desarrollo)», R. Lebeau sigue concediendo, por ejemplo, 10 páginas a los cultivos en los oasis, dos capítulos a la agricultura itinerante y de secano tropical, pero solamente cinco páginas a lo que el autor llama «agresión urbana» y 19 líneas al fenómeno de segunda residencia, a pesar de la importancia que tiene el proceso rururbano en general y la segunda residencia en Francia.

Por último, en el inicio de la década de los años 70, aparece el fascículo de J. Bonnamour sobre *Structures Agraires* (1970), en el que se acomete un estudio riguroso sobre las formas de propiedad y explotación de la tierra y en donde aparece por primera vez el tratamiento desde ópticas múltiples, de las explotaciones agrarias, regímenes de tenencia, estudio del parcelario, el hábitat y la casa rural para concluir con el estudio de las explotaciones agrarias y el de la evolución de los paisajes agrarios en el mundo a mediados del siglo actual.

El mérito de la obra radica en el rigor conceptual, en el estudio de los elementos de las estructuras agrarias sin disociarlas de su función agrícola. Sin embargo, tampoco se tratan los procesos de rururbanización y los cambios estructurales y formales derivados del fenómeno rururbano.

Finalmente, en el libro de G. Gilbank, *Introduction à la géographie génerale de l'agriculture* (1974), el tratamiento es algo más acorde con la realidad del medio rural, ya que considera que el paisaje rural es un paisaje global que sólo puede aprehenderse en su totalidad considerando «las relaciones con el espacio urbano». Sin embargo, el análisis que efectúa es más agrario que rural, puesto que no se trata satisfactoriamente el conflicto de usos campo-ciudad en los diferentes marcos regionales, sino que se centra casi exclusivamente en el paisaje agrario y su problemática.

3.4.4.3. La aportación anglosajona

Ya nos hemos referido a la tardía sistematización y a la cristalización de auténticos manuales dentro del área anglosajona. Pero no puede olvidarse la aportación y el estímulo que la gigantesca labor del Land Utilisation Survey durante la década de los años 30 y bajo la dirección de Sir Dudley Stamp (1948), impuso a los estudios de geografía agraria. Su finalidad era disponer de un registro detallado del uso del suelo de cada parcela en mapas de escala comprendidas entre 1 y 10 pulgadas/1 milla que iban acompañadas de una memoria y que sirvió de inspiración a otros trabajos posteriores (Coleman, 1977). Conviene recordar también el esfuerzo realizado en Estados Unidos sobre los tipos de cultivos.

Es inevitable también la preocupación por el desarrollo de métodos de campo y la utilización de mapas de gran escala, que se aplicaron a estudios locales y fueron el mejor antídoto contra el determinismo reinante en los Estados Unidos, y así Baker suministró las bases de la geografía agraria aportando mapas temáticos sobre el potencial productivo del trigo, problema que preocupa en la Primera Guerra Mundial. Asimismo se concede una gran importancia a la definición de regiones mundiales, destacando la elaborada por D. Whittlesey, en la que se distinguen 13 tipos de regiones definidas por cinco variables y que sirvió de plantilla sistematizadora de muchos manuales, no dejando de reproducirse en los atlas más comunes (James, 1954).

En lo referente al hábitat, los estudios se dedican a describir la secuencia de ocupación y las formas materiales de la misma.

La moderna geografía agraria arranca de la década de los 50, en donde comienzan a estudiarse los procesos de producción y la explotación agraria como unidad básica en la toma de decisiones y más tarde se incluyen estudios sobre el consumo, factores del medio físico y el papel de las políticas agrarias en los diferentes niveles de la administración. Estos aspectos son tratado en términos generales en los manuales de Symons (1967), Laut (1968), Gregor (1970), Morgan y Munton (1971), Tarrant (1974) y Grigg (1974, 1982).

El libro de Houston, *A Social geography of Europe* (1963), representa la traducción al inglés del enfoque y contenido presentes en los manuales franceses que hemos examinado.

En la década de los años 50 el interés por el análisis espacial en geografía agraria es grande, merced a la obra de Garrison y Marble (1957) y sobre todo al manual de M. Chisholon (1962), que aplica el modelo de Von Thünen.

En esta obra, tras examinar y subrayar el interés actual de reformular el modelo de Von Thünen y con un gran acopio de trabajos empíricos, señala que la distancia es factor importante en los usos del suelo, rendimientos, inputs de trabajo, etc., a escala de explotación, aldea, ciudad, continente europeo y mundo.

Tal vez el manual más completo, en lo que atañe al enfoque espacial, es el de Found, *A theoretical approach to rural land-use patterns* (1971).

Esta obra supone la cristalización en la disciplina del enfoque cuantitativo, ya que, al ser tan complejo y difícil, el estudio de los usos de suelo requiere «un conjunto de teorías que ayuden a visualizar el orden en el caos aparente».

El autor considera que las líneas generales pueden comprenderse mediante la aplicación de la teoría económica espacial de Von Thünen, Ricardo, Marshall, Heady y Dunn. Sin embargo, a escala local es preciso recurrir a la teoría de toma de decisiones, a conceptos comportamentales que influyen en la difusión, innovación y aprendizaje de los agricultores y, por consiguiente, en su mapa mental y en los usos del suelo. Entre los modelos normativos y los comportamentales, Found se inclina por los últimos y señala que es imprescindible profundizar en la teoría si se quiere comprender la lógica que preside la toma de decisiones que determinan los usos del suelo. Sin embargo, la mayor parte del libro (cinco de nueve capítulos), los dedica a los modelos normativos. Este mismo panorama presenta el libro de Tarrant (1979), aunque incluye una temática más amplia (problema de la información, regionalización, competencias de uso).

La finalidad del manual no es la presentación descriptiva de las variaciones espaciales de la agricultura, sino «buscar los principios y tal vez las leyes que las expliquen» (pág. 15). En realidad, es una obra metodológica en la que se incluyen técnicas de otros campos.

3.4.4.4. Otros manuales

Fuera del ámbito sajón es de destacar el manual de E. Otremba, *Geografía general e industrial* (1955), que considera la geografía agraria como la «ciencia de la superficie terrestre modificada por la agricultura, tanto en su conjunto como en sus diversas partes, en su aspecto exterior, en su estructura y en sus ramificaciones» (pág. 6). Aunque su concepción es tradicional, sin embargo, concede una gran importancia a los modelos espaciales de economía agraria y la diferenciación que hace de nueve «formaciones económicas» tienen un valor mucho más actual que las climáticas que se incluyen en muchos manuales. Asimismo la bibliografía es muy completa, incluyendo casi 700 trabajos sobre el tema.

Por último, la versión italiana del manual polaco de J. Kostrowicki, *Geografia dell'agricoltura. Ambienti e società, sistemi politiche dell'agricoltura* (1980), es de gran valor, pues aunque, desde un punto de vista parcial, recoge una bibliografía muy selecta, numerosa y actualizada hasta 1971 con 923 títulos y 891 notas, trata básicamente de tres problemas que el autor juzga esenciales en la agricultura: el régimen de tenencia de la tierra, las formas de actividad agrícola y sus problemas técnico-organizativos y los problemas productivos de la agricultura. Además, dedica un breve capítulo inicial a los métodos y orientaciones de la disciplina y un capítulo final en el que recoge exhaustivamente las tipologías agrarias a nivel mundial, incluyendo la de la Comisión de Tipología Agraria de la U.G.I., de la que fue su presidente.

3.5. El renacimiento de la geografía agraria y rural

Desde mediados de la década de los 70 y hasta el momento actual asistimos a un resurgimiento de esta rama geográfica que durante los cincuenta primeros años del siglo se identificaba con la misma investigación geográfica. Las décadas de los 50 y 60 fueron de postración ante el auge de los estudios dedicados a la urbanización. La geografía rural resurge enlazando con la tradición investigadora y diversificándose sorprendentemente en un intento de dar respuesta a las profundas transformaciones que experimenta el medio rural en los países industrializados y en menor medida en los tercermundistas.

La preocupación por el medio ambiente que arranca en Estados Unidos y Gran Bretaña de la década del 50 suscitó una preocupación generalizada en los años 70. A esta llamada acudió la geografía rural, de la misma manera que la propia geografía había sido atraída a la «domesticación» del desarrollo en los años 50.

En la década de los 70, se comienza a considerar los elementos naturales y culturales no como fuerzas enfrentadas, como entidades separadas, sino como componentes entrelazados. Es la época en que se cuestiona el intento de absolutismo positivista y se ponen en tela de juicio los supuestos en los que se apoyaban los modelos normativos y el propio modelo de hombre.

La geografía radical, en sus diferentes versiones, y más tarde el humanismo, subrayan también las deficiencias del neopositivismo y realizan otras propuestas. Si los decenios del 50 y 60 estuvieron marcados por la expansión de la comunidad científica y la ampliación de recursos, desde mediados de los años 70, hasta nuestros días, caminamos a la reducción, al estancamiento de los recursos.

Un hecho importante es el acercamiento de los geógrafos franceses al mundo sajón y el intento de búsqueda de norte, tras el caos universitario de mayo del 68. En Alemania se camina también hacia la diversificación temática y al acercamiento a otras comunidades de geógrafos.

Durante este periodo no faltan las propuestas globalizadoras como la perspectiva comportamental que analizaremos posteriormente.

Otros autores intentan organizar el estudio de la disciplina adoptando la teoría de los sistemas. Se considera el campo de estudio como un ecosistema: complejo de plantas, animales y hábitat que se encuentra en un cierto equilibrio. Así se analizan los sistemas agrarios como tipos característicos de ecosistemas modificados por el hombre, tanto en sus formas tradicionales (paleotécnicos), como evolucionados (neotécnicos).

En fecha reciente, Bayliss-Smith (1982) considera las explotaciones agrarias como sistemas consumidores y productores de energía. El autor intenta cuantificar los flujos que circulan entre el medio y la explotación y así diferencia de forma cuantificada siete sistemas. Sin embargo, el propio autor reconoce que una explotación no es sólo un sistema productor y consumidor de energía, sino también una forma de crear rentas y un modo de vida. Por consiguiente, no pueden soslayarse otros aspectos en ningún tipo de análisis. Por ello, este enfoque es heurístico como esquema e incluso posee un cierto poder explicativo en comunidades agrarias muy simples. Como dice Claval (1985): «No es, pues, del análisis sistémico de donde se esperan progresos decisivos (...) la dimensión subjetiva de los hechos humanos escapa en parte al modelo.»

Asimismo cobra un nuevo vigor el tema de las tipologías agrarias, que acaparó la atención de una Comisión de la U.G.I. desde 1964 hasta su disolución en 1977.

En 1979, el Scientific Committee on Problems of Environment (SCOPE) inició una investigación interdisciplinaria sobre las formas de utilización del suelo, distinguiendo tres categorías: sistemas bioproductivos o biogenéticos, sistemas tecnoproductivos y sistemas no productivos. Cada una de estas categorías se subdivide en tipos.

La geografía radical intentó analizar el paisaje como el lugar en el que se proyectan conflictos de la sociedad. Así concebido el objetivo de la geografía rural, sería de análisis de las ideologías de los grupos sociales para asegurar el dominio del espacio. Así, por ejemplo, Marmont (1977) explica el espacio rural como un conflicto social entre grupos con estrategias diferentes (agricultores, usuarios de segunda residencia, turistas, industriales, etc.). Sin embargo, es preciso señalar que la geografía radical prestó mucha más atención al medio urbano que a desentrañar mediante la vía dialéctica las ideologías y estrategia de las sociedades rurales o a dilucidar el papel desempeñado en el medio rural por las relaciones asimétricas (centro-periferia) (Bailly y Beguin, 1982).

Una última propuesta de carácter general procede del campo de la geografía feminista. La escasa tradición de este enfoque hace que no se haya constituido un cuerpo de doctrina consistente sobre esta «terra incógnita».

La geografía feminista sugiere una ampliación del modelo de hombre en el que se incluya la mujer con objeto de que el geógrafo pueda examinar la realidad estereoscópicamente y «así hablar a través de los hombres y de las mujeres» (Zelinsky et alii, 1987).

La geografía feminista tiene como objetivo «analizar y comprender el porqué de la subordinación de las mujeres». Este enfoque considera que el sexo tiene tantas implicaciones de carácter geográfico como cualquier otro factor de carácter socioeconómico.

Señalan como campo de estudio en los países del tercer mundo el subrayar el papel de la mujer a la hora de adoptar innovaciones, los cambios que se operan en las relaciones tradicionales entre las mujeres y los hombres, etc.

Los geógrafos feministas consideran que es esencial desplegar una simpatía hacia los sentimientos y emociones de las mujeres para así atemperar los sesgos machistas de la supuesta «objetividad» y «racionalidad» presente en los estudios convencionales.

Por otra parte, señalan los sesgos que se introducen en los cuestionarios, por ejemplo, al encuestar al cabeza de familia, hombre, que en muchos casos está menos implicado en la actividad agraria que la mujer, o el sesgo que se introduce en los estudios al clasificar a los habitantes en clase, o grupos sociales por la ocupación del cabeza de familia con lo que resulta imposible comparar la clase social de la mujer casada con la de una soltera, o las que viven solas con aquellos que viven bajo la tutela de los padres.

El enfoque tradicional (posibilista, cuantitativo o radical) ignoró los papeles que desempeña la mujer en el tercer mundo, ya que en estas sociedades las mujeres crían los niños, cultivan los productos alimenticios y los manipulan, se encargan del agua, del combustible y la ropa, ayudan a construir casas, a reparar los caminos, sirven como animales de carga y van al mercado a vender sus excedentes. A pesar de esta multiplicidad de papeles, en los trabajos de geografía agraria carecemos de información diferenciada por sexos y no existen estudios sobre el papel del hombre y de la mujer en la organización del espacio agrario.

Señaladas las propuestas más generalizadoras, examinaremos la producción científica reciente que aparece en el campo de la geografía agraria y rural. En la geografía agraria de los últimos años cabe señalar un cierto grado de polarización en la investigación. Por una parte, existe un creciente número de geógrafos atraídos por problemas que se abordan interdisciplinariamente. Por otra parte, aparece una minoría que continúa con los temas tradicionales de estudio. Es posible diferenciar cuatro problemas agrarios que suscitan la mayor atención: problemas estructurales suscitados por la modernización de las actividades agrarias. Un segundo problema es el de la pérdida de suelo productivo agrícola y la constatación en algunos países industriales de un cambio en la valorización del suelo agrícola que se considera cada vez más como un recurso finito y escaso. Asimismo es motivo de numerosos trabajos la intervención estatal a diferentes escalas y, por último, se estudian los diferentes trabajos y ocupaciones que se desarrollan en las familias rurales. Es decir, la investigación sobre la agricultura a tiempo parcial está siendo sustituida por el «multiple-job holding».

En lo que atañe a la geografía rural, los esfuerzos se dirigen a demostrar la diversidad del espacio rural y sus problemas a los responsables de la política de ordenación. Asimismo se intenta dar una base teórica más firme para comprender mediante los procesos de despoblamiento, poblamiento y repoblamiento, los cambios estructurales y comportamentales del medio rural. Otros temas estudiados son la desdotación de servicios y equipamientos del medio rural, los conflictos de uso del suelo, la percepción diferencial del medio rural (localistas, cosmopolitas, planificadores, urbanistas, etc.), el retorno a la naturaleza o al estudio sociológico de las comunidades rurales desde la triple perspectiva del lugar, sistema ecológico y sistema social (Lewis, 1979).

Podemos decir, a la vista de la producción de los últimos diez años, que la geografía rural conoce un renacimiento y que es una disciplina polifacética que sin abandonar los estudios tradicionales concernientes a la agricultura o a la reconstrucción histórica de los paisajes agrarios, se amplía en la última década para abarcar otras preocupaciones que van desde el estudio sistemático del transporte rural y la accesibilidad al empleo, vivienda, servicios, ordenación, recreo y esparcimiento, al mismo tiempo que intenta desarrollar una teoría y un marco conceptual adecuado. Como dice Pacione, la geografía rural es hoy un fenómeno polifacético que «trata del funcionamiento y efectos sobre el medio rural de una gran gama de procesos económicos, sociales y políticos, cada uno de los cuales ha originado un campo propio de investigación sistemática» (Pacione, 1984, pág. 1) (gráfico 3.15).

Sin embargo, a pesar de los avances, de todos los «ismos» que influyeron en la geografía rural sigue teniendo en común con otras ramas de la geografía, el ser una disciplina ecléctica, carente de teoría y es por ello cierto, en buena medida, que la geografía rural sigue siendo en el momento presente lo que hacen los geógrafos rurales.

Ante la pluralidad de enfoques y la diversidad temática que presenta actualmente la geografía rural, pensamos que intentar abarcar un campo tan amplio excedía la pretensión de este manual de geografía humana general. Por este motivo, consideramos más adecuado centrar nuestro análisis en el enfoque comportamental, ya que sus bases teóricas, métodos y técnicas aplicados a la geografía agraria no están muy difundidos.

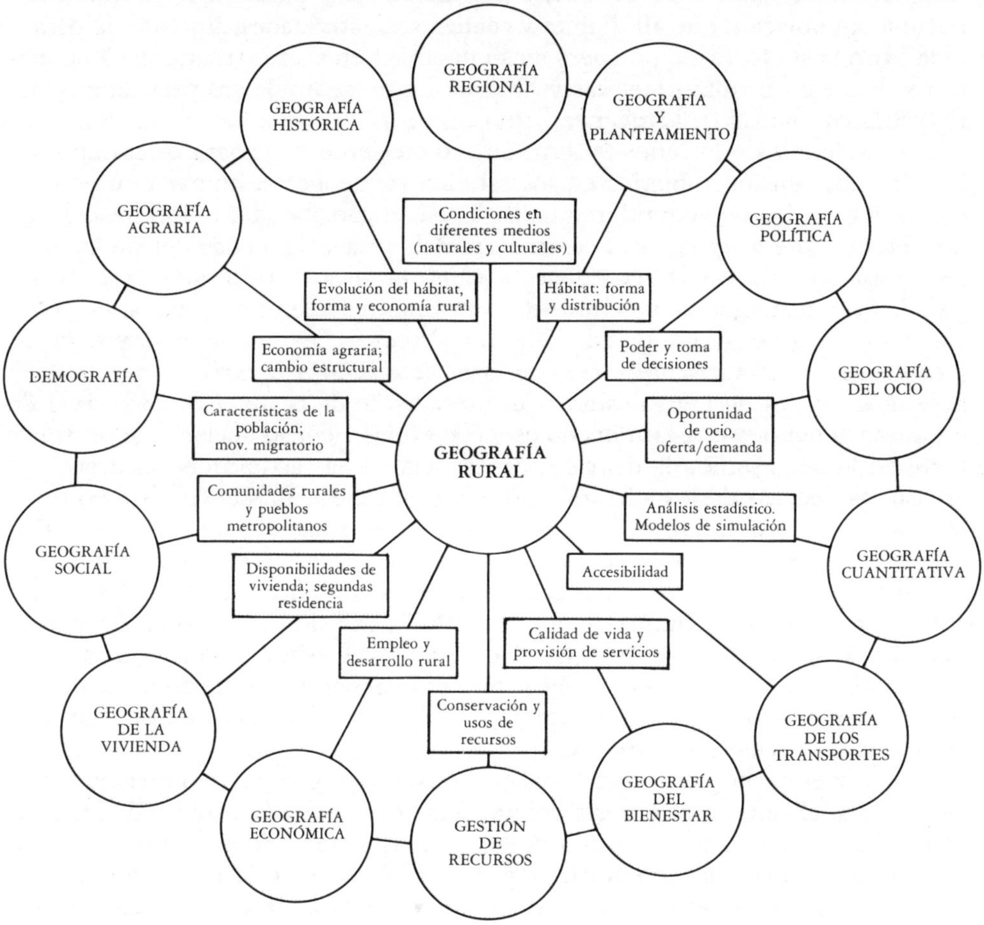

Gráfico 3.15. M. Pacione, 1984, pág. 2.

Por otra parte, las corrientes paisajísticas e historicistas, así como los enfoques económicos y espacialistas, conocen una bibliografía muy extensa y mucho más accesible a los geógrafos españoles que los resultados obtenidos en el enfoque comportamental aplicado a la geografía agraria y rural.

3.6. El enfoque comportamental en geografía agraria

3.6.1. *Introducción*

Durante mucho tiempo, la investigación en geografía agraria intentó, mediante el inventario descriptivo y cartográfico de formas externas, buscar regularidades en el espacio cultural elaborado por las actividades agrarias sobre un territorio. En este panorama, donde predominaba la forma sobre los procesos, sólo aparecían voces aisladas que proclamaban la importancia del componente subjetivo de la existencia. Una comunidad rural no se compone tan sólo de formas naturales y culturales plasmadas en el paisaje que sirven de soporte a la población que allí habita y realiza sus actividades, sino que la comunidad rural está formada por personas que viven en esas estructuras y que dieron vida a esas formas objetivas y tangibles por medio de sus relaciones y actividades cotidianas (J. Estébanez, 1986).

En la década de los años 60 un número creciente de geógrafos comienza a incluir la dimensión subjetiva en los estudios de geografía humana en general y también en los de geografía agraria. Y así se concibe que la localización de las personas, de los pueblos, la estructura del parcelario, el uso del suelo, de la red viaria son reflejo de actividades socioeconómicas y culturales presentes y pasadas y el resultado de muchas decisiones individuales o en grupos. Por consiguiente, si la geografía agraria debe no sólo *describir, sino también explicar y comprender las variaciones espaciales de la actividad agraria sobre la superficie terrestre,* es necesario estudiar el mecanismo de la *toma de decisiones* de un modo general por ser un hecho esencial en las ciencias sociales, pero, sobre todo, en lo que afecta a la distribución espacial de las actividades agrarias.

En las décadas de los años 60 y 70 cobra un gran impulso el estudio de la imaginación (Lowenthal, 1961), los valores y creencias (Buttimer, 1969, 1974; Tuan, 1974, 1977) en la corriente *humanista,* y el estudio de las actitudes, expectativas (White, 1966; Saarinen, 1966), riesgo e incertidumbre (Wolpert, 1963), aprendizaje y hábitos (Golledge, 1967), decisiones (Pred, 1964 y Burnett, 1973), preferencias espaciales (Gould, 1966; Rushton, 1969), mapas cognitivos (Downs, 1970; Stea, 1969) y procesos generales en la adquisición del conocimiento (Golledge y Zannaras, 1973). Todos estos autores pueden adscribirse a la corriente *positivista.*

Tal vez el hecho más notable que se constata en geografía agraria en estas décadas sea el cambio de énfasis del análisis de la *forma* al estudio de los *procesos.* Como es sabido, el estudio de las formas gozaba de una gran tradición que fue consolidada en la *nueva geografía.* El énfasis en la forma de los *paisajes agrarios* permitió concentrarse en características objetivamente identificables y utilizar una gran gama de herramientas y lenguajes (naturales, estadísticos, matemáticos) en la explicación de las formas espaciales. Pero se observó que el mundo de la realidad objetiva era demasiado complejo para acomodarlo a estos modelos necesariamente simplistas, ya que para acomodar la realidad al método científico fue preciso prescindir de la variabilidad del marco natural y cultural y sobre todo reducir la individualidad humana a un modelo de hombre enteramente racional.

Conforme se desarrollaron métodos de probabilidad, lenguaje topológico, técnicas de medidas y análisis de datos no paramétricos, se sintió la insuficiencia de las descripciones usuales basadas en aspectos formales con lenguajes verbales, cartográficos o matemáticos y que era preciso intentar explicar y comprender el porqué las cosas se encuentran donde están, es decir, buscar los *procesos* para explicar las *formas.*

3.6.2. *Características del enfoque comportamental*

En la década de los 70 y en la actual, son muchos los autores en geografía agraria que abandonan la preocupación por clasificar los elementos del paisaje agrario o de profundizar en modelos normativos que señalan cómo deberían disponerse los usos del suelo, el hábitat o cualquier otro elemento, para dedicarse a la investigación de los *procesos,* esencialmente comportamentales: aprender, pensar, formar actitudes, percibir, dar valor y significado, representar y utilizar el conocimiento espacial. La investigación comportamental, como señalan Golledge y Stimson (1987), se caracteriza por:

- Destaca el empleo de nuevos modelos de hombre, o mejor dicho, la sustitución de un modelo de hombre parcial procedente de las teorías neoclásicas, enteramente racional influido en sus decisiones por factores externos objetivos, poseedor de todo el conocimiento y que actuando como consumidor o empresario centra sus objetivos en obtener la *máxima utilidad* o el *máximo beneficio respectivamente,* por el de *hombre de racionalidad limitada* con capacidad variable para adquirir la información, y con objetivos de utilidad y beneficio satisfactorios o «bastantes buenos», en lugar de óptimos.
- *Nuevos modelos de medios.* La investigación comportamental no admite como único medio el observable, sino que incluye también otros medios medidos con diferentes métricas que imponen al comportamiento del hombre sobre el espacio muchas restricciones. Estos medios son el económico, el social, el político, el jurídico, etc., que imponen una serie de limitaciones tan *reales* como las impuestas por el medio objetivo. De esta constatación se desarrolló un gran interés por el estudio y la influencia del medio perceptual, cognitivo, ideológico, filosófico y sociológico que forman parte de la relación dialéctica entre la humanidad y la realidad en la que desarrolla su vida.
- *Estudios a microescala.* Si hizo hincapié en los estudios individuales y a pequeña escala, ya que sólo a esta escala se pueden analizar las respuestas comportamentales de carácter espacial para luego generalizar, puesto que tradicionalmente se extraían generalizaciones de macroagregados agrupados con criterios arbitrarios como localización, índices demográficos o socioeconómicos y no en respuestas comportamentales, de tal modo que muchas regularidades descritas con grandes agregados de datos no se sabe si son simples artilugios estadísticos u obedecen a comportamientos espaciales reales.
- *Nuevos datos.* Dado el objetivo de la geografía agraria comportamental

basado en la evaluación subjetiva de los diferentes medios influyentes en la conducta humana, se puede comprender que estos geógrafos piensen que la mayor parte de los datos disponibles y utilizados por los geógrafos no son de gran utilidad. Por consiguiente, fue preciso crear información congruente con el objetivo, y nuevos métodos de análisis y medidas de datos en su mayor parte «blandos», es decir, no paramétricos, así como métodos multidimensionales y multivariantes para el análisis y representación de los fenómenos. Todo ello obligó a estudiar en profundidad las técnicas de muestreo, el diseño de cuestionarios, la búsqueda de indicadores sobre variables comportamentales, así como nuevos métodos de medida. Esta preocupación supuso un gran acercamiento a la psicología, rama científica con gran tradición en las cuestiones señaladas.

En la investigación comportamental, se parte del supuesto de que los elementos físicos (visibles en el espacio) de los sistemas espaciales agrarios, pasados y presentes, representan la manifestación de un gran número de toma de decisiones actuales y pasadas, hechas por individuos, grupos e instituciones. El resultado es el paisaje agrario observable formado por un sistema y por conductas espaciales que se producen dentro del sistema.

El medio ambiente total abarca los fenómenos del medio natural y el medio constituido por el hombre. Es el *medio fenoménico* de Kirk (1963), constituido por fenómenos naturales y culturales. Para comprender, por tanto, el paisaje agrario, será necesario examinar los procesos que producen un paisaje y no las formas espaciales en sí mismas. Por otra parte, las conductas espaciales deducidas de un examen mecánico de las propiedades formales de un sistema espacial (modelos normativos de usos del suelo o de los asentamientos) no responden con los comportamientos reales de la gente que opera en este sistema, por lo tanto, los partidarios del enfoque comportamental suponen que existen otros factores diferentes de las características físicas, de las estructuras del paisaje y que es preciso tener en cuenta en las explicaciones geográficas. Se necesita, pues, incorporar factores deducidos del análisis comportamental, ya que de lo contrario las regularidades aparentes que presentan las formas de un sistema espacial pueden inducirnos a pensar que se puede predecir la conducta espacial a escalas más reducidas (grupos o individuos). Sin embargo, a microescala a lo más que se puede llegar es a asignar gamas de probabilidad a las opciones y decisiones de carácter individual o de grupo (Golledge y Stimson, 1987, pág. 7).

Por consiguiente, parece lógico preguntarse si existen procesos que actúan independientemente de las estructuras espaciales específicas en que los actos se producen. Por otra parte, los procesos mecánicos que algunas veces describen las operaciones del sistema espacial a través del tiempo, no explican el comportamiento en sí del sistema, sino las propiedades geométricas y físicas del mismo.

El enfoque comportamental en el momento presente renuncia a algunos supuestos del positivismo clásico, pero asume la importancia del pensamiento lógico-matemático, la necesidad de verificación pública de los resultados, la búsqueda de generalidad y el papel de la formulación y verificación de la hipótesis.

En el cuadro 3.2 se incluyen los supuestos básicos admitidos sobre el papel de la mente como mediadora entre el medio y el comportamiento.

En general, el paradigma comportamental se apoya en nuevas creencias so-

C. N. 3.2. Creencias inherentes en las proporciones de que la mente es mediadora entre el medio y el comportamiento.

Creencia	Elaboración
1. La mente existe y constituye objetos dignos de conocimiento científico	Se desarrollan más las preocupaciones referentes a preferencias y percepciones que a la descripción de las neuronas
2. La mente se describe en lenguaje psicológico y no en lenguaje neurofisiológico	La mente no tiene peculiarmente propiedades mentales, no materiales o fantasmagóricas que la sitúan fuera del ambiente científico
3. Hay un mundo externo de estímulos espaciales de lugares objetivos fuera de la mente	Estos incluyen casos tales como aglomeraciones industriales, lugares centrales, espacio residenciales, etcétera
4. La mente observa, selecciona y estructura la información del mundo real	Las mentes tienen proceso de aprendizaje y memoria espacial semejante a mapas mentales, distancias percibidas, espacios conscientes, claves ambientales, imagen multidimensional de la compra y otras localizaciones y un conocimiento espacial más o menos imperfecto
5. Aparecen hechos mentales que se corresponden con el pensar o evaluar la información general	La mente tiene estados que describen espacios de acción y preferencia y funciones de utilidad
6. La mente es el asiento de emociones, sensaciones, actitudes, necesidades, deseos y motivaciones	La mente, por consiguiente, es productora de satisfacción y malestar, estrés ambiental y aspiraciones para optimizar en la toma de decisiones locacionales
7. Las elecciones espaciales se hacen pensando según las reglas de decisiones que se elaboran en la mente y son el resultado de estados mentales, sucesos y procesos anteriores	Las elecciones se hacen entre alternativas percibidas. Las reglas de decisión pueden considerarse como métodos de relaciones, información evaluada y cotejada sobre alternativas o motivos.
8. La elección sobre decisiones espaciales son la causa de un acto observado, y a través de secuencias temporales las elecciones espaciales hechas por individuos y grupos causan también procesos comportamentales observables que, a su vez, causan cambios en las estructuras espaciales del mundo exterior. Por tanto, los procesos locacionales se explican finalmente por estados, hechos y procesos mentales.	Un hecho observable es, por ejemplo, la búsqueda de una nueva residencia, elección de un cultivo o de un desplazamiento. Las secuencias de elección en el tiempo son, por ejemplo, los movimientos migratorios. Los cambios en la estructura espacial son los cambios, por ejemplo, en el uso del suelo.

Fuente: R. G. Golledge y R. I. Stimson (1987), tomado de Burnett, pág. 12.

bre la mente como mediadora entre el medio y el comportamiento en el medio. El paradigma postula conexiones causales y no causales entre el proceso comportamental y el mundo exterior. El individuo es a la vez parte del medio subjetivo y comportamental y del objetivo.

3.6.3. *La toma de decisiones en la agricultura*

3.6.3.1. El medio comportamental

Ya hemos dicho que el *proceso de toma de decisiones* debe considerarse como el mecanismo básico de todas las ciencias sociales. En el estudio de la diferenciación espacial de la agricultura sólo nos concierne el proceso de toma de decisiones en lo que afecta a este tipo de distribuciones agrarias y en tanto que refleja la resultante de un gran número de decisiones espaciales que se producen en una multitud de unidades de producción o *explotaciones agrarias* en su mayoría de carácter familiar. Las formas de uso del suelo reflejan las decisiones de estas empresas agrarias que eligen sembrar una serie de cultivos. Estas decisiones están influidas por las variaciones que presenta el marco natural donde se desarrolla la agricultura (topografía, composición bioquímica y física de los suelos, condiciones climáticas, exposición, etc.). Sin embargo, es posible examinar situaciones en donde las formas de uso del suelo y sus variaciones se basan en la toma de decisiones que hacen los agricultores sin que éstas no tengan una gran relación con el marco natural.

Vamos a imaginar una isla constituida por seis explotaciones agrarias dedicadas al cultivo del trigo en rotación con el barbecho.

Esta situación se representó en el gráfico 3.16 y refleja la adopción de la conversión del barbecho en cultivo de girasol. Se observa que al cabo de un periodo de tiempo (T_2) la distribución nueva creada por el nuevo cultivo no depende de la localización concreta de las explotaciones, sino de la decisión de adoptar o no el girasol. En un periodo de tiempo posterior (T_3) se incluye la situación producida por la «desadopción» de un agricultor del cultivo de girasol y su vuelta al cultivo tradicional del cereal. Por consiguiente, toda explicación o interpretación de los elementos del paisaje agrario debidos a la acción humana sobre la superficie terrestre exige no sólo comprender los diferentes *tipos de decisión,* sino también los diferentes *tipos de decisiones,* ya que, como se pone de manifiesto en el ejemplo de la isla, el nuevo paisaje agrario, esto es, la distribución del uso del suelo, se apoya en los diferentes tipos de decisión y decisores que adoptaron, rechazaron o desadoptaron el cultivo del girasol.

Los individuos y los grupos toman decisiones que tienen repercusiones en el paisaje agrario, aunque en la nueva sociedad postindustrial el significado de estos actos se ve difuminado ante la toma de decisiones de los consejos de administración de las grandes empresas multinacionales que controlan la industria agroalimentaria, así como los insumos necesarios para la producción agraria y los canales de distribución.

Las decisiones de individuos y grupos con respecto a la localización de las actividades y al uso del suelo agrarios no se realizan en un vacío, sino que están influidas por el *medio global* en el que actúan. La localización y los usos del suelo forman parte del medio global y el *medio locacional* o *contexto es-*

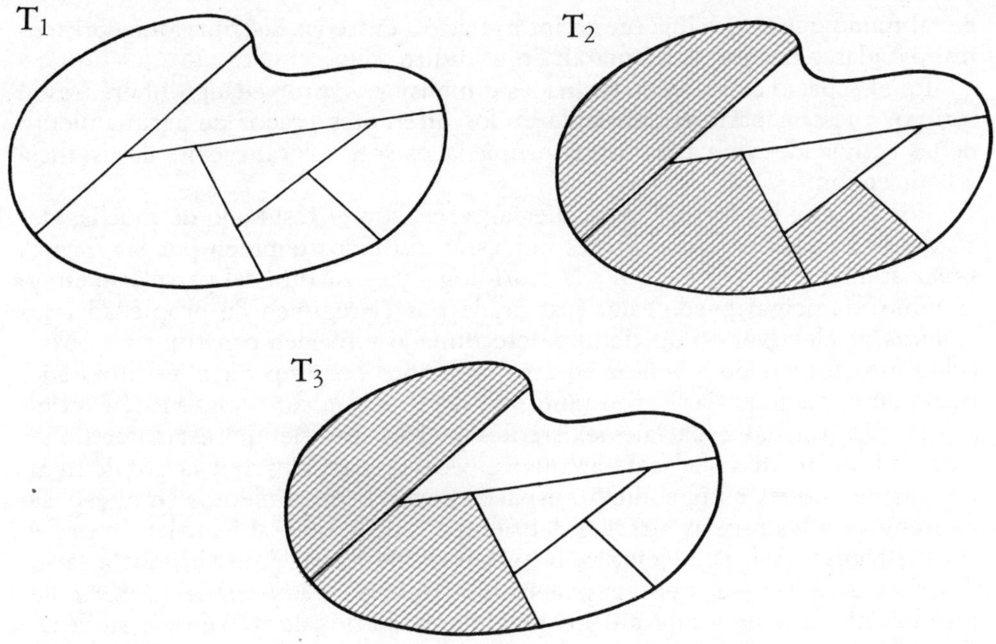

Gráfico 3.16. Proceso de decisión y formas espaciales. T_1 situación tradicional. T_2 adopción no-adopción del girasol. T_3 adopción, no adopción y desadopción del cultivo del girasol.

pacial de un *decisor* está constituido por las características humanas y físicas de su localización y de las restantes características del espacio circundante. Por lo tanto, el *contexto espacial* de la toma de decisiones está compuesto por un contenido y por unas dimensiones espaciales.

El *contenido* espacial está constituido por las estructuras dependientes del paisaje natural y las situaciones derivadas de la acción humana en el medio: carreteras, parcelas, cercas, pueblos, etc. El reconocimiento de los hechos que constituye el contenido del espacio varía con los individuos o grupos debido a la influencia de ciertos factores culturales y personales que operan como *filtros* a través de los que el agricultor percibe su entorno.

Los factores culturales incluyen las instituciones políticas económicas, religiosas, sociales mediante las que un grupo organiza sus actividades así como su sistema tecnológico.

Estas dimensiones culturales varían en el espacio y en el tiempo y actúan como factores externos en el individuo. Además, existen factores internos de carácter psicológico más difíciles de determinar.

El reconocimiento del contenido espacial (natural y cultural) origina el *medio comportamental,* es decir, el campo psico-físico en el que los hechos naturales y culturales se disponen y ordenan en estructuras (Gestalen) y adquieren valores específicos en contextos culturales (W. Kirk, 1963). Por consiguiente, el medio comportamental representa el mundo real tal y como es percibido por sus habitantes.

Por lo tanto, todo espacio agrario contiene atributos del marco natural y de la acción del hombre. Estos atributos reflejan también decisiones pasadas, de tal modo que existe una fuerte interrelación entre las distribuciones presentes, pasadas y las que se asignarán en el futuro.

En el espacio existen determinadas dimensiones, propiedades inherentes al mismo, que son parte responsable de los diferentes grados de agrupamiento de las actividades humanas. Estas propiedades son la localización, la distancia y la dirección.

Por último, las formas espaciales agrarias son el resultado de muchas decisiones tomadas por agricultores que están influidos también por las formas preexistentes. Así, por ejemplo, la morfología y estructura del parcelario en un término municipal puede estar justificada por el régimen de propiedad y las técnicas productivas en un tiempo determinado y pueden constituir un obstáculo o una limitación a vencer en otro momento por impedir el uso más adecuado de la maquinaria. Por lo tanto, las decisiones a corto plazo están influidas por las formas espaciales existentes y al mismo tiempo estas decisiones crean nuevas formas que se desarrollan a veces en periodos muy largos de tiempo. Las decisiones en el contexto espacial generan movimientos en el espacio y cambios en las formas a través del tiempo, por lo que cabe hablar de *procesos espaciales.* Así, por ejemplo, la presencia de trabajadores ligados a la industria y a los servicios en los pueblos-dormitorio de la *franja rururbana,* determina movimientos migratorios pendulares diarios de trabajo y a su vez la alteración en el uso del suelo en el pueblo de residencia, al aparecer un parque de vivienda adaptado a las nuevas necesidades (obreros manuales, clase media). Por consiguiente, *procesos espaciales* y *formas espaciales* son interdependientes, aunque los procesos se refieren especialmente a lo que está ocurriendo en un periodo de tiempo más o menos largo, mientras que las *formas espaciales* es lo que se encuentra, lo que aparece en un momento dado del tiempo, es decir, en un corte temporal.

En el gráfico 3.17 se representa este esquema conceptual inspirado en K. Chapman (1979).

A la vista de lo expuesto, cabe pensar que las formas que adoptan las actividades agrarias en el espacio así como los usos del suelo son de una gran complejidad y obedecen a muchas causas no siempre fáciles de precisar. Por otra parte, el fracaso de las teorías de localización de la actividad agraria apoyadas en supuestos tan alejados de la realidad, como son el modelo de hombre de racionalidad económica, el espacio isotrópico y el examen del efecto de determinados factores considerados esenciales: distancia, precio, etc., manteniendo constantes otras influencias, son incapaces de explicar adecuadamente las variaciones espaciales del uso del suelo y otros aspectos derivados de la acción individual y colectiva del hombre sobre un territorio agrario. Esta deficiencia indujo a los geógrafos a desarrollar modelos comportamentales que subrayan más las características económicas de un modelo de hombre de racionalidad limitada que busca beneficios y utilidades satisfactorias sin excluir otros objetivos, como la apreciación del ocio, la valoración del riesgo, etc.

3.6.3.2. El modelo de hombre de racionalidad limitada

El primer geógrafo que analizó sistemáticamente las insuficiencias del modelo del *homo oeconomicus* fue Julian Wolpert (1964) en un estudio empírico

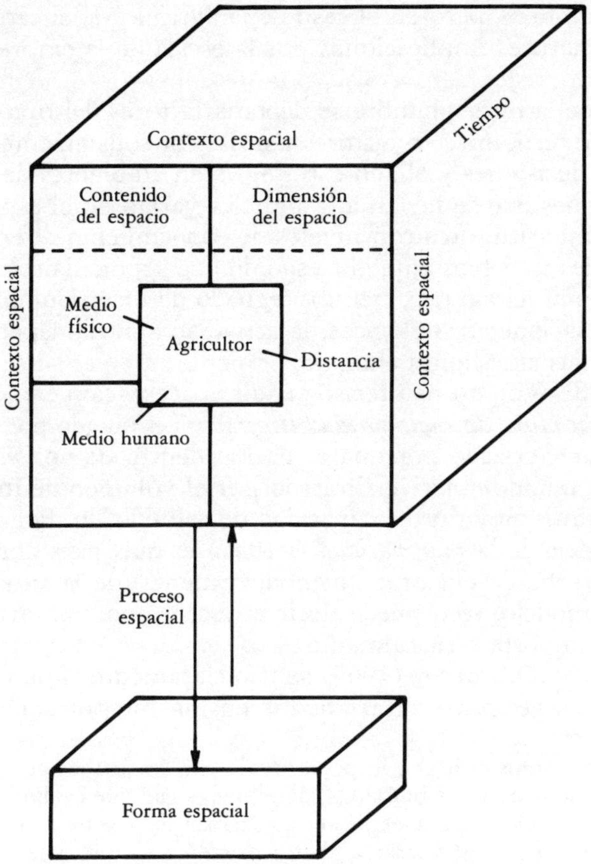

Gráfico 3.17. Esquema conceptual, según Chapman modificado.

sobre la agricultura en una región del centro de Suecia. Wolpert señala que la renta del agricultor estaba en función de decidir en cada campaña cómo emplear la tierra, el capital y el trabajo en la combinación de cultivos o en las actividades ganaderas elegidas. En la compleja tarea de organizar estos hechos a través del proceso de toma de decisiones, observó que los agricultores diferían claramente entre sí, desde algunos que tenían objetivos muy modestos, próximos al nivel de subsistencia, hasta aquéllos que buscaban y obtenían beneficios cercanos al óptimo de la teoría económica. Sin embargo, el comportamiento más habitual era el del campesino que formulaba objetivos satisfactorios y que las limitaciones del campesino en el logro de los objetivos se relacionaban con la edad, nivel de instrucción, experiencias, ambiciones personales, creencias, etc.

Wolpert concedió gran importancia al acceso de la información por el carácter extensivo de la agricultura en relación a la industria. Este geógrafo señaló que la información se difundía a partir de nodos jerárquicamente establecidos en el espacio: Estocolmo-Upsala-Oficinas locales en las cabeceras de comarca, grandes propiedades y propiedades contiguas. Por último, Wolpert observa que los agricultores, como cualquier otro empresario, actúan en un «medio de incertidumbre», pero en el caso de la agricultura, el carácter de incertidumbre tiene mayores implicaciones por la escala de la empresa y el carácter familiar.

Las causas de la incertidumbre se deben a factores del tipo personal, institucional, cambio tecnológico o factores físicos. Por consiguiente, todos los agricultores hacen decisiones y eligen estrategias en ambientes de incertidumbre, pero las decisiones que se llevan a la práctica varían en el espacio, porque en el espacio viven agricultores con niveles de conocimiento diferentes y percepciones y actitudes variables ante el riesgo, lo que supone la toma de decisiones en un medio, como el agrario, tan impregnado de incertidumbre, ya que a pesar de las innovaciones tecnológicas, la actividad agraria depende de procesos biológicos y de las situaciones climáticas.

A las ideas de Wolpert es preciso añadir la aceptación en geografía agraria del *modelo de hombre de racionalidad limitada,* formulado por el psicólogo Simon (1957), caracterizado por una actuación dentro de una estructura de conocimiento del mundo objetivo limitado por el volumen de información, por la calidad de la misma y por su capacidad de asimilación. Por lo tanto, la primera consecuencia de la *racionalidad limitada* es que, para obrar con *racionalidad,* el hombre ha de elaborar un modelo mental de la situación real y, en relación a ese modelo, sólo puede decirse que el hombre, en nuestro caso el agricultor, se comporta racionalmente.

Por otra parte, D. Harvey (1966) señaló claramente la necesidad de incluir en los estudios de geografía agraria la dimensión comportamental:

> Si reconocemos el hecho importante de que las formas geográficas son el resultado de decisiones humanas, de ello se sigue que cualquier modelo teórico que se desarrolla para explicar las formas de localización de la agricultura debe tener en cuenta las realidades psicológicas y sociales y esto sólo puede lograrse si las teorías de localización normativas se hacen más flexibles con resultados obtenidos de modelos comportamentales (D. Harvey, 1966, pág. 373).

3.6.3.3. Supuestos comportamentales en la elaboración de los modelos de toma de decisiones

El proceso de toma de decisiones, que afecta claramente a los agricultores, puede resumirse en los siguientes supuestos:

- Los agricultores son racionales cuando toman decisiones. Este supuesto puede considerarse de un modo *prescriptivo* (cómo deberían comportarse), o *descriptivo* (cómo se comportan en la realidad). Este último comportamiento es más significativo. Puede decirse que el agricultor obra siempre racionalmente en función del modo de percibir el medio, pero nunca percibe el medio objetivo en toda su complejidad, ya que entre el medio objetivo y su comportamiento se interpone la imagen mental del mismo que elabora el agricultor con una información más o menos parcial. Puede decirse, entonces, que la *racionalidad es limitada.*
- El agricultor toma decisiones: algunas muy simples, otras se producen después de haberlas llevado a la práctica repetidas veces, lo que le lleva a respuestas estereotipadas.

● La toma de decisiones se basa en el *espacio objetivo* o *global,* pero la información que dispone el agricultor es limitada y, por tanto, a la hora de estudiar las decisiones de carácter espacial (sistema de cultivos) para formular una generalización o una teoría, han de tenerse en cuenta tanto los agricultores bien informados como los que carecen de información y ha de tenerse en cuenta también el hecho de que las condiciones de acceso y difusión del conocimiento varían de un territorio a otro y con las personas.

● La información se valúa según unos criterios predeterminados. Cuando se trata de decisiones cotidianas y de escasa trascendencia, el criterio que sigue el agricultor es la conducta anterior. Pero toda toma de decisión que supone ya un cambio importante (adopción de innovaciones que impliquen la total reconversión de la actividad económica, como el paso de una actividad agrícola a una actividad ganadera), es sopesada por el agricultor siguiendo unas reglas que no coinciden con las supuestas en los modelos normativos, es decir, la del máximo beneficio y utilidad, sino que buscan más bien metas económicas satisfactorias y otros fines ajenos a la economía (valoración social, del ocio, prestigio, etc.).

A la vista de la complejidad del mecanismo de toma de decisiones, no parece satisfactorio la simplificación determinista (física o económica) a la hora de explicar la complejidad de la distribución de las actividades agrarias en la superficie terrestre. En el gráfico 3.18 se incluye un modelo de uso del suelo, propuesto por J. Blunden (1977), en el que se muestra el grado de complejidad de los usos del suelo.

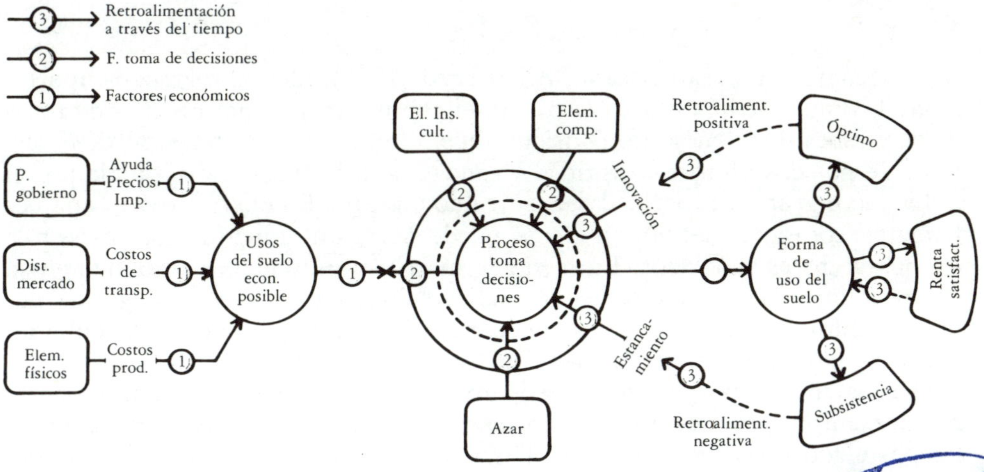

Fuente: Blunden (1977, pág. 52).

Gráfico 3.18. Modelo del uso del suelo.

3.6.3.4. Fundamentos de los modelos de toma de decisiones

Con las ideas desarrolladas por Wolpert y Simon se elaboraron las bases en las que se apoyan los modelos de toma de decisión que pueden resumirse así, siguiendo a Thornton (1962):

1. *Objetivos.* El agricultor, individualmente, pocas veces dispone de toda la información para apoyar su toma de decisiones. Por este motivo, para explicar y comparar los objetivos que tiene el agricultor, los científicos sociales desarrollan conceptos, tales como *objetivos, valores, medios, motivos, utilidad, satisfacción,* etc. Todo agricultor, consciente o no, a la hora de tomar decisiones posee un conjunto complejo de metas que están muy relacionadas con muchos aspectos de su vida. Por ello, se considera de gran interés el estudio de los objetivos que se propone conseguir el agricultor. Estos pueden ser diversos y a veces contradictorios, por ejemplo, ganancia y seguridad.

2. *Contexto de la decisión.* Muchas veces el *decisor* tiene una percepción de la realidad que se relaciona con pasadas experiencias. Por ello, cuando los agricultores hacen decisiones, optan por modelos establecidos por ellos mismos o por sus antecesores y procuran evitar el riesgo de tomar decisiones equivocadas. Esta tendencia explica el mimetismo de los agricultores y que tienda a seguir las estrategias desarrolladas por sus antecesores.

3. *Planes para emprender una acción.* Ante la toma de decisiones, un agricultor busca uno o varios planes de acción que dependen del grado de asesoramiento disponible, del tiempo, costo, prejuicios, etc.

3.6.4. *Modelos específicos de la toma de decisiones agrarias*

Estos modelos son dispares en carácter y complejidad y comprenden desde modelos muy teóricos y de difícil aplicación hasta el desarrollo de trabajos empíricos apoyados en la elaboración de cuestionarios.

3.6.4.1. La matriz comportamental de Pred

El geógrafo norteamericano, Allan Pred (1967), ideó la matriz comportamental como instrumento teórico para el análisis formal del proceso de toma de decisiones. Este geógrafo considera que la toma de decisiones puede determinarse por dos vectores: cantidad y calidad de información disponible por el individuo o grupo y capacidad del individuo o grupo. En el gráfico 3.19 aparece la matriz comportamental; en ella se puede situar un individuo con respecto a los dos vectores señalados. En la citada matriz el individuo *a* responde en su comportamiento al modelo de racionalidad limitada y *c* posee un gran volumen de información, pero carece de destreza suficiente para utilizarla, en tanto que *d* con escasa información hace una selección óptima.

La matriz comportamental puede aplicarse al campo de la geografía agraria. El ejemplo propuesto por Knowles y Wareing es ilustrativo. Partiendo de los postulados del modelo de Von Thünen, supongamos dos cultivos. Uno tiene costos de transportes superiores al otro porque es más perecedero o más voluminoso. Las curvas de beneficio reflejan la distancia al mercado tal y como se indican en el gráfico 3.20.

En la distancia económica M-A del gráfico 3.20a, el cultivo 1 proporciona un beneficio mayor en esta zona, en tanto que el cultivo 2 es más rentable en la zona A-B que el cultivo 1. Si hacemos girar los puntos A y B sobre el eje M, obtendríamos dos coronas concéntricas, dándonos el modelo de uso del suelo óptimo según la supuesta de racionalidad económica. Una parte de este modelo aparece en el gráfico 3.20b.

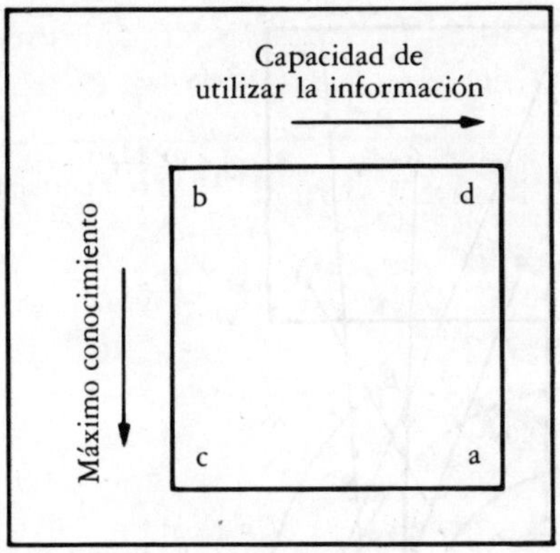

Gráfico 3.19. Matriz comportamental de A. Pred (1967).

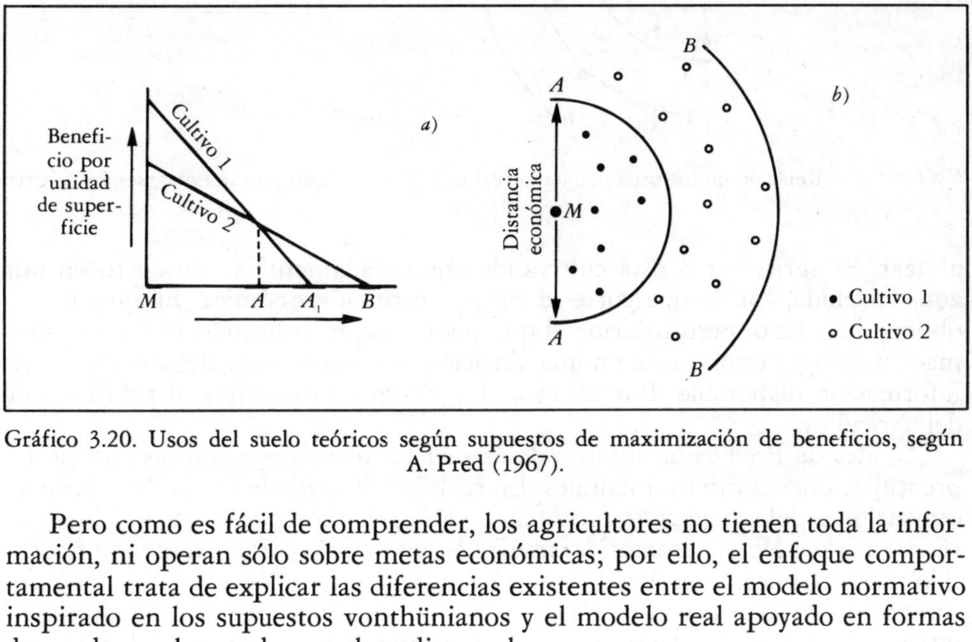

Gráfico 3.20. Usos del suelo teóricos según supuestos de maximización de beneficios, según A. Pred (1967).

Pero como es fácil de comprender, los agricultores no tienen toda la información, ni operan sólo sobre metas económicas; por ello, el enfoque comportamental trata de explicar las diferencias existentes entre el modelo normativo inspirado en los supuestos vonthünianos y el modelo real apoyado en formas de conducta observadas en el medio rural.

El gráfico 3.20 pone de manifiesto que es posible obtener beneficio cultivando el producto 1 en la zona A-A_1 y el cultivo 2 en la zona M-A y por ello la tendencia general tiende a concordar con este modelo. Sin embargo, en el mundo real muchos agricultores se conforman con obtener beneficios satisfactorios y por eso los límites entre ambos usos del suelo no son barreras infranqueables, sino que aparecen usos del suelo mezclados.

En el gráfico 3.21 aparecen las decisiones de un número de agricultores que cultivan el producto 1.

El agricultor 1 de la matriz llevó a cabo una decisión correcta semejante al comportamiento del *homo oeconomicus.* El agricultor 2 hizo también una decisión correcta, no por la destreza ni por su grado de información, sino debido

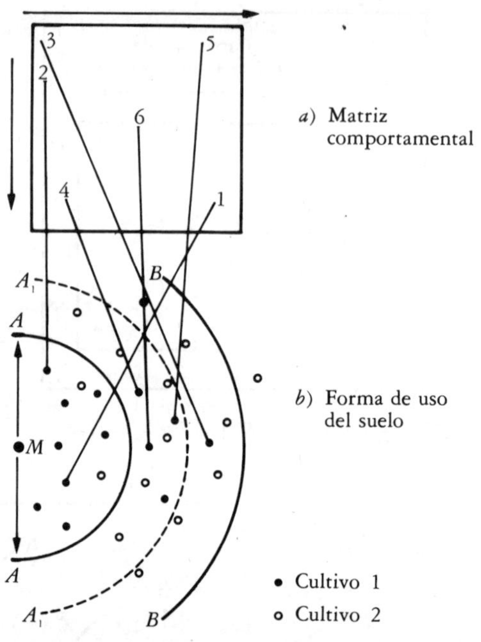

Gráfico 3.21. Relación de los usos del suelo real con la matriz comportamental, según A. Pred (1967).

al azar. El agricultor 3 está cultivando equivocadamente el producto en una zona indebida, con lo que corre el riesgo de ruina económica. El agricultor 4 obtiene beneficio, pero inferior al que podría hacer utilizando mejor la información. El agricultor 5 está en una situación semejante pero, debido a la escasa información disponible. Por último, el agricultor 6 responde al perfil medio del agricultor.

La idea de Pred es un intento de asociar las teorías económicas con ciertas preocupaciones comportamentales. En realidad, se trata de poner de relieve las desviaciones del comportamiento real de los agricultores con respecto a la teoría normativa. No puede considerarse, pues, un modelo comportamental en sentido estricto, puesto que Pred está señalando la adecuación o inadecuación del comportamiento real con el ideal; de lo que se infiere que el agricultor bien informado tiende al óptimo, con lo que la diferencia con los modelos normativos no es muy grande, ya que el problema que se plantea A. Pred es si existe un *óptimo* o simplemente localizaciones o combinaciones adecuadas, ya que el agricultor trata de cultivar y producir lo que en un momento determinado se le presenta como útil o satisfactorio.

Por otra parte, puede llegarse a medir la *cantidad* y *calidad de información* mediante algunos indicadores (lecturas de revistas especializadas, folletos divulgativos, participación en asociaciones agrarias, etc.), sin embargo, resulta más difícil medir la *capacidad de utilizar la información.* Además, como señalan Morgan y Munton (1971), los dos vectores de la matriz son interdependientes, ya que la búsqueda y la adquisición de la información está íntimamente ligada a la destreza y capacidad del agricultor en utilizar la información. Estas dificultades hacen que la matriz comportamental de Pred no haya sido aplicada en trabajos empíricos y se vea relegada a un esquema teórico que sirve para poner de manifiesto la necesidad de estudiar cómo se producen las decisiones sobre usos del suelo o de la localización de la actividad agraria.

3.6.4.2. Métodos utilizados en el estudio de los objetivos y valores de los agricultores

La mayoría de los modelos comportamentales empleados en la explicación de la toma de decisiones de los agricultores se apoya en las características atribuidas al *modelo de hombre de racionalidad limitada,* que manifiesta un comportamiento económico satisfactorio. Como ya hemos expuesto, el concepto de hombre de racionalidad limitada se apoya esencialmente en los objetivos y en los valores que manifiesta. Por ello, según el enfoque comportamental, descubriendo los valores y objetivos que manifiestan realmente los agricultores, se tiene un mejor conocimiento de las motivaciones que impulsan a los agricultores en la toma de decisiones espaciales.

En la década de los años 60 comienza a sistematizarse los resultados de los trabajos empíricos realizados en este campo. Sin embargo, fue Gasson (1973) el que desarrolló un método útil para el estudio de los valores aplicados al comportamiento de los agricultores.

Este autor busca el porqué más que el cómo de las decisiones de los agricultores. Gasson elaboró un marco que permite realizar el análisis comparativo entre los valores manifestados en diferentes comunidades rurales y para ello utilizó 25 valores que pueden aplicarse a diferentes situaciones agrarias.

C. N. 3.3. Valores dominantes en la agricultura

Intrínsecos:	*Instrumentales:*
Independencia	Obtener máximos ingresos
Hacer el trabajo que a uno le gusta	Obtener ingresos satisfactorios
Llevar una vida saludable y al aire libre	Salvaguardar una renta para el futuro
Valorar el trabajo duro	Ampliar los negocios
Controlar una gran variedad de situaciones	Poder decidir las horas de trabajo
Expresivos:	*Sociales:*
Enfrentarse a un reto	Pertenecer a la comunidad campesina
Ser creativo	Ganar reconocimiento, prestigio, como agricultor
Orgullo de propietario	Continuar la tradición familiar
Autoestima de hacer un trabajo digno	Ganar el respeto de trabajador
Ejercitar capacidades y aptitudes especiales	Trabajar cerca de la familia y del hogar

Fuente: Gassón (1973), pág. 527.

Estos valores se dividen en *intrínsecos:* la agricultura se valora en sí misma; *expresivos:* la agricultura se valora como medio de realización personal; *instrumentales:* la agricultura se considera como un medio para obtener renta, seguridad y condiciones agradables de trabajo, y *sociales* como medio de lograr relaciones interpersonales en el trabajo. Al llevar a cabo un estudio en East Anglia (Inglaterra), se comprobó que los agricultores tenían una orientación esencialmente intrínseca, valorando la forma de vida, la independencia, lo que confirmó la importancia de los valores no económicos en la agricultura. Asimismo, Gasson demostró que la importancia relativa de los valores dependía también del tamaño de las explotaciones, ya que los empresarios agrarios con pequeñas explotaciones valoran más los *valores intrínsecos* que los medianos y grandes que tiene más en cuenta los valores instrumentales y sociales.

En un estudio de 1983, Ilbery pidió, mediante encuesta, a los agricultores que clasificasen, según su importancia, los valores definidos por Gasson. La evaluación de los resultados aparece en el cuadro 3.4.

3.6.5. *Principales técnicas aplicadas a la toma de decisiones agrarias*

Comprender los procesos de decisión es básico para poder lograr una explicación de las diferentes formas de uso del suelo. Con este objetivo existen diferentes técnicas de complejidad creciente que intentan explicar el comportamiento de los agricultores a la hora de tomar decisiones.

Todo problema de decisión exige que se presente un conjunto de alternativas posibles, llamadas en la teoría de toma de decisiones *estrategias* o *cursos de acción.* Un *decisor,* es decir, un agricultor o un grupo de agricultores que intenta lograr unos *objetivos* y, finalmente, todo un conjunto de elementos que caracterizan la situación en que el problema de decisión se presenta; este conjunto de elementos se denomina conjunto de *estados de la naturaleza,* por último, cuando se opta por un cierto estado de la naturaleza, producirá consecuencias, resultados o *utilidades.* Por consiguiente, *el objetivo de un proceso de decisión es la elección por parte del decisor de la estrategia más adecuada, considerando el conjunto de estados de la naturaleza.*

Todo proceso de decisión tiene una serie de etapas que puede concretarse en:
— detección del problema;
— establecimiento de estrategias, y
— elección de la estrategia.

La adopción de decisiones puede efectuarse en un ambiente de certidumbre que se caracteriza por la unicidad de resultados asociados a cada estrategia, lo que no es frecuente en el mundo real.

3.6.5.1. Teoría de juegos

3.6.5.1.1. Introducción

Pocas veces el agricultor se encuentra con una situación de certidumbre cuando toma decisiones. Frecuentemente tiene que elegir los estados de la naturaleza que aparecen con mayor probabilidad y de la que obtiene la mayor utilidad de acuerdo con su experiencia. Como el agricultor ordinariamente no tie-

C. N. 3.4. Clasificación de los valores según los agricultores de lúpulo de West Midland (Inglaterra)

Valor	Puntuación total	Orden
Intrínseco:		
Hacer el trabajo que le gusta	342	1
Independencia	340	2
Llevar una vida saludable y al aire libre	313	7
Controlar una variedad de situaciones	302	8
Valorar el trabajo duro	250	14
Expresivo:		
Autoestima de hacer un trabajo digno	323	5
Enfrentarse a un reto	317	6
Ejercitar habilidades especiales	271	11
Ser creativo	268	12
Orgullo de propietario	247	15
Instrumental:		
Obtener un ingreso satisfactorio	335	3
Salvaguardar una renta para el futuro	295	9
Obtener un ingreso máximo	281	10
Ampliar los negocios	220	17
Poder decidir las horas de trabajo	218	18
Social:		
Ganar reconocimiento y prestigio como agricultor	329	4
Trabajar cerca de la familia y del hogar	266	13
Pertenecer a la comunidad campesina	238	16
Continuar la tradición familiar	196	19
Ganar reconocimiento y prestigio como agricultor	160	20

Las respuestas se puntuaron así:

Esencial: 4
Muy importante: 3
Importante: 2
No realmente importante: 1
Irrelevante: 0

Fuente: B. W. Ilbery (1983), pág. 333.

ne certeza de los *estados de la naturaleza* con los que ha de enfrentarse, la adopción de decisiones dependerá de criterios vinculados a concepciones y valores personales del agricultor. La teoría de juegos desarrollada por el matemático Von Neummann y Morgensten en 1944 intenta predecir la mejor selección de estrategias (sistema de cultivos) disponible al agricultor y las proporciones que debe ocupar cada sistema dentro de su explotación agraria.

Por otra parte, intenta proporcionar una solución normativa al proceso de decisión sobre la base del conocimiento incompleto y de la incertidumbre en la que se mueve usualmente el agricultor.

La teoría de juegos introduce formulaciones de probabilidad en el proceso de toma de decisiones. La probabilidad se asocia con las condiciones de incertidumbre que, a su vez, pueden relacionarse con variables vinculadas al medio físico (situaciones climáticas) o a las oscilaciones de los precios del mercado. El campesino, a pesar de su conocimiento incompleto, intenta lograr soluciones óptimas y la teoría de juegos le posibilita la elección de estrategias racionales ante la competencia de su oponente: marco natural o el mercado.

El juego está constituido por una parte por el agricultor que se enfrenta al medio (físico o económico) con condiciones físicas o económicas contrastadas y que producen diferentes rendimientos o beneficios. Ello implica que el agricultor cultiva diferentes productos, algunos de los cuales van bien con algunas situaciones climáticas o de mercados y otras van mucho peor. El agricultor posee una imagen subjetiva de la probabilidad de aparición de unas condiciones de la naturaleza y del mercado y su decisión final se ha de reflejar en las formas de uso del suelo.

Tomemos, por ejemplo, un problema caracterizado por cuatro estados de la naturaleza (lluvioso, poco lluvioso, bastante seco, seco, o del mercado: en alza, normal, estancado, bajo) y tres estrategias (tipos de cultivo), siendo los resultados los que figuran en el cuadro 3.5.

C. N. 3.5. Matriz de riesgo

	Estrategias	**Estados de la naturaleza**			
	S. cultivos	**E_1**	**E_2**	**E_3**	**E_4**
A_1		200	120	40	20
A_2		120	200	60	80
A_3		40	80	160	100

3.6.5.1.2. Principales criterios

a) *Criterios de Wald.* Representa al agricultor pesimista desde el momento que se enfrenta y parte del supuesto de que la situación va a ser la más desfavorable para él.

El criterio Wald se plantea en la versión denominada *maximin.*

En el criterio *maximin* el agricultor piensa que una vez elegida una *estrategia,* la naturaleza puede comportarse de un modo tal que reduzca al *mínimo* los resultados favorables de su campaña agrícola. Por consiguiente, el agricultor debe elegir la estrategia de entre los resultados más desfavorables el que le proporcione el mayor rendimiento, es decir, el *rendimiento máximo de los mínimos;* de ahí el nombre de *maximin.*

Supongamos que un agricultor intenta resolver un problema de elección de un cultivo. Dispone de cuatro estados de la naturaleza (por ejemplo, situaciones climáticas conocidas) y tres estrategias. Los resultados supuestos se recogen en el cuadro 3.6.

Por consiguiente, el máximo de los rendimientos mínimos será 120, lo que le lleva al agricultor a adoptar la estrategia A_2.

C. N. 3.6. *Criterio maximin*

Estrategias	Estados de la naturaleza E_1	E_2	E_3	E_4
A_1	200	120	40	20
A_2	120	200	60	80
A_3	40	80	160	100

El mínimo en cada estrategia será:

A_1	20
A_2	60
A_3	40

b) *Criterio maximax.* Se trata de una situación opuesta a la anterior. En este criterio el agricultor es absolutamente optimista y piensa obtener siempre el resultado más favorable en cada alternativa. En su decisión opta por la estrategia más favorable, la que proporciona los mejores rendimientos. Es decir, elegirá la estrategia A_1 del cuadro 3.5. Esta opción entraña el máximo riesgo y no es común en los agricultores, ya que ordinariamente eligen estrategias más conservadoras.

Criterio de Hurwicz. Se trata de hallar una posición intermedia entre las posturas de optimismo y pesimismo extremos, puesto que en la realidad suelen darse posturas intermedias. Hurwicz intenta medir el optimismo asociado a cada estrategia por:

$$C = \alpha \cdot m + (1 - \alpha) \cdot M.$$

Siendo m el resultado más desfavorable de cada estrategia, M el resultado más favorable de cada estrategia, α el coeficiente de pesimismo relativo; $1 - \alpha$ mide, pues, el optimismo relativo.

Hurwicz (1950) trata de ponderar las circunstancias extremas. El punto más conflictivo está en la determinación del valor del coeficiente de pesimismo relativo (α), ya que una vez calculado, resulta sencillo obtener el valor C para cada estrategia.

De la fórmula (1) parece claro que si le damos un valor de 0 a α, $C = M$ y cuando $\alpha = 1$, $C = M$.

Es decir, cuando el coeficiente de pesimismo es cero, el agricultor opta por la estrategia de la que obtiene el máximo rendimiento, cuando el valor es 1, máximo pesimismo relativo elige la estrategia que proporciona el resultado más desfavorable.

C. N. 3.7. Criterio Hurwicz

	m	M	$C = \alpha m + (1 - \alpha) M$
A_1	20	200	$C_1 = 200 - 180\alpha$
A_2	60	200	$C_2 = 200 - 140\alpha$
A_3	40	160	$C_3 = 160 - 120\alpha$

Si suponemos que el valor del coeficiente de pesimismo relativo es de 0,4, podemos calcular el coeficiente de optimismo referido a cada estrategia.

Estrategia	C
1	128
2	144
3	112

Por consiguiente, el agricultor elegirá la estrategia A_2, que proporciona el coeficiente más elevado.

Asimismo, el criterio Hurwicz de pesimismo-optimismo puede aplicarse también para estimar la estrategia esperada, multiplicando el rendimiento máximo de cada cultivo o combinación de cultivos por el coeficiente de pensimismo relativo (α) y el rendimiento mínimo por $1 - \alpha$, que mide el optimismo relativo. Si suponemos que los valores de estos índices son para $\alpha = 0,8$ y $1 - \alpha = 0,2$, los resultados serían:

C. N. 3.8. Resultados de aplicar el criterio de Hurwicz

Cultivos	Rendimiento máximo ×	Rendimiento mínimo × $1 - \alpha$	Total
A_1	200 × 0,8 = 160	40 × 0,3 = 12	172
A_2	200 × 0,8 = 160	60 × 0,3 = 18	178
A_3	160 × 0,8 = 128	40 × 0,3 = 12	140

En este caso, el cultivo que produce los rendimientos más elevados es el 2. Esta solución considera sólo los valores extremos y plantea el problema de calcular el grado de optimismo de los agricultores.

d) *Criterio de Laplace.* En este caso se supone que el agricultor no tiene experiencia y, por lo tanto, carece de información sobre los diferentes estados de la naturaleza y por ello se da el mismo nivel de probabilidad a cada estado de la naturaleza. Es decir, refiriéndose al ejemplo que venimos examinando, tendríamos:

$$p(E1) = P(E2) = P(E3) = P(E4) = 0,25$$

El valor de cada estrategia viene dado por la esperanza matemática de los resultados. En el caso de la estrategia A_1, sería:

$$E(A_1) = 200 \times 0,25 + 120 \times 0,25 + 40 \times 0,25 + 20 \times 0,25 = 95$$
$$E(A_2) = 120 \times 0,25 + 200 \times 0,25 + 60 \times 0,25 + 80 \times 0,25 = 115$$
$$E(A_3) = 40 \times 0,25 + 80 \times 0,25 + 160 \times 0,25 + 110 \times 0,25 = 95$$

Por lo tanto, los resultados de las diferentes estrategias son:

Estrategias	Rendimientos
A_1	95
A_2	115
A_3	95

En este caso se elige la estrategia que produce mayores rendimientos: A_2.

e) *Criterio de Savage.* Este criterio supone que el agricultor adopta una estrategia que minimiza el arrepentimiento. En esta situación se intenta minimizar la diferencia entre el rendimiento que obtiene y el que obtendría de conocer con certeza los estados de la naturaleza. Para ello es preciso considerar la probabilidad de arrepentimiento del agricultor ante la elección de un cultivo. Para medir la probabilidad de arrepentimiento se calcula la diferencia entre el resultado que se hubiese obtenido conociendo el rendimiento más favorable de cada estado de la naturaleza y el resultado en la realidad.

En nuestro ejemplo, el resultado más favorable de cada estado de la naturaleza sería:

C. N. 3.9. Resultados más favorables

E_1	E_2	E_3	E_4
200	200	160	100

La matriz de arrepentimiento se obtiene calculando la diferencia dentro de cada columna, de los valores del cuadro anterior con los que aparecen en la matriz de resultados (cuadro 3.9).

C. N. 3.10. Matriz de arrepentimientos

Cultivos	Estados de la naturaleza				Total
	E_1	E_2	E_3	E_4	
A_1	200 − 200 = 0	200 − 120 = 80	160 − 40 = 120	100 − 20 = 80	280
A_2	200 − 120 = 80	200 − 200 = 0	160 − 60 = 100	100 − 80 = 20	200
A_3	200 − 40 = 160	200 − 80 = 120	160 − 160 = 0	100 − 100 = 0	280

Elaborada la matriz de arrepentimientos, el criterio Savage consiste en elegir la estrategia correspondiente al menor de los máximos arrepentimientos que, en este caso es A_2.

3.6.5.1.3. Aplicaciones geográficas

La teoría de los juegos se aplicó al estudio de estrategias agrarias en países subdesarrollados. Así, por ejemplo, en Chanda, en la provincia de Madhya de la India, los agricultores eligen muy influidos por las previsiones de las lluvias. El volumen de precipitaciones condiciona los rendimientos del arroz. En los años lluviosos la cosecha del arroz es alta, pero en los años secos desciende el rendimiento del arroz y el sorgo da rendimientos elevados. La situación aparece en el cuadro 3.11.

C. N. 3.11. Las estrategias del juego agricultor/medio

	Medio natural	
	Año lluvioso	**Año seco**
Elección de agricultura:		
Arroz	63	43
Sorgo	28	50

En este caso, el medio ofrece dos salidas posibles y la solución se busca mediante el cálculo de la variación de cada rendimiento del cultivo con respecto al rendimiento medio. Esta diferencia se expresa como porcentaje de la variación total con respecto a las dos cosechas. Como el arroz tiene menor variación en sus rendimientos, se le asigna la mayor ocupación y así el arroz ocupará el 60 por 100 de las tierras ocupadas a lo largo de las campañas y el sorgo el 40 por 100 con objeto de lograr el máximo beneficio a largo plazo.

C. N. 3.12. Solución del juego agricultor medio natural

Cultivos	**Rendimiento medio (x)**	**Variación (x – x)**	**Porcentaje de variación**	**Porcentaje de ocupación**
Arroz	53	20	40	40
Sorgo	43	30	60	60
Variación total	50			

El geógrafo P. Gopuld se planteó una situación algo más complicada sobre las decisiones de uso del suelo entre los agricultores de una aldea de Ghana, sometida también a condiciones pluviométricas muy variables. Se supone que los agricultores africanos pueden cultivar en el territorio de la aldea cinco cultivos: ñame, mandioca, maíz, mijo y arroz de montaña. Las situaciones climáticas a efectos de simplificación las reduce a dos. Las relaciones entre el rendimiento y las dos situaciones climáticas se indican en el cuadro 3.13.

C. N. 3.13. Rendimiento y condiciones climáticas

Cultivos	Estados del medio	
	Año lluvioso	Año seco
Ñame	82	11
Maíz	61	49
Mandioca	12	38
Mijo	43	32
Arroz de montaña	30	81

Fuente: Gould, P. (1963).

La solución de esta situación en busca del cultivo más favorable puede hacerse gráficamente. Si se emplean dos escalas de 0-100 y se llevan los rendimientos de cada cultivo, según las situaciones climáticas a los ejes, al unir los puntos de intersección superiores obtenemos una curva; el punto inferior de ésta señala la combinación de cultivos más adecuada. En este caso le interesa cultivar el arroz de montaña y el maíz (gráfico 3.22). En efecto, existen dos puntos de intersección en la curva que definen el límite superior. El punto de intersección más elevado está definido por la recta del maíz y la del arroz de montaña que son menos sensibles a las oscilaciones climáticas.

Una vez elegidos los cultivos más adecuados, se plantea el problema de la superficie que el agricultor destinará al maíz y al arroz, respectivamente. Para ello se realiza la misma operación que en el ejemplo anterior. En ambos ejem-

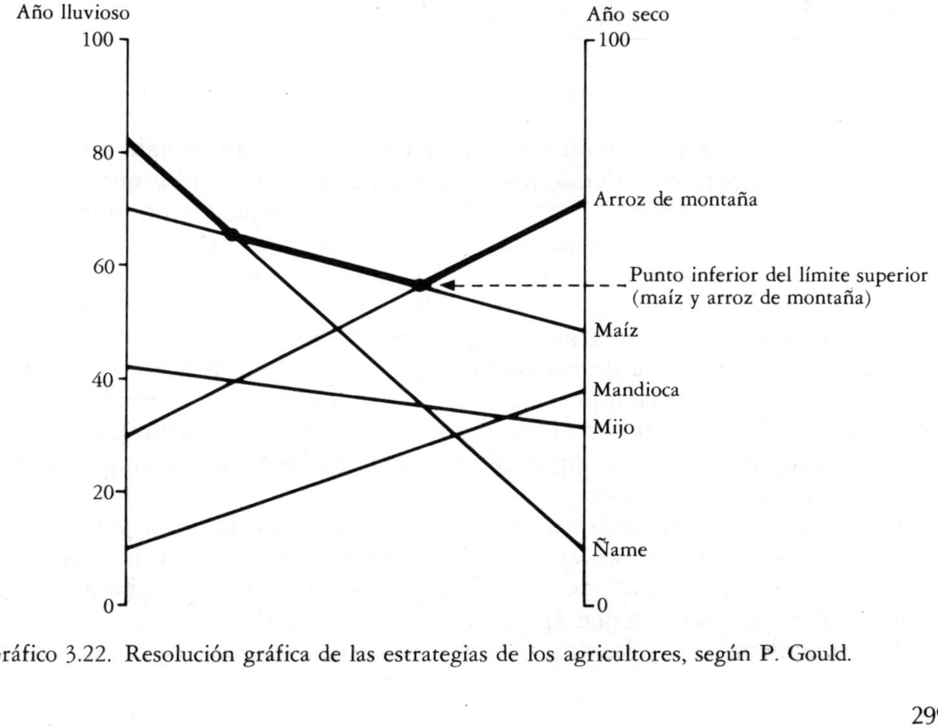

Gráfico 3.22. Resolución gráfica de las estrategias de los agricultores, según P. Gould.

plos se supone que la elección de la estrategia es la descrita anteriormente como solución máxima-mínima. Es decir, el agricultor considera el peor resultado de cada estrategia y selecciona aquella que tiene menor riesgo. Esta situación se acomoda bastante bien con los países que tienen una agricultura de subsistencia y por consiguiente, deben asegurar un rendimiento mínimo para evitar las hambrunas, pero, como hemos visto anteriormente, es posible aplicar otros criterios en función del riesgo que el agricultor esté dispuesto a asumir.

C. N. 3.14. El juego del agricultor en contra del medio ambiente

	Medio	
	Año lluvioso	**Año seco**
Estrategias posibles del agricultor:		
Maíz	70	49
Arroz de montaña	30	71

C. N. 3.15. Solución del juego entre el agricultor y el medio natural

Cultivos	**Rendimiento medio (x)**	**Variación (x - x)**	**Porcentaje de variación total**	**Porcentaje de ocupación**
Maíz	59,5	21	66,1	33,9
Arroz de montaña	50,5	42	66,1	33,9
Variación total	63			

Fuente: P. Gould (1963).

La teoría de juegos tiene una serie de limitaciones que han sido puestas de manifiesto por Ilbery recogiendo los resultados de trabajos en los que se aplica esta teoría de juegos (Ilbery, 1985, 55-56). La teoría de juegos no logra incorporar la totalidad de factores que influyen en la toma de decisiones y, además, aunque incorpora la incertidumbre y el riesgo, las actitudes del agricultor son de carácter normativo y presuponen un alto nivel de conocimiento de los estados de la naturaleza y una gran capacidad de cálculo. Finalmente, la construcción de matrices se apoya de supuestos irreales como una función de producción lineal (al doblarse la superficie cultivada se multiplica por dos la producción), intensidad constante en el uso del suelo, estados de la naturaleza finitos, cuando pueden aparecer a lo largo de una campaña las situaciones que se predicen para un periodo de tiempo.

En suma, a pesar de las limitaciones señaladas, la teoría de juegos proporciona una serie de soluciones abstractas al problema de la toma de decisiones agrarias. De este modo, supone una herramienta que permite comparar los resultados obtenidos con los que aparecen en la realidad y comparar el grado de ajuste entre el modelo y la situación real. Por consiguiente, la utilidad de la teoría de juegos radica más en proporcionar un instrumento que suscita interrogantes que en lograr una explicación total de los complejos factores que intervienen en la toma de decisiones agrarias.

3.6.5.2. Programación lineal

Esta teoría ha sido utilizada como herramienta predictiva en la planificación agraria. A veces se emplea conjuntamente con la teoría de juegos, como hicieron McInernry, 1969; Hazel, 1969, Heyer, 1972, y Low, 1974, en diversos trabajos empíricos aplicados a espacios agrarios en países desarrollados y subdesarrollados.

La programación lineal se apoya en un método matemático que tiene como objetivo distribuir los recursos de tal modo que se pueda maximizar o minimizar un objetivo en particular, Este método permite encontrar las soluciones más adecuadas a problemas prácticos de usos del suelo en una explotación agraria. El objetivo es determinar qué combinación de variables proporciona, el valor máximo o mínimo en una función lineal específica.

La primera etapa de todo estudio de programación lineal es formular un objetivo. En general, como se emplea usualmente en estudios de carácter económico, el objetivo suele ser maximación de beneficios o minimización de costos, aunque puede emplearse para minimizar otras magnitudes, tales como determinar el mínimo de insumos de trabajo en la agricultura o la máxima producción en una combinación de cultivos.

La segunda etapa consiste en establecer los límites dentro de los que ha de operar el sistema, que puede expresarse en términos de igualdad o desigualdad; en cualquier caso el método exige que las funciones de producción sean lineales.

Los problemas de programación lineal simples pueden resolverse gráficamente. Un ejemplo sencillo propuesto por J. Cole (1975) ilustra el modo de operar en programación lineal.

Las variables pueden ser los insumos de trabajo y capital y el objetivo puede ser minimizar el valor de una función lineal que expresa los costes de producción. El problema no tiene solución si no se fija un nivel mínimo de producción. Esta especificación se define como *limitación.*

Supongamos que el dueño de una explotación agraria posee 18 hectáreas de tierra de labor. puede cultivar solamente patatas y lechugas. Se quiere saber, dadas ciertas condiciones, cuántas hectáreas le conviene cultivar con patatas y cuántas con lechugas.

Los límites son:

- El coste de producción por hectárea es de 5 libras en el caso de las lechugas y 3 para las patatas.
- El agricultor sólo puede gastar un total de 60 libras.
- Se requieren 3 jornadas de trabajo para cultivar una hectárea de lechugas y una para una hectárea de patatas. Se dispone de un máximo de 30 jornadas.
- No puede sembrar menos de 0 hectáreas con ninguno de los dos cultivos.

Al buscar la solución óptima el agricultor opta por combinar el cultivo de patatas con lechugas porque satisface las condiciones y maximiza el beneficio. La ganancia es una función del beneficio que obtiene de las lechugas y de las patatas (cuadro 3.16). En el gráfico se deduce que la combinación óptima es la que resulta de sembrar tres hectáreas con lechugas y cinco con patatas (gráfico 3.23).

C. N. 3.16. Ganancia obtenida

Punto	Lechuga	Patatas	Libras
A	0 × 12	18 × 8	144
B	3 × 12	15 × 8	156
C	7,5 × 12	7 × 8	146
D	10 × 12	0 × 8	120

Fuente: J. Cole (1975).

Un ejemplo más complicado es el propuesto por J. R. Díaz Álvarez (1982), partiendo de una explotación agraria con información sobre cuatro factores básicos:

— Tierra: 60 Ha
— Agua: 240 Dm^3
— Trabajo: 30 jornaleros
— Capital: 240.000 $

Se parte del supuesto de la existencia de dos dedicaciones agrarias con beneficio que requieren cantidades diferentes de los factores descritos para producir un beneficio equivalente a una unidad de capital (1.000 $). ¿Cuál será la dedicación más idónea?

El autor elabora un gráfico de coordenadas cartesianas (gráfico 3.24) en el que en el eje de ordenadas mide el nivel de ocupación o de asignación de recursos al cultivo 1, y en abscisas el referente al cultivo 2. para ello se parte de la información incluida en el cuadro 3.17.

C. N. 3.17. Recursos necesarios para obtener una unidad de capital en los cultivos C1 y C2

	Necesidades	
	(Medidas en unidades propias de cada recurso)	
Tipo de recurso	C1	C2
Tierra	0,40	0,3
Agua	1,00	1,5
Trabajo	0,25	0,1
Capital	1,50	1,0

Fuente: J. R. Díaz Álvarez (1982), pág. 89.

Dividiendo el total de recursos en cada factor por las necesidades específicas de ese factor en cada cultivo (cuadro 3.17), se obtienen los rendimientos parciales máximos utilizando totalmente cada factor.

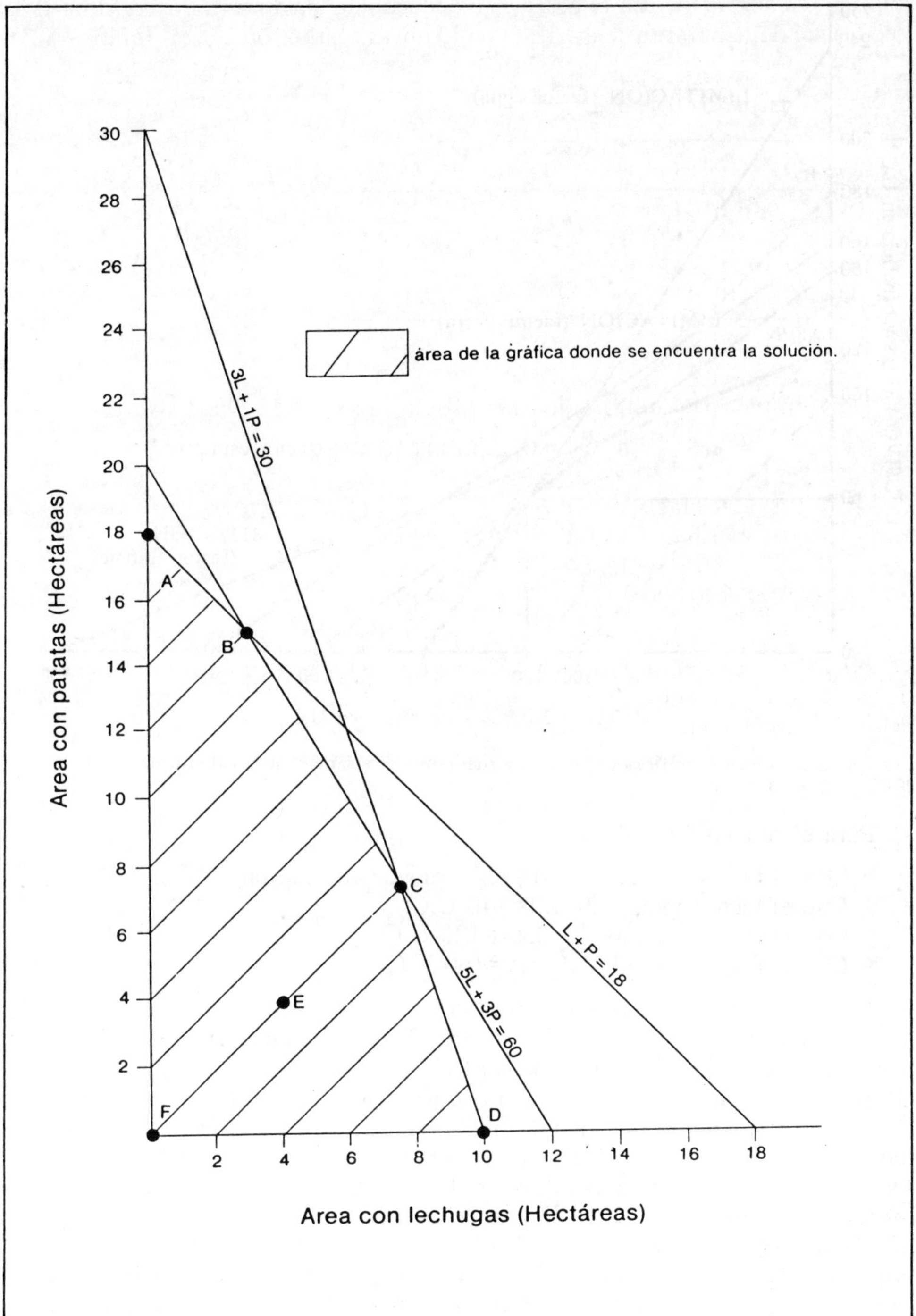

Gráfico 3.23. Programación lineal, según J. Cole (1975).

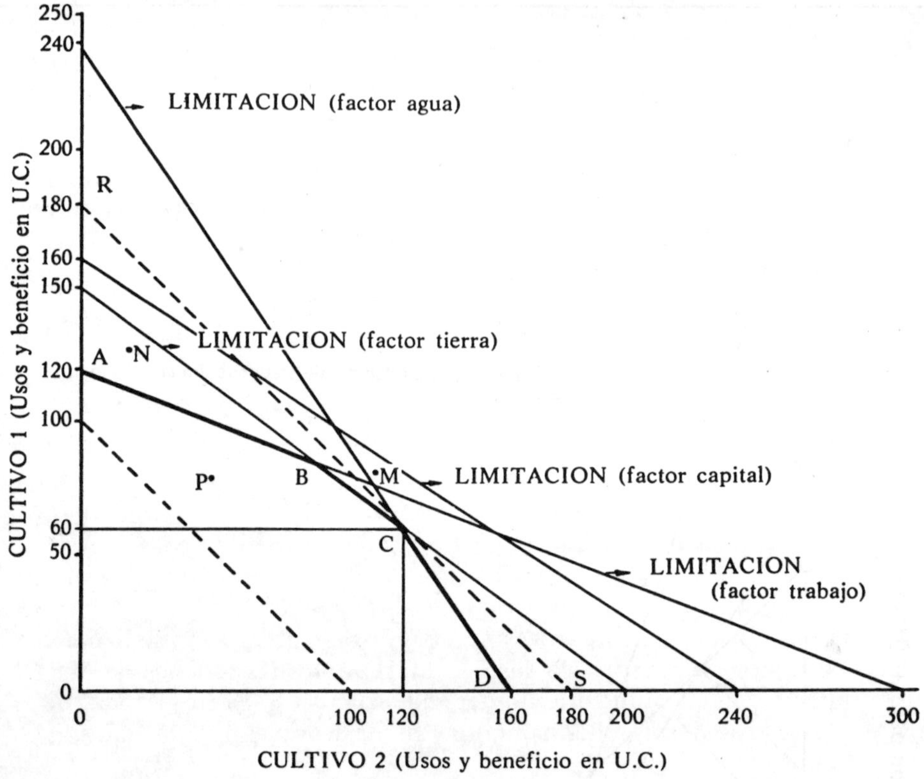

Gráfico 3.24. Solución gráfica del problema mediante programación lineal simple.

Para el cultivo 1 (C1)

- Con el factor tierra: 60 : 0,4 = 150 unidades de capital (U.C.).
- Con el factor agua: 240 : 1,0 = 240 U.C.
- Con el factor trabajo: 30 : 0,45 = 120 U.C.
- Con el factor capital: 240 : 1,5 = 160 U.C.

El mismo cálculo se repite con el cultivo 2, y se construyen las líneas de limitación de recursos, uniendo los valores del máximo beneficio en cada factor para cada uno de los usos del suelo o productos considerados. Así, por ejemplo, la línea de limitación del factor tierra se hallará uniendo el punto señalado en el eje que representa el cultivo 1 con el beneficio de 150 U.C. (beneficio obtenido si se utilizara toda la tierra) con el punto señalado en el eje que representa al cultivo 2 con beneficio de 200 U.C. (beneficio obtenido si se utilizara toda la tierra en el cultivo 2). Este mismo método de cálculo se aplica a la limitación de los factores agua, trabajo y capital. De este modo se obtiene una poligonal de líneas de limitación siguiendo el criterio de proximidad al origen, ya que en la parte exterior de esta poligonal siempre existirá un factor insuficiente, es decir, del que no se dispone recursos. Así, por ejemplo, en el punto *N* se necesitaría mayor cantidad de trabajo; en el *M*, tierra o trabajo. En cambio, en el punto *P* o en cualquier otro dentro del área de la poligonal *OABCDO* se estarían subutilizando los recursos. Por lo tanto, se tendría capital suficiente (línea de limitación de capital externa a la poligonal, ya que en ningún punto de ella se encuentra más próxima al origen que cualquiera de las otras líneas de limitación).

Una vez obtenida la poligonal de las líneas de limitación se calcula la línea *RS* de equibeneficio. El punto de tangencia *C* es el punto de utilización óptima de cada cultivo. Para obtener el beneficio de cada cultivo se trazan las perpendiculares desde *C* a cada uno de los ejes de coordenadas.

La resolución gráfica del problema nos indica que el óptimo se logra cuando del cultivo 1 se obtienen 60 U.C. de beneficio, y del cultivo 2, 120 U.C. Lo que dicho de otro modo supone que la solución óptima sería dedicar 24 hectáreas al cultivo 1 (60 × 0,4) y 36 hectáreas al cultivo 2 (120 × 0,3).

3.6.5.3. Las cadenas de Markov

Un proceso de Markov es un modelo matemático susceptible de utilizarse en el tratamiento de sistemas dinámicos en la que una cierta actitud, decisión o acontecimiento puede dar lugar a una amplia gama de diferentes consecuencias que determina diversas actitudes, decisiones y acontecimientos. Este modelo se refiere a una serie de sucesos que se desarrollan en el tiempo y que se supone están asignados por un proceso probabilista. Este proceso se llama markovismo en honor al matemático ruso A. Markov. En las cadenas de Markov la probabilidad de un acontecimiento depende sólo de un cierto número de resultados que le preceden inmediatamente y no de acontecimientos que son anteriores a ellos.

En la planificación agraria una de las grandes preocupaciones es poder predecir el comportamiento futuro del agricultor, en lo que atañe a sus decisiones a la hora de cultivar una gama de productos. Si se desea conocer la producción agraria de una comarca o región, el modelo de Markov nos predice la participación relativa de los diferentes productos que se cultivan en una región.

Consideramos un conjunto de *N* agricultores que practican unos sistemas de cultivo en donde intervienen tres cultivos dominantes: trigo, cebada y forraje. Supongamos que deseamos determinar la probabilidad de que un agricultor cultiva preferentemente trigo (*A*) en el curso de su periodo de tiempo (*t*).

Si previamente se hizo un trabajo de campo para determinar los sistemas de cultivo aplicados en un número de campañas suficientemente extenso, las probabilidades de que un agricultor pase del cultivo del trigo a otro en la próxima campaña, pueden calcularse.

En el cuadro 3.18 se señalan las probabilidades de transición, debiendo leerse de la forma siguiente: dado que un agricultor ha cultivado trigo en la última campaña, la probabilidad estimada de que sembrara trigo la próxima vez es 0,7, de que siembre cebada 0,2 y forraje 0,1.

Se ha utilizado un conjunto de estados que se excluyen mutuamente y en su conjunto son exhaustivos, ya que la suma de todas las probabilidades de cada fila es igual a la unidad.

Se trata, en suma de calcular la probabilidad de que un determinado individuo que sabemos que ha cultivado trigo (*A*) en la última campaña decida cultivar *A, B* o *C* en la siguiente campaña (primera transición) o en las siguientes.

C. N. 3.18. Matriz de transición

Ultima campaña	Próxima campaña			Total
	A	B	C	
Trigo (A)	0,7	0,2	0,1	1
Cebada (B)	0,3	0,5	0,2	1
Forraje (C)	0,1	0,1	0,8	1

Las probabilidades de que cultive *A, B* o *C* en la primera transición vienen dadas por el cuadro 3.18 y se han estimado que son para el cultivador de trigo (*A*), respectivamente, de 0,7, 0,2 y 0,1. Si deseamos calcular la probabilidad de que un agricultor de *A*, en una segunda transición, vuelva a cultivar trigo, debe tenerse en cuenta que será la suma de las probabilidades de los siguientes sucesos: que haya cultivado *A* en la primera transición y vuelva a sembrar *A* en la segunda:

$$P(1) = 0{,}7 \cdot 0{,}7$$

Que haya sembrado *B* en la primera transición y que siembre en la segunda *A*:

$$P\ (2) = 0{,}2 \cdot 0{,}3$$

El valor de 0,3 es el de la probabilidad de que habiendo cultivado *B* en la transición anterior, siembre *A*.

Que haya sembrado *C* en la primera transición y que siembre *A* en la segunda:

$$P\ (3) = 0{,}1 \cdot 0{,}1$$

El valor 0,1 es el de la probabilidad de que habiendo sembrado *C* en la transición anterior, siembre *A*.

La probabilidad buscada sera:

$$P(1) + P(2) + P(3) = 0{,}56$$

De igual manera, puede calcularse la probabilidad de que un agricultor de *A* cultive *B* o *C* en una segunda transición. Los valores respectivos serían: 0,25 y 0,19. Conociendo estos valores, podemos calcular la probabilidad de que un agricultor de *A*, en una tercera transición vuelva a sembrar *A*, debemos sumar las probabilidades de los siguientes sucesos:

— Que, habiendo sembrado *A* en la anterior campaña (segunda transición), siembre *A*: $P(1) = 0{,}7 \cdot 0{,}56$.

— Que, habiendo sembrado *B* en la anterior campaña (segunda transición), siembre *A*: $P(2) = 0{,}3 \cdot 0{,}25$.

— Que, habiendo sembrado en la anterior campaña *C,* siembre *A*:$P(3) = 0{,}1 \cdot 0{,}19$.

La probabilidad pedida será, por lo tanto:

$$P = P(1) + P(2) + P(3) = 0{,}486$$

Así, pues, la probabilidad de que un agricultor de *A* siembre *A* en campañas sucesivas será el sumatorio del producto de la probabilidad de que siembre *A, B* o *C* por la probabilidad de que siembre *A* condicionada a haber sembrado el anterior producto y extendido ese sumatorio a los tres cultivos posibles (*A, B* o *C*). Es decir:

$$P_A(t + 1) = \sum_{p=1}^{n} P(A/j) \cdot Pj(t)$$

Siendo $P_A(t + 1)$ = probabilidad de que un agricultor de *A en un tiempo t* + 1 vuelva a sembra *A*.
$P(A/j)$ = probabilidad de que habiendo sembrado *j* en la anterior transición, siembre *A*.
$Pj(t)$ = probabilidad de que siembre *j* en la anterior transición.

El proceso se ilustra en el gráfico 3.25. Los cuadros 3.19 y 3.20 recogen la mecánica operativa.

C. N. 19. Cálculo de probabilidad

Primera transición		Segunda transición		Probabilidad conjunta
Estado	Probabilidad	Estado	Probabilidad	
A	0,7	A	0,7	0,7 (0,7) = 0,49
B	0,2	A	0,3	0,2 (0,3) = 0,06
C	0,1	A	0,1	0,1 (0,1) = 0,01
				0,56

C. N. 20. Las probabilidades en la segunda y tercera transición

Segunda transición			Tercera transición		Probabilidad conjunta
Estado		Probabilidad	Estado	Probabilidad	
	A	0,49	A	0,7	0,343
A	B	0,14	A	0,3	0,042
	C	0,07	A	0,1	0,007
	A	0,06	A	0,7	0,042
B	B	0,10	A	0,3	0,030
	C	0,04	A	0,1	0,004
	A	0,01	A	0,7	0,007
C	B	0,01	A	0,3	0,003
	C	0,08	A	0,1	0,008
					0,486

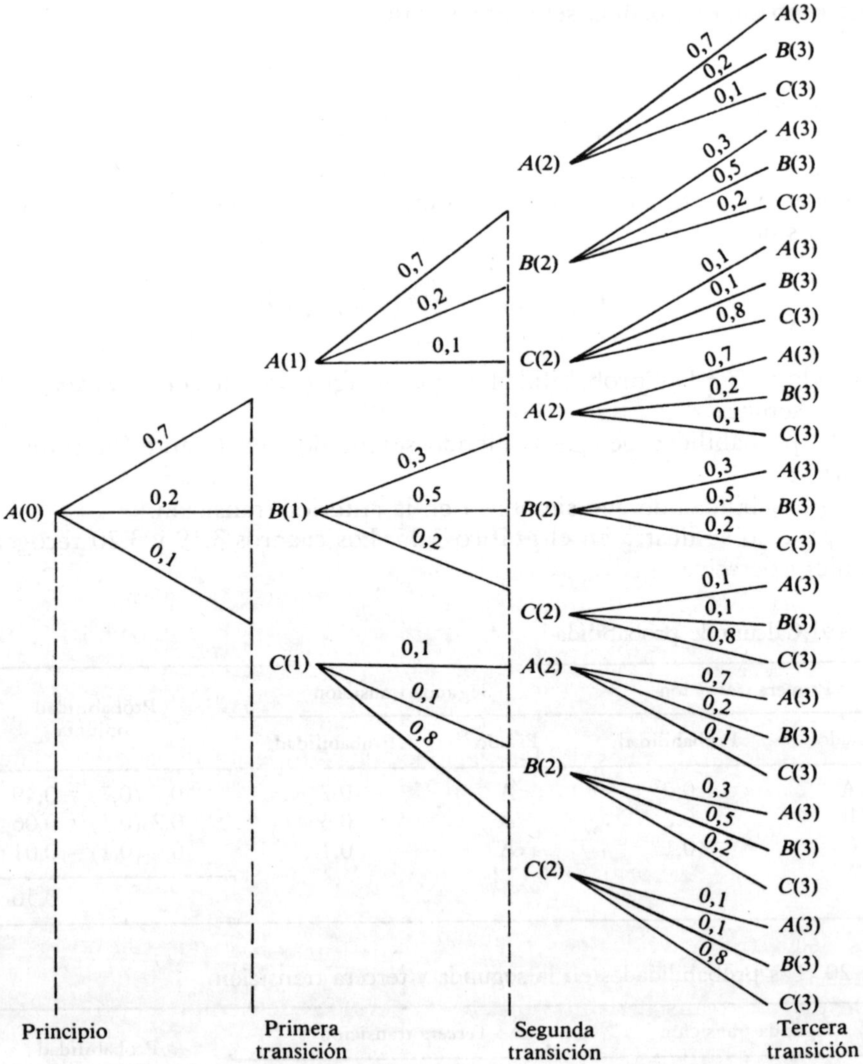

Gráfico 3.25. Árbol de probabilidades

Toda innovación puede ser adoptada o ignorada por parte del agricultor. Sin embargo, transcurrido un tiempo y debido a una serie de estímulos, el agricultor puede cambiar su estrategia inicial. Así, por ejemplo, un agricultor puede aceptar una innovación en un momento determinado (t_1) y rechazarla más tarde (t_2) y luego aceptarla de nuevo (t_3). Para estudiar las posibles alternativas, algunas más probables que otras, se emplea el modelo de Markov o la técnica de las cadenas de Markov.

En los procesos de difusión caben dos situaciones posibles: que se adopte la innovación o que se rechace. Conociendo la probabilidad de adopción de una innovación se puede elaborar una matriz de transición que muestre las probabilidades de cambio desde una situación (i) a un estado futuro (j) (cuadro 3.21).

C. N. 3.21. Matriz de transición

Situación actual (i)	Situación futura (j)		
	Adopción	**No adopción**	**Total**
Adopción	0,7	0,3	1
No adopción	0,6	0,4	1

Si deseamos conocer la probabilidad de cambio de adoptar la innovación a la no adopción después de dos periodos de tiempo, es preciso operar del modo siguiente:

$$M^2ij = \begin{pmatrix} 0,7 & 0,3 \\ 0,6 & 0,4 \end{pmatrix}^2 = \begin{pmatrix} 0,7 & 0,3 \\ 0,6 & 0,4 \end{pmatrix}\begin{pmatrix} 0,7 & 0,3 \\ 0,6 & 0,4 \end{pmatrix} = \begin{pmatrix} 0,67 & 0,33 \\ 0,68 & 0,32 \end{pmatrix}$$

Es decir, para conocer la matriz de transición después de dos periodos de tiempo se logra elevando al cuadrado la matriz inicial (*Mij*).

Si suponemos que el estado inicial de la innovación es que el 20 por 100 de los agricultores la han adoptado y el 70 por 100 no, puede expresarse esta situación mediante el vector:

$$(0,2,\ 0,8)$$

La innovación después de dos periodos de tiempo puede calcularse multiplicando el vector por el cuadrado de la matriz inicial:

$$(0,2,\ 0,8) \cdot \begin{pmatrix} 0,67 & 0,33 \\ 0,68 & 0,32 \end{pmatrix} = (0,678,\ 0,322)$$

Es decir, transcurridos dos periodos de tiempo el 68 por 100 de los agricultores han llevado a la práctica la innovación y el 32 por 100 no.

Después de transcurrir un número de periodos de tiempo, el proceso se estabiliza.

Así, si multiplicamos la matriz inicial por el cuadrado de esta matriz obtenemos la matriz de transición después de tres periodos de tiempo:

$$Mij = \begin{pmatrix} 0,7 & 0,3 \\ 0,6 & 0,4 \end{pmatrix}^3 = \begin{pmatrix} 0,67 & 0,33 \\ 0,68 & 0,32 \end{pmatrix} \begin{pmatrix} 0,7 & 0,3 \\ 0,6 & 0,4 \end{pmatrix} =$$

$$\begin{pmatrix} 0,667 & 0,333 \\ 0,668 & 0,332 \end{pmatrix}$$

Asimismo podemos multiplicar la matriz después de tres periodos de tiempo por el valor del vector y tenemos:

$$(02,\ 0,8) \begin{pmatrix} 0,667 & 0,333 \\ 0,668 & 0,332 \end{pmatrix} = (0,667, \quad 0,332)$$

Después de tres periodos de tiempo las filas de la matriz de transición son muy semejantes entre sí y con el vector resultante. Una nueva iteración (periodo de tiempo) nos lleva a la igualdad:

$$M^4ij = \begin{pmatrix} 0{,}7 & 0{,}3 \\ 0{,}6 & 0{,}4 \end{pmatrix}^4 + \begin{pmatrix} 0{,}667 & 0{,}333 \\ 0{,}668 & 0{,}332 \end{pmatrix} \begin{pmatrix} 0{,}7 & 0{,}3 \\ 0{,}6 & 0{,}4 \end{pmatrix} + \begin{pmatrix} 0{,}667 & 0{,}333 \\ 0{,}668 & 0{,}332 \end{pmatrix}$$

Es decir,

$$M^4ij = M^3ij$$

Por consiguiente, si esta matriz de transición se multiplica por el vector (0,2, 0,8) nos da el mismo vector de probabilidad que obtuvimos anteriormente. Aunque matemáticamente es cierto, no puede asumirse que este resultado se produzca en la agricultura, ya que es tanto como decir que al cabo de un cierto periodo de tiempo los agricultores regresan a la situación inicial. Lo más probable es que conforme algunos agricultores cambien, las probabilidades futuras de adoptar innovaciones de los demás agricultores se vean mermadas.

Parece más correcto pensar que conforme los agricultores cambian de una estrategia a otra, es decir, de una combinación de cultivos a otra, las probabilidades futuras de otros agricultores de hacer cambios en el mismo sentido se reducen. Esta situación se pone más de manifiesto si uno de los estados del sistema es *absorbente,* es decir, que una vez que el agricultor cambia de estrategia (a un tipo de cultivos) permanecerá en esta situación y no tiene probabilidad de cambio de estrategia en periodos de tiempo sucesivos. Esta situación se puede suponer en aquellos casos en los que el cambio de estrategia constituye una fuerte inversión de capital (por ejemplo, pasar del cultivo del cereal a árboles frutales).

Supongamos tres estrategias agrarias *A, B* y *C* con una matriz de transición *Mij.*

C. N. 3.22. Matriz de transición

Estrategia inicial	**Estrategia futura (j)**			**Suma de probabilidad en la estrategia futura**
	A	**B**	**C**	
A	1	0	0	1
B	0,2	0,6	0,2	1
C	0,1	0,5	0,4	1

Aunque la probabilidad de cambio es baja, finalmente todos los agricultores se incluirán en una clase absorbente y el sistema alcanzará la estabilidad.

En el mundo real la probabilidad de cambio de un tipo de cultivos a otro puede verse impulsada por la demanda o la escasez de un producto en el mercado. Conforme más agricultores cambien al tipo de agricultura en respuesta a un incentivo los precios descienden y disminuye también la posibilidad de cambios a la agricultura *A* y al cabo de cierto tiempo cambia la matriz de transición.

3.6.5.4. La técnica *grid repertory*

Es una técnica ideada por los psicólogos para mediar imágenes. Se parte de la base de negar la verdad absoluta o la realidad objetiva y se pretende mediante la técnica del *grid repertory* descubrir la información sobre las actitudes y conductas en las personas. Esta técnica fue utilizada también para examinar el mundo percibido por el agricultor especialmente en el ámbito del tercer mundo, si bien Ilbery y Horniby en 1983 la amplían al estudio de una serie de comunidades rurales en la franja rururbana de Warwickshire.

Un *repertory grid* consta de un conjunto de *elementos* (explotaciones agrarias) y *conceptos* (diferentes factores percibidos que influyen en la actividad agraria).

En general, los *elementos* y *factores* se presentan de forma estructurada, aunque pueden elaborarse individualmente por cada agricultor.

Con esta técnica se pretende determinar las ideas que tiene el agricultor sobre los problemas agrarios con objeto de tenerlos en cuenta en la planificación. Un método simple consiste en presentar al agricultor una serie de factores significativos y que los ordene de acuerdo a la importancia que a él le merecen. Nosotros solemos utilizar factores tales como: rentabilidad, tipo de suelo, utilización de la maquinaria, topografía, clima y tradición.

En general, los agricultores conceden una gran importancia al factor rentabilidad, lo que contradice la idea de que los agricultores no son conscientes de las rentas económicas.

Otros autores emplean procedimientos más complejos y un mayor número de factores (gráfico 3.27).

A cada jefe de explotación elegido muestralmente se le pide que puntúe cada factor, de 1 a 10, en los diferentes tipos de explotaciones agrarias. En este trabajo los 35 jefes de explotación se dividieron en grupos según sus características socioeconómicas. Asimismo se confeccionó una matriz promedio mediante la técnica de componentes principales y ésta fue comparada con las ca-

C. N. 3.23. Agrupamiento de los agricultores en la franja rururbana de Warwickshire

Grupos	Número de agricultores	Características diferenciales
1	9	Jóvenes bien instruidos y agricultores con plena dedicación. Todas las explotaciones superiores a las 150 hectáreas son tierras de labor con pastos y ganado lechero.
2	8	Agricultores de diferentes edades pero escaso nivel de instrucción. Agricultores a tiempo parcial y las explotaciones inferiores a 150 hectáreas. Son explotaciones ganaderas con poca tierra de labor.
3	5	Todos superan los cuarenta y cinco años, pero con un nivel de instrucción de tipo medio. Las explotaciones son inferiores a 150 hectáreas. Se dedica a la horticultura.
4	13	Viejos, escaso nivel de instrucción con explotaciones entre 50 y 400 hectáreas. Son agricultores a tiempo completo.

Fuente: Ilbery y Hornoby (1983), pág. 81.

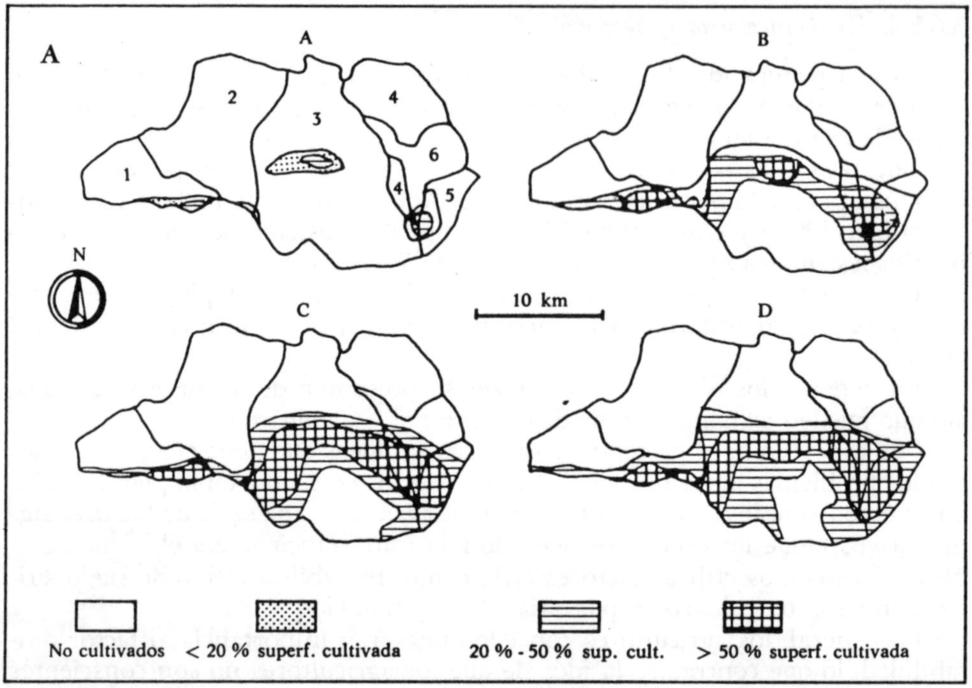

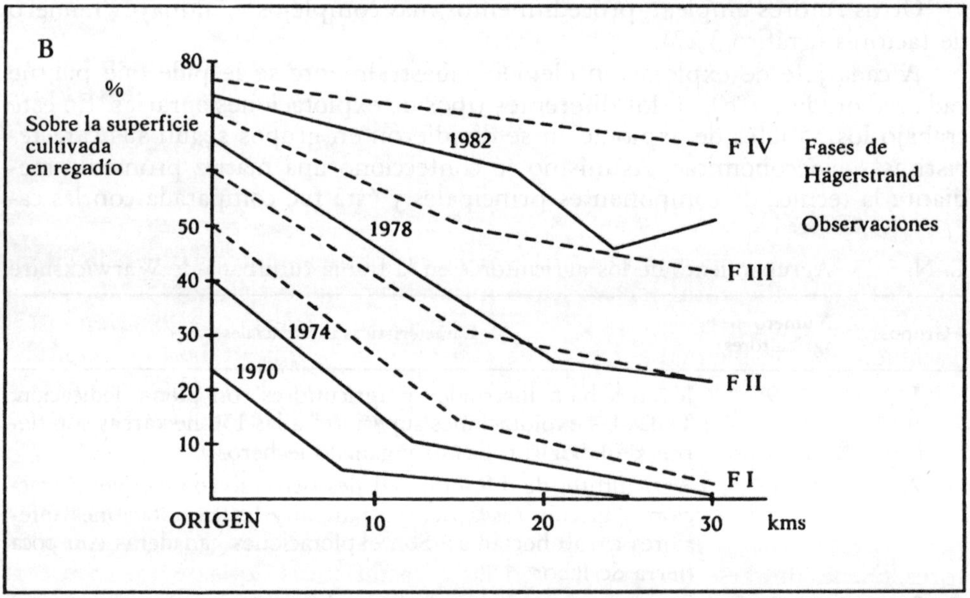

Gráfico 3.26. Difusión espaciotemporal. a) En el espacio; b) En el tiempo.

racterísticas físicas y los factores personales de agricultores. En este estudio se demuestra que la actitud juega un papel importante en la toma de decisiones de los agricultores. Los agricultores consideran que una actitud correcta hacia

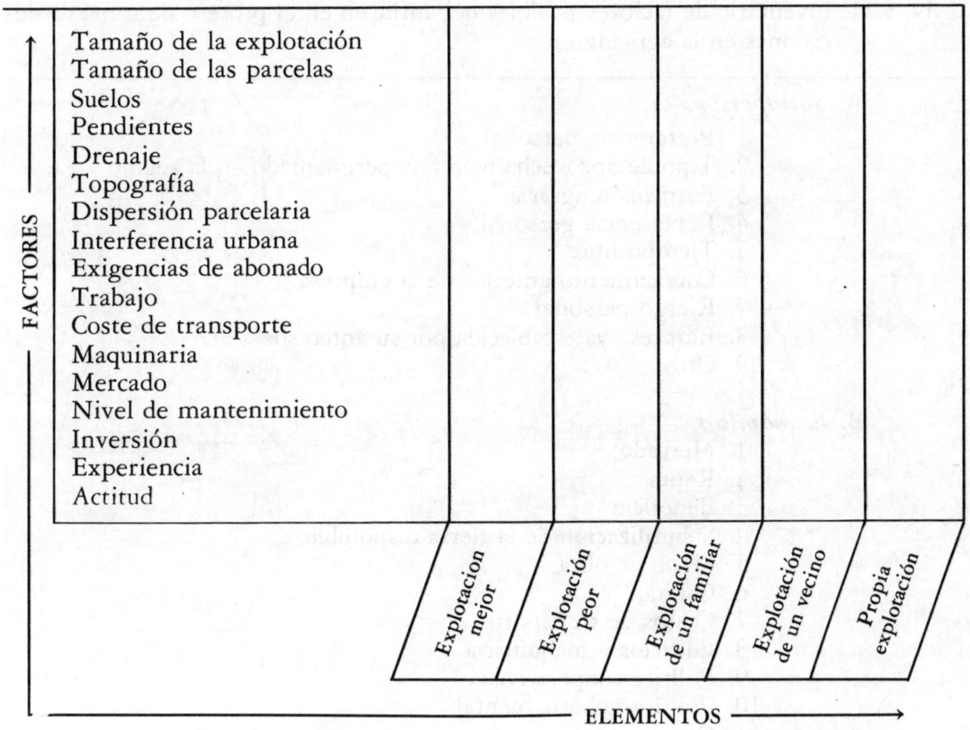

un sistema de cultivos tiene una elevada relación con el buen mantenimiento ($r = 0{,}87$), mínima interferencia urbana ($r = 0{,}86$) y una gran experiencia ($r = 0{,}83$).

3.6.5.5. La técnica del *point score analysis*

Es una técnica que permite analizar la importancia que conceden los agricultores a los diferentes factores que influyen en sus decisiones. Se comienza a utilizar en geografía agraria y merece destacarse el trabajo de Ilbery en 1977. También en este método se pregunta al agricultor la importancia que concede a una serie de factores que influyen en la toma de decisiones. Los factores se presentan de forma aleatoria y se pide que el agricultor les dé una puntuación de 1 a 4. La puntuación 1 es cuando el factor se percibe que tiene una influencia nula y 4 cuando juega un papel esencial en la toma de decisiones. Ilbery agrupa los factores en tres tipos: sociopersonales, económicos y físicos, lo que permitió categorizar la importancia relativa de los mismos. Esta lista de factores puede alterarse de acuerdo con las características de la región. Sin embargo, dado el carácter pionero del trabajo de Brian W. Ilbery, nos parece oportuno incluir el inventario de los factores posibles que afectan al proceso de toma de decisiones en la agricultura (cuadro 3.24).

Con este método puede medirse la importancia de cada factor y clasificarse según su incidencia en la toma de decisiones.

Cada factor tiene una puntuación máxima posible de acuerdo con el núme-

C. N. 3.24. Inventario de factores posibles que influyen en el proceso de toma de decisiones en la agricultura

A. *Sociopersonales*

1. Preferencia personal
2. Tipo de aprovechamiento experimentado en la región
3. Formación agraria
4. Experiencia personal
5. Tiempo libre
6. Conocimiento anterior de la empresa
7. Riesgo personal
8. Empresa ya establecida por su antecesor
9. Otros

B. *Económicos:*

1. Mercado
2. Renta
3. Beneficio
4. Subutilización de la tierra disponible
5. Mano de obra
6. Capital
7. Costos de transporte
8. Edificios y maquinaria
9. Política cooperativista
10. Política gubernamental
11. Otros

C. *Físicos:*

1. Tipo de suelo
2. Drenaje
3. Pendiente
4. Incertidumbre meteorológica
5. Volumen de precipitación
6. Frecuencia de heladas
7. Variaciones térmicas
8. Tamaño de las parcelas
9. Otros

Fuente: Ilbery (1977), pág. 68).

ro de agricultores entrevistados y ello permite aplicar los índices ideados por Van der Vliet en 1972. Estos son:

a) *Porcentaje de aplicabilidad.* Número de casos donde aparece el factor expresado en porcentaje con respecto al número total de casos objeto de estudio.
b) *Porcentaje total.* La puntuación total, expresada como porcentaje de la puntuación máxima posible de todos los casos investigados.
c) *Porcentaje de importancia.* La puntuación total, expresada como porcentaje de la puntuación máxima posible para los casos en el que el factor se tuvo en cuenta.

La mayoría de los estudios que aplican esta técnica indican que los agricultores tienen como objetivo esencial lograr un beneficio seguro y estable y una vez logrado este fin, aparecen como factores importantes los sociales y personales (B. Ilbery, 1985, pág. 68). Este autor, en un estudio en Oxfordshire, pudo diferenciar, de acuerdo a su grado de semejanza en relación con diecisiete factores socioeconómicos y físicos, ocho tipos de agricultores cuyas características se presentan en el cuadro 3.25.

C. N. 3.25. Tipología de los agricultores en el noreste de Oxfordshire

Número de grupo	Número de agricultor	Características diferenciadas
1	3	Las preferencias personales más importantes que la venta. Son agricultores a tiempo completo que consideran factores importantes el tiempo libre y el conocimiento anterior.
2	23	La renta es más importante que las preferencias. Agricultores tiempo completo con más de treinta y cinco años de edad que no consideran importante el conocimiento anterior.
3	35	Agricultores a tiempo completo y explotaciones pequeñas. Considera el mercado, la renta y el tiempo libre importantes factores.
4	4	Tres de los cuatro tienen menos de cuarenta y cinco años. Conceden gran importancia a la formación y a la política gubernamental.
5	21	Agricultores con grandes explotaciones. Nivel de instrucción por encima de la media de la región. Consideran esencial el mercado, pero no el capital.
6	12	Agricultores a tiempo completo. Buena formación de tipo práctico. Consideran el tiempo libre un factor de escasa importancia.
7	8	Agricultura a tiempo parcial. Agricultores con más de cincuenta y cinco años. La renta no es muy importante.
8	6	Diferentes edades. Los únicos que consideran como factor importante el cooperativismo.

Fuente: Ilbery, B. (1979), pág. 207.

3.6.6. *La difusión de las innovaciones en el espacio*

3.6.6.1. La aportación de Hägerstrand

3.6.6.1.1. Introducción

La obra del geógrafo sueco Torsten Hägerstrand aparecida en 1953 con el título *Innovationförloppet ur korologisk synpunkt,* conocida muy pronto entre los sociólogos, no fue difundida hasta que Allan Pred la tradujo al inglés en 1967 con el título *Innovation diffusion as a spartial process,* en el ámbito sajón y mucho más tarde en las demás comunidades de geógrafos. En el caso español existen muy pocas referencias a la aportación de Hägerstrand en los manuales más recientes y son excepcionales los estudios empíricos que utilizan los modelos desarrollados por el geógrafo sueco (J. R. Díaz Álvarez, 1982). Por esta razón vamos a desarrollar con una cierta extensión la obra de Hägerstrand por considerarlo que es el autor más significativo en el estudio de las expresiones geográficas del comportamiento humano, ya que este geógrafo demostró que los comportamientos colectivos reflejan modelos de movimientos o distribuciones espaciales que pueden examinarse a través de la información disponible al individuo que toma las decisiones y por consiguiente estudiarse bajo la forma de redes sociales de comunicaciones interpersonales a través de las que circula la información.

En Hägerstrand, como en Von Thünen y Christaler, su teoría sobre la difusión de las innovaciones descansa en profundos estudios de investigación empírica. Antes de formular su marco teórico, el geógrafo sueco dedicó seis años a recoger una minuciosa información en las parroquias de Asby y Kisa. Sobre esta base empírica pudo robustecer la tradición sueca, formulada por Sten De Geer, de considerar el objeto de la geografía como «la localización de objetos y la forma superficial o distribución; en otras palabras, son determinadas cualidades y no los objetos en sí mismo...; el objeto de la geografía es en su misma naturaleza no-material y abstracto» (A. Pred, 1967).

La citada obra de Hägerstrand, aunque tiene un objetivo teórico y metodológico, se circunscribe por razones obvias (recogida de información) a una comarca al sur de Östergoland, que abarca una parte de las circunscripciones de Kindra-Idre con una extensión de 2.139 km^2, ocupada en su mayoría por los bosques.

Expuesto el objetivo de ver si los cambios manifiestan en las distribuciones físicas y sociales regularidades con respecto al punto de origen y destino y si es posible detectar con precisión un orden espacial en el proceso general de difusión y discutido el problema de los indicadores y los métodos cartográficos, inicia el estudio describiendo la población y la estructura agraria. Posteriormente estudia la evolución de los indicadores agrarios seleccionados: mejora de pastos, control de la tuberculosis en el ganado vacuno y el desarrollo de los trabajos de cartografía de suelos. Asimismo, estudia el comportamiento de indicadores generales, tales como los servicios postales, la difusión del automóvil y la de los teléfonos en la comarca objeto de estudio.

3.6.6.1.2. Los modelos de Hägerstrand

Una vez examinadas las curvas de los diferentes indicadores y sus respectivos comportamientos espaciales a través de una rigurosa cartografía, se adentró en la elaboración de tres modelos de complejidad creciente.

Modelo I

Tras el estudio descriptivo del comportamiento temporal y espacial de los indicadores de procesos de la difusión de innovaciones, Hägerstrand descubre regularidades comunes en todas ellas, a pesar de las diferentes motivaciones que indujeron a los habitantes a adoptar estas innovaciones. En general, los indicadores utilizados presentan tasas de crecimiento y una distribución entre grupos sociales, así como una difusión en el espacio que se resume en:

Fase 1. Concentraciones locales de personas que aceptan las innovaciones. Son las *aglomeraciones iniciales.*

Fase 2. Diseminación radial a partir de las aglomeraciones iniciales y aparición de *aglomeraciones secundarias.* Simultáneamente, las aglomeraciones iniciales tienden a fundirse.

Fase 3. Cesa el crecimiento. Es la fase de saturación.

Existe un gran número de trabajos que confirma estas características observadas empíricamente por Hägerstrand, en Suecia. En nuestro país, J. R. Díaz Álvarez (1982) lo comprobó en el campo de Dalías (Almería). En el gráfico 3.27 se observa la difusión espacial del cultivo de invernadero que refleja la información contenida en el cuadro 3.26.

C. N. 3.26. Superficie de cultivos forzados bajo plástico en el área del campo de Dalias y porcentaje sobre el total de la superficie cultivada en regadío (estimación de los Ayuntamientos de la zona)

Año	Hectáreas bajo plásticos	Porcentaje sobre superficie regada
1970	680	6,3
1974	2.560	23,9
1978	5.890	54,5
1982	7.120	66,0

Fuente: Ministerio de Agricultura. España.

En el gráfico 3.27 aparecen las tres fases observadas por Hägerstrand, a las que se añade una fase no considerada por el geógrafo sueco: *la fase de condensación* en la que «los incrementos relativos son prácticamente iguales a lo largo de las áreas estudiados en relación con el centro emisor de la novedad (J. R. Díaz Álvarez, 1982, pág. 102).

El objetivo que se propone en el modelo I no es «tratar de determinar qué factores han producido la distribución de un indicador, en un momento determinado, ya que es muy peligroso utilizar las formas de distribución como fundamento causal..., lo que probablemente indujo a los geógrafos a exagerar los factores naturales sobre los fenómenos socioeconómicos». Una distribución coincidente no es sinónimo necesariamente de una interacción funcional» (T. Hägerstrand, 1953, pág. 135). Por lo tanto, se trata de buscar un pequeño número de «factores primarios» que nos permita analizar el proceso mismo, o el cambio de un punto a otro en el espacio. Para ello, no deduce las conclusiones del trabajo empírico, sino que formula una serie de hipótesis sobre factores causales que serán o no avaladas con los datos obtenidos en la realidad para medir el grado de adecuación de la hipótesis.

El método empleado es similar, dice Hägerstrand, al de las ciencias físicas. Se intenta simular determinados aspectos de la vida social con la ayuda de modelos heurísticos. De este modo, simplifica la realidad utilizando un modelo que puede verse como «un juego de dados, en el que el tablero es la superficie terrestre, las piezas que se mueven son las personas que allí viven y las reglas

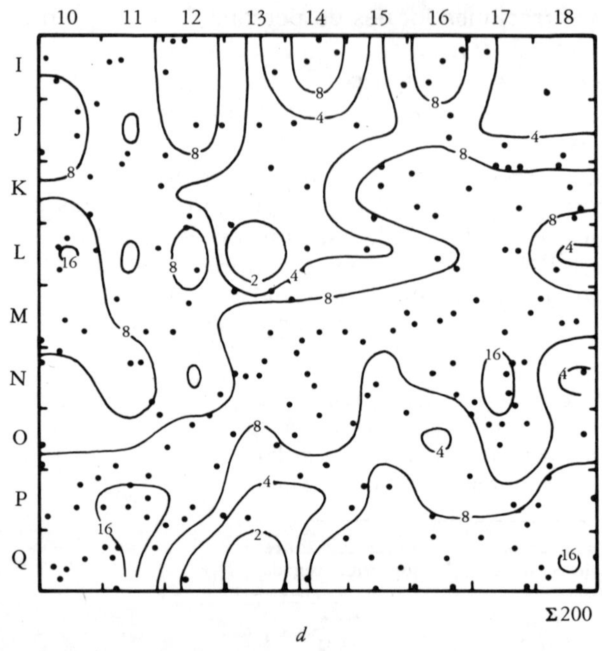

Fuente: Hägerstrand (1953).

Gráfico 3.27. Difusión aleatoria de 200 adoptadores.

del juego están determinadas por los factores cuyas influencias deseamos estudiar» (T. Hägerstrand, 1953, pág. 135). En lugar de utilizar dados, se emplea una tabla de números aleatorios que contiene columnas de dígitos del 0 al 9, dispuestos en secuencias asistemáticas, de tal modo que cualquier dígito incluido en la tabla tiene la misma probabilidad de ser elegido. Si esta elección se hace al azar partiendo de una columna y copiamos una serie de cifras de un dígito, dos, tres, etc. (se toman los dígitos de una columna, dos, tres, etc.), las cifras copiadas están seleccionadas *aleatoriamente,* puesto que todos los dígitos del 0 al 9 han tenido la misma probabilidad de ser elegidos. Cualquier libro de estadística o de técnicas de cuantificación en geografía contiene tablas de números aleatorios de varias cifras. Asimismo, resulta muy sencillo con un ordenador personal crear una tabla de números aleatorios.

El modelo parte de una serie de supuestos: un espacio isotrópico, un cuadrado dividido en 81 cuadrículas o celdas. Cada celda tiene una extensión de 25 km² y una población de 30 habitantes distribuida uniformemente en el espacio.

Se supone que todos los habitantes han sido informados *públicamente,* es decir, a través de los medios de comunicación de masas, de la innovación objeto de estudio. Por otra parte, los adoptadores aceptan la innovación de forma independiente sin influir en la decisión el comportamiento de los vecinos. No se tiene en cuenta tampoco el comportamiento de la curva de crecimiento del indicador de la innovación.

Procedimiento

Los habitantes se numeran del 1 al 2.430. Los números del 1 al 30 se asignan a la celda I-10, los comprendidos entre el 31 al 60 a la celda I-11, etc. Mediante una tabla de números aleatorios se extraen 100 agricultores. Y el número seleccionado se lleva al mapa correspondiente, con lo que se obtiene una distribución espacial del proceso de difusión aleatoria de una innovación. En el cuadro 3.27 se ilustra el mecanismo del procedimiento de elaboración del modelo. En el gráfico 3.28 se observa la distribución aleatoria de los 200 adoptadores.

Cuando se compara el mapa obtenido por este procedimiento de simulación con el mapa obtenido en la realidad, aparecen importantes desacuerdos, debido, según Hägerstrand, a la diferente y desigual distribución en el territorio de la receptividad de los agricultores, ante las innovaciones, la desigual distribución de la información sobre la innovación en el territorio o la combinación de ambas cosas.

C. N. 27. Procedimiento operativo

Número de orden	Número aleatorio	Número de celda
1	774	K 17 24
2	1.554	N 16 24
3	1.104	M 10 24
4	202	I 16 22
5	275	J 10 5
6	752	K 17 2
7	267	I 18 27
8	296	J 10 26
9	1.899	P 10 9

Modelo II

Hägerstrand consideró que el «efecto vecindad» mediante el que la probabilidad de adopción de las innovaciones por parte de los agricultores es mayor en proximidad de los que la utilizan que aquellos agricultores que se encuentran alejados de los usuarios de las innovaciones. Ante esta constatación consideró que el efecto de la *comunicación* privada, es decir, la transmisión de la información mediante contactos personales, tenía que ser de capital importancia en la transmisión y adopción de las innovaciones. De este modo Hägerstrand trató de relacionar la probabilidad de transmitir la información privada con su modelo, lo que le condujo a la idea de *campos de información privada* o individual, para indicar la distribución espacial de los contactos en el que un individuo recibe información de amigos y conocidos. El concepto se apoya en la noción de átomo social formulada por el sociólogo Moreno en 1934 definida como:

> La constelación misma de relaciones psicológicas que puede decirse constituye la célula individual en el universo social, está formada por relaciones psicológicas de un individuo con otros por los que se siente atraído o rechazado de acuerdo con un criterio específico como vivir en proximidad.

Hägerstrand considera que estudiar los *campos de información privada* es una empresa sobrehumana que sólo puede realizarse en comunidades rurales muy pequeñas. Sin embargo, piensa que se pueden obtener valores aproximados a través de un enfoque deductivo. Investigó los *campos de información privado,* considerados como espacios en los que los individuos actúan como centros de la información (transmisores-receptores) mediante indicadores, y así utilizó el estudio pormenorizado de los movimientos migratorios y del tráfico telefónico en las parroquias del Asby y Kisa con el objetivo de lograr un *campo de información global* para toda la población. Se parte de la base de que estos flujos «probablemente reflejen el conjunto de todas las comunicaciones personales de una población en un área determinada». Se considera que la intensidad de los movimientos migratorios está en estrecha relación con la «frecuencia de los impulsos comunicativos» de toda la población.

De este modo Hägerstrand elaboró lo que denomina un *campo de información glogal o agregado* sobre la base de los resultados del campo migratorio centrado en Asby durante el periodo 1935-1939. Los movimientos individuales fueron globalizados representando la distancia y dirección de cada movimiento a partir del centro de cada celda (gráfico 3.29).

Los resultados, tanto del estudio del tráfico telefónico como los referidos a los movimientos migratorios, presentan un comportamiento similar, con un gran número de contactos en la proximidad de Asby y un fuerte descenso con

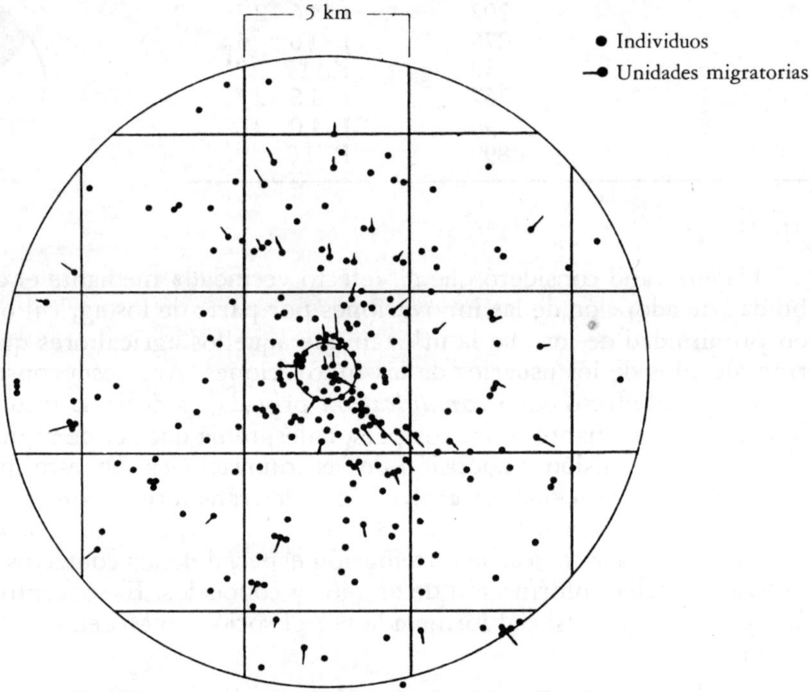

Fuente: Hägerstrand (1953).

Gráfico 3.29. Campo migratorio centrado en Asby.

la distancia. Hägerstrand utilizó en su análisis unidades migratorias, en general familiares, en lugar de individuales. Sólo incluyó en su modelo los movimientos de 25 celdas.

El número de unidades migratorias aparece en el gráfico 3.30, que presenta unas claras irregularidades, como consecuencia de la topografía y de la distribución de población. Por este motivo, Hägerstrand ajustó los movimientos reales, a una curva de distribución de distancias, ya que al analizar el movimiento migratorio, según la distancia, observa que el número de unidades migratorias descendía bruscamente, ya que más de la tercera parte de los desplazamientos se hicieron en recorridos inferiores a los tres kilómetros.

	4	1		
4	9	26	10	1
10	11	110	14	2
	14	30	13	4
	4	8	13	2

Gráfico 3.30. Distribución de las unidades migratorias.

En el gráfico de doble escala logarítmica se representa la distancia a Asby y el número de unidades migratorias, así como la recta ajustada mediante el método de mínimos cuadrados. La función de distribución de las distancias se describe mediante la ecuación

$$F = C \cdot d^{-n}$$

siendo F el número de unidades migratorias por kilometro cuadrado, d la distancia con respecto al origen o centro del campo migratorio y C una constante que indica el valor de F cuando $d = 1$. El ajuste de la recta por mínimos cuadrados se determinó por la siguiente expresión:

$$F = 6{,}26 \cdot d^{-1{,}6}$$

Sin embargo, la regularidad la obtiene normalizando los datos observados (gráfico 3.32) modificando la fórmula anterior por:

$$\log F_1 = 7{,}966 - 1{,}585 \log d$$

La celda central conserva los valores primitivos. Las restantes se dividen en 25 partes de 1 km^2. La distancia d desde el punto medio de cada celda de kilómetro cuadrado se lleva a la ecuación y así se obtienen los 25 valores de cada cuadrícula (gráfico 3.32). En el paso siguiente se expresa esta distribución de frecuencias normalizada como una distribución de probabilidades. Ello implica calcular la fracción de todos los movimientos que finalizan en una celda. Así, por ejemplo, el valor 110 dividido entre un total de 248,24 da un cociente

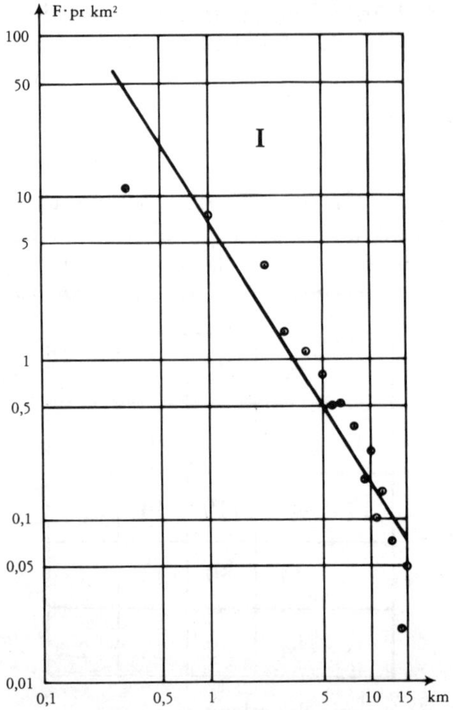

Gráfico 3.31. Gradiente a partir de Asby.

2,38	3,48	4,17	3,48	2,38
3,48	7,48	13,57	7,48	3,48
4,17	13,57	110	13,57	4,17
3,48	7,48	13,57	7,48	3,48
2,38	3,48	4,17	3,48	2,38

Gráfico 3.32. Ajuste del campo migratorio.

de 0,4431, el valor 13,57 con respecto a 248,24 da 0,0547, y así sucesivamente. Esta retícula de probabilidad se toma como el *campo medio de información privada* o *campo medio de información.* Cada valor indica la probabilidad que tiene cada individuo de entrar en contacto con la innovación.

Por lo tanto, la celda central recibe un valor de 0,4432 cada vez que recibe un mensaje hay un 44 por 100 de probabilidad de que el mensaje se dirija a una persona que resida en esta celda central. Por el contrario, las celdas situadas en las esquinas tienen un valor de probabilidad menor (0,0096), es decir, 96 posibilidades entre 10.000 sucesos. La suma de todas las probabilidades es 1, lo que supone que cualquier mensaje que circule debe caer en el *campo medio de la información.*

Con objeto de introducir más realismo en el modelo se introdujo la influencia de la variación de población en cada celda, como ocurría realmente en la región objeto de estudio. Para ello, P. Haggett elaboró una matriz de proba-

0,0096	0,0140	0,0168	0,0140	0,0096	
0,0140	0,0301	0,0547	0,0301	0,0140	
0,0168	0,0547	0,4431	0,0547	0,0168	
0,0140	0,0301	0,0547	0,0301	0,0140	
0,0096	0,0140	0,0168	0,0140	0,0096	$\sum$ 0,9999

Gráfico 3.33. Campo medio de la información expresado en términos de probabilidad.

bilidad ponderada, que resulta de multiplicar la probabilidad de cada celda en el campo medio de la información, por la población existente en cada celda (gráfico 3.34). Peter Haggett (1975) aplicó la siguiente fórmula:

$$C_1 = \frac{CN}{\sum CN}$$

Siendo C la probabilidad de contacto, obtenida del campo medio de información, N el número de personas en celda y C_1 la probabilidad de contacto ponderado. Por último, Hägerstrand normalizó las probabilidades expresándolas en tantos por uno. Así, por ejemplo, el valor de la probabilidad ponderada de la celda central es 1,7728. Si dividimos esta cantidad entre la suma total de probabilidad ponderada (6,8477) obtenemos el valor normalizado expresado en tantos por uno (0,25588).

0,0096	0,0140	0,0168	0,0140	0,0096
0,0140	0,0301	0,0547	0,0301	0,0140
0,0168	0,0547	0,4432	0,0547	0,0168
0,0140	0,0301	0,0547	0,0301	0,0140
0,0096	0,0140	0,0168	0,0140	0,0096

Campo medio de información

×

6	9	4	12	1
1	3	2	2	16
8	23	4	7	2
5	21	9	12	6
2	6	11	26	5

Población en cada celda

=

0,0576	0,1260	0,0672	0,1680	0,0096
0,0140	0,0903	0,1094	0,0602	0,2240
0,1344	1,2581	1,7728	0,3829	0,0336
0,0700	0,6321	0,4923	0,3612	0,0840
0,0192	0,0840	0,1848	0,3640	0,0480

Probabilidad ponderada (= 6,8477)

Fuente: Abler, Adams y Gould.

Gráfico 3.34. Campo Medio de Información ponderado con la población de cada celda.

Los supuestos del modelo II

Se supone también que el espacio es isotrópico y está dividido en cuadrículas o celdas de 25 km^2, con una población de 30 habitantes distribuidos uniformemente. En contraste con el modelo I, aquí se supone que inicialmente sólo una persona está informada de la innovación y ésta se encuentra en el centro del territorio. Se supone que al poseer la información sobre la innovación lleva consigo la aceptación inmediata. Los sucesos que colectivamente constituyen un proceso de innovación dependen más de otros. Se supone también que el aceptante de la innovación informará gradualmente a otras personas que tiene próximas y éstas aceptan a su vez la innovación y la transmiten a sus vecinos.

En este modelo sólo se considera la información privada. Por último, cada persona comunica la información sobre la innovación a otras personas presentes en la capa de la información en el mismo intervalo de tiempo.

En suma, los supuestos son:

1) En un principio, sólo una persona en el conjunto de la población posee información sobre la innovación.
2) Una vez recibida la información se acepta la innovación de un modo inmediato.
3) La información sobre las innovaciones se transmite privadamente (contactos personales).
4) El intervalo de tiempo para transmitir la información es siempre el mismo.

Procedimiento operativo

Con objeto de poder asignar la probabilidad a cada individuo existente en cada celda, Hägerstrand adscribe a cada una de ellas comenzando por la casilla superior izquierda, cuatro dígitos correspondientes con la probabilidad de recibir el mensaje desde el centro del área del modelo. Por lo tanto, en la casilla superior izquierda tenemos el intervalo 0000-0095, es decir, tiene 96 números de cuatro dígitos, ya que su nivel de probabilidad es p = 0,0096, la celda contigua tendrá los números correspondientes al intervalo 0096-0235, puesto que la probabilidad de recibir el mensaje de esta casilla (p = 0,0140) en 10.000 casos es de 140. Este proceso acumulativo continúa hasta llegar a la última celda a la que se le asigna el intervalo comprendido entre los números 9903-9999 (gráfico 3.35).

A partir de este momento, Hägerstrand simula un modelo de difusión de una innovación agraria tomando como fuente una tabla de números aleatorios de cuatro dígitos. Y de este modo puede simularse la probabilidad de contactos

1— —96	97— —236	237— —404	405— —544	545— —640
641— —780	781— —1081	1082— —1628	1629— —1929	1930— —2069
2070— —2237	2238— —2784	2785— —7215	7216— —7762	7763— —7930
7931— —8070	8071— —8371	8372— —8918	8919— —9219	9220— —9359
9360— —9455	9456— —9595	9596— —9763	9764— —9903	9904— —10 000

Gráfico 3.35. Campo Medio de Información, expresado en intervalos de números aleatorios.

extrayendo de la tabla una muestra del tamaño que se desee. Supongamos que se desea simular el proceso para una muestra de 200 agricultores. La población total se numera del 00001 al 10.000. Pongamos que el primer número seleccionado en la tabla es el 7145 y el segundo el 9912.

El número extraído en primer lugar se encuentra en la celda central (2785-7215) y el segundo número en la celda inferior de la esquina derecha, intervalo (9904-10.000).

En la primera generación o periodo aparece un contacto inicial entre una persona del centro y otra alejada, en el segundo periodo estas dos hacen un nuevo contacto, el campo de información inicialmente está centrado en la celda central y luego en la celda del segundo conocedor. En el tercer periodo o generación, el *campo medio de información* se centra en cuatro nuevos individuos y, por lo tanto, cuatro números aleatorios indicarán estos contactos. Por consiguiente, conforme avanza el proceso la tasa de incremento sigue una proporción de 1:2:4:8:16. No obstante, llega un momento en que los contactos pueden producirse entre individuos ya conocedores de la información con lo

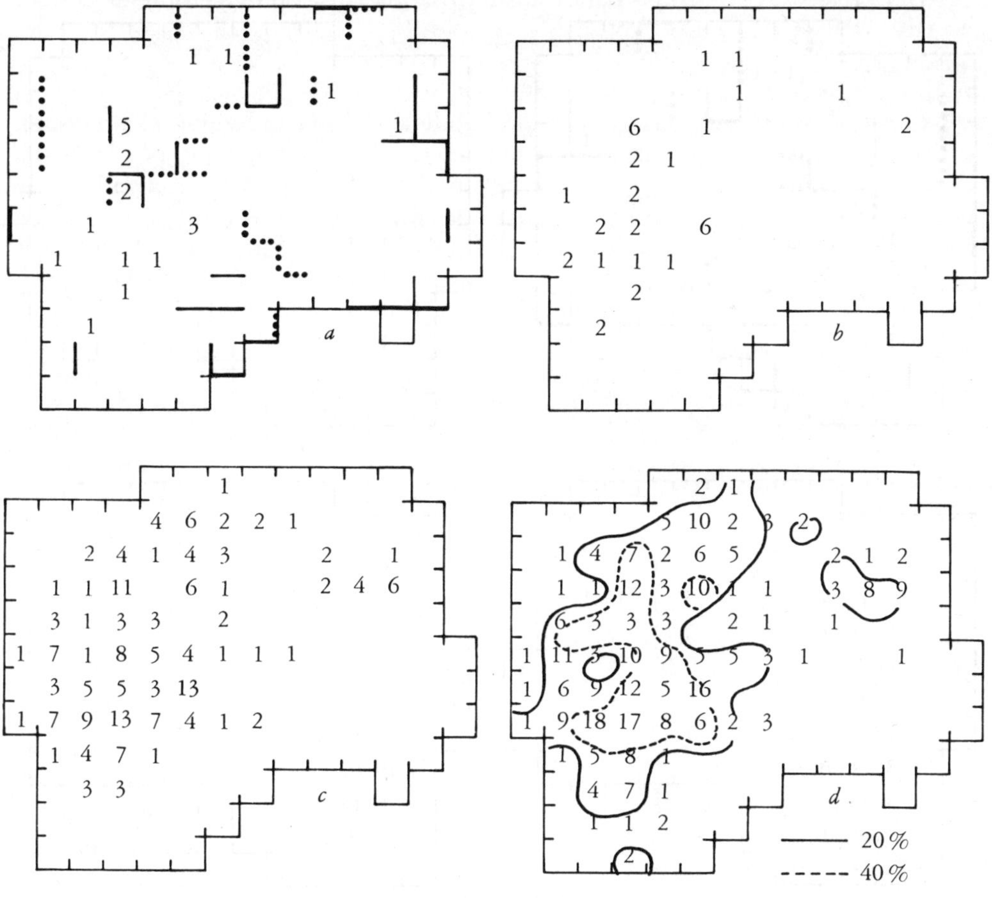

Gráfico 3.36. Difusión simulada de las subvenciones a las mejoras de pasto. *Fuente:* Hägestrand, 1965, pág. 380.

que puede perderse información y al ser finito el número de celdas, puede incluso cesar, llegando entonces a la fase de saturación.

Cuando se compara la difusión de un indicador real con la difusión aleatoria, se observan notables coincidencias. Así tenemos en el gráfico 3.36 el número de personas que adoptan la mejora de pastos y en el gráfico 3.37 se presenta el mismo fenómeno producido mediante el modelo de Monte Carlo.

Por último, Hägerstrand a la vista de las circunstancias de los modelos I y II con el mundo real, formuló el modelo III, sobre los supuestos siguientes:

— Inicialmente, sólo una persona acepta la innovación.
— La aceptación no aparece hasta que no se supera la resistencia a través de un continuo bombardeo de información privada de las personas que han aceptado la innovación.
— La información se difunde después de un intervalo de tiempo constante.

En este tercer modelo Hägerstrand pondera a la distribución real de la población de la comarca objeto de estudio de la siguiente manera: entre cada ge-

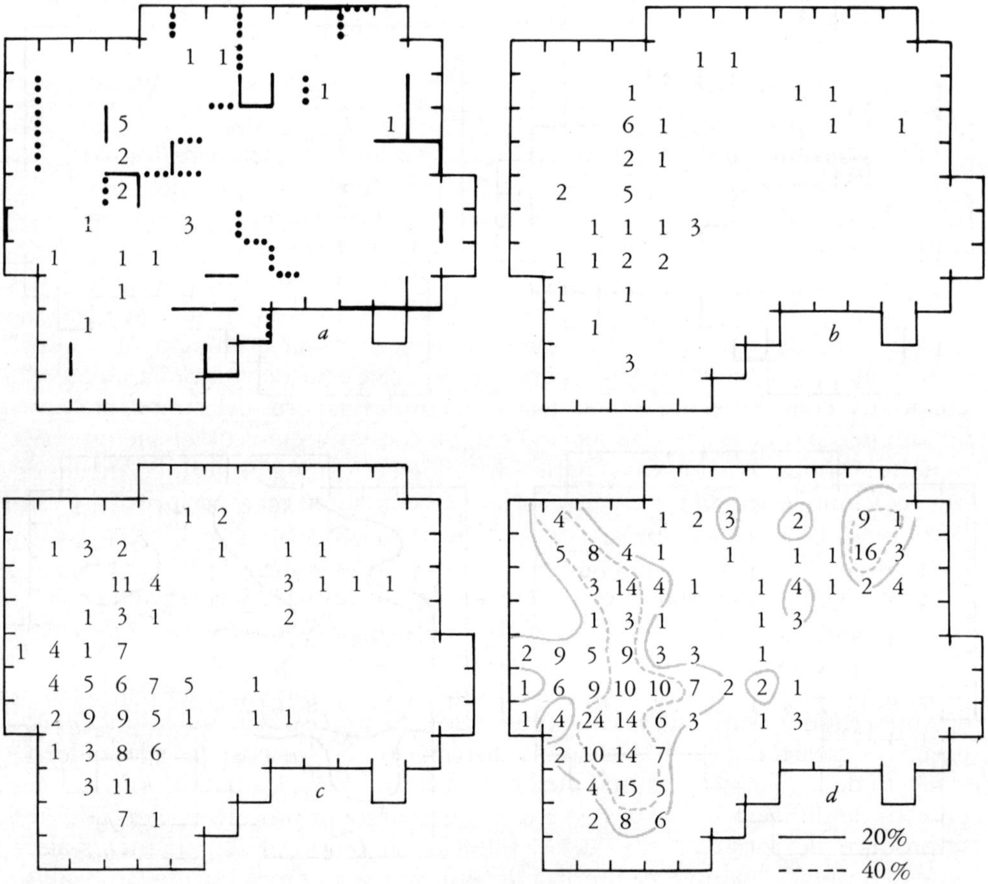

Gráfico 3.37. Difusión real de las subvenciones a la mejora de los pastos. *Fuente:* Hägerstrand, 1965, pág. 376.

neración de difusión del modelo el *campo medio de información* se modifica de tal modo que la probabilidad Q de difundir una innovación en cualquier celda i es:

$$\frac{Pi \quad Ni}{\sum_{i=1}^{25} Pi \cdot Ni}$$

Siendo P el campo de información basado en la probabilidad del difusor en el área del modelo y N es la población real de la celda.

Asimismo introduce la noción de *barrera,* en donde no sólo incluye los obstáculos físicos que impiden la circulación de la información privada, sino también el grado de resistencia de los agricultores a la adopción. Así, diferencia cinco grados o niveles de resistencia entre los individuos que se encuentran en cada celda:

— Dos agricultores de los adscritos a la clase I necesitan sólo un contacto para aceptar la innovación.
— Siete de la clase II necesitan dos contactos.
— Doce de la clase III necesitan tres contactos.
— Siete de la clase IV necesitan cuatro contactos.
— Dos de la clase V necesitan cinco contactos.

El modelo de Monte Carlo fue criticado, en los supuestos irreales sobre los que parte y especialmente en lo que atañe al carácter isotrópico del espacio, ya que la difusión de las innovaciones no se produce en un espacio isotrópico, sino en un espacio en el que se producen diferentes fricciones que influyen en la probabilidad de comunicación. Por otra parte, es más realista suponer que la difusión pasa a través de una red de contactos sociales en lugar de propagarse por el espacio en los individuos próximos, ya que a un agricultor le resulta más fácil comunicar su experiencia a propósito del funcionamiento de una innovación por el aceptador (tractor, semillas, labores del campo, etc.) con un amigo o pariente que vive alejado que no con un vecino con el que no mantiene relaciones. Por lo tanto, parece más lógico formular el campo medio de información dentro de un espacio social que dentro de un espacio físico y este hecho así lo confirman los estudios empíricos realizados por Tarrant en Inglaterra, en 1975 y los de Johansen (1971) en Estados Unidos.

Con objeto de facilitar la comprensión del modelo de Hägerstrand presentamos un ejemplo simplificado apoyado en el empleo de las técnicas de simulación estocástica en donde las probabilidades de un resultado están determinadas por los resultados precedentes. El modelo de Monte Carlo es un modelo de simulación y tiene un carácter estocástico. Es preciso para su aplicación conocer las características básicas de la distribución de los posibles adoptadores, el efecto de la distancia (campo medio de información), los puntos iniciales del proceso de difusión, las barreras, etc. Sin embargo, el proceso real de difusión se produce aleatoriamente, es decir, seleccionando una serie de números aleatorios con objeto de que el proceso de difusión sea esencialmente probabilístico. En realidad, no se dispone de otros métodos matemáticos para resolver estos problemas de simular que dependen de muchos y complejos factores.

En suma, el modelo de Monte Carlo es un juego y los componentes aleatorios se originan durante el juego, de tal modo que no es posible predecir el resultado final.

Por consiguiente, al simular la difusión de las innovaciones mediante esta técnica se obtiene un resultado probabilístico de lo que puede darse en el mundo real o de las innovaciones que ya se han producido en el mundo real. La práctica nos dice que efectuando varias simulaciones y calculando los resultados medios en los diferentes juegos, estos resultados se acomodan bastante bien a las situaciones reales.

Vamos a simular la difusión del tractor en una región cerealista. Sobre la región objeto de estudio superponemos una retícula formada por cuadrículas de 100 ha. La región no es isotrópica, tiene áreas montañosas, superficies mal drenadas y asimismo existen barreras entre los agricultores (enemistades, distancia social) que impiden la difusión de las innovaciones. A efectos de identificación cada celda puede localizarse en el espacio mediante una letra y un número (gráfico 3.38).

Así, por ejemplo, la celda que se considera el origen de la difusión es la E8, cruce de la fila E con la columna 8.

Las reglas elegidas en este juego son:

— La región está dividida en celdas uniformes de 100 ha cada una, correspondientes a una explotación agraria dirigida por un empresario individual que vamos a considerar como difusor o receptor potencial.

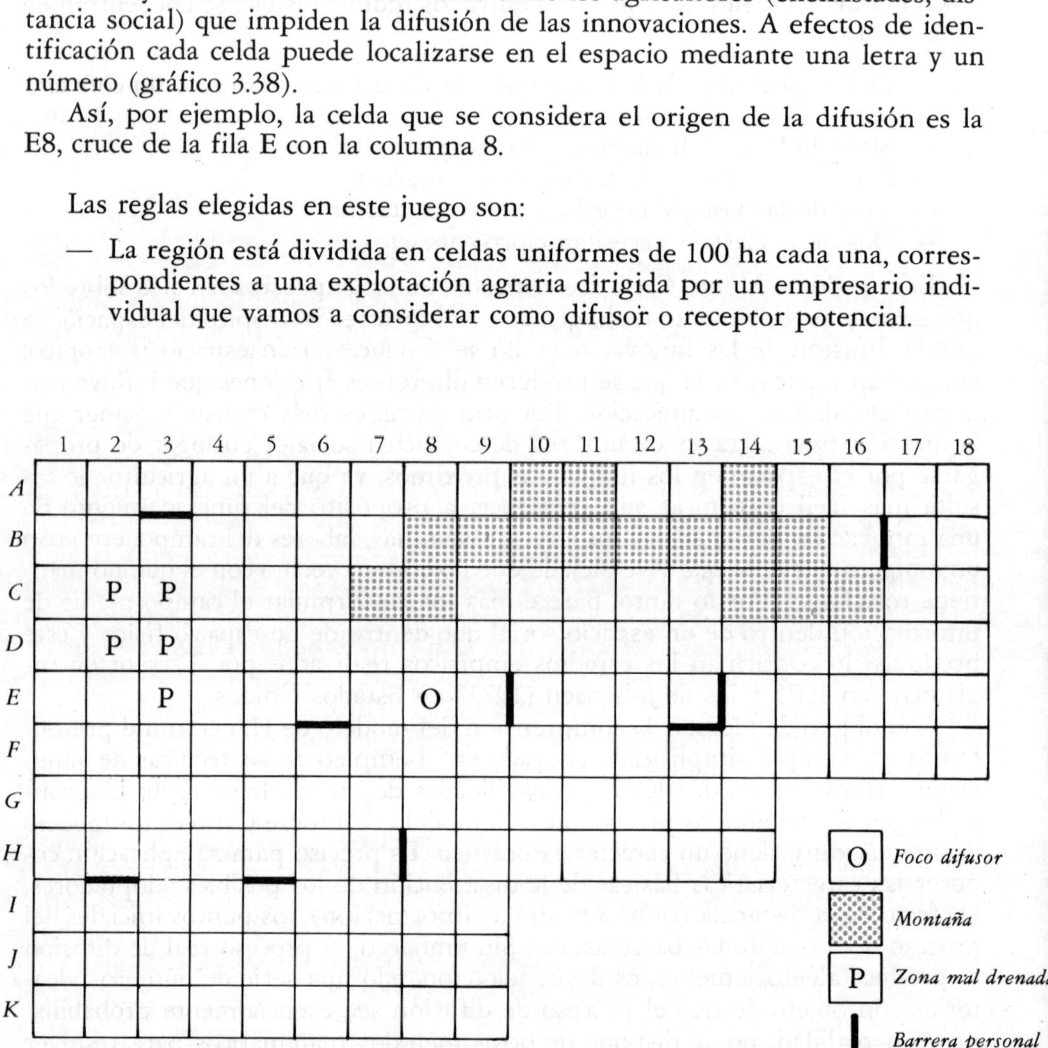

Gráfico 3.38. Región simulada.

— Cada emisor difunde la información a un solo receptor en cada turno del juego (generación en el modelo de Hägerstrand).
— Todo receptor de la innovación (tractor) la acepta tan pronto como la conoce.
— La transmisión de la innovación se hace a intervalos constantes y cada agricultor emite solamente una información.
— El receptor o adaptador de la inovación se transforma en difusor en el siguiente turno, a menos que:

- Ya la haya recibido, en este caso sería un difusor;
- corresponda a un agricultor que viva en una zona montañosa o pantanosa;
- lo separe del difusor (sólo en el caso de que sean contiguos) una barrera personal.

— La probabilidad de que un agricultor sea afectado por la inovación. Varía de acuerdo con la distancia del punto difusor de una forma similar al comportamiento de las llamadas telefónicas y movimientos migratorios en torno a Asby.

Establecidas las reglas del juego, el paso siguiente es la construcción del *campo medio de la información,* es decir, asignar el nivel de probabilidad a cada celda de la región del modelo (gráfico 3.39).

Si partimos de la base de que la difusión se hace a través de los agricultores mediante contactos personales cara a cara, parece lógico asignar la mayor probabilidad a los agricultores que viven en las celdas contiguas del centro de difusión (el primer agricultor que adoptó el tractor). Por este motivo, asignamos una probabilidad de 8 por 100 a las casillas contiguas en lado, 5 por 100 a los que tocan los vértices de la casilla difusora y a todos los cuadrados restantes una probabilidad de 3 sobre 100. Naturalmente, esta probabilidad podría ponderarse de otro modo.

Una vez que disponemos del *campo medio de la información* en términos de probabilidad, para poder asignar a cada agricultor que ocupa las diferentes celdas de la región un valor de probabilidad, adjudicamos a cada agricultor situado en el campo medio de la información, empezando por el situado en la casilla superior izquierda, dos dígitos de acuerdo con la probabilidad que tiene la casilla de recibir una información desde el centro difusor originario. Así, pues, en la casilla superior izquierda se pone el intervalo 01-03, es decir, tiene tres números de dos dígitos, ya que su probabilidad es del 3 por 100. La celda

3/100	3/100	3/100	3/100	3/100
3/100	5/100	8/100	5/100	3/100
3/100	8/100	5/100	8/100	3/100
3/100	5/100	8/100	5/100	3/100
3/100	3/100	3/100	3/100	3/100

Gráfico 3.39. Campo Medio de la Información, expresado en términos de probabilidad.

01-03	04-06	07-09	10-12	13-15
16-18	19-23	24-31	32-36	37-39
40-42	43-50	0	51-58	59-61
62-64	65-69	70-77	78-82	83-85
86-88	89-91	92-94	95-97	99-00

Gráfico 3.40. Campo Medio de la Información, expresado en números aleatorios.

contigua tendrá el intervalo 04-06, también tres números, y así sucesivamente, hasta llegar a la última casilla, a la que se adjudica el intervalo 98-00. también de tres números.

A partir de aquí iniciamos el juego utilizando la tabla de números aleatorios del cuadro 3.28. En la primera extracción obtenemos el 70. Centrando el campo medio de información en la celda difusora del modelo, observamos que el número 70 se corresponde con la celda F8 (gráfico). Se recomienda construir un campo medio de información en papel vegetal.

Centramos de nuevo en 0 el campo medio de información (C.M.I.), el número aleatorio de la serie es el 05 que se corresponde con la celda C7, que es una región montañosa, con lo que se pierde la información (gráfico 3.41a). A continuación centramos el C.M.I. en 1 y tomamos el número aleatorio siguiente (37), que se corresponde a la celda E10 (gráfico 3.41b).

En el tercer turno (gráfico 3.42) centrando el C.M.I. en la celda 0 y obteniendo el número aleatorio 47 la información llega a la celda E7. A continuación centramos el C.M.I. en 1 y cogemos el número aleatorio de la serie y obtenemos el 21, que se corresponde con la celda E7 ya informada. Este proceso puede repetirse cuantas veces se quiera. En los gráficos 3.44 al 3.46 se llegó hasta el sexto turno y se puede apreciar el efecto de las barreras (físicas y personales) en la difusión del tractor.

Es recomendable realizar el ejercicio en clase y comentar los resultados obtenidos por los alumnos y discutir el modelo con los factores que influyen en la realidad a la hora de adoptar el tractor por parte de los agricultores.

3.6.6.2. Las aportaciones a la obra de Hägerstrand

3.6.6.2.1. Conceptos generales

En esta segunda parte tratamos de analizar las aportaciones posteriores a la obra de Hägerstrand y de un modo especial aquéllas que hacen más hincapie en el desarrollo de la teoría de la difusión de las innovaciones agrarias en el espacio incluyendo conceptos psicológicos y sociológicos. Prescindimos aquí de las aportaciones matemáticas que relacionaron con éxito la estructura del campo medio de la información con el modo y la velocidad de las olas de difusión entre las diferentes curvas que siguen los indicadores de innovación agraria y el efecto de vecindad (Cliff, 1977). Asimismo, no insistiremos en aquellos trabajos que demostraron con éxito que el modelo utilizado por Hägerstrand constituye un caso especial del modelo más general desarrollado por la epidemiología (Haggett, Cliff y Frey, 1977, cap. 7). Tampoco examinaremos la amplia bibliografía que demuestra el carácter jerárquico de los procesos sociales.

C. N. 3.28. Tabla de números aleatorios

70	12	56	18	45	17	87	69	28	43
05	46	11	60	21	24	63	54	12	86
37	17	23	63	15	90	51	95	06	77
25	82	34	18	39	13	91	87	25	35
99	00	94	68	72	45	23	75	81	07
62	53	19	83	04	76	09	96	18	32
71	34	03	59	77	80	56	64	59	49
49	02	66	90	82	42	65	15	99	03
35	14	39	27	33	69	90	74	01	46
68	53	48	13	40	71	61	30	93	50
55	31	89	53	12	47	30	95	76	02
02	79	56	99	04	84	73	81	29	39
13	51	22	17	82	50	19	43	90	85
87	28	77	64	10	01	86	61	67	14
41	98	83	21	35	98	06	69	34	82
09	87	35	29	56	02	21	75	45	19
42	00	22	85	71	66	11	32	80	72
30	91	70	98	62	77	05	85	06	60
84	45	66	71	29	91	33	14	43	98
46	12	23	93	51	40	48	29	28	35
52	78	83	59	10	71	30	45	92	50
93	08	61	47	66	85	46	24	05	34
24	12	92	05	25	65	55	63	86	52
62	94	76	54	41	91	10	45	99	38
22	07	56	65	80	68	37	74	05	43
00	45	67	89	30	82	03	24	21	05
38	84	62	15	43	76	17	17	43	27
71	03	57	93	31	06	53	75	53	15
61	83	64	59	70	14	31	86	90	25
80	22	07	39	72	76	19	27	33	00
60	01	66	34	11	63	50	30	59	31
52	58	43	72	89	77	36	57	12	57
84	74	62	50	52	99	47	65	96	88
98	80	58	71	90	18	00	40	78	26
05	63	99	37	04	79	35	28	41	08
17	04	16	95	37	41	23	67	88	46
76	53	36	88	76	96	57	39	13	21
47	70	05	24	91	27	66	20	85	44
59	54	83	78	65	16	28	38	99	36
97	08	26	94	43	93	70	42	27	22

Fuente: Estébanez-Bradshaw (1977).

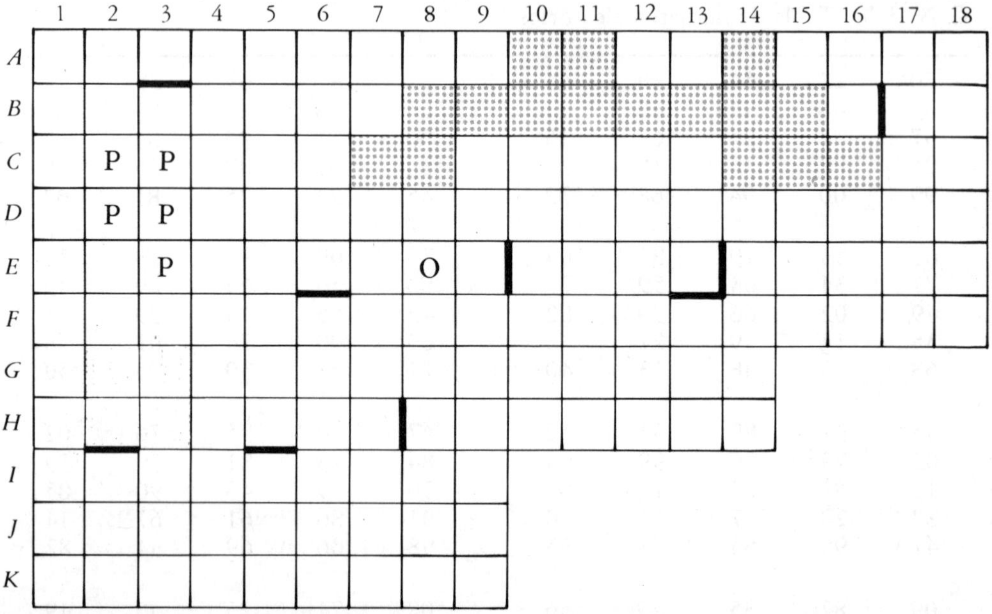

Gráfico 3.41. Primer Turno.

Campo Medio de Información centrado en 0.
Número aleatorio: 70-04-06 Celda *F*8.

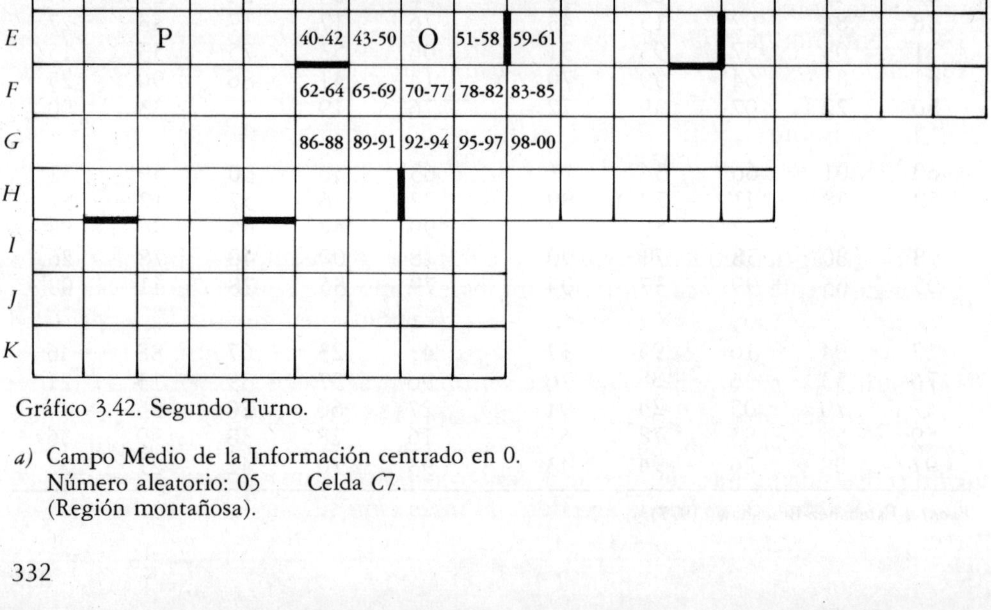

Gráfico 3.42. Segundo Turno.

a) Campo Medio de la Información centrado en 0.
Número aleatorio: 05 Celda *C*7.
(Región montañosa).

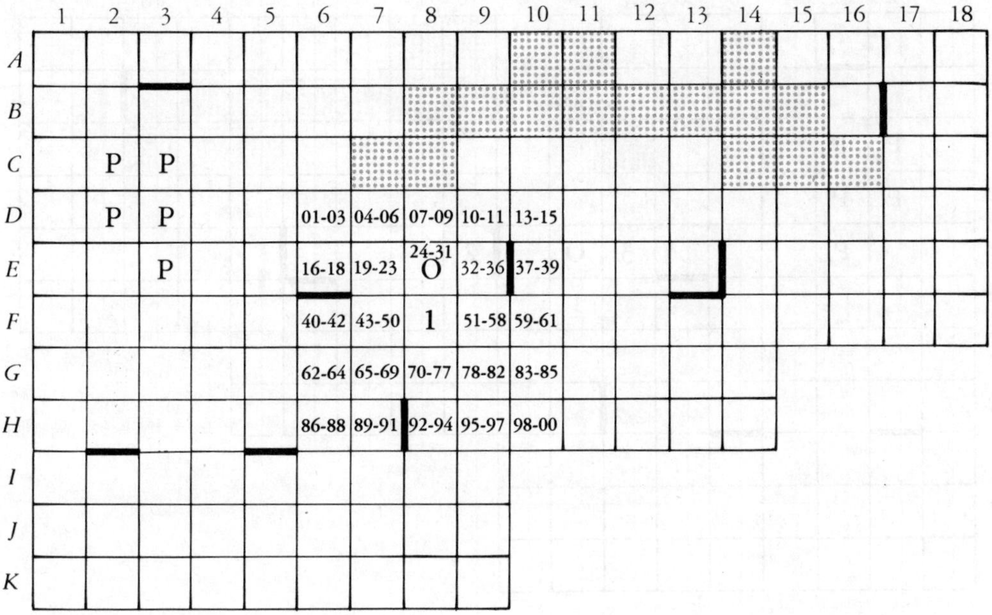

Gráfico 3.42. Segundo Turno.

b) Campo Intermedio de información centrado en 1.
Número aleatorio: 37 Celda *E*10.
(cuadro *E*10).

Se trata esencialmente de presentar algunos enfoques teóricos que intentan comprender cómo y por qué los agricultores aceptan, rechazan o desadoptan los cambios cuando tienen un carácter innovador, lo que permite comprender la enorme complejidad de los paisajes agrarios en regiones que tienen incluso una cierta homogeneidad desde el punto de vista agronómico.

Se entiende por *innovación, una idea, práctica u objeto percibido por un individuo o grupo como nuevo y que proporciona un nuevo medio para lograr un fin.*

En el ámbito que nos ocupa, podemos definir una *innovación rural como todo cambio que transforma en mayor o menor grado las formas tradicionales de ocupación y utilización del suelo, las prácticas de cultivo y ganaderos así como los valores, actitudes y comportamientos sociales en una comunidad rural.*

En una agricultura relativamente compleja como la que se practica en los países desarrollados económicamente, es extraño que se den auténticas *innovaciones,* en general, se trata de mejoras que contienen algunas características innovadoras. En este sentido pueden considerarse elementos innovadores de la agricultura la maquinaria, el abono, semillas, prácticas de cultivo, nuevas formas de producción, gestión, comercialización, etc. Por consiguiente, el término *innovación* no es sinónimo de *invención,* ya que éste se refiere al acto de creación o descubrimiento de una idea, objeto o práctica nueva. Sólo en el caso de que un sistema social pueda acceder a la invención se convierte en innovación.

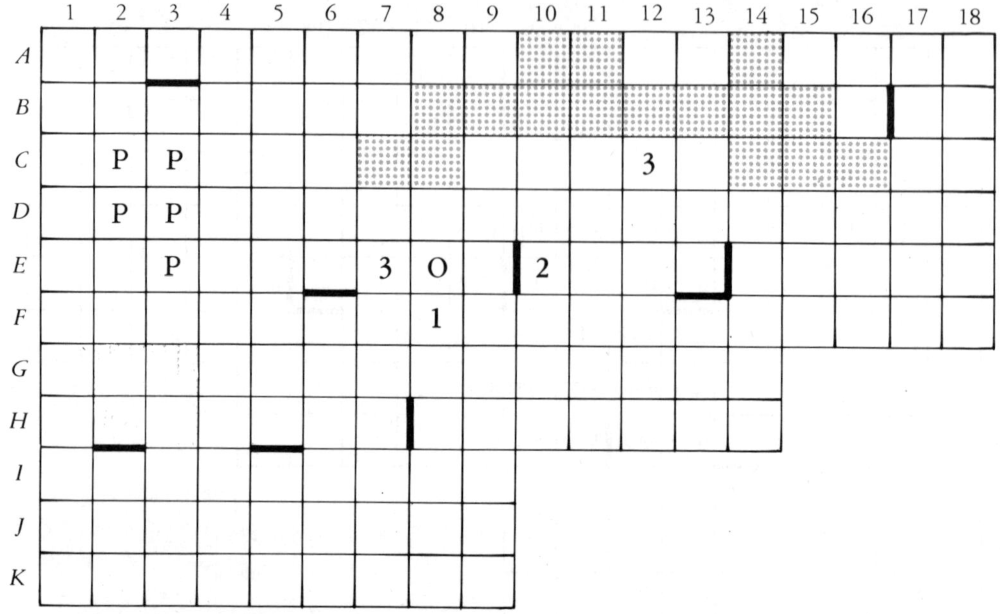

Gráfico 3.43. Tercer Turno.

Campo Medio de Información centrado en 0.
Número aleatorio: 47 Celda *E*7.

Campo Medio de Información centrado en la celda 1.
Número aleatorio: 21 Celda *E*7 (ya informado).

Campo Medio de Información centrado en la celda 2.
Número aleatorio: 15 Celda *C*12.

Adopción-difusión. La adopción consiste en decidir usar plenamente la innovación como estrategia óptima de acción. Es, por lo tanto, la puesta en práctica de una innovación como consecuencia de una toma de decisión personal o colectiva. En general, el rasgo más característico de la adopción es el carácter individual de la toma de decisiones.

La difusión es el proceso por el cual las innovaciones se extienden a los miembros de un sistema social que ocupa un territorio. Se trata, pues, de la adopción repetida a lo largo de un periodo de tiempo y extendida en el espacio. Es, por lo tanto, un concepto espacio-temporal.

La difusión está siempre condicionada por la información que disponen los adoptantes potenciales sobre una innovación determinada. Por consiguiente, se requiere para que se produzca la difusión de las innovaciones en el espacio que éstas vayan precedidas de una información sobre las mismas.

3.6.6.2.2. Factores que modifican el proceso de difusión

Los principales factores que influyen en la mayor o menor celeridad del proceso de adopción-difusión de una innovación están determinados por *la naturaleza de la innovación,* que condiciona la aceptación o rechazo de la innova-

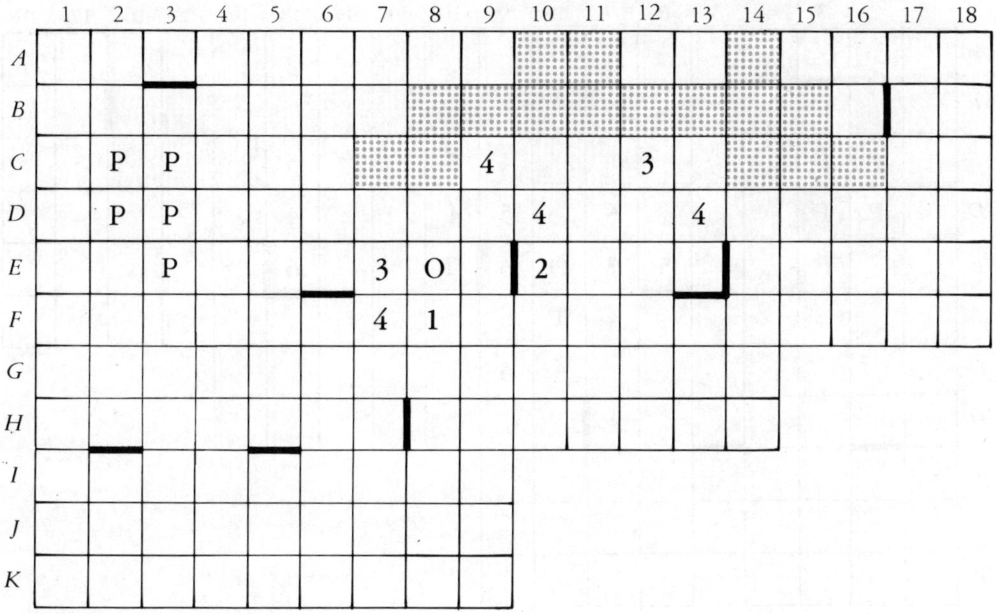

Gráfico 3.44. Cuarto Turno.

Campo Medio de Información centrado en 0.
Número aleatorio: 39 Celda *D*10.

Campo Medio de Información centrado en 1.
Número aleatorio: 72 Celda *C*8.

Campo Medio de Información centrado en 2.
Número aleatorio: 4 Celda *C*9.

Campo Medio de Información centrado en 3.
Número aleatorio: 77 Celda *F*7.

Campo Medio de Información centrado en 3(12).
Número aleatorio: 88 Celda *D*13.

ción o el grado de difusión o velocidad con que se adopta una innovación. En general, las características de las innovaciones que permiten una mayor *tasa de innovación,* proporción de agricultores que adoptan la innovación en relación inversa con el tiempo transcurrido, son:

a) *Naturaleza de las innovaciones*

Ventaja relativa. Es la percepción que tiene el agricultor de que la innovación supera a la idea o elemento que sustituye. La ventaja relativa supera a la idea o elemento que sustituye, La ventaja relativa puede determinarse en forma de beneficio económico, o utilidad: por ejemplo, aumento de tiempo disponible. Las ventajas relativas de las innovaciones son más perceptibles cuando se introducen en momentos críticos, por ejemplo, un herbicida ante una pla-

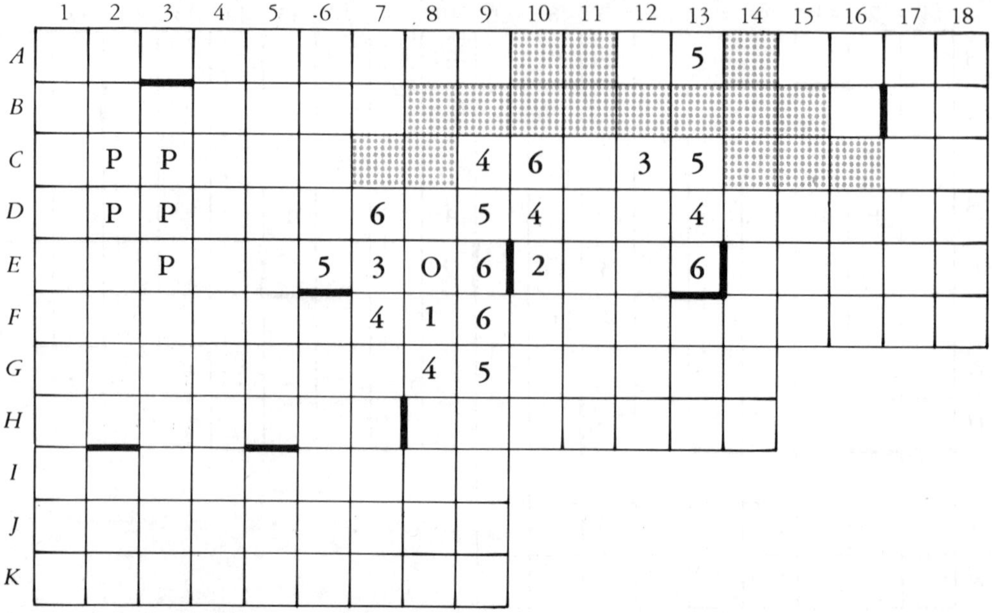

Gráfico 3.45. Quinto Turno.

Campo Medio de Información centrado en:	Número aleatorio	Celda elegida
0	40	*E*6
1	12	*D*9
2	44	*E*9
3(*E*7)	82	*F*8
3(*C*12)	10	*A*13
4(*F*7)	35	*E*8
4(*G*8)	56	*G*9
4(*C*9)	71	*D*9
4(*D*10)	62	*E*8
4(*D*13)	29	*C*13

ga, el tractor cuando escasea la mano de obra ante la ruina de la agricultura tradicional en España.

Compatibilidad. Es el modo de percibir la innovación como más o menos excluyente con el sistema de valores o prácticas del adoptante potencial o de la comunidad en la que se inscribe.

En este sentido, no todas las innovaciones presentan el mismo grado de compatibilidad. Aquellas que constituyen simples combinaciones del sistema tradicional (por ejemplo, más énfasis al trigo o a la cebada en la agricultura tradicional española de secano), no ofrecen grandes problemas; puede resultar que se introduzcan cultivos nuevos fácilmente compatibles con el sistema tradicional, como es el caso del girasol en España. Otras veces, se trata de una sustitución de una actividad por otra (por ejemplo, la agricultura por la ganadería). Pero otras veces, pueden ser cambios profundos, como sustituir el ganado de labor por el tractor ante la escasez de mano de obra, o bien un cultivo

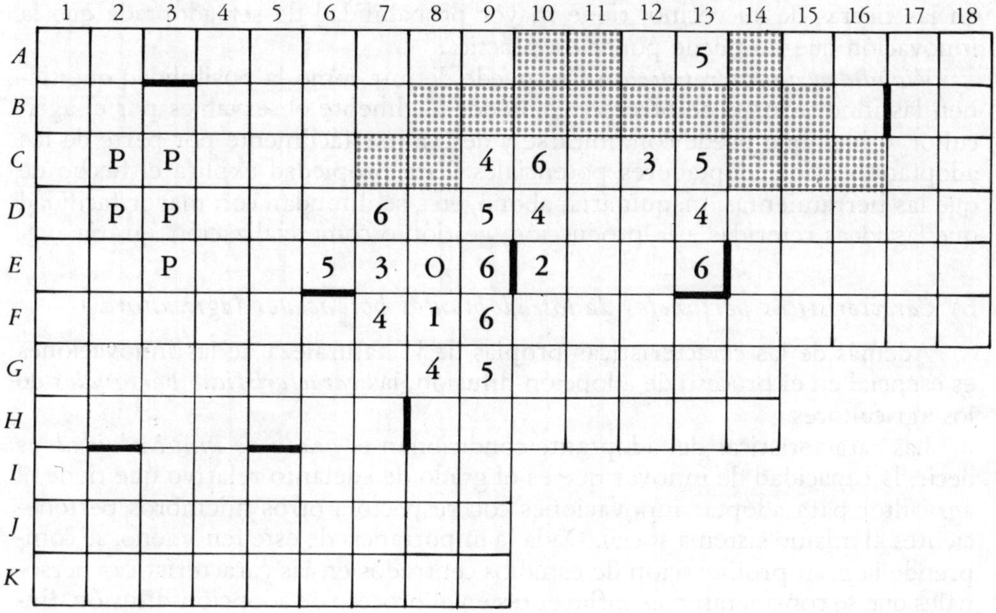

Gráfico 3.46. Sexto Turno.

Campo Medio de Información centrado en	Número aleatorio	Celda elegida
0	51	*F*9
1	10	*D*9
2	66	*F*9
3(*E*7)	25	*D*7
3(*C*12)	41	*C*10
4(*F*7)	80	*G*8
4(*G*8)	30	*F*8
4(*C*9)	43	*C*8
4(*D*10)	31	*C*13
4(*D*13)	70	*E*13
5(*E*6)	72	*F*6
5(*G*9)	11	*E*10
5(*D*9)	89	*F*8
5(*C*13)	52	*C*14

por otro ante incentivos exteriores, como pueden ser las agencias estatales de Extensión Agraria y los intereses agroalimentarios en España en el caso del girasol y remolacha. En general, los cultivos compatibles con los sistemas tradicionales se adoptan con más facilidad que aquellas innovaciones que exigen una sustitución de las prácticas empleadas en el sistema anterior.

Sencillez. Puede definirse como el grado de facilidad percibida por el adoptante para poner en práctica una innovación. Por ejemplo, no se adopta con la misma facilidad una máquina de difícil manejo que una nueva semilla.

Posibilidad de experimentación. Toda innovación que el adoptante puede probar o ensayar por él mismo o que tiene la posibilidad de verla funcionar en las tierras de su vecino, tiene mayor probabilidad de ser adoptada que la innovación que no puede poner en práctica.

Viabilidad de los resultados. Se puede definir como la posibilidad que tienen las innovaciones de ofrecer resultados fácilmente observables por el agricultor, o bien que puede comunicarse y describirse fácilmente por parte de los adoptantes a los adoptadores potenciales. Esta propiedad explica el hecho de que las herramientas, maquinaria, abono, etc., se difundan con mayor facilidad que las ideas referidas a la producción, gestión o comercialización agraria.

b) *Características personales de los adoptantes potenciales (agricultores)*

Además de las características propias de la naturaleza de las innovaciones es esencial en el proceso de adopción-difusión, las *características personales* de los agricultores.

Las características del adoptante condicionan el *grado de innovatividad,* es decir, la capacidad de innovar que es el grado de adelanto relativo que tiene el agricultor para adoptar innovaciones con respecto a otros miembros pertenecientes al mismo sistema social. Dada la importancia de este fenómeno, se comprende la gran proliferación de estudios centrados en las características personales que se consideran más influyentes en el proceso de adopción-difusión. Entre las características más importantes se señalan:

— Nivel educacional muy relacionado con el grado de innovatividad del adoptante.
— Estatus socioeconómico. Es decir, el poder adquisitivo y el grado de reconocimiento social dentro de la comunidad.
— Factores sociológicos, como la situación familiar, el *cosmopolitismo* (orientación exterior del individuo) o *localismo.*
— Por último, existen rasgos psicológicos de gran importancia, como la empatía, el fatalismo, la motivación hacia el cambio, el perfeccionamiento o el riesgo.

c) *Factores estructurales*

Además de las características personales, sociales y psicológicas del agricultor, influyen los factores estructurales, ya que son los elementos en donde se inserta la vida de las comunidades rurales y se producen las decisiones externas muy determinantes en la vida económica y social del medio rural.

Entre estos cabe diferenciar las características del medio físico, ya que a pesar del desarrollo tecnológico la actividad agraria sigue vinculada al marco natural y la misma actividad agraria es un proceso biológico (agricultura y ganadería). Por otra parte, el abaratamiento progresivo de los transportes pone de manifiesto la importancia de algunas variables medioambientales que favorecen las especializaciones y abarata el costo de producción pudiendo competir con explotaciones agrarias y ganaderas muy próximas a los mercados de consumo. Es el caso de España, con la producción de frutas y hortalizas con respecto a la mayoría de los agricultores de la Comunidad Europea, o el de las especializaciones californianas con respecto al abastecimiento de las ciudades de la Megalópolis.

Asimismo, el nivel de desarrollo de un país determina el papel que se le asigna a la agricultura y el grado de asesoramiento que recibe el agricultor de los poderes públicos y de las instituciones privadas. Es decir, el papel de los propagandistas, de los individuos o entes públicos y privados que tienen un interés por introducir una innovación en el medio rural, con vistas a obtener un beneficio económico y social.

En suma, el proceso de difusión-adopción de las innovaciones dista mucho de ser un mecanismo sencillo. En el gráfico se incluye sintéticamente las variables que intervienen y condicionan el proceso innovador (gráfico 3.47).

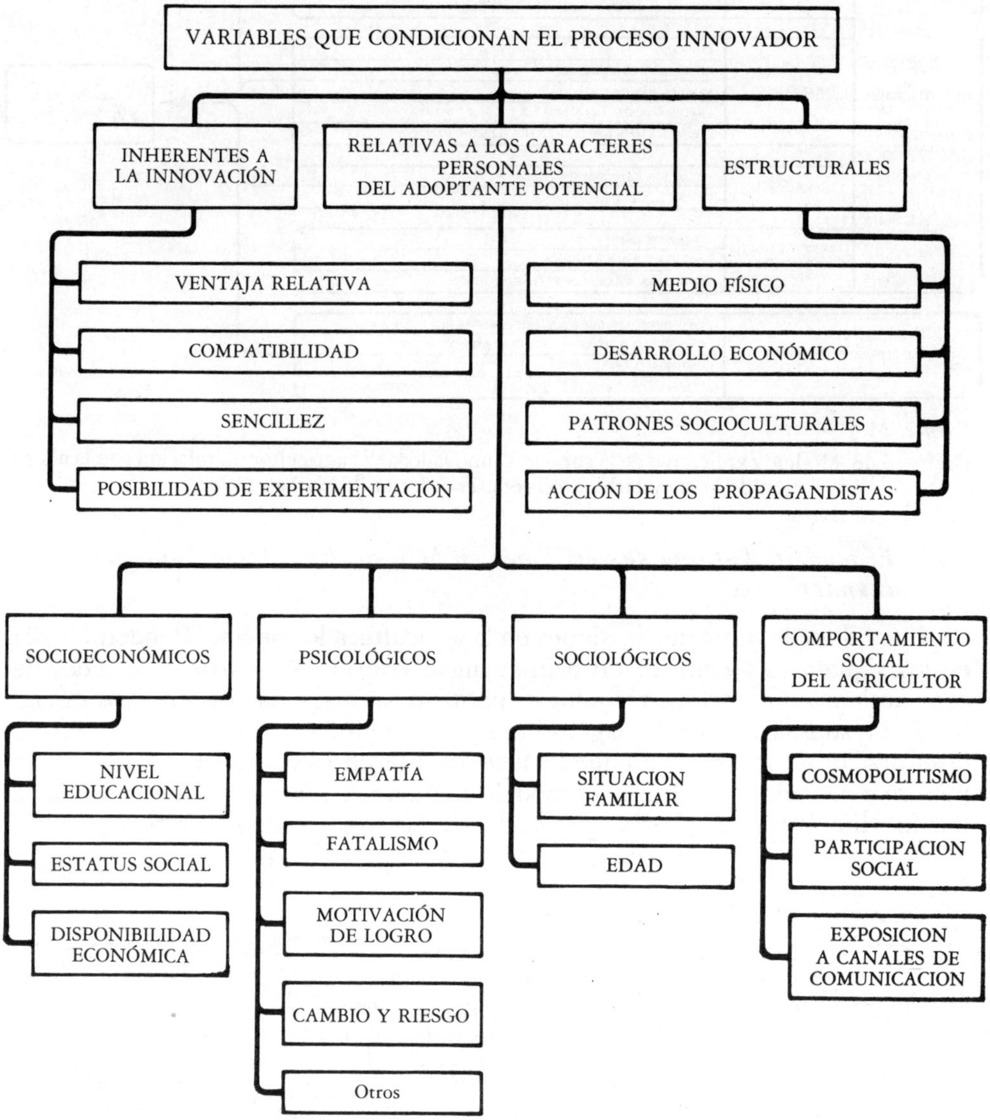

Fuente: M. J. Marrón

Gráfico 3.47.

Asimismo, en el gráfico 3.48, se aplica el modelo al caso concreto de la adopción de la remolacha por el agricultor español.

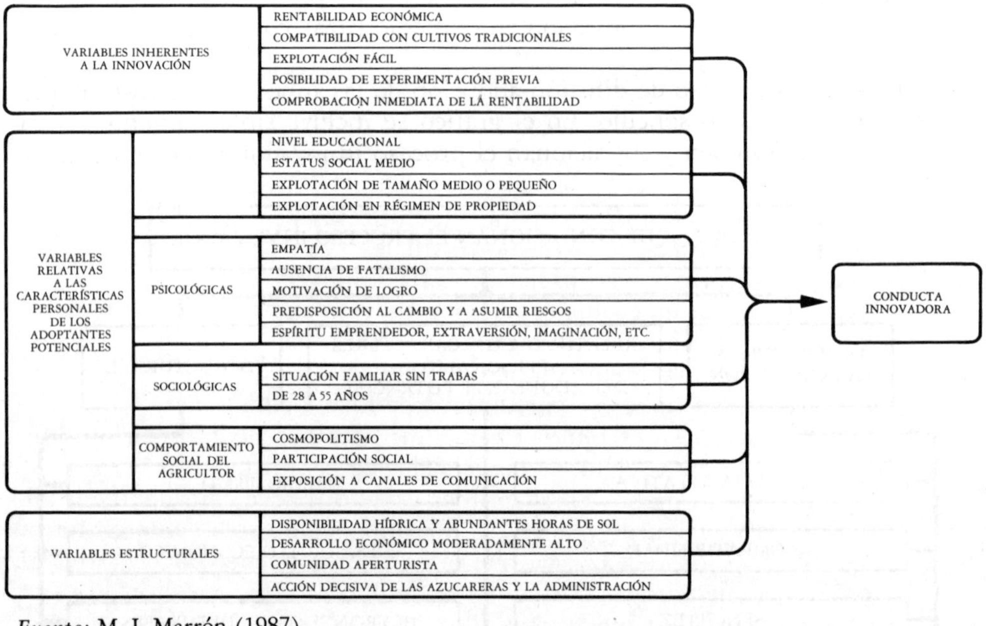

Fuente: M. J. Marrón (1987).

Gráfico 3.48. Modelo explicativo de la conducta innovadora del agricultor en relación con la adopción de la remolacha azucarera. *Fuente:* M. J. Marrón (1987).

3.6.7. *El modelo de toma de decisiones en la agricultura formulado por Blunden*

El modelo de toma de decisiones en la agricultura lo concibe Blunden (1972) en los siguientes términos. En primer lugar, consta de un sistema creador de conocimiento que incluye tecnología, políticas agrarias, asesoramientos oficiales y privados así como los agricultores. En segundo lugar, tiene un sistema diseminador de información que incluye los diferentes modos de comunicación pública y privada. Por último, el modelo tiene un sistema de clientela formado por los diferentes receptores potenciales de las innovaciones (gráfico 3.49).

Sistemas actuantes en una innovación agraria

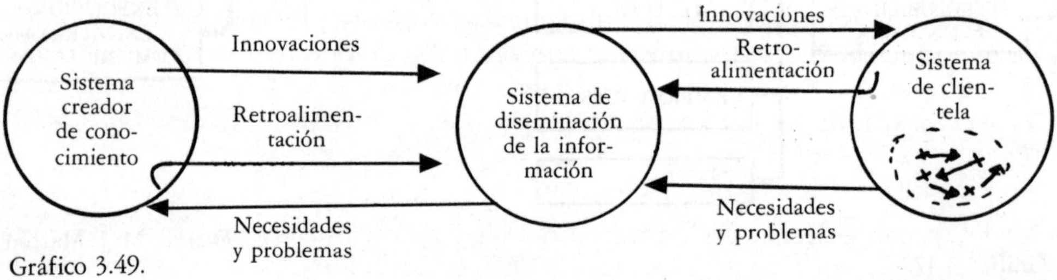

Gráfico 3.49.

El modelo se concibe como un sistema en el que las interacciones se producen en dos direcciones.

3.6.7.1. Generalizaciones

Por otra parte, Blunden señala que a la hora de estudiar la toma de decisiones agrarias en un país desarrollado, han de hacerse una serie de generalizaciones. Éstas son:

— La creación del conocimiento y de las prácticas agrarias se producen, en general, fuera de las explotaciones agrarias (universidad, institutos de investigación, instituciones públicas, empresas privadas, etc.).
— Existe un gran número de medios formales y canales institucionales destinados a informar y aconsejar sobre las innovaciones.
— Los agricultores en cualquier país son muy diversos y, por consiguiente, la toma de decisiones muy variantes.
— Toda innovación requiere un tiempo para ser adoptada y difundida. Además, no llega a todos los agricultores de forma simultánea.
— Las motivaciones que tiene el agricultor para buscar información difieren enormemente según las necesidades de las mismas.
— La adopción, al menos en su primer estadio, puede considerarse como voluntaria y no puede plantearse una innovación solamente en términos de adopción-rechazo, ya que el agricultor puede conocer otras alternativas que varían enormemente de uno a otro agricultor. Por otra parte, un agricultor puede, tras adoptar una innovación y respondiendo a un cambio brusco de las circunstancias (precio, mano de obra), abandonar las innovación y volver a la situación inicial.
— El ambiente de incertidumbre que rodea toda adopción es mayor cuanto menor sea el número de adoptadores.
— La adopción de innovaciones no es el resultado de un único proceso, sino que confluyen varias acciones que se desarrollan en un periodo más o menos largo a través del cual un individuo pasa del simple *conocimiento superficial* de la innovación a la *persuasión* sobre las ventajas, que le ofrece la innovación, a la *decisión* de adoptarla.

Por lo tanto, la toma de decisiones es un mecanismo complejo en el que se siguen las fases siguientes: *primer conocimiento* superficial sobre la innovación, *interés* por la innovación buscando información sobre la misma, *evolución* sobre las ventajas e inconvenientes que le puede originar la adopción, si las ventajas superan los inconvenientes inicia el *ensayo* o la *experimentación,* de lo contrario se interrumpe el proceso y el agricultor la *rechaza.* No siempre el agricultor requiere experimentar en su propia explotación para adoptarla, ya que muchas veces se conforma con el efecto de demostración en las tierras de sus vecinos. Ante el éxito de la fase anterior viene la *confirmación de la adopción.* En algunas casos puede producirse, como vimos, la *desadopción.*

3.6.7.2. El modelo de toma de decisiones

La toma de decisiones en relación a las innovaciones es un proceso que implica la percepción de la importancia de la innovación a la situación propia, se

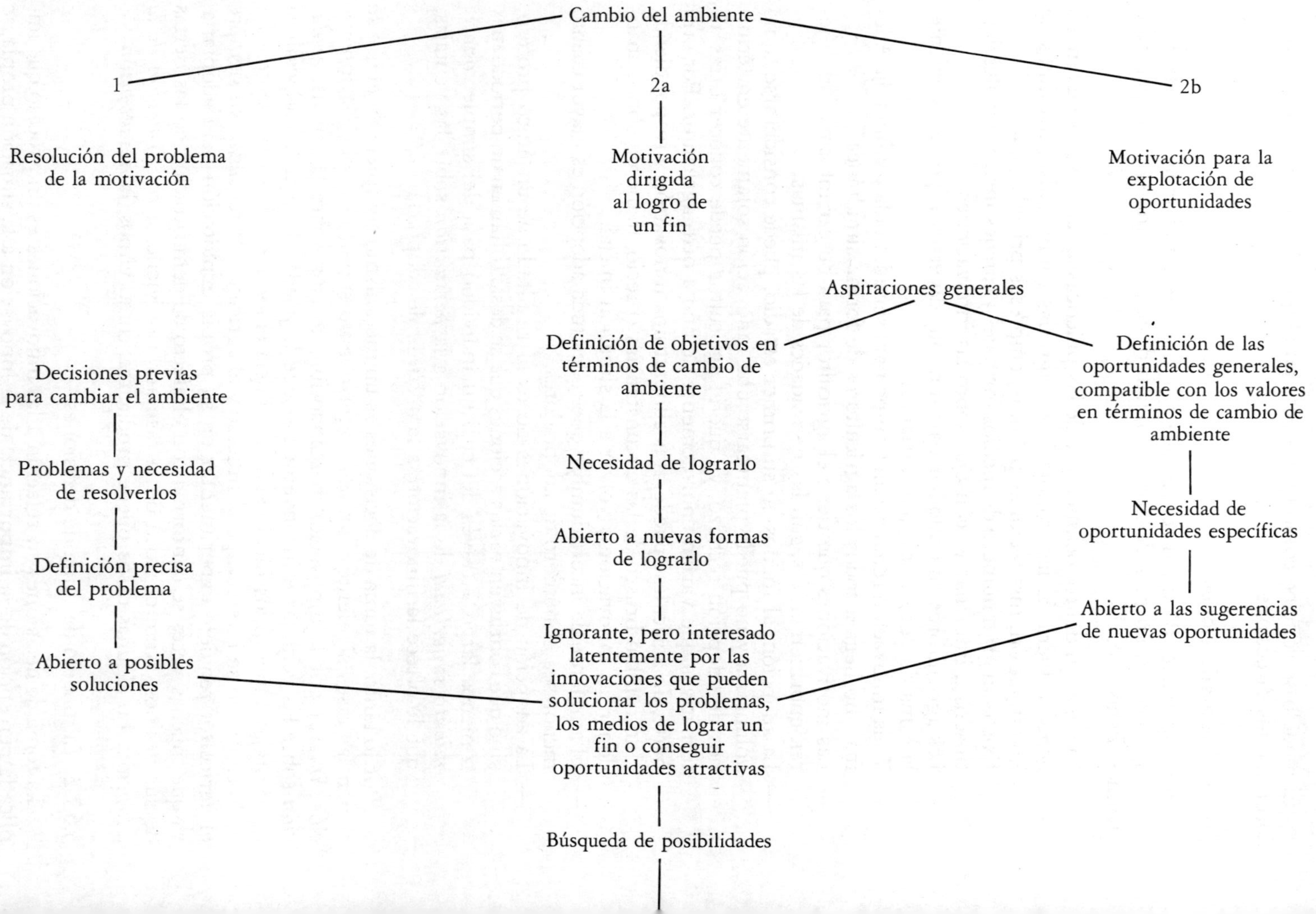
Cambio del ambiente
1
2a
2b
Resolución del problema de la motivación
Motivación dirigida al logro de un fin
Motivación para la explotación de oportunidades
Aspiraciones generales
Definición de objetivos en términos de cambio de ambiente
Definición de las oportunidades generales, compatible con los valores en términos de cambio de ambiente
Decisiones previas para cambiar el ambiente
Necesidad de lograrlo
Necesidad de oportunidades específicas
Problemas y necesidad de resolverlos
Abierto a nuevas formas de lograrlo
Definición precisa del problema
Abierto a las sugerencias de nuevas oportunidades
Abierto a posibles soluciones
Ignorante, pero interesado latentemente por las innovaciones que pueden solucionar los problemas, los medios de lograr un fin o conseguir oportunidades atractivas
Búsqueda de posibilidades

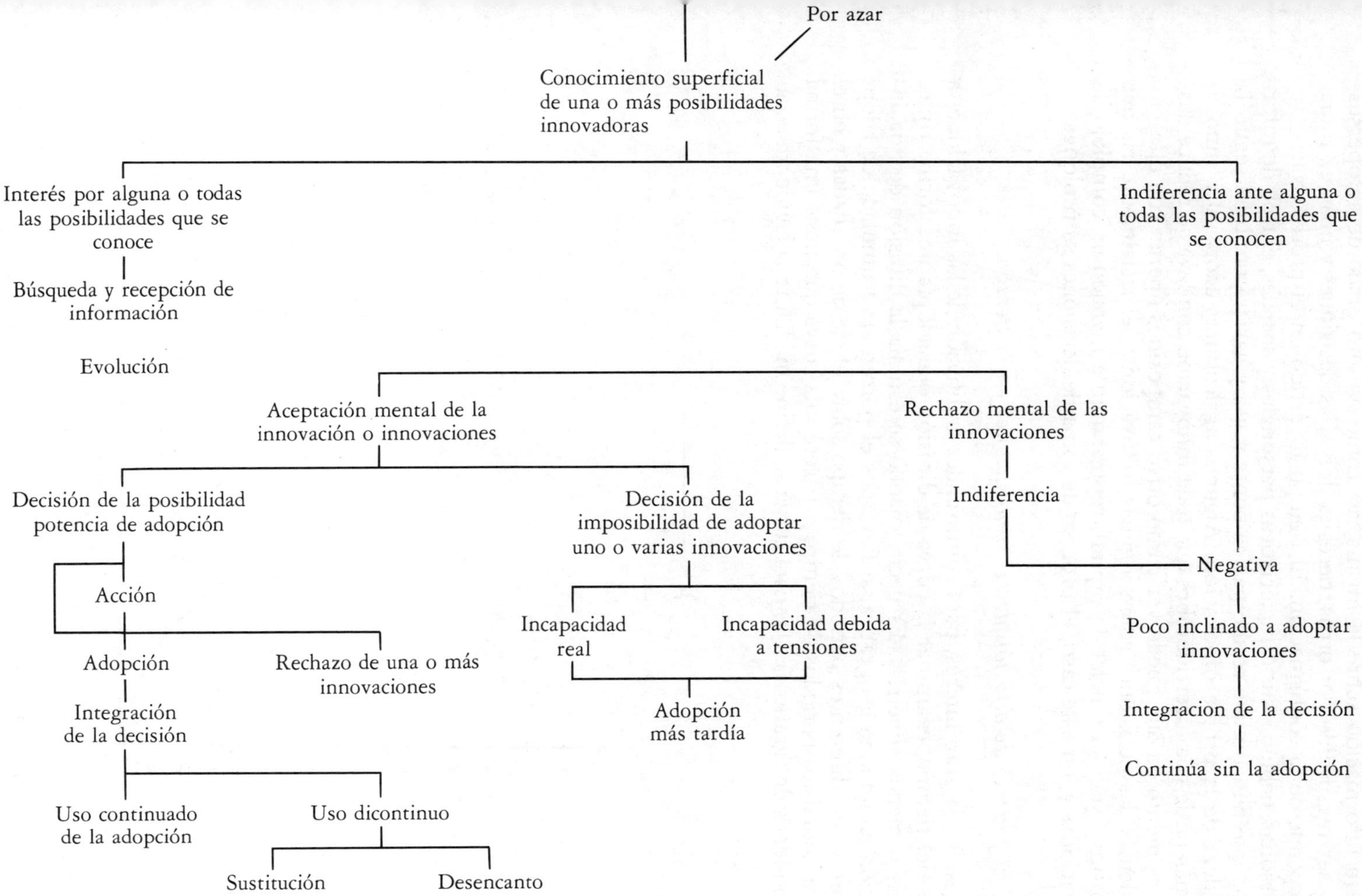

Gráfico 3.50. Modelo de toma de decisiones ante una innovación

requiere información sobre la misma, así como un alto grado de autopersuasión y ser persuadido por otros, necesita de varias decisiones y una vez tomadas depende de la confirmación. El tiempo invertido en el proceso varía con las personas, debido a sus características personales y sociales, el tipo de información que busca o que recibe pasivamente y usa y variará también según la naturaleza de la propia innovación. Algunos agricultores adoptan la innovación más tarde y la incertidumbre que toda innovación conlleva se reduce desde el momento en que puede ver cómo otros campesinos operan con ello.

Además, las decisiones sobre algunas innovaciones, especialmente las que exigen inversión sustancial de capital, representan a menudo un complejo de innovaciones y, en este caso, el proceso de toma de decisiones se prolonga.

3.6.8. *El proceso de difusión de las innovaciones en el tiempo*

Resulta de gran interés, para comprender la difusión de las innovaciones a través del tiempo, examinar la curva de difusión que adopta una forma típica de más o menos simétrica. Es decir, cuando se estudia la difusión de una innovación en un área geográfica, si llevamos el porcentaje acumulado de adoptadores en los diferentes periodos de tiempo sobre el eje de ordenadas y en el eje horizontal los periodos de tiempo, aparece una curva que tiene una forma más o menos de (gráfico 3.51). Esta curva se define mediante la siguiente ecuación:

$$P = \frac{S}{1 + e^{(a - B/T)}}$$

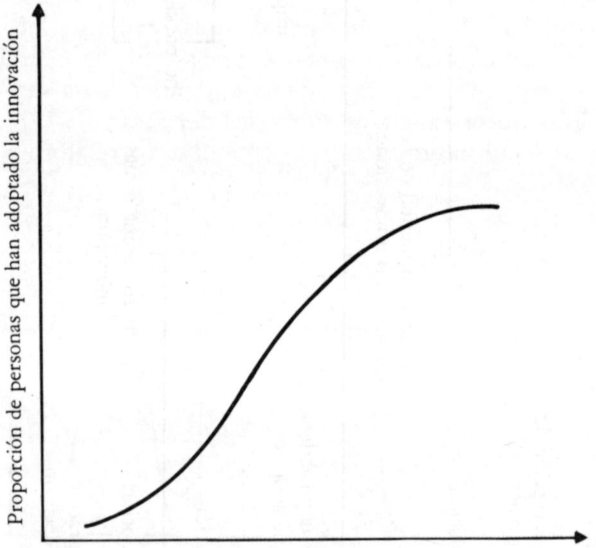

S. Curva logística.

Gráfico 3.51. Forma de curva logística.

Siendo *P* la proporción de individuos que ya adoptaron la información, *T* es el tiempo en el proceso de difusión, *S* es el límite superior de *P*, *e* es la base de los logaritmos neperianos = 2,7183 y *a* y *b* son parámetros que varían con el proceso de difusión, *a* determina la altura en el eje horizontal en el origen de la curva y *b* determina el valor de la pendiente.

La forma de la curva en S denota:

— que la difusión de las innovaciones es lenta en la primera fase, sólo se propaga localmente en la proximidad inmediata del centro de difusión y, por consiguiente, la pendiente de la curva es suave;
— conforme el número de agricultores oyen hablar de la innovación y la adoptan, el efecto acumulativo es mayor, puesto que la mayoría la adopta en la mitad del proceso;
— por último, cuando la innovación es aceptada por la mayoría, sólo unos pocos remisos la adoptan y, por consiguiente, la curva comienza a crecer lentamente, ya que el número de adoptantes es escaso;
— la curva refleja también el hecho de que en las fases iniciales la probabilidad de entrar en contacto con los agricultores que adoptan la innovación es escaso, en tanto que conforme la adopta un mayor número de agricultores la probabilidad de lograr información es mayor;
— puede relacionarse también la forma de la curva con la probabilidad de lograr beneficio o utilidad.

El hecho de que muchas innovaciones en su difusión manifiestan esta curva, no significa que todas las innovaciones sigan este comportamiento. Es más, la mayoría de las curvas de difusión de innovaciones agrarias presentan un cierto grado de asimetría, indicando que la difusión o se produce en un periodo relativamente rápido seguido de un periodo relativamente largo antes de que se produzca la fase de saturación (gráfico 3.52a). Puede ocurrir lo contrario: una difusión relativamente lenta al principio seguida de un rápido crecimiento (gráfico 3.52c). Por último, la curva simétrica del gráfico 3.52b indica un lento crecimiento inicial seguido de un rápido crecimiento relativo y de un periodo de crecimiento lento.

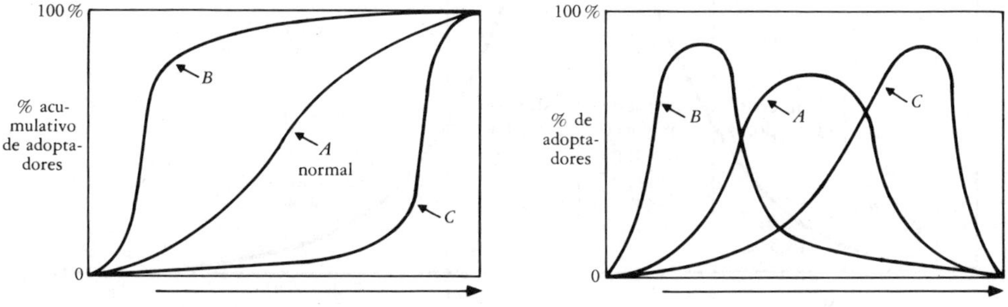

Gráfico 3.52. Diferentes curvas de difusión.

3.6.8.1. Categorización de los adoptantes

Con fines heurísticos, se supone que la curva de difusión describe una S simétrica. Cuando el porcentaje de adoptadores se lleva al eje vertical en un gráfico de coordenadas cartesianas, y en el eje horizontal se incluye el tiempo, la curva de difusión toma la forma de campana (gráfico 3.53b). Usando unidades

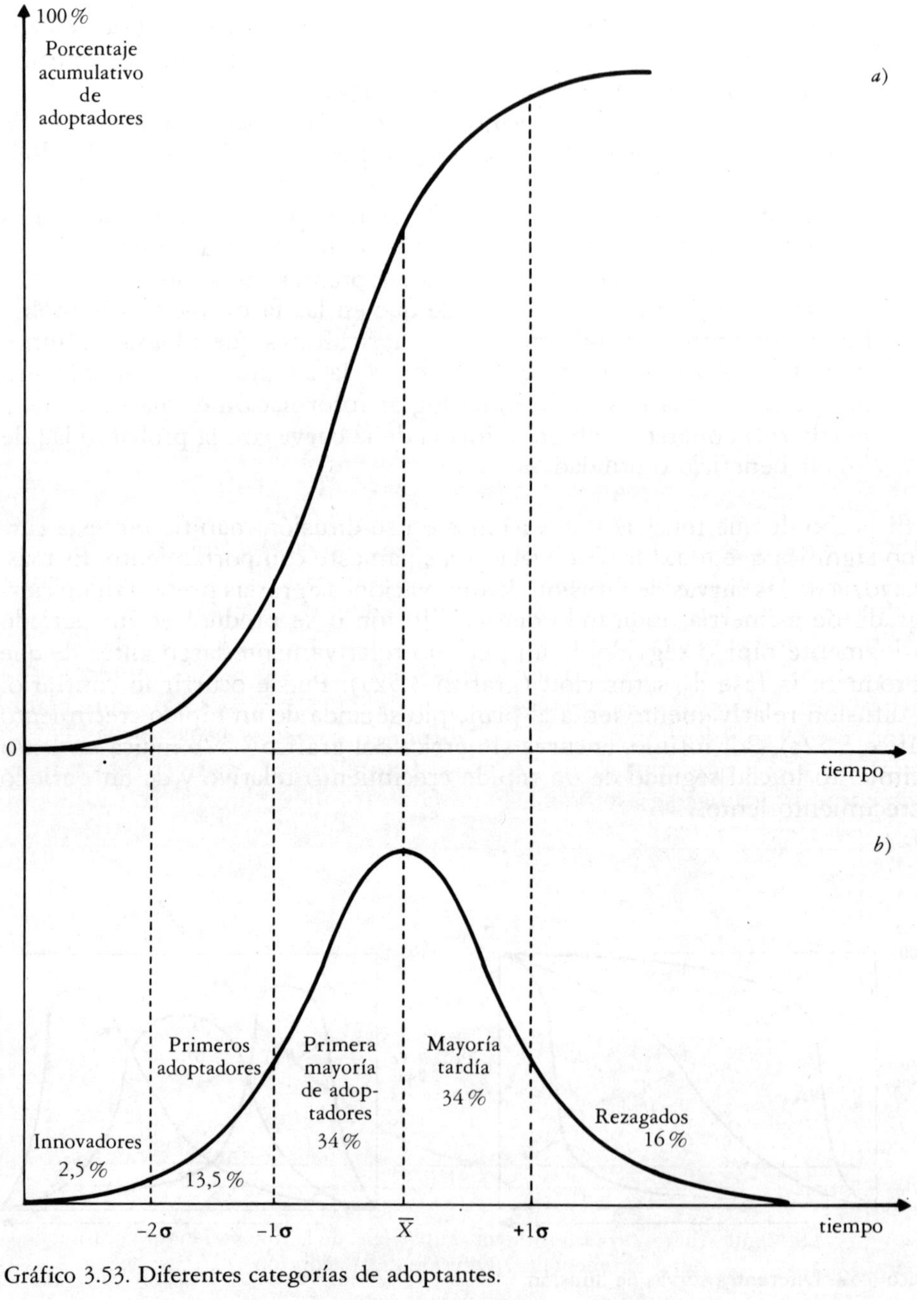

Gráfico 3.53. Diferentes categorías de adoptantes.

de desviaciones típicas, Rogers (1962) elaboró una categorización de adoptadores en cinco tipos sobre la base del periodo de tiempo que tardan en adoptar los agricultores una innovación. Las categorías individualizadas por Rogers son: 1) innovadores o pioneros, 2) primeros adoptadores, 3) primera mayoría de adoptadores, 4) mayoría tardía de adoptadores y 5) rezagados o remisos.

Es cierto que muchas innovaciones no siguen la curva normal en su difusión, sin embargo, existen procedimientos de normalización aceptables según el tipo de asimetría que presenten las curvas y una vez normalizados puede aplicarse la categorización de Rogers (J. Estébanez y R. Bradshaw, 1979, págs. 214-218). No sólo es posible analizar la forma que presentan las curvas de difusión de las innovaciones en lo que atañe a la adopción, sino que también es posible analizar los comportamientos de las curvas de todos los actos que preceden a la adopción de una innovación, y así podemos estudiar cómo se difunde el conocimiento superficial de una innovación, el interés por la información sobre el elemento o idea innovadora y la aceptación mental (gráfico 3.54). Los factores más destacados que influyen en el grado de adopción de la innovación quedan registrados en el gráfico 3.55 y en el cuadro 3.29 se señalan las características personales, los valores y relaciones sociales así como el comportamiento comunitario de las cinco categorías de adoptantes definidos por Rogers.

3.6.9. *El proceso de difusión en el espacio*

En la sección dedicada a los modelos de Hägerstrand se indicó que el proceso de difusión de las innovaciones seguía unas etapas a partir del foco innovador hasta llegar a la fase de saturación. En general, el mecanismo de adopción-difusión se refleja en el gráfico 3.56.

El proceso geográfico de difusión puede analizarse siguiendo diferentes escalas y planos, como señalan Abler, Adams y Gould. A microescala, en el plano inferior, las ideas y las innovaciones se difunden a través de las redes de comunicación social que relacionan los individuos entre sí. A nivel regional, la red de comunicaciones se asemeja a la de la jerarquía de lugares centrales, tal

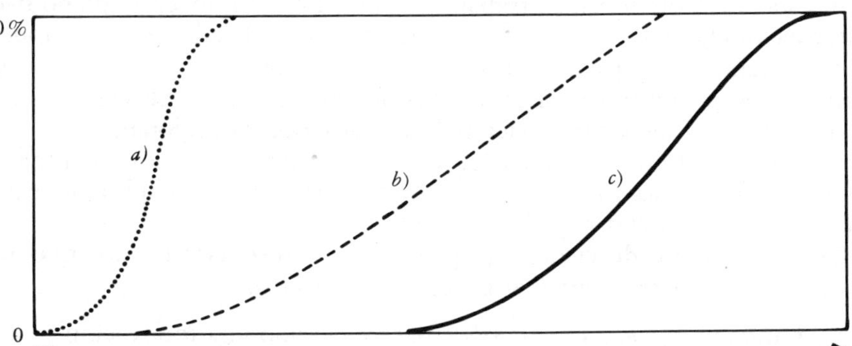

Gráfico 3.54. Diferentes curvas: *a)* Conocimiento superficial de la innovación. *b)* Difusión de la adopción mental. *c)* Difusión de la adopción.

C. N. 3.29. Características de las cinco categorías de agricultores

Categorías	Características personales	Valores y relaciones sociales	Comportamiento comunitario
1. Innovadores	Elevado status social; grandes explotaciones y alto grado de especialización; jóvenes, alto grado de instrucción	Capacidad de riesgo. Cosmopolitas	Contacto con fuentes de información científica; relaciones con otros innovadores, uso de canales de información
2. Primeros adoptadores	Alto status social, explotaciones grandes y especializadas	Personas respetadas. Líderes	Contacto con organizaciones locales. Usuarios competentes de los medios de información
3. Primera mayoría	Status social superior a la media. Explotaciones de tamaño superior a la media	Prudencia, cierto predicamento en la comunidad	Ciertos contactos con organismos agrarios.
4. Mayoría rezagada	Status social y tamaño de explotaciones inferiores a la media. Escasa especialización y bajas rentas.	Escépticos. No asumen las innovaciones sin mucha comprobación. Escasa reputación en la comunidad	Se relacionan con la primera mayoría. Se cierran al exterior
5. Rezagados remisos	Status socioeconómico muy bajo. Poca especialización y rentas muy bajas	Tradicionales. Orientación al pasado. Temen los riesgos. Se aíslan socialmente	Se relacionan solamente con amigos, parientes o personas que comparten ideas y valores semejantes. Son recelosos ante toda innovación.

Fuente: Jones (1975), pág. 42.

y como señaló Wolpert en su trabajo pionero. Por último, en el plano nacional o internacional, los flujos de la información son modelados en las grandes metrópolis mundiales y éstas a través de las relaciones económicas y políticas, guían el curso y la intensidad de la difusión (gráfico 3.57). En general, no existen muchos estudios a nivel nacional, internacional o regional, en su mayoría se refieren al ámbito personal y local, dada la dificultad de lograr información adecuada a otras escalas y por el volumen de trabajo que supone una investigación a escalas medias y grandes.

Desde un punto de vista descriptivo, cabe diferenciar las distintas formas espaciales que puede adoptar el proceso de difusión:

— Difusión por *expansión,* que aparece cuando una innovación se difunde por una superficie cada vez mayor a partir de un foco original (gráfico 3.58). Dentro de este proceso cabe diferenciar difusión lineal, en ondas concéntricas, con formas irregulares.

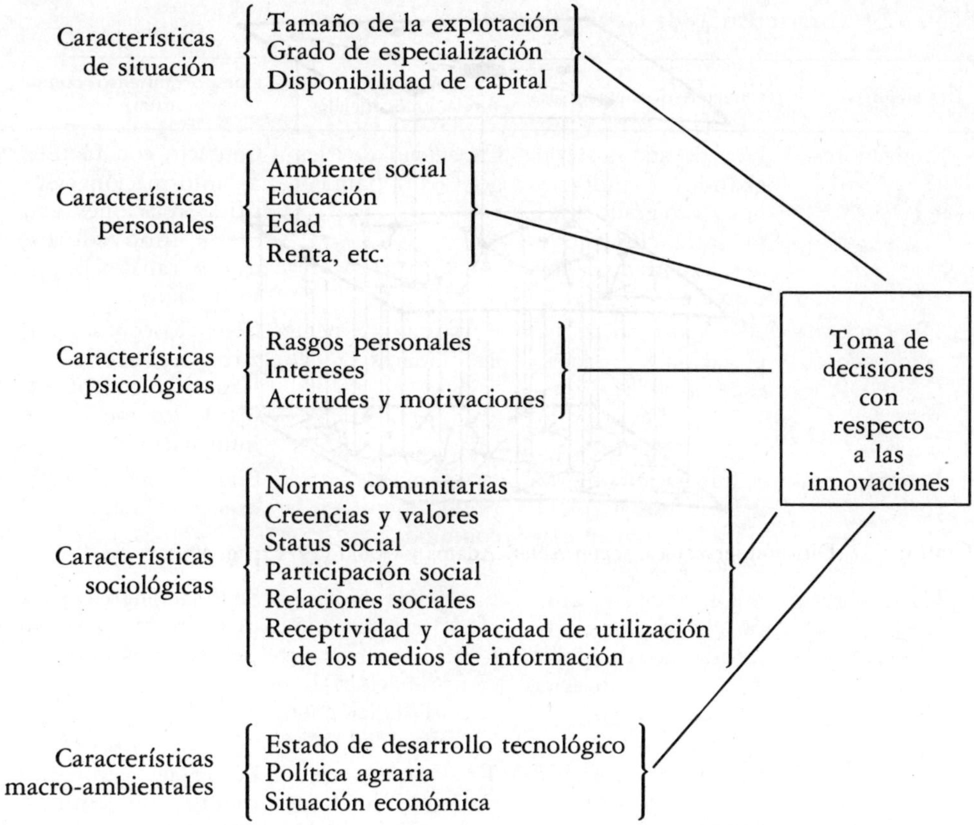

Gráfico 3.55. Factores que influyen en la difusión de las innovaciones entre los agricultores.

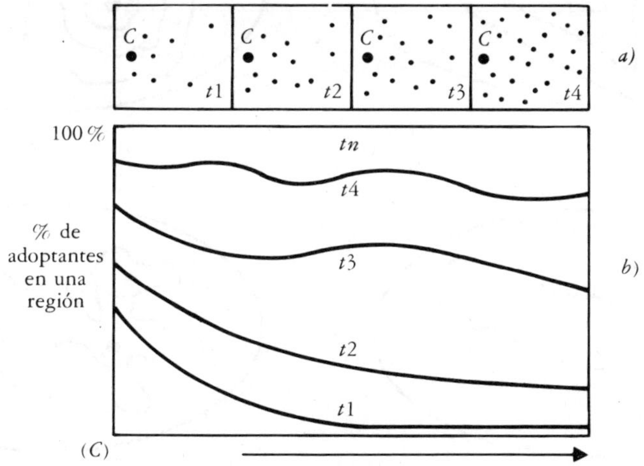

Gráfico 3.56. Difusión de una innovación a partir de un centro difusor *(C): A)* En el espacio. *b)* En el tiempo.

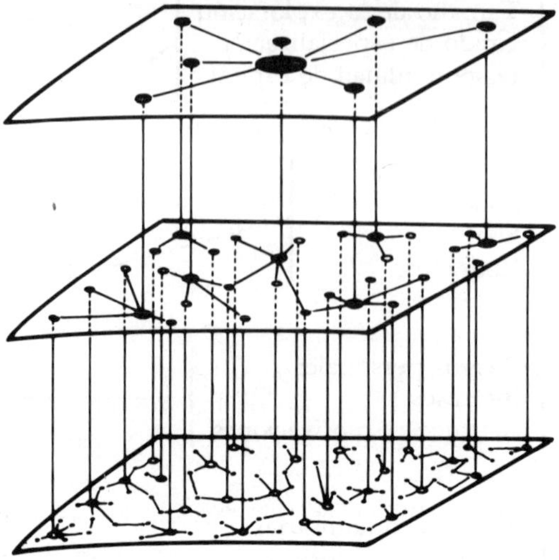

Gráfico 3.57. Difusión jerárquica, según Abler, Adams y Gould (1971, pág. 409).

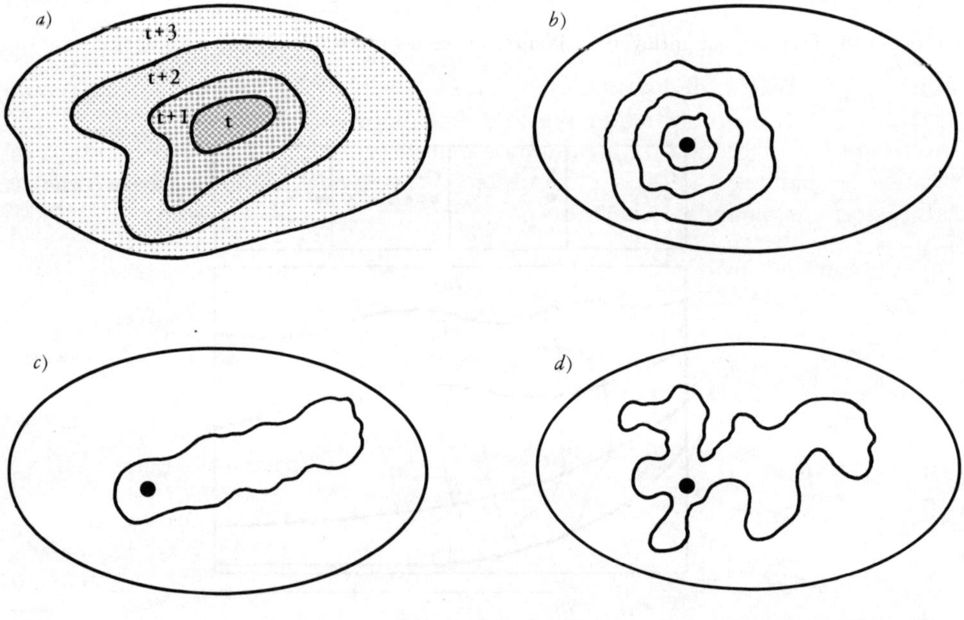

Gráfico 3.58. Diferentes tipos de difusión espacial: *a)* Por expansión. *b)* Concéntrica. *c)* Lineal. *d)* Irregular.

— Difusión por *relocalización,* donde el elemento innovador parte de un lugar y se dirige a otro, como ocurre, por ejemplo, con los movimientos migratorios (gráfico 3.59).

Las dos formas anteriores pueden combinarse (gráfico 3.59b).

— La difusión puede darse de un modo jerárquico. Aparece cuando las innovaciones son adoptadas primero por un tipo de asentamiento o una clase social y luego se difunde a escalones inferiores de la jerarquía urbana o social (gráfico 3.59c).

Este fenómeno es importante en la agricultura, de tal modo que muchas innovaciones pueden explicarse en relación a la localización de las explotaciones agrarias de acuerdo con el tamaño de las mismas. Así, por ejemplo, en el gráfico 3.60, un cultivo puede darse el primer año en D, una gran explotación. En la siguiente campaña lo adoptan tres grandes explotaciones y una explotación de tamaño medio que se ubica entre dos grandes explotaciones innovadoras. En la tercera campaña el cultivo aparece en todas las grandes explotaciones y en las intermedias y pequeñas explotaciones próximas. En el último año considerado, sólo rechazan la innovación las explotaciones que están alejadas.

Sin embargo, las barreras que afectan a la comunicación de la información y la adopción de innovaciones producen una serie de ondas espacio-temporales características. El geógrafo norteamericano Morrill (1970) intentó explicar la naturaleza de estas ondas analizando diversos resultados sobre trabajos de difusión espacial. En el gráfico 3.61d se indica cómo en el periodo T1 el número de adoptadores es mayor cerca del origen de la innovación. Conforme avanza el tiempo, el número de adoptadores disminuye. En el gráfico 3.61b se pone de manifiesto la onda de difusión temporal. Las curvas de difusión temporal y espacial no son simétricas.

Por último, en el gráfico 3.62 se presentan ejes referidos al tiempo, distancia y proporción de adaptadores. En el tiempo 1, en la banda de distancia 1, la difusión está en el primer punto de inflexión de la curva logística. Al mismo tiempo, en la banda 2, hay algunos primeros adoptadores, pero la onda no alcanzó las bandas 3 y 4. En el tiempo 3, la innovación alcanzó los niveles de saturación en la banda 1, pero no entró aún en la banda 4.

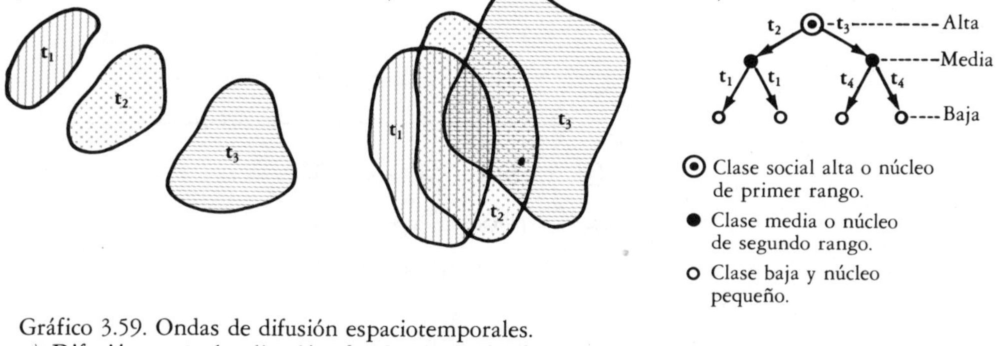

Gráfico 3.59. Ondas de difusión espaciotemporales.
a) Difusión por relocalización. *b)* Combinación de expansión y relocalización. *c)* Difusión jerárquica.

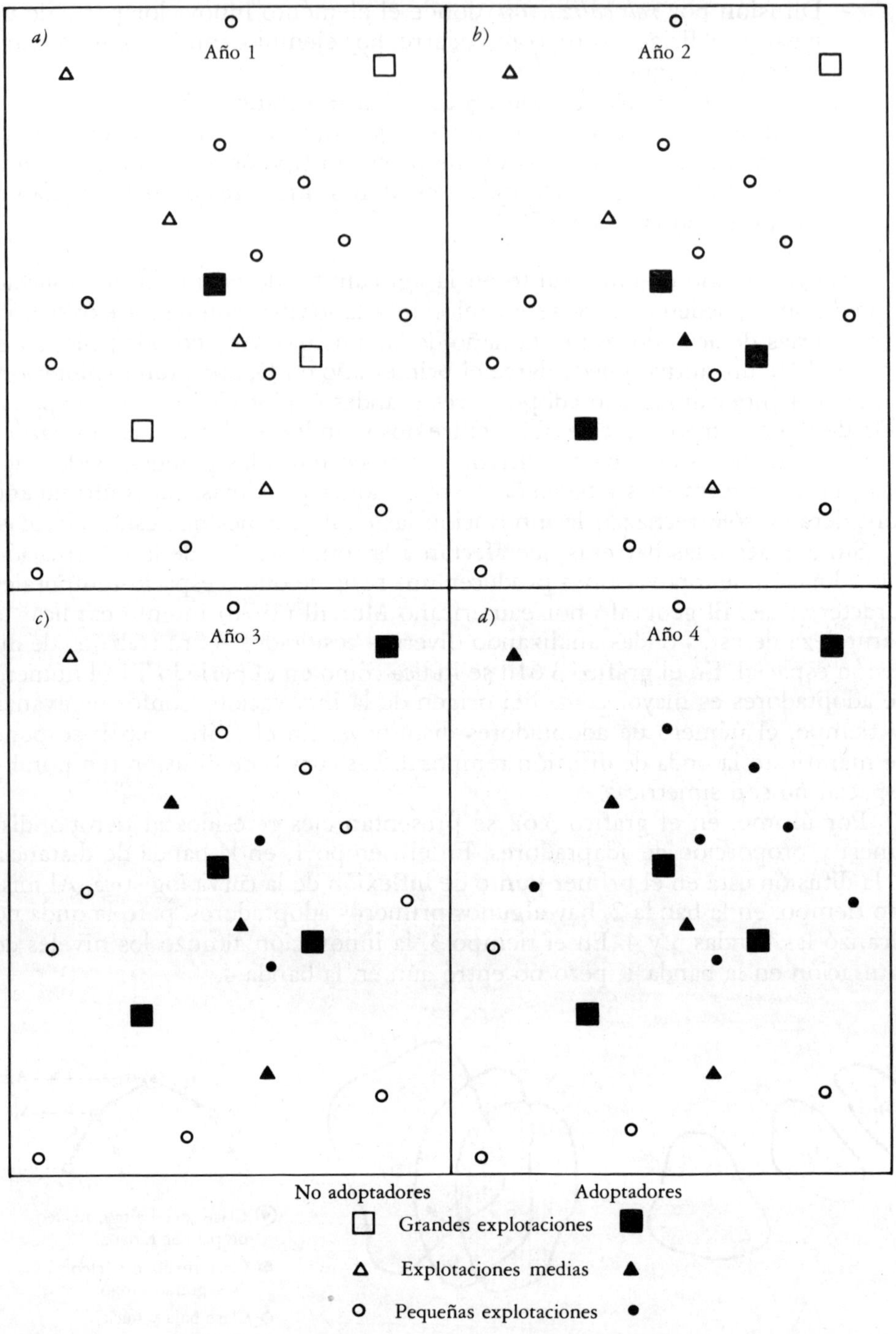

Gráfico 3.60. Propiedad y difusión.

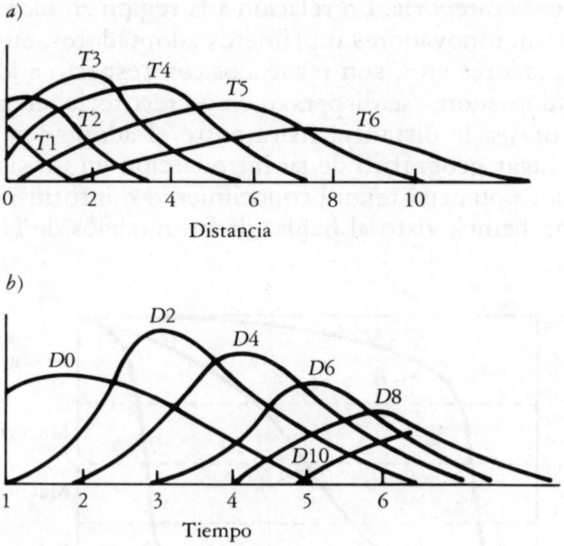

Gráfico 3.61. Ondas de difusión. *a)* En el espacio. *b)* En el tiempo.

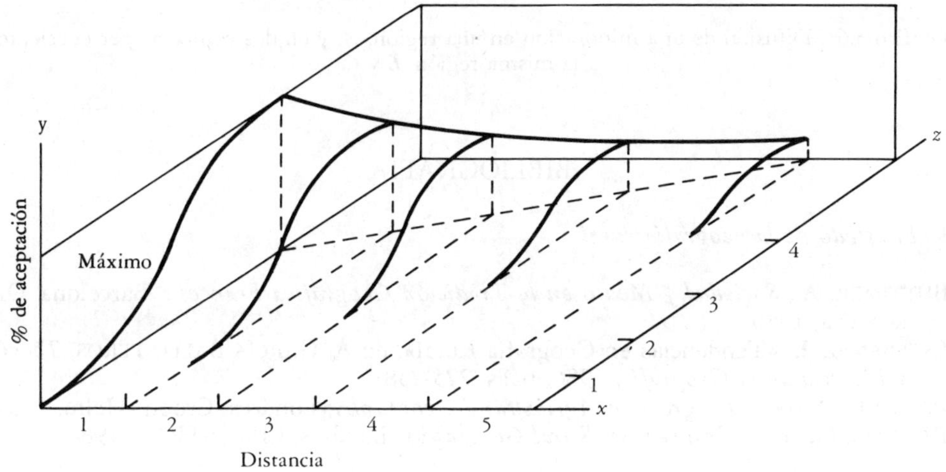

Gráfico 3.62. Ondas de difusión espacio-temporales.

Cuando se aborda un estudio a escala regional cabe encontrar comportamientos diferenciales en diferentes comarcas de la región o en diferentes subsistemas de agricultores que dejan sentir su influencia en la difusión de la innovación. En el gráfico 3.63, la curva de difusión *A* representa el comportamiento de la difusión de una innovación a nivel regional y las curvas *B* y *C* la difusión de la misma innovación en dos comarcas de la región. Mientras la comarca *B* se comporta a escala relativa como innovadora, la *C* es marcadamente atrasada. En cada caso es posible establecer las cinco categorías de adoptadores descritos, pero como parece lógico, es preciso señalar a qué sistema o subsistema pertenece cada categoría. En relación a la región *A, todos los adoptadores de la comarca B* son innovadores o primeros adoptadores, en tanto que la mayoría de los adoptadores en *C* son rezagados con respecto a los de la región *A.*

Cuando los adoptadores se dispersan en un territorio, en general, se espera que cuanto mayor sea la distancia física entre el adoptador potencial de una innovación y el lugar geográfico de su introducción en un sistema social, más tarde el adoptador potencial tendrá conocimiento e información y adoptará la innovación, como hemos visto al hablar de los modelos de Hägerstrand.

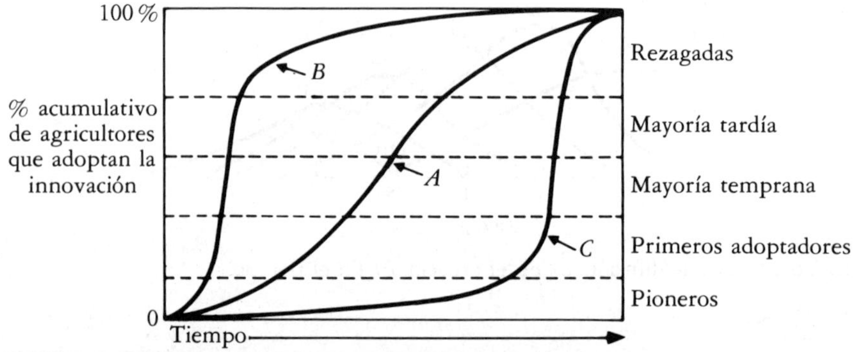

Gráfico 3.63. Difusión de una minoración en una región, *A,* y en dos comarcas pertenecientes a la misma región, *B* y *C.*

BIBLIOGRAFÍA

1. *El estado de la geografía rural*

BUTTIMER, A., *Sociedad y Medio en la Tradición Geográfica Francesa,* Barcelona, Oikos-Tau, 1980.
ESTÉBANEZ, J., «Tendencias en Geografía Rural», en A. GARCÍA BALLESTEROS, *Teoría y Práctica de la Geografía,* 1986, págs. 225-258.
PACIONE, D. (ed.), *Progress in Agricultural Geography,* Londres, Croom-Helm, 1985.
PACIONE, M. (ed.), *Progress in Rural Geography,* Londres, Croom-Helm, 1984.

2. *Geografía Agraria*

a) Enfoque morfológico de elementos de los paisajes y descripción de los sistemas agrarios.

BONNAMOUR, J., *Structures Agraires,* París, C.D.U., 1970.
CASAS TORRES, J. M. et alii, *Iniciación a la Geografía Local,* Zaragoza, C.S.I.C., 1953.
FAUCHER, *Geografía Agraria. Tipos de Cultivos,* Barcelona, Omega, 1953.
GEORGE, P., *La Campagne. Le Fait Rural a travers le Monde,* París, P.U.F., 1956.
GEORGE, P., Précis de Géographie Rurale, París, P.U.F., 1963. (Versión castellana en Ed. Ariel, 1964.)
GEORGE, P., *Géographie Agricole du Monde,* París, P.U.F., 1968.

GIL, A., *De la Agricultura Tradicional a la Tecnológica,* Madrid, Cincel, 1982.
GILBANK, G., *Introduction à la Géographie Générale de l'Agriculture,* París, Masson, 1974.
GRIGG, D. B., *The Dynamics of Agricultural Change,* Londres, Hutchinson, 1982.
GRIGG, D. B., *Agricultural Systems of the World: An Evolutionary Approach,* Cambridge University Press, 1974.
HUDSON, F. S., *A Geography of Settlements,* Londres, Macdonald and Evans, 1970.
KOSTROWICKI, J., *Geografia dell'Agricoltura,* Milán, Franco Angeli, 1980.
LAUT, P., *Agricultural Gepgraphy,* 2 vols., Melbourne, Nelson and Losn, 1968.
LEBEAU, R., *Les Grands Types de Structures Agraires dans le Monde,* París, Masson, 1969.
ONTIVEROS, A., «La Actividad Agraria», en V. BIELZA (ed.), *Geografía General,* Madrid, Taurus, págs. 115-180.
OTREMBA, E., *Geografía General Agraria e Industrial,* Barcelona, Omega, 1955.
PERPILLOU, A., *L'Habitat Rural,* París, C.D.U., 1958.
SYMONS, L., *Agricultural Geography,* Londres, Bell, 1968.
SANCHO, J., *La Agricultura de Cara al Futuro,* Madrid, Cincel, 1982.
TRICART, J., *Cours de Géographie Humaine.* Fascicule I. *L'Habitat Rural,* París, C.D.U., 1949.

b) Otros enfoques: economicista, teoría locacional, sociológico, teoría de los sistemas, comportamental.

BAYLISS-SMITH, T. P., *The Ecology of Agricultural Systems,* Cambridge University Press, 1982.
CHISHOLM, M., *Rural Settlement and Lond Use,* Methuen, 1962.
DÍAZ ÁLVAREZ, J. R., *Geografía y Agricultura,* Madrid, Cincel, 1982.
DINIZ, J. A., *Geografía. La Agricultura,* Sao Paulo, Difel, 1984.
FOUND, W. C., *A Theoretical Approach to Rural Land-Use Patterne,* Londres, Arnold, 1971.
GREGOR, H. F., *Geografía de la Agricultura,* Barcelona, Ed. Vicens-Vives, 1973.
GARCÍA RAMÓN, M. D., *Métodos y Conceptos en Geografía Rural,* Barcelona, Oikos-Tau, 1981.
HÄGERSTRAND, T., *Innovation. Diffusion as a Spatial Process,* traducida por A. Pred, The University of Chicago Press, 1967.
ILBERY, B. W., *Agricultural Geography. A Social and Economic Analysis,* Oxford University Press, 1985.
MORGAN, W. B., y MUNTON, R. J. C., *Geografía Agrícola,* Barcelona, Ed. Omega, 1975.
TARRANT, J. R., *Agricultural Geography,* David and Charles, 1975.

3. *Geografía rural*

BAUER, G. y ROUX, J. M., *La Rurbanisation ou la Ville Eparpillée,* París, Seuil, 1976.
BEST, R., *Land Use and Living Space,* Methuen, 1981.
BRYANT, C. R., RUSSWURM, L. H. y MCLELLAN, *The City, Countryside Land and its Management in the Rural Urban Frince,* Longman, 1982.
BULL, CH., DANIEL , P. y Hopkinson, M.,*The Geography of Rural Resources,* Edimburgo, Oliver and Boyd, 1984.
COOKE, P. J., y PARK, CH. C., *Rural Ressource Management,* Londres, Croom-Helm, 1985.
CLOUT, H. D., *Geografía Rural,* Barcelona, Oikos-Tau, 1976.

GILG, A. W., *An Introduction to Rural Geography,* Londres, Arnold, 1985.
GÓMEZ OREA, D., *El Espacio Rural en la Ordenación del Territorio,* Madrid, Instituto de Estudios Agrarios, Pesqueros y Alimenticios, 1985.
JUNG, J., *La Ordenación del Espacio Rural,* Madrid, IEAL, 1972.
LEWIS, J. G., *Rural Communities,* Londres, David and Charles, 1979.
PACIONE, M., *Rural Geography,* Harper, 1984.
RHIND, D. y HUDSON, R., *Land Use,* Londres, Methuen, 1980.
SMITH, S. L. J., *Recreation geography,* Londres, Longman, 1983.
ZUBE, E. H., *Environmental Evaluation: Perception and Public Policy,* Cambridge University Press, 1984.

CAPÍTULO IV

LOS ESPACIOS URBANOS

José Estébanez

4.1. La geografía urbana

4.1.1. Contenido y evolución

La geografía urbana estudia la ciudad considerada como un *espacio* constituido por una combinación singular de fenómenos terrestres, que forman un subsistema espacial abierto y finito de la geoesfera. Este subsistema se caracteriza por una *forma material* (morfología urbana), por las *interacciones funcionales* que se producen en él y por estar sometido a un incesante cambio. Toda ciudad puede estudiarse atendiendo a la forma, función y a sus transformaciones historicas para llegar luego a la síntesis basada en estos tres componentes. La geografía urbana se interesa también por el estudio de la ciudad *en el espacio,* lo que supone delimitar su área de influencia, la jerarquía de los núcleos urbanos y los sistemas de flujos entre los asentamientos.

La geografía urbana estudia la ciudad en sus múltiples facetas, pero subrayando preferentemente los aspectos espaciales, tanto en lo que atañe al espacio edificado, como a las características socioeconómicas de sus habitantes. Asimismo se estudia el espacio urbano tal y como se manifiesta a los diferentes individuos y grupos sociales, esto es, tal y como lo perciben.

Así, pues, el estudio de la ciudad se efectúa a dos niveles. Por una parte, se consideran las ciudades como elementos interrelacionados en un sistema, distribuyéndose y organizando un territorio; por otro lado, las ciudades son objeto de estudio individualizado, considerando cada centro como un todo, como un *sistema intraurbano.* En este *sistema intraurbano* se analiza su forma o *paisaje urbano* atendiendo al entorno natural (emplazamiento y situación), los componentes objetivos físicos: el plano, los usos del suelo, y la trama edificada. Estos componentes se estudian en sus múltiples combinaciones dando lugar a *urbitopos* (P. CONZEN, 1977), unidades homogéneas del paisaje urbano que a su vez se agrupan formando subregiones de paisaje y éstas constituyen a su vez el paisaje urbano global de la ciudad. Asimismo, el estudio del paisaje urbano no concluye con el análisis estático de sus componentes, sino que es preciso añadir la perspectiva dinámica; es decir, las necesidades cambiantes de la sociedad que se traducen en todos o en algún componente del paisaje o en sus contenidos (usos del suelo). Además del estudio de los componentes físicos del paisaje verificable en términos objetivos, se incluye también el estudio de las formas en que los grupos sociales o los individuos perciben el paisaje urbano, es decir, se intenta descubrir cómo los componentes objetivos del paisaje urbano se filtran en las mentes individuales y de grupo, y cómo estas imágenes juegan un papel en la valoración del medio ambiente, el sentido de pertenencia y de identidad.

Los estudios de la percepción del paisaje urbano se centran en el análisis de la dimensión histórico-cultural, es decir, en las interpretaciones de lo que el paisaje ha significado en los pueblos a través del tiempo. Este aspecto se deduce de los testimonios literarios y artísticos. También se incluye en este apartado la dimensión estética y la satisfacción o insatisfacción de las personas o grupos con el entorno urbano. Ello supone considerar otros hechos que superen el mero ajuste locacional de las personas con el medio, y que influyen también en el contenido emotivo y emocional de los lugares. Por último, se estudia la representación cognitiva del espacio urbano a través de la elaboración de mapas mentales sobre la percepción de toda o una parte significativa de la ciudad.

Por otra parte, el estudio de la ciudad considerado como un *sistema intraurbano* comprende la diferenciación del espacio urbano así como las teorías que interpretan con mayor o menor generalidad el mosaico urbano.

El alcance y naturaleza de la geografía urbana se pone de manifiesto al examinar la información que se maneja en los estudios de geografía urbana. El geógrafo David Clark (1982), tomando como base la matriz geográfica de Berry (1964), diferencia dos tipos básicos de datos a la hora de caracterizar las ciudades. Uno de ellos se relaciona con las actividades del uso del suelo, población, vivienda, industria. El segundo tipo de ellos se refiere a los flujos que se producen entre las ciudades (gráfico 4.1.).

En la matriz geográfica, las ciudades o parte de las mismas se incluyen en las filas y las variables o atributos en las columnas. Por lo tanto, las observaciones o hechos geográficos de cada celda de la matriz señalan el valor que tiene un atributo o característica en una ciudad o sección urbana. Recorriendo una fila es posible disponer de un inventario de las características del espacio edificado y social de cada ciudad. Asimismo, examinando las columnas, podemos observar la variación en cada ciudad de una característica y como índice una variable en cada ciudad o sector urbano. Es posible también incorporar la dimensión temporal elaborando *matrices geográficas* en diferentes momentos temporales que se consideren significativas.

En el gráfico 4.2. aparece la matriz geográfica que presenta los datos funcionales, es decir, los flujos, movimientos, intercambios que se producen entre las ciudades o partes de una misma ciudad y que dan lugar a usos del suelo de las actividades correspondientes.

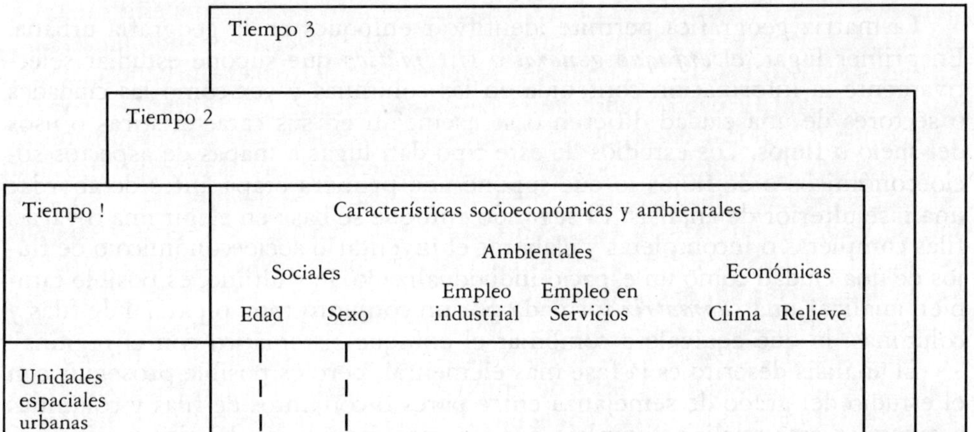

Gráfico 4.1. Matriz geográfica de Berry, adaptada por Clark (1982) al estudio de la geografía urbana. Información básica.

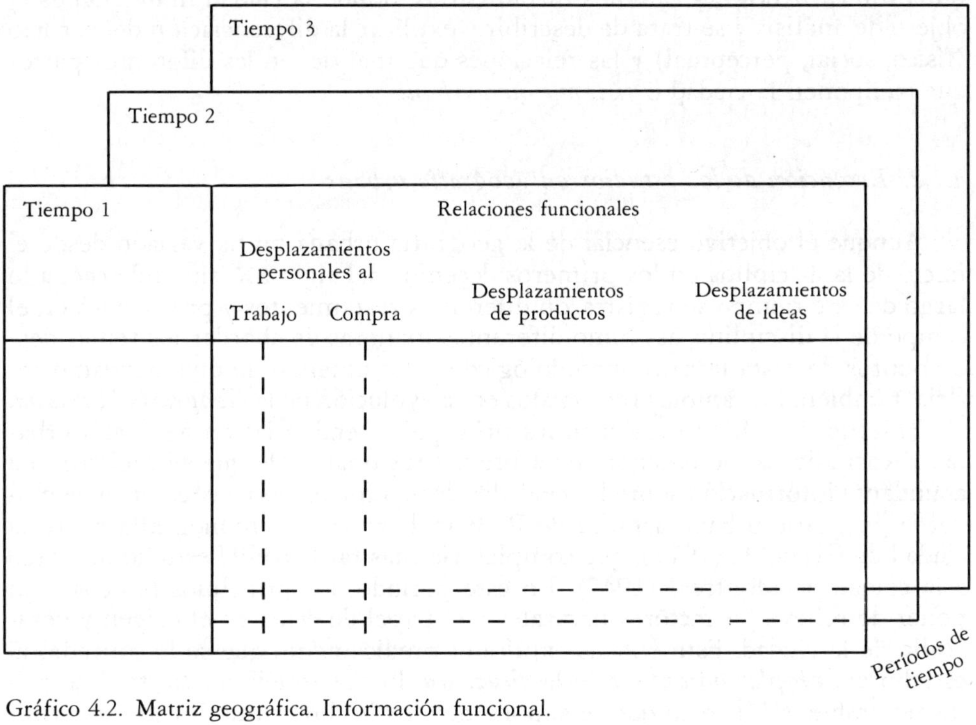

Gráfico 4.2. Matriz geográfica. Información funcional.

La matriz geográfica permite identificar enfoques en la geografía urbana. En primer lugar, el *enfoque general o sistemático* que supone estudiar selectivamente la información contenida en las columnas y ver cómo las ciudades o sectores de una ciudad difieren o se asemejan en sus características o usos del suelo o flujos. Los estudios de este tipo dan lugar a mapas de aspectos socioeconómicos o de flujos lo que supone una primera etapa antes de abordar una fase ulterior de análisis. El segundo enfoque se basa en elegir una o varias filas completas o incompletas y elaborar el inventario socioeconómico o de flujos de una ciudad como un espacio individualizado. Por último, es posible también analizar una *submatriz* formada por un conjunto total o parcial de filas y columnas, lo que equivale a combinar el enfoque sistemático con el regional.

El análisis descrito es la fase más elemental, pero es posible proseguir con el estudio del grado de semejanza entre pares o conjuntos de filas y columnas y extender este análisis complejo a diferentes momentos del tiempo (por ej. evolución del espacio social de varias ciudades a lo largo del tiempo en su relación con la morfología urbana).

La *matriz geográfica*, además de ilustrar los diferentes enfoques en el campo de la geografía urbana, peremite también señalar los diferentes niveles de análisis en la investigación de la ciudad, puesto que tanto los datos de la matriz del gráfico 4.1. y del gráfico 4.2. pueden recopilarse a nivel de ciudad, distrito, barrio, sección censal o manzana. La gama de análisis es infinita, aunque pueden señalarse dos tipos de estudio. Estudios interurbanos, —en este caso la unidad de análisis es la ciudad y el énfasis se sitúa en las semejanzas y diferencias de las ciudades consideradas formando parte e interactuando dentro de un sistema interurbano—, y estudios intraurbanos, donde la ciudad individual es el objeto de análisis y se trata de describir y explicar la diferenciación del espacio (físico, social, perceptual) y las relaciones que mantienen las diferentes partes que componen la ciudad o *sistema intraurbano*.

4.1.2. Evolución de los estudios en geografía urbana

Aunque el objetivo esencial de la geografía urbana no ha variado desde el inicio de la disciplina en los primeros decenios del siglo XX, sin embargo, a lo largo de este tiempo se registraron diferentes tratamientos y prioridades en el campo de la disciplina, así como diferentes maneras de abordar los temas desde puntos de vista teórico, metodológico e instrumental, lo que asimismo refleja, también, los cambios registrados en la evolución de la *Geografía Humana*.

En el grafico 4.3. se resumen las principales tendencias en geografía urbana. Prescindiendo de la larga etapa preinstitucional en la que se registró una abundante información sobre las ciudades de una forma poco sistemática, la moderna geografía urbana arranca de R. Blanchard con su monografía sobre la ciudad de Grenoble (1911), que completaría más tarde con el estudio dedicado a la ciudad de Montreal (1947). En este periodo, los principios básicos eran poner de relieve los factores naturales y el papel de éstos en el origen y desarrollo de la ciudad. Este énfasis explica el predicamento que se le concedió al estudio del *emplazamiento* y de la *situación*, lo que refleja un cierto determinismo ambiental, puesto que se supone que los hechos naturales son determi-

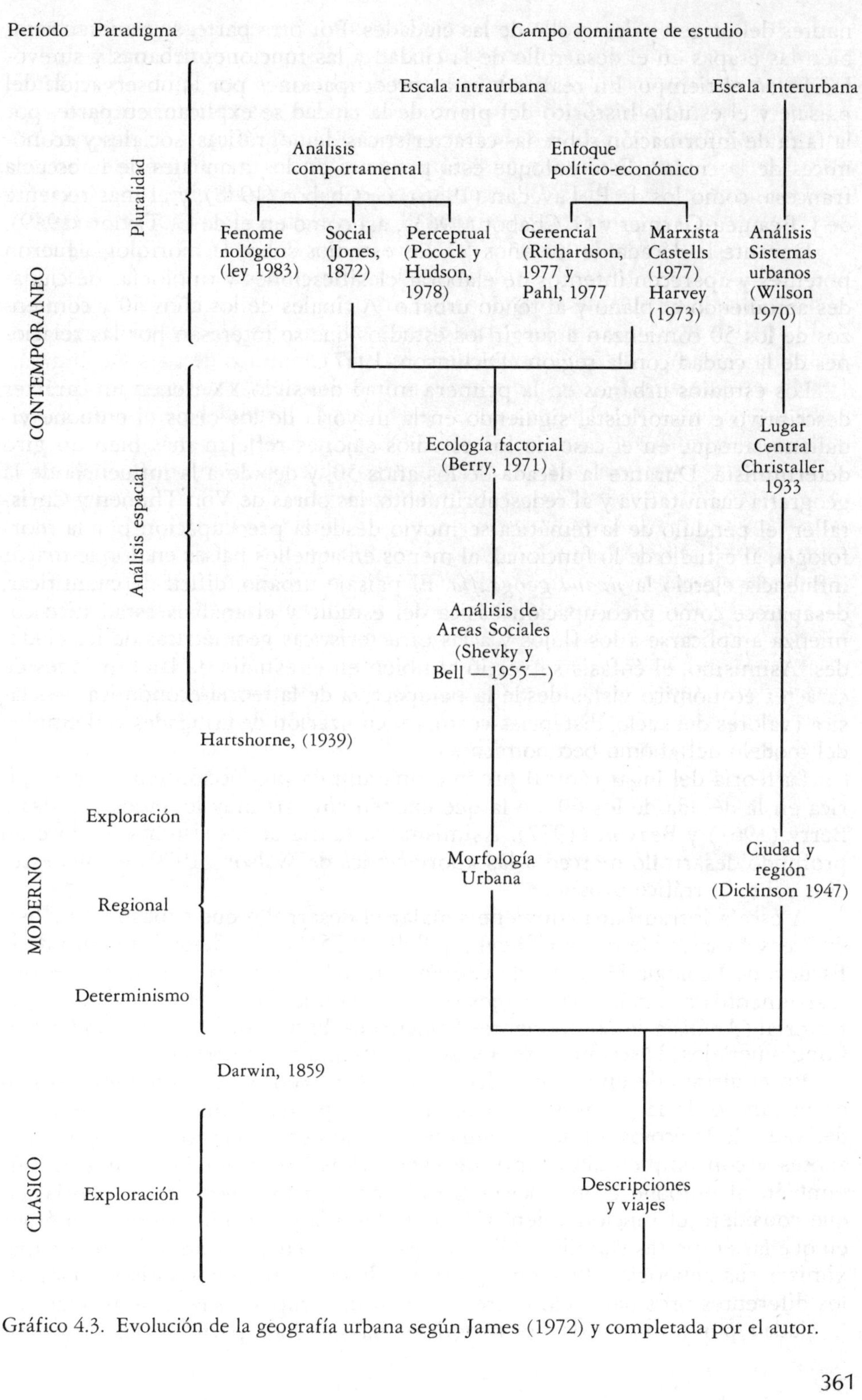

Gráfico 4.3. Evolución de la geografía urbana según James (1972) y completada por el autor.

nantes del origen y desarrollo de las ciudades. Por otra parte, se estudian también las etapas en el desarrollo de la ciudad y las funciones urbanas y su evolución en el tiempo. En realidad, estas preocupaciones por la observación del paisaje y el estudio histórico del plano de la ciudad se explican, en parte, por la falta de información sobre las características demográficas, sociales y económicas de la ciudad. Este enfoque está presente en los manuales de la escuela francesa, como los de P. Lavedan (1936), G. Chabot (1948), y el más reciente de J. Beaujeu-Garnier y G. Chabot (1963), así como en el de G. Taylor (1949).

Durante la década de los años 50, los estudios sobre la morfología fueron potentes y aparecen intentos de elaborar clasificaciones y tipologías de ciudades atendiendo al plano y al tejido urbano. A finales de los años 40 y comienzos de los 50 comienzan a surgir los estudios que se interesan por las relaciones de la ciudad con la región (Dickinson, 1947).

Los estudios urbanos en la primera mitad del siglo XX tienen un carácter descriptivo e historicista, siguiendo en la mayoría de los casos el enfoque vidaliano, aunque en el caso de los estudios sajones reflejan más bien un giro determinista. Durante la década de los años 50, y debido a la influencia de la geografía cuantitativa y al redescubrimiento, las obras de Von Thünen y Christaller, el péndulo de la temática se movió desde la preocupación por la morfología, al estudio de lo funcional, al menos en aquellos países en donde mayor influencia ejerció la *nueva geografía*. El paisaje urbano, difícil de cuantificar, desaparece como preocupación básica del estudio y el análisis estadístico comienza a aplicarse a los flujos y a las características geométricas de las ciudades. Asimismo, el énfasis se vertió también en el estudio de las funciones de carácter económico vistas desde la perspectiva de la teoría económica neoclásica (valores del suelo, distancias-costo, maximización de utilidades y el empleo del modelo del «homo oeconomicus»).

La teoría del lugar central produjo una amplia producción teórica y empírica en la década de los 60, de la que existen síntesis muy logrados debidas a Berry (1967) y Beavon (1977). Asimismo la teoría de los sistemas conoce un profundo desarrollo merced a las aportaciones de Wilson (1970) en sus estudios sobre el tráfico urbano.

A escala intraurbana conviene señalar el desarrollo que supuso el análisis de áreas sociales ideado por Shevky y Bell (1955), y el redescubrimiento de la Escuela de Ecología Humana de Chicago, introduciendo en este marco teórico instrumentos de análisis complejos como las empleadas en la llamada ecología factorial (Análisis de Componentes Principales, Factorial, de Correspondencias, Conglomerados, Discriminante, Escalas multidimensionales, etc.).

En el último decenio puede decirse que perviven cuatro enfoques teóricos en el campo de la geografía urbana. Por una parte, se mantiene el enfoque derivado de la ecología humana aunque apoyado en supuestos menos biologizantes y con empleo abundante de estadísticas. En segundo lugar continúa también el enfoque economicista basado en la teoría económica neoclásica, que considera el funcionamiento de la economía como un sistema armónico en que las empresas (familias, fábricas, comercios, etc.) buscan únicamente maximizar sus beneficios. Este enfoque trata de explicar cómo la distribución de los diferentes usos del suelo entre los distintos grupos sociales se produce en la ciudad por la búsqueda del beneficio máximo por parte de las empresas y de la utilidad máxima por parte de las familias. Se supone que existe un juego libre y transparente entre los diferentes actores que compiten por el espacio.

El tercer enfoque teórico presente en geografía urbana es el conductista, que supone que la estructura urbana no puede comprenderse plenamente identificando formas de vivienda y niveles de renta similares. Se asocian, de este modo, variables sin conocer el funcionamiento de esta ligazón. Los conductistas consideran, en cambio, que las actividades y los usos del suelo urbanos se producen por un conjunto de decisiones privadas y públicas. Estas decisiones no se toman en la mayoría de los casos con un conocimiento exacto y pleno de la realidad, sino que sus juicios y sus decisiones se llevan a cabo en condiciones subóptimas. Por lo tanto, aunque las ciudades son realidades tangibles y objetivas, no existe evidencia de que estas realidades sean percibidas de la misma manera por todos los ciudadanos. Por consiguiente, la estructura cognitiva de la ciudad, y no el paisaje natural, es la que determina el comportamiento espacial en la misma de los individuos y grupos.

El cuarto enfoque se relaciona con la economía política. Surge como consecuencia de la preocupación por las lacras urbanas detectadas por los geógrafos y demás científicos sociales en la década de los años 60. Fue la geografía del bienestar la que elaboró diagnósticos preocupantes e inquietantes de las ciudades occidentales (Smith, 1973, 1977, 1979, y Bunge, 1975).

Sin embargo, estos diagnósticos no explicaron las causas de los desajustes y de la distribución de «bienes» y «males» en las ciudades. Como respuesta a estos retos comienzan a estudiarse los conflictos y la gestión de la ciudad, así como las formas en que los individuos y grupos de intereses toman sus decisiones y su repercusión en la forma y contenido de la ciudad. Este enfoque puede denominarse gerencial y sus mejores representantes son Richardson (1973) y Pahl (1977). El enfoque marxista representado en las figuras de Lefèbvre (1969, 1972, 1973), Castells (1977, 1978), Harvey (1973, 1985) y Santos (1979), aunque con planteamientos no coincidentes, argumentan que las injusticias sociales y sus manifestaciones espaciales son inherentes al sistema capitalista; por consiguiente, sólo es posible alterar la forma y el contenido de la ciudad aboliendo el sistema capitalista que descansa en la propiedad privada y en la posesión monopolista del suelo urbano. Una consecuencia de este enfoque es que el geógrafo urbano no puede abordar el estudio de la ciudad desde una posición de neutralidad con la pretensión de explicar y comprender la estructura espacial de un modo aséptico, sino que debe tomar parte activa de denuncia, y compromiso, contribuyendo así, con su esfuerzo intelectual y la práctica política, a la destrucción del sistema capitalista.

Como puede deducirse fácilmente, la geografía urbana es una disciplina dinámica, cambiante, rica en contenidos. Por esta razón, y asumiendo el riesgo de parcialidad, presentamos en este bloque temático no un análisis exhaustivo de todos y cada uno de los temas objeto de estudio en esta disciplina, sino que optamos por centrarnos en la concepción de la ciudad y su evolución en el tiempo; más tarde abordamos el desarrollo urbano en su doble dimensión cuantitativa y social, así como las etapas en el desarrollo del hecho urbano y la interpretación de los procesos actuantes. La primera parte concluye con un intento de predecir, en función de las tendencias que se detectan en algunos países, el modelo urbano que está surgiendo como respuesta a la crisis estructural derivada del alza de los precios del petróleo en 1973.

En la segunda parte de la unidad temática se aborda la ciudad en sí misma, considerada como un *sistema intraurbano*, analizando sucesivamente los componentes físicos y perceptuales del paisaje urbano y la estructura urbana, incidiendo especialmente en la delimitación y organización del CBD. Por último, se trata el problema de la diversidad del espacio urbano subrayando de un modo especial, la diferenciación residencial para concluir con el estudio de los diferentes modelos que intentan explicar la diferenciación de la estructura y ocupación del espacio urbano.

Hemos prescindido del estudio del *sistema interurbano* por ser éste un tema muy amplio que no permitía su inclusión a no ser que se redujese en extensión el espacio dedicado a los temas urbanos descritos. La razón principal que nos movió fue el creer que la temática incluida en este apartado no aparece tratada en la producción científica española de forma sistemática y sintética. Por el contrario, los estudios sobre el sistema inteurbano son numerosos y de muy fácil acceso, ya que existen excelentes trabajos globales como los de Berry (1967), Beavon (1977), Murcia (1979) y son cada día más abundantes en la producción científica española los trabajos empíricos sobre estudios de aspectos importantes del sistema urbano. Sin hacer una relación exhaustiva es suficiente citar, entre otros, los estudios de Capel (1974), Estébanez (1972, 1974), Racionero (1978), Precedo (1976) y Ferrer-Precedo (1982).

4.2. La ciudad y su definición

4.2.1. *Introducción*

Es un lugar común abordar la definición de la *ciudad*, señalando su dificultad y el carácter parcial de los intentos. La mayoría de los autores consideran que es un concepto complejo que se resiste a la definición. A mi modo de ver, el intento mismo de definir la ciudad de un modo universal refleja un *eurocentrismo* conceptual que asume implícitamente que el mundo se divide en regiones que cuentan con diferentes grados de desarrollo. Es la evolución seguida en Europa Occidental la pauta a seguir por las demás regiones. De este modo se prescinde de los distintos contextos culturales y económicos en los que los pueblos organizaron sus territorios. En definitiva, es negar la existencia de prácticas e ideas que proceden de experiencias compartidas por grupos sociales con historias propias y que estas prácticas e ideas pueden invocarse para explicar modelos específicos de crecimiento y formas urbanas. (J. Agnew, J. Mercer y D. Sopher, 1984).

Además del eurocentrismo existen algunas otras razones que impiden definir satisfactoriamente la ciudad. En primer lugar, la misma distribución de los asentamientos y su naturaleza, hacen que la ciudad y el hecho urbano en general no sea discernible en la realidad, en el paisaje, de una forma precisa, puesto que en la superficie terrestre resulta sencillo identificar morfológica y socialmente situaciones extremas, pero en el continuo que va desde el caserío aislado hasta el Area Metropolitana o la Megalópolis no existe un punto de ruptura o una división que separe de un modo rotundo y sin ambigüedades lo rural de lo urbano, el pueblo o la aldea de la ciudad. Por consiguiente, no resulta extraño que el *Anuario Demográfico* de las Naciones Unidas de 1952, dedicado a suministrar información adecuada sobre la población mundial, concluyese: «No existe un punto en el continuo que va desde la gran aglomeración a los pequeños agrupamientos o viviendas aisladas en donde desaparezca lo urbano y comience lo rural; la división entre la población urbana y rural es necesariamente arbitraria.»

Por otra parte, el marco teórico en el que se inspira buena parte de la teoría urbana supone que existe un umbral en el tamaño de un núcleo, que produce mecánica y espontáneamente heterogeneidad, división del trabajo y un modo de vida diferente, opuesto al que se da en las comunidades rurales pequeñas. Esta es la tesis de E. Durkheim, recogida más tarde por la Escuela de Ecología Humana de Chicago y sistematizada por L. Wirth en su influyente artículo «Urbanism as a Way of Life» (1938). Esto explica la gran importancia que se concedió al número de habitantes en la definición de las ciudades.

4.2.2. *Definiciones cuantitativas*

La ONU señaló, en 1977, que de los 133 países en los que se estudiaron los criterios de definición de la ciudad, en 33 casos se utilizó el tamaño de la población. Sin embargo, a la hora de especificar el umbral de población no existe acuerdo entre los diferentes países, como puede observarse en el cuadro 4.1.

CUADRO 4.1. POBLACIÓN URBANA SEGÚN ALGUNOS PAÍSES

País	Población mínima
Suecia	200
Dinamarca	200
República Sudafricana	500
Australia	1.000
Canadá	1.000
Francia	2.000
Israel	2.000
Estados Unidos	2.500
México	2.500
Bélgica	5.000
España	10.000
Turquía	10.000
Japón	30.000

Fuente: ONU (1979) «Growth of World's Urban and Rural Population, 1920 - 2.000», *Population Studies, 44* (1969), págs. 81-84

Y existen, además, discrepancias tan notorias entre los bajos umbrales de Suecia y Dinamarca y los 30.000 de Japón, sin contar los aspectos cualitativos que pueden variar entre las aglomeraciones urbanas de los países de economía agraria dominante y los países posindustriales.

Otros 20 países añaden al criterio demográfico alguna otra característica como contigüidad en el espacio edificado (la distancia de las viviendas no pueden superar los 200 m., como en el caso de Suecia), o como en el caso de la República de la India, que considera ciudad todo núcleo sede del poder administrativo local, provincial o regional, así como toda aglomeración con un número superior a los 5.000 habitantes, una densidad superior a 390 habitantes por kilómetro cuadrado y un mínimo del 75 por 100 de su población activa masculina ocupada en actividades no agrarias. Asimismo 65 países adoptan el criterio legal de ser sede de un organismo de la administración como, por ejemplo, Marruecos, Egipto, Hungría y Reino Unido. Finalmente, 15 países no tienen criterios explícitos.

En suma, las definiciones cuantitativas basadas en el tamaño de la población, la ocupación de la población activa, la densidad, etc., son incapaces de definir satisfactoriamente la ciudad, ya que dejan de lado aspectos cualitativos muy importantes como el perceptual, constituido por un conjunto de imágenes que actúan en la mente de las personas que residen en la ciudad y pueden ser a veces tan importantes a la hora de tomar decisiones espaciales (cambiar de vivienda y de ciudad), como el plano de la ciudad *objetiva*, definida por atributos mensurables del espacio edificado o del espacio social.

4.2.3. *Definiciones cualitativas*

Tampoco las definiciones cualitativas resuelven el problema, ya que en definitiva definir es congelar una realidad y pretender darle una validez universal y atemporal. En el caso de la *ciudad*, es un hecho cambiante que no significa lo mismo en diferentes períodos históricos, ni en distintos contextos espaciales. Los elementos que con más frecuencia se han incluido en este tipo de definiciones han sido: el *tamaño*, la *densidad*, la *morfología* del núcleo y las *activades no agrarias* de sus habitantes.

Es bien conocida la definición de Richthofen (1908) que concede gran importancia a las actividades no agrícolas de sus habitantes y especialmente a las «formas de trabajo que no están consagaradas a la agricultura, sino particularmente al comercio y la industria». Para Aurousseau (1921) los sectores urbanos se vinculan a los transportes, a las industrias, al comercio, a la instrucción de la población y a la administración del Estado. R. Dickinson (1947) define las aglomeraciones urbanas como «núcleos de poblamiento compactos dedicados principalmente a ocupaciones no agrícolas».

Max Sorre ofrece una definición sintética de la ciudad al señalar que es «una aglomeración de hombres más o menos considerable, con un elevado grado de organización social; generalmente independiente, para su alimentación, del territorio sobre el que se desarrolla e implicando por su sistema una vida de relaciones activas, necesarias para el sostenimiento de us industria; de su comercio y de sus funciones».

También K. Davis (1972), considera la ciudad como «una comunidad de considerable tamaño y elevada densidad de población que alberga en su seno una gran variedad de trabajadores especializados no agrícolas, amén de una élite cultural e intelectual».

Además del carácter ambiguo de estas definiciones que las hacen inoperantes a la hora de establecer comparaciones, todas ellas evocan situaciones pasadas en las que la fricción de la distancia imponía restricciones a la interacción social; sin embargo no es preciso la existencia de una aglomeración compacta y de un tamaño considerable para que los supuestos modos de vida urbanos se difundan sobre asentamientos más pequeños. En el momento presente el modo de vida urbano, identificado por algunos con la noción de modernidad, no está constreñido a un marco determinado, ya que gracias al acortamiento de las distancias en términos temporales (convergencia espacio-tiempo, Janelle, 1969), es la clase esocial y la fase en el ciclo de vida así como los valores culturales los que más influyen en la adopción de un modo de vida. Por el contrario, el marco urbano o rural no confieren necesariamente y de forma mecánica unos atributos especiales a sus habitantes.

4.2.4. *Definición perceptual*

Para las personas que viven en una ciudad, la ciudad es un *espacio vivido* basado en un conjunto de símbolos y valores que se van elaborando a través de un conjunto de impresiones y experiencias personales y colectivas. Comprenden las imágenes que los individuos y grupos se forman de la ciudad y de sus diferentes partes y atributos (calidad de vida, espacio social, seguridad, comercio, recreo, etc.) y es importante, ya que estas imágenes ejercen un gran control en la toma de decisiones espaciales. Las imágenes individuales o de grupo que se forman determinan si la ciudad o parte de ella le atrae, le agrada o bien la aborrece o simplemente la ignora; y en función de este mapa mental el individuo escogerá, dentro de unos límites, su barrio para vivir, el lugar de compra, trabajo y ocio.

Los pilares esenciales de la geografía del comportamiento y de la percepción son la noción de *imagen* tomada de Boulding (1956, pág. 115) que la define como el eslabón que media entre el medio real y la conducta del hombre.

> ... es la imagen lo que determina el comportamiento real de cualquier organización y organismo. La imagen actúa como un campo magnético: el comportamiento gravita hacia la parte más valorada de ese campo.

Asimismo desempeñó un papel esencial el psicólogo Simon (1957) al señalar que las teorías sobre el comportamiento humano oscilan entre enfoques que asignan la supremacía al *hombre todo razón*, y las que dan la hegemonía al *hombre todo sentimiento*. Entre ambas posturas extremas, este autor propone un modelo de hombre de *racionalidad limitada*, según el cual el hombre actúa dentro de una estructura de conocimiento del mundo objetivo, de la realidad, limitada por el volumen de información, por la calidad y por su capacidad de información. Por lo tanto, la primera consecuencia de la racionalidad limitada es que el hombre, para actuar con racionalidad, ha de elaborar un modelo mental de la situación real y sólo puede decirse que opera y se comporta racionalmente cuando se relaciona su comportamiento con su modelo mental.

De este modo se forma un esquema interpretativo de la conducta espacial que puede resumirse en que los hombres son racionales cuando toman decisiones espaciales. Este supuesto puede considerarse de un modo prescriptivo (cómo debería comportarse), o descriptivo (como se comporta realmente). Puede decirse que el hombre obra siempre racionalmente en función del modo de percibir el medio, pero como nunca percibe el medio objetivo por no disponer de toda la información, su imagen o *mapa mental* no es un isomorfo de la realidad, y es este mapa el que se interpone entre el medio real y su conducta; por consiguiente su racionalidad es limitada.

Por lo tanto, las premisas básicas de este enfoque son:

— Admitir la existencia de imágenes del medio en la mente del hombre y la posibilidad de medirlas de forma adecuada.
— Suponer que existe una fuerte relación entre la imagen mental que se forma de un medio concreto y el comportamiento de la persona en el mundo real.

En el gráfico 4.4. se incluye el modelo conceptual en el que se precisa la relación hombre medio y cómo se crea la imagen del medio. La información del medio influye en lo que el individuo llega a conocer del mundo real, y la constitución cultural determina cómo el conocimiento contribuye a desarrollar la imagen del medio.

La percepción del medio no puede separarse del problema general de la percepción; sin embargo, nosotros vamos a examinar solamente el mecanismo de formación de la imagen del medio urbano.

El hombre, al percibir el medio a través de los sentidos, ha de interpretar los diferentes componentes que aparecen en el campo de su percepción. Dado que toda persona tiende a organizar los objetos percibidos en categorías existentes o que resulten aceptables, la estructura de los objetos percibidos difiere de individuo a individuo, aunque existen en éstas estructuras elementales que derivan de los grupos o culturas en las que se inserta el individuo. Es decir, los sistemas de educación, las cosmovisiones, los valores, etc., actúan en la estructura de la percepción individual.

Con respecto a las percepciones de grupo hay que hacer notar que existen hechos del mundo real que se aceptan universalmente; que, con respecto al medio, el individuo tiende a suponer que algunos hechos y manifestaciones son de dominio común; que al hablar de imágenes compartidas, suponemos que los observadores son «normales» (adultos y sanos), que la imagen del medio cambia a través del tiempo; y que la imagen del hombre es marcadamente etnocéntrica.

En lo que atañe a las percepciones individuales hay que subrayar varios aspectos: que el individuo conoce menos del mundo que le rodea que el grupo o contexto cultural al que pertenece; que su *microespacio* o *espacio personal* es más complejo y difícil de estudiar que la imagen del grupo sobre el mundo, que necesariamente se ha de apoyar en simplificaciones y estereotipos; que la imagen individual del medio resulta de un complejo proceso de percibir, sentir,

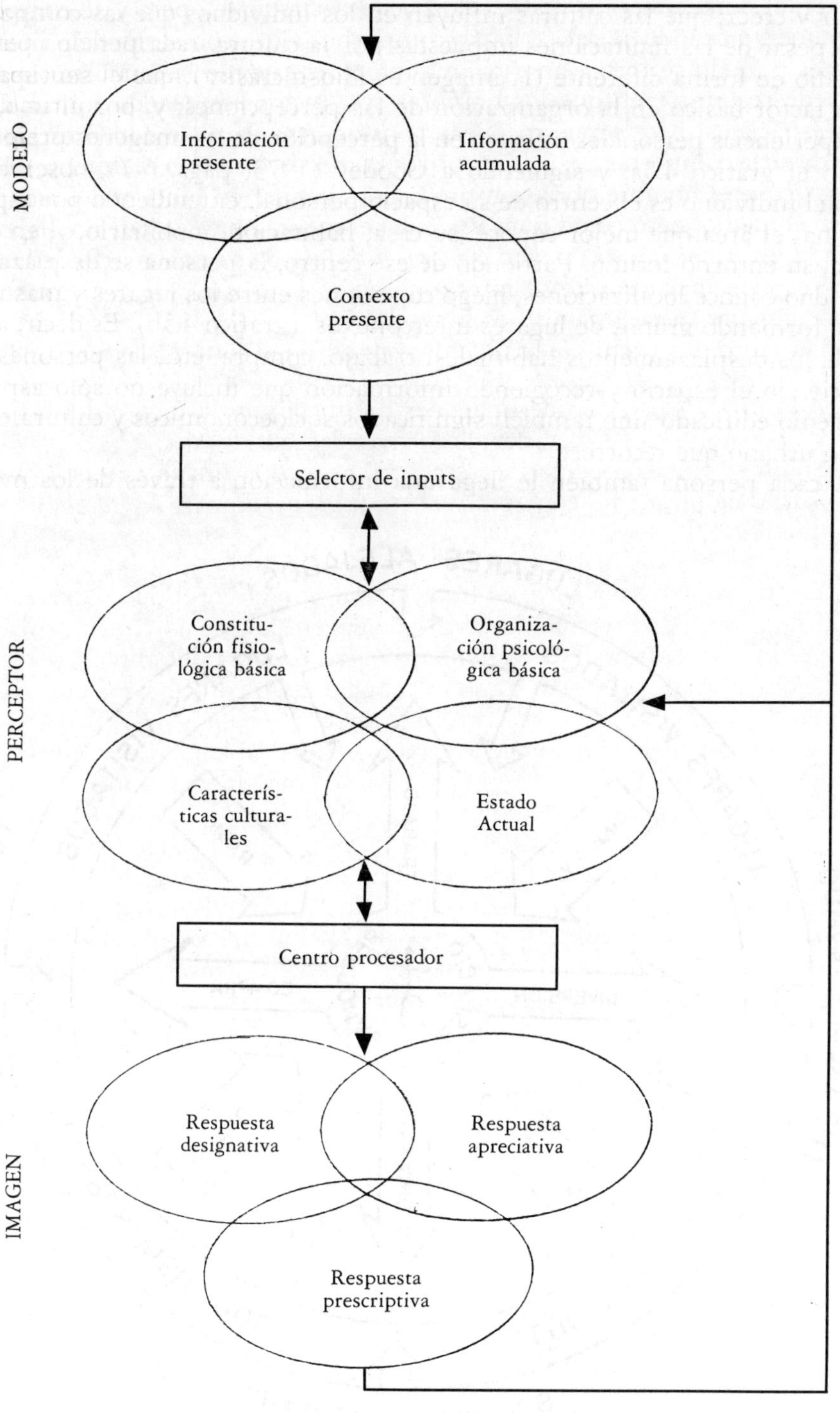

Gráfico 4.4. Modelo conceptual de la interacción hombre-medio; según D. Pocock (1473, pág. 252).

pensar y creer; que las culturas influyen en los individuos que las componen; que a pesar de las limitaciones impuestas por la cultura, cada persona percibe el medio de forma diferente (la imagen es idiosincrásica); que el sentimiento es un factor básico en la organización de las percepciones; y, por último, que las experiencias personales influyen en la percepción de las imágenes presentes.

En el gráfico 4.5a, y siguiendo a Goodey (1973, págs. 6-7), observamos cómo el individuo es el centro de su espacio personal, entendiendo por espacio personal el área que mejor conoce, su casa, habitación, mobiliario, y, en definitiva, su entorno íntimo. Partiendo de ese centro, la persona se desplaza y el individuo conoce localizaciones, luego conexiones entre los lugares y más tarde áreas, formando grupos de lugares interconexos. (gráfico 4.5b). Es decir, a través de los desplazamientos habituales: trabajo, compra, etc., las personas van conociendo el espacio y recogiendo información que incluye no sólo aspectos del medio edificado sino también significados socioeconómicos y culturales del medio urbano que recorre.

A cada persona también le llega una información a través de los medios

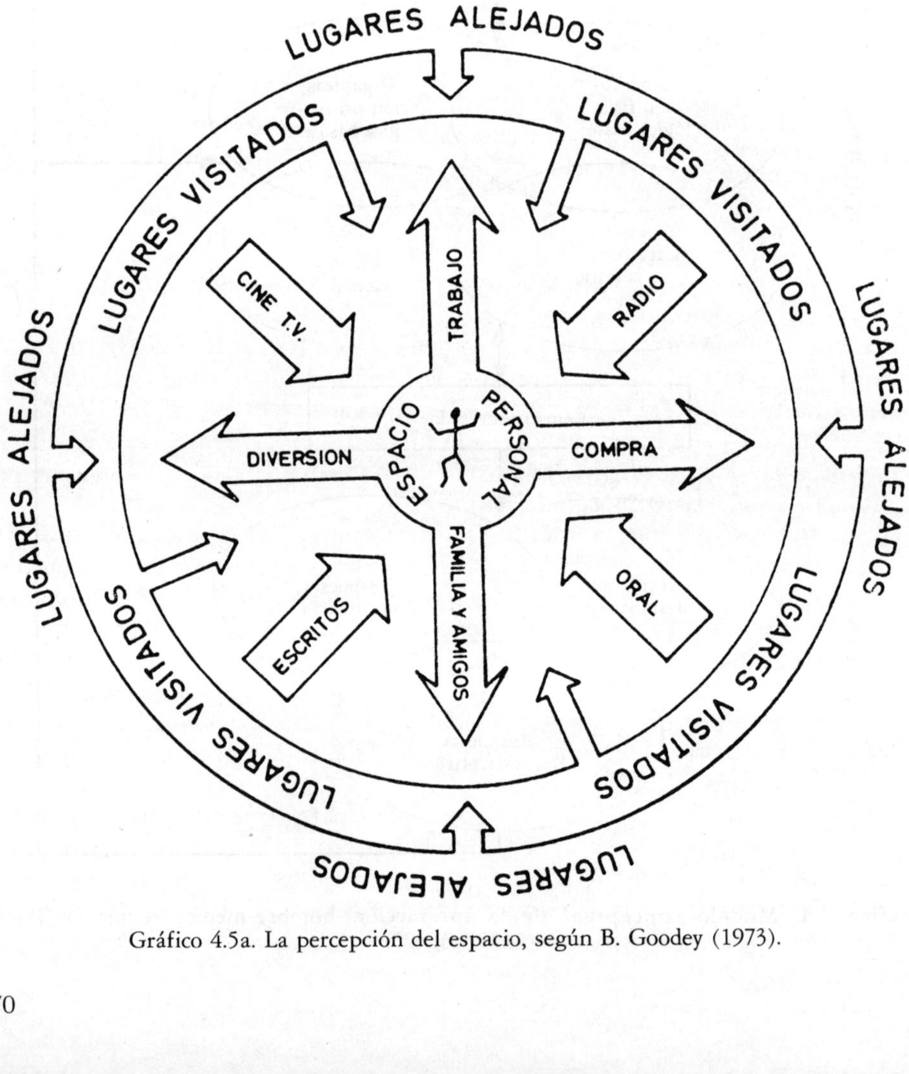

Gráfico 4.5a. La percepción del espacio, según B. Goodey (1973).

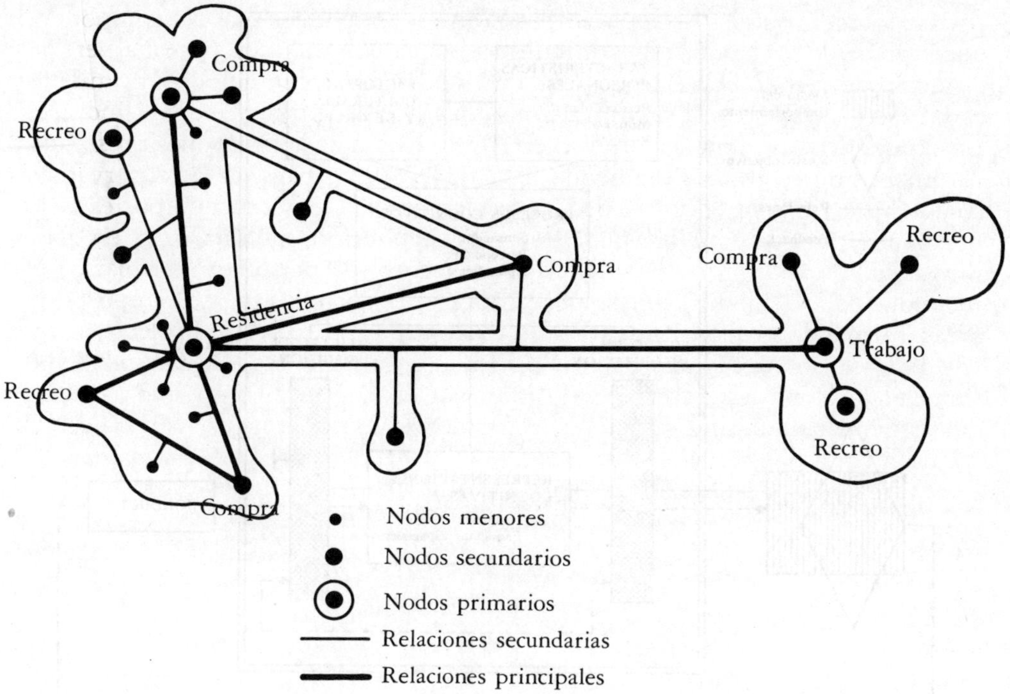

Gráfico 4.5b. El medio aprehendido, según R. Golledge (1978) a. Rueda de la percepción. b. Rutas más usuales.

de comunicación de masas o contactos personales. Con esta información la persona elabora su mapa de las áreas de la ciudad más distantes.

Además de las rutas descritas, existen áreas en la ciudad que visitamos ocasionalmente y de las que construimos un mapa mental basado en una información indirecta u ocasional y por lo tanto apoyada en estereotipos o prejuicios.

Una vez señalada la formación de la imagen mental, se presenta la relación existente entre los procesos cognitivos y la conducta espacial en el modelo propuesto por Gold (1980) (gráfico 4.6.)

Las cajas representan elementos interrelacionales. Las líneas indican la dirección de las influencias, Gold utiliza para referirse a las representaciones mentales del espacio dos conceptos: imágenes y esquemas. La *imagen* o *mapa mental* es la representación a la que puede acudir la mente, cuando el objeto, la persona o el lugar no están presentes. Es decir, sería la percepción en ausencia de un estímulo exterior. El *esquema* es una estructura mental básica dentro de la que se organizan las experiencias del medio. Los *esquemas* espaciales son subconjuntos de *esquemas* por medio de los cuales las personas organizan el conocimiento espacial.

En el gráfico 4.6. queda de manifiesto el papel primordial de las *imágenes* y de los *esquemas espaciales* en el comportamiento. Se observa, asimismo, cómo las características personales y las de grupo influyen en el proceso cognitivo y cómo estas tres categorías actúan a modo de filtros en el flujo informativo. En una primera fase estos filtros seleccionan la información y más tarde, en una

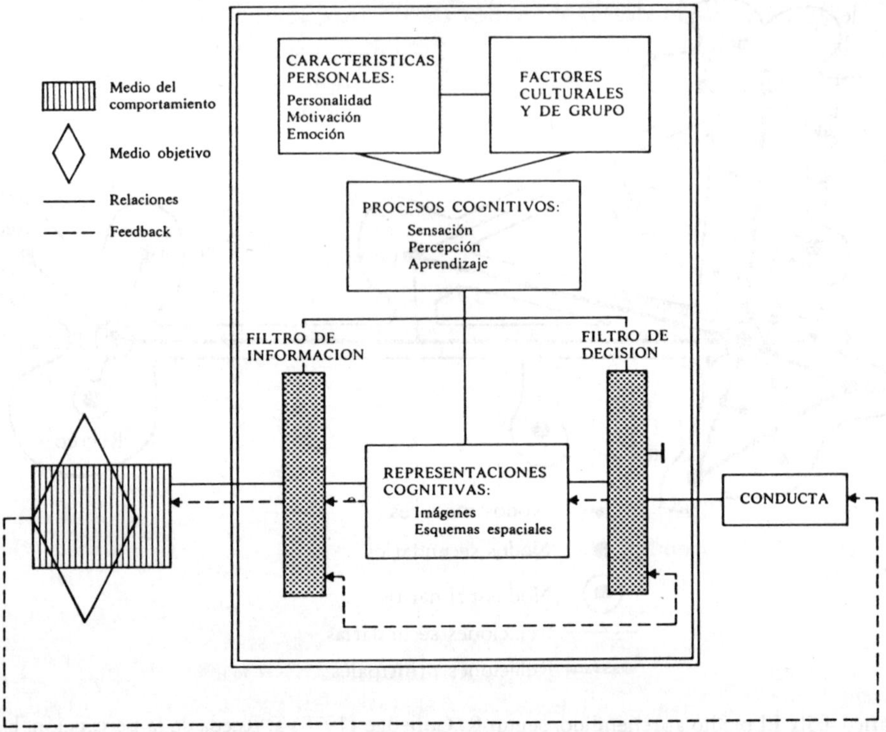

Gráfico 4.6 Paradigma operativo, según J. Gold (1980), pág. 42

segunda fase, puede ocurrir que el individuo no tome decisiones, que decida pedir más información, suspender la acción, o bien tomar una decisión o llevar a cabo una acción.

Este enfoque perceptual hace de la ciudad algo más que un simple contenedor de edificios, plazas, calles y características socioeconómicas y demográficas de sus habitantes. Permite conocer algo más el punto de vista de los que en ella habitan, ya que las ciudades tienen un significado diferente para las distintas personas y grupos, y simbolizan una identidad social, pues, como recuerda Rapaport (1977), un jardín, un espacio verde, son lugares de recreo y expansión, pero a la vez símbolo de identidad de un estatus social, como lo es también la vivienda y el barrio.

No podemos olvidar que la ciudad tiene propiedades manifiestas y latentes y ambas son esenciales si queremos conocer el funcionamiento y el significado de la ciudad. Por lo tanto, conocer el mapa mental que tiene el individuo y el grupo sobre la ciudad ayuda a comprender el comportamiento del hombre o de los grupos en la ciudad, ya que se supone que sus decisiones espaciales en la ciudad, y dentro de unos límites impuestos por fuerzas externas, estarán muy influidos por estas imágenes mentales y esquemas espaciales.

a. *Elementos descriptivos de la imagen urbana*

La mayor parte de los resultados sobre los aspectos descriptivos de la imagen de la ciudad se apoyan en la obra de Lynch (1960) sobre una encuesta acerca de la percepción de las ciudades de Boston, Jersey City y Los Angeles. El resultado de las encuestas es que las personas tenían una imagen esquemática y simplificada de la escena urbana hasta tal punto que fue capaz de concluir que la imagen de la ciudad se organizaba básicamente en torno a cinco elementos: *sendas, bordes, distritos, nodos e hitos*. Estos cinco elementos, combinándose, proporcionan la *legibilidad* de la ciudad y la imagen basada en estos elementos sirve a la persona o al grupo como base para interpretar la información, como guía para la acción y como marco de referencia para organizar la actividad, lo que proporciona la base del desarrollo individual y suministra un sentido de seguridad emocional (R. Downs y D. Stea, 1977). Por lo tanto, estos cinco elementos son esenciales, según Lynch, para moverse en la ciudad y a través de la imagen elaborada por estos elementos se formula la valoración y el significado de la ciudad y del mosaico urbano.

Dada la importancia que Lynch concede a los cinco componentes de la imagen, pasamos a definirlos:

Sendas: Son los canales que «sigue el observador normal, ocasional o potencialmente». Pueden ser calles, paseos, líneas de tránsito, canales o vías férreas. Constituyen, según Lynch, los elementos esenciales, de la imagen de la ciudad en la mayoría de las personas, y así dice: «la gente observa la ciudad mientras va a través de ella y conforme a estas sendas se organizan y conectan los demás elementos ambientales». Este elemento puede cambiar de acuerdo a las circunstancias. Así, por ejemplo, una vía de gran tráfico rodado en una ciudad puede ser una senda para el automovilista y una *barrera* o *borde* para el peatón.

Bordes: Son elementos lineales no utilizados como sendas. Puede tratarse de líneas de separación de dos tramas urbanas (manzana abierta y cerrada). Algunas veces los bordes no constituyen barreras físicas, se trata de bordes percibidos. Esto ocurre en la ciudad en un área constituida por una trama uniforme pero habitada por grupos sociales muy diferenciados. En este caso el borde se percibe mentalmente y no es una barrera física. Los bordes son en realidad líneas separadoras de áreas urbanas diferenciadas morfológica o socialmente. Juegan un papel menos importante en la elaboración del mapa mental que las *sendas*.

Distritos: Lynch los define como «las secciones de la ciudad cuyas dimensiones oscilan entre medianas y grandes, concebidas bidimensionalmente, en donde el observador entra *en su seno* mentalmente, y son reconocibles por tener un carácter común que los identifica.» Por lo tanto, son áreas homogéneas o al menos poseen una característica común que las hace reconocibles a un observador.

Nodos: Son los puntos estratégicos de una ciudad en las que el individuo puede entrar y que sirven como focos de desplazamiento. En general, se trata de lugares en donde convergen varias sendas, tienen una gran intensidad de usos del suelo y pueden ser el símbolo emblemático de la actividad o el carácter de una ciudad o distrito.

Hitos: Son puntos de referencia básicos en los que el individuo no puede entrar. Lynch dice que son puntos de referencia básicos, «pero en este caso el observador no entra en ellos, sino que le son exteriores. Se trata de un edificio singular, una estatua, una tienda o un accidente geográfico». Lynch piensa que los *hitos* son esenciales para la navegación en la ciudad y los considera las «claves de identidad».

Para Lynch el conocimiento de una ciudad es función de la *imaginabilidad*, esto es, el alcance hasta el que una ciudad produce una fuerte impresión en el individuo, y la define como «esa cualidad de un objeto físico que le da una gran probabilidad de suscitar una imagen vigorosa en cualquier observador». Esta cualidad puede ser la forma, el color, etc. Una ciudad con alta imaginabilidad está bien formada, es clara e «incitará más a los ojos y los oídos, y despertará una atención y participación mayores». La imaginabilidad está muy relacionada con la noción de *legibilidad* que significa hasta qué punto las parte de la ciudad pueden reconocerse y roganizarse en un modelo coherente. Lynch considera la *legibilidad* como «la facilidad con que pueden reconocerse y organizarse sus partes de un modo coherente». Una ciudad es legible cuando los componentes del paisaje urbano se identifican fácilmente y por ello se pueden organizar los diferentes elementos del paisaje urbano en imágenes mentales significativas. Dicho de otro modo, la ciudad legible dispondra las *sendas, bordes, distritos, nodos e hitos* de un modo claro e identificables y relacionados de forma nítida unos con otros.

El esquema lyncheano ha sido profusamente utilizado en la planificación. En el gráfico 4.7. se incluye la imagen de la ciudad de Armindale utilizando el esquema de Lynch; asimismo incluimos dos representaciones del centro urbano de Madrid elaboradas por personas residentes en barrios bien diferenciados (gráfico 4.8a. y 4.8b). En el cuadro 4.2. se indican los resultados de diversos trabajos y la importancia relativa de los diferentes componentes de la imagen.

CUADRO 4.2.
IMPORTANCIA RELATIVA DE LOS DIFERENTES ELEMENTOS DE LA IMAGEN URBANA

Ciudad	Tamaño muestra	Sendas	Hitos	Distritos	Nodos	Bordes
Boston (1)	30	+	$	$	+	+
Roma (2)	47	$	$	$	+	–
Milán (3)	41	$	$	$	$	–
Sevilla (3)	80	$	+	$	$	–

$ = Muy importante
+ = Importante
– = Poco importante

Fuente: D. Pocock y R. Hudson (1978, pág. 51) y encuesta propia. Los autores toman la información de Lynch (1960) y de Francescato y Mebane (1973).

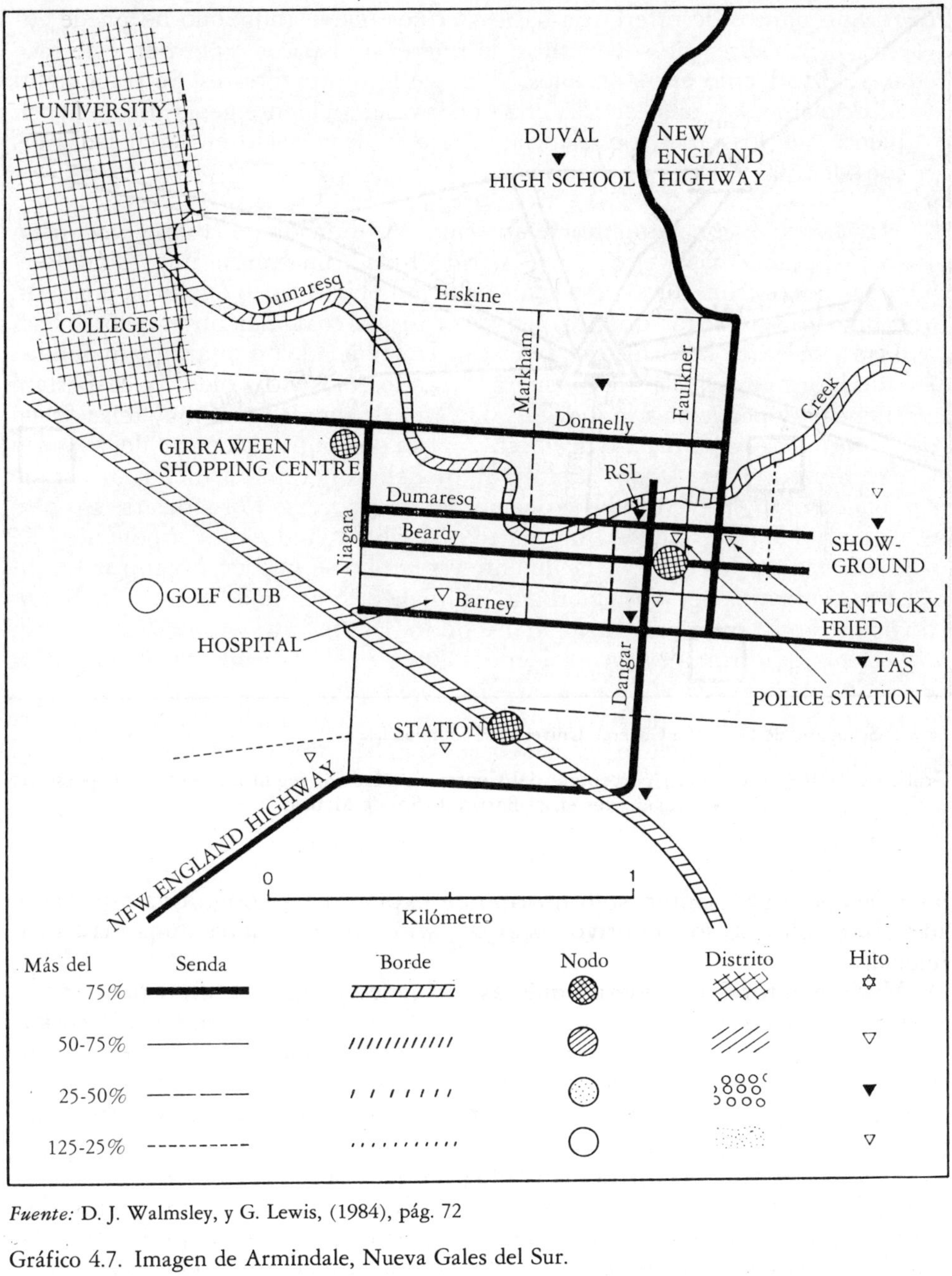

Fuente: D. J. Walmsley, y G. Lewis, (1984), pág. 72

Gráfico 4.7. Imagen de Armindale, Nueva Gales del Sur.

El enfoque de Lynch es objeto de críticas referentes a la técnica cartográfica, y a la gran importancia que concede a los elementos visuales del paisaje urbano, en detrimento de los aspectos funcionales y simbólicos. La crítica se debe en parte a que Lynch adopta una postura de encuentro pasivo con el medio en lugar de conceder mayor importancia a la interacción. Por otra parte,

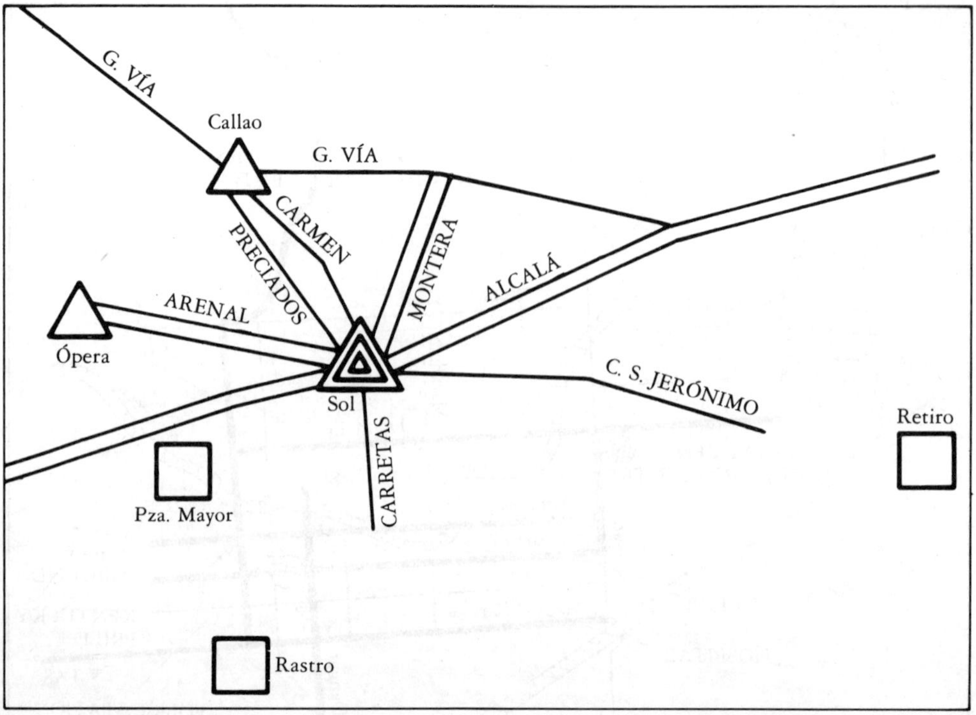

Fuente: Seminario de Geografía General. Universidad Complutense.

Gráfico 4.8a Representación perceptual del Centro de Madrid, según encuesta a 50 personas residentes en el Barrio de Sol de Madrid.

las imágenes representan sólo un tipo de experiencias congnitiva-espacial y, además, en el proceso cognitivo los *esquemas espaciales* ejercen una mayor influencia.

Muchos autores consideran que las imágenes juegan un gran papel en la adopción de estereotipos sobre ciudades y barrios. Recientemente Pocock y Hudson (1978) demostraron que los componenetes más relevantes en la configuración de la imagen eran los edificios, sendas y áreas. Asimismo la imagen de la ciudad asociada con las sendas varía según el medio de transporte. (Appleyard, 1970).

A pesar de las deficiencias metodologicas que presenta este enfoque, los estudios de percepción de la ciudad se desarrollaron en cuatro direcciones: distancia cognitiva, examen de imágenes designativas, análisis de preferencia espaciales e investigación en las formas de actividad espacio-temporales en la ciudad.

b. *Distancia cognitiva en la ciudad*

El geógrafo Briggs (1973) señaló que la imagen de la ciudad está construida sobre la base del conocimiento de nodos, de la localización relativa y del co-

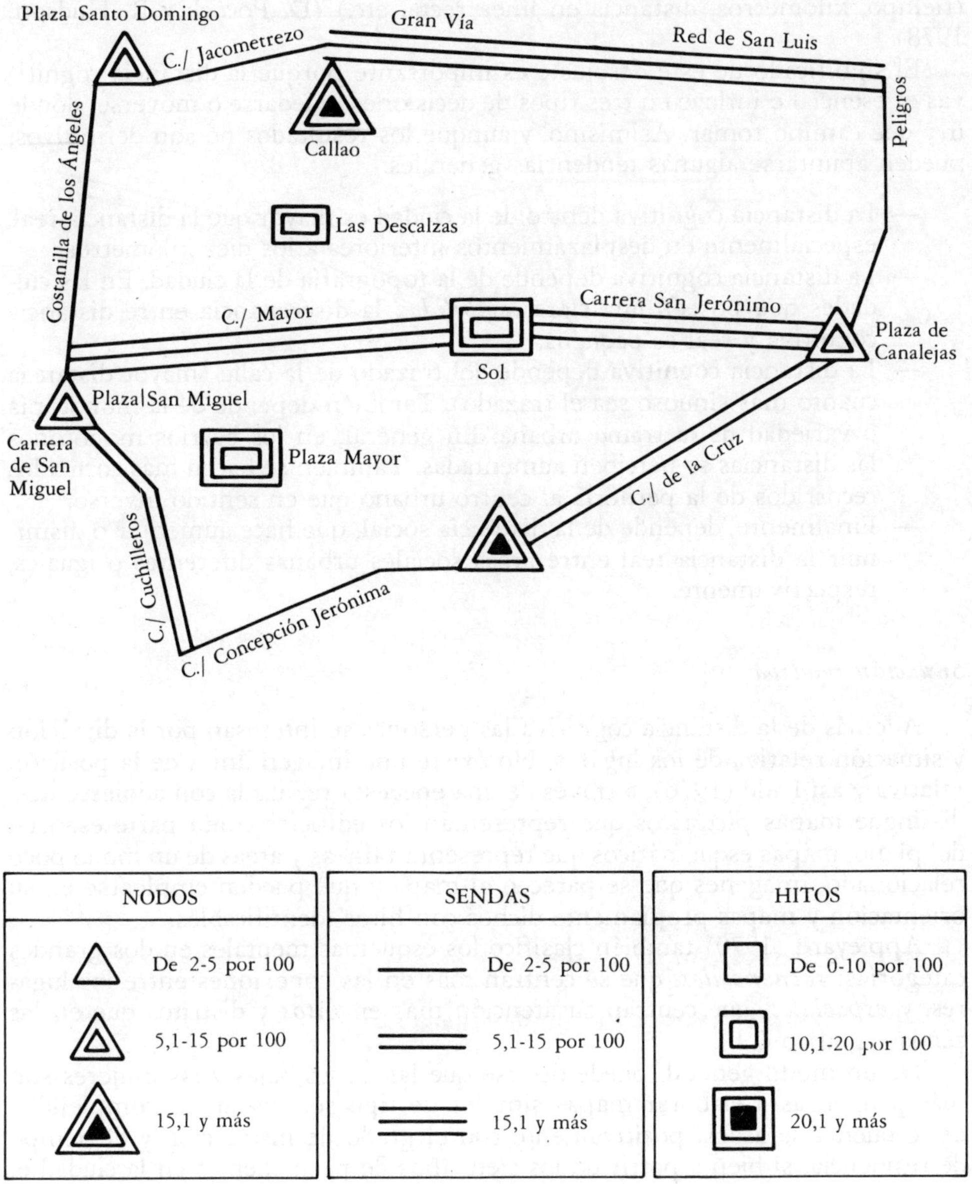

Fuente: Seminario de Geografía General. Universidad Complutense, 1985

Gráfico 4.8b. Representación perceptual del Centro, según encuesta realizada a 50 personas residente en un barrio de la ciudad-dormitorio de Leganés (Madrid).

nocimientos de conjuntos de nodos y de las sendas que los unen. Como puede apreciarse, el tema de la distancia resulta primordial. Entre los resultados cabe señalar que existe una tendencia a sobrevalorar la distancia objetiva, independientemente del modo de transporte, tamaño de la ciudad o métrica empleada (tiempo, kilómetros, distancia en línea recta, etc.) (D. Pocock y R. Hudson, 1978).

El significado de este desajuste es importante porque la distancia cognitivas es esencial e influye en tres tipos de decisiones: quedarse o moverse; dónde ir y qué camino tomar. Asimismo, y aunque los resultados no son definitivos, pueden apuntarse algunas tendencias generales:

— La distancia cognitiva dentro de la ciudad es mayor que la distancia real, especialmente en desplazamientos inferiores a los diez kilómetros.
— La distancia cognitiva depende de la topografía de la ciudad. En las ciudades que poseen una clara *legibilidad* la discrepancia entre distancia cognitiva y real es pequeña.
— La distancia cognitiva depende del trazado de la calle (mayor distancia cuanto más sinuoso sea el trazado). También depende de la monotonía o variedad de la trama urbana. En general, en los barrios monótonos las distancias se perciben aumentadas. También se hacen más cortos los recorridos de la periferia al centro urbano que en sentido inverso.
— Finalmente, depende de la distancia social, que hace aumentar o disminuir la distancia real entre áreas sociales urbanas diferentes o iguales, respectivamente.

Situación relativa

Además de la distancia cognitiva las personas se interesan por la dirección y situación relativa de los lugares. No existe una imagen única de la posición relativa y así Ladd (1970), a través de una encuesta realizada con adolescentes, distingue mapas pictóricos que representan los edificios como parte esencial del plano, mapas esquemáticos que representan líneas y áreas de un modo poco relacionado, imágenes que se parecen al mapa y que pueden emplearse en su orientación y mapas propiamente dichos con hitos identificables.

Appleyard (1970) también clasificó los esquemas mentales en dos grandes categorías: *secuenciales*, que se centran más en las conexiones entre los lugares, y *espaciales*, que centran su atención más en *hitos* y distritos que en las sendas (gráfico 4.9.).

De un modo general, puede decirse que las clases bajas y las mujeres son más propensas a elaborar mapas simples de tipo secuencial. La complejidad del esquema se asocia positivamente con el grado de instrucción y el tiempo de residencia, si bien a partir de los siete años de permanencia en la ciudad el nivel de información se incrementa muy lentamente.

Asimismo en los mapas mentales tienen un papel mayor en la orientación los mapas de significación subjetiva que los puntos cardinales. Además los esquemas están en función de la edad y del grupo social. En general, el niño, tiene imágenes egocéntricas traducidas en el mapa de la ciudad por el gran detalle en torno a su residencia. Por último, dependen del estilo de vida: los *localistas* que se mueven en el ámbito reducido del barrio y a veces de la unidad vecinal poseen una visión general de la ciudad muy tosca; en cambio, los cosmopolitas tienen una imagen más ponderada de la ciudad y más ajustada a la realidad (gráficos 4.10.)

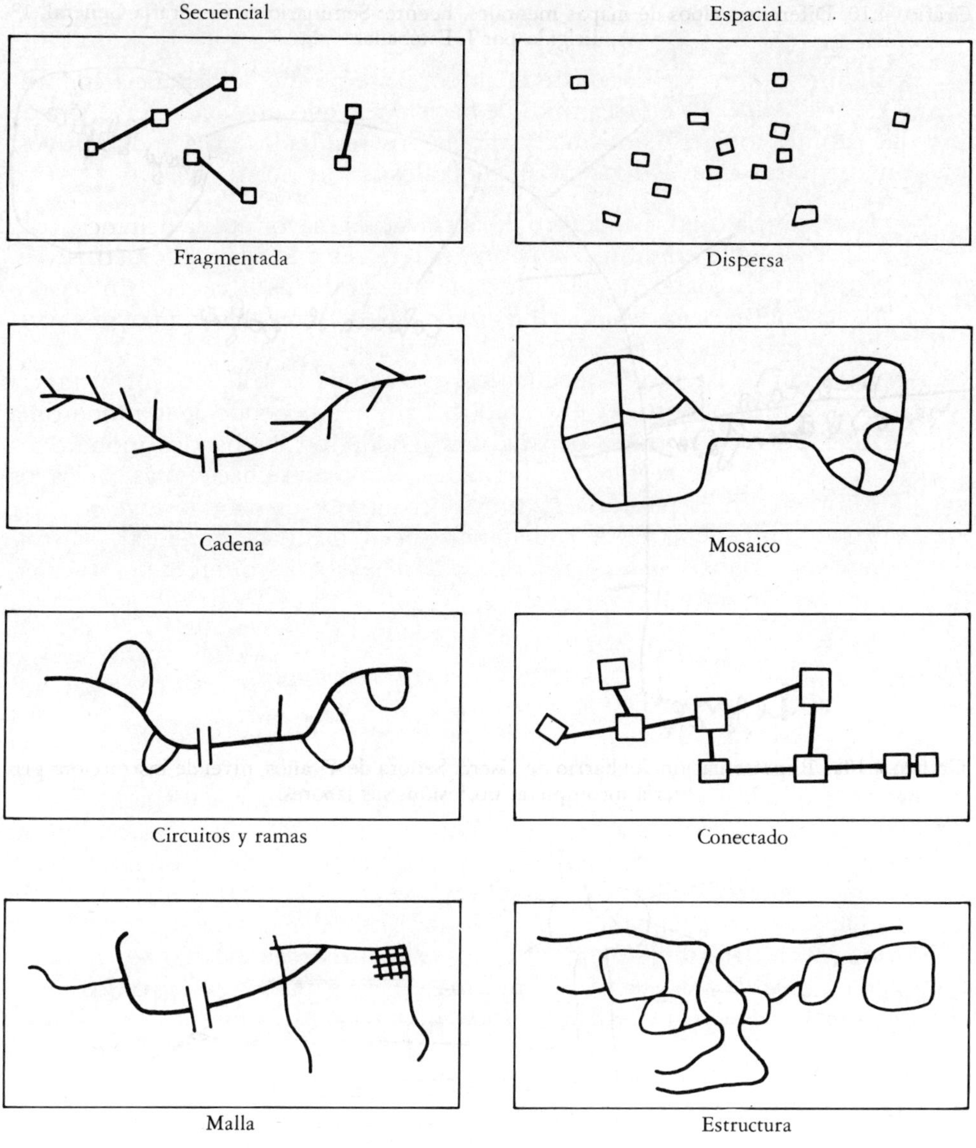

Fuente: Appleyard (1969, p. 437).

Gráfico 4.9. Estilos de elaboración de mapas cognitivos.

Aspectos valorativos de la imagen de la ciudad

Los aspectos valorativos o de apreciación de las imágenes mentales pueden ser más elocuentes para comprender el comportamiento de las personas en la ciudad que los aspectos descriptivos señalados anteriormente.

Gráfico 4.10. Diferentes tipos de mapas mentales. Fuente: Seminario de Geografía General, 1º A, dirigido por J. Estébanez.

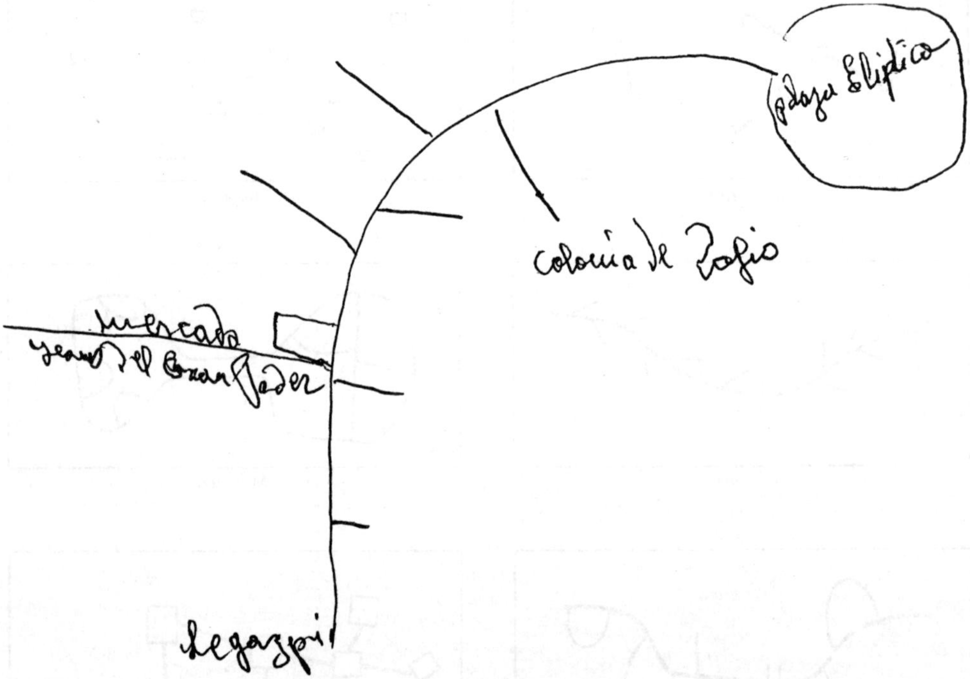

Gráfico 4.10a. Representación del barrio de Usera. Señora de 47 años, nivel de instrucción: primaria incompleta; profesión: sus labores.

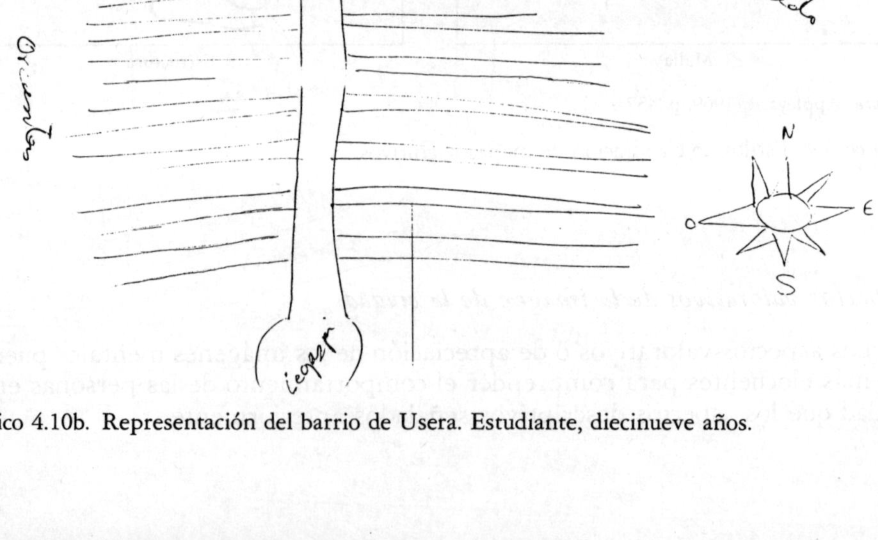

Gráfico 4.10b. Representación del barrio de Usera. Estudiante, diecinueve años.

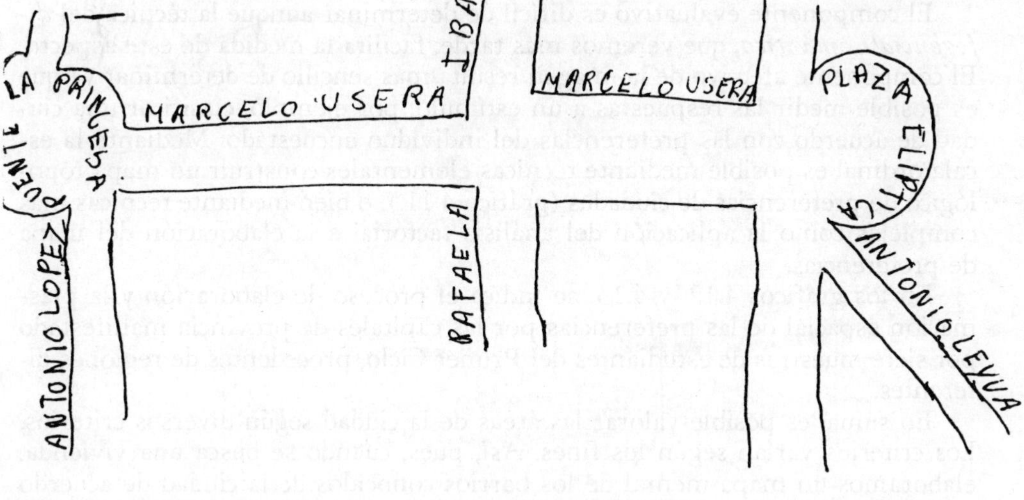

Gráfico 4.10c. Representación del barrio de Usera. Señora de cuarenta y ocho años. Profesión: enfermera.

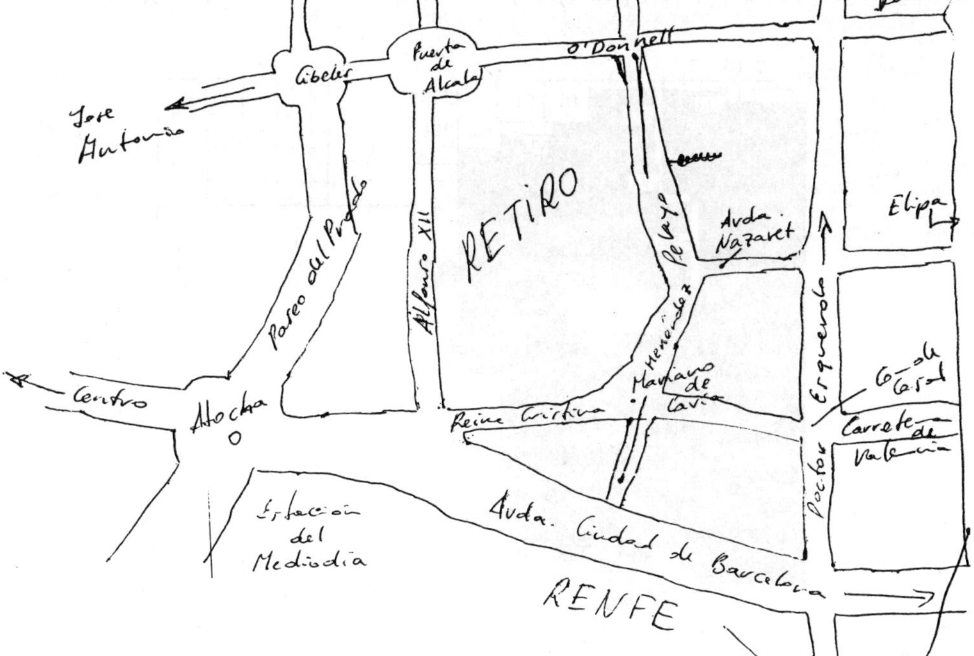

Gráfico 4.10d. Representación del barrio del Retiro. Estudiante, 20 años.

En la valoración de la imagen cabe diferenciar la dimensión evaluativa, esto es, la expresión de una opinión con respecto a la ciudad y la dimensión afectiva, es decir, la especificación de una preferencia.

El componente evaluativo es difícil de determinar aunque la técnica del *diferencial semántico*, que veremos más tarde, facilita la medida de este aspecto. El componente afectivo de la imagen resulta más sencillo de determinar ya que es posible medir las respuestas a un estímulo, por ejemplo, clasificar una ciudad de acuerdo con las preferencias del individuo encuestado. Mediante la escala ordinal es posible mediante técnicas elementales construir un mapa topológico de preferencias de ciudades (gráfico 4.11.), o bien mediante técnicas más complejas como la aplicación del análisis factorial a la elaboración del mapa de preferencias.

En los gráficos 4.12. y 4.13. se indica el proceso de elaboración y la plasmación espacial de las preferencias por las capitales de provincia manifestado por siete muestras de estudiantes del Primer Ciclo, procedentes de regiones diferentes.

En suma, es posible valorar las áreas de la ciudad según diversos criterios. Los criterios varían según los fines. Así, pues, cuando se busca una vivienda, elaboramos un mapa mental de los barrios conocidos de la ciudad de acuerdo con la calidad de vida como lugar para vivir. Por el contrario, cuando recorremos la ciudad a altas horas de la noche, valoramos los diferentes sectores de la ciudad de acuerdo con la seguridad percibida. Pero, además, no sólo los individuos y grupos reaccionan a las imágenes del medio urbano. También los organismos oficiales y las instituciones privadas elaboran sus propios mapas mentales de la ciudad y así, por ejemplo, a la hora de invertir, surge el mapa

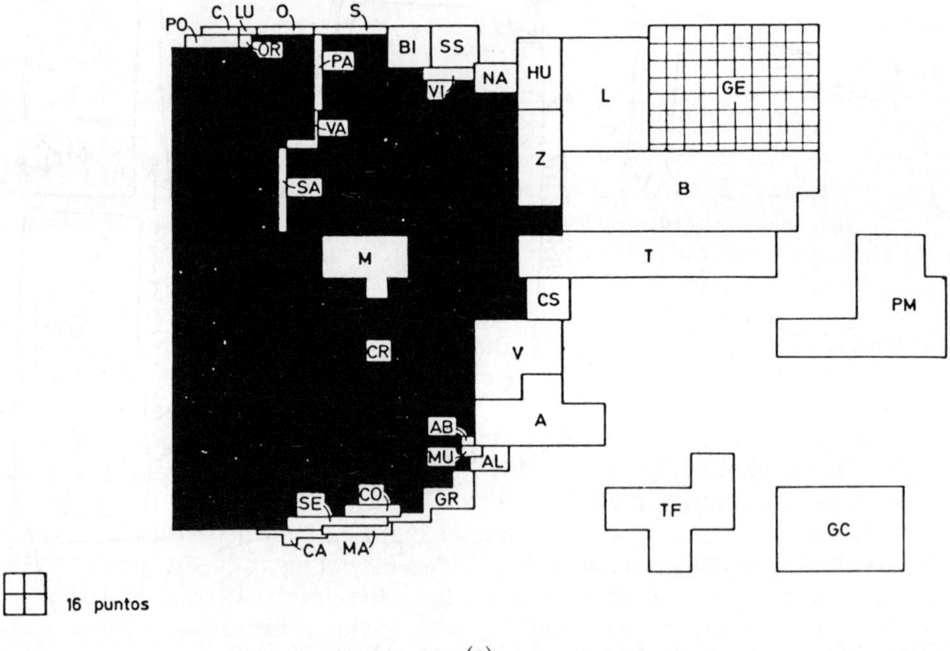

(a)

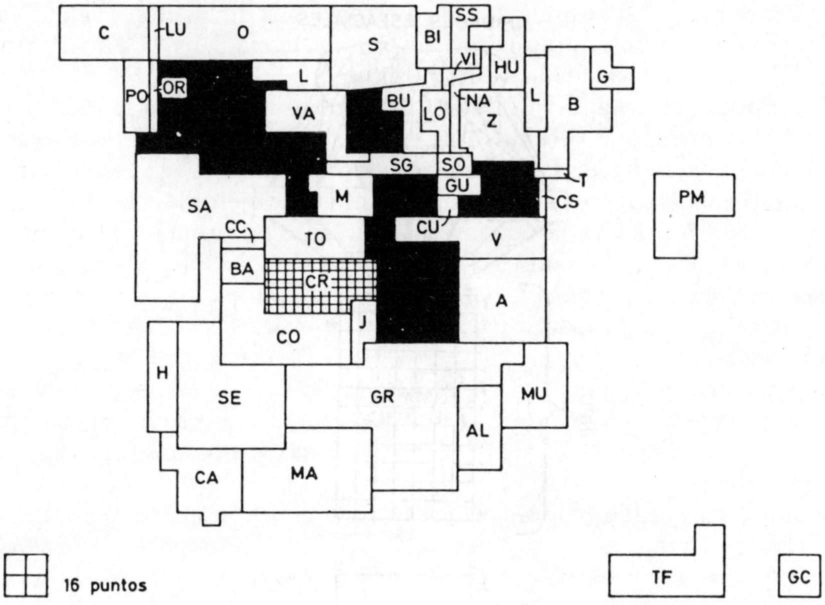

(b)

Fuente: J. Estébanez (1979).

Gráfico 4.11. Mapas de preferencias espaciales.

(a) Mapa topológico de los estudiantes de Ciudad Real.
(b) Mapa tyopológico de los estudiantes gerundenses.

mental de la ciudad en donde aparecen los diferentes barrios de la ciudad ordenados según el riesgo.

Muchas áreas de la ciudad tiene etiquetas que constituyen estigmas que se tiene en cuenta a la hora de elegir residencia o valorar las personas que residen en esas áreas de mala reputación. La imagen de la ciudad juega también su papel a la hora de ubicar determinadas actividades que requieren un gran prestigio como, por ejemplo, las sedes de los grandes bancos o empresas.

Conviene señalar que los esquemas o mapas mentales no son más que una metáfora; no tienen un carácter analógico porque desconocemos la forma en que se registra y almacena la información en el cerebro. Sin embargo, el mapa mental puede ser una metáfora útil, puesto que nos indica lo que la gente necesita conocer con respecto a la ciudad (localización, distancia, dirección, atributos), lo que realmente conoce (una información incompleta, esquemática y distorsionada) y cómo la gente adquiere la información espacial. Sin embargo, son muchos los autores que creen que el mapa mental debe relacionarse no sólo con los designativos, es decir, con lo que es y el lugar que ocupa en el medio, sino también con las emociones que los individuos sienten hacia las características de los diferentes lugares, es decir, conviene reparar en el aspecto valorativo y apreciativo del medio.

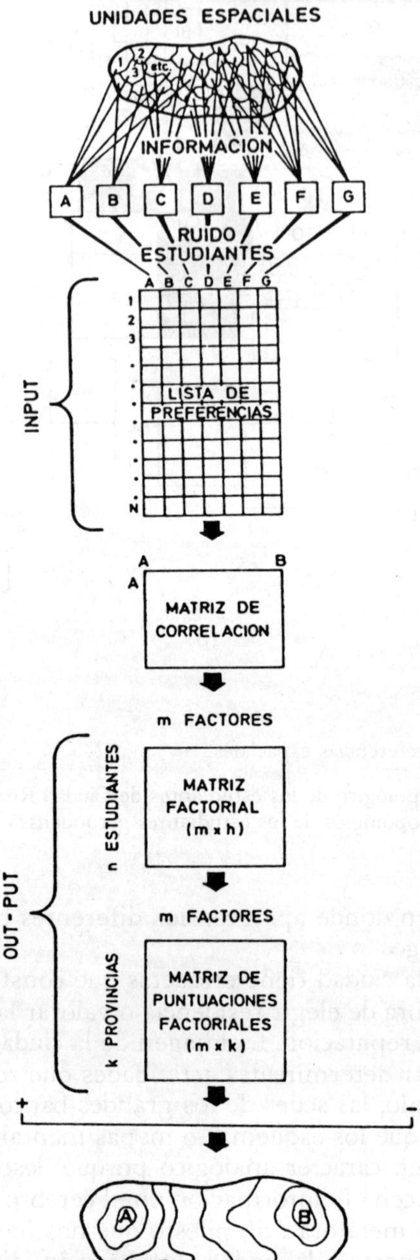

Gráfico 4.12. Etapas en el proceso de formación de un mapa mental, según el esquema Gould y R. White modificado.

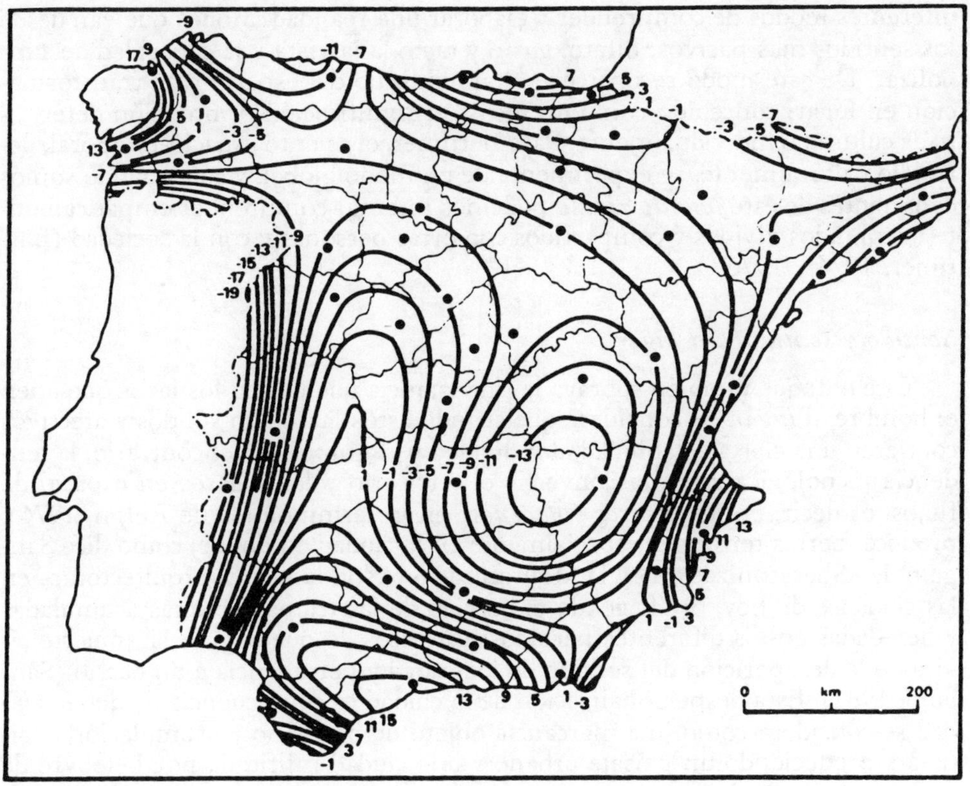

Fuente: J. Estébanez (1984)

Gráfico 4.13. Mapa de preferencias espaciales. Superficie de tendencia de sexto orden (70,70%).

4.2.5. *La imagen fenomenológica en la valoración de la imágenes mentales de la ciudad*

la geografía fenomenológica existencial señala el carácter incompleto y reduccionista del enfoque comportamental con respecto a las relaciones del hombre con el medio. Comenzó a hacerse interrogantes que se consideraban como hechos dados y sin embargo son fundamentales como: ¿Cuáles son las experiencias significativas que poseemos de los lugares? ¿Cómo experimentamos el sentido de pertenencia e identificación con el lugar? ¿De qué modo a lo largo del tiempo varía nuestra actitud y comportamiento hacia los lugares? ¿Cómo surgen los lazos de afecto o de rechazo hacia los lugares? ¿Cómo se convierte el espacio, concepto abastracto, en lugar, centro de significación personal o colectiva? ¿De qué modo se producen los movimientos, casi inconscientes y cotidianos, en el lugar?

Estos interrogantes hechos a la experiencia constituyen la temática esencial de la geografía fenomenológica existencial.

Posiblemente, la noción más elaborada es el devenir del *espacio* a *lugar*. El geógrafo Yi Fu Tuan parte de la perspectiva experiencial, es decir, desde los diferentes modos de comprender y elaborar una realidad. Modos que van desde los sentidos más pasivos: olfato, gusto y tacto, a la vista y la capacidad de simbolizar. De este modo reconstruye el aprendizaje del espacio y su transformación en lugar, concebido como un foco con significación o intención determinada cultural o individualmente. Para Buttimer, el asiento espacio-temporal, definidio culturalmente, se experimenta de un modo global, y sólo cuando somos conscientes de este *mundo vivido* podemos intentar comprender empáticamente los mundos vividos y compartidos con otras personas y con la sociedad (Buttimer, 1974 y 1976).

Sentido y sentidos del lugar

Este enfoque también subraya la importancia que tienen los lazos que unen el hombre al *lugar*. Se considera que cuando estos lazos son sólidos y afectivos confieren una cierta estabilidad al individuo y al grupo; por el contrario, la tendencia tecnológica actual a convertir el territorio y los lugares en espacio de flujos, es decir, en *no lugares* (*placeness* en la terminología de Relph, 1976), produce fuertes tensiones especialmente en la ciudad en donde, como dice Sanguin, la «Sheratonización» y la «Hiltonización» son la norma arquitectónica en las ciudades de hoy, produciendo el barrido de las tramas urbanas acumuladas y heredadas en los diferentes periodos históricos, lo que augura la «muerte cívica» o la desaparición del sentido de identidad y pertenencia a un barrio (Sanguin, 1981). Esta despersonalización de la ciudad es consecuencia de que la ciudad se considera como una mercancía objeto de beneficio y acumulación capitalista produciendo un paisaje urbano y una ciudad calificada por Lefèbvre de «exenta de capacidad de sorpresa».

Tanto Relph, como Tuan y Buttimer, examinan desde un enfoque fenomenológico los mecanismos que ligan positivamente al hombre con el *lugar*. A este tipo de experiencias placenteras con el lugar las denomina Tuan relaciones de *topofilia*, que en casos extraordinarios pueden despertar un sentimiento reverencial y mítico, o de *topolatría*. Por último, algunos lugares suscitan relaciones de aversión y rechazo e incluso de miedo: es la *topofobia*.

Entre la *topofilia* y la *topofobia* se manifiesta cada vez más, debido a las tendencias señaladas antaeriormente, la *toponegligencia*, es decir, un desinterés por el lugar, una tendencia hacia el no lugar, lo que supone para Relph que se produce un corte en las raíces del hombre con el medio, y, por tanto, una «erosión de los símbolos» y una sustitución de la diversidad por la uniformidad, y del orden vivencial por el orden conceptual abstracto e impersonal. Es, en definitiva, el triunfo de la razón tecnológica sobre la felicidad y el bienestar humanos.

El enfoque fenomenológico incide en el punto de vista de los residentes, esto es, en recrear la situación tal y como es sentida por los habitantes de la ciudad. Es tratar de hacer comprender que un lugar no es sólo un fenómeno, sino que es también una idea. El significado define lo que el lugar es y en lo que puede devenir, puesto que la significación del lugar es socialmente contingente y los significados son más cambiantes que el espacio edificado.

El estatus de un lugar puede cambiar, y además en cualquier momento del tiempo puede proporcionar una realidad múltiple a diferentes grupos sociales.

Pero el lugar puede actuar como variable independiente limitando las actitudes y acciones de sus moradores.

Nosotros, como habitantes de la ciudad, percibimos diferentes atributos de calidad existencial cuyo valor se ajusta a un gradiente (gráfico 4.14.)

El geógrafo Ley (1983) intenta expresar la distribución general de la superficie del atractivo urbano, descompuesta en los elementos estatus, seguridad y estímulo. En el gráfico 4.14. puede verse cómo la seguridad aumenta al alejarse del centro, en tanto que el estímulo alcanza su mayor intensidad en el centro y disminuye hacia el monótono suburbio. El estatus dibuja una curva en forma de U con los valores más bajos en los sectores de «estigma» del interior de la ciudad.

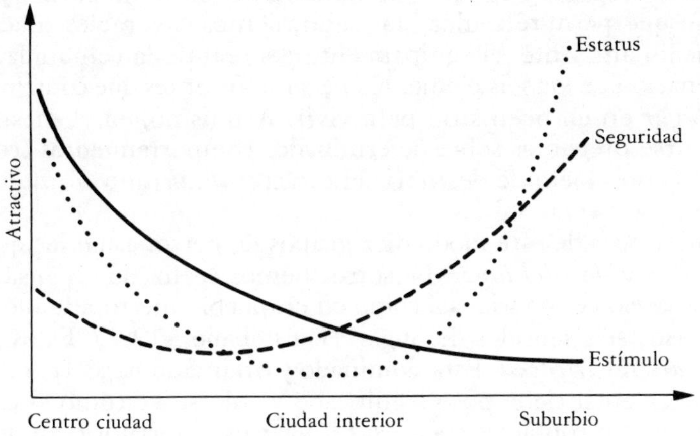

Gráfico 4.14 Componentes de la superficie de atractivo. D. Ley (1983, pág. 166).

En el enfoque fenomenológico, a pesar de su carácter globalizador, se incide demasiado en lo referente al sentido del lugar y en explicaciones literarias en un intento de identificar los significados dominantes del *lugar*, la *ciudad* y *experiencia* geográfica de las mismas. En general, estos logros se apoyan en la encuesta participativa de un número muy reducido de casos. Por otra parte, el lugar y la experiencia del mismo tiende a considerarse como fuerzas aisladas, sin relacionarlas con procesos que muchas veces el hombre aislado, o en grupo, no controla, ni tan siquiera es consciente, pero que influyen significativamente en nuestra vida (trabajo, poder), y con ello en nuestro sentido de los lugares. Por otra parte, los geógrafos fenomenológicos tan sólo hablan de un único sentido del lugar en función de una serie de atributos del mismo y de los lazos que el hombre o el grupo establece con él; sin embargo, tal vez sea más adecuado hablar de *sentidos del lugar*, puesto que no todas las personas experimentan los mismos sentimientos, ni en el mismo sentido hacia los mismos lugares. Los sentidos de los lugares aparecen como un juego de fuerzas cuyos componentes pueden ser, por una parte, la presencia de intereses o fuerzas estructurales que tienden a la cosificación de la vida, de la cotidianidad. Además existen otras fuerzas que incitan al hombre a reafirmarse, buscando identificarse con el lugar. La fuerza resultante de estos vectores produce los *sentidos del lugar*, ya que estas fuerzas contradictorias no actúan ni ejercen los mismos efectos en cada persona o gurpo; de ahí la existencia no de un único sentido del lugar positivo, o negativo o indiferente (topofilia, topofobia o toponegligencia), sino que pueden aparecer personas y grupos que ante el mismo lugar experimenten reacciones diversas, es decir, tengan diferentes *sewntidos del lugar* (J. Eyles, 1985). En el caso de la ciuidad, esto es bastante manifiesto cuando descubrimos el espacio de topolofilia en función de la edad, estatus socioeconómico o contexto cultural. Así, por ejemplo, un habitante de una ciudad mediterránea no manifiesta descontento y mucho menos aversión hacia un barrio de bloques de pisos, aspecto que provocaría una reacción de topofobia clara en la clase media urbana de los Estados Unidos y del Reino Unido. Para descubrir los sentidos del lugar, Eyles propone combinar la encuesta participativa con el cuestionario que permite evaluar los sentimientos favorables o adversos respecto al medio ambiente, el equipamiento general de la comunidad, así como con la ordenación de los seis elementos más importantes que contribuyen a convertir un *lugar* en un buen sitio para vivir. Asimismo, en el cuestionario deberían incluirse preguntas sobre determinados comportamientos (compra, asociacionismo) con objeto de descubrir el carácter *localista* o *cosmopolita* de los encuestados.

Eyles diferencia de este modo diez grupos de personas en los que aparecen otros tantos *sentidos del lugar*. Nosotros hemos realizado un ensayo exploratorio en un barrio de Madrid, así como en un pueblo metropolitano y aparecen en ambos casos seis sentidos del lugar. (J. Estébanez, 1985). Estos són:

Sentido del lugar social. Está dominado y orientado hacia las relaciones sociales. El lugar en sí tiene poco significado y sólo se ve como el escenario en el que se producen contactos sociales. El lugar es el territorio en donde se encuentran los familiares, los amigos y los vecinos. Por lo tanto, el *lugar* tiene un sentido social y son los lazos sociales son los que le confieren significación.

Sentido del lugar apático. Puede considerarse como la única categoría de personas que carecen de sentido del lugar. No manifiestan interés por ningún aspecto de él. En sus respuestas emplean una forma condescendiente y reflejan una incapacidad de transformar el curso de los hechos que afecta a su vida.

Sentido del lugar instrumental. Se considera el barrio que habita como un medio para lograr un fin. El lugar es significativo en la medida que les proporcione o no mercancías, servicios, oportunidades, accesibilidad, etc. Muchas veces este sentido del lugar denota lazos de desafecto y se insiste en lo que se percibe como carencial: aburrido, sin comercio, sucio, etc.

Sentido del lugar nostálgico. Está dominado por un sentimiento hacia el lugar, que responde a una situación real o imaginaria del pasado. El sentimiento que experimenta hacia el lugar se apoya en la situación, en el aspecto, o en acontecimientos que ocurrieron en el pasado. Los pensamientos nostálgicos se refieren al tiempo y al espacio.

Sentido del lugar como plataforma o escenario. Se trata de personas o grupos que consideran el lugar como un escenario en el que discurre sus vidas en una etapa significativa de su existencia. Buscan gentes afines. Tiene un carácter de mercancía y cuando se considera obsoleto, física o socialmente, se cambian de barrio en busca de otros más acordes con sus objetivos de promoción.

Sentido del lugar arraigado. El lugar se considera algo importante. Se sienten identificados y aparece de forma manifiesta el sentido de pertenencia al lugar. Son los que pertenecen al lugar espontáneamente, sin tener que buscar justificación, se sienten muy cómodos y se encuentran auténticamente en casa.

Pueden establecerse algunas asociaciones entre los sentidos del lugar y las características del individuo o grupo. Así, por ejemplo, el sentido del lugar social aparece más representado en las mujeres que en los hombres; el apático con los no localistas, que llevan menos de cinco años viviendo en el barrio, con escasa cualificación y frecuentemente en el paro. Finalmente, el sentido nostálgico es representativo de mujeres ancianas, jubilados y viudas, que llevan viviendo en el lugar más de diez años.

En suma, los geógrafos fenomenológicos dan una nueva dimensión a los estudios de geografía urbana, y completan los estudios tradicionales apoyados en la descripción de los atributos del espacio edificado y social.

4.2.6. *La ciudad en su dimensión espacio-temporal*

Tradicionalmente, la dimensión temporal no ha sido tratada en geografía urbana; como mucho se hicieron intentos de estudiar comportamientos y situaciones en varios cortes temporales, sin reparar en lo que el tiempo significa para los diferentes actores, y la influencia del mismo en sus comportamientos espaciales. En realidad, tiempo, lugar y espacio están ligados indisolublemente con la experiencia.

Los mayores resultados de este nuevo enfoque *cronogeográfico* se deben a la escuela de Lund dirigida por Hägerstrand y sus resultados fueron introducidos en Estados Unidos en la década de los años 70.

Hägerstrand considera que la cronogeografía debe apoyarse en los siguientes supuestos:

- — el ser humano es indivisible;
- — la duración de la vida es limitada;
- — la capacidad de llevar a cabo varias tareas a la vez es limitada;
- — cada tarea tiene una duración;
- — el movimiento entre los puntos en el espacio consume tiempo;
- — el número de individuos que pueden ocupar un espacio es limitado;
- — hay un espacio limitado disponible para cada actividad en el tiempo;
- — cada situación está inevitablemente enraizada con situaciones pasadas (T. Hägerstrand, 1970).

Estos supuestos pueden ilustrarse cuando el individuo se concibe como una trayectoria vital a través del espacio-tiempo. Este tratamiento puede representarse gráficamente. Así, en el gráfico 4.15a., se indica cómo se pueden combinar los elementos espacio y tiempo y así examinar la trayectoria espacio-temporal de los individuos. En el gráfico 4.15b., se representan los desplazamientos de un grupo de cuatro niños desde la casa a la escuela en las dos dimensiones espacio-tiempo.

En el gráfico 4.16., se representa la ruta diaria espacio-temporal de una familia sueca, en la que se pone de manifiesto los diferentes recorridos del marido y de la esposa en función de la división del trabajo en el seno familiar.

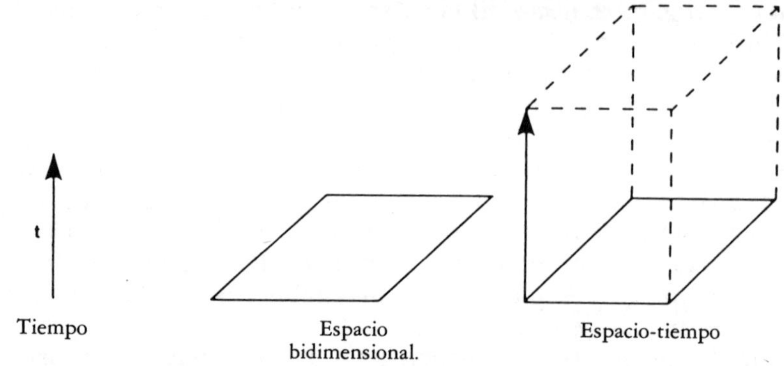

Gráfico 4.15. Elementos espacio-temporales, según: J. Short, (1985, pág. 234).

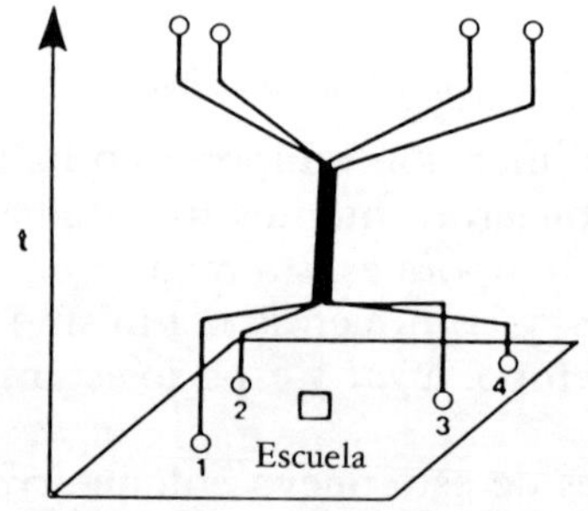

Fuente: J. Short, (1984, pág 234)

Gráfico 4.15. Desplazamiento de los escolares.

La mayor parte de nuestras actividades en la ciudad son de carácter rutinario. La mayoría de la gente trabaja y, por consiguiente, el tiempo y el lugar de trabajo ocupan la principal actividad, pues, como dice Parkes y Thrift (1980, pág. 218), «cuando el día comienza el programa está ya impreso y la escena lista para una nueva función». Todas estas trayectorias espacio-temporales de carácter rutinario organizan la mayor parte de nuestras conductas cotidianas en la ciudad.

Todo individuo se mueve en un *prisma* que define su espacio accesible en un periodo de tiempo determinado. El gráfico 4.17., representa dos prismas cuyas actividades son muy contrastadas. El prisma del gráfico 4.17a., es el de una persona anciana cuya movilidad se limita al desplazamiento a pie. El prisma del gráfico 4.17b., representa un joven con automóvil. Este último prisma es mucho más amplio, dada su mayor movilidad. Por consiguiente, es posible concebir las rutas espacio-temporales como un conjunto de líneas cuando estamos fijados en el espacio y el tiempo, y de prismas cuando hay una cierta elección individual en la secuencia de actividades.

En el gráfico 4.18., se presenta la ruta espacio-temporal de una persona. Esta persona, a la que llamamos José, se levanta a las siete y comienza a trabajar a las nueve, con lo que dispone de dos horas. De nueve a una está tra-

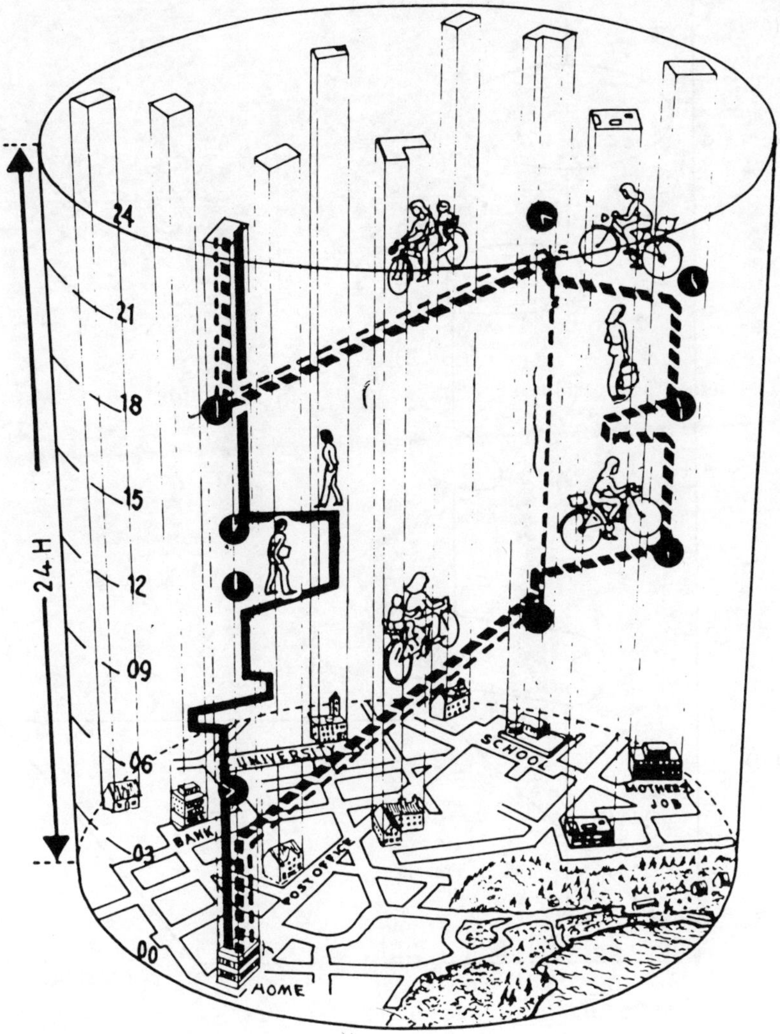

Fuente: Parker y Thrigt (1980)

Gráfico 4.16. Desplazamientos de un familia sueca.

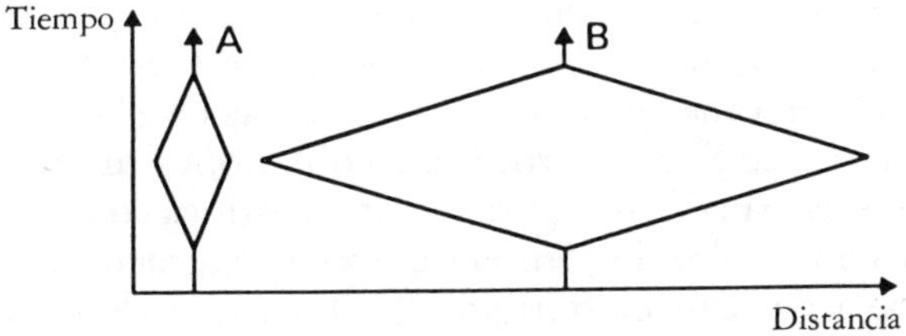

Fuente: J. Short (1985), pág. 235.

Gráfico 4.17. Prismas. A: anciano; B: adulto, con automóvil.

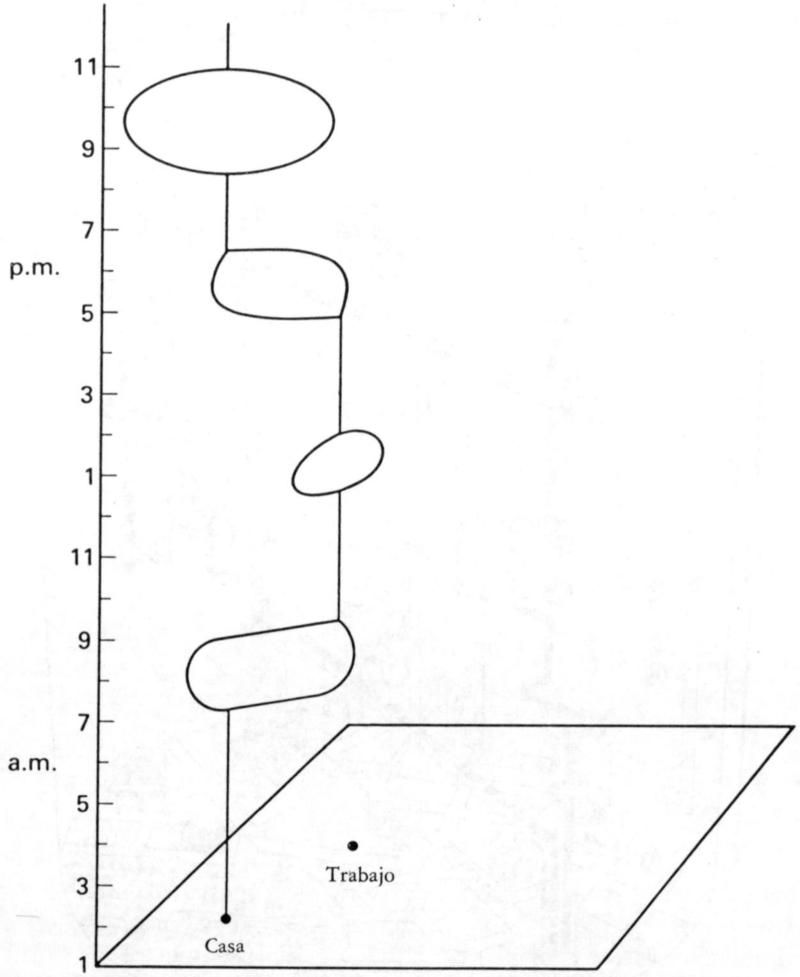

Fuente: J. Short, (1984, pág. 237).

Gráfico 4.18. Desplazamientos de un individuo-tipo.

bajando; de una a dos tiene una pequeña opción (tiempo de almuerzo). Vuelve al trabajo y finaliza a las cinco. Desde la cena a la hora de acostarse dispone de un número de opciones a las que puede dedicar su tiempo.

Por lo tanto, los prismas pueden considerarse como superficies de opciones espacio-temporales. El grado de opción depende de la renta y de la movilidad, por lo que algunas personas están más restringidas en el espacio y en el tiempo que otras. Como dice Short (1984), las poblaciones urbanas pueden considerarse como viajeros espacio-temporales. En nuestras actividades nosotros describimos patrones en el espacio y en el tiempo. La estructura física de la ciudad refleja y guía estas rutas espacio-temporales. Una serie de sectores urbanos están reglamentados temporalmente. El CBD opera durante el horario de trabajo, las áreas de ocio sólo funcionan por la tarde y noche. Los diferentes sectores urbanos operan en distintos periodos de tiempo.

La actividad en la ciudad varía en el tiempo y el espacio. Cabe distinguir actividades rutinarias tales como comer y dormir y actividades menos frecuentes como salir de vacaciones. Geográficamente es del mayor interés conocer las actividades rutinarias, ya que son las que mayor impronta dejan en la ciudad. El presupuesto temporal familiar se realiza para estudiar la distribución del tiempo en las familias, y en él se mide siempre el tiempo invertido en cada actividad. En el cuadro 4.3., se incluye el tiempo invertido en diferentes actividades por las familias en ciudades de cuatro países.

CUADRO 4.3.

TIEMPO INVERTIDO EN ACTIVIDADES BÁSICAS
(En minutos)

Actividad	Seis ciudades francesas	Lima (Perú)	Cuarenta y cuatro ciudades en Estados Unidos	Pskov Unión Soviética
Trabajo	277	251	261	371
Trabajo doméstico	162	172	142	131
Cuidado de la familia	39	17	45	39
Cuidado de los niños	40	23	32	35
Necesidades personales (comer, dormir, etc.)	661	643	620	583
Desplazamientos no-trabajo	31	52	50	55
Estudio	19	42	28	46
Tiempo a radio TV.	91	87	134	113
Total tiempo ocio	121	152	123	67

Aunque hay semejanzas básicas, existen diferentes formas de distribución del tiempo según los países (por ej., tiempo dedicado a la radio y televisión). Asimismo existe una secuencia de actividades, como se indica en el gráfico 4.19. Conviene destacar que aparecen semejanzas en el tiempo de levantarse y de vuelta a casa, pero se difiere según el grupo social en el tiempo dedicado a ver la televisión y escuchar la radio.

En conclusión, la ciudad es un fenómeno complejo que puede tratarse desde diferentes ángulos. Sin embargo, pretender definir de un modo rotundo la ciudad es congelar un proceso cambiante en el tiempo y en el espacio. Es preciso disponer de definiciones operativas válidas de acuerdo al objetivo y finalidad de los estudios, pero no puede olvidarse que la ciudad no es sólo un hecho de observación de estudio; es, fundamentalmente, un *espacio vivido*, percibido de forma diferente por los distintos individuos y grupos sociales. Por otra parte, en la ciudad se realizan actividades en una dimensión espacio-temporal, de tal modo que si no logramos incorporar la dimensión temporal a las actividades que se realizan en la ciudad (rutinarias y extraordinarias), se pierde una dimensión esencial en la comprensión de la experiencia que manifiestan las personas y los grupos sobre los lugares. En suma, no podemos olvidar que la ciudad es un hecho que se manifiesta en diversos planos, siendo uno de ellos el de la ciudad objetiva, como elemento de observación y medición mediante

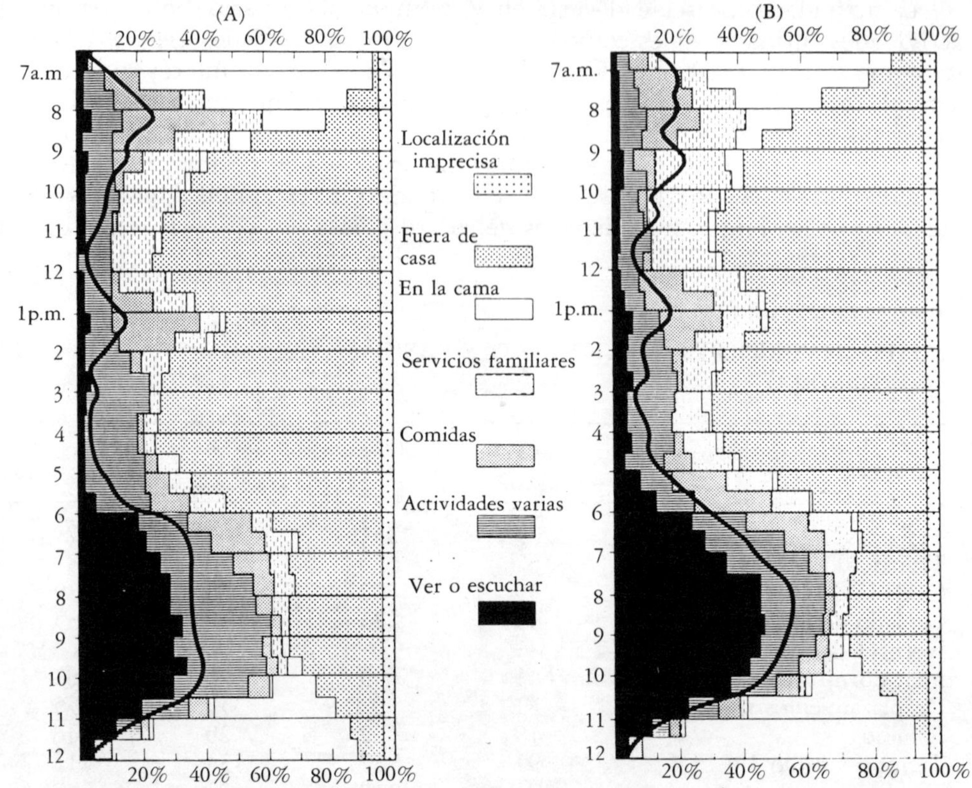

Fuente: BBC (1965). What the People are doing, the People's Activities.

Gráfico 4.19. Distribución del tiempo de dos grupos sociales: A. Nivel socioeconómico elevado. B. Nivel socioeconómico bajo.

una serie de atributos físicos ysociales, aún así difícil de definir pero necesaria para establecer comparaciones entre países y regiones e intentar una planificación de la ciudad. Pero otro plano es el constituido por un conjunto de imágenes que operan en la mente de los hombres que habitan la ciudad y en función de las cuales realizan unas actividades circunscritas en el tiempo y en el espacio.

El idal sería intentar fundir estas dos concepciones; la ciudad de los que viven en ella tal y como la perciben y la ciudad de los estudiosos, de los que tratan de analizarla como observadores exteriores. El lograr fundir estos dos planos es el reto actual de las ciencias sociales y la comprensión y posible solución de muchos de los problemas de la ciudad contemporánea.

4.3. Clasificación de las ciudades

En la clasificación de las ciudades se han seguido varios criterios. En un principio, se trataba de clasificaciones cualitativas, más tarde se introducen criterios cuantitativos basados en las actividades económicas de la población. En el momento presente, y merced a los análisis multivariantes, se incluyen otras muchas variables que tienen en cuenta aspectos socioeconómicos y del medio físico.

4.3.1. *Clasificaciones cualitativas*

Son bastante arbitrarias y se apoyan en la supuesta función dominante de la ciudad, es decir, reconocen que las ciudades se especializan en algunas actividades específicas y que estas actividades se relacionan también con emplazamientos concretos. A principios de siglo Tower (1905) identificó cinco tipos de ciudades en Estados Unidos: 1) Comerciales, 2) Industriales, 3) Políticas, 4) Balneario y 5) de Recreo.

Más conocida es la clasificación de Aurousseau, que fue seguida en los manuales franceses de geografía urbana: en 1921, Aurousseau distinguió seis tipos funcionales de ciudades:

1. Administración. Capitales de Estado o Nación.
2. Defensivas. Ciudades de guarnición o bases navales.
3. Culturales. Centros religiosos o ciudad universitaria.
4. Producción. Centro artesanal o industrial.
5. Comunicación. Centro de transporte.
6. Recreo. Balneario o ciudades de turismo.

Otro esquema clasificatorio no menos subjetivo y arbitrario fue el propuesto en 1945, por Griffith Taylor, que consideró el desarrollo de la ciudad como un ser vivo, y con una etapa de desarrollo semejante a las del ser humano:

1. Núcleos hasta 5.000 haabitantes, mal estructurados y sin orden interior.
2. Juvenil. Núcleos con 5.000-20.000 habitantes. En esta etapa comienza a producirse una diferenciación de usos del suelo.
3. Adolescente. Expansión industrial, descentralización de actividades.
4. Primera madurez. Aparece una segregación residencial.
5. Madurez. Población de 50.000 o más habitantes. Una clara aparición y diferenciación de usos del suelo residencial, industrial y comercial.

4.3.2 *Clasificaciones cuantitativas*

Estos enfoques, claramente subjetivos, no tenían mucha validez para establecer comparaciones. En los años 1930-1950 se intentó clasificar la ciudad tomando como base el empleo, y proponiendo como objetivo el discernir dentro de cada ciudad la función dominante.

De todas ellas, la mejor conocida fue la ideada por Chauncy Harris en 1943 para clasificar las ciudades de los Estados Unidos. Este geógrafo tomó las 605 ciudades que tenían más de 10.000 habitantes y con los datos censales del empleo diferenció nueve categorías. Las ciudades industriales se agruparon en dos categorías: en un grupo se encuadraban las que tenían más del 74 por 100 de su empleo en industria-comercio y al menos un 45 por 100 del total en la industria. El segundo grupo de ciudades industriales tenía sólo del 30 al 45 por 100 del empleo en la industria y un porcentaje combinado de comercio e industria del 60 por 100. En el cuadro 4.4. se presenta los criterios elaborados por Harris.

CUADRO 4.4.

Categoría	Definición
Ciudades Industriales (I')	Empleo industrial es almenos el 74 por 100 del empleo total en la industria, comercio al por menor y mayor conjuntamente. Asimismo, la industria debe agrupar al menos el 45 por 100 del empleo total de la ciudad.
Ciudades industriales (I)	Un mínimo de empleo industrial del 60 por 100 con respecto al empleo ocupado en la industria, comercio (menor y mayor) combinado. la industria dfebe ocupar, al menos, del 30 al 45 por 100 del total del empleo de la ciudad.
Ciudades de comercio al por mayor (C)	El empleo en el comercio al por mayor ha de ser, como mínimo, el 20 por 100 del empleo ocupado en esta actividad junto con la industria y el comercio al menudeo, y además la población empleada en el comercio al por mayor ha de ocupar, al menos, el 45 por 100 del comercio total.
Ciudades de transporte (T)	El empleo en transportes y comunicaciones ha de ser, al menos, 1/3 del empleo total en la industria.
Ciudades de ocio y jubilación (O)	Ningún criterio
Ciudades de comercio al poer menor (Cn)	El empleo ocupado en esta actividad ha de ser, al menos, el 50 por 100 del total del empleo industrial, comercio al por mayor y por menor combinados.
Ciudades diversificadas (D)	El porcentaje de empleo ocupado en la industria y comercio mayor y menor es menos del 60 por 100, 50 por 100 y 20 por 100 respectivamente, del total de empleo en estas actividades consideradas conjuntamente.
Ciudades universitarias (U)	El empleo en facultades es igual o, al menos, el 25 por 100 de la población total de la ciudad en 1940.
Ciudades políticas (P)	Capitales de estado y Washington D.C.

Fuente: Geographical Review, vol. 33. (1943), págs. 86-99.

La clasificación Harris, aunque supone un avance con respecto a las anteriores, tiene un carácter arbitrario y ello fue lo que movió a H. Nelson (1955) a mejorar esta clasificación mediante técnicas más objetivas. Para ello analiza todas las ciudades de Estados Unidos con más de 10.000 habitantes y calcula la media y desviación típica de nueve ramas de empleo. Este método fue el que utilizó Horacio Capel (1969) para clasificar las ciudades españolas, calculando la desviación típica y la media en cada uno de los cinco grupos de actividades seleccionadas. (Cuadro 4.5.).

CUADRO 4.5.

Grupos	Media (X)	D.T.(S)	X+S	X+2S	X+3S
Minería	4,03	13,26	17,29	30,55	43,81
Industrias fabriles	30,66	15,03	45,69	60,72	77,75
Comercio	13,05	4,79	17,84	22,63	27,42
Transporte	4,54	4,89	12,43	17,37	22,26
Servicios	29,89	11,48	41,37	52,85	64,33

Fuente: M. Capel (1969)

De esta forma se definen los diferentes grados de especialización funcional dentro de aquellas ciudades que poseen unos porcentajes de ocupación superiores a la media. Y así consideró ciudades con cierta especialización funcional a las que simplemente poseen un porcentaje superior a la media; ciudades especializadas, las que tienen un valor comprendido entre la media y una desviación típica; ciudades muy especializadas, las que tienen un porcentaje igual a la media más dos desviaciones típicas, y ciudades altamente especializadas, las que tienen la media más tres desviaciones típicas. A cada grupo le asigna símbolo. El método de Nelson permite que una ciudad pueda estar clasificada en dos o más grupos: por ejemplo, puede tener la media y tres desviaciones típicas en la industria, la media y dos sobre el comercio (3,C2), y puede además asignarse un símbolo gráfico y llevarlo a un mapa a fin de indicar la distribución. Sin embargo, el método de Nelson es también arbitrario y cuando la distribución no es normal, el área que ocupa una desviación típica por encima de la media no es uniforme.

CUADRO 4.6

Grupos	Cierta especialización	Especialización	Muy especializados	Altamente especializados
Minería	M O	M 1	M 2	M 3
Industrias fabriles	I 0	I 1	I 2	I 3
Comercio	C O	C 1	C 2	C 3
Transporte	T O	T 1	T 2	T 3
Servicios	S O	S 1	S 2	S 3

A finales del 50 se ensayan clasificaciones multivariantes. El método más sencillo es el propuesto por Smith en 1965. Consiste en confeccionar un gráfico de coordenadas cartesianas, incluyendo en cada eje los valores de dos variabales. En el gráfico 4.20. se incluyen los porcentajes de población activa en la industria y en el comercio. Sobre cada eje se traza una perpendicular correspondiente al empleo medio determinado, de cada actividad, apareciendo cuatro

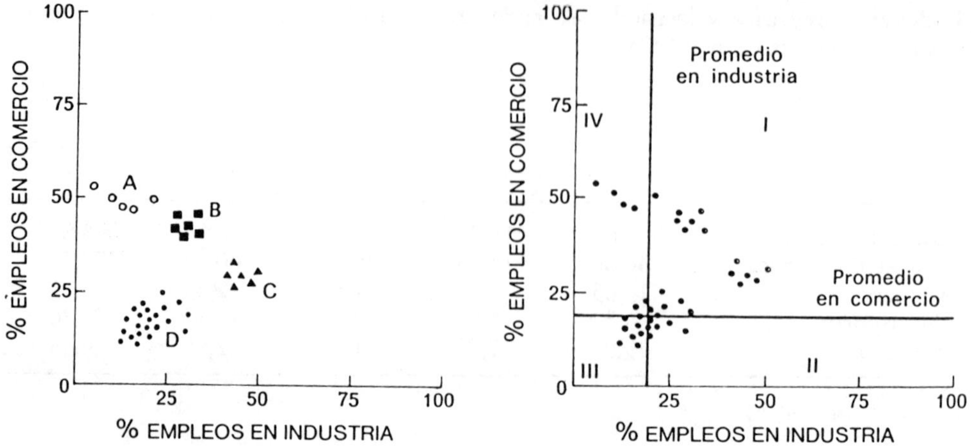

Gráfico 4.20. Clasificación de las ciudades según el porcentaje de empleo en dos actividades.

tipos de categorías de empleo. Cada grupo define ciudades que tienen valores de empleo por encima o por debajo de las dos variables, valores medios en las citadas actividades.

Grupo I Por encima del empleo medio industrial y comercial.
Grupo II Por encima del empleo medio industrial y por debajo del empleo medio en el comercio.
Grupo III Por debajo de ambos promedios.
Grupo IV Por debajo del promedio industrial y por encima del promedio de empleo en el comercio.

El inconveniente es que las divisiones pueden ser muy artificiales, pues sólo se examinan dos variables, pero los ordenadores electrónicos y las técnicas de análisis multivariables peremiten incluir más de dos. Un buen ejemplo fue el utilizado por Moser y Scott para clasificar las ciudades británicas. Estos geógrafos utilizaron en 1961 cincuenta y siete variables en 157 ciudades que superaban los 50.000 habitantes. Fue el primer estudio que empleó información demográfica de renta, salud, comportamiento electoral y características sanitarias y de instrucción.

La técnica de componentes principales redujo las cincuenta y siete variables originales en cuatro componentes independientes. Cada componente resume las variables más afines.

Los dos primeros componentes fueron los de mayor poder explicativo y se llevaron a un gráfico (gráfico 4.20.), en donde puede apreciarse un agrupamiento de ciudades según características semejantes. En el eje vertical el componente I, que sintetiza las características socioeconómicas; en el eje horizontal está el componente II, que resume las características demográficas. A los catorce grupos resultantes se les denominó según sus rasgos comunes. En general, las ciudades que aparecen a la izquierda son históricas; las de la derecha, jóvenes y más dinámicas. Cuanto más altas aparecen, mayor estatus socioeconómico poseen. Así, por ejemplo, el grupo I, ángulo superior izquierdo, encierra las antiguas ciudades turísticas, en tanto que el grupo 6 reúne los viejos centros textiles de Yorkshire y Lancashire.

Este método de componentes principales y el semejante de análisis factorial han sido utilizados posteriormente en la clasificación de las ciudades en diferentes países.

En el campo de la geografía española, Abellán, Moreno y Vinuesa (1978) clasificaron los municipios urbanos con población comprendida entre 50 y 150.000 habitantes utilizando el modelo de análisis factorial resumiento veintisiete variables en tres factores que explicaban el 62,5 por 100 de la varianza total, caracterizando así las cuarenta y cuatro ciudades españolas elegidas (gráfico 4.21).

El primer factor fue llamado de terciarización. El segundo es de carácter demográfico, y el tercero se le denominó dinamismo de los núcleos, según el carácter inmigratorio o emigratorio.

4.4. El desarrollo urbano y su evolución

4.4.1. *Introducción*

El rápido crecimiento urbano es una de las características más expresivas de los países más desarrollados económicamente. A pesar de ser un fenómeno relativamente reciente, su influencia fue tal, que existen hoy en día muy pocas regiones de la Tierra sin acusar los impactos directos o indirectos de la ciudad.

En los útlimos doscientos años el crecimiento urbano ha sido tan acelerado que algunos autores hablan de una «explosión urbana», simultánea al incremento de las unidades de producción, la división del trabajo y un espectacular crecimiento de la productividad que alteró profundamente la estructura de la sociedad (B. Berry, 1975). El crecimiento de las ciudades se hizo en estos dos últimos siglos con tasas nunca vistas en la historia de la humanidad, y los modos de vida rurales van siendo progresivamente sustituidos por las actividades y concepciones urbanas, hasta tal punto que en los países de mayor desarrollo económico diferenciar el modo de vida rural del urbano es un ejercicio carente de sentido.

En la actualidad, el 41,6 por 100 de la población mundial vive en ciudades (cuadro 4.8.) y un porcentaje mucho mayor en regiones en donde se deja sentir la influencia de la población urbana.

El *desarrollo urbano* puede definirse como el proceso que hace emerger un mundo dominado por la ciudad y los valores urbanos. Conviene diferenciar en el *desarrollo urbano* dos procesos: *crecimiento urbano* y *urbanización*. El *crecimiento urbano* es un proceso espacial y demográfico y se refiere a la importancia creciente de las ciudades como concentraciones de población y recursos en un sistema económico y social determinado. Por otra parte, el término *urbanización* es un proceso *aespacial* y *social* que se refiere a los cambios en el comportamiento y en las relaciones sociales que se producen en una sociedad como resultado de vivir un número creciente de población en las ciudades. Se trata fundamentalmente de los complejos cambios de estilo de vida que surgen como consecuencia del impacto de las ciudades en la sociedad.

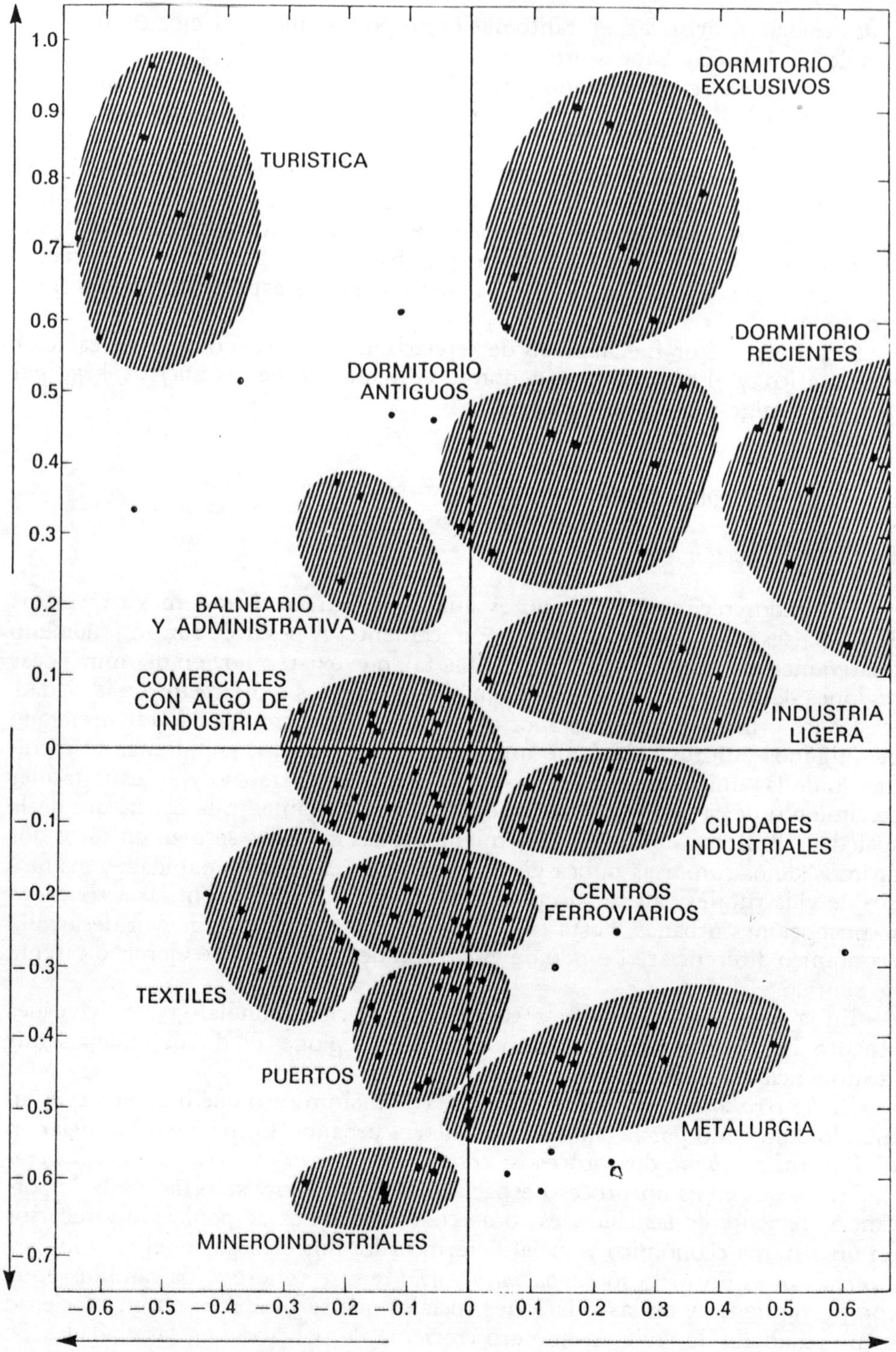

Fuente: R.C.A. Moser y W. Scott, (1961).

Gráfico 4.21 Clasificación de las ciudades mediante técnicas multivariantes.

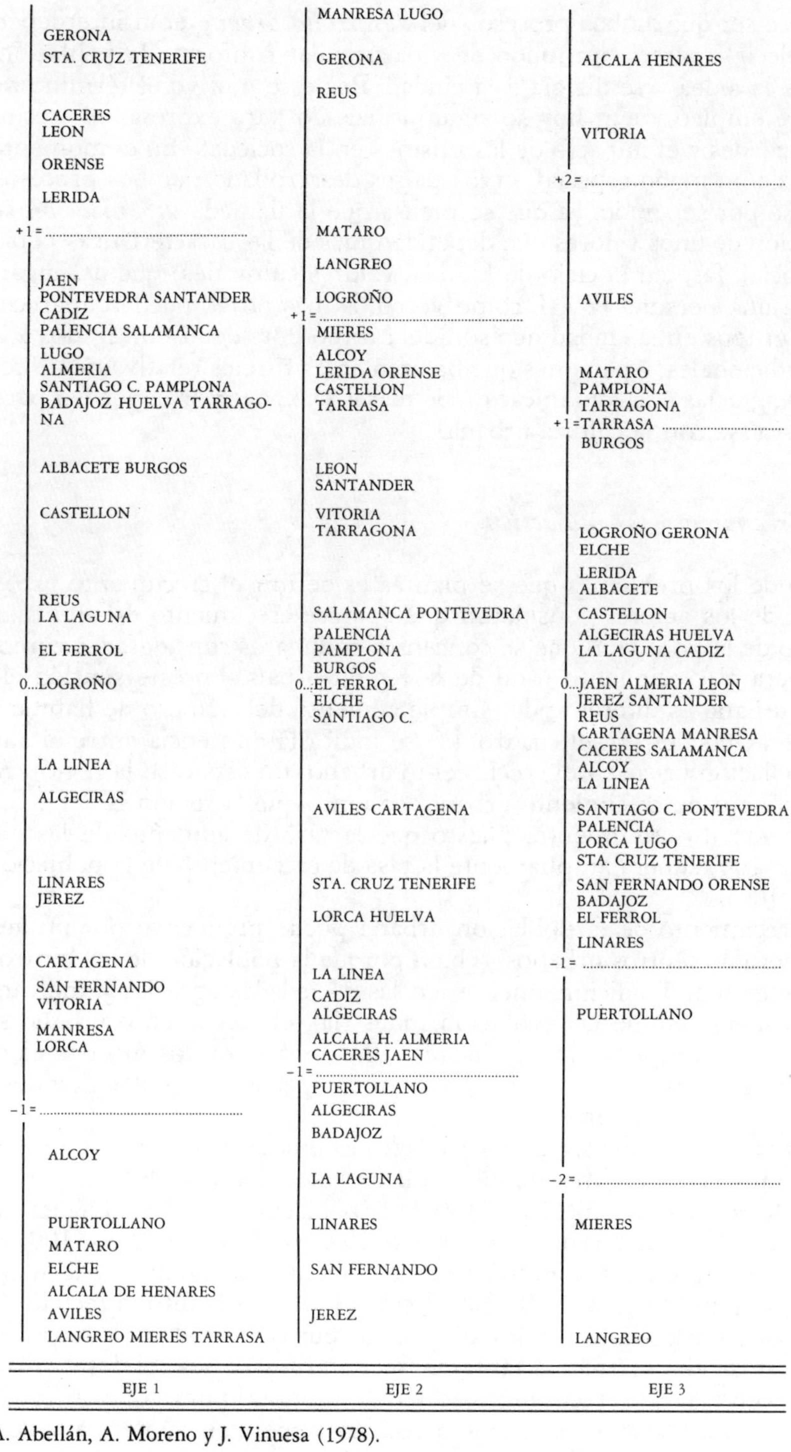

Fuente: A. Abellán, A. Moreno y J. Vinuesa (1978).

Gráfico 4.22 Clasificación de las ciudades españolas según sus puntuaciones en los tres factores considerados.

Parece ser que ambos procesos del *desarrollo urbano* eran interdependientes. Es decir, aparecía un modo de vida peculiar conforme la población emigraba de la aldea y se dirigía a la ciudad. Por este motivo el término *urbanización* se empleó y aún hoy se sigue utilizando para expresar el crecimiento de las ciudades y el impacto de las mismas en la sociedad. En el momento presente, y de un modo especial en los países desarrollados, ambos procesos pueden darse por separado, ya que se piensa que la llamada *urbanización* supone la adopción de unos valores que dependen más de las características personales (clase social, fase en el ciclo de la vida, valores culturales) que del lugar en el que viva una persona. Y así, como veremos más tarde, pueden aparecer personas y grupos en la ciudad que son del campo por seguir enraizados a los valores tradicionales, y personas que habitan áreas rurales relativamente remotas pero que, gracias a la comunicación de masas y al transporte, pueden participar e identificarse con la cultura urbana.

4.4.2. *Crecimiento urbano actual*

Uno de los problemas que se plantea es definir el crecimiento urbano. La mayoría de los autores consideran que aparece crecimiento urbano cuando el aumento de la población que se concentra en lugares considerados como urbanos supera el crecimiento total de la región o país. En este sentido el crecimiento urbano es diferente del simple aumento del número de habitantes viviendo en ciudades. En el cuadro 4.7. se indica la diferencia entre el aumento de la población urbana y el crecimiento urbano. En esta caso la región A tiene aumento pero no crecimiento urbano, en tanto que la región B experimenta un crecimiento, puesto que la tasa de aumento de las ciudades (41,7 por 100) supera ampliamente la tasa de crecimiento de la población total (20 por 100).

El crecimiento de la población urbana puede producirse por un aumento del número de centros urbanos, o bien porque la población de los centros existentes aumenta. Tradicionalmente, en las sociedades agrarias y mercantiles y en la primera fase de la revolución industrial, el crecimiento urbano se hizo mediante la multiplicación de ciudades. En cambio, en los últimos cien años, el crecimiento urbano se asocia al aumento espectacular de las grandes ciudades y áreas metropolitanas.

El predominio de las grandes ciudades es una característica de los sistemas urbanos modernos del mundo desarrollado y subdesarrollado.

En efecto, en 1900, el 15 por 100 de la población mundial vivía en ciudades de más de 100.000 habitantes; en 1960, el 26,8 por 100, y el 29 por 100 en 1980.

En los últimos años se produce un crecimiento urbano diferente al que tuvo lugar en el periodo 1850-1950. En efecto, a partir de la última fecha la expansión urbana en los países desarrollados de Europa Occidental, Norteamérica, Japón y Australia se efectúa lentamente y son los países subdesarrollados los que conocen tasas de crecimiento acelerado hasta tal punto que en 1980 la población urbana de los países subdesarrollados supera en número a la de los desarrollados y en el año 2000 la población urbana en ciudades tercermundias superará en 1.000 millones a la de los países desarrollados (cuadros 4.8 y 4.9).

CUADRO 4.7

DIFERENCIAS ENTRE AUMENTO DE POBLACION URBANA Y CRECIMIENTO URBANO

Población total (en millares)	POBLACION RURAL		POBLACION URBANA	
	Núm. habs.	Porcentaje del total	Núm. habs.	Porcentaje del total
Región A: Urbaniz. del inicio del período 15	9	60	6	40
Fin del período: 18	10,8	60	7,2	40
Incremento de la población: 3	1,8	(20% de aumento)	1,2	(20% de aumento)
Región B Inicio de período 15	9	60	6	40
Fin del período 18	9,5	52,8	8,5	47,2
Incremento de la población 3	0,5	5,6 de aumento	2,5	41,7 de aumento

En el cuadro 4.8 se relaciona la distribución en cifras absolutas y relativas de la población urbana. En el cuadro 4.9 se incluye la tasa de crecimiento medio anual de la población urbana desde 1970-1985, poniéndose de manifiesto que los países subdesarrollados triplican el valor de las tasas de crecimiento de los países desarrollados.

El crecimiento urbano se realiza básicamente a expensas de las grandes ciudades (cuadros 4.10 y 4.11) y hay que poner de relieve el incremento en número y en población en las grandes ciudades tercermundiasta, de tal modo que se estima que al finalizar el siglo la casi totalidad de las mayores aglomeraciones urbanas del mundo aparecerán en los países subdesarrollados (cuadro 4.11).

Los problemas que plantea el crecimiento explosivo de las ciudades se hacen patentes al examinar la tasa de crecimiento anual registrada en estos núcleos durante el periodo 1980-85. Teniendo en ccuenta que no parece probable que se corrijan sustancialmente estas tendencias (altas tasas la natalidad y fuerte inmigración), en periodos de diez a veinte años, la población de estas aglomeraciones urbanas se duplicará, lo que hace muy difícil solventar las necesidades más elementales de un modo satisfactorio. En efecto, para abastecer a esta población urbana de unos equipamientos tan deficientes como los actuales (vivienda, alcantarillado, agua, electricidad, escuelas, et.) se necesitaría un au-

CUADRO 4.8

VOLUMEN Y PORCENTAJE DE POBLACIÓN QUE VIVE EN ZONAS URBANAS

REGIONES	1970		1975		1985		2000	
	Núm. habs.	Porcentaje	Núm. habs.	Porcentaje	Núm. habs.	Porcentaje	Núm. habs.	Porcentaje
Mundo	1.361	36,9	1.561	38,3	2.013	41,6	2.952	48,2
P. Desarrollo a/	695	66,4	753	68,7	849	72,4	992	77,8
P. Subdes. b/	666	25,2	809	27,1	1.164	31,7	1.959	44,4
África	82	22,9	105	25,6	177	32,1	370	42,2
América	330	64,7	374	66,7	475	71,0	653	77,1
• Latina	163	57,4	198	61,5	280	68,8	421	76,6
• Norte	167	73,8	176	73,8	196	74,3	232	78,0
Asia	494	23,6	589	25,0	798	28,2	1.267	35,7
A. Oriental	259	26,3	298	27,0	362	28,9	503	34,2
A. Meridional	236	21,3	291	23,2	436	27,7	764	36,8
Europa	304	66,1	326	68,6	361	73,3	405	78,9
Oceanía	14	70,8	15	71,7	18	71,7	22	73,1
Unión Soviética	137	56,7	152	60,0	185	66,3	234	74,3

Fuente: Estimates and Projections of Urban, Rural and City Populations, 1970-2000: ONU, Nueva York, 1985.

a) América septentrional, Japón, Europa, Australia, Nueva Zelanda y Unión Soviética.

b) Todas las demás regiones.

CUADRO 4.9

TASAS DE CRECIMIENTOS MEDIO ANUAL DE LA POBLACIÓN URBANA, POR REGIÓN Y SUBREGIÓN PRINCIPAL, 1900-1985

Región y subregión principal	Tasa de crecimiento anual (Porcentaje)		
	1970-1975	1975-1980	1980-1985
Total mundial	2,7	2,6	2,5
Regiones más desarrolladas	1,6	1,3	1,1
Regiones menos desarrolladas			
ÁFRICA	5,0	5,3	5,2
África oriental	6,9	7,2	6,9
África central	5,8	5,7	5,4
África septentrional	4,2	4,5	4,5
África meridional	3,5	3,5	3,7
África occidental	5,6	5,8	5,7
AMÉRICA	2,5	2,4	2,4
América Latina	3,9	3,6	3,4
América Septentrional	1,1	1,1	1,0
Asia	3,5	3,1	1,0
Unión de Repúblicas Socialistas Soviéticas	2,1	2,0	1,9

Fuente: Estimates and Projections of Urban, Rural and City Population, 1950-2025: the 1982 Assessment (Futura publicación de las Naciones Unidas).

mento de la inversión del 75 por ciento sobre la actual, lo que a todas luces resulta improbable.

El crecimiento urbano en las diferentes regiones de la superficie terrestre se ajusta satisfactoriamente a la curva del gráfico 4.23. Esta curva traduce un crecimiento en fases. En la primera fase la pendiente de la curva es suave, lo que refleja una sociedad de economía agraria dominante con escaso poder de crear grandes excedentes agrícolas, lo que explica que la población se distribuya en pequeños asentamientos; en la segunda fase la curva se dispara y, por último, en la tercera fase, el crecimiento vuelve a ser moderado.

En el gráfico 4.24 aparecen los países según el procentaje de población urbana sobre la base de los criterios existentes en cada país para clasificar una aglomeración como ciudad.

Parece ser que mientras en los países subdesarrollados el crecimiento de la población urbana es muy fuerte, en los países desarrollados se siguen las pautas de Estados Unidos, aunque no se cumplen todas las tendencias que se manifiestan en este país

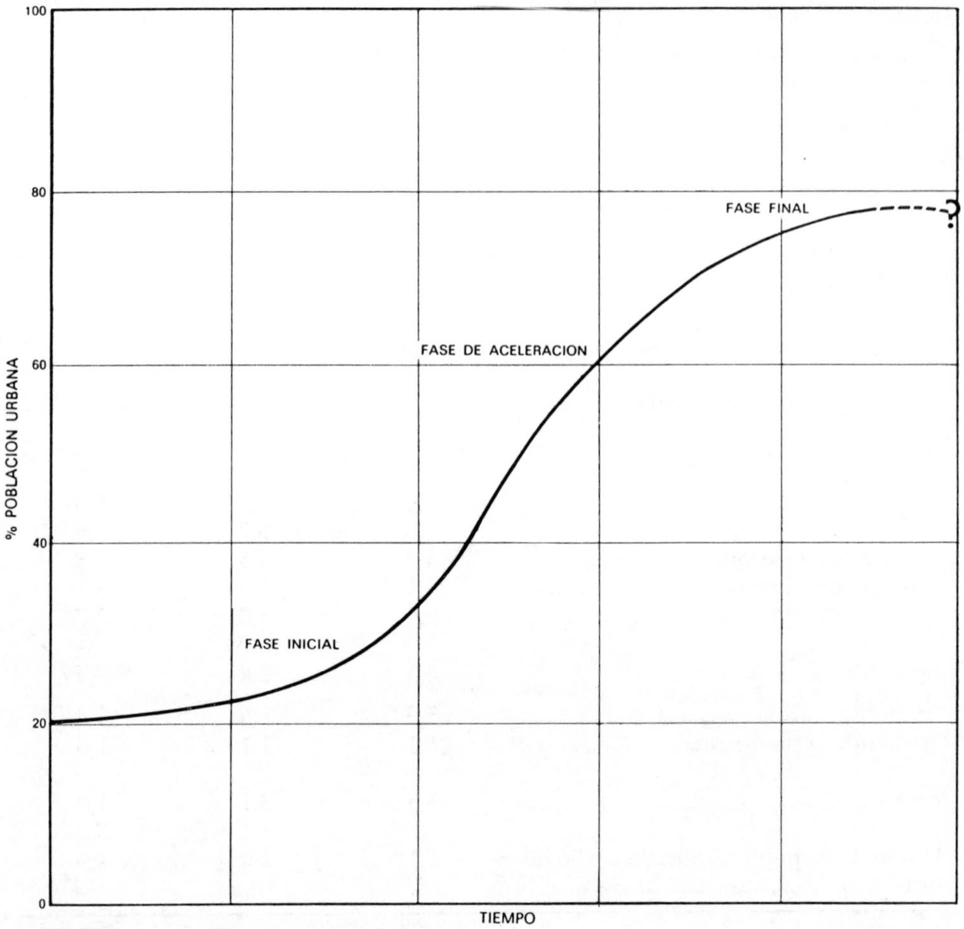

Fuente: Northam, R. M. (1975).

Gráfico 4.23. El proceso de urbanización.

desde 1970 (cuadro 4.12), en donde aparecen fuertes trasvases de población desde las grandes aglomeraciones urbanas a ciudades de tipo medio y pequeño. Asimismo las áreas metropolitanas registran movimientos centrífugos de población desde el centro hacia el anillo exterior, que crece más rápidamente, y en general se registra una emigración desde las áreas metropolitanas tradicionales hacia las áreas no metropolitanas que conocen un mayor dinamismo demográfico.

En Estados Unidos la tradicional emigración campo-ciudad se está invirtiendo, lo que genera la llamada *desurbanización*. Sin embargo esta tendencia es discutible, ya que la mayor parte de la emigración americana va desde las áreas metropolitanas a las regiones rurales limítrofes a las mismas.

En Europa sigue estando la mayor parte de la población en áreas metropolitanas (en 1950, 86 por 100; en 1970, 88 por 100), y las regiones no metropolitanas siguen perdiendo población. Sólo se aprecia una descentralización de la población dentro de las áreas metropolitanas, en donde se registra un despoblamiento del centro en beneficio de los anillos exteriores (cuadro 4.15).

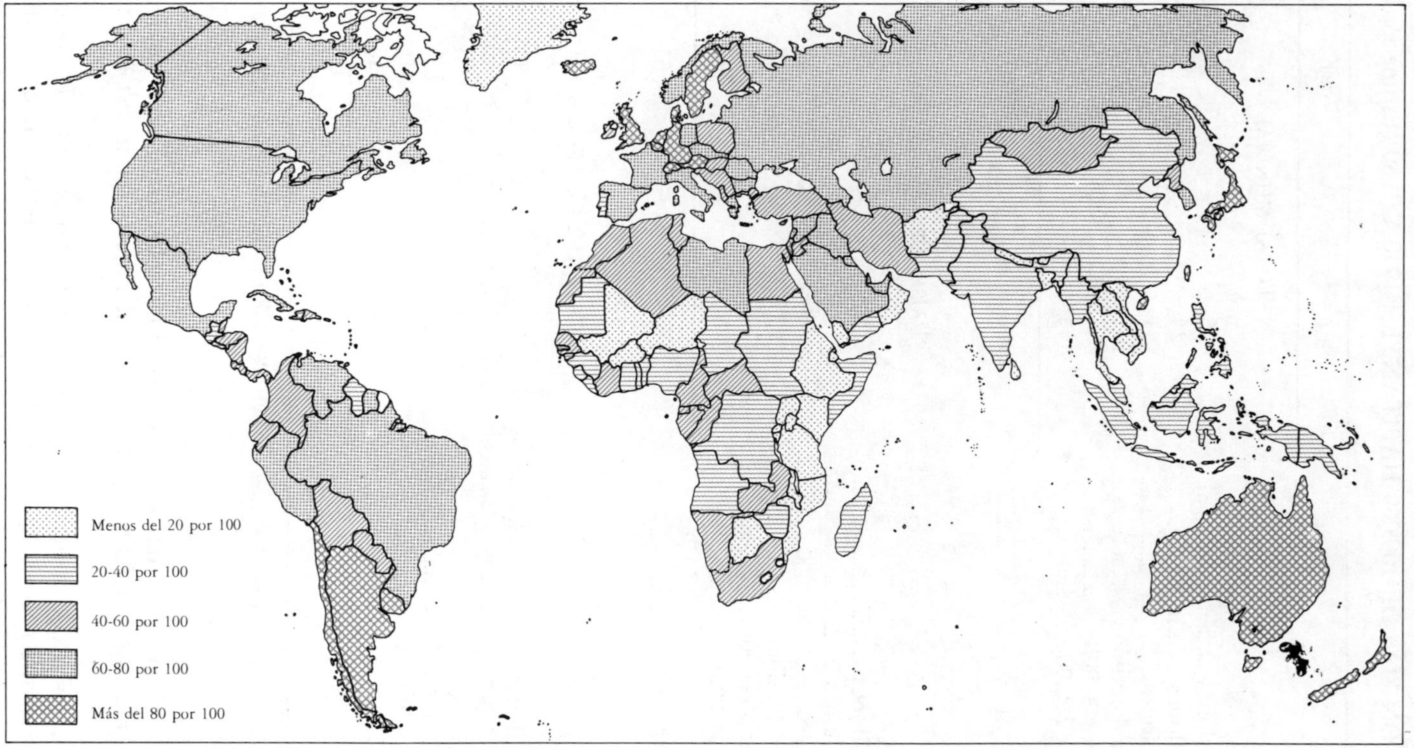

Gráfico 4.24. La urbanización en el mundo (1986).

CUADRO 4.10

CIUDADES CON MÁS DE 100.000 HABITANTES: 1950 Y 1980 (Estimación)

	1950	1980
	TOTAL MUNDIAL	
Más de 5 millones	6	26
De 2 a 5 millones	24	71
De 1 a 2 millones	41	129
De 500.000 a 1 millón	101	249
De 200.000 a 500.000	281	727
De 100.000 a 200.000	453	999
TOTAL	906	2.201
	PAÍSES DESARROLLADOS	
Más de 5 millones	5	11
De 2 a 5 millones	15	31
De 1 a 2 millones	28	68
De 500.000 a 1 millón	61	118
De 200.000 a 500.000	173	351
De 100.000 a 200.000	275	482
TOTAL	557	1.061
	PAÍSES SUBDESARROLLADOS	
Más de 5 millones	1	15
De 2 a 5 millones	9	46
De 1 a 2 millones	13	61
De 500.000 a 1 millón	40	131
De 200.000 a 500.000	108	376
De 100.000 a 200.000	178	517
TOTAL	349	1.140

Fuente: Global Review of Human Settlements. ONU, Pergamon Press, Nueva York, 1976, págs. 60-76.

El proceso se inició a finales de los años 50 en el Reino Unido, en los países mediterráneos en los 70 y en los países del Este la tendencia es opuesta.

— La tendencia que se observa desde los años 70 en Estados Unidos a que las áreas metropolitanas experimenten crecimientos menores que los no metropolitanos, no se produce en Europa, sino que ocurre todo lo contrario.

CUADRO 4.11

LAS AGLOMERACIONES URBANAS MÁS GRANDES, POR CANTIDAD DE POBLACIÓN
(Millones)

Aglomeración/País	Población en 1970	Aglomeración/País	Población en 1985	Aglomeración/País	Población en 2000
Nueva York/región nororiental de Nueva Jersey (Estados Unidos)	16,3	México D.F. (México)	18,1	México D.F. (México)	26,3
Tokio/Yokohama (Japón	14,9	Tokio/Yokohama (Japón)	17,2	Sao Paulo (Brasil)	24,0
Shanghai (China)	11,4	Sao Paulo (Brasil)	15,9	Tokio/Yokohama (Japón)	17,1
Londres (Reino Unido)	10,6	Nueva York/región nororiental de Nueva Jersey (Estados Unidos)	15,3	Calcuta (India)	16,6
Rhein-Ruhr (República Federal de Alemania)	9,3	Shanghai (China)	11,8	Gran Bombay (India)	16,0
México D.F. (México)	9,2				
		Nueva York/región nororiental de Nueva Jersey (Estados Unidos)	15,5		
Gran Buenos Aires (Argentina)	8,5	Gran Buenos Aires (Argentina)	10,9	Seul (República de Corea)	13,5
Los Angeles/Long Beach (Estados Unidos)	8,4	Río de Janeiro (Brasil)	10,4		
Shanghai (China)	13,5				
París (Francia)	8,3	Seúl (República de Corea)	10,2		
Río de Janeiro (Brasil)	13,3				
Beijing (China)	8,3				
Gran Bombay (India)	10,1	Delhi (India)	13,3		
Sao Paulo (Brasil)	8,2	Los Angeles/Long Beach (Estados Unidos)	10,0	Gran Buenos Aires (Argentina)	13,2

Aglomeración/País	Población en 1970	Aglomeración/País	Población en 1985	Aglomeración/País	Población en 2000
Osaka/Kobe (Japón)	7,6	Londres (Reino Unido)	9,8	El Cairo/Giza/Imbaba (Egipto)	13,2
Río de Janeiro (Brasil)	7,2	Beijing (China)	9,2	Yakarta (Indonesia)	12,8
Moscú (Unión Soviética)	7,1	Rhein-Ruhr (República Federal de Alemania)	9,2	Baghdad (Iraq)	12,8
Calcuta (India)	7,1	París (Francia)	8,9	Teherán (Irán)	12,7
Nanjin (China)	6,9	Moscú (Unión Soviética)	8,7	Karachi (Pakistán)	12,2
Chicago/región nororiental de Indiana (Estados Unidos)	6,8	El Cairo/Giza/Imbaba (Egipto)	8,5	Estambul (Turquía)	11,9
Gran Bombay (India)	5,9	Osaka/Kobe (Japón)	8,0	Los Angeles/Long Beach (Estados Unidos)	11,2
Milán (Italia)	5,6	Yakarta (Indonesia)	7,9	Dhaka (Bangladesh)	11,2
Seul (República de Corea)	5,4	Tianjin (China)	7,8	Manila (Filipinas)	11,1

Fuente: Estimates and Projections of Urban, Rural and City Populations, 1950-2025: the 1982 Assessment. Naciones Unidas, Nueva York, 1985.

CUADRO 4.12

TENDENCIAS DEMOGRAFICAS EN LOS ESTADOS UNIDOS, 1970-1980

Ámbito	1980 Población	1970 Población	Porcentaje de cambio 1970-80	Porcentaje con respecto al total de la población
Estados Unidos	226,5	20,3	11,4	100
Áreas metropolitanas (318)	169,4	153,7	10,2	74,8
Ciudades centrales (429)	67,9	67,8	0,1	30
Suburbios	101,5	85,6	18,2	44,8
Áreas metropolitanas con más de un millón	100,2	93,8	6,7	44,2
Áreas metropolitanas	57,1	49,6	15,1	25,2
Áreas metropolitanas con más de 2 millones	68,1	65,2	4,5	30,0

Fuente: P. Hall, 1984, pág. 124.

— El crecimiento de las regiones del sol no se debe a las mismas causas que en Estados Unidos, sino simplemente a los efectos de la primera revolución industrial más que a los efectos de las innovaciones tecnológicas postindustriales.

— El núcleo industrial tradicional europeo continúa creciendo. Para P. Hall (1981, pág. 143), Europa no manifiesta el proceso de *desurbanización*, es decir, el despoblamiento de las grandes y medianas ciudadaes de las regiones industriales en beneficio de las regiones rurales.

En el caso de las áreas metropolitanas españolas el ejemplo de Madrid es ilustrativo. En los años 50 los municipios que en 1963 formarían la corona metropolitana ya empiezan a crecer con tasas relativas superiores a las de la capital (6 por 100 y 4 por 100 respectivamente). Esta tendencia se acentúa posteriormente en la década de los sesenta, alcanzando la aureola exterior metropolitana tasas de incremento del 21 por 100 anual, mientras que Madrid capital cambia de tendencia. Durante el primer quinquenio de la década de los 70, el municipio de Madrid desciende bruscamente en su crecimiento demográfico, tanto en términos absolutos como relativos, a la vez que la corona metropolitana mantiene su crecimiento relativo. En el último quinquenio, el municipio de Madrid pierde población y la periferia decrece el ritmo de crecimiento (cuadro 4.14). Al mismo tiempo los distritos centrales de la ciudad pierden entre 1970-1981, 208.288 personas (–14,86 por 100) (cuadro 4.15). De los cuadros insertos se deduce que aunque el área metropolitana ha descendido en su tasa de crecimiento, registra, sin embargo, crecimientos superiores a los de la provincia de Madrid. Por lo tanto, asistimos a una fase de suburbanización y descentralización de la actividad productiva, industrial principalmente, en la corona metropolitana.

CUADRO 4.13

CAMBIO DE POBLACIÓN EN LAS REGIONES EUROPEAS: ÁREAS METROPOLITANAS, Y NO METROPOLITANAS, 1950-1975.

	1950-1960 a			1960-1970 a			1950-1960 b			1960-1975 b		
	Cambio absoluto (000)	% cambio	% del total	Cambio absoluto (000)	% cambio	% del total	Cambio absoluto (000)	% cambio	% del total	Cambio absoluto (000)	% cambio	% del total
EUROPA ATLÁNTICA												
Núcleo	511	1.87	21.92	-673	-2.42	-22.23	-673	-2.52	-24.36	-628	-2.42	-222.74
Corona	1.975	8.75	84.63	3.628	14.78	119.82	3.342	14.52	120.96	951	3.61	337.20
No-metrop.	153	-4.47	-6.54	73	2.25	2.41	94	5.44	3.40	-41	-2.24	-14.46
Total	2.334	4.38	100.00	3.028	5.44	100.00	2.763	5.37	100.00	282	0.52	100.00
EUROPA SEPTENTRIO.												
Núcleo	594	11.99	58.49	396	7.14	31.45	396	7.14	31.45	-267	-4.49	-69.17
Corona	315	5.02	30.98	814	12.35	64.54	814	12.35	64.54	604	8.16	156.48
No-metrop.	107	31.7	31.70	51	1.45	4.01	51	1.45	4.01	49	1.39	12.69
Total	1.016	6.95	100.00	1.261	8.07	100.00	1.261	8.07	100.00	386	2.29	100.00
EUROPA OCCIDENTAL												
Núcleo	3.981	17.50	63.85	3.992	14.94	53.16	3.988	14.96	53.29	528	1.72	19.96
Corona	2.037	7.36	32.67	3.049	10.26	40.60	3.028	10.28	40.46	1.812	5.58	68.51
No-metrop.	217	2.24	3.48	468	4.73	6.23	468	4.73	6.25	305	2.94	11.93
Total	6.235	10.38	100.00	7.509	11.32	100.00	7.484	11.34	100.00	2.645	3.60	100.00
EUROPA MERIDIONAL												
Núcleo	5.020	22.02	85.80	5.525	19.86	80.75	5.507	20.57	74.05	1.078	3.38	45.68
Corona	949	2.51	16.22	2.729	7.05	39.89	2.833	6.58	38.09	2.358	6.35	99.92
No-metrop.	118	-0.56	-2.02	-1.413	7.25	-20.65	-903	-4.88	-12.16	-1.076	-6.11	-46.56
Total	5.851	7.16	100.00	6.341	7.82	100.00	7.437	9.39	100.00	2.360	2.72	100.00

	1950-1960 a			1960-1970 a			1950-1960 b			1960-1975 b		
	Cambio absoluto (000)	% cambio	% del total	Cambio absoluto (000)	% cambio	% del total	Cambio absoluto (000)	% cambio	% del total	Cambio absoluto (000)	% cambio	% del total
EUROPA CENTRAL												
Núcleo	3.463	17.98	65.11	914	4.02	14.39	782	4.25	15.46	na	na	na
Corona	1.825	4.43	34.32	5.387	12.51	84.85	4.276	12.25	84.54	na	na	na
No-metrop	31	9.28	0.57	48	13.38	0.76	0	0	0	0	0	0
Total	5.319	8.74	100.00	6.349	9.60	100.00	5.058	9.49	100.00	na	na	100.00
EUROPA ORIENTAL												
Núcleo	na	na	na	na	na	na	1.974	16.50	58.50	1.212	8.70	70.15
Corona	na	na	na	na	na	na	1.400	5.11	41.50	516	1.79	29.84
No-metrop.	na	na	na	na	na	na	-	-	-	-	-	-
Total	na	na	na	na	na	na	3.374	8.57	100.00	1.728	4.04	100.00
EUROPA												
Núcleo	13.570	13.98	65.38	10.153	9.18	40.63	11.192	11.51	50.15	na	na	na
Corona	7.102	5.24	34.21	15.607	10.94	62.46	11.417	9.46	51.16	na	na	na
No-metrop.	85	0.22	0.41	-772	-2.32	-3.09	-290	-.00	-1.30	-763	-2.29	-10.30
Total	20.757	7.68	100.00	24.988	8.58	100.00	22.318	8.87	100.00	7.401	2.70	100.00

NOTAS: a) Todos los países, excepto Hungría y Polonia.
b) Gran Bretaña, Suecia, Noruega, Dinamarca, Francia, Bélgica, Holanda, España, Italia, Alemania, Hungría y Polonia; na, sin datos.

CUADRO 4.14

EVOLUCIÓN DE LA POBLACIÓN EN MADRID CAPITAL, CORONA METROPOLITANA, PROVINCIA DE MADRID (en miles)

Ámbitos	1950		1960		1970		1975		1981	
	Total	Porcentaje incremento	Total	Porcentaje incremento	Total	Porcentaje incremento	Total	Porcentaje incremento	Total	Porcentaje incremento
Madrid-capital	1.618	4,87	2.860	3,96	3.146	3,92	3.201	0,35	3.188	0,08
Corona metropolitana	83	1,70	134	6,17	418	21,26	847	20,50	1.241	9
Provincia de Madrid	1.926	2,19	2.606	3,53	3.792	4,55	4.294	2,64	4.726	1,95
TOTAL NACIONAL	28.118	0,81	30.582	0,88	33.956	1,10	35.610	0,97	37.746	1,16

Fuente: Boletín Estadístico Municipal, junio 1986

CUADRO 4.15

EVOLUCIÓN DE LA POBLACIÓN EN EL MUNICIPIO DE MADRID (1970-1981)

Zonas	1970-75		1976-81	
	Total variación	Porcentaje incremento anual	Total variación	Porcentaje incremento anual
Almendra	- 81.874	-1,33	-68.674	-1,15
Corona exterior	+188.944	+2	- 519	0,00
Total municipio	107.070	0,69	37.877	0,41

Fuente: Boletín Estadístico Municipal, junio 1986.

4.5. LA URBANIZACIÓN DE LA SOCIEDAD

En el *desarrollo urbano*, proceso mediante el cual aparece progresivamente un mundo dominado por ciudades y valores urbanos, hemos diferenciado el proceso de *crecimiento urbano*, que ya hemos analizado, y las etapas de formación. En este apartado vamos a estudiar la *urbanización*, es decir, un proceso del *desarrollo urbano* de carácter *aespacial* y *social* que trata de los cambios comportamentales y de las relaciones sociales, que aparecen en las personas y en la sociedad como consecuencia de la vida en las ciudades. La mayoría de los conceptos en los que reposa la teoría de la urbanización de la sociedad se apoyan en el supuesto de que conforme la población se concentra en espacios relativamente pequeños se destsruyen las formas sociales y la estructura económica que eran idóneas para la vida rural y la vida en pequeños asentamientos, y son sustituidas por otras formas y otras relaciones más adecuadas a las necesidades de la ciudad. En un comienzo, estas transformaciones se reducen prácticamente a los habitantes de las ciudades (transportes y comunicaciones lentos y costosos), pero más tarde se difunden ampliamente y van siendo adoptadas por la población rural, de tal modo que la sociedad en su totalidad tiende a verse dominada por los valores, expectativas y estilos de vida urbanos. Este complejo proceso que afecta al comportamiento y a las relaciones humanas se conoce con el nombre de *urbanización*.

4.5.1. *Las teorías de contraste*

Existe una larga tradición en las ciencias sociales tanto en su versión teórica como aplicada (planeamiento urbano y rural) de considerar el hecho urbano, la ciudad, como algo opuesto al campo, a lo rural, al pueblo. Este enfoque tiene una larga historia y en él se confunde lo que se produce en la realidad con lo que los geógrafos y científicos sociales sienten que debería ser la realidad.

Se parte de la existencia de una supuesta *comunidad* humana pequeña, e intrínsecamente buena, que se está perdiendo, por el impacto de la ciudad, lo que es causa de lamentación por gran parte de pensadores y escritores y no sólo ahora, sino desde hace muchos siglos («Menosprecio de la corte y alabanza de la aldea»). Casi siempre se piensa que los hechos que hacen desaparecer la imaginada comunidad son las revoluciones políticas y sociales. Así por ejemplo, las perturbaciones que provocan las revoluciones norteamericana y francesa, así como la revolución indusstrial, son los puntos de arranque de Tocqueville, Comte, Tönnies, Le Play, Marx y Durkheim. Marx (1847-48) considera la ciudad burguesa como un mal necesario y positivo que ha ido «substrayendo una gran parte de la población al idiotismo de la vida rural» y Durkheim (1933), aunque asocia la ciudad con la expresión más desarrollada de la patología social general, la considera también como una fuerza del progreso y libertad individual. Aunque la concepción que tenían estos pensadores de la *comunidad* era de gran importancia, sin embargo, no responde a un trabajo empírico, sino más bien a una imagen del paraíso perdido que se utiliza como medio de comparación con la realidad urbana emergente de la revolución industrial. La sociedad industrial urbana emergente de la revolución industrial. La sociedad industrial urbana y las comunidades que surgen se tachan de competitivas, conflictivas y alienantes, mientras que las comunidades rurales o las pequeñas ciudades mercantiles que desaparecen, encarnan relaciones antitéticas. En todos aparece un sentido de angustia, por la ruptura con lo antiguo; como decía Vidal de la Blache (1917): «el arte geográfico se degrada manifiestamente cuando se pasa de la descripción de las viejas provincias a los espacios contemporáneos, puesto que el sentido de las armonías sutiles y de los acuerdos profundos y de las correspondencias secretas se pierden». Vidal se refería así a la trasformación de L'Alsace ante la industrialización y el ferrocarril (J. Estébanez, 1986).

Estas preocupaciones tuvieron una gran influencia, pero tal vez el legado mayor a la noción de *comunidad* se deba a Ferdinand Tönnies cuya «Gemeinschaft y Gessellschaft» (Comunidad y sociedad) apareció publicado en 1887.

Según Tönnies, en la Gemeinschaft, la comunidad (pueblo o pequeña ciudad), las relaciones humanas son íntimas, duraderas y basadas en la comprensión del puesto y papel que ocupa y desempeña cada uno en la comunidad. La estima y la valoración de cada persona están en lo que es, y no en lo que haya podido hacer, es decir, el estatus es adscriptivo más que logrado. En la comunidad, los papeles de cada persona son específicos y no entran en conflicto con los de los demás. Los miembros de la comunidad tienen escasa movilidad física y social (su ámbito territorial se reduce al pueblo y difícilmente se mueven en el rango social). Además la cultura de la comunidad es relativamente homogénea puesto que los papeles no son conflictivos. Las custodias de la moral de la comunidad, la familia y la iglesia, son fuertes, sus códigos claves y sus mandatos bien internalizados. Hay sentimientos de la comunidad que implican una lealtad estrecha con el lugar y la gente. De este modo la comunidad impulsa la inmovilidad y hace difícil que los hombres alcancen estatus y riqueza por sus méritos. La comunidad favorece las formas tradicionales, y en el núcleo mismo del concepto de la comunidad está la vinculación a las convenciones y mores del lugar. La comunidad refuerza el código moral; las tensiones que se suscitan y las heterodoxias se consideran delitos. En una comunidad cada uno se conoce y puede situarse en la estructura social. Esto produce una personalización de problemas, sucesos y explicaciones, puesto que los nombres familiares y las características se asocian inevitablemente con todo lo que ocurre. Tönnies subrayó mucho las relaciones de la comunidad con el factor territorial, de tal modo que cuando se habla de comunidad siempre se refiere a un *lugar* en el que la gente tiene parciales o completas relaciones de solidaridad.

Opuesto al concepto de *comunidad* es el de *Gessellschalft*, que puede traducirse por *sociedad* o *asociación*; significa todo lo que no es comunidad, se refiere a los lazos impersonales y contractuales que se consideran crecientes en el siglo XIX a expensas de la *Gemeinschaft*.

Aquí radica la idea central de muchos estudios comunitarios: el cambio social se conceptualiza como un continuo entre dos tipos polares: la *comunidad* y la *sociedad*. Para Tönnies hay tres aspectos esenciales de la comunidad: sangre, lugar (territorio) y mente, con sus consecuencias sociológicas de parentesco, vecindad y amistad. En conjunto, la comunidad constituye la sede de toda virtud y moralidad. La Gessellschaft tiene una singularidad: «todas las actividades se restringen a un fin determinado y a unos medios para obtenerlo» (Tönnies). Esta racionalidad se considera como un aspecto clave en el desarrollo del capitalismo occidental. Puede pretenderse que en la Gemenschaft se encuentre lo que Webber llama autoridad «tradicional» en tanto que en la Gessellschaft se incorpora la que denomina autoridad «racional».

El sociólogo E. Durkheim en su obra *La división del trabajo* trata la base moral de la solidaridad social, es decir, los orígenes sociales y la base de la cohesión social de la vida colectiva; este autor trata de demostrar que la solidaridad social puede ser función de la homogeneidad o de la heterogeneidad. La heterogeneidad está ligada al incremento de la *densidad material* (aumento de la población) que genera aumento de la *densidad moral* (aumento de relaciones) y ambas a la urbanización. Es la urbanización, motivada por la división del trabajo, la que produce el paso de la *solidaridad mecánica*, semejante a la *Gemeinschaft,* a la solidaridad orgánica (comunidad urbana).

Estas interpretaciones de contraste se repiten en Redfield y Becker con sus conceptos de comunidad folk y sociedad sagrada, respectivamente, que se oponen a la comunidad urbana.

Tomando como base estas concepciones Sorokin y Zimmerman llegan a caracterizar los ámbitos y modos de vida rural y urbano. (cuadro 4.16).

El geógrafo B. J. L. Berry (1975) trató de sintetizar lo que llama la «doctrina convencional», que se apoyaba en la idea de las relaciones secundarias e impersonales, basadas en la especialización, y que sustituyen a las relaciones primarias originando fuertes transformaciones demográficas, comportamentales, económicas y espaciales (cuadro 4.17).

En definitiva, se trata de concepciones polarizadas, en donde se especifican atributos propios del medio rural y urbano apoyándose en situaciones extremas que pocas veces se dan en el mundo de hoy, especialmente en los países industrializados en donde los transportes han roto el aislamiento del mundo rural y la influencia de lo urbano se hace sentir cada vez con más fuerza. Sin embargo, a pesar de lo poco apropiado de este enfoque, sigue aún muy pre-

Cuadro 4.16

CARACTERÍSTICAS DEL MUNDO RURAL Y URBANO

Características	Mundo rural	Mundo urbano
1. Ocupación	Mayoría de la población trabaja en la agricultura. En la comunidad existen pocas personas no agricultores.	La mayoría trabaja en la industria y servicios.
2. Medio	Predominio de la naturaleza sobre el paisaje antrópico. Relación directa del hombre y el medio natural.	Mayor aislamiento con el medio natural. Predominio del paisaje antrópico.
3. Tamaño	Viviendas aisladas o pequeños asentamientos.	Mayor tamaño que los núcleos rurales de la región.
4. Densidad	En el mismo periodo de tiempo y región, menos densidad. Densidad y ruralismo están negativamente relacionados.	Mayor que en el mundo rural en el mismo periodo de tiempo y región. La urbanización y la densidad se relacionan positivamente.
5. Heterogeneidad	Gran uniformidad en las características psicológicas y sociales de sus habitantes.	Mayor heterogeneidad que en los pueblos rurales en un mismo periodo de tiempo o región.
6. Estratificación social	Menor que en la ciudad.	Mayor que en el mundo rural.
7. Movilidad	Menor movilidad espacial, ocupacional y social que en la ciudad.	Mayor que en el medio rural.
8. Sistemas de relación	Menos contactos y las relaciones sociales se producen en un ámbito menor que el de la ciudad. Predominio de las relaciones primarias.	Contactos más numerosos y en ámbitos más amplios que en el mundo rural. Relaciones secundarias (superficiales e impersonales).

sente en geografía urbana, debido a la enorme influencia del artículo de L. Wirth (1938) «Urbanism as a Way of Life».

Este sociólogo define la ciudad como «un asentamiento relativamente grande, denso y permanente de individuos socialmente heterogéneos»; considera que el medio urbano debido a sus fuertes concentraciones demográficas determina unos comportamientos específicos caracterizados por unas relaciones se-

CUADRO 4.17

DISTINCIONES BÁSICAS ENTRE LA SOCIEDAD PRE-INDUSTRIAL Y LA SOCIEDAD URBANO-INDUSTRIAL

	Sociedad pre-industrial	Sociedad urbano-industrial
Demográficas	Elevada mortalidad; fertilidad.	Baja mortalidad; fertilidad.
De comportamiento	Particularista, prescrita. El individuo tiene múltiples funciones.	Universalista, instrumental. El individuo tiene funciones especializadas.
Societarias	Solidaridad en los grupos de parentesco; familia extensa; cohesión étnica. Deterioro de los grupos étnicos.	Atomización. Afiliaciones secundarias. Grupos profesionales de influencia.
Económicas	Base no monetaria o elemental. Intercambio local. Pequeña infraestructura. Industrias artesanales. Baja especialización.	Base pecuniaria. Intercambio nacional. Interdependencia extensiva. Producción fabril. Capital intensivo.
Políticas	Autoridad no secular. Legitimidad prescriptiva. Comunicaciones interpersonales; bases tradicionales.	Política secular. Gobierno por elección. Participación de los medios de comunicación. Burocracia racional.
Espaciales (Geográficas)	Relaciones locales. Estrechos vínculos con el contorno inmediato. Duplicación de los grupos socioespaciales dentro de una red celular.	Interdependencia regional y nacional. Funciones especializadas basadas en grandes recursos y localización relativa dentro del sistema urbano-espacial.

cundarias que sin impersonales, segmentarias, superficiales y transitorias, generando consecuencias nocivas en el hombre que se convierte en un individuo anónimo, aislado, secular y complejo. Es el incremento de la población de un núcleo por encima de un nivel determinado el que genera segregaciones según la ética, religión o estatus que a su vez produce rivalidad y competitividad, relaciones impersonales y escaso sentido de participación. Todo ello conduce a la *anomía,* es decir, a la conducta desviada. Al aumentar la densidad se produce un mosaico urbano que alberga grupos sociales diferentes. Y, por último, por exigencias del trabajo y por el hecho de convivir con personas, la mayoría desconocidas, se produce la lucha y competencia. A fin de evitar el desorden y caos es preciso regular el comportamiento de sus habitantes mediante reglas y controles precisos.

Por último, la heterogeneidad hace que se destaque más lo visible y lo simbólico que lo íntimo. Por otra parte, al no existir en la ciudad valores compartidos por toda la comunidad, el dinero es el referente universal, los códigos sustituyen a las costumbres y la vida está impregnada por la economía y la producción en gran escala.

En resumen, el número de habitantes, la densidad y la heterogeneidad generan unas pautas de comportamiento en los que viven en las ciudades, de tal forma que puede hablarse de un «modo de vida» o «estilo de vida», urbano. En el gráfico 4.25 se resumen esquemáticamente las ideas expuestas por L. Wirth.

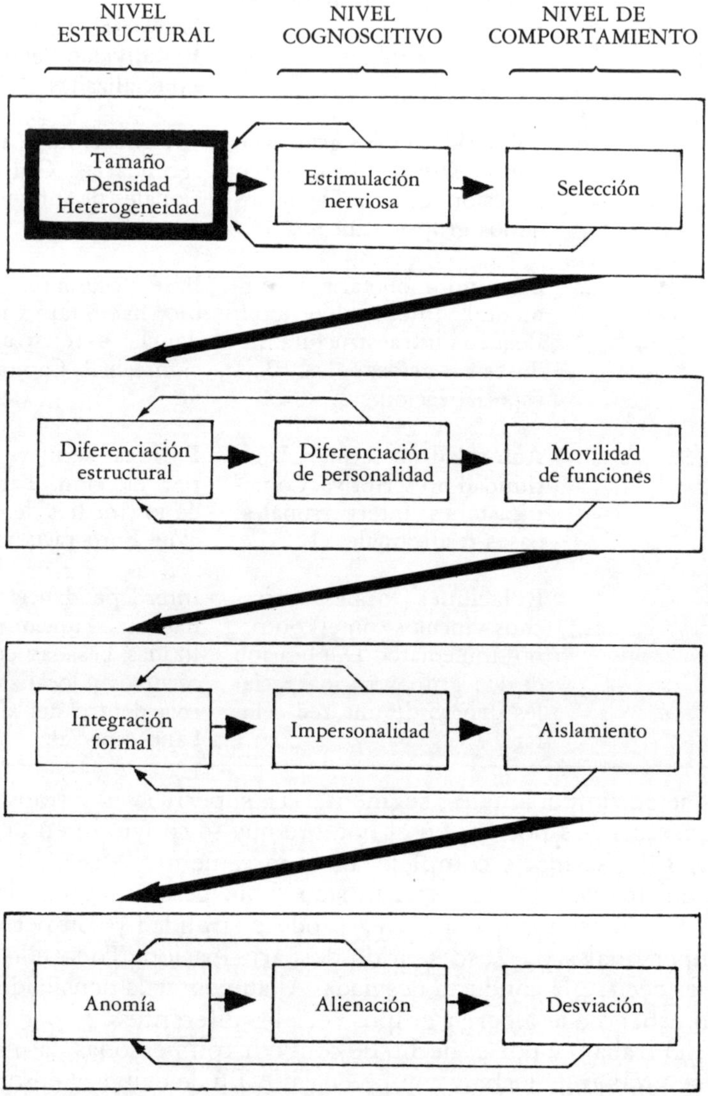

Gráfico 4.25. El urbanismo como modo de vida. Teoría de Louis Wirth, esquematizada según un proceso causal.

4.5.2. *El continuo rural-urbano*

L. Wirth introdujo también la idea de una progresión en la diferenciación social y comportamental, en lugar de la distinción polar o de contraste entre lo urbano y rural. Según el modelo del continuo rururbano, en un extremo se encuentra el sector central de una metrópoli donde debido al gran volumen de población, densa y heterogénea, se encuentran modos de vida urbanos de una forma nítida; en el otro extremo del continuo aparece la sociedad tradicional rural. Entre ambos extremos surge toda una gama de diferenciaciones y comportamentales que reflejan el grado de urbanización. (Gráfico 4.26). Pocos años más tarde, Redfield (1941), en su estudio sobre el Yucatán, proporcionó apoyo a esta teoría. Este antropólogo estudió las características sociales y económicas de una aldea tribal de 101 habitantes, una aldea campesina de 250 habitantes, una villa de 1.200 habitantes y una ciudad con 100.000 habitantes. Estos núcleos fueron considerados como representativos de la gama de asentamientos existente en Yucatán. Redfield observó variaciones regulares y progresivas entre estos núcleos. (Entre la ciudad de Mérida en un extremo y el poblado tribal de Tusik en otro.) Estas diferencias eran, según Redfield, indicativos de la existencia de un continuo.

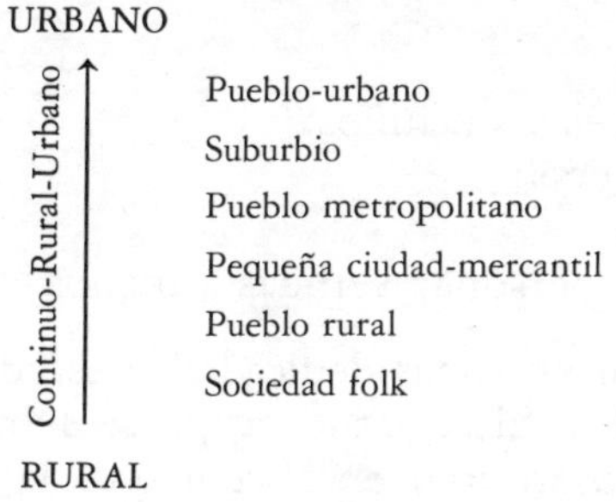

Gráfico 4.26. El continuo rural urbano.

Las características de la *sociedad folk* son: comunidades pequeñas en su composición, con una fuerte solidaridad de grupo, donde los modos de vida son convencionales y coherentes con su cultura. La conducta es tradicional, espontánea y acrítica; el parentesco, sus relaciones e instituciones son tipos de categorías experienciales, y el grupo familiar es la unidad de acción. Lo sagrado prevalece sobre lo secular y la economía es más de prestigio (estatus) que orientada al mercado.

Oscar Lewis (1951) considera que la tesis de Redfield no es del todo válida porque ni la sociedad folk es tan homogénea en su estructura social, ni en la ciudad tradicional se sustituye por completo lo antiguo por lo moderno, sino que se habilitan formas de coexistencia. Por otra parte, no siempre la cultura urbana debilita la cultura folk, sino que muchas veces la fortalece. Oscar Lewis habla de una *cultura de la pobreza* que hace iguales los modos de vida en la ciudad que en el campo (Lewis, 1959, 1964 y 1965).

a) *Crítica de la teoría del continuo rural-urbano*

Los estudios realizados por los sociólogos revelan la existencia de diversos estilos o modos de vida en la ciudad, alguno de ellos caracterizados por un alto nivel de estabilidad y conformidad social. Por lo tanto, los trabajos empíricos señalan que en lugar de aparecer una única respuesta determinada por el *tamaño*, la *densidad* y la *heterogeneidad* de la aglomeración, las áreas centrales de las ciudades ofrecen una amplia gama de medios sociales y comportamentales. Para Gans (1952), la teoría de Wirth se apoya en los trabajos empíricos de los ecólogos de Chicago realizados en un periodo de tiempo en el que esta ciudad se veía invadida por oleadas masivas de emigrantes europeos. El diagnóstico que hace Wirth de la ciudad como una Gesellschalft, debe cuestionarse porque los estudios realizados en el interior de la ciudad no pueden generalizarse a toda la ciudad. Por otra parte, no existe ninguna prueba fehaciente de que el número, la densidad y la heterogeneidad origine en la sociedad las consecuencias descritas por Wirth. Y, finalmente, aunque se demuestre este determinismo ecológico, Gans señala que existen muy pocas personas en la ciudad con las características descritas por Wirth.

De los estudios realizados por Gans en las áreas centrales de la ciudad, se diferencian cinco pequeñas comunidades unidas entre sí por muchos lazos y contactos primarios. Estas son:

— los cosmopolitas;
— los solteros o parejas sin niños;
— los «ethnic-villagers»;
— los desposeídos y
— los vagabundos y personas venidas a menos.

Los cosmopolitas son personas dedicadas al estudio y las artes, así como a otras profesiones liberales. El segundo grupo se subdivide entre aquellos que sólo temporalmente piensan vivir en el centro de la ciudad, y trasladarse más tarde al *suburbio* (al llegar el primero o segundo hijo), y los que permanecen durante toda la vida por razones económicas. Los «ethnic villagers» son grupos étnicos que se encuentran en las grandes ciudades y viven conservando las formas y costumbres de su vida anterior, aislándose en la ciudad con la que sólo mantienen relaciones de trabajo. Este grupo se aleja diametralmente del carácter de anonimato, relaciones secundarias y organizaciones formales que Wirth asigna a los habitantes sometidos al impacto de una gran aglomeración. Este tipo de comunidades se dan en ciudades tan dispares como Londres, Nueva York, Chicago, El Cairo y Ciudad de México. En estas ciudades aparece este tipo de comunidades en los que, lejos de diluirse las relaciones primarias en su organización social, la vida en ellas se funda en las relaciones de parentesco, paisanaje y vecindad, lo que protege al individuo de la *anomía* y de la pérdida de identidad.

Si los dos primeros tipo de comunidades viven el área central de la ciudad por elección voluntaria, el tercer grupo lo hace en parte por necesidad y en parte por tradición. Finalmente, los dos últimos grupos viven en esta zona por no tener otra posibilidad de elección y deben ocupar el parque de vivienda que el libre mercado les deja (el *slum*), aunque algunos lo eligen provisionalmente como lugar de ocultación, o como medio para ahorrar dinero y adquirir más tarde una vivienda en la periferia de la ciudad central o en el suburbio. Así, pues, estos cinco grupos viven en áreas muy pobladas, densas y heterogéneas, pero manifiestan modos de vida muy diversos y algunos de ellos opuestos a los descritos por L. Wirth. Por tanto, Gans concluye que la inestabilidad se puede encontrar en todo tipo de asentamiento y las consecuencias sociales son similares en cualquier parte, pero estas consecuencias no pueden identificarse con los modos de vida de la ciudad (H. J. Gans, 1952, págs. 36-38).

En lo que atañe a la periferia de la ciudad y al anillo suburbial, Wirth señaló que el segundo efecto producido por el tamaño, la densidad y el número, era la segregación de gente semejante en distritos o barrios residenciales, separados de otros barrios por límites físicos o sociales, algunos de los cuales sólo pueden ser percibidos por sus ocupantes. Esta descripción se ajusta a lo que ocurre en el área suburbial de las ciudades americanas en las que vive la mayor parte de la población del país y a los que Wirth dedicó poca atención, aunque consideró que los efectos socio-psicológicos del urbanismo también aparecían en esta parte de la ciudad.

De los estudios realizados en barrios suburbiales de distinto carácter y naturaleza, se puede concluir que el modo de vida suburbial se distancia mucho del modo de vida urbano descrito por Wirth, ya que como demuestra Gans, el «elemento más común que mejor describe estos barrios residenciales es el carácter *cuasiprimario* de las relaciones» (H. J. Gans, 1952, pág. 39). Este autor emplea el término de *cuasiprimario* para describir una relación más íntima e intensa que las relaciones secundarias, aunque más reservada y cautelosa que en las relaciones primarias. Por lo tanto, para Gans, el suburbio significa la versión contemporánea de un «modo de vida cuasiprimario». El enfoque wirthiano es ecológico y como tal explica la adaptación humana al medio, pero estos conceptos ecológicos (tamaño, densidad y heterogeneidad) no son suficientes para explicar fenómenos sociales. Las explicaciones ecológicas son sólo aplicables cuando los sujetos humanos objeto de estudio se encuentran en situaciones límite y por consiguiente incapacitados de tomar decisiones y elegir. En este caso su comportamiento es similar al de los animales y plantas. Entonces los conceptos ecológicos tienen poder explicativo. Pero cuando existen alternativas, la explicación es esencialmente social, puesto que en la ciudad las opciones y la demanda no se producen al azar, sino que están en función del papel desempeñado en el sistema social. Para Gans, de todas las características que influyen a la hora de realizar opciones con respecto a la elección de barrio en qué habitar, las más importantes son la clase y la fase en el ciclo de vida a la que pertenece una persona y familia. Por lo tanto, los diferentes estilos de vida se deben más a estas circunstancias personales que a una consecuencia directa y mecánica del lugar que habita (rural o urbano). El geógrafo Berry (1975) llega a afirmar que la teoría de Wirth responde más a una concepción de la ciudad periclitada que al hecho urbano actual.

En lo que atañe a las comunidades que se forman en las áreas de urbanismo marginal en los países subdesarrollados, N. González (1972) considera que es preciso idear un nuevo concepto, puesto que estas comunidades, a las que denomina *neotéricas*, no son ni primitivas, ni campesinas, y sus tradiciones o están ausentes, o son muy superficiales. Sus características son: pobreza, apertura, relaciones interpersonales cara a cara, falta de apatía, y una estructura familiar matriarcal. Considera que puede ser un error establecer un paralelo entre las comunidades rurales y estos barrios que se constituyen en áreas de urbanismo marginal.

Por último, la teoría de Wirth no se corrobora tampoco en la franja rururbana, próxima a las áreas metropolitanas, ya que la población que vive en estos pueblos dormitorio afectados por movimientos migratorios pendulares deberían poseer un estilo de vida intermedio entre la ciudad y el medio rural. Sin embargo, en los estudios que realizó Pahl (1965) sobre los pueblos metropolitanos de Londres se señala que en estas localidades conviven grupos sociales claramente diferenciados: grandes propietarios, pequeños agricultores, clase media y trabajadores manuales. Estos grupos aún viviendo en la misma comunidad territorial no tienen el mismo modo de vida, y se mueven en mundos sociales diferentes. Como ocurre en la ciudad central, el tamaño, la densidad y la heterogeneidad de la población no imponen una respuesta social y comportamental uniforme en la franja rururbana. Como dice Pahl, hay personas que viven en la ciudad y no son de la ciudad («ethnic villager») en tanto que otras son de la ciudad pero no están en ella (clase media y alta móvil residente en aldeas metropolitanas e incluso en el campo). En definitiva, las personas reflejan en su estilo de vida más la clase, la fase del ciclo de la vida y los valores culturales de su grupo social que las características que le otorga el residir en un determinado territorio.

b) *Urbanismo aespacial*

Es un concepto desarrollado por M. Webber (1963) para describir las características de los estilos de vida actuales, que son, según este autor, cada vez más independientes de la ciudad y de cualquier tipo de localización. Las personas, aunque viviendo en un lugar específico y participando de la vida comunitaria del lugar de residencia, son cada vez más capaces de mantener contactos sobre determinados intereses con otras personas que pueden encontrarse separadas por grandes distancias, y de esta forma se convierten en miembros de comunidades de intereses que no están definidos territorialmente. Así, pues, los modernos sistemas de transporte y telecomunicaciones abren a todo el mundo una elección de estilos de vida. La participación en las comunidades de interés es función de una especialización individual. Cuanto menos común o más excepcional sea la información que posea un individuo, más dispersos en el espacio estarán los miembros a los que interesa esa información y existirán mayores distancias entre los miembros del grupo que deseen mantener contactos. Así se produce un continuo jerarquizado en el que las personas más especializadas son partícipes de grupos de interés a nivel mundial; otras, menos especializadas, residentes fuera del propio país, mantienen contactos con gentes afines distribuidas en diferentes regiones del país, y algunos se comunican, casi exclusivamente con sus vecinos. Según esta concepción el dominio urbano no implica lugar, ni territorio, sino más bien grupos heterogéneos de personas que se comunican con otros en el espacio. Por lo tanto, el espacio urbano está dividido horizontalmente en una jerarquía de dominios urbanos no espaciales. Independientemente de su localización, cada persona es, en diferentes momentos, un comunicante en un número de dominios diversos, según cambia de papel; pero sólo la gente más especializada se comunica con todo el mundo. La actual paradoja originada por los medios de comunicación modernos es que se vuelve a los contactos interpersonales, y a los mecanismos de control informal propios de la vida de un núcleo rural, ya que las distancias se acortan, produciéndose así la *aldea mundial*, es decir, un mundo caracterizado por una cultura urbana uniforme de la que todos somos partícipes.

A las ideas de Webber se les puede objetar la exageración de generalizar la idea de una comunidad sin contigüidad que puede acceder libremente a los medios de comunicación. En la ciudad viven grupos sociales con diferentes potenciales de comunicación, algunas muy alejadas de la sociedad maluhanizada, como grupos económicos débiles (parados, jubilados, etc). Esta situación puede ser patrimonio de una clase media y alta que vive en áreas metropolitanas de los países posindustriales, pero no lo es de la mayoría de la población urbana de los países subdesarrollados. Por otra parte, incluso en los grupos más móviles, esta movilidad no es generalizable a los niños, amas de casa o ancianos. Además se vive en espacios relativamente reducidos en fases de la vida esenciales para al aculturación y adoctrinamiento de los valores y de las cosmovisiones que han de influir enormemente en el resto de la vida.

Por otra parte, como señalan Bell y Newby (1971), la mayoría de las personas no se mueven continuamente, tal vez muchos «urbanitas» son más culturales que territoriales, pero ¿dónde viven?, ¿dónde envian a los niños al colegio? ¿No pertenecen a asociaciones locales como clubs, iglesias, etc.? Todo el mundo, por móvil que sea, tiene relaciones territoriales. Parece claro que muchos problemas no pueden estudiarse solo territorialmente, pero todavía la dimensión espacial es de gran importancia en el comportamiento del individuo y del grupo en la ciudad.

4.6. Etapas en el desarrollo urbano

4.6.1. *Desarrollo urbano y sistemas de producción*

Si adoptamos una perspectiva histórica, parece claro que el crecimiento urbano experimentó dos momentos críticos muy bien delimitados. El primero, conocido con la revolución agraria del Neolítico, aparece en el Oriente Medio y Próximo en torno al quinto milenio a. de C. y se asocia a las primeras ciudades. El segundo momento es la revolución industrial aparecida a finales del siglo XVIII en Gran Bretaña, que originó la proliferación de aglomeraciones urbanas y la aparición y desarrollo de las grandes metrópolis. Sin intentar llevar a cabo un estudio evolutivo de la ciudad en la historia, es preciso recordar que la ciudad actual es en la mayoría de los casos el resultado de un largo periodo evolutivo. Aunque el sistema urbano actual refleja la economía y la sociedad que lo crea y sostiene, sin embargo no es totalmente pasivo, ya que la mayoría de las ciudades se han originado en contextos socioeconómicos diferentes y su morfología y estructura obedece a otros contenidos y funciones que los de la sociedad industrial y posindustrial. El patrimonio heredado (trazado de las calles, edificios, etc.) es una inversión que influye en la evolución de la ciudad, aunque es cierto que a las formas heredadas se les asigna unas nuevas funciones y contenidos de acuerdo con los intereses dominantes de cada periodo histórico.

La ciudad es un instrumento social cuya forma y estructura sólo puede entenderse en el contexto de la sociedad en la que se instala. Por lo tanto, para entender la ciudad actual hemos de tener en cuenta la organización social a lo largo de la historia y recordar que en la sociedad la división del trabajo se produjo relativamente pronto, pero los intercambios de bienes y servicios fueron escasos, puesto que el sistema productivo no generaba excedentes en gran escala. En estas circunstancias, la sociedad se estructura en los siguientes grupos:

- Un grupo relativamente pequeño parasitario cuyo poder descansaba en la posesión de la tierra y obtenía sus privilegios de este monopolio.
- Un grupo mayoritario sometido, formado por productores agrarios y artesanos.
- Un tercer grupo intermedio asociado o empleado por el grupo dirigente, constituido por militares, sacerdotes y administradores.
- A todo ello hay que añadir el grupo de los descastados, personas que ejercían actividades no gratas para la población.

A este modo de producción le sucede el mercantilismo, en donde aparece un grupo cuyo papel fue el de establecer intercambios y así dispensan a los compradores y vendedores individuales de buscar productos y servicios o compradores de los mismos. El mercantilismo amplió la escala de la producción y originó la necesidad de disponer de *capital* propio, puesto que durante mucho tiempo éste procedía exclusivamente de la propiedad de la tierra y del artesanado. Con el mercantilismo se independizó y surge incluso el intercambio de capitales, y con ello la banca. Al crecer los intercambios se amplió la producción y se incrementó la división del trabajo, apareciendo una división social más compleja que en el modo de producción anterior. La élite sigue manteniendo el estatus al conservar la propiedad de la tierra, que cedía en arrendamiento a la mayoría de la población la cual obtenía de ella su alimento y un pequeño excedente para comerciar. Los grupos intermedios (artesanos, mercaderes) están definidos rígidamente, de tal modo que el estatus ocupacional era hereditario. La sociedad se estructuraba en clases apoyadas en la posesión de la tierra, ocupación, estatus y poder.

Al surgir la industrialización y el sistema de producción apoyado en la fábrica, aparecen dos clases sociales muy definidas: los propietarios de capital que invierten en el trabajo para producir excedente, y los que venden al capital su fuerza de trabajo para obtener un salario con el que adquirir los medios de subsistencia y reproducción. La fuerza de trabajo no es homogénea y su mayor división está entre los trabajadores manuales y no manuales. La división de la clase trabajadora está consagrada por la diferente retribución del trabajo según la naturaleza del mismo, la destreza y la escasez. La clase capitalista es más homogénea, aunque existen diferentes fracciones y grupos que compiten entre sí por el control de los medios de producción.

El mercantilismo ha sido sustituido en la mayor parte del mundo por el capitalismo industrial y por el capitalismo avanzado y puede decirse que estas formas dominan en la actualidad la economía de la mayor parte de los países.

No obstante, el sistema capitalista industrial y avanzado no está presente con la misma intensidad en todos los países, y por ello muchos impactos de este sistema, incluyendo los que se reflejan en los sistemas urbanos, se concentran en toda su nitidez en muy pocos países.

En lo que atañe al socialismo real, cabe considerarlo como un capitalismo de Estado en donde conviven países con desarrollo tecnológico muy diferente. En aquellos países con alto nivel industrial, este sistema se introdujo y sobreimpuso a un sistema mercantil heredado; en el caso de los países socialistas de economía agraria dominante la morfología y estructura urbanas son las heredadas del modo de producción mercantil. En los países socialistas, con la socialización de los medios de producción, se evita la especulación del suelo y así se logra una ciudad más igualitaria, lo que no quiere decir que no existan problemas urbanos en las ciudades socialistas.

En definitiva, las características urbanas heredadas de la sociedad mercantil prevalecen muchas veces, y otras se superponen con las del sistema capitalista industrial y avanzado o con las del capitalismo de Estado de la Unión Soviética, excepto en las ciudades nuevas, relativamente escasas, surgidas en la revolución industrial.

En suma, la morfología y estructura urbanas son sintetizadoras de culturas, modos de producción pasados y presentes; reflejan los intereses, las necesidades, las ideas, tecnologías e instituciones de diferentes grupos sociales que ocuparon y ocupan la ciudad. Por ello es imposible lograr leyes generales que expliquen las formas y estructuras. A lo más que podemos aspirar es a formular procesos de carácter general que actúan en contextos sociales diferentes y sobre formas y estructuras urbanas únicas.

Por ello, trataremos de resumir las características más notables de la ciudad en las diferentes etapas de organización social y económica. De este modo las formas y estructuras genéricas de la ciudad mercantil se resumen en el modelo de *ciudad preindustrial*, y asimismo en la ciudad surgida del capitalismo industrial diferenciamos la ciudad de la *revolución industrial* (1850-1950) de la *ciudad del capitalismo avanzado* o *ciudad posindustrial*. También analizaremos las principales tendencias actuales que se esbozan en los países posindustriales respondiendo a la nueva revolución tecnológica. Por último, trataremos los elementos más característicos de la ciudad presente en los países subdesarrollados.

4.6.2. *La ciudad preindustrial*

Tanto Sjoberg (1960) como Munford (1961) consideran que las ciudades europeas medievales y las de otros dominios culturales no afectados por la revolución industrial, como la India o China, así como algunas ciudades actuales ubicadas en regiones aisladas y muy poco influidas por la industrialización (Africa y América Latina), presentan características morfológicas y estructurales semejantes. A estas ciudades Sjoberg las denomina *preindustriales*. Estos autores, aun considerando que la cultura confiere a la ciudad un conjunto de características únicas y específicas, piensan, no obstante, que existen otros muchos rasgos en estas ciudades preindustriales que han sido considerados privativos de un determinado dominio cultural y, sin embargo, no lo son, puesto que se repiten en otras ciudades pertenecientes a culturas muy distintas. De esta manera, Sjoberg intenta separar las características morfológicas y estructurales en todas las ciudades preindustriales. El objetivo esencial de Sjoberg está en definir la ciudad preindustrial típica y compararla con la ciudad industrial típica para así poder determinar la aportación de esta última al legado urbano.

El concepto esencial de la tesis de Sjoberg es el de *tecnología* definida como las fuentes de energía, y las herramientas, así como el conocimiento del manejo y empleo de las mismas a fin de producir bienes y servicios. Según el tipo de tecnología presente en una sociedad, Sjoberg distingue en primer lugar la sociedad *folk* o *preliteraria*, en la que la tecnología es rudimentaria, lo que impide sustentar una población que no trabaje en la agricultura y que realice otro tipo de actividades (comercio, artesanía, almacenamiento de producto, etc.). Cuando una sociedad dispone de una tecnología poco desarrollada, se producen comunidades agrarias aisladas, autosuficientes y de escaso tamaño poblacional. Este tipo de pequeñas comunidades está regido por normas estrictas y sus miembros no tienen libertad de decisión.

La sociedad *feudal literaria* tiene una agricultura más avanzada, y produce excedentes que permiten sustentar a un grupo de personas que no trabajan en la agricultura. La tecnología de esta sociedad incluye el cultivo de cereales y el regadío, la metalurgia, la rueda y otras herramientas que aumentan la producción agraria. Sin embargo, su fuerza de trabajo es animal y humana. Esta tecnología permite también la existencia de una clase ociosa, de una élite instruida. El orden feudal origina la ciudad, si bien el porcentaje de habitantes viviendo en ciudades es siempre pequeño con respecto al total, aunque al residir esta élite su significado es muy superior al numérico.

Una sociedad feudal literaria tiene una estructura de clases bien diferenciadas, una división del trabajo según la edad, sexo y ocupación. Un pequeño grupo dirige la política, la religión y la educación, ejerciendo un poder autocrático. Además la escritura fija la tradición y fortalece la cohesión entre los miembros del grupo social. En el orden feudal la ciudad es un subsistema dentro de la sociedad rural.

Y, por último, la *sociedad industrial urbana* utiliza fuentes de energía mineral, un conjunto de herramientas complejas y un conocimiento especializado para producir bienes y servicios. Como consecuencia, la mayor parte de la población vive en las ciudades y determina un aparato estructural que diverge de la ciudad feudal en sus aspectos ecológicos, familiares, económicos, religiosos, etc. El sistema de clases es más fluido, el poder social más difuso, la familia nuclear es dominante y la compleja división del trabajo exige una difusión de la instrucción a un gran número de personas, al mismo tiempo que las normas son más permisivas que prescriptivas (religiosas y sociales).

En resumen, la tesis de Sjoberg es que la tecnología ha de considerarse como la variable que permite diferenciar la sociedad *folk, preindustrial* e *industrial*. Una parte esencial del orden feudal es la ciudad preindustrial y, por último, se considera que la ciudad ha de tomarse más como variable dependiente de la tecnología y de una organización social que como variable explicativa del comportamiento humano.

Partiendo de estas premisas, Sjoberg analiza los rasgos morfológicos y estructurales comunes de la ciudad preindustrial.

En lo que atañe a la población, sus censos son modestos cuando los comparamos con las metrópolis actuales. Son pocas las que alcanzaron 1 millón, y en realidad incluso las mayores de 100.000 habitantes, son escasas al menos hasta finales del XIX y principios del XX. Incluso ciudades preindustriales con población entre 25.000 y 100.000 no eran frecuentes, situándose la gran mayoría entre 10.000 y 5.000 habitantes. Por otra parte, la población viviendo en estas ciudades nunca excedió el 10 por 100 de la total y en muchas regiones fue inferior al 5 por 100, ya que la tecnología agraria no producía muchos excedentes.

Todas estas ciudades se sitúan en centros de encrucijada, rutas de tráfico, puntos de ruptura de carga. Sin embargo, en la elección del emplazamiento podían jugar otros factores diferentes a los económicos, tales como la geomancia, voluntad de un rey de mudar la capital, factores religiosos, etc.

Las funciones de estas ciudades son administrativas, políticas, militares, religiosas, pudiendo alguna de ellas ser dominante.

En lo que se refiere a la morfología urbana, casi todas presentan recintos amurallados, a veces, uno externo y otros internos separando grupos étnicos o sociales. La muralla no sólo tenía un carácter defensivo, sino también fiscal y de control de la población residente.

Dentro del recinto amurallado, la congestión, el carácter estrecho y tortuoso de las calles, el aspecto compacto, con ausencia de espacios abiertos son los rasgos distintivos, así como el mal pavimento y drenaje de calles y la escasa higiene, lo que producía epidemias periódicas que diezmaban a sus moradores.

La configuración de los usos del suelo en la ciudad preindustrial se caracteriza por un predominio del centro sobre la periferia, una clara diferenciación del espacio urbano por la segregación debido a las etnias, religión, profesiones y lazos familiares, y por una ausencia de especialización funcional.

El centro de la ciudad es el sector más destacado en donde se instalan los edificios públicos más importantes en torno a una plaza y también en la calle principal. En el centro se encuentran los edificios de carácter religioso y militar. Es la zona más destacada tanto física como simbólicamente, y refleja la hegemonía que aún en estas ciudades tienen.

Estas ciudades preindustriales eran focos de poder. Para mantener la cohesión entre las clases sociales se requería algo más que la simple fuerza bruta. El orden social existente se presentaba como un orden cósmico. Por lo tanto las ciudades tenían cualidades simbólicas; además de organizar el excedente agrario, eran símbolos del orden cósmico social y moral (P. Whatley, 1971) (Gráfico 4.27).

4.6.3. *La ciudad industrial y la planificación urbana*

4.6.3.1. La revolución industrial y el sistema urbano

El cambio más importante que alteró la naturaleza y el ritmo del crecimiento urbano se debe a *la revolución industrial,* conjunto de transformaciones económicas y sociales que alteraron profundamente el sistema urbano de los países directamente afectados, que determinó una enorme expansión del sistema capitalista incluyendo en la órbita de dependencia directa (colonialismo) o indirecta (neocolonialismo económico) la mayor parte de los sistema urbanos

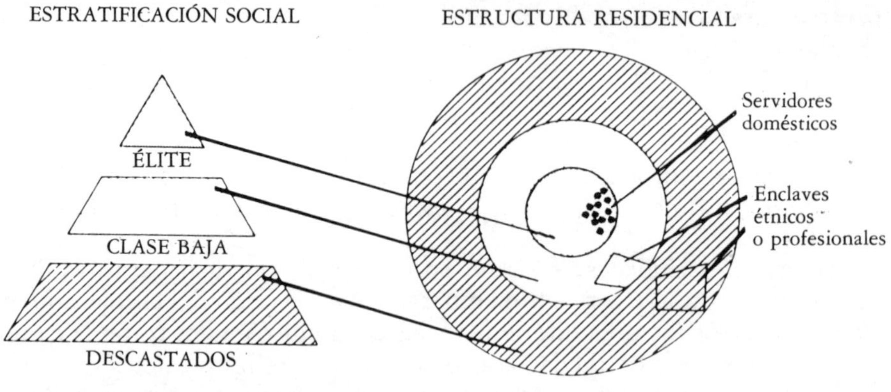

Gráfico 4.27. Relación entre estructura social y estructura residencial en la ciudad preindustrial.

de los que hoy conocemos con el nombre de países subdesarrollados. El crecimiento urbano se apoyó en las mejoras introducidas en la agricultura (labores y sistemas de cultivo), lo que impulsó la producción y la transformación de la agricultura de subsistencia en una actividad dirigida al mercado. La productividad per cápita fue incrementada con lo que una buena parte de la población activa agraria pudo trasvasarse a la industria. Asimismo, la mejora de los transportes permitió abastecer a las ciudades, desde regiones cada vez más distantes, de productos agrícolas y materias prima. Así los núcleos urbanos se vieron liberados progresivamente de los rendimientos agrarios de sus *umlands*.

Si los avances en la agricultura constituyen un factor indispensable, el rápido crecimiento urbano de finales del siglo XVIII y comienzos del XIX se debió fundamentalmente al cambio en la naturaleza y en la escala de la industria. El cambio esencial fue la sustitución de la energía animal y humana por la energía derivada de los recursos fósiles. La *era paleotecnológica* de Geddes (1915) se apoya en las invenciones básicas (fundición mediante el coque de Darby) (1709); el empleo de las máquinas de Crompton (1779) y Cartwright (1785) y especialmente de la máquina de vapor de Watt (1825). La *era paleotecnológica* fue la edad del carbón y del acero.

Sin duda alguna, el elemento esencial de esta nueva era que podemos denominar *capitalismo industrial* es la introducción en la industria del *sistema fabril*, que le permite al empresario el empleo más completo y eficaz de la fuerza de trabajo y de las máquinas. La fábrica supera al taller artesanal, porque en éste, cada operario participa en todas las fases de la producción, lo que exige un largo aprendizaje.

De este modo el producto es caro y el utillaje está subempleado. El sistema fabril asigna a cada trabajador una tarea elemental, que ejecuta con gran rapidez y destreza y además la maquinaria puede emplearse continuamente (sistema de turnos). En definitiva, el sistema-fabril supone mayor especialización en la mano de obra y menor tiempo de aprendizaje, incremento considerable de la productividad y de la producción. En la fábrica se logran economías de escala interna, y en función de una localización adecuada, buscando lazos de interdependencia con otros establecimientos industriales, se puede conseguir *econo-*

mías externas. Por lo tanto, una característica del *sistema fabril* es la necesidad de emplear un gran número de personas, sobre todo cuando lo comparamos con el taller artesanal propio del *sistema mercantil*. Por consiguiente, el establecimiento de fábricas en un lugar origina una concentración de población que suministra mano de obra a la fábrica y que más tarde atraerá a otras fábricas que buscan *economías externas*; esto explica el formidable crecimiento que experimentó la ciudad al introducirse este sistema.

El *sistema fabril*, producto típico del *capitalismo industrial*, surgió a partir del *mercantilismo*, es decir, no opera en un vacío: existía una población organizada por un sistema de asentamientos según el modelo de los lugares centrales. Por lo tanto, las industrias aprovechan este patrimonio heredado y se superponen al sistema urbano mercantil. Muchas industrias se localizaron en las ciudades mercantiles y de este modo el sistema industrial urbano modificó la jerarquía en el sistema de lugares centrales y de la ciudad primacial del mercantilismo. Sin embargo, en algunos casos y en función a la proximidad de las materias primas, o por otras exigencias impuestas por el nuevo *sistema fabril*, el marco urbano anterior se distorsionó al crearse *nuevas ciudades industriales*.

En realidad pocas ciudades surgen «ex nihilo», la mayoría se instalan sobre un asentamiento preexistente, pero se denominan *ciudades industriales*, porque el asentamiento al que se yuxtaponen era muy pequeño y la llegada de la industria produce un rápido crecimiento, elevándose de un modo brusco en rango, dentro de la jerarquía de los asentamientos.

El geógrafo R. J. Johnston (1984) diferencia cuatro tipos de ciudades nuevas industriales:

— *Ciudad minera*, que no son industriales propiamente dichas, pero la minería en el sistema capitalista se desarrolló dentro de las características del *sistema fabril* (alienación del trabajo, economía de escala, introducción de nueva tecnología, etc.). El futuro de estas ciudades dependió de la atracción o no de la industria y de los avatares de los yacimientos mineros, que originaron en algunos casos la desaparición de la ciudad con el cierre de las minas.
— *Ciudades con industria pesada*. Son industrias que exigen grandes volúmenes de materia prima y energía y por ello cuando los sistemas de transporte eran insuficientes se vieron obligadas a instalarse en la proximidad del hierro y del carbón. A veces se instalan en una ciudad minera.
— *Ciudades ligadas a las fuentes de energía*. Son instalaciones que se producen en el primer periodo de la revolución industrial y están ligadas a la industria textil o a la fabricación de productos que requieren fuertes inputs de energía (por ejemplo: alúmina).
—*Ciudades centros de transporte*. Estas ciudades se desarrollan en puntos de ruptura de carga, puertos lacustres y marítimos, encrucijadas interiores de caminos, etc.

La creación de *ciudades nuevas* nunca fue muy amplia, ya que las industrias tendían a instalarse en la red urbana preexistente, puesto que poseían una tradición capitalista, mercantil, y empresarial, que disponían de una infraestructura artesanal que fue la base de muchas fábricas y sobre todo por la existencia de un capital acumulado en la etapa mercantil. De este modo el sistema fabril se acomoda al sistema de lugares centrales y acentúa la jerarquía preexistente. Así, por ejemplo, las industrias de carácter básico, exportadoras, se instalan en los lugares centrales de mayor jerarquía y las industrias de mercado local sólo aparecen en lugares centrales de rango menor (cabeceras de comarca). Es decir, la noción de *umbral* y *rango* aparece en la industria de modo similar al de los centros comerciales.

Por consiguiente, el resultado de introducir el sistema fabril en el sistema urbano mercantil fue el acentuar el tamaño y la importancia económica de los lugares centrales de rango superior, lo que acentúa aún más el carácter primacial de aquellos sistemas urbanos que presentaban ya esta modalidad en la etapa mercantil.

Desde finales del siglo XVIII hasta mediados del siglo XX, se operan transformaciones importantes en la naturaleza del sistema fabril.

CUADRO 4.18

FASES EN LA EVOLUCIÓN DE LAS CIUDADES DEL REINO UNIDO, 1760-1950

			TENDENCIAS DENTRO DE LA CIUDAD	
Tipo de economía	Modos de transporte dominante	Estructuras empresarias	Población	Población
Industria paleotécnica (1760-1880)	A pie, vapor ferrocarril	Fábrica	Centralización	Centralización
Neotécnica (1880-1950)	Tranvía, bicicleta, trenes de cercanías, autobús	División de departamentos a nivel nacional	Descentralización relativa	Centralización

Fuente: D. Clark, cuadro 3.1, pág. 55, simplificada.

En el segundo periodo comienza a separarse espacialmente la organización y dirección de las empresas industriales, por una parte, y la producción por otra. Los procesos de producción comienzan a llevarse a la periferia de la ciudad, mientras que la gestión y administración se dirige al centro, lo que origina el comienzo de la emigración de la población del centro a la periferia. Por otra parte, y sobre todo en el mundo sajón, la ciudad no sólo crece en población sino que se incrementó mucho más en superficie ocupada debido a la llegada del transporte colectivo, que favoreció la primera fase de la suburbanización a favor de la clase media. Por lo tanto, la aparición del C B D con funciones comerciales y administrativas y la suburbanización son el reflejo de las fuerzas más poderosas de la ciudad industrial en su fase neotécnica: centralización del empleo encipiente descentralización de la población.

En general, el inicio de la industrialización originó un crecimiento de las ciudades existentes de un modo selectivo, ya que cuanto mayor era la ciudad preexistente, mayor el tamaño de la industria instalada, y mayor también el crecimiento demográfico. En lo que atañe a las *ciudades nuevas industriales*, están mejor representadas en los países pioneros de la revolución industrial que en aquellos otros que recibieron esta innovación más tardíamente, ya que la mejora en la tecnología del transporte hizo más flexible la localización de la industria.

La asociación de la industria al crecimiento de la ciudad se comprende por el efecto multiplicador (gráfico 4.28). El crecimiento comienza en la industria X, y los empleos creados estimulan el crecimiento de la población. La industria X tiene que adquirir *inputs* de otras industrias, de este modo se expansiona, con lo que se logra un nuevo crecimiento de la población que genera demanda en otras industrias conexas. El crecimiento de la población asociado a la expansión de las industrias interrelacionadas lleva a una demanda de bienes y servicios que debe suplirse en el sector comercial, que a su vez crea un ulterior crecimiento.

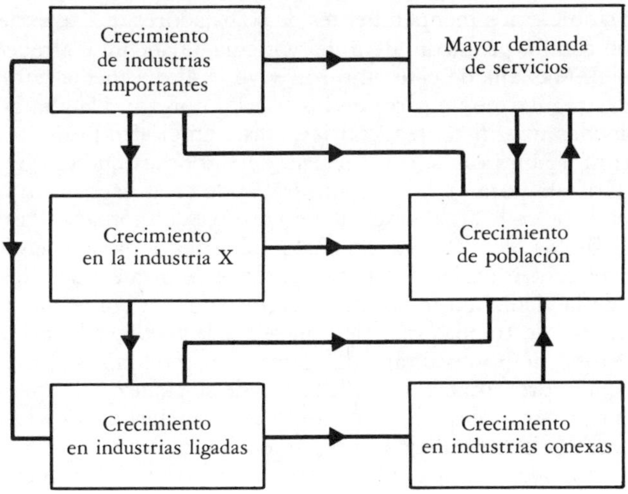

Gráfico 4.28. Representación del efecto multiplicador y de los impactos de la industria X, según R. J. Johnston (1984).

Así, pues, el crecimiento de X es *básico* para todo el crecimiento del sistema; por ello a este tipo de industria se le denomina *básica*. Todas las demás que no son básicas dependen de ella y por eso reciben el nombre de *industrias no básicas*. En general, cuanto mayor sea la ciudad en donde se localiza una *industria básica* sus efectos difusores en la ciudad son mayores y su fuerza de creación de empleo también, porque los impulsos de crecimiento se internalizan más, y mayor es la proporción fabril al actuar en un sistema de lugares centrales previo o en un sistema urbano primacial haya mantenido y ampliado la escala jerárquica de los núcleos insertos en los sistemas urbanos.

4.6.3.2. La planificación urbana. Los males de la ciudad industrial

El sistema fabril produjo un rápido crecimiento en las ciudades que lo adoptaron, lo que ocasionó unas condiciones de vida muy penosas en los barrios obreros.

Es bien conocida la descripción de H. Mayhen de Londres sobre el impacto del cólera en 1849. Esta epidemia afectó esencialmente a los barrios obreros hasta tal punto que este autor divide a Londres en áreas de morbilidad y áreas de muerte.

También es célebre la descripción que F. Engels nos proporciona de la ecología y de la estructura social de Manchester de 1843-1844:

> Existe en el corazón de Manchester un distrito comercial bastante extenso, tal vez de media milla de largo y aproximadamente de la misma anchura, que está formado casi totalmente por oficinas y almacenes. Casi todo el distrito ha sido abandonado por sus moradores y almacenes y aparece solitario y desierto por las noches... En él existen varias calles principales donde se concentra la mayor parte del tráfico. En estas calles, los pisos superiores suelen estar habitados, y la vida bulle en ellas hasta altas horas de la noche. Con excepción de este distrito comercial, todo Manchester, todo Salford y Hulme... no son sino barrios independientes de trabajadores que se extienden como un cinturón con un promedio de milla y media de anchura, alrededor del distrito comercial. Más allá de este cinturón vive la alta y media burguesía en calles alineadas regularmente cerca de los barrios obreros... la alta burguesía habita en viviendas más distantes, con jardines... en el aire puro del campo, en bellas y confortables casas, con servicio de autobuses que se dirigen a la ciudad cada cuarto de hora. Y lo más admirable de esta disposición consiste en que los miembros de la aristocracia del dinero pueden tomar el camino más corto, a través de los barrios obreros, sin que lleguen a darse cuenta de que se hallan en el centro de la más triste miseria..., porque las calles que salen del centro de la ciudad en todas las direcciones están bordeadas por series ininterrumpidas de tiendas que pertenecen a la media y baja burguesía, de tal modo... [que] logran ocultar a los ojos de los poderosos..., la miseria y la suciedad que representan el complemento de su riqueza (...), pero también puede asegurar que jamás he visto, como en Manchester, una exclusión tan sistemática de la clase trabajadora ni un ocultamiento tan conmovedor de cuanto pueda ofender los ojos y el sistema nervioso de la burguesía.

La realidad de la clase obrera no era muy distinta en la ciudad de Madrid tal y como nos la describe Barea en *La forja de un rebelde*, a comienzos del siglo XX, o Baroja en *La busca.* De un modo sistemático Hausser pinta también un panorama de Madrid, al finalizar el siglo XIX, nada halagüeño. Así, por ejemplo, describe el hacinamiento existente en las casas de vecindad, en donde en 438 inmuebles vivían 47.000 personas en viviendas de 20 a 30 m^2. o las fuertes tasas de mortalidad de los distritos pobres (Inclusa, 40,2 por 1000 y Latina, 36,8 por 1000). En Madrid, con una mortalidad infantil del 246,2 por 1000 la probabilidad de llegar a cumplir los diez años era pequeña, ya que en 1898 el 48,6 por 1000 de los niños murieron antes de alcanzar esa edad.

Ante los desajustes producidos por la ciudad industrial surgió una serie de movimientos en el campo socialista en Europa y Estados Unidos tendentes a corregir los males de la ciudad. Así, a finales del siglo XIX se arbitran leyes sobre saneamientos, enterramientos, edificación, sanidad, etc., por razones sociales y también para evitar el peligro de epidemias que eran muy frecuentes en la época; y también por motivos de especulación. Aunque la situación penosa de la clase obrera en las ciudades industriales atrae la atención de los gobiernos de Inglaterra, Bélgica o Alemania (B. Berry, 1975, pág. 192). Engels, en su trabajo sobre *El problema de la vivienda*, concibe la resolución del problema urbano de una forma radical y afirma que:

> En realidad, la burguesía no conoce más que un método para resolver, a su manera, la cuestión de la vivienda, es decir, para resolverla de tal suerte que la solución cree siempre de nuevo el problema. Este método se llama *Haussmann*.
>
> Entiendo aquí por *Haussmann*, no solamente la manera específica bonapartista del Haussmann parisiense de trazar calles anchas, largas y rectas a través de barrios obreros construidas estrechamente, y bordearlas a cada lado con edificios lujosos...; entiendo por *Haussmann* la práctica generalizada de abrir brechas en los barrios obreros, particularmente los situados en el centro de nuestras ciudades, ya responda esto a una atención de salud pública o de embellecimiento, o bien a la demanda de grandes locales de negocios en el centro, o bien a necesidades de comunicaciónes..., el resultado es en todas partes el mismo...: las callejuelas y los callejones sin salida más escandalosos desaparecen y la burguesía se glorifica con un resultado tan grandioso; pero... callejuelas y callejones sin salida reaparecen prontamente en otra parte...

Y así lo constata en Manchester, la ciudad descrita por Engels en su obra *La situación de la clase obrera en Inglaterra*, cuando con motivo de una inundación el barrio obrero de Little Ireland, desaparecido a través de la remodelación, ha vuelto a aparecer en la parte sur de Oxford Road (F. Engels, 1887, págs. 94-95). Engels piensa que mientras no desaparece la necesidad económica que genera estos tugurios, «la misma necesidad económica que los había hecho nacer en un lugar los reproduce más allá» (F. Engels, págs. 97-98).

En este contexto surge el *urbanismo*, como forma de actuar sobre la ciudad de un modo voluntario y consciente. Se trata de hacer intervenir los poderes públicos para «contrarrestrar las consecuencias de la urbanización industrial del "laissez faire"» (B. Berry, 1975, pág. 195).

a) *El preurbanismo*

El urbanismo tiene sus antecedentes en toda una serie de reflexiones y propuestas encaminadas a resolver los problemas que comienzan a surgir en la ciudad; es lo que F. Choay (1965) denomina el «preurbanismo». En este movimiento cabe diferenciar en primer lugar los que propugnan un modelo de ciudad progresista como Owen, Fourier, Richardson, Cabet, Proudhon, etc. El modelo que se preconiza es un espacio urbano «cuajado de huecos y verde». Es preciso, dice Proudhon, convertir a Francia en un vasto jardín. También se concibe un espacio urbano compartimentado de acuerdo con las funciones de residencia, trabajo, cultura y recreo. Se da gran importancia a la impresión visual y se rechaza el legado artístico para someter a la ciudad a las leyes de una geometría natural. Los edificios, que las ciudades, se conciben como una serie de prototipos definidos de una vez para siempre. La ciudad que se propone es atomizada y formada por barrios, comunas o falanges autosuficientes. Se intento diluir el concepto clásico de ciudad y en lugar se propugna el de ciudad-campo.

El segundo modelo de ciudad es el denominado por F. Choay «culturalista». Aparece muy bien definido en las obras de Ruskin y Morris. Es un modelo en el que se tiene muy en cuenta la historia, el romanticismo y la arqueología, intentando dar una imagen nostálgica de la ciudad. Este modelo opone lo orgánico a lo mecánico, lo cualitativo a lo cuantitativo, la participación a la indiferencia. La clave del modelo no es el progreso sino la cultura. La ciudad que se propone en el modelo cultural presenta las siguientes características:

— Está circunscrita en el interior de unos límites precisos.
— Es de dimensiones moderadas (se toman como modelos Oxford y Venecia).
— En la ciudad desaparece toda traza de geometrismo en beneficio de la irregularidad y de la asimetría.
— Se concede una gran importancia a la estética que se inspira en la tradición.
— La vivienda no debe obedecer a prototipos, sino que la edificación ha de ser variada.

Estos dos modelos (progresista y cultural) tienen poco desarrollo práctico, sin embargo ejercieron una gran influencia en el urbanismo, de tal modo que F. Choay (1965) dice que ambos pueden considerarse «modelo de modelos».

b) *El urbanismo*

El *urbanismo* se diferencia del preurbanismo en ser patrimonio de especialistas, generalmente arquitectos, en lugar de historiadores, filosófos, economistas y políticos; las ideas van a tener una plasmación en la realidad. Sin embargo, en el *urbanismo* cabe diferenciar dos grandes concepciones inspiradas en los modelos preurbanos. En primero lugar, aparece una nueva versión del *modelo progresista*, encarnado en la obra de Tony Garnier *La cité industrielle* y el grupo de urbanistas que suscriben la Carta de Atenas. Los conceptos de modernidad, ruptura histórica, eficacia, orden riguroso, diseño de prototipos, etc., están también presentes en el *urbanismo progresista*.

El *urbanismo culturalista* puede considerarse como la versión práctica del *modelo culturalista*, ya en su plasmación más lograda «la ciudad jardín» incluye principios que se inspiran en el modelo preurbano culturalista, tales como la noción de totalidad, límites precisos, comunidad, diversidad, nostalgia, etc.

Vamos a presentar aquí aquellos modelos globales o parciales que mayor influencia ejercieron en el desarrollo de la ciudad desde finales del siglo XIX hasta nuestros días.

Concepciones globales del urbanismo

La Ciudad-Jardín

E. Howard define la Ciudad-Jardín como: «un núcleo planeado para la producción y para la vida saludable, de un tamaño que haga posible la plenitud de la vida social, pero no mayor, rodeada de un cinturón permanente de espacio rural, siendo todos los terrenos de propiedad pública poseídos en comunidad por los ciudadanos».

En realidad, los principios en los que se basó Howard fueron formulados cuatro siglos antes por Leonardo da Vinci que había sugerido un plan a Ludovico Sforza, duque de Milán, para dispersar la ciudad de Milán en diez ciudades satélites de 30.000 habitantes cada una, ya que «la gran acumulación de gente que se agrupan como cabras unas encima de otras llenando todos los rincones de un olor insufrible y diseminando por toda la ciudad pestilencia y muerte». Asimismo pueden encontrarse antecedentes directos en la *Utopía* de Tomás Moro (1516) y en las propuestas utópicas de los urbanistas del siglo XIX. El propio E. Howard describe la Ciudad-Jardín diciendo que «no es una dispersión indefinida de casas unifamiliares con inmensos espacios abiertos ocupando todo el paisaje, sino más bien un agrupamiento urbano compacto y rigurosamente limitado. No es un suburbio sino la antítesis del suburbio; no es un retiro rural sino una base más integrada para una vida urbana más afectiva». En el gráfico 29 se indica la disposición de los usos del suelo en la ciudad-jardín. En el núcleo central de 2,4 Ha están los centros cívicos y el comercio. Este centro está rodeado de una corona residencial y de los polígonos industriales. Seis grandes avenidas irradian del centro. La ciudad ocupa unas 400 hectáreas y, más allá, el cinturón verde ocupa 2.000 Ha. A partir del cinturón verde aparece el cinturón agrícola que no forma parte de la comunidad. El cinturón verde es un elemento esencial en la Ciudad-Jardín, como factor de purificación del ambiente, recreo (campos de deporte), factor que impide además la expansión de la ciudad más allá del perímetro diseñado. La Ciudad-Jardín tiene un equilibrio entre residencia y empleo y un tamaño suficiente para disponer de todos los equipamientos. La industria ha de ser diversificada y el suelo pertenece a una sociedad que impide la especulación del suelo y revierte las plusvalias en mejorar los servicios. El tamaño de población no ha de superar los 30.000 habitantes. La primera Ciudad-Jardín se comenzó en 1903. El crecimiento de las primeras ciudades nuevas fue lento porque las industrias londinenses rechazaron instalarse allí, lo que obligó a muchos residentes de estas ciudades a trasladarse diariamente a Londres por razones de trabajo. Emparentado con el movimiento de la ciudad-jardín, incluso quizá su antecedente, está la idea estadounidense de la «ciudad en un jardín», que tuvo una enorme importancia porque supone un primer intento de introducir el campo en la ciudad, desarrollando sistemas de parques-bulevares. Pero en realidad estas ideas desarrollaron zonas suburbanas, ya que la concepción de Howard se apoya en un control público, contrario a la idea del «laissez-faire» norteamericano. La originalidad de Howard es preocuparse menos de la forma física y reparar más en procesos sociales, ya que la ciudad-jardín se considera un instrumento de un nuevo orden social.

Ciudades nuevas

En la década de los años 40 del presente siglo, el movimiento de la Ciudad-Jardín se transformó en el movimiento de las *ciudades nuevas*. Estas ciudades o *new towns* son ciudades de nueva planta construidas en torno a las grandes ciudades con el fin de lograr su descongestión. Uno de los anteceden-

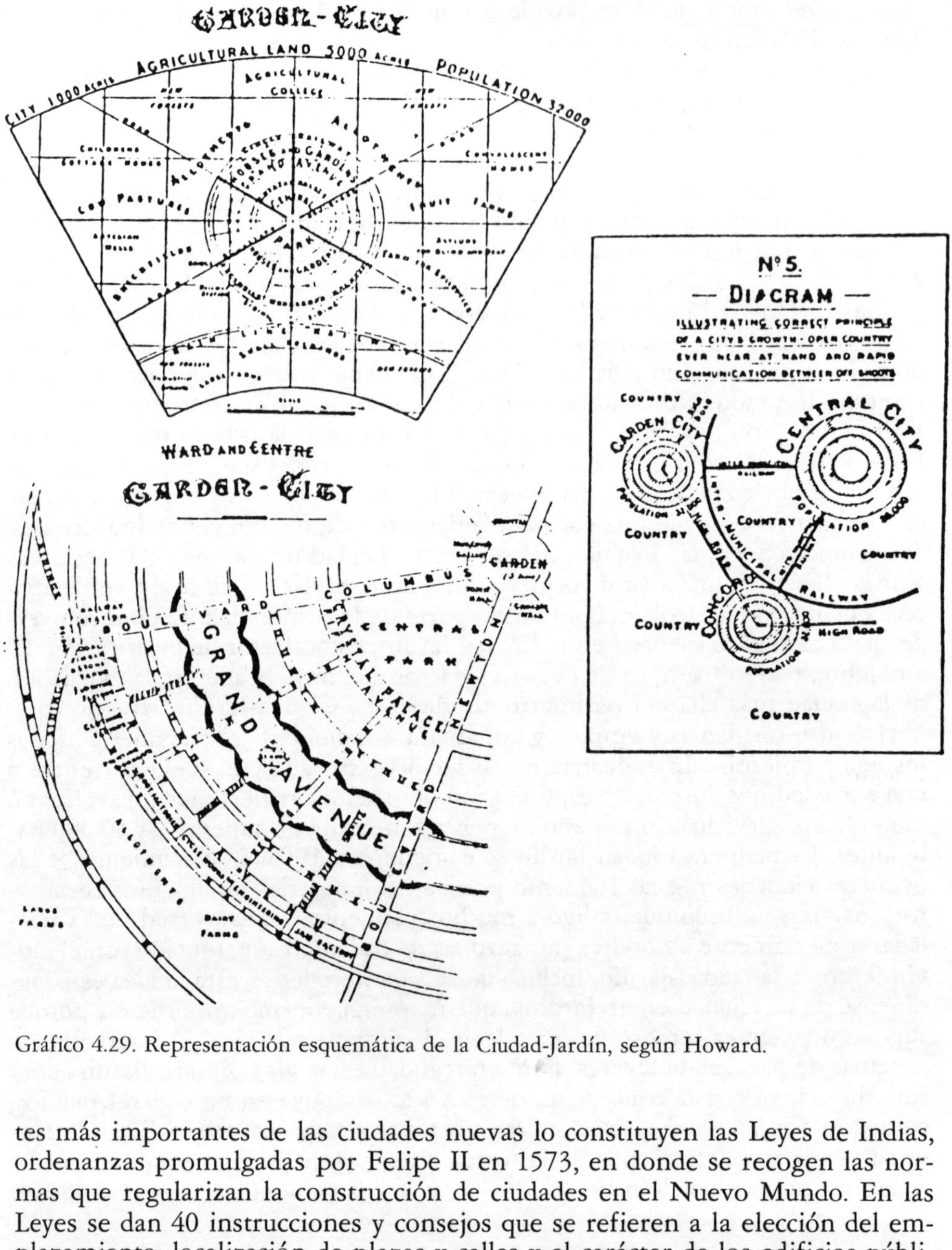

Gráfico 4.29. Representación esquemática de la Ciudad-Jardín, según Howard.

tes más importantes de las ciudades nuevas lo constituyen las Leyes de Indias, ordenanzas promulgadas por Felipe II en 1573, en donde se recogen las normas que regularizan la construcción de ciudades en el Nuevo Mundo. En las Leyes se dan 40 instrucciones y consejos que se refieren a la elección del emplazamiento, localización de plazas y calles y el carácter de los edificios públicos y de las viviendas. Estas instrucciones siguen muy de cerca los principios de Vitruvio y las aportaciones de Alberti. Además las Leyes de Indias fueron excelentes manuales que ilustraron a los constructores. El concepto de ciudad nueva apareció en 1944 con la publicación de P. Abercrombie del Plan del Gran Londres en el que se recomienda la construcción de nuevos asentamientos en el SE. de Inglaterra encaminados a facilitar la descongestión demográfica de

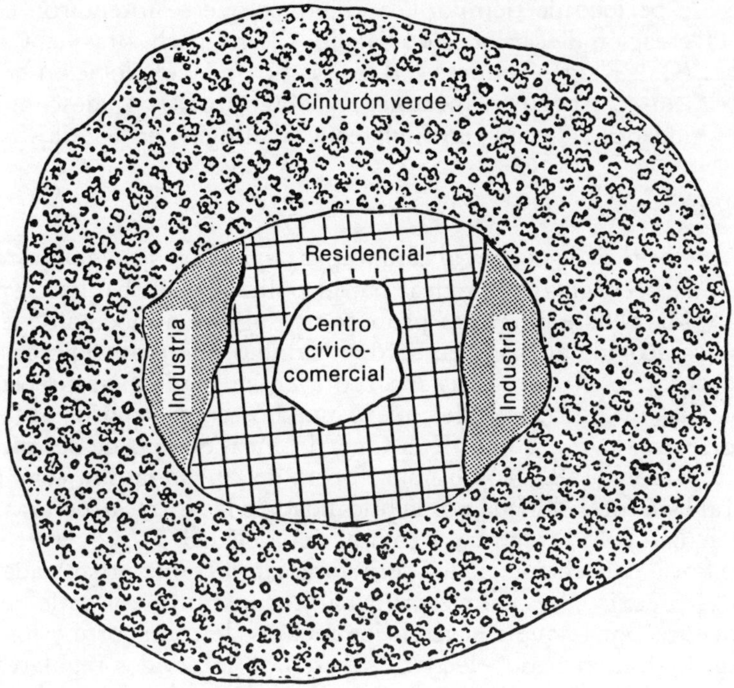

Gráfico 4.30. El concepto de Ciudad-Jardín.

Londres. La novedad de estas ciudades nuevas fue el ser concebidas como unidades autosuficientes con una gama plena de industria, comercio y servicios con objeto de proporcionar empleo a todas sus habitantes. La Ley de Nuevas ciudades apareció en 1946 y hoy asciende la cifra a 33. En la primera fase de 1946-50 se construyeron 14, según planes muy rígidos y estrictos. Los barrios eran estructuras esenciales. Se concebían como comunidades de 5.000, disponiendo de escuela, centro comercial y servicios sociales. La densidad de edificación es escasa (50 habitantes por hectárea) y presentan una clara zonificación de usos de suelo. La fase segunda comprende el periodo 1951-60. El plan fue más flexible tanto en la delimitación de barrios como en la zonificación de usos del suelo. Asimismo se aumentó la densidad a 200 habitantes por hectárea. La tercera fase se extiende de 1961 a 1970. Las diecisiete ciudades construidas en esta fase fueron mayores y menos autosuficientes que las anteriores; incluso algunas de ellas están asociadas económica y socialmente a ciudades preexistentes. Aparece de nuevo la idea de barrio, la densidad es de 150 habitantes por hectárea. Por último, la fase final arranca de 1971 hasta nuestros días. Ya no se conciben como ciudades autosuficientes, sino como añadidos a ciudades preexistentes. Las nuevas ciudades tienen como aspectos positivos el disponer de polígonos industriales, viviendas espaciosas, abundancia de espacios verdes y proximidad al medio rural, sin embargo su diseño, monótono, y el déficit de servicios son aspectos poco atractivos. Las ciudades nuevas aparecen en todos los momentos de la historia; sin embargo, la mayor expansión se produce entre 1940-1960. La UNESCO señala la construcción de 200 ciudades nuevas en ese periodo de tiempo. Los objetivos que se intentaron cubrir son variados: 1) creación de capitales de Estado (Chandigarh, Brasilia, Camberra); 2) militares (Oak Ridge, Tennessee, Los Alamos); 3) explotación de recursos naturales (Kitimat, Alcoa); planeamiento (Magnitorsk); 4) descongestión de las grandes ciudades (Harlow, en Inglaterra; Vallingby, en Suecia).

Ciudad-lineal

La idea de acercar la ciudad al campo para así aunar las ventajas de ambos medios va a ser recogida como ideal por el polifacético urbanista español Arturo Soria y Mata. Este urbanista propuso un sugestivo modelo de ciudad que si tuvo escasa acogida en España, tuvo en cambio una gran repercusión en el urbanismo europeo. Arturo Soria incorpora en su modelo las preocupaciones higienistas a las necesidades de los nuevos medios de transporte y así, en 1882, expone por primera vez la idea de la Ciudad-Lineal que puede definirse en palabras de F. Terán (1982) como «una forma de ciudad-jardín, cuya organización general está condicionada por la linealidad de las infraestructuras de transporte que actúan como columna vertebral de la ciudad».

Arturo Soria concebía la ciudad como una larga franja urbanizada que unía dos ciudades preexistentes. El eje principal lo constituye una calle de 500 metros de anchura por la que discurren los medios de transporte y los servicios básicos (agua, alcantarillado, electricidad, etc.). A intervalos regulares y en las estaciones se instalarían centros comunitarios, comercios y servicios públicos. La densidad de edificación es pequeña y las viviendas unifamiliares provistas de huertas y jardín. Arturo Soria trató de llevar el proyecto a la práctica y para ello fundó la Compañía Madrileña de Urbanización (1894), a fin de construir una *ciudad-lineal* de 50 km de longitud y 30.000 habitantes. El proyecto quedó frustrado y sólo se llegó a realizar el primer tramo de 5 km hoy englobado en el tejido urbano de la ciudad de Madrid y habiendo sufrido fuertes alteraciones.

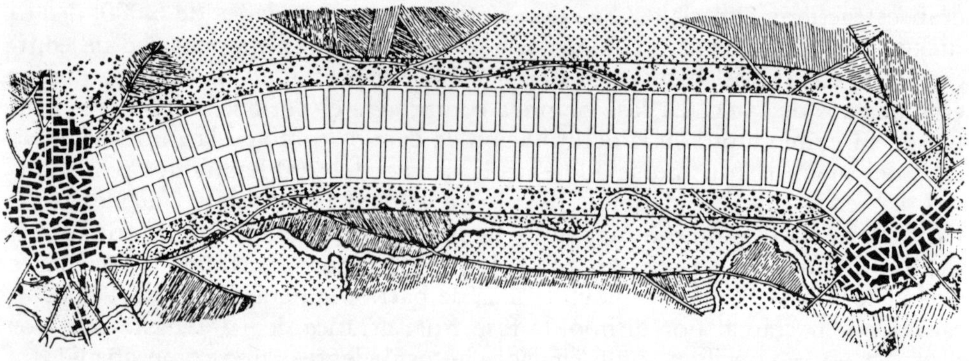

Gráfico 4.31. La ciudad lineal de Arturo Soria y Mata.

El urbanismo de la Carta de Atenas

Fue el nombre que se dio al manifiesto de urbanismo realizado en el Congreso Internacional de Arquitectura Moderna celebrado en Atenas en 1933 (C.

I. A. M.). Supone una concepción revolucionaria del urbanismo, que fue más tarde modificada y difundida por Le Corbusier. Tuvo una gran influencia en el desarrollo de las ciudades tras la segunda guerra mundial. La Carta de Atenas propugna una rígida separación funcional (residencia, ocio, trabajo); se ataca el carácter concentrado de la ciudad tradicional o el despilfarro de espacio que supone la ciudad-jardín. Le Corbusier fue el máximo propagador de esta nueva concepción. Para esta autor el urbanismo ha de basarse en las actividades básicas: habitar, trabajar, cultivar el cuerpo y el espíritu, y circular. Considera que el nuevo urbanismo es antagónico con los conceptos de calle, acera, alineación, propios, según Le Corbusier, de un urbanismo anticuado que produce «una trama confusa, enmarañada, de calles y callejones (...) que en tiempo normal se llena de ruido, de males expelidos por los automóviles, coches y motos; la mitad de las fachadas abren sus ventanas a pico sobre la calamidad, y la otra mitad hace lo mismo sobre patios más o menos abominables». En contraposición, diseña una ciudad cuyos componentes son la vía férrea, la «ruta de evitación» destinada a la circulación ajena a la ciudad, la arteria que sirve a las industrias locales y las calles destinadas al tráfico residencial. Asimismo concibe las viviendas como «unidades» con servicios comunes, en forma de inmuebles de altura superior a los 50 m en forma de U, en frontal o espina. De este modo se logra una densidad de 500 habitantes por hectárea y es posible luchar contra el crecimiento indefinido de las ciudades. La edificación sólo ocupa el 10 por 100 del terreno y el resto puede destinarse a espacios verdes (La Ville Radieuse). Le Corbusier ataca la concepción de la ciudad-jardín por ser despilfarradora de espacio y propugna «la ciudad-jardín-vertical fruto de las modernas técnicas», ya que considera que «los materiales del urbanismo son el sol, el espacio, la vegetación y el cemento armado». Una ciudad constituida por bloques de viviendas sustentados por pilotes, plano libre, fachada libre, tejado-jardín, albergando cada bloque entre 1.000 y 2.700 habitantes. Las ideas de la Carta de Atenas conocen una fuerte crítica, especialmente por su rigidez funcional, por su aversión a la calle. Los nuevos movimientos reivindican de nuevo el carácter concentrado de la ciudad, la heterogeneidad funcional, la calle y la plaza como elementos esenciales de vida ciudadana.

Concepciones parciales

Haussmannización. Es el modelo adoptado por el barón Haussmann (1853-1871) en la remodelación de París, consistente en rasgar el tejido urbano del caso histórico por amplias avenidas jalonadas de majestuosos edificios convertidos en plazas grandiosas y monumentales. Las aberturas de *grandes vías* a través de los cascos urbanos fue práctica corriente en Francia e Italia desde principios del siglo XIX. En Francia este proceso recibe el nombre de «percements» y los italianos lo designan de forma elocuente con la palabra «sventramenti». En España, en el siglo XIX, el plano de las ciudades españolas, procedente del pasado, no se adaptaba a las exigencias económicas y sociales del siglo y por ello se recurrió a una reorganización del trazado del viario más acorde con los intereses de las clases sociales dominantes (comerciantes, terratenientes). Para cumplir este objetivo se elaboran proyectos desde el último tercio del siglo XIX que sólo comienzan a ejecutarse al inicio del siglo XX. En estos proyectos, la *gran vía* se concebía como una calle de gran longitud, y una anchura de entre 15 y 20 m., lo que suponía un fuerte contraste con el trazado y anchura de las calles del casco histórico (medieval-renacentista), que raras veces superan los 8 m., siendo su anchura media de 3 m. La gran vía supone una senda esencial en la configuración de la imagen mental de la ciudad. A estas *grandes vías* acude el comercio de lujo, la banca, las sedes de las empresas, los cines, teatros, cafés, etc. Estas calles van a ser el eje esencial de la ciudad, la calle principal; aquí aparecen los edificios de mejor factura y más altos de la ciudad tradicional. La gran vía supone el inicio de una etapa en el urbanismo español que había de configurar la ciudad según las necesidades funcionales y simbólicas de la burguesía. Se implantó en la mayor parte de las ciudades grandes y medias españolas, aunque han tenido un mayor impacto en las ciudades que poseen un plano irregular, compacto, con muchas calles estrechas y tortuosas, procedentes del legado medieval hispano-musulmán (Valencia, Córdoba, Granada, etc.). En Madrid y Barcelona el proceso fue difícil y lento. En el caso de la Gran Vía madrileña se proyecta a finales del siglo XIX y no concluye hasta finalizada la guerra civil con las obras de la plaza de España. En Barcelona, el ambicioso proyecto de «grandes vías» de finales del siglo XIX se redujo a la Vía Layetana, concluida en 1958.

El «City Beautiful Movement»

A fines del siglo XIX el urbanismo desarrollado en Estados Unidos se apoyaba en la arquitectura del paisaje y sus fines eran esencialmente estéticos. La idea fundamental era lograr una planificación de la ciudad como obra de arte, apoyada en un Plan General para el uso del suelo y una zonificación. Se consideraba que los males sociales de la ciudad residían en la fealdad de los edificios, parques, calles y plazas; por lo tanto, el objetivo era lograr una «ciudad bella»: de ahí el nombre del movimiento urbanístico. En realidad, tuvo una gran importancia en la planificación americana. Este movimiento se inspira en la obra de P. Charles L'Enfant realizada en Washington, y en las obras de remodelación en París de Haussmann. En las primeras décadas del siglo XX, el «City Beautiful Movement» inspiró la elaboración de más de 40 ciudades, destacando el plan realizado en Chicago (1909) y San Francisco (1905) (B. Berry, págs. 51-52).

Los ensanches

Sistema de planeamiento español ideado para dar respuesta desde unos presupuestos ideológicos burgueses, a la expansión de las ciudades de suelo urbanizable adecuado a las exigencias de la burguesía. Las características más notables de los ensanches se encuentran perfectamente explícitas en el Plan de Ildefonso Cerdá, ingeniero de caminos y autor del proyecto de ensanche de Barcelona aprobado en 1860. Las características son: 1) una preocupación por el problema de la vivienda y de la circulación; 2) una atención a la calidad de vida (servicios urbanísticos de alcantarillado, pavimentación, espacios verdes, así como una atención por la mejora de la calidad de la vivienda; 3) presencia de un plano geométrico que constrasta con el plano medieval de las ciudades españolas; 4) manzanas abiertas, amplias y ajardinadas y extensos espacios verdes. En suma, una concepción de la ciudad muy diferente de la existente hasta el momento. Se ha insistido mucho en el carácter uniforme del plano en damero adoptado en los ensanches; sin embargo es preciso subrayar que aunque este aspecto de calles ortogonales delimitando manzanas cuadradas es un aspecto esencial de la trama urbana del ensanche, en todos los ensanches se rompe la monotonía mediante el trazado de grandes avenidas oblicuas, tanto en Barcelona (Diagonal, Meridiana, El Paralelo) como en Madrid y Bilbao. Avenidas que fueron concebidas como arterias fundamentales desde el punto de vista del tráfico y del comercio. Las calles se conciben jerárquicamente y a cada rango se le da una anchura que oscila entre 15 y 50 metros. La manzana proyectada es abierta y ajardinada, siendo la superficie edificada menos del 50 por 100 del espacio ocupado por la manzana. Son abundantes los parques y espacios verdes. Conviene señalar el aspecto segregado del espacio residencial donde se tiene previsto alojar esencialmente a la clase aristocrática y burguesa y se reserva el espacio menos atractivo y más pequeño para las clases bajas. Es decir, los ensanches son concebidos en origen para y por la burguesía. Las manzanas tenían una limitación de 16 metros de altura. Todas estas características especificadas en los proyectos de ensanches de Cerdá y Castro moldeaban un espacio urbano aireado, de fácil accesibilidad y de gran calidad ambiental. Constituye un urbanismo que se adelanta a la idea del suburbio-jardín. Sin embargo los proyectos de ensanche fueron modificados sustancialmente: reducción de espacios verdes, elevación de altura edificable, sustitución de la manzan abierta por la manzana cerrada, etc. Todas estas alteraciones convirtieron los proyectos del ensanche en simples esquemas de producción de espacio urbanizable, incluso de incentivos de promoción y fomento de vivienda. A pesar de todo, el ensanche es un componente importante del paisaje urbano en las grandes ciudades españolas. Este esquema de planeamiento urbanístico tardó en realizarse, porque a pesar de la penuria de viviendas, el tipo de vivienda que se producía en este espacio urbano no era asequible a la clase trabajadora, sino a la burguesía, pero ésta no fue lo suficientemente numerosa para justificar un desarrollo acelerado. Esto explica, junto con la reticencia por parte de las clases altas a ocupar estos esquemas, que el ritmo de ejecución de los ensanches no concluyese en algunos casos hasta mediados del siglo XX. El ensanche tuvo también una repercusión indirecta en el desarrollo de las ciudades españolas. En efecto, al no solucionar el problema de la vivienda, la población de bajas rentas tuvo que instalarse al margen del ensanche, en núcleos de extrarradio, y al margen también del planeamiento contribuyendo, por tanto, el ensanche, es decir, la ciudad planificada, a crear la *no ciudad*, el desarrollo urbano marginal que va a constituir un elemento importante de la trama urbana y a contribuir a dar a la ciudad una mayor heterogeneidad morfológica y social.

Suburbios ajardinados

Se apoya en la idea de la ciudad-jardín adaptada por H. Wright y C. Stein en 1928, que diseñaron el suburbio-jardín de Radburn en New Jersey, como una «respuesta a los problemas de la edad del motor. Radburn es un barrio de 2.500 habitantes y la unidad básica es el superbloque. El diseño puede verse en el gráfico 4.32. Los bloques se insertan en un parque y en un área de recreo; estos bloques se alinean flanqueando una vía de servicio en forma de «cul de sac» desde la que se accede a la calle. De este modo se separa el tráfico de los peatones. Sin embargo Radburn no es una ciudad-jardín propiamente dicha, sino un barrio residencial sin industria, ni cinturón verde. El desarrollo de esta idea coincidió con la gran depresión económica y por ello el proyecto nunca fue concluido. En Suecia, Francia, Finlandia y España, la ciudad-jardín se convirtió en el suburbio-jardín, siendo realmente barrios-dormitorio de las personas que trabajan en la ciudad central. Un intento inspirado también en la idea de la ciudad-jardín lo constituye las ciudades de jubilados de California, tales como Leisure World o Sun City, sin embargo al disponer de escasa población activa se desvirtúa la idea de Howard, y asimismo carecen de cinturón verde.

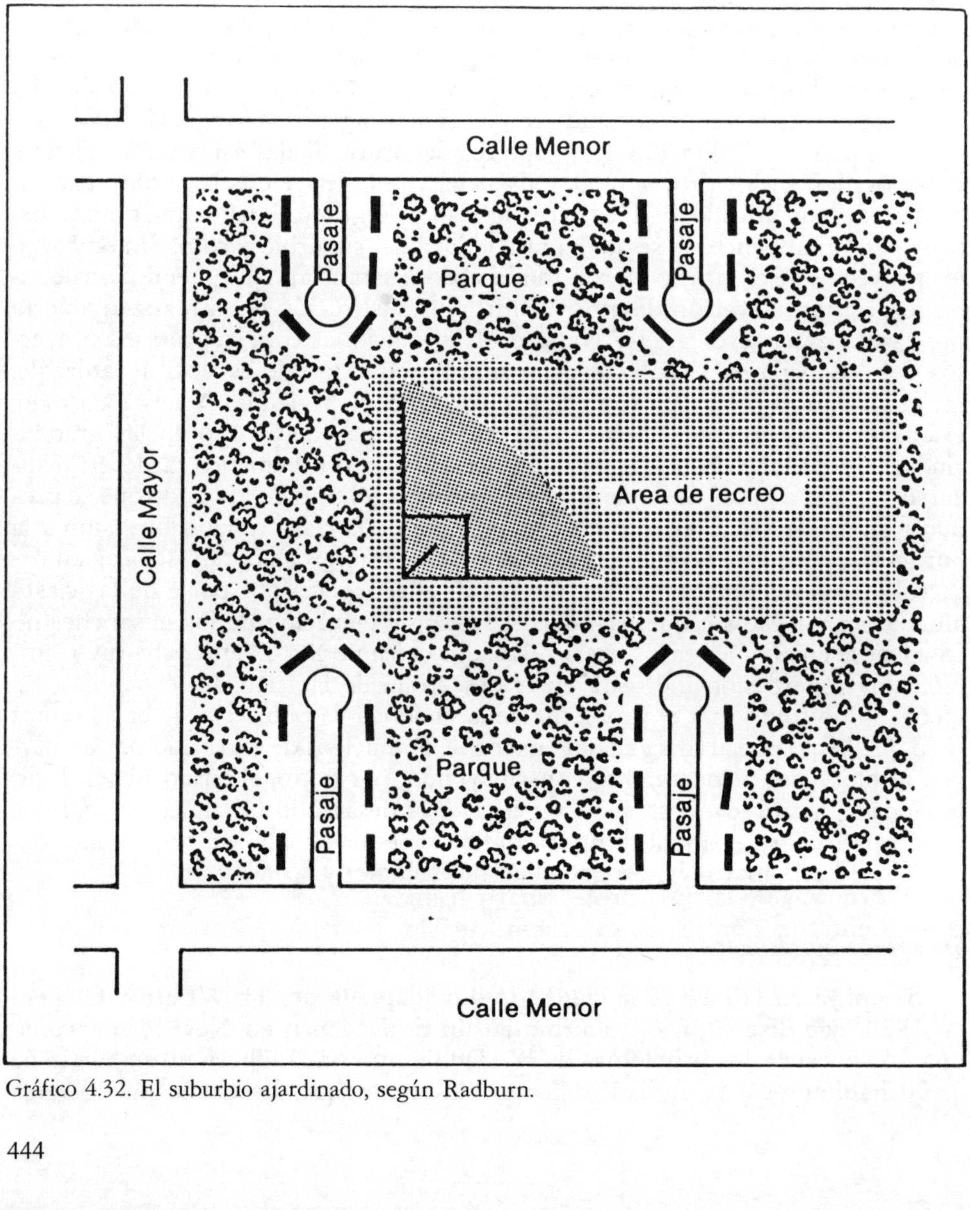

Gráfico 4.32. El suburbio ajardinado, según Radburn.

4.6.4. *El sistema capitalista avanzado y la ciudad*

En general, el capitalismo avanzado que se desarrolla a partir de la II Guerra Mundial se caracteriza por la actuación de dos procesos que tienen un gran impacto en el sistema urbano. En primer lugar, la concentración, proceso que se está produciendo en todos los sectores industriales como consecuencia de la competencia que hace desaparecer las empresas industriales más débiles, hasta que los sectores industriales se ven controlados por un corto número de empresas. Esta característica es propia del capitalismo avanzado. Por otra parte, aparece el proceso de centralización industrial, entendido éste como un conjunto de relaciones que se establecen entre los diferentes sectores. Por lo tanto, la actividad industrial tiende a estar dominada por un número pequeño de empresas que mantienen relaciones entre sí, lo que supone una centralización empresarial y espacial en pocos lugares.

El crecimiento de las grandes empresas industriales aparece en las regiones urbanizadas próximas a los grandes centros urbanos, más que en éstos propiamente dichos. La concentración y la centralización genera una dominación económica del sistema urbano por unas pocas y grandes empresas cuyas sedes se localizan en los centros urbanos más importantes del sistema.

Desde hace veinte años en Estados Unidos, y más tarde en Europa Occidental, existe una tendencia en las grandes empresas a fragmentar en el espacio los diferentes componentes del proceso productivo: producción-montaje, investigación y desarrollo, administración y gestión rutinaria y toma de decisiones. Mientras que las operaciones ligadas a la producción-montaje y a la administración rutinaria pueden distribuirse ampliamente en el sistema urbano, las funciones de investigación son más versátiles locacionalmente y pueden ubicarse en marcos naturales atractivos, en tanto que la toma de decisiones se localiza en ciudades mundiales donde se sitúan los grandes cuarteles generales de las empresas transnacionales que tienen «delegaciones» en las principales ciudades.

Por lo tanto, el capitalismo avanzado ha introducido hasta la crisis energética de 1973 una reestructuración de los sistemas urbanos en el mundo. El capitalismo avanzado también alteró profundamente la estructura del empleo: disminución drástica de los obreros manuales como consecuencia de las innovaciones tecnológicas (automación) y aumento creciente de obreros no manuales asociados al sector cuaternario que comprende la infraestructura comercial, financiera, la burocracia oficial y las actividades ligadas a la información e investigación.

En síntesis la economía posindustrial se caracteriza, según D. Bell (1968), por:

— Creación de una economía de servicios.
— Primacía de la clase profesional y técnica.
— Centralización del conocimiento teórico como fuente de innovación y de formulación política en la sociedad.
— Posibilidad de un crecimiento y una transformación tecnológica autónoma y la aparición de una nueva tecnología intelectual centrada en la formación lo que conduce al desarrollo de un sector cuaternario de la economía.

4.6.4.1. El sistema urbano y su tipología

a) Metrópoli y área metropolitana

A lo largo del proceso evolutivo de la ciudad observamos que el hecho urbano refleja las condiciones económicas y sociales en las que se desarrolla. La ciudad difiere en el tiempo y en el espacio, y no puede concebirse de un modo estático, porque es un proceso cambiante.

En el momento presente algunos países tienen un desarrollo económico que puede calificarse de posindustrial, puesto que la industria ocupa un puesto secundario y es la investigación y las actividades del sector terciario las que dominan la economía y ocupan un porcentaje mayoritario y creciente de la población activa. A este nuevo tipo de economía y de organización social responde un nuevo modelo urbano, en el que llamamos metrópoli al hecho generador y área metropolitana a su plasmación en el territorio respectivamente. Por lo tanto, la metrópoli es el resultado del hecho urbano anterior ya descrito y es un fenómeno urbano de mayor complejidad que ha alterado la morfología y las funciones tradicionales de la ciudad hasta crear una morfología y funciones específicas. Las metrópolis son centrons donde se generan o primero se introducen las innovaciones, que se difunden luego a través del sistema de ciudades dependientes de la metrópoli.

La ciudad contemporánea a la que denominamos metrópoli, dice Ribas Piera *et al.* (1979), vuelve a ser el centro de servicios de un área próxima. Se produce el fenómeno de metrópoli cuando la ciudad central de la antigua comarca es más un centro de crecimiento que un lugar de abastecimiento de bienes y servicios. Es decir, que el crecimiento se origina a partir de la ciudad central. Este dinamismo de la ciudad central y de los subcentros que intercambian residencia y trabajo rompe el esquema tradicional según el cual los núcleos tributarios eran los lugares de residencia de los trabajadores no terciarios y la ciudad-central, o núcleo rector, la sede de los empleos terciarios y la residencia de los ocupados en esta actividad.

Cuando se produce este crecimiento, originado en el núcleo rector y transmitido a los núcleos dependientes, se hace a un ritmo superior al del crecimiento natural de su población y se convierte la ciudad central en la *madre* de otras ciudades que a su vez pueden tener su propia área urbana, y así se plasma en el territorio un área metropolitana. A este espacio se dirigen los flujos de capitales y personas procedentes de territorios fuera del marco metropolitano estricto y así se produce la concentración descentralizada o difusa que recibe los *inputs* de un ámbito reducido que es el de su área metropolitana. Así, por ejemplo, Madrid y Barcelona reciben los flujos migratorios y de capitales procedentes de otras regiones de España y desde las ciudades centrales los distribuyen en sus respectivas áreas metropolitanas.

Así, pues, cuando un centro rector se convierte en centro metropolitano, los núcleos dependientes o tributarios procedentes del esquema urbano tradicional pasan a ser partícipes de la nueva centralidad que actúa con características difusas en todo el área de influencia de la metrópoli a la que se denomina área metropolitana.

Definición del concepto de área metropolitana. Fue en Estados Unidos donde primero se trató de adecuar las estadísticas al nuevo proceso urbano que estaba surgiendo en el país. El término aparece por primera vez en Estados Unidos en 1850 y lo incorpora la Oficina del Censo en 1910 y 1920 al referirse a «zona metropolitana» como aquella en la que aparece una ciudad de más de 200.000 habitantes que no se incluye en el área de influencia de ninguna otra gran ciudad. Dentro de la zona metropolitana se incluía el territorio situado a una distancia inferior a 16 km y siempre que tuviese una densidad de población superior a 60 habitantes por kilómetro cuadrado. El concepto ha idos modificándose en los diferentes censos.

Los criterios en que se apoyan la mayoría de las definiciones de área metropolitana son: la presencia de una ciudad central con un tamaño determinado y una gran complejidad funcional; los movimientos de trabajadores desde los núcleos satélites, el que exista contigüidad y un sistema de transporte y comunicaciones muy desarrollado que garantice las relaciones entre la metrópoli y su área de influencia.

En lo que atañe a nuestro país el concepto de área metropolitana aparece en la legislación en 1963 al redactarse el Plan General de Ordenación Urbana de Madrid, aunque la Ley no define, ni razona, lo que se entiende oficialmente por área metropolitana. La Ponencia de Desarrollo Regional del II Plan de Desarrollo Económico y Social define las áreas metropolitanas como «asentamientos espaciales de población, que constituyen los centros o núcleos principales donde se generan o difunden la mayor parte de las innovaciones».

La Dirección General de Urbanismo en 1960 y en su revisión posterior de 1967 fijó criterios de delimitación de áreas metropolitanas incorporando la tesis de Davis. Según este organismo los criterios son:

1. Contener un municipio con al menos 50.000 habitantes.
2. Reunir 100.000 habitantes en el municipio que contenga la ciudad principal y todos los restantes que cumplan las condiciones siguientes:
   a) Una densidad mínima de 100 habitantes por kilómetro cuadrado.
   b) Un crecimiento intercensal mínimo (1930-1960) del 15 por 100 o una densidad de 700 o más habitantes por kilómetro cuadrado.
   c) Constituir en el territorio del municipio principal un área continua.

También se incluyen dentro del área metropolitana aquellos municipios que aun no cumpliendo los requisitos anteriores están rodeados por municipios que sí las cumplen.

a) *Megalópolis*

Las nuevas formas de transporte (turismos, camiones, autobuses, avión y oleoductos), así como los modernos medios de comunicación (radio, televisión, teletipo) permitieron el nacimiento de una nueva ciudad dispersa creciendo indefinidamente a expensas del espacio inmediato, hasta entrar en contacto con el área de influencia de otra metrópoli y así sucesivamente hasta crear superciudades a lo largo de cientos de kilómetros.

El prototipo de este modelo de crecimiento lo constituye la fachada costera del Atlántico de Estados Unidos en donde se extienden sin solución de conti-

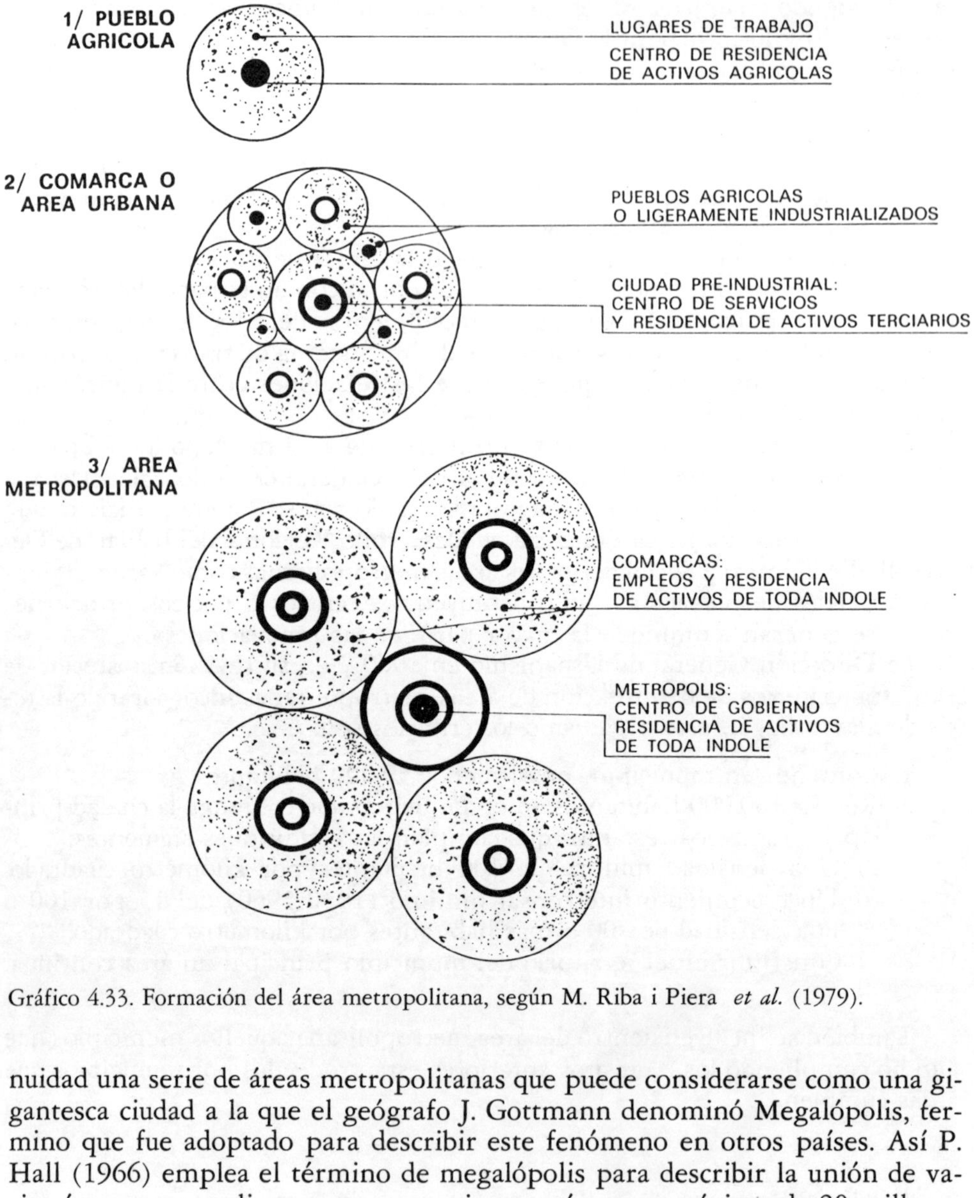

Gráfico 4.33. Formación del área metropolitana, según M. Riba i Piera *et al.* (1979).

nuidad una serie de áreas metropolitanas que puede considerarse como una gigantesca ciudad a la que el geógrafo J. Gottmann denominó Megalópolis, término que fue adoptado para describir este fenómeno en otros países. Así P. Hall (1966) emplea el término de megalópolis para describir la unión de varias áreas metropolitanas que en conjunto reúnen un mínimo de 20 millones de habitantes. Este geógrafo británico distingue cinco megalópolis:

1. Boswash que se extiende desde New Hampshire a Virginia, incluyendo las áreas metropolitanas de Nueva York, Filadelfia, Baltimore y Washington. Alberga, en el 2 por 100 del territorio nacional, el 20 por 100 de la población estadounidense, con una densidad media de 240 habitantes por kilómetro cuadrado, y constituye lo que Gottmann, en frase afortunada, califica de «la calle mayor de las finanzas y empresas del mundo moderno».

2. Chippitts, que se extiende desde Chicago a Pittsburg, incluyendo las ciudades de Cleveland y Detroit. Alberga unos 25 millones de habitantes.
3. La megalópolis de Tokio, constituida por las áreas metropolitanas de Yokahama, Nagoya, Osaka y Kobe, con 45 millones de habitantes.
4. Megalópolis renana, que incluye las áreas metropolitanas de Amsterdam, Dusseldorf, Frankfurt, Mainz-Manheim y Stuttgart, con más de 33 millones de habitantes.
5. Megalópolis londinense, en la que se incluye las áreas metropolitanas de Birmingham, Manchester, Liverpool, Leed, Bradford, Nottingham y Leicester, con más de 34 millones de habitantes.

Este modelo reciente de urbanización hace muy difícil separar lo urbano de lo rural, ya que como dice J. Friedmann y J. Miller (1965), la nueva ciudad de la sociedad posindustrial ha de definirse como un campo urbano, una fusión de espacio metropolitano y de periferias no metropolitanas, centradas sobre áreas-núcleos de al menos 300.000 habitantes, que ejercen su influencia hasta una distancia equivalente a dos horas con coche conducido por autopista, es decir unos 150 km. Esta distancia representa no sólo el límite de los desplazamientos por razones de trabajo, sino también el límite intensivo para el disfrute de los fines de semana. Es decir, la creciente movilidad ha ido creando en un territorio cada vez más amplio, contiguo a las áreas metropolitanas, fenómenos de convergencia de modos de vida rural y urbanos, siendo estos últimos los predominantes.

4.6.4.2. Principales procesos urbanos en el sistema urbano posindustrial.

a) *Suburbanización.*

En la fase de transición de la economía industrial a una economía terciaria, el proceso más significativo desde el punto de vista del paisaje urbano y de la estructura demográfica y social lo constituye la *suburbanización*, que puede definirse como un conjunto de factores que hacen que la tasa de crecimiento de la corona exterior metropolitana domine claramente sobre el crecimiento de la ciudad o ciudades centrales del área metropolitana, de tal modo que el área central comienza perdiendo población primero y más tarde una parte de las actividades industriales y comerciales, en beneficio de la corona exterior. Este movimiento centrífugo origina una transformación del paisaje urbano: las ciudades centrales se ven envueltas por un cinturón de viviendas suburbanas de características muy variadas, pero que comienzan siendo mayoritariamente de carácter unifamiliar y exentas aunque más tarde se entremezclan con otro tipo de viviendas: chalets adosados, bloques de apartamentos, e incluso digieren tramos urbanos preexistentes: núcleos rurales o pequeñas ciudades.

Además de la transformación morfológica, el suburbio genera el deterioro del centro y la formación de áreas física y socialmente marginales, lo que ocasiona una profunda división entre el espacio social del centro y el del suburbio, así como un problema financiero a la hora de enfrentarse con los servicios colectivos que se encuentran en el área central de la ciudad, pero que carece de bases fiscales para hacer frente a estos servicios y equipamientos que utiliza el conjunto de la población del área metropolitana. Por último, asistimos a un cambio en el dinamismo económico, ya que la ciudad central va perdiendo a través de la descentralización de la industria y el comercio en el suburbio sus principales recursos.

En realidad, el proceso de suburbanización es sincrónico al de la ciudad y así lo atestigua L. Munford (1961) en las ciudades de la antigüedad; sin embargo, estos entornos suburbanos contiguos a las áreas residenciales y dependientes de la ciudad fueron, durante la mayor parte de la historia urbana, privativos de la clase privilegiada. Sólo a mediados del siglo XIX aparece la imagen del suburbio como la encarnación de un modo de vida deseado y como alternativa a los males de la ciudad industrial, y son los tranvías y trenes de cercanías los que permiten el desarrollo de estos entornos constituidos por viviendas unifamiliares con jardín y abundantes espacios verdes. El atractivo de estos suburbios era la búsqueda de un refugio que permitiera aislarse de la ciudad y vivir con gentes pertenecientes a la misma clase social y estilo de vida. En un principio tenían un marcado carácter de dependencia con la ciudad central, ya que la casi totalidad del empleo se encontraba en este sector al que era preciso desplazarse. Asimismo, el suburbio se vincula al C. B. D. en lo que atañe al abastecimiento de bienes y servicios, lo que obligaba a un desplazamiento de las amas de casa. Estos primeros suburbios de clase media compuesta por jóvenes matrimonios con hijos habitando un paisaje relativamente monótono proporcionó la imagen tópica del suburbio americano y sajón. Sin embargo la difusión del automóvil en las décadas de los años 30 y 40 permitió expandirse el suburbio, puesto que ya no dependía ni del tranvía, ni de los trenes de cercanías. Al mismo tiempo, cuando la tecnología permitió abastecerse de servicios *in situ*, los suburbios prefirieron independizarse administrativamente y organizaron su sistema educativo y de zonificación propios, lo que permitió constituir comunidades segregadas y defender el valor de la propiedad ante minorías sociales percibidas como inferiores (negros, hispanos, etc.). En esta época, que llega hasta el final de la II Guerra Mundial, el sueño del americano de clase media se cumplía: vivir en el campo entre familias de la misma condición. En suma, la separación del trabajo del lugar de residencia, la división del trabajo en el seno familiar (hombre, el trabajo remunerado; mujer, al cuidado de la casa y de los niños), originaron un marco orientado a la familia en un entorno de escasa densidad constructiva y con abundantes espacios verdes. La casa representó la unidad de consumo, el centro de servicios, de estatus y ocio.

Esta situación se desarrolló en Norteamérica y en Inglaterra, países en los que el crecimiento de las áreas metropolitanas fue por delante de los restantes países del mundo. Así, en Estados Unidos, en 1940, vivía ya el 51,1 por 100 de la población en 147 áreas metropolitanas; y en Inglaterra, el 40 por 100 en tan sólo seis grandes *conurbaciones*.

A partir de 1945 el proceso de suburbanización va a adquirir una mayor magnitud, al mismo tiempo que cambia la naturaleza del suburbio en su morfología (mayor heterogeneidad), en su composición social (una gran variedad de grupos con poderes adquisitivos y estilos de vida muy diversos) y en sus funciones, de simples lugares de residencia pasan a ser espacios con funciones múltiples, ya que a estas periferias metropolitanas acude el comercio (shopping-centers), las oficinas y la industria (polígonos industriales).

Sigue siendo Estados Unidos y Canadá los que por sus condiciones económicas y sociales pudieron desarrollar un ámbito espacial en donde vive la mayoría de la población de estos países. Aunque son muchos los factores que influyen, tal vez sean los más importantes el cambiar la economía de guerra y dar ocupación a los veteranos de guerra en las nuevas actividades, así como proporcionar, de forma materializada y construida en gran escala, el sueño del americano medio: vivir en una casa con jardín en un ambiente tranquilo. La situación europea tras una guerra devastadora fue la de reconstrucción y recuperación del nivel económico lo que explica que en las áreas metropolitanas de Europa la concentración de actividades económicas y de habitantes se produjese en las ciudades centrales.

En Estados Unidos jugó también un gran papel la política del Estado invirtiendo masivamente en carreteras y concediendo grandes créditos para edificar vivienda suburbial a escala industrial. Asimismo el enriquecimiento general de la sociedad americana hizo posible la difusión del automóvil (26 millones en 1945 y 89 en 1970, un automóvil por cada 1,4 personas). Por otra parte las facilidades de crédito para adquirir viviendas, y el precio barato de la gasolina, permitió al americano separarse de las ciudades centrales y acudir al suburbio.

Además, las exigencias del mercado y las tecnologías impulsaron la descentralización de la industria en el suburbio; el comercio se vio atraído (2.500 *shopping-centers* fueron instalados en los suburbios en el periodo 1945-1960) y lo mismo las oficinas.

Todos estos hechos transformaron profundamente el paisaje, la función y el espacio social del suburbio. En el momento presente el commuter al C. B. D. no es representativo del «suburbanita», ya que el 80 por cien de los trabajadores lo hacen dentro de la periferia suburbana.

Desde mediados de la década de 1960 se introducen diferentes tipos de vivienda muy distintas de las «little boxes» que canta Peter Seeger, y hoy en día menos del 50 por 100 de las viviendas son de carácter unifamiliar, las restantes son chalets adosados, bloques de apartamentos, lo que atrae no sólo a familias jóvenes con hijos, sino también solteros, parejas sin hijos, jubilados (Suburban retirement-villages).

La suburbanización en Europa es menor que en Norteamérica, y las causas probables de esta diferencia se deben:

— Al valor artístico y simbólico de los centros históricos, que origina una preocupación por su conservación y rehabilitación y no por la huida del centro.
— La ideología antiurbana y el mito del retorno a la aldea están menos extendidos que en Estados Unidos.
— Menor movilidad en el trabajo que en Estados Unidos, en donde una persona de cada cinco cambia de ocupación al año.
— Unas normas de planificación más estrictas que impiden el crecimiento descontrolado del suburbio.
— Menor difusión del automóvil.

Sin embargo, desde 1960 aparece una tendencia clara a la suburbanización con unas características muy semejantes a las que se dieron en Norteamérica desde el final de la II Guerra Mundial hasta 1975.

Por otra parte, en los países mediterráneos europeos, la suburbanización se produce en forma de bloques exentos de viviendas, estando mucho menos generalizada el chalet exento, que sólo aparece en algunos sectores prestigiosos de las áreas metropolitanas, formando barrios de clase media y alta. Tal es el caso en el área metropolitana de Madrid con la reciente suburbanización del eje de la carretera de La Coruña, que desde la década de los años 70 conoce una fuerte expansión, a pesar de la crisis general del sector de la construcción.

En suma, el suburbio constituye un espacio de gran importancia en las áreas metropolitanas. Se desarrolló primero en Norteamérica y más tarde en Europa Occidental y Mediterránea. Comienza con unas características de uniformidad morfolgíca, funcional y social y termina evolucionando hacia un espacio heterogéneo morfológica y socialmente. No obstante, muchos manuales persisten en dar una imagen que no responde a la situación actual, sino a la existente en los suburbios de Estados Unidos entre 1940 y 1965.

En las ciudades angloamericanas el proceso de suburbanización va acompañado de la formación del *slum*, es decir, barrios centrales en los que la mayoría de los edificios y viviendas están deterioradas, el nivel de hacinamiento es elevado (más de una persona por habitación); y socialmente está caracterizado por la presencia de grupos con bajos ingresos, altas tasas de delincuencia juvenil, y de todo tipo de delitos criminales, deficientes equipamientos sanitarios y escolares, así como fuertes tasas de alcoholismo y consumo de drogas, apatía y aislamiento social. Ello produce una aguda división entre la ciudad del suburbio y la ciudad central ocupada por los antiguos inmigrantes y sus descendientes (negros, chicanos, puertorriqueños, etc.) llegados en el periodo 1920-1970. En la década de los años 80 la dicotomía que presenta el área metropolitana entre el centro ocupado por la población marginal, mayoritariamente negra, y los suburbios supone la característica más destacada y la fuente de conflicto más importante en estas ciudades.

b) *¿Contraurbanización o desurbanización?*

Desde finales de la década de 1970 se produce un fenómeno caracterizado por la disminución de población en el sistema metropolitano, originado por el deterioro de la ciudad central como consecuencia de la pérdida de actividades comerciales, industriales y por el deterioro ambiental del espacio residencial *(slum)*. Existen alguno síntomas que ponen de manifiesto la existencia del fenómeno, al menos en Estados Unidos:

1. Las grandes áreas metropolitanas tradicionales están creciendo en la actualidad con tasas inferiores a las del conjunto del país.
2. Algunas de las grandes áreas metropolitanas tradicionales presentan saldos de crecimiento demográfico negativo como, por ejemplo, Nueva York, Pittsburg, Cleveland, Filadelfia.
3. La casi totalidad de las ciudades centrales de las áreas metropolitanas pierden población desde 1970, como consecuencia de la emigración blanca, con lo que la segregación racial y espacial se agudiza.
4. El mayor crecimiento demográfico lo presentan las pequeñas ciudades y las áreas metropolitanas del Sur y del Oeste (Atlanta, Miami, Albuquerque, Edmonton y Victoria).

5. Las áreas no metropolitanas de Estados Unidos y Canadá crecen desde 1970 más rápidamente que las áreas metropolitanas.

Los mecanismos que originan la desurbanización son la descentralización industrial creciente, la inseguridad e incomodidad de las metrópolis, la búsqueda de marcos naturales atractivos y las nuevas tecnologías de comunicación y de transporte que extienden el modo de vida urbano a todo el país. Las industrias y la gente comienzan a darse cuenta de que pueden acceder a los mercados, recursos e ideas sin tener que estar localizados en una gran área metropolitana.

En el momento presente, dado el escaso crecimiento natural de la población, el dinamismo regional está determinado por los movimientos migratorios interiores.

c) *Interpretación del proceso de urbanización*

Algunos autores intentan interpretar los sistemas urbanos en los países industrializados mediante un modelo evolutivo. El marco teórico fue establecido por los economistas A. Hirschman (1958) y G. Myrdal (1957) a finales de los años 50. Estos autores consideran que las fases iniciales del desarrollo aparecen en torno a unos cuantos focos privilegiados, los *polos de desarrollo*. Estos focos expansivos suministran incentivos, atraen grandes concentraciones de inversión, población y recursos con los que se crean las *economías de aglomeración* necesarias para mejorar la eficacia en la producción, distribución y consumo de bienes y servicios.

El modelo de desarrollo urbano aparece con una primera fase de *concentración* que implica efectos de polarización, lo que origina un crecimiento de los grandes centros urbanos que dominan y succionan sus *umlands* atrayendo personas, recursos y capital. De forma gradual aparecen los efectos difusores como resultado de las *deseconomías de escala* que se producen en las grandes ciudades (tráfico, congestión, hacinamiento, contaminación, elevados precios del suelo) y de las nuevas oportunidades de inversión que ofrecen otras regiones, así como la política del gobierno, que intenta lograr un desarrollo armónico. De este modo se inicia un proceso de *descentralización* que se manifiesta primero en el crecimiento de las aureolas suburbanas con el consiguiente decrecimiento de las ciudades centrales y, por último, con la dispersión de la actividad económica, que se aparta de las grandes áreas metropolitanas tradicionales y se dirige hacia los *nuevos polos de desarrollo* en las ciudades más alejadas e incluso en las regiones menos desarrolladas.

El modelo de asentamientos que produce esta descentralización proporciona una mejor eficacia funcional y es el resultado final de la evolución de un país altamente desarrollado. Se considera que cuando el desarrollo social se incrementa requiere una creciente intensidad de interacción. Más tarde esta intensidad de interacción social que se produce en espacios reducidos origina congestión que puede ser muy negativa a la interacción. En tercer lugar, en el desarrollo avanzado una sociedad desarrolla lazos interpersonales más eficaces al mejorar las comunicaciones y transportes que permiten canalizar actividades productivas sin interferencias con otras formas de interacción social. Más tarde, la sociedad puede lograr mayores niveles de integración funcional de todas las partes de la sociedad. Por lo tanto, el aumento del desarrollo social produce presiones que incitan a la descentralización.

Además de la descentralización, se puede producir la reducción de la influencia de la proximidad física, también se constata que en las sociedades avanzadas económicamente existe una demanda de descentralización para hacer frente a las necesidades de espacio exigido por los nuevos procesos de producción industrial, servicios y comercio; y mayor demanda de espacio por los segmentos sociales más acomodados.

En los países desarrollados también aparece un proceso de «metropolinización» del medio rural de tal modo que las influencias entre las regiones urbanas y las rurales tienden a difuminarse tal y como ocurrió entre las ciudades centrales y los suburbios, de tal manera que se producirá una transformación de muchas naciones en sociedades metropolitanas cultural y económicamente integradas.

El modelo sugiere que los países que todavía se encuentran en las primeras fases de la industrialización, como los países del Sur de Europa y del Este, seguirán concentrando la mayor parte de su población en las ciudades centrales, en tanto que los países con fases de desarrollo industrial más evolucionados como Estados Unidos, Holanda o Suecia conocerán una descentralización masiva.

D. Rothblatt y D. Garr (1985) concluyen diciendo que aunque se reconoce que hay, y continuará habiendo variaciones en los modelos urbanos propios de cada país debido a factores históricos, culturales y políticos, parece probable sin embargo que una parte muy importante del sistema urbano del mundo industrial seguirá el proceso de descentralización y que los suburbios continuarán jugando un gran papel en este proceso global (D. Rothblatt y D. Garr, 1985, pág. 17).

En el estudio realizado en 1982 por el European Coordination Centre por Research and Documentation in Social Sciences se ofrece un modelo evolutivo del desarrollo urbano en Europa.

Durante la primera fase de la ciudad central crece rápidamente y el entorno inmediato, aún rural, disminuye o permanece estancado; a esta fase la denominan *urbanización*. En la segunda fase, llamada de *suburbanización*, el crecimiento de la ciudad central comienza a descender al mismo tiempo que se incrementa la población en la aureola suburbana. La proporción de habitantes que viven en este último ámbito aumenta considerablemente.

En la tercera fase, de *desurbanización*, se alcanza el punto en el que la población de la ciudad central comienza a descender a un nivel tal que de ello resulta un descenso absoluto de la población de toda la región urbana funcional.

El descenso absoluto de la región urbana se asocia al rápido incremento en población y puestos de trabajo en un radio de 50 a 120 km, en donde predominan pequeñas ciudades satélites. Estas ciudades satélites se encuentra en una fase anterior en el ciclo que el dominante en la región urbana funcional (gráfico 4.34).

Las personas emigran hacia estas ciudades cambiando a veces el estilo suburbano por el urbano para poder acceder mejor al trabajo y a los atractivos del medio rural.

Por último, los autores del informe, se interrogan sobre la cuarta fase de

CUADRO 4.19

FASES DEL DESARROLLO EN UNA REGIÓN URBANA FUNCIONAL (RUF)

Fase del desarrollo	Tipo de clasificación	CARACTERÍSTICAS DEL CAMBIO DEMOGRÁFICO Núcleo	Aureola	FUR	
I. Urbanización	1. Centralización absoluta	++	-	+	
	2. Centralización relativa	++	+	+++	Crecimiento total
II. Suburbanización	3. Descentralización relativa	+	++	+++	
	4. Descentralización absoluta	-	++	+	
III. Desurbanización	5. Descentralización absoluta	--	+	-	
	6. Descentralización relativa	--	-	---	Descenso total
IV. Reurbanización	7. Centralización relativa	-	--	---	
	8. Centralización absoluta	+	--	-	

Fuente: L. Berg (1982, pág. 36)

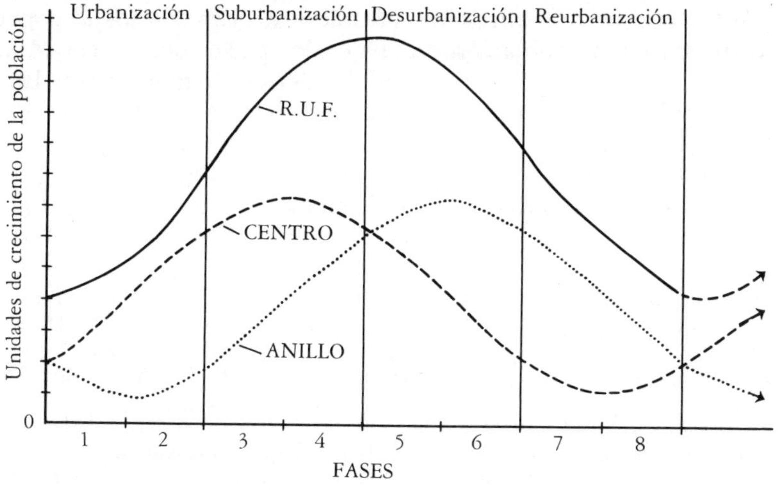

Gráfico 4.34. Tamaño de la población del centro, anillo y Región Urbana Funcional (R. U. F.)

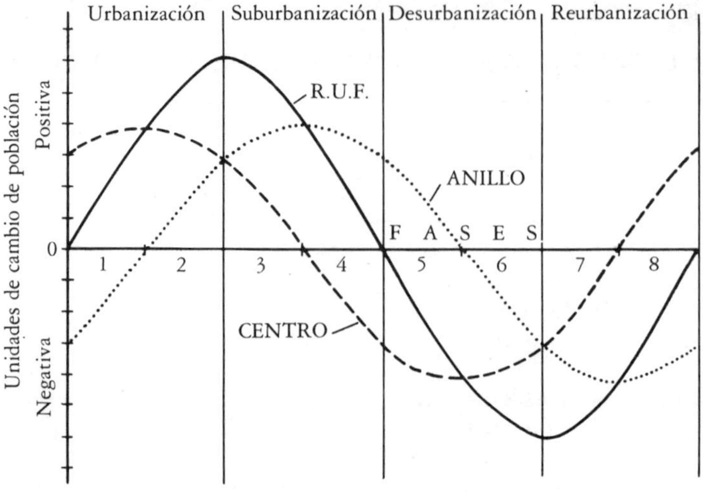

Gráfico 4.35. Crecimiento de la población y descenso de la población en el centro, anillo y Región Urbana Funcional.

reurbanización, que se producirá si prosperan los programas de renovación, rehabilitación y mejora de imagen del centro de la ciudad que están llevando a cabo los gobiernos.

Es cierto que la política de ***rehabilitación urbana***[1] y el proceso de *gentrification*[2] pueden abrigar esperanzas sobre la recuperación de la ciudad central; sin embargo, hasta el momento, el proceso de descentralización es cada vez mayor y el deterioro de la ciudad central, progresivo.

4.7. La ciudad en los países subdesarrollados

Uno de los hechos más sorprendentes de los últimos años lo constituye el fuerte crecimiento de la población urbana en los países del Tercer Mundo hasta el punto de que según estimaciones de la ONU, y de mantenerse las actuales tendencias la población urbana en los países subdesarrollados, que en 1980 se acerca al 50 por 100, superará en el año 2000 a la población urbana de los países desarrollados, pues se estima que al iniciarse el siglo XXI el 65,9 por 100 de la población urbana mundial vivirá en ciudades tercermundistas. Ello se debe

1 Se entiende por rehabilitación urbana el conjunto de operaciones que tienen como objetivo esencial la conservación y el mantenimiento de la trama urbana por considerarlo un elemento característico del patrimonio artístico y cultural de la ciudad y porque se piensa que su destrucción y sustitución por otras tramas urbanas puede ir en detrimento del grupo social que lo habita.

2 La gentrification es la mejora de la calidad de la vivienda en un barrio de la ciudad central asociada a un cambio de la composición social del vecindario, lo que supone un desplazamiento de las clases sociales de bajos ingresos y su sustitución por familias de clase media ligadas a profesiones liberales. Este proceso está adquiriendo un cierto auge en algunas grandes ciudades americanas y europeas (Nueva York, París, Londres).

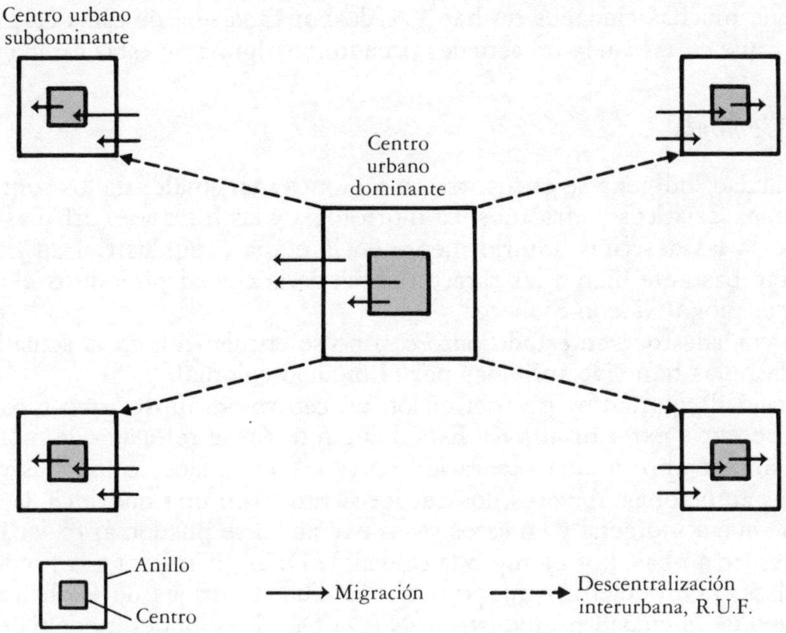

Gráfico 4.36. Fase de desurbanización: emigración del centro dominante y descentralización interurbana.

a una mayor tasa de crecimiento anual en estas ciudades (4,1 por 100 frente al 1,2 por 100 en los países desarrollados), como consecuencia de una tasa general de crecimiento muy elevada y de una fuerte emigración del campo, que huye de la miseria, hacia la ciudad, en donde las condiciones, aunque deficientes según módulos occidentales, son mejores que las existentes en el medio rural. Esta futura primacía de la población urbana en los países concluyendo la etapa en la que se podía asociar tasas elevadas de urbanización con un alto grado de desarrollo industrial y una caracterización socioeconómica del tipo occidental.

Al referirnos a la evolución de la ciudad se acostumbra a diferenciar la ciudad occidental de la no occidental. Esta división es simplista, ya que Europa Occidental influyó decisivamente en los modos de vida del mundo entero, no sólo mediante el colonialismo, sino a través del capitalismo industrial. También sería simplista igualar la ciudad de los países tercermundistas a la de los países desarrollados, puesto que tienen rasgos diferenciales a veces muy acusados. Por ello, la división triple que hacen de las ciudades tercermundistas los geógrafos T. G. Jordan y L. Rowntree (1982) puede permitir un análisis más ajustado a la realidad. Estos autores distinguen la ciudad indígena, que surge en función de factores locales sin influencias occidentales, como ocurre con algunas ciudades islámicas del siglo XI, o las de Méjico y Centroamérica precolombina. El segundo tipo lo constituye el modelo de ciudad colonial que engloba a las ciudades fundadas por las metrópolis o bien aquellas ciudades indígenas profundamente modificadas por el colonialismo europeo. Por último, la ciudad naciente es la ciudad del presente de los países que han accedido recientemente a la independencia. Aunque este modelo puede someterse a crítica, ya que muchas ciudades no han pasado por cada una de estas etapas, cabe destacar que en las ciudades actuales predomina alguna de estas características.

4.7.1. *Tipología*

La ciudad indígena se encuentra en regiones marginales de los continentes americanos, asiáticos y africanos. La morfología y las funciones urbanas son semejantes a las descritas anteriormente en la etapa preindustrial en Europa y se ajustan bastante bien a las características de la ciudad preindustrial descrita por el sociólogo Gideon Sjoberg.

Son ciudades que en estado puro casi no se encuentran en la actualidad, ya que todas ellas han sido influidas por el modelo colonial.

La ciudad colonial es por definición un centro administrativo y comercial de una potencia exterior al país. Esta doble función se refleja en la morfología y asimismo se aprecia una separación entre las actividades coloniales y las actividades autóctonas. A veces, los europeos fundaron una nueva ciudad próxima a la ciudad indígena y en estos casos extremos se pueden apreciar los contrastes entre ambas, por ejemplo la ciudad de Delhi primitiva y la fundada por los ingleses (New Delhi); mientras que la ciudad antigua de Delhi responde al modelo de la ciudad preindustrial, Nueva Delhi adopta el modelo de la ciudad barroca como símbolo del poder colonial, utilizando la arquitectura y el trazado de las calles como símbolo de afianzamiento del estatus y del control colonial.

En las ciudades coloniales se adopta con mucha frecuencia el plano de cuadrícula y así, por ejemplo, las ciudades fundadas por España en América se construían según las normas previstas por las Leyes de Indias (1573). El plano en cuadrícula también fue utilizado en las fundaciones coloniales francesas e inglesas.

Otra característica de la ciudad colonial es que la morfología refleja mejor la zonificación funcional que la de las ciudades indígenas y así existen áreas comerciales, administrativas, financieras, etc.

En resumen, la ciudad colonial se caracteriza por reflejar en su morfología una estructura de control sobre otra cultura, por estar construidas según un plano estandarizado y por estar muy marcados en su morfología los usos del suelo o actividades funcionales. Estas características traducen los objetivos esenciales de la ciudad (comerciales y administrativos) y la distancia social entre el grupo colonial y el nativo.

Al llegar a la independencia política, los países del Tercer Mundo conocieron un periodo de cambio rápido y tumultuoso. La mayoría de estos cambios se centraron en las ciudades, que experimentaron crecimientos espectaculares de población y una reorganización económica, ya que muchas de ellas comenzaron a dirigir sus actividades hacia el interior, en lugar de hacia la metrópoli. Son las ciudades nacientes.

No es posible establecer el paralelismo entre estas ciudades y las europeas. Hance señala, entre otras diferencias:

1. Un crecimiento muy superior al experimentado por las ciudades europeas como consecuencia de una fuerte tasa de natalidad y un descenso

espectacular de la mortalidad, así como una corriente migratoria de gran importancia.

2. La llegada de inmigrantes no responde como en Europa a la creación de puestos de trabajo; es más bien una huida de la miseria del campo. El paro en la ciudad alcanza en estos países del 25 al 30 por 100 de la población activa y no se cuenta con la válvula de escape americana, como en Europa de finales del siglo XIX y primera década del actual.

Por lo tanto, la combinación de fuertes oleadas de inmigrantes unido a una tasa elevada de paro determina una presión sobre la demanda de viviendas baratas que lo gobiernos no pueden suministrar y por ello un componente esencial de la ciudad naciente es lo que eufemísticamente se llaman «asentamientos espontáneos», constituidos por infraviviendas construidas con materiales de desecho, y formando barriadas carentes de todo tipo de servicios (agua, luz, alcantarillado, escuelas, etc.).

Estos asentamientos espontáneos son un proceso general, como lo atestigua los diferentes nombre con que se conoce en estos países (ranchos, en Caracas; callampas, en Chile; favelas, en Río de Janeiro; barriadas y pueblos jóvenes, en Lima; villas miseria, en Buenos Aires; colonias proletarias, en México; barong barongs, en Manila; bidonville, el ámbito africano francófono; etc. Estos espacios urbanos albergan entre el 25 y el 60 por 100 de la población de la ciudad y sus tasas de crecimiento son aún más elevadas que las de las ciudades en su conjunto.

4.7.2. *Interpretación del proceso de urbanización*

En lo que se refiere a la interpretación del fenómeno de urbanización en los países subdesarrollados, Milton Santos (1982), aun reconociendo el carácter específico de la urbanización asiática, africana y de América latina, piensa que responde a un mismo fenómeno que presenta las mismas características generales y que son sobre todo las variables económicas las que «gozan realmente de autonomía actual. Es la subordinación tradicional la clave para explicar la urbanización en estos países». Por ello la urbanización en el Tercer Mundo se considera como variable dependiente, resultante de su incorporación al mercado mundial. Por este motivo el análisis de la urbanización en estos países, dice M. Santos, no debe hacerse aisladamente y fuera de las fuerzas económicas internacionales, ni del papel que juega el Estado (M. Santos, 1982, pág. 187).

En general, al hablar de la ciudad tercermundista se diferencia un sistema económico dual: una economía centralizada estable, formal, por un lado, y la economía de bazar por otro. Sin embargo, M. Santos piensa que el primer sistema económico de flujos es el resultado directo de la modernización, pero el sistema de bazar, el segundo circuito, es resultado indirecto de la modernización y afecta a los individuos que sólo se benefician parcialmente o nada del progreso tecnológico.

Por lo tanto, no existen dos circuitos independientes, no puede hablarse de un dualismo económico en la ciudad subdesarrollada, porque ambos sistemas de flujos tienen el mismo origen y ambos están entrelazados. La modernización contemporánea produce en las ciudades tercermundistas un número limitado de empleos, puesto que las industrias que se instalan son de capital intensivo, y lo mismo ocurre en la modernización de la agricultura. Este fenómeno explica la *urbanización terciaria* o *sobreurbanización.* En los países occidentales el porcentaje de población urbana aumentó proporcionalmente con el porcentaje de empleo en la industria. Sin embargo en los países del Tercer Mundo se produce un nivel de crecimiento de la población urbana superior al incremento de empleo en la industria (gráfico 38). Por lo tanto, la base demográfica de la urbanización del Tercer Mundo difiere de la de los países desarrollados, porque la primera fue estructurada por las potencias coloniales y neocoloniales, lo que explica el escaso estímulo en la industrialización de los países del tercer mundo. La *sobreurbanización* refleja el tipo de organización económica y social impuesta por las potencias coloniales, así como la incapacidad que tienen los gobiernos de los países subdesarrollados de contrarrestrar el poder económico de las antiguas metrópolis.

El flujo del sistema superior está constituido por negocios bancarios, comercio de exportación, industria de exportación y la industria, comercio, servicios modernos (gráfico 4.37). El sistema inferior está esencialmente formado por formas de fabricación con escasa inversión en capital, servicios no modernos y el comercio minorista. Cada circuito está definido por un conjunto de actividades y un sector de población ligado a las actividades por el trabajo y el consumo (gráfico 4.38).

En el cuadro que insertamos a continuación Milton Santos presenta las diferencias tecnológicas y de organización de ambos circuitos.

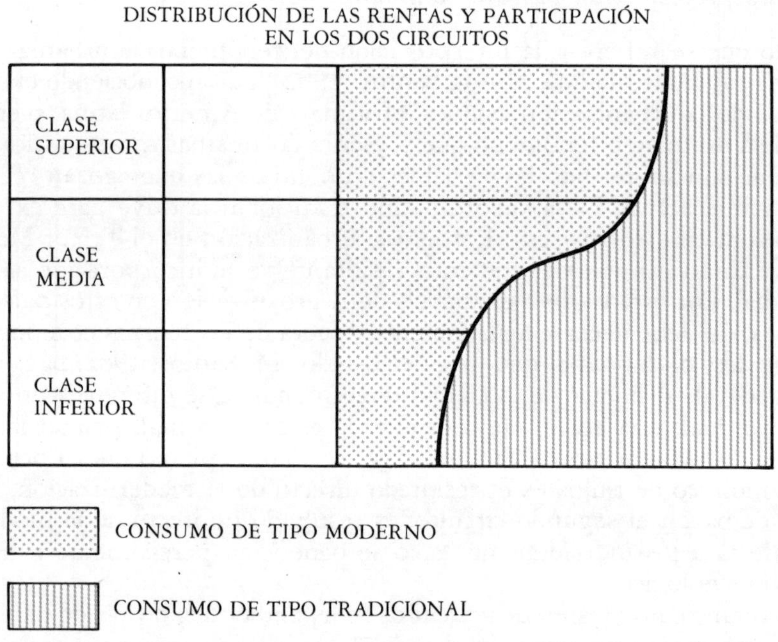

Gráfico 4.37. Distribución de las rentas y participación en los dos circuitos, según M. Santos (1982).

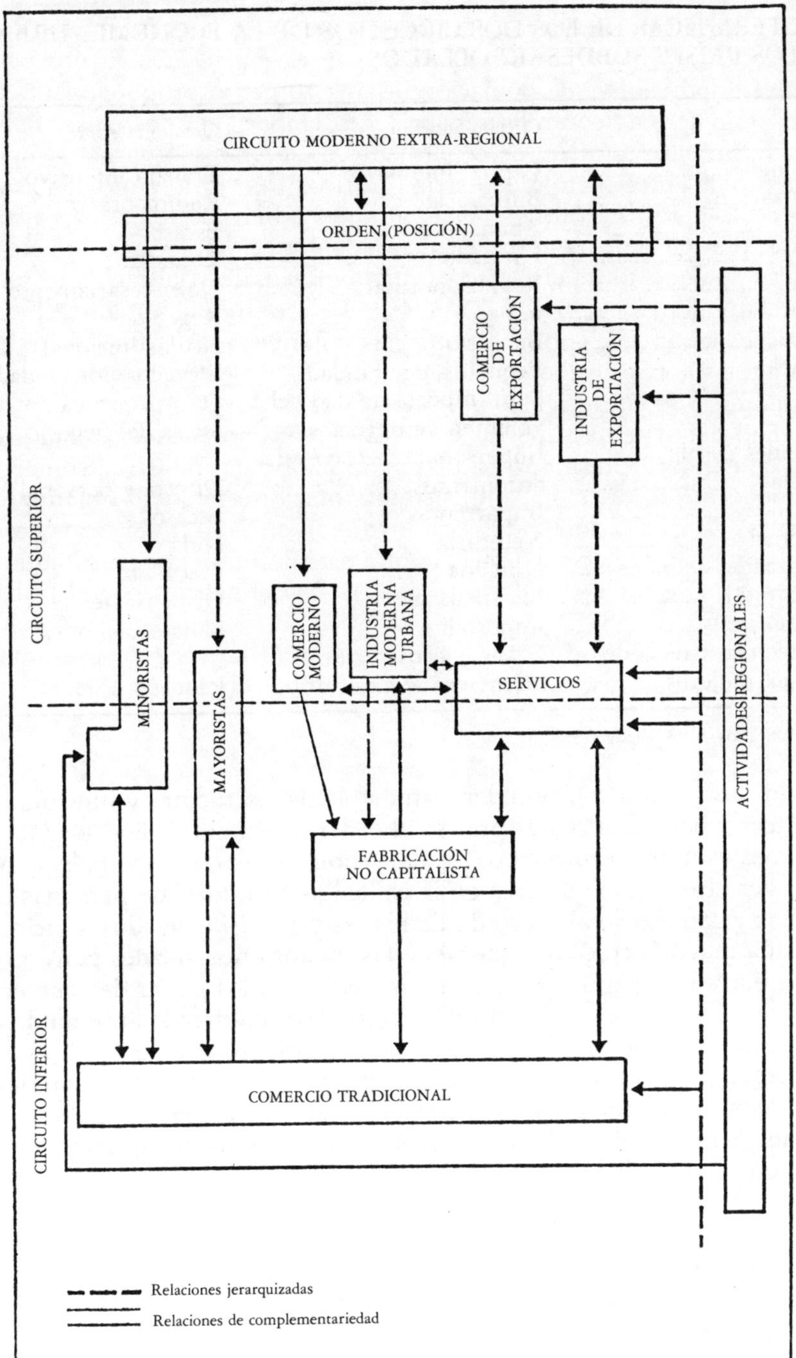

Gráfico 4.38. Relaciones entre los dos circuitos, según M. Santos (1982).

Cuadro 4.20

CARACTERÍSTICAS DE LOS DOS CIRCUITOS DE LA ECONOMÍA URBANA DE LOS PAÍSES SUBDESARROLLADOS

	Circuito Superior	Circuito inferior
Tecnología	Capital intensivo	Trabajo intensivo
Organización	Burocracia	Rudimentaria
Capital	Abundante	Escaso
Trabajo	Limitado	Abundante
Salario	Regular-normal	No necesariamente
Precios	Fijos	Regateo
Crédito	Bancario	No institucional
Beneficio	Pequeños por unidad, pero importante dado el volumen de negocios	Elevados por unidad, pero pequeños por la escala del negocio
Relaciones con la clientela	Impersonal o a través de documentos	Directa y personal
Coste fijos	Importantes	Escasos
Publicidad	Necesaria	Nula
Reutilización de bienes	Ninguna	Frecuente
Gran capital	Indispensable	Dispensable
Ayuda Oficial	Importante	Nula o casi nula
Dependencia directa de países extranjeros	Grandes actividades orientadas al exterior	Pequeña o nula

Fuente: M. Santos, (1982), pág. 136

Por lo tanto, para comprender la morfología, estructura y funcionamiento de la ciudad subdesarrollada es preciso abordar el estudio de la ciudad de forma global, pues es la modernización, ligada a intereses externos al país, la que generó los dos círculos, la que crea en la ciudad una minoría de personas con salarios fijos y con acceso al mercado de bienes y servicios ligados al primer circuito, y una mayoría creciente que tiene las mismas necesidades pero no puede acceder a ellos. Ello explica la *sobreurbanización* en los países del *Tercer Mundo* y la presencia creciente de un urbanismo marginal ligado al segundo circuito, pero producido por los efectos del primer circuito que destruyó el empleo local (artesanal y agrario), al mismo tiempo que introdujo una tecnología médica que redujo con gran eficacia la tasa bruta de mortalidad, pero no en la misma medida la de natalidad, lo que produce, como hemos visto, crecimientos explosivos en estas ciudades.

4.8. La ciudad socialista

4.8.1. *El gran debate*

De la lectura de los clásicos del marxismo (Marx, Engels y Lenin) se deduce claramente la necesidad de una concepción de la ciudad radicalmente distinta de la ciudad burguesa. «Para lograr una nueva ciudad socialista sería preciso establecer medidas encaminadas a hacer desaparecer gradualmente la diferencia entre la ciudad y el campo», se dice en *El Manifiesto,* y Engels, al referirse al problema de la vivienda, declara:

> ...no podrá resolverse hasta que la sociedad esté lo suficientemente transformada para emprender la supresión del antagonismo que existe entre la ciudad y el campo...

Engels es favorable a las ciudades pequeñas, pero la supresión de las grandes ciudades modernas sólo se logrará mediante «la abolición del modelo de producción capitalista» (F. Engels, 1887, págs. 66-67).

A la abolición del conflicto campo-ciudad se le concedió gran importancia, y así Marx y Engels en la *Ideología alemana* señalan que todos los conflictos del campo y de la ciudad son la expresión de intereses divergentes que se manifiestan a través de la lucha entre instituciones y entre clases sociales portadores de esos intereses. Ciudad y campo son los polos de un conflicto estructural de cuya superación saldría una nueva sociedad.

Lograda la solución del conflicto estructural, mediante la apropiación por parte del Estado de los medios de producción tras la revolución de 1917, era de esperar la construcción de una *ciudad socialista* radicalmente opuesta al modelo de *ciudad burguesa.* De hecho, en la doctrina marxista leninista oficial se concede un papel primordial al cambio consciente, en el proceso de industrialización urbana con objeto de transformar los valores de la sociedad. La creación de una nueva forma urbana era esencial para inculcar los valores de la nueva cultura proletaria: la sustitución del individualismo y de la propiedad por el principio proletario del colectivismo. Y así fue en los primeros años de fervor revolucionario en donde se ensayan nuevas formas urbanas. Sin embargo, la mayor parte de las propuestas se inspiran en los movimientos vanguardistas europeos y americanos.

Sólo la propuesta de la ciudad-lineal de N. Miliutin, inspirada en la obra de Arturo Soria, se empleó en la planificación de Stalingrado, y parcialmente en la ciudad de Magnitogorsk (gráfico 4.40).

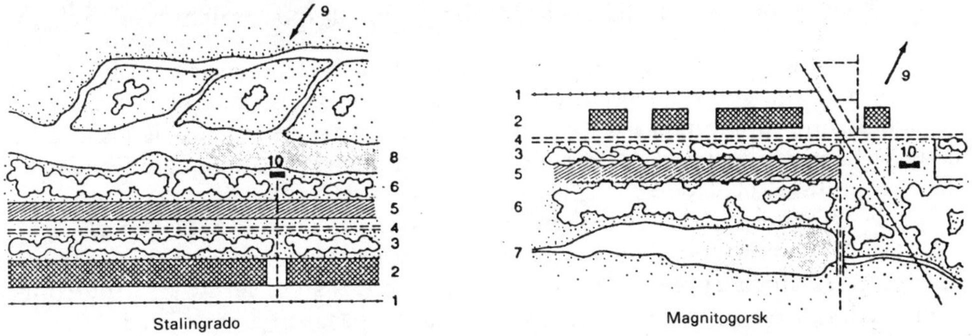

1. Ferrocarril, 2. zona industrial; 3. zona verde; 4. vía de tránsito; 5. zona residencial; 6. parque; 7. Río Ural; 8. Río Volga; 9. Viento dominante; 10. Sede de los Soviets.

Fuente: J. Bater (1984, pág. 141).

Gráfico 4.39. La ciudad lineal de Miliutin, según Parkin.

Se intentaba buscar un modelo alternativo a la gran aglomeración urbana capitalista y así se concebía un tipo de ciudad entre 50.000 y 60.000 habitantes en el que se instalase población rural y urbana, y hubiese un sentido igualitarioi en la provisión de servicios de consumo y culturales.

4.8.2. *El urbanismo stalinista*

Sin embargo, el debate entre los partidarios de la desurbanización y la urbanización quedó zanjado triunfando la tesis productivista y concentradora que apoyara Stalin al decretar, en 1931, que todas las ciudades soviéticas deben considerarse socialistas por formar parte de la Unión de Repúblicas Socialistas Soviéticas y declarar que «la historia demuestra que en los grandes centros industriales, el tipo de ciudad más ventajoso, desde el punto de vista económico, constituye el que ahorra en obras de canalización, conducción de agua, iluminación, etc. Por eso se han equivocado los que han propuesto extender la ciudad». Esta interrupción brusca del debate se justifica en parte al contemplar la penuria de vivienda, ya que solamente durante la guerra civil (1918-1920) quedó destruida una quinta parte de las viviendas del país, y era preciso, por tanto, abordar el problema de la vivienda mediante la confiscación, la fijación de un espacio habitable mínimo y la construcción masiva de viviendas, especialmente en el periodo 1929-1940 en el que el parque inmobiliario urbano aumentó el 150 por 100 (Nóvosti, 1981). El planeamiento urbano se caracteriza por:

— Limitación del tamaño de la ciudad.
— Papel ideológico del centro; en él no se concentran los establecimientos comerciales, las oficinas, etc. como en el C. B. D. de las ciudades capitalistas, sino que los edificios se consagran a las actividades políticas educativas y éstos se disponen en torno a una *plaza* que se emplea frecuentemente para llevar a cabo demostraciones políticas y militares.
— Control estatal de la producción y distribución de la vivienda.
— Igualdad espacial en la distribución de los servicios de consumo y culturales.
— Regulación de una distancia mínima a los desplazamientos al trabajo.

Estos criterios no se aplican sólo a la construcción de nuevas ciudades, sino también a la remodelación y ampliación de las viejas. La *ciudad socialista* se considera como una unidad sin clases, no organizada, en barrios de clase alta, media y baja, y ello justifica la construcción industrial de bloques de apartamentos uniformes.

En la Unión Soviética el crecimiento urbano pasó del 16 por 100 en 1917 al 64 por 100 en la actualidad y, a pesar de la política gubernamental contraria a las grandes ciudades, no se pudo impedir que éstas creciesen y se multiplicasen. Así, por ejemplo, las ciudades millonarias pasaron de tres en 1959 a 21 en el momento presente y ello a pesar de las restricciones de movilidad que el Gobierno soviético impone a la población. Cada ciudadano tiene que llegar con un pasaporte en el que figura el permiso de residencia y éste resulta muy difícil de obtener en veinte ciudades entre las que se encuentran Moscú, Leningrado y Kiev.

La estructura urbana que se intenta elaborar mediante la construcción estatal de viviendas, es un espacio diferenciado en comunidades, concebidas éstas como unidades de interacción social (gráfico 4.41).

La unidad básica constituida es el *mikrorayon*, que alberga entre 8.000 y 12.000 habitantes. El *mikrorayon* está formado por un conjunto de unidades de vivienda o *complejos de vida* denominados *superbloques* o *Kvartal*. Varios *mikrorayons* forman un *complejo residencial*. En general, cada *mikrorayon* está formado por cinco u ocho *complejos de vida* o unidades de vivienda con una población de 1.000 a 1.500 cada uno y un radio de 50 a 100 m. El *complejo residencial* está formado por cuatro o cinco *mikrorayons* con una población entre 8.0000 y 12.000 habitantes y un radio de 300 a 400 m (gráfico 4.40). Desde un punto de vista social se procura que en cada *mikrorayon*, que posee amplios espacios verdes, exista una muestra significativa de los diferentes grupos so-

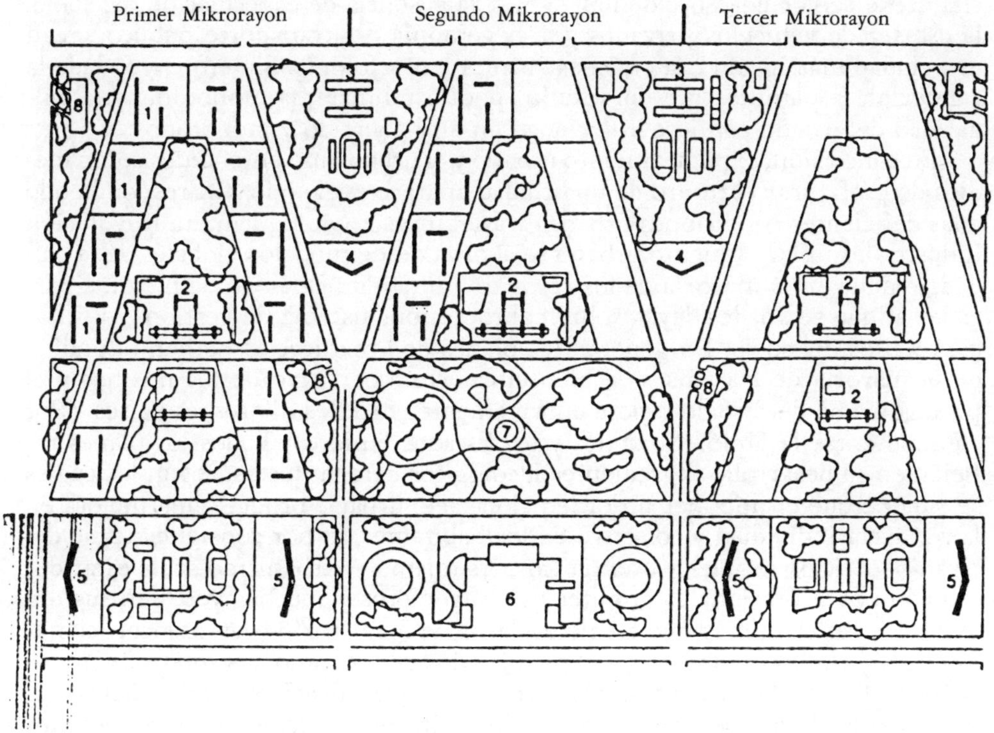

1. Bloques de apartamentos de 4, 8 y 16 pisos
2. Guardería
3. Escuela
4. Residencia de ancianos
5. Edificio de 20-25 pisos para jóvenes
6. Centro comercial y social
7. Parque central
8. Aparcamiento

Fuente: J. H. Bater (1984, pág. 142).

Gráfico 4.40. Complejo residencial según Kravchuk.

cioeconómicos. Aunque el *mikrorayon* tiene como objetivo proporcionar un medio físico apropiado para lograr un sentimiento de comunidad, no se logra porque las diferentes categorías socioprofesionales mantienen sus propias redes de contactos. En lo que atañe al tamaño de los apartamentos, éste depende del número de miembros de la familia. En la actualidad el módulo de metro cuadrado por persona está entre 11,5 y 13, y se intenta lograr en esta década un módulo de 20 m^2. En general, el tamaño de los apartamentos es muy pequeño, si bien hay variaciones, según las profesiones de sus ocupantes y según que la vivienda proceda directamente del Estado o esté construida en régimen de cooperativa. En este último caso suelen ser de mejor calidad y de mayor tamaño.

En síntesis, no puede hablarse de una ciudad socialista concordante con la doctrina marxista-leninista. Las exigencias de vivienda obligaron a los soviéticos a adoptar, en la materialización de la ciudad, las concepciones funcionalistas y comunitaristas europeas. Por lo tanto, la forma urbana no difiere sustancialmente de la ciudad occidental, si bien la ausencia de especulación del suelo, la escasez de vehículos privados y la hegemonía del transporte público, crean una ciudad más igualitaria en su estructura y morfología. Sin embargo, dada la rigidez en la planificación durante la época estalinista, la monotonía y la vulgaridad del diseño confiere a la ciudad un aire aburrido y monótono.

En conclusión, el planeamiento urbano y el urbanismo entendidos como medios de prefigurar el futuro de una ciudad aparece enel siglo XIX respondiendo a las deficientes condiciones urbanas tras el impacto de la Primera Revolución Industrial. El planeamiento urbano se aborda desde modelos globales de la ciudad, aunque en la mayoría de los casos se limita a un catálogo de mejoras parciales al que se añaden leyes sobre expropiación, sistema de gestión, zonificación y usos del suelo. En general, los planes de urbanización se han difundido en la mayoría de los países, si bien el carácter coercitivo de los mismos y el protagonismo del Estado difiere enormemente entre los diferentes países. (Por ejemplo entre la Unión Soviética y los Estados Unidos). Todos los planes reflejan en su desarrollo ingredientes ideológicos deterministas, según los cuales se supone que el imponer un orden al espacio urbano produce una mejora en la conducta individual y colectiva de los habitantes, y, por consiguiente, se derivan beneficios sociales y económicos. Asimismo el urbanismo suele estar dominado por profesionales arquitectos e ingenieros y muchas veces en sus objetivos se reflejan, más que las necesidades de los usuarios, las preocupaciones estéticas y modas de los propios planificadores, así como sus intereses profesionales. En muchos países se introducen en la planificación técnicas científicas procedentes de las ciencias sociales y se arbitran los medios para conocer los intereses y las necesidades de los sujetos a los que se destina el espacio objeto del planeamiento.

4.9. La mundialización de la economía y el sistema urbano

4.9.1. *La mundialización de la economía*

Tras la crisis energética que produjo el colapso del sistema metropolitano en los países industriales, entramos en una nueva época de cambios cualitativos sorprendentes, siendo tal vez el más notable «la posibilidad de conocerlo y utilizarlo todo a escala planetaria, que en adelante será el marco de las relaciones sociales; se puede así hablar de *mundialización*, cuando antes se trataba tan sólo de internacionalización» (M. Santos, 1984, pág. 693). Por lo tanto, es preciso revisar todos los enfoques científicos de nuestra visión del mundo.

Milton Santos considera que la universalización existe: ya, de hecho, hay universalización de la producción, de los procesos productivos y de comercialización, de los intercambios de capital y mercados, de la mercancía, de las finanzas, del modelo de utilización de los recursos mediante técnicas universalmente interrelacionadas, del mercado de trabajo, del medio ambiente, de los gustos y del consumo, universalidad; en definitiva, «de una racionalidad al servicio del capital, constituida en moralidad igualmente universalizada. Hay también universalidad de una ideología comercial, universalización del espacio, de la sociedad que ha pasado a ser mundial y del hombre amenazado de enajenación absoluta» (M. Santos, 1984, pág. 694). Naturalmente, que la mundialización no es completa, porque aunque las empresas multinacionales crean en todas las partes burguesías transnacionales, las clases se definen territorialmente y aunque los estados constituyen actualmente un sistema mundial, individualmente, dice Santos, son a la vez una puerta de acceso y una barrera para las influencias exógenas. La acción de los estados se apoya en realidades preexistentes, pero eso no obsta para que pueda hablarse de *mundialización*, de tal modo que lo que no está ya mundializado se halla condicionado por este proceso (M. Santos, 1984, pág. 694).

4.9.2. *El sistema urbano y el modelo de «salida de la crisis»*

La mundialización lleva consigo un intento de introducir un modelo territorial adecuado a estas tendencias, modelo en que el sistema urbano constituye una pieza clave.

El modelo que se insinúa en los países-centro es el que M. Castells denomina el «modelo de salida de la crisis». Este famoso sociólogo considera que la crisis estructural producida por la espectacular subida de los precios del petróleo es algo ya superado en países como Estados Unidos, Japón y Alemania Occidental.

En estos países comienza a configurarse un nuevo modelo territorial con repercusiones muy directas sobre el desarrollo urbano.

En el modelo territorial aparecen los *espacios innovadores*, que son las «nuevas minas» de la revolución tecnológica que se está desarrollando. En estos espacios se genera la materia prima y la mano de obra que puede manipularla. En ellos se produce el *software* indispensable para la nueva reestructuración de los procesos productivos y de distribución. Estos espacios aparecen en marcos naturales muy atractivos, con centros de investigación universitaria o institutos de las mismas empresas, bien comunicadas y con una estructura empresarial capitalista en donde el papel de las centrales sindicales es poco importante. El ejemplo más notorio de espacio innovador sería el Silicon Valley californiano.

El segundo componente del nuevo modelo son los centros de toma de decisiones que se ubican en las *ciudades mundiales*, y los centros de redistribución que se localizan en las ciudades centrales de las áreas metropolitanas preexistentes. Las actividades productivas pueden distribuirse con gran flexibilidad en las ciudades de tipo medio, e incluso en el medio rural, puesto que la nueva tecnología permite coordinar los procesos productivos y, por consiguiente, que éstos se diseminen en el espacio para luego ser montados en regiones próximas a los centros de consumo. Esto produce la desurbanización.

Este modelo que está surgiendo en los países-centro tiene su impacto en la totalidad de los países. En los semiperiféricos, como España, se instalan «sucursales de los espacios innovadores» de los países-centro, como pueden ser el polígono industrial de San Cugat del Vallés en Barcelona (¿Silicon-Vallés?) y el de Tres Cantos en Madrid. Asimismo, en estos países se localizan aquellas actividades productivas que se benefician del nivel salarial más bajo de estos países, como metalurgia, automóviles, industria textil y confección, etc. Los procesos productivos en estos países semiperiféricos pueden descentralizarse y ubicarse en la periferia de las áreas metropolitanas y en las regiones rurales tradicionales, a través de un ventajoso sistema de subcontratos, incluso a través de economía sumergida. Ambos fenómenos abaratan los costes de mano de obra, ya que en estas áreas la presión y reivindicación salariales son mínimas. Pero la informática y la telecomunicación permiten la estandarización de la mayor parte de los procesos productivos y, por consiguiente, su descentralización y montaje en la proximidad de los centros de mercado.

En general, los procesos productivos que exigen alta cualificación no salen de los polígonos industriales instalados en las áreas metropolitanas, en tanto que aquellos más rutinarios tienden a producirse fuera de las áreas metropolitanas, lo que origina el cierre de muchas fábricas y su instalación, a veces en condiciones muy precarias, en el medio rural o en ciudades pequeñas sin tradición industrial.

El impacto social de mayor incidencia de este «modelo de salida de la crisis» es la formación de los hogares electrónicos, que se convierten en reductos familiares y en centros de esparcimiento, provocando un aislamiento, un repliegue familiar y lo que Castells denomina la «bunkerización de los hogares».

El nuevo sistema económico cambia las relaciones capital-trabajo puesto que la automación puede introducirse en los procesos costosos y delicados, en tanto que las operaciones rutinarias y de escasa cualificación son susceptibles de descentralización y dispersión en el espacio. La tecnología, tal y como se desarrolla actualmente, favorece a la gran empresa ya que desarticula la fuerza del trabajo y con ello el control sindical.

Por lo tanto, en el espacio urbano aparecen espacios innovadores y áreas residenciales privilegiadas que alojan la mano de obra de *élite* ligada a la informática, telemática y biogenética.

La ciudad central será un lugar altamente terciarizado para obtener el mayor beneficio del capital histórico invertido, y el parque de vivienda deteriorada que espera el cambio de uso será ocupado por población marginal (económica, étnica o de edad). Serán áreas peligrosas, casi vacías y poco frecuentadas por los habitantes que viven replegados en sus hogares en la periferia, con lo que se pierde así el uso colectivo de la ciudad; lo que Lefébvre llama «el derecho de la ciudad».

En la periferia se pueden individualizar dos ámbitos. Por una parte el espacio ocupado por una mano de obra de cualificación media pero muy relacionada con la demanda tecnológica que ocupara los desarrollos suburbanos típicos de la clase media activa-funcional (chalets con jardín, adosados o exentos, en áreas de escasa densidad).

Por otra parte, la mano de obra sin cualificar o cualificada en actividades no funcionales poco dinámicas, así como un porcentaje elevado (entre el 15 y 20 por 100) de parados, ocuparán los suburbios de trabajadores constituidos por bloques de viviendas en los que la vida individual prima sobre la actividad y convivencia colectiva o de barrio. Estas personas pueden ocupar también las ciudades dormitorio, e incluso las aldeas-dormitorio en las que tampoco existen muchas relaciones sociales y se produce un claro repliegue familiar en el ámbito del hogar (piso) electrónico. Por otra parte, los espacios singulares: palacios, tramos urbanos de gran calidad arquitectónica, se revalorizan en favor de una clase alta y media con profesiones compatibles con las nuevas tecnologías. En parte la *gentrification* puede considerarse como un adelanto de esta revolución destinada a una élite de managers y financieros.

4.9.3. *La necesidad de una nueva concepción del proceso urbano*

En conclusión, y a la vista de la evolución del desarrollo urbano, consideramos que no existe una ley fatal que determine una serie de etapas en el sistema urbano en los diferentes países. Si el análisis del desarrollo urbano se ajusta a un ciclo cualquiera, debe pensarse que existen fuerzas dominantes que potencia este modelo por considerarlo más favorable a sus intereses. Los mismos procesos tienden a originar las mismas formas urbanas; ahora bien, los procesos no actúan sobre un mapa vacío, sino que operan sobre formas heredadas que ofrecen ciertas resistencias a la uniformidad, y de ahí la pluralidad de ciudades. Sin embargo, con la internacionalización de la economía desde el siglo XVI hasta la actual mundialización de la misma se produjo una constante mediatización de los sistemas urbanos. Los sistemas urbanos de los países coloniales que anteriormente estaban en simbiosis con la región que organizaban se vieron perturbados al tener que adaptarse a las exigencias de los países colonizadores e introducir o potenciar en el sistema urbano una serie de ciudades cuya función esencial era el exportar recursos a la metrópoli e importar productos transformados y distribuidos. Así se produce un sistema urbano dependiente y se origina en la economía de esas ciudades un doble sistema de flujos ligados a los intereses exteriores y a las actividades locales. Esta mediatización era, no obstante, relativamente lenta y, por lo tanto, permitía una cierta autonomía al desarrollo urbano; sin embargo, con la mundialización de la economía la mediatización es instantánea y los procesos se dejan sentir de forma rápida, con lo que la forma urbana debe adaptarse o crearse de acuerdo con las nuevas exigencias. El sistema de flujos es instantáneo y buscará los canales más adecuados crean de un modelo territorial *ad hoc* y requiendo para ello una forma y unos contenidos urbanos que se acomoden a las nuevas exigencias.

De un modo general, la tecnología, definida como el conjunto de instrumentos, materias primas, fuentes de energía, que posee un grupo social o una formación social para obtener su sustento sobre un territorio, depende de una organización social determinada que a su vez puede verse alterada por las exigencias del sistema tecnológico. El grado de dependencia entre la organización social y el sistema tecnológico es variable en el tiempo y en el espacio. Puede decirse que hasta la revolución industrial la organización social determinaba básicamente los objetivos de la tecnología pero, a partir de esta revolución, la racionalidad tecnológica se va imponiendo hasta ser ésta la que organiza el territorio.

El sistema tecnológico y la organización social están íntimamente relacionados y conjuntamente definen un modo de producción hegemónico que tiende a materializarse en un territorio a través de un modelo de organización concreto. Ahora bien, el modo de producción hegemónico no opera en un vacío, ni arrasa de inmediato los modos de producción preexistentes, sino que convive con ellos, aunque con una tendencia clara a su eliminación. Los modos de producción marginal poseen un sistema tecnológico y una organización social que se traduce en un modelo territorial específico. Por lo tanto, surgen tensiones y conflictos entre los modos de producción que se plasman en los modelos del territorio.

El modo de producción hegemónico requiere un modelo territorial nuevo que choca con las estructuras heredadas a las que tratan de modificar, eliminar o aislar según los casos. Por otra parte intenta crear estructuras territoriales propias de acuerdo con las nuevas exigencias.

En el caso de la ciudad, la trama heredada puede ser *renovada, rehabilitada* o *arrasada* según el mayor o menor grado de incompatibilidad con los nuevos contenidos y funciones que el modo de producción hegemónico asigna a la ciudad. En algunos casos basta con alterar la trama heredada (rasgar el tejido urbano e introducir «grandes vías» por exigencias del tráfico, o por motivos militares: haussmannización), otras veces se respeta la forma heredada pero se le asignan nuevas funciones y contenidos (edificios con valor histórico que se convierten en bancos), o bien se respeta la función y se expulsa al grupo social que lo ocupa.

En otros casos es pereciso crear nuevas formas ante la nueva demanda. La exigencia del capital industrial que se transforma de una estructura de guerra en una estructura productiva, de consumo de masas, es la que origina el mecanismo de la suburbanización y los suburbios, las nuevas tramas urbanas en las que se acoge en muchos países más población que en la ciudad heredada.

Por último, en el sistema urbano heredado pueden aparecer espacios que no ofrecen expectativas de beneficios inmediatos, esos espacios se marginan, lo que no quiere decir que no estén mediatizados por el modo de producción hegemónico, pudiendo revalorizarse en el momento que interese. El mecanismo de la *gentrification* con respecto al *slum* de las áreas centrales de las ciudades americanas, la *desurbanización* que revaloriza las ciudades tradicionales estancadas, e incluso el medio rural profundo, mediante el proceso de descentralización de la producción y de la población, son ejemplos de ello. En cualquier caso la función y la forma de las áreas que no se integran en el modelo territorial hegemónico, se alteran también. Este es el caso de la proletarización de los espacios rurales en los sectores más desfavorecidos de las áreas metropolitanas, donde surgen *aldeas-dormitorio*, el espacio productivo se abandona, las viviendas vacías se deterioran y una población envejecida, autóctona, convive en la aldea con una mano de obra sin cualificar, ajena al pueblo y que sólo ocupa la aldea como lugar de residencia.

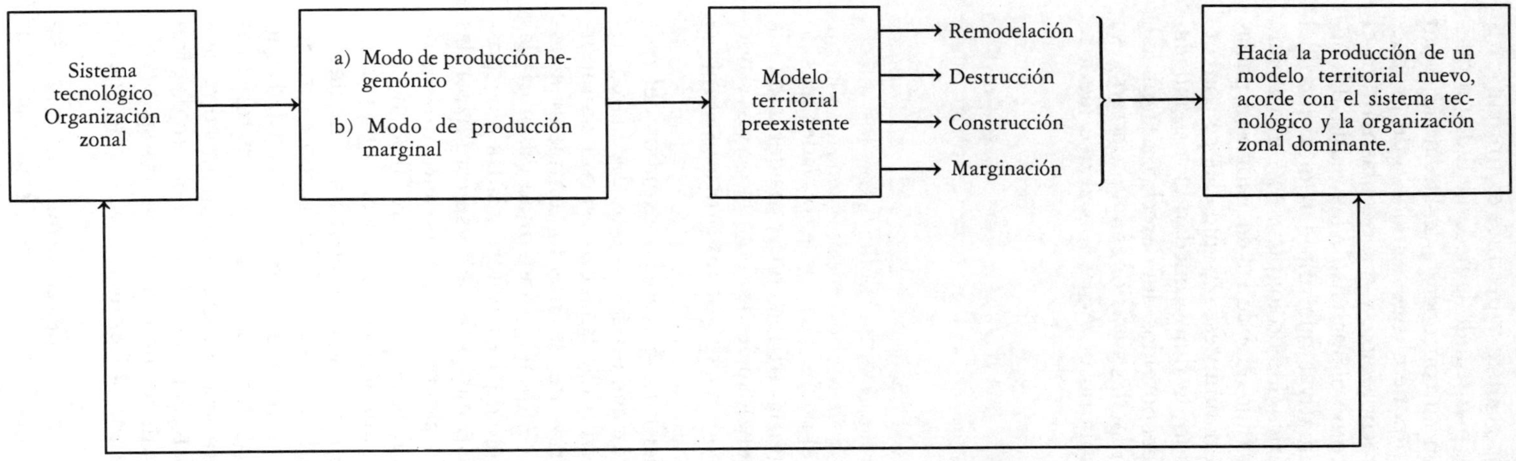

Gráfico 4.41. Hacia un nuevo modelo territorial.

A mi modo de ver, este modelo es más realista y permite examinar críticamente la evolución del desarrollo urbano, planteando la necesidad de un nuevo urbanismo globalizador que combine en su concepción de la ciudad tanto los esquemas uniformes y abstractos que impone el nuevo modelo de producción hegemónico a través de un sistema tecnológico, y que se plasman en el «modelo territorial de salida de la crisis», como el análisis de las realidades urbanas concretas, desde perspectivas participativas que impidan el avance del formalismo actual o el modelismo tecnocrático. De no lograrse este urbanismo el territorio se convertirá en un espacio de flujos donde las decisiones espaciales serán ajenas y no controlables por sus habitantes; las ciudades se convertirán en espacios adaptados a la canalización de flujos, quedando los ciudadanos atrincherados en reductos familiares, desposeídos del derecho a la ciudad, del uso colectivo de la ciudad, y sin controlar las decisiones que afectan a su entorno, apareciendo así un *espacio* urbano y no un *lugar* con el que identificarse y disfrutar colectivamente.

4.10. El sistema intraurbano

4.10.1. *Morfología*

a) Introducción

La diferenciación del espacio urbano y el análisis de sus actividades ha sido uno de los objetivos esenciales de la geografía urbana, por considerar que la delimitación de subáreas de relativa homogeneidad desde el punto de vista morfológico y de actividad económica y social podría explicar los procesos comportamentales de los habitantes de la ciudad.

Durante mucho tiempo se hizo especial hincapié en los estudios del *emplazamiento* y de la *situación* por considerar que estos aspectos del marco natural explicaban significativamente el desarrollo de la ciudad así como su morfología y actividades económicas. Posteriormente, se intentó completar el estudio con la morfología del espacio urbano edificado, intentando descubrir las diferentes etapas en su constitución y señalando áreas diferenciadas que constituían núcleos de comunidades sociales distintas. Más tarde se estudiaron las características del espacio social, intentando determinar un mosaico urbano de áreas sociales diferenciadas. Por último, en la década de los años 60 se hicieron estudios de la percepción del paisaje urbano de los habitantes no sólo a escala general, sino también de las unidades urbanas más representativas. Finalmente, en la década de los años 70, se aborda la morfología y estructura urbanas desde un enfoque prospectivo que intenta combinar el escenario físico de la ciudad, las actividades económicas de sus habitantes, y una serie de características sociológicas representativas, con el estudio de la imagen de la ciudad ideada por los diferentes grupos culturales que existen en la ciudad con objeto de ofrecer un marco en el que incorporar los gérmenes de cambio que se suscitan y donde instrumentar sistemas de diálogo y control frente a la lucha feroz de intereses en juego.

El incorporar al estudio de la ciudad el análisis del entorno físico nos permite individualizarla y detectar una valoración de lo próximo e inmediato. Por otra parte es la manifestación visible de la geografía social de la ciudad, ya que refleja los mecanismos generales de distanciamiento espacial de los diferentes grupos sociales y las fuerzas desiguales de estos grupos para proveerse de vivienda y entorno urbano. Ahora bien, toda ciudad es concreta pero posee también elementos del modelo de ciudad que intenta imponer la mundialización de la economía, arrasando las formas heredadas o englobándolas en una nueva lógica y asignándole unos contenidos y funciones acordes con los intereses del nuevo orden económico.

En la ciudad concreta, materializada en un paisaje definido, se aprecia el escenario en donde se va a representar la obra de la ciudad del futuro. Asimismo, la ciudad construida muestra la desigualdad de oportunidades de unas zonas con respecto a otras (diferentes externalidades físicas y sociales).

La descripción de la ciudad construida permite conocer la distancia que existe entre la ciudad real y la ciudad deseada, tal y como se lo imaginan los diferentes grupos socioculturales que habitan en las distintas «ciudades» de la ciudad.

Ahora bien, nosotros no podemos quedarnos en la simple descripción e interpretación de la *morfología* y *estructura* urbanas puesto que congelaríamos el hecho urbano, que nunca constituye un proceso realizado sino un proceso que está haciéndose. Puede decirse que la «ciudad se construye con el tiempo, queda fijada un tiempo en el espacio y va a la búsqueda de otra ciudad en el tiempo, después de transformar su propio espacio» (M y R. Gutiérrez Guitián, 1985, pág. 19).

b) Componentes básicos de la morfología urbana

Los condicionantes del medio natural

Un componente básico de la morfología urbana lo constituye el marco natural, pues, aunque no tenga el carácter determinante ni la importancia que tradicionalmente se le concedió, enmarca, sin embargo, la ciudad y es, en general, la razón fundamental de su origen y un factor importante de su posterior desarrollo, puesto que no hay que olvidar que la ciudad es un hecho histórico y geográfico. Representa las complejas actividades y valores de los diferentes pueblos, pero también constituye la expresión material de un paisaje creado. Por lo tanto, como expresión material, es preciso estudiar el *emplazamiento* y *la situación*. La ciudad, desde su origen, al desarrollarse y parcelar terrenos para la edificación tuvo que tener en cuenta los elementos del territorio, la topografía, y convertir estos componentes en elementos esenciales del espacio urbano. Por esto muchas veces las características esenciales del territorio preurbano se reconocen en el espacio edificado, lo que pone «en evidencia que la ciudad considerada como un "lugar" es también territorio y como "cosa construida" establece una relación íntima e irrepetible con el territorio que ocupa y, por consiguiente, con el territorio que lo rodea» (J. Esteban i Noguera, 1984, pág. 17).

Los elementos del territorio que más atención han suscitado en geografía urbana son el *emplazamiento* y la *situación*.

Emplazamiento. Es el espacio concreto y material sobre el que se asienta la ciudad, es la topografía, el soporte físico que, desde el momento de la fundación y a lo largo de su evolución, va a condicionar en parte el paisaje urbano y su desarrollo espacial. La elección del emplazamiento depende de la función dominante de la ciudad en el momento de su fundación: defensiva, comercial, religiosa, política, y de las características del medio físico: relieve, disponibilidad de agua, combustible, etc. De acuerdo con su emplazamiento cabe distinguir emplazamiento en colina, típico de las ciudades de las edades antiguas y medievales y respondiendo a una función militar o de protección frente a las inundaciones, o para resaltar su papel simbólico de dominación político-religiosa del territorio. También las ciudades tienen o pueden tener un emplazamiento a lo largo de los cursos de los ríos, por el papel que estos accidentes han tenido en las comunicaciones. Dentro de este emplazamiento ribereño cabe distinguir lugares del río privilegiadas como los *vados, estuarios, islas fluviales, confluencias de ríos, meandros encajados*, etc. En general, el origen de los emplazamiento en la proximidad de un río responde a una función dominante en el origen de la ciudad, ligada a las actividades comerciales o al control de puntos estratégicos (rupturas de carga, fronteras entre pueblos, etc.). Por último, un emplazamiento frecuente lo constituyen las diferentes formas de relieve litoral: tómbolos, penínsulas, llanura costera protegida por un murallón montañoso, islotes costeros, etc. También este emplazamiento se asocia a la función comercial y militar. El emplazamiento originario de una ciudad, cuando la ciudad conoce un fuerte crecimiento debido a la industrialización o a la conversión en metrópoli, resulta casi siempre inadecuado a las nuevas funciones urbanas y experimenta un proceso de renovación, al mismo tiempo que conoce la yuxtaposición de desarrollos urbanos que buscan emplazamientos más de acuerdo con las nuevas funciones y mejor adaptados al tráfico motorizado. No obstante, todas las ciudades que disponen de una larga evolución histórica, individualizan claramente en el paisaje su emplazamiento primitivo y muchas veces tienen una carga simbólica muy importante, hasta el punto que es un hito esencial en la determinación de las señas de identidad de toda la ciudad.

Situación. Es el entorno geográfico en el que la ciudad se encuadra y con relación al que se organiza. La situación se refiere a las grandes vías de comunicación, a los grandes espacios económicos. La situación hasta finales del siglo XIX obedecía a la voluntad de dominar las rutas más importantes que facilitaban el tráfico de bienes y de personas o buscando el lugar de contacto entre dos regiones de economía diferenciadas o complementarias. Desde el punto de vista de la situación se puede hablar de ciudades con situación de encrucijada, ciudades en la confluencia de grandes vías de comunicación: ríos, carreteras o ferrocarriles. Situación en un eje de comunicación, son ciudades que intentan aprovecharse de los flujos que circulan a través de estos ejes; ciudades situadas en rutas caravaneras, en rutas de peregrinación, etc. Otras veces, las ciudades se sitúan en una línea de contacto de regiones diferentes y las ciudades resultan lugares de intercambio de las producciones. Las ciudades situadas en fachadas marítimas se benefician de las rupturas de carga y de la accesibilidad. En el momento presente la situación tiene menor influencia debido a los avances tecnológicos; sin embargo aparecen situaciones más o menos voluntaristas que responden a las exigencias del presente. Así, las situadas en regiones deprimidas para favorecer el desarrollo de las mismas o el desenclave de un territorio aislado. Otras veces se fundan ciudades nuevas que obedecen a intereses políticos y económicos. Finalmente, determinadas tecnologías e investigación exigen el reclutamiento de una mano de obra que demanda marcos geográficos atractivos, creándose así ciudades nuevas para responder a estas exigencias.

Además de estos conceptos, en geografía urbana se tiene cada vez más en cuenta la organización del territorio en su fase preurbana, lo que comprende las actividades económicas y sus usos del suelo, así como las estructuras de la propiedad, aspecto éste que puede tener una enorme importancia a la hora de explicar el desarrollo urbano de la ciudad. Por otra parte es preciso estudiar la legislación que rige la planificación urbana y la ordenación del territorio ya que en ella se intenta arbitrar, con mayor o menor fortuna, los diferentes conflictos que suscitan los agentes de producción del espacio urbano.

El plano y sus componentes

El plano puede definirse como la plasmación de la disposición y combinación de los espacios no edificados o *públicos*: calles, plazas, parques, jardines; y los solares edificados o edificables o *espacio privado*.

A pesar de la atención que suscitó el estudio de los planos de las ciudades, existen pocos conceptos y teorías interpretativas sobre su origen y evolución. La clasificación de los planos de la ciudad se realiza según diversos criterios. Así, el geógrafo Dickinson distingue plano en *cuadrícula* o *damero* plano ortogonal, donde las calles se cortan en ángulo recto (gráfico 4.42 c). Este plano está presente en la antigüedad, es el plano colonial por excelencia y de la fundación de ciudades de nueva planta, presente en todos los periodos de la historia: Antigüedad (fundaciones romanas), Edad Media (bastidas francesas y presentes en España en el País Vasco y Castellón), es el llevado por España en el siglo XVI a América y fue el plano generalizado por América del Norte en el siglo XIX y adoptado en España por los ensanches (Barcelona y Madrid). Otro tipo de plano de ciudad es el *radioconcéntrico* (gráfico 4.42 b), formado por las calles que parten del centro a modo de radios y otras que forman círculos concéntricos que cortan perpendicularmente las calles radiales. Aunque este tipo de plano está presente en la Antigüedad en las ciudades de Oriente, no se generalizó hasta la Edad Media. Por último, Dickinson habla de un tipo de *plano irregular* que no obedece a un plan o proyecto previo, sino que es el resultado de un crecimiento espontáneo. El modelo típico lo constituye la ciudad musulmana con calles irregulares partiendo de un núcleo central amurallado (medina). En torno a este sector central se configuran los barrios de calles tortuosas, muchas sin salida (adarves) (gráfico 4.43 a). Por último, el geógrafo francés J. Tricart (1954) hace una clasificación de las ciudades tomando como criterio la forma de los planos y el carácter planificado o no de la ciudad. Este autor distingue un primer tipo de ciudades homogéneas con una estructura unificada. Dentro de esta categoría diferencia las *ciudades planificadas* con planos *rectangulares* (lineal, diagonal, paralelo, damero); la *ciudad planificada* con planos *radioconcéntricos* (estrella y circular); y las *ciudades no planificadas* con «crecimiento natural», en las que diferencia las ciudades *fortaleza,* ciudades con planos en forma de *estrella*, y con planos irregulares. Por último, Tricart distingue las ciudades homogéneas, de estructura compleja, en las que diferencia las ciudades *replanificadas, polinucleares,* ciudades con un diseño en forma de *red*, ciudades *esféricas*, subdivididas en *concéntricas* y *radiales*.

TOLEDO

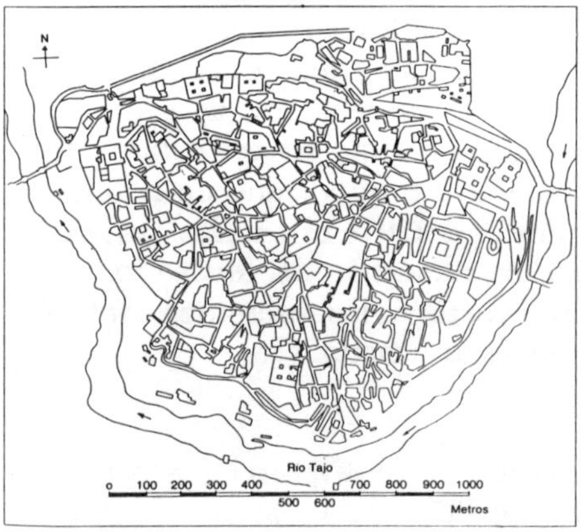

a)

VITORIA

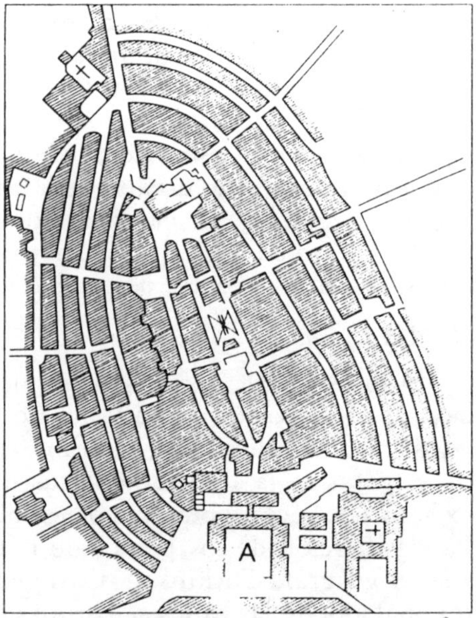

b)

PLANO DE MILETO

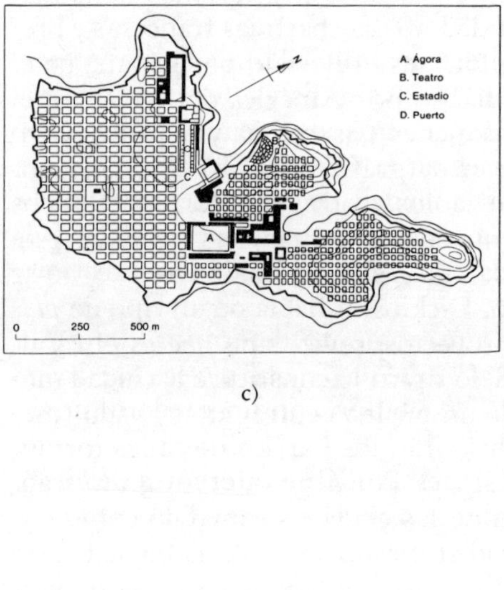

c)

MONTAUBAN

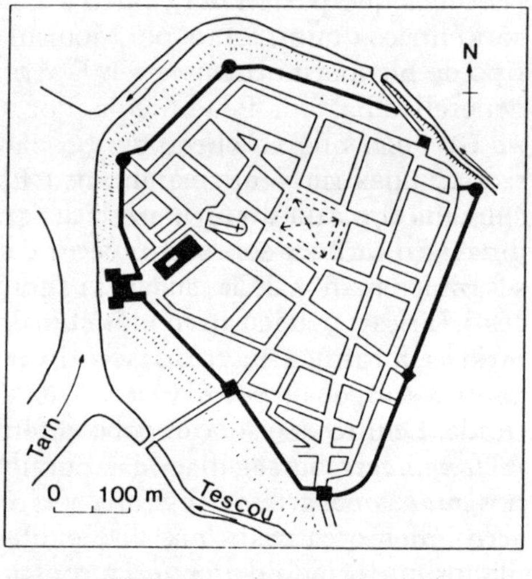

d)

Gráfico 4.42. Diferentes tipos de planos: a) irregular, b) radioconcéntrico, c) en damero, d) bastida.

Otro tipo de clasificación es el que se apoya en la historia y diferencia en cada periodo un plano típico; así, por ejemplo, el plano en damero sería del legado por Roma, el irregular procedería de la Edad Media, el Renacimiento y el Barroco configurarían un plano específico, lo mismo que la revolución industrial. Por último, Sjoberg considera que la morfología urbana es el resultado de la tecnología y así habla de la ciudad preindustrial y de la ciudad industrial. Carter considera que los planos regulares suponen un principio de planificación, lo que ocurre cuando la ciudad es de nueva planta o se le añade un nuevo sector de expansión. Las ciudades que presentan planos regulares traducen una forma de control centralizado de carácter político, religioso o cultural, también es indicativo de un estatus colonial. Carter (1981) generaliza los principios dados por Stanislawski para la explicación del plano en damero y concluye que «la irregularidad (del plano de una ciudad) aparece ante circunstancias opuestas», es decir, la falta de poder centralizado permite el desarrollo urbano espontáneo y que el plano presenta una forma irregular.

Tal vez el mayor esfuerzo por generalizar los componentes del paisaje urbano se deben a Conzen (1960), que en su estudio sobre la morfología de la ciudad Alnwick llegó a las siguientes generalizaciones:

— Los componentes del paisaje urbano no tienen todos la misma estabilidad, el plano y los edificios son más duraderos que la función.
— En el plano de una ciudad existen dos elementos muy significativos: el *cinturón de expansión* y las *líneas de fijación*.

Las *líneas de fijación* son los elementos estructurales del plano que actúan como obstáculos y barreras a la expansión de la ciudad. Estas líneas de fijación pueden ser elementos físicos (ríos, montañas), humanos (terminal del ferrocarril, cuarteles) o incluso aspectos no visibles en el territorio, como la estructura de la propiedad. Así, por ejemplo, en la ciudad de Madrid, han actuado como líneas de fijación el río Manzanares, la cerca fiscal que rodeaba la ciudad, los terrenos pertenecientes a la Corona (Casa de Campo, Ciudad Universitaria, etc.).

Las líneas de fijación pueden ceder en un momento determinado ante la presión constructora, creando un *cinturón de expansión* que a veces se mantiene en el plano durante un largo periodo de tiempo con un predominio de solares edificables sobre el espacio edificado.

En los planos de la ciudad, cuando ésta se desarrolló en diferentes periodos históricos, se pueden individualizar diferentes *tramas*. La *trama* o el tejido urbano es la forma de agruparse y ordenarse los espacios públicos (calles, plazas, etc.) y los espacios parcelados o edificados. La unidad básica es la *manzana*: conjunto de edificios o solares urbanos limitados por calles. La *manzana* puede ser abierta o cerrada según esté edificada en todos sus lados o no. Según se dispongan los edificios y según sea la proporción del espacio edificado con respecto al espacio abierto se diferencia la *trama cerrada*, cuando los edificios se sitúan uno al lado del otro dando lugar a una edificación compacta. Este tipo de trama es propio de la *ciudad preindustrial*. Muchas veces la tarama compacta se desarrolla en extensas manzanas en torno a un patio central. (Gráfico 4.43).

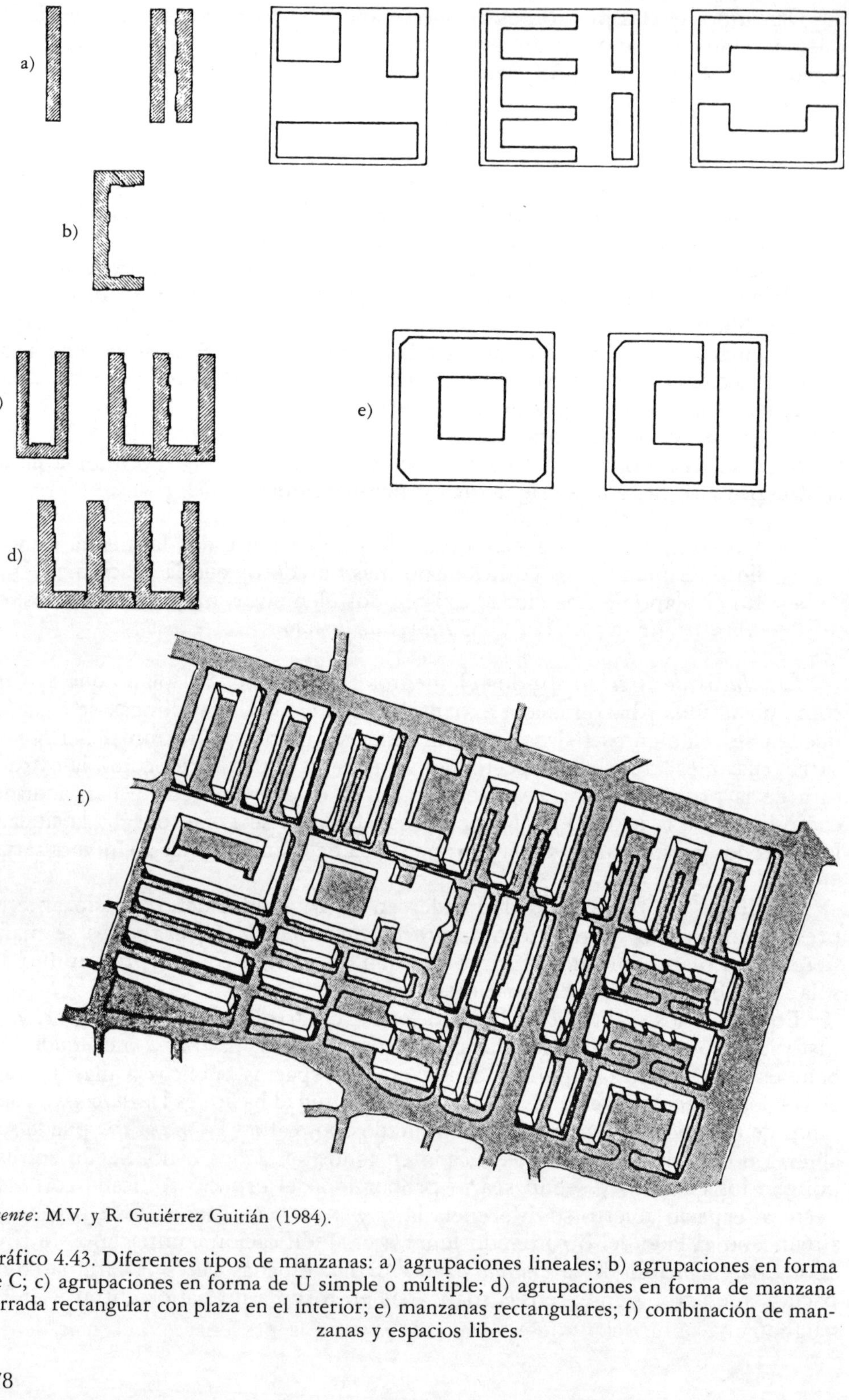

Fuente: M.V. y R. Gutiérrez Guitián (1984).

Gráfico 4.43. Diferentes tipos de manzanas: a) agrupaciones lineales; b) agrupaciones en forma de C; c) agrupaciones en forma de U simple o múltiple; d) agrupaciones en forma de manzana cerrada rectangular con plaza en el interior; e) manzanas rectangulares; f) combinación de manzanas y espacios libres.

Cuando los edificios que forman las manzanas se disponen de manera aislada o adosada dejando grandes espacios libres forman una *trama en orden abierto*. Los edificios pueden ser viviendas unifamiliares exentas del tipo de la ciudad-jardín o del suburbio sajón de clase media, o bloques de viviendas multifamiliares tal y como fueron concebidos por el urbanismo de la Carta de Atenas (gráfico 4.43).

También se suele hablar de tramas regulares o irregulares, espontáneas o planificadas, conservadas o deterioradas, homogéneas o heterogéneas, e incluso a veces se utilizan términos descriptivos para referirse a las diferentes tramas en el plano de la ciudad con el fin de comparar los espacios urbanos entre sí. Y así se habla del *grano* o de la *textura* de una trama urbana, de la *focalización*, etc.

En lo que se refiere a la tipología de los edificios se siguen diferentes criterios como el histórico: casa gótica, renacentista, racionalista, etc., o bien en los que se edifican actualmente se puede hablar de vivienda unifamiliar aislada, edificio entre medianeras, bloque aislado, etc.

Asimismo en el espacio urbano existe una red de espacios públicos que es el que permite la *parcelación*, entendida como transformación de suelo rústico en urbano, al proporcionar acceso y posibilidad de servicios a cada una de las parcelas. Permite, además, la circulación a tavés de la ciudad.

Entre los elementos que compone esta red se diferencia la *calle*: espacio público entre dos órdenes de edificios, *las avenidas* y *arterias urbanas* cuyo objeto principal es la circulación de vehículos. Suelen tener diversas calzadas. El *boulevard,* que en su origen es el de la ronda, ya que es la calle que se establece al derruir las murallas; sin embargo, hoy se da este nombre cuando posee vías con calzada central y amplias aceras colaterales; *paseos*: vía pública con un espacio más o menos cerrado con balaustradas y bancos, especialmente pavimentado para uso de peatones; *plaza*: lugar ancho y espacioso; *parques, calles peatonales*, etc.

Las tramas urbanas se relacionan muy estrechamente con los mecanismos materiales de construcción de la ciudad, y con el orden y la importancia de cada una de estas operaciones: *parcelación* (transformación de suelo rústico en urbano), *urbanización material* (construcción de los elementos físicos colectivos de la ciudad) y *edificación*, la construcción de la edificación.

4.10.2. *La calidad del medio urbano*

4.10.2.1. La calidad del espacio edificado. Su evaluación

Recientemente se subrayan, dentro del paisaje urbano, los aspectos referentes a la calidad del medio físico urbano, así como la variación de esta calidad ambiental en los diferentes sectores de la ciudad.

La calidad ambiental no se centra únicamente en los componenetes del plano, sino que incluye otros aspectos como los servicios y equipamientos, y también efectos externos negativos o positivos tales como la intensidad de ruidos, la contaminación atmosférica, etc.

Las unidades de análisis son los edificios, manzanas o calles y se trata de asignar una puntuación a estas unidades, según la presencia o ausencia de defectos ambientales. Esta puntuación da un índice que permite elaborar un mapa de coropletas o isopletas de la calidad ambiental de una ciudad.

En el gráfico 4.21 se incluyen algunos indicadores con sus puntuaciones que han sido utilizados en algunos trabajos de geografía urbana (Knox, 1982).

CUADRO 4.21

INDICADORES DE CALIDAD AMBIENTAL

	Puntos de penalización	Puntuación máxima
1. Tráfico: Normal o semejante al de las áreas residenciales de la ciudad	0	
Sobre la media de la ciudad	3	6
Muy por encima de la media	6	
2. Acceso a un espacio abierto de carácter público: Parque de barrio a cinco minutos, a pie	0	
Sin parque, a cinco minutos, a pie	3	3
3. Accesos a comercios y escuelas primarias: Escuelas y comercios a cinco minutos, andando	0	7
Ni escuelas ni comercio a cinco minutos, andando	7	
4. Acceso a transporte público que lleva al centro de la ciudad: Paradas a menos de tres minutos, andando	0	
Paradas a más de tres minutos andando	3	3
5. Ruido y contaminación: Normal, según módulo residencial	0	
Por encima del módulo	3	4
Muy por encima	6	

Fuente: Duncan, 1971, págs. 60-61.

Asimismo el Comité de Medio Ambiente de la OCDE (1978) ha realizado un programa de estudio sobre los indicadores del medio urbano como instrumento de evaluación de la calidad del mismo con objeto de mejorar el conocimiento del medio, su evolución en el tiempo y su distribución en el espacio y mejorar la evaluación de la eficacia de las acciones y políticas relativas al medio urbano así como la información a los ciudadanos.

El citado Comité propuso una serie de indicadores que se refieren al ámbito de la vivienda, los servicios y el empleo, medio ambiente y molestias y medio ambiente social y cultural.

En el cuadro 4.22 se incluye los indicadores correspondientes a cada uno de los ambientes o preocupaciones señaladas.

CUADRO 4.22

INDICADORES DE CALIDAD DEL MEDIO AMBIENTE PROPUESTA POR LA OCDE

Preocupación	Indicadores propuestos
1. *Vivienda*	
1.1. Espacio interior	Porcentaje de unidades donde vivan menos de X personas por cuarto.
1.2. Espacio exterior	Porcentaje de población cuya densidad neta es superior a X personas por km^2.
1.3. Confort y elementos sanitarios.	Porcentaje de vivienda con ducha o cuarto de baño.
1.4. Seguridad de ocupación	Porcentaje de familias que poseen vivienda en propiedad.
1.5. Costo y acceso a la vivienda.	Porcentaje de familias que consagran menos del X por 100 de su renta a un tipo específico de vivienda.
2. *Servicios y empleo*	
2.1. Accesibilidad y calidad de los servicios comerciales	Porcentaje de la población que tiene acceso a un comercio de ultramarinos en un radio de X metros (p. ej.: X= 400, 800, 1200, 1400 m).
2.2. Accesibilidad y calidad de los servicios de salud.	Porcentaje de población que tiene acceso a un médico en un radio de 800, 1600 y 2400 m.
2.3. Accesibilidad y calidad de los servicios de educación.	Porcentaje de alumnos que tiene acceso a una escuela primaria situada a 15 minutos, andando, u 800 m.
2.4. Accesibilidad y calidad de los servicios de ocio.	Porcentaje de población que tiene acceso a espacios públicos al aire libre en un radio de 800, 1600 y 2400 m.
2.5. Accesibilidad y calidad de los servicios de transporte	Porcentaje de la población que tiene acceso a una parada de transprote público en un radio de 400 y 800 m.
2.6. Accesibilidad del empleo.	Porcentaje de población ocupada a más de 10, 20, 30 y 40 minutos andando del lugar de trabajo.

CUADRO 4.22. *(Continuación)*

PREOCUPACIÓN	INDICADORES PROPUOSIS
3. *Medio ambiente y molestias*	
3.1. Calidad del aire	Porcentaje de población que habita en zonas en donde la concentración en el interior de las viviendas sobrepasa: a) 60 $\mu g/m^3$ (media anual) para el dióxido de azufre y 200 $\mu g/m^3$ en el 2 por 100 de las observaciones; b) y/o 40 $\mu g/m^3$ (media anual) para las partículas en suspensión en el aire y/o 120 $\mu g/m^3$ (en 24 horas) en el 2 por 100 de las observaciones.
3.2. Exposición al ruido	Porcentaje de población que habita en zonas donde el nivel sonoro en el exterior, expresado en Leq, sobrepasa: a) 7 dBA, b) 65 dBA, c) 55 dBA y d) 45 dBA entre las 6 a. m. y las 22 p. m.
	Porcentaje de la población que habita en zonas donde el nivel sonoro, expresado en Leq, sobrepasa: a) 55 dBA, b) 45 dBA y c) 35 dBA entre las 22 y las 6 a. m.
3.3. Calidad de los suelos y paisaje urbano	Porcentaje de la superficie urbana total ocupada por: a) zonas de protección y edificios protegidos, b) espacios públicos acondicionados, c) espacios reservados.

Fuente: OCDE Indicateurs d'Environement Urbain (1978), págs. 30-31.

Para determinar la calidad del entorno urbano nos encontramos muchas veces con el problema de disponer de una escala que nos permita medir elementos diversos. Supongamos que deseamos medir el nivel de equipamientos recreativos de tres distritos de una gran ciudad y para ello disponemos de los cines, discotecas y pubs que hay en esos distritos.

CUADRO I

EQUIPAMIENTOS RECREATIVOS

Distritos	Cines	Discotecas	Pubs
A	7	21	6
B	5	8	12
C	10	12	8
D	6	1	4

Para ordenar los cuatro distritos podríamos sumar el número de establecimientos considerados que poseen y, de este modo, el distrito que resulte con el mayor número de establecimientos quedaría clasificado como el mejor dotado. Sin embargo, razonando de este modo, corremos el riesgo de sobrevalorar un distrito por la presencia de un tipo de establecimiento y en cambio estar muy mal dotado en los otros dos tipos. Para tener en cuenta todos los establecimientos y así clasificar los distritos por su nivel de equipamiento recreativo, una posibilidad es crear una escala que pondere los establecimientos y nos de un valor general de equipamiento.

Una forma de obtenerla es realizar una transformación. Toda transformación que consista en sumar, restar, multiplicar y o dividir por una constante una variable, es una transformación lineal de dicha variable y puede expresarse como la forma básica de la ecuación de la recta:

$$y = a + bx$$

donde x es la variable que representa los valores originales observados; y, la variable dependiente que expresa los valores resultantes de la transformación y a y b son valores constantes.

La gráfica que resulta de colocar en abscisas los valores de la variable independiente, y en ordenadas las correspondientes valores de la variable dependiente, es una línea recta, en la que la constante a es la distancia del origen de coordenadas hasta el punto de intersección de la recta con el eje de ordenadas; y donde b es la pendiente de la recta, es decir, la tangente del ángulo entre el eje de abscisas y la recta.

Una interesante aplicación de la ecuación lineal es el paso de una escala de valores a otra, por ejemplo, de grados Fahrenheit a Celsius.

La fórmula general que permite este cambio de escala es:

$$Y = (X - Xo)\frac{Ry}{Rx} \qquad (1)$$

Donde x e y son las variables independiente y dependiente respectivamente; Xo es el valor mínimo de la escala; y Ry y Rx los recorridos de las variables correspondientes en cada escala, esto es, la diferencia entre el valor máximo y el mínimo que alcanzan. Tanto Rx como Ry y Xo son, pues, constantes.

Si queremos pasar el valor de una temperatura de grados Fahrenheit a grados Celsius, bastará recordar que los puntos fijos en la primera escala (fusión y ebullición) son 32° y 212°; mientras que en la segunda son 0° y 100°; X, la variable independiente sujeto de la transformación será en este caso la temperatura en grados Fahrenheit; y representará la temperatura transformada a la escala Celsius, Xo será el origen de la escala Fahrenheit (32°); Rx será $212 - 32 = 180°$ y Ry será $100 - 0 = 100$.

Dando valores a la fórmula (1) tenemos:

$$Y = (X - 32)\ \frac{100}{180}$$

$$Y = \frac{5}{9}\ x - \frac{160}{9}$$

Por lo tanto, 41° F serán equivalentes a:

$$\frac{5}{9} \cdot 41\ \frac{160}{9} = 5\ °C$$

Como fácilmente se puede observar, se trata de una ecuación lineal. Resulta sencillo ver que la expresión de la fórmula general del paso de una escala a otra es:

$$Y = (X - Xo)\ \frac{Ry}{Rx} \quad \Rightarrow \quad Y = \frac{Ry}{Rx}\ x - \frac{Xo\ Ry}{Rx} \qquad (2)$$

Pero tanto *Rx, Ry* como *Xo* son constantes. Luego $\frac{Ry}{Rx}$ es también

una constante a la que podemos llamar: *b;* y $- \frac{Xo\ Ry}{Rx}$

es otra constante a la que podemos llamar *a*. De este modo podemos expresar la fórmula (2) por:

$$y = -a + bx$$

que es la expresión de una ecuación lineal.

Esta misma transformación se puede realizar con la información contenida en el cuadro I. Podemos asignar a cada distrito una escala de puntuación comprendida entre 0 y 10 en cada atributo o modalidad considerada y sumar las tres puntuaciones, ordenando las ciudades según el valor de la suma obtenida.

Apliquemos ahora la fórmula del cambio de escalas. En el caso de los cines:

$$Y_1 = (X_1 - Xo_1)\ \frac{Ry1}{Rx1}$$

donde X_1: el número de cines; $Xo1$: el menor número de cines en los cuatro disstritos (5) Ry: 10 (los puntos entre los que fluctúa la escala elegida); $Rx1$ el recorrido, es decir, la diferencia entre los cines del distrito con mayor número y el de menor (10–5=5).

Operando:

$$Y1 = -10 + 2X1$$

Para discotecas ($Xo_2 = 1$; $Ry_2 = 20$)

$$Y_2 = -0{,}5 + 0{,}5\ X_2$$

Para pubs: ($Xo_3 = 4$; $Ry_3 = 8$)

$$Y_3 = -5 + 1{,}25\ X_3$$

Hechas las operaciones, los valores de los distritos referidos a la nueva escala se registran en el cuadro II.

CUADRO II

VALORES DE LOS DISTRITOS SEGÚN LA ESCUELA DE 0-10

Distrito	Cines Y_1	Discotecas Y_2	Pubs Y_3	Total
A	4	10	2,5	16,5
B	0	3,5	10	13,5
C	10	5,5	5	20,5
D	2	0	0	2

En este caso el distrito urbano mejor dotado es C. No tiene tantos locales como A, pero compensa con un equipamiento bueno en todas las modalidades objeto de estudio.

El empleo de unidades tipificadas. Cuando las variables objeto de estudio tienen recorridos muy acusados, la técnica anterior no resulta muy adecuada, en este caso es mejor utilizar la transformación de los valores observados en unidades tipificadas (Z) que son menos sensibles a las alteraciones producidas por los valores extremos.

El modo de tipificar los valores observados es aplicando la siguiente fórmula:

$$Zi = \frac{Xi - X}{\sigma} \qquad (3)$$

siendo Zi: la puntuación tipificada de la observación i, Xi es el valor observado, X: es la media aritmética y σ es la desviación típica. De este modo se obtiene la estandarización de diferentes conjuntos de datos que tendrán la misma media que será 0 y la desviación típica la unidad.

En el cuadro III se indica el procedimiento de cálculo para la variable X (cine) con los valores contenidos en el cuadro I.

CUADRO III

CALCULO DE LAS UNIDADES TIPIFICADAS Z

Distritos	Cine X	$X-\bar{X}$	$(X-\bar{X})^2$	$Z=\frac{(x-\bar{x})^2}{\sigma}$
A	7	0	0	0
B	5	–2	4	–1,07
C	10	3	9	1,60
D	6	–1	1	–0,53

$\Sigma x = 28$ $\qquad \Sigma(x-\bar{x})^2 = 14$ $\qquad \Sigma Z = 0{,}0$

$$\bar{X} = \frac{\Sigma x}{n} = \frac{28}{4} = 7 \qquad \sigma = \sqrt{\frac{\Sigma\,(x-\bar{x})^2}{n}} = \sqrt{\frac{14}{4}} = 1{,}87$$

CUADRO IV

UNIDADES TIPIFICADAS

	Cines Z_1	Discotecas Z_2	Pubs Z_3	Total	Rango
A	0,0	1,48	–0,51	0,97	2
B	–1,07	-0,36	1,52	0,09	3
C	1,60	0,21	0,17	1,98	1
D	–0,53	–1,33	–1,18	-3,04	4

La suma de las unidades tipificadas nos da un indicador del equipamiento recreativo de los cuatro distritos semejante al obtenido mediante la transformación lineal.

Ordenación por rangos

Consiste en clasificar ordenadamente los valores de la variable. En nuestro ejemplo el distrito que tiene más establecimientos de un tipo ocupará el primer lugar y el que menos tiene el lugar cuarto.

En el cuadro V se indica la manera de proceder tomando los datos del cuadro 1.

Una vez ordenadas las variables se suman las filas y se obtiene un índice de cada distrito. El distrito que tiene el valor más bajo, es decir, la

Cuadro V

CÁLCULO DE RANGOS

Distritos	R_1	R_2	R_3	Total	Rango
A	2	1	3	6	2
B	4	3	1	8	3
C	1	2	2	5	1
D	3	4	4	11	4

suma de órdenes menor, ocupa el rango primero. Aquí también aparece el distrito C como el mejor dotado.

El índice *Z* y el ordinal han sido utilizados por Smith (1973) y Jones y Flax (1970) para calcular indicadores de calidad de vida de dieciocho áreas metropolitanas en Estados Unidos.

4.10.2.2. La valoración subjetiva del medio urbano y de la ciudad deseada

Existe una clara preocupación por parte de geógrafos, psicólogos ambientales y arquitectos, en evaluar el impacto de las formas urbanas: edificios, calles, tramas, etc., en los habitantes de la ciudad. Para ello se suelen emplear un conjunto de dibujos o fotografías que representan caracteres contrastados o incluso extremos del paisaje urbano. Estos dibujos se someten a la valoración de un grupo de personas a las que se les proporciona una lista de pares de adjetivos polares, o de conceptos polares en los que en cada una de las palabaras tienen connotaciones positivas y negativas.

Este método denominado *diferencial semántico* suele utilizarse para medir actitudes con respecto a una situación física o social de un individuo o grupo. Los datos se sometieron al análisis correspondiente y dieron una sereie de resultados de la que recogemos una pequeña muestra (gráfico 4.44 y 4.45).

Gráfico 4.44. Evolución de la forma urbana. a) Espacio exterior cerrado;

Fuente: S. Hiesselgren (1980, págs. 221 y 229).

Gráfico 4.44. Evaluación de la forma urbana. b) Espacio exterior abierto.

a)

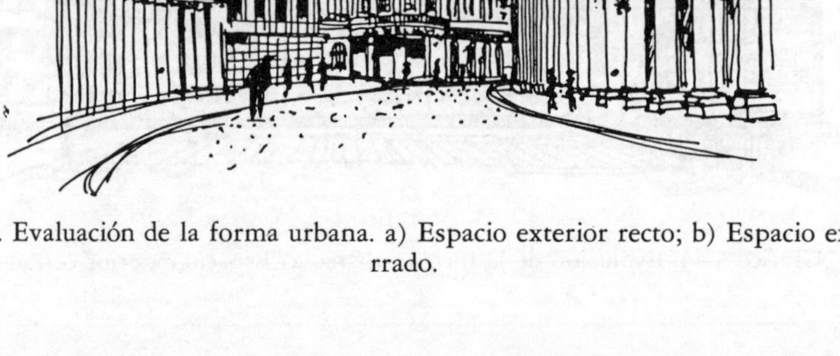

b)

Gráfico 4.45. Evaluación de la forma urbana. a) Espacio exterior recto; b) Espacio exterior cerrado.

MEDIDAS DE ACTITUDES

El diferencial semántico es un procedimiento destinado a medir el grado de significación que tienen ciertos objetos o situaciones para las personas. Osgood (1957) fue el que ideó el método para medir esa significación mediante la ubicación del concepto del objeto elegido en un espacio semántico de dimensiones valorativas. Por ejemplo, el concepto de barrio puede tener dos significados diferentes para dos personas, A (familiarista) y B (carrerista), en un espacio semántico definido por las coordenadas tranquilidad y actividad (Gráfico I).

La elaboración de un diferencial semántico comienza con la elección del concepto cuya significación se desea establecer un grupo de personas. En segundo lugar, se escogen los factores e los que se desea ubicar a las personas (evaluación, potencialidad y actividad). Por último, se buscan los pares de adjetivos polares que se utilizarán dentro de cada una de las dimensiones. Los pares de adjetivos que se utilizan se presenta en forma de escala, con cinco o siete valores y se pide a la persona que califique el concepto con un valor en cada una de las escalas que lo acompaña.

Supongamos que queremos evaluar cualidades de un barrio. Para ello presentamos a un grupo de personas los conceptos de espacios verdes, vivienda y vecindad y le pedimos que califique a cada una de estas escalas.

El análisis de los datos se dirige, fundamentalmente, a encontrar diferencias entre las personas en lo que se refiere a las diferentes imágenes o significaciones que para ellos tienen los mismos componentes del barrio. El sistema más sencillo consiste en sumar los valores totales que cada persona otorgó a cada concepto. Así, por ejemplo, los espacios ver-

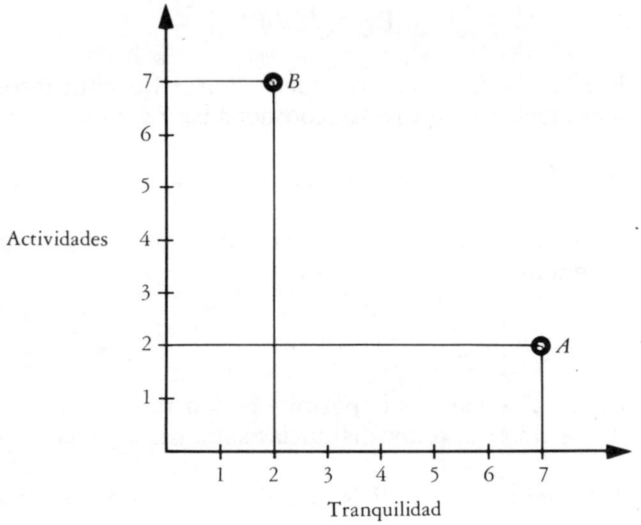

Gráfico I

CUADRO VI

CONCEPTOS

Escalas	Espacios Verdes A	Viviendas B	Vecindad C
Bueno-malo	6	6	3
Agradable desagradable	5	4	2
Adecuada o inadecuada	6	5	3
Total	17	15	8

des tienen un valor de 17 y la vecindad sólo de 8; y calcular el promedio de los valores de esos conceptos, dividiendo el valor total entre el número de escalas empleadas. El promedio de vivienda es 5, el de vecindad 2,6 y el de espacios verdes 5,6. También se puede calcular el valor del promedio global, es decir, teniendo en cuenta la suma de los valores dadas a los conceptos en todas las escalas (17 + 15 + 8 = 40) y dividiendo ese valor entre el númeero de valores dados (número de conceptos, en este caso 3, multiplicado por el número de escalas, también 3 = 9). En el ejemplo el valor global promedio de A es de 4,4 (40 : 9).

Si se analiza la información a nivel de los conceptos se puede ver el peso relativo de cada uno de ellos en las diferentes persoans. Osgood recomienda una forma de análisis basada en el cálculo de la distancia que existe entre dos conceptos cualquiera del espacio semántico. La fórmula es:

$$Dij = \sqrt{\Sigma dij^2}$$

En donde D es la distancia que media entre los conceptos i y j; y d es la diferencia algebraica entre las coordenadas i y j en el mismo factor general.

Las coordenadas son los valores dados en una misma escala a los conceptos comparados.

Si aplicamos la fórmula anaterior para calcular la distancia entre vivienda y ocio tenemos:

$$\text{Dij} \quad \sqrt{(6-3)^2+(4-2)^2+(5-3)^2} = 4{,}2$$

La comparación de valores D permite encontrar aquellos que se agrupan en conglomerados, al tener distancias semánticas más o menos iguales.

Los procedimientos de análisis anteriores pueden aplicarse a personas individuas y a grupos.

Por último, las diferencias de espacios semánticos entre dos o más personas o grupos pueden representarse gráficamente mediante perfiles en un sistema de coordenadas.

En el gráfico II se incluyen los perfiles de las valoraciones de dos formas de espacios urbanos.

ESCALAS DE ACTITUD

También se emplean escalas destinadas a jerarquizar objetos (personas, grupos, entornos) a través de una determinada propiedad. Tal propiedad puede ser el prestigio, la simpatía, la distancia social, el atractivo, etc. El procedimiento general consiste en elegir el grupo de personas y los objetos sociales o entornos cuya jerarquía se desea obtener; luego cada persona señala en una escala su puntuación. En general, suelen emplearse escalas de este tipo para la valoración de acuerdos:

	Puntuación
Abastecimiento absolutamente de acuerdo	7
Muy de acuerdo	6
De acuerdo	5
Sin opinión	0
Disconforme	3
Muy disconforme	2
Absolutamente disconforme	1

Y también valores positivos a partir del cero hacia arriba (+1, +2 y +3) y negativos hacia abajo (–1, –2 y –3).

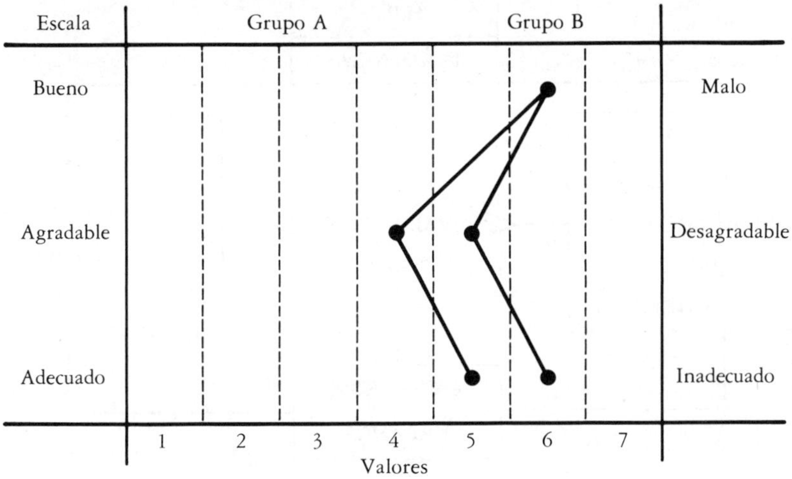

Gráfico II. Perfiles del concepto vivienda.

4.10.2.3. La prospectiva urbana

Una reciente tendencia en el estudio de la ciudad es la prospectiva urbana cuyo método intenta seguir el discurrir desde la ciudad construida a la que se puede construir. Para ello, se estudian las imágenes del futuro de la ciudad elaboradas por los distintos grupos sociales, desde las visiones del escritor a los sueños del técnico, pasando por las demandas y aspiraciones del ciudadano y las opciones del político. El programa de planificación ciudadana que surge con el socialismo utópico y llega hasta las actuales posiciones ecológicas, la participación en el diseño y las tecnologías alternativas constituyen las llamadas *utopías urbanas* (M. V. y R. Gutiérrez Guitán, 1985, pág. 19).

La realización de las propuestas utópicas dependerá del futuro contexto, de los recursos en el tiempo, de las intenciones y objetivos sociales, así como del desarrollo de la planificación ya comenzada, de la normativa vigente o de la que se elaborará como respuesta a las demandas surgidas en el tiempo. El estudio de las tendencias permitirá evaluar las posibilidades de lograr los objetivos ideales de una sociedad o de ciertos grupos sociales. Por consiguiente, los posibles escenarios urbanos dependerán del desarrollo tendencial, de la capacidad de propuesta utópica y de las acciones o intervenciones que regulen, incorporen o contrarresten ésta.

La metodología que sigue la prospectiva urbana se puede seguir en sus fases sucesivas en el gráfico 4.46 propuesta por M. Victoria y Ramón Gutiérrez Guitán.

METODOLOGÍA PROSPECTIVA URBANA

Gráfico 4.46. Según M. V. y R. Gutiérrez Guitán (1985).

Las fases que se describen son, según los autores citados, en primer lugar: diagnosis de la dinámica y estado actual. Para ello se parte de una ciudad concreta, analizando los hechos portadores de futuro. Esta es la base dinámica donde comienza el análisis prospectivo, no del sistema urbano considerado en abstracto, sino de una ciudad concreta, estudiando en ella los agentes de cambio y las tendencias ya marcadas hasta construir una base presente, que no es la descripción del sistema real sino la selección de aquellas partes del sistema que se consideran que pueden tener importancia a largo plazo.

En la segunda fase, los escenarios deseados o utopías urbanas, se intenta construir escenarios con un horizonte determinado a partir de las demandas y aspiraciones sociales. En los escenarios tendenciales (lógicos y económicos) se estudian las proyecciones de presente y se ordenan según alternativas de exploración. Por último, los escenarios urbanos son la síntesis final que se obtiene a partir de la evaluación de los objetivos urbanos demandados con las proyecciones tendenciales, corregidas a su vez con las decisiones que en el tiempo hayan sido adoptadas. Esta síntesis final permite una vuelta normativa al presente, es decir, es posible establecer el proceso y la acción de diseño con los cuales logran la consecución de un escenario urbano previamente seleccionado (M. V. y R. Gutiérrez Guitán, 1985, págs. 19-21).

Sobre estos supuestos metodológicos los autores citados realizaron un estudio en la ciudad de Madrid tomando como base una muestra de 300 entrevistas distribuidas en cinco zonas representativas de la ciudad: Centro, Carabanchel, Vallecas, La Ciudad de los Poetas (Saconia), Azca y Chamartín.

En cada zona se estudió el medio ambiente físico y se hace un análisis sociológico, al mismo tiempo que se formula una serie de preguntas sobre la imagen de una ciudad deseada. Se parte del supuesto que la imagen deseada recoge un cúmulo de aspiraciones surgidas en contraste con la ciudad concreta o, para ser más precisos, con la imagen percibida de la ciudad concreta. Esta imagen se supone que «imagina proyectos compartidos» y que constituye también la frontera donde se lucha por la transformación y en la que se manifiesta el reto social frente a los tomadores de decisiones (M. V. y R. Gutiérrez Guitán, 1985, pág. 55).

En el cuadro 4.23 se incluyen los cuatro atributos que las personas entrevistadas valoran prioritariamente en la ciudad deseada.

CUADRO 4.23

¿CÓMO DEBERÍAN SER LAS CIUDADES?

Procedencia Entrevistados	Atributos de la ciudad deseada	Porcentaje sobre el total de entrevistados
CENTRO	• Con zonas verdes, plazas, jardines y parques.	37
	• Calles más amplias, limitación de alturas; con viviendas familiares.	23
	• Más tranquilidad, más seguridad.	12
	• Con una población limitada, más pequeñas.	9

CUADRO 4.32. *(Continuación)*

Procedencia Entrevistados	Atributos de la ciudad deseada	Porcentaje sobre el total de entrevistados
CARABANCHEL	• Con más zonas verdes y jardines.	36
	• Calles más despejadas (tipo Mirasierra, Parque Conde Orgaz, Arturo Soria; casas bajas rodeadas de árboles; edificios bajos con jardines e instalaciones deportivas, viviendas unifamiliares con jardín individual.	32
	• Más limpias sin contaminación.	19
	• Más humanas.	20
VALLECAS	• Zonas ajardinadas, más espacios libres.	49
	• Más amplitud, casas bajas, viviendas unifamiliares.	30
	• Más limpias.	14
	• Más tranquilidad, más seguridad.	12
CIUDAD DE LOS POETAS (SACONIA)	• Con más parques y jardines.	36
	• Compuesta por casas individuales con jardines.	34
	• Más pequeñas, con menos habitantes.	9
	• Diversificación en las posibilidades de diversión, más actividades culturales.	9
AZCA (TETUÁN)	• Con parques, jardines y grandes espacios verdes.	63
	• Edificios bajos y más extensión.	26
	• Menos habitantes.	20
	• Más tranquilidad y seguridad.	11
CHAMARTÍN	• Más espacios, sin aglomeración de viviendas.	47
	• Con más jardines.	39
	• Menos casas altas.	25
	• Más pequeñas, con menos habitantes.	18
TODOS LOS ENTREVISTADOS	1. Con más zonas verdes: plaza, parque y jardines más espacios libres.	43
	2. Calles más amplias y despejadas, etc.	41
	3. Con una población más limitada, más pequeñas.	16
	4. Más limpias, sin contaminación.	10

Fuente: Extraído de la obra de M.V. y R. Gutiérrez Guitán (1985). *La imagen de una ciudad deseada.*

Del análisis del cuadro 4.23 cabe señalar que la experiencia de la ciudad concreta, las historias que cada ciudadano vive en la ciudad subrayan los aspectos más inmediatos. El escenario de la ciudad futura no es tanto la construcción de la nueva ciudad como la reparación de los errores de la ciudad conocida y vivida. A partir de ella, las expectativas del ciudadano proporcionan los rasgos de esa ciudad futura y se materializa, si la planificación y los gestores escuchan estas demandas y las incorporan con objeto de acortar las distancias entre la ciudad presente y la posible.

La ciudad deseada que se deduce del cuadro 4.23 es menos densa, más pequeña, tranquila, con menos tráfico, con más convivencia. No idean tanto una ciudad futurista como una crítica a la ciudad del presente porque sufren alta densidad y quieren una ciudad más pequeña porque viven la no ciudad de la periferia, sin autonomía y con ausencia de equipamientos y de vida ciudadana.

Por lo tanto, es la conciencia de las carencias la que hace añorar una ciudad tranquila, más pequeña, con menos tráfico y más convivencia.

4.11. Estructura urbana

4.11.1. *El Sector central*

a) *Caracteres generales*

El centro de las ciudades de mediano y gran tamaño, en los países industrializados, presenta unos rasgos de usos del suelo y funciones que le hacen ser el espacio más destacado, el mejor conocido y el que atrae un mayor número de estudios. El centro de la ciudad evoca un área con gran actividad comercial, numerosos establecimientos recreativos y una gran gama de entidades financieras y de servicios. Los geógrafos norteamericanos denominan este sector con el nombre del *Central Business District* (C. B. D.) y ha sido definido como el sector de una ciudad donde el comercio al por menor de bienes y servicios, y la presencia de actividades administrativas y financieras con fines lucrativos, dominan la escena y dan carácter a los usos del suelo.

Murphy subraya que el C. B. D. no tiene límites y que tradicionalmente se considera como un área de la ciudad indefinida, caracterizada por:

— Ser central, al menos en lo que atañe a la accesibilidad, aunque el crecimiento desmesurado de las áreas residenciales suburbiales ha hecho perder esta condición a numerosas ciudades americanas y europeas.
— Tiene la mayor concentración de edificios altos; este rasgo morfológico es válido para la ciudad sajona y no tanto para la ciudad mediterránea, en donde la línea del paisaje urbano del centro tiene un perfil más rebajado que en la periferia (Jaén, Málaga, son ejemplos significativos con un centro de edificios con cuatro o cinco alturas envuelto por una corona de bloques de 15-20 alturas).
— Tiene una gran concentración comercial y un comercio especializado que atrae a la población de la ciudad y del área de influencia.
— Es el área de mayor tráfico de vehículos y peatones de la ciudad, lo que produjo en los últimos años congestiones y la aparición de centros comerciales satélites, ubicados en las vías de acceso de la ciudad y con una gran zona de aparcamiento.
— Es el área en donde el precio del suelo, los alquileres y los impuestos son más elevados.

— Es el área que obtiene negocio de toda la ciudad y de todos sus grupos sociales y étnicos, así como de la población que reside en el área de influencia.

Todas estas características no han de inducir a una visión estática del C. B. D., puesto que éste sufre una constante transformación. Hasta hace cincuenta años, el centro de la ciudad era un área de actividades y usos del suelo heterogéneos: residencial, comercial, industrial, instituciones, etc.; con el transcurso del tiempo, la congestión produjo el deterioro del uso del suelo residencial y asimismo la industria y el comercio mayorista fueron desplazadas por el comercio minorista. En el momento presente, los usos del suelo del comercio minorista. En el momento presente, los usos del suelo del comercio minorista monopolizan el C. B. D., aunque determinados comercios sufren la competencia de otros centros comerciales satélites que sustraen clientela al C. B. D.

El C. B. D. no es uniforme, y pueden establecerse las siguientes características generales.

— Un gradiente a partir de un punto de máxima actividad y valor del suelo, la frontera del C. B. D. es más una zona de transición que una línea. A este gradiente de intensidad decreciente se superpone un mosaico de usos del suelo que dan lugar a la individualización y especialización de funciones en el centro y así en las grandes ciudades aparecen el barrio financiero, hotelero, cines, teatros y salas de fiesta, etc. A ese mosaico de actividades en sentido horizontal hay que añadir un gradiente y una zonificación en vertical. En general, los edificios tienen una ocupación más intensiva en la planta baja que en las altas. No resulta chocante encontrar comercios en las dos primeras plantas, seguido de oficinas, y las últimas plantas ocupadas por viviendas.
— En relación con la teoría de «los lugares centrales», el C. B. D. es el área de comercio y servicios de rango superior de la que dependen otras áreas de rango inferior. Es también el área abastecedora en determinados bienes y servicios especializados de toda la población residente en la ciudad y en el área de influencia de la misma.

En lo que se refiere al C. B. D. y los modelos de estructura urbana, puede decirse que los tres modelos que veremos más adelante: Burgess, Hoyt y Harris-Ullman, contribuyen a comprender la estructura del C. B. D.

En líneas generales, se cumple en el C. B. D. el supuesto de Burgess de disminución de intensidad de usos del suelo al separarnos del centro. Sin embargo, en función de las comunicaciones, de la morfología urbana, pueden aparecer en la ciudad cuñas de uso del suelo muy intensivo que parten del centro y se extienden a la periferia. Por último, el C. B. D. puede considerarse como uno de los núcleos de la ciudad, e incluso cuando el C. B. D. tiene grandes dimensiones, se cristalizan y forman otros núcleos de actividad funcional: áreas de hoteles, bancos, recreativos, etc., que vienen a representar y a producir los efectos de otros núcleos a escala del C. B. D.

En lo que atañe a la teoría de los *lugares centrales,* cabe señalar que al igual que se establece una jerarquía de centros comerciales y servicios a nivel de asentamientos, también es posible establecer una jerarquía de áreas comerciales dentro de la ciudad, y así Hans Carol habla de cuatro órdenes del C. B. D. que van desde el comercio de la esquina C.B.D. (B. D. local), el que abarca un barrio C.B.D. (B. D. vecinal), el que abastece un distrito (B. D. regional) y el C. B. D. que abastece de bienes y servicios a toda la ciudad.

b) *Delimitación del C. B. D.*

Hasta este momento hemos descrito al C. B. D. y analizado su naturaleza, pero este centro de fuerte actividad comercial y de servicios no está limitado en la ciudad por vallas, y cuando uno se encuentra en el corazón del C. B. D. no resulta difícil de identificar, pero conforme nos alejamos del núcleo de máxima intensidad, las características se van desdibujando, casi nunca de una forma brusca, sino de un modo paulatino y gradual. Es decir, se produce un gradiente e intensidad decreciente de actividades típicas del C. B. D. Por lo tanto, si se quiere precisar y delimitar el C. B. D., es preciso seguir unos criterios que determinen previamente qué usos del suelo o actividades se han de considerar pertenecientes al C. B. D. y qué otros usos del suelo no pertenecen al mismo. Son muchos los métodos que se han empleado en la delimitación del centro y del C. B. D., casi todos apoyados en el uso del suelo, altitud de los edificios, distribución de la población, intensidad de tráfico, etc., precio del metro cuadrado, e incluso en la percepción del centro de la ciudad por parte de diferentes grupos sociales residentes en la misma.

Nosotros vamos a seguir el método de Murphy y Vance expuesto por R. E. Murphy en su libro *The Central Business District* (1972), por considerarlo el más factible, puesto que se apoya en datos de observación y no en estadísticas tan problemáticas y difíciles de conseguir como son las referentes a los precios del suelo o el volumen de venta del comercio.

Parten del punto de máximo valor del precio del suelo y examinan el uso del suelo circundante para luego, con esta información, calcular el índice del C. B. D.

El método comporta las siguientes etapas:

1. Determinación de los usos del suelo propios del C. B. D. Como ya hemos dicho, no todos los usos del suelo existentes en el centro de la ciudad son específicos del C. B. D. Las actividades no pertenecientes al C. B. D. son:

- Edificios de viviendas permanentes.
- Edificios de propiedad del gobierno y de la administración local, incluyendo parques.
- Establecimientos y edificios pertenecientes a entidades sin fines lucrativos: iglesias, órdenes religiosas, Universidad, etc.
- Establecimientos industriales, salvo empresas periodísticas.
- Venta al por mayor con almacenaje de mercancías.
- Solares sin edificar.
- Instalaciones ferroviarias y lugares de carga y descarga.

Todas estas actividades se encuentran en el C. B. D., pero se consideran como antagónicas (por ejemplo, industrias y viviendas) con los usos típicos del C. B. D., o neutrales, como en el caso de los edificios públicos (escuelas, parques).

2. Cartografía de los usos del suelo. Se comienza a partir del punto en el que el precio del suelo es más elevado y se incluyen los usos del suelo que ocupan las plantas bajas de los edificios y las superiores, ya que la noción del C. B. D. incluye la dimensión vertical. Se utiliza como mapa base de trabajo un plano de gran escala que permita distinguir los edificios y con este mapa se elaboran tres mapas de uso del suelo, uno para la planta baja, otro para la segunda y un tercero para el resto de las plantas del edificio. En este mapa de trabajo cuyo objetivo es sólo delimitar el C. B. D., sólo se distingue el uso del suelo de tipo C. B. D., que se representa con una C, y el tipo de no C. B. D., con una X.

Con el fin de aclarar el método, vamos a poner el mismo ejemplo de la ciudad americana de Tulsa, el gráf. 4.47 se indica el plano de una manzana subdividida en edificios o fincas (sección I) y en la sección II se incluyen los perfiles de la manzana. La sección III muestra los tres mapas de usos del suelo de Tulsa: como puede verse no siempre los usos del suelo coinciden con las líneas de separación de edificios; en el ejemplo, la diferencia es grande y así el edificio que hace esquina se divide en siete establecimientos o usos. Cada unidad de uso del suelo se supone que ocupa una altura de un piso; y así un garaje se cartografía con una C, o un solar sin edificar con una X. Además se considera que cada edificio ocupa todo el solar, a no ser que en la realidad exista una clara divergencia. En la planta segunda se intenta precisar la superficie ocupada realmente por los usos del suelo, sin embargo en la planta 3ª y restantes se generaliza: cuando se pone una letra sola significa la naturaleza del uso del suelo de la 3ª planta. Cuando hay más de tres plantas se añade un número, indicativo de las plantas que supone que tienen el mismo uso del suelo. Así, por ejemplo, el mapa de las plantas superiores del Gráf. 4.47 tienen una letra X, lo que indica que el edificio hace esquina con las calles Fourth South y Cincinnati fourth es un edificio de tres plantas con la planta superior dedicada a usos del suelo no pertenecientes al C. B. D. Y la letra C seguida del número 5, que está en el edificio que hace esquina con las calles Cincinnati east y Cincinnati fith, indica que es un edificio de siete plantas en donde los usos del suelo del C. B. D. predominan desde la planta tercera a la séptima.

Pueden diferenciarse usos del suelo en las plantas superiores, cuando las diferencias son manifiestas. Supongamos, por ejemplo, que un gran almacén ocupa las tres plantas inferiores de un edificio de cinco plantas y que las dos superiores están ocupadas por viviendas. La forma más sencilla de representarlo sería señalar en las plantas superiores que la tercera parte la ocupa un uso del suelo de C. B. D., «C(3)» y las dos terceras partes un uso del suelo no C. B. D., X(3). No obstante, el método no es una forma exacta de cartografiar los usos del suelo, sino un modo aproximado de determinar los usos del suelo dominante. Cuando se quiere hacer un estudio más completo del C. B. D., se precisa hacer más categorías en cada uno de los tipos generales del uso del suelo pero, teniendo sólo como objetivo la delimitación del C. B. D., es suficiente esta división dicotómica.

3. *Cálculo de los índices.* Estos autores calculan dos índices el I_{CBA}, índice de C. B. D., en altura, que es el número de plantas de usos del C. B. D., si éstas estuviesen repartidas uniformemente en la manzana.

Se obtiene dividiendo la superficie total ocupada por usos del C. B. D. en

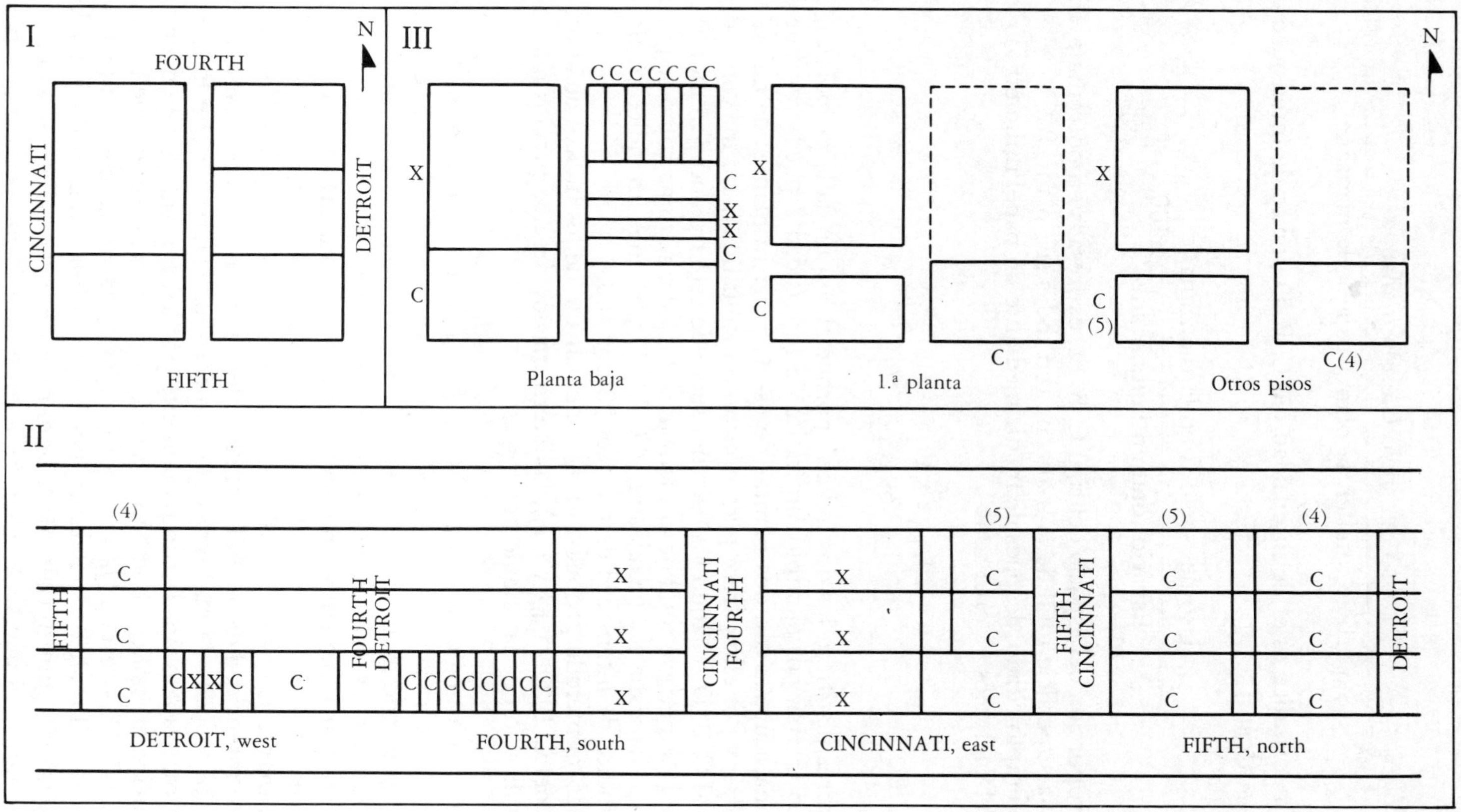

Fuente: R. E. Murphy y J. E. Vance, «Delimiting the CBD» *Economic Geography*, 1954, fig. 5.

Gráfico 4.47. Manzana del centro de Tulsa (Estados Unidos).

todas las plantas de la manzana (el uso C) entre la superficie total de la planta baja.

$$I_{CBA} = \frac{\text{Uso del suelo C en la manzana}}{\text{Superficie total en la planta baja de la manzana}}$$

El segundo índice es el de intensidad del C. B. D. índice de intensidad de los Negocios (I_{CBI}

$$I_{CBI} = \frac{\text{Uso del suelo C en la manzana}}{\text{Espacio total en la manzana}} \times 100$$

Es la proporción del espacio del tipo C. B. D., expresada en porcentaje, con respecto a la superficie total de la manzana (en todas sus plantas).

En el ejemplo citado, después de medir mediante un papel milimetrado los dos usos del suelo, los valores son:

$$I_{CBA} = 2{,}4$$
$$I_{CBI} = 69{,}8 \text{ por } 100$$

Los autores justifican los dos índices, porque el I_{CBI} no da la proporción de uso del tipo C. Así, por ejemplo, un índice de intensidad 2 puede resultar de una manzana ocupada con dos plantas de uso C y cuatro plantas de talleres o con viviendas, y por ello parece poco oportuno incluir una manzana como perteneciente al C. B. D., cuando los usos del suelo de este tipo ocupan menos de la mitad de la superficie total de la manzana. Por ello, se toma como requisito para que una manzana sea incluida en el C. B. D. que tenga un índice en altura de 1 y un índice de intensidad de más del 50 por 100.

Así, pues, el método propuesto implica el cálculo de los índices de altura e intensidad del C. B. D. (I_{CBA} y I_{CBI}), la determinación área de precios más elevada y la aplicación de las siguientes reglas:

1. Para incluir una manzana en el C. B. D. ha de tener un valor de I_{CBA} de 1 o más y un valor de I_{CBI} de más del 50 por 100 y ha de estar contigua a un grupo de manzanas en torno al área de máximo valor del suelo y que reúnan los valores de los índices señalados. Se considera contigua una manzana que entre en contacto con otra manzana en tan sólo una esquina.
2. Una manzana que no cumple los valores requeridos en los índices de altura e intensidad del C. B. D. se considera perteneciente al mismo cuando está rodeada de manzanas que cumplen los valores de este índice.
3. Una manzana ocupada completamente por los edificios o dependencias municipales, policía, bomberos, servicios de correos, se incluyen dentro del C. B. D. si está adyacente o contiguo a manzanas que cumplen los requisitos. En algunas ciudades habría que incluir también los juzgados, delegaciones ministeriales de la administración central y autonómica.
4. Si los edificios que se indican en la condición 3 sólo ocupan una parte

de una manzana que es contigua a un sector del C. B. D., si la inclusión de esos establecimientos como actividad del C. B. D., y diesen un valor a la manzana en los dos índices igual o superior al requerido, entonces la manzana entera se considera perteneciente al C. B. D.

5. Las manzanas situadas al otro lado de las vías del ferrocarril o vía rápida no se consideran contiguas al C. B. D., a no ser que estas vías sean subterráneas y permitan el libre acceso al espacio principal del C. B. D.

Delimitado el C. B. D. a través de los criterios expuestos, se intentó a través de un modelo sencillo explicar el dinamismo del C. B. D. dentro de la ciudad. Para ello se distinguió dentro del C. B. D. dos unidades: el *núcleo* y la *zona de transición*. El *núcleo* sería la parte del C. B. D. que tiene la mayor intensidad de usos del suelo y actividades económicas y sociales, gran ocupación diurna y casi nula ocupación nocturna, ya que la mayor parte de las personas que trabajan en el C. B. D. no viven en este sector de la ciudad, lo que produce un formidable trasiego diario de personas dos veces al día. La invasión de usos del suelo diferentes a los residenciales se inició en el siglo XIX y no concluyó aún. Así, por ejemplo, la City de Londres en 1861 contaba con 112.000 habitantes y hoy no sobrepasa los 3.000.

La zona de transición es un área de penetración y expansión del *núcleo del C. B. D.*, pero su estructura no es tan clara como la de este sector, ya que se desarrollan modos de actividades funcionales, industria ligera, comercio al por menor, almacenamiento y transporte. Estos núcleos anunciadores de la *invasión* del C. B. D. alteran con áreas residenciales muy deterioradas ocupadas por grupos marginales. Es, por lo tanto, una zona de carácter mixto.

Algunos autores han ideado unos criterios para adscribir una manzana a esta *zona de transición.* Estas son:

1. Cuando una de las siguientes categorías: venta de automóviles, comercio al por menor y almacenamiento ocupa el 5 por 100 del espacio de la manzana.
2. Las manzanas no adscritas a la zona de transición se consideran pertenecientes a la zona residencial interior cuando el 20 por 100 de su espacio se utiliza como vivienda o usos tales como escuelas, tiendas de ultramarinos, etc.
3. Algunas manzanas con menos del 20 por 100 del suelo dedicado a viviendas y menos del 5 por 100 ocupado por las categorías que se incluyen en la regla 1 son manzanas que tienen usos del suelo con actividades públicas. En este caso se incluyen también en la zona de transición (Gráfico 4.48).

En resumen, el centro de la ciudad es más un concepto intuitivo que un área claramente definida. Tal vez el método de delimitación expuesto permita abordar numerosos trabajos que suministren resultados con objeto de establecer generalizaciones sobre este importante sector de la ciudad. Hasta el momento presente, los estudios que disponemos proceden del mundo sajón y no siempre su estructura y evolución es semejante a la ocurrida en las ciudades en otros ámbitos culturales.

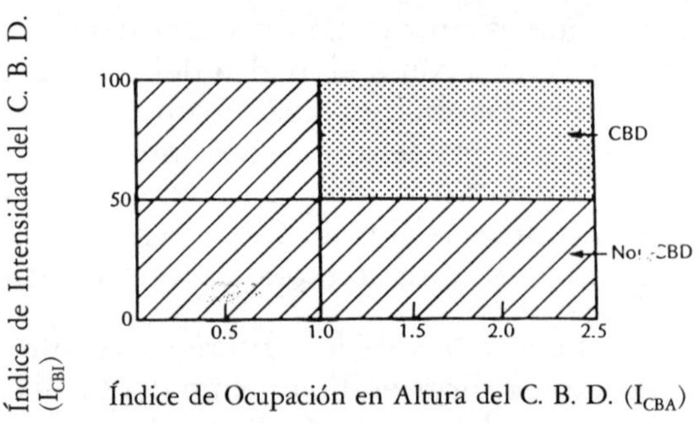

Gráfico 4.48. Relación entre los Índices de Ocupación y de Intensidad del C. B. D.

c) *La percepción del centro de la ciudad*

Hemos tratado anteriormente la percepción general de la ciudad y hemos visto que las personas y los grupos elaboran imágenes del medio urbano. Asimismo las personas y los grupos sociales construyen también imágenes del centro de la ciudad que a efectos de explicar el comportamiento de los consumidores a la hora de abastecerse de bienes y servicios pueden tener estos mapas mentales un poder explicatorio superior al de la delimitación objetiva del C. B. D.

Uno de los trabajos pioneros sobre el centro de la ciudad se debe a Brian Goodey. Su método se apoyó en una serie de esquemas sobre el centro de Birmingham que los lectores del *Birmingham Post* confeccionaron. Estos mapas mentales fueron compilados por Goodey y de ellos dedujo las impresiones que la gente tenía del centro y los elementos del paisaje urbano más significativos del mismo.

Asimismo elaboró un mapa general de las preferencias de los lectores poniéndose de manifiesto que la gente prefería los lugares recónditos, las tramas urbanas relativamente heterogéneas, sobre los altos edificios, que resultaron ser menos efectivos como *hitos* en el paisaje urbano.

Los resultados del géografo Goodey han sido muy estimados en el planeamiento del centro de las ciudades inglesas.

En el Gráfico 4.49 se incluye la representación del centro de Lérida siguiendo el método de Lynch ya comentado. Asimismo en el cuadro 4.24 se incluyen las características del centro más citadas por diferentes grupos entrevistados pertenecientes a barrios de la ciudad de Madrid muy contrastados social y económicamente. Puede observarse que sigue primando la imagen funcional (Comercio-oficinas, animación, etc.) si bien existe una imagen diferencial según se trata de entrevistados residentes en barrios de clase media o de clase baja. Mientras que los primeros conceden una mayor prioridad a la función comercial y a la congestión del tráfico, los residentes en barrios obreros, el centro de la ciudad es fundamentalmente un lugar de diversión y de gran tráfico.

4.11.2. *Usos del suelo no residencial*

Aunque el espacio residencial ocupa la mayor parte de la ciudad, sin embargo pocas ciudades tienen un carácter predominantemente residencial y casi

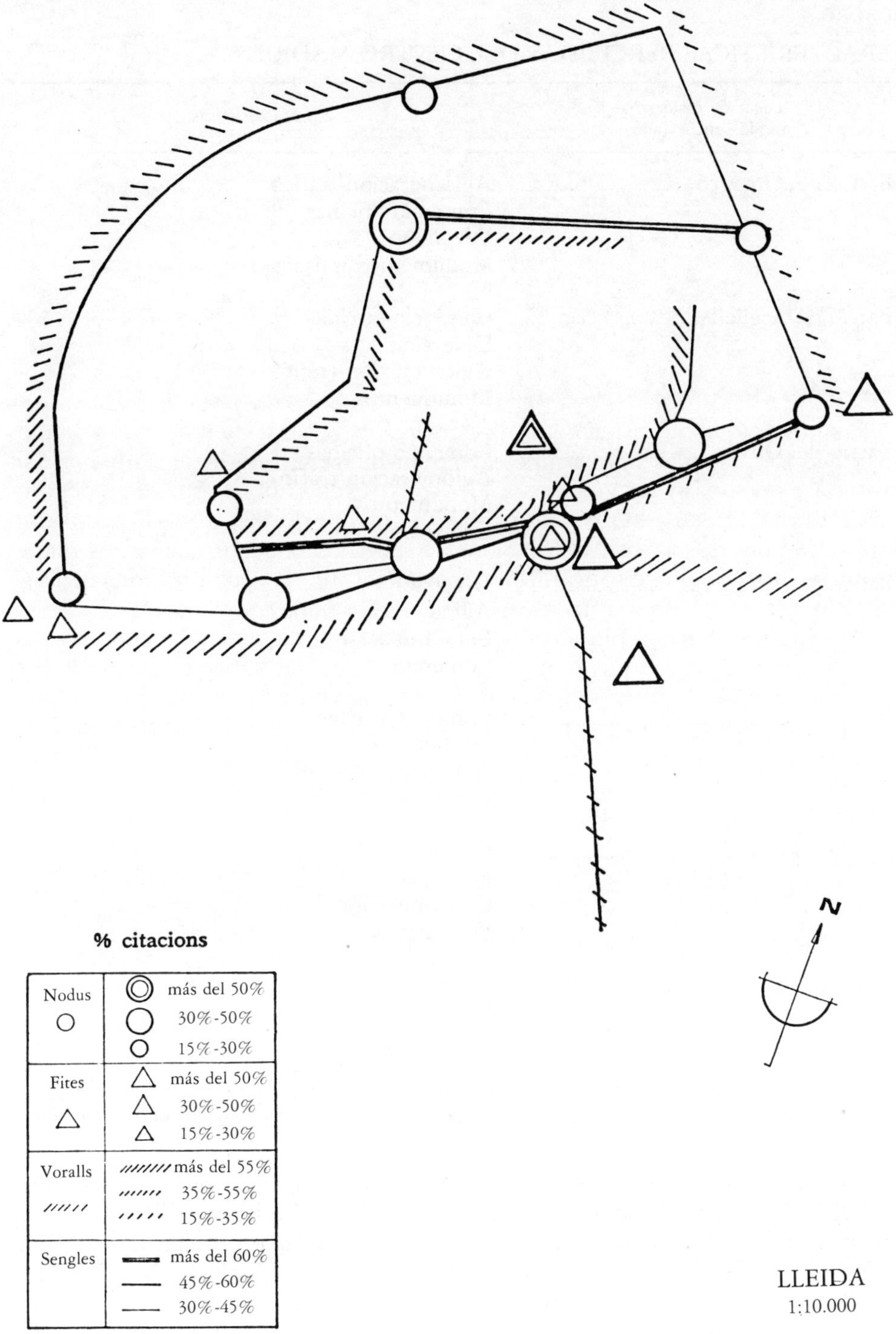

Fuente: J. Vilagrasa, *et al.* (1982, pág. 114).

Gráfico 4.49. La percepción de la ciudad de Lérida.

CUADRO 4.24

CARACTERÍSTICAS PERCIBIDAS DEL CENTRO MADRID

Lugar de residencia de los encuestados	Características
Barrio de Almagro	Aglomeración-tráfico Comercio-oficinas Diversión Monumentos-museos
Barrio de Argüelles	Comercio-oficinas Diversión Aglomeración-tráfico Monumentos
Barrio del Olivar	Comercio-oficinas Aglomeración-tráfico Monumentos Contaminación
Barrio de Palomeras	Diversión Aglomeración-tráfico Contaminación Comercio
Palacio	Comercio-oficinas Monumentos Aglomeración-tráfico Diversión
Barrio Lucero	Comercio Diversión Contaminación Delicuencia
Cuatro Caminos	Diversión Comercio-oficinas Monumentos Aglomeración-tráfico

Fuente: Seminario Geografía General. Grupo A, Cursos 1984-85 y 85-86. Dirigido por J. Estébanez.

siempre son los usos del suelo consagrados al comercio, servicios e industria la razón de ser de la mayoría de las ciudades. Por ello el estudio de los usos del suelo no residencial resulta del mayor interés, ya que reflejan la provisión de las actividades básicas y no básicas de la ciudad y compiten en su localización con el uso del suelo residencial.

Los diferentes tipos de usos del suelo en la ciudad son interdependientes y crean *externalidades* a los restantes usos. En general, la accesibilidad es una externalidad positiva, pues reduce los costos de transporte. Por consiguiente, la accesibilidad de un lugar de trabajo es valorada por la familia, puesto que reduce tiempo y dinero en desplazamientos. Pero la proximidad al lugar del trabajo puede suponer también un componente de *externalidad negativa* (tráfico, contaminación). Otros usos del suelo no residenciales ofrecen semejantes beneficios en las formas espaciales: accesibilidad a las tiendas, escuelas, iglesias y parques cuya proximidad puede considerarse deseable.

4.11.2.1. Usos del suelo industrial y su evolución.

Ya hemos indicado cómo durante un largo periodo de tiempo las funciones urbanas no creaban usos del suelo diferenciado espacialmente. Esta falta de separación de usos era el reflejo de las características de la ciudad mercantil y de la primera revolución industrial en donde la falta de movilidad y la pequeña escala con la que operaban los establecimientos industriales y comerciales determinaba que el espacio urbano tuviera unas limitaciones de crecimiento horizontal, es decir, su expansión se producía más por *implosión* (crecimiento en altura, ocupación de espacios libres) que por *explosión* sobre el entorno rural circunsdante.

Sólo las funciones espirituales y el poder político ocupaban espacios claramente diferenciados y separados del espacio dedicado a otras actividades.

Al desarrollarse el capitalismo industrial, los usos del suelo mixto fueron sustituidos por una separación de usos, comenzando con la separación de diferentes tipos de talleres que ocupaban partes diferenciadas del tejido urbano, lo que le permitía a los empresarios beneficiarse de la concentración de competidores y establecimientos afines.

Conforme crecen las ciudades, sus centros se hacen más congestionados y menos atractivos como áreas residenciales. De esta forma la clase adinerada procuró huir de la vida entre el ruido y la miseria y surge, así, una separación nítida entre el lugar del trabajo y residencia. La combinación de las externalidades positivas para las industrias y otros usos (economía de aglomeración), con externalidades negativas para la residencia, estimularon la suburbanización y el inicio de una marcada diferenciación en los usos del suelo urbano.

El desarrollo de la fábrica tuvo un gran impacto en la organización espacial de los usos del suelo urbano. En un principio las fábricas fueron pequeños talleres coincidiendo en gran medida con los talleres artesanales de la ciudad mercantil. Incluso los primeros establecimientos industriales se instalaban en edificios no especializados y conforme prospera su actividad van remodelando y ampliando sus instalaciones o construyen inmuebles ex profeso desplazando así a los residentes.

De este modo, el área ocupada por estas primeras fábricas constituía un amasijo caótico de talleres y viviendas, dando un ambiente lúgubre y siniestro con deficiencias sanitarias muy graves. El centro de la ciudad fue, durante la primera revolución industrial, semillero de fábricas florecientes y el cementerio de aquellas que fracasaban en su actividad. Esta función del centro con respecto a la industria se fue debilitando con el capitalismo avanzado, con una industria dominada por la gran empresa y la gran fábrica y fue esta nueva organización, que exigía otros emplazamientos para ubicar sus fábricas en otras partes de la ciudad, la que consiguió una nueva organización del espacio urbano.

La expansión industrial está acompañada por una concentración de la propiedad en los diferentes sectores. La explotación de las economías de escala que esta concentración implica significa que los pequeños talleres son sustituidos por grandes fábricas con obreros semicualificados sustituyendo a los oficios que requerían un largo aprendizaje. Las fábricas son grandes por su gran volumen y exigencias tecnológicas (grandes cadenas de montaje), ello exige también grandes espacios con los que no se cuenta en los centros de las ciudades, por lo que fue necesario instalarse en la franja urbana, lo que contribuyó a la gran expansión de la superficie edificada de las ciudades. Pero esta expansión no fue aleatoria; se concentró en determinados sectores de la franja urbana por las siguientes razones:

1. Aunque la gran fábrica con cadena de montaje es más independiente y autónoma que las pequeñas fábricas del centro de la ciudad, sin embargo requieren muchos lazos que faciliten los flujos de productos. El agrupamiento de esas actividades conexionadas minimiza el tiempo y el costo, reduce el volumen de *stocks* y permite, mediante economías externas, compartir abastecedores y establecimientos de servicio.
2. Casi todas las industrias requieren infraestructuras, incluyendo carreteras, agua, energía y eliminación de vertidos. Estos son suministrados por organismos externos (privados o públicos); su concentración maximiza sus beneficios.
3. Las industrias dependen de la infraestructura del transporte y prefieren emplazamientos que garanticen el acceso al mismo. Estos fueron puertos, canales, ríos, estaciones de ferrocarril, hasta comienzos del siglo XX. Sin embargo, hoy es el transporte por carretera el protagonista y por ello el acceso a una vía rápida es esencial.
4. Las fábricas se consideran como fuentes de externalidades negativas para las áreas residenciales. Por ello se concentran en áreas alejadas o en sectores que afectan al menor número de personas.
5. Aunque la industria en el capitalismo avanzado está dominada por grandes empresas y gigantescas fábricas, hay aún muchos pequeños establecimientos pero dependientes de las grandes, por lo que éstas se benefician de su proximidad.

El modelo de uso industrial en la mayoría de las ciudades comprende dos elementos: *a*) una corona interior de pequeñas fábricas y almacenes, *b*) un conjunto de centros industriales suburbanos con grandes fábricas y almacenes, con una aureola de pequeñas fábricas subsidiarias.

Los espacios industriales no están siempre en el borde de la ciudad central sino que muchas veces están rodeados por espacios residenciales.

La importancia relativa de estos componentes varían con la ciudad. Algunas ciudades tienen muy poca industria en el centro, debido a su pasado colonial y su escaso desarrollo industrial en la primera época; cuando ésta se introduce más tarde es bajo la forma de grandes fábricas que exigían emplazamientos periféricos. En algunas ciudades coloniales de economía dual predominan las industrias en el centro de la ciudad. Por último, en los países socialistas la zona central es poco extensa. Asimismo, en aquellas ciudades con industrias muy especializadas se desarrolló una corona central de industrias muy reducidas.

Las áreas industriales son los focos de flujos diarios de mercancías y gentes. Conforme se desarrolló la corona industrial interior y se separó el lugar de trabajo y el de residencia, se produjeron dos tipos de movimiento. El primero afectaba a los trabajadores de alto estatus que huían de las externalidades negativas del centro, hacia los suburbios. El segundo afectaba a los obreros desplazados por la expansión industrial hacia viviendas alquiladas en la proximidad (desplazamientos a pie).

4.11.2.2. El sector de oficinas

En buena parte de las ciudades el sector terciario y cuaternario es esencial. Las oficinas se desarrollaron de igual modo que las industrias en la ciudad mercantil, es decir, como productos de los establecimientos del centro de la ciudad. Algunas proporcionan servicios a toda la población; otras, más específicas, son el resultado de la división del trabajo en las grandes fábricas. Inicialmente eran pequeñas, pero con la dinámica capitalista se ampliaron en número, personas y espacio ocupado. Asimismo se amplió la gama de funciones para mantener el sistema industrial capitalista. El desarrollo del empleo en los servicios creó tres tipos de empleados: decisores y directivos; funciones rutinarias y operaciones de oficina. El grado de dependencia de las oficinas es variable, pero se complementa, lo que explica su concentración. Hay uso del suelo terciario y segregación funcional dentro de estos espacios. El área de oficinas es central, próxima al comercio al por menor y dentro del cinturón industrial. En muchas ciudades, la localización de las oficinas refleja la inercia de los emplazamientos iniciales y los nuevos factores. Muchas oficinas requieren ser accesibles a la población en general y estar próximas a los focos de transporte. La mayoría deben ser accesibles a los empleados, que en buena parte son trabajadores no manuales, con buena posición y viven en los suburbios.

Por último, algunas oficinas ocupan edificios de prestigio, y estas localizaciones sólo pueden abandonarse con grandes pérdidas. Aunque este último tipo de empresas es minoritario, muchas empresas pequeñas dependen de ellas. Por todo esto existe menos descentralización de oficinas que de fábricas, en parte porque la concentración y la centralización es inferior que en la industria, y en parte también porque requieren menos espacio y lo logran en altos edificios de la ciudad central.

Las formas de desplazamiento ligadas a las oficinas son semejantes a las de la industria. Aquellas que están en el centro atraen trabajadores de toda la ciudad y las que se ubican en los suburbios están más ligadas a la mano de obra local. El desplazamiento al centro implica grandes distancias y la necesidad de crear autovías y trenes rápidos. Esto impulsó también la suburbanización.

Los trabajadores rutinarios de los servicios viven cerca del centro, aunque recientemente y debido a la *gentrificación*, también lo hacen los de alto estatus.

4.11.2.3. Usos del suelo comercial

El comercio es una actividad fundamental en las ciudades, y un foco significativo en la organización de la ciudad.

Durante mucho tiempo se aplicó la teoría del lugar central y se suponía que en toda ciudad aparecían tres niveles jerárquicos de funciones comerciales. Las familias abastecían sus necesidades diarias del comercio más próximo situado en la vecindad y las necesidades semanales, del centro situado en el distrito. Por lo tanto había una jerarquía de centros comerciales y de desplazamientos de compra. Una investigación más profunda contradice estos comportamientos. Mucha gente no compra en el comercio más próximo, y además el modelo de distribución de los centros comerciales no es tan regular como sugiere la teoría. Existen muchas desviaciones. Unas se refieren a las densidades, que varían con la distancia al centro, lo que sugiere que las áreas centrales pueden soportar un mayor número de establecimientos que las áreas menos densas. Muchos compradores no son tan remisos a la distancia y tiempo como en el medio rural. Además, mientras el área ocupada por el sistema de lugares centrales es fijo y los cambios suponen un crecimiento o descenso de la población de los asentamientos, el área ocupada por una ciudad dinámica está en expansión y se crean nuevos centros comerciales dentro de la matriz de nodos preexistentes.

El actual C. B. D. de la mayoría de las ciudades siempre fue el foco esencial y la localización de la base económica urbana. Inicialmente, muchas funciones operaban con instalaciones no fijas en ciertos días de la semana, luego se instalaban comercios permanentes. De este modo el principal centro del comercio comenzó como el foco de la vida urbana comercial y el nudo hacia el que se orientaban las rutas de transporte.

La estrategia monopolista conduce a la dispersión del comercio, o intenta buscar la mayor proporción de clientela, lo que implica competir con los establecimientos existentes. En este último caso, la mejor forma de competir es instalarse cerca para que la clientela compare precios y calidades. Parece ser que triunfa la segunda estrategia, con lo que la centralización del comercio es mayor que la sugerida por la teoría del lugar central. La primera lleva a la dispersión del comercio, la segunda a la concentración en el C. B. D. y en los centros suburbanos. Es el equilibrio entre las dos estrategias lo que explica la distribución comercial en cualquier tiempo: cuanto más predomine la primera estrategia, mayor dispersión de tiendas y más importante el papel de pequeños centros comerciales como focos de vida urbana.

Conforme los procesos de multiplicación y sustitución se realizan paralelamente al crecimiento de la ciudad y a los cambios en los gustos del consumidor, así puede variar la importancia relativa de las dos estrategias.

La discusión descrita hasta aquí se apoya en la teoría del lugar central, que supone que todos los comercios funcionen como negocios independientes, que cada uno es la réplica exacta de los restantes que venden la misma mercancía (tamaño, naturaleza, etc.), y que los objetivos de los comerciantes son los mismos. Esto no es real. Muchos comerciantes se conforman con cierto nivel de vida, otros están administrados como empresas capitalistas y su objetivo es aumentar el beneficio a través del incremento de ganacias y estableciendo cadenas de tiendas. Ello introduce alternativas que incitan a sustituir los costos de mano de obra por los costos de adquisición del suelo, lo que les llevó a instalarse en la periferia de la ciudad.

En el comercio al por menor, como en la industria, los procesos dinámicos del capitalismo supusieron concentración y la creciente hegemonía de un pequeño número de grandes empresas. Algunos comercios no se vieron afectados (joyerías). Ello tuvo consecuencias locacionales. Los grandes almacenes son los principales imanes de los clientes: las pequeñas tiendas no, pero dependen de los grandes almacenes, de los que son parasitarias. Ocurre como en la industria. Los grandes almacenes y supermercados se concentran en el consumo de mercancías masivo y con rápido beneficio, en tanto que las pequeñas tiendas pueden sobrevivir concentrándose en productos y servicios especializados.

En suma, el desarrollo secuencial del comercio sigue un ciclo cuyas etapas son:

— Mercados periódicos.
— Sistema de lugares centrales con una jerarquía de centros comerciales.
— Aparición de un sistema de grandes y planeados centros comerciales compitiendo con los centros establecidos en el C. B. D. en los suburbios interiores.

Hay vestigios de las primeras fases en todas las ciudades.

Muchas ciudades tienen un sistema doble de provisión del comercio al por menor. Este sistema aparece en el Tercer Mundo reflejando la economía dual. En las grandes ciudades ex coloniales de Asia y América latina, por ejemplo, existe el C. B. D. típico para servir a la élite adinerada y un bazar o sector informal de puestos callejeros, funcionando a veces sin licencias, ni instalaciones fijas.

4.12. El espacio residencial

4.12.1. *Caracteres generales*

La mayoría de los autores están de acuerdo en afirmar que el espacio construido de la ciudad, así como su estructura urbana, que hemos analizado en el apartado anterior, proporcionan las bases de la diferenciación del espacio residencial, de un mosaico de mundos sociales. Estos mundos sociales originan una diferenciación residencial, entendiendo por tal cualquier tipo de separación física residencial que trasciende en la morfología y estructura urbana, creando marcos a veces muy contrastados que influyen de forma desigual en los comportamientos de las personas que los ocupan. No influye demasiado en grupos sociales móviles con gran poder económico y gran capacidad de organizar en su beneficio las relaciones espaciales; estas personas, como dice Harvey (1973), superan el espacio y lo utilizan como un recurso en provecho propio, pero los grupos de personas que carecen de estas capacidades (económicas y mentales) se ven frecuentemente aplastados por el espacio.

Por otra parte, determinados segmentos en cada grupo social: niños, ancianos y amas de casa tienen una relación continua con el entorno inmediato (vecindad y barrio) y en él se producen la mayoría de los contactos sociales y se gestan las principales pautas de su comportamiento.

Además, en el espacio edificado y en la estructura urbana se asienta el espacio social que es donde se estabilizan, reproducen y, a veces se amplían las desigualdades sociales. Es constatable que los barrios de clase alta y media tienen una alta probabilidad de conferir este estatus y un poder adquisitivo similar a sus hijos, en tanto que en los barrios en los que predominan trabajadores manuales de escasa cualificación se reproducirán con gran probabilidad personas que ocuparán estos puestos.

4.12.2. *La diferenciación residencial urbana*

Es un proceso universal en el tiempo y en el espacio, puesto que puede constatarse tanto en la ciudad preindustrial como en la ciudad industrial, en la socialista como en la tercermundista. Una de las primeras cuestiones que se plantea es elaborar sistemas de medida que permitan cuantificar las diferencias residenciales en el espacio urbano.

Entre las medidas más usuales cabe destacar:

a) *Índices de segregación.* Miden el grado de separación residencial de subgrupos dentro de una población. Se considera que un subgrupo está completamente sin segregar cuando sus miembros se reparten con uniformidad relativa con respecto al resto de la población. Cuanto mayor sea la desviación con respecto a la total uniformidad, mayor será el grado de segregación.

Uno de los índices de segregación más utilizado es:

$$Is = 1 - \frac{\Sigma\, d}{100}$$

Is es el índice de segregación y *d* las diferencias entre el porcentaje de las dos poblaciones. El valor del índice oscila entre 0 y 1.

También se mide la segregación con el índice de disimilitud:

$$Id = \frac{\Sigma(xi - Yi)}{2}$$

Siendo *Id* el índice de disimilitud; *xi,* el porcentaje de la población *x* en el área *i,* e *Yi* representa el porcentaje de la población y en el área *i.* El valor de este índice oscila entre el 0 y 100.

Otro índice muy utilizado es el que mide el grado en el que un subgrupo presenta una distribución espacial similar a la del resto de la población de la ciudad. Se calcula:

$$ISx\,y = \frac{IDxy}{1 - \Sigma\, yi/\Sigma\, xi}$$

Siendo *ISxy* el índice de segregación; *IDxy,* el índice de disimilaridad entre la población total *X* y el subgrupo *y; Yi* representa el número total del subgrupo *Y* en la ciudad; Σxi es el total de la población en la ciudad. El valor del índice de segregación (*ISxy*) oscila entre 0 y 100. Un ejemplo ayudará a comprender el modo de calcular el índice.

Cuadro 4.25

CALCULO DEL INDICE DE SEGREGACION

Area	Y Porcentaje de subgrupo	X Porcentaje de la población total	Diferencia
1	40 (80)	5 (50)	35
2	35 (70)	25 (250)	10
3	15 (30)	35 (350)	25
4	10 (20)	35 (350)	25
Total	100 (200)	100 (1.000)	90

Las cifras entre paréntesis indican el valor absoluto.

Para calcular el índice de disimilaridad se procede de la siguiente forma:

$$IDxy = \frac{\Sigma(x-y)}{2} = \frac{90}{2} = 45$$

El índice de segregación es:

$$ISxy = \frac{IDxy}{1 - \Sigma y / \Sigma x} = \frac{45}{1-200/100} = 56,2$$

Los índices de *disimilaridad* y de segregación pueden emplearse para medir el grado de segregación residencial por grupos sociales o por lugar de nacimiento. En el cuadro 4.26 se presentan los valores del índice de segregación de Madrid y Chicago de los diferentes grupos de ocupación.

Cuadro 4.26

INDICES DE SEGREGACION

MADRID 1981		CHICAGO 1950	
Categorías	Indice	Categorías	Indice
1. Cuadros Superiores	39,11	Profesionales	30
2. Cuadros Medios	58,39	Directores	29
3. Funcionarios y empleados de oficinas	38,46	Vendedores	29
4. Comerciantes y trabajadores independientes	31,06	Funcionarios	13
5. Empleada de servicio	37,57	Trabajadores manuales cualificados	22
6. Trabajadores manuales	58,81	Trabajadores de servicios	24
		Semicualificados y sin cualificar	35

Fuente: B. Jiménez (1986) y Duncan y Duncan (1955).

En ambos casos el índice de segregación es superior en Madrid que en Chicago a pesar de la diferencia de fechas. En el caso de Madrid los valores están calculados con los datos de los barrios y se destaca claramente la segregación de los trabajadores manuales y de los cuadros medios, esta última categoría con un valor superior al de los cuadros superiores, lo que contrasta con otros estudios semejantes en donde la distribución presenta una forma de V denotando una fuerte concentración en los grupos sociales extremos.

En el cuadro 4.27 se presentan los valores del índice de disimilaridad. Este índice mide el grado de segregación de cada categoría en relación con cada una de las restantes por separado. Indica el porcentaje de población de una categoría ocupacional que tendría que cambiar de lugar de residencia para que su distribución fuese idéntica a la de otro grupo determinado.

CUADRO 4.27

INDICES DE DISIMILARIDAD DE MADRID (1980)

Categorías	1ª	2ª	3ª	4ª	5ª	6ª
1ª	—	21,98	28,56	30,48	36,66	42,30
2ª	—	—	10,51	16,82	33,98	34,73
3ª	—	—	—	11,37	33,50	27,24
4ª	—	—	—	—	33,53	30,05
5ª	—	—	—	—	—	33,50
6ª	—	—	—	—	—	—

Fuente: B. Jiménez (1986)

El valor más alto aparece entre los cuadros superiores y los trabajadores manuales, lo que sorprende cuando lo comparamos con los valores del coeficiente de asociación geográfica y el índice de segregación que miden un grado de concentración espacial no excesivo.

b) Coeficiente de Asociación Geográfica (C. A. G.). Es una medida muy relacionada con las anteriores. Su fórmula es:

$$C.\,A.\,G. = 1 - \frac{\sum_{i=1}^{n} (xi/\Sigma\, xi) - (Ni/\Sigma\, Ni)}{2}$$

donde: *xi* es el número de personas que tienen la ocupación *x* y viven en la zona *i*; *Ni* representa el número total de activos que viven en la zona *i*.

Los valores de este coeficiente oscilan entre 0 y 1. Se acercarán a la unidad cuanto mayor sea la concentración espacial de un grupo en la ciudad, y, por el contrario, tendrá valores inferiores a la unidad cuando el grupo considerado se reparte con una cierta proporcionalidad en todos los barrios de la ciudad. En el cuadro 4.28 se presentan los coeficientes de asociación geográfica calculadas a nivel de barrio.

CUADRO 4.28

COEFICIENTES DE ASOCIACION GEOGRAFICA

Cuadros superiores	0,65
Cuadros medios	0,47
Funcionarios y empleados de oficina	0,69
Comerciantes y trabajadores independientes	0,63
Empleados de servicios	0,57
Trabajadores Manuales	0,78

Fuente: B. Jiménez, (1986).

c) *Coeficiente de localización.* Los índices de disimilaridad y de segregación proporcionan una medida del grado de asociación entre la distribución espacial de los diferentes grupos de población. No permiten identificar las áreas en las que se concentran ciertos grupos de población. El grado de concentración de un grupo de población determinado (profesional, o étnico, o inmigrantes) se mide mediante el coeficiente de localización que se calcula dividiendo el porcentaje del subgrupo de la población en una unidad espacial entre el porcentaje de la población total en la misma unidad. Un ejemplo sencillo facilitará el cálculo.

CUADRO 4.29

CALCULO DEL COCIENTE DE LOCALIZACION

Barrios	Porcentaje de obreros manuales	Porcentaje de Población total	Coeficiente de localización
1	35	25	35/25 = 1,40
2	40	25	40/25 = 1,60
3	20	25	20/25 = 0,86
4	5	25	5/25 = 0,20
TOTAL	100	100	

Cuando la unidad espacial (barrio, por ejemplo) tiene un valor inferior a 1 esto indica que el subgrupo de la población objeto de estudio esta infrarrepresentado en ese barrio. Si tiene un valor superior a 1, el subgrupo está sobrerepresentado. Cuanto mayor sea el valor del coeficiente de localización, mayor el grado de concentración del subgrupo en un área determinada.

En los mapas que se incluyen a continuación (gráficos 50 y 51) se indica la distribución de los coeficientes de localización en Madrid según los barrios. De estos coeficientes se calculó la desviación típica diferenciando cinco intervalos:

En el primer intervalo (A) son valores menores a −1, desviación típica con respecto a la media. En el segundo intervalo (B) los valores están entre −1 y −1/4 de desviación típica; el tercero (C), entre −1/4 y +1/4; el cuarto intervalo (D) entre +1/4 y +1 de desviación típica.

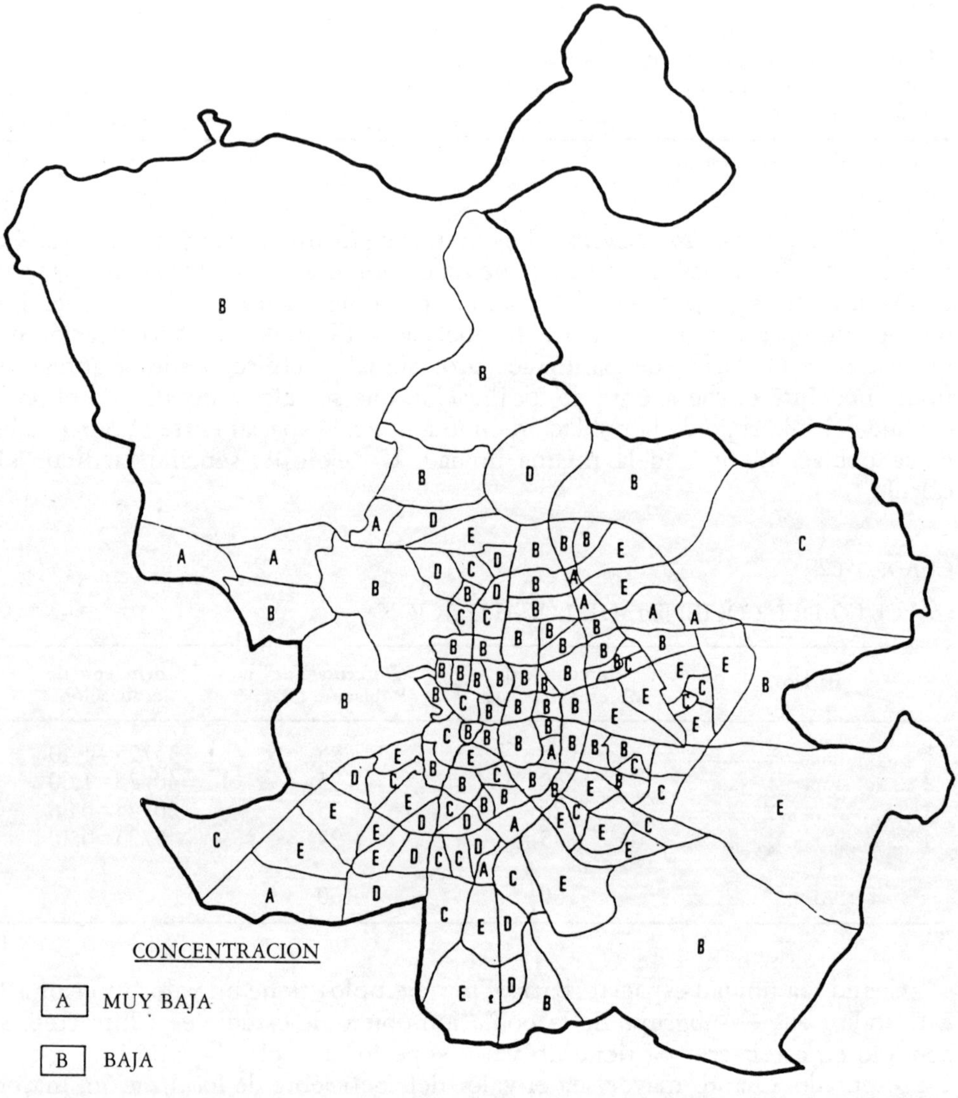

Fuente: B. Jiménez, (1986).

Gráfico 4.50. Coeficiente de localización de los trabajadores manuales en Madrid.

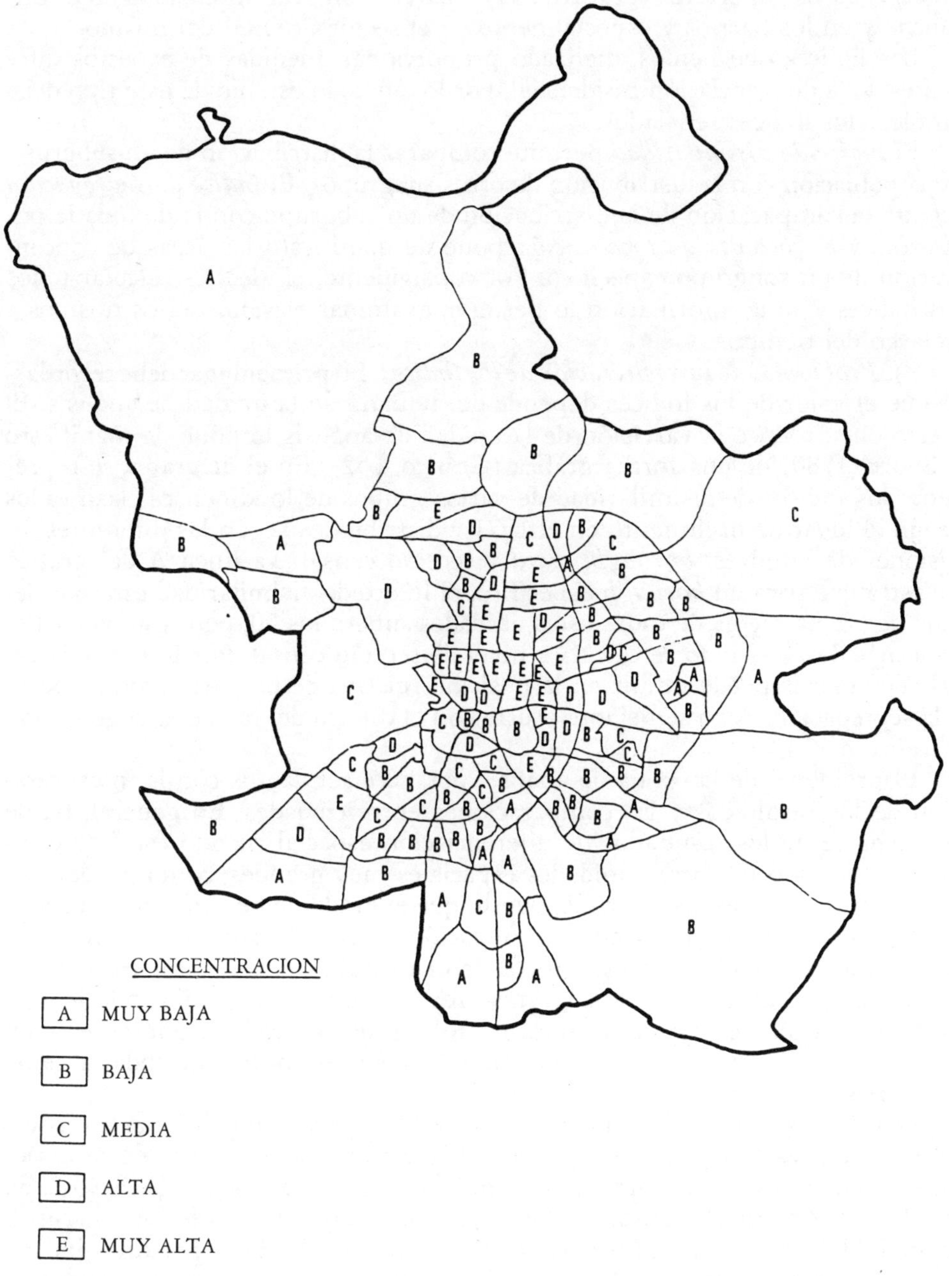

Fuente: B. Jiménez, (1986).

Gráfico 4.51. Coeficiente de localización de cuadros superiores en Madrid.

El mapa (gráfico 4.50) muestra la escasa concentración de trabajadores manuales en los distritos centrales y fuerte concentración en la periferia sur: Vallecas, Carabanchel, Latina y Villaverde.

En cambio, en el mapa en donde se cartografía el grado de concentración de los cuadros superiores (gráfico 4.51), aparece con gran intensidad en el Ensanche y en los barrios y especialmente en el sector oriental del mismo.

Los índices que hemos analizado proporcionan medidas de aspectos diferentes de la diferenciación residencial, por lo que todo estudio de este tipo debe emplear los índices señalados.

El *índice de disimilaridad* permite comparar la distribución de un subgrupo de la población con la distribución de otros subgrupos. El *índice de segregación* facilita la comparación de la distribución de un subgrupo con la de toda la población, y el *cociente de localización* pone de manifiesto las áreas de concentración de un subgrupo específico. Por consiguiente, el ideal es calcular todos los índices y, si la información lo permite, examinar el valor de los mismos a lo largo del tiempo.

d) *Problemas de interpretación de los índices*. En primer lugar debe recordarse que el valor de los índices depende del tamaño de la unidad de análisis. El efecto que produce la variación de la unidad de análisis lo pone de manifiesto J. Short (1980) de una forma gráfica (Gráfico 4.52). En el diagrama se representa los índices de disimilaridad de varios grupos de londinenses clasificados según el lugar de nacimiento en el 1971 y distribuidos según las diferentes divisiones de Londres: *borough, ward* y sección censal. La línea A del gráfico muestra que para un *borough* específico, el índice de disimilaridad está por debajo de 50. La media de todas estas unidades supera los 50, pero este valor llega a más de 70 cuando se calcula a nivel de sección censal. Por lo tanto, la escala de análisis puede influir en la posición relativa de un barrio con respecto a la segregación. Algo semejante ocurre con el cálculo del índice de segregación (Gráfico 4.52 b).

El problema de la escala de análisis nos hace ser cautos con la interpretación de los resultados y las comparaciones entre ciudades. En general, ha de sospecharse de los resultados de diferenciación espacial cuando éstos se estudian tomando como bases unidades espaciales muy grandes, como pueden ser en nuestras ciudades los distritos, puesto que el grado de heterogeneidad social de estas unidades enmascaran la segregación a nivel de calle o manzana. Por lo tanto los resultados son específicos de una escala y deben compararse a ser posible con los obtenidos a escalas menores. Así, pues, un estudio completo de la diferenciación residencial implica no sólo el uso de índices diferentes y en diferentes momentos en el tiempo, sino también el empleo de toda la gama de escalas espaciales.

La falacia ecológica. Una buena parte de las hipótesis que intentamos comprobar en el estudio del mosaico urbano se refieren a *relaciones* entre características de individuos (personas o familias). Desgraciadamente, la mayoría de la información oficial (censo, por ejemplo) suministra datos referidos a grupos de individuos situados en áreas concretas de la ciudad y no a personas individualmente consideradas. La falacia ecológica es el problema que se suscita a la hora de deducir características individuales a partir de datos agregados de población. En geografía urbana se toma como base de análisis unidades territo-

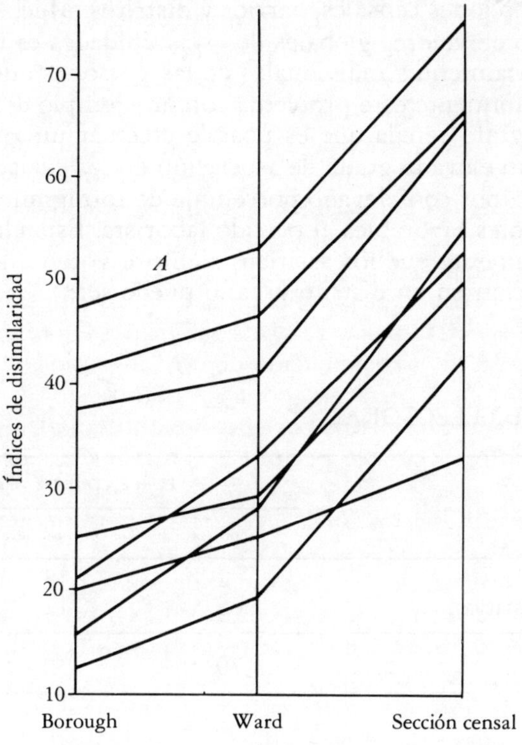

a)

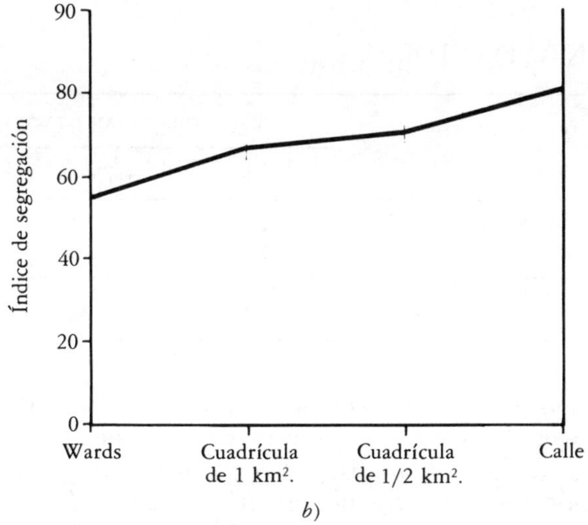

b)

Fuente: J. R. Short (1980), págs. 83-84).

Gráfico 4.52. Efectos de la escala en el valor de los índices: a) En el índice de disimilaridad; b) En el índice de segregación.

riales tales como secciones censales, barrios y distritos. Muchas veces se tiende a inferir, partiendo de valores globales de estas unidades espaciales, las características y comportamientos individuales de las personas allí residentes. R. J. Johnston ilustra claramente este problema con un ejemplo de comportamiento electoral. Este geógrafo señala que es posible efectuar un análisis de correlación que muestre un elevado grado de asociación en las ciudades británicas entre los distritos urbanos con elevado porcentaje de inmigrantes asiáticos y alto porcentaje de votantes favorables al partido laborista. Esta elevada correlación no indica necesariamente que los asiáticos siempre voten a los laboristas masivamente. La relación en un distrito urbano puede ser:

CUADRO 4.30

COMPORTAMIENTO ELECTORAL

	PORCENTAJE DE VOTANTES		
	Laboristas	Otros partidos	Total
Porcentaje de asiáticos	2	18	20
Porcentaje de no asiáticos	68	12	80
TOTAL	70	30	100

En este caso solo el 10 por 100 de asiáticos votan el partido laborista, frente al 85 por 100 de la población no asiática. Pero se podían dar estos resultados:

CUADRO 4.31

COMPORTAMIENTO ELECTORAL

	PORCENTAJE DE VOTANTES		
	Laboristas	Otros partidos	Total
Porcentaje de asiáticos	19	1	20
Porcentaje de no asiáticos	51	29	80
TOTAL	70	30	100

En este último ejemplo los asiáticos votan en un 95 por 100 a lo laboristas. Ambas tablas dan los mismos totales y es precisamente este valor el que se toma a la hora de efectuar un análisis de regresión u otras técnicas basadas en el modelo regresión lineal (componentes principales, análisis factorial, etc.).

Los peligros de la falacia ecológica han sido puestos de manifiesto por Robinson (1950) al estudiar el analfabetismo en Estados Unidos. Robinson descubrió que mientras que la correlación entre el porcentaje de analfabetos y el porcentaje de población negra era muy fuerte cuando se tomaban las nueve grandes divisiones geográficas en que el Censo divide Estados Unidos (el valor del coeficiente de correlación fue de $r = +0,946$), cuando estas mismas variables se asociaron a nivel de los cincuenta Estados, la correlación descendió a +0,773 y cuando se tomaron individualmente estas características, la correlación obtenida fue de tan sólo +0,203. De haber utilizado las correlaciones sobre la información espacial Robinson podía llegar a la conclusión de que existía una muy fuerte correlación entre la raza negra y el analfabetismo, pero, según el cálculo realizado a nivel individual, la fuerza de la correlación es muy escasa. Por consiguiente, la falacia ecológica significa que no podemos utilizar datos agregados en grupos y suponer que las relaciones que obtengamos entre las variables referidas a unidades espaciales también pueden aplicarse a nivel individual.

4.12.3. *El barrio, noción básica de diferenciación del espacio urbano*

Las diferentes concepciones del barrio. Como ocurre siempre con los conceptos básicos, estas unidades en las que se supone que se divide la ciudad no son obvias ni fáciles de delimitar. Parece ser que las agrupaciones humanas, al igual que muchas especies animales, requieren una *territorialidad*, según la cual el hombre tiene necesidad de definir un territorio, sentirlo suyo y defenderlo. Es decir, razones genéticas y sobre todo sociales: estructura global de la sociedad y la toma de decisiones individuales o familiares son las que diferencian el paisaje urbano en unidades menores ocupadas por grupos que comparten semejanzas.

Así, pues, los aspectos individuales —preferencias sobre estilos de vida y poder adquisitivo— influyen en la localización y en la diferenciación de un mosaico de comunidades social y espacialmente diferenciado, puesto que como dice Timms (1976): «el lugar en el que una persona vive es un símbolo del tipo de persona que es». Por otra parte, los barrios en la ciudad no existen aisladamente, sino que se insertan en la sociedad y por ello los cambios que se producen en la estructura social se traducen en el mosaico urbano.

Son muchas las concepciones y los criterios de delimitación de comunidades urbanas barrios. Examinaremos aquellas que han tenido una mayor trascendencia.

a) *Área natural*

El concepto deriva de la escuela de Ecología Humana de Chicago, que considera la ciudad como un organismo constituido por unidades básicas llamadas *áreas naturales*. El concepto se apoyó en una serie de estudios empíricos y se intentó crear un concepto operativo en el que se basase el análisis de las características demográficas y sociales a fin de asociar las patologías sociales con las características del grupo humano y el entorno urbano en que se producían. El sociólogo Burgess definió el área social como «una unidad territorial cuyas características distintivas, físicas, económicas y culturales, son el resultado de la acción espontánea de procesos ecológicos y sociales». En 1926 Zorbaugh definió el *área natural* como un «área geográfica caracterizada tanto por una individualidad física como por las características de sus habitantes». Considera que las *áreas naturales* se producen espontáneamente sobre un esqueleto constituido por la infraestructura de los sistemas de transporte, parques, calles, industria, y por los accidentes geográficos. Este esqueleto actúa como un conjunto de barreras que obstaculiza el movimiento de la población, lo que origina un proceso de segregación siguiendo las leyes de la competencia por el suelo, ya que según Zorbaugh: «los valores del suelo caracterizan las diversas áreas naturales», aunque considera también que los factores culturales operan en «el proceso de segregación», y así afirma que además de los hechos físicos individuales de las áreas naturales, la individualidad «se ve agudizada por la individualidad cultural de las poblaciones que viven en ella».

En realidad el concepto de área natural es muy poco preciso y difícil de llevarlo a la práctica, lo que explica que los autores al abordar el estudio del área natural subrayen determinadas características. Este es el caso de McKenzie (1925) que definió el área natural por las características demográficas, o simplemente por el conocimiento intuitivo de la ciudad como Zorbaugh al estudiar el Near North Side de la ciudad de Chicago, o Wirth en su estudio sobre el Ghetto. La crítica que suscitó el concepto de área natural es semejante a la que provocó la noción de región geográfica, esto es, falta de precisión y ausencia de criterios explícitos en su delimitación. Sin embargo, el área natural como la región geográfica fueron conceptos que permitieron desarrollar importantes estudios empíricos y disponer de ese modo de una serie de resultados que mejoraron el conocimiento de los países y de las ciudades.

b) *El barrio como unidad de planeamiento*

Al hablar de la concepción de la ciudad nos hemos referido a la animadversión que suscitaba la ciudad por considerarla elemento perturbador de las comunidades rurales. En el primer tercio del siglo XX, los planificadores intentan introducir la noción de barrio como unidad de planeamiento, emulando las comunidades rurales. El máximo propulsor es el arquitecto norteamericano Clarence Perry. Este autor enunció en 1929 que toda ciudad debera estar constituida por una serie de áreas residenciales con servicios accesibles a los desplazamientos a pie realizados por las familias. Estos servicios incluían la escuela primaria, parques y un núcleo comercial. La distancia desde el lugar de residencia a la escuela, parque o distrito comercial debería estar comprendida entre 400 y 800 m. La población del barrio no debería exceder los 5.000 habitantes, aunque el tamaño podía modificarse atendiendo a las condiciones locales y a las preferencias de los residentes. En realidad Perry recoge buena parte de las ideas elaboradas anteriormente por Ebenezer Howard, aunque aquél intentó adaptar la noción de barrio a ciudades ya existentes así como a las que se creasen nuevas. El proyecto de Perry se incluyó en el Plan Regional de Nueva York (1927-1931) y las ideas esenciales fueron:

— Tamaño: Un barrio debería proporcionar vivienda a una población que fuese capaz de requerir una escuela primaria. La superficie del barrio depende de la densidad de población.
— Límites: El barrio debería estar limitado por todas partes por *calles de tráfico o arterias de tráfico* suficientemente amplias.

— Espacios libres: Un sistema de pequeños parques y espacios de recreo diseñados para hacer frente a las necesidades de la vecindad.
— Emplazamientos institucionales. Lugares reservados para la escuela y otras instituciones de servicios que tiene áreas de competencia en el barrio. Deberían ubicarse en el centro.
— Comercios. Deberían situarse en los bordes del barrio y preferentemente en los cruces y líneas limítrofes con otros barrios.
— Sistema interno de calles. El barrio debería estar dotado de un sistema especial de calles, con arterias de tráfico para la gran circulación y una red de calles cuyo objetivo fuese facilitar la circulación interior en el barrio y desanima el uso de estas calles al tráfico interzonal de la ciudad (C. PERRY, 1929, págs. 34-35).

Son muchos los intentos de los planificadores de aplicar las ideas de Perry con la esperanza de corregir las relaciones sociales y crear comunidades maduras en un plazo de tiempo relativamente breve (transcurso de una generación). Algunos planificadores intentaron acomodar el concepto de barrio de Perry con la idea de la supermanzana que suponía la construcción de un muro de 1,80 m para impedir el acceso de las calles principales, salvo en dos puntos en la parte superior e inferior respectivamente. El tráfico automovilístico y el peatonal se inhibe a través del trazado de las calles: gran número de calles en «cul de sac» y circulares. Este diseño se adoptó para la construcción de viviendas de clase trabajadora y media baja (Gráfico 4.53).

El Instituto d'Amenagement et d'Urbanisme de la Región de París diferencia tres niveles de barrio. El barrio de nivel 1, el hábitat, posee menos de 450 viviendas, sin otros servicios de equipamiento que los transportes. El nivel 2, la manzana residencial, se define por disponer de un grupo de enseñanza primaria para 450 viviendas. El nivel 3, la vecindad, agrupa en torno a 1.200 viviendas, un centro comercial local, un equipamiento médico-social con un centro de protección infantil y maternal, y un jardín de 1,5 ha. A partir de 1.400 viviendas aparece un centro de enseñanza media para 600 alumnos. El nivel 4, o barrio propiamente dicho, tiene 5.000 viviendas y 17.500 habitantes. Posee un parque y una serie de equipamientos sociales, infraestructura, administración y centro de enseñanza media de 900 y 1.200 alumnos. Por último, el nivel 5 es el distrito con 15.000 viviendas, un equipamiento escolar del segundo ciclo y un centro de la juventud y de la cultura.

Por último M. Chombart de Lauwe diferencia:

— El *Sector geográfico*: conjunto de edificios delimitado por obstáculos materiales que interrumpen las relaciones sociales cotidianas (edificios públicos, jardines, vías férreas, arterias de circulación, etc.). Está constituido por sectores menores separados del resto de la ciudad, con una población de 13.000 a 30.000 personas. Cada sector tiene una serie de núcleos en los que se concentra el comercio y los centros escolares, la iglesia, el cine, etc.
— El *barrio*: sistema de calles con límites más o menos precisos que cuenta con un centro económico y diversos puntos de atracción. Los límites del barrio son más bien franjas que líneas nítidas y su población varía entre 1.000 y 2.000 personas, con un perímetro en torno a 3 kilómetros.

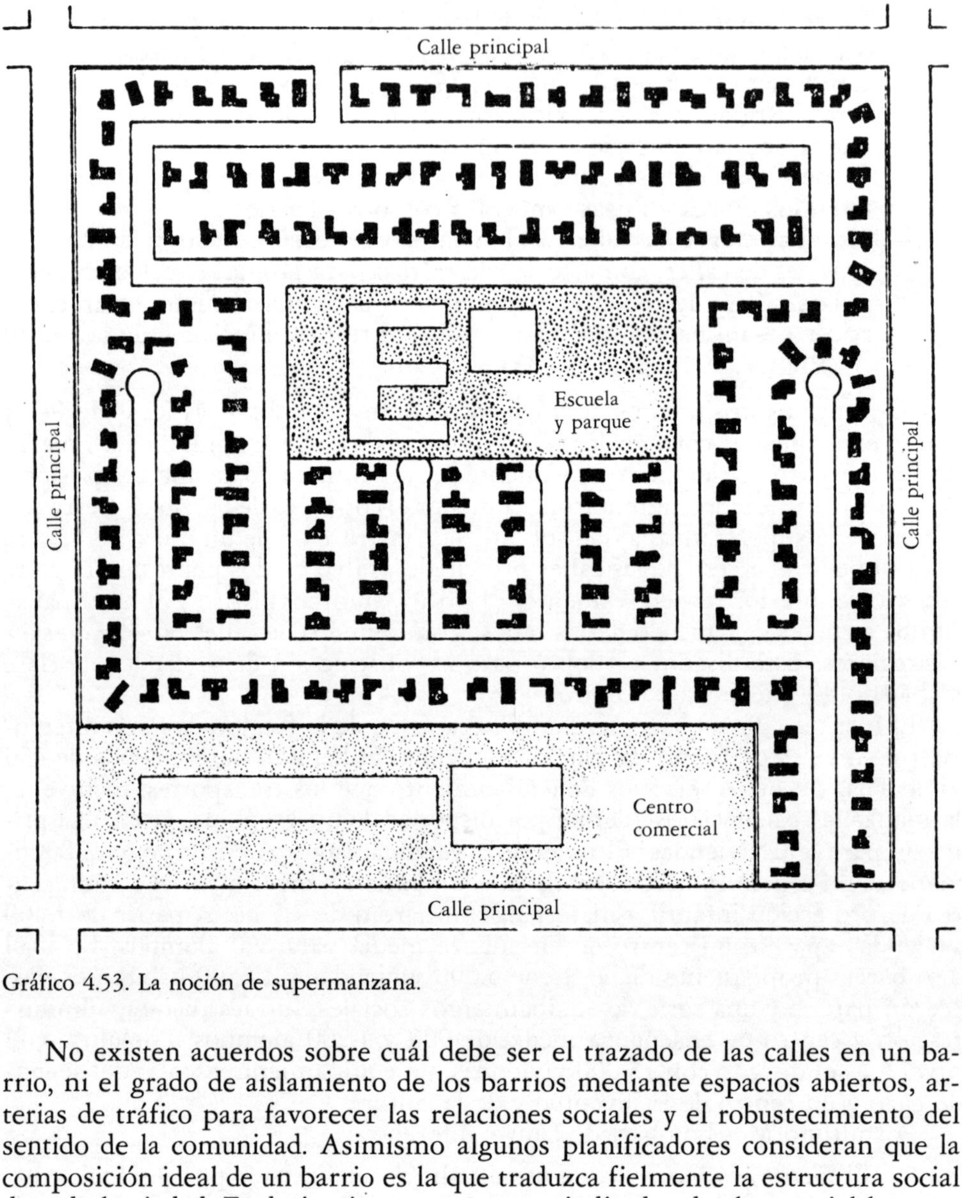

Gráfico 4.53. La noción de supermanzana.

No existen acuerdos sobre cuál debe ser el trazado de las calles en un barrio, ni el grado de aislamiento de los barrios mediante espacios abiertos, arterias de tráfico para favorecer las relaciones sociales y el robustecimiento del sentido de la comunidad. Asimismo algunos planificadores consideran que la composición ideal de un barrio es la que traduzca fielmente la estructura social de toda la ciudad. Es decir, si tomamos como indicador de clase social las ocupaciones socioprofesionales, el porcentaje de estas ocupaciones debería estar presente también en el barrio. Sin embargo, los intentos de crear estas comunidades socialmente heterogéneas pero equilibradas socialmente no producen necesariamente mayor cohesión comunitaria, como lo demuestran los estudios empíricos realizados en las ciudades nuevas británicas y los realizados en las ciudades soviéticas. En ambos países lo grupos sociales interactúan entre sí o con las personas pertenecientes a la misma clase residente en otros barrios y no lo hacen, salvo los saludos de cortesía, con los vecinos pertenecientes a clases sociales diferentes o con estatus distinto.

c) *El barrio considerado como un continuo*

Si definimos el barrio como una unidad territorial que tiene atributos espaciales y sociales y que además aparecen interrelaciones, observamos que estas interrelaciones no son uniformes ni tienen la misma intensidad sino que aparecen formando un continuo:

— A un nivel más elemental, el barrio es simplemente un territorio mal definido, carente de identidad social o de cohesión social. El único rasgo que distingue este tipo de barrios es el de la contigüidad.
— La segunda fase en el continuo es el *barrio físico* que se individualiza por características físicas bien definidas y límites claros e identificables (por ejemplo, el mismo tipo de manzana formando un área separada por el ferrocarril, o una autopista).
— El *barrio homogéneo.* Posee también los atributos del anterior, pero ha adquirido ciertas características sociales y está ocupado por un grupo social y cultural semejante.
— El *barrio funcional* añade a las características de los dos últimos actividades tales como el comercio, escuela, iglesia, parque, etc., focos en torno a los que interactúan las personas.
— El nivel superior sería el de la *comunidad.* En ésta las personas desarrollan un sentido de colectividad y tienden a asociarse con sus vecinos más que con las personas que viven fuera del barrio. Este sentido de la comunidad se desarrolla en un periodo de tiempo largo y exige una larga estancia en el barrio.

Las características sociales que se incluyen en la mayoría de las definiciones de la comunidad son: área geográfica, autosuficiencia, vida en común, amistad, conciencia de clase, posesión de normas y fines comunes (C. Bell y H. Newby, 1971, págs. 28-32).

En el cuadro 4.32 se presenta la noción de barrio como un continuo tal y como lo concibe A. T. Blowers (1980).

d) *La percepción del barrio.*

Como respuesta al determinismo arquitectónico y al enfoque ecológico, desde los años 60 se intenta delimitar áreas sociales no sólo a través de los atributos del censo de población o del espacio edificado, sino también incluyendo las percepciones de los habitantes de la ciudad deducidas de cuestionarios. El geógrafo R. Lee (1968) descubrió en un estudio sobre Cambridge que el 75 por 100 de las amas de casa fueron capaces de delimitar un área promedio de 30 ha, esto es, en torno a un radio de 400 a 450 m de su hogar que consideraban como su barrio. Más tarde se realizaron algunos estudios en ciudades americanas y francesas llegando a algunos resultados que tienen, como veremos más adelante, un carácter más exploratorio que definitivo.

Sin embargo, dado que gran parte de la existencia de una persona se desarrolla en el propio barrio, resulta de gran interés profundizar en el sector de la ciudad en donde el ciudadano vive más intensamente y los lazos de topofilia resultan, en general, más fuertes que con cualquier otro sector de la ciudad o del país. En el cuadro 4.33 presentamos la valoración del propio barrio en re-

CUADRO 4.32

LA NOCION DE BARRIO COMO UN CONTINUO

	a) Arbitrarias	b) Físicas	c) Homogéneas	d) Funcionales	e) Comunidad
Características distintivas	Contigüidad o cercanía				
		Características físicas y límites bien definidos			
			Población social y económicamente homogénea		
				Las personas dependen de los servicios del barrio, lo que origina interacción	
					Hay mucha interacción dentro del barrio, lo que forma una comunidad específica y cohesionada

Fuente: A. T. Blowers (1980, pág. 56).

lación con otros barrios, ciudades o el campo. Puede verse claramente que, a pesar de las diferencias tan notables en lo que respecta a *trama urbana*, equipamientos y grupos sociales, la mayoría de los entrevistados prefieren su barrio de residencia a cualquier otro lugar.

Asimismo aparece una fuerte atracción por la vida del campo que responde al rechazo de los aspectos más negativos de la ciudad (externalidades negativas físicas y humanas) así como por la influencia que ejerce una imagen ideológica del campo utópica y muy alejada de la realidad.

De los estudios que se han realizado sobre la percepción del barrio basados en descripciones verbales o en el dibujo de mapas esquemáticos se puede ge-

CUADRO 4.33

¿DONDE SE SIENTE MAS COMODO?

Procedencia de los encuestados	PORCENTAJES			
	En el barrio	En otros barrios	En otras ciudades	En el campo
Argüelles	52	20	4	24
Palacio	40	10	8	42
Barrio del Olivar	48	11	7	34
Cuatro Caminos	36	12	10	40
Lucero	29	10	25	36
Guindalera	52	13	—	33
Sol	45	37	2	15

Fuente: Seminario de Geografía General. Grupo A. Cursos 1984-85 y 1985-86. Dirigido por J. Estébanez.

neralizar diciendo que el barrio percibido siempre resulta una unidad de escala peatonal. El tamaño abarcable como tal barrio por la percepción de los entrevistados oscila entre las 30 y 60 hectáreas. Los mapas mentales que describen los barrios son únicos y al llevarlos sobre el plano de la ciudad se produce un resultado confuso, el efecto de «plato de spaghettis». Un intento de analizar sistemáticamente los mapas mentales fue efectuado por el geógrafo Lee, al calcular la razón entre la superficie delimitada por el encuestado y la superficie media percibida del barrio expresada como el área de un círculo de 800 m de radio; es el coeficiente de vecindad (gráfico 4.54). Se puede emplear como in-

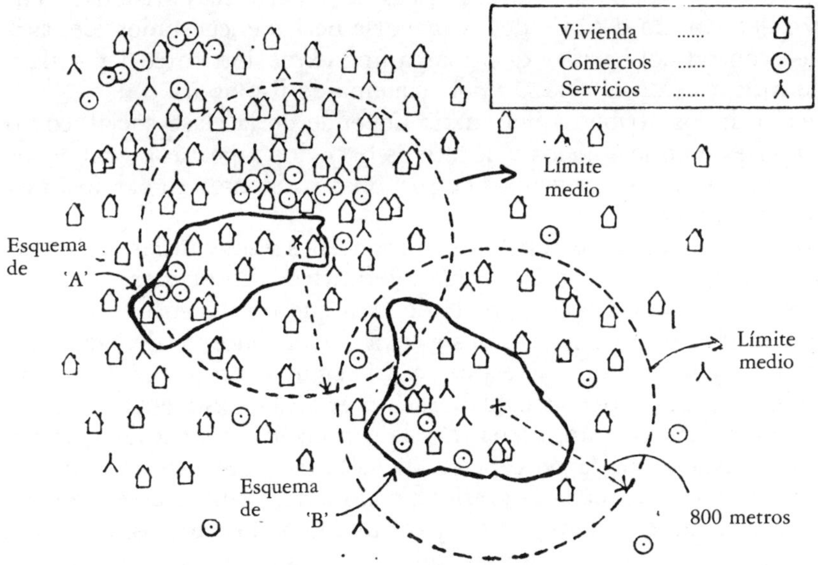

Gráfico 4.54. Coeficiente de vecindad. Se divide la superficie delimitada por las personas A y B entre la superficie media (círculo de radio, 800 m).

dicador del mayor o menor nivel de conocimiento del barrio. Este coeficiente se relaciona positivamente con algunos hechos compartamentales (clase social, edad, tiempo de residencia, trabajo, amigos, participación, etc.).

Sin embargo, en esa maraña de límites cabe diferenciar los siguientes componentes del barrio, descritos por A. Rapoport (1978):

— *Corazón*: en el se ubica el grupo social más característico y los edificios y actividades de mayor significación simbólica.
— *Dominio*: el grupo social característico está en mayoría y depende del estatus de este grupo la importancia social de la zona. Las conexiones son menos intensas que en el corazón del barrio.
— *Esfera*: el grupo social está presente, pero en minoría (A. Rapoport, 1978, pág. 236).

Para Rapoport el agrupamiento de la gente en barrios está presente en toda suerte de ciudades, incluso en ciudades de gran uniformidad morfológica (ciudades-dormitorio). Este hecho tal vez sea atribuible a las necesidades psicológicas básicas que tienen los hombres de identidad, seguridad y estímulo. Son muchos los que consideran que el barrio, la comunidad local contribuye en gran medida a la satisfacción de estas necesidades. Amos Rapoport considera que para que un barrio funcione como una comunidad necesita tres elementos básicos: límites definidos, un nombre, una imagen para identificarlo y una cierta homogeneidad definida subjetivamente.

El geógrafo Bertrand, en sus estudios sobre París (1978), llega a la conclusión de que los barrios tienen unas dimensiones que no superan los 3 Kilómetros de perímetro y que los entrevistados nunca identifican como barrio un sector que supera las 40 ha en los espacios urbanos de París heterogéneos y variados, y de tan sólo 15 ha en áreas homogéneas de la periferia parisiense. Asimismo, dentro del espacio delimitado, la mayoría de los encuestados identifican un «núcleo central del barrio» que abarca una extensión entre 1 y 4 ha y que puede identificarse con el *corazón* del esquema de Rapoport.

La valoración de los atributos del barrio depende de la clase social, como se pone de manifiesto en los juicios valorativos hacia los aspectos o cualidades más estimadas o rechazados por grupos de personas residentes en barrios muy diferenciados socialmente.

Aunque los estudios de la percepción son esenciales y muy útiles en la planificación, sin embargo sus resultados no son definitivos. En primer lugar, debería sustituirse la noción de barrio por la de área que resulta más familiar o con la que se identifica o reconoce como suya, ya que el concepto de barrio resulta muy ambiguo y no orienta la respuesta. El segundo problema deriva de la técnica empleada y en particular la elaboración gráfica de esquemas sobre el barrio, que en muchos casos comprueba más la capacidad de expresión gráfica que tiene el entrevistado que la percepción de su barrio. Por este motivo debería sustituirse este tipo de técnicas gráficas, o al menos completarse mediante descripciones verbales sobre los límites y contenido de los barrios. En nuestros trabajos hemos constatado que más del 50 por 100 de las personas encuestadas rehusan expresar gráficamente el barrio o el centro de la ciudad.

Por otra parte, no hay conclusiones definitivas sobre si es mejor o no que

CUADRO 4.34

VALORACION DE LOS BARRIOS

Lugar de residencia de los entrevistados	Aspectos más apreciados	Aspectos Negativos
Argüelles	Comunicación Servicios Comercio Situación céntrica	Ambiente Ruidos Tráfico Contaminación
Palacio	Monumentos Jardines Transportes Estar en el centro	Inseguridad Contaminación Tráfico Suciedad
Bº del Olivar	Gente Parques Comunicación Vecindad	Delicuencia Drogas Mala gente Suciedad
Bº de Palmeras	Vecindad Zonas verdes Transporte Remodelación	Delincuencia Paro Chabolas Equipamiento deportivo
Cuatro Caminos	Situación céntrica Servicios Zonas de recreo Ambiente	Delincuencia Droga Deterioro del marco físico Contaminación Zonas verdes
Lucero	Parques Comunicación Gente Servicios	Inseguridad Chabolismo Paro Contaminación
Bº La Guindalera	Comunicación Céntrico Parques Tranquilidad	Contaminación Delincuencia Ruido Suciedad
Sol	Distracciones Comercio Vecindad Céntrico	Inseguridad Contaminación Tráfico Suciedad
Almagro	Céntrico Tranquilidad Ambiente Monumentalidad	Tráfico Espacios verdes Contaminación Suciedad

Fuente: Seminario de Geografía General. Grupo 1º A. Cursos 1984-85 y 1985-86. Dirigido por J. Estébanez.

los barrios tengan límites claros, ni tampoco sobre el tamaño ideal del barrio (ni en extensión, ni en población).

En definitiva, de los estudios empíricos realizados hasta el momento puede concluirse:

— Los barrios percibidos difieren marcadamente en tamaño según las técnicas utilizadas en la elaboración del mapa mental.
— La mayoría de los encuestados encuentran cierta dificultad de comprensión del concepto de barrio, por lo que debería ser sustituido por otra palabra o por un circunloquio aclaratorio.
— La representación gráfica del barrio produce un alto porcentaje de rechazo.
— A pesar de los problemas que suscita la comunicación de impresiones espaciales subjetivas, el tamaño la forma y los atributos del barrio reflejan algunos comportamientos espaciales de los entrevistados.
— Los mapas mentales manifiestan visiones diferentes según el sexo, lo que obedece en parte a ciertos patrones culturales sobre lo femenino y lo masculino, puesto que existe una tendencia educativa de reservar y considerar los espacios abiertos al hombre y de adscribir los espacios íntimos (casa, barrio) e interiores a la mujer.
— Deben emplearse otras técnicas estadísticas de valoración del paisaje complementarias a las técnicas usuales de elaboración de mapas mentales.

En suma, los estudios de percepción del barrio manifiestan realidades importantes que contradicen o ponen en tela de juicio determinados supuestos sobre estas comunidades, enunciados por sociólogos y planificadores urbanos.

4.12.4. *Análisis de áreas sociales*

La teoría fue formulada en 1955 por Eshref Shevky y Wendell Bell en un trabajo ya clásico titulado «Social Area Analysis. Theory, Illustrative Application and Computational Procedures». En este artículo los autores trataron de sintetizar y generalizar los resultados de los trabajos realizados en Los Angeles y en San Francisco.

El objetivo de la teoría de las áreas sociales era en primer lugar «establecer la orientación básica y especificar los pasos en la formación y elaboración de índices del método de análisis» y buscar un modelo analítico para el estudio de «ciertos aspectos» de la estructura social de las ciudades americanas».

El punto de partida de la teoría de áreas sociales fue el esquema clasificatorio ideado por Shevky y Williams para delimitar áreas sociales en Los Angeles. La tipología permitía clasificar las secciones censales en función de lo que se suponía eran los tres factores básicos responsables de la diferenciación del espacio urbano: *rango social, urbanización* y *segregación.* Cada sección censal estaba definida por tres valores. Las secciones censales con valores semejantes en los tres factores se agrupaban formando unidades mayores que denominaron *áreas sociales.*

Shevky y Bell interpretaron estas dimensiones dentro de una teoría general del cambio social y del papel desempeñado por la ciudad en ese cambio. Y así afirman: «concebimos la ciudad como un producto del conjunto global de la sociedad moderna, de aquí que las formas sociales de la vida urbana deben entenderse dentro del contexto del cambio a que están sometidos los más amplios contenidos de la sociedad»

En la elaboración de los ejes diferencian una serie de etapas como puede deducirse del Gráfico 4.55. En la primera columna aparecen los postulados relativos a la sociedad industrial o «aspectos de la escala creciente», en la segunda columna se especifican las grandes tendencias: alteración en la distribución de las especializaciones y destrezas, cambios en la estructura de la actividad productiva y cambios en la composición de la población. Como consecuencia de estas tendencias se producen alteraciones en la estructura del sistema social: cambios en las ocupaciones productivas, cambios en las formas derivadas y en la redistribución espacial. En la cuarta columna, los tres tipos de cambios en la estructura social son redefinidos mediante conceptos operativos que permiten estudiar la estructura social moderna: *rango social* o situación económica, *urbanización* o situación familiar y *segregación* o grupos étnicos. Posteriormente se seleccionan estadísticas que permiten evaluar los conceptos operativos y, finalmente, se diseñan las medidas que darán lugar a tres índices. La mayoría de la información que se mide y sintetiza en un índice del Censo de la Población.

Cuando Shevky y Bell hablan de los postulados de la sociedad industrial sobre los que apoyaron la construcción de los ejes, se refieren a los *aspectos de la escala creciente*. El concepto de *escala creciente* es esencial en su teoría. La idea se inspira en Colin Clark y puede definirse como escala de una sociedad «el número de personas que están relacionadas entre sí y la intensidad de estas relaciones».

El incremento de escala produce un aumento en la heterogeneidad de la población de tal forma que toda sociedad caracterizada por una escala grande presenta profundas alteraciones económicas, regionales y demográficas, organización económica, con las consecuentes alteraciones en las relaciones sociales, han ido acompañados por el movimiento de mano de obra desde la agricultura, hacia la industria y de aquí el comercio, comunicaciones y servicios.

La naturaleza de estas transformaciones se expresó en los siguientes pasos:

1. Las formas de producción empiezan a ser alteradas.
2. La curva del crecimiento de la población se eleva.
3. Se multiplican los puntos de concentración urbana y aumenta el crecimiento de cada uno de estos puntos individualmente.
4. Acompañando a la urbanización se producen cambios demográficos y se pasa de una economía familiar rural a una urbana industrial.
5. Cambia la naturaleza de la empresa.
6. Se forma un colectivo importante de trabajadores asalariados.
7. También se desarrolla un grupo de profesionales que se dedica a la supervisión central y dirección de empresas.

Shevky y Bell asociaron a estos cambios tres amplias tendencias interrelacionadas y consideran que los países menos industrializados son los de menor escala, los que están en vías de industrialización se corresponden con el segundo escalón y los más industrializados se encuentran en el escalón de mayor escala.

Postulados relativos a la sociedad industrial (aspectos de escala creciente) (1)	*Estadísticas de las tendencias sociales* (2)	*Cambios en la estructura de un sistema social determinado* (3)	*Construcciones* (4)	*Estadísticas de muestra (relativas a las construcciones)* (5)	*Medidas derivadas* (6)	
Cambio en la gama e intensidad de relaciones.	Distribución mutable de especializaciones: Importancia menguante de operaciones productivas manuales; importancia creciente de operaciones de oficina, supervisión y directivas.	Cambios en el abanico de ocupaciones basadas en la producción.	*Rango social* (situación económica)	Nivel de educación. Nivel de empleo. Clasificación laboral. Gran grupo ocupacional. Valor de la vivienda. Alquiler por unidad de alojamiento. Gastos en reparación de la vivienda. Ocupantes por habitación. Calefacción y refrigeración.	Ocupación. Grado escolar. Alquiler.	Índice I
Diferenciación de funciones.	Estructura mutable de actividad productiva: Importancia menguante de producción primaria; importancia creciente de relaciones centradas en ciudades; importancia menguante de la economía doméstica como unidad económica.	Cambios en las formas de vida; movimiento hacia ocupaciones urbanas; dispersión de modelos familiares alternativos.	*Urbanización* (situación familiar)	Edad y sexo. Propiedad o arrendamiento. Estructura de la vivienda. Número de ocupantes.	Fecundidad. Mujeres activas. Unidades de alojamiento unifamiliares.	Índice II
Complejidad de la organización.	Composición mutable de población: Movimiento creciente; alteraciones en distribución de edad y sexos; diversidad creciente.	Redistribución espacial; cambios en la proporción de población de mantenimiento y dependencia; aislamientos y segregación de grupos.	*Segregación* (grupo étnico)	Raza y origen. País de nacimiento. Nacionalidad.	Grupos raciales y nacionales en aislamiento relativo.	Índice III

Gráfico 4.55. Teoría de áreas sociales de Shevky y Bell.

Señalados los postulados teóricos (cols. 1-4) se aborda el problema de la elaboración de los ejes. El primer eje fue el de *rango social* o situación económica, dimensión esencial en la diferenciación de individuos y grupos en la sociedad moderna. Para materializar este concepto se eligieron variables relativas a la ocupación, educación y renta. En el segundo eje, la *urbanización* o situación familiar se utilizaron variables de tipo demográfico tales como: fertilidad, porcentaje de mujeres trabajando fuera de casa y viviendas unifamiliares. Por último, en el tercer eje, la *segregación* fue la tercera dimensión básica de diferenciación derivada del incremento de la movilidad social. Las variables que se tomaron para materializar el eje en un índice fue el porcentaje de grupos étnicos específicos (negros, otras razas y extranjeros blancos).

El método de *análisis de áreas sociales* puede aplicarse a diferentes unidades espaciales (barrios, secciones censales, ciudades, regiones o países) y es posible efectuarlo en diversos momentos en el tiempo.

Asimismo los autores piensan que las áreas sociales así determinadas pueden tener un poder explicativo y ser consideradas como variables independientes de hechos comportamentales como la delincuencia, suicidio, enfermedades mentales, comportamiento electoral, etc.

La técnica utilizada es de gran sencillez de cálculo. La unidad de análisis con la que ilustran los autores el procedimiento de cálculo es la sección censal. El valor de una puntuación estándar, por ejemplo, la de ocupación, se obtiene así.

$$\text{O. e.} = 100 - (X(R - 0))$$

Donde: O. e. es la puntuación estándar de ocupación; R es la tasa de ocupación (número de obreros manuales entre el total de personas y multiplicado este cociente por 1.000; X es igual a 100 dividido por el rango de la variable que se mide y 0 es el valor más pequeño que toma la variable R.

Esta misma operación se repite con la puntuación estándar de instrucción (número de personas mayores de 25 años con un nivel de instrucción máximo de Graduado Escolar o Bachillerato Elemental, entre el número total de personas mayores de 25 y multiplicado por 1.000. Una vez calculadas las diferentes puntuaciones estándares que componen el índice I, se calcula el índice total de cada sección de acuerdo a la siguiente fórmula:

$$It = \frac{\Sigma \text{Pe}}{n}$$

Donde: *It* es valor total del índice que se quiere calcular; ΣPe es la suma de todas las puntuaciones estándar que componen el índice. Por ejemplo, en el caso del *rango social,* sería la suma de las puntuaciones estándares de ocupación, instrucción y alquiler.

Esta operación se repite con las variables que componen el índice II (urbanización), es decir, la tasa de fertilidad (número de niños menores de 5 años dividido entre las mujeres de 14 a 44 y multiplicado por 1.000, puntuación estándar de fuerza laboral femenina (tasa de mujeres en actividades remuneradas entre todas las mujeres con más de 14 años) y, finalmente, la puntuación estándar de viviendas unifamiliares (número de viviendas de este tipo por cada mil edificios de todos los tipos en la sección censal).

El índice de segregación lo calculan dividiendo el número de personas censadas como «negros», «otras razas» y «extranjeros blancos» entre el total de la sección censal.

Con estos índices Shevky y Bell elaboraron un sociograma con los ejes rango social y urbanización. Estos ejes se dividen en cuatro intervalos y dan una tipologías de dieciséis áreas sociales.

Por último, aquellas áreas sociales que poseen un porcentaje superior al de la media de la ciudad de grupos étnicos anteriormente señalados se indican con un punto lleno y aquellas áreas sociales con porcentajes inferiores a la media, con puntos vacíos.

Con la información del sociograma los autores elaboraron un mapa de áreas sociales de la ciudad de San Francisco (Gráfico 4.56).

El análisis de áreas sociales ha sido objeto de crítica a nivel teórico, especialmente en lo que se refiere a la escala creciente, que no se cumple en la forma prevista por Shevky y Bell.

Por otra parte, una serie de variables que se incluyen en los índices sólo tienen sentido en el contexto cultural americano (viviendas unifamiliares, trabajo de la mujer) o el índice de segregación. A esta conclusión llegó McElrath en su estudio de Roma y en El Cairo, y además llega a la conclusión de que en las sociedades de gran escala existen claramente dos dimensiones o ejes de diferenciación (rango social y urbanización), pero en las sociedades menos evolucionadas económicamente no es posible delimitar subáreas por ninguna de las dimensiones del modelo, y en las sociedades intermedias pueden diferenciarse subáreas por una sola dimensión.

Además de las críticas teóricas también se objetaron deficiencias técnicas como la elección arbitraria de variables, estandarización de los valores, intervalos elegidos, etc.; por ello se probaron nuevas técnicas más complejas y menos arbitrarias en la diferenciación del espacio social de las ciudades.

4.12.5. *Ecología factorial*

4.12.5.1. Caracteres generales

La mayoría de las aplicaciones de métodos factoriales utilizados en Geografía Humana en los últimos quince años se conocen con el nombre genérico de *ecología factorial*, término acuñado por Sweetser (1965) para describir un nuevo enfoque en el estudio de las dimensiones urbanas y en la clasificación de áreas sociales. El término fue generalizado por Rees (1971) para referirse a la aplicación del análisis factorial a cualquier conjunto de datos sobre unidades espaciales. El objetivo esencial es estudiar la dimensionalidad, la escala y la clasificación de la información espacial para proporcionar generalizaciones. El análisis factorial dota al geógrafo de técnicas para hacer frente a una de las más tradicionales preocupaciones: la síntesis de la información espacial. Esta técnica fue utilizada también en la clasificación de ciudades, en la elaboración de mapas mentales sobre preferencias espaciales, en la determinación de modelos de flujos espaciales, etc.

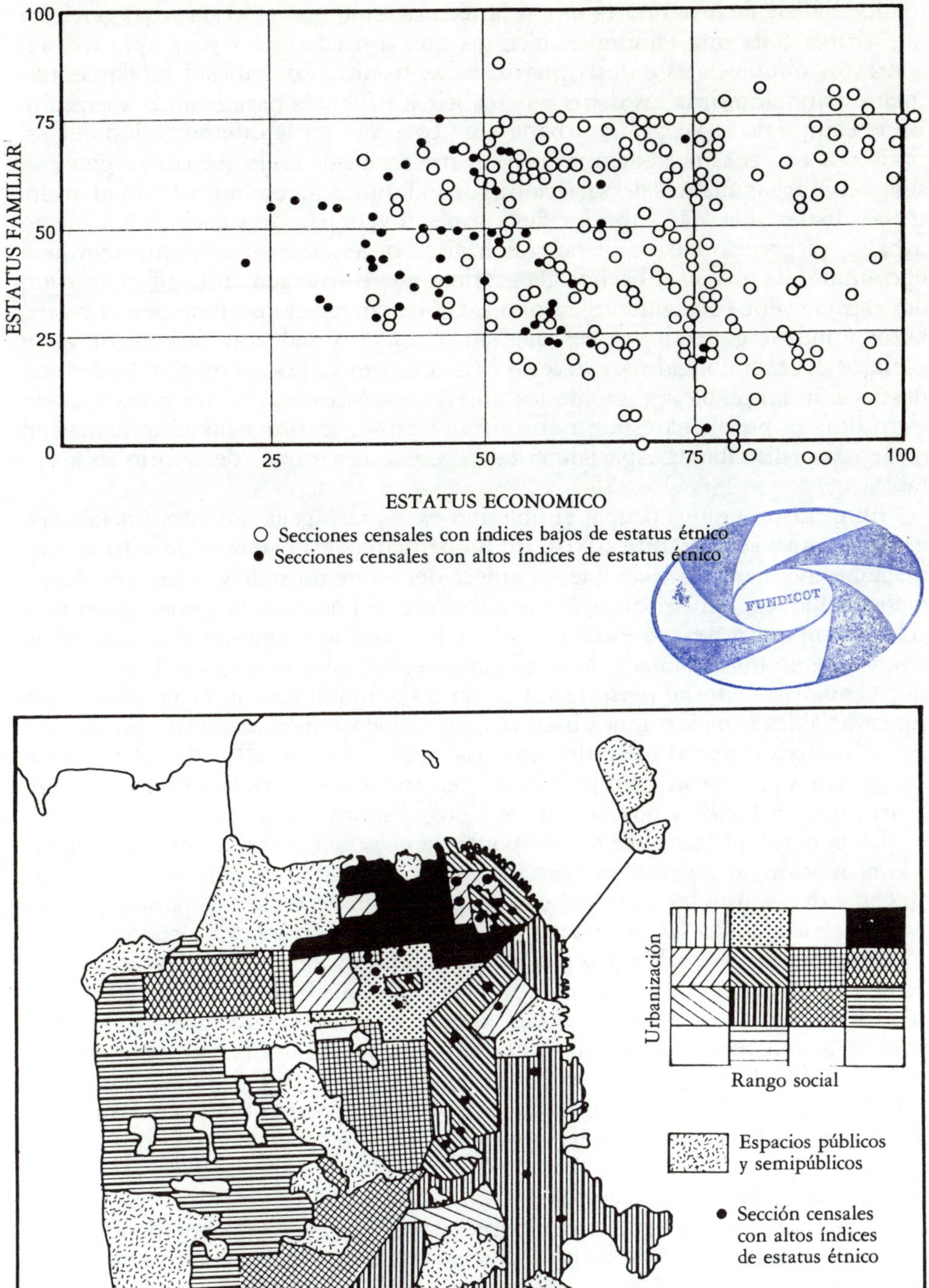

Gráfico 4.56. Áreas Sociales de San Francisco, según Shevky y Bell (1950). a) Sociograma. b) Áreas sociales.

El análisis factorial no es una sola técnica, sino que es el término genérico que abarca toda una familia de técnicas que son adecuadas para aplicarse en contextos diferenciales o descriptivos. Estas técnicas se emplean fundamentalmente para sintetizar los datos y descubrir las fuentes básicas de la variación. En el campo de la geografía urbana y en concreto en la diferenciación del espacio nos enfrentamos con una realidad multivariada en la que convergen y se solapan muchas fuentes de variación; por lo tanto, si queremos remontar nuestro análisis a una fase superior del simple inventario de variables del medio urbano, es preciso buscar principios básicos o generalizaciones que abarquen el conjunto de todos los hechos geográficos que convergen en la diferenciación del espacio. Por consiguiente, la necesidad de correlacionar fenómenos y atributos y buscar generalizaciones que simplifiquen y reduzcan la enorme complejidad del mundo real para hacerlo más comprensible o, al menos, lograr una descripción aceptable, es uno de los objetivos básicos de nuestra preocupación científica. El problema está en encontrar formas de sintetizar la información que aparece distribuida espacialmente en generalizaciones o descripciones aceptables.

En el caso que nos ocupa, el objetivo es lograr agrupamientos sociales en el espacio que sean significativos. En un principio, esta síntesis se hizo de forma subjetiva e intuitiva, lo que no quiere decir que no se hayan logrado resultados brillantes; sin embargo, los resultados son poco sistemáticos, hacen difícil las comparaciones, no es fácil conocer las variables significativas que deben emplearse en los estudios y no es sencillo verificar los resultados. En este sentido el análisis factorial permite sintetizar un gran número de variables en unas supervariables o dimensiones básicas de un modo sistemático y replicable.

El análisis factorial fue utilizado como técnica estándar en la diferenciación del espacio urbano con gran profusión y en todos los trabajos empíricos se encontró que un factor o dos, según los casos, discriminan subáreas.

En general, el factor de mayor poder es el *rango social*, es decir, el ligado a la ocupación, al nivel de instrucción, renta, calidad de vivienda, etc., aunque en contextos culturales ajenos al europeo, tiene en gran predicamento el factor *estilo de vida*, como señaló Berry y Rees en su trabajo sobre Calculta.

También es general la asociación de variables sobre el tamaño de la familia, la composición por edades con un factor que puede denominarse *urbanización, familismo* o *fase en el ciclo de vida*. Sin embargo, el porcentaje de mujeres en actividades remuneradas y el de viviendas unifamiliares no tienen gran universalidad. En suma, los resultados del Análisis factorial ha respaldado en parte, la teoría del Análisis de áreas sociales, pero pone también de manifiesto muchas anomalías con respecto al modelo. En primer lugar aparecen nuevos factores no previstos por Shevky y Bell como, por ejemplo, el factor *movilidad* o *desorganización social* que aparecen en Calcuta, El Cairo o Seattle. Estos nuevos factores reflejan estructuras urbanas y modelos de comportamientos diferentes. Por otra parte, también se descubrió que los factores no son siempre independientes, sino que en muchos casos están correlacionados. Este es el caso del factor étnico con el de rango social, o el estatus familiar con el de rango social, muy correlacionados en la ciudad tercermundista.

En síntesis, los métodos factoriales se han convertido en un procedimiento estándar en la delimitación de áreas sociales. A mi modo de ver tienen un gran valor descriptivo al simplificar la información y ofrecer las dimensiones básicas de la diferenciación del espacio urbano, y por ello permiten plantear nuevas hipótesis en las que pueden incluirse nuevas variables que hagan aparecer nuevos factores.

4.12.5.2. La técnica factorial

El geógrafo Wayne Davies (1984) presenta esquemáticamente las etapas normales en el estudio de la diferenciación del espacio urbano, aplicando técnicas de análisis multivariantes.

Nosotros vamos a ilustrar la técnica y sus diferentes etapas tomando como base los resultados del estudio realizado por B. Jiménez en 1986 sobre la ciudad de Madrid.

En primer lugar se establece el problema que se intenta resolver, en este caso la diferenciación residencial en la ciudad de Madrid. La segunda fase es la selección de la información espacial. En este caso y por razones didácticas tomamos los datos de los 19 distritos de la ciudad, aunque como ya hemos dicho, el análisis sería mas fino con la información recogida a nivel de sección censal.

En general, la información que se analiza en este tipo de estudios procede el censo y los atributos pueden clasificarse, según Rees (1971), en:

— *Estructurales.* Sólo define a una unidad de observación; por ejemplo, la población total en valor absoluto de la unidad espacial.
— *Relacionales.* Se aplica a la unidad de observación en relación con otras; por ejemplo, porcentaje con respecto a toda la ciudad.
— *Dinámico.* Mide el atributo estructural o relaciones en diferentes cortes en el tiempo.
— *Perceptivos.* Mide la percepción, la actitud, la valoración que tiene un individuo de la unidad de observación o de toda la ciudad.

Las variables que se utiliza con mayor frecuencia son:

— *Estatus familiar:*
  - Porcentaje de personas con menos de 15 años sobre el total.
  - Porcentaje de casados.
  - Tamaño medio de la familia.
  - Porcentaje de mujeres con trabajo remunerado.

— *Estatus económico*
  - Valor de la vivienda ocupada.
  - Porcentaje de varones con ocupaciones profesionales y técnicas.
  - Porcentaje con estudios de tipo medio.
  - Ingresos mensuales.

— *Estatus étnico*
  - Porcentaje de negros.
  - Porcentaje de otras razas no blancos.

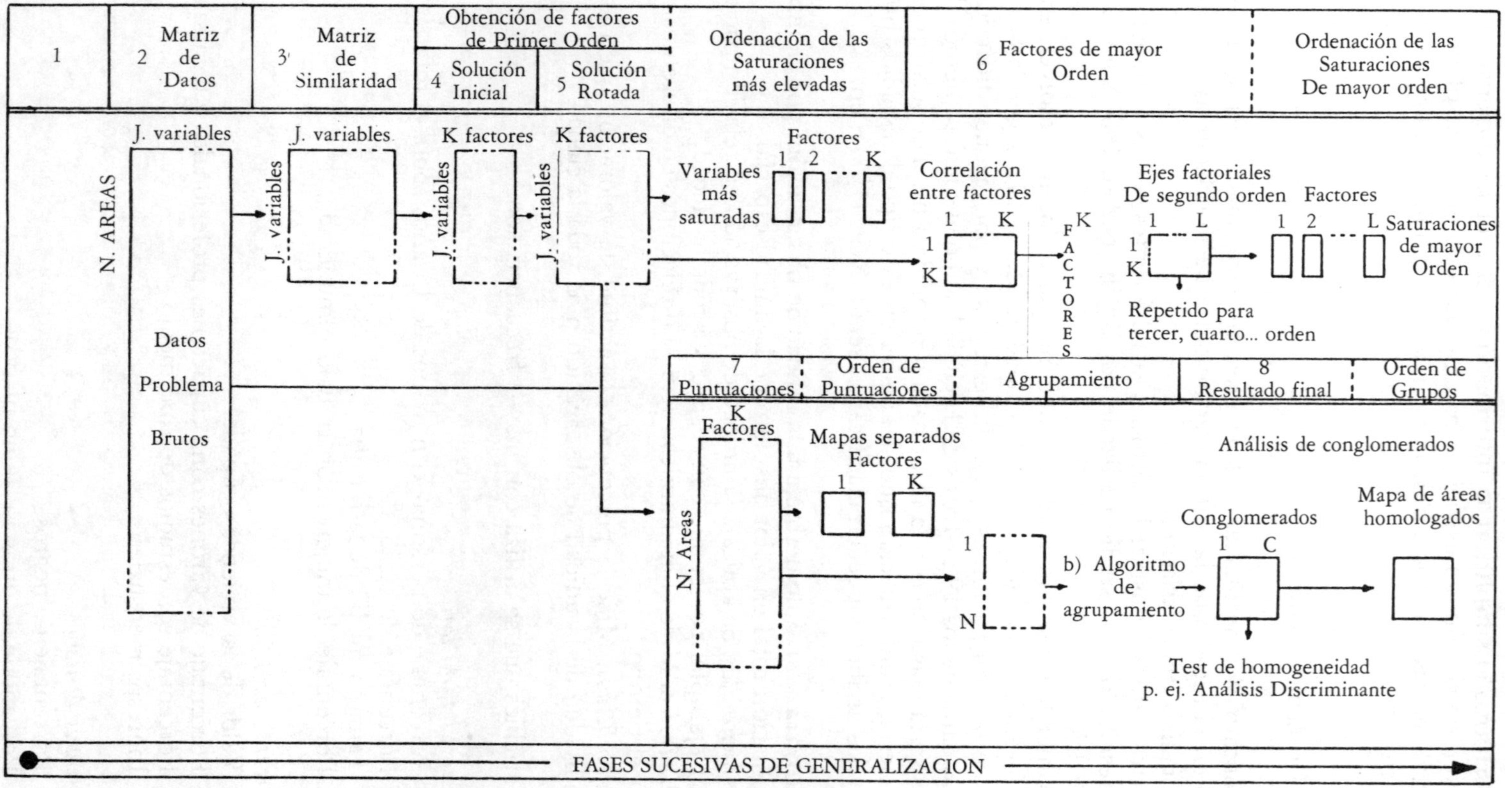

Gráfico 4.57. Etapas en la diferenciación del espacio a través del empleo de técnicas multivariantes.

En el estudio sobre Madrid se utilizaron catorce variables que se describen en el cuadro 4.35.

CUADRO 4.35

VARIABLES TRANSFORMADAS

1. Porcentaje de población entre 5 y 19 años
2. Porcentaje de población con más de 65 años
3. Índice de fertilidad (cociente entre el número de niños de 0 a 4 años y el número de mujeres entre 15 y 44 años).
4. Porcentaje de personas casadas.
5. Porcentaje de menores y estudiantes.
6. Porcentaje de mujeres que se dedican a sus labores.
7. Porcentaje de profesionales que trabajan en los cuadros superiores.
8. Porcentaje de profesionales que trabajan en los cuadros medios.
9. Porcentaje de trabajadores manuales.
10. Porcentaje de personas del servicio doméstico.
11. Porcentaje de personas con Título Superior.
12. Porcentaje de personas con Bachiller Superior.
13. Porcentaje de personas con Primaria Completa.
14. Porcentaje de viviendas habitadas por 1 ó 2 miembros.

Aunque no existen reglas fijas en la elección de variables debe tenerse en cuenta el evitar una información redundante, es decir, no incluir variables que indiquen lo mismo, ni variables que sean la inversa de otras ya incluidas. Cuando las variables se expresen en porcentajes no deben incluirse todas las categorías y, por último, es conveniente que el número de variables no supere al de unidades de observación o casos.

El análisis factorial es una técnica muy sólida, pero no produce milagros, de tal modo que si incluimos variables poco relacionadas con el problema objeto de estudio, obtendremos resultados espurios. Por otra parte, es preciso tener en cuenta la naturaleza de las variables, ya que no todas pueden incluirse en el análisis, porque éstas deben guardar una relación lineal, y, en la medida de lo posible, las variables deben ser normales. Una vez seleccionadas las variables, éstas se tipifican y a partir de las variables tipificables se obtiene una matriz de datos estandarizados y por lo tanto comparables. La fórmula para reducir las variables a unidades tipificadas en:

$$Z = \frac{Xi - \overline{X}}{\sigma}$$

Donde Z es unidades tipificadas, xi, los valores de las variables; $\overline{X}$, la media aritmética; y σ, la desviación típica.

En la tercera etapa la matriz de datos tipificados se convierte en una matriz de correlaciones entre las variables objeto de análisis.

Cuadro 4.36

MATRIZ DE CORRELACIONES ENTRE VARIABLES POR DISTRITOS

	1	2	3	4	5	6	7	8	9	10	11	12	13	14
1	1.0													
2	-0.9	1.0												
3	0.5	-0.7	1.0											
4	0.7	-0.7	0.7	1.0										
5	0.8	-0.8	0.5	0.3	1.0									
6	-0.1	0.2	0.2	0.4	-0.6	1.0								
7	-0.6	0.5	-0.3	-0.8	0.1	-0.6	1.0							
8	-0.6	0.6	-0.	-0.6	-0.	-0.4	-0.9							
9	0.7	-0.6	0.4	0.7	0.1	0.5	0.7	1.0						
10	-0.6	0.6	-0.6	-0.9	-0.1	-0.5	0.8	-0.9	1.0					
11	-0.7	0.6	-0.5	-0.8	-0.	-0.6	0.9	-0.9	0.9	1.0				
12	-0.7	0.7	-0.6	-0.8	-0.1	-0.5	-0.8	-0.9	0.9	0.9	1.0			
13	0.6	-0.6	-0.6	0.7	0.	0.6	0.6	0.9	-0.6	-0.9	-0.9	1.0		
14	-0.9	0.9	-0.6	-0.7	-0.7	0.		-0.7	0.7	0.7	0.8	-0.7	1.0	

La cuarta etapa comporta una serie de operaciones mediante los que se obtiene la matriz factorial

Cuadro 4.37

SATURACIONES DE LAS VARIABLES EN LOS FACTORES OBTENIDOS CON LOS DATOS POR DISTRITOS

Número de la variable	Factor I	Factor II
1. Porcentaje de profesionales que trabajan en los cuadros superiores	0,976	0,0
11. Porcentaje de personas con título superior	0,947	0,266
13. Porcentaje de personas con primaria completa	0,940	0,0
9. Porcentaje Obreros manuales	0,923	0,299
12. Porcentaje de personas con Bachiller Superior	0,920	0,357
10. Porcentaje de personas del servicio doméstico	0,898	0,290
8. Porcentaje de profesionales que trabajan en cuadros medios	0,796	0,308
6. Porcentaje de mujeres dedicadas a sus labores	0,760	0,499
4. Porcentaje de personas casadas	0,745	0,482
5. Porcentaje de menores y estudiantes	0,0	0,957
2. Porcentaje de población con más de 65 años	0,392	0,913
1. Porcentaje de población entre 5 y 19 años	0,433	0,896
14. Porcentaje de viviendas habitadas por 1 ó 2 miembros	0,487	0,853
15. Porcentaje Indice de fertilidad	0,279	0,808

En esta matriz observamos que no todas las variables presentan el mismo valor de correlación con los factores. En general, se considera que cuando el nivel de correlación entre la variable y factor (saturación) está comprendido entre =0,3 y ±0,49, la saturación es baja y no se tiene en cuenta; la saturación media es de ±0,5 y ±0,69 y, por último, la saturación superior a ±0,79 se considera alta.

El número de factores es igual al número de variables, sin embargo sólo se eligen aquellos que expliquen la mayor proporción de la varianza. En el ejemplo que nos ocupa, los dos primeros factores explican el 91,2 por 100 de la varianza. El primer factor, el 49,38 por 100 y el segundo, el 41,82 por 100.

El primer factor está muy relacionado positivamente (coeficiente superiores a 0,7) con las variables ligadas al *estatus económico*, alto, es decir, ocupación profesional nivel de instrucción elevados. Por el contrario, tiene una baja correlación negativa con el primer factor, las variables «porcentaje de obreros manuales» y «porcentaje de personas con estudios primarios». Esa saturación de las variables con el primer factor permite denominarlo *rango social.*

En el segundo factor las variables que mayor correlación presentan son el «porcentaje de población de menores y estudiantes» (–0,95), el «porcentaje de población con más de 65 años» (0,91), «porcentaje de población entre 5 y 19 años» (0,89), «porcentaje de viviendas habitadas por 1 ó 2 miembros» (0,85) y el «índice de fertilidad» (0,80).

Este factor está muy ligado a la estructura de la población y se le denomina *envejecimiento* y puede identificarse en parte con *estatus familiar* descrito por Shevky y Bell.

Por último, se calculan las puntuaciones factoriales para las distintas unidades espaciales, en este caso los distritos, y con sus valores se confecciona un mapa por cada factor.

En el cuadro 4.38 se incluyen las puntuaciones factoriales de los 18 distritos de Madrid con los que se elaboraran los mapas de la distribución del factor *rango social* (gráfico 4.57) y *envejecimiento* (gráfico 4.58).

La distribución del rango social muestra sus máximos valores en los distritos de Salamanca, Chamartín y Chamberí. También aparecen con puntuaciones elevadas los distritos de Retiro, Moncloa y Ciudad Lineal. En una posición intermedia se sitúan los distritos de Centro, Tetuán y Hortaleza. Con puntuaciones bajas se clasifican los distritos de Arganzuela, Fuencarral y Latina. Y, por último, con valores muy bajos se encuentran los distritos de la periferia Sur y Este —Carabanchel, Villaverde, Mediodía, Vallecas y Moratalaz, y San Blas.

Por su parte, el factor de envejecimiento aparece también con altas puntuaciones en los distritos centrales, pero en un orden diferente al seguido en el rango social. Chamartín es el menos envejecido de estos distritos y Centro el que más; a continuación se situan Chamberí y Salamanca. Los distritos periféricos presentan bajos valores en este factor, salvo Vallecas y Fuencarral, este último en una posición intermedia. Del resto de los distritos se distinguen Moncloa, Latina y Ciudad Lineal, con unos valores no tan reducidos en este factor.

Ya hemos dicho que por razones didácticas hemos tomado el ejemplo de Madrid y sus divisiones en distritos, sin embargo, el barrio resulta una unidad

CUADRO 4.38

PUNTUACIONES FACTORIALES DE LOS DISTRITOS DE MADRID

Distritos	Factor I Rango Social	Factor II Envejecimiento
1. Centro	0,417	2,605
2. Arganzuela	0,776	1,140
3. Retiro	1,109	0,990
4. Salamanca	1,683	1,810
5. Chamartín	2,090	0,091
6. Tetuán	0,141	0,698
7. Chamberí	1,516	1,533
8. Fuencarral	0,534	0,215
9. Moncloa	1,116	0,828
10. Latina	0,786	0,884
11. Carabanchel	1,570	1,560
12. Villaverde	2,237	1,646
13. Mediodía	2,568	2,022
14. Vallecas	2,107	0,537
15. Moratalaz	1,509	2,015
16. Ciudad Lineal	0,568	0,625
17. San Blas	1,699	1,779
18. Hortaleza	0,053	1,979

Fuente: B. Jiménez (1986).

más elocuente para aplicar el análisis factorial, por ser unidades más homogéneas que los distritos.

Al aplicar el análisis de componentes principales a los barrios de Madrid, se obtuvieron tres factores o componentes que en su conjunto explica el 82,8 por 100 de la varianza:

Componente 1	45,13 por 100
Componente 2	26,70 por 100
Componente 3	10,98 por 100

El primer factor se correlaciona con variables indicativas del *rango social* y explica un 43,6 por 100 de la varianza. El segundo factor se identifica con variables demográficas y puede denominarse *envejecimiento*. Explica el 29,6 por 100 de la varianza. Por último, aparece un tercer factor con un 18,3 por 100 ligado al *estatus familiar*.

Los mapas correspondientes a los tres factores (gráficos 4.57, 4.58 y 4.59) muestran la distribución de cada una de las puntuaciones factoriales por barrios. Puede decirse que a esta escala los valores extremos están poco representados. Sólo los barrios de Niño Jesús, Vallehermoso, El Viso, Hispanoamérica, Ciudad Universitaria, y Palomas y Valdefuentes aparecen en el intervalo superior. En el extremo opuesto, sólo El Goloso (Fuencarral). San Cristóbal (Mediodía) y Hellín, Amposta y Arcos (San Blas), se clasifican en el primer

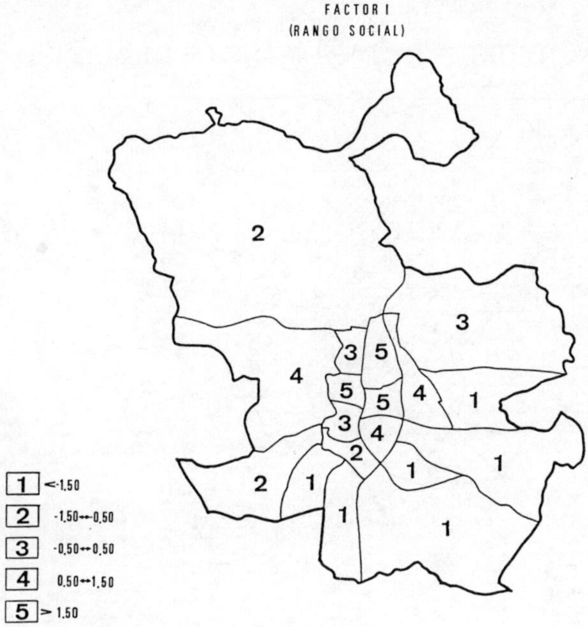

Fuente: B. Jiménez (1986).

Gráfico 4.57. Factor I, Rango Social.

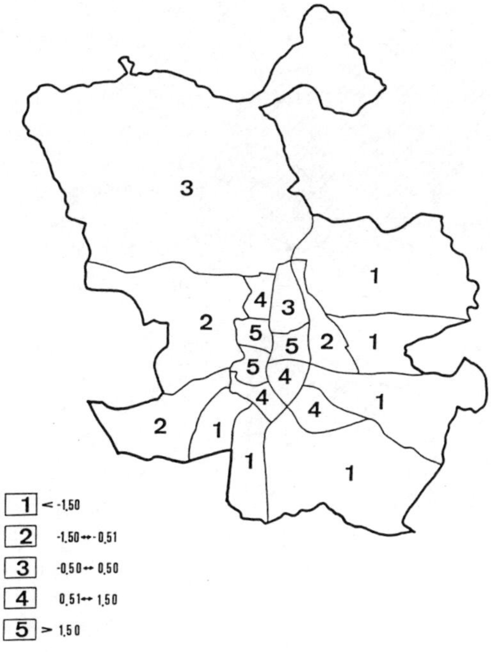

Fuente: B. Jiménez (1986).

Gráfico 4.58. Factor II. Envejecimiento.

Fuente: B. Jiménez (1986).

Gráfico 4.59. Factor I. Rango Social.

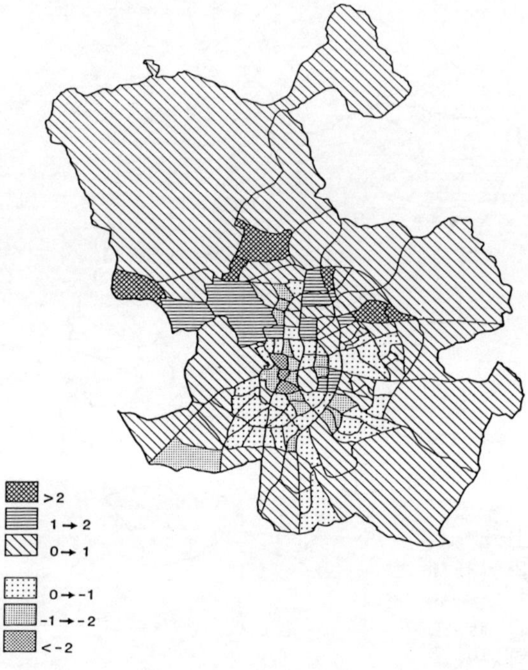

Fuente: B. Jiménez (1986).

Gráfico 4.60. Factor II. Envejecimiento.

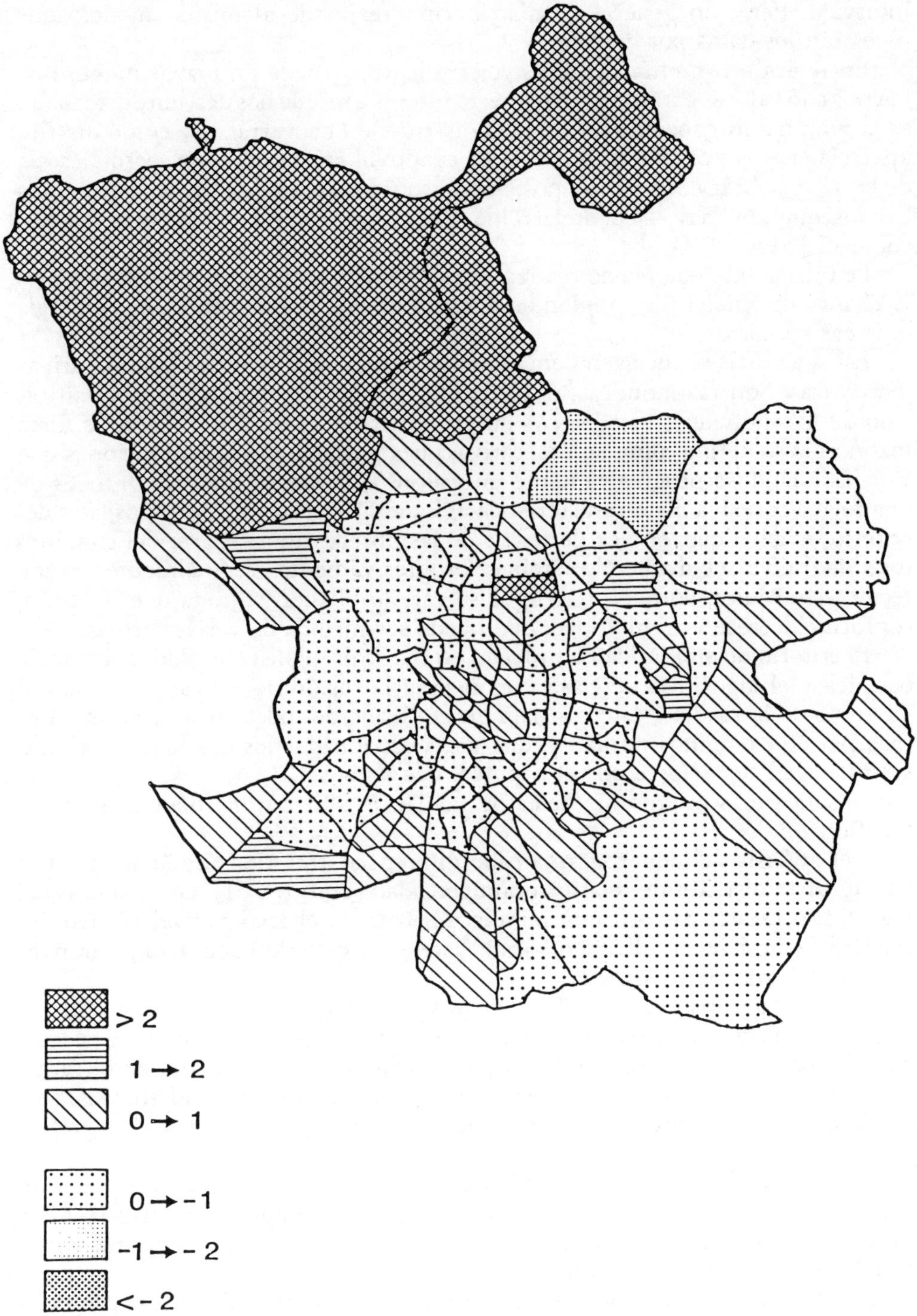

Fuente: B. Jiménez (1986).

Gráfico 4.61. Factor III. Estatus familiar.

intervalo. Pero, en general, la distribución responde al mismo modelo que muestran los datos por distritos.

En relación con el factor de envejecimiento, aparece un mayor número de barrios con valores extremos. Un aspecto interesante que nos descubre este mapa es la gran heterogeneidad interna del distrito de Fuencarral, que como distrito aparecía en una posición intermedia en cuanto al envejecimiento, pero a escala de barrio se observa que dicha posición encubre grandes diferencias entre unos barrios muy jóvenes —Fuentelarreina y Mirasierra— y otros menos jóvenes, como El Pardo.

La última fase que puede realizarse es aplicar a las puntuaciones factoriales la técnica de análisis de conglomerados con objeto de establecer una tipología de áreas sociales.

Estos análisis se incluyen dentro de las técnicas taxonómicas aglomerativas jerárquicas. Son taxonómicas, obviamente, porque su objetivo es la clasificación de los individuos estadísticos en grupos más o menos homogéneos. Esta taxonomía se define como aglomerativa, pues parte de unas observaciones que van fusionándose progresivamente en grupos que van siendo más grandes de una forma sucesiva. Esta característica aglomerativa está en contraposición del criterio divisivo que, en vez de partir de las observaciones, parte del conjunto total que se va subdividiendo también progresivamente. Y, finalmente, es una técnica jerárquica, porque los grupos se van ampliando en cada nueva fusión, conforme decrece la similaridad, que puede ser medida de varias formas.

El criterio de similaridad empleado en nuestros análisis ha sido la distancia euclídea y el algoritmo de clasificación para la fusión de los casos ha sido el «método de la media»; éste consiste en el cálculo de todas las distancias entre cada par de elementos posible y, una vez seleccionados los dos más próximos, se sustituyen sus valores por el promedio de ambos.

La salida más interesante de estos análisis es el dendrograma o árbol de la clasificación.

Del análisis del dendrograma cabe diferenciar tres tipos de áreas sociales que agrupan distritos de relativa homogeneidad (gráfico 4.61). Los distritos del tipo 1 son periféricos con una puntuación baja en el factor envejecimiento y relativamente baja en el rango social. Este es el caso de Fuencarral, Carabanchel, Villaverde, San Blas, etc.

El tipo 2 agrupa tan sólo a los distritos de la Arganzuela, Tetuán y Vallecas con una población relativamente envejecida y un nivel socioeconómico medio-bajo. Y los del tipo 3 presentan una puntuación alta o media-alta en el rango social, por ejemplo Salamanca, Retiro, Moncloa, etc. Este mismo análisis, realizado por barrios, presenta un espacio social mucho más matizado (gráfico 4.63).

El método de análisis de conglomerados, aunque es de gran utilidad está exento de limitaciones. En un trabajo en curso hemos aplicado cuatro técnicas muy usuales de análisis de conglomerado tomando como base las puntuaciones factoriales en el primer factor.

Puede observarse que una de las dificultades mayores es determinar la línea de corte en el dendrograma a partir de la que se definen los diferentes tipos de áreas sociales. En segundo lugar, cada técnica presenta dendrogramas diferentes (gráfico 4.64-65). Por lo tanto, sólo la reflexión y el conocimiento de la

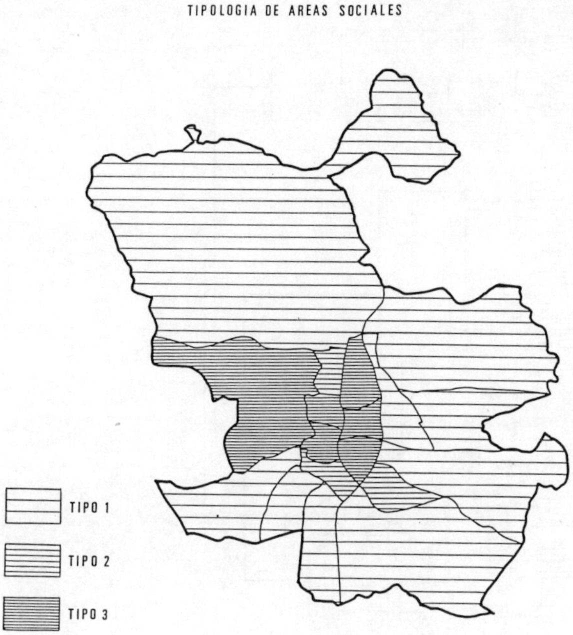

Fuente: B. Jiménez (1986).

Gráfico 4.62. Tipología de áreas sociales de Madrid por distritos.

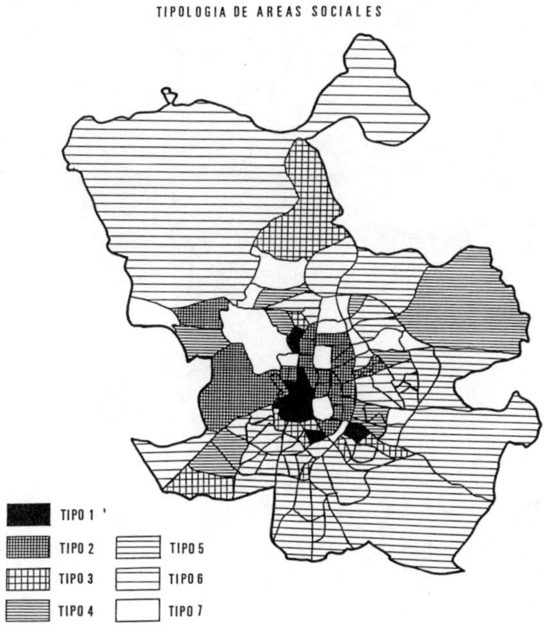

Fuente: B. Jiménez (1986).

Gráfico 4.63. Áreas sociales de la ciudad de Madrid por barrios.

a)

b)

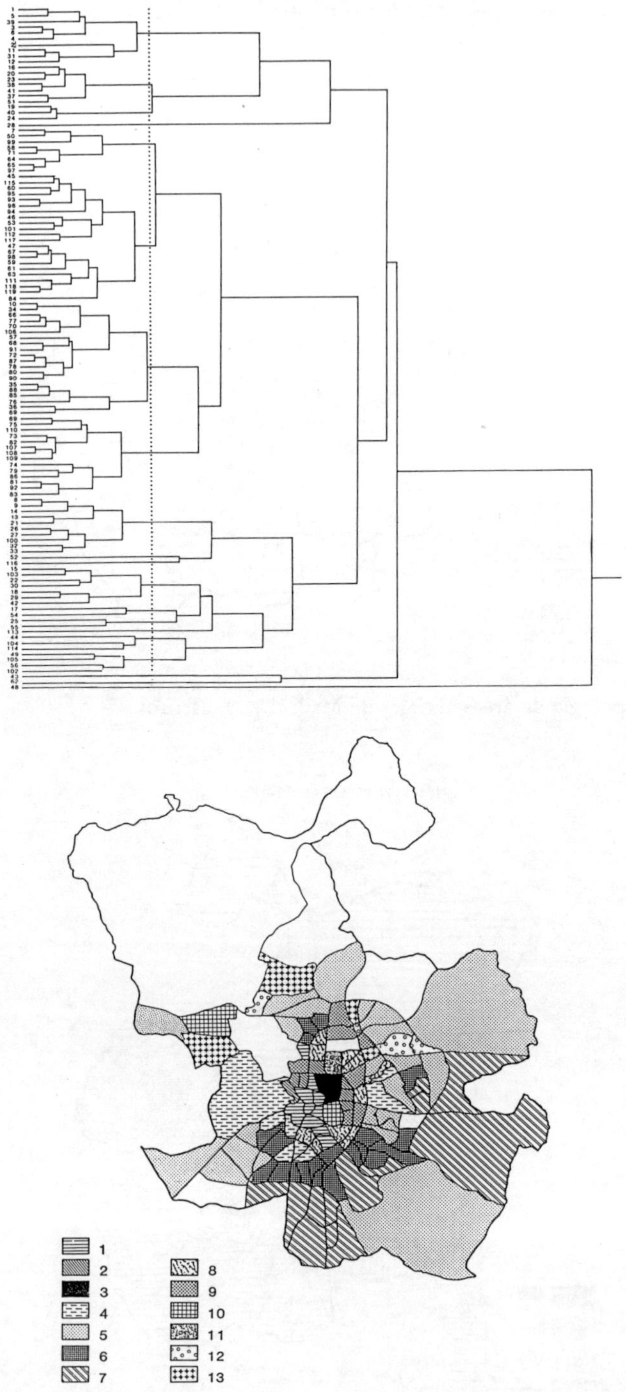

Fuente: R. Bradshaw y J. Estébanez (1986).

Gráfico 4.64. Tipología de áreas sociales de Madrid. *a*) Dendrograma por el método «Furthest Neighbour». *b*) Mapa de los barrios de Madrid.

a)

b)

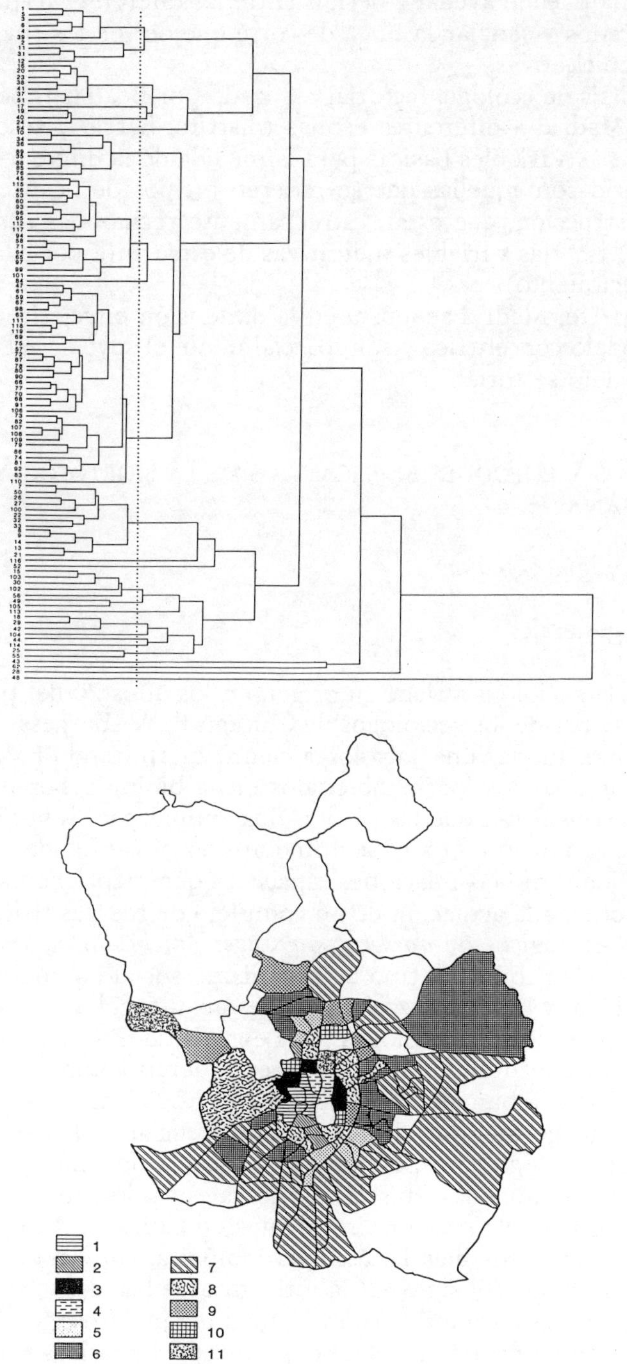

Fuente: R. P. Bradshaw y J. Estébanez (1986).

Gráfico 4.65. Tipología de las áreas sociales de Madrid. *a*) Dendrograma por el método «Simple Average». *b*) Mapa de los barrios de Madrid.

realidad urbana pueden ayudar a decidir entre las diferentes técnicas de análisis de conglomerados y señalar la línea de corte que define los tipos de áreas sociales más significativas.

En el análisis de ecología factorial realizado por Beatriz Jiménez (1986) en la ciudad de Madrid a diferentes escalas (distrito, barrio y sección censal) se concluye que «las variables básicas para la medida de la diferenciación residencial» en Madrid son aquellas que se refieren a tipos de ocupación profesión, niveles de instrucción, que están estrechamente rechazadas con la ocupación (rango social) y... «las variables indicativas de estructura por edad de la población» (envejecimiento).

Por otra parte, Madrid se ajusta en la dimensión envejecimiento de la población al modelo concéntrico y sólo parcialmente el suyo social que se acomoda más al modelo sectorial.

4.13. Modelos y enfoques explicativos de la morfología y estructura urbana

4.13.1. *La ecología humana*

a) Nociones generales

Esta escuela sociológica tiene su origen en los años 20 del presente siglo y se apoya en la obra de los sociólogos de Chicago E. W. Burgess y R. D. Mckenzie, que intentan fundar una sociología científica aplicando para ello a las comunidades humanas los logros obtenidos en la biología, botánica y zoología. Estos autores consideran que las plantas, los animales y los hombres compiten por el espacio y, por lo tanto, es legítimo aplicar al campo de la Ecología Humana, entendida como las relaciones espaciales que mantienen los seres humanos respondiendo a la actuación de un complejo de fuerzas físicas y culturales, los conceptos ecológicos de *dominación, sucesión, invasión, simbiosis,* etc. Se consideró la ciudad como un tipo de organismo social en donde el comportamiento individual y la organización social estaban regidas por la «lucha por la existencia». En realidad los ecólogos de la escuela de Chicago no se ocupan por el estudio de la ciudad en sí sino que la consideran como un factor determinante de la conducta humana. El objetivo de estos científicos fue comprender la ciudad para luego mejorar el orden moral y social de la ciudad de Chicago.

La analogía biológica proporcionó a la escuela de Chicago una estructura general en la que situar las «historias naturales» y los «mundos sociales» de los diferentes grupos de personas residentes en Chicago. Aunque pueda parecer ingenua en nuestros días la analogía biológica, conviene recordar que en los primeros decenios del siglo XX la influencia de las ideas darwinistas en sociología y economía (darwinismo social) fue muy poderosa, y además la ecología vegetal y animal proporcionaba unos conceptos precisos y atractivos.

En lo que atañe a España, conviene recordar que, tras la guerra civil, el marco conceptual del planeamiento urbano no iba más allá de una tosca interpretación biológica de la ciudad. Y así uno de los máximos responsables del urbanismo madrileño, P. Bidagór, declara:

> De la misma manera que en el cuerpo humano los diversos órganos y sistemas se agrupan, asimismo en la ciudad han de alcanzar los puestos de preeminencia miembros depositarios de los órganos más altos, más delicados, más vitales (...). Y así destacarán tres núcleos fundamentales:
>
> 1º El representativo, *cabeza* urbana, sede de la dirección de la inteligencia.
> 2º El central, cuerpo que encierra los servicios propiamente urbanos, tales como el comercio, el esparcimiento, los más típicos órganos de residencia.
> 3º Los extremos o satélites, miembros elásticos, sede de la industria y de todas las funciones que requieran una independencia por razones de volumen, de molestias, de servicios especiales.

Esta concepción biológica ayuda a comprender las ideas que animaron a los redactores del «planeamiento urbanístico de Madrid», que consideran la división de la ciudad de Madrid en zonas «correspondientes a diferentes usos» como fruto de «algo natural que se ha desarrollado siempre de manera instintiva» limitándose el planeamiento urbano al «sostenimiento del orden natural contra las posibles voluntades particulares contrarias a la norma y al interés general» Y así, en aras a esa naturalidad, los paisajes «secos y duros» son los adecuados según el juicio de la Junta Técnica para la ubicación de los suburbios, la industria y los desagües, en tanto que en el Oeste y al Norte, en los espacios de mayor categoría, en los «paisajes velazqueños», serán ocupados por las clases medias y alta (gráfico 4.66).

Y así declara la Junta Técnica:

> Dentro de la disposición nuclear, compuesta por un recinto principal y recintos satélites, que pudiera dar lugar a una ordenación geométrica y fría, la geografía de la comarca establece determinantes que influyen de manera decisiva en la organización urbana. Madrid está en la línea límite que, paralela a la Sierra, separa las estribaciones de ésta de las llanuras de la Mancha y participa de la fisonomía de ambas regiones, tan diferentes entre sí. En la misma dirección de esta línea soplan los vientos dominantes. Normalmente a estas direcciones se aprecia la existencia de una jerarquía de atractivos natural, de manera que los sectores del Noroeste gozan de paisajes agradables inmortalizados por el pincel de Velázquez, en tanto que los del Sudeste nos muestran toda la sequedad de la meseta. El Noroeste es de granito, mientras que el Sudeste es de arcilla y yeso. Condicionada la ciudad por elementos naturales tan definidos, se ha desarrollado espontáneamente con una ordenación lógica. El planeamiento urbanístico defiende y acentúa este orden natural para obtener una gran creación urbana plena de sentido, de armonía y de variedad.

Park reconoce que la *analogía biológica* es imperfecta, puesto que el hombre está sometido a otros impulsos que los de la simple supervivencia y así separó los conceptos de *comunidad* y *sociedad*. Esta distinción se basaba en los dos niveles a los que, según Park, podía reducirse la actividad humana: niveles *bióticos* y *cultural*. La actividad *biótica* originaba la *comunidad* y se basaba en las fuerzas «subsociales» de competencia. A este nivel, la persona se consideraba como individuo carente de atributos sociales y, por tanto, sometido a los mismos impulsos y fuerzas que las plantas y animales en su lucha por la existencia.

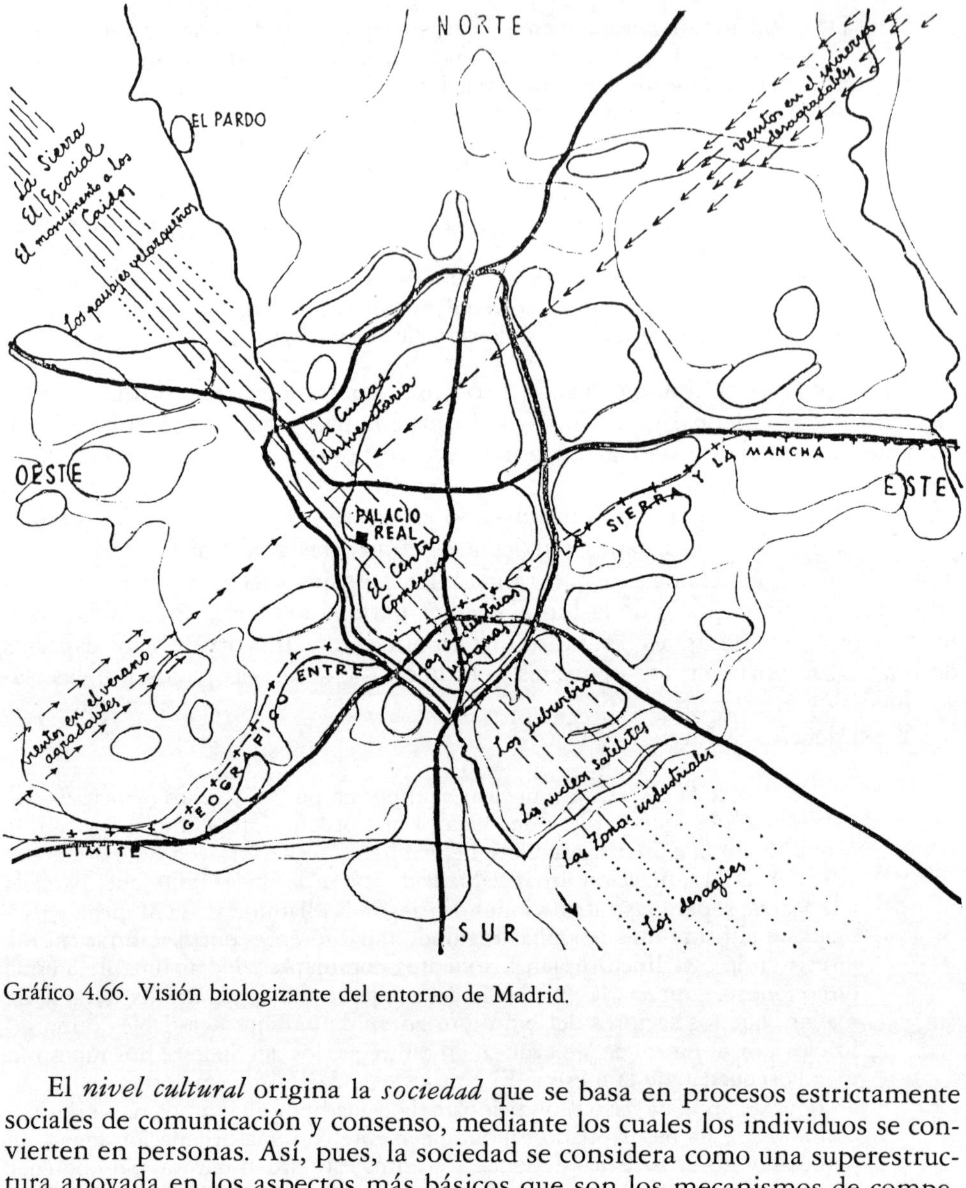

Gráfico 4.66. Visión biologizante del entorno de Madrid.

El *nivel cultural* origina la *sociedad* que se basa en procesos estrictamente sociales de comunicación y consenso, mediante los cuales los individuos se convierten en personas. Así, pues, la sociedad se considera como una superestructura apoyada en los aspectos más básicos que son los mecanismos de competencia de lucha por la existencia que originan la comunidad.

Por lo tanto, el objetivo de la ecología humana era analizar en la comunidad de individuos los procesos inevitables y similares a los que se producen en el mundo de las plantas y animales.

Los conceptos esenciales del enfoque ecológico son comunes a plantas, animales y hombres y estos son:

- *Competencia personal*, Park la concibe así:

  la competencia, que es el principio organizativo fundamental en las comunidades vegetales y animales, desempeña un papel casi tan importante en las comunidades humanas. En las comunidades vegetales y animales ha introducido: a) una distribución ordenada de la población, b) una diferenciación dentro del hábitat. En el caso de la población humana operan los mismos principios.

Esta lucha personal que se desarrolla a través del mercado origina segregación de poblaciones que ocupan áreas naturales de la ciudad. Por lo tanto la diferenciación económica se considera como el mecanismo básico de la *segregación* residencial. Mckenzie lo expresa así:

> La segregación económica es la forma más primaria y general. Es el resultado de la competencia económica y determina las unidades básicas de la distribución ecológica.

• *Principio de dominación.* Opera en animales y seres humanos. En la ciudad el área dominante es el centro de negocios (C. B. D.), el área con los precios de suelo más elevados. La presión de la demanda sobre el centro, función de la accesibilidad, determina la configuración básica de la comunidad.

Asimismo, a nivel local, grupos determinados de personas ejercen una dominación. El alto estatus socioeconómico de un barrio lo dominan las personas de mayores ingresos que resisten el empuje de grupos con menores ingresos, las áreas industriales están dominadas por las industrias que por su naturaleza (ruido, toxicidad) repelen los usos de suelo residencial. El *principio de dominación* está muy ligado a los conceptos de *invasión-sucesión.* De nuevo aparece la analogía con la *ecología botánica.* Las plantas, por su actividad, modifican los microambientes en los que se desarrollan y crean condiciones de subsistencia de otros grupos menos tolerantes, estas últimas especies comienzan a invadir el medio, hasta llegar a ser las especies dominantes, y de continuar el proceso se llega a la formación de una *asociación clímax.* Referido a poblaciones humanas la *invasión* ocurre cuando aparece un grupo o un uso del suelo indeseable; ello supone un reto repentino al equilibrio alcanzado en el *área natural,* y sólo se logra el equilibrio cuando se completa la *sucesión* —«secuencia ordenada de cambios a través de la cual una comunidad pasa en el curso de su desarrollo, desde un estadio primitivo y relativamente inestable a un estadio relativamente estable»— (Park). Cuando la *sucesión* se completa, cuando está en el punto culminante, puede desaparecer toda huella de usos del suelo y grupos humanos anteriores.

b) El modelo concéntrico

Todos estos conceptos los integra Burgess en un modelo general de estructura urbana y así declara:

> El proceso típico de expansión de una ciudad quizá podría ilustrarse por una serie de círculos que pueden ser numerados para designar tanto zonas sucesivas ocupadas por el proceso de expansión de la ciudad, como los tipos de áreas que se van diferenciando en este proceso.

Burguess presenta el diagrama ilustrativo (gráfico 4.67) de las cinco coronas concéntricas resultantes del crecimiento urbano. Este diagrama pretende ser

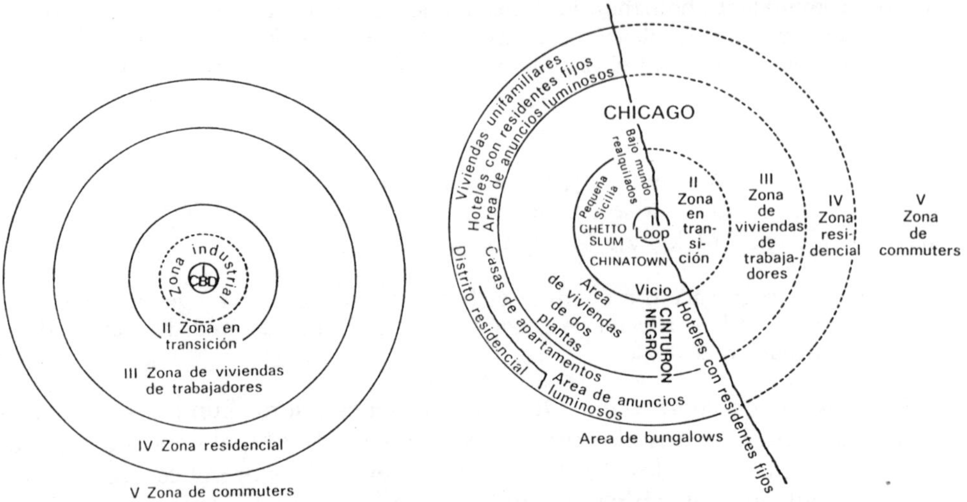

Gráfico 4.67. Modelo concéntrico de Burguess. a) Modelo ideal. b) Aplicación a la ciudad de Chicago.

un modelo teórico de las tendencias «de crecimiento de una ciudad expandiéndose radialmente desde el C. B. D.».

La *zona primera* es el centro de negocios de la ciudad, el C. B. D. (Central Business District), el centro neurálgico del comercio al por menor y de la vida social y cultural de toda la ciudad. Es la zona más restringida de todas, la de precios de suelo más elevados y la más accesible de la ciudad. El carácter del C. B. D. se lo otorga el comercio, los grandes almacenes, pero también se asientan aquí los bancos, teatros, cines, museos, sedes de las grandes empresas, etc. Rodeando el área central se encuentra un sector peor conocido dedicado a comercios al por mayor y almacenaje. La función residencial es mínima y queda vacía durante la noche.

La *zona segunda* es la «zona en transición». Es un área que sufre un deterioro residencial por los efectos de la actividad comercial y de la industria. Las residencias son de baja calidad y ocupadas por grupos sociales de bajo nivel económico y cultural. Es la zona de inmigrantes de la primera generación. Es lo que Burgess llama la «ciudad de la muerte», la zona de alta delincuencia, área del vicio (juego y prostitución).

La *zona tercera* es la zona de «residencia de los trabajadores independientes», son los inmigrantes de la segunda generación. La constitución social de estas familias es: los padres obreros manuales y los hijos trabajadores de los servicios y comerciantes.

La *zona cuarta* está ocupada por la clase media americana, nacida en Estados Unidos; son trabajadores no manuales: comerciantes, funcionarios, vendedores. La calidad de la vivienda es mayor y abunda el régimen de vivienda en propiedad (viviendas unifamiliares con un cierto grado de envejecimiento), o bloques de pisos de calidad.

Finalmente, *la zona quinta* es la «commuter zone», zona de movimientos pendulares de trabajadores. La zona llega hasta la isócrona de los 60 minutos de desplazamiento. Es una zona residencial, con predominio de la vivienda unifamiliar exenta y con jardín, si bien en la zona aparecen también antiguos núcleos rurales y viviendas ocupadas por trabajadores manuales. Es una zona heterogénea.

A estas zonas Burgess añade una zona sexta, que es agrícola, y la séptima, que es el área de influencia de la ciudad.

El modelo de Burgess, además de incorporar los conceptos ecológicos descritos, es puramente teórico y explica el desarrollo y la estructura urbana en función de la expansión radial desde el C. B. D. Parte del supuesto de una ciudad en expansión, en la que cada zona interior tiende a aumentar su tamaño a expensas de la corona inmediata y, así, Burgess llega a afirmar:

> La fuerza de expansión centrípeta es tan potente y universal que en cualquier ciudad es posible delimitar más o menos claramente estas zonas.

Burgess, en la formulación de su modelo, se apoya en unos supuestos que se cumplían en Chicago, pero no se dan en otras ciudades. Estos supuestos son: rápido crecimiento por inmigración de población extranjera, propiedad privada y ausencia de intervención estatal a través del planeamiento urbano, accesibilidad máxima del centro, uniformidad del transporte, etc. Se siguen unos supuestos muy semejantes a los expresados por Von Thünen en su obra *Der Isolierte Staat* (1826), que se apoyan básicamente en la función renta-distancia.

Las críticas más usuales que se hacen al modelo de Burgess son en primer lugar la exageración de la analogía biológica y la reducción del comportamiento humano a mecanismos biológicos; sin embargo, como demostró Firey en su estudio sobre Boston, la importancia del sentimiento y del simbolismo son esenciales para explicar la persistencia residencial de grupos humanos. Es cierto que la escuela de Chicago reconoció la existencia de aspectos culturales como fuerzas básicas de organización; sin embargo, nunca considera estos aspectos para explicar la formación de *áreas naturales* o *zonas concéntricas* en la ciudad.

Otra crítica que se le hace es la contradicción existente entre la noción de *zona* y *gradiente*. La noción de gradiente, al llevar implícito que los valores aumentan y disminuyen de forma continua, supone que cualquier línea separadora de zonas es arbitraria.

Por otra parte, algunos de los supuestos básicos no son histórica ni actualmente ciertas, ya que en el modelo de Burgess se parte del supuesto de que el estatus socioeconómico aumenta del centro a la periferia. Esto es cierto en una sociedad industrial con un sistema de comunicaciones muy eficaz, como puede ser la de los Estados Unidos, pero en la ciudad preindustrial, o en ciudades del tercer mundo, e incluso en pequeñas ciudades de escaso desarrollo industrial y fuerte tradición histórica de Europa Occidental, el centro tiene un gran atractivo y un fuerte simbolismo siendo ocupado por una clase social de alto estatus socioeconómico. En el gráfico se ve claramente cómo el estatus del centro tiene distinta valoración según el tipo de sociedad y el carácter de la ciudad.

Por lo tanto, uno de los defectos mayores es que el modelo concéntrico es ahistórico, sirve sólo para explicar el crecimiento y estructura urbana de un tipo de ciudades en un momento histórico concreto, pero cuando se pretende generalizar al hecho urbano del pasado y actual, no sirve puesto que no rigen los supuestos en los que se apoya el modelo. Es decir, el modelo de Burgess explica la situación de una ciudad en rápido crecimiento (Chicago multiplicó por veinte su población entre 1860 y 1910) con unas bases industriales, un sistema de transporte eficaz, una población inmigrante, de composición heterogénea, un mercado de viviendas libre, una ausencia de planeamiento urbano y un sistema de valores que concede gran importancia a la vivienda unifamiliar, espaciosa y con jardín.

Cuando estas circunstancia no se producen, el modelo carece de poder explicativo. Por ello un ecólogo humano como Quinn llega a afirmar que el modelo concéntrico no es un marco de referencia universal que sirva para interpretar todos lo fenómenos urbanos, sino que puede ser útil para explicar algunos fenómenos urbanos simples.

c) Modelo sectorial

Este modelo se inserta dentro del aparato teórico de la Escuela de Ecología Humana de Chicago. El modelo fue formulado por H. Hoyt en 1939, es de carácter descriptivo y sus generalizaciones las obtuvo a partir de un estudio sobre la distribución de los alquileres en 142 ciudades de Estados Unidos, tomando como unidad de análisis la manzana. Con esta información básica Hoyt critica el modelo de Burgess por considerar:

1. El C. B. D. no siempre es el único centro comercial y cultural de la gran ciudad, y sus límites no siempre están claramente definidos, pues pueden existir cinturones comerciales en calles que parten del C. B. D.

2. El área del comercio al por mayor y de la industria ligera no siempre rodea al núcleo comercial y financiero del C. B. D.

3. La industria tiende a situarse en la periferia de la ciudad, siguiendo las líneas del ferrocarril, el puerto, etc.; por lo tanto, la actividad industrial difiere con respecto al modelo concéntrico.

4. Al tener emplazamientos industriales periféricos, las áreas residenciales de obreros manuales no siempre rodean al C. B. D. ni tampoco las clases sociales de alto estatus están siempre alejadas del C. B. D.

5. La *quinta zona* no es una zona homogénea, pues al lado de casas lujosas existen áreas residenciales degradadas, ya que en esta zona existe una marcada degradación.

Una vez criticado el modelo de Burgess, exponía la siguiente teoría:

> En el proceso de desarrollo de la ciudad, los barrios de altas rentas no se mueven al azar, siguen una trayectoria bien definida en los sectores de la ciudad en los que se localizan (...) los diferentes tipos de áreas residenciales tienden a desarrollarse hacia la periferia siguiendo distintos radios.

H. Hoyt considera que en los barrios de renta elevada vive la clase dirigente, los líderes de la sociedad. Estos líderes, debido al deseo de ocupar residencias más espaciosas y modernas, se desplazan al exterior y en este desplazamiento son acompañados por las clases de altas rentas, dejando así viviendas vacías que van ocupando personas de menor renta y estatus que, a su vez, dejan viviendas que son ocupadas por grupos sociales de menor nivel económico y estatus.

Al final de esta cadena de traslados las viviendas que quedan vacías dejadas por el escalón móvil de menores rentas son demolidas o bien son ocupadas por los inmigrantes recientes.

Este movimiento se va siguiendo, en general, no a saltos sino según sectores o cuñas, con lo que se consolida la estructura sectorial. (Gráfico 4.68).

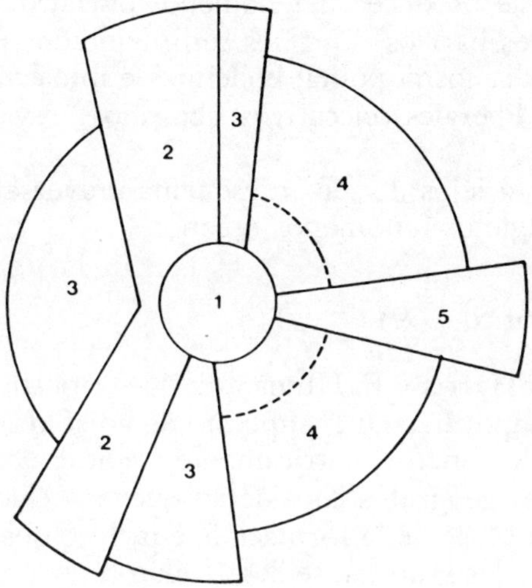

1. Sector central.
2. Venta al por mayor e industria y ligera.
3. Sector residencial de clase baja.
4. Sector residencial de clase media.
5. Sector residencial de clase alta.

Gráfico 4.68. Modelo de sectores de Hoyt.

La ubicación de los sectores de calidad viene determinado por la accesibilidad hacia el centro (ejes importantes de comunicación), calidad ambiental (colonias, bosque) más hacia la proximidad de los líderes locales. Como consecuencia de este crecimiento surge un mosaico residencial que Hoyt describe así:

1. Las áreas de renta más elevada se sitúan en uno o más sectores en la parte más exterior de la ciudad.
2. Las áreas de alquiler elevado tienen forma de abanico que se extiende en ciertos sectores según formas radiales desde el centro a la periferia.
3. Las zonas de renta media tienden a situarse en zonas colindantes con las áreas de renta más elevada.
4. Las áreas de renta baja que se extienden desde el centro a la periferia se encuentran prácticamente en todas las ciudades.

Los supuestos del modelo son similares a los expuestos por Burgess: ciudad con fuerte expansión demográfica, libre competencia, centro único dominante y una economía de mercado que considera pilar básico de sostenimiento de la sociedad americana.

Las críticas al modelo sectorial son en parte coincidentes con las señaladas al modelo de Burgess. Las específicas son: la ambigüedad del concepto de sector que Hoyt aplica indistintamente a una calle, barrio o distrito urbano; por otra parte, el final de las casas vacías no demandadas por ningún grupo social no es siempre de demolición, sino la conversión en otro uso (comercial, oficina) o su remodelación y conversión en apartamentos lujosos. Por otra parte, la demanda de vivienda no puede satisfacerse con las casas vacías que dejan los grupos más acomodados, sino que es preciso construir viviendas específicas a una demanda concreta. Por otra parte existe una inercia a mantenerse en la vivienda por razones sentimentales y también a dejar viviendas vacantes en el centro por la degradación y la «muerte cívica» de muchos barrios que no ofrecen un beneficio universal. Asimismo se produce un fenómeno contrario llamado de «gentrificación» por el cual los barrios centrales son mejorados por la llegada al principio de una clase media cosmopolita: bohemios e intelectuales, seguida más tarde por profesiones liberales (ejecutivos, abogados), revalorizando el barrio.

En resumen, el modelo de Hoyt está lejos de ser un esquema universal y, como el modelo concéntrico explica, algunos fenómenos urbanos.

d) El modelo de núcleos múltiples (gráfico 4.69)

Los geógrafos norteamericanos Ch. Harris y E. Ullman (1945) critican los modelos concéntricos y sectoriales por apoyarse en el supuesto de un solo centro en cada ciudad, en torno al cual se disponen simétricamente (radical o concéntricamente) los usos del suelo. Estos geógrafos consideran que esta ciudad de un solo centro responde a la primera fase de la formación, e incluso observan que muchas ciudades, especialmente las grandes, se desarrollaron no a partir de un único centro, sino a través de la integración de varios núcleos separados en el tejido urbano. Estos núcleos se convierten en centros neurálgicos de distritos especializados, y se desarrollan no según un único principio (distancia al centro), sino por la influencia que desempeña un número de factores como pueden ser:

1. Algunas actividades necesitan determinados servicios; así, por ejemplo, los comerciantes requieren la accesibilidad que se dio tradicionalmente en el C. B. D., pero otras actividades, por ejemplo la industria, puede requerir la proximidad al puerto o a una vía de comunicación.
2. Las actividades similares se agrupan para favorecer las economías de aglomeración: ventajas o menor costo de producción o distribución, derivados del hecho de que el proceso productivo se realiza en un solo lugar (oficinas, cines, bancos, etc.).
3. Ciertas actividades son antagónicas: industrias tóxicas y áreas residenciales.
4. Ciertas actividades no pueden pagar elevados precios por instalarse en los lugares más accesibles y ello les impulsa a agruparse.

La actuación conjunta de estos factores origina una ciudad multinuclear con zonas de especialización funcional. El número de núcleos que resulta como consecuencia de la evolución histórica y de la actuación de fuerzas de localización varía de una ciudad a otra. Cuanto mayor sea la ciudad, más numerosos y es-

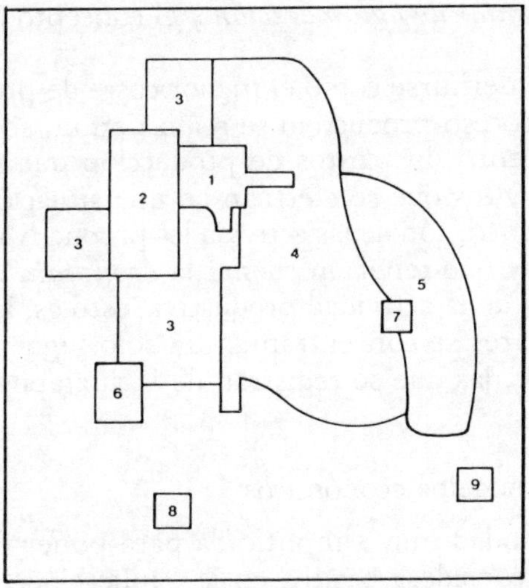

1. Sector central
2. Venta al por mayor e industria ligera
3. Residencial de clase baja
4. Residencial de clase media
5. Residencial de clase alta
6. Industria pesada
7. Sector periférico de negocios
8. Sector residencial (suburbio)
9. Sector industrial

Gráfico 4.69. Modelo de núcleos múltiples de Harris-Ullman.

pecializados son los núcleos. Sin embargo, Harris y Ullman destacan que en la mayoría de las ciudades se han desarrollado en torno a los núcleos los distritos que se indican en el gráfico 4.69.

En realidad este esquema y su justificación no supone una aportación sustancial con respecto a los modelos de Burguess y Hoyt, su principal contribución fue sugerir el papel de factores únicos en el desarrollo de una ciudad y la necesidad de un enfoque pragmático a la hora de aplicar los modelos y las generalizaciones a la ciudad.

4.13.2. *El enfoque economicista*

a) Caracteres generales

La mayoría de los enfoques que podemos encuadrar en este epígrafe se apoyan en el modelo de localización de la actividad agraria de Von Thünen. En todos los modelos economicistas se intenta explicar el consumo de suelo urbano a través del mecanismo de los precios, subrayando esencialmente el papel que juega en este mecanismo la localización del suelo, la renta económica del mismo y los costos de transporte. En función de estos factores se pretende comprender el proceso a través del cual las familias, las empresas industriales y las actividades comerciales y de servicios compiten por el espacio de una forma tal, que tienden a hacer máximas sus satisfacciones de demanda de suelo urbano, dentro de las limitaciones económicas de los presupuestos de cada uno de los competidores; de esta forma se dice que la eficacia de la economía espacial se hace máxima. El resultado final de la actuación de todos los factores que regulan el precio del suelo es lograr un equilibrio estático que explica las formas de usos del suelo, la renta del mismo y las densidades de población.

Antes de seguir adelante, conviene analizar algunos conceptos que entran de alguna manera en los modelos de localización de carácter económico, siendo los más importantes la noción de *economías de aglomeración* y el concepto de *congestión*.

La *economía de aglomeración* puede definirse como el menor coste de producción derivado del hecho de que el proceso productivo se realiza en un solo emplazamiento. Es decir, la diferencia entre los costos de producción que se registran en una determinada situación y los que se efectúan en una situación de completa dispersión o de menor concentración de las actividades productivas.

En la *economía de aglomeración* hay que tener en cuenta la *economía de aglomeración* derivada de la *localización* de la actividad productiva, esto es, las que surgen cuando las actividades similares se concentran en un solo lugar; y las derivadas de la *urbanización*, es decir, las que se registran de la yuxtaposición de actividades diferentes.

b) Supuestos en los que se apoyan los modelos económicos

En todo modelo se parte de una realidad muy simplificada para poner de relieve los factores que el investigador considera básicos en la explicación de la localización de una actividad o uso del suelo. También en los modelos económicos de estructura urbana se parte de unos supuestos que son:

1. La ciudad se sitúa en un espacio *isotrópico*, es decir, con características uniformes desde un punto de vista topográfico.
2. El C. B. D. se sitúa en el centro de ese espacio isotrópico y es, por lo tanto, el lugar más accesible con respecto a los demás puntos del territorio urbano.
3. La ciudad está habitada por hombres que responden al modelo del «homo oeconomicus», ser racional cuyo comportamiento se dirige a lograr el máximo beneficio, utilidad y satisfacción. Ello supone que todos los agentes, en sus decisiones de localización, actúan racionalmente intentando maximizar su propia función de bienestar; en particular las familias realizan las debidas comparaciones entre el conjunto de bienes que pueden y pretenden adquirir, y el bien vivienda. Las empresas (industriales y comerciales) tienden a maximizar su beneficio.
4. Los diversos agentes, supuestamente bien informados de la situación, valoran los precios a que se ofrece, en las diversas localizaciones, una cantidad unitaria de espacio que tenga determinadas cualidades, los costos monetarios derivados de transporte y los efectos originados por la toma de decisiones de otros agentes.
5. Las empresas localizadas en la ciudad son perfectamente competitivas, sin restricciones de suelo, y sin vendedores o compradores con un poder desmedido que altere la total transparencia del mercado. Por este motivo, la producción de bienes y servicios se concentran en el centro de la ciudad, única condición para que pueda darse un mercado competitivo.
6. Los precios de los factores productivos, salvo el suelo, no experimentan variaciones en la ciudad.
7. La distribución espacial de bienes y servicios públicos, salvo el transporte, es uniforme.
8. El sistema de transporte es uniforme en toda la ciudad y el costo del mismo es directamente proporcional a la distancia recorrida.

c) Resultados

De acuerdo a los supuestos enumerados en el apartado anterior, se predice que las localizaciones más cercanas al centro son las más atractivas para la actividad comercial y de servicios, ya que la accesibilidad del centro posibilita a los comerciantes un mercado de consumidores mayor. Asimismo es también el más atractivo para la localización industrial, porque su accesibilidad hace mínimos los costos totales de reunir las materias primas y distribuir los productos terminados; y es, por último, también, el más atractivo para las familias, ya que la proximidad al lugar del trabajo hace mínimos los costos de transporte.

Aunque el centro es el lugar más apetecible para los demandantes, sin embargo la localización del centro es un recurso escaso en relación al espacio total disponible en la ciudad; por ello la pugna y competencia sería intensa por instalarse en el centro y, por consiguiente, los precios del suelo urbano del centro serán superiores a los de la periferia.

Por lo tanto, los diferentes usuarios potenciales del centro harán su valoración económica y el beneficio derivado de su intalación en el centro de la ciudad. Así, por ejemplo, los comerciantes serán capaces de ofrecer mayores rentas que las familias por localizarse en el centro, ya que la localización influye enormemente en sus beneficios, en tanto que el ahorro que pueda generar en una familia la instalación en el centro al reducir los gastos de transporte, no se compensa con el fuerte desembolso que ha de hacer para comprar el suelo urbano del centro. Por consiguiente, el beneficio derivado de una localización más o menos central disminuye en diferentes proporciones según la naturaleza de las actividades desarrolladas por los diferentes usuarios. Cada tipo de usuario o actividad tiene una curva de renta que refleja los precios que puede pagar por su localización a diferentes distancias del centro de la ciudad.

En el Gráfico 4.70a. se representan las tres curvas de renta para tres tipos de usos del suelo: comercio minorista, industria y vivienda. Se observa cómo cada uso del suelo tiene pendientes de curvas diferentes; así, mientras en el comercio minorista la curva cae bruscamente, en la de la industria su pendiente es menor, mpero mayor que en la de la vivienda. En todas se produce una situación de equilibrio ya que, en el caso del comercio minorista, sus rentas disminuyen rápidamente con la distancia al centro, pero se ven compensadas con el descenso del precio del suelo al alejarse del C. B. D.; y para las familias, los bajos precios del suelo urbano en la periferia de la ciudad se compensan con los altos costos que han de pagar por trasladarse al centro.

Yuxtaponiendo las tres curvas observamos que se producen puntos de intersección que marcan el límite de la renta económica de un determinado uso. Y así, por ejemplo, al pasar el punto A de intersección entre la curva del comercio minorista e industria, la renta económica de la industria supera a la obtenida de la actividad comercial; por ello el uso del suelo industrial ha de aparecer a partir de este punto. Se produce un equilibrio locacional que revela que la curva del comercio de fuerte pendiente acapara el centro y la residencial, la periferia. Haciendo superponer las tres curvas y girándolas sobre el eje se origina una serie de coronas concéntricas de renta económica decreciente semejante a las coronas concéntricas de usos del suelo o actividades agrarias decrecientes del centro a la periferia previstas por Von Thünen.

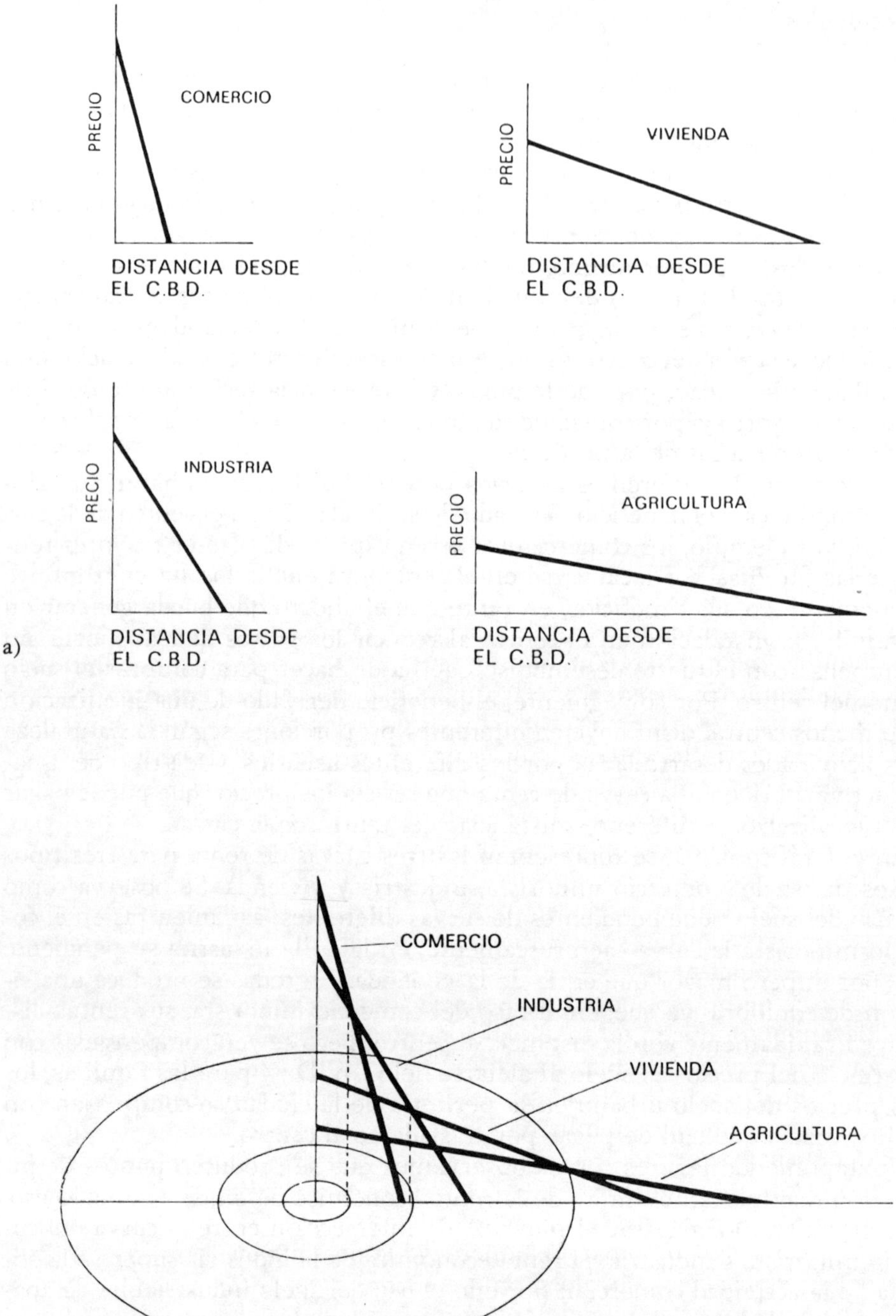

Gráfico 4.70. El modelo económico. a) Diferentes tipos de renta según los usos del suelo. b) Estructura zonal según los tipos de renta.

Este modelo teórico no explica el mecanismo de la diferenciación residencial: por ello W. Alonso formuló un modelo para explicar la diferenciación del espacio residencial. Este economista parte de los siguientes supuestos:

— Todos los empleos y servicios de la ciudad se concentran en el centro, y el valor de la vivienda depende sólo de la distancia al centro.
— Al escoger una vivienda la familia se enfrenta con el dilema de disponer de un amplio espacio residencial o bajar los gastos de transporte.
— Los gastos de la familia son iguales a sus rentas, luego:

$R = P(r).q + K(r) + P_Z.Z$. Siendo R el total de la renta familiar, $P(r)$ el precio del m^2 del suelo urbano a una distancia r del centro; q la superficie ocupada por la familia; $K(r)$, los gastos de transporte al centro; y $P_Z.Z$, el total de los restantes gastos.

Alonso parte de una localización arbitraria de una familia como $S(r,q,z)$ que él define como los servicios que se corresponden a las coordenadas r, q y z. Luego demuestra que si se conoce la renta (P_O) que la familia se dispone a pagar a una distancia r_O del centro, es posible determinar para esta familia una curva de demanda que determina el precio P que estará de acuerdo en pagar a cualquier distancia del centro. Por lo tanto, las curvas de demanda de diferentes familias permiten fijar la localización de la vivienda y el precio del suelo. Las familias que prefieran una localización distante del centro tendrán curvas de pendiente más acusada en la proximidad del centro. Por otro lado, el suelo en el límite de la ciudad ocupado por edificios tendrá un valor igual al precio de suelo agrícola, ya que la agricultura representa el único uso posible.

El modelo, como se ve, se apoya en los valores de ciertos grupos sociales en Estados Unidos, esto es, las clases altas, que prefieren vivir en la periferia donde el suelo es más barato y pueden lograr una vivienda más amplia rodeada de un jardín.

René Mayer formula un modelo que, en líneas generales, se basa en el supuesto de que el valor del suelo refleja a la vez el valor del tiempo de transporte y el precio del suelo.

El valor de tiempo incluye el elemento distancia y el nivel de incomodidad de desplazamiento. Por lo tanto, el valor de tiempo puede relacionarse con la reducción de tiempo de desplazamiento y, por consiguiente, con la incomodidad. Mayer incluye no sólo el tiempo de desplazamiento al trabajo, sino todos los demás desplazamientos familiares. Se incluyen también valores sociales en el precio del suelo. Por ejemplo, si se vive en un barrio inapropiado a su estatus, ello implica un aumento en el costo de transporte, porque ha de hacer muchos más viajes para mantener las relaciones sociales. De un modo contrario, el valor del suelo en un barrio aumenta si la persona puede entrar en contacto con las gentes de su círculo social.

Mayer introduce en su modelo el factor escasez del suelo y así introduce el valor capitalizado de beneficios futuros en el suelo. También incluye el papel del aumento de la superficie urbanizada en los valores del suelo de la ciudad. Según su teoría, cada superficie adicional transformada de uso agrícola a urbano aumenta el valor en toda la ciudad. Explica el impacto de diferentes factores que influyen en el precio del suelo en el siguiente modelo:

El precio del suelo en la periferia se compone de:

— Valor agrícola: a.
— El costo de las obras de infraestructura: 1.
— Capitalización de renta adicional debido al crecimiento urbano: L.
— Capitalización de renta adicional debida a la escasez de suelo edificable en el mercado: d.

En los límites de la ciudad el precio del suelo (*QL*) puede formularse:

$$QL = a + b + c + d$$

Dentro de la ciudad, el precio del suelo en cualquier lugar *M*, se ve incrementado por el factor *Q*(*t*) cuyo valor aumenta con la disminución del tiempo (*t*) de acceso al centro de la ciudad. Por lo tanto el precio total (*Qm*) puede expresarse:

$$Qm = \mathrm{QL} + \mathrm{Q}(\mathrm{t})$$

Por consiguiente, los precios del suelo dependen de la relación entre el proceso permanente de crecimiento urbano, los poderes públicos que pueden actuar aumentando o disminuyendo los precios, a través de medidas conducentes a aumentar la oferta del suelo en el mercado, y mediante la asignación planificada de suelo para fines diferentes.

Estos modelos ideales de estructura urbana se distorsionan cuando se considera la influencia de los ejes de comunicación.

Todos estos modelos apoyados en nociones de economía neoclásica han despertado muchas críticas. Richardson critica duramente el supuesto de competencia perfecta y señala que los residentes en la ciudad no se comportan como supone el modelo del *homo oeconomicus*, es decir, recorriendo las distancias más cortas, poseyendo un conocimiento total de las condiciones del mercado y escogiendo libremente entre diferentes localizaciones. Por el contrario, las personas están condicionadas por hábitos, tienen informaciones incompletas y, además, la elección de la vivienda no es libre, pues, de hecho, sólo una pequeña proporción de viviendas está disponible. Por otra parte la influencia de los promotores, los planificadores, el poder central y local, hacen que el mercado no funcione libremente y que no exista un único mercado sino varios que funcionan lejos de la supuesta perfección.

Por otra parte, las personas no sólo al aumentar la renta desean aumentar el tamaño de la vivienda, sino que también valoran otras características más sutiles como el simbolismo, el acceso a factores externos positivos, la lejanía a factores externos negativos (lejos de focos de contaminación, y de grupos sociales no gratos) que no se incluyen en los modelos y son de gran importancia en la relación del medio residencial urbano.

Asimismo, muchos modelos económicos sólo tienen en cuenta el precio del suelo sin edificar, cuando es sabido que pocas veces se compra un solar sin construir sino que, en general, se adquiere una vivienda.

Finalmente, es díficil admitir la isotropía del espacio urbano, ya que en la escena urbana domina la heterogeneidad. Por otra parte, se trata de modelos ahistóricos que han de considerarse, como señala Harvey, como casos especiales que se pueden aplicar solamente en condiciones muy restringidas, cuando las rentas monopolistas tienen poca importancia, cuando la noción de tiempo y espacio son de escaso interés y cuando la propiedad privada del suelo es poco activa. Por ello, todas las teorías y modelos de uso del suelo son accidentales; cuando se eliminan los mecanismos y los supuestos en que se apoyan los modelos, no se cumple el modelo. Es decir, eliminando la licitación competitiva por el uso del suelo se eliminan los resultados previstos por los modelos. Por ejemplo, socializando el suelo se rompen las previsiones de los modelos de localización analizadas.

No obstante, los modelos económicos neoclásicos han proporcionado un esquema general de estructura urbana más bien a escala descriptiva que explicativa y han sido el acicate de otras interpretaciones alternativas de la morfología y estructura de la ciudad.

4.13.3. *El enfoque marxista*

a) Conceptos básicos

Este enfoque se basa en el *materialismo histórico* que parte del supuesto de que la sociedad humana es una parte específica, cualitativamente original de la naturaleza. Es la forma más compleja de existencia de la materia, y tiene por objeto estudiar las leyes más generales del desarrollo de la sociedad. Se considera que la producción material es la base de la vida social, ya que al producir bienes materiales, los hombres producen y reproducen con ello sus propias relaciones sociales.

Existen relaciones de producción social, y su carácter depende de cómo están distribuidos en la sociedad los medios de producción, de cómo se resuelve en una sociedad concreta el problema de la propiedad de los medios de producción fundamentales.

La propiedad de los medios de producción puede ser *social* o *privada.* Cuando es privada, los hombres se encuentran en una relación diferente con respecto a los medios de producción y surgen entonces en la sociedad relaciones de subordinación y explotación.

La *materialidad* de las relaciones de producción se manifiesta en que tienen existencia objetiva, independientemente de la voluntad y de la conciencia subjetiva del hombre. De todo ellos resulta, según los marxistas, que el modo de producción es la base económico-material de la sociedad.

Así, pues, las relaciones de producción son el criterio objetivo para distinguir lo esencial y no esencial en la vida social. Según esto, la historia de la sociedad es la historia del desarrollo y cambio de las *formaciones socioeconómicas* que se diferencian unas de otras por las formas de propiedad-relaciones de producción dominantes en ellas, y así Marx distingue la *comunidad primitiva, el esclavismo*, *feudalismo*, *capitalismo* y *comunismo*.

Por lo tanto, la *formación socioeconómica* es un tipo determinado de sociedad, un sistema social completo, que funciona y se desenvuelve según leyes específicas sobre la base de un modo de producción concreto.

Toda *formación socioeconómica* tiene sus peculiaridades que la diferencian de las demás, pero también sus rasgos comunes. Estos son:

1. Una *base económica*: conjunto de relaciones de producción de una sociedad concreta —relaciones que se establecen en el proceso de producción de bienes materiales y relaciones entre la producción y el consumo—. Todas estas relaciones existen independientemente de la conciencia social y, por ello, se consideran primarias. En términos históricos, la *base económica* es el producto de un proceso dialéctico en el que la *superestructura* dominante, o *tesis*, de modos de producción sucesivos, es destruida por fuerzas contradictorias, o *antítesis*, conduciendo a una transformación progresiva de la sociedad, siempre hacia una fase superior: tribalismo, feudalismo, capitalismo y comunismo.

En realidad la *base económica* es el conjunto de relaciones que se producen entre los hombres en el proceso de producción y reproducción de su propia vida.

2. *Superestructura*: relaciones *secundarias*, derivadas de la *base económica*. Comprende un conjunto de ideas sociales, estados de ánimos y sentimientos que en conjunto forman la *ideología*, así como las instituciones (Estado, Iglesia, poder judicial, etc.) y las relaciones sociales.

Cada *formación socioeconómica* tiene una *base* y, en correspondencia con ella, su *superestructura*. De ahí que *base* y *superestructura* tengan un carácter histórico concreto y sean cambiantes. Por ejemplo, las relaciones de producción en la sociedad feudal o burguesa son clasistas, y la clase dominante en esta estructura económica instaura su dominio político, promulga las leyes que protegen su hegemonía económica y ocupan, en definitiva, una posición dominante en el campo ideológico. Los marxistas consideran que la función social dominante de la *superestructura* es defender, proteger y fortalecer la *base económica*.

Con la división social del trabajo y con el intercambio de bienes se desarrolla la propiedad privada de los medios de producción y como resultado surgen grupos sociales que ocupan un lugar diferente en la producción social, aparecen las *clases* y la desigualdad.

Las *clases sociales* son, en palabras de Lenin «grupos de hombres que se diferencian entre sí por el lugar que ocupan en un sistema de producción históricamente determinado por las relaciones en que se encuentran con respecto a los medios de producción, por el papel que desempeñan en la organización social del trabajo, y, por consiguiente, por el modo y la proporción en que perciben la parte de riqueza social de que disponen».

La humanidad al pasar de la *comunidad primitiva* a la *formación socioeconómica esclavista* se dividió en clases antagónicas, y es esta lucha el motor de la evolución histórica constante del paso de esta formación al *feudalismo*, y luego al *capitalismo*. En todas ellas la lucha de clases y la desigualdad son características esenciales. La contradicción de los procesos productivos y la privatización de los medios de producción conducirá al *comunismo* en la igualdad entre los hombres.

b) Relación entre el marxismo y la ciudad

La relación entre el marxismo y la ciudad, considerada ésta como la materialización concreta de las ideas urbanísticas, se relaciona estrechamente con las ideas básicas del *marxismo*.

El *urbanismo* podemos definirlo como un conjunto de conocimientos para actuar sobre la ciudad. Son normas pragmáticas de actuación y es también una práctica social. Desde el punto de vista marxista, el *urbanismo* se considera como una faceta dentro de una formación socioeconómica determinada. En esa formación predomina una *base* que genera una *superestructura*. Pues bien, en ese conjunto de ideas que constituyen la superestructura se incluyen las ideas urbanísticas, la concepción de la ciudad, etc.

Por lo tanto, el *urbanismo*, como todas las facetas de una formación socioeconómica, puede tener muchos matices y peculiaridades, reflejo de las características únicas en las que se desenvuelve una formación socioeconómica (medio físico, recursos materiales, etc.), pero es lógico pensar que el *urbanismo* como parte de la superestructura reflejará el modo de producción dominante en una formación social históricamente determinada y que la *forma urbanística dominante* determinará una cierta uniformidad en la forma construida de la ciudad.

Así, pues, el urbanismo se basa, entre otras cosas, en una división del trabajo y en una cierta ordenación jerárquica de las actividades coherentes, en líneas generales, con el modo de producción dominante.

Cuando se produjo excedente suficiente para mantener a un sector de la población fuera de la actividad agraria, y se creó un sistema de organización del *plusproducto*, aparece la *ciudad*, siendo en un principio un mecanismo suctor del plusproducto el *umland* agrario. Cuando se multiplican las relaciones comerciales entre las ciudades se amplía el área de extracción del plusproducto y, finalmente, el urbanismo actual en los países capitalistas puede considerarse, según Harvey, como una forma de organización social y económica que moviliza, crea, concentra y maneja el producto del *plustrabajo* en forma de *plusvalor*; por ello, concluye Harvey, «la ciudad ha sido históricamente fundada sobre la extracción y la concentración espacial del plusproducto social».

Durante la época colonial y en la América latina actual aparece el *urbanismo dependiente*, pues sus formas urbanas sirvieron y sirven como instrumentos de extracción del plusvalor del *umland* rural y de sus recursos mineros, que luego remiten a las metrópolis.

Por ello, Harvey considera que el urbanismo ha de pensarse no como la historia de las ciudades particularmente consideradas, sino como la historia del sistema de ciudades dentro de las que, y alrededor de las cuales, circulan los excedentes.

En la Alta Edad Media, la mayor parte del excedente extraído de la producción no se concentraba geográficamente en una forma urbana, sino que se dispersaba en el espacio (sistema de rentas y tributos señoriales). Cuando se superpuso a este sistema la circulación del excedente, asociada al cambio a grandes distancias, aparecieron ciudades más dinámicas.

Por lo tanto, a un sistema económico muy descentralizado con economía localista correspondió una forma urbana materializada en centros de pequeño tamaño, instrumentos eficaces para controlar y administrar esta actividad comercial en la sociedad feudal.

El capitalismo mercantil y el urbanismo ligado a esta actividad llevó a cabo una integración espacial de mayor alcance que la del feudalismo, ya que en la ciudad mercantil capitalista fue posible acumular plusvalor de un ámbito mayor, y formar todos los instrumentos financieros del capitalismo. Este sistema favoreció la disolución del feudalismo, pero su limitación estaba en la incapacidad de aumentar la producción, con objeto de incrementar la circulación del plusvalor.

Por último, la industrialización derribó el capitalismo comercial y determinó la creación de centros industriales de gran capacidad productiva a partir de pequeñas aldeas.

En suma, el *urbanismo* está íntimamente ligado al modo de producción y la forma urbana (la ciudad material) define primero la forma de circular geográficamente los excedentes (Edad Media) y más tarde origina una ciudad que favorece el aumento de la producción, incrementando indefinidamente la circulación del *plusvalor*.

La forma construida de la ciudad *medieval* y del *capitalismo comercial* refleja el orden social. En la ciudad medieval ocupan un lugar destacado la fortaleza, la iglesia y la plaza del mercado. Con el desarrollo de la actividad comercial comienza una forma de segregación en las actividades económicas y residenciales. Pero, como dice Harvey, estos modelos no son tanto el resultado de una segregación funcional de las fuerzas productivas como representaciones simbólicas y territoriales de la posición alcanzada dentro de la escala de prestigio del orden jerárquico medieval. Los valores del suelo reflejaban una competencia por localizaciones de *prestigio* y era el *uso* el que determinaba el valor del suelo y no el beneficio sobre la inversión del suelo.

Toda la estructura espacial de la ciudad refleja los criterios típicos de la sociedad jerárquica. La forma construida de la ciudad medieval refleja la necesidad que tenían los que ocupaban posiciones de poder y de prestigio en la sociedad de utilizar el espacio y las formas arquitectónicas como representaciones simbólicas de dicho poder o como representaciones de aquellas imágenes cósmicas en los que la sociedad jerárquica recurría para su afianzamiento moral.

Los rasgos distintivos de la estructura urbana estaban destinados a reflejar los valores y características de la época, valores que eran expresiones ideológicas (justificaciones) del modo de producción dominante.

La penetración de la economía auatorreguladora del intercambio del mercado en todas las parcelas de la actividad social, y en particular de la producción, permitió que las formas capitalistas pudiesen escapar de sus límites urbanos e integrar una economía global, al principio de escala nacional y luego internacional.

El metropolitanismo contemporáneo se inserta en una economía compleja que se organiza territorialmente de un modo jerárquico: centros locales, metropolitanos y relación de éstos con otros en la órbita capitalista.

Frank interpreta esta estructura como la forma más eficaz de expropiación del excedente, pues, en efecto, los terratenientes expropian los excedentes al campesinado, éstos van a parar a los centros locales, que a su vez lo emite a los centros regionales que, finalmente, lo encauzan hacia las metrópolis capitalistas.

En la sociedad *preindustrial* las diferencias naturales con respecto a la disponibilidad de recursos eran la base de diferenciación geográfica. El espacio efectivo fue creado a partir de la diferenciación ecológica, desviando el flujo de bienes y servicios de las zonas de oferta a las zonas de demanda, lo que permitía la acumulación de excedentes en zonas urbanas. Podían desarrollarse estilos de vida regionales y locales y el paisaje creado se debía a relaciones sutiles entre las actividades sociales y la naturaleza *orgánica*.

La industrialización alteró este esquema, pues la urbanización del campo implica eliminación de estilos de vida locales por medio de las fuerzas del mercado mundial. Los productos de consumo disponibles son uniformes y menos vinculados a la vida local.

Ahora bien, el *sistema urbano* ha de considerarse como un *sistema* de recursos creado esencialmente por el hombre, que conlleva la estructuración y diferenciación del espacio por medio de la distribución de inversiones de capital fijo.

La *base económica* en la sociedad occidental es el modo de producción capitalista en el que se producen conflictos entre clases opuestas.

La *superestructura* del capitalismo se apoya y relaciona con todo lo referente al orden económico, incluyendo aspectos tangibles como puede ser la *morfología urbana* y aspectos no materiales como los institucionales y religiosos, e incluso la contraideología de la antítesis del capitalismo.

La *ciudad*, al ser parte de la ideología, tiene como función primordial llevar a cabo los objetivos del modo de producción capitalista y de un modo especial la circulación y acumulación del capital.

La ciudad, al reducir costos indirectos de producción, circulación y consumo, acelera la circulación del capital y genera una mayor acumulación del mismo.

Además la ciudad tiene como objetivo proporcionar las condiciones necesarias para perpetuar la base económica, lo que supone reproducir las relaciones entre el trabajo y capital, y, por lo tanto, la estabilización de la estructura social ligada al modo de producción capitalista. Es lo que dice Harvey, al señalar que la geografía social de la ciudad favorece la estabilidad de las condiciones del modo de producción capitalista, y así aparece «una fuerza laboral dedicada a los servicios, trabajadores no manuales, reproducida en un barrio de trabajadores no manuales, y una fuerza laboral de trabajadores manuales, reproducida en un barrio de trabajadores manuales».

Al mismo tiempo, en la ciudad se concentran muchas contradicciones de la sociedad capitalista, originando conflictos. Los conflictos se hacen mayores conforme el paisaje de la ciudad se altera continuamente con el objetivo de favorecer la acumulación del beneficio. Con este propósito se sustituyen barrios residenciales por comercios y oficinas, lo que genera el abandono y deterioro de los barrios del centro y destruye las comunidades, que se ven obligadas a dispersarse por la ciudad.

Este continuo arrasar edificios y remodelar altera la disposición espacial de los recursos y crea conflictos; enfrentando el gran capital con los pequeños empresarios, conflicto entre los capitalistas (pequeños y grandes) y los que obtienen beneficios de la disposición existente de los recursos en la ciudad; y así se producen fricciones a la hora de hacer nuevos polígonos de vivienda, construir una vía rápida, reedificar un uso del suelo, etc.

c) Ciudad y conflicto

La noción del conflicto y su repercusión en el espacio social urbano es ilustrada por William Bunge (1975) en la ciudad norteamericana de Detroit. Este geógrafo diferencia en la organización socioeconómica de Detroit tres unidades diferenciadas, pero claramente interrelacionadas: *la ciudad de la muerte, la ciudad de la necesidad* y *la ciudad de lo superfluo*. La irregularidad extrema de la distribución de la renta en la ciudad revela una patología extraña que origina conflictos continuos entre estas tres ciudades biológicas diferenciadas (W. Bunge, 1975, pág. 150). Esta situación tan poco natural origina la muerte de niños por carencias básicas en un país como Estados Unidos, que invierte 5.000 millones de dólares anuales por no cultivar. Sólo la «ruptura biológica del sistema», dice Bunge, permite, como ocurrió en la revuelta de la «ciudad de la muerte en 1967», disponer de alimentos en abundancia.

Entre las tres ciudades biológicas existen flujos. Una élite poco numerosa de profesionales recibe altos salarios, que en los años 70 se cifran en 29.000 dólares anuales. Las rentas salariales por encima y por debajo proceden del flujo monetario que se establece entre las tres ciudades. Cada trabajador de la ciudad de la necesidad paga un impuesto a los propietarios de la «máquina de impuestos» de la ciudad de lo superfluo de 19.000 dólares (29.000 menos 10.000 dólares, salario medio de los habitantes de esta ciudad), lo que genera 15.770 millones de dólares anuales. Los obreros de la ciudad de la muerte pagan este mismo impuesto salarial de 19.000 dólares por hombre. Pero el salario medio es aquí de 5.000 dólares anuales. Las diferencias entre los salarios medios de los habitantes de la ciudad de la necesidad y los de la muerte es de 5.000 dólares, que es el impuesto de muerte que deben pagar.

CUADRO 4.39

ESTIMACION DE LOS FLUJOS MONETARIOS QUE SE DIRIGEN A LA CIUDAD DE LO SUPERFLUO

	Asalariados Dólares	Salario medio Dólares	Impuestos	Impuestos de muerte	Flujos
Ciudad de la necesidad	830.000	10.000	15.770 M.	0	– 15.770 M.
Ciudad de la muerte	130.000	5.000	2.470 M.	650	– 3.120 M.
Ciudad de lo superfluo	30.000	29.000	0	0	+ S 18.890 M.

Fuente: W. Bunge (1975, pág. 180).

La ciudad de la muerte está doblemente explotada por la ciudad de la opulencia. Debe pagar los impuestos y además el «impuesto de muerte», al tener que pagar precios superiores por la vivienda, el alimento, los seguros, el crédito, la salud, etc. Este excedente se dirige a una élite que ocupa la ciudad de la opulencia (gráfico 4.71).

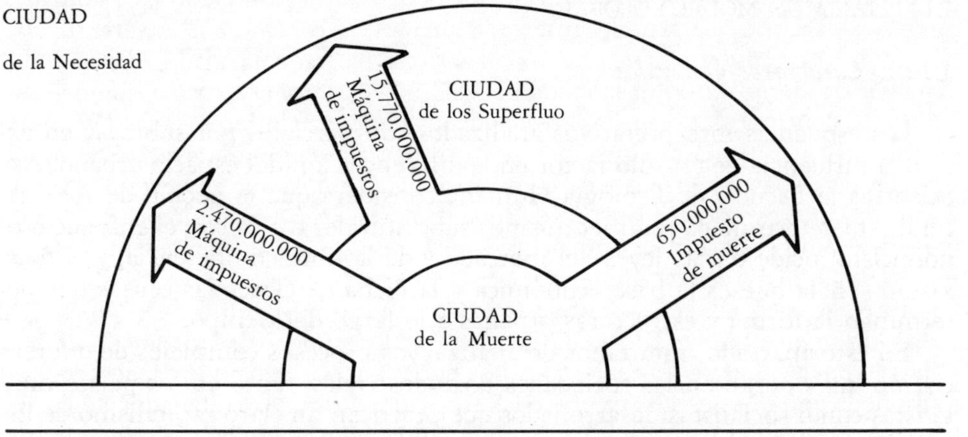

Gráfico. 4.71. El flujo de rentas entre las tres ciudades, en el modelo de estructura urbana de explotación, según Bunge (1975, pág. 153).

La *ciudad de la necesidad se desarrolla entre la ciudad de la muerte* y la *ciudad de lo superfluo*, ejerce el papel de barrera amortiguadora entre ambas. Además de esta barrera, la ciudad de lo superfluo se protege con otros componentes de la morfología urbana como usos del suelo de utilización no local, como, por ejemplo, campos de golf, grandes parques, cementerios, polígonos industriales y grandes arterias de circulación que operan como barreras de separación muy efectivas. Bunge señala que las especies que viven en armonía natural entre ellas y el medio no crean barreras. En cambio, en la ciudad se instalaban barreras que imposibilitan el trasiego de las personas pero no así el flujo de los impuestos. En general, dice Bunge, todos nos alarmamos y sentimos indignación ante el muro de Berlín, pero pocos denuncian los muros que se construyen en las ciudades para separar los grupos privilegiados de los desposeídos.

La ciudad de lo superfluo goza de un entorno con una gran calidad de vida y puede transcurrir en ella la vida de los niños y amas de casa sin percatarse de la existencia de la *ciudad de la muerte*.

La ciudad de la necesidad es la ciudad de la clase media americana, de la mayoría silenciosa. Es la ciudad que se conforma con las exigencias de la industria. Es también una ciudad que paga su tributo a la ciudad de lo superfluo, pero está libre del impuesto de muerte.

La ciudad de la necesidad es otra ciudad y casi «otro país». Coincide con las áreas del *slum*, es la región en donde abundan los delitos, incendios, revueltas, niños mordidos por ratas. (Detroit, en la ciudad de la muerte, cuenta con 600.000 ratas, más de un roedor por niño.) al igual que los países subdesarrollados, su equipamiento sanitario es deficiente, los niños presentan carencias alimentarias, y sus tasas de mortalidad infantil en sus diferentes barrios son similares a las de los países tercermundistas.

4.14. Hacia un modelo global

4.14.1. *Caracteres generales*

Los esquemas interpretativos analizados son parciales por subrayar en exceso la influencia de un solo factor en la diferenciación del espacio urbano. Así, mientras la Escuela de Ecología Humana considera que la noción de área natural está determinada por mecanismos subculturales o bióticos, el enfoque economicista incide en las leyes del mercado y de la libre competencia, y el marxismo señala que es la base económica y la lucha de clases las causas que determinan la forma y estructuras urbanas a lo largo del tiempo.

En este apartado trataremos de analizar los procesos complejos de diferenciación que operan en las sociedades posindustriales, tanto en los países capitalistas como socialistas desarrollados que practican un claro capitalismo de Estado. Posteriormente estudiaremos el papel desempeñado por el espacio urbano en la diferenciación social, así como los principales mecanismos actuantes en este espacio, que determinan una clara diferenciación morfológica y estructural que se corresponde bastante bien con un mosaico de mundos sociales diferenciados en el espacio urbano.

Desistimos de todo intento de formular leyes o principios generales de forma y estructura urbanas, puesto que pensamos que no existen tales leyes. Por ello nos centramos en procesos que se manifiestan en formas y estructuras urbanas concretas, casi siempre únicas, puesto que responden a una combinación también única de procesos sociales y económicos y culturales que suelen tener una gran universalidad. Por lo tanto, es en el estudio de los procesos generadores de espacio urbano en donde encontraremos la posibilidad de generalizar, y no en la observación y estudio de formas estructuras urbanas concretas.

Por otra parte, cada vez está más en tela de juicio la consideración del espacio como variable independiente o explicativa de los comportamientos humanos. Tanto la corriente determinista como la «espacialista» gozan de escaso crédito. La pretensión de descubrir leyes espaciales independientemente de los procesos sociales implica que se asume que la sociedad está subordinada en mayor o menos grado al espacio (de forma absoluta en el determinismo de un modo probabilista en el enfoque espacial cuantitativo). Este enfoque olvida que la organización de la sociedad es ante todo un hecho social y no espacial. Por consiguiente, el «espacialismo» cae en el error inverso al cometido por la economía y la sociología en su intento de estudiar la sociedad sin incluir el espacio, que es una dimensión social básica.

En el momento presente se piensa que muchas de las causas, consecuencias y manifestaciones geográficas (usos del suelo, diferenciación del espacio social en la ciudad, distribución de las actividades y de los equipamientos, etc.) son esencialmente hechos debidos a formas y modos de estructurarse una sociedad, son, por lo tanto, estructurales en su naturaleza y no espaciales. Por consiguiente, si queremos comprender la diferenciación del espacio urbano hemos de apelar a la organización de la sociedad. El espacio es una propiedad de la sociedad y, por lo tanto, no existe el espacio urbano, es, pues, un atributo social y la sociedad urbana debe considerarse como un espacio social donde se desarrollan unos mecanismos sociales específicos, modelados ambos por las mismas leyes.

Los procesos sociales producen diferentes grupos en el seno de la sociedad y son también los responsables de la diferenciación del espacio edificado de la ciudad.

En la actualidad, en la geografía social de la ciudad se considera con mayor poder explicativo como factor de diferenciación urbana la clase, el ciclo y estilo y fase de vida, la movilidad y las características culturales a las que se adscriben los individuos y grupos que las propiedades intrínsecas del espacio en las que estos se asientan.

4.14.2. *Los mecanismos de diferenciación social*

4.14.2.1. El estatus socioeconómico

La división del trabajo que promueve la industrialización y la consiguiente urbanización crea grupos sociales que difieren no sólo por su papel en el sistema económico, sino por su riqueza, reconocimiento social y poder. Son las tres recompensas que encaminan al *éxito* dentro de una sociedad competitiva.

Son muchos los sociólogos que consideran que la noción clave de la ciudad moderna es la especialización, pues se piensa que la diferenciación de áreas en el plano de la ciudad es el reflejo de la diferenciación social y esta diferenciación social implica también una especialización funcional. Ya hemos visto al hablar del análisis de *áreas sociales* que muchos sociólogos, apoyándose en las ideas procedentes de la Ecología Humana, consideran que la urbanización y la industrialización determinan una división compleja de la sociedad urbana, aunque los factores básicos de la diferenciación social se resumen en el *estatus socioeconómico*, el *estatus familiar, ciclo y modo de vía*, y la *movilidad geográfica o la pertenencia a un grupo étnico minoritario* (estatus migratorio y étnico).

De acuerdo con los resultados de los trabajos empíricos, parece ser que la diferenciación residencial de las ciudades obedece esencialmente al *estatus socioeconómico* muy ligado al sistema social basado en la división en *clases*. Dada la importancia que el concepto de clase tiene en las ciencias sociales y en la teoría social de la ciudad, parece lógico preguntarse si el concepto de clase tal y como aparece formulado por Marx está vigente y es adecuado para ser utilizado como la variable explicativa fundamental de la diferenciación del espacio urbano.

Es bien sabido el papel que Marx y Engels (1847-48) otorgan a este concepto, ya que ambos consideran la lucha de clases como el motor de la historia y así en el *Manifiesto* se dice: «La historia de todas las sociedades hasta nuestros días es la historia de las luchas de clases. Hombres libres y esclavos, patricios y plebeyos, señores y siervos, maestros y oficiales; en una palabra: opresores y oprimidos se enfrentaron siempre, mantuvieron una lucha constante, velada unas veces, y otras franca y abierta; lucha que terminó siempre con la transformación revolucionaria de la sociedad o el hundimiento de las clases en pugna.»

El concepto de clase se emplea desde finales del siglo XVII para referirse a personas u objetos que poseen atributos comunes. Es decir, cualquier persona, objeto o idea puede adscribirse a un gran número de clases. Es sorprendente la profusión con la que los geógrafos sociales emplean este concepto sin definir claramente los criterios de pertenencia de los individuos a una clase social. Sin embargo, como dice J. Cole (1986), la determinación y definición de conjuntos humanos no siempre es fácil, ya que algunas variables o atributos pueden definirse arbitrariamente a lo largo de un continuo (por ejemplo, rico o pobre); puede, además, emplearse un gran número de variables o atributos y, por último, los miembros que se adscriben a una clase social no siempre son conscientes de su pertenencia y, por consiguiente, pueden tener comportamientos muy distintos a los que se espera según los autores de la clasificación.

En la Europa industrial del siglo XIX era relativamente sencillo diferenciar entre los propietarios de fábricas, talleres (capitalistas o burgueses) y los asalariados (proletarios). En los países altamente industrializados no parece tan sencillo, ya que por una parte abundan los pequeños accionistas y, por lo tanto, debe considerarse que estos, directa o indirectamente, participan en la propiedad de los medios de producción. Por otro lado, las escalas salariales son muy variables. Por lo tanto, dada la complejidad de la sociedad actual, no es sencillo dividir a la sociedad en clases significativas (proletarios, burgueses), y sobre la base de un solo criterio.

En el caso de la Unión Soviética, cuyo propósito final es lograr una sociedad sin clases, se reconocen clases trabajadoras (*rabochiy*) que incluyen a los empleados en los sectores industriales, minero y forestal, así como en las granjas estatales y los trabajadores de los servicios (*sluzhaschchiye*), así como trabajadores de los *Koljos*. Se parte del criterio del tipo de trabajo y de la idea de que las fuerzas económicas tienen una influencia determinante en las actividades humanas. Sin embargo, J. Cole (1986) se cuestiona si es adecuado dividir una sociedad tan compleja como la soviética atendiendo a un solo criterio, cuando hay razones para pensar que criterios como la nacionalidad, pertenencia al partido comunista, sexo, edad, campo y ciudad pueden ser en muchos casos criterios más significativos que los adoptados oficialmente. Es muy posible que la lengua, la nacionalidad, la religión u otros atributos sean en muchos casos muy significativos e incluso más influyentes en las relaciones sociales y en los comportamientos que el tipo de trabajo que realizan.

La división en clases no es tan rotunda como señaló Marx en una época de menor complejidad social. Las clases o grupos que se pueden realizar en las sociedades complejas son más difusas y, por lo tanto, muchas veces los miembros que adscribimos a estas clases no son conscientes de su pertenencia.

En los trabajos de geografía urbana se emplean como sustituto de clase social los grupos socioeconómicos que adoptan los organismos oficiales. El Instituto Nacional de Estadística agrupa la población activa tal y como se indica en el cuadro 4.40.

La función que cumple la división de la sociedad en grupos o clases sociales es distribuir las recompensas básicas del sistema económico. Éstas son el salario y la riqueza. Esta última no es posible en los países socialistas. La segunda recompensa es el poder, en el sentido de control de las instituciones y en la toma de decisiones. Y, finalmente, la tercera recompensa es el estatus, un indicador poco preciso, que señala la posición individual, familiar o colectiva dentro de la sociedad.

Estas recompensas están íntimamente relacionadas, aunque algunas veces el individuo busca una recompensa como fin en sí mismo. Así, por ejemplo,

CUADRO 4.40

CLASIFICACION DE LA POBLACION ACTIVA

Ocupaciones	Número de personas Miles	Porcentaje
1. Profesionales y técnicos	920,5	7,04
2. Funcionarios públicos superiores y directores de empresas	172,1	1,31
3. Personal administrativo	1.324,8	10,14
4. Comerciantes y vendedores	1.212,3	9,28
5. Trabajadores de los servicios	1.620,4	12,42
6. Agricultores, conductores de máquinas y vehículos, transportistas y trabajadores asimilados	2.027,6	15,54
7. Trabajadores no agrarios, conductores de máquinas y vehículos, transportistas y trabajadores asimilados	4.811,9	36,85
8. Actividad no clasificada por ocupación	879,6	6,73
9. Fuerzas Armadas	91,3	0,69
TOTAL	13.060,5	100,00

Fuente: I. N. E. (1984).

algunos buscan el poder para lograr una satisfacción en sí mismo. Pero la mayoría buscan las tres recompensas y así utilizan la riqueza para lograr estatus y éste a su vez para conseguir, mediante la fuerza de sus opiniones, poder y riqueza. Estas tres recompensas que otorga la sociedad diferenciada en grupos sociales son casi siempre interdependientes.

Parece bastante obvio que las recompensas anteriormente descritas no se otorgan de manera uniforme entre todos los individuos o grupos. Ello se debe a las ventajas iniciales (acumulación de riqueza durante generaciones) o bien al empleo del *poder* y del *estatus* en beneficio de sus herederos.

Por consiguiente, en toda sociedad hay grupos con intereses semejantes y por ello el objetivo esencial de cada *clase* o *grupo* es asegurar a los miembros de su clase una posición igual o mejor dentro del sistema, y conseguir que los descendientes gocen también, al menos de la misma posición o de una posición superior.

De acuerdo con este mecanismo el esfuerzo de la élite, se centra en mejorar su posición relativa intentando lograr la mayor proporción de riqueza, poder y estatus. Los restantes grupos intentan escalar peldaños y en cualquier caso no empeorar su posición, defendiendo sus privilegios de los grupos que ocupan posiciones inferiores.

El mantenimiento de las clases resulta sencillo en una sociedad cerrada y estructurada en castas y de escaso dinamismo, pero en la sociedad capitalista la competencia y la continua expansión originan un movimiento de clases, ya que esta dinámica ofrece recompensas de riqueza, poder y estatus a los que logran mejorar su posición y así este mecanismo garantiza la expansión continua de la producción el consumo.

En la sociedad posindustrial actual se dan tres vías para acceder a la riqueza, el poder y el estatus y, por tanto, para conseguir una movilidad entre las clases.

Estas vías son el patrimonio, la posición social y la cualificación o destreza. Aunque en el momento presente, el logro de destrezas adaptadas al nuevo sistema tecnológico es esencial para conseguir riqueza y estatus, no podemos olvidar que estas dos últimas recompensas facilitan claramente el acceso a las destrezas que exigen un largo y costoso aprendizaje, de ahí el papel que cobra en la diferenciación de grupos sociales el sistema educativo en los niveles elementales, medios y superiores, así como la socialización del individuo.

El estatus socioeconómico actúa en la diferenciación residencial, puesto que en la ciudad, el domicilio es un indicador de estatus socioeconómico. En una gran ciudad la mayoría de las personas son desconocidas. En un pueblo no es preciso un símbolo externo para dar a conocer el estatus socioeconómico individual o familiar, pero si es necesario en la gran ciudad, donde si se desea desplegar el estatus, se requiere un símbolo que sea reconocido claramente por las personas desconocidas. La materialización del símbolo no puede hacerse con objetos de escaso valor: tiene que ser un objeto de gran valor donde la gama de precios sea apreciable. La vivienda urbana cumple ese requisito. No sólo se necesita una vivienda para cobijarse, se requiere también una localización adecuada, en un sector urbano reconocido o percibido de acuerdo con el prestigio y el reconocimiento que se desea obtener de los residentes en la ciudad. Así, pues, el estatus socioeconómico lleva a ocupar a personas de renta y niveles de instrucción similares, viviendas próximas, lo que favorece las relaciones entre iguales, y la reproducción del estatus a través de los contactos y de la culturización de los niños, puesto que dada la proximidad física de familias de igual estatus, no encuentran dificultad de reproducirlo o aumentarlo.

Así la estratificación social origina una estratificación espacial que se traduce en una segregación de áreas urbanas ocupadas por grupos sociales semejantes, viviendo en entornos morfológicos urbanos también semejantes.

4.14.2.2. El estatus familiar, el estilo y ciclo de vida

Aunque el estatus socioeconómico es la dimensión esencial en la diferenciación residencial urbana, también es preciso tener en cuenta el *estatus familiar, el ciclo y el estilo de vida.* Con la industrialización el papel económico de la «familia extensa» (familia en la que conviven varias generaciones) disminuye. El trabajo y la producción se organizan fuera del seno familiar y por ello la industrialización crea modelos familiares diferentes adaptados al nuevo sistema productivo y a la incorporación creciente de la mujer al trabajo remunerado. Ello determina que el individuo o la pareja pueda optar por tres modos de vida: *a*) familista: centrado en el hogar y en el cuidado de los niños; *b*) profesionalismo: se supedita casi todo a la promoción vertical y se consagran los esfuerzos y el tiempo a lograr este fin; *c*) consumismo: los miembros optan por la buena vida; comer, beber y pasárselo bien.

Aunque la mayoría de los individuos y parejas participan en mayor o menor grado en una de estas categorías, no cabe duda que existe una atracción dominante que influye en la valoración residencial de la ciudad y que ayuda a comprender la diferenciación residencial del mosaico urbano.

Por otra parte también influye el *ciclo familiar* en el que se inserta el individuo y la pareja. Se admite generalmente que toda persona o pareja se inserta en una de las siguientes etapas: *a*) sin niños a su cargo; *b*) cuidado de los niños; *c*) formación de los hijos; *d*) lanzamiento de los hijos; *e*) emancipación de los hijos, y *f*) tercera edad (en pareja o viudez).

En lo que se refiere el *estatus familista, ciclo de vida* y *modo de vida*, parece que son factores importantes en la elección residencial.

Así, en la fase *previa a los hijos*, priva en la localización de la vivienda, la accesibilidad al trabajo. Es el comienzo de la vida y se suele ocupar apartamentos alquilados en el centro. En la fase de la *crianza de los hijos*, la accesibilidad al centro es menos valorada que la calidad del entorno urbano y del equipamiento sanitario. En esta fase se opta por una vivienda mayor y más alejada del centro. En la tercera fase: *educación de los niños*, la pareja está en la cumbre de los ingresos y opta por la seguridad y mejora de ambiente físico y social. En esta fase se concede una mayor primacía a los espacios abiertos y los colegios para los hijos. En la *fase de lanzamiento* se aumenta la renta familiar con la incorporación de la mujer al trabajo y de algún hijo mayor, y ello conduce a un nuevo traslado de la familia hacia un sector urbano de mayor prestigio social. En la quinta fase: *emancipación* de los hijos, se permanece un cierto tiempo en la vivienda, por la inercia y la dificultad del traslado, y, por último, en la *tercera edad* se produce la desintegración de la familia y los viudos acuden con sus hijos o compran un apartamento en el centro de la ciudad o se acomodan en asilos.

De igual manera, *el modo o estilo de vida* influye también, ya que las opciones profesionalees o consumistas tienden a valorar más el centro por razones de trabajo y recreo, en tanto que la opción familista valora más la calidad del entorno urbano, la seguridad o el tamaño de la vivienda que la accesibilidad o las oportunidades de relación y diversión que le brinda el centro de la ciudad. Por lo tanto, en la zona interna de la ciudad, de alta densidad de edificación, predominan los profesionales y consumistas, así como jóvenes parejas en el inicio del ciclo familiar. En la periferia, en donde predominan las casas nuevas de baja densidad de edificación, están ocupadas por familias jóvenes con niños pequeños. Entre ambas zonas se encuentran familias jóvenes que aspiran a una vivienda en la periferia, pero carecen de ahorros u otros incentivos.

Este esquema, en el que se destaca el papel de la dimensión familiar, es adecuado para una sociedad en que predominen los valores de lo nuevo, grande y en las afueras como más valioso que el *centro*, aspecto éste que no rige en las pequeñas ciudades de Europa Occidental o en las del Tercer Mundo. Por otra parte, responde a la movilidad de la sociedad americana en la que el 20 por 100 de las familias cambian cada año de vivienda, pero no así a la sociedad europea. Por último, responde a las motivaciones de la clase media, con una renta que le permite satisfacer las necesidades percibidas según sus estilos de vida, pero tiene muy poco que ver con los grupos sociales pobres y marginados, ya que sus posibilidades de promoción se ven detenidas por la falta de recursos económicos o por el rechazo de la sociedad que les obliga a residir segregadamente en *ghettos.*

4.14.2.3. El estatus migratorio

Por último, la urbanización originada por la revolución industrial y el crecimiento explosivo de las ciudades del Tercer Mundo desató fuertes movimientos migratorios desde el campo a la ciudad y desde las regiones deprimidas hacia las ciudades de las regiones industriales dentro de las fronteras de un país. También hay que tenera en cuenta los emigrantes procedentes de países subdesarrollados, que vinieron a engrosar las ciudades industriales en expansión. En definitiva, los movimientos migratorios hacia la ciudad reflejan la división del trabajo a escala nacional e internacional.

En general, la gran mayoría de emigrantes que llegan a las ciudades desde el siglo XIX son personas de escasa cualificación y poder económico, por lo que ocupan los estratos inferiores y, aunque intentan una movilidad vertical, ésta es lenta, lo que provoca conflictos más o menos acusados entre los grupos migratorios y la sociedad receptora. En algunos casos surgen mecanismos de protección de la sociedad receptora en contra de los inmigrantes, como pueden ser los prejuicios sociales en contra de algunas etnias o la promulgación de leyes discriminatorias que obstaculizan su integración.

Es importante en el estudio de la diferenciación residencial de la ciudad tener en cuenta el origen de los grupos de inmigrantes. Algunos autores hablan de grupos étnicos para referirse a un colectivo de personas que comparte un modelo de conducta y forma parte de un grupo mayor. Otros lo definen como un grupo caracterizado por la raza, religión y origen nacional. Tal vez convenga adoptar un criterio amplio y entender por *grupo étnico* una comunidad humana basada en un supuesto origen común (real o imaginario).

Sin duda alguna que existen diversas características que dan una mayor cohesión a un grupo que a otros, como puede ser el color de la piel, la lengua, la religión; sin embargo, no puede perderse de vista que la mayoría de los inmigrantes, al menos en la etapa del inicio de la industrialización, son personas pobres, obreros manuales de escasa cualificación y bajo nivel de instrucción. A estas personas aunque teóricamente no se les discrimine (sentimentalmente), el mercado de la vivienda se encarga de hacerlo y les obliga a agruparse en los «urban villages» del centro o de la periferia de las ciudades. Por otra parte, un grupo social al que el mercado de la vivienda impide su integración con la población establecida, tiende a agruparse por afinidades. Serán los orígenes nacionales en las ciudades americanas, o de Europa Occidental (norteafricanos, italianos, españoles, turcos, asiáticos, etc.) o regionales en España. El grado de agrupamiento es tanto más intenso cuanto más descendemos en la escala de análisis. Así, por ejemplo, en el sur de Madrid existen muchos toledanos pero hay sectores compuestos predominantemente por los habitantes de un solo pueblo de Toledo. El agrupamiento de inmigrantes o de grupos étnicos cumple una serie de funciones, como son la defensa, pues al estar insertos en un grupo homogéneo se sienten más seguros y confiados, ejerce la función de conservar las costumbres, lo que aumenta la cohesión, y les proporciona una identidad.

Una manera de evaluar la importancia de estos agrupamientos es a través de los índices de segregación ya examinados.

El grado de asimilación depende de la permeabilidad del grupo receptor y de la cohesión del grupo étnico. Boal (1976) presenta el siguiente esquema para explicar el diferente comportamiento urbano de un grupo minoritario inmigrante según sean las presiones externas a las que se vea sometido y el grado de cohesión del grupo.

GRUPO INMIGRANTE

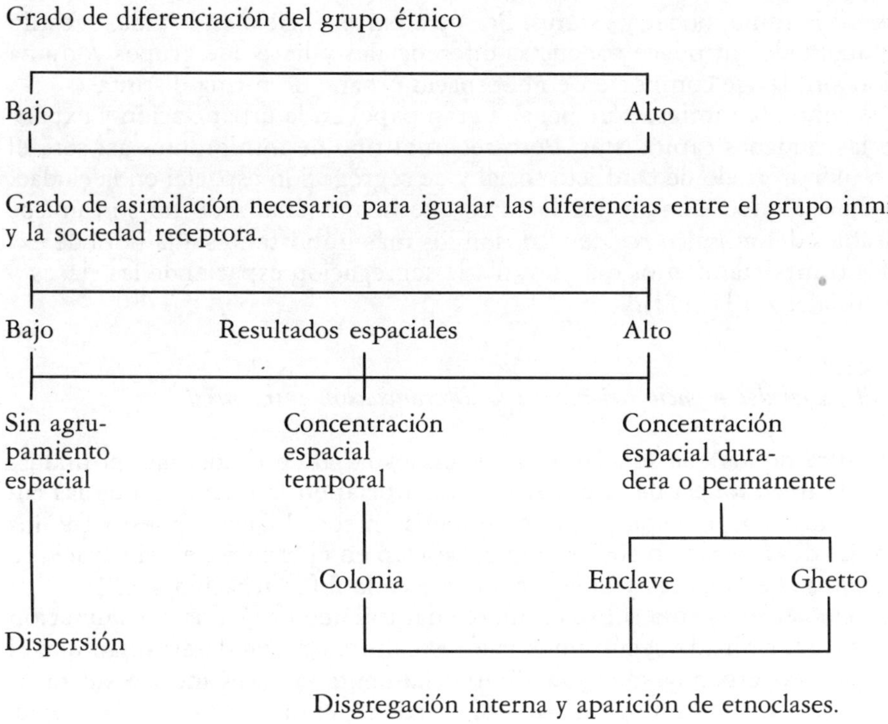

Cuando llega un grupo o un individuo a la ciudad, mantiene lazos con sus semejantes en los «urban villages»; sin embargo, si la sociedad receptora es muy permeable, o existen muchas afinidades, el «urban village» se mantiene poco tiempo y el grupo se dispersará en la ciudad. En este caso la concentración es muy poco duradera, a veces inexistente. Pero cuando la situación es interna (deseo de mantener la cohesión), aparece el *ghetto*. El *enclave* lo define Boal como *un área particular de la ciudad ocupada predominantemente por un grupo étnico inmigrante*. Puede seguir una evolución diversa. Si sigue creciendo, el enclave o *ghetto* se densifica y más tarde se expande horizontalmente; al ampliarse puede producir una estratificación en clases dentro del propio enclave.

Si el grupo deja de crecer o se expande lentamente, puede permanecer en el mismo lugar de origen, moverse a la periferia si mejora su situación económica colectiva, o moverse por el empuje de otro *ghetto*. La diferencia entre *ghetto* y «urban village» o enclave estriba en el carácter voluntario o no del agrupamiento.

En resumen, en las sociedades avanzadas el papel que desempeña el sistema educativo es esencial, puesto que el crecimiento económico depende de un sistema tecnológico complejo que es preciso dirigir hacia una expansión productiva tecnológico, se divide a la población en grupos a los que se les proporcionará el nivel educativo exigido por el sistema. Cada nivel educativo se asocia con profesiones a las que se les confiere un nivel de renta, poder y estatus. Por lo tanto, la adquisición de las destrezas que exige el sistema es el pasaporte para lograr la renta, poder y estatus. Por otra parte, el ciclo en la vida, el estilo de vida adoptado introduce conductas diferenciales y hace que grupos con una profesión similar se comporten en el espacio urbano de forma distinta.

Finalmente, la inmigración juega el gran papel en la urbanización y expansión de las ciudades capitalistas. Pero según el tipo de inmigrantes así será el mayor o menor grado de conflicto social y de segregación espacial en la ciudad.

Sin duda alguna, aunque los factores que hemos analizado no son únicos responsables del mosaico residencial, son los más importantes a la hora de explicar los comportamientos que llevan a la segregación espacial de las clases o grupos sociales en la ciudad.

4.14.3. *El papel del espacio urbano en la diferenciación residencial*

En contra de los que señalan el carácter aespacial de la sociedad posindustrial y de la irrelevancia de la dimensión territorial en la formación de las comunidades urbanas, el espacio es una dimensión social básica, puesto que los procesos de diferenciación social se materializan en el espacio, en el espacio se reflejan estos mecanismos y el espacio favorece la diferenciación social.

Toda ciudad se asienta sobre un marco natural que tiene una consideración perceptual determinada según unos valores culturales, que determinan que el «paisaje natural urbano» se evalúe diferencialmente, a veces incluso sin razones objetivas dada la homogeneidad del marco en el que se asienta la ciudad.

Por otra parte, la ciudad, salvo raras excepciones, es producto de una evolución en el tiempo, tiene un patrimonio edificado heredado al que se le confiere una carga simbólica y afectiva de acuerdo a los contenidos y funciones que se le asignan en un periodo histórico. Puede ocurrir que apenas existan modificaciones en la morfología de una trama urbana concreta y, sin embargo, hayan variado sustancialmente las funciones y contenidos.

Las ciudades desarrollan unas actividades y para ello deben disponer de espacios lo más acorde con las exigencias tecnológicas del momento para llevar a cabo estas funciones (residencial, industrial, recreativa, etc.). Asimismo toda ciudad requiere unos equipamientos para suministrar a la población los servicios necesarios para la satisfacción de su bienestar. El nivel de equipamiento de estos servicios es variable en el tiempo, de acuerdo con la demanda social.

Por consiguiente, el marco natural, el espacio edificado, las actividades económicas y los servicios que se desarrollan en la ciudad originan un campo espacial de efectos que se valoran más o menos positivamente. El geógrafo Smith (1980) denomina *externalidades* a las características o elementos del medio urbano que proporcionan bienestar o calidad de vida a la persona, familia o grupo allí residente, pero que no se compran directamente. Por lo tanto, estos elementos generan efectos externos que no se reflejan directamente en los costos, ni en los precios.

Cuando estos efectos producen bienestar individual o colectivo se habla de *externalidad positiva*; por el contrario, cuando produce costos, incomodidades o insatisfacciones, se habla de *externalidades negativas*. Estos efectos pueden ser producidos por una valoración del marco natural, por la imagen que se percibe de un barrio, por las actividades privadas o públicas, etc. De un modo general, puede afirmarse que cualquier componente del paisaje urbano, servicios o actividades disponibles en la ciudad beneficiarán o perjudicarán a unos más que a otros.

En toda ciudad existe una variación de las externalidades en el plano, ya que la distribución de *bienes* y de *males* en la ciudad no es uniforme. En la ciudad existe, por lo tanto, un «precio de accesibilidad» hacia las externalidades positivas y un «coste de proximidad» a las *externalidades negativas* (D. Harvey, 1973). La accesibilidad a las externalidades positivas se obtienen pagando un precio que se compara con el costo en salvar la distancia, la incomodidad, los aspectos psicológicos. En cambio, los *costos de proximidad* son los efectos negativos que sufren las personas al estar próximas a un elemento de la ciudad que no utiliza directamente y esa actividad impone costos materiales y sociales.

En la ciudad no sólo existen componentes materiales, la ciudad acoge a grupos económica, demográfica y culturalmente diferenciados. Estos grupos tienen diferente poder para evitar las externalidades negativas y favorecerse con las positivas. De este modo los grupos sociales de poderes adquisitivos y estilos de vida similares eligen espacios urbanos residenciales semejantes. Así, pues, no resulta difícil concebir que un grupo social puede percibir a otro grupo como no deseado y, por consiguiente, el barrio ocupado por el grupo no grato se manifiesta como una externalidad negativa ante un grupo o grupos determinados. En suma, a los efectos originados por la distribución de males y bienes derivados del marco natural y de las actividades y servicios de la ciudad se suma la imagen social que inspiran los grupos que residen en los diferentes barrios y ambos efectos componen el mapa mental que tiene cada individuo de la ciudad.

Todo habitante de la ciudad compone su mapa mental de la misma, y existe un enorme consenso, a pesar del escaso conocimiento que se tiene de la gran ciudad, en señalar los sectores más prestigiosos y los más indeseados.

En el cuadro 4.41 y en el mapa del gráfico 4.72 presentamos los sectores de estigma y de estatus percibidos por diferentes grupos de población residentes en barrios madrileños muy diferenciados. El porcentaje de población con estudios primarios (completos e incompletos) en relación a los que poseen estudios medios y superiores intenta evaluar la condición de los encuestados.

En lo que se refiere a las áreas más prestigiosas, existe un total acuerdo en la valoración del distrito de Salamanca al que sigue Centro, Argüelles, Chamberí y Retiro. En los restantes distritos el desacuerdo es grande, si bien los en-

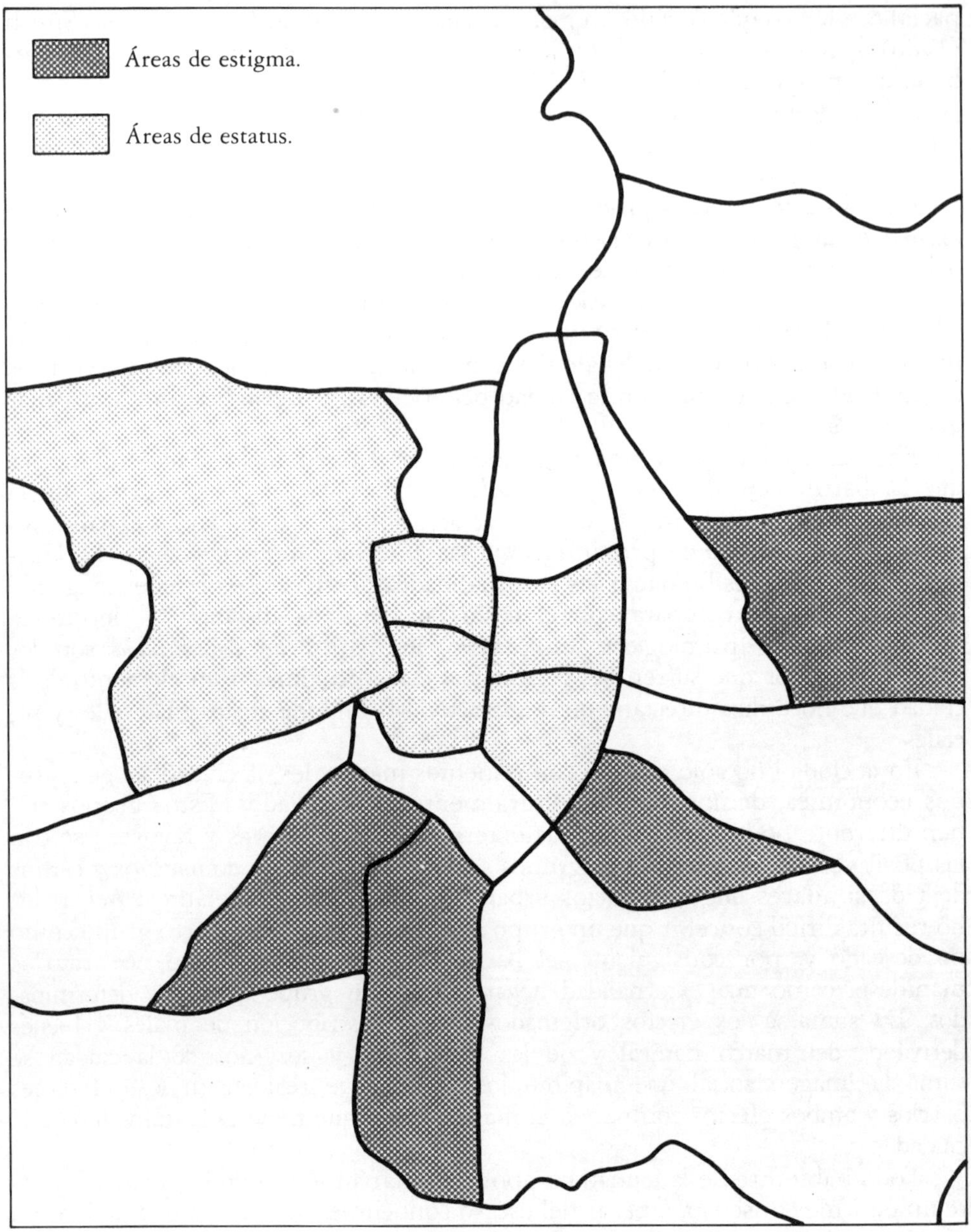

Fuente: Seminario de Geografía. Equipos de estudiantes 1º A. Curso 1984-85 y 1985-86, dirigidos por J. Estébanez.

Gráfico 4.72. Estigma y estatus en la ciudad de Madrid.

cuestados que viven en barrios de clase media y alta eligen áreas de mejor calidad. Es de notar el alto nivel de valoración de los distritos centrales (Centro, Salamanca y Chamberí), lo que difiere sustancialmente de la imagen que proporciona el centro de las ciudades anglosajonas.

CUADRO 4.41

ESTIGMA Y ESTATUS EN LA CIUDAD DE MADRID

Procedencia de las encuestas	Areas más prestigiosas	Areas menos prestigiosas	Número de encuestas	Porcentaje con estudios primarios
Palomeras	Salamanca Vallecas Moratalaz Centro Chamberí	Carabanchel San Blas Vallecas Villaverde Orcasitas	50	68
Olivar (Bº Vallecas)	Salamanca Retiro Vallecas Moratalaz Centro	Vallecas San Blas Entrevías Carabanchel U.V.A.	60	65
Lucero	Salamanca Argüelles Castellana Centro Moratalaz	Vallecas Carabanchel San Blas Villaverde Orcasitas	50	44
Leganés	Salamanca Argüelles Centro Bº del Pilar Villaverde	Vallecas Orcasitas Carabanchel Pan Bendito Villaverde	40	42
Cuatro Caminos	Salamanca Cuatro Caminos Centro Argüelles Chamberí	Vallecas Carabanchel San Blas Valdeacederas	50	30
Almagro	Chamberí Salamanca Argüelles Centro Retiro	Vallecas San Blas Villaverde Orcasitas Carabanchel	60	28
Argüelles	Salamanca Puerta de Hierro La Moraleja Chamberí Moncloa	Vallecas Carabanchel Orcasitas San Blas Moratalaz	50	22

Cuadro 4.41. *(Continuación)*

Procedencia de las encuestas	Areas más prestigiosas	Areas menos prestigiosas	Número de encuestas	Porcentaje con estudios primarios
Sol	Salamanca Argüelles Retiro Moncloa Serrano-Goya	Vallecas Carabanchel San Blas Orcasitas Bº del Pilar	50	21
Palacio	Centro Salamanca Argüelles Rosales La Moraleja	Vallecas Carabanchel San Blas Moratalaz Orcasitas	50	18

Fuente: Seminario de Geografía. Equipos de estudiantes 1º A. Curso 1984-85 y 1985-86, dirigidos por J. Estébanez.

4.14.4. *Mecanismos de diferenciación residencial*

En las sociedades en donde el poder de la clase superior es absoluto el mecanismo de diferenciación social y espacial puede llevarse a cabo mediante el ordenamiento jurídico (castas en la India y leyes del *apartheid* en África del Sur), pero conforme se pierde el poder absoluto de la clase superior es preciso recurrir a otros mecanismos más sutiles. El gran mecanismo que se utiliza para conseguir una diferenciación espacial y social es mediante el *distanciamiento*.

En la ciudad preindustrial no existía una segregación residencial marcada. Las diferencias entre las clases se reflejaban en el tamaño y calidad de la vivienda y no en el barrio en el que se habitaba. Incluso en las ciudades en su primera fase de industrialización aparece una segregación mayor vertical que horizontal y así Laureano Figuerola describe en 1849 el espacio social de Barcelona:

> «... los propietarios; hacendados, comerciantes, curiales, empleados en las primeras categorías de la administración y todos los que habitan en los cuartos principales de las mayorías de las calles, como también los que residen en los pisos segundas y terceras de la Rambla y calles más nombradas forman la primera clase».
>
> «Los menestrales, habitantes en tiendas y los que residen en cuartos segundos de casi todas las calles, y las terceras de algunos forman la segunda clase.
>
> Componen la tercera todos los jornaleros, ya oficiales de los talleres, ya trabajadores de las manufacturas, así como las últimas categorías de los empleados jubilados y cesantes, y los que ocupan los pisos elevados de todas las casas».

Con la industrialización y debido a la mayor movilidad diferencial, la clase alta comienza a abandonar el centro para protegerse de la insalubridad y del contacto con las clases más pobres. De este modo comienza la segregación horizontal en áreas residenciales que reflejan la diferenciación de los grupos sociales, estilos de vida y carácter etnocultural.

Si tenemos en cuenta la distribución de las externalidades y sus efectos, comprenderemos que los grupos de mayor poder adquisitivo tratarán de adquirir su vivienda en las áreas de la ciudad más próximas a las externalidades positivas, quedando reservados a las clases sociales más bajas las viviendas próximas a externalidades negativas (fábricas contaminantes, actividades no gratas, paisajes menos valorados).

Son, por lo tanto, los grupos de rentas superiores los que pueden elegir los emplazamientos más gratos y los más accesibles a las externalidades positivas.

El entorno físico proporcionará ejemplos de externalidades negativas y positivas, pero son las externalidades derivadas de la percepción del medio social las que tienen mayor importancia a la hora de elegir el lugar de residencia.

Para muchas personas el residir en un barrio que se percibe que está habitado por una vecindad que comparte los mismos valores es de capital importancia y aunque no esté demostrada científicamente la eficacia de la vecindad en la socialización, se piensa que la socialización supone la observación, y aceptación y emulación de los modelos disponibles a través de la familia, los amigos y la escuela. La mayoría de los padres consideran que el éxito social radica en observar y emular las formas correctas de conducta. Por lo tanto buscan a la hora de elegir vivienda barrios habitados por personas semejantes o superiores socialmente. Así, pues, residir en barrios cuyos residentes tienen poderes adquisitivos y valores semejantes a los que significan que los hijos se relacionarán en la calle y escuela con niños de la misma o superior clase.

Por el contrario, un barrio en el que se percibe que sus residentes no tienen las mismas bases económicas y sociales se considera como una externalidad negativa.

Además es preciso añadir el papel de la vecindad en las relaciones sociales. Una forma de asegurar con cierto nivel de probabilidad matrimonios entre iguales es residir en áreas sociales semejantes.

En suma, aunque el efecto de vecindad no tenga un papel tan decisivo en los comportamientos sociales, sin embargo, el hecho de que muchas personas lo crean así, definen de este modo externalidades positivas y negativas según sus creencias e intentan buscar su residencia en función del mapa mental elaborado sobre estas bases.

Por otra parte, el poder de los diferentes grupos es distinto y a la hora de distribuir los servicios públicos en la ciudad, los grupos poderosos tendrán una mayor posibilidad de que estos equipamientos eleven su bienestar atrayendo las que tienen efectos positivos y procurando evitar los que generan efectos negativos.

El papel del planeamiento urbano acentúa muchas veces el distanciamiento de los grupos sociales, puesto que los grupos más poderosos tienen mejor nivel de información y mayor influencia a la hora de distribuir los males y los bienes en el espacio urbano.

Como conclusión podemos afirmar que son los procesos de diferenciación social los que explican la diferenciación del espacio residencial, ya que los grupos que se individualizan tienen distinta capacidad de elección y de asignación en el espacio urbano de las externalidades negativas y positivas.

La geografía social de la ciudad aparece en sus manifestaciones concretas (espacio edificado, áreas sociales, espacios percibidos). Estas manifestaciones pueden considerarse como formas de desplegar la riqueza, el poder y el estatus, así como sus estilos de vida en los diferentes grupos sociales. Pero esta manifestación espacial favorece el mantenimiento de grupos sociales aislados en el espacio y, por consiguiente, en el espacio urbano no sólo se reflejan las relaciones económicos, culturales, políticas, etc., sino que constituye un elemento básico en donde se reproducen y amplían estas relaciones.

Por otra parte, el distanciamiento entre los grupos en la ciudad evita el encuentro con otros grupos sociales considerados poco recomendables y permite elaborar imágenes mentales de la ciudad inconsistentes con la realidad de la ciudad pero conformes con su marco de vida. Ello hace pensar, por ejemplo, a los habitantes de un barrio de clase media que en la ciudad no hay chabolas, o a los habitantes del suburbio americano que toda la sociedad es de clase media. Todo ello produce una visión fragmentada de la ciudad que impide el que surja una conciencia global, lo que favorece a los grupos minoritarios privilegiados y perjudica a los asalariados, que se ven fragmentados en barrios inconexos de acuerdo con sus niveles de renta y sus valores culturales.

Así, pues, entender la diferenciación residencial de la ciudad exige comprender los procesos de diferenciación social y no pensar que los comportamientos sociales son el reflejo del espacio.

BIBLIOGRAFÍA

Se incluyen obras de carácter general y en su mayor parte manuales de geografía urbana.

AGNEW, J. A. MERCER, J., y SOPHER, D. E. (eds.), *The City in Cultural Context*, Allen and Unwin, Londres, 1984.

BAILLY, A., *La Perception de l'Espace Urbain*, París, Centre de Recherche d'Urbanisme, versión en castellano por el Instituto de Administración Local, Madrid, 1977.

BASTIE, J., y DEZERT, B., *L'Espace Urbain*, Masson, París, 1980.

BEAUJEU-GARNIER, J., y CHABOT, G., *Traité de Géographie Urbaine*. Versión en castellano, Vicens Vives, Barcelona, 1963.

BERTRAND, M. J., *Pratique de la Ville*, Masson, París, 1978.

CARTER, H., *The Study of Urban Geography*, 3ª ed., ampliada. Versión castellana por el Instituto de Estudios de Administración Local, Madrid, 1981.

CASTELLS, M., *La cuestión urbana*, Madrid, Siglo XXI, 1977.

CLARK, D., *Urban Geography*, Londres, Croom-Helm, 1982.

CLAVAL, P., *La Logique des Villes Essai d'Urbanologie*, París, Litec, 1981.

CHALINE, C., *La dinámica urbana*, Madrid, Instituto de Estudios de Administración Local, 1981.

DAVIES, W. K. D., *Factorial Ecology*, Inglaterra, Gower, 1984.

ESTÉBANEZ ÁLVAREZ, J., «Los sistemas urbanos», en V. Bielza (ed.) *Geografía General*, 2 vols., págs. 259-320, (1984).

HARTSHORTH, T. A., *Interpretating the City. An Urban Geography*, Nueva York, Wiley, 1980.

HERBERT, D., *Urban Geography. A Social Perspective*, Londres, David & Charles, 1977.

HARVEY, D., *Social Justice and the City*. Londres, Arnold. Versión castellana: Madrid, Siglo XXI, 1973.

— *The Urbanization of Capital*. Oxford, Basil Blackwell, 1985.

GUTIÉRREZ GUITIÁN, M. y R., *La imagen de la ciudad deseada*, Madrid, Universidad Politécnica, 1985.

JOHNSTON, R. J., *City and Society. An Outline for Urban Geography*, Londres, Hutchinson, 1984.

KNOX, P., *Urban Social Geography. An Introduction*, Nueva York, Longman, 1982.

LEFÉBVRE, H., *La Revolución Urbana*, Madrid, Alianza Editorial, 1972.

— *El pensamiento marxista y la ciudad*, México, Extemporáneos, 1973.

LEY, D., *A Social Geography of the City*, Nueva York, Harper and Row, 1983.

LYNCH, K., *The Image of the City*. Cambridge, M.I.T. Press. Versión castellana: Ediciones Infinito. Buenos Aires, 1960.

MUMFORD, L., *The City in History*, Nueva York, Harcourt Brace Javanovich, 1961.

MURCIA NAVARRO, E., *Geografía Urbana. Una introducción sistémica*, Oviedo, Departamento de Geografía, 1979.

MURPHY, R. E., *The Central Business District*. Chicago, Aldine-Atherton, 1972.

NORTHAM, R. M., *Urban Geography*, Nueva York, Wiley, 1975.

POCOCK, D., y HUDSON, R., *Images of the Urban Environment*, Londres, Macmillan Press. 1978.

REICHERT, H., y REMOND, J., *Analyse Sociale de la Ville*, París, Masson, 1980.

SANTOS, M., *Geografía y Economía Urbana en los países subdesarrollados*, Barcelona, Oikos-tau, 1973.

— *O Espaço Dividido. Os Dois Circuitos da Economia Urbana dos Paisos Subdesenvolvidos*, Rio de Janeiro, Livraria Francisco Alves. Editoria, S.A., 1979.

SHORT, J. R., *An Introduction to Urban Geography*, Londres, Routledge and Kegan, 1984.

SJOBERG, G., *The Preindustrial City*, Nueva York, The Free Press, 1960.

TIMMS, D., *The Urban Mosaic. Towards a Theory of Residential Differentation*. Versión castellana por el Instituto de Estudios de Administración Local, Madrid, 1971.

TRICART, J., *L'Habitat Urbain. Cours de Géographie Humaine*, París, C.D.U., 1954.

WIRTH, L., «Urbanism as a Way of Life», *American Journal of Sociology*, 44, págs. 3-24. Versión castellana en Ediciones 3, Buenos Aires, 1938.

CAPÍTULO V

LOS ESPACIOS INDUSTRIALES

Ricardo Méndez

5.1. El análisis geográfico de la industria

5.1.1. *Relaciones entre la industria y el espacio*

En sociedades como la nuestra, la actividad industrial ocupa desde hace tiempo una posición destacada, tanto por su importancia relativa dentro de la estructura económica nacional, como por las transformaciones profundas que ha desencadenado en sus formas de organización políticas o sociales, sus pautas culturales, etc. Asímismo, la industria se ha constituido en principal elemento impulsor de buena parte de los cambios territoriales que han tenido lugar en el último siglo y que hoy cimentan sus estructuras espaciales. Como señala Rochefort, «en el mundo contemporáneo, la industria representa no sólo el elemento dinámico de la producción, sino también el elemento motor de muchos otros aspectos de las actividades humanas» (M. Rochefort, 1975, 112).

Considerar la influencia que el proceso industrializador ha tenido sobre la potenciación de los movimientos migratorios internos y exteriores, la concentración urbana, los desequilibrios interterritoriales, la segregación sociofuncional del espacio urbano, el deterioro del medio ambiente, etc., o el desigual comportamiento regional que hoy presentan los procesos de reconversión sectorial y reestructuración productiva, basta para evidenciar su notable importancia geográfica. Junto a ello, la existencia de unos espacios concretos —los industriales— con un morfología y una lógica de organización, distribución y evolución que les es propia, justifican sobradamente su necesaria inclusión dentro de una obra de geografía humana como la presente.

Partiendo de esta premisa, puede afirmarse que el estudio de las interrelaciones que vinculan la industria con el territorio que la sustenta se ha convertido en uno de los ámbitos de investigación geográfica más pujante y desarrollado en las tres últimas décadas dentro del panorama internacional de la disciplina, si bien en nuestro país ha resultado largamente postergado, e incluso totalmente ignorado, hasta época reciente, poniendo con ello de manifiesto las inercias y la escasa atención prestada a las demandas del entorno social, que han atenazado con frecuencia a nuestra disciplina [1].

En una apoximación inicial, el objeto propio de la geografía industrial puede, pues, definirse como el análisis del sistema de relaciones dialécticas que ligan, de forma genérica, la actividad industrial con el espacio. Tal como intenta mostrar el gráfico 5.1, la dependencia que muestran ambos elementos entre sí tiene un carácter recíproco. Por una parte, toda empresa fabril ocupa una posición concreta en el espacio derivada de una o varias decisiones de localización que inciden directamente sobre la competitividad y los márgenes de beneficio empresariales a través de sus efectos sobre los ingresos obtenidos, y sobre los costes de instalación y funcionamiento. Por esta razón, las pautas de localización —pese a la multiplicidad de decisiones empresariales de carácter individual que se superponen en un sistema de economía de mercado como el nuestro— tienden a ser repetitivas y a mostrar claras preferencias por ciertas áreas en detrimento de otras. Las características específicas del territorio, tanto por lo que se refiere a su dotación de recursos naturales, humanos y de capital, como a sus condiciones de accesibilidad, e incluso la existencia de una mayor o menor oferta de suelo a precios y en condiciones de adquisición ventajosas, parecen constituirse en factores explicativos esenciales, aunque no únicos, a la hora de buscar respuestas a estos comportamientos. En la investigación de sus efectos respectivos sobre las decisiones empresariales, la teoría de la localización se ha convertido en el área de estudio más ampliamente desarrollada hasta el presente, tanto por su interés estrictamente teórico, como por sus posi-

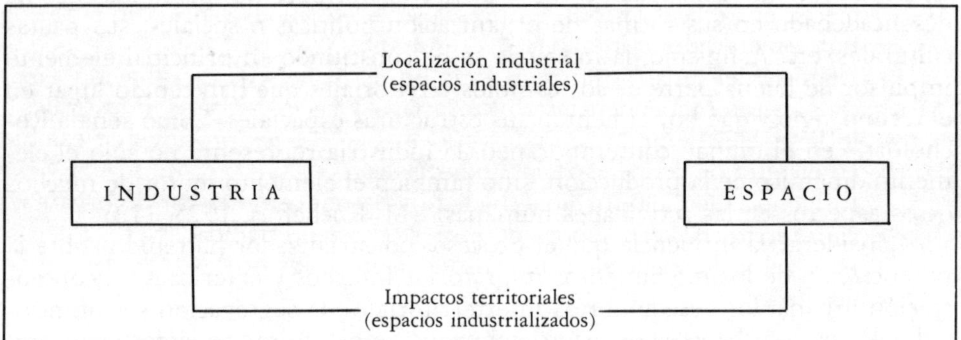

Gráfico 5.1 Relaciones industria-espacio

[1] Sin entrar ahora en análisis pormenorizados que no son del caso, baste con apuntar que desde 1970 a 1985 sólo se publicaron en España dos obras de carácter teórico específicamente dedicadas a la geografía industrial (las de Estall-Buchanan en 1970, y Frutos en 1983), escaseando también su presencia en otros textos de carácter general, en tanto el número de libros dedicados, por ejemplo, a la geografía agraria resultó tres veces superior.

bilidades de aplicación, bien desde la perspectiva empresarial, o para el diseño de políticas de ordenación territorial eficaces por parte de la Administración.

Pero si desde este punto de vista la industria puede considerarse como variable dependiente respecto de las condiciones territoriales, no debe tampoco ingnorarse que, desde el momento mismo de su implantación en un lugar concreto, las instalaciones fabriles generan una serie de efectos directos e indirectos sobre los restantes elementos del sistema territorial, alterando la distribución, caracaterísticas e, incluso, volumen de los efectivos demográficos, su estructura de clases o el conjunto de las actividades económicas preexistentes, reforzando las relaciones de dominación-dependencia interterritoriales, etc. Ésta serie de impactos derivados para un área concreta del desarrollo fabril, capaces de modificar algunas de sus características geográficas, introducen una temática complementaria de la anterior en donde las vinculaciones entre industria y territorio presentan una relación de causalidad inversa.

En consecuencia, las cuestiones específicas en las que la geografía ha aportado y puede seguir aportando ideas y experiencias de interés en el estudio de la realidad industrial, pueden concretarse en las siguientes:

— Búsqueda de la lógica subyacente a las distribuciones espaciales observadas de la actividad industrial, es decir, de los factores económicos y extraeconómicos que influyen sobre la localización y las estrategias de actuación de los distintos agentes con capacidad para organizar el espacio industrial (empresarios privados, promotores de suelo y polígonos, poderes públicos).
— Determinación de los modelos de localización resultantes en cada momento histórico, tanto en una perspectiva global, como desagregados sectorial y territorialmente, así como de las interrelaciones que se establecen entre las factorías, empresas y núcleos industriales, con la red de flujos materiales e inmateriales resultante.
— Análisis del dinamismo registrado en las pautas de distribución espacial, las interdependencias empresariales y las estructuras industriales a lo largo del tiempo o, lo que es lo mismo, de los procesos de cambio en el interior de los espacios industriales.
— Influencia ejercida por la actividad industrial como factor de organización territorial, generadora de importantes externalidades en su entorno y vehículo esencial en la consolidación de los procesos de desarrollo desigual.

De todo ello puede deducirse la existencia de dos grandes áreas de estudio que es posible incorporar en toda obra que intente compendiar las interrelaciones ya señaladas, y que resumen lo esencial de la bibliografía disponible hasta el momento en geografía industrial. Utilizando al efecto la terminología propuesta por Dézert y Verlaque, pueden identificarse con el análisis de los espacios industriales y de los espacios industrializados respectivamente (B. Dézert-C. Verlaque, 1980, 11). Los primeros se asimilan a aquellos ocupados directamente por las instalaciones de las empresas manufactureras, tanto de producción o de almacenamiento, como aquellas otras desde las que se realizan las funciones de dirección, gestión, investigacion, etc., identificadas de forma genérica como sedes sociales y crecientemente disociadas de las anteriores, salvo en el caso de la pequeña empresa. Pero junto a esos espacios tangibles y localizables sobre el mapa, la industria genera también toda una red de flujos entre sus componentes, tanto visibles (mercancías, personas) como invisibles (capitales, tecnología, información, decisiones), generalmente jerarquizados y disimétricos, que se constituyen en un factor de organización e integración territorial de primer orden y que no pueden , por tanto, ser ajenos al interés del geógrafo. Como afirma Castells, «el espacio de las organizaciones se hace un espacio abstracto, de flujos; el espacio de la gente se hace un espacio concreto, pero sin poder y sin capacidad de decisión con respecto al sentido de este espacio» (M. Castells, 1982, 15). En otras palabras, ese «espacio del poder» ha ido adquiriendo un protagonismo creciente a medida que se han concentrado las grandes decisiones que afectan la organización del espacio industrial —ya sea en manos de las grandes compañías o del Estado— y hoy es evidente, por ejemplo, que para interpretar las estrategias de localización que adoptan las empresas transnacionales que se instalan en España, o la crisis de sectores como la construcción naval, la siderurgia integral, etc., forzados a una intensa reconversión tanto en nuestro país como en el conjunto de la C.E.E., se hace indispensable recurrir al análisis de estos complejos sistemas de relaciones que en el seno de la división internacional del trabajo guían las estrategias concretas de las empresas. Desde esta interpretación, la geografía se identifica como una disciplina más de entre las múltiples interesadas por la realidad industrial (economía, sociología, organización empresarial, ingeniería...), con las que mantiene lógicos puntos de contacto, si bien ofrece una perspectiva y unos contenidos propios.

Sobre este conjunto de cuestiones que, por resultar de carácter más específico, son las que van a centrar nuestra atención en las páginas que siguen, no puede ignorarse la tradicional atención prestada a estudios sobre ámbitos estatales, regionales o urbanos, afectados en su morfología y funcionalidad por la implantación fabril. En tal sentido, puede afirmarse que en el transcurso del tiempo un número creciente de territorios han pasado a constituirse en verdaderos «espacios industrializados», por cuanto una parte sustancial de las transformaciones recientes y de su organización actual —salvadas las peculiaridades que puedan derivarse de sus específicas condiciones ecológicas, herencias histórico-culturales, etc.— se justifican en virtud de la lógica propia de la producción industrial. De esta manera, la geografía industrial encuentra un vínculo de unión con las restantes parcelas de la geografía humana (y con otras disciplinas no consideradas ahora) a través de la preocupación por numerosos problemas espaciales comunes, tal como intenta mostrar simplificadamente el gráfico 5.2.

El análisis geográfico de la industria cuenta, pues, con unos objetivos amplios y bien definidos, así como con unas realizaciones ya notables que le otorgan un destacado lugar entre las disciplinas geoeconómicas y que intentarán resumirse a continuación en sus aspectos más relevantes. No obstante, una presentación general de los estudios sobre geografía industrial debe incorporar también, aunque sea de forma abreviada, algunas referencias a las diversas maneras en que se ha ido abordando esta temática a lo largo del tiempo e, incluso, al propio concepto de industria que, utilizado con acepciones muy diversas según los casos, introduce una cierta confusión respecto a sus propios límites.

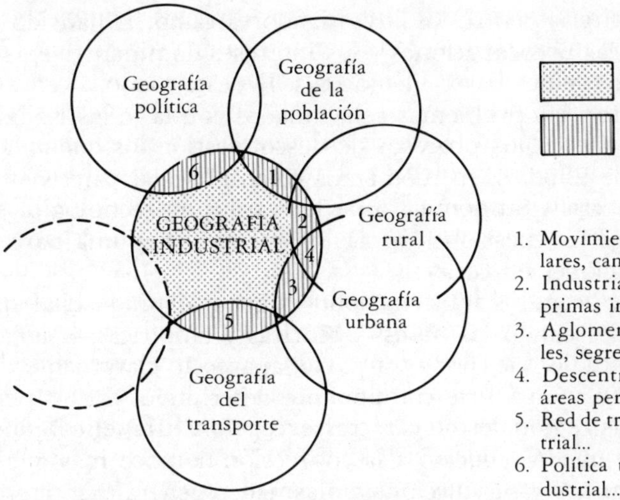

1. Movimientos migratorios y pendulares, cambio demográfico...
2. Industrialización rural, materias primas industriales...
3. Aglomeraciones urbano-industriales, segregación urbana...
4. Descentralización productiva en áreas periurbanas...
5. Red de transportes y difusión industrial...
6. Política territorial y desarrollo industrial...

Gráfico 5.2. Inserción de los estudios industriales en la Geografía Humana.

5.1.2. *Etapas esenciales en el análisis geográfico de la industria*

Al igual que ocurre en otros ámbitos de la geografía humana, las rápidas y profundas transformaciones que han afectado los estudios geoindustriales en el último cuarto de siglo, junto a su incorporación limitada y fragmentaria en la bibliografía publicada en castellano, conducen a una patente heterogeneidad entre los escasos textos disponibles y a una cierta confusión sobre el significado, las posibilidades y las principales líneas de investigación abiertas hoy en este terreno. Un breve repaso de las aportaciones más significativas que se han venido haciendo en las últimas décadas puede contribuir, por ello, a conseguir una mayor clarificación como base de partida para afrontar después el estudio de problemas concretos.

Con fines esencialmente didácticos, y pese a la inevitable simplificación que introduce, puede proponerse que la constante evolución registrada en el tratamiento dado por la geografía a las relaciones industria-espacio ha venido condicionada por la interacción de tres variables esenciales. En primer lugar, hay que tener presentes los importantes cambios que han afectado a la propia actividad industrial, tanto en sus aspectos de organización económica, como tecnológica y empresarial, generando con ello una alteración de sus comportamientos y de su impronta espacial que han modificado la propia realidad investigada. Al mismo tiempo, la geografía ha conocido toda una serie de transformaciones en los planos teórico y metodológico ya apuntadas al comienzo de esta obra, que han venido a cambiar tanto las preguntas que en cada momento se han considerado relevantes, como las respuestas ofrecidas y el modo de alcanzarlas, todo lo cual no podía por menos que afectar el tratamiento otorgado a los distintos elementos objeto de su interés, entre los que se encuentra la industria (aunque sin ignorar los fenómenos de inercia epistemológica que justifican la pervivencia de análisis escasamente funcionales en algunas obras de reciente publicación). Finalmente, las cuestiones que en cada momento han sido consideradas prioritarias entre los investigadores también han ido cambiando en relación con las preocupaciones y los intereses dominantes en su entorno, junto con las personales bases ideológicas. De este modo, si en un determinado periodo fueron los problemas relacionados con la industrialización y el crecimiento económico o los procesos de descongestión los que aglutinaron el mayor número de estudios, en momentos como el actual parecen ser los efectos derivados de la crisis económica o de la revolución tecnológica sobre los espacios industriales las cuestiones hacia las que se dirige una parte sustantiva de las investigaciones en curso.

Puede afirmarse que hasta los años cincuenta la geografía industrial apenas tuvo entidad propia, escaseando las obras —teóricas y empíricas— dedicadas específicamente a su estudio que, por otra parte, aparecían claramente dominadas por el formalismo y un fuerte componente descriptivo. En un periodo marcado por los análisis regionales de carácter excepcionalista, el conjunto de la geografía económica quedó reducido a la confección de poco más que simples inventarios de recursos y producciones, plasmados generalmente en mapas, que si bien presentaban en ocasiones un evidente interés informativo, adolecían de una marcada debilidad teórica (J.R. Smith, 1928; C.F. Jones, y G.G. Darkenwald, 1944). El alejamiento explícito de formulaciones abstractas, identificadas por lo común como dominio exclusivo de la economía y rechazadas por excesivamente simplificadoras (E. Otremba, 1955, 239), justificó el predominio de obras dedicadas a compendiar la evolución y características de los principales sectores industriales —en particular los básicos y de mayor tradición como la siderurgia, la metalurgia pesada o el textil, además de la minería— y su distribución espacial a escala mundial, apelando con frecuencia a la proximidad de los recursos naturales, de los mercados o a causas históricas (tradición artesanal, secular enclave en la red de comunicaciones, iniciativa empresarial...) para explicar la existencia de las grandes regiones manufactureras. El establecimiento de tipologías de paisajes industriales, caracterizadas también por la prioridad a lo descriptivo frente a lo explicativo y la atención a los casos particulares, supuso un enfoque complementario, particularmente desarrollado desde entonces en la geografía francesa (A.S. Bailly, y H. Beguin, 1982, 133-136). La afirmación hecha por Smith de que «a mediados de la década de 1950 la geografía humana continuaba ignorando en gran parte los métodos científicos utilizados normalmente en otros campos, como la economía y la sociología» (D.M. Smith, 1980, 23), es perfectamente válida para describir la situación de los estudios geoindustriales.

A partir de entonces, e inmersos en la denominada «revolución teorético-cuantitativa», los análisis sobre el espacio industrial conocieron una mutación en apenas una década que puede calificarse de espectacular. El acercamiento de los geógrafos a los métodos y los conceptos utilizados ya por otras ciencias sociales, en particular la economía, materializó el deseo de homologar nuestra disciplina como ciencia de carácter nomotético. Esta aproximación inicial, apoyada también en el paralelo desarrollo de la llamada «ciencia regional» propuesta por Isard, vino a facilitar la progresiva integración en el estudio de los efectos espaciales de la actividad económica. En el ámbito geográfico, se tradujo en una masiva incorporación del cuerpo teórico elaborado por los economistas al estudio de la distribución espacial de la industria.

El fuerte desarrollo registrado en esos años por el análisis locacional, hasta llegar a convertirse en la base de la moderna geografía económica, con obras tan significativas como las de Chisholm (1966) o Lloyd-Dicken (1972), encontró en los estudios industriales su mejor expresión, y las teorías y modelos sobre los condicionamientos y procesos de localización industrial llegaron a situarse durante algún tiempo en la vanguardia de las innovaciones registradas por la geografía humana en su conjunto. Un alto grado de abstracción en los razonamientos, matematización en el lenguaje, economicismo en el planteamiento de las cuestiones (siempre dentro de las coordenadas de la teoría económica neoclásica), junto a una marcada prioridad a los problemas locacionales en cuanto a los contenidos, se convirtieron ahora en los rasgos más llamativos de la nueva geografía industrial, resumidos en obras como las de Hamilton (1967) o Smith (1971). La reducción de la descripción regional a un mero instrumento para verificar o refutar las hipótesis interpretativas establecidas por la teoría locacional, trastocó la importancia otorgada con anterioridad a ambos aspectos en los textos geográficos.

No obstante, esta ruptura con el periodo anterior sólo alcanzó, de hecho, al mundo anglosajón y a otras áreas estrechamente vinculadas a él como pueda ser el norte de Europa. Por el contrario, tanto en Francia como en otros países de la Europa meridional se mantuvo casi intacta la anterior disociación entre geografía y economía, siendo lentas y escasas las modificaciones introducidas en los textos publicados sobre geografía industrial, tales como los de Chardonnet (1965), Sanz García (1960), e, incluso, Gachelin (1977), Dézert-Verlaque (1978) o Frutos (1983). El desequilibrio entre la atención prestada a los aspectos descriptivos y a las teorías explicativas no conoció grandes variaciones, y la afirmación explícita de que «una de las mayores dificultades para la elaboración de una teoría general de la localización industrial (reside) en la complejidad del hecho industrial» (B. Dézert y C. Verlaque, 1978, 60), no hace sino evidenciar la renuncia a la formulación de principios generales.

Pero si importantes fueron las novedades introducidas en los años sesenta, no le han ido a la zaga las que han tenido lugar desde comienzos del siguiente decenio y hasta la actualidad, aunque ahora las direcciones en que se han producido resulten mucho más dispares.

De un lado, y con referencia a las teorías sobre localización, tuvo lugar la incorporación de las denominadas «perspectivas críticas» que, en esencia, vinieron a cuestionar el excesivo mecanicismo y economicismo de los plantemaientos anteriores, así como su aparente objetividad, rechazando los supuestos de comportamiento racional implícitos, e interesándose, en cambio, por destacar los factores psicosociales y de índole política que influyen sobre las decisiones de localización tomadas por los empresarios (F.E.I. Hamilton, 1974; M. Castells, 1975; D. Massey y R. Meegan, 1985). La progresiva sustitución de los postulados neoclásicos por los enfoques conductistas y estructuralistas de base marxista, vino acompañada por la irrupción de nuevas cuestiones de evidente interés como puedan ser las estrategias locacionales de las empresas multinacionales, la influencia creciente del poder público a través de la política territorial, una mayor atención a los fenómenos de industrialización en el Tercer Mundo, etc. (M. Pacione, 1985).

Casi al mismo tiempo, se realizaron los primeros intentos por incorporar los conceptos y la metodología analítica desarrollados por la Teoría General de Sistemas al estudio de los espacios industriales (F.E.I. Hamilton y G.J.R. Linge, 1981; J. Rees, 1981). La redefinición del objeto de la disciplina como búsqueda de los principios que rigen la estructura y el dinamismo de los sistemas industriales, junto a la incidencia ejercida por la industria sobre el sistema territorial (con particular atención a sus efectos sobre el sistema urbano, el medio ambiente o el bienestar social), ha venido a poner de manifiesto la necesidad de dar un tratamiento integrado a los fenómenos industriales en su consideración espacial, facilitando asimismo la integración coherente de las diversas escalas de análisis y de los procesos evolutivos. A partir de esta nueva visión, «explicar el espacio industrial es hacer inteligibles su estructura y su dinámica a diversas escalas» (C. Manzagol, 1980, 177).

Desde hace poco más de un lustro, asistimos a la emergencia de una nueva «fase crítica» —en términos kuhnianos— dentro de la evolución que estamos describiendo. La formalización y consolidación de la crisis estructural que hoy vivimos, interpretada como crisis esencialmente industrial dentro del mundo desarrollado capitalista, no sólo ha generado la aparición de realidades desconocidas hasta hace poco (recesión y paro en regiones industriales tradicionales y en ciertas metrópolis sometidas a procesos de reconversión, descentralización productiva hacia regiones periféricas y espacios rurales, surgimiento de nuevos países industriales, desarrollo de la economía sumergida...), sino que también ha traído consigo el cuestionamiento de una parte de las teorías en que se cimentaba nuestra interpretación del mundo que hoy parece derrumbarse. Por este motivo, aspectos como el presente y el futuro de las aglomeraciones urbano-industriales, los procesos de descentralización productiva y la «fábrica difusa», los efectos de las nuevas tecnologías sobre la reorganización de los modelos espaciales, o las nuevas políticas territoriales que se ensayan, son objeto hoy de una atención inusitada, tanto por parte de científicos, como de empresarios y miembros de las administraciones públicas, que intentan vislumbrar las tendencias que se apuntan al final de este periodo de reorganización del sistema productivo (P. Dockes y B. Rosier, 1981). Es significativo señalar que la actual Comisión de «Cambio Industrial», existente desde 1984 en el seno de la Unión Geográfica Internacional (sustituyendo a la de «Sistemas industriales» creada en 1976), ha dedicado sus dos últimas reuniones anuales a estudiar monográficamente las cuestiones relacionadas con «Tecnología y cambio industrial» (Nimega, 1985) y «Periferialización y cambio industrial» (Madrid, 1986).

Resulta, por tanto, innegable que «desde 1970 la investigación en geografía industrial se ha ampliado significativamente y su ámbito de estudio presenta ahora una notable diversidad» (M. Pacione, 1985, I). Dentro de este marco general, el estudio de las fuerzas o factores que guían la localización de la industria en el territorio y su dinamismo, la organización interna y las relaciones que articulan esos espacios, así como los efectos generados sobre su entorno, pueden resumir las cuestiones más relevantes hoy para la geografía en su consideración del hecho industrial.

5.1.3. *Delimitación y características de la actividad industrial*

Una última consideración necesaria antes de abordar este conjunto de temas específicos se relaciona con la dificultad y consiguiente heterogeneidad que preside la propia definición de «industria», cuyo exponente más grave viene a ser la diversidad de actividades que en ocasiones presentan las diferentes estadísticas industriales y los consiguientes problemas de comparación que de ello se derivan.

Aunque una primera limitación en este sentido se debe a la acepción extraordinariamente amplia con que a veces se emplea el término —identificando como industrial toda actividad humana o, al menos, toda actividad productiva—, los conflictos más habituales se generan al intentar diferenciar la actividad manufacturera en sentido estricto de otros sectores con los que guarda ciertas vinculaciones como la construcción, la minería, la obtención de energía eléctrica o la artesanía. Aún cuando no cabe negar la existencia de rasgos comunes en sus formas de organización del trabajo, procesos productivos, etc., el sector manufacturero mantiene una personalidad evidente desde el punto de vista geográfico que, siguiendo en buena medida los rasgos apuntados ya por Chardonnet y recogidos por Manero (F. Manero, 1984, 198-200), puede cifrarse en tres aspectos fundamentales.

Respecto a su objeto, y frente a las actividades extractivas, lleva a cabo la transformación de una o varias materias primas (en bruto o semielaboradas) en productos de naturaleza diferente, con la consiguiente aportación de trabajo e incremento de valor que de ello se deriva. Los bienes así obtenidos pueden estar acabados (ya se trate de bienes de consumo final o de equipo), o corresponder simplemente a piezas y componentes a ensamblar en cadenas de montaje, bien de la propia empresa o de otras. Respecto a las condiciones técnicas de producción, y frente al artesanado, se caracteriza por el uso generalizado de medios mecánicos, conjugados con una creciente racionalización productiva manifestada en una división del trabajo cada vez más acusada y una producción en serie, que permite maximizar las economías de escala ligadas a la especialización y la fabricación en grandes volúmenes. Puede decirse, por tanto, que «hay industria cuando hay máquina en vez de herramienta» (J.L. Sampedro y R. Martinez Cortiña, 1973, 576). Como resultado de este proceso, se han incrementado las necesidades de inversión en tecnología, suelo e instalaciones, el consumo de energía y de fuerza de trabajo, etc., alterando con ello las condiciones de implantación espacial. Finalmente, y por lo que se refiere a sus pautas de localización, frente a la construcción, la industria aparece asociada estrechamente a la noción de «fábrica», como establecimiento productivo en el que se llevan a cabo los diferentes procesos, con un emplazamiento concreto en el espacio y relativamente fijo en el tiempo, diferenciado de los lugares de consumo e inmerso en una red de flujos de entradas (inputs) y salidas (outputs) que afectan directamente su funcionamiento y rentabilidad (gráfico 5.3).

Éste es el tipo de actividades —subdivisibles según el volumen de recursos utilizados (industrias pesadas y ligeras), el tipo de productos obtenidos (textiles, metalúrgicas, químicas...), etc.— que ha sido tradicionalmente objeto de atención por la geografía industrial. No obstante, el indudable proceso de terciarización económica que conocen las llamadas sociedades postindustriales ha ido abriendo paso al análisis de las pautas locacionales que presentan tanto los centros de decisión de las grandes empresas, como aquellas actividades de servicios que mantienen estrechas relaciones con las empresas industriales, hasta desbordar en la actualidad la exclusiva consideración de las funciones productivas (P.W. Daniels, 1985).

5.2. Las fuerzas organizadoras del espacio industrial y la evolución en las pautas de localización

5.2.1. *El desigual reparto de la actividad industrial*

Aun cuando el espacio geográfico se define como esencialmente heterogéneo y dinámico en su organización y características, pocos elementos dentro de él presentan una localización a la vez tan selectiva y cambiante como la industria. En efecto, cualquiera que sea la escala de análisis y el tipo de indicadores empleados para medir su importancia, una distribución desigual y una tendencia a la concentración territorial más acusada que la que registran la población y la mayoría de las restantes actividades económicas se constituyen en dos de sus rasgos geográficos esenciales.

En el ámbito internacional, hace apenas dos décadas la situación general estaba dominada por el marcado dualismo que oponía, de una parte, a los países desarrollados de economía industrial, con un fuerte peso de esta actividad tanto en el empleo, como en el P. I. B. o en el conjunto de las exportaciones, frente a los países subdesarrollados de economía agraria, exportadores de factores productivos (materias primas y energía, alimentos, fuerza de trabajo...) hacia los primeros, lo que permitía establecer una clara identificación entre los conceptos de industrialización y desarrollo. Es evidente que el origen de esa contraposición se remonta al desigual comportamiento seguido por las diferentes regiones del mundo con relación al proceso de Revolución Industrial iniciado hace ahora dos siglos en la Europa noroccidental (T. Kemp, 1974; P. Bairoch, 1975), si bien la posterior difusión de la actividad fabril hacia las áreas semiperiféricas y los esfuerzos de industrialización acelerada desarrollados en nuestro siglo por ciertos países de economía planificada, vinieron a introducir una mayor complejidad en los modelos distributivos.

De este modo, en 1975 los países inmersos en las áreas consideradas habitualmente como desarrolladas (Europa, América del Norte, Unión Soviética, Japón y Australia-Nueva Zelanda), con alrededor de una cuarta parte de la población mundial, representaron el 91,5 por 100 de la producción industrial total, y aún en 1982 mantenían una participación cercana al 90 por 100, consumiendo prácticamente el 85 por 100 de la energía primaria generada. Sólo los Estados Unidos, la Unión Soviética y la Comunidad Económica Europea se repartieron cerca del 60 por 100 de esa cifra global, con apenas el 18 por 100 de los habitantes del planeta. Este patente desequilibrio se acentúa al considerar, por ejemplo, el país de origen y la implantación de la sede social correspondiente a las cien mayores empresas industriales por su cifra de ventas en 1983, pues 93 de ellas se situaban en el área desarrollada capitalista (de las que 48 se hallan en Estados Unidos, 10 en la R. F. Alemana y 9 en Japón), mientras que tan sólo 7 lo hacían en áreas periféricas, destacando en ellas la clara hegemonía de las vinculadas al petróleo y la importancia alcanzada ya desde comienzos de la presente década por Corea del Sur, que era sede de tres de estas grandes empresas.

Pero si la situación se analiza en una perspectiva dinámica, el diagnóstico debe modificarse, al menos parcialmente, atendiendo a los cambios registrados en los últimos años, que desdibujan algunos de los rasgos que definían el panorama anterior (P. George, 1949). Si a mediados del pasado decenio existían ya evidencias de fenómenos industrializadores de una cierta entidad en algunos países del Tercer Mundo, que hicieron estimar a la O. N. U. D. I. (Organización de las Naciones Unidas para el Desarrollo Industrial) que en el año 2000 la participación de este área en el total de la producción industrial mundial llegaría al 13,9 por 100, frente a sólo el 6,9 por 100 en 1960, el 7,3 por 100 en 1970 y el 8,5 por 100 en esa fecha (O. N. U. D. I., 1979, 62-66), el proceso parece haberse acelerado decididamente desde entonces.

En el pasado reciente, el fuerte aumento del paro[2] y la aparición de procesos desindustrializadores y de reconversión en bastantes regiones del mundo desarrollado se contraponen e interrelacionan con los actuales procesos de industrialización que registran ciertos países asiáticos, latinoamericanos y, en menor medida, africanos, que han consolidado la opinión de que asistimos a una reorganización en los esquemas de división internacional del trabajo anteriormente vigentes (F. Fröbel, J. Heinrichs y O. Kreye, 1980). Así, en el momento presente, las estadísticas industriales internacionales —sobre todo si se consideran dinámicamente— ofrecen una panorámica bastante compleja, tal como reflejan los cuadros 5.1 y 5.2, ante las altas tasas de crecimiento que en términos comparativos muestran ciertos países subdesarrollados con economía de mercado desde comienzos de los años setenta, tanto respecto a la producción obtenida (que multiplica por 1,67 el promedio mundial), como, sobre todo, respecto al empleo (al triplicar ese promedio). De este modo, países como Corea del Sur, Filipinas, Hong Kong, Taiwán, Singapur, Egipto, Nicaragua, Perú o Turquía, que hasta hace unos pocos años no tenían la menor entidad industrial, superaron en 1982 la participación del sector dentro del P. I. B. nacional lograda en Estados Unidos (22 por 100), y otros como Costa Rica, México, Tailandia, Malasia, Zambia, etc., se sitúan ya en cifras próximas.

Esta industrialización de la periferia mundial es, además, muy distinta de la ocurrida con anterioridad y principalmente en el área latinoamericana (Brasil, Argentina, Chile...), orientada, ante todo, a satisfacer la demanda interna en bienes de consumo mediante un proceso de sustitución de importaciones apoyado en fuertes barreras arancelarias. Ahora se trata, en esencia, de la transferencia de determinadas producciones caracterizadas en su mayoría por el empleo de una tecnología relativamente simple e intensivas en trabajo y/o energía, hacia un número mayor de países (sobre todo del sur y sudeste de Asia,

[2] Que en el segundo semestre de 1985 se situó en el 8,5 por 100 para el conjunto de la O. C. D. E. (equivalente a 31,7 millones de desempleados), y hasta un 11,5 por 100 de promedio para los países europeos pertenecientes a la organización, con tasas extremas en los casos de España (21,5 por 100), Turquía (16,3 por 100), Irlanda (16,2 por 100), los Países Bajos (15,2 pro 100) y Bélgica (13,7 por 100).

CUADRO 5.1.

EVOLUCIÓN DE LA PRODUCCIÓN INDUSTRIAL EN EL MUNDO 1970-1982

	INDUSTRIA MANUFACTURERA (1975 = 100)				
	1970	1975	1979	1982	Tasa crecimiento anual (1970-82%)
Mundo	82	100	125	125	3,6
P. economía planificada	65	100	126	139	6,5
P. desarrollados capitalistas	90	100	123	117	2,2
P. subdesarrollados	70	100	129	141	6,0
Europa	91	100	116	112	1,8
América del Norte	90	100	131	116	2,1
América Latina	70	100	126	127	5,1
Asia (sin Israel y Japón)	69	100	133	154	6,9
Oceanía	93	100	106	101	0,7

Fuente: O. N. U. Industrial Statistics Yearbook, 1982.

CUADRO 5.2.

EVOLUCIÓN DEL EMPLEO INDUSTRIAL EN EL MUNDO 1970-1982

	INDUSTRIA MANUFACTURERA (1975 = 100)				
	1970	1975	1979	1982	Tasa crecimiento anual 1970-82 (%)
Mundo	91	100	108	108	1,6
P. economía planificada	90	100	106	106	1,4
P. desarrollados capitalistas	103	100	101	94	- 0,8
P. subdesarrollados	73	100	122	124	4,9
Europa	102	100	97	89	- 1,1
América del Norte	105	100	114	102	- 0,2
América Latina	73	100	110	109	3,7
Asia (sin Israel y Japón)	73	100	126	129	5,3
Oceanía	98	100	94	95	- 0,3

Fuente: O. N. U. Industrial Statistics Yearbook, 1982.

Caribe...) en los que puede lograrse una importante reducción de costes para las empresas ante la abundante mano de obra barata, poco conflictiva y con alta productividad disponible, y las facilidades (fiscales, financieras...) otorgadas por los respectivos gobiernos. Lo esencial de esta producción se destina a la exportación hacia países desarrollados, bien en forma de artículos acabados, o de piezas y componentes que deberán ser ensamblados en lugares diferentes, en virtud de las ventajas comparativas que cada territorio pueda ofrecer a las sucesivas fases productivas (T. Kolodziej, 1984). Resulta evidente la fuerte dependencia de todo el proceso respecto de las grandes sociedades multinacionales que, al descentralizar una proporción creciente de su producción apoyándose en la mejora de los transportes y una creciente segmentación de los procesos productivos con objeto de aumentar sus tasas de beneficio, desbordan cada vez en mayor medida las fronteras estatales e incrementan la transnacionalización de la economía mundial (S.H. Hymer, 1982; C. Palloix, 1975).

El propio significado de estos procesos industrializadores facilita el mantenimiento e, incluso, la profundización de su carácter selectivo, tanto sectorial como geográfico, y dependiente (O. Sunkel, 1980; P. Salama y P. Tissier, 1982). Por un lado, el trasvase de capacidad productiva se orienta prioritariamente —tal como ya se ha apuntado— hacia actividades que exigen abundante fuerza de trabajo poco cualificada y tecnología «madura» (según la «teoría del ciclo del producto» de Vernon), en tanto las que generan mayor valor añadido, con altos niveles tecnológicos y de capitalización se resisten en mayor medida a abandonar su fuerte concentración en los países desarrollados (R. Vernon, 1966). Así, por ejemplo, mientras en 1982 el Tercer Mundo alcanzaba el 61 por 100 y el 62,5 por 100 de la producción mundial de hilados y tejidos de algodón respectivamente, sólo representaba el 15,0 por 100 en la de lingotes de acero y lavadoras, el 10,2 por 100 en la de motores eléctricos, el 9,2 por 100 en calculadoras, etc. Incluso en el proceso de fabricación de un determinado bien, cada vez es más frecuente el desplazamiento, por parte de la gran empresa, de aquellas fases que exigen trabajo manual hacia la periferia, en tanto las más mecanizadas o con exigencias de personal cualificado se mantienen en los países centrales (A. Lipietz, 1984). Como recuerda Aydalot, «el desarrollo del centro depende de la capacidad y de las posibilidades de librarse de las actividades en declive en beneficio de las actividades sofisticadas» y, en este sentido, «la movilidad de los procesos productivos puede considerarse como una gran invención del capitalismo para enfrentarse a la disminución del beneficio» (Ph. Aydalot, 1976, 296).

Igualmente, la instalación de factorías afecta de modo muy desigual a estos países, cuya capacidad de atracción sobre las inversiones procedentes del exterior se relaciona directamente como los costes y la conflicitivdad de su fuerza de trabajo, la elasticidad del mercado laboral, el favorable trato fiscal, aduanero y financiero otorgado por cada gobierno e, incluso, la diferente accesibilidad respecto a los mercados del mundo desarrollado. En el interior de sus territorios, el carácter extrovertido que caracteriza este modelo de industrialización ha beneficiado la localización casi exclusiva de las empresas en los grandes puertos del litoral o, en su defecto, junto a las grandes ciudades, que cuentan con las condiciones más favorables para el transporte de las mercancías. La aparición y el notable desarrollo de las zonas francas («free zones») como espacios delimitados y claramente segregados con relación al resto del territorio nacional, destinados a ofrecer las condiciones más favorables para la implantación de empresas foráneas (infraestructuras, legislación en materia aduanera y fiscal...), ha encontrado en esos enclaves generalmente litorales su emplazamiento óptimo.

Si la desigualdad marca, pues, la distribución y el desarrollo reciente de la industria en el contexto internacional, no son menos contrastados los comportamientos locacionales de los empresarios observables en los ámbitos estatal, regional o urbano, más allá de las peculiaridades propias de cada caso, y tanto más evidentes cuanto más pequeña sea la unidad espacial de análisis utilizada.

5.2.2. *Los intentos de explicación teórica*

La conciencia del desigual reparto y del constante dinamismo que caracterizan la actividad industrial a cualquier escala que se considere, hizo surgir, ya desde la pasada centuria, diversos intentos de justificación basados en principios de carácter general que fueron progresivamente integrados dentro de una serie de teorías explicativas a partir del primer decenio de nuestro siglo, vinculadas prioritariamente en sus inicios a la escuela alemana de economía espacial.

Pese a que durante mucho tiempo el desarrollo de la teoría de localización industrial fue patrimonio exclusivo de los economistas, resulta indudable que «la propia palabra "localización" implica la existencia de relaciones, inter-relaciones y estructuras espaciales, por lo que los modelos de localización industrial son, por definición, parte de la geografía» (F. E. I. Hamilton, 1971, 297). Con esta conciencia, los análisis locacionales de carácter teórico se incorporaron decididamente desde los años sesenta, hasta llegar a constituir «una de las ramas más desarrolladas de la geografía humana moderna, con un conjunto extenso de teorías y muchos modelos operativos para dirigir la selección de los puntos industriales» (D. M. Smith, 1980, 456), lo que no obsta para que aún sean evidentes ciertas debilidades en la explicación de una realidad tan compleja como la industrial.

A lo largo de su ya dilatada historia, la teoría de localización industrial se ha consolidado, manteniendo una serie de premisas básicas que pueden resumirse en las siguientes:

— Toda unidad de producción industrial ocupa un emplazamiento definido que se inscribe dentro de una estructura espacial, vinculada a otros puntos de ese espacio a través de una red de flujos materiales e inmateriales (gráfico 5.3) que condicionan su propia eficiencia productiva y rentabilidad. De particular importancia son sus relaciones con proveedores y consumidores que, al distribuirse de manera desigual, impulsarán también una localización selectiva de las factorías.

— Como consecuencia de esas vinculaciones, el comportamiento espacial de las empresas no tendrá un carácter aleatorio, sino que, dependiendo del sistema político-económico imperante, existirán unas pautas relativamente similares que evolucionan con el tiempo. Así, en el sistema capitalista —que va a analizarse aquí prioritariamente por ser el que explica la realidad circundante— la asignación de localizaciones se rige, ante todo, por el mecanismo de competencia entre los diversos agentes con capacidad de actuación (empresarios, promotores, poderes públicos), regulado a través de los precios en el mercado y orientado hacia la obtención de un beneficio. Por su parte, en las economías de planificación centralizada, la hegemonía del Estado y la sustitución total o parcial del mercado permite incorporar los objetivos de carácter social (aprovechamiento integral de los recursos naturales y humanos, equilibrio territorial...) a los estrictamente económicos, si bien en la práctica la búsqueda de un crecimiento acelerado parece haber limitado su incidencia efectiva.

— En estas condiciones, los empresarios (privados o públicos) encontrarán una serie de utilidades y desutilidades —reales o percibidas— específicas en determinadas localizaciones, lo que originará una frecuente repetición de sus estrategias espaciales y la consiguiente tendencia a la concentración. Por esta razón, «a pesar de la complejidad de las decisiones individuales de emplazamiento, las grandes variaciones regionales en las condiciones físicas y económicas, y la existencia de otras presiones (especialmente de la actividad gubernamental), los modelos típicos de localización aparecidos en industrias dadas suelen ser con frecuencia similares en los diversos países» (R. C. Estall y R. O. Buchanan, 1970, 163). Será posible, pues, establecer generalizaciones empíricas de carácter probabilista a partir de las tendencias observadas, y hacia ello se ha orientado durante décadas la teoría de localización industrial.

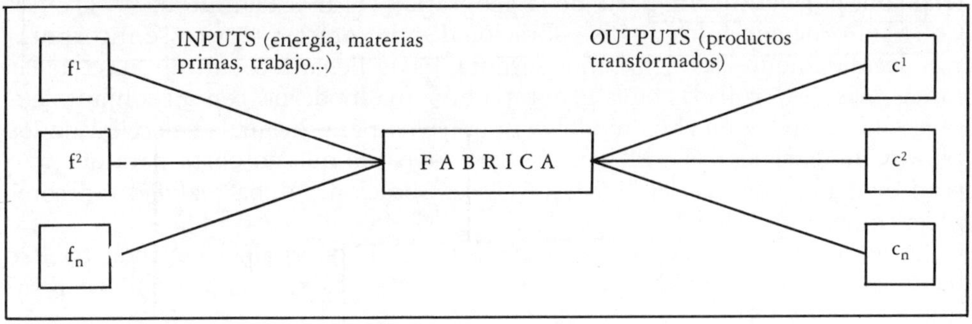

Gráfico 5.3. Red de flujos que afectan el funcionamiento de la planta industrial.

No obstante, la distancia que media entre los análisis «clásicos», realizados en el primer tercio del siglo, y los más recientes resulta manifiesta, tanto por la desigual importancia otorgada a los diversos factores que pueden guiar las decisiones locacionales de los empresarios, como por la propia óptica espacial adoptada, que ha modificado las cuestiones que en cada momento se consideraron solubles y relevantes, así como lo que pueden ser respuestas satisfactorias. Por esta razón, los textos que intentan sintetizar la enorme cantidad de trabajos teóricos y empíricos disponibles hoy caen, con frecuencia, en la mera enumeración descriptiva de autores o de factores condicionantes que, además de ocasionar una cierta confusión, dificulta una valoración crítica de las mismas desde la perspectiva actual.

Con el fin de intentar superar algunas de estas deficiencias, en las páginas que siguen las referencias a los diversos condicionantes que pueden afectar la distribución espacial de la industria se han procurado organizar a partir de un argumento central que desarrolla el ya esbozado a propósito de la evolución seguida por la geografía industrial en su conjunto. El principio esencial que lo fundamenta, radica en la consideración de que los cambios registrados en el tiempo por las teorías sobre localización industrial han venido presididos por la evolución de una serie de elementos interrelacionados, tal como sugiere el gráfico 5.4.

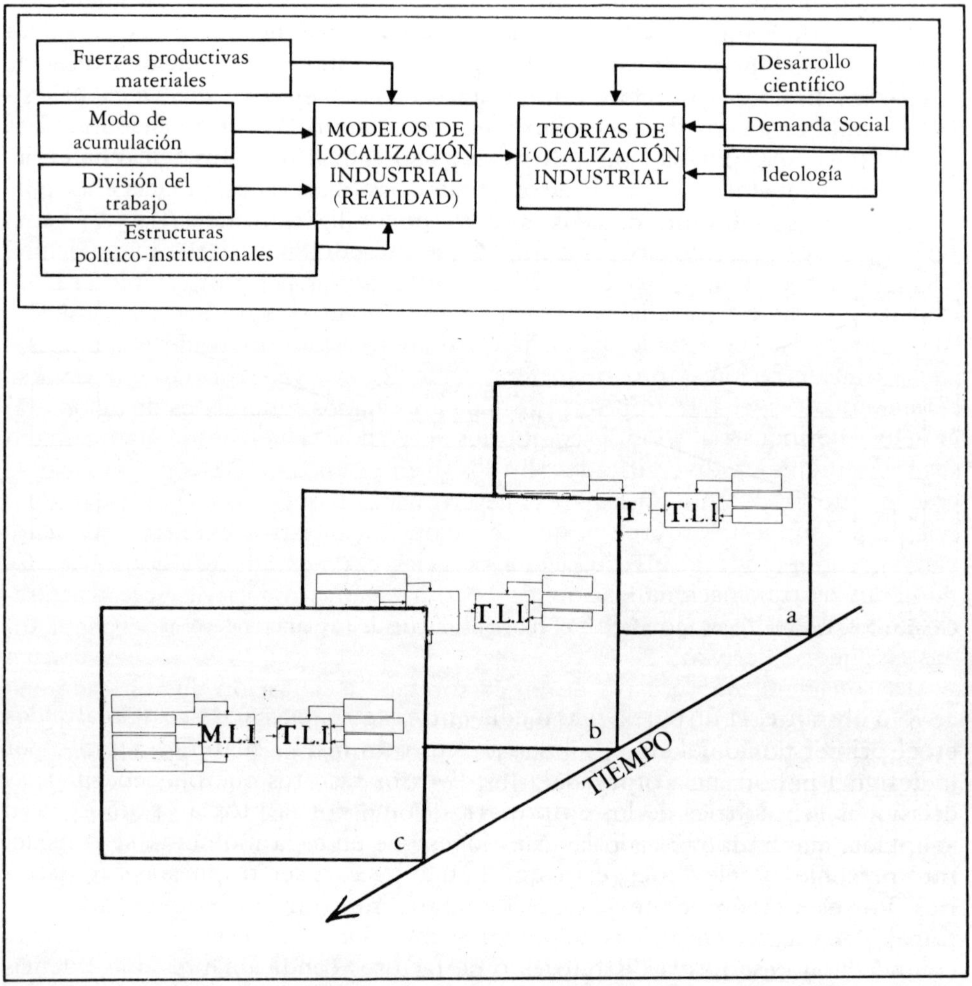

Gráfico 5.4. Factores condicionantes en la evolución de las teorías sobre localización industrial.

De un lado, las perspectivas teóricas han de partir de una realidad industrial cambiante históricamente, tanto por lo que se refiere al desarrollo de las fuerzas materiales disponibles en cada momento, como a sus estructuras organizativas (características empresariales, relaciones de producción, división técnica y espacial del trabajo...), o al marco jurídico e institucional imperante, que afectan de modo directo las pautas de localización empresariales y los modelos distributivos resultantes. A su vez, los intereses dominantes en la sociedad en cada tiempo y lugar, el desarrollo conceptual y metodológico producido en el ámbito de las ciencias sociales, o la posición ideológica del investigador, han tenido también su reflejo en las distintas formas de concebir y llevar a cabo los estudios sobre la lógica espacial de la industria.

Las transformaciones registradas por cada uno de esos elementos han impulsado una modificación constante en las teorías sobre localización industrial, si bien no de manera sincrónica y con importantes inercias en determinados casos que limitan la propia operatividad de este modelo explicativo. Pueden, no obstante, apuntarse tres etapas esenciales, identificables en buena medida con las sucesivas fases de desarrollo del capitalismo. A la primera de ellas, inaugurada por la Revolución Industrial de los siglos XVIII-XIX, le correspondieron los primeros intentos de explicación (teorías «clásicas» y sus desarrollos posteriores), preocupados ante todo por determinar las causas económicas generadoras de la fuerte selectividad espacial que presenta la moderna manufactura, desde una óptica empresarial y microeconómica interesada por establecer la localización óptima para una factoría dada. Más tarde, el paso hacia el capitalismo monopolista de Estado, ya en nuestro siglo, estuvo marcado por una creciente concentración, tanto financiera, como técnica y territorial, que tuvo su reflejo en la prioritaria atención prestada ahora a los fenómenos de aglomeración urbano-industrial y los desequilibrios derivados, si bien desde planteamientos crecientemente diversificados. En los últimos años, la crisis del modelo de crecimiento precedente en las áreas desarrolladas ha venido a cuestionar algunos de los supuestos sobre los que se asentaban nuestras explicaciones anteriores, reorientando la investigación hacia las razones que subyacen a los fenómenos de transnacionalización, descentralización productiva y reestructuración empresarial actualmente en curso, así como los efectos sobre el mapa industrial que se derivan.

La consideración sucesiva de los factores de localización que en cada uno de esos tres períodos centraron la atención de los analistas, precedida por una breve descripción del contexto industrial imperante, puede ser por ello un método eficaz para llegar a interpretar en qué dirección apuntan hoy los debates más vivos dentro de este campo, y qué funcionalidad pueden mantener las interpretaciones dadas en el pasado para entender aún nuestra realidad industrial presente.

5.3. LA PRIMERA REVOLUCIÓN INDUSTRIAL Y LAS TEORÍAS CLÁSICAS DE LOCALIZACIÓN

5.3.1. *Rasgos estructurales de la actividad industrial*

El conjunto de transformaciones en todos los órdenes de la sociedad que introdujo desde finales del siglo XVIII la llamada Revolución Industrial —primero en Inglaterra y más tarde en otros países noroccidentales de Europa, además de Estados Unidos, o Japón tras la Revolución Meijí— supuso una profunda ruptura en las estructuras productivas características de la actividad manufacturera hasta ese momento, que conllevaron importantes cambios en su distribución.

Por lo que se refiere al desarrollo de las fuerzas productivas materiales, el cambio fundamental se relacionó con la progresiva sustitución del trabajo manual propio del taller artesanal, por la mecanización de las labores y la fabricación en serie, lo que supuso un cambio de escala (aumento de inputs y outputs empresariales, de sus necesidades en suelo y capital...) que forzó una mayor selectividad en la localización, frente a la relativa dispersión anterior. Particular importancia adquirió en ese momento el carbón como fuente de energía básica y localizada esporádicamente, frente a la mayor ubicuidad de las utilizadas con anterioridad (agua, viento, madera...), atrayendo decididamente hacia sus proximidades la implantación de un buen número de factorías. Paralelamente, la aplicación de la innovación tecnológica al transporte permitió una ampliación de las áreas de abastecimiento y mercado para las empresas, que incrementó también la competencia y la especialización territorial, facilitando además la movilidad de la población y su desplazamiento hacia los centros urbanos e industriales en los que se realizaba la acumulación de las plusvalías (J. Cardelús y A. Pascual, 1979). Pese a todo, el incremento de los costes de transporte con la distancia era aún bastante acusado, lo que limitaba las posibilidades de instalación para muchas empresas orientándolas hacia las proximidades de los recursos naturales que empleaban, los mercados de consumo o los nudos principales en la red de comunicaciones. Finalmente, durante este periodo los sectores motrices, con mayor capacidad para impulsar el crecimiento, fueron, por un lado, los vinculados a la siderurgia y metalurgia de transformación (material ferroviario, construcción naval, armamento), y, por otro, al textil y la confección.

En lo que respecta a las estructuras empresariales, la utilización de medios técnicos inicialmente simples y de volúmenes de inversión limitados, posibilitó la aparición de un elevado número de empresas, generalmente de tamaño reducido y con un solo centro productivo, atraídas en consecuencia por las ventajas puntuales ofrecidas a su instalación por determinados lugares, muchas veces en las regiones de origen de los empresarios (capitalismo competitivo). La progresiva división técnica del trabajo en el interior de la factoría, especializando las tareas y elevando su productividad global, contribuyó a descualificarlo de modo creciente al fragmentarlo en tareas cada vez más simples y repetitivas, favoreciendo indirectamente el desplazamiento indiscriminado de una fuerza de trabajo con escasa capacidad de atraer por sí sola las inversiones empresariales. Por el contrario, la segmentación de los procesos productivos entre empresas diferentes se mantuvo dentro de unos límites modestos, en tanto la división territorial de la producción (tanto a escala estatal como internacional) se polarizó en torno a la creciente dicotomía entre unos espacios centrales, detentadores del poder y la tecnología dominantes y especializados en actividades industriales, frente a unas periferias abastecedoras de factores productivos y mercados de venta secundarios para los bienes manufacturados, relacionados mediante una red de flujos disimétricos insertos en un sistema de intercambio desigual.

Finalmente, y atendiendo a las estructuras político-institucionales imperantes, hay que constatar la progresiva eliminación de los anteriores obstáculos al libre juego del mercado (gremios, aduanas interiores, restricciones a la movilidad de la población...) y el establecimiento de un marco jurídico favorable al desarrollo de las relaciones capitalistas. La hegemonía del principio liberal del «laissez-faire» dentro de las fronteras estatales, limitó generalmente la intervención del Estado a la protección frente a la competencia exterior mediante barreras arancelarias para los productos manufacturados y al mantenimiento de la paz social, siendo escasa, en cambio, su participación directa como agente organizador del espacio industrial.

Éste fue el marco general en el que surgieron los primeros intentos de explicar científicamente los factores o fuerzas condicionantes de la localización fabril.

En estas condiciones, la progresiva sustitución de la dispersión espacial característica de los establecimientos artesanos durante el periodo anterior por una concentración mayor de los nuevos centros productivos, se produjo esencialmente en favor de tres tipos de áreas: las de yacimientos y los nudos de la red de transportes, atractivos para aquellas industrias de primera transformación que utilizan grandes cantidades de recursos naturales o combinan bienes de procedencia diversa, y las ciudades en el caso de la producción de bienes de consumo finales para la población.

En estas últimas, los altos costes del transporte intra-urbano de mercancías, estimados por Hamilton entre 10 y 30 veces mayores que el transporte interurbano por ferrocarril hacia 1880 (F.E.I. Hamilton, 1985, 48), limitaron la expansión de las factorías hacia el entorno de las ciudades, concentrándolas, en cambio, prioritariamente, junto a las estaciones y líneas del ferrocarril. La aparición de los primeros barrios fabriles y obreros en buena parte de las ciudades estuvo asociada estrechamente con este tipo de emplazamiento. No obstante, buena parte de los establecimientos de pequeñas dimensiones, escaso consumo de materias primas e intensivos en trabajo, permanecieron próximos a los centros urbanos, manteniendo una relativa dispersión.

5.3.2. *Costes de transporte y localización: el análisis weberiano*

A partir del último tercio del siglo XIX aparecen en la literatura económica, principalmente en Alemania, los primeros estudios sistemáticos sobre las leyes que rigen la distribución de los establecimientos industriales sobre el territorio (Roscher, 1868; Schäffle, 1878; Launhardt, 1882), y que hoy suelen agruparse bajo el epígrafe genérico de «teorías clásicas» (C. Ponsard, 1957). Más allá de los diversos diagnósticos que en ellos se hacen sobre las causas que determinan la instalación manufacturera, todos presentan una serie de rasgos en común que permiten su identificación. Ante todo, presuponen la existencia de comportamientos empresariales no aleatorios dentro de un contexto económico que recoge los postulados de la teoría económica liberal, en lo que se refiere a un marco de competencia perfecta y al comportamiento supuestamente optimizador y estrictamente racional del empresario, guiado en su actuación por la búsqueda del máximo beneficio. Desde esa perspectiva, todos estos análisis intentan determinar la localización óptima para una empresa individual, utilizando para ello un número de variables voluntariamente limitado (simplificación de la realidad), siempre de carácter económico y cuantificable. En un momento en que los gastos de desplazamiento presentan aún gradientes acusados, que acentúan la «rugosidad» del espacio y limitan el alcance de los bienes al encarecerlos con rapidez, se otorga un papel destacado a los costes de transporte en la determinación del emplazamiento más adecuado para las empresas.

El análisis realizado por Alfred Weber en su obra *Sobre la localización de la industria* (1909) resume en buena medida las aportaciones esenciales del momento, integrándolas en una teoría general interpretativa que se ha convertido en referencia obligada para todos los estudiosos del tema desde su traducción al inglés en 1929. Junto a su innegable valor histórico, al elevado número de trabajos posteriores de verificación que ha suscitado, o al rigor lógico que caracteriza sus páginas, su interés actual radica principalmente en haber establecido una metodología analítica que ha marcado los estudios sobre localización industrial durante décadas, así como en la vigencia que aún parecen mostrar algunas de sus conclusiones para interpretar determinados comportamientos locacionales, si bien es indudable que esa capacidad explicativa se ha reducido ostensiblemente con el paso del tiempo.

Al objeto de detectar con precisión la incidencia espacial de las diversas fuerzas económicas en pugna, Weber simplificó inicialmente el marco en que se desarrolla la actividad industrial, suponiendo la existencia de iguales ingresos y costes de producción interregionales, así como la movilidad de los factores productivos en todas direcciones, el carácter lineal de los costes de transporte con relación a la distancia y al peso de los productos a desplazar, y la existencia de mercados de consumo y trabajo ilimitados. Frente a los supuestos de isotropía utilizados por Thünen o Christaller, consideró, en cambio, la localización puntual de recursos y mercados de venta dentro de un espacio, por tanto, heterogéneo.

En estas condiciones, el punto óptimo de localización para cualquier empresa será aquel que minimice los costes de transportar las materias primas y la energía consumidas hasta la fábrica, así como los productos elaborados hacia los mercados de venta, medidos en toneladas/kilómetro. En un supuesto simplificado, en el que una empresa sólo consuma una determinada materia prima y un tipo de energía obtenidos en un lugar concreto, dirigiendo toda su producción hacia un único mercado de consumo, este punto deberá situarse en el interior del triángulo locacional definido por Launhardt y delimitado por esos tres vértices, y a una distancia de los mismos relacionada con su atracción respectiva (gráfico 5.5.). El modelo podrá ampliarse para incorporar un número mayor de fuentes de aprovisionamiento y puntos de venta, que delimitarán entonces un polígono locacional de n lados, pero manteniendo los mismos esquemas operativos (P. Hagget, 1976, 189).

Para precisar la atracción relativa que sobre cada tipo de empresa industrial ejercen, pues, los recursos y los mercados, y poder así deducir su mejor localización posible, el primer elemento a considerar será el tipo de materias primas que utilice. En tal sentido, cabe distinguir las de carácter ubicuo, repartidas con bastante homogeneidad por el territorio y sin influencia locacional (arcilla, agua...), de las esporádicas o localizadas, que se concentran en ciertas áreas y tienen capacidad de atraer, por tanto, aquellas industrias que las

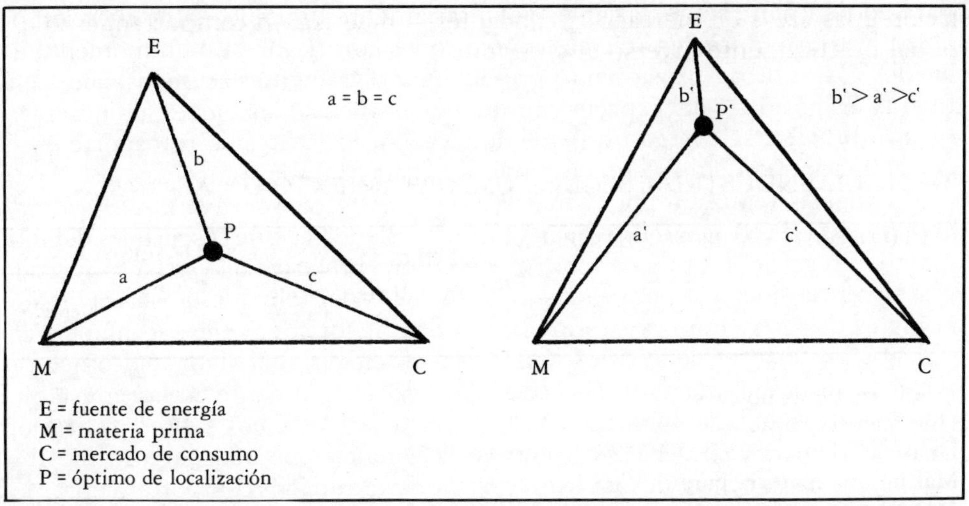

Gráfico 5.5. Determinación del punto óptimo de localización en relación con la atracción respectiva de recursos y mercado (según A. Weber).

utilicen asiduamente, si bien dentro de éstas se aprecian evidentes diferencias entre las materias «puras», que no pierden peso en los procesos de transformación (por ejemplo, los bienes semielaborados como hilaturas, piezas mecánicas, etc.), y las materias «en bruto», que sí lo pierden en una proporción variable.

Partiendo de esta distinción esencial, la atracción relativa que sobre los distintos sectores industriales ejercen los recursos y los mercados dependerá directamente de su índice material o cociente entre el peso de las materias esporádicas utilizadas y el del producto final. Aquellas actividades con un índice superior a la unidad, por transformar materias que desaparecen parcialmente durante el proceso, se orientarán hacia la fuente de recursos para evitar el transporte de una carga inútil, en tanto aquellas otras con un índice inferior por incorporar materias ubicuas tenderán a localizarse próximas al mercado. Puede establecerse, en consecuencia, una tipología de industrias según su comportamiento locacional, tal como la que recoge el cuadro 5.3 (P. E. Lloyd y P. Dicken, 1979, 124). Si en el primer grupo se sitúan la práctica totalidad de las industrias de cabecera o primera transformación (siderurgia y metalurgia pesada, azucareras, conserveras, papeleras, etc.), en el segundo dominan las industrias ligeras, productoras de bienes finales, alcanzando los índices más bajos actividades como la fabricación de materiales de construcción, cervezas y bebidas refrescantes, laboratorios farmacéuticos... La vigencia que aún mantiene este principio en la justificación de las pautas distributivas que presentan ciertos sectores se pone de manifiesto en los mapas correspondientes a la distribución municipal del empleo en las industrias conserveras y de elaboración de cerveza respectivamente en España, hace ahora una década (gráficos 5.6 y 5.7). Si en el primero de los casos la fuerte concentración en las principales áreas de regadío intensivo (conservas hortofrutícolas) o los puertos del litoral atlántico y cantábrico (conservas de pescado) es manifiesta, en el segundo la localización en las capitales provinciales —que actúan como centros de distribución con relación a las áreas de mercado circundantes— muestra un comportamiento espacial prácticamente inverso al anterior.

Cuadro 5.3.
TIPOLOGÍA INDUSTRIAL SEGÚN COMPORTAMIENTO LOCACIONAL

TIPO DE MATERIAS PRIMAS UTILIZADAS	ÍNDICE MATERIAL	LOCALIZACIÓN		
		Fuente materia prima	Punto intermedio	Mercado
Sólo materias ubicuas	0			*
Una materia pura	1	**	**	**
Una materia pura y otra ubicua	<1			*
Más de una materia pura	1			*
Más de una materia pura y de una ubicua	<1			*
Una materia bruta	>1	*		*
Una materia bruta y materias ubicuas	<1			*
Más de una materia bruta	>1	***		
Materias brutas y materias puras	>1	***		
Materias brutas, puras y ubicuas				*

* Localización definida.
** Localizaciones igualmente posibles.
*** Tendencia a ser atraída hacia este tipo de localización.

Fuente: P. E. Lloyd y P. Dicken, 1979, 124.

Un elemento de interés secundario desde nuestra perspectiva actual —aunque con frecuencia ha sido particularmente resaltado, contribuyendo así al desprestigio de la teoría por su simplicidad y alejamiento de la realidad— son las técnicas empleadas por Weber para determinar geométricamente el punto óptimo de localización. Además de un método mecánico (estructuras de Varignon) y otro angular, el sistema más operativo para definirlo consiste en el trazado de una superficie de costes (R. Hugget y I. Meyer, 1981, 9-15). A tal fin, se dibujarán inicialmente los isovectores que, partiendo de cada vértice, representan los costes de desplazamiento (en Tm/km) para cada uno de los productos, mediante círculos concéntricos, en relación a la distancia. La superposición de todos ellos permitirá calcular los costes de transporte totales para cualquier punto del espacio. Seleccionando algunos de ellos, y mediante interpolación, podrá elaborarse una superficie de isodapanas o líneas de igual coste (gráfico 5.8), a partir de la cual será ya posible determinar con precisión el óptimo locacional y la «topografía» de costes en su entorno.

El propio Weber era consciente del carácter marcadamente irreal que presentaba la suposición de unos costes de producción espacialmente homogéneos, por lo que en la parte final de su obra amplió el modelo inicial, incorporando las posibles desviaciones que podría introducir la existencia de diferencias regionales en los costes del trabajo, o de aglomeraciones en el interior de los ám-

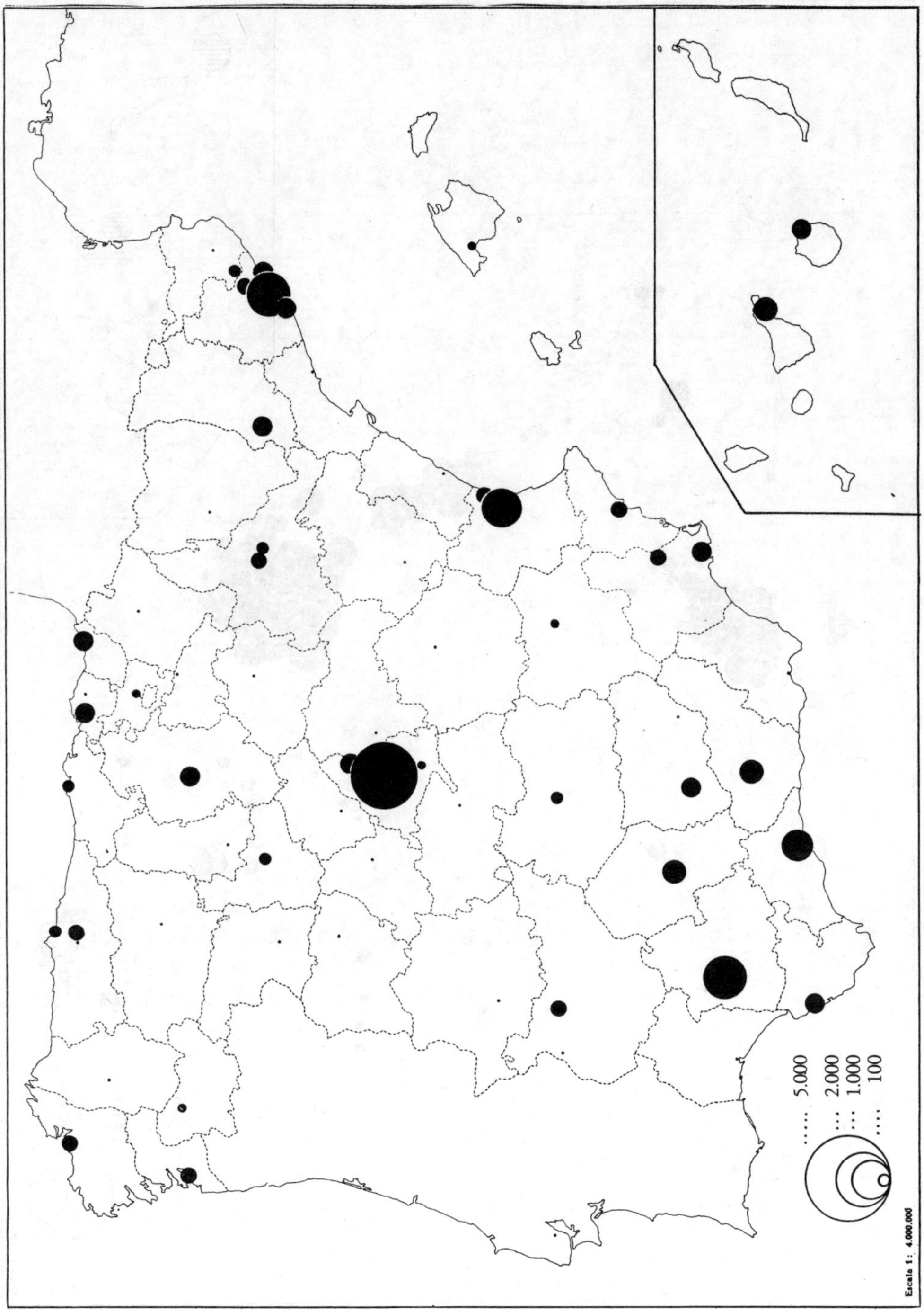

Gráfico 5.6 Distribución del empleo en la industria cervecera (1975)

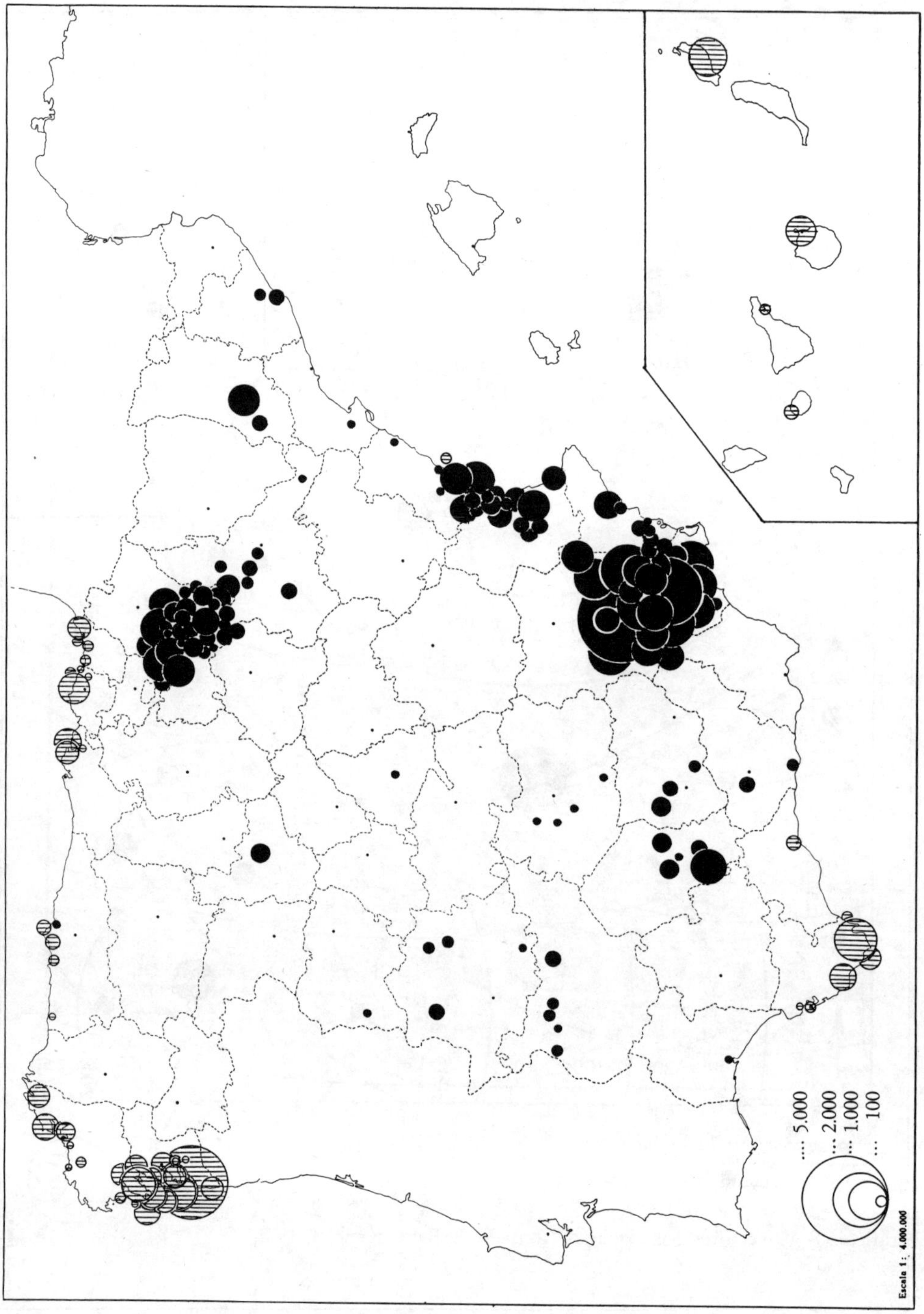

Gráfico 5.7. Distribución del empleo en la industria conservera (1975)

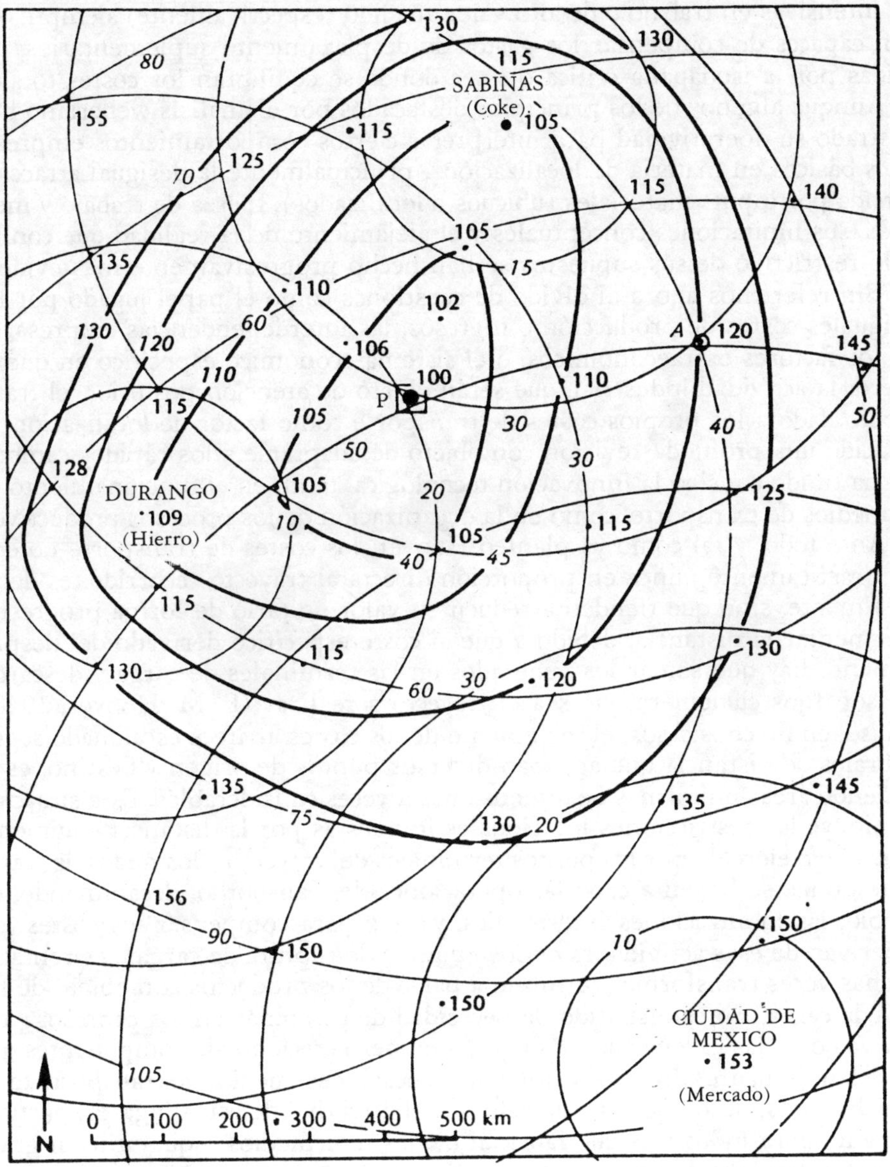

isovectores
isodapanas
P punto óptimo

Gráfico 5.8. Isovectores e isodapanas (tomado de R. A. Kenelly, 1954).

bitos regionales, si bien de modo esquemático. Tanto la existencia de mano de obra abundante y barata, como la concentración espacial de empresas suponen una reducción de costes, que podrá originar localizaciones empresariales distintas a la del punto de mínimos costes de transporte (sobre todo en actividades intensivas en trabajo o de alto valor añadido respectivamente) siempre que sean capaces de compensar los gastos de desplazamiento suplementarios, definidas por la isodapana crítica o línea donde se equilibran los costes totales.

Aunque algunos de los principios destacados por el análisis weberiano han mostrado su operatividad para interpretar ciertos comportamientos empresariales básicos en materia de localización[3], principalmente la desigual atracción ejercida por inputs materiales (ubicuos o localizados), fuerza de trabajo y mercados, sus limitaciones conceptuales y el alejamiento de la realidad que conlleva lo restrictivo de sus supuestos se han hecho progresivamente más evidentes. Sin referirnos ahora al olvido de cuestiones como el papel jugado por los desiguales costes de producción e ingresos, las interdependencias empresariales, los factores extraeconómicos, o el sistema económico específico en que se inserta la actividad industrial, que serán objeto de atención posterior, el tratamiento dado a los propios costes de transporte como factor de localización ha conocido una profunda revisión con objeto de adaptarse a los rápidos cambios que ha traído consigo la innovación tecnológica, tanto en el funcionamiento de los medios de transporte, como en la organización de los procesos productivos.

Ante todo, y tal como ya planteó Hoover, los costes de transporte no crecen prácticamente nunca en proporción directa al trayecto recorrido, es decir, linealmente, sino que tienden a reducir su valor unitario de forma progresiva al aumentar la distancia, debido a que al coste específico derivado del desplazamiento hay que sumar los generados en las terminales de carga y descarga, que son fijos cualquiera que sea el trayecto a realizar (E. M. Hoover, 1948). Incluso, en muchos casos, el incremento de los costes aparece escalonado según umbrales de distancia que agrupan diversos puntos de origen y destino, estableciendo áreas uniformes de dimensiones a veces considerables. Esta situación disminuye las restricciones locacionales impuestas por la distancia y aumenta el atractivo ejercido por los puntos terminales del trayecto y los nudos de transporte donde se llevan a cabo las operaciones de transbordo, desanimando, en cambio, las localizaciones intermedias, ya que para compensar los costes que se derivan de esas actividades en los «puntos de ruptura de carga», es rentable muchas veces transformar *in situ* una parte de los productos con objeto de reducir la carga. En este sentido, la necesidad de combinar en los procesos productivos o en las cadenas de montaje un número creciente de componentes que proceden de lugares diversos y utilizan, en ocasiones, medios de transporte también distintos, no ha hecho sino reforzar el atractivo de estos lugares, particularmente para industrias que fabrican bienes intermedios o que utilizan grandes volúmenes de recursos.

Todo ello explica el notable desarrollo fabril experimentado por los centros de interconexión ferroviarios, de carreteras o, en especial, por los grandes puertos, que han incentivado de forma creciente la instalación de actividades con elevado índice material (refinerías de petróleo y petroquímica, siderurgia

---

[3] El número de trabajos que han intentado la verificación empírica de la teoría weberiana ha sido muy elevado, existiendo ya verdaderos «clásicos» en tal sentido como los de Kenelly, 1954; Lindberg, 1953; Smith, 1955 o Craig, 1957, que suelen ser cita obligada en la mayoría de manuales que tratan específicamente estas cuestiones (P.E. Lloyd, y P. Dicken, 1979, 125-126 y 135-139).

y metalurgia pesada, papeleras...), junto a otras derivadas o complementarias (química de base, metalurgia de transformación, automóvil, maquinaria...), además de las específicamente ligadas al mar (construcción naval, conservas y salazones...) y al mercado de consumo urbano surgido en su entorno. La formación de grandes complejos industriales integrados en las áreas de tráfico más intenso puede quedar ejemplificada en los casos de Rotterdam y Amberes, dos de los principales puertos de la fachada europea del Mar del Norte (A. Vigarié y R. Piboubés, 1979) y puerta de entrada a buena parte de la Europa noroccidental a través de una densa red fluvial que complementa la de tráfico terrestre (gráfico 5.9). Pese a los efectos que la reconversión viene ejerciendo en los últimos años sobre algunos de los sectores motrices portuarios en las áreas desarrolladas (astilleros, siderurgia integral...), aquellos puertos que en su momento conocieron una mayor diversificación de sus actividades —principalmente hacia los bienes de equipo y de consumo final— parecen resistir los embates de la crisis, en tanto aquellos otros excesivamente polarizados en sectores de cabecera conocen en la actualidad altas tasas de paro y una brusca detención en su ritmo de crecimiento.

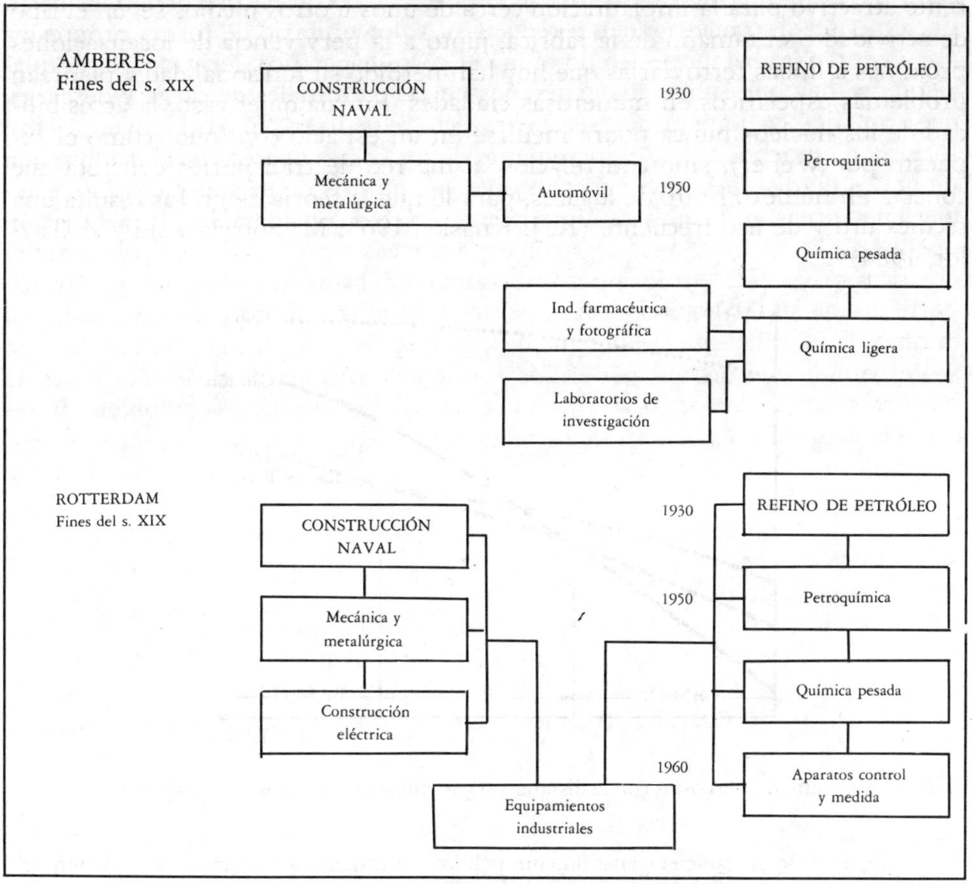

Gráfico 5.9. Desarrollo de los complejos industriales portuarios de Amberes y Rotterdam

En segundo lugar, la pendiente que presentan las curvas de coste de transporte resulta muy variable en relación con los obstáculos naturales al desplazamiento y, sobre todo, con el medio de transporte utilizado en cada caso. Como ha señalado Taaffe, nuestro tiempo puede ser definido como la «era del transporte en competencia» (E. J. Taaffe, 1973, 27), pues los diferentes medios desarrollados en el último siglo se ofrecen hoy como alternativas al transporte, tanto de personas como de mercancías, presentando una relación distancia-coste característica en función de sus proporciones respectivas de costes fijos (infraestructurales y de material) y variables (consumo de energía, pago de salarios, amortización del material...). Así, por ejemplo, tal como muestra el gráfico 5.10, mientras el camión —que presenta escasos costes fijos, pero eleva rápidamente los variables con la distancia— suele resultar más rentable para trayectos cortos y productos poco voluminosos, el ferrocarril lo es para distancias medias[4] y el barco para las largas (cuando es posible su utilización), en tanto el avión queda limitado por el momento a productos de muy alto valor por unidad de peso o volumen (por ejemplo, componentes electrónicos, productos farmacéuticos, etc.) y, sobre todo, a contactos interpersonales entre los cuadros ejecutivos y técnicos de las grandes empresas. Esto supondrá un diferente atractivo para la implantación cerca de unos u otros medios según el tipo de actividad o el tamaño de la fábrica, junto a la pervivencia de localizaciones próximas a líneas ferroviarias que hoy han perdido su funcionalidad y plantean problemas específicos en numerosas ciudades. En cualquier caso, la accesibilidad de los núcleos nunca podrá medirse en un espacio contínuo (como el supuesto por Weber), sino con relación a una red de transportes concreta que conecta un número finito de lugares, para lo que la teoría de grafos resulta una técnica útil y de uso frecuente (K. J. Knasky, 1963; M. Potrykowski y Z. Taylor, 1984).

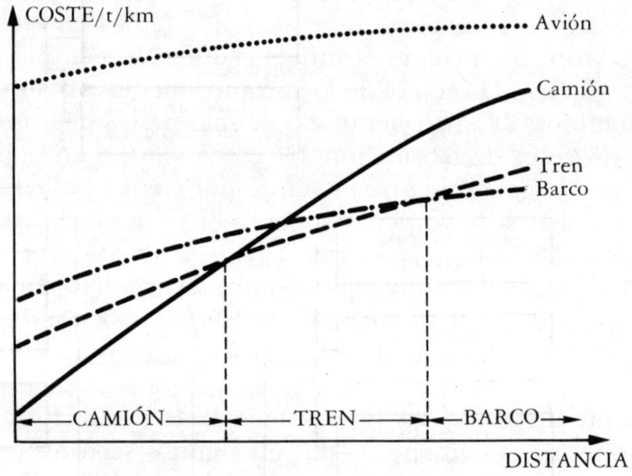

Gráfico 5.10. Aumento de costes con la distancia según diferentes medios de transporte.

---

[4] Aunque, dado su carácter generalmente público, su importancia efectiva se verá muy influida por los criterios que presentan en cada Estado la política de transportes: tarifas ferroviarias, grado de modernización de las infraestructuras y sistemas de distribución, etc.

También las características específicas del producto tales como su fragilidad, valor unitario, carácter más o menos perecedero, etc., tendrán —más allá de su peso o volumen— una incidencia directa sobre la facilidad y los costes de transporte que inducirán localizaciones específicas de las empresas que los utilicen cualquiera que sea su índice material. En resumen, las actividades fabriles se verán atraídas hacia una instalación próxima a sus fuentes de aprovisionamiento cuanto mayor sea el volumen de materias primas y energía que utilicen, la proporción de desechos no utilizables, la fragilidad o corruptibilidad de sus productos y las tarifas de transporte, así como cuando el valor de las mercancías a desplazar por unidad de peso o volumen resulte escaso.

Finalmente, y puesto que las tarifas también se relacionan con el potencial de tráfico y la densidad de ocupación de cada medio, las arterias de circulación más intensas se verán generalmente beneficiadas por tarifas más bajas en detrimento de las menos frecuentadas. La reducción de distancia-tiempo-coste que esto comporta favorecerá la concentración de las fábricas a lo largo de las rutas principales, facilitando la formación de ejes industriales progresivamente interconectados y jerarquizados, dando así origen a una expansión tentacular del tejido industrial, que en las etapas más avanzadas puede alcanzar la formación de verdaderas redes o mallas densas e integradas (R. Méndez, 1983). Del mismo modo, en el caso de los puertos, la seguridad de un flete de retorno reducirá igualmente las tarifas, actuando con ello en favor de los que cuentan con un tráfico más denso. El ejemplo histórico de la siderurgia vizcaína, surgida cuando las exportaciones de mineral de hierro se vieron contrarrestadas por la llegada de carbón inglés a partir de 1876 como flete de retorno, lo que permitió a sus empresas competir ventajosamente con las asturianas, dominantes hasta entonces, puede resultar bastante expresivo (M. Ferrer, 1968, 12-46; J. Nadal, 1975, 155-187).

Pero, sin duda, el aspecto más importante y repetido en los análisis recientes sobre los costes de transporte empresariales radica en la constatación de su progresivo retroceso en cuanto a influencia directa sobre la localización industrial, en relación con la mejora de los propios medios (reducción en tiempo, dinero e incertidumbre) y el creciente uso de materiales ligeros conn alto valor añadido en los procesos de fabricación. De este modo, si en tiempos de Weber representaban por lo general entre el veinte por ciento y el cuarenta por ciento de los costes globales, hoy apenas superan el siete u ocho por ciento, salvo en casos contados (M. Potrykowski y Z. Taylor, 1984, 58).

A medida que ha ido disminuyendo la importancia locacional detentada secularmente por el transporte de mercancías, parece haber aumentado, en cambio, la otorgada a la transmisión de informaciones. Su indudable relevancia actual en el seno de la gran empresa con diversas unidades de producción y gestión espacialmente dispersas, las necesidades de acceso a la innovación o a las rápidas variaciones de la demanda —que en algunos sectores resulta un aspecto relevante—, así como la permanente importancia de los contactos directos, han resaltado el atractivo de localizaciones bien situadas con relación a los principales canales de difusión, que alcanzan su mejor exponente en las grandes ciudades del sistema urbano mundial (L. Racionero, 1978, 16-52). Su identificación como centros innovadores por excelencia, la existencia en ellas de aeropuertos internacionales e infraestructuras hoteleras que favorecen los intercambios de información entre ejecutivos y cuadros superiores, y su carácter nodal dentro de los sistemas informativos y de telecomunicación, han contribuido a reforzar con el paso del tiempo su capacidad de atracción sobre la industria —particularmente respecto a las sedes sociales, empresas transnacionales, etc.— tal como ha señalado Törnqvist (G. Törnqvist, 1977).

De cualquier modo, el desarrollo de las tecnologías del transporte y la información, con la reducción de las servidumbres espaciales anteriores, no ha jugado —al menos hasta época reciente— el papel descentralizador que algunos analistas le atribuyeron a comienzos de siglo. Como recuerda acertadamente Hall, refiriéndose a los efectos combinados del automóvil y el teléfono, «se hubiera dicho entonces lo que se dice ahora acerca de la nueva tecnología de la información: que el teléfono iba a permitir a la gente vivir y trabajar en cualquier sitio. Sin embargo, ochenta años de teléfono liberador, más ochenta años de automóvil liberador han tenido el efecto de concentrar cada vez más las industrias de la información en los mismos centros de las grandes ciudades» (P. Hall, 1985, 76), y la misma tendencia concentradora han conocido la población y una proporción creciente de las empresas industriales. La importancia, pues, de la accesibilidad, no tanto ya a los recursos naturales o a los mercados de consumo finales, sino a otras empresas industriales o de servicios, y a los centros de poder, parece haber mantenido su significado anterior. Si, tal como apunta Richardson, «los costes de transporte, cuando son elevados, actúan a modo de tarifa protectora de las industrias locales» (H. W. Richardson, 1973, 48), su progresiva reducción ha ampliado también el marco de competencia interempresarial e interterritorial, favoreciendo con ello una creciente especialización y polarización del sistema industrial a medida que desaparecían las restricciones impuestas por la distancia.

No obstante, la suavización de los gradientes distancia-coste también ha permitido redistribuir las actividades en el interior de espacios urbanos cada vez más extensos, haciendo viable el traslado de las fábricas hacia la periferia urbana o el entorno suburbano, para beneficiarse de la existencia de un suelo más barato y abundante sin pérdida excesiva de accesibilidad. En el dilema entre minimizar tiempo y maximizar espacio, el número de empresarios que ha optado por esta última solución no ha dejado de crecer, con los consiguientes cambios en la estructura interna de las ciudades y el impulso a los fenómenos metropolitanos.

5.3.3. *Costes de producción y localización industrial: los enfoques neoclásicos.*

El medio siglo que siguió a la publicación de la obra de Weber conoció un notable desarrollo de las aportaciones conceptuales relacionadas con la teoría de la localización industrial (T. Paländer, 1935; E. M. Hoover, 1948...), que alcanzaron su mejor exponente durante los años 50 en obras de economistas como Greenhut, 1956 o Isard, 1956. Sólo a partir del decenio siguiente se produjo la efectiva incorporación de los geógrafos a este debate teórico, visible ya en textos como los de Hamilton o Smith, 1971. Este amplio conjunto de estudios, que algunos han calificado de «neoweberianos», presenta como rasgo común su inserción plena dentro de los postulados de la teoría económica neoclásica, manteniendo la prioritaria atención prestada a los factores económicos de localización, los objetivos maximizadores en la búsqueda empresarial del beneficio y la óptica microeconómica precendentes, pero intentando superar algunos de los supuestos más restrictivos de las teorías clásicas mediante la incorporación de nuevas variables, con el fin de lograr un mayor acercamiento a la realidad.

Un primer condicionante en la localización de toda unidad productiva son los desiguales costes que presentan los diversos elementos que en ella se combinan, según áreas. De este modo, la existencia de un terreno y una materias primas baratas y abundantes, de una mano de obra numerosa, cualificada, poco conflictiva o de bajo nivel salarial, de unas menores tasas de interés, etc., pueden constituirse en factores de atracción para las empresas industriales, aunque su importancia respectiva ha sido desigual y cambiante a lo largo del tiempo, suscitando, en consecuencia, numerosas controversias.

El factor «tierra» es el primero a considerar, aquí identificado con los recursos naturales utilizados como materia prima o fuente de energía en los procesos de fabricación, así como con el suelo ocupado físicamente por la factoría y sus instalaciones anejas.

La abundancia de recursos baratos actúa de modo contradictorio, pues si bien en ocasiones atrae el aprovechamiento *in situ* de los mismos y, con ello, la industrialización, en otros casos ha favorecido su desplazamiento a grandes distancias, al ser posible aumentar los gastos de transporte sin eliminar por ello su competitividad. El proceso de explotación foránea de buena parte de los recursos minerales, forestales, pesqueros o agrarios del Tercer Mundo, extraídos a costes muy bajos, se integra plenamente en esa última situación. En conjunto, la incidencia de estos costes —y con ello su capacidad de atracción locacional— parece tender a reducirse con el tiempo, con la sola excepción de algunas industrias de cabecera y elevado índice material, o de los países con economías de planificación centralizada, donde la mayor importancia otorgada a los sectores básicos, una política económica orientada hacia el aprovechamiento integral de sus recursos (naturales y humanos) propios y la determinación de los precios por el organismo planificador, han permitido que las áreas de yacimientos sigan siendo focos esenciales de desarrollo industrial.

Por el contrario, en las áreas desarrolladas capitalistas el desarrollo tecnológico ha reducido la participación de los recursos naturales en el precio final del producto, al tiempo que el aumento generalizado en la escala de producción ha exigido diversificar la procedencia, favoreciendo así el emplazamiento de las factorías en los nudos de la red de comunicaciones. El progresivo desplazamiento de la industria siderúrgica —uno de los sectores «clásicos» en su vinculación a los yacimientos hulleros o de mineral— hacia las áreas litorales, en donde desde hace aproximadamente un cuarto de siglo comenzaron a localizarse las grandes plantas integrales, es, sin duda, uno de los mejores ejemplos que puede encontrarse de esa mutación (C. Gachelin, 1977). Al tiempo, y con relación a la energía, a la sustitución del carbón por otras fuentes con mayores facilidades y menores costes de desplazamiento (hidrocarburos, electricidad) hay que añadir la frecuente práctica de precios uniformes para esta última, impulsada desde el poder público, que puede llegar a eliminar por completo las ventajas iniciales de las regiones productoras.

Frente a este proceso generalizado, el único recurso cuya importancia parece ser creciente como factor limitativo en las decisiones empresariales de localización es el agua, que actualmente no puede ser ya considerada como un bien libre y ubicuo, ajeno por tanto a cualquier valoración económica, sino como un bien escaso, no renovable espontáneamente al ritmo que crece la demanda en ciertas áreas, y sometido a procesos de deterioro, lo que conlleva unos costes para su obtención, conservación, depuración, etc. Ya sea para refrigeración, lavado o dilución, operaciones que exigen, sobre todo, grandes volúmenes, ya para su incoporación como materia prima en ciertas industrias como las de bebidas o productos farmacéuticos, el agua industrial ha pasado a ser un bien valorado en las decisiones empresariales. Así, por ejemplo, si la producción de una tonelada de acero exige entre cien-doscientos metros cúbicos de agua para refrigeración, según características y antigüedad de la instalación, se necesitan también unas ciento cicuenta para una tonelada de pasta de papel, sesenta para una de aluminio..., y aún resultan mayores las exigencias de las centrales térmicas convencionales y termonucleares constituyéndose por ello en un condicionante de primer orden para su localización.

Es también a través del agua como la industria difunde una parte de sus efectos negativos sobre el medio ambiente, tanto mediante el vertido directo a ríos, lagos, etc., de productos químicos, como mediante el fuerte recalentamiento que conlleva su uso como refrigerante. En tal sentido, la existencia de una legislación más o menos restrictiva en materia de controles a la polución incidirá particularmente en la localización de empresas dedicadas a actividades insalubres o nocivas (químicas, papeleras, curtidos, metalurgia pesada...), que con frecuencia han tendido a desplazarse hacia espacios «periféricos» (áreas rurales pocos pobladas, países del Tercer Mundo, etc.).

Pero la incidencia de este factor no sólo se relaciona con la mayor o menor abundancia de recursos disponibles. Toda factoría ocupa una determinada porción de suelo, sobre la que asienta sus instalaciones productivas y anejas, de lo que se deriva una inmovilización de capital para la empresa de importancia variable. De ahí que, cuando está urbanizado, calificado y dotado de equipamientos, el suelo se convierte en un factor más de localización que actúa esencialmente a escala intrarregional y local, al tiempo que en instrumento de política territorial y ordenación urbana, utilizado con frecuencia como mecanismo para atraer iniciativas empresariales hacia ciertos lugares (A. Rodríguez, 1980).

Tanto su precio como la accesibilidad, dimensión y forma de adquisición (o alquiler) de las parcelas, o las dotaciones infraestructurales con que cuenten actúan como mecanismo de selección en lo referente a la implantación industrial. Las estrategias de producción de suelo industrial por parte de los promotores, públicos o privados, cobran así un evidente significado en la formalización de los espacios industriales. Pese a la heterogeneidad de sus actuaciones, el progresivo encarecimiento del suelo vinculado a la presión de la demanda sobre una oferta bastante inelástica en las grandes ciudades, ha venido impulsando un traslado constante de parte de la actividad industrial hacia los entornos metropolitanos, ayudado por la paralela disminución de los gradientes de coste de transporte con relación a la distancia. En ese proceso, las desiguales necesidades de suelo según el tamaño, tipo de actividad e intensidad con que cada empresa lo ocupa y utiliza (valor de la producción obtenida por metro cuadrado) dan lugar a pautas de distribución intraurbana contrastadas. Así, mientas los establecimientos de pequeñas dimensiones y que utilizan cantidades reducidas de inputs materiales son los únicos que pueden competir con otros usos por localizaciones próximas al centro (talleres de artes gráficas, mecánica de precisión, joyería...), los que presentan mayores necesidades de suelo se orientarán hacia espacios periféricos, con parcelas más baratas. Las fábricas de aquellas empresas que acumulan importantes *stocks* de materias primas o productos acabados (petroquímica, automóviles, materiales de construcción, etc.), son ejemplo prototípico de ese modelo de localización.

El factor trabajo es, sin duda, un elemento básico de cualquier actividad productiva. Por ello, su desigual distribución espacial en lo referente a cantidad, cualificación, coste, productividad, conflictividad, etc., ha sido también valorado como factor que influye sobre las decisiones empresariales de implantación, aunque de nuevo en esta ocasión la importancia que se le otorga es muy dispar.

La abundancia de mano de obra con bajos niveles salariales (costes directos) y/o escasas exigencias en materia asistencial (costes indirectos) parece ser una primera causa de atracción locacional, particularmente para aquellas actividades intensivas en trabajo, es decir, con una elevada participación de los costes laborales con relación al valor de la producción obtenida. Las importantes diferencias existentes a este respecto en la industria española, evidentes en el gráfico 5.11, que muestra la proporción representada en cada sector por los costes laborales sobre el valor de la producción obtenida, tienen también un reflejo directo en sus desiguales niveles de productividad, tasas de crecimiento y

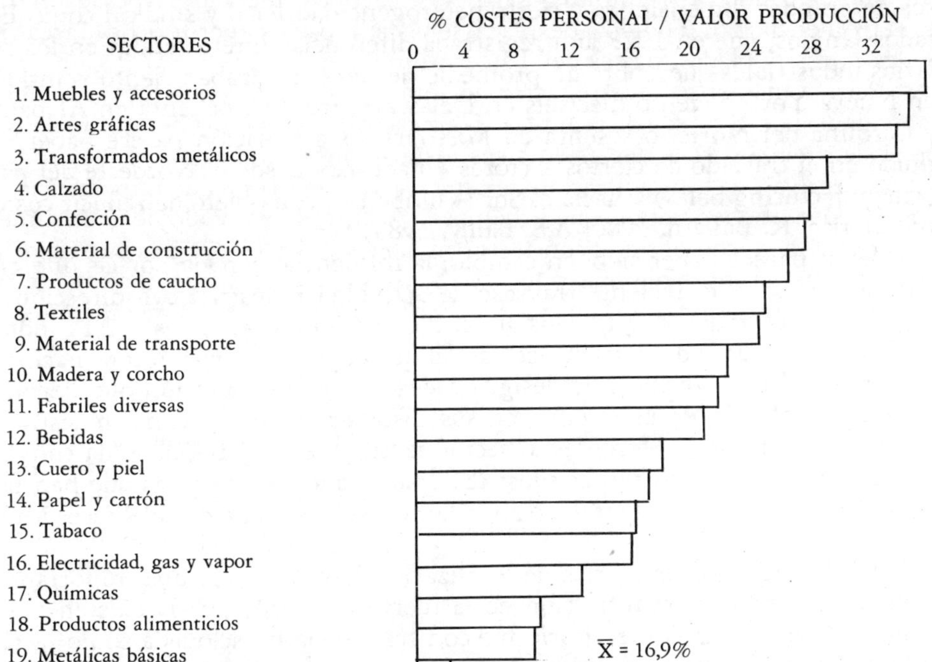

Gráfico 5.11. Costes laborales en los sectores industriales españoles en 1975.

pautas regionales de distribución. Es igualmente expresivo que la casi totalidad de las actividades hoy afectadas por la política de reconversión en nuestro país sean altamente intensivas en trabajo, con una participación de estos costes sobre la cifra de ventas situada entre el treinta por ciento y el sesenta por ciento en 1981.

Partiendo de este hecho, algunos autores han planteado que la geografía salarial podría constituirse en uno de los factores explicativos de la localización industrial (A. García Ferrer, 1979). No obstante, su capacidad para justificar los contrastes que muestra la realidad, al menos en el interior de las fronteras estatales y hasta época reciente, parece limitada por diversos motivos. En primer lugar, el desarrollo tecnológico ha reducido de forma constante la participación relativa de los costes salariales en la práctica totalidad de sectores fabriles, al menos en las áreas desarrolladas, reduciendo paralelamente el potencial de atracción ejercido por las concentraciones de fuerza de trabajo. Al tiempo, la población ha mostrado en el último siglo una creciente movilidad en forma de migraciones ya sean permanentes, temporales o, incluso, diarias (movimientos pendulares), que tienden a equilibrar los desajustes interterritoriales entre oferta y demanda de empleo. Ha sido, pues, la población la que masivamente ha venido desplazándose hacia las fábricas y no al contrario, generando con ello uno de los procesos de mayor trascendencia social y espacial vinculado con la industrialización. Finalmente, el desarrollo de la acción sindical y las medidas legislativas uniformizadoras en materia laboral han favorecido una progresiva homogeneización de estos costes en el interior de las fronteras estatales. La geografía salarial parece, por tanto, limitar su importancia a ciertos países de grandes dimensiones y cierta heterogeneidad legal y sindical como Estados Unidos, que en 1978 aún registraba diferencias interestatales en los salarios industriales que, sobre un promedio de cien, alcanzaban ciento veintidós en Nueva York ó ciento diéciseis en Delaware, frente a ochenta en Alabama y Carolina del Norte, ó sesenta en Missouri. Esta situación parece haber influido en el traslado de ciertos sectores «maduros» desde el Nordeste del país («manufacturing belt») y hacia el Sur («sunbelt»), con objeto de reducir costes (G. Clark y K. Ballard, 1980; A.S. Bailly, 1984).

Mayor parece haber sido, en cambio, la influencia ejercida por las diferencias salariales en el reciente trasvase de actividad industrial con dirección al mundo subdesarrollado y la consiguiente emersión de «nuevos países industriales» en el marco de la reestructuración que conoce la división internacional del trabajo. La pervivencia de desigualdades en la remuneración que llegan a superar la relación de uno-veinte en sus casos extremos tal como muestra el cuadro 5.4 con cifras referentes al sector textil y de confección, se ha convertido en fuente de importantes plusvalías para aquellas empresas que han podido utilizar esa reserva de trabajo abundante y sobreexplotada del Tercer Mundo.

Por el contrario, las teorías de localización han otorgado una importancia creciente al grado de cualificación de la fuerza de trabajo. Si la existencia de tradición artesana en un territorio fue con frecuencia mencionada como factor de impulso en las primeras fases de la industrialización, la creciente mecanización y automatización de los procesos productivos, junto al aumento en el tamaño y complejidad de las organizaciones empresariales han elevado de modo

CUADRO 5.4.

COSTES LABORALES COMPARATIVOS EN EL SECTOR TEXTIL Y DE CONFECCIÓN EN 1981

PAÍS	Dólares/hora	País	Dólares/hora
Canadá	3,596	Colombia	0,950
R. F. A.	3,561	Brasil	0,840
Italia	3,259	Perú	0,611
Estados Unidos	3,134	India	0,342
Reino Unido	2,678	Filipinas	0,276
Portugal	1,076	Indonesia	0,166

Fuente: M. J. Taylor y N. J. Thrift (ed.), 1982

constante la proporción de personal con un alto grado de cualificación y de los empleos de «cuello blanco», en detrimento de los trabajadores manuales sin cualificar. Aunque generalizado, el proceso afecta sobre todo a los sectores que incorporan un mayor componente tecnológico y de innovación.

El hecho de que la mayor parte de los centros de formación profesional, enseñanza superior e investigación se localicen en las grandes ciudades, supone para ellas una ventaja comparativa que incluso puede valorarse como de mayor importancia para algunas empresas que el simple volumen cuantitativo de su oferta de trabajo. En otras ocasiones, la necesidad de ciertas cualificaciones específicas o la utilización preferente de empleo femenino, a menudo peor pagado, puede atraer las localizaciones hacia áreas donde ya estén instaladas otras empresas dedicadas a la misma actividad, o bien dominen sectores que ocupen casi exclusivamente a trabajadores masculinos. La tradicional complementariedad entre la siderurgia o la minería con la industria textil y de confección, caracaterística de muchas cuencas hulleras desde el siglo pasado, puede ejemplificar este tipo de comportamientos.

El tercer factor productivo cuyos costes pueden influir sobre la localización industrial es el capital. Su importancia relativa como factor productivo no ha dejado de crecer paralelamente al desarrollo tecnológico y la concentración empresarial, en detrimento, sobre todo, del trabajo. No obstante, su posición hegemónica en el plano económico no puede extrapolarse a sus repercusiones geográficas, que son bastante menores.

En el interior de cada Estado, debe considerarse ante todo la influencia ejercida por el capital fijo. Las inversiones acumuladas a lo largo del tiempo en las regiones de antigua industrialización y en los principales centros urbanos, tanto en suelo o en inmuebles como en equipamientos e infraestructuras de todo tipo, generan unos efectos multiplicadores que pueden llegar a compensar la pérdida de las ventajas locacionales con que contase inicialmente, el área, por lo que actúan como factor de inercia espacial. Respecto al capital circulante, la lógica financiera favorece su concentración espacial relacionada con las diferentes tasas de beneficio regionales en favor de las áreas más dinámicas, si bien las limitaciones impuestas en ciertos casos por el poder público pueden amortiguar esas tendencias. Por ello, su vinculación con la localización industrial se establece sobre todo a través de las crecientes necesidades crediticias por parte de las empresas, que pueden así rentabilizar una instalación próxima a los principales centros financieros, o en lugares bien comunicados con ellos, para facilitar los frecuentes contactos interpersonales que es preciso mantener. Esta misma dependencia puede desaconsejar localizaciones de cierto riesgo, favoreciendo en cambio la implantación en áreas con un entorno industrial consolidado, que generan menor incertidumbre.

Los contrastes en las disponibilidades de capital alcanzan, en cambio, mayor influencia espacial en el plano internacional, y en tal sentido la acumulación de plusvalías realizada históricamente en los países centrales ha favorecido su desarrollo industrial frente a los periféricos. El evidente proceso de difusión industrial que se aprecia en las últimas décadas, siempre selectivo y mediatizado por las grandes corporaciones transnacionales, puede interpretarse como resultado de un cierto deterioro relativo en esa posición, frente al aumento de rentabilidad que hoy ofrecen áreas hasta hace poco marginales.

Pero si hasta el presente se ha analizado separadamente la influencia de los principales factores que actúan sobre los costes de producción empresariales, en realidad la decisión de instalar o trasladar una factoría debe siempre tomar en consideración el conjunto de esos costes —que pueden sustituirse entre sí— comparando su volumen en localizaciones alternativas. Para realizarlo, el método utilizado con más frecuencia es el análisis comparativo de costes (W. Isard, 1956; D. M. Smith, 1971 y H.W. Richardson, 1973).

Estableciendo una combinación de factores productivos característica para cada tipo de industria (función de producción) y su precio respectivo por unidad en diferentes emplazamiento seleccionados, se tratará de calcular los costes totales en cada uno de ellos con objeto de definir la localización más conveniente. Según Isard, «la mejor localización, en un sentido económico, es aquella que al ser cambiada por otro lugar cualquiera no produce una sustitución favorable» (W. Isard, 1971, 242). Una vez sumados los valores correspondientes a cada punto, las variaciones en el reparto de los costes totales podrán representarse gráficamente mediante una curva espacial de costes, situando éstos en el eje de ordenadas y las distintas localizaciones alternativas en el de abcisas, a intervalos proporcionales a las distancias que los separen. Si se cuenta con un número suficiente de puntos, podrán interpolarse sobre un mapa las isodapanas correspondientes para construir una superficie de costes, de indudable interés geográfico y gran utilidad práctica en la toma de decisiones. El análisis sobre la determinación del mejor emplazamiento (menores costes)) para una factoría de componentes electrónicos con 140 trabajadores en Canadá, extraído de diversas obras de Smith, ejemplifica en lo esencial la metodología a seguir (D.M. Smith, 1971, 320-326, y 1980, 456-459). La matriz de datos del cuadro 5.5 permite definir los costes (parciales y totales) respectivos de esa fábrica-tipo en doce ciudades, seleccionadas previamente, reflejados luego en una curva (gráfico 5.12). Puede así comprobarse que en esta ocasión, y debido al fuerte peso relativo de los costes laborales, las mejores localizaciones se corresponden con las áreas rurales interiores, en donde los bajos salarios compensan con creces el encarecimiento del transporte hacia los principales mercados de consumo. Esta situación está en constante dinamismo, pues cualquier innovación tecnológica (mejora del transporte, sustitución de recursos empleados, etc.), modificación en la demanda (por aumento o disminución de la población, su nivel de ingresos, su patrón de consumo...), en la oferta, etc..., modificará la relación de costes, alterando el equilibrio anterior y pudiendo impulsar el traslado de la factoría.

CUADRO 5.5.

COSTES ANUALES DE FUNCIONAMIENTO PARA UNA EMPRESA DE COMPONENTES ELECTRÓNICOS EN CANADÁ

(Miles de dólares)

Ciudad	Trabajo	Transporte	Suelo	Impuestos	Servicios	Total
Winnipeg	636	24	43	21	18	741
Brandon	592	30	38	15	21	695
Portage Prairie	561	27	38	14	21	661
Montreal	691	22	66	37	15	830
Toronto	759	19	61	22	18	879
Vancouver	798	49	50	28	19	945
Hamilton	856	19	51	37	14	977
Calgary	768	30	43	21	19	881
Edmonton	738	31	48	21	20	857
Windsor	874	24	47	35	14	994
Regina	751	31	40	21	23	866
Saskatoon	673	38	40	21	19	790

Fuente: D. M. Smith, 1980, 457.

El análisis comparativo de costes ha conocido una amplia difusión debido a su operatividad, sobre todo desde la óptica empresarial, si bien presenta ciertas limitaciones importantes. Junto a las frecuentes deficiencias en los datos disponibles, lo que obliga a simplificaciones que reducen la fiabilidad de los resultados, la presuposición de un nivel de producción determinado, o el olvido de las posibles sustituciones entre factores según sus precios respectivos en cada lugar —utilizando más intensivamente aquellos más baratos—, la limitación más grave se deriva de no considerar que la actuación de toda empresa se produce en un marco de interrelaciones que no pueden ser contabilizadas, pues el cálculo resultaría muy complejo, pero que con frecuencia influyen decisivamente sobre las decisiones que se adoptan. Por otra parte, la excesiva atención a los costes como factor de localización ignora otras variables significativas como puedan ser la magnitud del mercado, la generación de ventajas económicas en ciertos lugares ajenas a la actividad de la empresa, o la influencia ejercida por elementos extraeconómicos, difícilmente cuantificables.

5.3.4. *Variaciones espaciales de la demanda y atracción del mercado*

Aun cuando las áreas con menores costes o más accesibles detentan, sin duda, ventajas potenciales para la implantación fabril, la evidencia empírica señala el frecuente alejamiento de las localizaciones reales con relación a las que

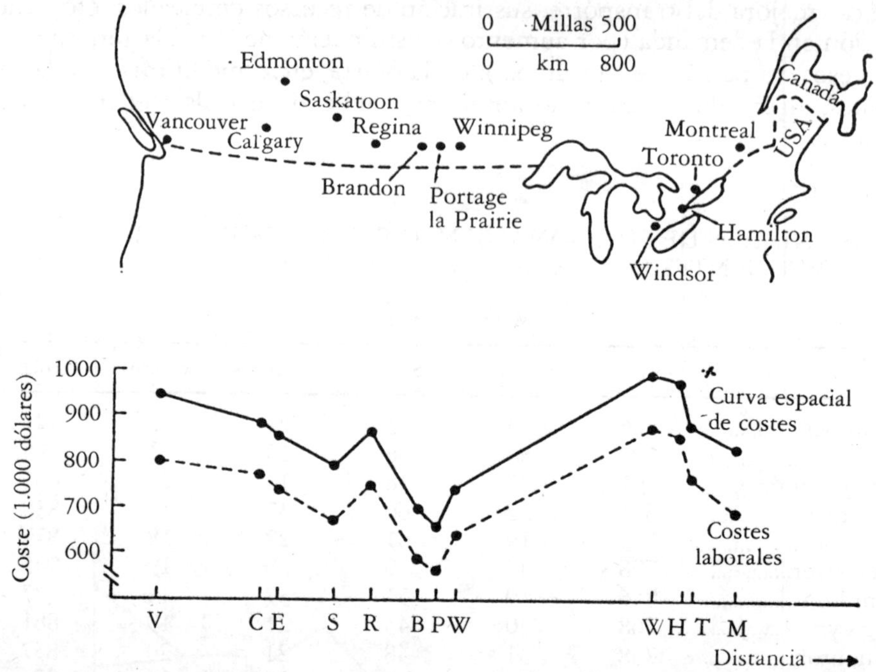

Fuente: D. M. SMITH, 1980

Gráfico 5.12. Curva espacial de costes para la fabricación de componentes electrónicos en Canadá

cabría esperar atendiendo a este criterio. Una de las principales causas de esas desviaciones es la influencia que ejercen las variaciones territoriales de la demanda.

En una fecha ya tan lejana como 1878, Schäffle señaló que las industrias tendían a surgir y desarrollarse en o cerca de las grandes ciudades que como mercados de consumo las atraían en proporción a su tamaño, y esa relación fue destacada de modo especial por Lösch y otros autores con posterioridad. Todos estos análisis insisten en la errónea identificación entre lugar de coste mínimo y de beneficio máximo, suponiendo una demanda y unos precios de venta homogéneos en todo el territorio (ingresos constantes), tal como muestra el gráfico 5.13. La realidad, en cambio, es que tanto los ingresos como los costes varían en el espacio y el tiempo, por lo que las localizaciones ventajosas habrán de determinarse en relación con las dos variables y no con una sola. De este modo, y según muestra el gráfico 5.14, la instalación de una factoría resultará beneficiosa en aquellas áreas en que la curva de ingresos supere a la de costes, existiendo, por tanto, unos márgenes de localización para la misma delimitados por la línea en que ambos se igualen. En este sentido, el concepto de margen es más operativo que el de óptimo, poniendo de manifiesto la existencia de un cierto grado de libertad en la elección empresarial.

Como ya se ha dicho, las variaciones en el volumen de ingresos obtenido por una empresa se relacionan directamente con el volumen de la demanda y

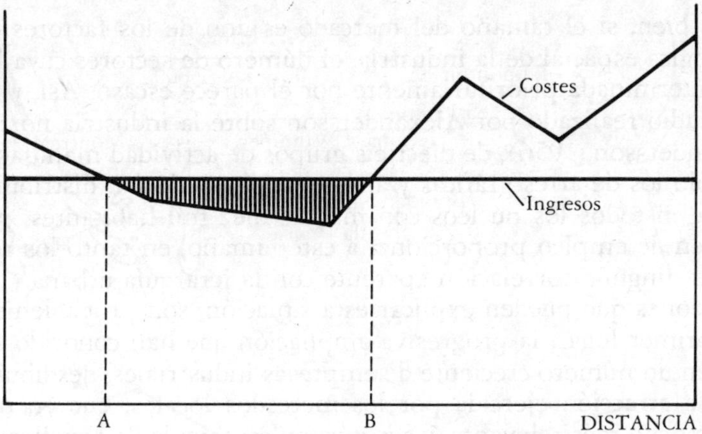

Gráfico 5.13. Márgenes espaciales de beneficio en el supuesto de precios constantes.

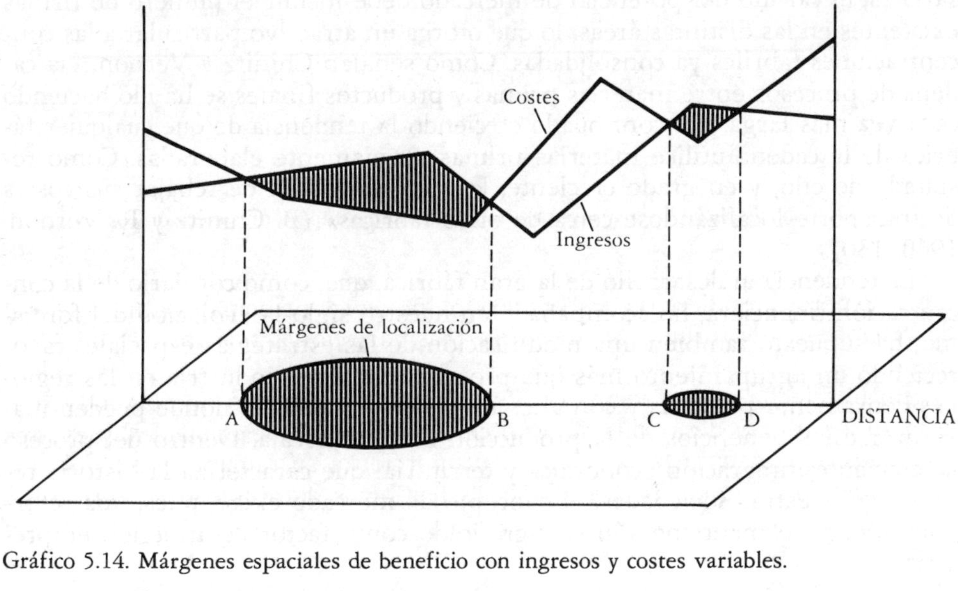

Gráfico 5.14. Márgenes espaciales de beneficio con ingresos y costes variables.

los precios existentes allí donde se sitúe. Según Manzagol, «es un hecho observable que, al menos a pequeña escala, la distribución de la producción tiende a ajustarse a la de los mercados» (C. Manzagol, 1980, 76), lo que supone una alta correlación positiva entre las áreas más densamente pobladas y urbanizadas con las más industrializadas en la práctica totalidad de países desarrollados. La sustitución de la simple cifra de habitantes por otros indicadores más precisos como puedan ser el potencial de mercado definido por Harris, basándose en los modelos gravitacionales de interacción (C.D. Harris, 1954), o el índice de capacidad de compra en las distintas áreas de mercado elaborado anualmente para España por Banesto, permite aumentar la fiabilidad de las estimaciones.

Ahora bien, si el tamaño del mercado es uno de los factores que influye sobre la lógica espacial de la industria, el número de sectores cuya localización aparece determinada prioritariamente por él parece escaso. Así, y según el ya clásico estudio realizado por Alexandersson sobre la industria norteamericana (G. Alexandersson, 1956), de dieciséis grupos de actividad manufacturera analizados, sólo los de artes gráficas y alimentación aparecían distribuidos de forma ubicua en todos los núcleos con más de diez mil habitantes, presentando un volumen de empleo proporcional a este tamaño, en tanto los restantes no mantenían ninguna correlación aparente con la jerarquía urbana.

Las razones que pueden explicar esta situación, son probablemente, múltiples. En primer lugar, la progresiva ampliación que han conocido las áreas de mercado en un número creciente de empresas industriales, desdibuja progresivamente la atracción ejercida por los mercados locales, que en otro tiempo pudo ser mucho más relevante, y acentúa, en cambio, la de aquellos lugares con mayor accesibilidad en relación a amplias áreas de venta potenciales. Por otra parte, y dado que las cadenas de fabricación son cada vez más largas, aumentando la importancia de los bienes semielaborados y las relaciones interempresariales, el cálculo del potencial de mercado debe incluir el número de firmas existentes en las distintas áreas, lo que otorga un atractivo particular a las concentraciones fabriles ya consolidadas. Como señalan Chinitz y Vernon, «la cadena de procesos entre materias primas y productos finales se ha ido haciendo cada vez más larga. Ha continuado creciendo la tendencia de que cualquier fábrica de la cadena utilice materias primas previamente elaboradas. Como resultado de ello, y en grado creciente, las fábricas tratan de rebajar sus costes de transporte localizándose cerca de otras fábricas» (B. Chinitz y R. Vernon, 1960, 130).

La tendencia al desarrollo de la gran fábrica, que, como corolario de la concentración financiera, ha acompañado en nuestro siglo la evolución del fordismo, ha supuesto también una modificación de las estrategias espaciales favoreciendo un agrupamiento más que proporcional de la industria en las regiones densamente pobladas y con altas tasas de actividad, en donde pueden maximizarse los beneficios de la producción en gran escala. Dentro del proceso de creciente integración económica y territorial que caracteriza la historia reciente de nuestras sociedades, el concepto de mercado exige, pues, una reformulación, pero mantiene aún su significado como factor de atracción empresarial.

5.4. El desarrollo de las aglomeraciones urbano-industriales y la polarización espacial

5.4.1. *Las nuevas coordenadas de la actividad industrial*

Desde comienzos del siglo XX se inició lo que algunos autores han denominado Segunda Revolución Industrial, consolidada tras la II Guerra Mundial, que acentuó los procesos de crecimiento, concentración y diferenciación espacial iniciados en el siglo anterior, conformando lo que se conoce como capitalismo monopolista de Estado. Las transformaciones tecnológicas, organizativas e institucionales que acompañaron este periodo hicieron posible una expansión económica sin precedentes, que desde 1945 a 1970 alcanzó el cinco por ciento anual acumulativo en el ámbito de la O. C. D. E., y una cifra aún mayor en los países de economía planificada. Junto a profundos cambios en las estructuras económicas, sociales y territoriales que afectaron —aunque de forma muy distinta— a la práctica totalidad de regiones del mundo, la actividad industrial también conoció una intensa y rápida mutación en todos los órdenes, incluidas sus pautas de distribución, que forzó una progresiva evolución de las teorías explicativas.

El intenso desarrollo de las fuerzas productivas materiales constituyó, sin duda, el elemento más visible de todas las transformaciones acaecidas, representando el paso de lo que Mumford llamó la «era paleotécnica» o la «era neotécnica». En primer lugar, se descubrieron nuevas fuentes de energía (hidrocarburos, electricidad), abundantes y a bajo precio, que diversificaron las áreas de aprovisionamiento y permitieron superar algunas de las restricciones impuestas anteriormente por el carbón, al ser más fácilmente desplazables. En el mismo sentido, la constante innovación tecnológica en materia de transporte y comunicaciones no sólo posibilitó una reducción de las tarifas por aumento en la capacidad de carga y una disminución de la distancia/tiempo/coste, sino que también aumentó la elasticidad de los medios frente a las diversas necesidades empresariales, produciendo, en suma, una «contracción» del espacio que elevó la competencia interempresarial, la especialización territorial y la integración del sistema industrial.

Tan importante, al menos, como la anterior, fue la consolidación del fordismo o taylorismo como forma de organizar la producción, dirigido a la fabricación en serie de grandes volúmenes de bienes, acompañado de una progresiva mecanización y estandarización de las tareas, que hizo posible un notorio aumento de la productiviad y de las plusvalías obtenidas, al menos hasta su completa generalización. La creciente importancia de la gran fábrica, con sus cadenas de producción y/o montaje donde se ensamblan elementos procedentes de lugares diversos, vino también a reforzar la anterior atracción ejercida por las grandes concentraciones urbanas y los nudos de transporte. Finalmente, y por lo que se refiere a los sectores motrices, impulsores del crecimiento por sus altas tasas de expansión y efectos multiplicadores, la siderurgia y el textil dejaron paso a la metalurgia de transformación (en particular la fabricación de automóviles y maquinaria, material eléctrico y electrodomésticos) y la química (petroquímica, plásticos, fibras artificiales, laboratorios farmacéuticos...), orientados prioritariamente hacia la fabricación de bienes de equipo y bienes de consumo duraderos. Paralelamente, la aparición de nuevos productos y la creciente segmentación de los procesos productivos elevó la proporción de los bienes semielaborados en el total de la producción industrial, aumentando con ello la importancia de los vínculos interempresariales y de los complejos industriales, afectados por eslabonamientos múltiples, tanto en sentido vertical (fases de producción sucesivas) como horizontal, tal como muestra el gráfico 5.15.

La expansión de las fuerzas productivas y la prioridad otorgada por lo común a los criterios de eficiencia sobre los de bienestar, trajeron también consigo un creciente deterioro del medio ambiente y una explotación intensiva de

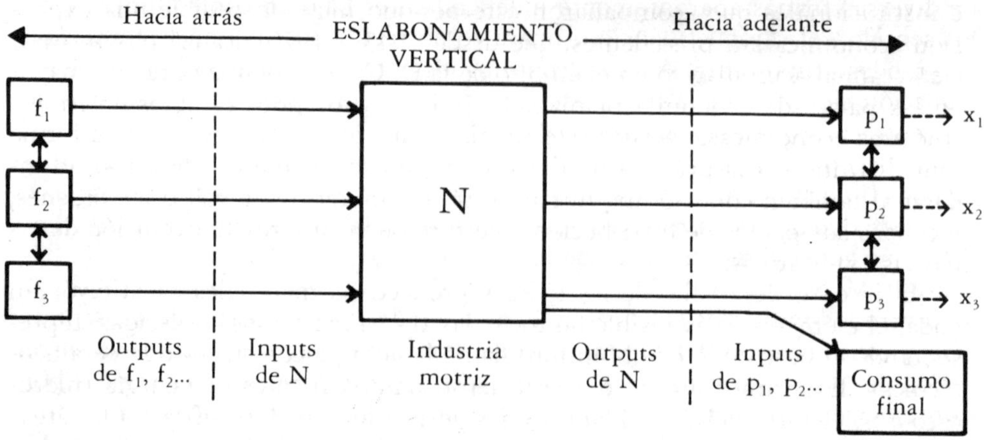

Gráfico 5.15. Eslabonamientos interempresariales en un complejo industrial.

recursos no renovables. Como señalaba Schumacher en 1973, «los cambios de los últimos veinticinco años en la calidad y cantidad de nuestro procesos industriales han producido una situación totalmente nueva. Situación que es el resultado no de nuestros fracasos precisamente, sino de lo que nosotros suponíamos que eran nuestros más grandes éxitos. Y todo esto ha sobrevenido tan de repente que apenas si nos percatamos de que estamos consumiendo velozmente un tipo de bienes de capital irremplazables, los llamados márgenes de tolerancia, que la bondadosa naturaleza siempre mantiene en reserva» (E. F. Schumacher, 1978, 17). El surgimiento de estos análisis críticos, acompañando la aparición de movimientos sociales de contestación al sistema (a la lógica de la acumulación y los costes sociales derivados), ha influido en una lenta pero progresiva atención hacia el medio ambiente por parte de los poderes públicos, plasmada en una legislación algo más restrictiva, que ha podido afectar algunos comportamientos empresariales en materia de localización.

Por su parte, las crecientes necesidades de inversión en activos fijos y tecnología derivadas de la lógica de la competencia, junto a la exigencia de planificación que conllevan los elevados volúmenes de capital puestos en juego, aceleraron el proceso de concentración financiera, cuyo mejor exponente ha sido el desarrollo de grandes empresas o corporaciones de carácter transnacional, junto a la formación de organizaciones de tipo holding, cartel, trust, etc. Su expansión ha permitido un incremento de la productividad, un control creciente de mercados y precios, y un más fácil acceso a la innovación tecnológica. Aunque el fenómeno tiene carácter universal y progresivo, alcanzó su mayor significación en los países centrales del sistema capitalista y en aquellas actividades que exigen fuertes inversiones de capital fijo, bien por contar con instalaciones y equipos muy costosos, o por incorporar un importante componente tecnológico, que exige destinar grandes fondos a actividades de investigación y desarrollo.

No obstante, las enormes cifras de producción, ventas o empleos no suelen dar idea exacta de la verdadera concentración, pues es frecuente la integración de diversas firmas aparentemente independientes bajo un control único, y en tal sentido «el capital financiero opera como factor decisivo en la formación de grandes grupos empresariales coordinados entre sí a través del poder de articulación ejercido por la Banca, que propicia la confluencia de los sistemas de concentración vertical y horizontal» (F. Manero, 1984, 201). Aun cuando la posición hegemónica de este capital financiero respecto al industrial, planteada ya por Hilferding en 1910, ha sido cuestionada por otros autores como Sweezy, no puede dudarse de la estrecha interrelación actual entre ambos, constituyendo lo que genéricamente puede denominarse como capital monopolista (P. Baran y P. M. Sweezy, 1968).

Entre los múltiples efectos que han generado estos procesos de concentración y centralización del capital, pueden destacarse ahora la progresiva sustitución del empresario individual por diversos tipos de sociedades regidas por Consejos de Administración y en las que existe una «tecnostructura u organización especializada» (J. K. Galbraith, 1967) que ha incrementado la influencia de los criterios de estricta racionalidad en la toma de decisiones, incluyendo las de localización. Al mismo tiempo, la existencia de varias factorías de una misma empresa modificará las estrategias espaciales de actuación, pues en este caso los objetivos maximizadores no se establecerán para cada establecimiento en particular, sino para la empresa en su conjunto, y frecuentemente serán sustituidos por otros criterios tendentes a facilitar la progresiva expansión de sus áreas de actuación frente a sus competidoras.

Por lo que se refiere a la división del trabajo, y junto a un aumento en la segmentación y especialización de las tareas en el seno de la empresa, se acentuó el proceso de internacionalización del capital dirigido esencialmente por las compañías multinacionales. En palabras de Dockes y Rosier, «el libre cambio y la concentración-centralización del capital se han desarrollado a escala mundial en el marco del proceso de mundialización del capital; concentración e internacionalización se confunden entonces en un fenómeno que es la firma multinacional en vías de transnacionalización» (P. Dockes y B. Rosier, 1981, 21). Sin entrar por el momento en el análisis de su lógica organizativa y de actuación específica (S. Hymer, 1982; M. J. Taylor y N. J. Thrift, 1982), lo que sí resulta evidente es que han ampliado notablemente la escala a que se produce la división del trabajo, dentro de un sistema de relaciones marcado por la lógica del intercambio desigual entre centros dominantes y periferias dependientes.

En último término, el afianzamiento del «nuevo Estado industrial» descrito por Galbraith no puede disociarse de la creciente intervención de los poderes públicos, tanto en el funcionamiento global de la economía —y concretamente de la actividad industrial— como en el ámbito de la política social y de la ordenación territorial. El creciente protagonismo estatal en el funcionamiento de la economía, que supone la materialización de los postulados keynesianos, pretende, en primer término, regular la demanda agregada con el finde evitar las crisis cíclicas de sobreproducción inherentes a la lógica del sistema, para lo que el Estado se convierte en consumidor, tanto de bienes como de servicios a las empresas. Además, adopta una actitud asistencial en el campo de la producción, bien estableciendo mecanismos de apoyo a la industria nacional, regulando la competencia ejercida por las empresas multinacionales en el interior de sus fronteras, o convirtiéndose en empresario directo mediante la constitución de empresas públicas o sociedades mixtas en aquellos sectores básicos desatendidos por la iniciativa privada debido a las fuertes inversiones que exigen o los escasos beneficios que reportan. Finalmente, los poderes públicos también han actuado paliando una parte de los desequilibrios —sectoriales, sociales y territoriales— generados por la lógica del mercado, contribuyendo así a legitimar el propio sistema. La promoción del desarrollo industrial en regiones atrasadas o la inversión en infraestructuras, viviendas y servicios en las áreas urbano-industriales congestionadas son exponentes característicos de este tipo de actuación.

Todo este conjunto de modificaciones en las estructuras productivas y de organización de la industria tuvo evidentes repercusiones geográficas contribuyendo de manera decisiva a alterar los modelos de localización precedentes. La progresiva disminución de las sujeciones impuestas por la distancia permitió una mayor libertad de emplazamiento para una buena parte de las empresas. Pero eso no incrementó la dispersión de las localizaciones sino que, por el contrario, se reforzó decididamente la concentración de las fábricas en determinados puntos del espacio, consolidándose la formación de aglomeraciones urbano-industriales, con los consiguientes procesos de polarización y desequilibrios territoriales. La progresiva exageración de los contrastes en el tiempo, tal como pone de manifiesto el gráfico 5.16 para el caso español, sólo pudo atenuarse parcialmente mediante el recurso a políticas de descongestión implementadas por los diferentes gobiernos, con resultados muy heterogéneos. En otras palabras, al tiempo que la actividad de un número creciente de empresas industriales fue desligándose de sus marcos de referencia espaciales anteriores (local, regional) para integrarse en circuitos de mayor escala, su localización física se hizo más dependiente del entorno urbano.

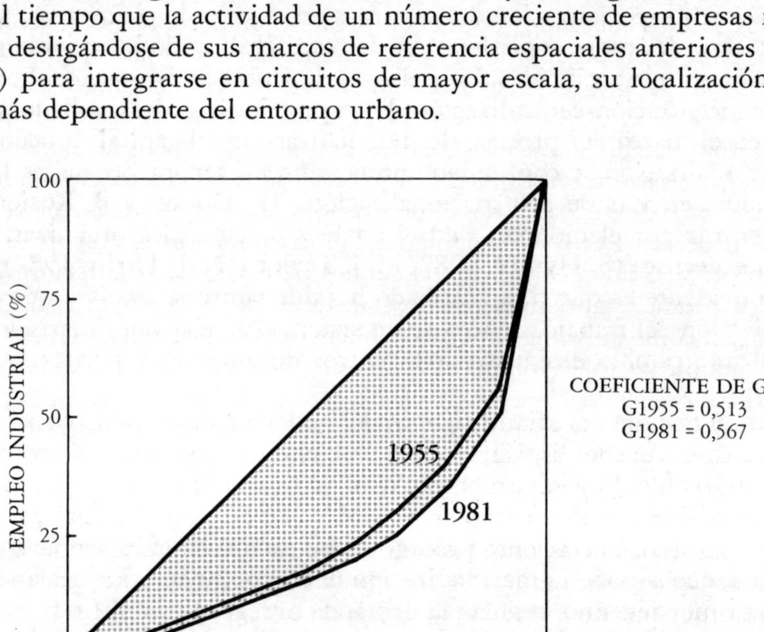

Gráfico 5.16. Concentración provincial del empleo industrial en España desde 1955.

En el interior de las ciudades, la saturación y el encarecimiento del suelo en los distritos centrales, junto al carácter multirregional y las crecientes necesidades de espacio para buena parte de sus empresas, o el descenso de los costes de transporte, favorecieron una concentración creciente en las periferias metropolitanas, particularmente junto a los ejes de transporte. Las estrategias de promoción de suelo industrial, tanto por la iniciativa pública como privada, junto a las directrices emanadas del planeamiento socio-funcional del espacio, al transporte, etc., favorecieron la segregación socio-funcional del espacio, al orientar la implantación de las factorías hacia ciertos sectores o núcleos de esa periferia suburbana.

Este cúmulo de transformaciones, junto a la rápida evolución conocida por la geografía económica desde mediados de siglo, produjeron un lógico impacto sobre las teorías de localización industrial, así como la incorporación efectiva de los geógrafos a unos debates casi exclusivamente reservados hasta entonces a los economistas. Una de las aportaciones esenciales fue la sustitución del enfoque microeconómico anterior por otro de carácter macroeconómico en el que se intenta explicar la distribución de los espacios industriales reales y no los óptimos teóricos que puedan derivarse para una factoría concreta del aprovechamiento de las condiciones existentes respecto a costes e ingresos. Como afirmaba Pred, «la teoría de la localización industrial se ha centrado tradicionalmente en los establecimientos empresariales individuales, y por tanto se ha preocupado de las mejores ubicaciones, de la reducción al mínimo de los costes del transporte en busca del máximo de utilidades. Estos objetivos pecuniarios y utilitarios son los adecuados para el empresario moderno, para el economista e, incluso, para el encargado de los planes regionales y urbanos; sin embargo, no satisfacen al geógrafo en cuanto a una interpretación comprensiva del panorama general» (A. R. Pred, 1973, 43). Desde esta nueva orientación, el interés preferente se dirigió a justificar las razones que guían la tendencia empresarial a la aglomeración espacial, destacándose, a tal efecto, el papel jugado por las economías externas y de aglomeración, así como el carácter acumulativo de los procesos. Pero, paralelamente, la incorporación de las corrientes críticas trajo consigo un rechazo de los supuestos restrictivos anteriores, destacándose los condicionamientos psicosociales que lleva implícita toda decisión locacional, así como su sometimiento explícito a la lógica del capital, cambiante en sus manifestaciones según el momento histórico. En cualquier caso, la diversidad ha presidido la revisión de las teorías neoclásicas, ampliando con ello notablemente la temática característica de la geografía industrial.

5.4.2. *Economías externas y aglomeración espacial de la industria*

Una de las deficiencias más visibles en los análisis anteriores, derivada de la óptica microeconómica aplicada, fue el olvido del importante papel que detenta la interdependencia locacional entre empresas que forman parte de un mismo sistema industrial. En efecto, toda factoría que se instale en un determinado lugar se verá directamente influida por la localización previa y las estrategias de actuación que desarrollen los restantes empresarios situados en sus proximidades, tanto en lo que se refiere a captación de mercados, como a la adquisición de determinados bienes, utilización conjunta de servicios, etc.

El análisis de los efectos derivados de la interdependencia empresarial puede remontarse al estudio de Hotelling en 1929 sobre las consecuencias específicas derivadas de una situación de duopolio, adaptado con posterioridad a una realidad espacial algo más compleja por Hamilton (F. E. I. Hamilton, 1971). Más allá de su simplismo evidente, estos primeros planteamientos mostraron ya la tendencia «espontánea» a la aglomeración por parte de los empresarios, como resultado de la competencia y del deseo de controlar el mayor segmento posible del mercado, al tiempo que también ponían de manifiesto la no identificación de esas pautas de localización con las más favorables desde el punto de vista de los consumidores, identificadas con una mayor dispersión. Explicaciones parciales también de la tendencia observada hacia una progresiva concentración territorial de la industria se encuentran en la propia teoría weberiana y en algunas de las consideraciones hechas en páginas precedentes sobre los efectos de la mejora en el transporte, la creciente necesidad de acceso a la información e innovación, las economías de escala, etc. No obstante, el progreso verdaderamente significativo en la justificación de ese proceso histórico se logró con la formalización del concepto de economías externas y de aglomeración.

Las primeras pueden definirse como aquellos beneficios que obtienen las empresas, en relación con la actividad que realizan aquellas otras con las que se relacionan directa o indirectamente y que, por tanto, son ajenos a sus procesos de producción, sin capacidad de ejercer un control directo. Así, por ejemplo, los beneficios que obtienen las industrias dedicadas a la fabricación de materiales de construcción si aumenta la producción de viviendas impulsada por una determinada política oficial, o los que obtiene un restaurante de la proximidad a centros de negocios, oficinas, comercios o espectáculos de donde proceden la mayoría de sus clientes, pueden calificarse como economías externas.

El interés de su incorporación a la teoría sobre localización industrial ha sido doble. Por un lado, ha contribuido a poner en evidencia la constante interacción entre las empresas fabriles, cualquiera que sea su actividad, así como entre éstas y los restantes agentes económicos (consumidores, empresas de servicios, entidades financieras, administración pública...). Por otro, hay que considerar que los beneficios que genera la aparición de un cierto volumen de esas economías en diferentes localizaciones pueden alterar por completo las pautas de implantación derivadas de la simple distribución de costes e ingresos controlados por la empresa. En este sentido, si

Beneficio = Ingresos - (Costes producción + Costes transporte) +
+ Economías externas

habrá que tener en cuenta este último parámetro a la hora de decidir cualquier localización. La cuestión fundamental radica en que, a medida que disminuyó la influencia ejercida por los recursos o los transportes sobre la mayor parte de actividades, parece haber ido en aumento la correspondiente a estas economías, hasta llegar a ser esenciales en la explicación de la dinámica espacial conocida por la industria en nuestro siglo.

Las economías externas pueden surgir en tres tipos de situaciones diferentes. Una primera circunstancia se relaciona con un aumento de la demanda global de un determinado bien o conjunto de bienes, que puede deberse a la expansión de otras empresas complementarias, a una coyuntura económica favorable, o a una determinada política económica y social impulsada desde el poder público. El ejemplo anterior del plan de viviendas, que puede beneficiar a sectores tan dispares como los de materiales de construcción, la siderurgia, el mueble, el vidrio, etc., resulta suficientemente expresivo. El aspecto más relevante de esas economías externas de escala, desde nuestro punto de vista, es que no exigen la proximidad espacial entre las factorías afectadas, por lo que, siguiendo con el ejemplo anterior, la construcción de viviendas en Madrid puede beneficiar a la siderurgia asturiana o vasca, a las fábricas de cemento y muebles toledanas, a las de cerámica valencianas, etc. Basta con que las empresas formen parte de un mismo circuito económico para que los efectos se produzcan, por lo que la creciente interdependencia a la que hoy asistimos, tanto en el plano nacional como internacional, puede llegar a originar economías externas de escala en lugares insospechados. Por esta razón, su importancia como factor específico de localización industrial es irrelevante.

La concentración espacial de actividades y población en determinadas áreas, ya se trate de empresas relacionadas entre sí o no, ocasiona también beneficios económicos para cada una de ellas, que pueden proceder de dos fuentes principales:

— Reducción en los gastos de transporte y los riesgos derivados del intercambio de mercancías entre ellas, asegurando al tiempo una mayor regularidad y fluidez en los abastecimientos. A este tipo de ventajas derivadas exclusivamente de la proximidad entre factorías interdependientes se las denomina economías de transferencia y no pueden catalogarse como externas en sentido estricto, aunque sí se derivan directamente de la aglomeración.

— Mayor volumen de infraestructuras y equipamientos (carreteras, dotaciones de agua, alcantarillado, electricidad, etc.) que suelen acompañar las grandes agrupaciones fabriles, sufragados por los poderes públicos, al tiempo que un amplio y diversificado mercado de trabajo y toda una serie de servicios complementarios cada vez más importantes, que benefician a todas las empresas allí radicadas y que sólo las muy grandes podrían costear por sí solas (mantenimiento y reparación, publicidad y marketing, asesoría jurídica, entidades financieras y de seguros, empresas de transporte, consultoras, etc.). Este conjunto, conocido genéricamente como economías de localización, contribuye a crear un «clima» industrial favorable al evitar a las empresas interiorizar una serie de funciones que sólo requieren periódicamente y facilitar su gestión.

Finalmente, otro mecanismo generador de economías externas se relaciona de modo específico con las ciudades y, sobre todo, con las grandes metrópolis (economías de urbanización). En ellas, las empresas que se instalan obtienen una serie de ventajas que van desde la existencia de amplios mercados de consumo y trabajo, al fácil acceso a la información e innovación, la existencia de una oferta de suelo urbanizado generalmente amplia, la proximidad a los mercados de capitales y al poder político-administrativo con quienes las relaciones son frecuentes (créditos, licencias...), etc. Al propio tiempo, las ciudades ofrecen otros atractivos difíciles de evaluar en términos estrictamente cuantificables, relacionados con las utilidades que el empresario espera obtener al residir en ellas: ambiente social y corporativo «adecuado» para él y su familia, proximidad a centros educativos de calidad para sus hijos, facilidad para contactos interpersonales en los centros de negocios... En definitiva, la valoración social del espacio urbano frente al medio rural genera externalidades positivas más allá de la simple lógica económica, aspecto sobre el que se insistirá más adelante. Por ello, «las ventajas, para muchas empresas, de las localizaciones urbanas son abrumadoras, y los grandes centros ofrecen economías externas que no se encuentran en unidades más pequeñas» (H. W. Richardson, 1975, 77), lo que favorecerá el establecimiento de una correlación positiva entre tamaño urbano y tasas de crecimiento industrial. En consecuencia, «ya no es la industria la que crea la ciudad, sino la ciudad la que desarrolla la industria» (M. Castells, 1975, 39).

Existen, pues, toda una serie de mecanismos que pueden generar beneficios con independencia del propio funcionamiento de la empresa, no considerados en sus balances anuales. Una parte importante de esos beneficios está ligada a la concentración espacial y por eso suele hablarse de «economías de aglomeración» para referirse a ellas, confundiéndolas a menudo con las economías externas. El gráfico 5.17 puede, en este sentido, aclarar los aspectos comunes y diferenciales que presentan ambos conceptos.

ECONOMIAS EXTERNAS

1. Economías externas de escala

2. Economías de localización

3. Economías de urbanización

4. Economías de transferencia

5. Economías internas de escala

ECONOMIAS DE AGLOMERACIÓN

Gráfico 5.17. Tipos de economías externas y de aglomeración

De lo anterior cabe deducir que las economías externas y de aglomeración han sustituido en buena parte la influencia que pudieron ejercer en otro tiempo los recursos naturales, el transporte, el mercado, etc., a la hora de atraer prioritaria —aunque no exclusivamente— la localización de empresas manufactureras, sobre todo a medida que se han ido incrementando las vinculaciones interempresariales en todos los sectores de actividad. Del mismo modo que las economías de escala fueron el motor esencial de la concentración en los planos financiero y técnico, éstas parecen haberlo sido en el territorial, contribuyendo decisivamente a la aparición y desarrollo de regiones nodales y de procesos de polarización espacial a diferentes escalas. Si esa tendencia al agrupamiento es patente para las unidades productivas, aún resulta mayor en el caso de las sedes sociales que, al agrupar las funciones de dirección, gestión y, en su caso, innovación dentro de la estructura organizativa de la empresa, presentan unas grandes exigencias de accesibilidad, tanto a otras entidades como a la información, por lo que sus pautas de distribución son plenamente asimilables a las que caracterizan en conjunto al sector terciario de decisión o cuaternario.

Pero el fenómeno de la aglomeración es esencialmente dinámico. Tal como ya señaló Myrdal en 1957, a propósito de los procesos de desarrollo desigual, estos movimientos desequilibradores tienden a ser crecientes en el tiempo, presentando un carácter acumulativo o de retroalimentación que beneficia la expansión de unas pocas áreas en detrimento de las restantes (G. Myrdal, 1959). Según Pred, que recogió estas ideas aplicándolas el análisis del dinamismo espacial registrado por la industria norteamericana durante el pasado siglo y hasta 1914 (A. R. Pred, 1966), el establecimiento de una o varias fabricas de gran tamaño en un área determinada genera dos cadenas de reacciones circulares con carácter impulsor, reflejadas en el gráfico 5.18. Por un lado, ejerce un efecto multiplicador sobre el conjunto de la actividad económica, pues la elevación de la oferta de trabajo conlleva un aumento de la renta y la demanda locales que potenciará el desarrollo de nuevas empresas o la ampliación de las preexistentes. Por otro, también tendrá lugar un efecto de «arrastre» sobre aquellas industrias con las que mantengan vinculaciones técnicas o comerciales, al tiempo que la creación de una tupida red de comunicaciones interpersonales facilitará la transmisión de informaciones y todo tipo de iniciativas. Todo ello elevará el volumen de economías externas, potenciando de este modo el crecimiento industrial del área. El proceso sólo podrá verse interrumpido por la aparición de deseconomías derivadas de la propia aglomeración, por la crisis del sector o sectores «motrices», o por actuaciones voluntaristas en tal sentido.

Las referencias empíricas sobre el efecto ejercido por estas fuerzas en la formación de aglomeraciones urbano-industriales son numerosas (M. J. Moseley, 1977), y entre ellas puede incluirse la evolución ocurrida en España durante el periodo desarrollista. Como muestran los datos del cuadro 5.6. sobre la evolución del empleo industrial en empresas con un mínimo de 50 trabajdores entre 1965 y 1975 según el tamaño (número de habitantes) municipal, las tasas de crecimiento se elevaron progresivamente al ascender en la escala jeráquica y hasta el umbral de los 200.000 habitantes; en los núcleos mayores, las tasas continuaron superando el promedio nacional, pero retrocedieron con relación a las observadas en las ciudades medias; no obstante, si en este último caso se sustituyen las cifras municipales por la evolución conjunta registrada por las respectivas áreas metropolitanas, las tasas alcanzadas fueron, con mucho, las más elevadas, duplicando prácticamente el valor promedio (R. Méndez, 1986, 131).

No obstante, si su importancia como elemento explicativo parece bastante aceptada, su operatividad en la toma de decisiones presenta mayores deficiencias, debidas en gran parte a las dificultades para calibrar con un cierto grado de precisión su volumen real en cada situación concreta. Iguales dificultades

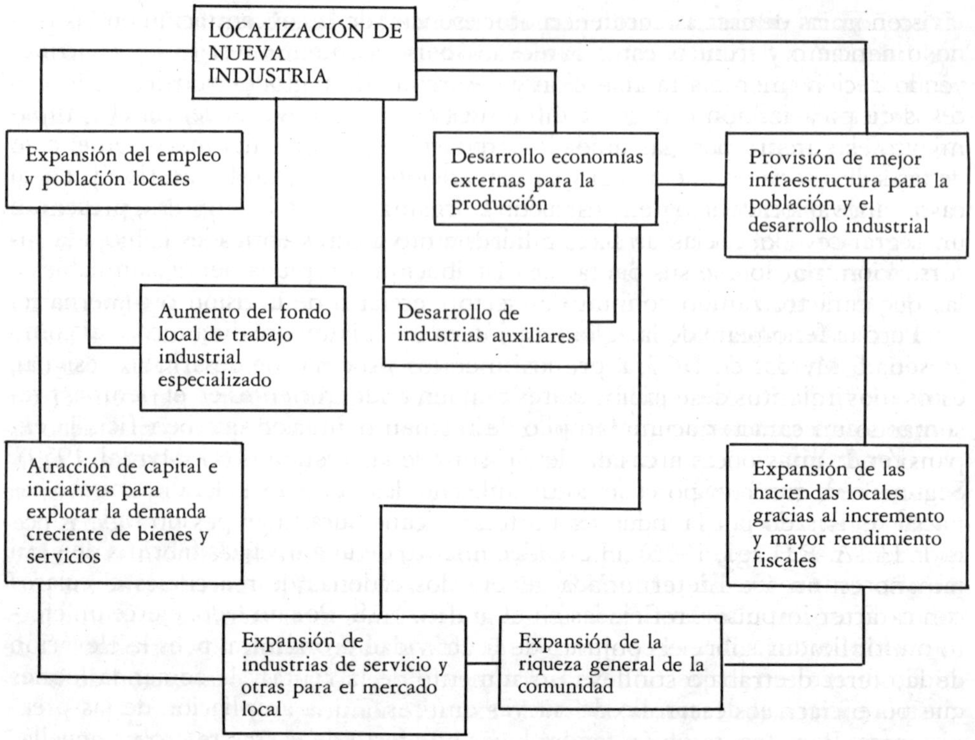

Gráfico 5.18. Procesos de crecimiento industrial de carácter acumulativo.

CUADRO 5.6.

EVOLUCIÓN DEL EMPLEO INDUSTRIAL EN LOS MUNICIPIOS ESPAÑOLES 1965-1975

TAMAÑO	Número de empleos en 1965	Número de empleos en 1975	Evolución 65-75 %
Más de 500.000 habitantes	274.223	480.423	+ 75,2 (+ 111,4 con A. M.)
De 200.000 a 500.000	120.785	217.625	+ 80,2
De 100.000 a 200.000	126.154	236.932	+ 87,8
De 20.000 a 100.000	250.332	456.299	+ 82,3
Menos de 20.000 habitantes	342.961	490.073	+ 42,9
Total	1.114.365	1.881.352	+ 68,8

Fuente: R. Méndez, 1986, 132

existen para valorar la incidencia efectiva de las deseconomías externas y de aglomeración, definidas como la elevación de costes empresariales derivada de la saturación que registran las áreas densamente ocupadas (altos precios del suelo, déficits y congestión de las infraestructuras, aumento de la presión impositiva y las restricciones legales...), y que suelen acompañar a los costes o desutilidades sociales que afectan negativamente la vida de la colectividad o, al menos, de porciones significativas de la misma en virtud de su desigual reparto (deterioro del medio ambiente, déficits de equipamientos sociales y viviendas, desarraigo personal...).

El aumento rápido de estas deseconomías ha servido como argumento habitual para explicar los movimientos de traslado de una parte de la industria desde el interior de las grandes aglomeraciones y hacia su periferia. No obstante, las relaciones de causalidad entre ambos fenómenos no parecen ser tan simplistas: es claro que a largo plazo el aumento de las deseconomías debe favorecer la difusión industrial, pero con frecuencia el proceso se retrasa e, incluso, se ve frenado por completo mientras los poderes públicos, a través de medidas asistenciales tendentes a limitar algunos de los graves problemas ocasionados por la aglomeración, costeen una parte de esas deseconomías con cargo al presupuesto. En tal sentido, éstas sólo favorecen potencialmente los procesos difusores, que para materializarse deberán contar siempre con un determinado tipo de actuación política. Esta última observación nos introduce ya de modo directo en la cuestión de la influencia que sobre la localización de la industria ejercen los factores de índole extraeconómica.

5.4.3. *Percepción y comportamiento espacial en las organizaciones industriales*

Parece indudable que en el desarrollo de una actividad que tiene prioritariamente una motivación económica, las consideraciones de costes e ingresos deben detentar una importancia primordial a la hora de optar entre localizaciones alternativas. No obstante, ante las evidentes limitaciones de la teoría para conseguir una interpretación satisfactoria de la compleja realidad geoindustrial, ha ido creciendo la convicción de que el cálculo meramente utilitario y de estricta racionalidad económica suele presentarse acompañado siempre por otras motivaciones de índole extraeconómica y difícil cuantificación, que también inciden sobre el proceso de decisión, dentro de unos márgenes económicos de localización para las empresas cada vez más amplios.

La conciencia de este hecho no es en absoluto nueva y puede retrotraerse a los primeros teóricos de la localización industrial, pero las evidentes dificultades para su medición precisa limitaron el tratamiento otorgado durante decenios a poco más que meras alusiones marginales. Sólo en las dos últimas décadas el desarrollo de las corrientes críticas en Geografía y otras ciencias sociales, que han venido a cuestionar una parte de los postulados de la geografía analítica —en nuestro caso, las concepciones neoliberales subyacentes en la teoría espacial anterior, su excesivo economicismo, el modelo de hombre omnisciente y racional que presupone, o la ignorancia/ocultación de las relaciones sociales que materializa toda estructura espacial— ha permitido dar un verdadero impulso a la consideración de este tipo de factores.

Una primera aportación, defendida desde posiciones conductistas o behavioristas, ha venido a incidir sobre la importancia de los condicionamientos psicosociales y los procesos perceptivos en la toma de decisiones empresariales. Particular incidencia tuvieron los numerosos trabajos de Simon, sin olvidar tampoco las aportaciones hechas por Boulding, quien ya en 1956 afirmaba que «es la imagen lo que determina el comportamiento real de cualquier organización u organismo» (K. Boulding, 1956, 115), o los trabajos de Lynch sobre la percepción del espacio urbano, aparecidos desde 1960.

La nueva interpretación de los procesos de decisión, cuyo mejor exponente es la obra de March y Simon sobre *Teoría de la organización*, incorporó, al menos, dos novedades importantes. Por un lado, renovó los esquemas interpretativos de la realidad elaborados por los economistas clásicos y basados en la contemplación de un «capitalismo de pequeñas unidades», muy distinto al de las grandes organizaciones y mercados de competencia imperfecta desarrollados progresivamente a lo largo del tiempo. Por otro, modificó la anterior concepción del empresario como sujeto racional movido por comportamientos optimizadores y ajeno a su entorno y a su pasado, integrando ahora toda una serie de nuevos postulados provenientes de la psicología y la sociología, que vinieron a destacar la influencia ejercida por la experiencia pasada y el aprendizaje, junto a los estímulos del entorno y los rasgos personales que filtran esa información y la seleccionan, modificando en consecuencia tanto el número de alternativas percibidas, como los estímulos o los rasgos evocados (J. G. March y H. A. Simon, 1981). Como resultado de ese complejo proceso, los individuos y las organizaciones alcanzarán, a lo sumo, una racionalidad limitada en su comportamiento, pues todos ellos tienen necesidades e inclinaciones, y son limitados en sus conocimientos y su capacidad para resolver problemas. No existe, pues, el «homo economicus» que toma decisiones conociendo todas las alternativas posibles y los efectos que se derivarán de cada una de ellas (absoluta certidumbre), que está desprovisto de sentimientos y valores (racionalidad y objetividad plenas) y que actúa exclusivamente en función del principio utilitario de maximizar su beneficio, sin evaluar el riesgo que conlleve cada decisión. En consecuencia, la teoría de la elección racional que ahora se propone, aparece con unos presupuestos muy distintos:

a) La elección se hace siempre partiendo de un «modelo» limitado, aproximado y simplificado de una realidad demasiado compleja para ser controlada. Los elementos que caracterizan ese modelo no vienen dados o impuestos, sino que ellos mismos son consecuencia de procesos selectivos sobre los que intervienen los estímulos del entorno, la memoria del pasado y los rasgos personales.

b) El ambiente social en que se encuentra inmerso el que decide, con sus escalas de valores e intereses dominantes en cada caso, sus grupos de presión, etc., tiene una influencia directa sobre las alternativas que éste considera y excluye, la ponderación que hace de los elementos circundantes, etc. La toma de decisiones es más una respuesta a estímulos concretos que una evaluación abstracta de alternativas posibles y objetivables.

c) La mayor parte de las decisiones humanas se refieren al descubrimiento y selección de alternativas satisfactorias que varían según individuos y circunstancias; sólo en casos excepcionales (que no suelen incluir las cuestiones relativas a la localización) se buscan alternativas óptimas, que exigen procesos de mayor complejidad, tiempo y coste.

d) La repetición de comportamientos ya realizados, o la imitación de comportamientos ajenos que parecen haber alcanzado el éxito, será, ante circunstancias similares, una respuesta frecuente, que simplifica los procesos de decisión y aumenta la rapidez dada en la respuesta.

e) Todo sujeto decide en función de su conocimiento y valoración de la realidad circundante, que incluye inevitablemente un sesgo perceptivo con relación a los datos objetivos de la misma. En tal sentido, «lo que quiere una persona y lo que le gusta influencia lo que ve; lo que ve influencia lo que quiere y lo que le gusta» (J. G. March y H. A. Simon, 1981, 167). Para poder comprender y predecir su comportamiento, es necesario conocer su imagen mental de ese entorno. Además, hay que tener presente que buena parte de nuestro conocimiento no se obtiene mediante percepción directa, sino a través de informaciones indirectas que llegan a través de diferentes canales de comunicación en donde han sido previamente «filtradas», por lo que todo proceso de selección tiene un componente colectivo que no puede ignorarse.

f) Una vez que en un individuo o grupo se consolida una determinada definición de la situación, tiende a mantenerse con gran estabilidad, presentando una fuerte resistencia al cambio.

Desde comienzos de los años 70, la penetración de estas ideas en la geografía industrial, ante las desviaciones observadas respecto a los comportamientos racionales que cabría esperar según las teorías vigentes, contribuyó a desplazar el interés prioritario hacia cuestiones hasta entonces ignoradas como puedan ser la organización empresarial y su funcionamiento, la estructura de los flujos informativos, la influencia de las imágenes mentales sobre las decisiones de localización, etc., al tiempo que se rechazaban algunas de las ideas anteriores por irreales. Con ello, el componente subjetivo y, hasta cierto punto, aleatorio que incorpora toda opción de implantar una factoría, pudo ser ahora integrado coherentemente desde una perspectiva teórica (F. E. I. Hamilton, ed., 1974).

Todo empresario, al decidir sobre la instalación o el traslado de una fábrica, dispone tan sólo de una información parcial y sesgada respecto de las alternativas posibles. Esto es particularmente cierto en el caso de las PYMES, que tienen un acceso a la misma más limitado por no disponer de medios suficientes, o en áreas afectadas por una deficiente difusión de las informaciones, pero resulta también aplicable en gran medida a las empresas mayores o las regiones más desarrolladas y con mejores sistemas de comunicación. Partiendo de esa idea, Pred considera la posibilidad de establecer una tipología de empresas según su grado de conocimiento de la realidad y su mayor o menor aptitud para aprovechar esa información, que hará variar su comportamiento espacial y sus posibilidades de éxito (gráfico 5.19): puede suponerse que cuanto mayor sea el nivel alcanzado en ambos ejes, mayor será también la probabilidad de lograr una localización próxima al óptimo teórico (o, al menos, situarse dentro de los márgenes de rentabilidad), aunque éste, representado en el gráfico por la posición Enn, nunca llegue a alcanzarse en la realidad (A. R. Pred, 1967). Todo proceso de selección entre las empresas de un determinado sector de actividad tenderá también a eliminar antes a las de niveles inferiores, permaneciendo las más informadas y competitivas.

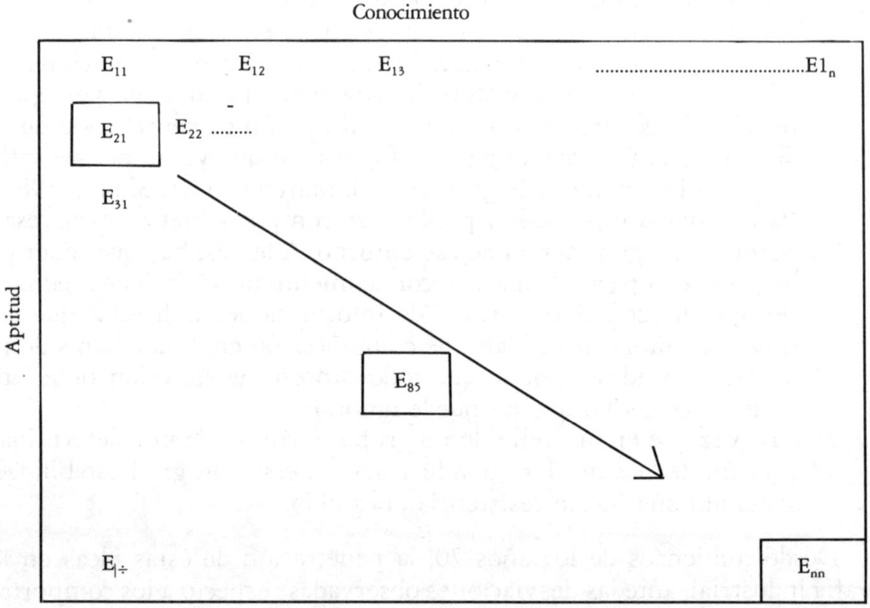

Gráfico 5.19 Tipología empresarial según nivel de información y aptitud para tratarla (según A. R. Pred).

Además de generar un cierto margen de incertidumbre, que resulta imposible eliminar siempre que se toma una determinada opción, las limitaciones informativas restringen la racionalidad económica de cualquier decisión locacional, que, a lo sumo, podrá ser calificada de «subjetivamente racional». Por ello, tanta o más importancia que los rasgos objetivos del territorio donde se va a realizar la instalación, tendrán los percibidos por el empresario pues son éstos los que determinan, en último término, su comportamiento. Junto al valor que así adquiere la experiencia directa de un espacio, también la publicidad sobre las condiciones ventajosas que una determinada área puede ofrecer a la implantación fabril o sobre los beneficios allí concedidos a las empresas cobra significación como medio de promover una mayor confianza entre el empresariado hacia esos lugares. Entre los datos disponibles en tal sentido, puede destacarse la alta valoración que para la mayoría de los individuos suele presentar el área de residencia habitual, mejor conocida, y su disminución con la distancia —no sólo física, sino también cultural, socioeconómica— a excepción de ciertos focos de atracción puntuales. El proceso queda esquematizado en la figura 5.20, similar en su estructura al «paradigma operativo» definido por Gold (J. R. Gold, 1980), en el que se destaca la distancia que media entre las condiciones reales del entorno empresarial y las que influyen finalmente sobre la decisión (según el filtro perceptivo y la desigual valoración de la información llegada), así como la retroalimentación del proceso, pues toda decisión influye sobre las siguientes a través de la experiencia acumulada y el correspondiente aprendizaje.

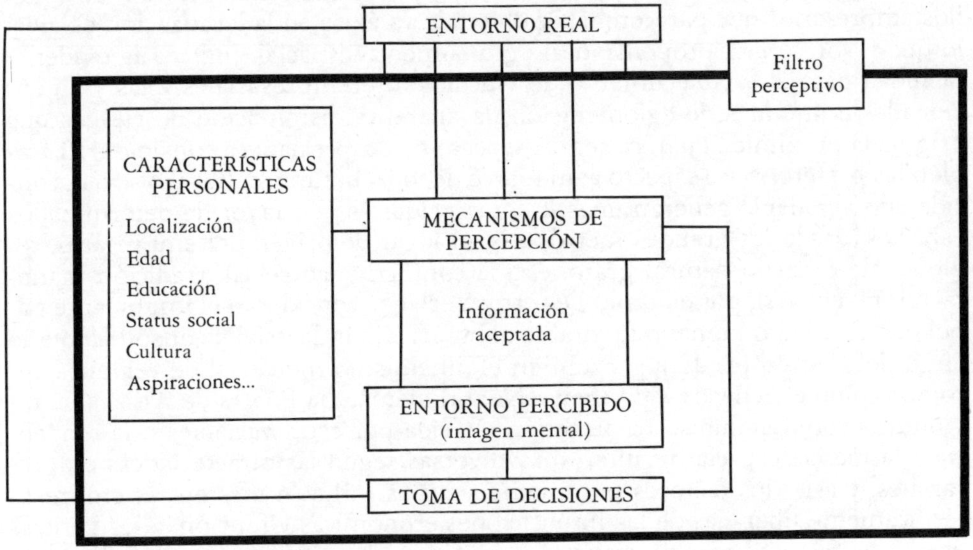

Gráfico 5.20. Proceso de toma de decisiones sobre localización

En consecuencia, el inevitable riesgo de toda decisión sobre localizar la fábrica, aumentado por el hecho de que sólo se toman de tarde en tarde y afectan la vida de la empresa durante largos intervalos, siendo difícil prever sus consecuencias a medio y largo plazo, parece conducir en la práctica a comportamientos empresariales bastante más conservadores que los que se derivarían de la aplicación exclusiva de criterios de racionalidad económica. En tal sentido, la observación de la realidad parece confirmar que el empresario suele guiarse por la búsqueda de un beneficio considerado suficiente y, sobre todo, seguro, rechazando otras alternativas que conlleven un alto riesgo, aunque puedan producirle a medio o largo plazo mayores beneficios. No se intenta, pues, determinar un óptimo de localización, sino que la elección oscila tan sólo entre emplazamientos que resultan satisfactorios.

Otra consecuencia derivada de las limitaciones informativas será la atracción ejercida por los espacios no sólo bien conocidos, sino también por los socialmente valorados de forma positiva (grandes ciudades, regiones desarrolladas, áreas más promocionadas, proximidad a grandes empresas etc.), que parecen limitar los riesgos derivados de no contar con un «clima» industrial favorable para el asentamiento. Puede ser representativo en tal sentido el estudio de Linz y De Miguel sobre la movilidad espacial de los empresarios españoles en el que, a partir de un cuestionario realizado a una pequeña muestra del empresariado industrial español, se destacaba, entre otros aspectos, el elevado número de foráneos instalados en Madrid, junto a la posible influencia ejercida por el hecho de que una elevada proporción de los mismos (un cuarenta y siete por ciento del total) hubiesen cursado sus estudios en la capital, decidiendo más tarde instalar en ella su empresa (A. De Miguel y J. J. Linz, 1964).

Un segundo tipo de comportamiento muy repetido es la imitación de aquellos empresarios que parecen haber obtenido ya éxito en la localización elegida, lo que favorece una propensión al agrupamiento espacial. Junto a la evidente facilidad para el establecimiento de vínculos interempresariales y las ya mencionadas economías de aglomeración, la aparente disminución de riesgos que origina la proximidad parece ser un aspecto no despreciable a considerar. También las preferencias respecto a un marco de vida, natural, cultural o social, considerado agradable generan unas «rentas psíquicas» en favor de determinados espacios, desde las grandes metrópolis, al lugar de origen del empresario, regiones de entorno natural grato, escasa conflictividad social, tradición manufacturera, etc. Así, por ejemplo Dézert y Verlaque consideran el importante papel que un medio humano favorable al desarrollo industrial y consolidado a lo largo del tiempo puede jugar aún en el dinamismo industrial de regiones europeas como el Schwarzwald (Selva Negra) alemán, la Puerta de Alsacia, la región de Lyon, Cataluña... La atracción ejercida por estas variables o la tendencia a la inercia espacial resultan muy diversas según las características empresariales, y así, «los factores puramente sociales influyen más en las empresas técnicamente liberadas de las imposiciones económicas y funcionales, mientras que otros factores más tradicionales dominan el comportamiento de las empresas arcaicas» (M. Castells, 1975, 52).

Por último, el riesgo que implica cualquier traslado —que además de paralizar la actividad durante un tiempo conlleva la necesidad de establecer una nueva estructura de relaciones con clientes, proveedores, etc.— favorece la permanencia de bastantes empresas en su emplazamiento, readaptando en todo caso sus instalaciones, aunque las condiciones de la localización no resulten ya las más favorables. Según Richardson, «las empresas raramente buscan un nuevo emplazamiento, a menos que el que posean no les ofrezca espacio para su ampliación, obtenga algún otro defecto capital que descarte una producción rentable y/o un crecimiento de su actividad» (H. W. Richardson, 1975, 89), y cuando lo hacen, intentan con frecuencia mantener los vínculos preexistentes, no alejándose en exceso. De este modo, lo habitual es que los traslados desde las ciudades centrales de aglomeraciones como Barcelona, Madrid, Valencia, etc., se realicen dentro de un radio limitado, que al tiempo que permite abaratar costes, hace también posible mantener el contacto con el conjunto de externalidades positivas que produce la concentración espacial. El gráfico 5.21 pone de manifiesto las posibles alternativas que pueden explorarse antes de que una nueva localización se haga imprescindible para la empresa.

Las conclusiones que se derivan de todo lo anterior parecen obvias. Por un lado, la decisión de localizar una fábrica se inserta en un proceso cuyos mecanismos resultan mucho más complejos que tal y como aparecen en las teorías neoclásicas, siendo preciso aceptar la actuación de empresarios dotados de racionalidad limitada, con objetivos diversos y que buscan tan sólo resultados satisfactorios. Por otro, los fenómenos de inercia espacial, son en la práctica más frecuentes de lo previsible en pura lógica económica, pudiendo considerarse en

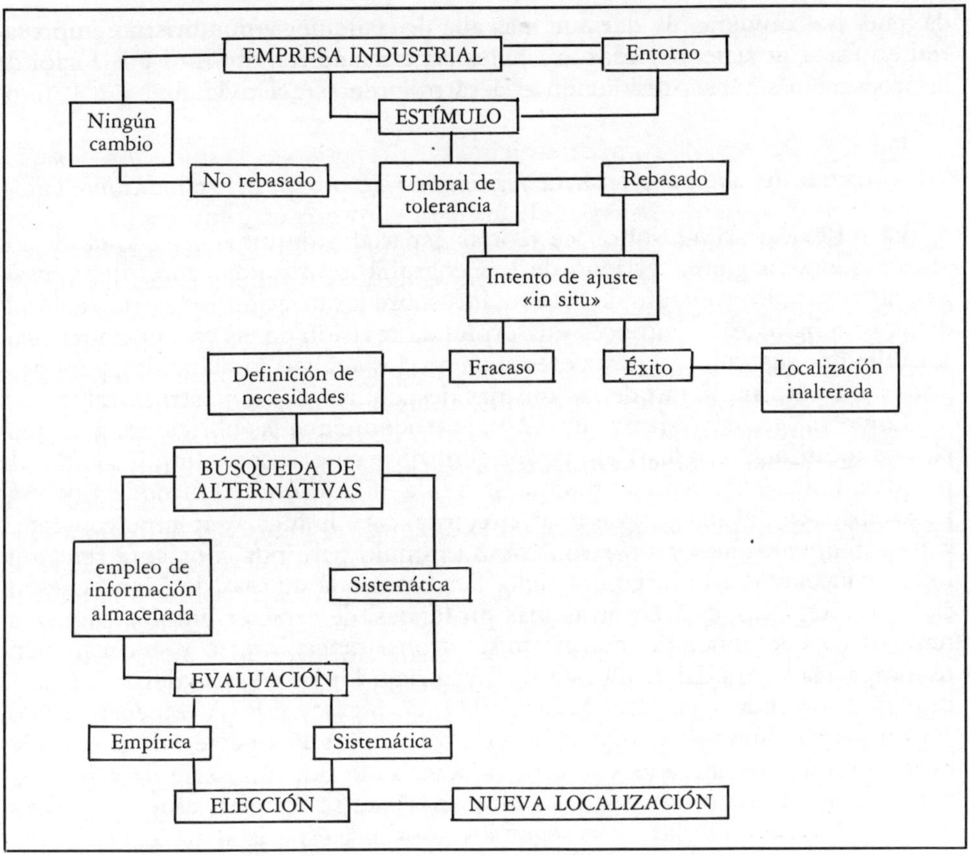

Gráfico 5.21. Proceso de decisión para trasladar una factoría.

gran parte como un fenómeno de comportamiento derivado de las actitudes generalmente conservadoras ante el riesgo.

Finalmente, junto a las ventajas económicas que para el empresario individual se derivan de la aglomeración espacial de la industria en las grandes urbes y en ciertas regiones densamente pobladas, los sesgos perceptivos y la elevada valoración social que suele caracterizarlas favorecen también la concentración en ellas, como resultado de las imperfecciones inherentes al proceso de decisión. Según afirmación de Moseley, «las imperfecciones de la información resaltan el atractivo de las localizaciones bien conocidas». La incertidumbre respecto a los riesgos futuros y el deseo de asegurar al menos un beneficio satisfactorio, llevan a decisiones en las que se juega sobre seguro. Las preferencias locacionales personales y el deseo de maximizar la «renta física» atraen a los industriales a áreas ricas en amenidades, que a su vez ellos favorecen. Los tres factores representan una discriminación efectiva en favor de los centros urbanos ya establecidos» (M. J. Moseley, 1977, 132). No obstante, la afirmación a que llegan Lloyd y Dicken respecto a que «la aglomeración es mucho más un fenómeno de comportamiento que estrictamente económico» parece exagerada, pues no conviene olvidar que más allá de cualquier voluntarismo empresarial en favor de determinadas áreas, los criterios de rentabilidad y la lógica de la producción siguen presidiendo el desarrollo de esta actividad.

5.4.4. *Lógica del capital y localización industrial: perspectivas radicales*

La reflexión crítica sobre las teorías espaciales dominantes que desde los años sesenta surgió en el seno de la Geografía, se difundió en el decenio siguiente al ámbito concreto de los estudios sobre localización industrial, en donde ha generado desde entonces una profunda revisión de las concepciones neoliberales que sustentaban hasta ese momento los análisis locacionales, para proponer una reformulación de las mismas desde una posición estructuralista.

Como ya señalaba Massey en 1979, es evidente que las objeciones a las teorías de localización industrial que inciden sobre su excesiva simplifación de la realidad, la falsedad de ciertos supuestos o la utilización de un modelo de empresa abstracto, al margen de unas circunstancias de lugar y tiempo concretas, son bastante antiguas y sirvieron como estímulo para una constante reformulación conceptual a lo largo del siglo. Pero más allá de esas deficiencias esencialmente técnicas, existen otras más profundas, de carácter ontológico y epistemológico, que ponen de manifiesto su inconsistencia interna y su consiguiente incapacidad para dar respuesta satisfactoria a los problemas derivados de la implantación industrial (D. Massey, 1979; D. Massey y R. A. Meegan, 1985).

En primer lugar, los análisis neoclásicos imperantes parten de la consideración de un espacio dado, es decir, caracterizado por una serie de rasgos específicos que pueden otorgar a las empresas que se instalen en él mayores o menores ventajas comparativas según los casos. Ese espacio aparece, pues, como «preexistente a la actividad práctica que se lo apropia, igual que a la actividad teórica que lo considera como un dato... Es la relación empírica de un continente a un contenido: hay espacio y en él se despliegan cosas» (A. Lipietz, 1979, 18). Frente a esa concepción empirista del espacio, que hace de él una realidad neutra, debe afirmarse que, por el contrario, siempre aparece cargado de valores: el territorio sobre el que se instala la empresa industrial o cualquier otra está producido previamente en relación con el proceso de desarrollo capitalista, y sus características obedecerán, por tanto, a una lógica concreta.

Del mismo modo, puede también afirmarse que en la bibliografía disponible apenas se profundiza en las razones que presiden la producción y el dinamismo del espacio industrial, conformándose generalmente con una simple enumeración —más o menos amplia según los casos— de factores aislados a la hora de explicar los comportamientos empresariales. Frente a esta interpretación superficial, «atomista», que sólo considera las apariencias, los hechos banales y externos, el enfoque estructuralista concibe la realidad como un todo integrado donde «lo que importa no es el elemento, ni un todo que se imponga como tal, sin que sea posible precisar de qué manera se impone, sino las relaciones entre los elementos» (J. Piaget, 1968, 9). Desde esa perspectiva, el comportamiento empresarial en materia de localización nunca podrá aislarse del sistema económico en que se integra y de su posición específica dentro de él, que determinan en buena medida sus objetivos y posibilidades de actuación, más allá de sus circunstancias y características individuales, tan destacadas en los planteamientos conductistas sobre la toma de decisiones.

Pero además, «las estructuras no son "cosas" o "acciones" y, por consiguiente, no podemos establecer su existencia por medio de la observación». (D. Harvey, 1977, 305). Consecuentemente, el significado y la explicación plena de un espacio industrial determinado sólo podrá alcanzarse al descubrir su inserción dentro de una estructura a través de la red de flujos —tanto materiales como inmateriales— que le vinculan con el exterior, lo que obliga a desbordar el marco estrictamente espacial para comprender las relaciones causales básicas que dan sentido a las realidades concretas. Esta concepción, que amplía notoriamente el marco de investigación tradicional en una perspectiva holística, resulta de particular importancia hoy, cuando se comprueba la progresiva disociación entre el espacio de la producción y la experiencia concreta (el de las localizaciones fabriles visibles, materializadas en un paisaje industrial característico), y el espacio del poder, cada vez más abstracto, reducido a flujos y relaciones entre elementos jerarquizados, pero cuya influencia se deja sentir cada vez más en nuestro entorno inmediato, dotándole de sentido. Así, por ejemplo, sólo dentro del proceso de reestructuración productiva y nueva división espacial del trabajo que conlleva la actual crisis, podrán entenderse los cambios recientes en las pautas de localización industrial que pueden observarse a cualquier escala de análisis, desde la internacional, hasta el interior de nuestras ciudades, lo que hace indispensable partir de una consideración previa sobre los agentes que protagonizan esa reorganización.

No obstante, tal vez la reivindicación más conocida y sustancial que defienden los análisis radicales es la interpretación del espacio como un producto social, comprensible en su organización y dinamismo dentro de la lógica del capital en su desarrollo histórico, lo que le convierte en una variable dependiente que materializa en cada momento y lugar concretos los intereses dominantes y los contrastes existentes en el seno de la formación social que lo ocupa, así como sus relaciones de dominación/dependencia respecto al exterior. En otras palabras, el poder «intenta una funcionalización del espacio a sus intereses a fin de alcanzar su optimización como factor. Para ello se establecerán modelos de localización y asentamiento territorial; se articulará y jerarquizará el territorio de acuerdo con la estructura social que lo ocupe; o se adecuará la circulación de los restantes factores, tanto los materiales y productivos como los de difusión ideológica, cultural y científica, o los de circulación de órdenes y respuestas. El objetivo prioritario en esta optimización espacial corresponderá al propio mantenimiento y reproducción de las relaciones de poder a través de la producción, circulación, gestión y apropiación del excedente» (J. E. Sánchez, 1984, 8).

En este contexto, el espacio industrial, como elemento fundamental de los espacios productivos, reflejará de forma directa la evolución de las relaciones sociales —entendidas como relaciones de poder— por lo que para comprender las características y la modificación de las pautas de localización empresariales habrán de considerarse conjuntamente en cada caso los efectos derivados de:

— las relaciones entre capital y trabajo;
— la competencia intercapitalista por el uso del suelo.

Del conflicto de intereses entre empresarios, trabajadores, promotores de polígonos, poderes públicos, etc., cuyas estrategias habrán de adaptarse a un marco jurídico-institucional nunca neutro, surgirá en cada momento una determinada articulación del espacio industrial, y cualquier modificación de estos equilibrios conllevará un cambio en las tendencias de localización. Así, pues, «comprender las localizaciones industriales es comprender, ante todo, el dinamismo de la dialéctica poder-espacio y los medios empleados por los grupos sociales para preservar o aumentar sus ventajas» (A. S. Bailly y H. Beguin, 1982, 153).

La aplicación de estos principios teóricos globales al análisis de los modelos históricos de distribución de la industria ha permitido una reinterpretación de los mismos, en particular de la tendencia a la formación de aglomeraciones urbano-industriales correspondiente a la etapa del capitalismo monopolista, así como de los procesos desconcentrandores que acompañan la actual ruptura con esa etapa de acumulación y la emergencia del ya conocido como capitalismo transnacional. Vamos a considerar a continución algunas de las explicaciones más sugerentes del primero de estos procesos.

Es evidente que a lo largo del último siglo se ha producido una transformación en las relaciones ciudad-industria, con una progresiva dependencia de la segunda en relación al medio urbano, que ha sustituido el inicial sometimiento de la ciudad a las exigencias y ritmos de las unidades productivas durante la I Revolución Industrial. En tal sentido, las justificaciones ofrecidas hasta hace apenas una década se mostraron casi exclusivamente preocupadas por destacar la incidencia de la evolución técnico-económica (reducción de las servidumbres espaciales por la mejora del transporte, creciente importancia de los bienes semielaborados y de las interrelaciones empresariales, etc.), ignorando que todo ello no es sino «expresión de una transformación de las fuerzas productivas y de la organización social» (M. Castells, 1975, 15) subyacentes.

De este modo, si en la fase del capitalismo competitivo el medio urbano aparecía tan sólo como uno más de los espacios atractivos para las empresas fabriles en virtud de sus recursos productivos (fuerza de trabajo, capitales...) o como mercado de consumo, en competencia con otras áreas (yacimientos, nudos de transporte), la posterior concentración del capital, manifestada al nivel de los aparatos de producción y gestión en el desarrollo de la gran empresa multi-fábrica, incrementó las ventajas comparativas ofrecidas por la gran ciudad. Desde el lado de la firma industrial, la «superestructura» urbana, materializada en una alta densidad de infraestructuras técnicas y servicios para las empresas, o de equipamientos sociales y viviendas para la reproducción de la fuerza de trabajo, permitió un abaratamiento de sus costes, contrarrestando así la tendencia hacia la disminución de las tasas de beneficio derivada del cambio en la composición orgánica del capital (aumento constante en la participación del capital constante respecto al variable). Al tiempo, la existencia de un mercado de trabajo cualificado y diversificado hizo posible una mayor elasticidad ante la constante innovación tecnológica y las fluctuaciones de la demanda. Finalmente y de forma paralela a la articulación de unos espacios empresariales jerarquizados y especializados que acompañó el desarrollo de las grandes firmas, las aglomeraciones urbanas del mundo desarrollado se constituyeron en el medio idóneo para la innovación y el intercambio de información, concentrando por ello una proporción creciente de las sedes sociales y los centros productivos de mayor rango pertenecientes a las compañías multinacionales (decisiones estratégicas, actividades de investigación y desarrollo, productos de mayor valor añadido y tecnología «punta»...). Por su parte, las fabricaciones banales y las empresas dependientes, correspondientes a las fracciones marginales del capital, tendieron a ocupar de forma progresiva localizaciones periféricas, bien ciudades medias o pequeñas, regiones atrasadas, espacios rurales, etc. La interdependencia entre estos centros fue haciéndose cada vez más estrecha, en el interior de un sistema de intercambio desigual (gráfico 5.22).

Gráfico 5.22. Estructura organizativa y división del trabajo en el seno de la gran empresa industrial.

Desde una perspectiva algo más amplia, también puede afirmarse que la progresiva imbricación del capital industrial con el inmobiliario y financiero consolidó el crecimiento de las aglomeraciones urbano-industriales como estrategia idónea para maximizar las plusvalías conjuntas derivadas de la producción de espacio urbano y la concentración de industrias. En definitiva, este proceso polarizador, modelizado por Castells y Godard en su «Monopolville», ha respondido, en última instancia, a las exigencias del capital en una etapa concreta dentro del desarrollo del sistema, lo que justifica su generalización, más allá de las circunstancias históricas peculiares de cada territorio (M. Castells y F. Godard, 1974). Si el gran capital fue, por tanto, el principal agente promotor de estos espacios industriales, una buena parte de las pequeñas y medianas empresas del sector tendieron a situarse en las mismas áreas para beneficiarse de la masa de economías externas allí acumuladas y, en ciertos casos, de sus vinculaciones directas con la gran empresa.

La consolidación de las grandes metrópolis como exponente espacial característico del desarrollo capitalista en la etapa precedente, tiene, además, otra dimensión significativa por cuanto ha debido contar con el apoyo, directo o indirecto, del poder público. En efecto, tanto mediante la mejora de las infraestructuras técnicas de apoyo a la producción (red de carreteras y sistemas de comunicación, urbanización de suelo industrial...), como al intentar paliar algunos de los costes sociales más graves derivados de la aglomeración (déficits de viviendas, equipamientos asistenciales, deterioro ambiental...), se hizo posible su cristalización y mantenimiento, pese a la aparición de fuertes deseconomías externas derivadas de la saturación. La asunción, pues, por la colectividad a través del sistema impositivo de una parte sustancial de los efectos negativos derivados, permite afirmar que la aglomeración se constituyó en el medio más eficaz para socializar costes y privatizar beneficios. Las políticas de descongestión industrial articuladas en diversos países, principalmente de Europa occidental, tuvieron un efecto reequilibrador muy limitado, potenciando, a lo sumo, la expansión de algunos centros secundarios mediante apoyos fiscales y financieros a la instalación, pero sin afectar las raíces del proceso.

Una interpretación más reciente de la polarización espacial registrada por la industria es la realizada por Scott. Partiendo igualmente de que «el carácter espacial y la dinámica de las ciudades y regiones en la sociedad capitalista son el resultado de las relaciones sociales y técnicas de la producción de mercancías», la transformación de los modelos territoriales vendrá determinada por la evolución en la organización de las actividades productivas y, en particular, por la división del trabajo. En otras palabras, «la organización de la producción en el capitalismo necesariamente presenta un sistema espacial peculiar de localizaciones, lugares e interacciones» (A. Scott, 1985, 18), coherente con el objetivo último de la acumulación y cambiante en el tiempo.

Desde ese enfoque, la formación de aglomeraciones, entendidas como «complejos polarizados de actividad productiva», se hace depender directamente de la evolución registrada por la empresa capitalista, en especial por lo que se refiere a la organización del proceso de trabajo. La tendencia histórica observada hacia una progresiva intensificación del capital invertido, junto a una estandarización de tareas y productos en el contexto de unos mercados en expansión, estuvo acompañada por una creciente desintegración vertical de los procesos productivos entre empresas cada vez más especializadas en tareas concretas, con objeto de beneficiarse de las consiguientes economías de escala, abaratar sus costes y aumentar su competitividad. Ese proceso de división del trabajo alcanzó sus máximas cotas en aquellas actividades multi-tareas que utilizan una mano de obra abundante y poco cualificada como las industrias de montaje, o enfrentadas a mercados inciertos y variables. El desarrollo de una densa y compleja red de vínculos interempresas e interfábricas resultante impulsó su proximidad espacial y la formación de complejos industriales integrados en las regiones urbanas, afectados por efectos de retroalimentación con carácter acumulativo. No obstante, la consiguiente concentración de fuerza de trabajo y la elevación de las economías externas supusieron una contradicción interna que marcaría los propios límites del proceso polarizador y las actuales tendencias descentralizadoras, tal como habrá ocasión de analizar a continuación.

5.5. Crisis económica, revolución tecnológica y localización industrial

5.5.1. *La reorganización del sistema productivo*

Desde los inicios de la pasada década hemos asistido a una profunda y rápida modificación de las condiciones generales en que tiene lugar la actividad industrial, que también ha afectado de forma apreciable sus estructuras productivas y sus pautas de localización. El agotamiento del periodo anterior de expansión acelerada ha sumido a la economía mundial en una aguda crisis de carácter estructural, que en los países desarrollados suele identificarse esencialmente como crisis industrial, cuyas manifestaciones externas han pasado a constituirse en algunos de los problemas básicos que afrontan hoy nuestras sociedades.

En un simple bosquejo de esa evolución, tres pueden ser los rasgos más significativos a destacar. Ante todo, tuvo lugar una brusca detención en el ritmo de crecimiento del P. I. B. experimentando en los dos decenios precedentes, junto a un fuerte incremento de la inflación y las tasas de paro, que en los países de la O. C. D. E. se triplicaron con creces entre 1972 y 1984, con ejemplos tan espectaculares como los de España, la R. F. A. o Dinamarca, que multiplicaron por diez sus valores iniciales (2,0 por 100 y 21,2 por 100 en el caso español, 0,7 por 100 y 7,8 por 100 en el alemán, y 0,9 por 100 y 11,0 por 100 en el danés respectivamente). Los abundantes cierres y reestructuraciones empresariales, una menor utilización de la capacidad productiva disponible, o el ascenso de fenómenos de marginalidad entre los que adquirido carta de naturaleza la llamada «economía sumergida», son el corolario que ha acompañado los cambios anteriores.

Paralelamente, se produjo un descenso en la participación de la industria dentro de la población activa y el P. I. B. totales. Así, por ejemplo, si entre 1972-1982 se perdieron 282.000 empleos industriales en el conjunto de la O. C. D. E. (559.000 en O. C. D. E.-Europa), con lo que la participación del sector secundario disminuyó desde el 36,2 por 100 al 32,1 por 100, la tasa anual de crecimiento del producto industrial bruto, que en 1969-1973 fue del 5,5 por 100, descendió hasta el 2,1 por 100 en 1974-1979, para llegar a ser negativa (–4,0 por 100) en 1982, e iniciar una tímida recuperación a partir del año siguiente.

Esta evolución negativa ha tenido, no obstante, un carácter marcadamente selectivo que resulta imprescindible considerar para lograr una verdadera comprensión de los cambios en curso. Desde una perspectiva sectorial, y por lo que se refiere al mundo desarrollado, la reestructuración a que se han visto sometidos ciertos sectores «maduros», de tecnología obsoleta, producción estandarizada y escaso valor añadido como el textil, la confección, el calzado, la siderurgia, etc., e incluso algunos otros considerados motrices hasta época reciente (automóvil, electrodomésticos...), ha tenido como contrapartida el desarrollo de las nuevas industrias «de punta», vinculadas estrechamente a la innovación tecnológica, fuertemente capitalizadas y con elevada productividad: microelectrónica e informática, telecomunicaciones, aeronáutica y aeroespacial, biotecnología, etc. Desde el punto de vista geográfico, se ha producido también una visible modificación —ya comentada en páginas precedentes— en la división internacional del trabajo que, sin atentar contra las relaciones de desigualdad imperantes, ha permitido elevar la participación de los países subdesarrollados en las exportaciones globales de manufacturas desde el 7,0 por 100 en 1973 al 11,7 por 100 en 1983. Este proceso, vinculado a la intervención creciente de las empresas multinacionales como agentes estructuradores de la economía-mundo actual, ha estado acompañado por una paralela movilidad industrial en el interior de los Estados.

El análisis de este conjunto de fenómenos, cuya importancia resulta ya innegable, está sometido a interpretaciones diversas, que insisten de manera desigual sobre los diversos componentes del cambio, las fuerzas que lo dirigen y, consiguientemente, las tendencias que se apuntan[5].

Un primer tipo de explicaciones para esta crisis, que los partidarios de las teorías cíclicas del desarrollo capitalista identifican como la fase depresiva del cuarto ciclo Kondratiev, iniciado con la II Guerra Mundial, pueden caracterizarse, dentro de su diversidad, por la atención prioritaria otorgada a los factores exógenos como causantes principales de los problemas que aquejan al sistema productivo.

Probablemente, ninguna de las justificaciones ensayadas ha sido más perdurable y repetida que aquella que interpreta los «desajustes» ocurridos en el funcionamiento del sistema económico como resultado de la brusca elevación en los costes de producción que, para las empresas y los Estados, se derivó del encarecimiento del petróleo en 1973, hasta el punto de que aún hoy es frecuente el empleo del término «crisis energética» o «crisis del petróleo» para aludir a los procesos que estamos considerando. Según este análisis, que puede encuadrarse dentro de los enfoques neoliberales sobre la crisis, la fuerte elevación en el precio de un recurso productivo básico y, hasta entonces, barato como la energía generó una fuerte pérdida en la relación real de intercambio para los países industrializados y una inflación de los costes empresariales, con pérdida de competitividad. La espiral recesiva así iniciada se reforzó con las políticas monetarias restrictivas y el descenso de la demanda interna, que al reducir las expectativas empresariales de beneficio favorecieron un descenso de la inversión y las consiguientes pérdidas de empleo, fundamentalmente en las actividades industriales y la construcción. El paso del tiempo ha ido relativizando el significado de los precios energéticos en el desencadenamiento de la crisis, reforzando en cambio las posiciones de quienes, desde similares planteamientos, amplían el número de factores responsables al incorporar también la elevación registrada en los años 60 y 70 por los costes laborales directos (salarios) e indirectos (prestaciones sociales), los costes financieros, las cargas fiscales, o el descenso de la productividad/hombre/hora. La mayoría de políticas de «ajuste» económico ensayadas en los países de nuestro entorno por los respectivos gobiernos han ido encaminadas prioritariamente a la corrección de esos dese-

[5] Entre las muchas páginas dedicadas a esta cuestión en los últimos años son buena muestra de posiciones contrapuestas los trabajos de E. Fuentes (1983), P. Dockes, B. Rosier y otros (1981), M. Aglietta (1979) o A. G. Frank (1979), entre otros. Una recopilación bibliográfica sobre *Crisis económica y reorganización del espacio industrial* se hace en M. C. Carrera y R. Méndez (1987).

quilibrios en la oferta, como medio para lograr su superación: políticas de ahorro energético, moderación salarial, reducción del gasto público, reconversión industrial, etc.

Notable eco han alcanzado también en los últimos años los análisis que vinculan la crisis con el actual momento de aceleración en el proceso de innovación tecnológica, que caracteriza la ya calificada como «Tercer Revolución Industrial», generador de una rápida obsolescencia en los equipos y métodos de producción, así como de excedentes laborales, que agudizan los efectos de la reestructuración económica en curso.

Más allá de la polémica que pueda suscitar la atención pública y empresarial otorgada hoy a los programas de investigación y desarrollo como base para la modernización del aparato productivo, las incógnitas sobre sus efectos a medio y largo plazo, o su utilización argumental en ocasiones como supuesto remedio para buena parte de los males que aquejan a nuestras sociedades, de lo que no cabe duda es de que asistimos a una nueva revolución tecnológica de gran alcance, que tiende a afectar progresivamente los diferentes aspectos de la actividad humana. Su primer rasgo original radica en que se trata de una serie de descubrimientos científicos y desarrollos tecnológicos que afectan a los procesos de producción y gestión (es decir, a la forma de hacer y de organizar) en mayor medida que a los productos. Por otra parte, si las dos revoluciones anteriores estuvieron muy vinculadas a la utilización de nuevas fuentes energéticas, que permitieron un importante desarrollo de las fuerzas productivas, la materia prima básica de la actual es la información. De este modo, «lo que hacen la Microelectrónica y la Informática es procesar y, eventualmente, generar información. El objeto de las Telecomunicaciones es la transmisión e intercambio de información, a velocidades cada vez mayores, con un costo cada vez menor. Lo que lleva a cabo la Automatización (la Robótica, la Ofimática, la Informática Industrial etc.) es la programación de instrucciones y mensajes. Lo que representa la Biotecnología y, sobre todo, la Ingeniería Genética, es la capacidad de descifrar los códigos de la materia, y en particular de la materia viva, para reprogramarla» (M. Castells y otros, 1986, 14).

Este núcleo del proceso innovador se apoya, para hacer posible su aplicación, en el desarrollo de otra serie de elementos que sirven como soporte a las tecnologías de la información: nuevos materiales, láser, etc. En consecuencia, el acceso a la información, así como la capacidad para su tratamiento y utilización, parecen constituirse en un indicador cada vez más significativo del potencial de desarrollo con que cuentan una sociedad y un territorio determinados, contribuyendo así a reforzar las desigualdades y los procesos de dominación/dependencia preexistentes.

De modo más concreto, la incorporación de las nuevas tecnologías a la industria se está produciendo con gran rapidez. Su principal manifestación es, probablemente, la progresiva automatización de los procesos productivos (control numérico de máquinas-herramienta, robots industriales, diseño asistidos por ordenador...) mediante la incorporación de la microelectrónica a un número creciente de tareas, no sólo repetitivas, sino incluso necesitadas de una cierta creatividad. Junto a la sustitución de fuerza de trabajo y los graves costes sociales que ello origina, la desigual incorporación de estos procesos de racionalización según empresas y ramas de actividad se constituye en un criterio cada vez más eficaz para valorar el desarrollo industrial de las regiones, junto a las tradicionales cifras de empleo o producción. Al propio tiempo, se lleva a cabo la renovación de diversos productos mediante la incorporación de microprocesadores, así como la aparición de otros que permiten abrir nuevos mercados en sustitución de aquellos ya estancados o en regresión (desde los electrodomésticos o la informática, a determinados productos químicos, etc.).

En estas condiciones, la producción y el consumo de nuevas tecnologías, al mejorar la productividad y competitividad empresariales, estimulando la inversión, se ha convertido también para algunos en un medio esencial para lograr la superación de la crisis, así como de reorganización espacial.

Aunque no puede negarse la realidad de estas transformaciones, sí puede, en cambio, discutirse su verdadera capacidad explicativa en el análisis del cambio industrial al que asistimos. Tal como se ha señalado desde posiciones críticas o radicales, el conjunto de interpretaciones convencionales sobre la crisis centra su atención en una serie más o menos amplia de factores yuxtapuestos, sin llegar a profundizar en la razón de ser última de esos procesos. Innovación tecnológica, desajustes monetarios, inflación de costes, etc., se convierten entonces en supuestas razones de la crisis cuando no son, en esencia, sino algunas de sus manifestaciones externas, lo que imposibilita un tratamiento eficaz de los problemas derivados. Una aproximación que intente llegar a la raíz de la nueva situación deberá, en cambio, recuperar la dimensión histórica y la base social inherentes a todo proceso económico, insertando la evolución observada dentro de la lógica y las contradicciones que caracterizan el desarrollo del capitalismo.

Un primer intento que apunta en esa dirección es la interpretación de la actual crisis como un período de ruptura con el modelo de acumulación precedente (capitalismo monopolista), y su superación en lo que ya se califica de «capitalismo transnacional.

La novedad esencial radica en que la crisis ya no se plantea como resultado del «mal funcionamiento» del sistema, generador de desequilibrios, sino, por el contrario, como consecuencia inevitable de la propia expansión de las fuerzas productivas, es decir, de su «buen funcionamiento», dentro de la lógica que le es propia. La tendencia de sobreacumulación de capital y sobreproducción de mercancías que se deriva del principio de competencia intercapitalista, hace que toda fase expansiva acabe conduciendo finalmente a una disminución de las tasas de beneficio y, con ello, a un periodo de crisis en el que se desencadenan toda una serie de estrategias para recuperar la productividad del sistema y la rentabilidad empresarial, si bien con elevados costes sociales. En tal sentido, «crecimiento y crisis aparecen como fenómenos íntimamente ligados, constituyendo la forma misma del desarrollo de las fuerzas productivas en el modo de producción capitalista» (P. Dockes y B. Rosier, 1981, 14).

Una lectura distinta, aunque complementaria, de la crisis es la que aporta la teoría de la regulación, al hacer gravitar los actuales cambios sobre la recomposición de las relaciones de producción o, lo que es lo mismo, sobre el conflicto capital-trabajo (M. Aglietta, 1979).

Según ésta, la mejora de la productividad y el aumento de las plusvalías empresariales que se derivó de la generalización del trabajo en cadena en el seno de la gran fábrica (fordismo), así como de su concentración espacial en grandes aglomeraciones, se vio progresivamente compensada por el paralelo incremento de la «fuerza estructural» de los trabajadores es esos centros productivos (G. Arrighi, 1980). La mejora de las condiciones sociales y salariales que la lucha sindical hizo posible, principalmente en esos grandes núcleos fabriles y en el interior de las grandes empresas, llegó a cuestionar, incluso, la propia lógica del sistema, reduciendo en cualquier caso las tasas de beneficio y de inversión. Si durante algún tiempo pudo compensarse ese descenso con la elevación del consumo público y privado (que potenció el endeudamiento y la inflación), las estrategias de regulación posteriores por parte del capital se han orientado esencialmente a recuperar las posiciones perdidas en cuanto a nivel de excedentes y flexibilidad laboral.

Desde esa óptica, tanto el aumento de las inversiones en tecnología destinadas a racionalizar la producción sustituyendo trabajo por capital, como el cierre o la reconversión de los sectores y empresas menos competitivos, el cuestionamiento del «Estado del bienestar», la precarización de una parte del empleo, o los procesos de descentralización productiva en dirección a las áreas periféricas con el fin de abaratar costes y segmentar el mercado de trabajo, pueden interpretarse como respuestas que, bajo el desorden aparente que introducen, responden a una lógica estricta: la recuperación de los niveles de beneficio anteriores por parte de las fracciones dominantes del capital. En esta etapa de reajuste, se producirá también una reorganización en la situación relativa de centros y periferias. Tanto la emergencia de los nuevos países industriales, como el declive europeo, el desplazamiento del centro de gravedad mundial hacia el Pacífico, o el creciente protagonismo de las corporaciones multinacionales en detrimento de los Estados, se justifican e interrelacionan en ese sentido.

En resumen, y según afirma expresivamente Frank, «la crisis es un periodo en el que un cuerpo o sistema social, económico o político enfermo no pueden seguir viviendo como hasta entonces y se ve obligado, so pena de muerte, a sufrir transformaciones que le den nuevas fuerzas. Por consiguiente, este periodo de crisis es un momento histórico decisivo o difícil durante el cual se toman decisiones y se realizan transformaciones de carácter crucial, que determinarán el futuro desarrollo del sistema, si es que lo tiene, y su nueva base social, económica y política» (A.G. Frank, 1980, 24). Así, pues, la salida de la crisis, entendida no como una vuelta atrás, sino como la apertura de una nueva fase caracterizada por formas de organización propias y diferentes, que en lo esencial suponen un reforzamiento de la competencia y de la división técnica, social y espacial del trabajo en el marco de una creciente mundialización e integración de los procesos, ya se está produciendo. Entre las modificaciones que introduce, las que afectan a la organización interna, distribución y dinamismo de los espacios industriales han adquirido ya carta de naturaleza en la investigación geográfica de los últimos años.

5.5.2. *Las tendencias de cambio en la distribución espacial de la industria*

En efecto, la observación de las tendencias que se apuntan en la movilidad territorial de la industria durante la última década, pone de manifiesto la alteración de ciertos comportamientos anteriores y el surgimiento de nuevas pautas de localización, visibles a diferentes escalas, que introducen, para algunos, una lógica espacial específica. Si todo espacio geográfico se define como producto material de una determinada sociedad que, a lo largo del tiempo, lo ocupa, organiza y transforma en función de los intereses dominantes y los recursos materiales disponibles en cada momento histórico concreto, resulta coherente que las actuales transformaciones en las estructuras profundas de nuestras sociedades, y concretamente en su base productiva, hayan modificado algunas de las pautas de localización precedentes.

El primer cambio apreciable en el mapa industrial del mundo, es el progresivo trasvase de la capacidad productiva de un número creciente de empresas que tienen sus sedes sociales en los países desarrollados con destino al Tercer Mundo (e, incluso, a Europa Oriental bajo forma de subcontratación), cuyos rasgos básicos ya fueron analizados con anterioridad. Esta estrategia de relocalización, descrita magistralmente hace ya una década por Fröbel, Heinrichs y Kreye en el caso de la industria alemana, que en 1976 reunía más de 1.800 fábricas y un millón y medio de trabajadores en el exterior de sus fronteras, no ha hecho sino acentuarse desde entonces, incorporando un número creciente de empresas que deben transnacionalizar sus procesos productivos para resistir la competencia de aquellas que ya lo han hecho, en un movimiento de carácter acumulativo. Así, por ejemplo, la industria japonesa contaba en 1982 con 2.659 factorías localizadas fuera del país (de las que sólo un 10 por 100 estaban construidas en 1964), principalmente en los sectores de material eléctrico (18 por 100), productos químicos (17 por 100), maquinaria (12 por 100) y textiles (8 por 100), y fuertemente concentradas en los países del Sudeste asiático, que con un 63 por 100 del total mostraban claramente su carácter de área dependiente, siguiéndole muy de lejos Estados Unidos y Brasil con otro 17 por 100 (Y. Miyakawa, 1984). Mayor originalidad reviste aún el caso de Suiza, único país del mundo cuyas empresas cuentan ya con una cifra de empleo fuera de su territorio próxima a la que reúnen en el interior, siendo particularmente extrema la situación de sus quince mayores firmas transnacionales, que en 1980 únicamente sumaban 160.000 trabajadores en el país, frente a 483.000 en el exterior, de los que más de 100.000 correspondían ya a las áreas subdesarrolladas (S. Borner y otros, 1984).

De no menor importancia son los cambios que se han venido produciendo en el interior de los diferentes países, entre los que puede destacarse en primer lugar la ruptura producida en los procesos de crecimiento acumulativo que han conocido algunas regiones fuertemente afectadas por la reconversión. Así, frente a la anterior dicotomía entre regiones industrializadas y regiones agrarias, afectadas por una evolución contrapuesta aunque interdependiente, interpretada a partir de los modelos centro-periferia, ha surgido una nueva realidad como son las regiones industriales en declive, que contribuyen a invalidar la anterior identificación entre industrialización y desarrollo, diversificando la situación presente.

Estas regiones se corresponden en su mayoría con áreas de antigua tradición industrial, que hace apenas unas décadas eran los motores esenciales del crecimiento económico nacional, con altas densidades y fuerte dinamismo demográfico y económico, pero que se han visto afectadas en los últimos tiempos por importantes procesos de reestructuración, generadores de altas tasas de paro y un rápido deterioro de su capacidad productiva. Según García Crespo, los rasgos comunes a todas ellas se resumen en tres fundamentales (M. García Crespo, 1982):

— Fuerte especialización en sectores «maduros», bien sea de carácter básico, es decir, ligados a la primera transformación de recursos naturales en grandes volúmenes (siderurgia, metalurgia pesada...) o intensivos en trabajo (textil y confección, calzado, construcción naval...), ante su creciente pérdida de competitividad en los mercados internacionales.
— Escasa diversificación de su base productiva, con polarización del empleo en una o dos ramas de actividad y sin apenas desarrollo de industrias complementarias, lo que origina una débil capacidad de adaptación y respuesta ante la crisis de esos sectores de cabecera.
— Reducida terciarización de su economía, con déficit marcado en la participación del sector de servicios con relación a su población, lo que limita el surgimiento de economías externas capaces de mantener un cierto grado de atracción para las empresas, al tiempo que dificulta la generación de empleos alternativos.

La situación actual de regiones europeas tan significativas en la historia industrial del continente como Gales, Escocia, Valonia, Lorena, Sarre, Asturias o el País Vasco, se identifica en sus rasgos principales con este tipo de espacios fabriles «envejecidos».

Esta definición habitual de las regiones industrializadas en declive excluye, en principio, a las grandes metrópolis, que cuentan con una estructura industrial más diversificada, un predominio de la fabricación de bienes finales y una importante representación de las actividades de servicios. No obstante, la mayor parte de las grandes ciudades en los países capitalistas desarrollados ha conocido también en los últimos años una detención e, incluso, un retroceso, tanto en sus cifras de población como en sus niveles de actividad industrial, vinculado al estancamiento de la demanda y a la reestructuración de sectores habitualmente tan importantes en ellas como el automóvil, la confección o los electrodomésticos. Ejemplos representativos de esta situación pueden ser, entre otros muchos, el francés, donde entre 1975-1982 la región de París perdió un 15 por 100 de su empleo industrial cifra sólo inferior a la registrada por las regiones de Lorena y Norte-Paso de Calais (minería, siderurgia, textil), o el español, en donde Madrid perdió durante ese mismo periodo alrededor de 100.000 puestos de trabajo en el sector, equivalentes a la cuarta parte de la cifra inicial (R. Méndez, 1986).

No obstante, la instalación también en esas regiones de las actividades industriales más dinámicas e innovadoras, establece un contrapunto que se resuelve en la progresiva disociación entre el crecimiento de la producción global o la productividad y la disminución del empleo, así como en la frecuente mejora de su posición relativa dentro del sistema industrial nacional.

En el marco de esta aparente contradicción, lo que sí se ha acentuado ha sido la tendencia —muy anterior en sus orígenes— a la desindustrialización de las áreas centrales de la ciudad y el traslado de una elevada proporción de las nuevas implantaciones más allá del espacio metropolitano, principalmente hacia las franjas periurbanas. La principal consecuencia ha sido la profundización en el dualismo interno que parece caracterizar progresivamente a estas grandes urbes: frente a los antiguos barrios fabriles, que conocen un rápido desmantelamiento de sus instalaciones y su sustitución por usos más intensivos ante la revalorización derivada de su creciente centralidad, o las áreas marginales donde se refugian las empresas menos competitivas y los fenómenos de economía sumergida, surgen las nuevas áreas industriales asociadas a las empresas más modernas y productivas, situadas generalmente en sectores periféricos bien comunicados y cuyo máximo exponente pueden ser los llamados «parques tecnológicos». La contraposición que a tal efecto puede apreciarse en Madrid, manifiesta en la abundancia de solares industriales abandonados que hoy presenta el distrito de Arganzuela, situado al sur del recinto histórico y en el entorno de las estaciones y del ferrocarril de circunvalación que le convirtieron en el área obrero-industrial por excelencia de la ciudad en la primera mitad del siglo (gráfico 5.23), frente a la localización reciente de las inversiones industriales en la provincia (gráfico 5.24), que muestran el fuerte atractivo de los municipios correspondientes a la segunda corona metropolitana en los sectores meridional y oriental, resulta por sí sola suficientemente expresiva.

Tal como ya muestra este último mapa, ligado de forma indisoluble al deterioro de la atracción ejercida por los espacios centrales ha tenido lugar un movimiento generalizado de «periferialización», entendida en un doble sentido: como difusión espacial de las factorías hacia nuevas áreas, apenas afectadas por el movimiento industrializador hasta época reciente, y como descentralización de la actividad productiva en el seno de la empresa, que incluye una segmentación creciente de las tareas, a menudo acompañada por una dispersión de las mismas, así como el desarrollo de la subcontratación y la interdependencia entre fábricas.

En algunos Estados, este movimiento ha supuesto ya la consolidación de nuevas regiones manufactureras que rompen los equilibrios (o desequilibrios) preexistentes. El caso tal vez más importante y mejor conocido puede ser el de Estados Unidos, en donde desde hace un cuarto de siglo la hegemonía de las regiones industriales del Nordeste («Manufacturing belt»), entre los Grandes Lagos y el Atlántico, se ha visto crecientemente cuestionada por el desarrollo que vienen experimentando las regiones del Sur, desde California hasta Florida («Sunbelt») y algunas del Medio Oeste. De este modo, si Estados como Nueva York, Maryland, Connecticut o Pensilvania vieron reducir sus cifras de empleo industrial en más de un 15 por 100 entre 1966 y 1977, otros como Nevada, Nuevo México, Oklahoma, Idaho, Utah, Arizona o Texas las elevaron en más de un 40 por 100 (B.L. Weinstein y R.E. Firestine, 1978). Ya sea en relación con los menores niveles salariales y de conflictividad que registra el «Viejo Sur», la necesaria proximidad a Universidades, centros de investigación y militares que demandan buena parte de las industrias de alta tecnología y de armamento, o el deseo de un entorno natural y social grato y poco conflictivo, el resultado es una profunda mutación en las relaciones interregionales (B. Bluestone y B. Harrison, 1982). La evolución de California, que de suponer el 2 por 100 del empleo industrial estadounidense en 1870 alcanzó el 10 por 100 en 1980, concentrando asímismo más de una tercera parte de los trabajadores en la industria aeronáutica y aeroespacial o en la microelectrónica, la cuarta par-

Fuente: A. Elena-M. J. Crespo-M. A. García, 1986.

Gráfico 5.23. Usos del suelo en el distrito de Arganzuela (1986).

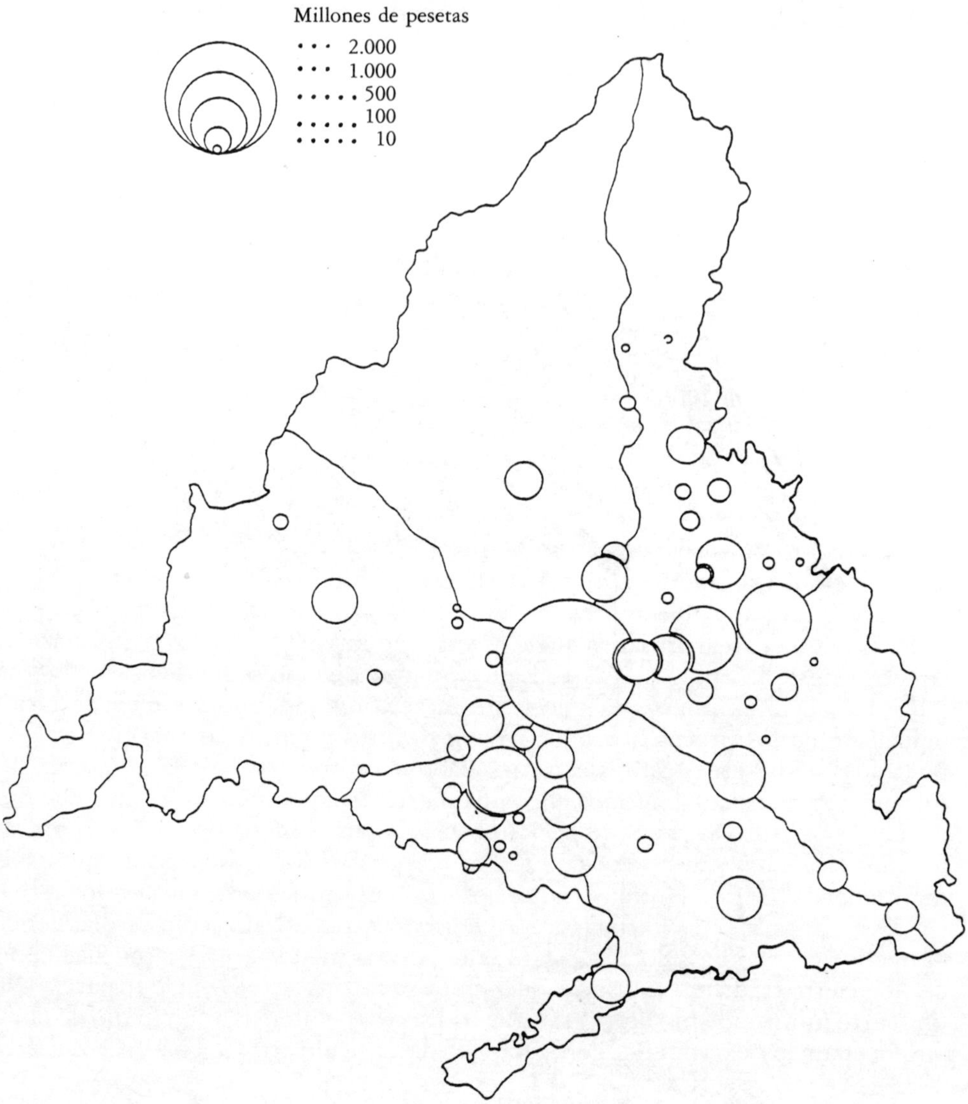

Fuente: R. Méndez, 1986

Gráfico 5.24 Inversiones industriales realizadas en los municipios de la provincia de Madrid 1976-1981.

te de los gastos nacionales en investigación y desarrollo, etc., resulta el mejor exponente de ese desplazamiento cuantitativo y cualitativo del centro de gravedad.

También en Europa son conocidos fenómenos similares en diversos países, cuya relación no puede hacerse aquí. Cabe mencionar, tan sólo, la particular atención que en los últimos años se ha concedido en nuestro país al caso italiano, en donde el importante desarrollo industrial de lo que Bagnasco denominó la «Tercera Italia», correspondiente a las regiones del Nordeste y Centro, ha roto la anterior dicotomía Norte-Sur (A. Bagnasco, 1977). La vinculación que en este caso ha tenido el crecimiento con el predominio de la pequeña empresa con capacidad innovadora, en el seno de una economía regional bastante diversificada y con una importante dispersión espacial («modelo adriático de industrialización difusa»), centrada ante todo en las ciudades medias y pequeñas, supone unos rasgos originales difícilmente extrapolables. No obstante, en España se han buscado ciertas similitudes con esta situación en lo ocurrido recientemente en la región valenciana, donde se ha consolidado un eje industrial de características peculiares (J.M. Bernabé, 1985).

En el interior de las regiones ha tenido lugar el ya citado desplazamiento de una parte de la industria desde las grandes ciudades hacia su entorno periurbano o áreas rurales. En estas últimas, algunos autores han creído observar una revalorización de sus atractivos para la implantación industrial, bien en relación con sus recursos endógenos de capital, trabajo y materias primas, o con espacios idóneos para la relocalización de aquellas empresas que busquen un abaratamiento de sus costes (J.-P. Houssel, 1985).

Estos dos procesos, aunque puedan converger en un mismo territorio, presentan unos rasgos muy diferentes. Por una parte, la instalación de empresas procedentes de las áreas urbanas suele afectar, de modo particular, a sus coronas circundantes, incorpora actividades de tipo muy diverso según los casos (desde fábricas que se amplían, pertenecientes a sectores dinámicos y elevada racionalización de los procesos productivos, a sectores y empresas marginales «expulsados» de las áreas centrales y vinculados, con frecuencia, a la economía sumergida), y mantiene en todos ellos una fuerte dependencia con respecto al núcleo emisor, tanto a través de las exigencias de accesibilidad para las empresas que limitan la distancia a que se instalan, como en las interrelaciones que éstas mantienen. Por otra, la industrialización rural espontánea, basada en los recursos locales, suele ser característica en países de industrialización tardía, donde el medio rural no ha sido aún totalmente desarticulado, se apoya muchas veces en una cierta tradición artesanal que ahora se reconvierte, y suele ir pareja con un fuerte minifundismo empresarial y con sectores intensivos en mano de obra, que ocupan los excedentes generados en la agricultura (G. Fuá y C. Zacchia, 1983).

La suma de todos estos hechos, que indudablemente reflejan una nueva realidad industrial, ha intensificado el debate teórico sobre las fuerzas que dirigen estos desplazamientos, su sentido y dimensión, y las tendencias que se apuntan en un futuro inmediato. Desde las tesis de quienes plantean que «el modelo de desarrollo cuantitativo ha entrado ya definitivamente en crisis en todos los países industrializados» (G. Campos Venutti, 1985), y con él las anteriores pautas de localización industrial, hasta las de quienes defienden la vigencia de buena parte de los principios anteriores para interpretar la actual situación, existe un amplio abanico de análisis que mantienen viva la controversia sobre estas cuestiones. La vinculación de los nuevos modelos de localización industrial con los cambios en las relaciones de producción y con la innovación tecnológica son, probablemente, las dos líneas de investigación más sugerentes hasta el momento presente.

5.5.3. *Relaciones de producción, descentralización y fábrica difusa*

Una de las cuestiones que con más insistencia se ha planteado en la bibliografía reciente sobre los efectos espaciales del cambio industrial es la importancia que parecen revestir hoy los procesos de descentralización productiva. Aunque el término se utiliza con significados en ocasiones diversos, puede definirse en sentido estricto como un mecanismo de fragmentación creciente del proceso productivo en diferentes fases o tareas antes integradas en la gran fábrica y que ahora se dispersan entre diversos establecimientos (de una o varias empresas) con el fin de abaratar costes y lograr una mayor flexibilidad en la oferta, para adaptarla a las posibles fluctuaciones de la demanda. Esta reestructuración en las condiciones técnico-organizativas de la empresa suele ir acompañada por una nueva articulación espacial, que da origen a la denominada «fábrica difusa», en cuanto que una parte de la capacidad productiva se traslada hacia áreas periféricas donde predominan los centros productivos de pequeñas dimensiones e, incluso, el trabajo domiciliario.

La interpretación de los fenómenos descentralizadores que mayor solidez argumental muestra hasta el presente —más allá de la simple alusión a las deseconomías externas como motor de estos movimientos centrífugos— se relaciona muy directamente con la ya mencionada teoría de la regulación. Según Garofoli, la tendencia a la descentralización debe entenderse como uno de los mecanismos de respuesta empresarial frente al descenso de los beneficios y la mayor capacidad negociadora mostrada por los trabajadores en las grandes ciudades y las grandes fábricas. Por ello, puede considerarse como un proceso que tiende a resurgir cada vez que se produce una pérdida de posiciones en la relación de intercambio que mantiene el capital frente al trabajo (G. Garofoli, 1978). En consecuencia, la descentralización productiva traduce dos objetivos prioritarios para la empresa:

- Reducir los costes de funcionamiento y la conflictividad trasladando la producción hacia áreas que cuenten, sobre todo, con una fuerza de trabajo más barata, menos organizada y con menor fuerza reivindicativa.
- Segmentar funcional y espacialmente el mercado de trabajo, precarizando al mismo tiempo una parte del empleo (contratación temporal o irregular, trabajo informal...) con el fin de flexibilizar las condiciones de la oferta laboral, adaptándolas a las necesidades del capital.

En estas circunstancias, la variable determinante de la localización industrial serán las características de la fuerza de trabajo, y de ahí el interés empresarial en sustituir los anteriores movimientos migratorios hacia los grandes centros fabriles por el desplazamiento en sentido inverso de los centros productivos. Como afirman Celada, López Groh y Parra, «el control de la fuerza de trabajo parece el factor fundamental en la elección de la localización industrial hasta el punto de ser el factor que determina la ordenación de los otros elementos, como pueden ser el coste del suelo o las economías/deseconomías de aglomeración» (F. Celada, F. López y T. Parra, 1985, 299).

Una explicación algo diferente es la ofrecida por Scott, para quien «la presente huida acelerada del capital productivo de los lugares centrales, plagados de problemas, se explica tanto en función de la evolución general interna de las actividades de producción capitalista, como de los datos específicos de tiempo y lugar. Con este objetivo a la vista, tenemos que considerar muy cuidadosamente dos niveles de análisis que se interponen entre el sistema de producción y el sistema locacional. Estos dos niveles son respectivamente los sistemas de vínculos y los mercados locales de trabajo» (A.J. Scott, 1985, 31).

Una primera razón que impulsa la descentralización son, por tanto, las propias tendencias evolutivas que muestra el sistema productivo. La creciente intensificación del capital y racionalización de la producción, en el contexto de unos mercados relativamente estancados, ha originado una progresiva integración de funciones y su concentración en un número relativamente pequeño de grandes productores que sustituyen la anterior división del trabajo entre empresas, por otra entre diversas fábricas, pero pertenecientes a la misma empresa. En estas condiciones, los vínculos interfábrica se simplifican, crecen en magnitud y se hacen más predecibles, teniendo una menor dependencia de las relaciones de proximidad. Esta modificación en el sistema de vínculos hace económicamente factible la descentralización, y el proceso se ve reforzado por la reducción secular progresiva de los costes reales del transporte.

Si a esta condición necesaria y previa se le añade como factor complementario la continua mecanización y descualificación de numerosos empleos, que permite utilizar mano de obra sin preparación específica y a bajo coste en áreas rurales o regiones periféricas, rompiendo al tiempo la «rigidez» de los mercados de trabajo en las grandes aglomeraciones (y mejorando su adaptación al ciclo económico), se establecen las condiciones adecuadas para provocar los actuales movimientos descentralizadores de la industria y la nueva división espacial del trabajo que les acompaña. La disociación cada vez mayor entre las funciones de dirección, gestión e innovación, necesitadas aún de la accesibilidad y facilidad de interacción que ofrecen las grandes metrópolis, y la dispersión periférica de un número cada vez mayor de fábricas dedicadas a actividades de baja cualificación, parece, por tanto, una tendencia de futuro que desborda las simples circunstancias coyunturales. Así, pues, fenómenos geográficos como puedan ser el «salto» metropolitano de numerosos establecimientos fabriles o la paralela desindustrialización de otros sectores en el interior de esas aglomeraciones, serán tan sólo la materialización formal, visible, de una reestructuración mucho más compleja y profunda de las actividades productivas.

No obstante, y sin pretender negar la importancia que las relaciones sociales de producción tienen como factor de organización territorial, conviene no olvidar que el espacio continúa siendo una variable activa en la formalización de los actuales procesos descentralizadores. De este modo, si las características de la fuerza de trabajo pueden ser un factor de localización a ciertas escalas de análisis, en la determinación de los emplazamientos concretos, tanto en el interior de las regiones como de las ciudades, aspectos como las condiciones de la oferta de suelo, la accesibilidad a los centros de decisión o a otras empresas, o la restricciones derivadas del planeamiento continúan teniendo un indudable valor explicativo.

Del mismo modo, el discurso sobre los procesos de industrialización rural endógena como manifestación de esas tendencias descentralizadoras que tanto eco ha suscitado en años pasados debe matizarse en algunos de sus extremos. Si bien es necesario destacar su interés al recordar la existencia de unos procesos de industrialización a pequeña escala anteriormente casi olvidados por la teoría y llevar a cabo una crítica del modelo de crecimiento polarizado de las últimas décadas, resulta más discutible la novedad de estos fenómenos y su dependencia directa de la crisis, tal como en ocasiones se apunta. También parece discutible su capacidad para configurarse como modelo alternativo con posibilidades para impulsar un crecimiento industrial descentralizado. Es muy diferente que la existencia de recursos endógenos infrautilizados pueda ser rentabilizada mediante procesos de descentralización productiva con dirección a esas áreas (sobre todo periferias de grandes áreas metropolitanas), lo que es perfectamente compatible con una creciente centralización del capital, a que estemos asistiendo a los albores de una nueva fase, posterior a la de industrialización concentrada, en la que desaparecerán los mecanismos de dominación que caracterizan las relaciones campo-ciudad. Como afirma Sanz Menéndez, «estos procesos de acumulación de capital en base local no son ni modelo alternativo, ni la fase siguiente al modelo actual de acumulación localizado preferentemente en la ciudad-metrópoli. Existen procesos de acumulación «autónomos» (cada vez más en el marco de una cierta desconcentración productiva generada por la nueva división internacional del trabajo), pero la acumulación de capital cada día aparece más centralizada» (L. Sanz Menéndez, 1984, 233).

Por el contrario, el medio rural aparece cada vez más integrado dentro de la lógica del sistema productivo, posibilitando una mayor rentabilización del capital mediante la segmentación del proceso de trabajo, pero sólo en aquellas áreas o núcleos que ofrecen ventajas específicas para la industria, en tanto los restantes continúan detentando sus funciones tradicionales, o las más recientes vinculadas al ocio o la residencia de poblaciones con modos de vida urbanos.

5.5.4. *Innovación tecnológica y pautas sectoriales de localización*

Un segundo tipo de explicación sobre las nuevas pautas de localización que acompañan la actual reestructuración industrial se relaciona directamente con los procesos de innovación tecnológica que, de forma acelerada, están teniendo lugar. Si, en términos generales, ha sido profusamente mencionada la capacidad mostrada por las nuevas tecnologías para impulsar una nueva etapa de crecimiento económico, marcada por una mayor descentralización que la precedente, al desaparecer buena parte de las sujecciones espaciales anteriores (P. Hall, 1985), la «revolución» en curso presenta otras dos vertientes que afectan directamente a los modelos de distribución territorial de la industria.

En primer lugar, la incorporación de la microelectrónica a un número creciente de procesos productivos, que posibilita su automatización, reduciendo al tiempo su dependencia de la fuerza de trabajo, introduce unas nuevas exigencias locacionales, diferentes a las que mantienen aquellos otros sectores y empresas con un índice material (en términos weberianos) aún elevado y/o altos contingentes de trabajadores. El resultado ha sido una creciente diversificación, no sólo de sus ritmos de crecimiento o su productividad, sino también de su distribución espacial, que se ha explicado a menudo acudiendo a la teoría sobre el ciclo de vida del producto.

Elaborada por Vernon hace ya dos décadas (R. Vernon, 1966), ha tenido un amplio eco en los estudios sobre localización industrial y desarrollo desigual, tanto de enfoque positivista como radical, si bien el esquematismo de algunos de sus supuestos y el «determinismo tecnológico» subyacente, han sido objeto de algunas críticas (M. Taylor, 1986).

Esta teoría permite explicar, ante todo, el progresivo trasvase de actividad industrial desde las áreas centrales hacia las periféricas y la desigual especialización sectorial de ambas, así como las cambiantes estrategias espaciales de la gran empresa; es decir, permite justificar por qué industrias diferentes presentan localizaciones también diferentes entre sí en un momento determinado, y por qué esas pautas tienden a modificarse con el tiempo. Para ello, centra su atención en el importante papel que juegan la invención e innovación, así como las economías de escala, en la movilidad espacial de la industria.

Según Vernon, en las etapas iniciales de fabricación de un nuevo producto, la elasticidad de precios resulta escasa y, por tanto, sin efecto sobre su localización. Para la creación e introducción en el mercado de esos nuevos productos resulta, en cambio, muy importante la libertad y flexibilidad en la obtención de *inputs,* la rapidez de comunicación con abastecedores y clientes, el acceso a los centros de innovación, así como un amplio mercado de consumo, capaz de absorberlos. Estas condiciones sólo se satisfacen en las grandes áreas metropolitanas de los países desarrollados —especialmente de Estados Unidos y, tal vez hoy, Japón—, que tenderán, por tanto, a monopolizar inicialmente su localización.

En una segunda fase, que Vernon califica como de «madurez», cuando el producto ya está introducido en el mercado y se fabrica masivamente, disminuyen las necesidades de flexibilidad en el abastecimiento de *inputs*, se homogeneiza la producción y se hace posible la obtención de economías de escala. Aumenta, por tanto, el interés por abaratar los costes de producción con el fin de mejorar la competitividad, y esto favorecerá una progresiva relocalización en dirección hacia áreas periféricas, donde el coste de los factores productivos es más bajo, sustituyendo las anteriores exportaciones. Finalmente, en la fase de producción estandarizada, con un número elevado de productores que compiten utilizando una tecnología ya bien conocida el objetivo esencial para la firma será reducir al mínimo sus costes de producción (particularmente los de trabajo), lo que refuerza las anteriores tendencias descentralizadoras pasando las áreas periféricas a ser exportadoras de esos bienes, tanto hacia aquéllas en donde se originó la innovación como, incluso parcialmente, hacia las intermedias.

La evolución histórica de la localización industrial registrada en el mundo entre Estados Unidos, el resto de los países desarrollados y el Tercer Mundo, esquematizada en el gráfico 5.25, permite explicar la reciente especialización en sectores «maduros» que presentan los países periféricos, la crisis de esas industrias en los países centrales y su tendencia a especializarse en sectores «nuevos», con mayor componente tecnológico y de innovación. No obstante, el modelo es aplicable también a otras escalas espaciales más restringidas, manteniéndose en todos los casos las relaciones de desigualdad entre territorios que sintetiza el modelo centro-periferia.

Un segundo tipo de influencia se produce en cuanto que las industrias que fabrican esas nuevas tecnologías también presentan unas tendencias de localización peculiares. Dependientes, por lo general, de una mano de obra poco

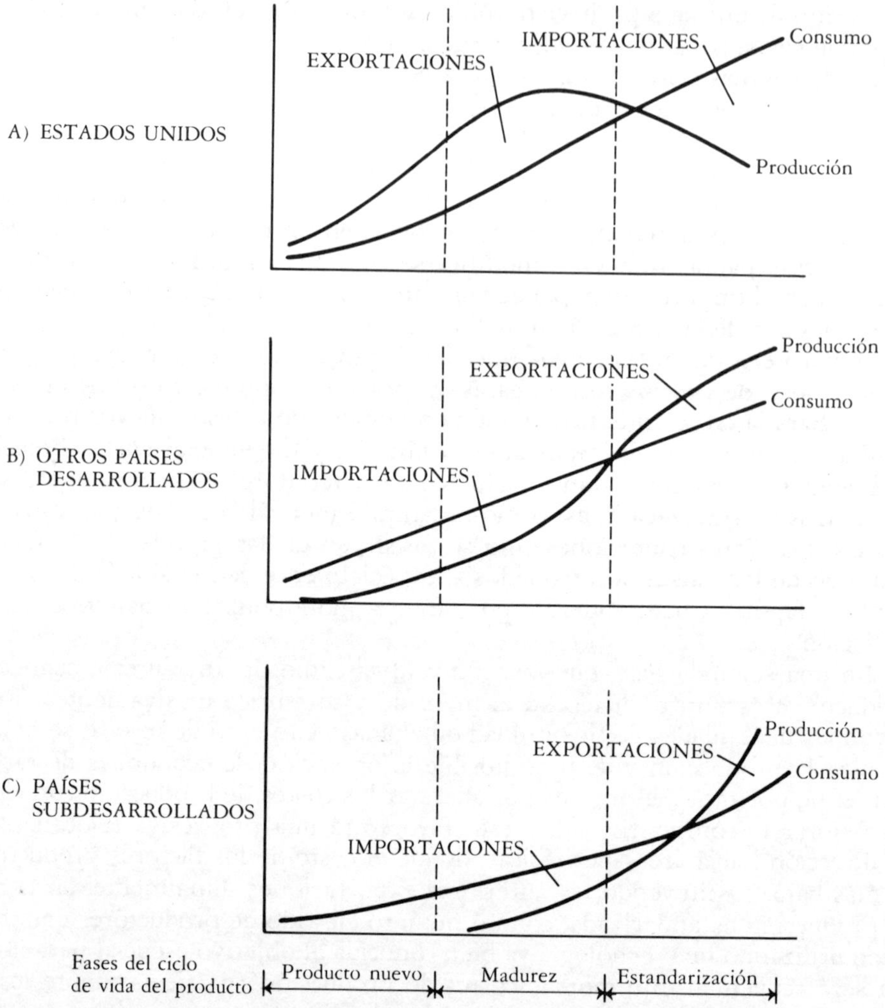

Gráfico 5.25. Modelo del ciclo de vida d producto (según R. Vernon).

abundante pero altamente cualificada y de un fácil acceso a la información, así como a los centros de investigación e innovación, es explicable su frecuente vinculación a las inmediaciones de las grandes metrópolis, en donde tienden a agruparse con el fin de facilitar sus interrelaciones. Su mejor exponente son, sin duda, los llamados «parques tecnológicos», entre los que el famoso Silicon Valley, en Santa Clara (California) ha sido elevado en los últimos años a la categoría de símbolo.

La acumulación en esas áreas de un capital «intangible» (formación profesional de la población, información accesible, servicios empresariales, etc.) parece ser un factor de atracción para estas industrias más importante que las inversiones realizadas en capital fijo, en forma de infraestructuras, instalaciones productivas, etc. El desarrollo de diversas formas de subcontratación y control por parte de las grandes empresas que dominan habitualmente estos sectores con respecto a otras pequeñas que asumen el lanzamiento de nuevos productos, fabrican ciertos componentes o explotan segmentos concretos del mercado (R. Rothwell y W. Zegweld, 1985), favorece la aparición de «constelaciones» de industrias ligadas entre sí por lazos no siempre visibles. Por esta razón, las posibilidades de trasladar las actividades de vanguardia hacia áreas periféricas (salvo por lo que se refiere a aquellas fases de montaje o elaboración que exigen una mano de obra poco cualificada) son muy escasas, reforzándose, en consecuencia, la especialización territorial y las relaciones de desigualdad. Incluso dentro de las propias industrias que fabrican elementos de tecnología avanzada, la disociación espacial es cada vez mayor. El ejemplo de la informática, donde una fabricación del *hardware* (equipos) cada vez más dispersa en el mundo se corresponde con un *software* (sistemas de programación), de importancia y coste relativo crecientes, fuertemente concentrado, puede ser paradigmático.

Los datos disponibles sobre la situación en Estados Unidos y España pueden ser, por diferentes motivos, bastante representativos de estas tendencias.

En el caso norteamericano, la distribución regional del empleo en las industrias de alta tecnología en 1979, que muestra el gráfico 5.26, por contraste con los sectores contaminantes, identificados con una buena parte de la indus-

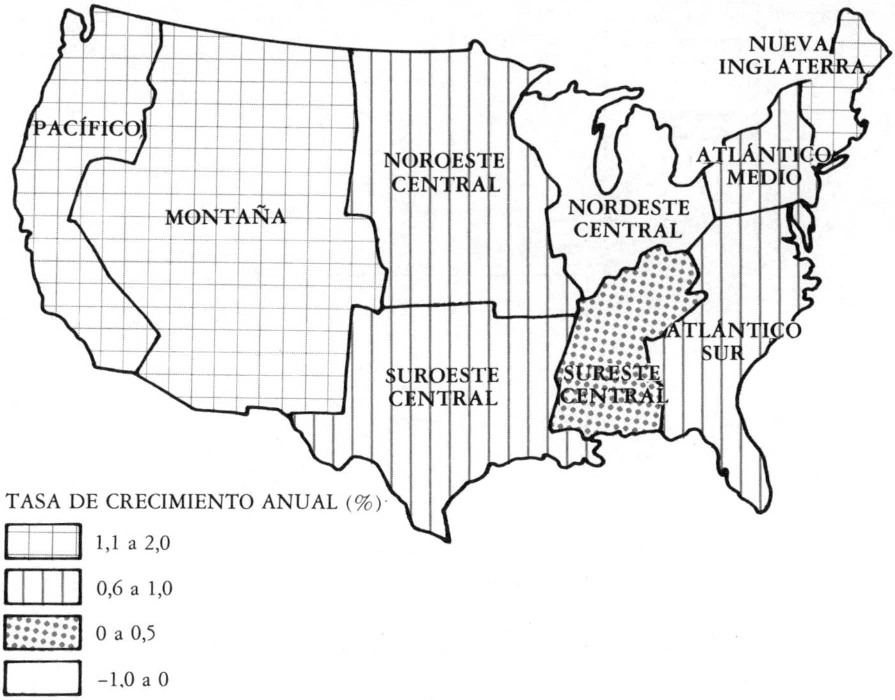

PROYECCIÓN DE CRECIMIENTO INDUSTRIAL PARA 1979-1987

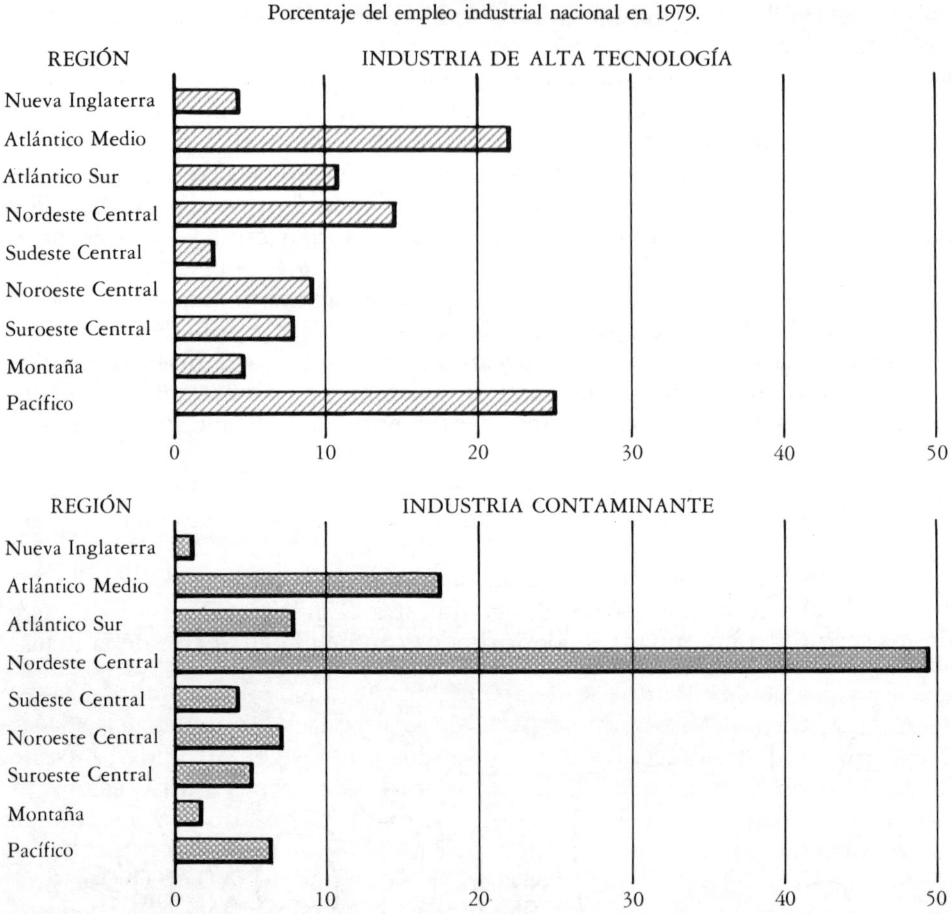

Fuente: U.S. Industrial Outlook, 1984.

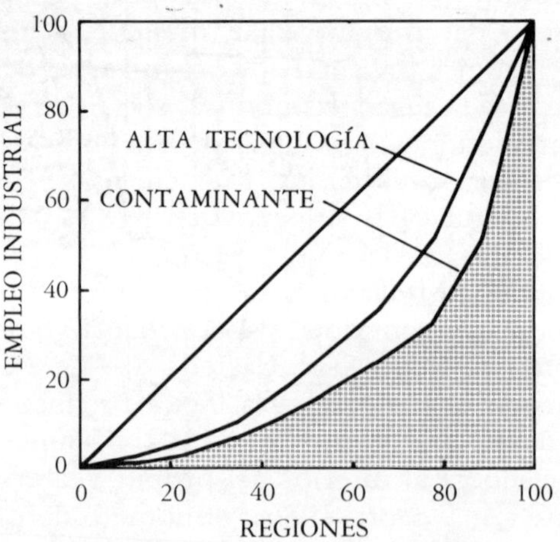

Gráfico 5.26. Contrastes sectoriales en la localización industrial en Estados Unidos.

tria de cabecera y de maquinaria pesada, permite destacar tres rasgos fundamentales:

- — Su menor grado de concentración espacial, según refleja la curva de Lorenz correspondiente.
- — Unas pautas de localización claramente diferenciadas, con una especial atracción por las regiones del Pacífico (California) y algunos estados del sur (Florida, Texas), o de las regiones montañosas interiores (Arizona), frente a su menor implantación en las áreas industriales «envejecidas» próximas a los Grandes Lagos, o los estados más tradicionales del sureste.
- — El mantenimiento de la atracción ejercida por las grandes concentraciones urbanas, identificadas con la megalópolis del nordeste (Boston-Washington).

El estudio de la industria de semiconductores, «corazón» del actual proceso de innovación tecnológica, permite comprender mejor algunas de las líneas maestras que sigue esa reorganización territorial. En 1980, el 72,5 por 100 del empleo en el sector se concentraba en sólo cuatro estados (California, Arizona, Texas y Massachusetts), con un reparto coincidente con el ya apuntado para un conjunto de actividades más amplio. Pero por debajo de esas cifras globales, se encierran unas grandes diferencias locacionales en función del rango jerárquico de los establecimientos. Así, mientras las funciones de dirección, investigación y diseño de circuitos se polarizaban en torno al Silicon Valley y la carretera 128, cerca de Boston, una parte de la producción y de las actividades de control tienden a descentralizarse hacia los estados del Sur y Medio Oeste (Texas, Oregón, Colorado, Idaho, Utah, Arizona), sin apenas implantación sindical, en tanto aquellas tareas más descualificadas y con alto componente de trabajo manual (montaje de circuitos integrados) se realizan ya mayoritariamente en países del Sudeste asiático o en el lado mexicano de la frontera, próximo a los centros productivos estadounidenses. Así, pues, cada fase productiva, con exigencias propias y diferenciadas, tiene también su específica lógica espacial, lo que permite maximizar las plusvalías globales para las empresas. En consecuencia, «no hay ningún lugar, ni siquiera los centros de investigación, que controle la lógica productiva y organizativa del territorio por sí mismo. Lo que sucede a cada lugar, económica, social, tecnológicamente, depende del conjunto de interacciones cuya lógica, cuyos intereses y cuyo poder no tienen lugar fijo. Cada área, cada región, cada ciudad se convierte en un lugar altamente específico definido por su papel dentro de una división del trabajo general. Al mismo tiempo, cada lugar, cada región se convierten en impotentes, en carentes de sentido, en relación a la lógica general, puesto que sólo esta lógica es la que proporciona sentido al papel productivo de cada localización. Los lugares se convierten en flujos» (M. Castells, 1984, 92).

Pero el dinamismo que engendra la lógica productiva de las grandes compañías y el consiguiente afianzamiento de las relaciones centro-periferia entre países se ha trasladado ya al interior del propio Tercer Mundo. Según una investigación reciente (A. J. Scott, 1986), el número de plantas correspondiente a la industria norteamericana de semiconductores instalada en los países del Sudeste asiático, que era tan sólo de dos en 1964, se elevó hasta 44 diez años después, para alcanzar las 63 en 1984, con un total de 99.963 trabajadores, de los que el 75 por 100 son mujeres. Pero también aquí, durante los últimos quince años, se ha producido un trasvase evidente de la capacidad productiva, pues si en 1969 Hong Kong (49 por 100), Corea del Sur (23 por 100), Taiwan (15 por 100) y Singapur (10 por 100) concentraban la práctica totalidad de la fabaricación y exportación, en 1983 los principales países productores son ya Malasia, Filipinas, Indonesia y Tailandia (más del 75 por 100 del total), con unos salarios/hora en esta actividad equivalentes a la mitad o la tercera parte de los existentes en los países anteriores. En estas condiciones, las posibilidades para la sobreexplotación de una mano de obra aún más barata en otros lugares, introduce una de las claves que garantizan la subordinación y la fragilidad de estos procesos de industrialización dependiente.

La reducida importancia que estas industrias de tecnología avanzada alcanza aún en la economía española y la práctica ausencia de estudios sobre sus efectos territoriales o la lógica de su implantación, limita las posibilidades de comparación con el caso anterior. No obstante, la información disponible permite esbozar ya algunas hipótesis, que deberán contrastarse con análisis empíricos más precisos, entre las que destaca la atracción ejercida por las grandes ciudades sobre unas empresas vinculadas en su mayor parte al capital multinacional. Así, según muestra el gráfico 5.27, en 1983 Madrid y Barcelona reunían, con 38.000 trabajadores, el 75 por 100 del empleo en «Telecomunicaciones», «Electrónica de consumo», «Informática», «Equipos de automatización», «Equipos de telemedicina» y «Componentes electrónicos» existente en España, lo que manifiesta su tendencia a la concentración espacial (M. Castells y otros, 1986).

Por esta razón, el optimismo que la incorporación de las nuevas tecnologías o determinadas medidas concretas como la promoción de parques tecnológicos parece haber suscitado, tanto en ámbitos científicos como gubernamentales, puede juzgarse hasta cierto punto exagerado. Como recuerda Linge, la experiencia de países europeos como el Reino Unido o la República Federal Alemana, donde estos parques alcanzaban ya la veintena en 1985, parece mostrar la necesidad de periodos relativamente prolongados para lograr un crecimiento significativo, así como una escasa capacidad para generar empleo (G. J. R. Linge, 1985). Cabe pensar que las dificultades serán aún mayores en países semiperiféricos como el nuestro. Igualmente, el sometimiento de la tecnología a las exigencias de los intereses dominantes, tampoco apunta hacia la generación de un crecimiento equilibrado, sino más bien hacia «un desarrollismo económico desequilibrado, desestabilizador, derrochador, vulnerable y desigual» (F. Moliní, 1986).

De cualquier modo, y por lo tratado hasta el presente, lo que resulta indudable es que asistimos a una serie de mutaciones espaciales que son fruto de transformaciones profundas en el funcionamiento del sistema productivo, en las relaciones sociales que lo sustentan y en las condiciones tecnológicas. Este «cambio industrial», marcado por una creciente transnacionalización de la producción y el consumo, una deslocalización parcial de los establecimientos, una creciente importancia de las redes de vínculos, no siempre tangibles, entre empresas y fábricas, una emergencia de las áreas periféricas como espacios atractivos para la industria, etc., exige una reorientación temática y metodológica que en países como el nuestro apenas se refleja aún en la bibliografía dispo-

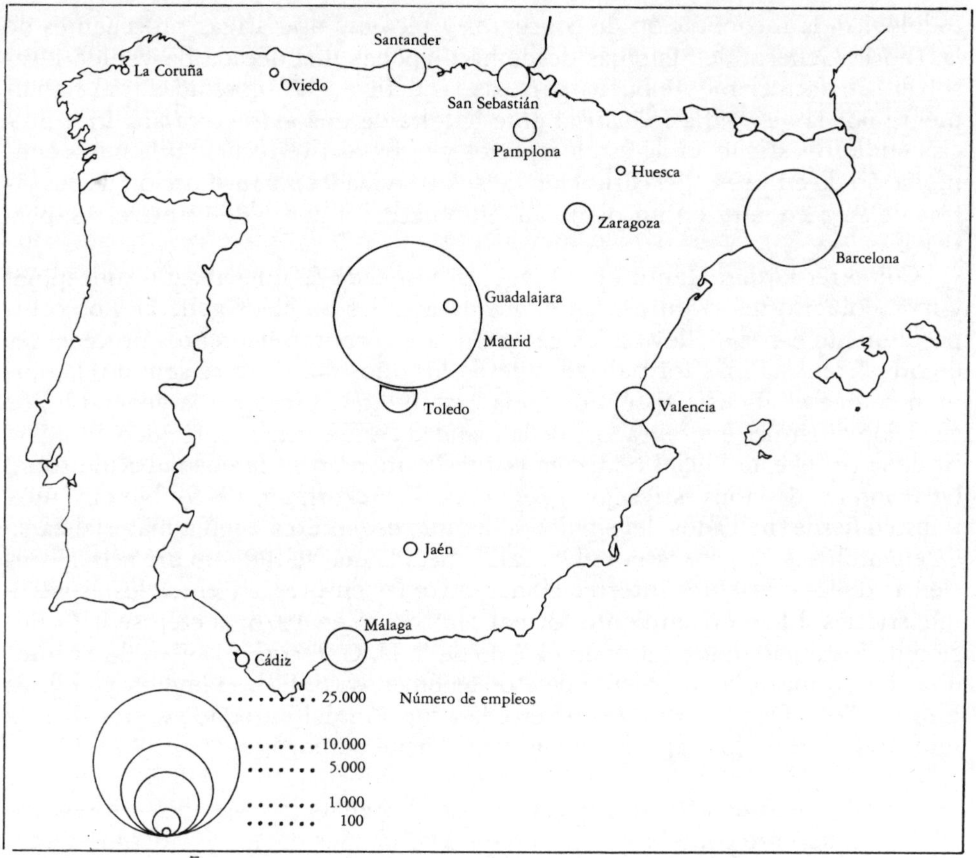

Gráfico 5.27. Localización de empresas productoras de nuevas tecnologías en 1983

nible. Tal vez una geografía industrial preocupada de forma menos exclusiva por los componentes externos del espacio industrial y más por la concentración del poder económico real en determinados puntos de las cadenas productivas o por las nuevas estrategias de organización y localización empresarial, sea capaz de adaptarse de modo más eficaz a la rápida evolución actual, dando respuestas socialmente relevantes a algunas de las grandes cuestiones que nos plantea el presente.

5.6. El estudio de la industria en el espacio: la noción de sistema industrial

5.6.1. *El concepto de sistema industrial y sus aplicaciones*

Una vez analizadas las fuerzas que determinan la localización de la industria en el territorio, su evolución en el tiempo y los cambiantes modelos de distribución que resultan, se hace necesario considerar la organización y el dinamismo internos de esos espacios industriales. Desde el punto de vista metodológico, la incoporación de conceptos y técnicas operativas procedentes de la Teoría General de Sistemas desde hace apenas una década ha venido a resolver satisfactoriamente buena parte de las deficiencias mostradas tradicionalmente por la geografía industrial ante la falta de una estructura analítica precisa en la investigación de estos espacios y el frecuente recurso a la mera enumeración de empresas, clasificación de sus actividades, cuantificación de sus cifras de empleo, etc., en un planteamiento excesivamente descriptivo y superficial.

Como recuerdan Hamilton y Linge, la búsqueda de un armazón conceptual y metodológico más riguroso en el que desarrollar modelos generales de comportamiento espacial, llevó a los geógrafos a incorporar elementos procedentes de otras ciencias más formalizadas desde los años 60. En este sentido, la opinión de que el análisis sistémico tenía bastante que ofrecer a la geografía por su visión dinámica e integradora de la realidad ganó rápidamente adeptos a partir de la propuesta inicial realizada por Ackerman en su famoso artículo sobre las fronteras de la investigación geográfica (E. Ackerman, 1976). No obstante, tan sólo desde mediados del siguiente decenio ese interés llegó a materializarse en el ámbito de la geografía industrial, a medida que se fue tomando clara conciencia de las crecientes interrelaciones entre las empresas y entre los espacios industriales. El reconocimiento formal se produjo en 1976, al crearse la Comisión de Sistemas Industriales en el seno de la U. G. I. con el objeto de profundizar en un mejor conocimiento de esos fenómenos (F. E. I. Hamilton y G. J. R. Linge, 1979). De modo más concreto, la adopción del enfoque sistémico en la interpretación de los espacios industriales viene a aportar:

1. Un objeto de estudio específico —los sistemas industriales— integrado y coherente con el de otras disciplinas, además de una metodología analítica ya experimentada que atiende sobre todo a definir las estructuras organizativas y las relaciones internas y externas entre sus elementos componentes, así como los procesos de cambio en el interior del sistema, marginando en cambio otros aspectos de importancia secundaria.
2. Una comprensión de las decisiones individuales de localización dentro de un contexto o estructura general que condiciona decisivamente las posibilidades de actuación. En el interior de todo sistema industrial se superponen una multiplicidad de procesos y fuerzas que se influyen entre sí y actúan a diferentes escalas, presentando una cierta jerarquización:

   — A nivel «macro», su organización y dinamismo están definidos por la evolución del sistema económico (capitalismo, planificación centralizada), que establece los parámetros estructurales clave.
   — En su interior, aquellos agentes que desempeñan funciones de control estratégico y cuyas decisiones influyen sobre los demás, operan a escala «meso» (organismos de la Administración, entidades financieras, grandes empresas, etc.). Su desigual importancia, características y vinculaciones en cada sistema industrial condicionan una gran diversidad de comportamientos que distingue unos sistemas de otros. Junto a estas fuerzas endógenas, hay que contabilizar la influencia paralela ejercida por aquellas otras externas en forma de inversión/ex-

portación de capital, transferencias de tecnología,e tc., cada vez más importantes en una economía que se internacionaliza.

— Finalmente, el empresario individual actúa a escala «micro», utilizando para ello una evaluación perceptiva de las ventajas comparativas (costes-ingresos) que ofrecen distintas localizaciones, siempre dentro de los condicionamientos que le vienen impuestos.

Si se tiene en cuenta que las diversas teorías de localización existentes difieren en la atención prestada a cada una de estas escalas, cabe pensar que la adopción de un enfoque sistémico, de carácter holístico, puede permitir una integración parcial de los paradigmas neoclásico, conductista y estructuralista, que han marcado hasta el presente los estudios geoindustriales (F. E. I. Hamilton, 1985).

3. Una mayor facilidad para integrar coherentemente las diferentes escalas de análisis de la realidad industrial: en el interior de un sistema industrial mundial actualmente en formación, pueden definirse una serie de subsistemas de diferente ámbito territorial (estatal, regional, metropolitano), así como de actividad, jerarquizados y crecientemente interrelacionados entre sí. De este modo, por ejemplo, la plena comprensión del subsistema industrial vasco, o del correspondiente a las aglomeraciones de Madrid, Valencia, etc., exigirá una referencia a su significación en el interior del sistema industrial español e, incluso, a su posición en la red de flujos que operan en el plano internacional.
4. Por último, y desde una óptica más globalizadora, este enfoque también facilita la incorporación de la actividad industrial como elemento de importancia decisiva en la configuración de los sistemas territoriales, formando parte del subsistema productivo. Del mismo modo que la industria recibe de su entorno toda una serie de impulsos y/o frenos que afectan la naturaleza, escala y evolución de su actividad, así como sus pautas de localización, también genera una serie de efectos, tanto positivos (creación de empleo y renta, producción de bienes materiales, mejora tecnológica, etc.) como negativos (contaminación, consumo de recursos no renovables, incremento de las desigualdades territoriales, etc.), que son un agente transformador de primer orden en una parte importante de las regiones del globo.

Todo este conjunto de posibilidades, así como sus limitaciones, gravita en torno a la noción de «sistema industrial». Si nos atenemos a los rasgos comunes que subyacen en las múltiples definiciones que sobre el concepto de sistema se han venido dando (S. Quesada, 1978), puede aceptarse su caracterización como un conjunto delimitado de elementos dotados de ciertas propiedades, atributos o valores, relacionados entre sí funcionalmente mediante vínculos de diverso tipo e intensidad, que conllevan una especialización y jerarquización crecientes, así como un constante dinamismo. Es decir, un sistema se compone de un conjunto de objetos, más las relaciones entre ellos y con el exterior (en el caso de sistemas abiertos), entendidas como la posición relativa que ocupa cada elemento con relación a los otros (relaciones estáticas) y como la red de flujos que los interaccionan, dotándole de cohesión (relaciones dinámicas).

Haciendo una paráfrasis de esta definición, el sistema industrial puede concebirse en sentido genérico como un conjunto de unidades operativas con características diversas, que se relacionan funcionalmente entre sí y con su entorno mediante flujos materiales (mercancías, capitales, etc.) e inmateriales (informaciones, decisiones, vínculos técnico-económicos, etc.), sometido a constantes cambios en su estructura interna (pautas de localización densidad y carácter de los flujos, etc.) y que puede descomponerse en subsistemas interdependientes. No obstante, una definición más precisa exige la previa adaptación del concepto a cada una de las escalas de análisis en que puede aplicarse.

a) La empresa industrial como sistema

En las economías capitalistas, la unidad organizativa básica es la empresa, cuyas características y grado de complejidad interna pueden ser muy diversos. En un extremo se encuentra la pequeña empresa, vinculada generalmente a un individuo o a un grupo reducido (familiar, cooperativo, etc.), que realiza una sólo actividad en un establecimiento también único y que, debido a la creciente especialización de tareas que caracteriza al sistema productivo, aparece cada vez más vinculada a otras empresas, como simple pieza de un engranaje más complejo. En el extremo opuesto se encuentran las empresas multifuncionales, que cuentan con varios establecimientos de índole distinta y en localizaciones múltiples, que disfrutan de una mayor autonomía en sus decisiones, y cuyo número ha ido creciendo a lo largo del tiempo. El análisis sistémico se ha mostrado de particular utilidad para estudiar tanto la estructura interna de estas organizaciones en forma de vínculos de sentido vertical u horizontal entre sus componentes, como los flujos de inputs y outputs que mantienen con su entorno (otras empresas, mercados de consumo, trabajo y capitales, etc.), objeto propio de la geografía empresarial.

Interpretadas como un sistema abierto, estas empresas pueden conceptualizarse como conjuntos de unidades operativas de distinto rango y funciones, que contribuyen con su funcionamiento integrado al mayor crecimiento global, y entre las que pueden diferenciarse tres tipos básicos:

— Las unidades de decisión, donde se elaboran las estrategias de actuación fundamentales, se lleva a cabo la gestión y el control de la compañía y se realizan las actividades de I + D (investigación y desarrollo).
— Las unidades de producción, en donde los inputs materiales adquiridos son transformados en otros bienes de mayor valor, con destino a su posterior incorporación en fases más avanzadas de las cadenas productivas, o a los mercados de consumo finales.
— Las unidades complementarias, que acompañan y facilitan la realización de las tareas anteriores, incluyendo desde el almacenamiento o el transporte de los productos, hasta su comercialización, los servicios postventa, etc...

La creciente diversificación e, incluso, separación física entre las funciones de rango superior y las banales, con exigencias locacionales distintas, permiten detectar la existencia de subsistemas de actividad, tal como plantea el modelo de Walliser (1978), esquematizado en el gráfico 5.28. Incluso en el caso de las grandes sociedades multinacionales, es posible detectar la existencia de subsistemas territoriales dotados de cierta autonomía, al existir un organigrama de centros jerarquizados, especializados y vinculados entre sí en cada uno de los grandes conjuntos regionales del globo en que opera la compañía, conectados a su vez con la sede central.

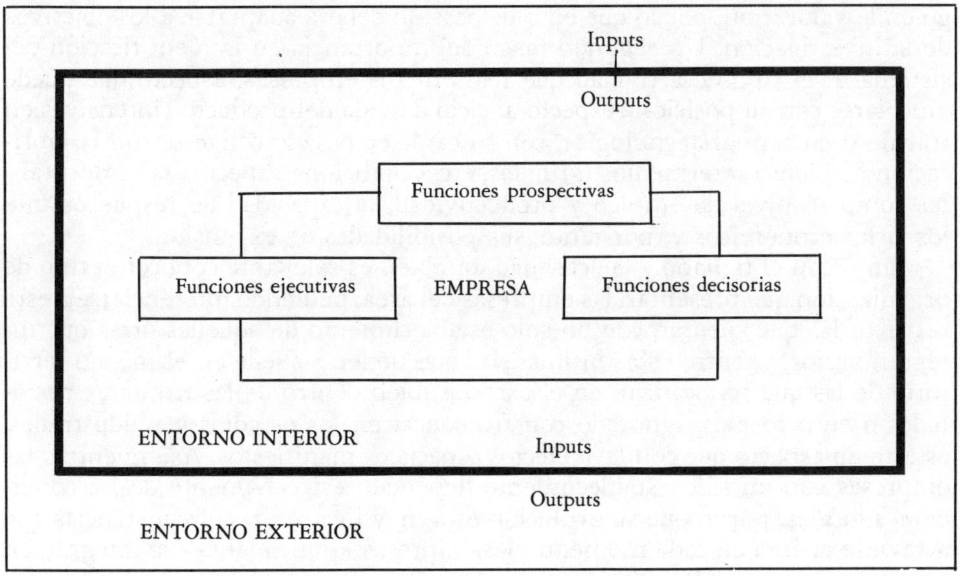

Gráfico 5.28. La organización empresarial como sistema (según Walliser).

El análisis sistémico de la realidad empresarial puede hacerse desde una doble perspectiva. En un tratamiento estático, puede considerarse la distribución espacial de las diferentes unidades que la componen y su lógica interna, el tipo y densidad de los flujos que se establecen entre ellas, la jerarquización territorial subsiguiente, o la integración de la empresa en las diferentes economías regionales en que participa. Atendiendo en cambio, a su vertiente dinámica, puede ser de interés considerar los procesos de centralización/descentralización de las diversas tareas en el seno de la emprea, los consiguientes cambios en la división interna del trabajo, así como sus efectos sobre las pautas de locaización, las consecuencias derivadas de la innovación tecnológica, etc...

b) Los sistemas industriales de ámbito metropolitano y regional

Es probablemente ésta la escala en que el análisis del sistema industrial ofrece más posibilidades para renovar fructíferamente la metodología aplicada hasta época reciente.

El sistema industrial de un área urbana o de un espacio regional estará constituido igualmente por un conjunto de unidades operativas que, en este caso, corresponderán a las empresas industriales existentes, con los diferentes tipos de establecimientos que éstas pueden presentar (de decisión/organización, productivos y complementarios). Estos elementos vienen caracterizados por toda una serie de atributos, que otorgan una personalidad inicial a la industria de ese área, y que pueden hacer referencia a tres aspectos básicos. Una primera característica es su tamaño, mensurable en términos de empleo, superficie ocupada, valor de la producción obtenida, nivel de inversión u otros indicadores subsidiarios, aceptando que la elección de cualquiera de ellos introduce un sesgo en la valoración, por lo que en cada ocasión deberá adaptarse a los objetivos de la investigación. Un segundo rasgo de importancia en la identificación del sistema es el tipo de actividad que realizan sus empresas, aspecto que puede vincularse con su posición respecto al ciclo de vida del producto (intensivas en trabajo o en capital/tecnología), con su carácter pesado o ligero, con la fabricación de bienes intermedios o finales, etc. Condiciona aspectos tan importantes como su nivel de empleo y productividad, la capacidad de respuesta ante los ciclos económicos y, por tanto, sus posibilidades de expansión.

Junto con el tamaño y la actividad, también es relevante conocer el tipo de organización que presentan las empresas del área, pudiendo diferenciarse a este respecto las que cuentan con un solo establecimiento de aquellas otras que integran varios, y, entre estas últimas, las que tienen su sede en el mismo territorio de las que se localizan en el exterior, bien dentro de las fronteras nacionales o en otro país. Ignorado con frecuencia en los estudios geoindustriales, es éste un aspecto que conlleva efectos espaciales manifiestos. Así, mientras las empresas con un sólo establecimiento dependen estrechamente de las condiciones locales, por lo que su evolución está muy ligada a las circunstancias que atraviese el área en cada momento, las empresas «multiplanta» se integran en organizaciones más flexibles, que pueden adaptarse al entorno económico redistribuyendo las funciones entre sus diversas fábricas, e incluso subvencionando pérdidas en alguna de ellas con los beneficios obtenidos en las restantes si así se contribuye al logro de los objetivos globales. Por esta razón, el comportamiento observado por cada unidad sólo podrá explicarse en una perspectiva de conjunto, que desborda habitualmente el estricto marco urbano o regional. La abundancia de empresas «multiplanta» en una economía local puede, por tanto, conducir a un mayor grado de control y dependencia exterior.

Una vez determinados y caracterizados los componentes del sistema industrial, los objetivos de la investigación pueden orientarse a detectar:

— Los factores explicativos de la implantación industrial en el área, así como de la tipología empresarial y de la especialización sectorial observadas.
— Sus pautas de distribución espacial y las razones subyacentes.
— Sus ámbitos territoriales de actuación y las interrelaciones empresariales (vínculos tecnológicos, financieros, de subcontratación, etc.), que permitan definir complejos integrados.
— Los cambios producidos en el sistema industrial durante un periodo de tiempo determinado y que pueden haber afectado tanto al volumen global de empresas, como a sus características, o a los modelos de localización.
— La delimitación de subsistemas espaciales o de actividad con personalidad diferenciada dentro del conjunto.

c) Industria y sistemas urbanos nacionales

Para aquellos estudios que abarcan ámbitos espaciales más amplios como pueda ser el territorio estatal en su conjunto, la utilización del análisis sistémico se enfrenta a la dificultad inicial de definir los elementos o unidades operativas del sistema, dado que la empresa no resulta ya adecuada para esta escala. En estas circunstancias, y considerando la estrecha vinculación que liga la localización industrial con las áreas urbanas, puede realizarse una trasposición analógica de la noción de sistema urbano, aplicada ahora a la realidad industrial.

De este modo, un sistema industrial como el español podrá concebirse como:

— Un conjunto de elementos, identificados con los núcleos industriales que lo integran, como asociación de centros productivos agrupados espacialmente y dotados de una cierta unidad (vinculación a un mercado de trabajo y consumo específico, condiciones para la reproducción de la fuerza de trabajo también comunes, etc.) en estrecha relación con el sistema urbano[6].
— Distribuidos en el territorio según unas pautas históricamente cambiantes y caracterizados por una serie de atributos formales (número de establecimientos y empleos, valor de la producción, superficie ocupada, consumo de energía, morfología fabril, etc.) y funcionales (importancia relativa de los centros de decisión, producción, etc.).
— Interrelacionados crecientemente entre sí y con su entorno exterior mediante una red de flujos que incluye desde materias primas, energía, o productos acabados, a capitales, informaciones, etc., que definen su estructura dinámica y grado de entropía u organización, vinculado a su nivel de desarrollo.
— Especializados en ciertas actividades, que determinan desde los rasgos de su paisaje fabril característico, a su dinamismo y capacidad de resistencia ante periodos de crisis; así, pueden contraponerse los núcleos en declive, donde se concentran los sectores «maduros», a aquellos otros dedicados a actividades dinámicas y en expansión.
— Jerarquizados en función de su importancia cuantitativa y del tipo de funciones que realizan dentro de los procesos productivos, ocupando en consecuencia una posición dominante o dependiente, que puede interpretarse en relación con el modelo centro-periferia.
— En constante dinamismo, ante el juego de fuerzas internas y externas que actúan en él, tanto por lo que se refiere a las cambiantes pautas de localización empresarial, como a las modificaciones en su estructura sectorial.

En el interior de cada sistema industrial nacional podrán también identificarse subsistemas regionales, diferenciados entre sí por su importancia fabril, su grado de diversificación y el tipo de actividades dominantes o el grado de

[6] En ocasiones, el análisis de los sistemas industriales nacionales se hace a partir de unidades espaciales más amplias (provincias, regiones), bien por dificultades informativas o por su mayor simplicidad. Debe señalarse, no obstante, que cuanto mayores y menos homogéneas sean esas unidades, menor capacidad tendrán los resultados obtenidos para detectar la lógica espacial que rige la actividad industrial.

difusión que presenta la actividad en el territorio. En resumen, junto a los rasgos diferenciadores y peculiares que presenta la industria en cada región o ciudad, ligados a unos específicos recursos productivos, tradición manufacturera, infraestructuras técnicas y sociales, etc., el análisis de su posición dentro del sistema industrial nacional puede permitir profundizar en la explicación de su evolución pasada, situación actual y perspectivas de futuro.

5.6.2. *Estructura y dinamismo de los sistemas industriales*

Ya Berry, Conkling y Ray, en un estudio sobre la geografía de los sistemas económicos, propusieron una problemática de investigación cuyos temas básicos incluían su forma, organización, interacción entre sus componentes, jerarquía, mecanismos de regulación y procesos de crecimiento (B. J. L. Berry, E. Conkling y M. Ray, 1976). En la determinación de algunos de estos parámetros, que constituyen también rasgos fundamentales en todo sistema industrial, se han venido aplicando diversas técnicas, desde las meras estimaciones cualitativas al análisis estadístico multivariado, de entre las que pueden recogerse aquí algunas de las empleadas con mayor frecuencia.

Un primer rasgo que define la estructura de un sistema industrial es la especialización sectorial de los diferentes núcleos que lo componen, así como el grado de diversificación de sus actividades. Según la teoría sectorial del crecimiento económico, junto a la atracción ejercida por los factores de localización ya analizados, «algunas regiones pueden crecer con rapidez debido a que la composición de su estructura industrial les favorece, en el sentido de que contienen una proporción superior a la media nacional de industrias cuyo crecimiento es rápido» (H. W. Richardson, 1973, 371). Generalizando esta afirmación a diversas escalas, cabe pensar que el rango jerárquico, así como el dinamismo pasado y futuro de cada unidad espacial tendrán una relación directa con el tipo de sectores productivos que incorpore.

Por su parte, una mayor diversificación en la base económica de las ciudades o regiones parece relacionarse directamente con mejores expectativas para poder mantener un crecimineto autosostenido, evitando la fragilidad derivada de una excesiva dependencia respecto a la evolución de unos pocos sectores industriales.

La consideración conjunta de ambos rasgos puede ayudar decisivamente en la determinación de los centros y las periferias dentro del sistema industrial. Así, mientras el centro se define no sólo por el volumen de sus efectivos, sino también por su especialización en actividades generadoras de alto valor añadido y su elevada diversificación interna, que le permite una cierta autosuficiencia, la periferia presenta niveles inferiores de industrialización, una especialización en sectores de menor productividad y dinamismo, mayor dependencia de las decisiones foráneas y una estructura productiva menos diversificada.

Junto a la utilización de los coeficientes de especialización ya mencionados, una de las técnicas más experimentadas y sencillas para determinar la especialización funcional es el índice de Nelson. Aplicado inicialmente por este geógrafo norteamericano en 1955 para determinar la especialización funcional de las ciudades norteamericanas, se basa en las propiedades que caracterizan la desviación típica. De este modo, un núcleo puede considerarse especializado en un determinado tipo de industria si la proporción que en él representa el empleo (u otro indicador sustitutivo) en esa actividad supera el valor promedio correspondiente al conjunto del sistema más el de una desviación típica. La existencia de núcleos que lo superen en dos, tres o más desviaciones permite también determinar niveles o grados de especialización.

La aplicación realizada en España, incorporando aquellos núcleos con un mínimo de mil trabajadores industriales en 1975 y estableciendo los valores medios para el conjunto del sistema, permitieron determinar la localización de los diferentes tipos de especialización industrial, verificando el desigual comportamiento espacial según actividades. Los mapas que recoge el gráfico 5.29. muestran los resultados en el caso de las industrias alimentarias, metalurgia de base y transformados metálicos. Frente a la relativa dispersión de las primeras, principalmente por la España interior, con focos de máxima especialización en las áreas de regadío intensivo, destaca la tradicional polarización de la industria pesada en la España cantábrica, o la identificación de las áreas especializadas en el último tipo de actividades con los focos industriales básicos del territorio (Barcelona, Madrid, País Vasco), los principales ejes difusores (Mediterráneo, Cantábrico, Valle del Ebro), y las capitales de las provincias interiores (Méndez, R., 1981).

Entre los índices de diversificación, los de Rodgers o Gibbs-Martin, aplicados por Bradshaw y Estébanez al caso español y basados igualmente en la comparación de los porcentajes de empleo en cada núcleo con los promedios del sistema, son también los más utilizados (J. Estébanez y R. Bradshaw, 1977).

Si lo anterior corresponde a una visión estática del sistema, al analizar sus características en un momento determinado, la incorporación de un enfoque dinámico debe atender, al menos, a dos aspectos principales del cambio indus-

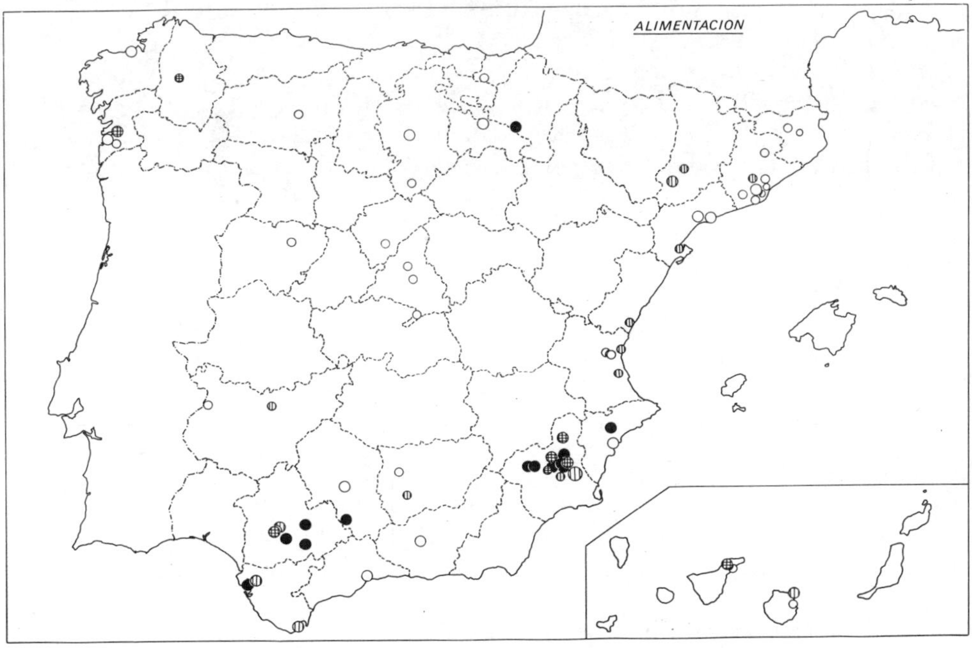

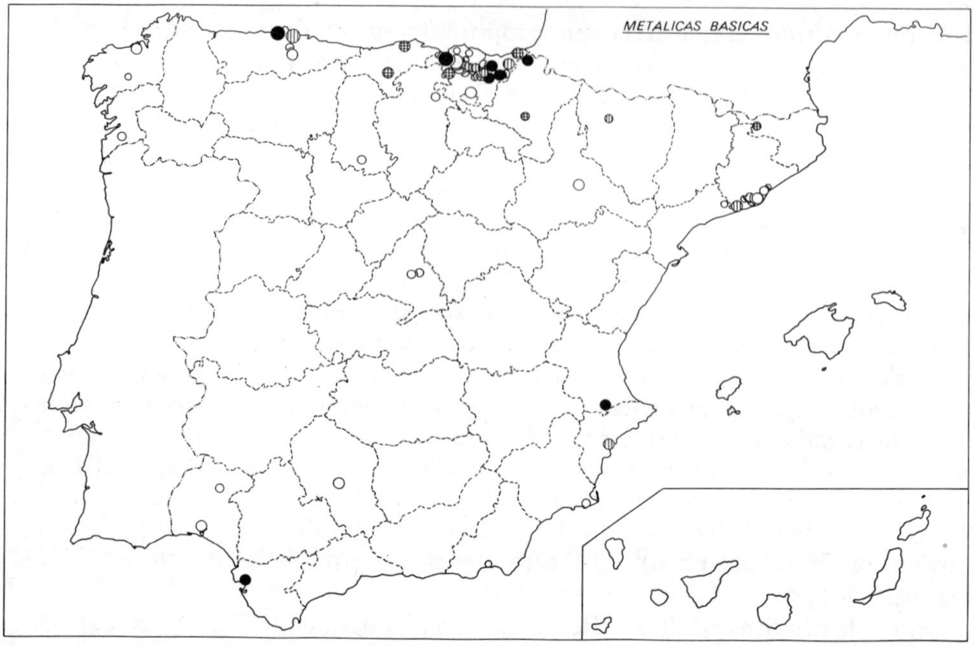

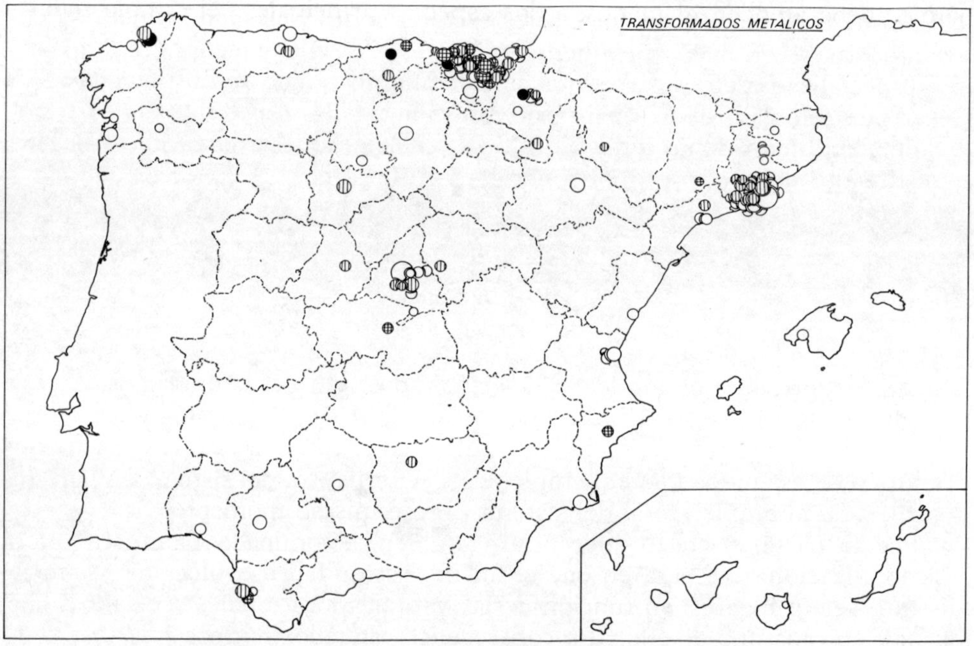

Gráfico 5.29. Especialización sectorial en España (1975)

trial: la modificación de las estructuras productivas en cada núcleo a lo largo del tiempo, y la evolución de los modelos de localización, ligada a la difusión espacial de la actividad. El análisis «shift-share», denominado también «análisis de los desplazamientos», «proporcional-diferencial», etc., es la técnica analítica más adecuada para medir el primero de ellos, pues precisando de una información estadística simple (cifras sectoriales de empleo o producción para cada núcleo en los años inicial y final del periodo considerado), permite restituir y explicar el dinamismo del proceso, posibilitando incluso la realización de proyecciones a corto y medio plazo.

Al igual que en los índices anteriores, debe determinarse si el cambio registrado supera o no los promedios registrados por el sistema en su conjunto. En su interpretación, la premisa básica es que el crecimiento/decrecimiento en el empleo (producción) de cada unidad espacial puede explicarse por la actuación combinada de dos tipos de factores:

— La existencia de ventajas específicas para la localización, que favorecen el desarrollo de todos o de algunos sectores fabriles en concreto.
— La existencia de una estructura sectorial favorable, con especialización en industria de crecimiento rápido y capaces de generar efectos multiplicadores en su entorno.

En concreto, el análisis «shift-share» permite comparar el crecimiento registrado por cada sector en los distintos núcleos con relación al crecimiento medio del sistema y al experimentado por cada rama industrial, parámetros que se denominan «efecto proporcional» y «efecto diferencial» respectivamente.

El efecto proporcional (también «efecto mezcla» o «de especialización») se basa en la constatación de que ciertos sectores industriales, en un periodo determinado, crecen más rápidamente que otros. Por ello, aquellas áreas que estén especializadas en esos sectores de crecimiento rápido verán potenciado su desarrollo (efecto proporcional positivo), mientras las especializadas en sectores de crecimiento lento tenderán a retroceder en la jerarquía (efecto negativo). El valor del efecto proporcional se expresa como:

$$Sp = \sum_{i} \left[\frac{E_{it}}{E_{i}o} - \frac{E_{t}}{Eo} \right] E_{ij}o$$

Donde E representa el empleo, i el sector industrial, j cada unidad espacial, o la fecha inicial del periodo analizado y t la fecha final. Por tanto, la expresión E_{ij} aludirá al empleo en el sector i de la unidad espacial j, E_j al empleo industrial total de esa unidad, $E_i o$ al empleo del sector dentro del sistema en la fecha inicial, y Eo al empleo total del sistema en ese mismo momento.

Por su parte, el efecto diferencial (también denominado «competitivo» o «de localización») se basa en que el mismo sector fabril evoluciona de modo distinto según lugares, en función de las ventajas locacionales específicas que existan en cada uno de ellos. En consecuencia, aquellos núcleos con unas condiciones favorables para el desarrollo de todas o algunas actividades industriales presentarán efectos diferenciales positivos, y negativos en caso contrario.

Su cálculo se expresa como:

$$S_d = \sum_i \left[E_{ijt} - \left(\frac{E_{it}}{E_{io}} \right) E_{ijo} \right]$$

La suma de los efectos proporcional y diferencial correspondientes a cada núcleo se denomina efecto neto o efecto total, definido como:

$$S_n = S_p + S_d$$

y que mide las ventajas/desventajas globales de cada núcleo para la implantación industrial, pudiendo ayudar por tanto en la explicación de la evolución registrada durante ese periodo. Si se combina el volumen global de efectivos industriales de cada área con su efecto neto positivo o negativo, puede establecerse una tipología similar a la que recoge el gráfico 5.30, de utilidad en la realización de diagnósticos sobre la estructura y dinamismo de ese sistema industrial.

NIVEL DE INDUSTRIALIZACIÓN	EFECTO NETO: Positivo	EFECTO NETO: Negativo
Alto	Núcleos centrales o dominantes	Núcleos en declive
Bajo	Núcleos en expansión	Núcleos periféricos

Gráfico 5.30. Tipos de áreas industriales en el interior de un sistema.

La aplicación del análisis «shift-share» a la evolución industrial de las provincias españolas entre 1975-1981 (gráfico 5.31.) permite detectar algunos comportamientos diferenciales de interés para diagnosticar los desiguales efectos generado por la crisis. Limitando el comentario a tres de esos aspectos, puede señalarse:

— La concentración de los efectos proporcionales negativos, correspondientes a una especialización en sectores fuertemente afectados por la reconversión, en la vertiente cantábrica (siderometalurgia y transformados), en tanto los efectos diferenciales de este signo (menores ventajas locacionales) se reparten entre los focos tradicionales saturados (Barcelona, Vizcaya, Guipúzcoa, etc.) y el cuadrante suroccidental peninsular, el más alejado respecto a los procesos de difusión desarrollados en España (A. Precedo, 1981).

— La privilegiada posición de Madrid por contar con la estructura industrial más moderna, en tanto sus ventajas específicas de localización son ya compartidas por otras provincias del litoral mediterráneo (en particular Valencia, que presenta el valor más elevado) y de la España interior (Valladolid, Palencia, Álava).
— Si se contrasta la localización de los valores positivos y negativos más altos del efecto neto, se obtiene una radiografía bastante aproximada de las tendencias recientes mostradas por la industria en España, particularmente de los graves efectos derivados de la reestructuración de determinados sectores (astilleros, siderometalurgia, máquinas-herramienta, etc.). Esta imagen puede también compararse con la correspondiente al periodo de rápido crecimiento (1962-1975) con el fin de analizar el cambio producido en la posición relativa de cada provincia: permanencia de los valores positivos en Madrid, Comunidad Valenciana, Navarra, etc., y de los valores negativos en Barcelona, litoral cantábrico, etc. Deterioro de la situación en el suroeste (Huelva, Cádiz) y la Galicia litoral, mejora de expectativas en Castilla y León... En cualquier caso, una vez detectados y descritos los contrastes, será preciso profundizar en su explicación, aspecto que desborda los objetivos que ahora nos marcamos.

Una última cuestión de interés en la investigación sobre sistemas industriales corresponde a los procesos de difusión espacial y los consiguientes cambios en los modelos de distribución a lo largo del tiempo.

Puede afirmarse que los estudios sobre difusión, integrados dentro del análisis genérico sobre los fenómenos de movilidad espacial y las relaciones espacio-tiempo, constituyen una de las aportaciones más destacadas de la geografía humana en las tres últimas décadas. Desarrollados fundamentalmente por las escuelas de Lund y Berkeley, se han orientado a la búsqueda de modelos generales explicativo-descriptivos para los procesos de difusión de innovaciones en el territorio, a partir de los cuales pueden extrapolarse aplicaciones concretas al ámbito industrial.

Un primer tipo de difusión industrial es la que se produce por contacto a partir de unos centros dinámicos, transmitiéndose hacia su entorno en relación a la distancia-tiempo-coste (accesibilidad), si bien pueden producirse distorsiones ante la existencia de obstáculos o resistencias al cambio. La evidencia empírica parece demostrar que los sistemas industriales poco desarrollados se caracterizan por la existencia de enclaves fabriles aislados en entornos esencialmente agrarios y con escasas interrelaciones. El crecimiento progresivo del sistema y la saturación de esos núcleos originarios favorece el traslado de las fábricas hacia las áreas próximas con menores costes; al ser siempre selectivo y producirse siguiendo las vías principales de transporte, conduce a la formación de ejes industriales. En etapas más avanzadas, la densificación de estos ejes puede posibilitar la existencia de verdaderas redes, constituidas por núcleos industriales especializados e interrelacionados. El distinto grado de difusión alcanzado en cada región, que suele correlacionarse positivamente con la antigüedad e intensidad de su proceso industrializador, permite, en consecuencia, la diferenciación de subsistemas industriales.

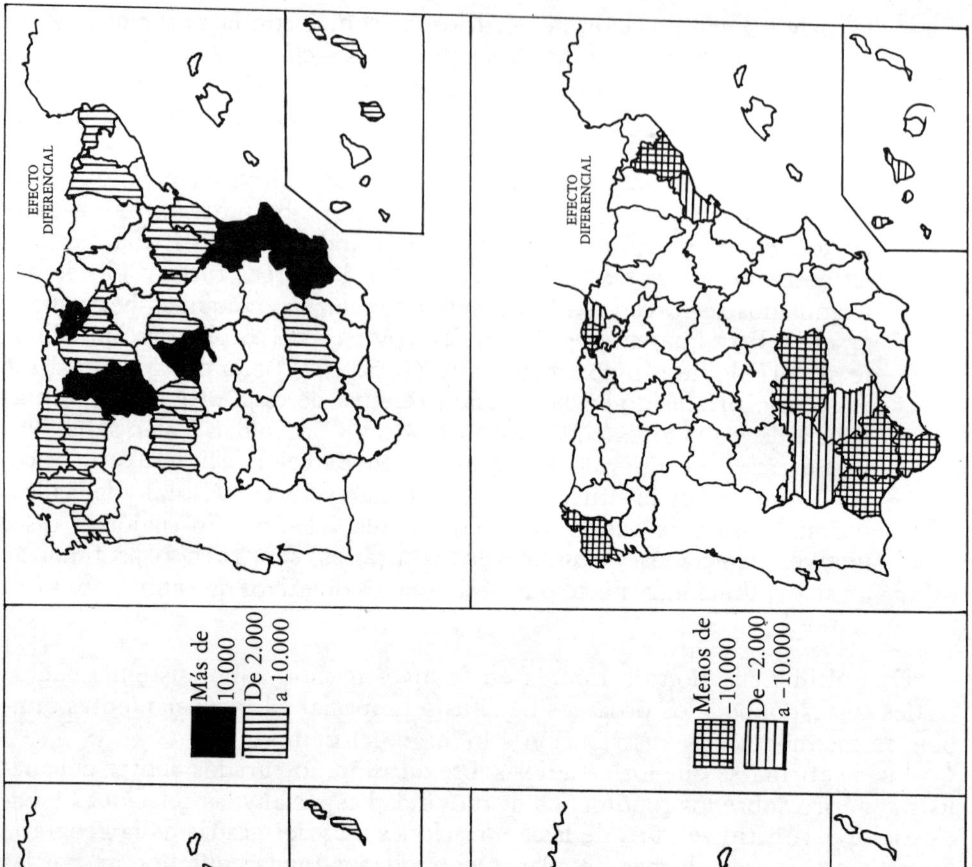

Gráfico 5.31. Distribución provincial de los valores correspondientes al análisis «shift-share» (1975-1981).

EFECTO NETO

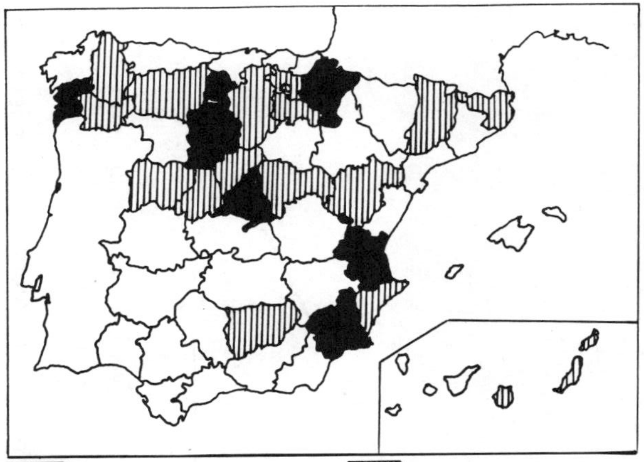

EVOLUCIÓN 1975-1981

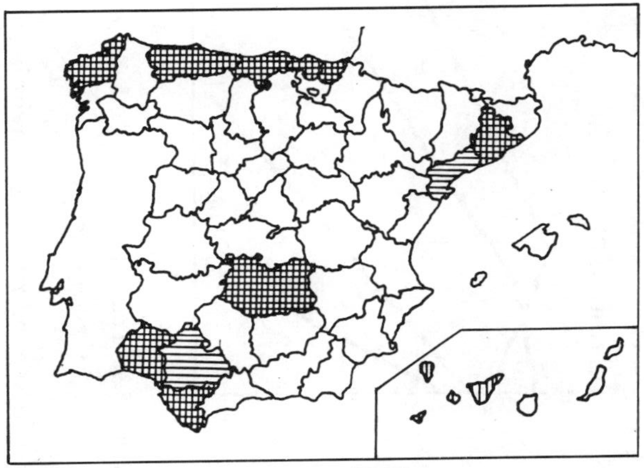

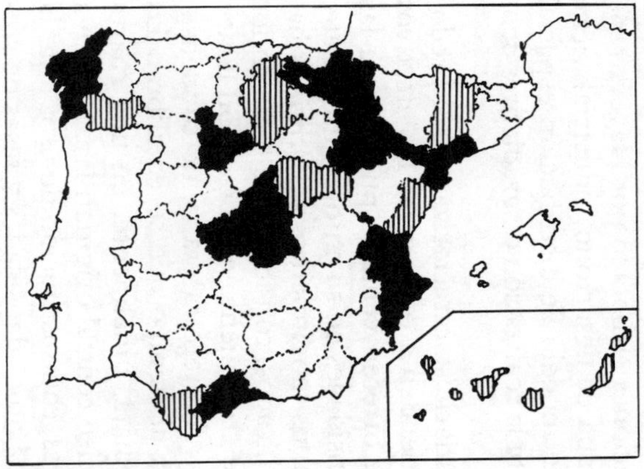

EVOLUCIÓN 1962-1975

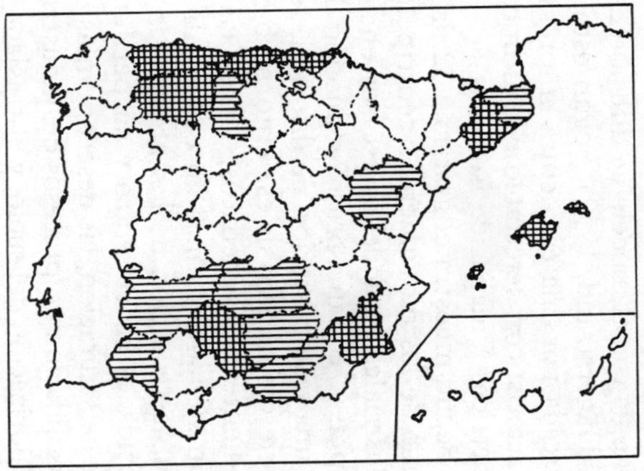

Un análisis histórico de las etapas de desarrollo industrial en los subsistemas regionales más evolucionados hace posible determinar una serie de cambios en las pautas de localización que pueden ser descritos e interpretados por analogía con el modelo de difusión de innovaciones elaborado por Hägerstrand (T. Hägerstrand, 1952). Según esto, cada etapa de desarrollo industrial viene marcada por una estructura empresarial y un modelo de distribución espacial característicos, detectable este último mediante la realización de gradientes densimétricos y mapas de isolíneas..

Según muestra el gráfico 5.32, la fase primaria se caracteriza por el predominio de los movimientos centrípetos, que tienden a concentrar los efectivos industriales en aquellos escasos enclaves que ofrecen ventajas puntuales a las empresas, con una brusca reducción de las densidades en su entorno inmediato. En una fase posterior, de difusión, se inician los movimientos centrífugos hacia ciertos núcleos de ese entorno bien comunicados, con lo que se reducen los gradientes densimétricos, si bien las tasas de crecimiento e innovación continúan siendo máximas en el foco difusor. En una tercera etapa, de condensación, la reducción de los gradientes continúa al tiempo que se equilibran las densidades en el centro y su periferia inmediata. Finalmente, en una cuarta fase de saturación, las deseconomías en el núcleo central originan la progresiva consolidación de procesos desindustrializadores, con sustitución de usos ante la revalorización del suelo, y el traslado de las máximas densidades y tasas de crecimiento hacia las coronas periféricas, siguiendo «olas» de difusión. El modelo descriptivo elaborado por Hamilton al trasponer el utilizado por Taaffe, Morrill y Gould en 1963 para explicar el desarrollo de las redes de transporte en las áreas subdesarrolladas, resulta muy parecido en su caracterización del proceso (F. E. I. Hamilton, 1971, 354).

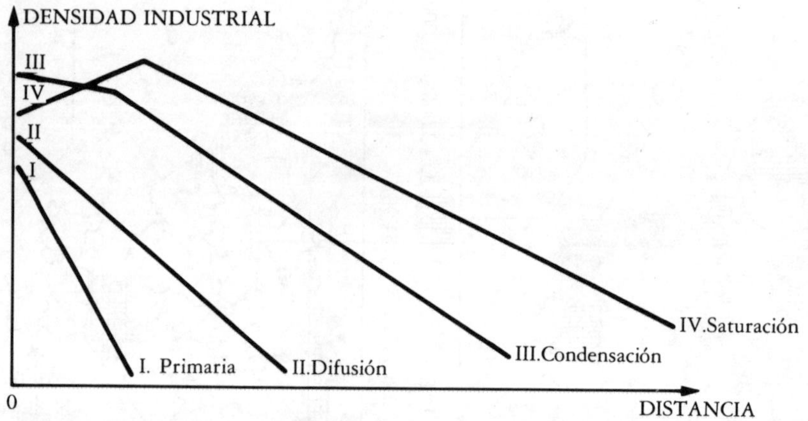

Gráfico 5.32. Etapas básicas en la difusión espacial de la industria a partir de un centro.

Un segundo tipo de movimientos difusores son los denominados jerárquicos o en cascada, correspondientes al trasvase de establecimientos e innovaciones que tiene lugar de forma escalonada entre los núcleos que ocupan niveles jerárquicos sucesivos dentro del sistema. En palabras de Cohen, mientras «el efecto de vecindad significa que cuanto más próxima esté la unidad potencial de adopción a la fuente de innovación o a otra unidad que la haya adoptado ya, mayor es la posibilidad de que la adopte..., los efectos jerárquicos implican que cuanto más alto sea el rango de una unidad de adopción potencial en la jerarquía, mayor es la posibilidad de que la adopte» (Y. S. Cohen, 1972). El gráfico 5.33, refleja ese traslado de la actividad industrial desde los centros de rango superior hacia los de menor tamaño y categoría funcional en etapas sucesivas. Las dimensiones del área de mercado, que impide la implantación de ciertos establecimientos en tanto no se supere el umbral mínimo que la haga rentable, y el carácter igualmente jerárquico de los flujos de información que facilitan la incorporación de innovaciones técnico-productivas son los factores que suelen citarse habitualmente para explicar estos procesos, aunque no debe olvidarse tampoco la posibilidad de reducir costes (laborales, del suelo, etc.) que acompañan el traslado hacia núcleos más pequeños y espacios periféricos. La existencia de estos movimientos difusores de carácter jerárquico ha sido también utilizada con frecuencia en la política de ordenación territorial mediante la promoción pública de centros seleccionados en localizaciones clave y niveles críticos de la jerarquía, que faciliten el «goteo» de actividades hacia los escalones inferiores, posibilitando así un mayor equilibrio territorial.

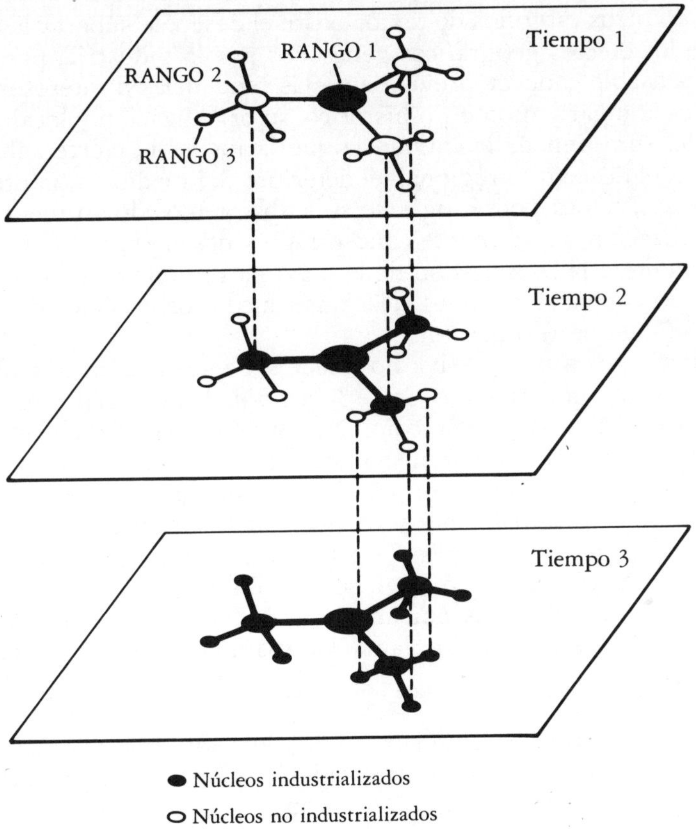

Gráfico 5.33. Procesos de difusión jerárquica de actividades e innovaciones.

Aceptando tal perspectiva, las posibilidades de crecimiento industrial que presente un determinado lugar dependerán en buena medida —más allá de la calidad y cantidad de sus recursos endógenos— de su accesibilidad relativa y otras ventajas comparativas dentro del sistema industrial nacional e, incluso, internacional, su posición en la jerarquía urbana y, eventualmente, su localización concreta en el interior de un espacio metropolitano.

5.6.3. *Actividad industrial y organización territorial*

Tal como ya se afirmaba en su introducción, lo esencial del presente capítulo se ha dedicado a establecer las tendencias generales de localización que manifiesta la industria en el capitalismo avanzado, su evolución en el tiempo y las fuerzas o factores que impulsan esos cambios. Al centrar nuestra atención en la lógica que preside la organización, distribución y dinamismo de los espacios industriales, se ha debido postergar el análisis de las consecuencias que esta actividad productiva ejerce sobre la población y el territorio en que se instala, aspectos difícilmente disociables en la realidad.

Junto a una razón meramente formal, derivada de las implicaciones que este último aspecto tiene con algunos de los problemas urbanos, rurales, etc., estudiados en otros capítulos de texto, existe el deseo de superar la simple descripción de los efectos geográficos generados por la industria, para lo que resulta indispensable conocer previamente las tendencias e intereses que determinan, en cada lugar y momento histórico, su organización y localización. Así, por ejemplo, comprender la influencia que la industria ejerce sobre las desigualdades en el desarrollo regional, el deterioro del medio ambiente o los contrastes urbanos, nunca podrá lograrse si la abstraemos de un modelo concreto de industrialización, fuertemente concentrado y desequilibrado, que al atender prioritariamente a la consecución de la máxima rentabilidad a corto plazo, ha marginado otras consideraciones relacionadas con los aspectos distributivos o la protección del entorno natural.

No obstante, esta perspectiva no puede ser ignorada en una obra que intenta plantear las vinculaciones entre la actividad industrial y el espacio. En tal sentido, y concebida la región como un sistema territorial abierto (P. Dauphiné, 1979), la actividad industrial se integra en él como parte esencial del subsistema productivo, en interacción con los restantes elementos, y con una evidente capacidad para transformar y reorganizar las estructuras territoriales en función de sus exigencias propias. De esta manera, la progresiva expansión de los espacios industrializados en el globo ha aumentado de forma constante el número de regiones afectadas por una serie de fenómenos con evidente valor geográfico, fruto directo de la implantación manufacturera. Entre ellos pueden destacarse los siguientes:

- Los movimientos migratorios de la población desde las áreas rurales a las urbano--industriales, entre regiones e, incluso, entre países, de carácter permanente, temporal o diario.
- La reorganización de los sistemas urbanos nacionales y regionales (jerarquización, especialización funcional y crecimiento relativo de las ciu-

dades, flujos interurbanos, etc.), así como la segregación socio-funcional en el interior de cada ciudad.

- Los desequilibrios territoriales, tanto económicos como en los niveles de bienestar de sus habitantes, visibles a cualquier escala geográfica.
- La estructuración y polarización del sistema de transportes en torno a unos nodos y rutas principales, en estrecha relación con los centros productivos, a los que dotan de una desigual accesibilidad.
- La degradación del medio ambiente, concebido tanto en sentido físico (ruptura en el equilibrio de los ecosistemas), como social (generación de costes sociales desigualmente repartidos), con aparición de conflictos característicos de las sociedades industrializadas.
- La modernización de las actividades agrarias y, en general, de todas las preexistentes, que tienden a incorporar ritmos y formas de producción industriales (mecanización, especialización, etc.) con el fin de incrementar su productividad.

Ante la imposibilidad de considerar detenidamente cada uno de estos aspectos, nuestra atención va a centrarse en dos de ellos que, a su evidente relevancia social en el momento presente, unen la existencia de un importante debate teórico relaciondo con los efectos de la actual crisis y las tendencias de cambio que parece introducir. Tanto la creciente sensibilización ante la problemática del medio ambiente en los países desarrollados, como la intervención pública en materia de localización industrial en el marco de la política territorial y de desarrollo regional, son cuestiones con implicaciones geográficas evidentes, hacia las que conviene prestar mayor atención que en el pasado.

5.6.4. *Industria y medio ambiente*

Una de las manifestaciones más relevantes del impacto que la actividad industrial ejerce sobre su entorno corresponde a los estrechos vínculos que se establecen entre ésta y el medio ambiente. No obstante, puede afirmarse que la preocupación por estas cuestiones es aún reciente, lo que justifica su escasa incoporación por el momento a la bibliografía, tanto teórica como empírica, disponible en geografía.

En efecto, hasta hace apenas una década el tradicional enfoque productivista que presidió los estudios geoindustriales, con su atención casi exclusiva a los problemas de localización de las factorías o a sus efectos sobre el crecimiento económico, de la población, etc., apenas consideró otros efectos «perversos» del proceso industrializador relacionados prioritariamente con variables cualitativas como la disminución del nivel de bienestar disfrutado por una parte de los habitantes o el deterioro del medio natural.

Sólo en los últimos años, la creciente importancia de los movimientos ecologistas y el surgimiento de diversos análisis críticos sobre el actual modelo de crecimiento cuantitativo y los riesgos que implica a medio y largo plazo (agotamiento de recursos no renovables, ruptura en el equilibrio de los ecosistemas, etc.), han trascendido el campo estrictamente científico hasta convertir las cuestiones relacionadas con el medio ambiente en problemas de indudable relevancia social. Incluso, según afirma Manero, «el interés adquirido actualmente por la problemática medioambiental no se circunscribe sólo a la valoración crítica de aquellos fenómenos que intervienen con mayor o menor intensidad en la ruptura del equilibrio natural, como consecuencia del decisivo papel ejercido por la acción humana en la modificación del potencial ecológico de un espacio determinado. Reviste, en cambio, una dimensión más amplia, de carácter global, que progresivamente identifica la conservación del Medio Ambiente con un nuevo planteamiento en el sistema de relaciones existente entre el Hombre y la Naturaleza, en un intento por superar de forma satisfactoria esa especie de antagonismo o dicotomía establecido tradicionalmente entre ambos, lo que ha llevado a justificar una consideración utilitaria de los recursos naturales en función estricta de las exigencias inmediatas del aparato productivo» (F. Manero, 1984, 255).

Paralelamente, el desarrollo de la «geografía del bienestar», preocupada por destacar los costes sociales derivados del crecimiento económico y las desigualdades en su reparto entre grupos sociales y territorios —que en este ámbito tiene un buen exponente en la segunda edición del ya clásico manual de Smith (D. M. Smith, 1981)— ha contribuido a valorar los aspectos no técnicos de esa localización, relacionados sobre todo con sus efectos diferenciales sobre el medio y los hombres, explicando las razones subyacentes y planteando posibles modelos alternativos.

Como suele ser habitual en todo comienzo, los estudios realizados muestran aún una cierta inseguridad en lo que se refiere a la definición de unos contenidos geográficos específicos, siendo dos las observaciones que pueden hacerse al respecto. En unos casos, suele caerse en una mera descripción simplificada de informes técnicos sobre niveles y tipos de contaminación de origen industrial elaborados por otros científicos, limitándose la aportación geográfica a simples referencias sobre el medio físico (topografía, clima, etc.) y humano (procesos de industrialización y urbanización, distribución de la población, etc.) en que ésta se produce, o a la especial preocupación por los aspectos distributivos. En otros, el discurso se mantiene en el plano de las consideraciones globales sobre el desarrollo de la sociedad industrial y su impacto negativo en el medio ambiente, la crisis actual, su futuro y alternativas, sin descender a un análisis de sus implicaciones territoriales que permitan derivar líneas de investigación concretas. A todo ello hay que unir las particulares deficiencias que muestran en este caso las fuentes estadísticas disponibles: su inexistencia en algunas ocasiones, o la falta de criterios espaciales explícitos para la recogida de muestras en otros, obligan con frecuencia a su elaboración directa por el investigador, con las consiguientes limitaciones impuestas por los medios materiales disponibles y el frecuente recurso a meras valoraciones cualitativas.

Por estas razones, el simple esbozo que en estas páginas puede hacerse sobre las relaciones entre industria y medio ambiente no se interesa tanto por recordar los numerosos análisis sobre las contradicciones internas de las sociedades industriales, al estilo de los famosos informes del Club de Roma, o por describir los diversos tipos de contaminación ligados a cada sector fabril, como en plantear aquellas vertientes del problema que parecen más acordes con los objetivos de una geografía humana. En tal sentido, las implicaciones geográficas que se derivan de esa interrelación pueden concretarse en dos fundamentales:

— De una parte, la industria es hoy un agente de primera magnitud en los procesos de deterioro del medio ambiente a partir de las externalidades que genera en su entorno inmediato, variables según los casos.
— De otra, el medio ambiente, a través de una legislación crecientemente restrictiva derivada del reciente aumento de las preocupaciones ecológicas en las sociedades desarrolladas, se constituye en factor de localización especialmente importante para aquellos sectores cuya actividad resulta más nociva o peligrosa, favoreciendo el establecimiento de pautas de distribución específicas.

Respecto al primero de estos dos aspectos, es indudable la capacidad de generar efectos contaminantes, tanto de modo directo como inducido, que presentan buena parte de los procesos de fabricación.

Un primer tipo es la polución del aire, definida como la adición a la atmósfera de toda sustancia con efectos nocivos sobre los seres vivos, a la que las fábricas contribuyen aproximadamente con una cuarta parte de las emisiones totales generadas anualmente en el planeta, alcanzando una especial importancia en la emisión de aerosoles o partículas sólidas en suspensión (R. D. Ross, 1972). No obstante, las concentraciones alcanzadas y su nocividad son muy variables según la densidad y el tipo de instalaciones industriales existentes en cada área, resultando máxima en el caso de ciertas actividades básicas como las vinculadas a refinerías, hornos altos y fundiciones, fábricas de cemento, etc. La existencia de ciertas condiciones topográficas y meteorológicas específicas (altas presiones, inversiones térmicas en depresiones y fondos de valle, etc.) pueden acentuar localmente sus efectos, llegando a posibilitar la aparición de microclimas ante la concentración de CO_2, generadora del conocido «efecto invernadero», y de partículas que actúan como núcleos de condensación, favoreciendo las nieblas y las precipitaciones. Caso extremo lo supone la emisión de gases letales o de radiactividad debida a accidentes en plantas químicas o centrales termonucleares, que incrementan notablemente los índices de riesgo para las poblaciones que habitan en sus proximidades.

De mayor gravedad aún puede considerarse la contaminación de las aguas continentales y marinas, a la que la industria contribuye con un cincuenta por ciento. El vertido de sustancias químicas desechadas en los procesos de fabricación o de lavado, bien de origen orgánico (disminución del contenido en oxígeno del agua) o inorgánico (aumento de su salinidad y toxicidad...), la acumulación de detergentes y el fuerte calentamiento que acompaña su uso como elemento refrigerante son los mecanismos principales capaces de producir la modificación de las propiedades físico-químicas del agua, e, incluso, de su apariencia externa (color, olor, etc.). Su efecto directo sobre la reducción de los volúmenes de agua potable, la destrucción de la vida acuática y los consiguientes recursos alimentarios presentes y futuros, el riesgo de infecciones para la población, o el deterioro paisajístico no sólo constituyen un atentado ecológico de costes difícilmente evaluables, sino que también inciden negativamente sobre otras actividades económicas como el turismo o la pesca.

Finalmente, la acumulación de residuos sólidos en forma de vertederos y parques de almacenamiento de desechos, que al inicial deterioro paisajístico unen su capacidad de contaminar el medio hídrico o aéreo (infiltración en mantos freáticos, partículas arrastradas por el viento, etc.), así como la generación de ruido, particularmente elevado en ciertas actividades (forjas, ensayo de reactores, grandes prensas y martillos pilones, etc.), constituyen otros dos vehículos eficaces en la degradación del medio ambiente por la industria.

Junto a estas consecuencias directas, no puede ignorarse tampoco que el crecimiento de la actividad manufacturera impulsa decisivamente la elevación de los efectos contaminantes ejercidos por otros sectores estrechamente relacionados con ella como la minería (emisión de polvo y sustancias nocivas, acumulación de depósitos, lavado de minerales, etc.), el transporte (combustión y ruido) o la producción de energía. En lógica consecuencia, los niveles de degradación del medio ambiente físico suelen alcanzar sus máximas cotas en aquellas áreas o núcleos minero-industriales en donde a los depósitos situados a bocamina y las escombreras se une la existencia de centrales térmicas y de grandes factorías químicas o metalúrgicas de base. La situación de comarcas tan características como la ría del Nervión o la cuenca central asturiana, junto a enclaves como Huelva o Ponferrada, puede ser un buen exponente de estas condiciones.

Pero más allá de la simple enumeración de consecuencias, existen ciertos componentes específicamente territoriales en el fenómeno de la contaminación industrial en los que el estudio geográfico encuentra su vertiente más operativa. Una primera aportación se vincula al análisis de los factores espaciales que influyen sobre la difusión de la contaminación, así como la delimitación de las áreas afectadas, aspectos para los que resulta de utilidad la noción de «externalidad».

Toda fábrica genera en sus proximidades una serie de efectos positivos y/o negativos, por cuanto repercuten en un aumento o disminución del bienestar o beneficio para la población y las actividades circundantes, que ni siquiera la propia empresa puede llegar a evaluar plenamente, aunque no por ello pueden ser calificados de involuntarios. Como afirma Smith: «la definición de externalidad incluye a veces el hecho de no ser intencional y de carecer además de precio. Es evidente que la mayoría de ellas no están planificadas, porque su extensión y su repercusión precisas no se determinan del mismo modo que el *output* y la distribución física de los bienes producidos intencionalmente. Sin embargo, sería ingenuo considerar la contaminación atmosférica y la evacuación en los ríos de las aguas residuales de las fábricas como hechos no intencionales, porque normalmente se trata de una transferencia deliberada de una parte del coste real de la producción de la empresa al conjunto de la sociedad. La dificultad de poner precio a tales cosas se debe a que sus efectos generales sobre el medio ambiente y sobre el bienestar humano son casi imposibles de medir» (D. M. Smith, 1980, 153).

David Harvey fue el primero en intentar sistematizar el componente espacial que presentan, resumiéndolo en el concepto de «campo espacial de externalidad» (D. Harvey, 1971). Resumiendo sus ideas, puede decirse que en todo territorio existe un número indeterminado de fuentes de externalidad positivas y negativas. Los efectos que generan serán máximos en intensidad en el punto de origen, disminuyendo progresivamente al aumentar la distancia, si bien el gradiente de externalidad será variable según el tipo de fuente originaria, su tamaño, etc. Si esta idea general se traspasa a un espacio tridimensional, obtendremos un cono de externalidades en torno a cada foco originario (gráfico 5.34), cuyo alcance podrá delimitarse. En su interior, el nivel de utilidad o desutilidad alcanzado presentará una disposición inicialmente concéntrica, pero que en la realidad tiende a deformarse en función del desigual reparto de la población, de la existencia de obstáculos en ciertas direcciones y, sobre todo, por la aparición de ejes o canales por los que se difunden las externalidades a mayor distancia. Así, por ejemplo, las externalidades positivas que genera la gran ciudad y que tienden a atraer hacia ellas a las empresas industriales suelen prolongarse a lo largo de los principales ejes de transporte, favoreciendo modelos de crecimiento «en estrella» (gráfico 5.34). Igualmente, la polución ocasionada por una factoría que vierta sus residuos a un río se extenderá linealmente aguas abajo y a una distancia variable según el caudal, la velocidad del agua, etc. La dirección de los vientos dominantes ejerce un efecto similar en el caso de la contaminación atmosférica, favoreciendo la concentración de humos en ciertos sectores urbanos.

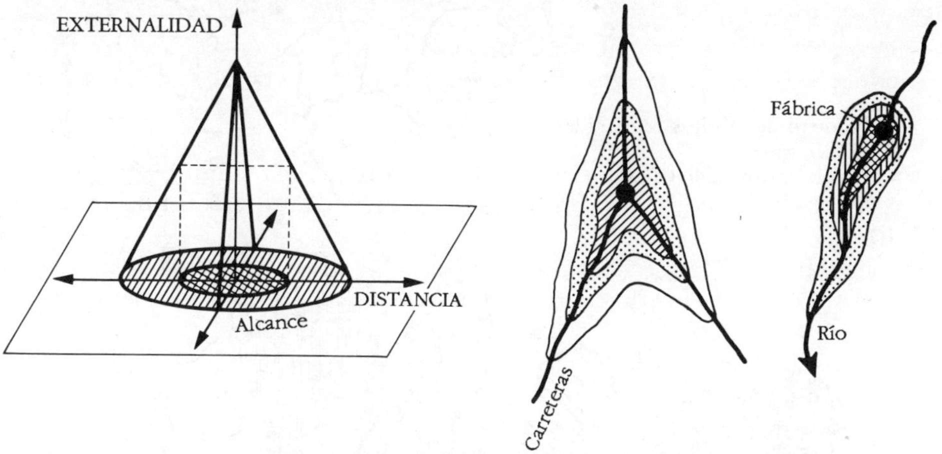

Gráfico 5.34. Campo espacial de externalidades y deformaciones producidas por ejes difusores.

Un último tipo de análisis geográfico que cuenta ya con estudios empíricos de notable interés corresponde a la búsqueda de asociaciones espaciales entre los niveles de contaminación industrial de un territorio y otras variables socioeconómicas, con el fin de medir el impacto producido sobre los grupos humanos afectados y delimitar al tiempo áreas con diferente calidad ambiental, de interés como punto de partida para cualquier intervención pública reequilibradora. Buen exponente de esos trabajos puede ser el realizado por Wood y otros en la aglomeración urbana de Manchester a partir de la localización de las fábricas más contaminantes y las centrales termoeléctricas, que en conjunto sumaban algo más de un centenar (gráfico 5.35, mapa *a*). Su comparación con la distribución del anhídrido sulfuroso en la atmósfera (mapa *b*) corroboró la coincidencia, así como la disminución exponencial con la distancia salvo por el este, debido a la dirección de los vientos dominantes que actúan como vehículo difusor. El coeficiente de correlación entre el nivel de contaminación atmosfé-

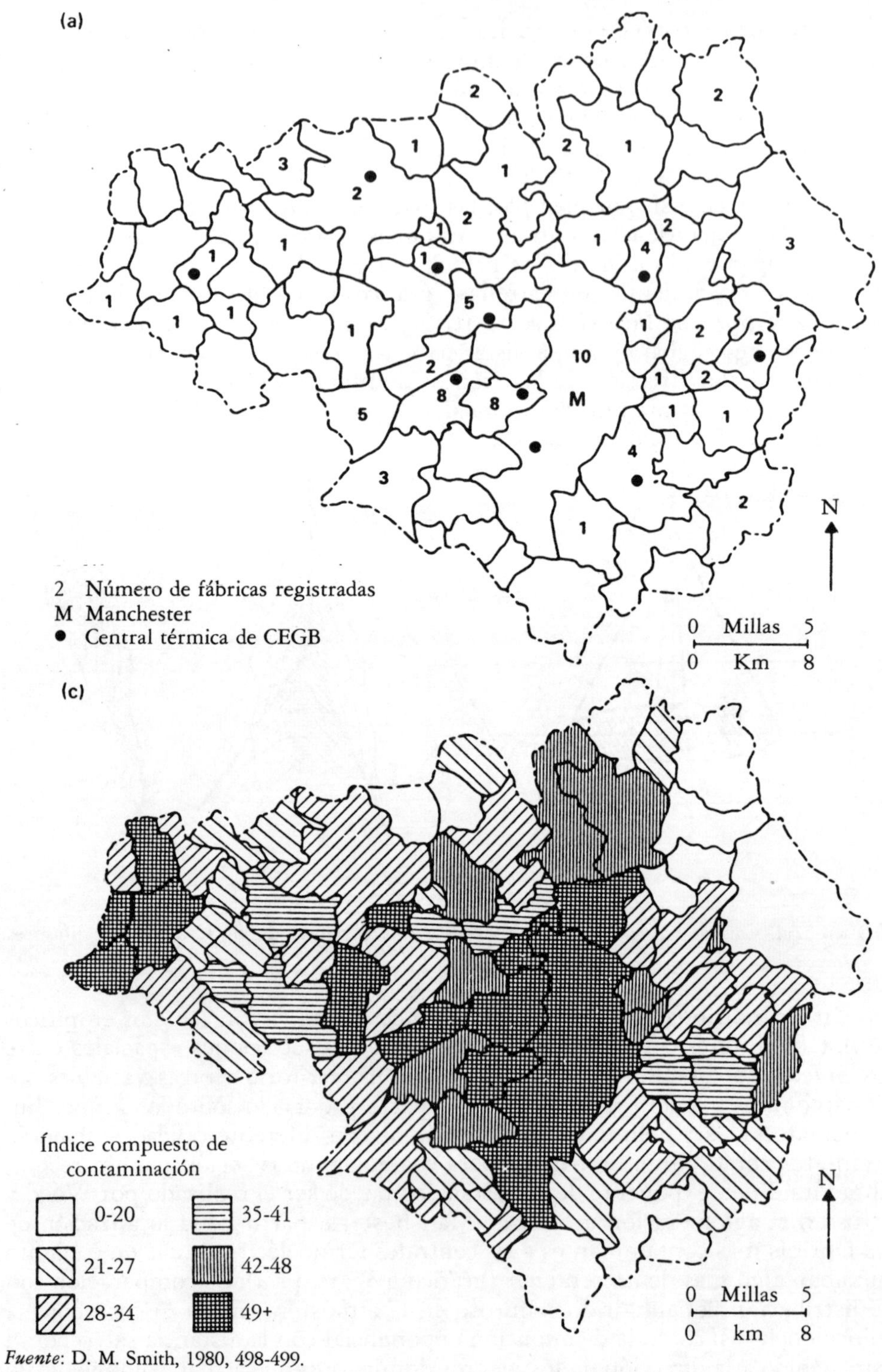

Fuente: D. M. Smith, 1980, 498-499.

Gráfico 5.35. Localización industrial y contaminación en el gran Manchester.

(b)

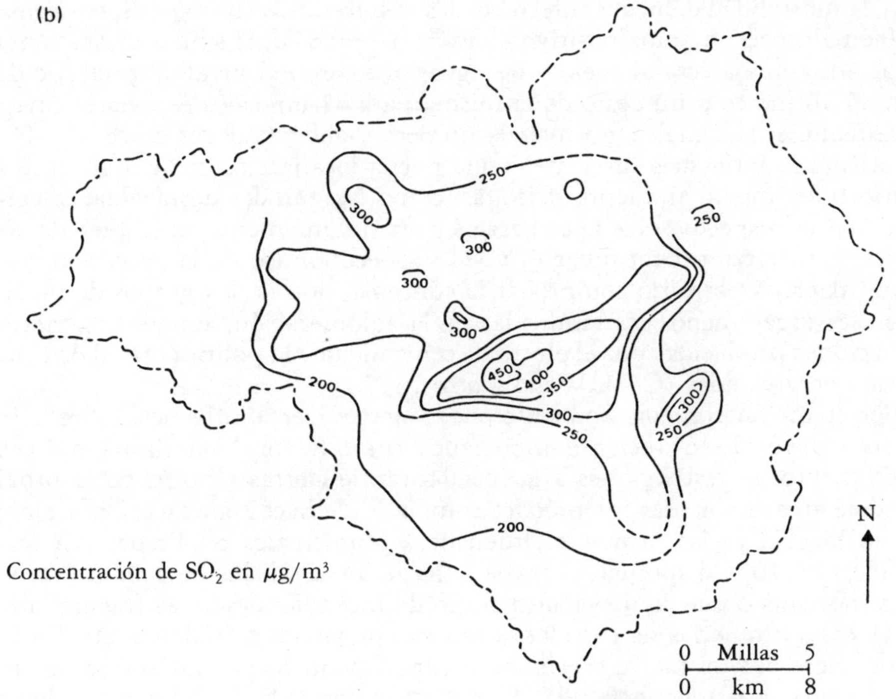
250
300
250
300
300
300
450
400
350
200
300
250
300
250
200
Concentración de SO_2 en $\mu g/m^3$
N
0 Millas 5
0 km 8

(d)

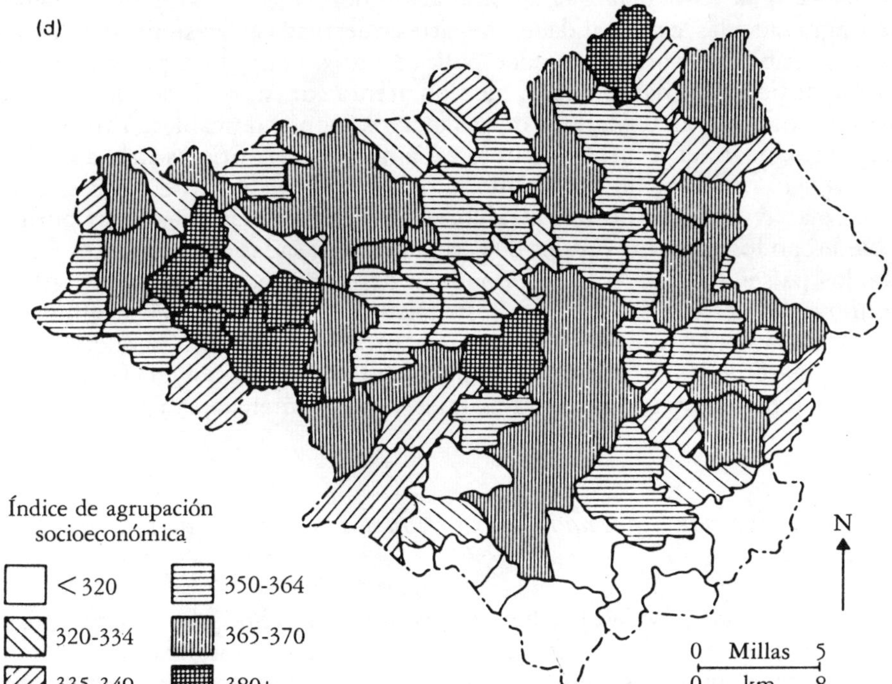
Índice de agrupación socioeconómica
< 320
320-334
335-349
350-364
365-370
380+
N
0 Millas 5
0 km 8

rica y la mortalidad debida a enfermedades respiratorias (bronquitis, enfisema) también alcanzó un valor positivo elevado ($r = +0{,}84$). Al sumar a esta contaminación la que afecta al suelo y las aguas, así como el nivel de ruido, se determinó un índice compuesto de la misma para 71 unidades espaciales (mapa *c*) mediante el sistema de normalización de variables (valores entre 0 y 100), que afirmó la influencia directa ejercida por la localización industrial sobre el deterioro del medio ambiente físico, así como las grandes desigualdades existentes a este respecto entre unos barrios y otros. Finalmente, el empleo de una técnica similar para determinar el nivel socioeconómico de la población residente (mapa *d*) permitió comprobar la concentración de los grupos dominantes en las áreas menos contaminadas de la aglomeración, aunque con ciertas desviaciones producidas por el efecto de centralidad y la política oficial de construcción de viviendas (C. M. Wood y otros, 1974).

Pero también el medio ambiente puede ejercer cierta influencia sobre la industria a través de su creciente importancia como factor de localización. El establecimiento de restricciones a la instalación de ciertas fábricas en la proximidad de áreas habitadas fue práctica común desde hace siglos y así, por ejemplo, en Madrid ya las primeras Ordenanzas Municipales publicadas por Juan de Torija en 1661 disponían el traslado hacia los arrabales de aquellas actividades molestas o que conllevaban peligro de incendio, desde las fraguas, alfares, yeserías o tenerías de curtidos, a fábricas de jabón, de pólvora, etc. En los últimos decenios, el fuerte crecimiento experimentado por las sociedades industrializadas y la tendencia a la aglomeración derivada de la lógica del beneficio ha agravado las externalidades negativas derivadas. Presionado por una creciente sensibilidad social, el poder político ha comenzado a promover una legislación anticontaminante que, si bien no atenta contra las bases del sistema productivo, intenta paliar algunos de sus efectos menos deseables. Tanto en el ámbito del planeamiento urbano, como en ámbitos territoriales más amplios, esa intervención pública ha propiciado, directa o indirectamente, un creciente trasvase de actividades molestas, insalubres y peligrosas hacia las áreas periféricas, bien sean los espacios rurales o las regiones atrasadas de esos países, bien, incluso, los países subdesarrollados, donde el deseo de industrialización reduce al mínimo cualquier tipo de medidas restrictivas. De este modo, el surgimiento de la conciencia medioambiental en las áreas prósperas impulsa paralelamente el afianzamiento de las relaciones de desigualdad entre espacios/sociedades dominantes y dependientes, que ahora adquieren una dimensión más.

5.6.5. *Industrialización y desequilibrios regionales: evolución de la política territorial*

Por constituir la actividad productiva básica en las economías desarrolladas, las interrelaciones del sistema industrial con la práctica totalidad de los restantes sectores económicos, desde los primarios o extractivos a los terciarios o de servicios, son intensas y frecuentes, tal como intenta mostrar el gráfico 5.36. La cuantificación económica de esas vinculaciones suele hacerse mediante las tablas *input-output*.

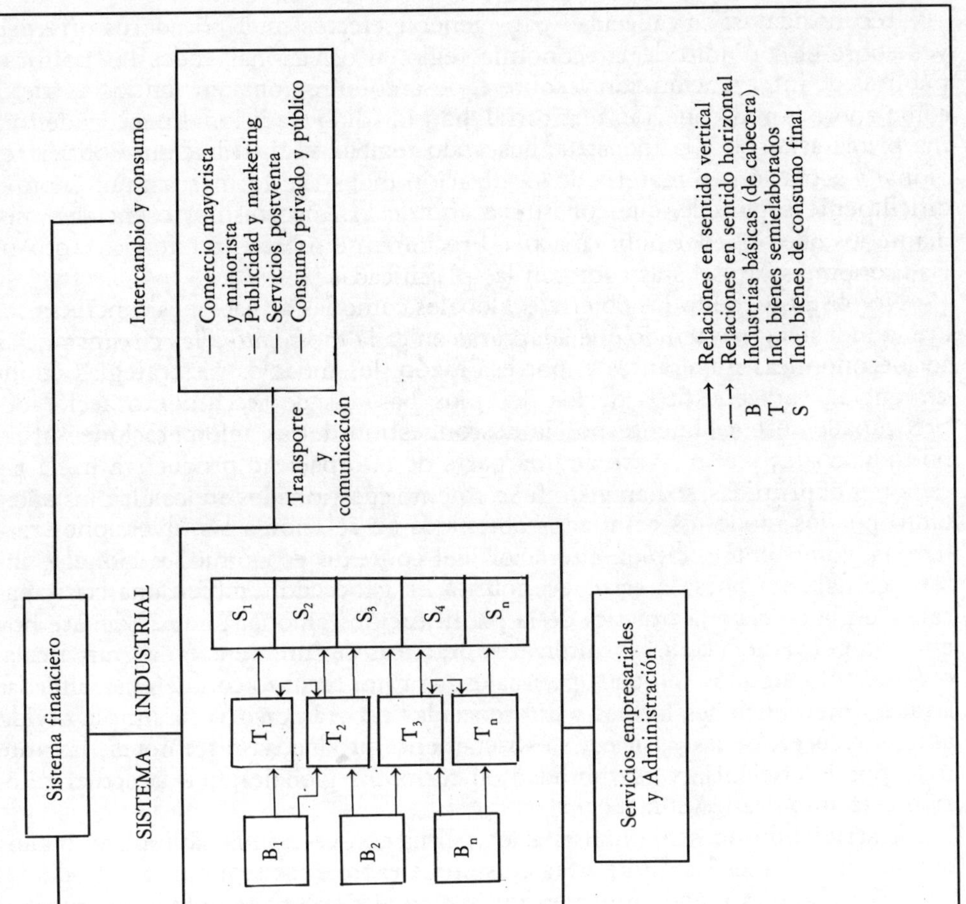

Gráfico 5.36. Actividad industrial y sistema económico (regional, nacional, internacional).

Reconocida así su capacidad para generar efectos multiplicadores o recesivos sobre el conjunto de la economía regional o nacional, todas las políticas públicas de intervención, tanto sobre el desarrollo regional en sentido estricto, como sobre la reordenación territorial, han incidido tradicionalmente y de forma prioritaria sobre la industria, buscando regular su distribución. Política regional y actuación en materia de localización industrial forman así un binomio difícilmente separable, que constituye uno de los mecanismos esenciales mediante los que el poder político actúa directamente sobre el territorio, tanto en las economías capitalistas como en las planificadas.

No obstante, tanto los objetivos globales como las actuaciones concretas sobre la industria han tenido que adaptarse en cada momento a las circunstancias socioeconómicas imperantes y, por esa razón, los modelos y estrategias de intervención característicos de los decenios pasados de crecimiento acelerado, preocupados esencialmente por la descongestión de las aglomeraciones urbano-industriales y el trasvase de una parte de la capacidad productiva hacia las regiones deprimidas, se han visto fuertemente cuestionados en los últimos años, tanto por los modestos resultados obtenidos en relación a las inversiones realizadas, como por la rápida alteración del contexto económico nacional e internacional. Así pues, la crisis económica ha generado también una crisis paralela en la teoría y la práctica de la planificación regional[7], que se debate hoy entre la permanencia de las anteriores prácticas de intervención a gran escala, con tan sólo algunos retoques puntuales, su total rechazo con defensa alternativa de intervenciones locales y diferenciadas en cada caso, o su simple olvido ante el resurgir de las posiciones estrictamente productivistas, interesadas ante todo por la eficiencia y rentabilidad en términos globales, que la actual recesión está impulsando con fuerza.

Restrigiendo nuestro análisis a los países con economía capitalista, y aunque son indudables las diferencias existentes entre ellos según la orientación y el carácter más o menos intervencionista de sus sucesivos gobiernos, pueden esbozarse los rasgos que caracterizan esas dos etapas de evolución y la situación en que se encuentra la controversia actual.

El inicio de la planificación territorial fue bastante tardío en todos los países, con la única excepción del Reino Unido, donde ya con anterioridad a la II Guerra Mundial se promulgó una legislación específica en esta materia, con objetivos explícitamente reequilibradores (D. E. Keeble, 1976), materializada en la «Special Areas Act» de 1934, que intentaba favorecer el traslado de industrias hacia las regiones deprimidas de Escocia central, sur de Gales, Cumberland occidental y la costa nordeste, aunque excluyendo sus principales ciudades. La tradición liberal imperante hasta después del primer tercio de nuestro siglo, y los objetivos de crecimiento macroeconómico que marcaron los años posteriores a la guerra, convirtieron en secundarias las medidas redistributivas. En esta situación, las teorías neoliberales imperantes constituyeron, sin duda, un eficaz basamento para inhibir la intervención pública al defender la idea de que el crecimiento global de la economía acabaría beneficiando por «desbordamiento» a todos los grupos sociales y regiones del país, al tiempo en que se

[7] Así como del planeamiento urbano, si bien es éste un aspecto que no va a ser tratado en el presente capítulo.

insistía en la contraposición entre los principios de eficiencia productiva y equidad, otorgando prioridad a la primera.
Tan sólo desde mediados de los años 50, tanto los análisis teóricos, encabezados por la obra de Myrdal sobre los mecanismos generadores del desarrollo desigual (G. Myrdal, 1957), como la praxis política, comenzó a aceptar la necesidad de llevar a cabo una actuación más decidida en este terreno. En primer lugar, la búsqueda de una mayor rentabilidad global del sistema comenzó a aceptarse como algo diferente a la suma de beneficios individuales, al evidenciarse la existencia de contradicciones entre esos intereses privados y sociales. Desde una óptica estrictamente funcionalista, se consideró que una reasignación de las localizaciones industriales tendente a mejorar la eficacia del conjunto y evitar la infrautilización de una parte importante del capital social, aceleraría el crecimiento económico. Complementariamente, también se consideró el argumento de equidad social/espacial, materializado en actuaciones de carácter asistencial tendentes a moderar algunos de los desequilibrios derivados del modelo de desarrollo, con sus consiguientes tensiones sociales.

Definidos los objetivos, una indudable ayuda en el plano conceptual que influyó decisivamente sobre la forma en que se implementó con frecuencia la política territorial fue la teoría de la polarización, elaborada inicialmente por Perroux, y desarrollada espacialmente después por algunos de sus seguidores (F. Perroux, 1955; F. Boudeville, 1961). Partiendo de la premisa de que el crecimiento se produce siempre a partir de centros o polos que presentan ventajas específicas de localización, así como una mayor propensión a adoptar innovaciones y ciertas actividades motrices con capacidad de ejercer efectos impulsores sobre su entorno, se considera que el funcionamiento «espontáneo» del sistema económico favorece un reforzamiento progresivo de los efectos polarizadores, que corresponden a cuatro tipos básicos:

— Polarización técnica, que favorece la atracción de actividades complementarias ligadas por vínculos en sentido vertical u horizontal a las industrias motrices, que incrementan los mercados de consumo y trabajo locales, así como la diversificación productiva.
— Polarización de rentas, por aumento del empleo y la riqueza globales, que puede atraer capitales procedentes de otras áreas al elevarse su rentabilidad potencial, favoreciendo así las transferencias interregionales.
— Polarización psicológica, al generarse un «clima» favorable a la inversión ante la disminución del riesgo y las mayores facilidades para el intercambio de información.
— Polarización geográfica, que al favorecer la concentración de efectivos en esos puntos origina la formación de regiones polarizadas o nodales, organizadas en torno a ese centro dominante.

Según la teoría, por encima de una cierta dimensión (a determinar empíricamente en cada caso), los polos serían capaces de difundir efectos impulsores en su entorno, identificables con los descritos por Myrdal como efectos «spread», contribuyendo así al reequilibrio territorial.

Apoyándose en estas ideas, la actuación llevada a cabo con más frecuencia, sobre todo en los países de Europa occidental, fue la promoción de polos o centros de crecimiento seleccionados en regiones atrasadas mediante la localización de empresas públicas pertenecientes a sectores calificados de motrices (siderurgia integral, automóvil, petroquímica, etc.), y/o el establecimiento de toda una serie de medidas de apoyo a la empresa privada, principalmente en los planos financiero y fiscal (subvenciones a fondo perdido, créditos a largo plazo y bajo interés, exención de impuestos, etc.), además de la mejora de infraestructuras o la urbanización de suelo a precios asequibles. La aprobación en España de un total de doce Polos de Promoción y Desarrollo Industrial en los sucesivos Planes de Desarrollo durante los años 60, localizados en regiones con un nivel de industrialización medio o bajo y afectadas por importantes saldos migratorios negativos, fue un claro exponente de este tipo de actuaciones.

Los diagnósticos realizados sobre los resultados de esta política en los países que la pusieron en práctica muestran una evidente heterogeneidad y los propios datos del cuadro adjunto sobre inversiones y empleos generados con relación a los previstos en el caso español, no hacen sino confirmar esa diversidad. La capacidad efectiva del poder público, tanto legislativa como económica, para materializar sus objetivos e imponerse a las estrategias a veces contrapuestas de los agentes privados, la elección adecuada de los polos en relación con su accesibilidad o recursos internos, así como el volumen y la eficacia en la tramitación de las ayudas, pueden ser factores que acuden a explicar esas diferencias.

CUADRO 5.7.

EVALUACIÓN DE LOS RESULTADOS EN LOS POLOS DE DESARROLLO (A 31-XII-1977).

POLO DE DESARROLLO	PERIODO DE VIGENCIA	INVERSIÓN (EN MILES DE MILLONES DE PTAS.)		EMPLEO	
		Prevista	Realizada	Previsto	Creado
Burgos	1964-74	20,2	17,9	15.999	11.517
Huelva	1964-74	144,2	45,7	9.170	7.146
La Coruña	1964-71	8,4	11,6	3.798	4.188
Sevilla	1964-70	8,9	9,1	8.539	9.666
Valladolid	1964-71	11,1	19,9	10.794	20.147
Vigo	1964-71	6,9	9,1	11.850	13.134
Zaragoza	1964-69	10,5	7,9	8.161	8.204
Granada	1970-79	4,2	2,8	1.694	855
Córdoba	1971-80	8,8	7,0	2.647	1.260
Oviedo	1971-80	34,9	30,9	8.238	4.580
Logroño	1972-81	11,8	6,1	5.221	1.986
Villagarcía de Arosa	1972-81	3,3	2,1	2.874	2.683
		273,8	170,6	88.985	85.396

Fuente: La industria española en 1978. Ministerio de Industria y Energía.

No obstante, ya en la pasada década este tipo de actuación pública fue seriamente revisada, tanto en sus fundamentos teóricos como en sus realizaciones concretas. Desde posiciones radicales se cuestionaron sus pretendidos objetivos de reequilibrio territorial señalando que su finalidad esencial fue mejorar la eficacia de los procesos de acumulación del capital al reducir las deseconomías surgidas en los centros saturados, ampliar de forma controlada el sistema industrial y subvencionar los costes iniciales derivados para las empresas, disfrazando así las contradicciones del sistema bajo una aparente preocupación social. Al mismo tiempo, se ha criticado el fuerte centralismo administrativo que hizo posible estas actuaciones, ignorante de la variedad regional o local, proponiendo como contrapartida una intervención más flexible y descentralizada. Finalmente, y con relación a sus resultados, no sólo no parece haberse logrado una mayor homogeneidad territorial sino que, incluso, se reforzó la polarización intrarregional en favor de los centros promocionados al concentrar en ellos las inversiones, la población, las iniciativas y las actividades más productivas, agravándose la descapitalización de su entorno. Si a todo ello se une la reconversión que hoy afecta a buena parte de las grandes empresas y sectores considerados anteriormente como motrices, y la crisis del estado keynesiano, que limita las posibilidades de intervención ante la prioridad a políticas de reducción del gasto público, el resultado ha sido la total desaparición de este tipo de actuaciones.

En el momento presente, la propuesta alternativa más interesante y polémica en materia de planificación territorial es la que Planque denomina como de «desarrollo desde abajo», por contraste con la planificación «desde arriba» realizada con anterioridad y valorada como grandilocuente e ineficaz (B. Planque, 1983).

En la bibliografía sobre estos temas se han ido afianzando en los últimos años términos como los de «desarrollo endógeno», «autocentrado» etc., que vienen a ser la manifestación externa de esta nueva corriente de pensamiento, basada en promover el desarrollo regional mediante el impulso y canalización por los poderes públicos de las iniciativas locales existentes, procurando así un mejor aprovechamiento de sus recursos naturales, humanos y de capital. La consecución de un desarrollo no limitado al simple crecimiento económico, equilibrado y descentralizado, sería su fin último. Este nuevo modo de planificación, en cuyo trasfondo late, sin duda, la convicción de que «lo pequeño es hermoso» (E. F. Schumacher, 1978), exige una paralela descentralización administrativa, ampliando las competencias con que cuentan los órganos locales y regionales, por lo que su defensa ha ido acompañada con frecuencia —de modo explícito o implícito— por el deseo de lograr profundos cambios en el modelo de sociedad y la estructura político-administrativa.

La posibilidad de recuperar el «espacio vivido», de lograr una mayor integración con el entorno concreto frente al espacio funcional de centros y periferias jerarquizados en donde ningún lugar tiene sentido pleno en sí mismo, sino con respecto a su posición concreta en el interior de un sistema de relaciones crecientemente transnacionalizado que escapa al control, incluso, del Estado, se intenta apoyar en las posibilidades que aporta hoy la innovación tecnológica (sobre todo en los campos de la información, el transporte y las comunicaciones), así como en una voluntad política explícita. En resumen, pues, frente al espacio del poder, cada vez más abstracto, esta «microplanificación» se atiene al espacio concreto, vinculado a una población y un entorno también específicos. La promoción de la industrialización rural endógena mediante ayudas a las pequeñas iniciativas locales desatendidas y con capacidad innovadora, se considera uno de los mecanismos más eficaces y de coste reducido para cumplir esos objetivos por cuanto se apoya en las actuales tendencias descentralizadoras de la actividad industrial. En un plano más amplio, la propuesta de desarrollo «agropolitano» defendida por Friedmann y Weaver, capaz de integrar lo rural y lo urbano, se integra en esta misma línea argumental (J. Friedmann y C. Weaver, 1981).

Pese a todo, la aplicación práctica de estas ideas a la planificación ha sido por el momento bastante limitada y sus posibilidades de lograr una verdadera transformación de la lógica territorial en un futuro próximo parecen dudosas por diversos motivos. Ante todo, las condiciones tecnológicas tan sólo representan un potencial descentralizador cuya orientación dependerá, en último extremo, de las decisiones tomadas en el seno de la sociedad y, en tal sentido, la supuesta espontaneidad de la descentralización industrial y, más concretamente, de la industrialización rural resulta bastante discutible como ya hubo ocasión de analizar. Por otra parte, y tal como afirma Planque, estas propuestas resultan en gran medida utópicas en cuanto «insuficientemente basadas en una teoría de las fuerzas —económicas, sociales, políticas— capaces de generar o regenerar el modo de organización espacial que propugnan» (B. Planque, 1983, 5), por lo que el discurso que las sustenta puede calificarse de voluntarista. Un verdadero reequilibrio territorial (que, naturalmente, no significa identidad absoluta) sólo puede lograrse atentando contra la lógica del beneficio que dirige los procesos de desarrollo desigual imperantes, y no parece que las expectativas abiertas por la actual crisis apunten en esa dirección, sino más bien en un reforzamiento de las relaciones de desigualdad, aunque bajo formas en ocasiones nuevas. Al propio tiempo, los elevados costes sociales que acarrea la reconversión de un elevado número de sectores y empresas, con la conflictividad latente que se deriva, tampoco impulsa este proceso al orientar buena parte de las inversiones públicas hacia las regiones y metrópolis en declive, intentando frenar su desindustrialización presente y promover la creación de empleos alternativos, lo que vuelve a dejar en un segundo plano las preocupaciones territoriales. La localización de las zonas de urgente reindustrialización (Z.U.R.) surgidas recientemente en España ejemplifica esta tendencia, al tiempo que reaviva el debate sobre el significado actual del espacio y su verdadera importancia en la búsqueda de mayores niveles de bienestar social.

BIBLIOGRAFÍA

Obras ya clásicas, de particular influencia en el desarrollo de los estudios sobre el espacio industrial, son las de:

CHARDONNET, J., *Géographie industrielle*, París, Sirey, 1962-65.
ISARD, W., *Location and space economy*, Nueva York, John Wiley, 1956.
WEBER, A., *Theory of the location of industries*, Chicago, Chicago University Press, 1929.

Manuales o textos de carácter general publicados en la última década, que recogen lo esencial de la temática y de las aportaciones teóricas y metodológicas en geografía industrial, son los de:

DEZERT, B. y VERLAQUE, C., *L'espace industriel*, París, Masson, 1978.
HAMILTON, F. E. I. (ed.), *Spatial perspectives on industrial organization and decision-making*, Nueva York, John Wiley, 1974.
HAMILTON, F. E. I. y LINGE, G. J. R. (eds.), *Spatial analysis, industry and the industrial environment*, Nueva York, John Wiley, 1979-83, 3 vols.
MANZAGOL, C., *La logique de l'espace industriel*, París, P. U. F., 1980.
SMITH, D. M., *Industrial location. An economic geographical analysis*. 2ª ed. Nueva York, John Wiley, 1981.

Una preocupación más específica por los cambios recientes producidos en las relaciones industria-espacio, así como enfoques críticos sobre las teorías convencionales de localización industrial, pueden encontrarse en:

GACHELIN, C., *La localisation des industries*, París, P. U. F., 1977.
MASSEY, D., *Spatial divisions of labour. Social structures and geography of production*, Londres, MacMillan, 1984.
MASSEY, D. y MEEGAN, R., *Politics and method. Contrasting studies in industrial geography*, Londres, Methuen, 1985.
PACIONE, M. (ed.), *Progress in industrial geography*, Londres, Croom Helm, 1985.
WEVER, E. y VAN DER KNAAP, G. A. (eds.), *Technology and industrial change*, Beckenham, Croom Helm, 1986.

De carácter esencialmente práctico, orientados a exponer técnicas de análisis aplicadas al espacio industrial, son los libros de:

HUGGET, R. y MEYER, I., *Geography: theory in practice. Industry*, Londres, Harper and Row, 1981.
WILSON, T., *Industrial location. Concepts and techniques*, Oxford, Basil Blackwell, 1981.

Dentro de la escasa bibliografía existente en castellano, interesan especialmente por su vinculación con la temática aquí planteada:

CASTELLS, M., *Sociología del espacio industrial*, Madrid, Ayuso, 1975.
ESTALL, R. C. y BUCHANAN, R. O., *Actividad industrial y geografía económica*, Barcelona, Labor, 1970.
FRUTOS, L. M., *La era industrial*, Madrid, Cincel, 1983.
HAMILTON, F. E. I., «Modelos de localización industrial», en R. Chorley y P. Hagget (eds.), *La geografía y los modelos socioeconómicos*, Madrid, Instituto de Estudios de Administración Local, 1971, págs. 295-384.
MANERO, F., «La actividad industrial», en V. Bielza (eds.), *Geografía general*, vol. II, Madrid, Taurus, 1984, págs. 197-258.
RODRÍGUEZ, A., *El suelo como factor de localización industrial*, Madrid, Ceotma, 1980.

Bibliografía general

ABLER, R.; ADAMS, J., y GOULD, p., *Spatial organization: the geographer's view of the world,* Londres, Prentice-Hall, 1971.

ACKERMAN, E., «Las fronteras de la investigación geográfica», *Geo-Crítica, 3* (1976).

AGLIETTA, M., *Crisis y regulación del capitalismo,* Madrid, Siglo XXI, 1979.

AGNEW, J. A.; MERCER, J., y SHOPER, D. E. (eds.), *City in cultural context,* Londres, Allen and Unwin, 1984.

AMIN, S. (ed.), *Moderns migrations in Western Africa,* Londres, Oxford University Press, 1974.

— *La acumulación a escala mundial. Crítica de la teoría del subdesarrollo,* Buenos Aires, Siglo XXI, 1974.

ANDREIEV, A., *La construcción de viviendas,* Moscú, Novosti, 1981.

APPLEYARD, D., «City designers and the pluralistic city», en L. Rodwin (ed.), *Urban growth and regional development,* M. I. T. Press, págs. 422-452.

— «Styles and methods of structuring a city», *Enviromment Behaviour, 2* (1970), págs. 100-117.

ARANGO, J., «La teoría de la transición geográfica y la experiencia histórica», *Revista Española de Investigaciones Sociológicas, 10* (1980), págs. 169-198.

ARRIAGA, E., y DAVIS, K., «The pattern of mortality change in Latin America», *Demography, 6* (1969), págs. 223-242.

ARRIGHI, G., «La crisis en relación con la fuerza estructural de la clase obrera», en *La izquierda ante la crisis económica,* Madrid, Ed. Pablo Iglesias, 1980, págs. 18-27.

ARROYO, F., *Subdesarrollo y Tercer Mundo,* Madrid, Cincel, 1984.

AUROSSEAU, «The distribution of Population: A constructive problem», *Geographical Review, 11* (1921), págs. 560-569.

BAILLY, A., *La perception de l'espace urbain,* París, Centre de Recherche d'Urbanisme. (Versión en castellano por el I.E.A.L., Madrid.)

BAILLY, A. S., «L'industrie aux Etats-Unis: évolution et tendences recentes», *L'information géographique, 48* (1984), págs. 2-8.

BAILLY, A., y BEGUIN, H., *Introduction à la geeographie humaine,* París, Masson, 1982.

BAILLY, A. S., y otros, *Les concepts de la géographie humaine,* París, Masson, 1984.

BAIROCH, P., *El tercer mundo en la encrucijada,* Madrid, Alianza, 1973.

— *Revolución industrial y subdesarrollo,* México, Siglo XXI, 1975.

BARAN, P., y SWEEZY, P. M.,*El capital monopolista,* México, Siglo XXI, 1968.

BARNEY, G. O., *et al., El mundo en el año 2000* (informe al presidente Carter), Madrid, Tecnos, 1981.
BASTIE, J., y DEZERT, B., *Léspace urbain,*París, Masson, 1980.
BATER, J. J., «The soviet city: continuity and changes in privilege and place», en I. A. Agnew, J. Mercer y Sopher, *The city in cultural context* (1984), págs. 135-161.
BAUER, G., y ROUX, J. M., *La rururbanisation ou la Ville Eparpillée,* París, Seuil, 1976.
BAYLISS-SMITH, T. P., *The ecology of agricultural systems,* Cambridge University Press, 1982.
BEAUJEU-GARNIER, J., y CHABOT, G., *Traité de géographie urbaine,* A. Colin, París, 1963. (Versión castellana en ed. Vicens Vives, Barcelona.)
BEAUJEU-GARNIER, J., *Geodemografía,* Barcelona, Labor, 1972.
BEAVON, K. S. O., *Central Place Theory. A Reinterpretation,* Londres, Longman, 1977. (Versión castellana en Oikos-Tau.)
BECKER, G., «An economic analysis of fertility», *National bureau of economics research demographic and economic change in developed countries,* Princeton University Press, 1960.
BELL, D., «The measurement of knowledge and technology», en B. Sheldon y W. E. Moore (eds.), *Indicators of Social Change,* The Russell Sage Foundation, 1968.
BELL, C., y NEWBY, H., *Community Studies,* Londres, Allen and Unwin, 1971.
BERG, L. VAN, *et al., A study of growth and declline,* European Coordination Centre for Research and Documentation in Social Sciences, 1982.
BERNABÉ, J., «Tendencias recientes en la población mundial: ¿Uno o varios tipos de transición demográfica?», *Estudios Geográficos, 178-179* (1985), págs. 83-101.
BERNABÉ, J. M., y otros, *Industrialización difusa en la provincia de Alicante,* Alicante, Universidad de Alicante, 1985.
BERRY, B. J. L., «Approaches to regional analysis: A synthesis», *Annales of the Association of American Geographers, 54* (1964), págs. 2-11.
— *The geography of markets centers and retail distribution,* Englewood Cliffs, 1967. (Versión castellana en Vicens Vives, Barcelona.)
— *Consecuencias humanas de la urbanización,* Madrid, Pirámide, 1975.
BERRY, B. J. L.; CONKLING, E., y RAY, M., *The geography of economic systems,* Nueva York, Prentice-Hall, Englewood Cliffs, 1976.
BERRY, W. E., *The unsettling of America: culture and agriculture,* Nueva York, Sierra Club Books, 1977.
BERTRAND, M. J., *Pratique de la ville,* París, Masson, 1978.
BEST, R., *Land use and living space.* Londres, Methuen, 1981.
BIELZA DE ORY, V. (ed.), *Geografía general,* vol. II, Madrid, Taurus, 1984.
BLAIKIE, P. M., *Family planning in India: Difussion and policy,* Londres, Arnold, 1975.
BLANCHARD, R., *Grenoble, étude de géographie urbaine,* París, A. Colin, 1912.
BLIJ, H. J. DE, *Human geography. Culture, society and space.* Nueva York, John Wiley, 1977.
BLOWERS, A., «The neighbourhood: exploration of a concept», en *The city as a social system,* Londres, Open University, Unit. 7, 1980.
BLUNDEN, J., «Innovation and farmer decision making», en *Agriculture,* 1972.
— «Rural land use», en *Spatial analysis,* Open University, 1977, págs 5-55.
BOAL, F. W., «Etnic residential segregation», en D. Herbert y R. Johnston (eds.), *Social areas in cities,* vol. I, Londres, Wiley, 1976.
BOGUE, D., «Internal migration», *The study of population: An inventory and ppraisal.* University of Chicago Press, 1959, págs. 486-509.
BONNAMOUR, J., *Structures agraires,* París, C. D. U., 1970.
— *Géographie rurale. Méthodes et perspectives,* París, Masson, 1973.
BORJA, J., «Notas sobre las transformaciones territoriales e institucionales en Europa», en A. A. W., *Metróplis, territorio y crisis,* Madrid, 1985, Revista *Alfoz,* págs. 95-136.

BORNER, S., y otros, «The changing international division of labour and the internationalization of swiss industry», *Simposium on regional development process/polices and the changing I. D. L.*, Viena, UNIDO, 1984.
BOSQUE MAUREL, J., «Geografía, historia y geografía histórica», *Estudios Geográficos*, 172-173 (1983), págs. 317-338.
BOSQUE MAUREL, J., y otros, *«Geografía política, geopolítica y geografía militar en España (1940-1983)», III Coloquio Ibérico de Geografía. Actas, ponencias y comunicaciones*, Barcelona, Asociación de Geógrafos Españoles, 1984.
BOSQUE SENDRA, J., «Modelos y teorías matemáticas en geografía de la población», *Estudios Geográficos, 178-179* (1985), págs. 103-122.
BOUDEVILLE, F., *Les espaces économiques*, París, 1981.
BOULDING, K. E., «The image», *Annales Arbor*, Chicago, Michigan Univ. Press, 1956.
BOURGEOIS-PICHAT, J., «Social and biological determinants of human fertility in nonindustrial societies», *Proceedings of the American philosophical society, 111* (1967), págs. 160-163.
BRIGGS, R., «Urban cognitive distance», en R. Downs y D. Stea (eds.), *Image and environment*, Aldnie, Chicago, 1973, págs. 361-388.
BROWN, L. A., y MOORE, E. G., *«The intra-urban migration process: a perspective», Geografiska annales, 52 B*, 1970, págs. 1-13.
BRYANT, C. R., y RUSSWURM, L. H. MCLELLAN, *The city's countryside. Land and its management in the rural urban fringe*, Londres, Longman, 1982.
BULL, CH.; DANIEL, P., y HOPKINSON, M., *The geography of rural resources*, Edimburgo, Oliver and Noyd, 1984.
BUNGE, W., *Theoretical geography*, Lund, Lund Studies in Geography, 1 (1966).
— «Detroit humanly viewed: The american urban present», en R. Abler *et al.*, *Human geography in a shrinking world*, Duxbury Press, North Scituate, Mass., 1975.
BURNETT, K. P., «The dimensions of alternatives in spatial choice processes», *Geographical Analysis, 5*, 1973, pags. 181-204.
BUSTEED, M. A., *Geography and voting behaviour*, Londres, Oxford Univ. Press, 1975.
BUTTIMER, A., «Social space in an interdisciplinary perspective». *Geographical Review, 58*, 1969, págs. 417-426.
— *Values in geography*, Commission on College of the Association of American Geographers. Resource Paper 24, 1974.
— «Grasping the dynamism of lifeworld», *Annals of the Association of American Geographers*, vol. 66 (1976), págs. 277-292.
— *Sociedad y medio en la tradición geográfica francesa*, Barcelona, Oikos-Tau, 1980.
CAPEL, H., «El modelo de la base económica urbana», *Revista de Geografía. Universidad de Barcelona III*, 1969, págs. 5-40.
— *Estudios sobre el sistema urbano*, Barcelona, Publicaciones de la Universidad, 1974.
— *Filosofía y ciencia en la geografía contemporánea*, Barcelona, Barcanova, 1981.
— *Geografía humana y ciencias sociales. Una perspectiva histórica*, Barcelona, Montesinos, 1987.
CAPEL, H., y URTEAGA, L., *Las nuevas geografías*, Barcelona, Salvat, 1982.
CARLSSON, G., «The decline of fertility: innovation or adjustment process», *Population Studies, 20* (1966), págs. 149-179.
CARRERA, M. C., y MÉNDEZ, R., «Crisis económica y reorganización del espacio industrial», *Anales de Geografía Univ. Complutense, 6* (1986).
CARTER, H., *The study of urban geography*, Londres, Arnold, 1981. (Versión castellana en I. E. A. L., Madrid.)
CASAS TORRES, J. M., *Iniciación a la geografía local*, Zaragoza, C.S.I.C., 1953.
— *Población, desarrollo y calidad de vida*, Madrid, Rialp, 1982.
CASETTI, E., y KING L., «Testing for the spatial spread of demographic change in modern Europe», *Ann. of Regional Science, 9* (1975), págs. 8-13.

CASTELLS, M., *Sociología del espacio industrial,* Madrid, Ayuso, 1975.
— *La cuestión urbana,* Madrid, Ed. Siglo XXI, 1977.
— *City, class and power,* Londres, Macmillan, 1978.
— *Ciudad y crisis económica,* Segunda sesión, Madrid, Ayuntamiento de Madrid, 1982.
— «Reestructuración económica, revolución tecnológica y nueva organización territorial en Estados Unidos», *Alfoz* (1984), págs. 87-95.
CASTELLS, M., y otros, *El desafío tecnológico. España y las nuevas tecnologías,* Madrid, Alianza, 1986.
CELADA, F.; LÓPEZ, F., y PARRA, T., *Efectos espaciales de los procesos de reorganización del sistema productivo en Madrid,* Madrid, Comunidad Autónoma, 1985.
CLARK, D., *Urban geography,* Londres, Croom Helm, 1982.
CLARK, G., y BALLARD, K., «The demand and supply of labour and interstate relative wages: an empirical analysis», *Economic Geography, 56,* 4 (1980), págs. 95-112.
CLARKE, J., *Population geography,* Oxford, Pergamon Press, 1965.
— «Geografía, demografía y población», *Estudios geográficos,* 178-179 (1985), págs. 7-20.
CLAVAL, P., Principes de géographie sociale, París, Ed. M. Th. Génin, Librairies Techniques, 1973.
— *Evolución de la geografía humana,* Barcelona, Oikos-Tau, 1974.
— *Geografía económica,* BBarcelona, Oikos-Tau, 1980.
— *La logique des villes. Essai d'urbanologie,* París, Litec, 1981.
— *Géographie humaine et économique contemporaine,* París, P. U. F., 1984. (Versión castellana en Akal, Madrid, 1987.)
— «Quelques orientations actuelles de la reflexion épistemologique», en *Géographie: sistémes, structures et métaphores, "Homenaje a Manuel de Terán",* Madrid, 1985, págs. 173-197.
CLIFF, A. D., «Quantitative methodes: spatial diffusion», *Progress in human geography, 3* (1979), pgs. 143-152.
CLOKE, P. J., «An index of rurality for England and Wales», *Regional Studies,* vol. II (1977), págs. 31-46.
CLOKE, P. J., y PARK, CH. C., *Rural ressource management,* Londres, Croom Helm, 1985.
CLOUT, H. D., *Rural geography: An introductory survey,* Londres, Pergamon, 1972. (Versión en castellano en Ed. Oíkos-Tau.)
COHEN, Y. S., «Diffusion of an innovation in a urban system: the spread of planed regional shopping centers in the United States 1949-1968», *Research Paper, 40,* Univ. of Chicago, Dpt. of Geography, 1972.
COALE, A., «The demographic transition», *Proceedings of the International Population Conference,* Lieja, vol. I (1973), págs. 53-72.
COLE, J., *Una introducción al estudio de métodos cuantitativos aplicables en geografía,* UNAM, Instituto de Geografía, México, 1975.
— *The development gap,* Londres, John Wiley, 1981.
COLLECTIF FRANCAIS DE GÉOGRAPIE SOCIALE ET URBAINE, *De la géographie urbaine à la géographie sociale. Sens et non-sens de l'espace,* París, 1984.
CONZEN, M. R. G., «Alnwick: A study in town plan analysis», *Transactions Institute of British Geographers, 27* (1960).
CONZEN, M. P., «Analytical approaches to the urban landscape», en Butzner, K. W., ed. (1978), *Dimensions in human geography: essays on some familiar and neglected themes,* University of Chicago. Department of Geography. Research Paper No. 168, 1978, págs. 128-165.
COOMBES, M. G., *et al.,* «Faily urban systems in Britain: from theory to practice», *Environment and Planning, A 11* (1979), págs. 565-574.
— *Funcional regions for the 1981 census of Britain: A user's guide to the CURDS*

definitions of functional regions for the 1981 census of Britain, Centre of Urban and Regional Development Studies, Newcastle University. Discussion Paper, 30 (1980).

COX, K. R., «The voting in a spatial context, *Progress in Geography, I,* Londres, E. Arnold, 1969, págs. 81-117.

— *Man, location and behaviour. An introduction to human geography,* Nueva York, John Wiley, 1972.

CHABOT, G., *Les villes,* París, A Colin, 1948.

CHALINE, C., *La dinámica urbana,* Madrid, Estudios de Administración Local, 1981.

CHAPMAN, K., *People, pattern and process,* Londres, Arnold, 1979.

CHAPUIS, R., «Le système socio-spatial», en *De la géographie urbaine à la géographie sociale. Sens et non-sens de l'space,* París, 1984, págs. 43-55.

CHARDONNET, J., *Géographie industrielle,* París, Sirey, 2 vols., 1962-1965.

CHINITZ, B., y VERNON, R., «Changing forces in industrial location», *Harvard Business Review, 38,* 1, págs. 126-136.

CHISHOLM, M., *Rural settlement and land use,* Londres, Methuen, 1962.

— *Geografía y economía,* Barcelona, Oíkos-Tau, 1969.

CHOAY, F., *L'Urbanisme. Utopies et realités,* París, Seuil, 1965. (Versión en castellano Ed. Lumen.)

DAGRADI, P., *Introduzione alla geografia humana,* Bolonia, Patron, 1982.

DANIELS, P. W., «Service industries: some new directions», en M. Pacione, ed., *Progres in industrial geography,* Londres, Croom Helm, 1985, págs. 111-141.

DAUPHINE, P., *Espace, région et système,* París, Economica, 1979.

DAVIS, K., *World urbanization 1950-1970,* 2 vols., Berkeley, University of California, 1972.

DAVIES, W. K. D., *Factorial ecology,* Londres, Gower, 1984.

DEMENY, P., «Early fertility decline in Austria-Hungary: A lesson in demographic transition », *Daedalus* (1968), págs. 518-519.

DEMKO, G. J., y CASETTI,E., «A diffusion model for selected demographic variables: an application to soviet data», *Ann. Ass. Am. Geog., 60* (1970), págs. 533-539.

DERRUAU, M., *Tratado de geografía humana,* Barcelona, Vicens Vives, 1981.

DEZERT, B., y VERLAQUE, C., *L'espace industriel,* París, Masson, 1978.

DÍAZ ÁLVAREZ, J. R., *Geografía y agricultura,* Madrid, Cincel, 1982.

DICKEN, P., *Global shift. Industrial change in a turbulent world,* Londres, Harper & Row, 1986.

DICKENSON, J. P., y otros, *Geografía del Tercer Mundo,* Barcelona, Omega, 1985.

DICKINSON, R., *City, region and regionalism,* London, Routledge and Kegan, 1947. (Hay traducción castellana en Omega, Barcelona.)

DINIZ, J. A., *Geografía da agricultura,* Sao Paulo, Difel, 1984.

DOCKES, P.; ROSIER, B., y otros, *Rupturas de un sistema económico,* Madrid, Blume, 1981.

DOLLFUS, O., *El espacio geográfico,* Barcelona, Oíkos-Tau, 1976.

DOWNS, R. M., «Geographic space perception: Past approaches and future prospects», en C. Board, R. J. Chorley, P. Haggett y D. R. Stoddart (eds.), *Progress in Geography,* vol. 2 (1970), págs. 65-108.

DOWNS, R., y STEA, D., *Maps in minds,* Nueva York, Harper & Row, 1977.

DUNCAN, O., «Human ecology and population studies», *The study of population: An inventory and appraisal,* University of Chicago Press, 1959, págs. 678-716.

DUNCAN, T. L. C., *Measuring housing quality,* Birmingham, Occasional Paper Nov. 20. Centre for Urban and Regional Studies University of Birmingham, 1971.

EASTERLIN, R. A., *Population labour force and long swings in economic growth: the american experience,* Nueva York, National Bureau of Economic Research, 1968.

— «The economics and sociology of fertility: a sinthesis», *Historical studies of changing fertility,* Princeton, New Jersey, 1978, págs. 57-133.
EBERSTADT, N., *Fertility decline in the less developed countries,* Nueva York, Praeger, 1981.
ELIZAGA, J., «Internal migration: an overview»,*International Migration Review, 6* (1972), págs. 126-146.
ENYEDI, G., *Les problèmes de recherches de la géographie rurle,* U. G. I. Groupe de Travail pour la Planification et l'Aménagement Rural, Budapest, 1975.
ESTALL, R. C., y BUCHANAN, R. O., *Actividad industrial y geografía económica,* Barcelona, Labor, 1970.
ESTEBAN I NOGUERA, J., *Elementos de ordenación urbana,* Barcelona, Colegio Oficial de Arquitectos de Cataluña, 1984.
ESTÉBANEZ, J., «Jerarquía urbana en la provincia de Cuenca», en *Homenaje a José Manuel Casas Torres,* Zaragoza, 1977 (1972), págs. 101-121.
— *Cuenca. Estudio geográfico,* Instituto de Geografía Aplicada, C.S.I.C., Madrid, 1974.
— «Consideraciones sobre la geografía de la percepción», *Rev. Paralelo 37* (1979), págs. 5-22.
— «Problemas de interpretación y vloración de los mapas mentales», *Anales de Geografía de la Universidad Complutense, 1,* 1981, págs. 15-39.
— «El proceso de urbanización del medio rural madrileño», en *Estudios de Geografía Homenaje a Alfredo Floristán,* Institución Príncipe de Viana, Diputación Foral de Navarra, 1981, págs. 151-168.
— *Tendencias y problemática actual de la geografía,* Madrid, Cincel, 1982.
— «A new framework for the study of urban spread: A case study of Madrid», en *International Meeting on Rural Development,* Lieja, 1983, págs. 225-252.
— «Los sistemas urbanos», en V. Bielza (ed.), *Geografía General,* 1984, págs. 259-320.
— «Sentidos del lugar», ponencia en *Humanismo y Geografía,* Madrid, 1985 (inédita).
— «Tendencias en geografía rural», en A. García Ballesteros, *Teoría y práctica de la geografía,* Madrid, Alhambra-Universidad, 1986, págs. 225-258.
ESTEBANEZ, J. y BRADSHAW, R., *Técnicas de cuantificación en geografía,* Madrid, Tébar, 1979.
EVERSON, J. A., y FITZGERALD, B. P., *Inside the city,* Londres, Longman, 1972.
EYLES, J., *Senses of place,* Silver brook. Press, Warrington, 1985.
FALQUE,M., «Vers une nouvelle fonction de l'agriculture périurbaine», *Études Rurales, 49* (1973), págs. 69-95.
F.A.O., *Agricultura: horizonte 2000,* Roma, 1981.
— *El estado mundial de la agricultura y la alimentación. 1981,* Roma, 1982.
FAUCHER, D., *Geografía agraria. Tipos de cultivo,* Barcelona, Omega, 1953.
— *La vie rurale vue par un géographe,* Toulouse, Institut de Géographie, 1962.
FERRER, M., *La industria de la España cantábrica,* Bilbao, Moretón, 1968.
FERRER, M.; NAVARRO, A. M., y ENTREMONT, A., *Las políticas demográficas,* Pamplona, E.U.N.S.A., 1975.
FERRER, M., y PRECEDO, A., «El sistema de localización urbano e industrial», en *La España de las Autonomías,* Madrid, Espasa-Calpe, vol. I, 1981.
— «The national settlement system in Spain», *Acta Geographica Lovaniensia, 22* (1982), págs. 1-100.
FIELDING, G. J., *Geography as social science,* Nueva York, Harper & Row, 1974.
FOGGIN, P., y BISSONNETTE, F., «La structure d'âge an Saguenay-Lac St. Jean», *Rev. Geog. Montreal, 30* (3) (1976), págs. 253-261.
FOUND, W. C., *A theoretical approach to rural land-use patterns,* Londres, Arnold, 1971.
FRANCESCATO, D., y MEBANE, W., «How the citizens view two great cities: Milan and Rome», en R. Downs y D. Stea (eds.), *Image and Enviroment,* Aldine, Chicago, 1973, págs. 131-147.

FRANK, A. G., *El desarrollo del subdesarrollo,* Madrid, Zero ZYX, 1974.
— *La crisis mundial,* Barcelona, Bruguera, 1979.
— «La crisis del sistema mundial», *Zona Abierta, 24* (1980), págs. 127-139.
FREEDMAN, R., «The sociology of human fertility: an annotated bibliography», *A Population Council Book,* Nueva York, Irringtou, 1975.
FREMONT, A., «Esquisse pour une problématique de la geographie sociales», en *De la géographie urbaine à la géographie sociale. Sens et non-sens de l'espace,* París, 1984, págs. 37-41.
FREMONT, A., CHEVALIER, J., HERIN, R., y RENARD, J., *Géographie sociales,* París, Masson, 1984.
FRIEDMAN, J., y MILLER, J., «The urban field», *Journal of American Institute of Planners, 31* (1965), págs. 312-319.
FRIEDMANN, J., y WEAVER, C., *Territorio y función. La evolución de la planificación regional,* Madrid, Instituto de Estudios de Administración Local, 1981.
FROBEL, F.; HEINRICHS, H., y KREYE, O., *La nueva división internacional del trabajo,* Madrid, Siglo XXI, 1980.
FRUTOS, L. M., *La era industrial,* Madrid, Cincel, 1983.
FUENTES, E., «La crisis económica», en *Enciclopedia práctica de economía, 1,* Barcelona, Orbis, 1983.
FULLER, G. A., «Population geograpgy and family planning», *Geography and population,* Oxford, Pergamon Press, 1984, págs. 103-109.
FURTADO, C., *El desarrollo económico: un mito,* México, F.C.E., 1975.
GABOR, D., y COLOMBO, V., *Sortir de l'ere du gaspillage,* París, Dunod, 1976.
GACHELIN, C., *La localisation des industries,* París, P. U. F., 1977.
GALBRAITH, John K., *El nuevo estado industrial,* Barcelona, Ariel, 1967.
GANS, H., «Urbanism and suburbanism as ways of life», en A. M. Rose (ed.), *Human behaviour ans social process,* Londres, Routledge, 1952.
GARCÍA BALLESTEROS, A. (coord.), *Teoría y práctica de la geografía,* Madrid, Alhambra, 1986.
— *Crecimiento y problemas de la población mundial,* Barcelona, Salvat, 1982.
GARCÍA CRESPO, M., «Las regiones industrializadas en declive», *VII Reunión de Estudios Regionales,* Bilbao, Asoc. Ciencia Regional País Vasco, 1982.
GARCÍA RAMÓN, M. D., *Geografía radical anglosajona,* Bellaterra, Univ. Autónoma Barcelona, 1978.
— *Métodos y conceptos en geografía rural,* Barcelona, Oíkos-Tau, 1981.
— *Teoría y método en la geografía humana anglosajona,* Barcelona, Ariel, 1985.
GASSON, R. M., «Goals and values of farmers», *Journal of Agricultural Economics, 24,* (1973), págs. 521-542.
GEORGE, P., «Géographie de la population et démographie», *Population, 2* (1950).
— *Introduction à l'étude géographique de la population du monde,* París, P.U.F., 1951.
— *La Campagne. Le fait·rural à travers le monde,* París, P.U.F., 1956.
— *Précis de géographie rurale,* París, P.U.F. (Versión castellana en Ed. Ariel, 1964.)
— *Géographie industrielle du monde,* París, P.U.F., 1968.
— *Populations actives, introduction à une géographie du travail,* París, P.U.F., 1978.
— *Geografía de las desigualdades,* Barcelona, Oíkos-Tau, 1983.
GIL, A., *De la agricultura tradicional a la tecnológica,* Madrid, Cincel, 1982.
GILBANK, *Introduction à la géographie générale de l'agriculture,* París, Masson, 1974.
GILG, A. W., *An introduction to rural geography,* Londres, Arnold, 1974.
GIRAUD, P. N., *Geopolitique des ressources minieres,* París, Ed. Económica, 1983.
GOBER-MEYERS, P., «Interstate migration and economic growth: a simultaneous equa tions approach», *Environment and Planning, A. 10 (1978), págs. 1241-1252.*
GOLD, J. R., An introduction to behavioral geography, Oxford Univ. Press, 1980.
GOLDZAMT, E., *El urbanismo en la Europa socialista,* Barcelona, G. Gili, 1980.

GOLLEDGE, R. G., «Conceptualizing the market decision process», *Journal of Regional Science, 7* (1967), págs. 239-258.
GOLLEDGE, R. G., y ZANNARAS, G., «Cognitive approaches to the analysis of human spatial behavior», en W. H. Ittelson (ed.), *Enviromental Cognition,* Nueva York, Seminar Press, 1973, págs. 59-94.
GOLLEDGE, R. G., y STIMSON, R. J., *Analytical behavioural geography,* Londres, Croom Helm, 1987.
GÓMEZ MENDOZA, J.; MUÑOZ, J., y ORTEGA, N., *El pensamiento geográfico,* Madrid, Alianza, 1982.
GÓMEZ OREA, D., *El espacio rural en la ordenación del territorio,* Madrid, Instituto de Estudios Agrarios, Pesqueros y Alimentarios, 1981.
GONZÁLEZ, N., «The neoteric society», *Comparative Studies in Society and History, 12,* 1970 (1972).
GONZÁLEZ MUÑOZ, C., *Composición de la población mundial,* Madrid, Cincel, 1982.
GOODEY, B., *Perception of environment,* Occasional Paper, núm. 17, University of Birmingham.
GOTTMANN, J., *Megalopolis. The urbanized northeastern seaboard of the United States,* Nueva York, The Twenty Century Fund, 1961.
GOULD, P. R., «Man against his environment: A game theoretic framework», *Annals of the Association of American Geographers, 53* (1963), págs. 291-297.
— *On mental maps,* Michigan Inter-University Community of Mathematical Geographers. Discussion Paper, núm. 9, Ann. Arbor, 1966.
GOVE, W., «Sex, marital status, and mortality», *American Journal of Sociology, 79* (1) (1973), págs. 45-47.
GRAVIER, J. F., *París et le désert français en 1972,* París, Flammarion, 1972.
GREGORY, D., y URRI, J. (eds.), *Social relations and spatial structures,* Londres, Mac Millan Press, 1985.
GRIGG, D., «Ravenstein on the laws of migration», *Journal of historical geography, 3* (1977), págs. 41-54.
GRIGG, D. B., *The dynamics of agricultural change,* Londres, Hutchinson, 1982.
— *Agricultural systems of the world: An evolutionary approach,* Cambridge University Press, 1974.
GUICHONNET,P., y RAFFESTIN, C., *Géographie des frontières,* parís, P.U.F., 1974.
GUTIÉRREZ GUITIAN, M. y R., *La imagen de la ciudad deseada,* Madrid, Universidad Politécnica de Madrid, 1985.
HAGERSTRAND, T., «The propagation of innovation waves», *Lund Studies in Geography,* Series B, 4 (1952).
HAGERSTRAND, T., «Migration and area», *Migration in Sweden,* Lund. Gleer up, 1957, págs. 27-158.
— *Innovation diffusion as spatial process,* The University of Chicago Press, 1967.
— «What about people in regional science?», *Papers of the Regional Science Association, 24* (1970), págs. 7-21.
HAGGETT, P., *Geography a modern synthesis,* Nueva York, Harper & Row, 1975.
— *Análisis locacional en la geografía humana,* Barcelona, G. Gili, 1976.
HAGGETT, P.; CLIFF, A. D., y FREY, A., *Locational analysis in Human geography,* Londres, Arnold, 1977.
HAJNAL, J., «European marriage patterns in perspective», *Population in History,* Londres, Arnold, 1965, págs. 101-143.
HALL, P., *The World Cities,* Londres, World University Press, 1966. (Versión castellana en Ed. Guadarrama.)
— «The urban culture and the suburban culture: A new *look* at an old paper», en J. A. Agnew, J. Mercer y D. E. Sopher, *The city in cultural context* (1984), págs. 120-133.

HALL, P., y MARKUSEN, A. (eds.), *Silicon landscapes*, Boston, Allen & Unwin, 1985.
HAMILTON, F. E. I., «Modelos de localización industrial», en P. Haggett (eds.), *La geografía y los modelos socioeconomicos,* Madrid, I.E.A.L., 1971, págs. 295-384.
— (ed.), *Spatial perspectives on industrial organization and decision-making,* Nueva York, John Wiley, 1974.
— «Las tendencias de localización industrial y la optimación de los sistemas territoriales metropolitanos», *Estudios Territoriales, 17* (1985), págs. 41-67.
HAMILTON, F. E. I., y LINGE, G. J. R. (eds.), *Spatial analysis, industry and industrial environment. Vol. I: Industrial systems,* Nueva York, John Wiley, 1979.
HARRIS, CH., D., «A functional classification of the cities in the United States», *Geographical Review, 33* (1943), págs. 86-99.
HARRIS, C. D., «The market as a factor in the localisation of industry in the U.S.», *Annals of the Association of American Geographers,* vol. 44 (1954), págs. 315-348.
HARTSHORN, T. A., *Interpreting the city. An urban geography,* Nueva York, Wiley, 1980.
HARTSHORNE, R., *The nature of geography,* Lancaster, Association of American Geographers, 1939.
HARVEY, D., «Theoretical concepts and analysis of agricultural land use patterns in Geography», *Annals of Association of American Geographers, 36* (1966), págs. 362-374.
— «Social processes, spatial form and the redistribution of real income in a urban system», en M. Chisholm y otros eds., *Regional forecasting,* Londres, Butterwork, 1971, págs. 270-300.
— *Social justice and the city,* Londres, Arnold, 1973. (Versión castellana en Siglo XXI, Madrid.)
— *The urbanization of capital,* Oxford, Basil Blackwell, 1985.
— *The limits of capital,* Oxford, Basil Blackwell, 1982.
— *Teorías, leyes y modelos en geografía,* Madrid, Alianza, 1983.
HAUSER, PH., *Madrid bajo el punto de vista médico-social,* Madrid, Sucesores de Rivadeneyra, 1902.
HAZEL, P. B. R., «Game theory-an extension of its application to farm planing under uncertainty», *Journal of Agricultural Economics, 21* (1970), págs 239-252.
HENRY, L., y FLEURY, M., *Des registres paroissiaux à l'histoire de la population. Manuel de dépouillement et d'exploitation de l'état civil ancien* (1956), París.
— *Nouveau manuel de dépouillement et d'exploitation de l'état civil ancien,* París, I.N.E.D., 1965.
HERBERT, D., *Urban geography. A social perspective,* Londres, David & Charles, 1977.
HERRERO, R.; BOSQUE, J., y CEBRIÁN, J. A., «Nuevas tendencias en la investigación geográfica: el sistema de información del I.G.N. (S.I.G.N.A.)», *Estudios Geográficos,* 161 (1980), págs. 447-465.
HESSELGREN, S., *El hombre y su percepción del ambiente urbano,* México, Limusa, 1980.
HEYER, J., «An Analysis of peasant farm production under conditions of uncertainty», *Journal of Agricultural Economics, 23* (1972), págs. 135-145.
HIRSCHMAN, A. O., *The strategy of economic development,* New Haven, Yale University Press, 1958.
HOOVER, E. M., *La localisation des activités économiques,* París, Ed. Ouvrieres, 1948.
HUDSON, F. S., *A geography of settlements,* Londres, Macdonald and Evans, 1970.
HUGGET, R., y MEYER, I., *Geography: theory in practice. Industry,* Londres, Harper & Row, 1981.
HYMER, S., *La compañía multinacional,* Madrid, Blume, 1982.
ILBERY, B. W., «Point score analysis: a methodological framework for analysing the decision-making process in agriculture», *Tijdscrift-voor Economisch en Sociale Geografie, 68 (1977), págs. 66-71.*

— *«Goals and values of hop farmers», Transtions of the Institute of British Geographers, 8* (1983), págs. 329-341.
— *Agricultural geography. A social and economic analysis,* Oxford, University Press, 1985.
ILBERY, B. W., y HORNBY, R., «Repertory grids and agricultural decision making: a Mid-Wardwischshir case study», *Geografiska Annaler, 65 b* (1983), págs. 77-84.
INDOVINA, F., «Teoria e politica della localizzazione industriale», *Archivio di Studi Urbani e Regionali,* Instituto Urbanismo de Venecia, núm. 1 (1972).
ISARD, W., *Location and space economy,* Nueva York, John Wiley, 1956.
— *Métodos de análisis regional,* Barcelona, Ariel, 1971.
ISNARD, H., *L'espace géographique,* París, P.V.F., 1978.
JAMES, P. E., *All possible worlds: A history of geographical ideas,* Indianápolis, The Odyssey Press, 1972.
JAMES, E. (ed.), *American geography. Inventory and prospect,* Association of American Geographers, 1954.
JANELLE, D. G., «Spatial reorganization. A model concept», *Annals of the Association of American Geographers,* vol. 59 (1969), págs. 348-364.
JIMÉNEZ BLANCO, B., *Estudio de la diferenciación residencial en la ciudad de Madrid* (1986). (Memoria de Doctorado. Universidad Complutense, inédita.)
JOHANSEN, H. E., *«Diffusion of strip cropping in southwestern Wisconsin», Annals of Association of American Geographers, 61* (1971), págs. 671-683.
JOHNSTON, R. J., *Geography and geographers. Anglo-american human geography since 1945,* Londres, E. Arnold, 1979.
— *Geography and the state. An essay in political geography,* Londres, Mac Millan Press, 1982.
— *Philosophy in human geography: an introduction to contemporary approaches,* Londres, Arnold, 1983.
— *City and society. An outline for urban geography,* Londres, Hutchinson, 1984.
— «La economía política marxista, el Estado y la geografía política», en A. García Ballesteros (coord.), *Geografía y Marxismo,* Madrid, Ed. Universidad Complutense, 1986, págs. 279-296.
JOHNSTON, R. J., y CLAVAL, P. (eds.), *La geografía actual. Geógrafos y tendencias,* Barcelona, Ariel, 1986.
JONES, H., *A population geography,* Londres, Harper, 1981.
JONES, C. F., y DARKENWALD, G. G., *Geografía económica,* México, F.C.E., 1944.
JONES, M. V., y FLAX, M. J., *The quality of life in Washington, D.C.,* Washington, The Urban Institute, 1970.
JORDAN, T. G., y ROWNTREE, *The human mosaic. A thematic introduction to cultural geography,* Nueva York, Harper & Row, 1982.
JUNG, J., *La ordenación del espacio rural,* Madrid, I.E.A.L., 1972.
KANSKY, K. J., *Structure of transportation networks: relationships between network geometry and regional characteristics,* Chicago, Univ. of Chicago, Dept. of Geography, Research Paper núm. 84, 1963.
KEEBLE, D. E., *Industrial location and planning in the United Kingdom,* Londres, Methuen, 1986.
KEMP, T., *La revolución industrial en la Europa del siglo XIX,* Barcelona, Fontanella, 1979.
KINGSLEY, D., y BLAKE, J., «Social structure and fertility: an analytic framework», *Economic Development and cultural change, 4* (3)(1956), págs. 211-235.
KIRK, W., «Problems of geography», *Journal of Geographical Association, 221,* vol. XLVIII (1963), págs. 364-366.
KIRK, D., «A new demographic transition?», *Rapid Population Growth,* Baltimore, John Hopkins, 1971, págs. 123-147.

KITAGAWA, E., y HAUSER, P., *Differential mortality in the United States: a study in socioeconomic epidemiology,* Cambridge, Harvard University Press, 1973.
KLAGES, K. W., *Ecological crop geography,* Nueva York, 1942.
KLATZMANN, J., *Nourrir dix milliards d'hommes?,* París, P.U.F., 1983.
KNAPP, B., *Systematic geography,* Londres, Allen & Unwin, 1986.
KNODEL, J. E., «Family limitation and the fertility transition: evidence from age patterns of fertility in Europe and Asia», *Population Studies, 31* (1977), págs. 219-249.
KNOWLES, J. E., y WAREIG, J., *Economic and social geography,* Londres, Heinemann, 1976.
KNOX, P., *Urban social geography. An introduction,* Nueva York, Longman, 1982.
KOLODZIEJ, T., «La nouvelle division international du travail et le néocolonialisme», *Symposium on Regional Development processes policies and the changing international division of labour,* Viena, ONUDI, 1984.
KOSTROWICKI, J., *Geografia dell'agricoltura,* Milán, Franco Angeli, 1980.
KUHN, T., *La estructura de las revoluciones científicas,* México, Fondo de Cultura Económica, 1971.
LACOSTE, Y., *La geografía: un arma para la guerra,* Barcelona, Anagrama, 1977.
— *Geografía del subdesarrollo,* Barcelona, Ariel, 1978.
LADD, F. C., «Black youths view their environment: neighbourhood maps», *Environment Behaviour, 2* (1970), págs. 74-99.
LAUT, P., *Agricultural Geography,* 2 vols., Melbourne, Nelson and Sons, 1968.
LAVEDAN, P., *Géographie des villes,* París, Gallimard, 1936.
LEBEAU, R., *Les grands types de structures agraires dans le Monde, París, Masson, 1969.*
LE COZ, J., *Las reformas agrarias,* Barcelona, Ariel, 1976.
LEE, E., «A theory of migration», *Demography, 3* (1956), págs. 47-57.
LEE, T. R., «Urban neighbourhood as a sociospatial schema», *Human Relations, 21* (1968), págs. 241-268.
LEE, R., «De la re-distribución a la re-producción, el marxismo y la geografía del bienestar», en A. García Ballesteros (coord.), *Geografía y marxismo,* Madrid, Ed. Universidad Complutense, 1986, págs. 47-68.
LEFEBVRE, H., *El derecho a la ciudad,* Barcelona, Ed. Península, 1969.
— *La revolución urbana,* Madrid, Alianza Editorial, 1972.
— *El pensamiento marxista y la ciudad,* México, Ed. Extemporáneos, 1973.
— *La production de l'espace,* París, Anthropos, 1974.
LEIBENSTEIN, H., «The economic theory of fertility decline», *Quarterly Journal of Economics,* Journal of Economics, 89 (1965), págs. 1-31.
LEWIS, G. J., y MAUD, D. J., «The Urbanization of the countryside: a framework for analysis», *Geografiska Annaler* (1976), págs. 17-27.
LEWIS, G. J., *Rural communities,* Londres, David and Charles, 1979.
— *Five families (mexican case studies in the culture of poverty),* Nuev York, Basic Books Inc., 1959. (Versión en castellano por Ed. Fondo de Cultura Económica.)
— *Children of Sánchez,* Londres, Penguin Books, 1964.
LEY, D., *A social geography of the city,* Nueva York, Harper & Row, 1983.
LIPIETZ, A., *El capital y su espacio,* México, Siglo XXI, 1979.
— «De la nouvelle division du travail à la crise du fordisme péripherique», *Espaces et Societés, 44* (1984), págs. 51-78.
LONG, J. F., *Population. Desconcentration in the United States,* Washington, Oficina del Censo de los Estados Unidos, 1981.
LÓPEZ ONTIVEROS, A., «La actividad agraria», en V. Bielza (ed.), *Geografía General,* Madrid, Taurus, 1984, págs. 115-180.
LOW, A. R., «Decision-making under uncertainty: a linear programming model of peasant farmer behaviour», *Journal of Agricultural Economics, 25* (1974), págs. 311-321.

LOWENTHAL, D., «Geography, experience and imagination: toward a geographical epistemology», *Annals of the Association of American Geographers, 51* (1961), págs. 241-260.
LOYD, B., «Woman's place», *Man's places landscapes, 20* (1975), págs. 10-13.
LYNCH, K., *The image of the city,* M.I.T. Press, 1960. (Versión castellana en Ediciones Infinito, Buenos Aires.)
— *¿De qué tiempo es este lugar?,* Barcelona, Gustavo Gili.
— *A theory of good form,* M.I.T. Press, 1981. (Versión castellana en Ed. Gustavo Gili.)
LLOYD, P. E., y DICKEN, P., *Location in space. A theoretical approach to economic geography,* 3.ª ed., Nueva York, Harper & Row, 1979.
MABOGUNJE, A., «Systems approach to a theory of rural urban migration», *Geographical Analysis, 2* (1970), págs. 1-18.
MANERO, F. *Subdesarrollo y países subdesarrollados,* Barcelona, Salvat, 1983.
— «La actividad industrial», en V, Bielza de Ory (ed.), *Geografía general,* Madrid, Taurus, 1984, págs. 197-258.
— «Actividad industrial y medio ambiente», en A.A. V.V., *Geografía y medio ambiente,* Madrid, CEOTMA, 1984, págs. 255-307.
MANZAGOL, C., *Logique de l'espace industriel,* París, P.U.F., 1980.
MARCH, J. G., y SIMÓN, H. A., *Teoría de la organización,* Barcelona, Ariel, 1981.
MARRÓN, M. J., *La conducta innovadora del agricultor en relación con la adopción de la remolacha azucarera* (1987). (Inédito.)
MARTÍN GALÁN, M., «Fuentes y métodos para el estudio de la demografía histórica castellana durante la Edad Moderna», *Hispania. Revista Española de Historia,* tomo XLI (1981), págs. 231-325.
MASSEY, D., *Industrial location: Theory reconsidered,* Unit. 26, The Open University Milton Keynes, 1972.
— «A crititical evaluation on industrial location theory», en F. E. I. Hamilton, y G. J. R. Linge (eds.), *Spatial analysis, industry and the industrial environment,* Nueva York, John Wiley, vol, I, 1979, págs. 57-72.
— *Spatial divisions of labour. Social structures and the geography of production,* Londres, Mac Millan Press, 1984.
MASSEY, D., y MEEGAN, R. A. (eds.), *Politics and method. Contrasting studies in industrial geography,* Londres, Methuen, 1985.
MATRAS, J., «Social strategies of family formation data for female cohorts born 1831-1906», *Population Studies, 19* (1965), págs. 167-181.
— «The social strategy of family formation: some variations in time and space», *Demography, 2* (1965), págs. 351-362.
MCINERNEY, J. P., «Linear programming and game theory models. Some extensions», *Journal of Agricultural Economics,* 20 (1969), págs. 269-278.
MCKEOWN, T., *The modern rise of population,* Londres, Arnold, 1976.
MÉNDEZ, R., «La red de transportes y los procesos de difusión de la industria en España», *Actas del Coloquio de Geografía,* Palma de Mallorca, Univ. de Palma, 1983, págs. 579-585.
— *Actividad industrial y estructura territorial en la región de Madrid,* Madrid, Comunidad Autónoma, Consejería de Trabajo, Industria y Comercio, 1986.
— «El resurgir de la geografía política», en A. García Ballesteros (coord.), *Teoría y práctica de la geografía,* Madrid, Alhambra, 1986, págs. 328-347.
MÉNDEZ, R. (coord.), *Crecimiento industrial y descentralización productiva en el espacio periurbano de Madrid,* Madrid, Comunidad Autónoma, Consejería de Trabajo, Industria y Comercio, 1987.
MÉNDEZ, y MOLINERO, F., *Espacios y sociedades. Introducción a la geografía regional del mundo,* Barcelona, Ariel, 1984.
— *Geografía y estado. Introducción a la geografía política,* Madrid, Cincel, 1984.

MERRIL, R. (ed.), *Radical agriculture,* Londres, Harper & Row, 1976.
MIGUEL, A. DE-LINZ, J. J., «Movilidad geográfica de los empresarios españoles», *Estudios geográficos, 94,* XXV (1964), págs. 5-29.
MIYAKAWA, Y., «Metamorphosis of industrial system of Japan and development of international division of labour in the world», *Symposium on Regional Development Processes Policies and the changing I.D.L.,* Viena, UNIDO, 1984.
MOLINI, F., «Comentarios críticos y bibliografía sobre el impacto de las nuevas tecnologías en el desarrollo regional», *Ciudad y Territorio, 3* (1986).
MORENO JIMÉNEZ, A., «La información demográfica en el Censo y Padrón de 1981», *Estudios Geográficos,* 168 (1982), págs. 358-364.
MORGAN, W. B., y MUNTON, R. J. C., *Geografía agrícola,* Barcelona, Ed. Omega, 1975.
MORRILL, R. L., *The spatial organization of society,* Belmont, 1970.
MOSELEY, M. J., *Centros de crecimiento en la planificación espacial,* Madrid, I.E.A.L., 1977.
MOSER, C. A., y SCOTT, W., *British towns: A Statistical study of their social and economic differences,* Edimburgo, Oliver & Boyd, 1961.
MUMFORD, L., *The city in history,* Nueva York, Harcourt Brace Javanovich, 1961.
MURCIA NAVARRO, E., *Geografía urbana. Una introducción sistémica,* Oviedo, Departamento de Geografía, 1979.
MURPHY, R. E., *The central business district,* Chicago, Aldine-Atherton, 1972.
MYERS, R. J., «Errors and bias in the reporting of ages in census data», *Transactions of the Actuarial Society of America, 41* (1940), págs. 411-415.
MYRDAL, G., *Teoría económica y regiones subdesarrolladas,* México, F.C.E., 1964.
NADAL, J., *El fracaso de la Revolución Industrial en España,* Barcelona, Ariel, 1975.
NELSON, H., «A service classification of american cities», *Economic Geography, 3,* vol. 31 (1955).
NOIN, D., *Geographie de la population,* París, Masson, 1979.
— *La transition démographique dans le monde,* París, P.U.F., 1983.
NORTHAM, R. M., *Urban geography,* Nueva York, Wiley, 1975.
NORTON, W., *Historical analysis in geography,* Londres, Longman, 1984.
O.C.D.E., *Perspectives energetiques mondiales,* París, 1983.
OMRAN, A. R., «The epidemiologic transition: a theory of the epidemiology of population change», *Milbank Memorial Fund. Quarterly, 49* (1971), págs. 509-538.
O.N.U., *Anuario de las estadísticas de la energía 1983,* Nueva York, 1985.
O.N.U.D.I., *La industria mundial desde 1960: progresos y perspectivas,* Nueva York, Naciones Unidas, 1979.
ORTEGA, N. (ed.), *Geografías, ideologías, estrategias espaciales,* Madrid, Dédalo, 1977.
ORTEGA, N., *Geografía y cultura,* Madrid, Alianza, 1987.
OSGOOD, D. S., y TANNENBAUM, P., *The measurement of meaning,* Urbana University of Illinois Press, 1957.
OTREMBA, E., *Geografía general agraria e industrial,* Barcelona, Omega, 1955.
PACIONE, M. (ed.), *Progress in rural geography,* Londres, Croom-Helm, 1984.
— *Progress in industrial geography,* Londres, Croom-Helm, 1985.
PILHE, J., «La geographie de la population: Un analyse démo-socio-géographique». Comunicación presentada al Seminario *Reflexion epistemologique sur la géographie de la population,* Lille, 1983.
PAHL, R. E., *Urbs in rure. The metropolitan fringe in Hertfordshire,* Londres, London School of Economics and Political Science, 1965.
— «Managers, technical experts and the state: forms of mediation, manipulation and dominance in urban and regional development», en M. Harloe (ed.), *Captive Cities,* Londres, Wiley, 1977.
PALLOIX, C., *Las firmas multinacionales y el proceso de internacionalización,* Madrid, Siglo XXI, 1975.

PALMER, C. J.; ROBINSON, H. E., y THOMAS, R. W., «The countryside image: an Investigation of Structure and Meaning», *Environment and Planning, A, 9* (1979), págs. 739-749.

PAPADAKIS, J., *Ecología de los cultivos,* 2 tomos, Buenos Aires, 1954.

— *Geografía agrícola,* Barcelona, 1960.

PARKES, D. N., y THRIFT, N. J., *Times, spaces and places,* Londres, Wiley, 1980.

PEET, R., *Radical geography. Alternative viewpoints on contemporary social issues,* Londres, Methuen, 1977.

PERPILLOU, A., *L'habitat rural,* París, C.D.U., 1958.

PERROUX, F., «Note sur la notion de pôle de croissance», *Economie Appliquée, 1-2,* vol. VII (1955), págs. 307-320.

PERRY, C., «The neighborhood», en Committe on Regional Plan of New York and its Environs, *Regional Survey of New York and Its Environs, VII* (1929).

— *Housing for the machine age,* Nueva York, Russell Sage, 1939.

PIÑÓN, J. L., *Subdesarrollo y ciudad,* Valencia, Universidad Politécnica, 1981.

PLANQUE, B., «Technologies nouvelles et reorganisation spatiale», en *La crise économique et l'espace,* Université de Paris I, Centre Economie, Espace Environment, 1983.

POCOCK, D., «Environmental perception: process and product», *Tijdschrift voor Economische en Sociale Geografie, 69* (1973), págs, 251-257.

POCOCK, D., y HUDSON, R., *Images of the urban environment,* Londres, Mac Millan press, 1978.

PONSARD, C., *Histoire des théories économiques spatiales,* París, A. Colin, 1957.

POTRYKOWSKI, M., y TAYLOR, Z., *Geografía del transporte,* Barcelona, Ariel, 1984.

PRECEDO, A., *La red urbana de Navarra,* Pamplona, Caja de Ahorros de Navarra, 1976.

— «Transformaciones espaciales y sectoriales de la industria en las regiones españolas (1955-1978), *Geographicalia, 10* (1981), págs. 37-38.

PRED, A., *Behavior and location,* Lund Studies in Geography, Series B, Gleerup, Lund, 1967.

PRESCOTT, J. R. V., *Political geography,* Londres, Methuen, 1972.

PRESTON, S., y NELSON, V., «Structure and change in causes of death: an international summary», *Population Studies, 28* (1974), págs. 19-51.

PRESSAT, R., *El análisis demográfico,* México, F.C.E., 1973.

PUYOL, R., *Emigración y desigualdades regionales en España,* Madrid, E.M.E.S.A., (1979).

— *Población y espacio. Problemas demográficos mundiales,* Madrid, Cincel, 1982.

— «Un método de análisis de las migraciones diarias de trabajadores hacia la ciudad. Algunos ejemplos madrileños», *VII Coloquio de Geografía,* Pamplona, A.G.E., 1983.

— *Población y recursos. El incierto futuro,* Madrid, Pirámide, 1984.

— «La relación población-recursos. Una cuestión de creciente interés geográfico», *Paralelo 37,* Almería, 1985.

— (coord.), *Diccionario de Geografía,* Madrid, Anaya, 1986.

— «El contenido de la geografía de la población», *Teoría y práctica de la Geografía,* Madrid, Alhambra, 1986, págs. 199-212.

— «El uso de modelos de difusión espacial de innovaciones en el estudio geográfico de la fecundidad», *Homenaje a D. Manuel de Terán,* Madrid, Universidad Complutense, 1987.

QUAINI, M., *La construcción de la geografía humana,* Barcelona, Oíkos-Tau, 1981.

QUESADA, S., «La teoría de los sistemas y la geografía humana», *Geocrítica, 17* (1978).

RACIONERO, L., *Sistemas de ciudades y ordenación del territorio,* Madrid, Alianza, 1978.

RAFFESTIN, C., *Pour une géographie du pouvoir,* París, Librairies Techniques, 1980.

RAFFESTIN, P., «Du paysage à l'espace ou les signes de la Géographie», *Rev. Antipode, 4* (1982), págs. 90-1055.

RAPAPORT, A., *Human aspects of urban form. Towards a man-environment approach to urban form and design,* Londres, Pergamon, 1977. (Versión castellana en Ed. Gustavo Gili.)
RAVENSTEIN, E., «The laws of migration», *Journal of the Royal Statistical Society, 48* (1885), págs. 167-227.
REICHERT, H., y REMOND, J. D., *Analyse sociale de la ville,* París, Masson, 1980.
REDFIELD, R., *The folk culture of Yucatan,* Chicago, University Press, 1941.
— *The primitive world and its transformations,* Nueva York, Cornell University Press, 1953.
REES, P. H., «The factorial ecology of metropolitan Chicago», en B. J. L. Berry, y F. L. Horton (eds.), *Geographic Perspectives of Urban Systems,* New Jersey, Prentice-Hall, 1970.
RELPH, E., *Place and placelesness,* Londres, Pion, 1976.
RHIND, D., y HUDSON, R., *Land use,* Londres, Methuen, 1980.
RIBAS PIERA, *et al., Teoría de las áreas metropolitanas,* Barcelona, Escola Técnica Superior d'Arquitectura, 1979.
RICHARDSON, H. W., *Economía regional. Teoría de la localización, estructuras urbanas y crecimiento regional,* Barcelona, Vicens Vives, 1973.
— *Elementos de economía regional,* Madrid, Alianza, 1975.
— *The new urban economics and its alternatives,* Londres, Pion, 1977.
ROBINSON, W. S., «Ecological correlation and the behaviour of individuals», *American Sociological Review,* XV (1950), págs. 351-357.
ROBINSON, A.; LINDBERG, J., y BRINKMAN, L., «A correlation and regression analysis applied to rural farm. population densities in the Great Plains», *Ann. Ass. Am. Geog., 51* (1961), págs. 211-221.
ROBSON, A., *Urban analysis,* Cambridge University Press, 1971.
ROCHEFORT, M., *Economie géographique et aménagement du territoire,* París, C.D.U., 1975.
ROCHEFORT, R., «Pourquoi la géographie sociale?», en *Sens et non-sens de l'espace. De la géographie urbaine à la géographie sociale,* París, 1984, págs. 13-17.
RODRÍGUEZ SÁNCHEZ, A., *Cáceres: población y comportamientos demográficos en el siglo XVI,*Cáceres, 1977.
RODRÍGUEZ SÁNCHEZ DE ALVA, A., *El suelo como factor de localización industrial,* Madrid, CEOTMA, 1980.
ROFMAN, A. B., *Dependencia, estructura de poder y formación regional en América Latina,* Buenos Aires, Siglo XXI, 1974.
ROGERS, E. M., *Diffusion of innovation,* Nueva York, MacMillan, 1962.
ROSEMAN, C., «Migration as a spatial and temporal process», *Ann. Ass. Am. Geog., 61* (1962), págs. 589-598.
ROSSI, P. H., *Why families more,* Gleucoe, Illinois, Free Press, 1955.
ROSTOW, W. W., *Los límites del crecimiento económico,* México, F.C.E., 1961.
ROTHBLATT, D., y GARR, D., *Comparative suburban data,* San José, San José State University, 1983.
ROTHWELL, Z., y ZEGWELD, W., *Reindustrialization and technology,* Londres, Longman, 1985.
RUSHTON, G., «The scaling of locational preference», en K. R. Cox, y R. G. Golledge (eds.), *Behavioral problems in geography,* Department of Geography, 117, Northwestern University, 1969, págs. 197-227.
RYKIEL, Z., *Geografía dialéctica. Una perspectiva polaca,* Barcelona, Universidad de Barcelona, 1984.
SAARINEN, T. F., *Perception of the drought hazard on the Great Plains,* Department of Geography, Research Paper N.º 106, University of Chicago, 1966.
SABATÉ, A., «Mujer, geografía y feminismo», *Anales de Geografía Univ. Complutense, 4* (1984), págs. 37-53.

SALAMA, P., y TISSIER, P., *L'industrialisation dans le sous développement,* París, Maspero, 1982.
SAMPEDRO, J. L., y MARTÍNEZ CORTINA, R., *Estructura económica. Teoría básica y estructura mundial,* Barcelona, Ariel, 1973.
SÁNCHEZ, J. E., *La geografía y el espacio social del poder,* Barcelona, Los Libros de la Frontera, 1981.
— «La coherencia entre cambio social y transformaciones espaciales. El ejemplo de Cataluña», *Geocrítica, 51* (1984).
SANCHO, J., *L Agricultura de cara al futuro,* Madrid, Cincel, 1982.
SANGUIN, A. L., *Geografía política,* Barcelona, Oíkos-Tau, 1981.
— «La Géographie Humaine ou l'Approche Phénomenologique des Lieux, des Paysages et des Spaces», *Annales de Géographie, 501* (1981), págs. 568-584.
SANTOS, M., *Geografía y economía urbana en los países subdesarrollados,* Barcelona, Oíkos-Tau, 1973.
— *Espaço dividido. Os dois circuitos da economia urbana dos paisos subdesenvolvidos,* Livraría, Río de Janeiro, Francisco Alves Editora, s. a., 1979.
— *Ensaios sobre a urbanizaçao latino-americana,* Sao Paulo, Huitec, 1982.
— «La geografía a fines del siglo XX: nuevas funciones de una disciplina amenazada», *Revista Interna. Ciencias Sociales,* UNESCO, 102, vol. XXXVI (1984), págs. 693-709.
SANZ HARCÍA, J. M., *Geografía económica industrial,* Madrid, Dirección Gral. Enseñanza Laboral, 1960.
SANZ MENÉNDEZ, L., «Procesos de industrialización en zonas rurales. Crónica del S.I.A.R. 83», *Agricultura y Sociedad, 29* (1984), págs. 207-237.
SCHELL, G., y MONMONIER, M., *The study of population. Elements. Patterns. Processes,* Columbus, Ch. E. Merrill, 1983.
SAUER, C. O., «The morphology of landscape», en J. Leighly (ed.), *Land and life. A selection from the writings of Carl Ortwin Sauer,* University of California Press, 1976, págs. 315-350.
SCOTT, A., «Procesos de localización, urbanización y desarrollo territorial: un ensayo exploratorio», *Estudios Territoriales, 17* (1985), págs. 17-40.
SCOTT, A. J., y STORPER, M. (eds.), *Production, work, territory. The geographical anatomy of industrial capitalism,* Boston, Allen & Unwin, 1986.
SCHUMACHER, E. F., *Lo pequeño es hermoso,* Madrid, Blume, 1978.
SEERS, D., *et al., Under developed Europe: Studies in core-periphery relations,* Hassocks, Harvester Press, 19799. (Traducción en castellano en Blume, Madrid.)
SEGRE, R., *América Latina en su arquitectura,* México, Siglo XXI, 1975.
SELWYN, P., *Small, poor and remote: islands at a geographical disadvantage,* Institute of Development Studies. Discussion, Paper n.º 123, 1978.
SHEVKY, E., y BELL, W., *Social area analysis,* Stanford University Press, Stanford, California, 1955.
SHORT, J. R., *Urban data sources,* Londres, Butterworths, 1980.
— *An introduction to urban geography,* Londres, Routledge and Kegan, 1984.
SIMON, H. H., *Models of man: social and rational,* Nueva York, Wiley, 1957.
SINCLAIR, R. J., «Von Thünen and urban sprawl», *Annals of the Association of American Geographers, 57* (1967), págs. 72-87.
SJOBERG, G., *The preindustrial city. Past and present,* Nueva York, The Free Press, 1960.
SKINNER, B. J., *Los recursos de la tierra,* Barcelona, Omega, 1974.
SMITH, D. M., *An introduction to welfare geography,* Occasional Paper No. 11, University of Witwatersrand, Johannesburgo, 1973.
— *Human geography: A welfare approach,* Londres, Arnold, 1977. (Versión castellana en Oíkos-Tau, Barcelona, 1980.)
— «The identification of problems in cities: applications of social indicators», en D.

Herbert, y D. M. Smith (eds.)), *Social problems and the city: Geographical Perspectives,* Oxford, University Press, 1979.
— *Industrial location. An economic geographical analysis,* 2.ª ed., Nueva York, John Wiley, 1981.
SMITH, S. L. J., *Recreation geography,* Londres, Longman, 1983.
SOROKIN, P., y ZIMMERMAN, C., *Principle of rural-urban sociology,* Nueva York, Holt and Co., 1929.
STAMP, L. D., *The land of Britain: its use and misuse,* Londres, Longman, 1948.
STRASZEWSKI, J., *Vertical distribution of world population,* Warsaw State Scient., Publ. House, 1957.
— «Die verteilung der Bevölkerung der Erdenach dem Abstand von Meer», *Petermansd Geog. Mitteil.,* Gotha, 103 (1959), págs. 207-215.
STEA, D., «The Measurement: An experimental model for studying conceptual spaces», en K. R. Cox, y R. G. Golledge (eds.), *Behavioural Problems in Geography,* Northwestern University Studies in Geography, 17, Northwestern University, 1969, págs. 228-253.
STOUFFER, S., «Intervening opportunities and competing migrants», *Journal of Regional Science, 2* (1960), págs. 1-26.
— «Intervening opportunities: a theory relating mobility and distance», *American Sociological Review, 5* (1940), págs. 845-867.
STRODBECK, F., «Equal opportunity intervals: a contribution to the method of intervening opportunity analysis», *American Sociological Review, 14* (1949), págs. 490-497.
SUNKEL, O., *Transnacionalización y dependencia,* Madrid, Cultura Hispánica, 1980.
SWEETZER, G., «Factorial ecology: Helsinki 1960», *Demography, 2* (1965), págs. 372-386.
SYMONS, L., *Agricultural geography,* Londres, Bell, 1968.
TABAH, L., «Population growth», *Population and the world Economy in the 21st. Century,* Oxford, B. Blackwell, 1982, págs. 175-205.
TALAVERA, P., *Economía mundial y subdesarrollo,* Barcelona, Hacer, 1984.
TARRANT, J. R., *Agricultural geography,* Londres, David and Charles, 1975.
— «Maize a new United Kingdom agricultural crop», *Area, 7* (1975), págs. 175-179.
TAYLOR, G., *Urban geography,* Londres, 1949.
TAYLOR, P. J., *Political geography. World -economy, nation-state and locality,* Londres, Longman, 1985.
TAYLOR, M. J., y THRIFT, N. J. (eds.), *The geography of multinationals,* Londres, Croom-Helm, 1982.
THUMERELLE, P. J., «El interés práctico y operativo de la teorización y modelización en demogeografía», *Estudios Geográficos, 178-179* (1985), págs. 71-81.
TIMMS, D., *El mosaico urbano. Hacia una teoría de la diferenciación residencial,* Madrid, Instituto de Estudios Administración Local, 1976.
TREWARTHA, G., *Geografía de la población,* Buenos Aires, Marymar, 1973.
— «A case for population geography», *Annals Assoc. Amer. Geog., 43.2* (1953), págs. 71-97.
TRICART, J., *Cours de géographie humaine. Fascicule I. L'Habitat Rural,* París, C.D.U., 1949.
— *L'habitat urbain. Cours de géographie humaine,* París, C.D.U., 1954.
TROLL, C., «Techniques agricoles, milieu naturel et histoire de l'humanité», *Bulletin de la Societé Géographique de Liège, 3* (1967), págs. 3-26.
TROUGTON, M. J., «Farming systems in the modern world», en M. Pacione, *Progress in Agricultural Geography,* Londres, Croom-Helm, 1985, págs. 99-123.
TUAN, Y. F., *Topophilia: A study of environment perception, attitudes and values,* Nueva York, Prentice-Hall, 1974.
— *Space and place. The perspective of experience,* Londres, Arnold, 1977.

VALENTEI, D., et al., *Teoría de la población,* Moscú, Progreso, 1978.
VERNON, r., «International investment and international trade in the product cycle», *Quarterly Journal of Economics, 80* (1966), págs. 190-207.
VERRIERE, J., *Les politiques de population,* París, P.U.F., 1978.
VEYRET-VERNET, J., «Populations vieilles», *Rev. Geog. Alpine, 59* (4) (1971), págs. 433-456.
VIDAL DE LA BLACHE, P., «Les genres de vie dans la géographie humaine, *Annales de Géographie, 20* (1911), págs. 192-212.
— *La France de l'est. (Loraine-Alsace),* París, A. Colin, 1917.
VIGARIE, A., y PIBOUBES, R., «Les pôles industriels», *Cahiers de l'IAURP, 40-41* (1975).
VILA VALENTI, J., *Introducción al estudio teórico de la geografía,* Barcelona, Ariel, 1983.
VILAGRASA, J., *et al.,* «La imatge de la ciutat de Lleida», *Rev. Estudis Urbans a Lleida* ((1982), págs. 95-144.
VICENT, P., «La stérilité physiologique des populations», *Rev. Population, 1* (1950).
— *Recherches sur la fécondité biologique.* Travaux et Documents, n.º 37 (1961).
VINUESA, J., *et al., El estudio de la población,* Madrid, I.E.A.L., 1982.
WALLERSTEIN, I., *El moderno sistema mundial,* México, Siglo XXI, 2 vols., 1979.
WALMSLEY, D. J., y LEWIS, G., *Human geography. Behavioural approaches,* Londres, Longman, 1984.
WEBBER, M., «Order in diversity: community without propinquity», en L. Wingo (ed.), *Cities and Space,* Baltimore, John Hopkins Press, 1966.
WEBER, A., *Theory of the location of industries,* Chicago, Chicago Univ. Press, 1929.
WEEKS, J., *Sociología de la población,* Madrid, Alianza, 1981.
WEVER, E., y VAN DER KNAAP, G. A. (eds.), *Technology and industrial change,* Beckenham, Croom-Helm, 1986.
WHEATLEY, P., *The pivot of the four quarters: A preliminary enquiry into the origins an character of the ancient chinese city,* Edimburgo, Edimburgh University Press, 1971.
WHITE, G. F., «Formation and role of public attitudes», en H. Jarrett (ed.), *Environmental Quality in a Growing Economy,* The John Hopkins Press, 1966, págs. 105-127.
WIBBERLEY, G. P., «Conflict in the countryside», *Town and Country Planning, 40* (1972), págs. 251-262.
WILSON, A. G., *Entropy in urban and regional modelling,* Londres, Pion, 1970.
WILSON, M., *Population geography,* Melbourne, Nelson, 1968.
WILSON, T., *Industrial location. Concepts and techniques,* Oxford, Basil Blackwell, 1981.
WIRTH, L., «Urbanism as a way of life», *American Journal of Sociology, 44* (1938), págs. 3-24. (Versión castellana en Ediciones 3, Buenos Aires.)
WOLPERT, J., «The decision process in a spatial context», *Annals of the Association of American Geographers, 54* (1964), págs. 537-558.
— «Migrations as an adjustment to environmental stress», *Journal of Social Issues, 22* 1966), págs. 92-102.
— «Behavioural aspects of the decision to migrate», *Papers and proceedings of Regional Science Association, 15* (1965), págs. 159-172.
WOMEN AND GEOGRAPHY STUDY GROUP OF THE I.B.G., *Geography and gender: An introduction to feminist geography,* Londres, Hutchinson, 1984.
WOODS, R., *Populatyion analysis in Geography,* Londres, Longman, 1979.
— *Theoretical population geography,* Londres, Longman, 1982.
ZELINSKY, *A prologue to population geography,* New Jersey, Prentice-Hall, Englewood Cliffs, 1966. (Versión en castellano en Vicens Vives, Barcelona.)
— «The hyphotesis of the mobility transition, *Geographical Review, 61* (1971), págs. 219-249.
ZUBE, E. H., *Environmental evaluation: perception and public policy,* Cambridge, University Press, 1984.

ÍNDICE

CAPÍTULO III

LOS ESPACIOS RURALES

JOSÉ ESTEBÁNEZ

CAPÍTULO IV

LOS ESPACIOS URBANOS

JOSÉ ESTÉBANEZ

CAPÍTULO V

LOS ESPACIOS INDUSTRIALES

RICARDO MÉNDEZ